U0219649

中国轻工业"十三五"规划教材

制浆原理与工程

（第四版）

Pulping Principle and Engineering（Fourth Edition）

詹怀宇　主　编

付时雨　刘秋娟　副主编

詹怀宇　付时雨　刘秋娟　韩　卿

翟华敏　孔凡功　李海龙　王海松　编

中国轻工业出版社

图书在版编目（CIP）数据

制浆原理与工程＝Pulping Principle and Engineering
(Fourth Edition) /詹怀宇主编. —4 版. —北京：中国
轻工业出版社，2024.1
中国轻工业"十三五"规划教材
ISBN 978-7-5184-2487-0

Ⅰ.①制… Ⅱ.①詹… Ⅲ.①制浆-高等学校-教材
Ⅳ.①TS74

中国版本图书馆 CIP 数据核字（2019）第 103800 号

责任编辑：林　媛

策划编辑：林　媛　　责任终审：滕炎福　　封面设计：锋尚设计
版式设计：霸　州　　责任校对：晋　洁　　责任监印：张　可

出版发行：中国轻工业出版社（北京鲁谷东街 5 号，邮编：100040）
印　　刷：河北鑫兆源印刷有限公司
经　　销：各地新华书店
版　　次：2024 年 1 月第 4 版第 4 次印刷
开　　本：787×1092　1/16　印张：34
字　　数：870 千字
书　　号：ISBN 978-7-5184-2487-0　定价：98.00 元
邮购电话：010-85119873
发行电话：010-85119832　010-85119912
网　　址：http://www.chlip.com.cn
Email：club@chlip.com.cn

前　言

　　"制浆原理与工程"是轻化工程专业的核心课程，主要介绍制浆的基本原理、工艺技术与工程应用。通过本课程的学习，使学生了解制浆的基本知识与理论，熟悉国内外制浆科学技术的新进展，培养学生分析和解决工程实际问题的能力，为从事制浆造纸科学技术工作打下厚实的基础。

　　《制浆原理与工程》（第四版）是经中国轻工业联合会批准的中国轻工业"十三五"规划教材。本教材根据教学改革和现代制浆工业的需要，结合各院校本课程的教学实践与经验，并吸收国外最新教材之精华，在《制浆原理与工程》（第三版）的基础上修订、编写而成。

　　本教材在内容和章节编排上做了适当的调整。将原第七章更改为蒸煮废液回收与综合利用，重点阐述黑液碱回收的过程原理和工程技术，而将固体废弃物的回收与利用及第八章制浆过程节能与热能回收的内容归到各章工艺过程阐述，这样更有针对性，并避免前后相关部分的内容重复。基于国内外生物质精炼技术的迅速发展，增设了第八章生物质精炼，以适应现代制浆工业的发展要求。内容上，在强调基本概念、基本理论的基础上，尽可能反映本课程领域国内外的最新进展与科技成果，介绍制浆新理论、新工艺、新设备，使本教材具有新颖性、先进性和可读性。此外，对重要的术语或名词在首次出现处加注英文，以利开展双语教学，也便于读者掌握专业英语词汇。为了便于读者理解和掌握所学内容，每章均附有习题与思考题。

　　本教材的编写参考了国内外大量的文献资料、教材和专著，若将其全部列出，将占很大篇幅。因此，只在每章后列出主要参考文献。

　　本教材由国内有关院校的任课教授编写，其中绪论、第一章和第六章由华南理工大学李海龙、詹怀宇编写，第二章由天津科技大学刘秋娟编写，第三章由齐鲁工业大学孔凡功编写，第四章由南京林业大学翟华敏编写，第五章由华南理工大学付时雨编写，第七章由陕西科技大学韩卿编写，第八章由大连工业大学王海松编写。全书由詹怀宇主编，付时雨、刘秋娟副主编。

　　本教材供轻化工程专业"制浆原理与工程"课程教学之用，也可供有关科研人员、工厂技术人员和高等院校相关专业师生参考。

　　本教材编写过程中，得到教育部高等学校轻工专业教学指导委员会的指导和支持，也得到许多前辈和同行的赐教与帮助，在此表示衷心的感谢！

　　由于编者学识水平有限，错误和不当之处在所难免，恳请读者批评指正！

编者

2019 年 2 月

目　　录

绪　　论

造纸术的发明是我国古代劳动人民智慧的结晶，是对全世界人类最伟大的贡献之一。

东汉和帝时期，宦官蔡伦任"尚书令"（皇室手工业作坊负责人），他吸取了前人和皇室作坊中能工巧匠的生产经验，总结提出用树皮、麻头、破布和渔网作为原料造纸，对我国造纸技术做出了巨大贡献。也是世界上公认的第一个造纸术的发明者。

在现代社会中，纸是人们的生活必需品，又是重要的工业原材料，也是国防、科技部门的重要配套产品。纸是保存和传播文化知识、信息情报的重要载体，是保护和美化商品的优良材料。纸与人们的生活息息相关，与各行各业的发展紧密相连。

造纸产业是与国民经济和社会事业发展关系密切并具有可继续发展特点的重要基础原材料产业，纸及纸板的消费水平是衡量一个国家现代化水平和文明程度的标志。造纸产业具有资金技术密集、规模效益显著的特点，其产业关联度强，市场容量大，是拉动林业、农业、化工、印刷、包装、机械、电子、能源、运输等产业发展的重要力量，已成为我国国民经济发展的新的增长点。造纸产业以木材、竹、芦苇、农业秸秆等原生植物纤维和废纸等再生纤维为原料，可部分替代塑料、钢铁、有色金属等不可再生资源，是我国国民经济中具有可持续发展特点的重要产业。2017 年我国纸和纸板生产量为 11130 万 t，消费量为 10897 万 t，产量和消费量均居世界首位。

造纸必先制浆。2015 年全世界纸浆产量为 1.7877 亿 t，其中化学浆产量 1.3532 亿 t，机械浆产量 2777 万 t。制浆离不开纤维原料，由于各国植物纤维原料资源的不同，各国使用原料的情况也不一样。发达国家的造纸工业，几乎都使用木材为纤维原料；木材资源不足的发展中国家，则较多地利用本国的非木材纤维原料。为了适应造纸工业发展的需要，保护环境、节约资源，废纸的回收利用越来越引起各国的重视，废纸回收率和利用率逐年提高，2015 年全球废纸回收量为 2.4069 亿 t，回收率为 58.6％。

我国的制浆原料，既有木材，也有竹子、芦苇、蔗渣、秸秆等非木材原料。近十多年来，废纸的回用量大幅增加，废纸浆在造纸用浆中的比例越来越大。2017 年，我国造纸用浆总量为 10051 万 t，其中木浆 3152 万 t，占 31％；非木材纤维纸浆 597 万 t，占 6％；废纸浆 6302 万 t，占 63％。为了解决造纸纤维原料的短缺，促进造纸工业持续发展，国家正在实施林浆纸一体工程建设，大力发展造纸原料林基地，并充分利用国内外两种木材原料资源，提高木材纤维比重，逐步形成以木材纤维为主，扩大废纸回收利用，科学合理利用非木纤维资源的多元化原料结构。

一、制浆的概念和现代制浆的基本过程

制浆，就是利用化学或机械的方法，或二者结合的方法，使植物纤维原料离解，变成本色纸浆（未漂浆）或漂白纸浆的生产过程。它包括下列基本过程（图 0-1）：

除了上述基本过程外，还包括一些辅助过程，如蒸煮液的制备和漂液的制备，蒸煮废气和废液中化学药品的回收与综合利用以及热能的回收等。此外，还包括废纸制浆。这些，将在以后各章节中给予介绍。

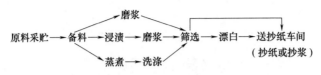

图 0-1　现代制浆基本过程

制浆的主要作用是为造纸和其他纤维加工业提供优质的纸浆。制浆技术与资源消耗、产品品质、环境影响和企业效益密切相关。制浆工程主要考虑：a. 纤维原料；b. 成品浆用途；c. 工艺方法与技术；d. 过程设备与控制；e. 节能降耗与经济效益；f. 清洁生产与环境保护。

二、制浆方法的分类和纸浆品种的分类

制浆方法可以总的分为化学法和高得率法。

化学制浆法包括了各种碱法和亚硫酸盐法。

高得率制浆法包括了各种机械法、化学机械法和半化学法。

碱法制浆可分为烧碱法、硫酸盐法、多硫化钠法、预水解硫酸盐法、氧碱法、石灰法、纯碱法等，其中最重要的是硫酸盐法和烧碱法。

亚硫酸盐法制浆可分为酸性亚硫酸氢盐法、亚硫酸氢盐法、微酸性亚硫酸氢盐法、中性亚硫酸盐法和碱性亚硫酸盐法。

高得率法制浆按照机械处理程度的不同可分为机械法、化学机械法和半化学法。

机械法制浆主要有磨石磨木法（SGW）、压力磨石磨木法（PGW）、盘磨机械法（RMP）和热磨机械法（TMP）。

化学机械法制浆主要有化学热磨机械法（CTMP）、化学机械法（CMP）和碱性过氧化氢机械法（APMP）。

半化学法制浆主要有中性亚硫酸盐半化学法（NSSC）和碱性亚硫酸盐半化学法（ASSC）。

主要的制浆方法汇总如图 0-2 所示。

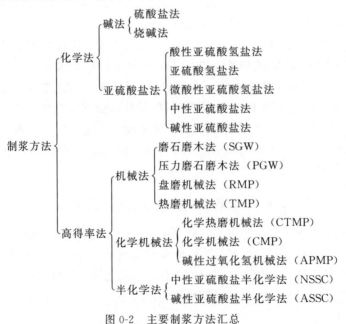

图 0-2　主要制浆方法汇总

其他制浆方法，如溶剂法，将在有关章节中介绍。

制浆方法不同，所生产的纸浆名称也有所不同。

总的来分，化学法、半化学法、化学机械法和机械法生产的纸浆分别称为化学浆、半化学浆、化学机械浆和机械浆，后三者又统称为高得率浆。高得率浆又可按其制浆方法来细分，如磨石磨木浆、热磨机械浆、化学热磨机械浆、碱性过氧化氢机械浆等。

不同原料，用相同制浆方法制出来的纸浆可以按原料来区别纸浆的名称。例如，硫酸盐木浆、硫酸盐竹浆、硫酸盐蔗渣浆等。

原料相同，制浆方法不同，则可按制浆方法来区别纸浆的名称。例如，硫酸盐苇浆和亚硫酸盐苇浆；烧碱法麦草浆和碱性亚硫酸盐法麦草浆。

根据生产的产品的要求，有些纸浆不需进行漂白，有些纸浆则需进行漂白。不进行漂白的纸浆叫本色浆，如生产水泥袋纸、电缆纸、电容器纸等用的本色硫酸盐木浆。经过漂白的纸浆叫漂白浆，视漂白程度或白度的高低又可分为半漂浆和全漂浆。例如，生产凸版纸、有光纸用的半漂烧碱法蔗渣浆，生产胶版纸、高级卫生纸用的全漂硫酸盐木浆。

三、制浆方法和制浆技术的发展趋势

国内外木浆和竹浆的生产仍以硫酸盐法为主，但是也有少数工厂采用碱性亚硫酸钠加蒽醌的蒸煮方法。

国内外草浆的生产，仍以烧碱法（或烧碱-蒽醌法）和硫酸盐法为主。但是，碱性亚硫酸盐或碱性亚硫酸盐-蒽醌法也有一定的发展。

高得率浆的生产，热磨机械法（TMP）、化学热磨机械法（CTMP）和碱性过氧化氢机械法（APMP）是主要的方法。近年来，CTMP、BCTMP（即漂白 CTMP）以及在 APMP 基础上改进的 PRC-APMP 有较快的发展。

近年来，国内外制浆造纸技术的进步和发展迅速，在节约资源、保护环境、提高质量、增加效益等方面均取得长足的进步，呈现出企业规模化、技术集成化、产品多样功能化、生产清洁化、资源节约化、林纸一体化和产业全球化发展的趋势。制浆技术主要朝着高得率、高质量、低消耗、低排放的技术方向发展。

化学法制浆朝着高效脱木素、高脱木素选择性、低能耗、少污染的方向发展。近 30 多年来，硫酸盐法蒸煮技术有了很大改进，出现了多种深度脱木素、提高蒸煮脱木素选择性的新型蒸煮技术。例如，间歇蒸煮的快速置换加热（RDH）蒸煮技术、超级间歇（Super Batch）蒸煮技术以及近年出现的置换蒸煮系统（DDS），连续蒸煮的延伸改良连续蒸煮（EMCC）技术、低固形物（Lo-Solids）蒸煮和紧凑蒸煮（Compact Cooking）新技术。提高了纸浆的得率和强度，改善了纸浆的可漂性。

高得率制浆朝着高得率、高强度、高白度、低能耗、低污染的方向发展，例如，在保证高得率和纸浆质量的前提下，采用改进的工艺技术尽量降低各种机械浆和化学机械浆的能耗，减少对环境的污染。

废纸制浆朝着高效率、低能耗、低污染的方向发展。近十多年来，高效低能耗的废纸碎解技术、废纸浆筛选净化和热分散技术、废纸脱墨技术、胶黏物控制技术以及废纸浆在各种纸和纸板抄造中的应用技术都在不断改进和完善，生物技术在废纸制浆的应用方面也取得显著的进展。

纸浆漂白方面，随着环境保护要求的日益严格，传统的含氯漂白正越来越受到限制，纸

浆漂白正朝着无元素氯（ECF）和全无氯（TCF）漂白的方向发展，生物漂白技术也将逐步发展，以达到高白度、高白度稳定性、高漂白选择性、低能耗、低水耗、低污染的目的。

制浆过程中节能和热能回收以及制浆废弃物的资源化利用越来越受到重视。黑液碱回收技术不断改进，蒸煮废液综合利用水平逐步提高，制浆过程固体废弃物的处理和利用技术也取得进展。发挥造纸产业自身具有循环经济特点的优势，通过"减量化，再利用，再循环"，实现制浆清洁生产，促进制浆造纸工业的可持续发展。

参 考 文 献

[1] 陈嘉翔，主编. 制浆原理与工程 [M]. 北京：中国轻工业出版社，1990.

[2] 谢来苏，詹怀宇，主编. 制浆原理与工程（第二版）[M]. 北京：中国轻工业出版社，2001.

[3] 詹怀宇，主编. 制浆原理与工程（第三版）[M]. 北京：中国轻工业出版社，2009.

[4] 国家发展与改革委员会. 造纸产业发展政策 [R]. 北京：2007 年 10 月 31 日发布.

[5] Gullichsen J.，Paulapuro H.. Papermaking Science and Technology，Book 5，Book 6 and Book 7，Published by Fapet Oy，Helsinki，Finland，2000.

[6] 邝仕均. 2015 年世界造纸工业概况 [J]. 中国造纸，2017，36（1）：62-66.

[7] 中国造纸协会. 中国造纸协会关于造纸工业"十三五"发展的意见 [J]. 中国造纸，2017，36（7）：64-69.

[8] 中国造纸协会. 中国造纸工业 2017 年度报告 [J]. 中国造纸，2018，37（5）：77-84.

第一章 备 料

备料是指造纸植物纤维原料的堆放贮存、去皮削片或切断除尘、筛选除杂以及木片（料片）输送贮存等基本过程，是制浆造纸过程的重要组成部分。原料种类不同，其备料过程也不同。

第一节 原料的贮存

一、原料贮存的目的与原料贮场的要求

（一）原料贮存的目的

1. 改进原料质量

原料在贮存过程中，通过风化、发酵等自然作用，可减少原料水分并使水分均匀，降低树脂含量，稳定原料质量，节省制浆化学品用量。例如，马尾松经过一段时间贮存，使松节油挥发，树脂氧化变性，从而有利于减少树脂障碍；草类原料贮存 4～6 个月后，由于原料中淀粉、果胶、蛋白质、脂肪等组分的自然发酵，使纤维细胞间的组织受到破坏，细胞壁也受到一定的影响，因而有利于蒸煮时药液的渗透和木素的脱除，可减少化学品用量；又如新蔗渣的水分为 50% 左右，糖分含量约 3%，贮存 3 个月后，蔗渣水分可降到 25% 以下，糖分降至 0.05%，有利于制浆。但是，如果贮存方式不当，保管不善，会使原料发霉变质，甚至导致纤维素降解，灰分增加。因此，原料在贮存期间，应加强科学管理，发挥贮存之利，避免负面影响。

2. 保证连续生产需求

制浆造纸厂是一个连续生产的企业，为了不至于因原料供应影响正常生产，就要有一定的原料贮存量，特别是受季节性收获影响较大的草类原料，要有足够的贮存量才能满足正常生产需要。对于受季节性影响较小的木材、竹子等以及不受季节性影响的废纸，也要有一定的贮存量。

（二）原料贮场的要求

为了确保原料场的安全正常运行，减少原料贮存损失，原料场必须符合以下要求：

1. 防火安全措施得当

要有完善的防火、避雷和消防等安全措施。原料场与生产区、生活区之间必须设置足够宽度的防火隔离带；原料场应布置在生产区的下风向或与生产区平行，有完善的消防设施，如防火、避雷装置，设置瞭望岗亭等安全报警设施。

2. 运输方便

因原料运输量大，原料场进、出道路必须畅通，运送原料方便。

3. 排水通畅

为了避免原料受潮霉烂和原料场积水影响垛基的稳固性，原料场排水必须通畅，雨后不允许有积水。因此，垛基应比周围地面高 300～500mm，垛基面层应有 0.3%～0.5% 的坡

度，以利排水。

4. 通风良好

通风条件好是原料保管好、堆存好的重要条件之一。必须使料垛有良好的通风条件，以免原料霉烂变质、引起自燃和引起火灾。料垛间要保持足够的垛间距，料垛内必须设置纵向或横向通风孔道，料垛长度方向应与常年主导风向成45°角，如图1-1所示。

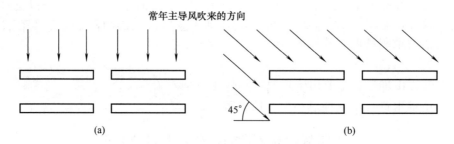

图1-1 常年主导风向与跺成角情况
（a）不合理的配置 （b）合理的配置

5. 照明良好、安全

原料场夜间工作和保卫工作都需要良好的照明。原料场内部不宜架放照明线路，以免引起火灾。最好采用照明灯塔、埋放电缆。如条件限制要用移动线路或架空明线时，一定要有安全保护措施。

二、木材原料的采运与贮存

（一）木材原料的采运

木材原料在林区将树木采伐之后，一般要先去掉树尖与树枝等，并锯成一定的长度（约6m），然后运到贮木场贮存。

（二）木材原料的贮存

木材原料的贮存一般分为水上贮存和陆上贮存两种形式，前者仅适用于原木的贮存，后者则包括原木的陆上贮存和木片的贮存。

1. 原木的水上贮存

我国南方由于气候温暖、潮湿，木材容易腐烂变质，故可结合地形，利用湖泊、河湾或修筑人工湖作为水上贮木场。水上储存有减轻繁重的搬运操作、节省陆地面积和使木材水分均匀、防止蓝变和腐烂、无火灾等优点，但也存在原木树脂含量难降低、原木易沉底、沾带污泥多等缺点。

水上贮木场的面积，可根据贮存时间和安全贮备量计算。每立方米原木所需水面面积见表1-1。

表1-1　　　　　　　　　　　每立方米原木所需水面面积

堆放形式	所需水面面积/（m²/m³实积）	堆放形式	所需水面面积/（m²/m³实积）
散放	8～10	多层木排（倾斜角不小于20°）	1.6～3.0
单层木排	7～9		
双层木排	4～5	扎捆	1.5～1.6

2．原木的陆上贮存

（1）堆垛方法

原木的堆垛方法一般分为层叠法、平列法和散堆法 3 种，如图 1-2 所示。

层叠法是将原木纵横交错堆成垛，适合于长原木的堆垛。这种垛的通风情况良好，原木易于干燥，但堆积密度系数小（0.46～0.52）。

平列法是将原木顺堆成垛，长原木或短原木均适用。此法的堆积密度系数较大（0.6～0.7），但通风欠佳。

散堆法又称山堆法，主要用于短原木和枝丫材的堆垛，用堆木机自由地堆成小山，堆积密度系数小（0.4～0.5），内部通风条件差，木材干燥不均匀，原木两端易碰碎、帚散而夹带泥沙。

（2）堆垛规格与堆垛间距

木垛尺寸视工厂规模、场地大小、运输机械化程度、木材规格等而定。长原木垛长为 100～300m，垛高一般为 4m（人工堆垛）或 8m（机械堆垛）；短原木和枝丫材（长度＜3m）堆垛长度

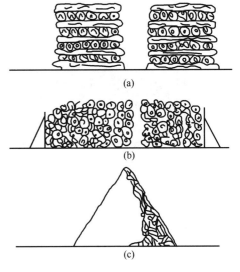

图 1-2　木材堆垛方法示意图

一般在 30m 以下，宽度即短原木长度，高为 4m 以下。

（3）木片的堆垛与贮存

近年来不少制浆造纸企业大量采用外购木片制浆，室外堆垛和贮存木片。与贮存原木相比，室外贮存木片有下列优点：

① 节省贮存场地，木片堆高可达 15～30m，单位场地面积堆存量大；

② 节约劳动力和减少备料费用；

③ 不同材种的木片易于分开堆放；

④ 木片较散堆的原木易于计量；

⑤ 多树脂的原木削片后贮存有利于树脂含量的降低；

⑥ 贮存木片不致因备料设备发生故障而影响生产；

⑦ 新伐原木在林场就地剥皮和削片，较原木运厂后剥皮和削片损失少。

木片室外贮存也存在以下缺点：

① 木片易受污染，制浆前需进行洗涤、筛选等处理；

② 刮风时可能会对周围环境造成污染；

③ 室外贮存时间过长时，木片质量下降，对纸浆得率和质量有一定的影响。

国内已有许多大型木浆厂设置了木片室外堆场。根据工厂运行实践，木片室外堆场的设计要点可归纳为：

① 木片先堆存后筛选。木片室外堆场在工艺流程中应按照先堆存后筛选的原则布置于削片工段和筛选工段之间，这样可使削后木片或外购木片经筛选归仓后直接送蒸煮或制高得率浆，避免二次污染。

② 一个堆场多座料垛。按照一个堆场多座料垛的原则，按木片树种、材种及其来源的不同分类堆存；即使同类木片，为避免大堆过量贮存引起木质损失，也应进行分类堆垛；尽

量缩短单垛的贮存时间，同时有利于防火安全。

③ 按先进先出的原则出料。按照先进先出的原则，选用连续式堆料出料工艺设备，尽量不用传统的间歇式设备。对于长形木片垛，其堆顶上的堆料设备可选用可逆配仓带式输送机或带卸料小车的带式输送机。垛顶上的堆料输送机每一次新加料，均在原先的料层上面形成又一薄层，并以物料的自然安息角度呈倾斜状态存在。垛底的出料设备可选用移动式螺旋出料器。悬臂式螺旋出料器取料长度，一般为6～10m，也有长度达15m的；大于10m的多采用简支式，国内某大型木浆厂采用 ParaScrew™简支式螺旋出料器，取料长度为18m。螺旋移动距离按照垛顶长度选取。螺旋出料器的均匀搅拌混合作用及定量取料功能使所提取的木片质量保持均匀。图 1-3 为移动式螺旋出料器混合作用原理。图 1-4 和图 1-5 分别为悬臂式和简支式移动螺旋出料器的外形尺寸图。

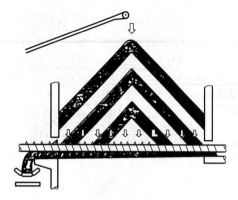

图 1-3　移动式螺旋出料器混合作用原理

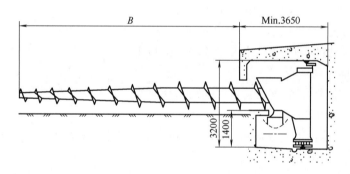

图 1-4　移动式螺旋出料器（悬臂式）外形尺寸图

④ 木片室外堆场的料垛尺寸。木片室外堆场的料垛尺寸，取决于贮存总量和料垛数量。国内某厂年产 15 万 t 硫酸盐浆，设置 2 个料垛，每个料垛的垛顶长度为 108m，垛高 20m，垛底宽度40m，垛底长度 148m，两个料垛中心距离为 50m，单垛几何容积 55000m³，设计木片贮量为 100000m³。

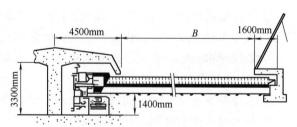

图 1-5　移动式螺旋出料器（简支式）外形尺寸图

⑤ 木片贮存周期。木片室外堆场的贮存周期，与制浆生产规模及料垛木片总量有关，在满足制浆工艺要求和保证木片质量的前提下，一般夏季不超过 40～50d，冬季不超过 50～70d。国内某年产 15 万 t 硫酸盐浆厂木片贮存期为 14d，也证明是有效可行的。

⑥ 安全设施。要有良好的通风条件和防火应急安全措施，例如，木片垛底出料地道中应设通风换气装置，出料口上方设制动报警的自动喷淋灭火装置，堆场应设有低压室外消火栓和灭火器以及临时高压消防系统。

三、非木材原料的收集与贮存

非木材原料的种类很多，如稻麦草、芦苇、芒秆、蔗渣、竹子、龙须草、棉秆、红麻等。原料不同，收集与贮存的方法也有差异。

为了运输和堆垛方便，上述非木材原料大多打包或打捆进行贮存。表 1-2 为几种非木材原料的打包或打捆规格。

表 1-2		打捆打包常见规格		
原料种类	打包或打捆规格/mm	每包或每捆质量/kg	打包或打捆方式	水分/%
稻麦草	1000×600×350	35～40	机械打捆	15 左右
稻麦草	1000×350×350	25	机械打捆	15 左右
芦苇	φ400×(2500～2600)	35～40	机械打捆	20 左右
脱青竹片	φ300×1400	25～30	人工打捆	12～15
蔗渣	300×330×750	25～30	机械打捆	50 左右
蔗渣	500×500×1000	80	机械打捆	50 左右

一般来说，稻麦草、芦苇、芒秆、竹子原料堆成尖顶草房形垛，蔗渣包则堆成金字塔形，如图 1-6、图 1-7 和图 1-8 所示。

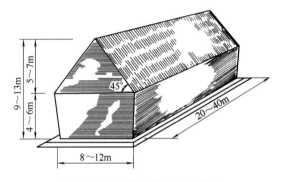

图 1-6 稻麦草堆垛规格示意图

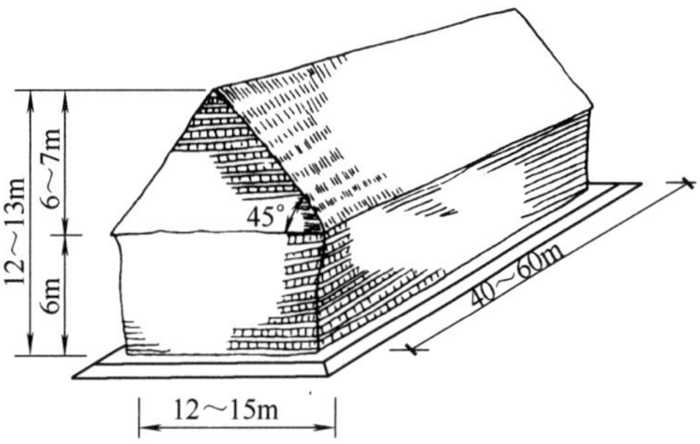

图 1-7 芦苇、芒秆、竹子堆垛规格示意图

应注意堆垛原料的水分含量和通风。稻麦草上堆水分不宜超过 15%；草垛中部应顺风向留通风道，以利水分逸出和散热；草垛需用草、甘蔗叶或塑料布等盖严，防止雨水漏入，造成原料霉烂。

目前，蔗渣的贮存已由打包堆垛贮存或散堆贮存改为湿法贮存。如广西某日产 100t 漂白蔗渣浆的造纸厂，将两级除髓后含髓率约 35%的蔗渣，经清水充分喷淋湿透后，由皮带运输机送到堆场散堆，并用推土机堆平压实，平时用清水或经过处理的中段废水喷淋，喷淋水量约为 100m³/h，使散堆蔗渣水分保持在 70%以上，散堆蔗渣密度约为 0.6t/m²。

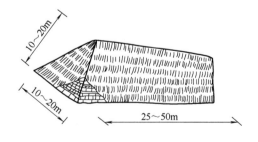

图 1-8 蔗渣堆垛规格示意图

与干法储存相比，湿法储存有以下优点：a. 因蔗渣水分保持在 70%以上，消除自然着火的隐患；b. 采用清水喷淋可将蔗糖发酵生产的酸性物质置换出来，且处于酸性条件下贮存，防止蔗渣变质，保持白度和纤维强度；c. 贮存损失小；d. 贮存占用面积小，贮存量大；e. 易实现机械化，节约大量劳动力。

第二节　木材原料的备料

一、木材备料过程与设备

木材原料的备料过程包括锯断、剥皮、除节、劈开、削片和筛选等工序。应根据浆种、原料种类、生产规模等合理确定备料过程。如生产磨石磨木浆，原木仅需经过锯断、剥皮等工序；如用原木生产化学浆或盘磨机械浆和化学机械浆，则视原木情况需要经过上述所有或大部分过程。若用板皮生产硫酸盐浆，只需经过削片和筛选两道工序。

对于自产木片生产系统，国内常见的备木工段工艺流程见图1-9。

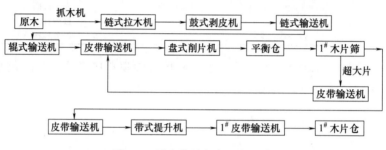

图1-9　国内常见备木工段工艺

对于商品木片生产系统，常见的工艺流程见图1-10。

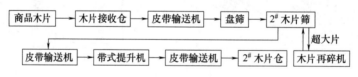

图1-10　商品木片生产系统常见工艺流程

对于只有一种原料的浆厂，通常是将商品木片与自产木片合用一个木片筛，以简化流程，节省投资。目前较为典型的流程见图1-11。

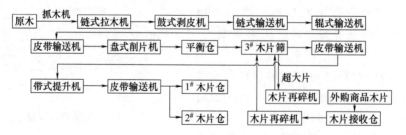

图1-11　商品木片与自产木片合用木片筛典型流程

国内某大型木浆厂，年产针叶木漂白硫酸盐浆40万t，其备料系统的特点是干法剥皮，水平喂料，高效削片，清洁贮存，废料利用。该系统采用干法鼓式剥皮机，去皮效率高，木材损失小。剥皮后原木经洗涤，金属探测后，进入水平喂料输送机，经高效盘式削皮机削片后送筛选，合格的木片送木片堆槽贮存，树皮及木屑收集后送循环硫化床锅炉作为主要燃料。备料系统木材损耗小于4%，冲洗水循环使用，日耗清水小于300m³。图1-12为该针叶

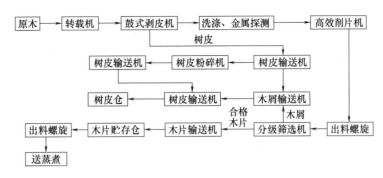

图 1-12　国内某木浆厂备料系统流程图

木硫酸盐浆厂备料系统流程图。

该备料系统主要设备特征及自削木片质量如下：

① 鼓式剥皮机（剥皮鼓）。1台，型号 DDR25，长度 28m，转速 4～7r/min，生产能力（带皮原木）350m³/h。

② 削片机。1台，型号 HHQ11，能力（去皮原木）290m³（最大 320m³）/h，水平进料，侧面出木片，4台电机驱动。

③ 木片筛。2台，型号 SCS80-1000；生产能力：自削片 1000m³（虚积）/h；外购木片 800m³（虚积）/h；筛板上层孔径 ϕ55mm，中层 ϕ19mm，下层 ϕ6.5mm。

④ 木片贮存槽。2个，长方形堆槽，下部出料，容积为 14 万 m³/个。

⑤ 自削木片质量。长 23～28mm，厚 3～6mm，木片合格率≥86%，木屑（<ϕ3mm）≤1%，木片中树皮含量≤1.5%。

（一）去皮方法与设备

树皮的化学组成和理化性质与纤维有很大的不同，其存在会给制浆造纸过程带来许多不利影响，如降低蒸煮器的效率，增加制浆化学品消耗，纸浆得率低，尘埃多，强度差。因此，通常情况下原木都要进行去皮。

原木去皮的方法有人工去皮、机械去皮和化学去皮三种方法。人工去皮是最早的去皮方法，劳动强度大，劳动生产率低。化学去皮是在树木砍伐之前，在距地面 1～2m 的树干上，剥掉一圈树皮并涂上砷酸钠溶液，使树木死去，易于其后剥皮，此法对北方的鱼鳞松、铁杉、白杨、桦木等很有效，在南方潮湿地区则不适宜。国内一般都是采用机械去皮法。机械去皮的设备类型很多，国内制浆造纸企业目前主要采用摩擦式圆筒剥皮机和滚刀式剥皮机，国外还有采用辊式剥皮机，分述如下。

1. 圆筒剥皮机

圆筒剥皮机（又称剥皮鼓）是一种摩擦去皮设备，分为连续和间歇两类。由于间歇式的生产能力较低，操作较麻烦，已趋于淘汰。连续式圆筒剥皮机有一直径 2.4～5.0m、长 9～30m 的圆筒形转鼓，由钢轮或橡胶轮胎支撑［如图 1-13（a）和图 1-13（b）所示］，筒壁上有树皮排出孔或缝，内壁沿纵向设置有数目不等的断面呈尖角或圆弧等形状的提升条，以利有效翻滚原木。原木从进料端连续进入，在圆筒内做无规则的滚动，主要靠木段与木段之间以及木段与筒壁之间的摩擦、碰撞，使树皮剥离。圆筒由厚实的 30～50mm 的钢板制造，筒体上开有许多排除树皮的缝，尽可能将树皮除去。

连续式圆筒剥皮机的特点是可以处理较长的原木，生产能力大，去皮效果较好，损失率

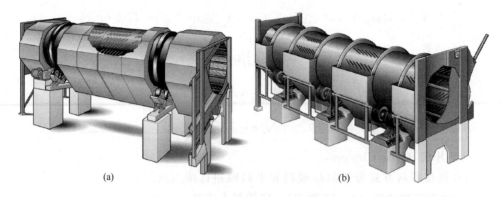

图 1-13　Andritz 公司的连续圆筒剥皮机
（a）钢轮支撑　（b）橡胶轮支撑

较小（1.0％～1.5％），设备构造较简单，管理及维护容易，但设备笨重，占地面积大，若湿法（即需喷水冲洗原木及排除树皮）则耗水量较大。此外，原木两端帚散，易混入杂质，会影响纸浆的质量，并增加削片后的筛选损失。

2. 滚刀式剥皮机

我国东北一些木浆厂采用滚刀式剥皮机。其工作原理是将原木放在楞架上，利用转动的滚刀沿原木纵向削除树皮一道，然后翻滚原木，再削除一道树皮。这样，整个原木经过几次翻动和削除树皮，即得干净的去皮原木。它适用于加工直径 700mm 以下各种径级的原木，可同时去除外皮和内皮，不分材种、形状、弯曲度大小，或者有大包、大节、大枝丫的原木都适用，长短不限，原木外朽部分也可削除，故适应范围大，劳动生产率比人工剥皮高得多；设备构造简单，操作、维修方便。其主要缺点是剥皮损失较大（3％～4％）。且机械化程度不高，属于半机械化操作。表 1-3 为国产的滚刀式剥皮机的主要技术特征。

表 1-3　　　　　　　　　　滚刀式剥皮机的主要技术特征

型　　号	ZMB₁₁ 型（定型产品）
适应条件	原木直径 200～500mm，长度 2～7m
跑车轨距	950mm
滚刀刀盘	ϕ260mm×400mm（双刀）
滚刀转速	1440r/min
原木翻木机构转速	5r/min
外形尺寸	10000mm×2660mm×2300mm（长×宽×高）
排列方式	分左、右手
电动机	JCH502，1.1kW1 台（翻木用）5.5kW1 台（滚刀用）

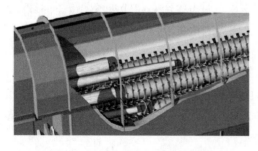

图 1-14　辊式剥皮机局部结构图

3. 辊式剥皮机

图 1-14 为 Andritz 公司开发的辊式剥皮机（Rota Barker™）局部结构图。这种剥皮技术是基于位于设备底部的转动辊筒的作用，原木在辊筒上与剥皮元件及相互接触时被剥皮。剥皮过程在 2～3 段剥皮模块中完成，每个模块都装备有转动的剥皮元件，树皮剥落后立即从转动的辊筒间分离出去。辊式剥皮机是适用于

所有季节和条件的有效剥皮方法，即使是对不除冰的冰结原木。因此，剥皮前不再需要单独的除冰输送机。辊式剥皮机灵活性大，木材损失少，木片中杂质少，木片质量高。与圆筒剥皮机相比，能耗较低，噪声较小，振动少，封闭式构造，灰尘少。

（二）削片

以木材为原料生产化学浆、盘磨机械浆和化学机械浆等都需要将原料削成木片，并要求削出的木片长短厚薄一致、整齐。原木木片的合格率要求大于85%，板皮木片合格率大于75%。常用的削片设备有圆盘削片机和鼓式削片机，采用前者居多。

1. 圆盘削片机（Disc Chipper）

圆盘削片机按喂料方式分为斜口喂料和平口喂料；按刀盘上的刀数可分为普通削片机（4～6把刀）和多刀削片机（8～16把刀）；按卸料方式可分为上卸料和下卸料。

（1）圆盘削片机的结构

图1-15为斜口喂料圆盘削片机的结构示意图。削片机主要由刀盘、喂料槽、机壳和传动部四部分组成。

刀盘是削片机的主要部件，它是一个沉重的铸钢圆盘，起惯性轮的作用。对于大型多刀削片机，往往还安装一个与刀盘平行的惯性轮，以减小削片时振动，均匀电机负荷，减少电机容量。一般刀盘直径1600～4000mm，厚度100～150mm。刀盘固定在钢轴上，盘上装有削片刀。普通削片机的刀片安装在刀盘自辐射位置向前倾斜8°～15°的位置上；多刀削片机一般是在辐射位置上安装的。削片刀一般用铬镍合金钢制造。刀盘上每把刀片下方都有一宽约100mm

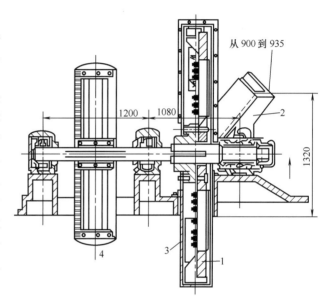

图1-15 斜口喂料圆盘削片机结构示意图
1—刀盘 2—喂料槽 3—外壳 4—皮带轮

的缝，其长度与削片刀长度一致。被削下的木片通过此刀缝从刀盘的另一边排出。木片出口在上方（即上卸式）削片机的刀盘周围装有翅片，以推动木片运动，打碎大片和送出木片；下卸料的则不需翅片，木片直接落下，由输送带送走。

喂料槽俗称虎口，其截面形状有圆形、方形、多边形等。小型削片机一般采用圆形，普通削片机采用方形者为多，平口喂料的大型削片机常用多边形。斜口喂料槽的下方或平口喂料槽的端部装有底刀。由于底刀在削片过程中受力大，切削次数多，容易损坏，其刀刃角特别大，普通削片机为85°～90°，多刀削片机为45°。为了保护普通削片机底刀的刀刃，在底刀口上覆盖一块固定在进料口、角度为40°～45°的大三角板，大三角板的刀口与底刀口相吻合。此外，在喂料槽下方侧部还装有旁刀，起辅助切削作用，在旁刀口上也装有保护旁刀、角度为35°～40°的小三角板，旁刀刀口和小三角板刀口也是吻合一致的。

削片机的刀盘装在铁板制成的机壳里。机壳上设有工作门，以便经常换刀。

削片机通常由电动机通过三角胶带传动。为了节约换刀时间，削片机大都设有制动装置，使刀盘在停机后能迅速停止转动。

（2）圆盘削片机的工作原理

图 1-16 为刀片在刀盘上的安装情况。图中：

安刀角 α——安刀面与刀盘平行面间的夹角，一般为 $2.5°\sim3°$；

刀刃角 β——安刀面与切削面之间的夹角，一般为 $34°\sim42°$；

刀距 B——削片刀突出刀盘的距离，一般为 $11\sim14mm$。

刀高 H——刀片刃边与刀牙（垫板）间的距离，一般为 $18\sim20mm$。

图 1-17 为喂料槽与刀盘间的一些夹角关系。图中：

投木角 ε——喂料槽中心线 OA 与 Z 轴的夹角；

投木偏角 θ——OA 与刀盘垂直面 YZ 面的夹角在水平面上的投影；

虎口角 φ——OA 与水平面 XY 面的夹角，为投木角的余角；

木片斜角 ω——OA 与刀盘 XZ 面的夹角。

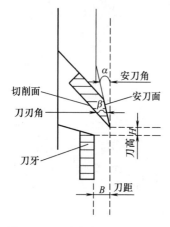

图 1-16　刀片在盘上的安装情况

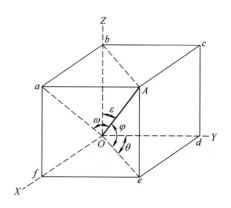

图 1-17　喂料槽与刀盘间的夹角关系
OA—喂料槽中心线　XY 平面—刀盘
平面　YZ 平面—与刀盘垂直的面

结合图 1-16 和图 1-17 分析圆盘削片机的工作原理。

1）削片刀的作用

削片刀的主要作用是切削木片。原木从喂料槽到盘面，被回转刀盘的刀片以及底刀和旁刀切削成一个椭圆形大木饼。由于削刀片有刀刃角，在切削面产生对原木纵向的作用分力（剪切力），在刀缝处又受刀牙或刀盘阻碍，木饼不断沿着木纹裂成木片。削片刀的另一个作用是牵引原木向刀盘面移动。因此，削片刀在切削时的运动速度实际上变成了切削原木和牵引原木两个速度，正是这个牵引力拉着原木切削面紧贴刀盘，并使原木沿喂料槽向削片机喂入。

2）原木移动速度与切削操作

切削速度与刀盘运动速度的方向的夹角称为拉入角 λ，通常拉入角接近或等于安刀角。安刀角越大，拉力越大，原木移向刀盘的速度越快。安刀角过大，会牵引原木过早地到达盘面而引起原木跳动；安刀角过小，原木移动速度过慢，削出的木片达不到要求，短片多。因此，最好的安刀角是使原木在第二把刀切入时刚好到达圆盘面。对多刀削片机，由于刀的间距小，在第一把刀离开原木之前，第二把刀就已切入原木，因此消除了原木在喂料槽中的跳动现象。

安刀角的大小除影响原木的拉入速度外，对切削操作也有影响。切削原木的方向（即投木角 ε＋安刀角 α）以及刀刃角 β 的大小，直接影响单位切削能耗。当 ε＋α 过大时，即相当于横向切削原木，木片厚度增加，单位能耗加大；当 ε＋α 过小时，刀片几乎沿纵向切原木，则木片的厚度减少，虽然单位能耗减少，但由于刀片对原木切削面的作用力大，造成木片表面粗糙而发生强烈变形，如弯曲、破碎、起皱等。刀刃角的大小同样影响能量的消耗，β 增加即刀刃变钝，不但使切削的碎料增多，还增加单位动力消耗，此时应更换刀片；若 β 角太小，不但对刀的材料强度和刚度要求高，甚至削下的木饼不会分离成小木片。

3）木片尺寸的要求。

木片尺寸主要为木片的长度、厚度和斜度，并希望有合适的宽度。图 1-18 为推荐的木片尺寸和形状，即长为 15～25mm，厚 3～5mm，宽约 20mm。

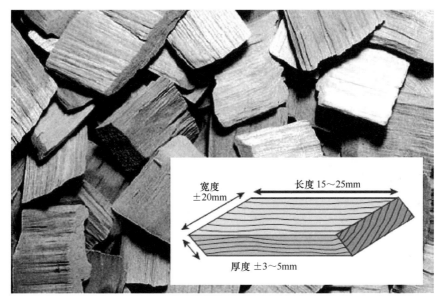

图 1-18 推荐的木片尺寸和形状

（3）影响削片质量的因素

① 原木的质量和水分。小原木、短原木在喂料槽中易跳动，产生大量的短片、碎片和三角块。因此，原木直径大小、质量优劣要搭配均匀，以保证木片的合格率。原木水分高有利于提高木片合格率。在冬季结冻期，水分以 25%～35% 为宜，夏季水分以 35%～40% 为宜。若水分过低，木片发脆，碎末多，切口不齐，影响木片合格率。

② 刀刃角。刀刃角大，木片薄；但刀刃角过大，切削阻力大，碎木片增多；刀刃角过小，木片厚度增加，甚至不能分离成木片。刀刃角一般用 30°～40°。对普通削片机，原木结冻时一般采用 39°～40°，不结冻时采用 37°～38°；对多刀削片机，刀刃角一般采用 35°22′～37°12′。

③ 刀距、刀高和安刀角。刀距的大小决定木片的长度，刀高直接影响木片的厚度，安刀角影响原木的移动速度。三者的任何一个变动，都会影响木片的大小和合格率。

④ 虎口间隙。虎口间隙指削片刀与底刀的距离，过小不安全，过大容易使原木外部切不断，形成长片，影响木片合格率。虎口间隙一般为 0.3～0.5mm。

⑤ 削片操作。削片时，原木要连续地投入，减少原木跳动，正确调整削片刀与底刀和

旁刀的距离，经常检查削片的质量。

（4）新型圆盘削片机的开发

为了提高圆盘削片机的效率，稳定木片质量，提高木片合格率，减少削片过程产生的木屑造成的纤维流失，降低运行及维护成本，国内外都重视新型削片机的研究开发，推出创新的削片技术。例如，Andritz 公司开发的 HQ—Chipper™ 重力喂料式削片机和 HHQ—Chipper™ 水平进料式削片机。前者为原木重力喂料，后侧温和出木片；后者则是原木水平进料，后侧温和出木片，如图 1-19 和图 1-20 所示。

这两种削片机在设计和配置上都进行了改进。宽进料口确保原木在高生产能力时连续进料和削片的稳定；倾斜的削片机轴消除了刀间距的变化，生产规格均一的高质量木片；优化的削片角度使木片的合格率最高，并从根本上减少木屑量。HQ™ 和 HHQ™ 系列盘式削片机生产能力为 50～350m³/h，盘径 1200～4500mm（大多为 2000～3500mm），盘厚 100～250mm，质量可高达 30t，刀数 4～16 把，转数为 220～900r/min，电机容量 400～2000kW。国内某大型木浆厂采用的 HHQ11 削片机，生产能力（去皮原木）290m³（最大 320m³）/h。

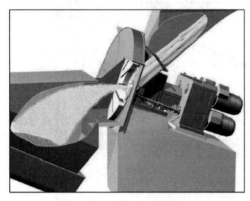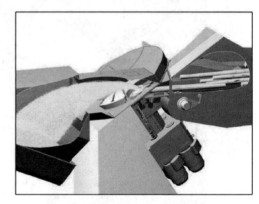

图 1-19　HQ-Chipper™ 重力　　　　　图 1-20　HHQ-Chipper™ 水平
　　喂料式削片机示意图　　　　　　　　进料式削片机示意图

削片机的驱动方式也与传统皮带传动不同，电动机通过联轴器、减速机驱动削片机。图1-21 为 HQ-Chipper™ 的驱动方式，包括单电机驱动、双电机驱动和四电机驱动。国内某木

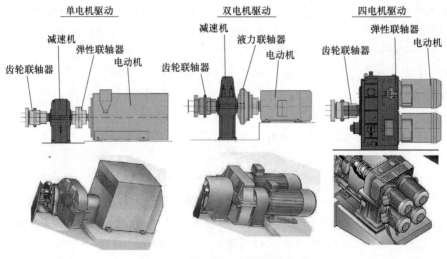

图 1-21　HQ-Chipper™ 驱动方式

浆厂引进的 HHQ-Chipper™削片机就是采用四电机驱动。

2. 鼓式削片机（Drum Chipper）

鼓式削片机是将切削刀装在圆柱形转鼓周边的切削设备。通常有 2～4 把直刀，与转鼓轴线平行或稍微倾斜，利用刀鼓上的飞刀与装在喂料口底部的底刀把原料削成木片；木片通过装在机体下前方的环绕转鼓的刚性筛板排出，未能过筛的过大木片被旋转的刀鼓再碎。

鼓式削片机对原料的适应性较强，特别适合于废木料和边角料的削片。其喂料速度、转鼓转速和飞刀数目决定了所削木片的尺寸。这种削片机的生产能力为 20～300m³/h，转鼓直径 600～2800mm，转速 400～900r/min，皮带传动，驱动电机从 150kW 到大于 1500kW。其进料口通常较宽，尺寸（宽×高）为（400×250）～（1600×1000）mm²。图 1-22 和图 1-23 分别为鼓式削片机外形图和侧面示意图。

图 1-22 鼓式削片机外形图

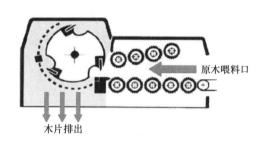

原木喂料口

木片排出

图 1-23 鼓式削片机侧面示意图

二、木片的筛选与质量控制

（一）木片的筛选

从削片机出来的木片，往往带有粗大片、长条、三角木、木屑、木节等。有的不易为药液所渗透，以致产生未蒸解物；而碎末易堵塞管道影响药液循环，致使蒸煮不匀，引起操作的困难，不能保证纸浆质量。因此，必须经过筛选除去不合格的粗片、碎末。分离出来的粗大木片、长木条等需经再碎或重削，碎末可作锅炉的燃料或其他用途。

木片的筛选最早多用圆筛和高频振框平筛，后来多用摇摆式平筛。圆筛是具有筛眼的滚筒，其优点是结构简单，维护容易，但占地面积大，筛选效率低，而且网眼易堵塞，已很少采用。高频振框平筛的振框和弹簧等容易损坏，木片在筛网上易堆积，流通不畅，也已很少采用。

摇摆式平筛用钢丝绳将筛悬吊在机架上，装有偏重轮的一端支撑在筛体连接的连杆上，一端支撑在机架的轴承上。电动机带动偏重轮回转，使筛体作水平摇晃摆动。筛体一般有三层筛板，各层筛板均有 3°～4° 的倾角，以利木片向一端排出。木片经分配器均匀地分配到筛体上层。不能通过上层筛板的为大木片，送至再碎或重削，通过第三层筛孔出来的为木屑，其余的为合格木片。图 1-24 为摇摆式木片筛的安装示意图，图 1-25 为摇摆式木片筛的侧视和俯视图。

国内生产的摇摆式平筛目前使用情况良好。表 1-4 为国产摇摆式平筛的主要技术特征。

（二）粗大木片的再碎

粗大木片的再碎有再碎机和小型削片机。以前再碎机的应用较普遍，目前使用较多的是小型削片机。

图 1-24 摇摆式木片筛的安装示意图

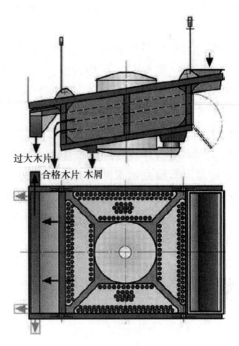

过大木片
合格木片 木屑

图 1-25 摇摆式木片筛的侧视和俯视图

表 1-4 摇摆式筛片机主要技术特征

型号	ZMS₁	ZMS₂	型号	ZMS₁	ZMS₂
生产能力/(m³/h)		85(堆积)	频率/(r/min)	200(惯性轮转数)	
筛面积/m²	2.4	4.6	主轴转速/(r/min)		180
上层筛孔尺寸/mm	50×30	50×25；40×40	外形尺寸/mm	1800×1500×1360	4560×3800×3300
中层筛孔尺寸/mm		12×12	设备质量/kg	800	5900
下层筛孔尺寸/mm	φ5	φ5	电动机	1.1kW1台	7kW1台
振幅/mm	40～120	90			

再碎机的作用主要是沿着木片纵向将大片撕裂，长度方向的切断作用较小，再碎后木片长度不一定符合制浆要求。但再碎机结构紧凑，体积小，便于布置。再碎机的种类有荡锤式、斜刀式等。图 1-26 为国产 ZMZ₁ 型荡锤式再碎机的外形尺寸。

小型削片机一般是具有转鼓和转子的刀式削片机，刀片安装在转鼓上，转子以高于转鼓的转速把大木片推向削片刀进行大片再削。

三、木材原料备料的工艺计算

1. 圆筒剥皮机生产能力的计算

$$G_V = K \frac{60\pi D L n}{100} \qquad (1-1)$$

式中 G_V——圆筒剥皮机生产能力，实积 m³/h

D——剥皮机筒体的直径，m

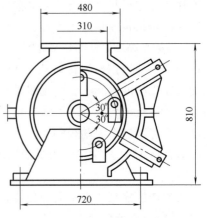

图 1-26 国产 ZMZ₁ 型荡锤式
再碎机的外形尺寸

L——剥皮机筒体的长度，m

n——剥皮机的转速，r/min

K——剥皮机的生产能力系数，取 0.14

实际上，剥皮机的生产能力与原木的湿度和浸泡时间等有很大关系，材种不同，剥皮机生产能力也有不同。

2. 圆盘削片机生产能力的计算

$$G_V = KALnZ \tag{1-2}$$

式中　G_V——削片机实际生产能力，实积 m³/min

K——削片机生产能力有效系数，可取 0.14～0.2

A——喂料槽截面积，m²

L——木片的长度，m

n——刀盘转速，r/min

Z——飞刀数目

3. 木片长度的计算

$$L = \frac{H}{\sin\varepsilon \cdot \cos\theta} \tag{1-3}$$

式中　L——圆盘削片机削出的木片长度，mm

H——刀高，mm，一般为 11～14mm

ε——投木角，（°）

θ——投木偏角，（°）

由于 ε 和 θ 是在削片机设计时确定的，因此，木片长度与刀距成正比，或者说可通过调节刀距来调节木片长度。在实际生产中，由于原木在切削时尾端会翘起，这相当于缩小了投木角，切出来的木片长度比计算值大。故采用的刀距应比计算出来的数值小 2mm 左右。

4. 木片厚度的计算

$$\delta = KH \tag{1-4}$$

式中　δ——圆盘削片机削出的木片厚度，mm

H——刀高，mm

K——经验常数，实际上为投木角和刀刃角等影响的联合系数。一般为 0.2～0.3。

5. 木片斜度的计算

$$\sin\omega = \sin\varepsilon \cdot \cos\theta \tag{1-5}$$

式中　ω——木片斜角，（°）

由此计算式可见，投木角 ε 和投木偏角 θ 一定，圆盘削片机削出来的木片的斜角是一定的。

6. 刀距的计算

由式（1-3）和式（1-5）可知

$$H = L\sin\varepsilon \cdot \cos\theta \tag{1-6}$$

或 $$H = L\sin\omega \tag{1-7}$$

式中　H、L、ε、θ、ω 的含义及单位同前。

7. 刀高的计算

由式（1-4）可知

$$H=\frac{\delta}{K}$$

式中　H、δ、K 的含义及单位与式（1-4）同。

8. 计算示例

① 某厂使用四刀圆盘削片机，喂料槽与水平面的夹角为 56°，喂料槽与刀盘垂直面的夹角在水平面上的投影为 23°，问当刀距为 9.5～10.5mm，刀高为 15mm 时，削出的木片规格。

解：由题意可知，虎口角 $\varphi=56°$，投木偏角 $\theta=23°$

投木角 $\varepsilon=90°-\varphi=90°-56°=34°$

故木片长度 $L=\dfrac{H}{\sin\varepsilon \cdot \cos\theta}=\dfrac{9.5～10.5}{\sin34° \cdot \cos23°}=18.5～20.5\text{mm}$

木片厚度 $\delta=KH=(0.2～0.3)\times15=3.0～4.5\text{mm}$

木片斜度 $\omega=\arcsin(\sin\varepsilon \cdot \cos\theta)=\arcsin(\sin34° \cdot \cos23°)=31°$

② 某厂使用平口喂料十刀圆盘削片机，喂料槽与刀盘的夹角为 37°，若要求木片长度为 18～20mm，试计算该削片机的刀距和削出木片的斜角。

解：根据题意，喂料槽与刀盘的夹角即为削出木片的斜角，$\omega=37°$

由式（1-7）可知　$H=L\sin\omega=(18～20)\times\sin37°=10.8～12.0\text{mm}$

第三节　非木材原料的备料

我国具有丰富的非木材纤维资源。麦（稻）草、芦苇、竹子、蔗渣、棉秆、红麻、龙须草、荻荻草、芒秆、玉米秆、高粱秆等是我国用于造纸的非木材纤维原料。非木材原料的种类很多，原料的性质和特点差别较大，备料工艺流程及设备也有明显的不同。本节主要介绍麦草、芦苇、竹子、蔗渣以及棉秆等原料的备料。

一、麦草的备料

麦草备料的目的是按蒸煮要求切成一定的长度，并利用筛选、除尘或洗涤设备除去麦草的穗、叶、鞘及夹带的泥沙等杂质，以降低蒸煮化学品消耗，改善纸浆的滤水性能，提高纸浆质量。

麦草备料的方法可分为干法（即干切—干净化）、湿法和干湿结合法（即干切—初步干净化—湿净化或干切—湿净化）三种。

（一）干法备料

干法备料在我国应用较普遍，常见的工艺流程见图 1-27。它主要由喂料、切料、筛选

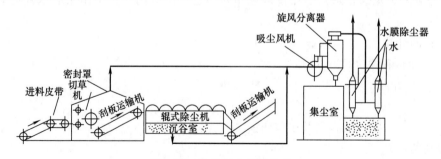

图 1-27　麦草干法备料流程

和除尘等部分组成。

切料的主要设备是刀辊切草机，如图 1-28 所示。它由喂料压辊、刀辊和底刀组成。原料由喂料皮带送往喂料口时，被第一喂料辊压住，并随喂料辊转动，将原料送至第二喂料辊，靠喂料辊的重力和弹簧的压力将原料压紧进入飞刀和底刀之间切成草片。刀辊上安有 3 把飞刀，其刀刃角为 40°～50°，刀片安装时与刀辊母线呈 4°～7°角，使飞刀与底刀的接触是渐进的，以免出现瞬时动力负荷高峰。底刀水平地固定在机架上，其位置可以调节。底刀较厚，其刀刃角为 80°～85°。飞刀与底刀的间隙一般需保持

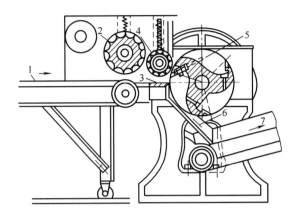

图 1-28 刀辊式切草机

1—进料输送带 2—第一喂料压辊 3—底刀 4—第二喂料压辊 5—飞刀 6—挡板 7—出料输送带

在 0.3～0.5mm，且刀的全宽应具有相同的间隙。原料在飞刀的剪切下，切断成一定的长度，落入底部的出料输送带上，再送筛选除尘系统。

筛选和除尘是为了将草片中夹带的草末、草叶、尘土和谷粒等杂质除去。国内常用的除尘设备有辊式除尘机和双锥形草片筛（又称双锥形除尘器）。

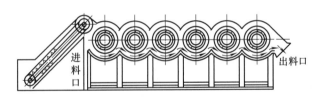

图 1-29 六辊辊式除尘机示意图

辊式除尘机（又称羊角除尘器）主要由转鼓、筛板、辊罩、集尘斗组成，其示意图见图 1-29。转鼓一般有 6 个或 4 个，转鼓上装有类似羊角的短棒，以松散和翻动草片，并使草料均匀而曲折地前进。转鼓的转速须逐个增大 1%～2%，以防止草料在转鼓之间堵塞。筛板一般安装在转鼓下方，厚 2～3mm，筛孔 $\phi6～8$mm，孔距 8～10mm。为了减少筛孔堵塞，提高筛选效率和除尘效率，已有改进型的振动筛辊式除尘机。筛板下设有集尘斗和排尘口，从筛板落下的谷粒、尘埃、沙砾等杂物多用抽风机吸走。辊罩设有密封设置，以防草片和灰尘外扬。

双锥形草片筛主要由机架、筛鼓、筛板、罩子、螺旋输送机、皮带张紧轮等组成，其结构简图见图 1-30。筛的下半部为筛板，筛的中心轴转鼓上焊有呈螺旋状排列的叶片。草片从锥端小头侧面进入，由于叶片本身有一倾斜角，叶片又是按螺旋方向排列，因此中心轴旋转时，草片从进入端被叶片拨起并旋转着向出口端推进，草片和杂质就在草片向前旋动过程中分离，相对密度较大的泥沙、谷粒、草节等沉落到下部的筛板，

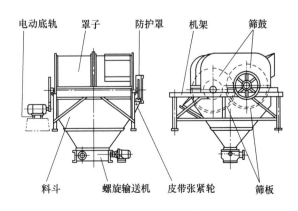

图 1-30 双锥形草片除尘器结构简图

21

穿过筛孔进入到除尘系统。与辊式除尘机相比，这种设备占地面积小，堵塞现象少，除尘效率高。

吸尘风机吸走的谷粒、尘土等杂质通常先经谷粒分离器回收谷粒，再送到集尘室和除尘器进行处理，相对密度较大的尘土在集尘室沉降，没有沉降下来的轻质灰尘进入水膜除尘器或水帘除尘器。

干法备料具有设备投资少，电耗低，操作简便等优点，其缺点是除杂除尘效果差，尤其是当原料水分含量大于 15% 时，会严重影响除杂除尘效果，其次是设备四周灰尘大，环境卫生条件差。

（二）湿法备料

麦草的湿法备料，国内做过一些研究，但未见其工业化应用的报道。图 1-31 为一国外引进的麦草全湿法备料工艺流程。

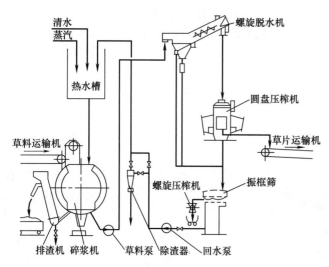

图 1-31　麦草全湿法备料工艺流程

未切料的整捆麦草送入具有球形壳体的水力碎浆机，在草料浓度 5%～6%，NaOH 用量 1%（对绝干草）、温度 45℃ 条件下碎解约 15min，草捆被打散、撕裂和切断后，穿过筛孔由草料泵抽至螺旋脱水机脱水至干度 10% 左右，再经圆盘压榨机压成干度为 25%～35% 的草饼，经预碎机分散后，再由运输带送至蒸煮工段。

湿法备料较彻底地解决了干法备料存在粉尘飞扬、劳动条件差，影响工人健康的尘害问题，其除杂除尘效果好，后续蒸煮漂白化学品消耗比干法备料可降低 15%～20%，硅含量明显下降，纸浆强度显著提高。其主要缺点是设备投资大，维修费用高，动力消耗大，生产成本高，也有污水排放问题。

（三）干湿结合法备料

干湿结合法备料是对干法备料与湿法备料的优缺点进行综合考虑扬长避短而开发出的新流程。此法投资适中，其净化效果明显好于干法，除杂率与制浆得率较高，蒸煮化学品消耗降低，动力消耗比湿法低，纸浆质量比干法好，碱回收的困难减少。因此，干湿结合法是草类原料备料的发展趋势。

目前我国新建或改建的麦草浆项目大多采用以下两种流程（见图 1-32 和图 1-33）：

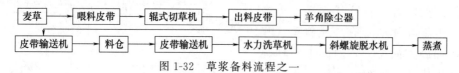

图 1-32　草浆备料流程之一

图 1-32 备料系统的关键是水力洗草机的使用。麦草经干法切料除尘后，进入注有 20～50℃ 温水的水力洗草机中，草料浓度为 2%～3%，水力洗草机底部装有叶轮式搅拌装置，叶轮转动产生的涡流对物料进行强烈的搅拌，麦草在激烈的水力、物料间的相互摩擦以及转

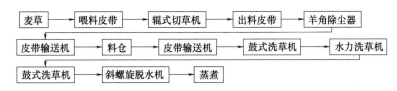

图 1-33 草浆备料流程之二

子机械作用下被充分打散，夹杂在麦草里的泥沙、草屑等杂质被除掉，对后续蒸煮漂白及碱回收的正常运行，提高纸浆质量都有很大的好处。洗涤后的麦草片经斜螺旋脱水机脱水至干度 10%～15%，送蒸煮。

图 1-33 流程与图 1-32 流程不同的是此流程采用了 2 台鼓式洗草机。在水力洗草机前的 1 台为双鼓式洗草机，并在双鼓洗草机后面加了一个平流过渡槽，使得草片中的杂质经过双鼓洗草机后有一个平稳的静置沉降过程。在水力洗草机后增设一台鼓式洗草机，以利草片中夹带的杂质进一步去除。

二、芦苇的备料

芦苇、荻、芒秆由于其植物形态与稻麦草有较大的区别，因此其备料工艺也有明显的区别。本部分介绍芦苇的备料，其工艺和设备也适用于荻和芒秆的备料。

芦苇的备料有干法和干湿结合法两种，目前国内大多数苇浆厂采用干法备料流程，干湿结合法已开始用于芦苇的备料。

芦苇干法备料的代表性流程见图 1-34，其流程实例见图 1-35：

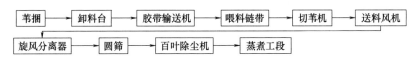

图 1-34 芦苇干法备料的代表性流程

芦苇的切断大多采用刀盘切苇机，其结构示意图见图 1-36。原料经上下链排夹送并在上喂料齿形辊紧压下前进，被固定的底刀和旋转的飞刀切断。国产切苇机有两种，生产能力分别为 14t/h 和 20～30t/h，其刀盘直径分别为 ϕ2200mm 和 ϕ2400mm，盘上装有 4 把和 5 把飞刀。飞刀呈弧形，厚10mm，刀刃角 20°左右。底刀水平地装在机架上，刀厚 20mm，刀刃角约 55°。切料时，由于飞刀是弧形，所以以飞刀先与靠近刀盘中心的原料接触，将其切断，然后沿刀盘径向连续切料。这样，由于瞬时切料面积小，故剪切作用力大，切料效果好，所需动力相对于全接触切料时小。国内某厂对五刀

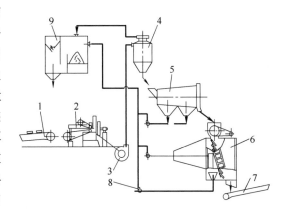

图 1-35 芦苇备料工艺流程实例
1,7—皮带输送机 2—切苇机 3,8—鼓风机 4—旋风
分离器 5—圆筛 6—百叶式苇片除尘器 9—集尘室

刀盘切苇机进行改造，优化链条机结构，平衡各辊转速，进料速度由原设计的 27m/min 提高到 46m/min，解决了进料缓慢不连续和磨损卡阻等问题，使单台切苇机生产能力提高

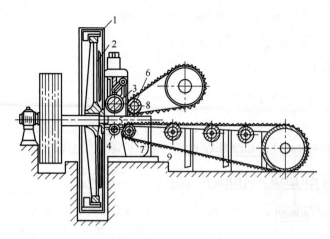

图 1-36 刀盘切苇机结构示意图

1—刀盘 2—飞刀 3—上喂料齿形辊 4—下喂料齿形辊
5—底刀 6—上链轮 7—下链轮 8—上链排 9—下链排

了 60%。

从切苇机出来的苇片，夹杂有苇膜、苇鞘、苇穗、苇末和尘土等，这些杂质对蒸煮过程和纸浆质量产生不良影响，因此必须在切苇后进行筛选与除尘。一般苇片先进旋风分离器进行初步除尘，除去细小的尘埃；再通过圆筛进一步除去质量和颗粒较大的尘埃和部分苇末；接着用风选机或百叶除尘机除去苇膜、苇穗、苇末等相对密度小的杂质。百叶除尘机是在风选机的基础上设计的，将正压吹送改为负压吸送，不仅改善了环境，除尘率也较高，可达 95%。最后尘埃送集尘室和水膜除尘器进行处理，产生的废水经处理后循环回用。

国内某厂芦苇连续蒸煮项目采用干湿结合法的备料流程，在干法备料系统之后，增设了水力苇片洗涤机和螺旋脱水机等设备，其工艺流程见图 1-37。

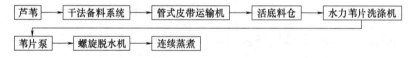

图 1-37 芦苇连续蒸煮干湿结合法备料流程

湿法流程中的主体设备是立式水力苇片洗涤机，对苇片进行强力擦搓洗涤，除杂、除腐、除砂效果好，纸浆质量明显改善。该苇片洗涤机容积为 60m³，装机容量达 280kW。为了降低备料过程能耗，采用了变频调节技术。根据产量大小，苇片质量优劣及生产工艺要求，通过变频调速来调节苇片洗涤机的洗涤力度，避免过度的擦搓洗涤，并减少苇片损失。同样，洗苇水经处理后大部分循环回用。

三、竹子的备料

竹子原料的备料有削片备料和撕丝除髓备料两种方式。

（一）削片备料

传统的削片备料属于干法备料，主要包括削片和筛选两道工序。其简化流程如图 1-38 所示。

图 1-38 竹子干法备料流程

竹子的削片设备国内有两种定型产品，一种是刀辊切竹机，其结构与刀辊切草机相似，只是在喂料辊前增加了一对轧竹机，用以轧裂原竹并进行强制喂料。对于小杂竹可直接采用一般的刀辊切草机进行削片。另一种是刀盘切竹机，其结构与原木圆盘削片机很相似，也是在喂料部分增加了一对轧竹辊和一个喂料辊。一般都是水平喂料且与刀盘垂直，因此切出来的竹片没有斜面。切竹时应头尾搭接，均匀送料，避免发生空刀；喂料不宜太厚，应不超过 $300\sim400\mathrm{mm}$，$\phi150\mathrm{mm}$ 以上的大原竹喂料时不应同时进料两根以上；原竹的水分含量不宜太高，以不超过 15% 为宜。小径材竹片长度一般为 $20\sim30\mathrm{mm}$，不宜超过 $40\mathrm{mm}$；大径材竹片尺寸 $15\sim25\mathrm{mm}$；合格率要求 90% 以上。

近期建设的竹浆项目采用干湿结合法备料，切料多采用鼓式削片机。国内某大型竹浆厂引进了先进的干湿结合法备料主要设备，其流程见图 1-39。

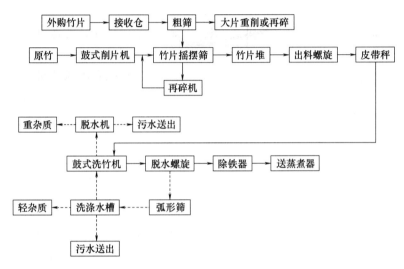

图 1-39　国内某大型竹浆厂引进先进干湿结合法备料设备生产流程

国内另一大型竹浆厂采用与上类似的干湿法备料流程，不同的是备料主体设备鼓式切竹机、摇摆筛、鼓式水洗机和双螺旋脱水机等，全部采用国产设备，投产后运转正常，备料工段每天运行 18h，可满足 500t/d 浆产量的供料。

（二）撕丝除髓备料

撕丝除髓备料是由美国 Peadco 公司研发的，已在国外一些工厂应用。该公司给我国某厂设计的 120t/d 漂白毛竹浆备料流程如图 1-40 所示。

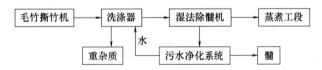

图 1-40　某厂设计的 120t/d 漂白毛竹浆备料流程

该工艺的关键设备是撕竹机，其设计原理是参照矿山用锤式粉碎机并进行改进。采用撕碎的方法，纤维束可以在几乎不损坏纤维的情况下沿轴线方向裂开，同时竹节也会破碎。撕碎的原料经过洗涤和湿除髓之后，均匀纤细，因而可以加快蒸煮液的浸透，蒸煮更快更均匀，浆渣少，浆质好。竹子的撕丝方式，除了把整根竹子直接用撕竹机撕丝外，也可削片或切段再撕丝。一般对小径竹可先削片后撕碎，对大径材一般采用直接强制喂料，先压溃而后撕丝。

四、蔗渣的备料

蔗渣中除含有纤维细胞外，还含有 30% 左右的由质地松软、短粗的薄壁细胞组成的蔗髓及 5% 左右的非纤维表皮细胞。在蒸煮过程中，蔗髓由于是一种海绵状的无定形物质，吸水性强，故首先与药液反应，使蒸煮化学品消耗量显著增加；由于蔗髓的存在，会使纸浆得率降低，洗涤、漂白及抄纸过程发生困难，并影响纸张质量。同时，蔗髓含硅量高，增加黑液碱回收困难。因此，蔗渣备料的关键是除髓。除髓的方法有半湿法、干法和湿法。

半湿法除髓是指甘蔗榨糖后含水量 50% 左右的新蔗渣的除髓，一般在糖厂进行，除髓率最高可达 25%。其优点是大大减少贮存面积和运输费用，降低原料成本，并且纤维损伤少，贮存损失小。

干法除髓是指蔗渣干法贮存，自然干燥后（水分含量降至 20% 以下）进行的除髓。一般生产流程见图 1-41。

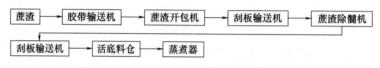

图 1-41　蔗渣干法除髓一般生产流程

半湿法和干法除髓的设备主要有锤击式卧式除髓机和立式除髓机。锤击式除髓机主要由机壳，筛板和转鼓组成，如图 1-42 所示。转鼓上装有呈螺旋状排列的活动飞锤，上机壳有导向叶片。蔗渣由机壳上方进料口进入，由高速旋转的转鼓带动飞锤把蔗渣打散，使蔗髓与纤维变得松散而分离。同时，蔗渣在机内随转鼓回转而前进。分离后的蔗髓从下机壳筛板筛出，除髓后的蔗渣从末端出料口排出。这种除髓机结构简单，操作方便，一般除髓率在 15% 左右。但它的制造和安装要求较高，维修量大，而且这种除髓机的机械作用较强，会造成部分纤维损伤，已逐步被较先进的立式除髓机所取代。图 1-43 为立式除髓机结构示意图。

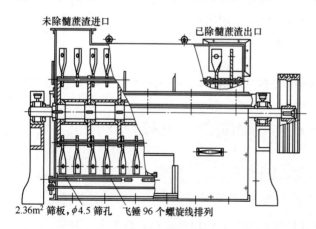

2.36 m² 筛板，φ4.5 筛孔　飞锤 96 个螺旋线排列

图 1-42　锤击式蔗渣除髓机

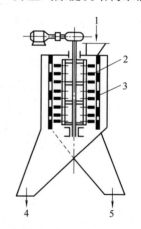

图 1-43　立式除髓机结构示意图
1—进料口　2—飞锤　3—筛板　4—蔗髓　5—蔗渣

立式除髓机由一个垂直悬吊的转子和筛鼓组成，转子上装有许多带螺旋线排列的飞锤，其主要作用是给物料以离心力而不是将物料锤碎切断。蔗渣刚落入除髓机时，纤维束是无定向的。在高速旋转的转子所产生的离心力以及重力的共同作用下，纤维束直立定向排列并沿螺旋线盘旋而下，通过转子和筛鼓之间的净化区。转子一方面推动纤维束沿螺旋线前进，又使纤维束本身自转，互相揉搓，直至松散开来，髓通过筛孔排出，纤维则因呈直立排列而通

不过筛孔,在筛鼓内向下运动到卸料口排出。立式除髓机的筛板利用率高,进出料很顺畅,纤维受到的损伤大大减轻,生产能力提高,单位电耗低,除髓率较高,可达 20%。

湿法除髓是指蔗渣以悬浮液状态(浓度 5%)进行的除髓。湿法除髓的除髓、除砂效果较好,蔗渣纤维在除髓过程中受到的机械损伤小,纤维较干净,水分也均匀,成浆质量较好;主要缺点是动力消耗较多,用水量大。湿法除髓可以在水力碎浆机中进行。由于水力碎浆机转动叶片和固定叶片对蔗渣的摩擦作用和水力的剪切作用,导致蔗髓与纤维分离。蔗髓不断通过水力碎浆机底部的筛板流出,蔗渣经脱水后,进入螺旋压榨机,压榨到 35% 左右干度送蒸煮工段。其流程如图 1-44 所示。

图 1-44　湿法除髓工艺流程

国内某厂开发了专门用于蔗渣洗涤/湿法除髓的工艺与设备,其主要工艺流程如图 1-45 所示。

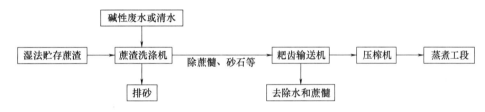

图 1-45　专用于蔗渣洗涤/湿法除髓设备工艺流程

这种蔗渣洗涤/湿法除髓设备主要由洗涤机、耙齿输送机和压榨机 3 部分组成。洗涤机由 U 形洗涤槽、沉砂锥斗、8 只卧式搅拌辊、一套立式搅拌装置、2 套电液动排渣阀、4 台摆线针轮减速电机等组成,如图 1-46 所示。含水约 70%,pH 为 3~5 的湿法贮存蔗渣通过皮带输送机连续送入洗涤机 U 形洗涤槽的入料端,加入碱性废水或清水。蔗渣在卧式搅拌辊的快速搅动下被揉搓和搅散,并随着拨动方向向前推进;蔗渣中的酸性物质被碱性废水中和或溶入水中;蔗髓、砂石等逐渐沉降,当蔗渣移动到沉砂锥斗上方时,因转弯流速减慢,砂石等杂物加速沉降,通过沉砂锥斗收集后不定期排出。蔗渣进入洗涤槽的出料端后,顺着筛板被搅拌辊扒升,蔗髓和细小固体杂质通过筛板随洗涤水排走,蔗渣进入耙齿输送机向上输送,在耙齿作用下再次滤去洗涤水和蔗髓;最后将蔗渣喂入压榨机压

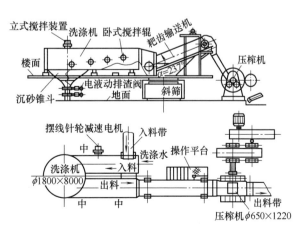

图 1-46　一种蔗渣洗涤/湿法除髓设备结构图

榨，使蔗渣干度提高到 40%～50%，送蒸煮工段。筛板排出的洗涤水经过滤后循环使用。这种蔗渣洗涤设备除砂、除髓效果很好，降低了后续蔗渣用碱量，缩短了蒸煮时间，节约了蒸煮用汽，减少了纸浆筛选、除砂设备（尤其是压力筛）的磨损，也减少了碱回收过程硅的干扰，有效地降低了制浆和碱回收生产成本，改善了纸浆质量。该工艺和设备已在国内多家蔗渣浆厂推广应用。

国内近期投产的蔗渣横管连续蒸煮系统采用如下的备料流程见图 1-47。

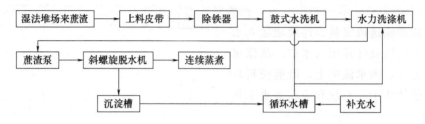

图 1-47　蔗渣横管连续蒸煮系统备料流程

湿法堆存蔗渣先用鼓式水洗机洗涤，然后进入水力洗涤机洗涤，稀释水采用循环水，补充水为温水，同时按一定比例加入碱液，以便更好地溶解蔗渣中含有的杂质及中和洗涤水中的酸。水力洗涤机底部有特殊的叶轮式转子及刀片，转动的叶轮产生强烈涡流对蔗渣进行搅拌，在蔗渣间的相互摩擦下，蔗渣被充分松散，并溶出蔗渣中的溶出物，同时分离夹杂在蔗渣中的石头、泥沙等重物。洗后的蔗渣经斜螺旋脱水机脱至干度 15%～18%，送蒸煮工段。

五、棉秆的备料

随着造纸工业的发展与纤维原料短缺矛盾的日益突出，棉秆在制浆造纸的应用越来越受到重视。我国北方已有多家造纸厂采用棉秆为造纸原料，大多用棉秆制半化学浆并将其用于高强瓦楞原纸及箱纸板的生产。

棉秆比较硬，并且枝丫与主干区别不大，不可以将其丢弃。由于枝丫的纵横交织与抵触，棉秆无法像麦草一样打捆堆垛。棉秆在堆垛前应尽量切断，在切断的同时尽可能压溃。国内某厂用锤式碎草机对堆垛前的棉秆进行处理。国内也已开发出具有切断和压溃功能的切碎机。目前，棉秆的备料多采用与麦草干湿结合法备料相同的流程（图 1-48）。

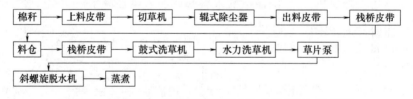

图 1-48　棉秆备料（与麦草干湿结合法备料相同）的流程

该流程选用切草机，主要是考虑其他草类原料（如麦草）的应用。较硬的棉秆进入鼓式洗草机时容易在鼓式洗草机的进口处聚集而造成进口不畅，可将鼓式洗草机的耙齿加长，并控制鼓内液位，使进口通畅。水力洗草机的构造与水力碎浆机很相似，其产生的离心作用可以把杂质进一步除去。

国内某厂采用干湿结合法进行棉秆的备料，其流程见图 1-49。其主要设备有联合切破机组、摩擦筛分机和湿法除杂系统。联合切破机组包括胶带输送机、喂料、切断破碎部分和出料胶带等。喂料切破部分由上下喂料辊、刀辊、底刀盘、破碎装置及液压机构组成。摩擦筛分机（又称棉秆筛）的结构类似羊角除尘器，但转鼓上不是带有锥形齿棒，而是带有锤状钢齿。当棉秆片进入旋转的齿辊与筛板之间时，受到强力摩擦与揉搓作用，将碎屑、髓、尘土等杂质揉搓下来，从筛孔落入出灰斗排出。湿法除杂质系统由水洗机、螺旋脱水机、重杂质捕集器及水循环等部分组成，料片经胶带输送机定量、连续地送入水洗槽，由转动的洗鼓叶片压入水中，洗涤水从水槽下部进入，因水流向上，既能使料片不下沉，又能使沙土、石块和金属等重杂物沉到水槽下方的重杂物捕集器，捕集器的两个气动阀门定期交替开闭排除重杂物。经过水洗棉秆片和水一起流入螺旋脱水机的下端，螺旋推进过程中，料片间的水通过螺旋底壳筛板排除，料片被推送到螺旋脱水机上

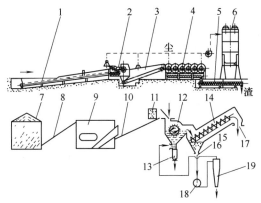

图 1-49 棉秆干湿法备料流程图

1,3,8—胶带输送机 2—切破机组 4—摩擦筛分机
5—出灰螺旋 6—袋式除尘器 7—料片垛 9—中间料仓
10—带电子秤胶带输送机 11—电磁铁 12—水洗机
13—重杂物捕集器 14—螺旋脱水机 15—筛板
16—污水出口 17—料片出口 18—水泵 19—除渣器

端出口落到胶带输送机上送蒸煮。从筛板排出的污水经过斜筛去除筛渣后落入污水池，用泵送到锥形除渣器除渣，净化的水回用于水洗机。洗涤时间 1～1.5min，出口料片干度 30%～40%。

六、非木材原料备料的工艺计算

1. 切草机的生产能力计算

切草机的生产能力一般用式（1-8）计算

$$G_m = 60Kb\delta v\rho \tag{1-8}$$

式中 G_m——切草机的生产能力，kg/h

b——喂料辊宽度，m

δ——喂料层堆积厚度，一般取 0.2～0.3m

v——喂料速度，m/min

ρ——原料的堆积密度，kg/m³。

K 的含义同式（1-4）。

几种原料的堆积密度为：

稻草 55～65kg/m³　　　　高粱秆 60～65kg/m³

麦草 65～75kg/m³　　　　玉米秆 60～65kg/m³

芦苇 70～75kg/m³　　　　芒秆 70～75kg/m³

2. 切草机的切草长度计算

$$L = \frac{v}{nZ} \tag{1-9}$$

式中 L——切草长度，m

v——喂料速度，m/min

n——飞刀辊转速，r/min

Z——飞刀辊的刀片数量

3. 切草机的喂料速度计算

喂料速度见式（1-9）。切草机的喂料速度即压辊速度，要求与飞刀辊转速相配合，否则影响草片长度。

$$v=LnZ$$

式中符号含义及单位与式（1-9）同。

第四节　备料过程节能与固体废弃物的处置和利用

一、木材原料备料过程节能

（一）圆筒剥皮机的节能

木片中残留的树皮不但会影响纸浆的质量，对木片化学处理时药液的浸透和消耗也有十分不利的影响。所以，原木备料过程中进行有效的剥皮是木材类原料制浆过程的重要环节。

1. 圆筒剥皮机运行特点

圆筒剥皮机的生产能力一般与筒体的转速成正比，在一定范围内提高圆筒剥皮机的转速，即可提高其生产能力。在实际生产过程中，随着需要剥皮的原木材质的不同，圆筒剥皮机的产能也会变化。因此，剥皮机筒体的转速最好能进行无级调节。同时，由于剥皮机筒体在运行过程中转矩变化幅度较大，所以圆筒剥皮机的变速运行应适应转矩的大幅变化。

当圆筒剥皮机筒体的转速提高到一定值时，筒内原木将随着筒体一起旋转而不下落，导致附着在原木上的树皮不能被有效剥离，因此筒体的转速应该保持在一定的范围内，其最高转速值称为极限转速。一般情况下，圆筒剥皮机的极限转速与筒体的半径成反比，筒体直径越大，则圆筒剥皮机的极限转速就应越低，电机的转速也应相应调低。

圆筒剥皮机驱动时产生的转矩与筒体直径的 2.5 次方及长度成正比，并与筒内原木质量、填满系数等有关。由于剥皮机圆筒及筒内原木在运行过程中产生的惯性，使得剥皮机在起动时的驱动转矩比正常运转时的转矩大很多；当剥皮机正常运转时，剥皮机圆筒及筒内原木的惯性转矩又有助于圆筒转动的作用，因而剥皮机正常运转的实际转矩远小于起动时的转矩。

2. 液压调速系统在圆筒剥皮机中的应用

在圆筒剥皮机使用过程中实施节能，理论上可以采用交流电机的变频调速技术对其传动系统进行优化改造，但目前尚无实践报道。国内某制浆造纸企业在其备料车间的圆筒剥皮机上成功地应用液压比例技术进行调速，取得了较好的节能效果。

在液压比例技术调速系统中，由一台电控比例主变量泵控制 2 台定量电机，由电机带动一级链条传动，并通过带动胶轮驱动圆筒转动。通过调节输入比例变量泵的电流，便可调节进入定量电机的流量，从而改变电机的转速，实现剥皮机圆筒转速的调节。该液压系统选用了大扭矩低转速的定量电机，液压泵选用高压大排量变量泵，使整个系统具有工作原理简单、组成元件较少、便于控制和维修的特点；同时系统采用了容积调速方法，有效地降低了系统的能耗。

（二）削片机的节能

1. 对削片机的改进

近年来，针对提高削片的木片合格率、减少电机电能消耗、减小削片机运行时的振动噪声等问题，开展了新型削片机的研发工作。总体来看，削片机技术的发展体现在以下几个方面：一是改善了削片机的进出料机构；二是改进了飞刀和底刀的结构及飞刀的装夹方式；三是增设了控制木片质量的分离装置以及降低了削片机的振动与噪声等。这些新型削片机的出现，起到了提高木片生产效率和木片合格率、降低削片机噪声、振动和减少电机能耗的作用。

从削片机的使用情况来看，目前削片机存在如下几个问题：一是木片质量不稳定，表现为超大片或碎小片比例高，即木片的合格率较低；二是削片机的功率配置不尽合理而导致单位能耗偏高。存在动力不足和大马拉小车问题，其单位动力配备（以 $1m^3/h$ 生产率所配备的动力 kW 数）小至 $3.9kW \cdot h/m^3$，大到 $14.17kW \cdot h/m^3$，相差达 3.8 倍之多。

为了提高削片机的削片质量和降低能耗，国内外进行了大量的设备改进工作，取得了较好的效果。

对进料机构和出料方式的改进：

进料机构直接影响到削片机的运行稳定性和动力消耗，也影响木片的质量。鼓式削片机切削时飞刀做圆周运动，切削过程是间歇进行的，这就势必造成切削过程中木段的跳动，因此，国外多采用强制进料机构，即通过强制控制机构压紧进料木段，以减少木段在切削过程中的跳动，也起到提高切削质量的作用。

传统的削片机大多采用上出料方式排出木片，刀盘周边需增设叶片，但削出的木片因被叶片撞击而破碎，因而木片合格率较低。国外研制的新型盘式削片机采用侧出料或下出料方式，木片靠切削时的弹性能无冲击地排出，可减少木片损失 3%～5%。

2. 切削机构的改进

（1）采用多刀或螺旋面切削机构

普通盘式削片机切削时飞刀做平面运动，且是间歇进行的，当第一把刀离开原木后，隔一段时间第二把刀才开始切削，这样不但影响生产效率，而且造成电机载荷不稳定和原料的跳动，进而影响木片质量。为改变这种状况，可采用多刀盘式削片机，实现木材的连续切削，可大大减少了原木在料槽中的跳动，削片质量较高，生产能力也比普通盘式削片机有效提高。

采用平面盘式削片机削片时，切削力在木材进给方向上产生的分力，始终使木材紧贴飞刀后面移动，木材被切断形成一定弧度的折面，木材断面与刀盘面部分贴合，接触应力大，结果使木片损失率增加。采用螺旋面刀盘，可使木材被切断面与刀盘面全部贴合，减少了在接触应力作用下木材可能产生的跳动，切出的木片长度较一致，并使木片的破损率下降。

（2）改进飞刀、底刀结构及飞刀安装方式

为提高削片质量和产量，国外多采用双刃面飞刀和底刀，有的还将底刀的 4 个边均制作成工作刃，以轮换使用。俄国研制的新型鼓式削片机在主底刀的相应位置上增加了一个辅助底刀，用于对超标准木片进行再碎处理，提高了生产率和木片质量；美国研制的用于整根原木削片的新型削片机，装有 2 把互为垂直的底刀，使木料在切削时保持稳定，提高了切削部件的强度，从而有利于提高木片质量。此外，采用刀夹装刀及采用小尺寸飞刀在刀盘上呈螺旋线布置，也可改善切削条件和提高木片的产量和质量。

（3）调整削片机的工作参数

国外的研究表明，削片机的切削速度应保持在适宜的范围内，其大小一方面与木片尺寸大小的要求有关，也与木材的物理性能和木片自切削区排出的方式有关。当切削速度较高时，会导致小尺寸木片筛分比重增加和大尺寸木片筛分比重降低，并会增加削片比能耗；当切削速度较低时，小尺寸木片筛分比重下降，而大尺寸木片筛分的比重增加，有助于降低削片比能耗。

为使切削速度达到最佳值，以满足有效降低削片能耗的要求，又不会降低削片的产量，削片机设计时可适当增加削片的飞刀数。当飞刀数从 4 把增加到 16 把时，木片中细小筛分比重会减少 40%～50%。在最佳切削速度时，若将飞刀盘工作面的形状从平面过渡到螺旋面，木片中细小筛分比重可减少 30%～50%，而大尺寸木片筛分比重减少不明显。

研究结果表明，飞刀与底刀的最佳间隙应为 0.6～0.8 mm，最大不应超过 1.0 mm，否则木片质量会下降。不同材种及生产季节应采用不同削片机飞刀楔角值。切削硬杂木时，应采用较大的飞刀楔角，冬夏季节应采用不同的飞刀楔角，以提高木片合格率。

3. 削片机的切削功率及节能

削片机设计中单位切削力和切削功率的计算是一大难题，由于影响因素太多，加上这些因素的随机性，很难建立一个确切的数学模型或计算公式，采用经验类比法或通过试验来选定削片机的功率，往往会导致功率偏大。

国内一些学者参照国外经验，对削片机进行了理论分析和设计计算，并推导出了有关盘式、鼓式削片机的切削功率的设计计算公式。

盘式削片机的切削功率为：

$$P_{\text{盘}} = \frac{\pi d^2 nZCF}{4 \times 60 \times 102\cos\alpha_1 \cos\alpha_2} \times 10^{-3} \, (\text{kW}) \tag{1-10}$$

式中　F——单位切削力，kgf/mm，可通过试验测定

　　　d——原木直径，mm

　　　n——刀盘转速，r/min

　　　Z——飞刀数

　　　α_1——削片机进料槽的垂直倾斜角，（°）

　　　α_2——削片机进料槽的水平倾斜角，（°）

　　　C——切削连续性系数

鼓式削片机的切削功率为：

$$P_{\text{鼓}} = 19Znd^2 LK \times 10^{-6} \, (\text{kW}) \tag{1-11}$$

式中　d——被切原木最大直径，mm

　　　L——木片长度，mm

　　　K——单位能耗，一般取 4～6 kW·h/m³

　　　n——鼓轮转速，r/min

　　　Z——飞刀数

不同原料的切削阻力是不同的。一般硬木材的切削阻力为 170N/mm，而针叶材为 60～100N/mm。在实验室条件下对木材削片的切削阻力进行模拟试验结果表明：单位切削阻力与木片长度、动力相遇角及飞刀楔角呈正线性相关，而单位切削功率与动力相遇角及飞刀楔角呈正线性相关，与木片长度负线性相关。水浸材的切削阻力比气干材小得多，切削速度对水浸材的切削阻力有一定影响。不同树种的切削阻力相差很大，影响切削阻力最直接的因素是木材的顺纹抗剪强度。

对削片机的切削速度、进料速度、刀具形状、切削量与切削功率关系的研究结果表明：

当转速一定时，每刀进给量与单位断面上所需功率关系曲线呈上升的凹线状，而当每刀进给量一定时，转速与功率的关系曲线大致呈直线状。

国外研究者曾在盘式削片机上进行了降低功率的试验，采用 4 台电机对称布置于削片刀盘两侧，通过特殊传动装置顺序起动电机，以减少启动时的电流峰值，试验成功地用 4 台 315kW 的电机取代了 2 台 800kW 的电机，电机功率减少，扭矩曲线的峰值也得以降低。

4. 国产 3350mm 削片机的改进

3350mm 削片机是目前由国内制造的最大的削片机之一，其设计能为 $180\sim220m^3/h$（实积），是备木车间配套口径 30cm 以上的大径长直原木的重要削片设备。近年来由于造纸用材结构的变化，特别是小径材（口径≤20cm、长度≤2m）和枝丫材、板皮等用材比重逐年增加，为了适应新的原料结构变化而有效发挥运行效率，进一步降低能耗，国内对传统供料系统及 3350mm 削片机的结构进行了技术改造。

（1）供料系统的改造

改造前流程：

横式拉木机→带锯机→皮带运输机→辊式输送机→3350mm 削片机→出料皮带输送机→总皮带输送机

改造前供料系统由于靠人工单点上料，短小材多，上料速度慢，空转待料时间长；材径小，带锯闲置反而成了供料的障碍；辊式输送机输送料辊只能齐进齐退，原木进料不能灵活控制；削片机虎口太长，2m 以下的短小原木进料不畅，影响供料速度。

改造后流程：

横式（纵式）拉木机→水平皮带输送机→洗涤辊式输送机→链式输送机→3350mm 削片机→出料皮带输送机→总皮带输送机

改造前削片机的最大进料口径为 700mm，虎口设计长度 1900mm，这种结构对长度大于 4m 的原木进料不存在问题，但是对于长度在 2m 以下小径原木可能会产生进料困难问题，以致影响消片机的运行效率。经改造后，将削片机虎口尾部的长度缩短至 350mm，可以使小径短原木进料困难问题得以合理解决。

进料系统改造后，不仅适合于大径长原木，而且对弯曲不规则原木、板皮，特别是对 2m 以下的短小材更易进料，使削片操作变得简单，下料点增多，供料方式灵活，空机率下降，削片机产量较改造前提高了 3～4 倍，减少了削片机空转待料的能耗。

（2）盘式木材削片机的均衡切削技术及节能

普通盘式削片机的飞刀为长直刀，在刀盘上呈径向布置，切削木材时飞刀须切削整个原木端面，导致动态载荷（切削力、切削功率）波动大、切削过程不平稳、功率消耗大、振动噪声大。为改善这种情况，国内外做过大量试验研究，一是进行连续切削，在刀盘上增加飞刀数量，这样虽然使切削情况有所改善，但飞刀在切削过程中切削原木的宽度仍然是变化的，而且增加刀数会导致功率成倍地增加；二是将飞刀后面和刀盘面制造成螺旋面，这样虽然切削平稳，加工的木片质量好，但飞刀和刀盘难以加工制造，并且没有解决根本问题。为使削片机的工作状态得到彻底的改善。国内针对普通盘式木材削片机存在的问题，提出了均衡切削的构想，试制了新型的削片刀盘，力图减少削片过程中切削力和切削功率的波动。通过与普通削片刀盘动态测试的对比试验，验证了实施均衡切削的可行性和新型削片刀盘的优越性。

在金属和木材的平面加工中，采用螺旋齿圆柱铣刀在铣削时不但平稳、振动小，而且可以提高加工质量和减少噪声。这种铣刀在切削时参与切削的刀齿越多，切削过程就会越平稳。当任一切削时间内切下的切屑横断面积不变时，就达到了均衡切削，这时切削过程最平稳，切削力和切削功率的变化幅度最小。将普通削片机的长直刀适当截短，变成若干把短刀，并在平面刀盘上呈一定间隔布置，使其在削片时飞刀能在整个原木端面上按次序一片一片地将木片削出，而不是切削整个原木端面，在每把飞刀切削原木时，可使切削宽度基本上保持不变。只要在飞刀盘上飞刀片的布置合理，当一把飞刀退出切削时，另一把飞刀能立即进入切削状态，即可实现均衡切削。

在刀盘上布置飞刀片时必须考虑保证连续切削、最小功率、木片尺寸稳定等因素。由于削片机的进料槽具有一定的倾斜角，因此原木的切削端面一般为椭圆形。刀盘上每把短刀的刀刃是径向的，短刀之间的距离（即节距 S）是一个关键的设计参数。刀盘上短刀片布置的最合理方案是采用变节距设计，即短刀之间的节距在进料中心之前是增加的，而过进料中心之后是减小的。节距大小决定于原木直径（d）和动力相遇角 ϕ，其最大值不应超过被切木材椭圆端面的长轴（$2b$），$S \leqslant 2b = d/\sin\varphi$，这样的布置不但可以满足连续切削的条件，也有助于削片机驱动电机切削力载荷的均衡。

依据上述飞刀片布置原理，设计出可切削直径达 80mm 的枝丫材并可进行均衡切削的新型削片刀盘，刀盘直径为 500mm，厚 12mm，飞刀尺寸为 50mm×36mm×5mm。为保证刀盘切削时受力平衡及防止飞刀发生崩刃、打落现象，在刀盘上对称布置了 2 条螺旋线，每条螺旋线上布置 3 把飞刀。

为进行均衡切削研究，设计制造了刀盘直径参数相同的长刀型普通削片刀盘飞刀尺寸为 150mm×72mm×5mm，在刀盘上呈径向布置。对比试验结果如下。

普通盘式木材削片机载荷是不均衡的，切削过程中切削力与功率值呈波浪形变化，而且峰值很大，结果使振动和噪声大，功率利用极不合理。

新型刀盘与普通刀盘相比，无论是切削力还是切削功率其数值均得到有效减小，且波形比较平稳，验证了实施均衡切削的可行性。

采用新型刀盘切削木片时，振动和噪声值要比普通刀盘的小，而且加工的木片尺寸比较均匀，木片合格率高。新型削片刀盘容易加工，飞刀尺寸小，制造及安装容易，并且驱动电机的功率可大幅度下降。

5. 新型盘式短刀枝丫材削片机的应用

以盘式木材削片机均衡切削技术的研究为基础，国内开发了一种新型的盘式短刀枝丫削片机，可将原木、小径材、枝丫材等削制成一定规格的木片，用于制造刨花板、纤维板和纸浆，该设备属于是一种节能型木片生产设备。

新型的盘式短刀枝丫材削片机的结构特点是：将长刀改变为若干把短刀，每一组短刀均按连续均衡切削的原则布置在刀盘上，即一把短刀退出切削时另一把短刀能立即进入切削。因此，在切削过程中，它是由一组短刀依次逐条地将整个端面切削下来的，而不像长刀削片机那样是由一把长刀一次性地把整个端面砍切下来的，克服了长刀削片机由于一次性切削带来的上述一系列缺点。

二、非木材原料备料过程节能

（一）原料的贮存

禾草类原料的收集受季节的影响较大。贮存原料除了为全年生产解决原料供需矛盾外，经过贮存还可使其水分均匀，原料稳定，更适合于制浆。尤其是稻麦草等原料堆存 4～6 个月后，通过在一定温度和湿度条件下的自然发酵，使草类原料中的非纤维组分如果胶、淀粉、蛋白质、脂肪等能得以降解，并对纤维细胞和细胞间的生物组织产生一定的影响，从而在蒸煮过程中使药液更易于渗透，比未经贮存的新草原料容易脱木素，故能达到降低碱耗和蒸煮能耗的目的。生产实践表明：采用碱法蒸煮制稻麦草化学浆时，使用经过半年以上贮存的草，在制得浆料的硬度相近的条件下，使用陈草（贮存 6 个月以上）比新草的用碱量通常可降低 1～2 个百分点，且成浆质量较好。所以，合理进行原料贮存是实现草类原料制浆过程节能降耗的重要手段。

（二）原料的筛选和净化

禾草类原料通常含有叶、鞘、节、根、膜、髓、糠、谷壳、谷粒等杂质成分，各组分的组织结构和化学成分大不相同。表 1-5 给出了麦草各部位的成分及成纸强度。

表 1-5 　　　　　　　　　　　　　**麦草原料各组分及成纸强度分析**

项目	草秆	叶	鞘	节	全草
各部位占全草的质量/%	52.4	29.1	9.3	9.2	100
纤维平均长度/mm	1.51	1.01	1.26	0.67	1.32
纤维长宽比	116	73	90	37	102
综纤维素含量/%	70.35	60.95	69.86	67.97	68.42
灰分含量/%	3.24	11.18	9.88	5.12	6.19
SiO_2 含量/%	1.98	7.52	7.66	2.14	4.14
浆张耐折度/次	191	1.1	6.5	1.4	2.4
浆张破裂强度*	16.95	7.4	13.3	6.15	13.6

注：* 破裂强度：(撕裂度×耐破度)。

在禾草类原料中，上述杂质和泥沙等组分若不能在备料过程中有效去除而进入后续制浆过程，不仅会增加化学药品和蒸汽的消耗，还会给后续洗涤、筛选、漂白、抄纸、碱回收等工序造成干扰，而且还将严重影响成纸的质量。

备料过程应将除杂率作为一个重要的质量指标加以控制。除杂率的大小一方面取决于备料方法和备料工艺流程，也取决于原料的品质和对料片的质量需要。从整个制浆造纸过程的节能降耗考虑，应对备料过程的除杂率指标予以足够的重视。

（三）禾草类原料的干法和湿法备料

对于禾草类原料的备料，目前生产上有干法、湿法之分。干法备料强调对原料进行机械切短和筛选净化处理；湿法备料强调对原料进行水洗、脱水等操作，去除混同在原料中的泥沙、叶、髓等杂质。

1. 禾草类原料干法备料和湿法备料的比较

目前我国中小型草浆厂大多采用干法备料，具有简单、投资省、电耗低等优点，但操作环境较差，且除杂率一般较低（5%～6%）。湿法备料具有操作环境较好、净化效率较高（除杂率可达 18%～20%）、原料质量和水分适应性较好、有利于实现制浆过程的规模化和连续化作业等优点。

采用湿法和干湿法备料，由于增加了水洗和脱水设备，与干法备料相比，增加了设备投资费用和日常维护费用，设备运行的动力消耗费用也会增加。资料数据表明：湿法备料比干法备料设备投资约高 25%，运行过程的动力消耗约为干法备料的 3 倍。

2. 禾草类原料干法备料流程的改进

（1）对传统稻麦草干法备料除尘系统的改进

针对传统备料过程中除尘效果不佳的问题，采取如下改进方案：在传统备料流程的基础上，在喂料皮带、切草机和切草机出料皮带上方加设开式气罩，并采用专用风机进行抽气，使开式气罩中形成一定的负压；将传统备料的辊式除尘器中产生的重尘和轻尘分开处理，采用两台风机进行抽吸，以提高其抽风能力，并且在切草机和辊式除尘器上方设置活动式的全封闭式气罩，将切草设备和除尘设备进行气罩封闭，使得灰尘被全部抽走。

（2）合理选用除尘设备以提高禾草类原料的备料质量

目前，禾草类原料干法备料的除尘设备一般选用辊式除尘器或双锥除尘器，生产实践表明：辊式除尘器除杂率可达 7%～8%，而双锥除尘器一般只有 6.5%～7%。显然，双锥除尘器的除尘效果不如辊式除尘器。另外，双锥除尘器对原料的水分要求比辊式除尘器更为严格，当草片水分大于 20% 时，产生的机内堵塞现象多于辊式除尘器。

传统辊式除尘器的下部一般设有集灰斗，从筛孔落下的泥沙、尘土等杂质落入灰斗内，通过风机抽吸或刮板输送机运至集尘室处理。在实际生产过程中，采用风机抽吸重灰的方法很难满足及时去除灰尘杂质的要求，采用刮板输送机出灰，运行中经常会发生刮板机故障，影响正常生产。因此，将辊式除尘器直接安装在集尘室顶上，运行过程中产生的灰尘杂质直接落入集尘室内，集尘室可略带一点负压。这样改进使检查更换筛板容易，并起到节省设备投资和降低能耗的效果。同时，适当增大除尘器羊角辊的辊径和降低羊角辊的转速，可增加草片与筛板的接触机会和提高除尘效率。

（3）禾草类原料的多级干法备料

由于禾草类原料的备料主要是切断和净化，重点在于对切断后的料片进行筛选和净化。针对禾草类原料的结构特点，稻麦草的切料一般选用辊式切草机，而荻苇类原料的切料则一般选用圆盘式切料机；被切断后料片的净化一般选用辊式除尘器、双锥除尘器、旋风分离器、百叶窗风选机、圆筒筛等。在料片筛选过程中，除了能够有效从料片中将杂质分离出来，及时将杂质成分排除也是实现有效净化料片的重要环节。因此，在禾草类原料备料过程中采用合理高效的杂质分离设备和除尘流程，对料片有效净化是十分重要的。

基于对备料过程中节能节水的考虑，草片的净化可采用多级干法筛选和净化流程，如稻麦草料片可以采用两级辊式除尘器进行筛选和净化，以达到尽可能除去杂质尘埃的目的。

（四）竹材类原料备料的改进

国内某厂在横管连续蒸煮系统中采用了美国 Peadco 公司竹片撕裂湿法备料技术，生产实践表明：可提高备料质量和降低蒸煮碱耗，但系统竹片损失大，耗电过高，所以尚待改进。

国内开发的竹子撕碎机属于一种传统锤式破碎机的改进设备，可用于备料过程中竹类原料的撕碎。采用该设备，可以克服现有技术中只能将竹子切成小块，不能撕裂成细丝的缺点，从而可使竹子原料的蒸煮时间从 6～7h 降为 2～3h，对竹类原料的制浆生产起到节能作用。

（五）设备管理对于备料过程节能的影响

在实际生产过程中，工艺设备的科学管理和日常维护，对于提高产品质量、降低运行成本产生积极的影响。就备料过程而言，传动设备润滑系统的正常维护、设备操作参数的优化改进、切削刀具结构尺寸的合理设计以及刀具定期更换等对提高备料合格率、降低单位电耗都会产生直接的影响，应予足够的重视。

三、备料固体废弃物的处置与利用

（一）木材原料备料固体废弃物的利用

木材备料过程中会产生树皮、木屑等固体废弃物。

树皮纤维含量低，灰分、杂质多。树皮的存在对制浆过程有不利影响。它会消耗大量的化学药品，减少蒸煮器的生产能力，容易使蒸煮器的间接加热器结垢。树皮是纸浆尘埃度高的重要原因，纸浆漂白时也会因此而增加药品的用量，它使浆质量下降。所以大多数制浆在备料过程中先行除去树皮。树皮的处理方法包括焚烧、填地和作复合肥料，也可作为园艺覆盖物和建筑纸板的填充材料。目前。矿物燃料日趋昂贵，树皮、木屑主要被当作有价值的燃料来源。国内一些纸厂就是用焚烧的方法来处理树皮，经锅炉回收可观的热能。木屑可用来做中密度纤维板等木材制品，量大时也可用来制浆。

（二）非木材原料备料固体废弃物的利用

非木材纤维原料备料过程会产生草渣草屑。一个以麦草为原料的制浆造纸企业，以日产300t计，每天在备料过程中产生的固体废弃物为70～100t。目前，造纸企业大多采用人力外运、定点焚烧等方法处理这些废弃物，既消耗了大量的人力和物力，又对周边环境造成了较为严重的污染，也是一种潜在能源的浪费。针对这一问题，国内某造纸企业开发了ALG麦草备料固体废弃物锅炉焚烧新技术。该技术将废弃物焚烧产生的蒸汽用于制浆造纸生产，既节约了能源，降低了成本，又消除了麦草备料固体废弃物对环境的污染，取得了较为显著的经济效益和社会效益。

备料固体废弃物处理的工艺流程如图1-50所示。

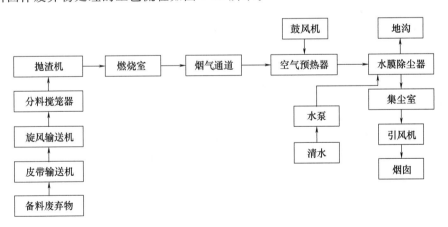

图1-50 备料固体废弃物处理的工艺流程

针对ALG麦草备料固体废弃物焚烧锅炉的特殊要求，结合该厂的生产实际，采用以下主要技术参数：锅炉实际蒸发量：9～11t/h；锅炉实际蒸发压力：0.9～1.1MPa；锅炉设计热效率：≥80%；本体受热面积：275.4m²；空气预热器受热面积：385m²。

ALG焚烧锅炉操作技术要求较高，其关键技术主要有：进锅炉物料的抛撒要均匀，控制好对流管束间烟气的温度、除尘器和鼓风机的运行。

① 根据草渣与煤的燃烧性能及进料特点，设计专用于渣料输送的风机及机械送料装置，

以保证锅炉进料的均匀性。

② 由于草渣的密度较小，所以在燃烧过程中易于产生漂浮飞灰进入对流管束通道中，从而影响燃烧效率。为此，可提高烟气的出口高度和降低烟气的出口温度，减少烟气在通道内的燃烧现象。为了有效防止对流管束通道中烟气温度超过浮尘的熔点，造成熔融物黏结在对流管束壁上，产生堵塞烟气通道现象，可适当增大燃烧室、水冷壁的面积及旋风口前挡渣管数量，最大限度地降低进入对流管束的烟气温度。因为挡渣管极易黏结固体凝聚物，为了保证不致堵塞，在炉壁上增设了观察门，以利于用专用工具进行清理堵塞物。

③ 为了改善燃烧室的燃烧状况，送入锅炉的空气需要经换热器预热处理。

④ 增设防爆门以防燃料爆燃和保护炉墙安全。

⑤ 为了防止二次污染和改善操作环境卫生，采用除尘器对锅炉产生的烟气进行除尘处理。

（三）备料废渣中纤维的生物质精炼

备料过程中产生的废渣纤维可通过生物炼制方法进行高效利用。备料废渣主要成分为纤维素、半纤维素和木素，是制取燃料乙醇的潜在原料。以制浆备料废渣为原料生产生物乙醇，是备料废弃物高效利用的有效途径，不仅可节约废弃物处理的经济成本和环境成本，获得一定的经济效益，而且具有重要的生态和社会效益。

习题与思考题

1. 木材备料一般采用什么流程？原料场应符合哪些要求？

2. 木材去皮的方法有哪些？常用的剥皮设备有哪些？其结构和原理如何？

3. 原盘剥皮机的结构如何？分析其削片原理。

4. 影响削片的质量因素有哪些？

5. 一般常用的木片筛选设备有几种？其结构和特点如何？

6. 对非木材纤维原料的贮存又哪些要求？规格怎样？

7. 切草机有几种？结构如何？

8. 用于草片筛选的设备有哪些？结构如何？

9. 用于稻麦草备料除尘的方法有哪些？各有什么特点？

10. 稻麦草事发备料的流程如何？有何特点？

11. 芦苇备料一般采用什么流程？简述其特点和所用设备。

12. 蔗渣除髓方法有几种？各有什么特点？其设备工作原理如何？

参 考 文 献

[1] Casey J P. Pulp and Paper Chemistry and Chemical Technology. Third Edition. Vol. 1 [M]. , New York：A Wiley Interscience Publication，1980.

[2] Gullichsen J. Paulapuro H. Papermaking Science and Technology：Book 5，Mechanical Pulping [M]. Helsinki：Fapet Oy，1999.

[3] Herbert Sixta. Handbook of Pulp, Part I Chemical Pulping [M]. WILEY-VCH Verlag GmbH & Co. Kga A，Weinheim，2006.

[4] 詹怀宇，主编. 制浆原理与工程（第三版）[M]. 北京：中国轻工业出版社，2009.

[5] 谢来苏，詹怀宇，主编. 制浆原理与工程（第二版）[M]. 北京：中国轻工业出版社，2001.

[6] 陈嘉翔，主编. 制浆原理与工程 [M]. 北京：轻工业出版社，1990.

[7]　隆言泉，主编. 制浆造纸工艺学 [M]. 北京：轻工业出版社，1980.

[8]　《制浆造纸手册》编写组. 制浆造纸手册（第二分册）[M]. 北京：轻工业出版社，1988.

[9]　梁实梅，张静娴，张松寿，编著. 制浆技术问答（第二版）[M]. 北京：中国轻工业出版社，2004.

[10]　王忠厚，主编. 制浆造纸工业计算手册（上册）[M]. 北京：中国轻工业出版社，1994.

[11]　刘燕秋. 大型 KP 浆厂的木片露天堆场 [J]. 中国造纸，2003，22（1）：25-29.

[12]　李文龙. 木材备料方案的选择 [J]. 中国造纸，2005，24（6）：32-34.

[13]　周鲲鹏. 湖南骏泰浆纸公司 40 万 t/a 化学木浆生产线新工艺、新设备及清洁生产 [J]. 中国造纸，2010，29（3）：41-48.

[14]　刘文军. 麦草制浆生产线的设计实践 [J]. 中国造纸，2003，22（1）：30-32.

[15]　李文龙. 一种新的麦草半化学浆生产工艺 [J]. 中国造纸，2005，24（5）：42-43.

[16]　周海东，杨傲林，郭勇为，等. 非木纤维制浆节能技术探讨 [J]. 中国造纸，2010，29（1）：52-58.

[17]　杨傲林，郭勇为，周海东，等. 芦苇连蒸技术与设备研发及其应用 [A]. 制浆造纸工业科学合理利用非木材纤维原料研讨会论文集 [C]. 中国造纸学会，广西南宁，2010 年 12 月，124-127.

[18]　赵琳. 永丰漂白竹浆林浆纸一体化项目建设经验 [J]. 中国造纸，2011，30（1）：37-39.

[19]　梁振生. GT06 型蔗渣洗涤设备的原理及应用效果 [J]. 中国造纸，2007，26（11）：71-72.

[20]　沈滨，葛念超. 浅析蔗渣横管连续蒸煮技术运行经验 [A]. 制浆造纸工业科学合理利用非木材纤维原料研讨会论文集 [C]. 中国造纸学会，广西南宁，2010 年 12 月，140-142.

[21]　李文龙，李录云. 棉秆半化学浆工艺方案设计的总结 [J]. 中国造纸，2006，25（10）：35-37.

[22]　魏文杰，李培志，张全. 棉秆干—湿法备料 [J]. 纸和造纸，1990，36（4）：12-13.

第二章　化学法制浆

第一节　概　　述

化学法制浆，是指利用化学药剂在特定的条件下处理植物纤维原料，使其中的绝大部分木素溶出，纤维彼此分离成纸浆的生产过程。用化学药剂处理植物纤维原料的过程常称为蒸煮，所用化学药剂称为蒸煮剂。

化学法制浆的要求是尽可能多地脱除植物纤维原料中使纤维黏合在一起的胞间层木素，使纤维细胞分离或易于分离；也必须使纤维细胞壁中的木素含量适当降低，同时要求纤维素溶出最少，半纤维素有适当的保留（根据纸浆质量要求而定）。

一、化学法制浆的分类

常用的化学制浆方法有碱法制浆和亚硫酸盐法制浆两大类；另外，还有溶剂法制浆，目前尚处于试验阶段。

（一）碱法制浆

碱法制浆（Alkaline pulping），也称为碱法蒸煮，是用碱性化学药剂的水溶液，在一定的温度下处理植物纤维原料，将原料中的大部分木素溶出，使原料中的纤维彼此分离成纸浆。

1. 碱法制浆的分类

根据所用蒸煮剂的不同，碱法制浆可分为烧碱法、硫酸盐法、多硫化钠法、预水解硫酸盐法、氧碱法、石灰法、纯碱法等，其中最常用的是硫酸盐法和烧碱法。

碱法蒸煮对原料的适应范围比较广，硫酸盐法几乎适用于各种植物纤维原料，如针叶木、阔叶木、竹子、草类等，还可用于质量较差的废材、枝丫材、木材加工下脚料、锯末以及树脂含量很高的木材。烧碱法适用于棉、麻、禾草类等非木材纤维原料，也有用于蒸煮阔叶木的，很少用于蒸煮针叶木。

2. 碱法蒸煮简介

植物纤维原料经过备料后，合格的料片送到蒸煮器中。对于木材原料，木片先经蒸汽汽蒸，将木片中的空气驱除，以利于蒸煮药液浸透。然后将蒸煮液（一般 $80\sim100℃$）送入蒸煮器内。蒸煮液由白液、黑液和水按照设定的浓度配制而成。送液量由蒸煮的液比和木片水分而定。送液完毕，通过间接加热或直接通蒸汽加热升温至蒸煮化学反应所需的温度（一般 $150\sim170℃$），并在此温度下保温一定时间，使原料中的木素脱除，纤维彼此分离。蒸煮到达终点后，蒸煮器内的物料靠蒸煮器内的压力喷放或者用泵送到喷放锅内。图 2-1 为碱法制浆生产流程。

（二）亚硫酸盐法制浆

用亚硫酸盐药液蒸煮植物纤维原料，使原料中的大部分木素溶出，原料中的纤维彼此分离成纸浆的过程称为亚硫酸盐法制浆（Sulfite pulping）。

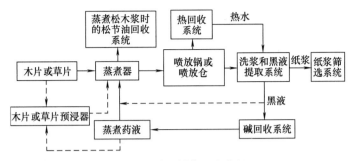

图 2-1 碱法制浆生产流程

1. 亚硫酸盐法制浆的分类

根据蒸煮液的主要组成部分和 pH 的不同，亚硫酸盐法蒸煮可分为五种：酸性亚硫酸氢盐法、亚硫酸氢盐法、微酸性亚硫酸氢盐法、中性亚硫酸盐法和碱性亚硫酸盐法，详见表 2-1。人们习惯上所讲的亚硫酸盐法制浆，往往是指酸性亚硫酸氢盐法和亚硫酸氢盐法制浆。酸性亚硫酸氢盐法（或称酸性亚硫酸盐法）既可用来生产造纸用化学浆，也可以用于生产化学纤维及纤维素衍生物用的溶解浆。

2. 亚硫酸盐法制浆的生产流程

图 2-2 为亚硫酸盐法制浆的生产流程。

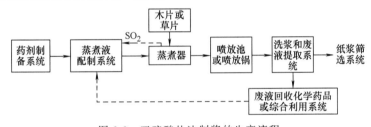

图 2-2 亚硫酸盐法制浆的生产流程

二、蒸煮液的组成和性质

（一）烧碱法和硫酸盐法蒸煮液的组成和性质

烧碱法蒸煮液的组成主要是 NaOH，此外，还存在 Na_2CO_3。

硫酸盐法蒸煮液的组成主要是 NaOH 和 Na_2S，此外，尚有来自碱回收系统的杂质如 Na_2CO_3、Na_2SO_4、Na_2SO_3、$Na_2S_2O_3$ 和 $CaCO_3$，甚至还可能有少量 Na_2S_n（多硫化钠）以及其他富集的非工艺过程元素等。

烧碱法蒸煮液的性质，主要是 NaOH 的性质。NaOH 在蒸煮时主要是以强碱的性质（pH≈14）起作用。此外，Na_2CO_3 能水解生成 NaOH，也起一定的作用。

在硫酸盐法蒸煮液中，除了强碱 NaOH 起作用外，Na_2S 电离后的 S^{2-} 离子和水解后的产物 HS^- 离子也起着重要的作用：

$$Na_2S + H_2O \rightleftharpoons NaOH + NaHS$$
$$Na_2S + H_2O \rightleftharpoons 2Na^+ + HS^- + OH^-$$
$$HS^- \rightleftharpoons H^+ + S^{2-}$$

此外，Na_2CO_3 和 Na_2SO_3 甚至 Na_2S_n 等成分也起一定的作用。

因此，硫酸盐法蒸煮液的性质是比较复杂的，而且受蒸煮液 pH 的影响很大。不同 pH 时 Na_2S、Na_2CO_3 和 Na_2SO_3 的电离与水解后各组分的浓度关系见图 2-3。

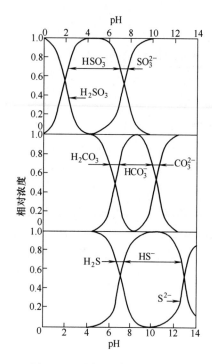

图 2-3　不同 pH 条件下 Na_2S、Na_2CO_3 和 Na_2SO_3 的电离与水解后各组分的浓度关系

从图 2-3 可以看出：pH＝14 时，硫化钠的水溶液中的硫是以 S^{2-} 为主；pH＝13 时，则 S^{2-} 和 HS^- 各半；pH＝12 时，将以 HS^- 为主；pH＝10 时几乎全部是 HS^-。pH 继续下降，HS^- 浓度降低，而 H_2S 浓度增加。

Na_2CO_3 的水溶液，pH＞12 时，以 CO_3^{2-} 为主，pH＝10.5 时，CO_3^{2-} 离子和 HCO_3^- 离子各半，pH＜9 时，HCO_3^- 离子浓度将从最高点逐渐下降，而 H_2CO_3 浓度将逐渐增加。

Na_2SO_3 的水溶液，pH＞10 时，以 SO_3^{2-} 离子为主，pH 接近 7 时，SO_3^{2-} 离子和 HS^- 离子各半，pH＝5 左右时，HSO_3^- 离子浓度到达最高点，pH 再下降，HSO_3^- 离子浓度跟着下降，而 H_2SO_3 浓度将不断增加。

（二）亚硫酸盐蒸煮液的组成

亚硫酸盐蒸煮液中，含有 SO_2 和相应的盐基（Ca^{2+}、Mg^{2+}、Na^+、NH_4^+ 等）。不同亚硫酸盐法蒸煮，其蒸煮药液的组成是不同的，如表 2-1 所示。

当二氧化硫溶解在水中，相应于不同的 pH，可以形成一系列的平衡形式：

$$SO_2（气体）+H_2O \Longleftrightarrow SO_2（溶液）\Longleftrightarrow H_2SO_3^- \Longleftrightarrow$$
$$H^+ + HSO_3^- \Longleftrightarrow 2H^+ + SO_3^{2-}$$

亚硫酸盐蒸煮液中，SO_2 的存在形式随 pH 的变化情况如图 2-3 所示。

表 2-1　　　　　　　　　　　亚硫酸盐法蒸煮药液的组成

蒸煮方法	蒸煮液主要成分	pH(25℃)	可用盐基
酸性亚硫酸氢盐法	$HSO_3^- + SO_2 + H_2O$	1～2	Ca^{2+}、Mg^{2+}、Na^+、NH_4^+
亚硫酸氢盐法	HSO_3^-	2～5	Mg^{2+}、Na^+、NH_4^+
微酸性亚硫酸氢盐法	$HSO_3^- + SO_3^{2-}$	5～6	Mg^{2+}、Na^+、NH_4^+
中性亚硫酸盐法	SO_3^{2-}	6～10(或更高 13.5)	Na^+、NH_4^+
碱性亚硫酸盐法	$SO_3^{2-} + OH^-$	＞10	Na^+、NH_4^+

注：盐基是指与酸根化合的阳离子，如 Ca^{2+}、Mg^{2+}、Na^+、NH_4^+ 等。

三、化学法制浆常用术语

（一）碱法制浆常用术语

蒸煮液中含有 NaOH、Na_2S、Na_2CO_3 等含钠的化合物，通常用相当量的氧化钠（Na_2O）为基准来表示所有钠的化合物，也有的用相当量的 NaOH 作基准，但需注明。在实验室中，化学药品的浓度通常是以 g/L 来表示。各化学药品间的换算关系见表 2-2。

1. 总碱（Total alkali）

对烧碱法蒸煮，总碱指的是 NaOH＋Na_2CO_3；对硫酸盐法蒸煮，总碱指的是 NaOH＋Na_2S＋Na_2CO_3＋Na_2SO_3＋Na_2SO_4＋$Na_2S_2O_3$，不包括 NaCl，全部以 Na_2O 表示，有时也以 NaOH 或 Na_2S 表示。

表 2-2　　　　　　　　　　碱法蒸煮液中有关化学药品的相对分子质量及换算关系

化学药品名称 A	分子式 B	相对分子质量 C	相当于 Na₂O 相对分子质量 62 的质量 D	各化学药品换算成 Na₂O 质量的换算因数 $E=62/D$	Na₂O 换算成其他化学药品质量的换算因数 $F=D/62$	各化学药品换算成 NaOH 质量的换算因数 $G=80/D$	NaOH 换算成其他化学药品质量的换算因数 $H=D/80$
氧化钠	Na_2O	62.0	62.0	1.000	1.000	1.290	0.775
氢氧化钠	$NaOH$	40.0	80.0	0.775	1.290	1.000	1.000
硫化钠	Na_2S	78.0	78.0	0.795	1.258	1.026	0.975
硫氢化钠	$NaHS$	56.0	112.0	0.554	1.807	0.714	1.400
碳酸钠	Na_2CO_3	106.0	106.0	0.585	1.710	0.753	1.303
硫酸钠	Na_2SO_4	142.0	142.0	0.437	2.290	0.563	1.775
硫代硫酸钠	$Na_2S_2O_3$	158.1	158.1	0.392	2.635	0.506	1.976
亚硫酸钠	Na_2SO_3	126.0	126.0	0.492	2.032	0.635	1.575

2. 总可滴定碱（Total titratable alkali）

指碱液中可滴定的总碱。烧碱法是指 $NaOH+Na_2CO_3$，硫酸盐法是指 $NaOH+Na_2S+Na_2CO_3+Na_2SO_3$，这些成分均以 Na_2O 或 $NaOH$ 表示。

3. 活性碱（Active alkali）

烧碱法蒸煮液中的活性碱指 $NaOH$，硫酸盐法蒸煮液中的活性碱指 $NaOH+Na_2S$，常以 Na_2O 或 $NaOH$ 表示。

4. 有效碱（Effective alkali）

烧碱法指 $NaOH$，硫酸盐法指 $NaOH+\dfrac{1}{2}Na_2S$，常以 Na_2O 或 $NaOH$ 表示。

5. 活化度（Activity）

碱液中活性碱对总可滴定碱的百分比。计算时，$NaOH$ 和 Na_2S 等均以 Na_2O 或 $NaOH$ 表示。

6. 硫化度（Sulfidity）

白液的硫化度是指 Na_2S 对活性碱的百分比；绿液的硫化度是指 Na_2S 对总可滴定碱的百分比。计算时，$NaOH$ 和 Na_2S 等均以 Na_2O 或 $NaOH$ 表示。

7. 蒸煮液（Cooking liquor）

蒸煮液系指原料蒸煮时所用的碱液。

8. 黑液（Black liquor）

碱法蒸煮产生的废液称为黑液。黑液中通常含有一定量的碱。黑液中所含的碱称为残碱，通常以 Na_2O 或 $NaOH$（g/L）表示。

9. 绿液（Green liquor）

黑液进行碱回收时，黑液经过蒸发浓缩后送入燃烧炉中进行燃烧，从燃烧炉内流出的熔融物溶解在稀白液或水中所形成的溶液称为绿液。在以绿液为基准的计算中，对溶解熔融物用的稀白液的化学药品含量需作校正。绿液的主要成分，烧碱法为 Na_2CO_3，硫酸盐法为 Na_2CO_3 和 Na_2S，还有一定量的 Na_2SO_4、Na_2SO_3、$Na_2S_2O_3$ 和 $NaOH$ 等。

10. 白液（White liquor）

绿液经 $Ca(OH)_2$ 苛化后所得到的溶液称为白液。烧碱法白液的主要成分为 $NaOH$，还含有少量未苛化的 Na_2CO_3，硫酸盐法白液的主要成分为 $NaOH+Na_2S$，还可能存在着未反应的 Na_2CO_3、Na_2SO_4、Na_2SO_3、$Na_2S_2O_3$ 和 Na_2S_n 等。

图 2-4 为硫酸盐法蒸煮白液中主要成分之间的关系。

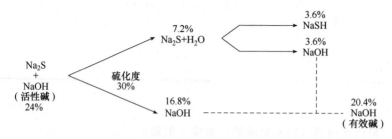

图 2-4　硫酸盐法蒸煮术语之间的关系图

11. 用碱量（Alkali charge/Active alkali charge）

用碱量指蒸煮时活性碱用量（质量），对绝干原料质量的百分比，常用 Na_2O 计，也有以 NaOH 或 Na_2S 计的。

12. 耗碱量（Alkali consumption）

系指蒸煮时实际消耗的碱量。以活性碱对绝干原料的质量百分比表示。

13. 液比（Liquor-to-wood ratio/Liquor-to-chip ratio）

蒸煮器内绝干原料质量（kg 或 t）与蒸煮总液量体积（L 或 m^3）之比称为液比。总液量包括加入蒸煮器内的碱液量、水或黑液量以及原料所含的水量（均以体积表示）。例如：液比为 1:5，即指 1t 绝干原料需 $5m^3$ 的蒸煮总液量。

14. 绝干原料和风干原料

绝干（oven dry，o.d.）原料是指不含水分的植物纤维原料。

风干（air dry，a.d.）原料，如果未明确指出其水分含量，一般是指水分含量为 10% 的植物纤维原料。

15. 纸浆得率（Pulp yield）

又称纸浆收获率。原料经蒸煮后所得绝干（或风干）粗浆的质量对未蒸煮前绝干（或风干）原料质量的百分比，一般称为粗浆得率。粗浆经筛选后所得绝干（或风干）细浆的质量对绝干（或风干）原料质量的百分比，称为细浆得率。

16. 纸浆硬度

纸浆硬度表示残留在纸浆中的木素和其他还原性物质的相对量。可用高锰酸钾、氯或次氯酸盐等氧化剂测定，以用高锰酸钾最为普遍。采用高锰酸钾作氧化剂，在不同条件测定时，有所谓的卡伯值（Kappa number）、高锰酸钾值（Permanganate number）和贝克曼价之分。对于木浆，$\log_{10}$ 卡伯值 $=0.837+0.0323\times$ 高锰酸钾值（40mL 法）。Kappa 值与浆中木素含量有近似线性但并不确切的关系，不同浆的差别也很大。

（二）亚硫酸盐法蒸煮常用术语

1. 化合酸（Combined acid，简写为 C.A.）

又称化合二氧化硫（Combined sulfur dioxide），指与盐基（Ca^{2+}、Mg^{2+}、Na^+、NH_4^+ 等或碱的阳离子，下同）组成正盐 [$CaSO_3$、$MgSO_3$、Na_2SO_3、$(NH_4)_2SO_3$ 等，下同] 的 SO_2，以质量-体积百分数即每 100mL 酸液中含多少克 SO_2 表示。

2. 游离酸（Free acid，简写为 F.A.）

亦称游离二氧化硫（Free sulfur dioxide），指能使正盐变成酸式盐 [$Ca(HSO_3)_2$、$Mg(HSO_3)_2$、$NaHSO_3$、NH_4HSO_3 等] 的 SO_2、H_2SO_3 中的 SO_2 以及溶解于药液中的 SO_2

（溶解 SO_2），以质量-体积百分数（％）表示。

3. 总酸（Total acid，简写为 T. A.）

又称为总二氧化硫（Total sulfur dioxide），它是化合 SO_2 和游离 SO_2 之和，即 T. A. = C. A. + F. A. 。例如：C. A. = 1.5％，F. A. = 1.6％，则 T. A. = 1.5％ + 1.6％ = 3.1％。

4. 酸比（Combined acid-to-free acid ratio）

酸比系指药液中化合酸与游离酸的比值，即 C. A. /F. A. 。

5. 原酸（Raw acid）

系指制浆厂制药车间制造的原始酸液，浓度一般较低，酸比小于 1 或等于 1 左右。

6. 蒸煮酸（Cooking acid）

系指用于蒸煮的酸液，也称为蒸煮液。

7. 红液（Red liquor）

各种亚硫酸盐法蒸煮纤维原料以后的废液称为红液。

四、蒸煮液的制备

蒸煮液的制备，根据工厂是否有化学药品回收，可分为采用回收药液配制和商品化学药品配制。

（一）碱法蒸煮液的制备

通常蒸煮液是由白液和一定量的黑液加水混合而成；没有碱回收的工厂，用购买的商品氢氧化钠和硫化钠配制而成。

1. 由商品化学药品制备蒸煮液

将外购的固体或液体的 NaOH、Na_2S 和 Na_2SO_3 等，分别溶解成一定浓度的溶液，并沉淀、过滤。按照蒸煮工艺规程要求，计算出应加的化学药品量、水量和黑液量，经过计量加入配碱槽内进行混合和加热，供蒸煮使用。蒸煮药液的配制工艺流程如图 2-5 所示。

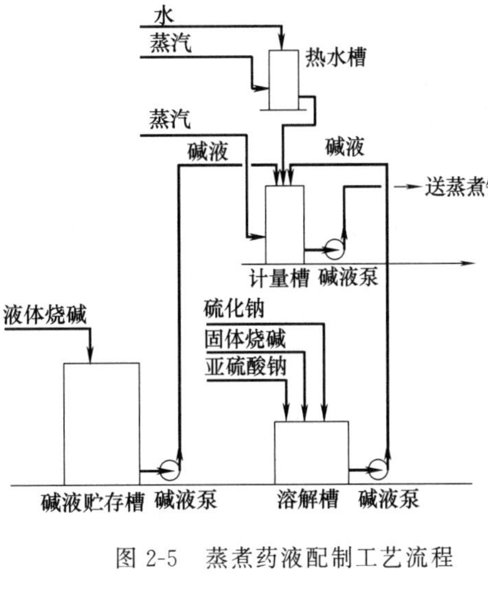

2. 由碱回收的白液配制蒸煮液

根据蒸煮要求和白液的浓度、硫化度，在蒸煮废液碱回收时，补充适量的 Na_2SO_4、Na_2CO_3 等化工原料。

同样，按照工艺要求，计算出应加的白液量、水量和黑液量，经过计量加入配碱槽内进行混合和加热，供蒸煮使用。

（二）亚硫酸盐蒸煮液的制备

亚硫酸盐法蒸煮液的制备，一般可以分为原酸的制造和原酸的调制两个过程，对原酸进行调制的目的是使调制后的酸液符合蒸煮要求。

图 2-5 蒸煮药液配制工艺流程

原酸的制造一般有三种方法：一是焙烧含硫原料（如硫铁矿）产生 SO_2 气体，经过净化、冷却处理后，使用特定的盐基和水进行吸收；二是用盐基和水吸其他工业废气中的 SO_2；三是通过燃烧法回收利用亚硫酸盐法蒸煮废液中的有效成分（即所谓酸回收）产生的

SO_2 气体，经过净化、冷却后，与同时回收的盐基或商品盐基，在水中进行吸收。

钙、镁盐基的亚硫酸盐蒸煮液一般在工厂自制；国内 Na 盐基的亚硫酸盐蒸煮液，主要用其他工业的副产品，或购置商品化工原料，直接加水溶解配制；而以铵盐基为主的亚硫酸盐工厂自制或外购化工原料配制。

制得的原酸，按蒸煮要求的酸比和浓度配制成蒸煮液。

不同原料和不同蒸煮方法的蒸煮酸的酸比也不同。在酸性亚硫酸盐法蒸煮时，蒸煮酸的酸比一般小于 1，在实际生产中，需要将原酸通过吸收回收系统的 SO_2（小放气和大放汽所排出的 SO_2）补充大量的 SO_2；对于亚硫酸氢盐法蒸煮，蒸煮酸的酸比大于等于 1 的较多，因此，需要通过添加盐基和蒸煮过程中回收的药液调整蒸煮液的酸比和浓度，然后再送入蒸煮锅。

五、硫酸盐法制浆与亚硫酸盐法制浆的优缺点

（一）硫酸盐法蒸煮的优缺点

与亚硫酸盐法蒸煮相比较，硫酸盐法蒸煮具有以下优缺点。

1. 优点

① 对原料适用范围广；

② 脱木素速率快，蒸煮时间较短；

③ 纸浆强度高；

④ 蒸煮废液回收技术和设备比较完善；

⑤ 硫酸盐浆（kraft pulp，简称 KP）的用途广，针叶木本色 KP 可用于抄造纸袋纸、电缆纸、电容器纸、包装纸；漂白浆用于生产文化用纸及其他用途；阔叶材和草类原料的 KP 常用于生产文化用纸或生产纸板等；

⑥ 浆的树脂障碍问题很少，较少发生树脂问题和草类浆的表皮细胞群问题；

⑦ 相对来说，对树皮和木材质量不敏感，允许木片中有一定量的树皮；

⑧ 可从一些材种的蒸煮放气时回收松节油和从蒸煮废液中提取塔罗油等副产品。

2. 缺点

① 纸浆得率较低；

② 成浆颜色较深，比亚硫酸盐浆难漂、难打浆；

③ 蒸煮时会产生恶臭气体，现在通过安装在排气管内的气体洗涤器将其去除。

（二）亚硫酸盐法制浆的优缺点（与硫酸盐法比较）

1. 优点

① 本色浆较白，易漂；

② 得率较高；

③ 亚硫酸盐法制浆的灵活性大，可生产纤维素含量高的特种纸浆，生产精制浆不需要预水解；

④ 各种原料的废液可用于生产饲料、酵母、黏合剂、香兰素等，针叶木的制浆废液可生产酒精；

⑤ 气味问题较小。

亚硫酸盐法制浆得到的木素磺酸盐，比硫酸盐法制浆所得到的木素具有更广泛的用途。

2. 缺点

① 原料要求比较严格，如酸性亚硫酸盐法，要求树脂含量少的针叶木为原料；

② 大都需要耐酸设备（除碱性亚硫酸盐法外）；

③ 蒸煮时间较长；

④ 亚硫酸盐浆（SP）的强度较 KP 低；

⑤ 亚硫酸盐法蒸煮废液的回收仍存在技术和经济问题。

第二节　蒸 煮 原 理

蒸煮是用化学药品的水溶液（蒸煮液）与植物纤维原料作用，其主要目的是除去木素，使纤维彼此分离。木素是以苯丙烷结构单元构成的三维空间的高分子化合物，使木素从植物原料中溶解出来的基本方法有：

① 增加脂肪族和（或）芳香族羟基或羧基的数量，以提高木素的亲水性；

② 降解其大分子为较小的能溶解在水中的碎片，如木素与硫化钠反应；

③ 把亲水性取代基与木素大分子相连接，使它的衍生物可溶于水中。如木素与亚硫酸盐反应，生成木素磺酸盐。

植物纤维原料中含有多种化合物，且是固体的，而蒸煮液是液体的，二者要发生化学反应，首先必须接触，然后才能发生化学反应。由此可见，蒸煮过程是一个复杂的、多相的、多种化合物的化学反应过程和复杂的物理化学变化过程，整个过程可视为是阶段性地进行的，其过程如下：

① 蒸煮药液中的离子（OH^-、SH^- 等）渗透和扩散到料片中；

② 料片中的木素等化学组分吸附蒸煮液中的 OH^-、SH^- 等离子；

③ 蒸煮液中的 OH^-、SH^- 等离子与木素等木材成分发生化学反应；

④ 反应生成物溶解并扩散到料片外部；

⑤ 反应生成物传递到周围药液中。

一、蒸煮液对料片的浸透作用

植物纤维原料均匀脱木素的一个先决条件是料片必须完全、均匀地被足够浓度的蒸煮液浸透。浸透是液体转移到充满气体或蒸汽的料片的多孔结构中。

（一）药液浸透基本原理

根据药液浸透推动力的不同，浸透形式可分为两类：一类是压力浸透，它的推动力是压力差，即毛细管作用和外加压力的作用；另一类是扩散浸透，即扩散作用，它的传质推动力是药液的浓度差。

1. 压力浸透

压力浸透有两种机理：毛细管作用（自然渗透）和压力渗透。根据沃什伯恩（Washburn's）方程可得到毛细管作用的渗透距离的计算式（2-1）：

$$h = \sqrt{\frac{r\tau t}{2\eta}} \tag{2-1}$$

式中　h——渗透距离，m

　　　r——毛细管半径，m

　　　τ——液体表面张力，J/m^2

　　　t——时间，s

η——液体黏度，Pa. s

压力浸透效果决定于液体通过原料的毛细管的流速，并服从泊肃叶（Poiseuille）方程：

$$\frac{V}{t} = k\frac{nr^4\Delta p}{L\eta}$$ (2-2)

式中 V——在时间 t 内进入毛细管的液体量，m^3

t——时间，s

n——毛细管的数量

r——毛细管的半径，m

Δp——压力差（表面张力和外部施加的压力），Pa

L——毛细管长度，m

η——液体的黏度，Pa·s

k——常数

因为液体流量与单根毛细管半径的四次方成正比，所以毛细管的半径非常重要。各种原料或同种原料的不同部位之间，毛细管的大小差异很大。致密材种毛细管半径较小。边材渗透快于心材，早材快于晚材。木材孔隙结构也很重要。许多阔叶材渗透快于针叶材，由于其含有较多开孔结构。

外加压力的高低和药液黏度的大小都会影响压力浸透。压力差是主要的决定性因素，压力差增大，渗透速率加快。温度升高，液体的黏度会降低，从而可以改善渗透。一般情况下，不管是碱性蒸煮液还是酸性蒸煮液，纤维轴向的毛细管作用总是大于横向毛细管作用 50～100 倍。

2. 扩散

扩散浸透效果主要取决于毛细管的有效截面积和药液的浓度差，同时还与药剂分子或离子的活性和大小有关，且受温度和原料水分影响。毛细管的有效截面积，除了取决于原料本身的结构以外，还与蒸煮液的组成有关，这是因为蒸煮液的组成不同，则其 pH 不同，进而会影响到原料的润胀情况。

化学药品和反应产物通过扩散作用进入完全浸透的料片和从料片中传递出来，符合菲克定律：

$$\frac{dm}{dt} = -D\frac{d\rho}{dL}$$ (2-3)

式中 m——化学药品或反应产物的质量，kg

t——时间，s

D——扩散系数，m^2/s

ρ——浓度，kg/m^3

L——浓度梯度方向的距离，m

扩散系数（D）与温度和 OH^- 浓度有关，温度升高、OH^- 浓度增大，D 则增大。

扩散速率和化学反应速率都取决于温度（图 2-6），且温度对反应速率比对扩散速率的影响更大。这意味着在扩散速率是控制因素的情况下，更容易发生脱木素不均匀。当浸透欠佳、浸透液浓度太低或料片太厚时，会出现这种脱木素不均匀的情况。

实际上，毛细管作用、扩散作用和化学反应几乎是同时进行的，但有主次之分。蒸煮初期，特别是原料水分较低时，药液浸透以毛细管作用为主。蒸煮中后期，当原料水分含量达到纤维饱和点时，浸透主要是扩散作用，特别当温度超过 140℃时，脱木素速率加快，纤维细胞腔已被液体所充满，此时，扩散作用是药液浸透的主要形式。一般来讲，压力浸透的速率比较快，而扩散的速率比较慢。

（二）影响药液浸透的因素

影响药液浸透的因素主要有药液的组成、温度、压力、纤维原料的种类和料片的规格等。

1. 药液的组成和 pH

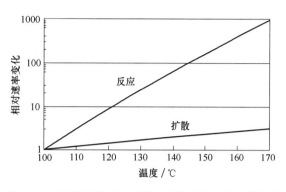

图 2-6 相对反应速率和扩散速率随着温度的变化情况

蒸煮液的 pH 着蒸煮液组成的变化而变化，而 pH 对药液浸透的影响很大。若蒸煮液的 pH 大于 13，则纤维轴向的扩散作用与横向的扩散作用比较接近（1∶0.8）；若蒸煮液的 pH 小于 13，则纤维轴向的扩散作用比横向的大 10～40 倍。这是因为 pH 为 13 以上的蒸煮液能使纤维细胞发生润胀，pH 越高，对纤维细胞壁的润胀作用越大。润胀在纤维细胞壁上会出现"暂时毛孔"，增加了扩散作用的渠道，从而缩小了纤维轴向和横向扩散作用的差别。pH 小于 13 时，纤维细胞壁上的"暂时毛孔"不会出现，纤维轴向和横向的扩散作用差别较大。

由此可见，采用不同的蒸煮液蒸煮时，应采取不同的蒸煮工艺参数。用 pH 高于 13 的蒸煮液蒸煮时，可以采用较快的速率升温；而用 pH 小于 13 的蒸煮液蒸煮时，升温速率应慢一些，不能快速升温，否则会造成蒸煮不均匀。

某些蒸煮助剂，具有加快药液浸透的作用。

2. 温度

温度升高，药液的黏度降低，表面张力下降，扩散系数增大，药液压力浸透和扩散速率都会加快，有利于浸透。但是，温度不能无限升高，否则，易造成蒸煮不均匀。一般酸性亚硫酸盐蒸煮时把 110℃ 左右定为临界温度，即在蒸煮液浸透不均匀前，温度不要超过此温度。

3. 压力差

压差增大，药液浸透速率加快。压差的来源有：

① 毛细管作用而产生的压力差；

② 料片外部液体静压产生的压力差；

③ 蒸汽装锅、木片预汽蒸、连续通汽排气等操作，使原料内的空气受热膨胀而排除一部分，在毛细管内留存一定量水蒸气，当温度较低的药液与料片接触时，使料片内的蒸汽冷凝造成部分真空而产生压力差；

④ 在亚硫酸盐蒸煮过程中，料片装锅后送液前预抽真空产生压力差；

⑤ 蒸煮送液时，用泵加压而产生压力差。送满药液后再用泵进行加压，强制药液渗入木片的内部。实践证明，对 $100m^3$ 锅容，送液满后再加压至 0.5MPa，送液量可增加 $4m^3$ 左右（即可增 4% 左右）。

上述压差中，以毛细管作用产生的压差最大。

4. 纤维原料种类和料片规格

（1）原料种类和性质

原料种类不同，则纤维细胞的组成和结构不同，密度也不同，因此，药液浸透速率也不同。一般来说，密度小的易于浸透；早材胞腔大、壁薄，所以药液易于浸透；树脂含量少，则易浸透；草类原料组织疏松、片薄，浸透阻力小，浸透较快。

（2）料片规格

前已述及，沿木材轴向的浸透速率明显大于径向和弦向，总的浸透速率（包括压力浸透和扩散浸透）要大 14～15 倍，因此，削片时要注意其长度。同时，削片时要适当斜切，以增大纤维胞腔的暴露量。另外，木片厚度应与长度相适应。一般木片削成长 15～20mm、厚 3～5mm。

（3）料片水分

原料水分大时，以扩散作用为主；水分小时，以毛细管作用为主。但是，较干的木片，水分为 23% 左右时，由于纤维细胞壁未湿润，反而浸透速率慢。试验得出，木片水分为 40% 时，浸透速率最快，此时以压力浸透为主，因此，生产上多将木片水分控制在 45% 左右。

（三）强化药液浸透的措施

① 蒸汽装锅和预汽蒸

a. 蒸汽装锅是采用蒸汽装锅器装料片，一边装料，一边通蒸汽。

b. 预汽蒸是料片用新鲜蒸汽、废液闪急蒸发产生的蒸汽或者将上述二种蒸汽混合进行汽蒸。

c. 预汽蒸和蒸汽装锅是强化蒸煮药液浸透的机理如下：

（a）温度的升高使得料片内部空隙中的空气膨胀。随着温度的升高，空气和水蒸气的分压也增大。料片内气体压力增加的结果是在料片内部和外部之间形成压力差，使空气与蒸汽混合物从空隙中流出来，其结果是空气从料片中排出。

（b）木片一般含有 45% 左右的水分，汽蒸加热了木片内部的水，从而增加了木片内部的水蒸气压力，有助于驱逐除去空气。

（c）汽蒸在料片外部创造饱和水蒸气环境，可在料片内外产生空气的分压梯度，使空气由料片内部向外扩散。

（d）在上述汽蒸的作用下，料片中的空气排出，料片的空隙结构被水蒸气充满。当汽蒸过的 100～120℃ 的料片受到冷（<100℃）的蒸煮液时，内部空隙中的蒸汽就会凝结，在胞腔内形成负压。这加速了蒸煮液流入料片内部。

② 蒸煮器外药液预浸。在料片装入蒸煮器之前，将料片与蒸煮液先进行混合并浸渍，例如禾草类原料可以用螺旋预浸器，木材原料连续蒸煮可采用浸渍塔，来促进蒸煮药液与料片的均匀混合和浸渍。

③ 装锅送液时，适当提高药液温度，一般将药液预热至 70～85℃ 后送入蒸煮器内。

④ 蒸煮初期采用较大的液比，待药液浸渍完成后，再把多余的药液抽出来，使液比恢复到正常值。

⑤ 间歇置换蒸煮在黑液预处理段，让液体完全充满蒸煮器。

⑥ 对碱法蒸煮，添加十二烷基苯磺酸钠等助剂或者回用部分黑液，可加快蒸煮液的浸透。

二、碱法蒸煮的化学原理

（一）碱法蒸煮的脱木素化学

化学法制浆的目的是通过脱除木素来分离纤维。碱法蒸煮脱木素的特点是木素大分子需要降解为小分子才能从原料中溶解出来。因此，碱法蒸煮的脱木素包括木素的降解和木素的溶解两方面。木素的降解由蒸煮剂与木素大分子的化学反应来实现。

1. 碱法蒸煮过程中木素的化学反应

在硫酸盐法和烧碱法蒸煮过程中，木素的化学反应可分为降解和缩合反应两大类，二者之间相互竞争。降解反应是希望发生的，因为它通过把大分子的木素降解成小分子的木素碎片而使其溶解。烧碱法蒸煮的反应剂是 OH^- 离子，而硫酸盐法蒸煮的主要反应剂除了 OH^- 离子外，还有 Na_2S 水解产生的 HS^- 离子。烧碱法和硫酸盐法的共性是所有的药品都具有碱性，通过化学反应，在木素大分子中引入亲液性的基团，使木素大分子降解，变成分子量较小、结构比较简单、易溶于碱液的碱木素和硫化木素。

木素的降解反应是木素大分子的结构单元间的各种连接键发生断裂的反应，主要是芳基醚键的断裂反应。降解反应的类型主要取决于木素分子的连接形式。在木素大分子中，结构单元间的连接主要有各种醚键连接，还有碳—碳键连接，在一些草类原料中还存在酯键的连接。不同的化学键，其反应性能不同，现分述如下。

（1）酚型 α-芳基醚或 α-烷基醚键的碱化断裂

由于碱（OH^-）首先与酚（酸性的）羟基发生化学反应，生成可溶于水的酚盐。然后，酚盐离子发生结构的重排，促进了芳基醚或烷基醚的氧与苯丙烷单元的 α-碳的连接断裂，形成了中间体亚甲基醌。图 2-7 是典型的酚型 α-芳基醚键的碱化断裂过程。从图中可以看出：两个相邻的木素结构单元间的醚键连接发生了彻底的断裂，木素的大分子显著变小。

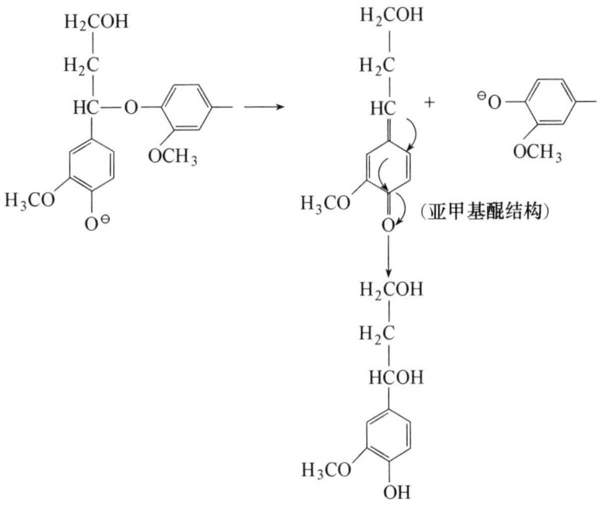

酚型的 α-芳基键连接是容易断裂的。但是非酚型的 α-芳基醚键连接，实际上是非常稳定的。

（2）酚型 β-芳基醚键的碱化断裂和硫化断裂

酚型 β-芳基醚键在各种连接形式中占着非常重要的地位，在蒸煮

图 2-7 典型的酚型 α-芳基醚键的碱化断裂过程

过程中它的断裂与否，将直接影响到蒸煮的速率，特别是针叶木蒸煮时的脱木素速率。酚型 β-芳基醚键能进行碱化断裂，但为数很少；其硫化断裂的速度则相当快。酚型 β-芳基醚键碱化断裂和硫化断裂的过程见图 2-8。

从图 2-8 可以看出，酚型 β-芳基醚键在烧碱法蒸煮时，由于其主反应是 β-质子消除反应和 β-甲醛消除反应，因此，多数不能断裂，只有少量这种键在通过 OH^- 对 α-碳原子的亲核攻击形成环氧化合物时才能断裂（称为碱化断裂）。但是，在硫酸盐蒸煮时，由于 HS^- 的电负性较 OH^- 强，其亲核攻击能力也强，所以能顺利迅速地形成环硫化合物而促使 β-芳基醚键断裂（称为硫化断裂）。木素中的主要连接键是 β-芳基醚键（β-O-4），在针叶木和阔叶木中 β-芳基醚键的数量占木素连接键总量的 $50\%\sim60\%$。这就是硫酸盐法较苛性钠法蒸煮脱木素速率快的主要原因。

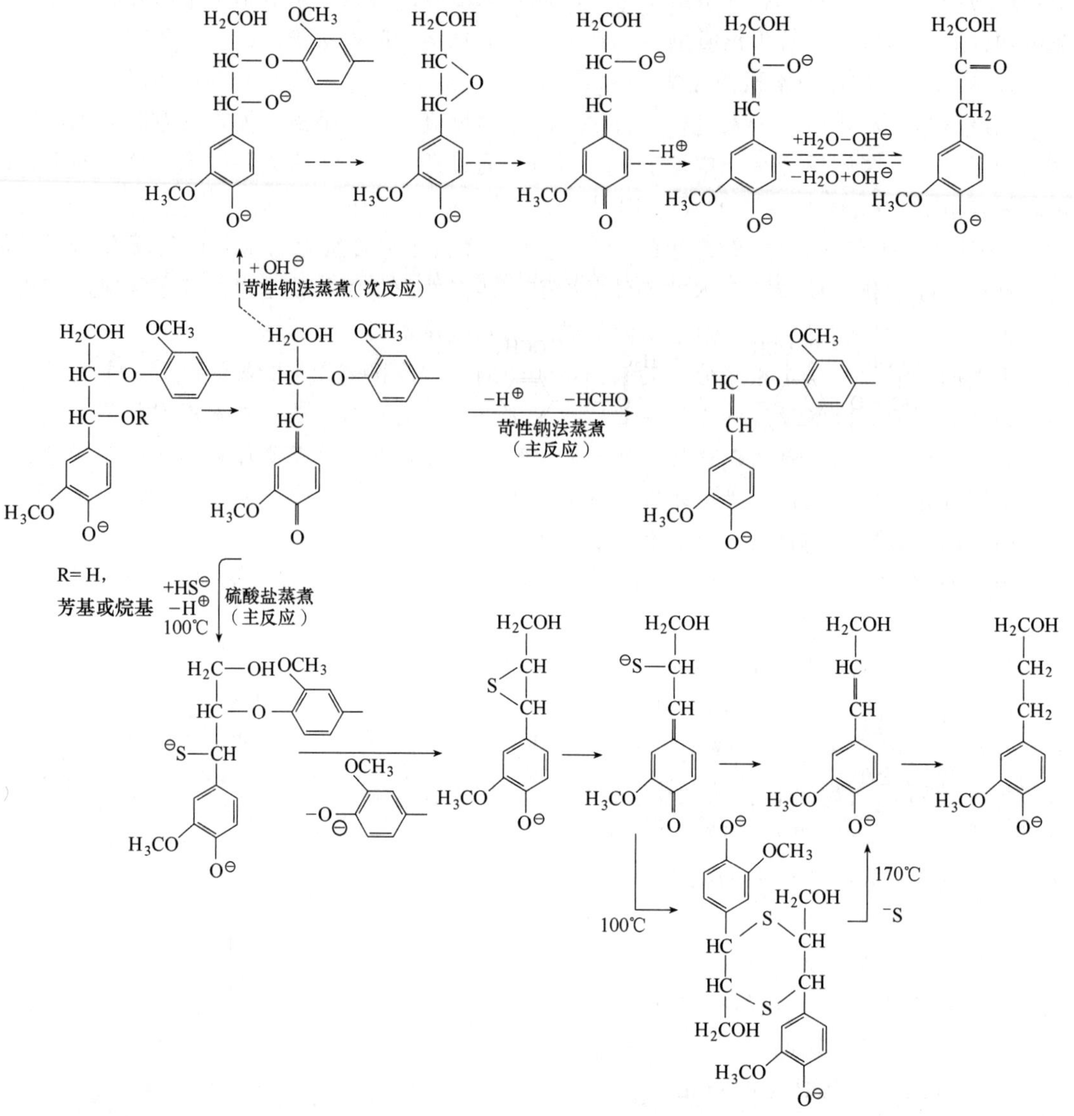

图 2-8 酚型 β-芳基醚连接的碱化断裂和硫化断裂

酚型单元 α-芳基醚键的碱化断裂和 β-芳基醚键的硫化断裂（图 2-7、图 2-8）产生新的酚型结构单元。如果新的酚型结构单元也含有 α-或 β-醚键，醚键断裂反应便会继续发生，直到不再有这样的化学键。

（3）非酚型 β-芳基醚键的碱化断裂和硫化断裂

非酚型木素结构单元在蒸煮时的最大特点是不能形成亚甲基醌结构，因此，一般其 β-芳基醚是非常稳定的，只有下列两种特殊情况才能断裂：

① 具有 α-羟基的非酚型 β-芳基醚键，能进行碱化断裂（图 2-9 所示）。

② 具有 α-羰基的非酚型 β-芳基醚键，能进行硫化断裂（图 2-10 所示）。

（4）芳基-烷基和烷基-烷基间 C—C 键的断裂

芳基与芳基之间的 C—C 键是稳定的，一般很难断裂。但是芳基与烷基之间或烷基与烷基之间的 C—C 键，在某些条件下有可能断裂，其断裂的位置如图 2-11 所示。

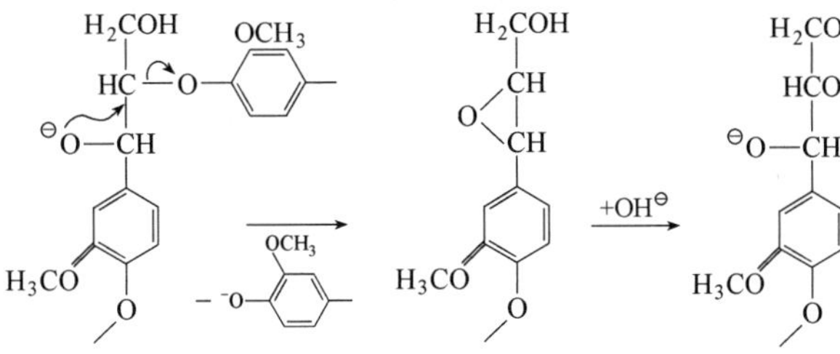

图 2-9　具有 α-羟基的非酚型 β-芳基醚键的碱化断裂

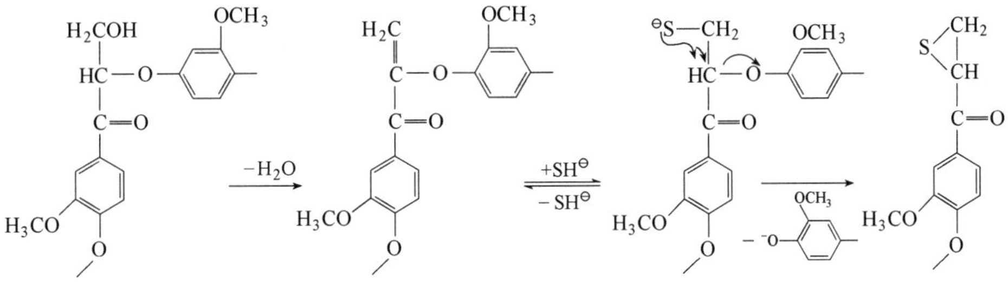

图 2-10　具有 α-羰基的非酚型 β-芳基醚键的硫化断裂

从图 2-11 可以看出，第①种断裂是在 C_β—C_γ 之间发生 β-甲醛消除反应，结果是木素大分子不会有大的变化。第②种断裂是在 C_α—C_β 之间发生，例如，图 2-12 所示，结果是木素大分子有可能变小。第③种断裂是在亚甲基醌的 A_r—C_α 之间发生，结果是木素大分子有可能变小。

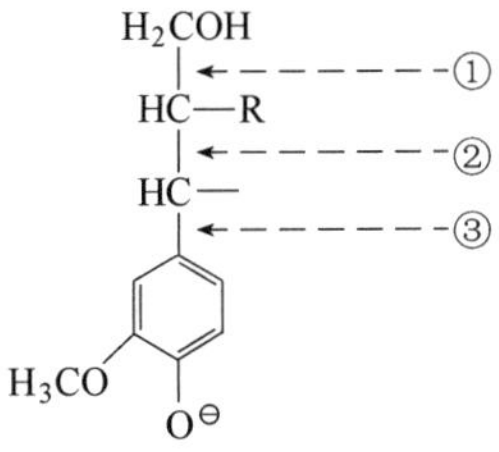

图 2-11　C—C 键断裂的位置

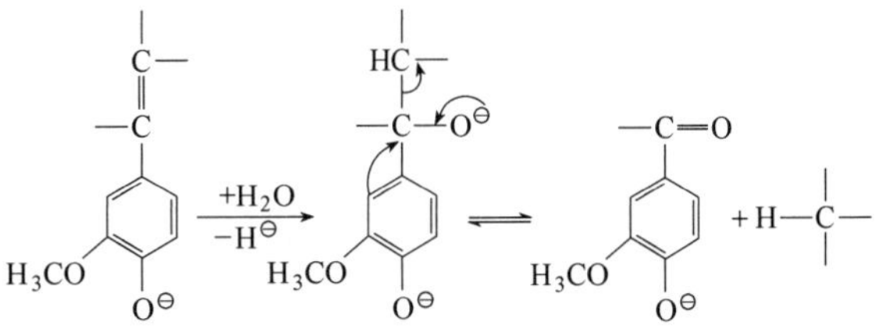

图 2-12　C_α—C_β 间连接的断裂反应

（5）甲基-芳基醚键的断裂

苯环上甲氧基的甲基与 OH^- 或 SH^- 作用，甲基-芳基醚键断裂而生成甲硫醇、甲硫醚或二甲二硫醚和甲醇等，其反应式如下：

$$ROCH_3 + NaOH \longrightarrow RONa + CH_3OH$$
$$CH_3OH + NaSH \longrightarrow CH_3SNa + H_2O$$
$$ROCH_3 + NaSH \longrightarrow RONa + CH_3SH$$
$$CH_3SH + NaOH \longrightarrow CH_3SNa + H_2O$$

甲硫醇（CH_3SH）的生成量，除了与树种有一定的关系外，与蒸煮的条件亦有很大的关系。主要表现在蒸煮用碱量及硫化度等方面。硫化度高或者 Na_2S 绝对量大，甲硫醇的产生量相对也大。在蒸煮硬浆与软浆时的情况亦有区别，软浆蒸煮时用碱量高，有较多的过剩 NaOH 存在，甲硫醇可变为不易挥发的甲硫醇钠盐，也有少量变成二甲硫醚：

$$2CH_3SNa \longrightarrow CH_3SCH_3 + Na_2S$$

$$CH_3SNa + CH_3OR \longrightarrow RONa + CH_3SCH_3$$

在很少情况下，甲硫醇经氧化后变成二甲二硫醚：

$$4CH_3SH + O_2 \longrightarrow 2CH_3SSCH_3 + 2H_2O$$

虽然甲基芳基醚键的断裂对木素大分子的变小是无关紧要的，但它是硫酸盐法蒸煮大气污染物的来源。

（6）碱法蒸煮过程中的缩合反应

脱木素过程中降解了的木素，在缺碱升温的条件下，会产生相互间的缩合反应，结果是降解了的木素又变成了大分子的木素，不易溶解于碱液中。缩合反应大致有三种类型：①C_α—Ar缩合反应；②C_β—C_γ缩合反应；③酚型木素结构单元或木素降解产物与甲醛的缩合反应。

例如，蒸煮时形成的亚甲基醌结构，如果碱量不够就会发生如图2-13所示的C_α—Ar的缩合反应。

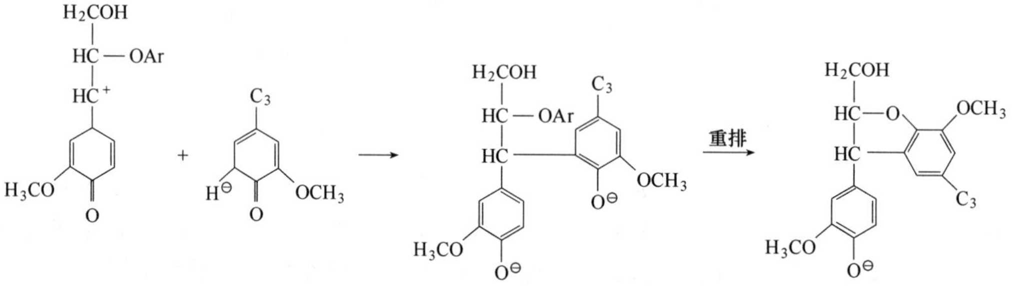

图2-13　C_α—A_γ缩合反应

从图2-13可以看出：断裂了的木素经缩合以后就变成了分子更大的木素。如果要把缩合了的木素再溶解出来，就需要更多的碱和更强烈的条件。因此，这类缩合反应是形成生片的主要原因之一。

（7）碱法蒸煮时木素发色基团的形成

碱法蒸煮会使木素形成一些无色基团，在一定的条件下，无色基团又会变成有色基团，而使纸浆的颜色变深，这在碱法蒸煮特别是硫酸盐法蒸煮时尤为严重。

发色基团是指在可见光区产生吸收峰的不饱和基团，如具有双键结构的不饱和烃（RCH=CHR）、羰基、苯环、邻醌、对醌、二芳环等。

由木素形成的无色发色基团及其转变成有色基团的反应有芪和丁二烯结构的氧化反应、芪和丁二烯结构的环化-氧化反应、二芳甲烷结构的氧化反应和邻-苯二酚结构的氧化反应等。

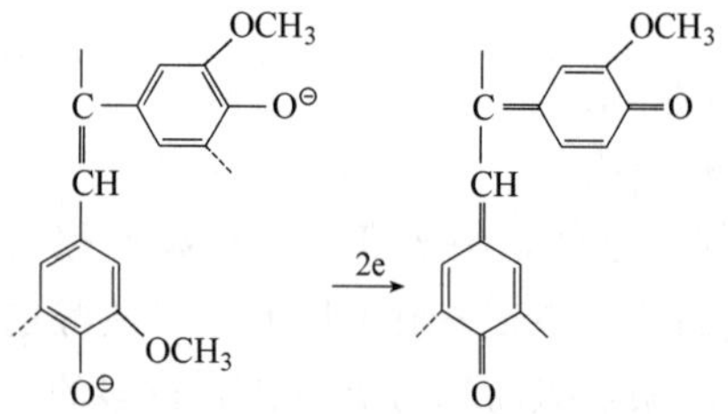

图2-14　对，对'-二羟-芪结构氧化为对，对'-芪醌结构的反应

① 对，对'-二羟-芪结构的氧化反应（图2-14）

② 邻，对'-二羟-芪结构的环化-氧化反应（见图2-15）

（8）木素的溶解

蒸煮脱木素包括木素的降解和溶解两方面。在蒸煮液和高温的作用下，木素三维空间的大分子降解为相对分子质量不同的小分子木素碎片。这些碎片在碱的作用下发生溶剂化和胶溶化润胀，形成凝

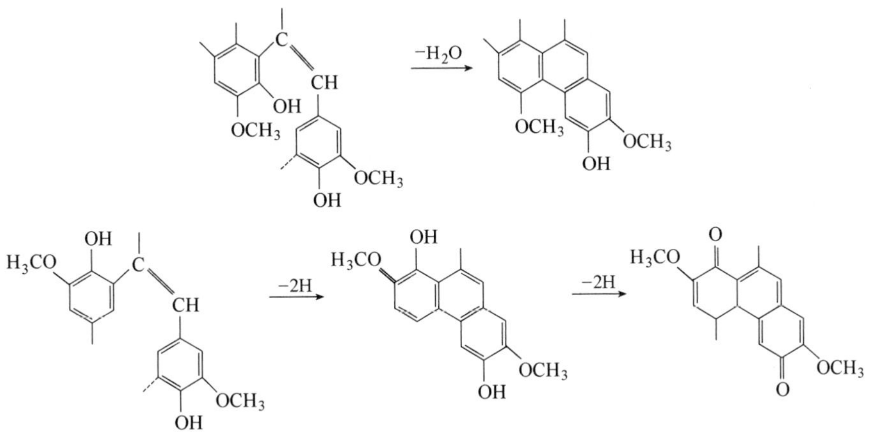

图 2-15 邻，对'-二羟-芪结构的环化氧化反应

胶，并通过胶体溶解转移到溶液中，从而实现木素的脱除。根据某些资料介绍，在黑液有机物中，高分子胶体溶解物质可达 30%，而其中主要是碱木素。

木素碎片的溶解受多种因素影响，这些因素包括温度、pH（OH^- 浓度）、Na^+、Ca^{2+}、K^+ 等阳离子、Cl^-、CO_3^{2-} 等阴离子、木素的相对分子质量、木素的官能团、溶解在蒸煮液/黑液中的木素及其他木材降解产物等。

对于碱法蒸煮，温度升高，木素的溶解性增强；pH 升高，木素的溶解性也增大。在碱法蒸煮末期，如果蒸煮液的 pH 低于 12，溶解于蒸煮液中的木素会开始发生聚沉；当蒸煮液的 pH 低于 9 时，会有大量已经溶出的木素重新沉积于纤维上。

木素具有胶体特性。金属离子会破坏胶体体系的稳定性。Na^+、Ca^{2+}、Mg^{2+}、Fe^{2+} 和 Fe^{3+} 等会影响蒸煮体系中木素的溶解性。当蒸煮液中钠离子浓度增大时，木素的溶解性会降低，从而影响木素的溶出。若向蒸煮液中添加 NaCl，则脱木素速率减小。

阴离子会影响木素碎片的溶出。阴离子对脱木素速率有较大的影响，其中 Cl^- 对脱木素具有较大的阻碍作用，而聚丙烯酸离子几乎没有任何影响。当在蒸煮液中加入 CO_3^{2-}、SO_4^{2-} 和 $C_3H_5O_3^-$ 时，他们对脱木素速率的影响介于加入 Cl^- 和聚丙烯酸离子之间。

Ca 对脱木素的影响情况，取决于 Ca 的存在形式和木材种类。当 Ca 以 $CaCO_3$ 存在或者与螯合剂（DTPA 等）形成络合物时，对脱木素的影响很小。

Ca^{2+} 对桉木硫酸盐法蒸煮脱木素速率没有显著影响，而杨木和桦木硫酸盐蒸煮过程中，若存在 Ca^{2+}，脱木素速率明显下降；若向其白液中添加 CO_3^{2-}，Ca^{2+} 与 CO_3^{2-} 形成 $CaCO_3$ 沉淀，则 Ca^{2+} 不会对木素的溶解产生影响，从而可提高脱木素速率。由此可见，白液中所含有的少量的 CO_3^{2-} 对脱木素是有利的。木片用螯合剂 DTPA 预处理，木片中的 Ca^{2+} 形成了络合物，或者将 DTPA 加入蒸煮液中，同样可减小 Ca^{2+} 对脱木素的影响。

相对分子质量小的木素比相对分子质量大的木素容易溶解于蒸煮液中。在硫酸盐法蒸煮前期，溶出的木素的相对分子质量较小。随着蒸煮的进行，溶于蒸煮液中的木素的相对分子质量不断增大。

当蒸煮体系中溶解的木素的浓度增大时，会阻碍木素的脱除，特别是在蒸煮后期和接近蒸煮终点时，其原因可能是：a. 溶解木素的浓度达到了一个平衡状态，从而会阻碍木素降解产物的溶出；b. 木素降解产物的扩散速率减小；c. 木素的缩合反应增加。

2. 碱法蒸煮的反应历程

蒸煮反应历程是指蒸煮过程的各个阶段原料中木素和碳水化合物以及其他组分的溶出特征及变化规律。蒸煮反应历程主要包括脱木素反应历程和碳水化合物反应历程。讨论蒸煮反应历程的意义在于掌握蒸煮过程的客观变化规律，确定合理的蒸煮条件，迅速和有效地除去木素，尽可能地减少纤维素的损伤并控制半纤维素降解，以保证纸浆的得率和强度。

不同种类的纤维原料其化学成分、组织结构均不相同，因此，在碱法蒸煮中，它们的反应历程也就有较大的差别。云杉硫酸盐法蒸煮中总的化学反应进程如图 2-16 所示。

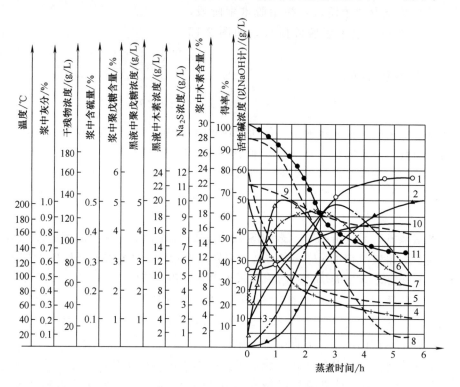

图 2-16　云杉硫酸盐法蒸煮过程中木浆成分与碱液成分的变化

1—黑液中干残物　2—黑液中木素　3—黑液中戊聚糖　4—活性碱　5—硫化钠　6—灰分

7—浆中硫　8—浆中木素　9—浆中戊聚糖　10—温度　11—得率

蒸煮过程中，木素的脱除随温度和时间变化的情况，称为脱木素反应历程。反映脱木素的快慢和脱木素量的多少。

木素结构中某些连接键的数量及其与蒸煮剂的反应活性，这两个因素决定了木素降解的历程。木素中的主要连接键是 β-芳基醚键（β-O-4），在针叶木和阔叶木中 β-芳基醚键的数量占木素连接键总量的 $50\%\sim60\%$。由此可见，蒸煮过程中最普遍的裂解反应是 β-O-4 连接。木素与蒸煮剂的反应活性取决于木素结构单元是酚型的还是非酚型的。

另外，木素的化学结构是影响脱木素反应的因素之一。表 2-3 列出了不同原料的木素基本结构单元的相对含量。对桉木浆而言，脱木素效率和得率与木片中木素的含量关系不是很大。可是，桉木木素的紫丁香基与愈创木基比率（S/G）对脱木素却有着积极且显著的关系，并影响浆的得率。研究发现，脱木素速率、蒸煮剂的消耗以及浆的得率均取决于 S/G 比例的大小。这是因为脱木素不仅取决于木素的可及性，而且还取决于其反应活性。S/G 比例的增大可提高木素的反应活性。因此，木材含有高的 S/G 比例就容易脱木素。

表 2-3   不同原料的木素基本结构单元的相对含量   单位：%

木质素结构单元	针叶木	阔叶木	禾草
紫丁香基丙烷(两个甲氧基,S 型)	0~1	50~75	25~50
愈创木基丙烷(一个甲氧基,G 型)	90~95	25~50	25~50
对-羟基苯基丙烷(无甲氧基,H 型)	0.5~3.5	微量	10~25

（1）木材碱法蒸煮脱木素反应历程

根据国内外研究，木材硫酸盐法蒸煮时，脱木素反应历程可以分为三个阶段：初始脱木素阶段，大量脱木素阶段和残余木素脱除阶段，如图 2-17 所示。

1）初始脱木素阶段

初始脱木素阶段主要发生在从升温开始到 140℃左右这个药液浸透阶段，木素的溶出很少，一般占原料总木素的 20%~25%。

在此阶段，木素基本未发生降解，只有那些分子量足够小的易溶木素从细胞壁的 S2 层中被抽提出来，因此，在有些文献中，将此脱木素阶段称为"抽提木素阶段"。对脱木素而言，这一阶段是一个扩散控制过程，而不是化学反应控制过程。图 2-18 示出了典型的硫酸盐法蒸煮过程中木素的脱除情况。

碳水化合物中的半纤维素在这一阶段大量降解。

在初始脱木素阶段，硫氢根离子的吸附将加速药液浸透，木片吸收了硫氢根离子可以加速大量脱木素阶段的脱木素反应；同时，可以保护碳水化合物，减少其降解；并且还可以减少溶解了的木素的再缩合。

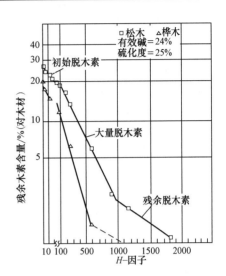

图 2-17   松木和桦木硫酸盐法蒸煮过程中木素脱除与 H—因子的关系

注：H—因子是指脱木素反应相对速率常数对时间的定积分。

2）大量脱木素阶段

大量脱木素阶段指的是由 140℃左右继续升温至最高蒸煮温度，并在此温度下保温一段时间。直到总的木素脱除率达到 90%左右时结束。

当蒸煮温度升到 140℃以上时，脱木素速率迅速增大。此阶段的脱木素速率，在很大程度上取决于 OH^- 离子和 HS^- 离子的浓度和温度。浓度越大，则脱木素速率越快。约有总木素量的 70%~80%的木素在此阶段溶出。木素的溶出先从细胞壁的 S2 层开始，然后，逐渐延伸到胞间层。

3）残余木素脱除阶段

大量脱木素之后将继续蒸煮，直至脱木素率达到 90%，残余木素含量为 3%~5%（对浆的质量百分比）。相对而言，残余木素脱除阶段的脱木素速率相当慢，木素的脱除量也比较少，见图 2-17 和图 2-18。

在此阶段，脱木素的选择性相当差，因

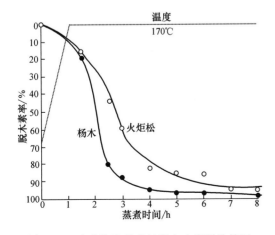

图 2-18   硫酸盐法蒸煮过程中木素脱除情况

此，这一阶段持续时间特别长的话，碳水化合物降解的危险性将会增大。

（2）草类原料硫酸盐法或烧碱法蒸煮脱木素反应历程

草类原料种类很多，但常用的草类原料如芦苇、麦草、稻草、蔗渣等都有共同的或类似的物理、化学结构和性质。因此，其硫酸盐法或烧碱法蒸煮脱木素反应历程是极为相似的，可以分为第一阶段大量脱木素阶段、第二阶段补充脱木素阶段和第三阶段残余木素脱除阶段。

① 大量脱木素阶段。指的是升温到100℃左右之前的阶段，在这一阶段中，木素大约脱除了60%以上。

② 补充脱木素阶段。指的是从100℃左右继续升温到最高温度这一阶段。大量脱木素阶段虽然脱除了60%以上的木素，但原料还未达到分散变成化学浆的程度。因此，必须进行补充脱木素。补充脱木素的数量必须使总的木素脱除量达到90%以上，这样，原料就能分散变成纸浆，而且使纸浆达到所需硬度的要求。

③ 残余木素脱除阶段。指的是在最高温度下的保温阶段，在这一阶段中，木素脱除量一般都在5%以下。因此，蒸煮时只需要很短的保温时间，甚至可以取消保温时间。

（3）针叶木与草类蒸煮反应历程的比较

针叶木和草类（以麦草为例）蒸煮反应历程的比较见表2-4。可见蒸煮在100~120℃之间，麦草浆中的木素已大量的溶出，这一点是与木材硫酸盐法蒸煮历程大不相同的。木材硫酸盐法蒸煮大量脱木素阶段在150~170℃之间，由此可见，草类原料硫酸盐法或烧碱法蒸煮脱木素早，脱木素快，不需要较高的温度。这是草类原料碱法蒸煮的最大特点。木材与草类蒸煮脱木素历程的差别可以说明草浆易于蒸煮的原因。

表 2-4 针叶木与麦草蒸煮反应历程的比较

方法 阶段	针叶材 NaOH+Na₂S	麦草		
		NaOH	NaOH—AQ	NaOH+Na₂SO₃
第一脱木素阶段	初始脱木素阶段	大量脱木素阶段		初始脱木素阶段
温度/℃	<140	<100	<100	<120
木素溶出率/%	20~25	60	61~62	45
碱耗/%	60	45.0	38	43
聚戊糖溶出率/%	—	45	45	7.5
第二脱木素阶段	大量脱木素阶段	补充脱木素阶段		大量脱木素阶段
温度/℃	140~170及保温初期	100~160	100~160	120~160及保温初期
木素溶出率/%	60~75	25~30	28	35
碱耗/%	—	20	20	30
聚戊糖溶出率/%	—	9	9	28
第三脱木素阶段	残余木素脱除阶段	残余木素脱除阶段		残余木素脱除阶段
温度/℃	170℃保温后期	160℃保温	160℃保温	160℃保温后期
木素溶出率/%	10~15	5~10	5~10	2~3
碱耗/%	—	20	22	7
聚戊糖溶出率/%	—	2~3	1~2	—

稻麦草纤维原料的组织结构疏松，木素含量较低，半纤维素含量较高，因此，较木材容易蒸煮。

就木素来说，麦草蒸煮快，可能与麦草木素的化学结构有关。草类木素中酚羟基含量高，一般木材木素中有 20%～30% 的结构单元为酚型结构，而麦草木素中有 35%～45% 的酚型结构，其他酸性基团也较木材多，这些极性基团在碱性介质中离子化，使草类木素具有较强的亲液性而易溶。另外，木素结构中具有酚型结构单元的醚键较非酚型结构的醚键易于发生硫化断裂和碱化断裂，使木素大分子易于小分子化而溶出。

草类木素的相对分子质量低，分散度大。据研究，麦草木素的质均相对分子质量为 8854，桦木的质均相对分子质量为 18000；从相对分子质量分布看，桦木木素相对分子质量在 20000 以上者占 23.8%，10000 以下者占 42.5%，而麦草木素在 20000 以上者占 5%，10000 以下者占 75%，如此大量的低分子木素，可能是麦草木素容易脱除的主要原因。

草类木素中含有较多的酯键，酯键在碱性介质中极易发生皂化而断裂；而在木材中，除少数品种（如杨木）含有酯键外，大多数木材（特别是针叶木）都不含酯键。

草类原料的半纤维素的相对分子质量小，聚合度低，其主要成分是易溶于碱的聚木糖等，因此，草类原料的半纤维素在蒸煮时容易降解溶出。半纤维素的溶出使得木素-碳水化合物复合体（LCC）的含量减少，同时为蒸煮药液的浸透和木素的溶出打开了通道，从而促进了木素从细胞壁中溶出。

草类原料碱法蒸煮脱木素化学反应的活化能比木材的低（见表 2-6），因此，草类原料碱法蒸煮的脱木素速率比木材的快。

草类容易蒸煮与其木素的结构及其在纤维组织中的分布有关。据研究，蔗渣原料纤维次生壁木素和复合胞间层木素以及细胞角木素在硫酸盐法蒸煮过程中脱木素速率几乎是相同的。这与木材纤维各主要部位脱木素速率的情况完全不同，木材硫酸盐法蒸煮的脱木素顺序是细胞壁（S_2 层）木素先脱除，胞间层木素后脱除。

此外，草类原料在蒸煮时纤维不易解离。针叶材的脱木素率达到 85% 左右纤维即可解离，而草类原料则必须达到 90% 以上甚至更高（93%～95%）才能成浆。

3. 碱法蒸煮脱木素反应动力学

蒸煮脱木素的动力学，是研究影响脱木素速率的动力和阻力的变化规律。具体来说，就是研究蒸煮脱木素的动力学公式的表现形式，得出反应级数 n、反应速率常数 K 值和活化能 E 值，进一步计算相对反应速率常数 K_r 和 H—因子，以用来控制蒸煮的质量。

蒸煮脱木素的动力学公式，研究者提出了很多，常用的硫酸盐法蒸煮脱木素的动力学方程如下：

$$-\frac{dL}{dt} = k \times [OH^-]^\alpha \times [HS^-]^\beta \times L \tag{2-4}$$

式中　L——蒸煮过程原料（或浆料）的木素瞬时含量，%

　　　t——蒸煮时间

　　　k——脱木素反应速率常数

$[OH^-]$——氢氧根离子浓度

$[HS^-]$——硫氢根离子浓度

　　α、β——指数，其数值见表 2-5

表 2-5　　　　　　　　　针叶木硫酸盐法蒸煮不同脱木素阶段的 α 和 β 值

脱木素阶段	α	β	脱木素阶段	α	β
初始脱木素阶段	0	0	残余木素脱除阶段	0.5～0.7	0
大量脱木素阶段	0.5～0.8	0.1～0.5			

从表面上看初始阶段的木素脱除与 OH^- 的浓度是无关的。但这并不意味着这一阶段可以在没有碱的条件下进行，而是指这一阶段的脱木素速率不会受到碱浓的影响。在大量脱木素阶段，OH^- 和 HS^- 的浓度对反应速率有较大的影响。在残余木素脱除阶段，木素的脱除速率变慢，OH^- 浓度对木素脱除速率的影响减弱。

（1）脱木素反应级数、反应速率常数 k 和反应活化能 E

1）反应级数

反应级数纯粹是实验值，许多学者研究过碱法蒸煮脱木素的动力学。现在的认识是：木材硫酸盐法蒸煮脱木素反应一般属于一级反应（也有人认为是二级反应），草类原料（包括竹子）碱法蒸煮脱木素反应属于二级反应。

2）脱木素反应速率常数 k 和活化能 E

脱木素反应速率常数 k 和活化能可通过试验得出。在多数蒸煮动力学的研究中，以一定规格的木粉为原料，采用大液比，进行蒸煮，反应过程看成是均相反应体系，此时，反应速率与温度的关系符合阿伦尼乌斯（Arrhenius）方程：

$$k = k_0 \times e^{-\frac{E}{RT}} \tag{2-5}$$

式中　k——脱木素反应速率常数

　　　k_0——频率因子，即参加反应分子的碰撞频率

　　　E——反应活化能

　　　R——气体常数

　　　T——绝对温度

从式（2-5）可知，反应速率常数 k 在某一固定温度下是常数；要计算出该温度下的脱木素反应速率常数 k，必须根据某一固定温度下得出的一组数据，按照动力学公式，通过回归分析算得。按同样方法，再算出其他温度下的脱木素反应速率常数 k。

对式（2-5）取自然对数可得：

$$\ln k = \ln k_0 - \frac{E}{RT} \tag{2-6}$$

将各个温度下的脱木素反应速率常数 k，代入式（2-6），通过回归分析，即可求出该蒸煮条件的脱木素反应的活化能 E。

有许多关于蒸煮脱木素反应活化能的研究结果，表 2-6 为不同原料不同蒸煮方法的脱木素反应活化能示例。总的来讲，碱法蒸煮脱木素反应的活化能：

① 针叶木＞阔叶木＞禾草类；

② 初始脱木素阶段＜大量脱木素阶段＜残余木素脱除阶段；

③ 硫酸盐法＜烧碱法蒸煮；

④ 添加蒽醌（AQ）可以降低硫酸盐法和烧碱法蒸煮脱木素反应的活化能。

表 2-6　　　　　　不同原料不同蒸煮方法的蒸煮脱木素反应活化能　　　　　单位：kJ/mol

原料种类	蒸煮方法	脱木素阶段		
		初始脱木素	大量脱木素	残余脱木素
樟子松（欧洲赤松）	KP	60	120	150
异叶铁杉	KP	50	134	—
挪威云杉	KP	60	127	146
桦木	KP		117	135

续表

原料种类	蒸煮方法	脱木素阶段		
		初始脱木素	大量脱木素	残余脱木素
栎木	KP	38.8	115.5	—
王桉（杏仁桉）	Soda	73	132	—
北美枫香木 Liquidambar styraciflua	Soda	—	130.2	—
	Soda-AQ	—	113.8	—
火炬松（Pinus taeda）	KP	—	119.7	—
	Soda	—	142.3	—
黑云杉（Picea mariana）	KP	—	138.5	—
	KP-AQ	—	126.1	—
	KP-PS	—	142.2	—
	KP-PSAQ	—	138.5	—
麦草	Soda-AQ	—	65.9	83.1（补充脱木素阶段）
麦草	KP	62.3		
芦苇	KP	23.9		
	Soda	49.5		

注：KP—硫酸盐法；Soda—烧碱法；AQ—蒽醌；PS—多硫化物。

（2）相对脱木素反应速率常数 k_r 和 H—因子

1）H—因子（H-factor）定义

H—因子是由蒸煮温度和蒸煮时间两个参变数结合而成的单一变数，其定义是：各蒸煮温度下相对脱木素反应速率常数对蒸煮时间的定积分称为 H—因子，即：

$$H = \int_0^t k_{r(T)} \mathrm{d}t \tag{2-7}$$

式中　H——H—因子

　　　t——蒸煮时间

　　　k_r——相对脱木素反应速率常数

k_r 是指任意温度 T 下的速率常数与 100℃时速率常数之比。k_r 与蒸煮温度和脱木素反应的活化能有关。

2）H—因子的意义

表 2-7 为针叶木硫酸盐法蒸煮温度从 100℃到 195℃脱木素反应的相对速率常数。可以看出，在 100℃左右时反应速率迅速增加。温度在 160℃以上，相对反应速率迅速增大，温度每升高 10℃，相对反应速率增加约一倍。

表 2-7　　　　　　　　针叶木硫酸盐法蒸煮脱木素反应相对速率常数

温度/℃	相对速率常数	温度/℃	相对速率常数	温度/℃	相对速率常数	温度/℃	相对速率常数	温度/℃	相对速率常数
100	1.0	120	9.0	140	65.6	160	397.8	180	2056.7
105	1.8	125	15.1	145	104.6	165	608.3	185	3032.6
110	3.1	130	24.9	150	165.0	170	921.4	190	4434.2
115	5.3	135	40.7	155	257.5	175	1382.8	195	6431.2

对云杉以三个不同蒸煮温度用硫化度为 31% 的蒸煮液进行硫酸盐法蒸煮，将每次蒸煮

所得的蒸煮数据与 H—因子的关系绘制成曲线，得到了纸浆得率与木素含量之间的关系图（图 2-19）。

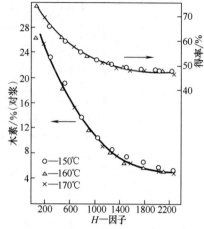

图 2-19　云杉硫酸盐法蒸煮的纸浆得率及木素含量与 H—因子的关系

在图 2-19 中，变化的参数只有温度和时间，原料及其他工艺参数均相同，而且蒸煮终点具有适宜的残碱。从图 2-19 看出，虽然蒸煮温度不同，但只要 H—因子相同，所得纸浆的木素含量及得率相同。由此可见，同一原料，在用碱量、硫化度、液比等蒸煮条件相同时，控制 H—因子相同，则其纸浆得率及浆中木素含量相同。

H—因子通过温度和时间的变化来估计脱木素最终结果，是一个十分有用的工具。只要控制相同的 H—因子，就可获得相同的蒸煮结果。注意，H—因子应用的前提条件是蒸煮参变数中只有温度和蒸煮时间变化，其他条件和料片种类及质量不变，并且在蒸煮终点时有足够高的残碱浓度来避免木素再缩合。

3）H—因子的计算

H—因子一般以数值方式（numerical procedure）进行计算，相当于绘制出相对速率常数与蒸煮时间的关系曲线，并估算出曲线下面的面积。

H—因子不仅在相关的研究工作上有价值，而且在工厂实践中也非常有用。它可以在保持固定脱木素作用的情况下，改变时间—温度周期。现代化蒸煮器的控制系统在蒸煮时自动地运算和积累 H—因子，以补偿预定蒸煮周期的偏差。

（3）利用 H—因子对蒸煮质量的控制

蒸煮质量，目前主要控制蒸煮后纸浆的硬度和粗渣率，其中主要是对硬度有一定的要求。因此，计算出获得规定的硬度的纸浆所必需的总 H—因子数，用来控制蒸煮的升温、保温的温度和时间。用计算机来控制间歇蒸煮锅和连续蒸煮器的蒸煮质量，收到了良好的效果。例如，置换间歇蒸煮的 H—因子控制是 DCS 控制系统根据采样数据不断累积计算，得出蒸煮 t 时刻的 H—因子。最后根据计算得到的 H—因子与目标 H—因子设定值进行比较，H—因子未达到设定值则继续保温，直到 t 时刻的 H—因子达到目标值，则宣告蒸煮到达终点，然后自动转入下一步的置换操作。

由于蒸煮质量有很多影响因素，如 H—因子和有效碱浓度以及硫化度等。用微型电子计算机来综合进行蒸煮质量（以硬度表示）的控制，需要有一个公式或数学模型。

已建立了不少数模，如 Tau-因子、Hotton 模型、MODOCell 模型、Kerr 模型、Li 模型和 Luo 模型等。其中的 Tau-因子（T）是 H—因子的改进形式，它考虑了化学药品浓度的影响，T—因子的定义如下：

$$T = \left[\frac{S}{2-S}\right]\left[\frac{E.A.}{L:W}\right]^2 H \tag{2-8}$$

式中　S——硫化度（以分数表示）

　E. A.——有效碱用量（对原料）

　$L:W$——液比

　　H——H—因子

经验证明 T—因子与卡伯值有关系，但对无 Na_2S 的烧碱法蒸煮不适用。还有的用脱木素动力学公式的积分式来表示，在蒸煮过程中，连续测得残碱浓度（c），由计算机连续计算出预定 L_t（指 t 时刻木素含量，可由硬度换算）时的 H—因子数值（L 木素含量是已知的）。计算出来的 H—因子值与预定的 H—因子值相等时，表示蒸煮可以结束。

在实际生产中，必须同时控制所有的影响因素变化，才能获得良好的蒸煮质量。

（二）碱法蒸煮的碳水化合物降解化学

碱法蒸煮过程中在脱木素的同时，纤维素和半纤维素在强碱的作用下，不可避免地会发生降解和溶出。为了减少或阻止碳水化合物的降解，必须了解碳水化合物降解的基本原理和过程。

植物纤维原料中的聚糖在碱法蒸煮时发生化学反应，可能降解成可溶的低相对分子质量产物，使纸浆得率降低；或者聚合度降低了，但仍不可溶而留在纤维内。

纤维素和半纤维素在碱液中发生的主要反应有：剥皮反应、终止反应、碱性水解、乙酰化的半纤维素中的乙酰基的皂化、聚阿拉伯糖-4-O-甲基葡萄糖醛酸-木糖和聚-4-O-甲基葡萄糖醛酸木糖的脱氧甲基和最终脱葡萄糖醛酸反应。

1. 纤维素的反应

（1）纤维素的剥皮反应

剥皮反应是在碱性条件下，各种聚糖的醛末端基的降解反应。在高温强碱的条件下，纤维素大分子上的还原性末端基对碱不稳定，通过 β-烷氧基消除反应而从纤维素分子链上脱落下来，接着分子链上又产生一个新的还原性末端基，新产生的还原性末端基又重复上述反应，继续从纤维素大分子上脱落。这种还原性葡萄糖末端基逐个剥落的反应，称为剥皮反应，其反应式如图 2-20 所示。剥皮反应不断进行，使纤维素大分子的链长不断地变小，聚合度不断下降，这样就会降低纸浆得率和物理强度，故应尽量避免。

抑制剥皮反应的主要途径有：a. 将末端羰基氧化为羧基；b. 将末端羰基还原为伯醇羟基；c. 蒸煮时加入能与羰基起反应的化合物，将还原性末端封锁。

剥皮反应主要表现在蒸煮升温期的得率损失。在剥皮反应中，聚糖链还原性末端的糖单元逐渐脱去，直至发生终止反应，才使聚糖不再进一步剥皮。断裂下来的末端基会进一步裂解，转变成各种羟基酸，如乳酸、异变糖酸和 2-羟基丁酸，还有甲酸、乙酸和二元羧酸等。这些酸类物质会消耗蒸煮液中的碱，使蒸煮液的有效碱浓度降低。

剥皮反应，在升温到 100℃ 时就开始了，温度越高，反应越剧烈。同时，醛末端基也发生终止反应，即聚糖末端稳定反应。但终止反应速率慢，剥皮反应速率快。

（2）纤维素的终止反应

在剥皮反应进行的同时，纤维素也能进行另一种与之对立的反应——终止反应，即在蒸煮过程中，纤维素分子中对碱不稳定的还原性末端基，可以变为对碱稳定的 α-偏变糖酸基纤维素或 β-偏变糖酸基纤维素，从而终止了剥皮反应的进行，如图 2-20 所示。显然，终止反应对制浆过程是有利的。

研究表明，大部分还原性末端基发生剥皮反应，少数还原性末端基发生终止反应，往往在终止反应完成之前，纤维素大分子上已剥下了 60 个左右的葡萄糖基。

（3）纤维素的碱性水解

在高温强碱作用下，纤维素大分子会水解而断裂，变成两个甚至多个短链分子，由原来一个还原性末端基变成两个或多个还原性末端基，因而又会促进剥皮反应，见图 2-21。如

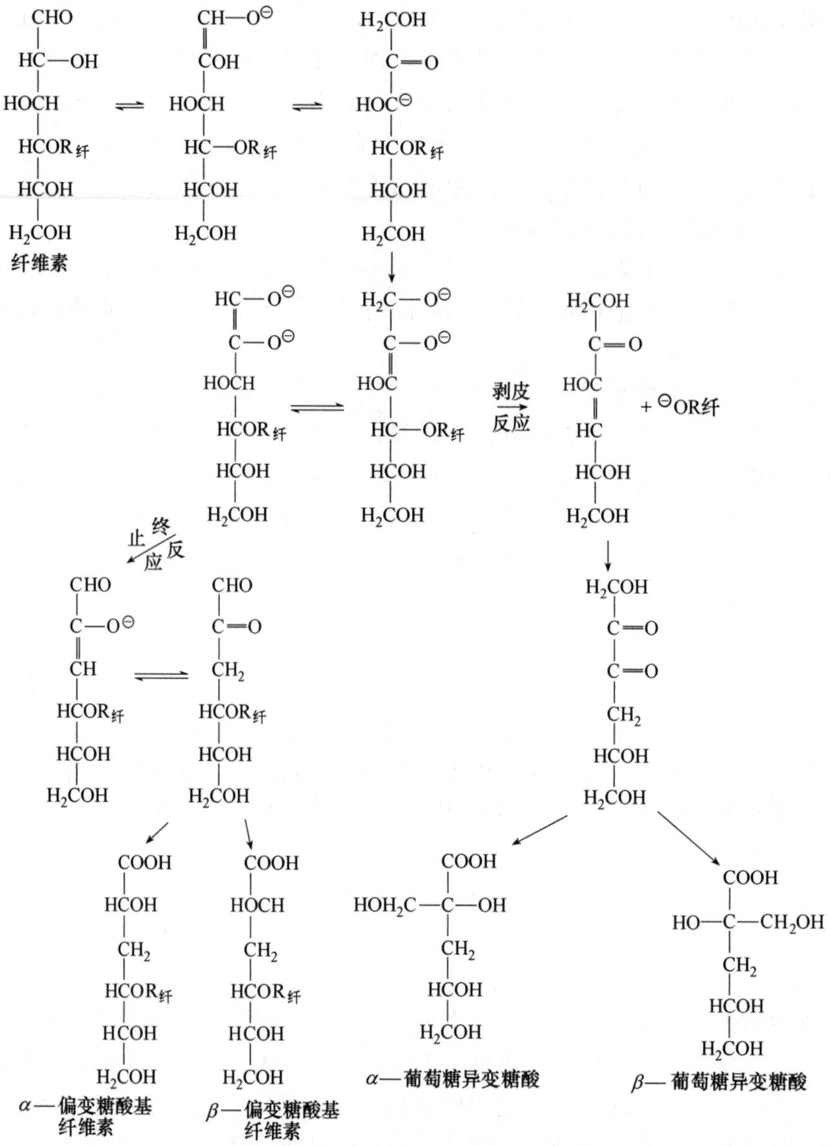

图 2-20　纤维素剥皮反应和终止反应的过程

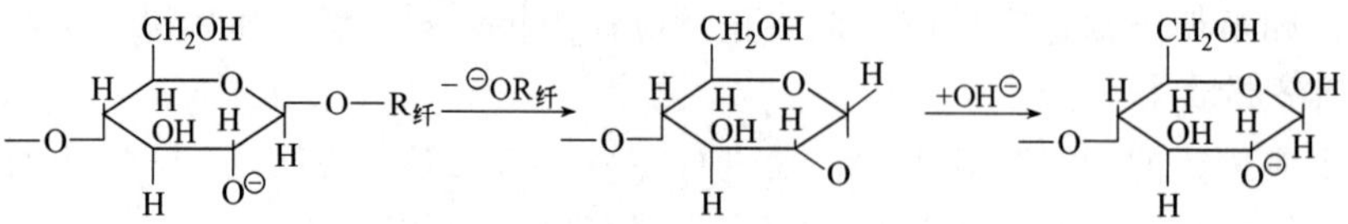

图 2-21　纤维素碱性水解的过程

果断裂发生在接近大分子链的末端基部分，所生成的低聚糖会直接溶于溶液中。经碱性水解后，纤维素的平均聚合度会大大降低，这必然会降低纸浆的强度。碱性水解反应也是要尽量避免的。

2. 半纤维素的反应

（1）脱乙酰基

在阔叶木的聚木糖和针叶木的聚葡萄糖甘露糖上存在着乙酰基，在碱法蒸煮碳水化合物的反应中，脱乙酰反应是速率最快和反应程度最完全的。脱乙酰基反应会产生乙酸，如图 2-22 所示。实际上，在室温下用浓碱溶液抽提分离出来的半纤维素，并不含乙酰基，说明乙酰基已经脱除。云杉木片的脱乙酰基反应基本上是在温度 62℃和 pH 13，时间为 13min。

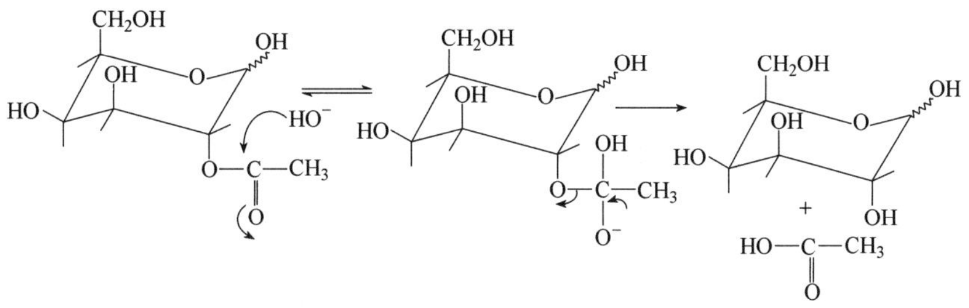

图 2-22　脱乙酰基反应

（2）半纤维素总的反应情况

半纤维素是由聚糖基、糖醛酸基所组成、并且分子中还带有支链的复合聚糖的总称。在碱法蒸煮过程中，其反应活性比纤维素大得多。纤维素的溶解只是有的低聚合度组分很可能溶解于热碱中，但半纤维素则大部分是易溶解且迅速地分解的。

碱法蒸煮后留在浆中的半纤维素与那些原来存在于木材中的半纤维素结构并不相同，因为碱能改变它们的结构。其机理有可能是：若干半纤维素溶解于碱液中，由于反应而改变了结构，然后再沉积在纤维上，而所有这些情况都发生在木片内部或疏松的纤维结构内。这与被溶解了的半纤维素重新大面积沉积是完全不同的，后者是溶解物质被重新吸附前已经扩散到木片以外而进入周围溶液中了。

碱性剥皮反应使聚木糖和聚葡萄糖甘露糖都发生降解，但是降解速率不同，聚木糖对碱性药剂比聚葡萄糖甘露糖稳定。而针叶木半纤维素中的聚葡萄糖甘露糖在碱性溶液中很不稳定，易溶解和分解，这是针叶木硫酸盐法蒸煮纸浆得率比亚硫酸盐法低的主要原因。草类原料的半纤维素的反应与阔叶木相近。

（3）聚木糖的反应和保留

在硫酸盐法制浆中，虽然聚木糖比聚甘露糖难于降解，但它们还是有变化的。它们的 4-O-甲基葡萄糖醛糖酸侧链，视处理条件的强烈程度，将部分或全部被脱除，从而使聚木糖主链的聚合度有所下降。

在低于 100℃时，连接到末端木糖单元上的醛糖酸基也很容易被碱所裂解。在碱法制浆中，部分聚木糖从原料中脱除，但低聚合度（100～200）者基本上不降解而溶解，直到温度超过 150℃，溶解的聚木糖才发生解聚，在蒸煮终了时，聚合度只有 40 左右。针叶木在蒸煮初始阶段，也有一些半纤维素溶解，但是，聚木糖在蒸煮液中仍然呈多聚形。

此外，假如所有聚木糖都有一个支链，则支链能阻滞聚木糖分子传送到纤维细胞壁外，因此，在硫酸盐浆中总是含有一定量的聚戊糖。

在硫酸盐制浆中，聚木糖的反应及其保留，是十分有意义的。因为纸浆纤维中碳水化合物的成分，影响它们所制成的纸张的质量。

（4）己烯糖醛酸（HexA）

1）碱法蒸煮过程中己烯糖醛酸的形成

在碱法制浆过程中，半纤维素中的聚木糖的侧链基团 4-O-甲基葡萄糖醛酸，在高温强碱的作用下，通过 β-甲醇消除反应，主要转变为 4-脱氧-己烯-[4]-糖醛酸（简称己烯糖醛酸，Hexenuronic acid，简写为 HexA），其反应过程如图 2-23 所示。

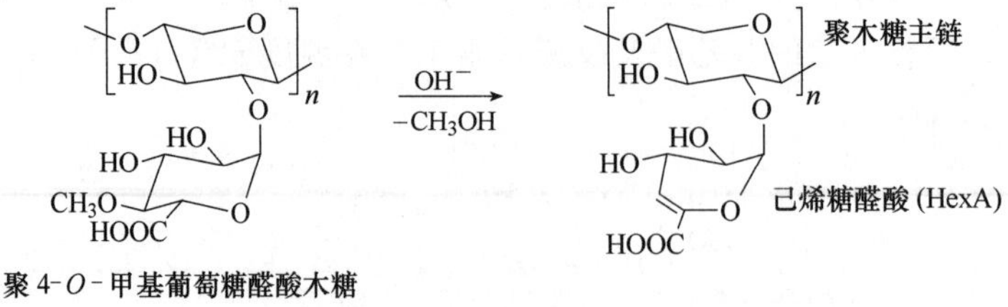

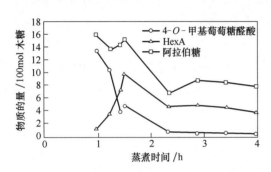

图 2-23　己烯糖醛酸的形成

己烯糖醛酸是具有六环结构、具有双键的糖醛酸，己烯糖醛酸通过 β-(1→2) 糖甙键与木糖基相连接。HexA 的含量受蒸煮温度、时间、蒸煮液浓度和离子强度的影响而不同，不同原料的硫酸盐浆 HexA 含量也不同。通常说来，阔叶木浆中 HexA 的含量约为针叶木浆的两倍。在蒸煮过程中，HexA 的含量开始逐渐升高，随着蒸煮的进行，HexA 会发生降解，如图 2-24 所示。

图 2-24　松木硫酸盐法蒸煮过程中己烯糖醛酸
（HexA）和 4-O-甲基葡萄糖醛酸木糖的变化情况

2）己烯糖醛酸对蒸煮的影响

HexA 的形成被认为是聚木糖稳定性较高的原因。因为在碱性环境下 HexA 比 4-O-甲基葡萄糖醛酸表现出更高的稳定性，所以在温度超过 120℃ 的条件下，4-O-甲基葡萄糖醛酸基转变成 HexA 可以起到保护聚木糖，使其少被降解的作用。因此，HexA 的生成有利于提高蒸煮得率。

3）己烯糖醛酸对纸浆卡伯值的影响

HexA 结构中含有碳碳双键，易与 $KMnO_4$ 发生氧化还原反应。测定卡伯值时，用 $KMnO_4$ 在酸性条件下氧化纸浆中的木素，用所消耗的 $KMnO_4$ 的量来相对地表示纸浆中木素含量。而纸浆中含有 HexA 时，它能与 $KMnO_4$ 反应。因此，用 $KMnO_4$ 测得的纸浆卡伯值有部分是 HexA 的贡献。

4）己烯糖醛酸对漂白的影响

HexA 的存在对漂白不利，主要表现：增加漂剂消耗量、影响浆中金属离子的含量、增加漂白系统结垢和加重纸浆返黄等。

（5）木素与碳水化合物复合体（LCC）的反应

木素与碳水化合物之间有许多不同类型的连接方式，包括与纤维素和半纤维素。这些称为木素与碳水化合物复合体（LCC）的结构主要在大量脱木素和残余木素脱除阶段发生分裂。在硫酸盐法制浆过程中苄酯键可发生碱水解，而苄醚和苯基糖苷键对碱是稳定的。

3. 碱法蒸煮时碳水化合物降解的反应历程

碳水化合物的剥皮反应，在升温到 100℃ 时就开始了，在温度低于 150℃ 时，剥皮反应是纤维素在碱性水溶液中降解的主要原因。碱性水解，一般在升温到 150℃ 左右时才发生。

碳水化合物的反应历程一般分为两个阶段，第一阶段为快速阶段和第二阶段为慢速阶段。

第一阶段主要是半纤维素的快速物理溶解和纤维素的剥皮反应，这一阶段碱的消耗速率很快，溶出的主要是碱易溶的半纤维素。在这一阶段，OH⁻浓度对碳水化合物降解溶出的影响比第二阶段大，如图 2-25 所示。第二阶段主要是纤维素和半纤维素的碱性水解，同时还有剥皮反应。

纤维素由于其聚合度（DP）较大，结晶度较高。因此，与半纤维素相比，纤维素不易溶解。可是，由于剥皮反应和碱性水解的发生，纤维素在蒸煮过程中也会溶解一部分，一般 10%～15%，特别是在残余木素脱除阶段，纤维素的降解较

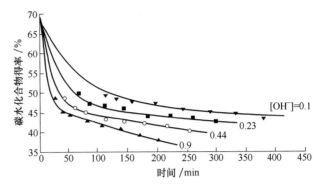

图 2-25 碳水化合物得率损失与 OH⁻ 浓度和时间的关系

多，表现在纸浆得率的下降和聚合度的减小。常规碱法蒸煮后期，若过分延长蒸煮时间，浆的硬度降低不多，但得率低、强度差。

在碱法蒸煮过程中，纸浆黏度的降低与 OH⁻ 浓度成正比，而与 HS⁻ 浓度无关。碳水化合物的降解主要受温度和 OH⁻ 浓度影响，温度越高，降解反应就越剧烈。

碱法蒸煮时，碳水化合物中各组分的降解速率是不同的。以马尾松硫酸盐法蒸煮为例，在 100℃以前，糖醛酸和甘露糖溶出较快；100～150℃，除糖醛酸和甘露糖继续溶出外，半乳糖和阿拉伯糖也开始大量溶出；上述糖类组分溶出在 175℃时，达到最大值。木糖组分在 160℃以后才有较大量溶出。这些情况可以参见表 2-8。

表 2-8　　　　　　　　　　　马尾松硫酸盐法蒸煮过程中碳水化合物组分分析

编号	升温或保温温度/℃	升温时间/min	保温时间/min	糖类含量/%					糖醛酸含量/%
				葡萄糖	半乳糖	甘露糖	阿拉伯糖	木糖	
原料				65.85	2.87	21.31	1.60	8.35	3.06
Ⅱ-1	85	88		64.14	5.30	20.60	1.82	8.14	2.87
Ⅰ-1	100	98		66.60	3.69	17.99	2.47	9.25	2.53
Ⅱ-2	110	128		71.36	3.94	15.10	1.55	8.05	2.40
Ⅰ-2	125	132		76.35	2.32	10.95	2.08	8.31	2.32
Ⅱ-3	135	170		76.80	1.88	10.45	1.63	9.31	2.27
Ⅰ-3	150	170		78.30	2.17	9.95	1.42	8.16	2.10
Ⅱ-4	160	209		78.96	2.44	9.56	0.92	8.08	1.78
Ⅰ-4	175	228	0	85.19	1.32	9.22	0.26	4.01	0.67
Ⅱ-5	175		15	87.07	1.21	7.76	0.79	3.17	1.17
Ⅰ-5	175		25	87.98	1.25	7.12	0.26	3.39	0.45
Ⅱ-6	175		40	87.85	1.20	7.48	0.54	2.93	0.42
Ⅲ-6	175		50	88.09	0.69	7.31	0.42	3.50	0.45
Ⅱ-7	175		65	88.72	1.42	6.81	0.71	2.29	0.31
Ⅰ-7	175		75	88.68	1.22	7.14	0.25	2.72	0.44
Ⅱ-8	175		90	89.94	0.52	6.85	0.01	2.69	0.37
Ⅰ-8	175		100	90.68	0.65	6.27	0.20	2.21	0.39

聚半乳糖葡萄糖甘露糖，在升温至 130℃时基本上已全部溶出。在 100～130℃之间溶出的碳水化合物中有 75%是聚葡萄糖甘露糖，聚木糖将在较高的温度（如 140℃）下溶出，但溶出速率将在大量脱木素阶段减慢。相对于脱木素速率而言，碳水化合物（主要是半纤维

素）的溶出速率将在大量脱木素阶段减小，随后在残余木素脱除阶段增大。

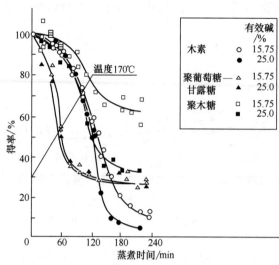

图 2-26 松木硫酸盐法蒸煮过程中原料
组分与蒸煮温度和时间的关系

图 2-26 反映了松木硫酸盐法蒸煮过程中几种原料组分与蒸煮温度和时间的关系。

4. G—因子（G-factor）

Kubes 等通过试验发现了纤维素分子链的裂断速率与碱法蒸煮工艺参数之间的关系，得出了纤维素链裂断反应的活化能为 179kJ/mol，并采用与 Vroom 推导 H—因子相似的方法，得出了 G—因子。G—因子为纤维素分子链裂断的相对速率常数对蒸煮时间的定积分，是由蒸煮温度和时间组合而成的单一变数。相对速率常数是指任意温度下纤维素分子链裂断的速率常数与 100℃下纤维素分子链裂断的速率常数之比。式（2-9）为 G—因子的定义式，式中以浆的黏度变化来表示纤维素分子链断裂。表 2-9 列出了碱法蒸煮过程中纸浆黏度损失的相对速率常数。

$$G = \frac{1}{k_{\text{vis}(373)}} \int_0^t k_{\text{vis}(T)} \, dt \tag{2-9}$$

式中　G——G—因子

$k_{\text{vis}(T)}$——纤维素分子链断裂的速率常数

$k_{\text{vis}(373)}$——温度为 100℃时纤维素分子链断裂的速率常数

t——时间

表 2-9　　　　　　　　　碱法蒸煮过程中纸浆黏度损失的相对速率常数

温度/℃	相对速率常数	温度/℃	相对速率常数	温度/℃	相对速率常数
100	1	130	73	160	2960
105	2	135	141	165	5220
110	4	140	267	170	9100
115	9	145	498	175	15600
120	19	150	915	180	29600
125	37	155	1660	185	54800

纸浆黏度是 G—因子的函数，当纤维原料、碱液浓度和硫化度等参数相同时，G—因子相同，可以制取相同黏度的纸浆。因此，正如 H—因子与卡伯值有关一样，G—因子与黏度有关。当碱法蒸煮的工艺参数只有温度和时间变化，而其他参数和原料都固定时，蒸煮过程中控制 G—因子相同，便可得到黏度相同的纸浆。

纤维素链裂断的活化能较高，与蒸煮方法有关。分析表 2-7 和表 2-9 中的数据，脱木素的相对速率常数，150℃为 165.0，160℃为 397.8，180℃为 5026.7；纸浆黏度减小的相对速率常数，150℃为 915，160℃为 2960，180℃为 29600。由此可见，当蒸煮温度提高时，黏度下降将比木素含量的下降更快。因此，不应使用过高的蒸煮温度来缩短蒸煮时间，以免引起纤维素降解而损伤纸浆的强度性能。这也是蒸煮温度很少高于180℃的原因。

5. 碱法蒸煮的选择性

将松木蒸煮过程原料（或浆）中的碳水化合物含量与木素含量作图（图2-27），所得曲线可以很好地反映不同脱木素阶段化学反应的选择性。在蒸煮初期，脱木素少，碳水化合物溶出较多；温度升到140℃以后，脱木素较多，而碳水化合物溶出较少，纸浆得率下降较少，此阶段脱木素的选择性较好；当浆中木素含量达到3％左右时，木素进一步脱除，纸浆得率急剧下降，脱木素的选择性较差。关于蒸煮脱木素的选择性将在本章第三节详细介绍。

6. 无机物的反应

耗碱量的主要部分（30％～40％）在浸渍阶段（<130℃）消耗。碱消耗于聚糖的降解、乙酰基从半纤维素链上脱除以及中和所产生的酸性基团。木素的溶解在这一阶段却很少。其他30％～40％的碱在初始脱木素阶段消耗，同样主要消耗于碳水化合物（主要是半纤维素）的降解。因此，70％～80％的碱在主要脱木素反应开始之前就被消耗了（见图2-28）。

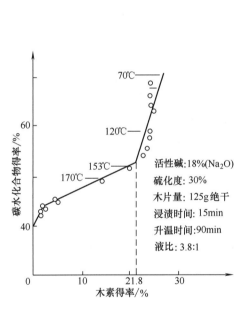

图 2-27　硫酸盐蒸煮的碳水化
合物与木素的溶解情况

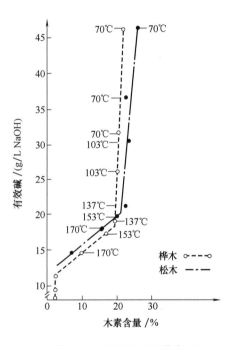

图 2-28　桦木和松木硫酸盐法蒸煮过程
中碱耗与木素得率的关系

在大量脱木素阶段消耗很少一部分的碱，但是在残余脱木素阶段耗碱量增加。脱木素本身不需要很多的碱，但是溶解木素需要强碱性条件。

在蒸煮过程中，硫化物和硫氢根离子的消耗或转化不是很多。硫化氢在木素片段上形成硫醇末端基。其中这些硫醇是挥发性的，并且以气体形式释放出来。这些组分是传统硫酸盐制浆恶臭的根源。由于碱的消耗，氢氧根离子与硫氢根离子的平衡发生变化。

三、亚硫酸盐法蒸煮的化学原理

（一）亚硫酸盐法蒸煮的脱木素化学

1. 木素的化学反应

（1）酸性亚硫酸盐蒸煮时木素的化学反应

在酸性介质中，α-碳原子无论是游离的醇羟基，还是烷基醚和芳基醚的形式，均能脱去 α-碳原子位置上的取代基，形成正碳离子。该碳正离子极易和反应物中的亲核试剂反应，在 α-碳原子的正电中心位置通过酸催化亲核加成而形成 α-磺酸，反应式如图 2-29 所示。酸性亚硫酸盐蒸煮时，酚型和非酚型的木素结构单元中的 α-碳原子都可被磺化。

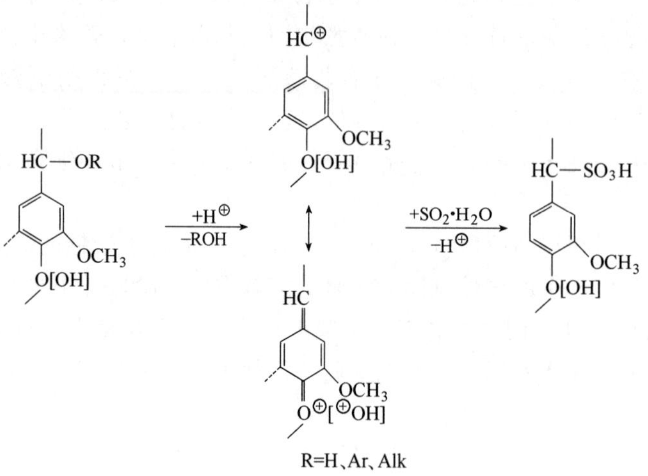

图 2-29　C_α 的磺化反应

磺化反应主要在 C_α 上发生，偶尔也在 C_γ 进行。磺化反应引进了磺酸基，增加了亲液性能，有利于木素的溶出。

在发生磺化反应的同时，也往往发生缩合反应。因为木素中存在某些亲核部位（例如苯环的 1 位和 6 位），它将和亲核试剂（SO_3^{2-} 或 HSO_3^-）一起对正碳离子的亲电中心（α-碳原子）进行竞争，因而导致中间产物的缩合反应。

由于木素的磺化和缩合反应都发生在同一结构单元的 α-碳原子上，因此，缩合了的木素在缩合的部位难以再发生磺化反应，其化学反应能力很弱。此外，磺化了的木素在磺化了的部位亦不易发生缩合。因此，在酸性亚硫酸盐蒸煮过程中，必须严格控制工艺条件，以利于磺化反应，并减少缩合反应的发生。如能保证并加速磺化，蒸煮就很顺利进行，否则就有木素严重缩合的"黑煮"的可能。

β-芳基醚键和甲基-芳基醚键（甲氧基的醚键），无论是酚型的还是非酚型的，在酸性亚硫酸盐蒸煮时是很稳定的，一般不会断裂，这是与中性亚硫酸盐蒸煮和碱法蒸煮最大的区别所在。因此，木素大分子的溶出就不能依赖于大分子的变小，而是依赖于 C_α 的磺化作用增加亲水性而使木素溶出。

（2）碱性和中性亚硫酸盐法蒸煮脱木素化学反应

在碱性亚硫酸盐法蒸煮中，除了 NaOH 有一定的脱木素作用外，SO_3^{2-} 将发挥重要作用；在中性亚硫酸盐法蒸煮中，SO_3^{2-} 或 HSO_3^- 则起主导作用。碱性和中性亚硫酸盐法蒸煮脱木素化学反应主要有：

① 酚型 C_α 和 C_γ 的磺化反应。典型的 C_α 和 C_γ 磺化反应见图 2-30。在碱性或中性条件下进行磺化，木素结构单元必须是酚型的，磺化的位置只能在 C_α 和 C_γ，木素大分子没有因为磺化反应而变小，因此，木素的溶出主要是由于磺化增加了亲水性的磺酸基，从而增大了木素的可溶性。

② 酚型 β-芳基醚键的断裂和磺化。从图 2-31 可以看出，β-芳基醚键的断裂和磺化，是在 C_α 先发生了磺化以后才进行的，而且必须是酚型的结构。应该注意，非酚型的 C_α、C_β 和 C_γ 是很难进行磺化的。

③ 酚型或非酚型甲基-芳基醚键的亚硫酸盐解。木素的甲基-芳基醚键发生亚硫酸盐解而

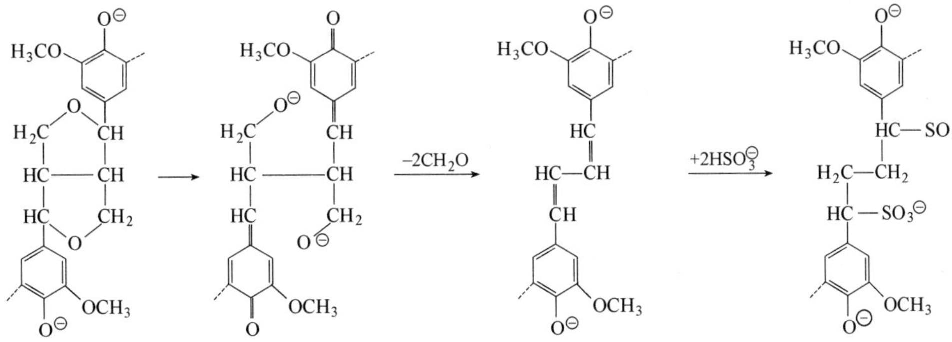

图 2-30 酚型 C_α 和 C_γ 的磺化反应

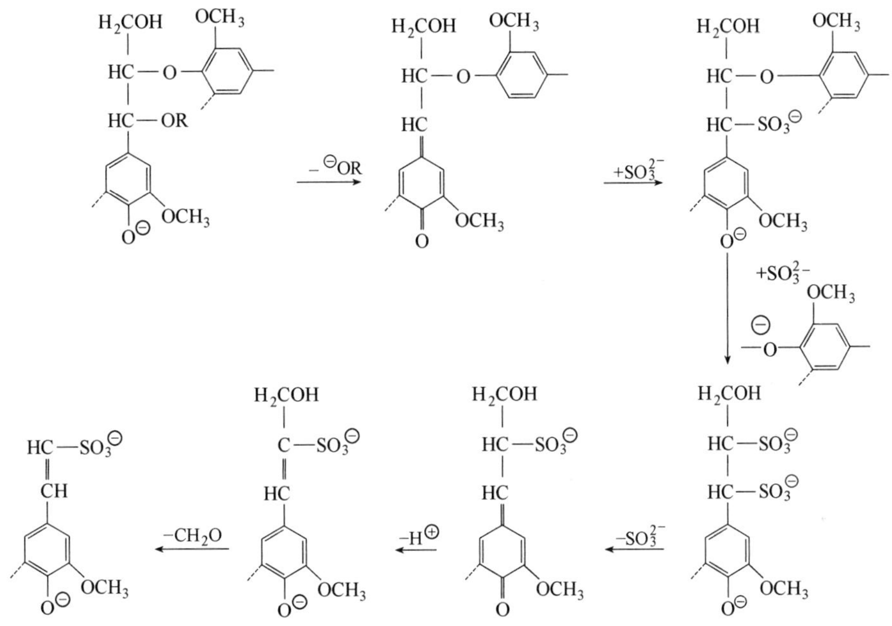

图 2-31 酚型 β-芳基醚键的断裂和磺化

断裂，生成甲基磺酸离子。

2. 亚硫酸盐法蒸煮的脱木素反应历程

（1）酸性亚硫酸盐法蒸煮脱木素的反应过程

在蒸煮过程中，纤维原料与蒸煮液主要是在液、固两相之间进行反应，其反应的动力学比较复杂。整个反应过程大致可以分为两个阶段：

① 蒸煮液浸入纤维原料切片，并与木素发生磺化反应——浸透、磺化阶段；

② 磺化后的木素溶于蒸煮液中——溶出阶段。木素的磺化程度会影响木素的溶出，木素的磺化度越高则溶出越容易。事实证明，上述两个阶段不能截然分开。

（2）碱性亚硫酸盐法蒸煮过程中脱木素的反应历程

我国对碱性亚硫酸钠蒸煮麦草化学浆、芦苇化学浆、稻草化学浆和蔗渣化学浆的蒸煮脱木素历程进行了研究，总的说来，碱性亚硫酸钠蒸煮脱木素的速率比相应的硫酸盐法或烧碱法低，脱木素历程的三个阶段可以这样来分：

① 初始脱木素阶段，指的是升温到120℃左右这个阶段。主要是碱木素脱除和其他木素

磺化阶段，脱木素率约 30%。

② 大量脱木素阶段，指的是从 120℃升温至最高温度或在最高温度再保温 1h 左右这个阶段，这个阶段的脱木素率一般在 50% 以上。由于蒸煮液组成不同，草类原料品种不同，最高温度可以在 155～165℃选择，保温时间也随最高温度而变。

③ 残余木素脱除阶段，指的是在最高温度下继续保温这个阶段，脱木素率一般都在 5% 以下。

（二）亚硫酸盐法蒸煮时的碳水化合物降解化学

1. 化学反应

不同方法的亚硫酸盐蒸煮过程中，由于其蒸煮液的 pH 不同，因此，碳水化合物的化学反应情况不同。在碱性亚硫酸盐蒸煮过程中，碳水化合物的降解仍属于剥皮反应和碱性水解的范畴。在中性亚硫酸盐蒸煮时，剥皮反应已经不那么重要了，碱性水解也不会像硫酸盐蒸煮时那么强烈，所以中性亚硫酸盐浆的强度一般是比较好的。

在酸性亚硫酸盐蒸煮过程中，碳水化合物的降解反应主要是酸性水解。水解的结果，使纤维素或半纤维素的聚合度大大下降，浆的强度受到很大影响。

（1）酸性水解反应

不论是半纤维素还是纤维素，在酸性条件下进行亚硫酸盐蒸煮，都能或多或少地进行酸性水解反应。酸性水解反应主要是 $1\text{-}4\beta$ 甙键或其他甙键的水解断裂。水解产物，首先是一些低聚糖，并能进一步水解为单糖。酸浓度越大，温度越高，酸性水解反应就越强烈。

（2）酸性氧化反应

在酸性条件下进行亚硫酸盐蒸煮，半纤维素和纤维素的醛末端基有可能被 HSO_3^- 离子氧化成糖酸末端基：

$$2R_{纤+半纤}\text{—CHO}+2HSO_3^- \longrightarrow 2R_{纤+半纤}\text{—COOH} + S_2O_3^- + H_2O$$

（3）单糖的氧化和分解反应

亚硫酸盐蒸煮时水解产生的单糖，能进一步氧化分解。

单糖氧化为糖酸的反应，与聚糖醛末端基的氧化反应机理是一样的，例如：

$$2CH_2OH\{CHOH\}_4CHO+2HSO_3^- \longrightarrow 2CH_2OH\{CHOH\}_4COOH+S_2O_3^-+H_2O$$

己糖可分解产生有机酸，戊糖分解变成糖醛，糖醛酸也会脱羧基分解。

2. 酸性条件下反应历程

酸性条件下进行亚硫酸盐蒸煮时，碳水化合物的降解反应（主要指水解反应）有以下历程：蒸煮时碳水化合物由水解引起的溶出速率，随它的具体种类的不同，而有很大差异。

（1）半纤维素的反应历程

半纤维素的水解情况与组成半纤维素的糖基种类、半纤维素的构型（吡喃式或呋喃式）、半纤维素的聚合度以及支链数量和长度等有关，另外，还与蒸煮工艺条件有关。

酸性亚硫酸盐药液对半纤维素的破坏作用，与浓度低的无机酸对聚糖的破坏作用相似，大多数的乙酰基和呋喃式阿拉伯糖基，从以木糖基为主链的木糖型半纤维素中脱出，而聚 4-O-甲基葡萄糖醛酸木糖则保留在浆中。

半纤维素的溶出速率较木素大。在 100℃以下，糖类很少水解；在 100～120℃之间，水解反应进行得很快；在 120℃以上，可能由于糖的分解率大于产率，所以糖的产率增加不大。

随着蒸煮时间的延长，半纤维素的分解也趋于剧烈。时间越长，糖的分解也越多。但须注意，半纤维素一旦发生水解，并不立即形成单糖，而是经过不断降解之后，转移至溶液。并且，这种溶解了的聚糖，只有在溶液中有足够的 H^+ 时，才转变成为单糖。如果蒸煮液浓度很低，将有大量聚糖不能水解。半纤维素受到充分水解而生成的单糖，往往留在蒸煮废液中，仅有少量的单糖进一步遭到破坏。

（2）纤维素的反应历程

在亚硫酸盐法蒸煮中，纤维素中的配糖键也会断裂。虽然原料中的纤维素在蒸煮过程中溶解的很少，但它的聚合度却有了明显的降低。用常规的酸性亚硫酸盐法蒸煮，云杉纤维素的平均聚合度由原来的 2400 降到 1400。如果用较温和的方法蒸煮，其聚合度仅降到 2000。

在酸性亚硫酸盐法蒸煮中，聚糖因水解而生成的单糖，适用于发酵以制造酒精和酵母。此外，还生成了大量的糖醛酸和少量的糖尾酸。用亚硫酸氢盐法蒸煮，溶解后的糖仍然呈聚合物（聚糖）状态，必须先进行水解（用酸或用酵母），然后才能发酵。

四、碱法和亚硫酸盐法蒸煮过程中脱木素的局部化学

碱液进入胞间层的途径是通过细胞壁。细胞壁特别是 S_2 层木素含量最高，这部分木素是与半纤维素混杂的；胞间层的木素密度最大，几乎由纯木素组成。因此，木材的脱木素顺序是细胞壁（S_2 层）木素先脱除，胞间层木素后脱除，但各种制浆方法不一样，其明显的次序如下：

硫酸盐法＞酸性亚硫酸盐法＞中性亚硫酸盐法。

但据研究，木材中性亚硫酸钠蒸煮脱木素的顺序与上述相反，即胞间层木素先脱除，这可能就是中性亚硫酸钠蒸煮半化学浆的理论基础。

图 2-32 为花旗松硫酸盐法蒸煮的脱木素局部化学情况。木材硫酸盐法和酸性亚硫酸盐法蒸煮脱木素的顺序是细胞壁木素先脱除，胞间层木素后脱除，其原因可能有二方面：其一是半纤维素的溶出形成了多孔结构，为药液进入细胞壁与木素反应以及反应产物从细胞壁中扩散出来打开了通道。由于胞间层中基本上无半纤维素或很少半纤维素存在，因此，脱木素较慢；其二，脱木素速率的快慢也与木素单元结构的类型有关，组成木素的结构单元不同，其溶出速率也不同。在碱法蒸煮时，含紫丁香基的木素越多，脱木素速率越快。纤维和导管次生壁的脱木素速率比胞间层快，其原因与细胞壁木素主要是由紫丁香基组成，而胞间层木素是由越创木基或越创木基和紫丁香基组成有关。

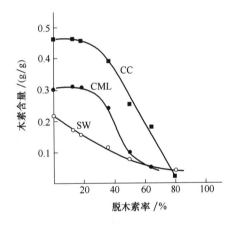

图 2-32　花旗松硫酸盐法蒸煮的脱木素局部化学情况

SW＝次生壁　SML＝复合胞间层　CC＝角隅

第三节　蒸煮过程与技术

一、碱法间歇蒸煮过程与技术

间歇式蒸煮可以分为传统间歇蒸煮（Conventional batch cooking）和置换间歇蒸煮

(Displacement batch cooking)。传统间歇蒸煮的缺点是其能耗高。自从 20 世纪 80 年代出现了置换间歇蒸煮以后，只有少数新建厂选择传统间歇式蒸煮。一些传统间歇蒸煮的老厂也已重新改造成置换蒸煮。本节首先介绍传统间歇蒸煮，置换间歇蒸煮将在本节改良的硫酸盐法蒸煮技术中介绍。

（一）碱法间歇蒸煮操作过程或程序

碱法蒸煮的基本操作过程或程序包括装料、送液、升温、小放气、在最高温度或压力下的保温和放料等步骤。在间歇式蒸煮过程中，这些操作是按顺序周期性进行的，每个周期完成一锅次的蒸煮。使用不同的蒸煮液或不同的蒸煮设备，蒸煮操作过程会有些具体的差异。下面以间歇式碱法蒸煮为重点，对蒸煮过程进行介绍。

1. 装料、送液

装料和送液是指把植物纤维原料与蒸煮液装入蒸煮器内，图 2-33 为蒸煮锅示意图和带有预汽蒸的木片间歇蒸煮顺序操作实例。

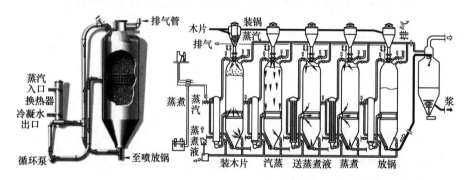

图 2-33　蒸煮锅和木片间歇蒸煮操作示意图

无论是木片还是草片，装料与送液的要求，简单来讲，是"多、匀、快、液温适当"。具体来讲，a. 装料要装得多，借以提高蒸煮器单位容积的装料量。b. 送液要与装料相配合，使药液与料片混合均匀，以保证蒸煮均匀。c. 装料送液的时间不宜太长，特别是装草片，先装的草片和后装的草片与热药液接触的时间相差大的话，将影响蒸煮的均匀性。d. 送液的液温要恰当，太低会影响装料量，太高又将影响蒸煮的均匀性，特别是装料时间长的话，影响更大。

因此，在装木片时，往往采用蒸汽装锅器装锅，使木片分散、加热并排除部分空气，以利于药液的均匀渗透，并增加装锅量（比自然装锅量增加 30％左右），但也要注意木片与药液要均匀混合。在装草片时，可采用机械装料器，但要特别注意草片与药液混合均匀。

每一锅的装料量和送液量都必须准确计量。装料量是根据蒸煮器的大小和单位容积装料量来定的。送液量是根据装料量（绝干计）、液比和原料水分来定。

对于木片蒸煮，有的工厂会在装料之后先进行汽蒸，然后再送蒸煮液。预汽蒸可使锅内木片加热到 100℃或更高，并置换出木片内的空气，利于蒸煮液渗透到木片内部。汽蒸所用蒸汽为压力略高于大气压的饱和蒸汽。排气阀打开着，使空气和挥发性的有机气体以及蒸汽不断排出。冷凝水不断从底部排放。当蒸煮锅内的温度达到 100℃，并且冷凝水排放口有蒸汽冒出时，汽蒸结束。这一阶段需要 20～30min。

2. 升温、小放气

装料、送液完毕，就要升温，进行蒸煮。大部分草料在升温过程中，脱木素作用可以基本完成，并分散成浆。因此，对升温过程应十分重视。为了使蒸煮均匀，升温时间宜稍长一些，并宜均匀升温，这样，可以弥补装料、送液时原料与药液混合不均匀的不足，使蒸煮质量均匀，减少粗渣率，避免出生料。

在升温到一定温度或一定压力时，需进行小放气。小放气的作用主要有以下三个方面：

① 排除蒸煮器内的空气和其他气体，消除假压，以利于温度的上升。

② 小放气时，锅内产生自然沸腾，减少了锅内不同部位的温度差和药液浓度差，利于药液浸透和均匀蒸煮。

③ 松木原料蒸煮小放气时除了能排除空气以外，还能排出松节油和其他挥发性物质，通过小放气可对松节油进行收集。

草类原料装料送液时，由于草片吸收药液较快，因此，草片中存在的空气没有木片多，升温时，进行或不进行小放气都可以。不进行小放气可能有一定的假压，但由于草类原料蒸煮的最高温度均较木材为低，故只要使最高压力较相应的最高温度偏高一些就行了，少量空气中的氧对蒸煮质量影响不大。

3. 在最高温度或压力下的保温

根据工艺规程，在最高蒸煮温度或压力下保温一定的时间。不同原料，采用不同的蒸煮工艺，在最高温度或压力下的保温时间不同，这将在蒸煮技术中另行讨论。

4. 放料

当预定的蒸煮时间到达时，即进行放料。放料，也称为放锅，其方式有全压喷放、减压喷放、冷喷放和泵抽放等几种方式。

全压喷放是立锅或蒸球中的料片在蒸煮终了时，不进行大放汽而直接进行全压喷料，浆料喷至喷放锅里。

减压喷放是蒸煮结束时，开启放汽阀，稍降低锅内压力（使温度下降 10～20℃）后，打开喷放阀，借助于锅内的余压把浆和废液喷放到常压喷放锅里。闪蒸的蒸汽和挥发性气体由闪蒸罐蒸汽分离器分离后进入热回收系统。放汽需要 5～15min，喷放 15～20min。

冷喷放操作包括将温度较低的洗浆工段排出的黑液从蒸煮锅底部泵入锅内，并置换出预定体积的热黑液，送往贮液槽。然后打开喷放阀，使蒸煮锅的料片在一定的压力下排放，该压力是通过贮液罐至蒸煮锅上部的气相连管维持的。锅内浆料与低于 100℃ 的洗浆黑液混合而被冷却，同时具有洗浆作用。冷喷放较热喷放对纤维的损伤小。

喷放过程中，在喷放线上和喷放锅的入口处由于湍流和蒸汽的急骤蒸发产生的剪切作用，木片或草片分离成纤维。喷放使纸浆的强度会有一定程度的降低。因此，置换蒸煮采用泵抽放，即用泵把锅内的浆料抽出来，送至喷放锅。

（二）碱法间歇式蒸煮技术（工艺条件）

蒸煮技术参数或蒸煮的工艺条件，主要是化学药品的组成和用量、液比、蒸煮最高温度、升温和保温时间等。这些参数的变化，会影响脱木素速率和脱木素程度，同时也会影响碳水化合物的降解速率和降解程度，具体表现在蒸煮之后，成浆的硬度、得率和浆的强度以及浆的产量等方面，还会影响到蒸煮的能耗（蒸汽消耗）等。除此之外，原料的种类、质量以及料片的尺寸等也会影响到成浆的质量和得率。

不同原料和不同的蒸煮方法，其脱木素机理和碳水化合物的反应机理是不同的。蒸煮的工艺条件的制定，应根据原料种类和所用的蒸煮方法、其脱木素机理以及碳水化合物的反应机理，以利于有效地利用化学药品、能源和时间，保证纸浆的得率和质量。

1. 用碱量

用碱量的大小会影响脱木素速率和脱木素程度，同时也会影响碳水化合物的降解程度。

其他蒸煮条件不变时，用碱量增大，则脱木素速率加快，脱木素程度增加，纸浆硬度降低，可漂性提高；同时，碳水化合物的降解速率和降解程度也会增大，粗浆得率下降。若用碱量过高，将会造成成浆得率和机械强度的严重下降。反之，若用碱量过低，则成浆较硬且色暗，不易漂白，而且浆渣多，即使延长蒸煮时间，有时也难以保证脱木素反应的完成。

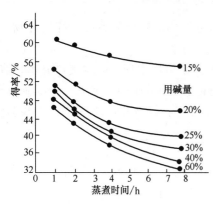

图 2-34 纸浆得率与蒸煮
时间和用碱量的关系

当纸浆得率和质量要求以及其他工艺参数不变时，提高用碱量是加快蒸煮速率、缩短蒸煮时间、提高产量的有效措施，但是碱耗会增大。用碱量对蒸煮时间和成浆得率的影响如图 2-34 所示。

蒸煮用碱量的大小，主要取决于原料的种类、质量和成浆的质量要求。

一般来说，原料组织结构紧密，木素、树脂、树皮、糖醛酸和乙酰基含量多的原料，新鲜或霉烂的原料，用碱量要相应多一些。因为碱除了消耗于木素的降解溶出以外，也消耗于半纤维素的降解溶出，还消耗于这些反应产物的进一步降解反应，消耗于蒸煮过程中所产生的酸性物质的中和反应。

蒸煮后纸浆质量要求高的，如漂白化学浆，用碱量需高些；如生产未漂化学浆或高得率化学浆，则用碱量可相应低些。纸板用浆的用碱量较低。

根据研究和生产实践，各种原料的用碱量（以 Na_2O 计）范围大致如下：木材为 13%～28%（硬浆为 15%～18%、软浆为 20%～28%），针叶木较阔叶木的用碱量高；竹子为 13%～18%；芦苇和荻为 11%～17%；麦草 9%～12%；稻草 7%～11%。

蒸煮终了时，蒸煮液中还必须有一定的残碱（残留的活性碱或有效碱），以维持蒸煮液的 pH 不低于 12。pH 低于 12 时，蒸煮液中的木素溶解物会逐渐沉积在纤维上，还会导致木素大分子的缩合，影响纸浆的质量。残碱一般为 5～10g/L（有的工厂控制残碱为 10～15g/L），以利于蒸煮后期木素的溶出。

蒸煮时真正消耗于溶解木素的碱并不太多。据报道，采用碱法蒸煮云杉木片时，用碱量为 18.9%（Na_2O），在得率为 44% 时，实际耗碱 12.5%（对木材质量），其分配为：2.3%～3% 耗于溶解木素，1.3% 耗于水解甲酰基与乙酰基，剩下的 8.2%～8.9% 中除小部分被纸浆吸附外，大部分用以中和碳水化合物降解所产生的酸性产物。

2. 液比

液比与用碱量共同决定蒸煮器内药液的浓度，进而影响蒸煮反应速率。另一方面，液比决定了液量的多少，会影响蒸煮的均匀性和蒸汽的消耗量。

用碱量一定时，液比减小，则药液的浓度增大，结果是：a. 加快脱木素，缩短蒸煮时间；b. 增加碳水化合物的降解，粗浆得率降低；c. 汽耗减少；d. 若液比过小，药液与料片混合不匀，造成蒸煮不均匀，粗渣率会增大。

直接通汽加热，液比可小些；间接加热，液比要大点。因为直接通汽加热时，随着蒸煮的进行，不断会有蒸汽冷凝为水而降低药液浓度，从而影响脱木素反应。

快速蒸煮，可适当缩小液比，以提高蒸煮液的浓度，利于短期内完成脱木素反应。但要保证药液良好循环。若生产物理强度大，α-纤维素含量高的浆，宜用较低的药液浓度，较大的液比。结构紧密的原料，可用较小的液比。如木材和竹子等原料组织结构较紧密，较难蒸煮，药液浓度高一些，利于脱木素。

在实际生产中，传统间歇蒸煮的药液的浓度（Na_2O 计），木材蒸煮一般应控制在 $50\sim60g/L$，竹子和芦苇等为 $30\sim50g/L$，稻麦草为 $30\sim40g/L$。

总而言之，从经济角度考虑，在保证蒸煮均匀的前提下，应尽量采用较小的液比，以降低能耗。一般立锅蒸煮的液比为 $1:4\sim1:5$。

有碱回收的工厂，由于白液浓度高 [一般为 $90\sim120g/L$（Na_2O 计）]，在蒸煮前必须用水或黑液加以稀释，混合均匀，浓度一致后，再进行送液。

掺用黑液可以充分利用黑液的残碱，加强药液的浸透作用。黑液掺用量一般为 $10\%\sim30\%$，也有的达到 40% 以上。但是黑液掺用量过多时，在一定程度上会使纸浆色泽加深，影响漂白。如达到 50% 以上的掺用量，纸浆已难漂白，若用到 60% 时，一般只能制造褐色纸浆。

3. 硫化度

在硫酸盐法蒸煮过程中，药液的硫化度无论对于脱木素速率，还是对成浆的得率和质量等方面都有很大的影响。

（1）硫化度对脱木素速率的影响

在一定范围内，硫化度增大，可加快脱木素，但若超过一定范围，效果不明显，甚至降低蒸煮速率。图 2-35 反映出硫化度对反应速率的影响。在 $170℃$ 下，当硫化度从 0% 上升至 31% 时，脱木素时间可以缩短一半。

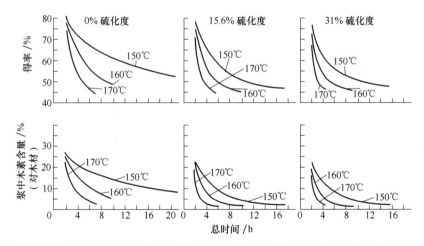

图 2-35　云杉硫酸盐法蒸煮过程中，蒸煮时间、温度、硫化度对脱木素速率的影响
注：升温时间 2h，活性碱用量为 242kg/t 木材（以 NaOH 计）。

表 2-10 是以云杉木片为原料进行蒸煮，硫化度对脱木素速率等的影响结果。试验条件为：活性碱用量为 18.75%（Na_2O 计），液比 $1:6$，升温时间为 2h，最高温度 $160℃$，云杉木片的木素含量为 29.2%。

从表 2-10 中可以看出，在纸浆得率很相近的情况下，硫化度从零增至 5.26%，纸浆中木素含量同为 5% 时，蒸煮时间缩短 30%；硫化度再增至 15.6% 和 31.0% 时，蒸煮时间分

表 2-10   硫化度与蒸煮时间及浆中木素含量的关系

蒸煮时间/h	硫化度/%	有效碱(Na₂O)用量/ %(对绝干水片)	NaSH(Na₂O 计用量)/ %(对绝干木片)	得率/%	纸浆中木素含量/ %(对绝干木片)
10	0	18.75	0	48.8	5.0
7	5.26	18.25	0.5	49.1	5.0
6	15.6	16.29	1.46	49.0	3.4
5.5	31.0	15.85	2.90	49.3	3.1

别缩短 14% 至 8%，纸浆中木素含量分别降至 3.4% 和 3.1%，可见，提高硫化度的作用不是那么明显了。如果硫化度进一步提高到 40% 以上、而活性碱用量不增加，不但不能加快蒸煮速率，并且开始减缓蒸煮过程。这主要是因为在活性碱用量一定时，提高硫化度意味着有效碱含量降低，当降低到不足以使硫化木素溶出时，将影响蒸煮脱木素的进行。同时，硫化度过高必将增加药液的腐蚀性，增加操作的困难。

（2）硫化度对浆得率和质量的影响

用碱量一定，适当提高硫化度，可提高得率；若过高，硫化木素不能充分溶出，浆的质量会下降。

（3）常用硫化度范围

一般蒸煮含 β-芳基醚键较多的木材原料，特别是针叶木时，宜采用较高的硫化度，一般为 25%～30%，在要求深度脱木素的特殊情况下，甚至可以用到 45%；蒸煮阔叶材为 15%～25%，置换蒸煮的硫化度为 35% 左右；在蒸煮草料时，只需要较低的硫化度，一般为 10%～20%。

4. 蒸煮最高温度、升温和保温时间

蒸煮温度和蒸煮时间是两个互相关联的参数，这在介绍 H—因子时已进行过讨论。蒸煮时间主要包括升温时间和最高温度下的保温时间。

蒸煮过程中温度随时间变化的情况称为蒸煮温度曲线。它反映升温速率、蒸煮最高温度和保温时间。蒸煮过程中蒸煮器内压力随时间变化的情况称为蒸煮压力曲线。蒸煮曲线制订的原则是尽可能快而均匀地脱除木素，同时，又要尽可能保持较高的纸浆得率和强度，即尽可能使原料中的碳水化合物少受破坏，少降解。蒸煮曲线制订的依据是蒸煮的脱木素反应历程和碳水化合物的反应历程。

蒸煮最高温度的选择是很重要的，它是保证原料分离成所需硬度纸浆的关键。采用的蒸煮最高温度既不能过高也不能太低。温度太低，达不到脱木素反应所需要的活化能，会难以成浆。温度升高，蒸煮反应速率加快，促进木素的溶出。在常用的蒸煮最高温度范围内，随着蒸煮温度的提高，蒸煮时间也就可以缩短。研究结果表明，在 155～175℃ 范围内，温度每升高 10℃，蒸煮时间可缩短一半。

随着蒸煮温度的提高和保温时间的延长，虽有利于脱除木素，但也将加剧对碳水化合物的损害，因此，成浆得率低，硬度小，其物理强度也低，而漂率也低。蒸煮温度和时间与纸浆得率的关系如图 2-36 所示。

传统碱法蒸煮一般采用的最高温度为：木材 155～175℃，针叶木比阔叶木的蒸煮温度高，芦苇 155～165℃，稻麦草 145～160℃。近些年来，蒸煮温度有逐渐降低的趋势，特别是木材原料的连续蒸煮和间歇式置换蒸煮，采用了改良的硫酸盐法蒸煮技术，用黑液加白液预浸渍木片，增强了预浸渍的作用，蒸煮段的温度降低，从而提高了脱木素的选择性。

升温时间的长短取决于原料的性质、生产条件以及蒸煮药液浸透的难易程度，一般为 $1\sim2.5h$。在采用预浸渍时，可适当缩短升温时间。保温时间的长短则与原料的性质、用碱量、蒸煮温度以及成浆的质量要求密切相关。保温的目的在于使脱木素反应能够充分进行，如果时间过长，势必影响纸浆得率和质量，故宜控制适当。

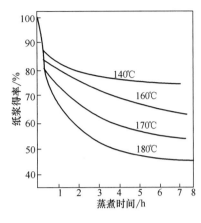

图 2-36　蒸煮温度和时间与纸浆得率的关系

在实际生产中，由于各厂的原料、设备、用碱量、蒸煮温度、是否进行预浸渍、升温速率、纸浆质量要求等不同，保温时间有很大差异。稻麦草原料蒸煮时，采用慢升温，保温时间可缩短至半小时，甚至不保温。大型制浆厂，常通过控制 H—因子来控制蒸煮温度和时间。

5. 植物纤维原料的品种、性质和料片质量

碱法蒸煮对原料的适应范围广，绝大多数原料都适用。然而不同原料，由于其物理和化学性质以及备料工艺的差异，其对蒸煮的影响则不同，制得的纸浆的质量有很大差异。

（1）木材纤维原料

1）木材种类和质量

与木材有关的影响蒸煮质量的因素包括木材品种、密度、水分、木材内部差异、木材的贮存、木片预浸渍、木片规格以及削片损伤程度等。

针叶木的木素含量较多，其木素单元结构多为愈创木基类型，且组织结构复杂，不易蒸煮，但其纤维较长，成浆强度较好。阔叶木的木素含量较少，尤其在细胞壁内的木素更少，且其木素单元结构属于紫丁香基类型的较多，因而一般较易蒸煮，只是纤维较短，成浆强度较低。

此外，由于树种的不同，其物理、化学性质也不尽相同。因而制出的纸浆亦有差异。纵然同一树种，由于使用部位的不同，成浆产量和质量也有所不同，如根部木材制取纸浆产量较高，但强度较差。边材也比心材容易蒸煮。木材中如树脂含量多，则药液渗透困难。枯朽木材和树皮含量大时也会增加碱的消耗，同时降低纸浆的质量。

木材水分必须均匀一致，通常湿度合适的木片会比干的木片蒸煮液渗透快些，可缩短蒸煮时间。

2）木片规格

氢氧根离子和硫氢根离子必须在化学反应之前，就进到木片中心部位，才能获得均匀的蒸煮。如果药液浸透速率太慢或木片太厚，木片中心部分就会出现生煮。使蒸煮喷放时纤维不能充分离解，导致筛渣多。因此，在药液浸透速率、木片厚度和化学反应速率之间必须保持一个重要的平衡关系。扩散速率受木片内部与外部药液的浓度差所控制。升高温度可增大扩散速率，但化学反应速率增加得更多。温度升高 $10℃$，脱木素速率增加约 2.2 倍，此时，需要尽快地供给化学品（碱）。而温度升高 $10℃$，药液的扩散速率只增加 2%。

在木片尺寸中又以厚度影响最大，短而薄的木片，药液易于浸透。

在相同的蒸煮条件下，厚木片脱木素不像薄木片脱除的那么多。厚木片内部的脱木素没有薄木片均匀，如图 2-37 所示。木片厚度超过 3mm 时，会出现明显的脱木素梯度；对于那

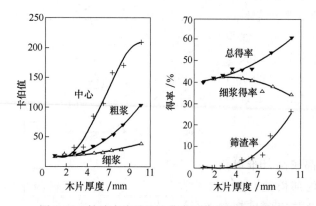

图 2-37　针叶木硫酸盐法蒸煮至浆的平均卡伯值
为 23.4 时，木片厚度与卡伯值和得率的关系

些厚度超过 8mm 的木片，其中心基本没有脱木素。

厚木片产生的筛渣比薄木片多，高温蒸煮更严重。蒸煮温度越高，脱木素速率与药液浸透速率之差越大。为了确保蒸煮的均匀性，则需要木片足够薄，并且木片之间的厚度差别尽可能小（即木片厚度尽可能均匀）。

生产中允许的木片厚度还与采用的蒸煮最高温度有关。一般纸浆硬度和筛渣率的要求一定时，其木片

的最大允许值随最高温度的升高而减小。

在其他条件相同的情况下，达到相同的脱木素程度时，厚木片需要的碱比薄木片多，用碱量随木片厚度的增大而升高（如图 2-38 所示）。

木片尺寸还会影响纸浆的强度，用不同厚度木片蒸煮得到的纸浆强度有着明显的差别。表 2-11 为不同厚度木片的蒸煮实验结果。用 2～6mm 的木片可以蒸煮得到强度最好的浆。小木条的浆的强度有些低，而用厚度 6～8mm 的厚木片得到的浆的强度相当差。

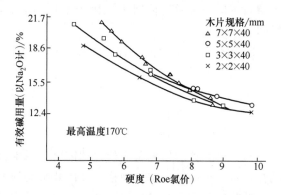

图 2-38　木片厚度对蒸煮用碱量的影响
注：氯价为纸浆硬度的一种表示方法，对硫酸
盐浆，Roe 氯价 5 大约相当于卡伯值 33。

表 2-11　　　　　　　一定厚度的木片放置在吊篮中通过置换蒸煮得到的结果

木片厚度级别	平均厚度/mm	纸浆卡伯值	撕裂指数[a]/(mN·m²/g)	相对强度[b]/%
小木条	1[c]	24.2	16.6	91
2～4 筛缝	3	26.9	18.2	100
4～6 筛缝	5	27.5	18	99
6～8 筛缝	7	45.1	15	82

注：a 在抗张指数为 70N·m/g 时；b 撕裂指数 18.2mN·m²/g（相对强度 100%）；c 小木条厚度约为 1mm。

通过适宜的削片和木片筛选、良好药液浸透以及足够低的蒸煮温度，蒸煮的不均匀性可以减小甚至消除。若蒸煮均匀，筛渣率较低，同时，脱木素均匀，纸浆纤维间的卡伯值的差别会比较小。理想的木片规格在很大程度上与蒸煮温度和化学药品浓度有关，也与促进药液浸渍的措施有关。良好的药液浸透设备和工艺，允许木片有较大的尺寸。

此外，木片合格率高，药液浸透与化学反应均匀，制出的浆质量好，得率也高，还可以减少药液消耗量。

综上所述，木片规格和质量对蒸煮过程的主要影响是：

① 过厚的木片导致蒸煮药液渗透不均匀，筛渣率高，一般适合的木片厚度是 3～5 mm。

② 碎小片和细木条使蒸煮器内的药液流动阻力大，严重时堵塞蒸煮器的篦子。

③ 木片的形状影响着木片的堆积密度和蒸煮的生产能力，过大和过小的木片都会造成生产成本增加。

④ 蒸煮时树皮含量的多少会直接影响蒸煮碱耗，且给纸浆带来较多的尘埃。

⑤ 合格率高的木片，蒸煮均匀。

⑥ 适宜而均匀的水分含量，利于蒸煮药液浸透。

（2）非木材纤维原料

草类纤维原料品种很多，如稻麦草原料组织疏松，木素含量较低，一般药液易渗透、易蒸煮。至于草节、草穗等木素含量都较高，难以蒸解，耗碱多，尘埃大，灰分高。此外，陈草由于经过贮存发酵，使纤维内部松弛，蒸煮比较容易。总之，由于原料的品种和性质的不同，蒸煮条件也有差异，尤其用碱量和蒸煮时间等条件，变异较大。一般说来，禾草类纤维原料的木素含量均较木材纤维原料为低，而且组织疏松，易于药液渗透，有利于蒸煮。

竹材的组织结构紧密，其纤维形态和化学组成介于木材与禾草类原料之间，成浆性能因品种不同而异。竹材原料一般装锅量较大，但因密度大而使药液浸透较困难，所以竹材最适于硫酸盐法蒸煮。

（三）蒸煮脱木素程度的控制

改变蒸煮工艺条件，可以调控蒸煮的脱木素速率及脱木素程度。脱木素程度（亦即蒸煮之后纸浆的硬度）的大小会影响脱木素的选择性和成浆得率。不同用途的纸浆，蒸煮之后纸浆硬度的要求是不同的。直接用于抄造本色纸的浆的硬度可高一些；用于生产漂白浆的硬度要低一些。

对于漂白浆的生产来讲，从蒸煮到氧脱木素和从氧脱木素到漂白的正确转换对总的脱木素选择性来说是非常重要的，尤其是对于最终的纸浆黏度和得率。蒸煮后期和氧脱木素最后阶段的选择性都很差，因此，应通过转到下一段来避开这些处理阶段的最后部分，下一段开始时的选择性较好。为了确保高的纸浆得率，并相应地改善重要的成纸性能，建议在卡伯值适当高一些的情况下结束蒸煮，以保证在氧脱木素段具有高的脱木素程度，并以高选择性的方式来漂白纸浆。图 2-39 为针叶木硫酸盐浆在蒸煮终点、氧脱木素之后和漂白之后的纸浆得率与卡伯值之间的关系。从图中可以看出，当蒸煮在较高卡伯值下结束时，可获得较高的制浆过程总得率。

目前，在现代化浆厂的漂白浆生产过程中，针叶木硫酸盐法蒸煮之后，浆的卡伯值一般控制在 28～35；氧脱木素段脱除浆中的木素，卡伯值达到 10～12；之后进行多段漂白，以生产高质量的纸浆。桉木硫酸盐浆和其他阔叶木浆的卡伯值，通常蒸煮之后为 15～20，氧脱木素之后为 9～11。

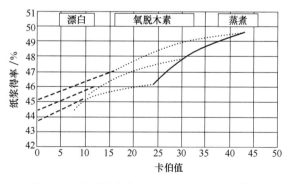

图 2-39　硫酸盐法蒸煮最后阶段、氧脱木素和最后漂白段的针叶木浆得率与卡伯值的关系

（四）几种主要原料碱法蒸煮工艺条件实例

表 2-12 列出了常用的几种植物纤维原料的碱法蒸煮工艺条件实例。

表 2-12   **几种松木蒸煮生产工艺条件实例**

原料种类	马尾松	云南松	马尾松	马尾松与阔叶木混合	落叶松
纸浆种类	纸袋纸用浆	牛皮纸用浆	漂白用浆	漂白用浆	纸袋纸用浆
用碱量/%(Na_2O)	17.5	18	17.5	18	15.0～15.2
硫化度/%	25～30	22	25	25～30	20～25
液比	1:3	1:5	1:3.5	1:3	1:2.8～2.9
最高温度/℃	165	686kPa(压力)	170	172	168～170
升温时间/min	170	90	170	240	200～270
保温时间/min	35	80	100	40	45～20
喷放时间/min	10	10	10	10	10
粗浆得率/%	51	—	—	46	41.5～42.0
纸浆卡伯值	55～65	28～32[①]	30～36	45～55	56～63

注：①高锰酸钾值。

二、碱法连续蒸煮过程与工艺

连续蒸煮是通过连续作业，完成蒸煮过程。蒸煮工序的装锅、送液、升温、保温和放锅等过程同步进行，连续地完成蒸煮的全过程。国外多数制浆厂采用连续蒸煮技术进行制浆，全世界的硫酸盐浆中有 65％以上是以连续蒸煮技术生产的。我国一些大型木浆厂采用塔式（卡米尔式）连续蒸煮器进行连续蒸煮，许多草浆厂采用横管式连续蒸煮器进行蒸煮。

（一）生产过程

以卡米尔式连续器和横管式连续蒸煮器进行蒸煮的生产过程详见本章第四节连续蒸煮设备部分。

（二）连续蒸煮器蒸煮的工艺条件与结果

卡米尔式（Kamyr）连续蒸煮器，可以用来生产化学浆，也可以用来生产半化学浆。横管式连续蒸煮器常用于非木材原料的蒸煮，表 2-13 为竹子和麦草横管连续蒸煮实例。

表 2-13   **竹子和麦草横管连续蒸煮实例**

原料	黄竹、苦竹、粉丹竹、吊丝竹等混合杂竹	云香与杂竹混合竹片	麦草
蒸煮方法	硫酸盐法	硫酸盐法	烧碱-蒽醌法
蒸煮管	4 根,内径 1050mm,每管有效长 8900mm	—	—
喂料速率/(kg 绝干料干/min)	160	167～190	167～190
充满系数	—	不超过 0.75	—
用碱量/%(NaOH)	20～23	20～22	14～16
硫化度/%	15～19	14～18	—
AQ/%	—	—	0.05
液比	1:2.5～2.7	1:3～4	1:2.5～3
蒸煮压力/MPa	0.588～0.637	0.7～0.8	0.5～0.7
最高蒸煮温度/℃	158～164	155～165	150～170
蒸煮时间/min	45	～45	20～35
碱液温度/℃	>80	—	>80
粗浆硬度($KMnO_4$值)	14～18	14～18	11.5～15
粗浆得率/%	48～49	—	—
未蒸解物/%	—	<1	<1
漂后浆得率/%	40～41	—	—

（三）连续蒸煮的优缺点

与间歇蒸煮相比，连续蒸煮具有以下优缺点：

1. 优点

① 生产自动化程度高，劳动强度低；

② 单位锅容产量高，占地面积小；

③ 汽、电、蒸煮液和植物纤维原料消耗均衡；

④ 连续放汽放锅，热回收效率高，配置紧凑，大气污染小，易于控制；

⑤ 成浆得率高，且质量均匀稳定；

2. 缺点

① 设备结构复杂，附属设备较多，维修费用高；

② 动力消耗大；

③ 设备的精度要求高；

④ 生产的灵活性较差。

三、亚硫酸盐法蒸煮过程与工艺

（一）酸性亚硫酸盐法间歇蒸煮过程与工艺

1. 操作过程

（1）装锅

蒸煮木片时，常采用蒸汽装锅，同时，从蒸煮锅底部抽真空，排除不凝性气体。

（2）送液

在装锅完毕盖上锅盖后，从锅体下部泵入蒸煮液。在送液接近终了时，锅上部排出的气体中含有较多的 SO_2 气体，需将其导入气体回收系统。在 $pH > 4.5$ 的药液蒸煮时，由于药液中不含溶解的 SO_2，可从蒸煮锅上部送入药液。

（3）第一段通汽和保温

装锅送液完毕，即进行第一段升温。第一段升温最好采用间接加热，以免稀释药液。在升温过程中必须进行连续的小放汽。小放气排出的气体中含有大量的 SO_2，并带有部分药液，应送去回收锅进行回收。当升温至临界温度时，进行小保温。当采用 $pH > 4.5$ 的酸液进行蒸煮时，由于木素缩合的危险减弱，没有必要进行小保温。

（4）第二段通汽与液体回收

如果药液的浸透均匀，磺化充分，第二段升温则可加速进行。送液量一般较实际需要量多一些，但升温至 130℃ 以前，要把多余的药液回收，以节约 SO_2 和回收热量，这一步操作叫移液（或称"回水"）。移液量多为 20％～30％。然后继续升温至蒸煮最高温度。亚硫酸氢镁法蒸煮，一般以相当快的速率直接升温到指定的最高温度，通汽时间约需 2h。

（5）在最高温度下的保温

在最高温度下保温时间的长短，通常根据蒸煮终点来判定，一般为 2h 左右。

（6）放汽与放锅

当接近蒸煮终点时，可提前排除锅内的部分废液，然后进行大放汽。废液排除量一般为送液量的 10％～20％，最高可达 30％～40％。

大放汽的气体中含有大量的 SO_2，必须送回收系统进行回收。并应对大放汽的热量进行回收，其回收热量可用于预热新药液，也可以加热清水。当大放汽降压到一定压力（一般为

0.39MPa）时立即用高压水泵向锅内注入 60℃以上的温水进行高温洗涤和稀释浆料。

当锅内压力降至 0.25MPa 时即可进行放锅。放锅应先慢后快。放锅的同时，应在锅底斜门排料的对称部位，直对排料口加热水，水温不宜低于 80℃。

2. 亚硫酸盐法蒸煮过程的影响因素

亚硫酸盐法蒸煮过程的影响因素主要有蒸煮液的组成和浓度、蒸煮液的 pH 和盐基种类、温度与压力、液比、升温速率和保温时间等。

蒸煮液浓度主要是指总酸浓度，也指化合酸和游离酸的浓度。改变药液的浓度对药液浸透、脱木素以及碳水化合物的水解等都有影响，由此也直接影响纸浆的质量和得率。

（1）总酸（T. A.）

当 C. A. /F. A. 之比不变时，提高总酸浓度，不但有利于药液浸透，也有利于木素的磺化和溶出。在一定的蒸煮时间内提高 T. A.，温度可以降低；或者在一定温度下，提高 T. A.，可缩短蒸煮时间。但 T. A. 不能过高，否则会增加药品的消耗，并影响到纸浆的质量。

（2）游离酸（F. A.）

当 T. A. 一定时，提高 F. A.，pH 会下降，溶解 SO_2 增加，溶解 SO_2 能增加木素的润胀及溶解度，脱木素速率会加快，如果药液浸透充分，可降低蒸煮温度（当 T. A. ＝5％～8％时，F. A. 每增加 1％，温度可降低 2℃）或缩短蒸煮时间。

必须指出，游离酸浓度与蒸煮锅内的压力是有直接关系的，提高游离酸浓度时，鉴于气液平衡的关系，锅压必须相应提高。

对钙盐基，蒸煮后期要保留一定的游离酸，以防止 $Ca(HSO_3)_2$ 转化为 $CaSO_3$ 沉淀，但保留的游离酸不能过高，否则将会使盐基相对缺乏而影响浆的质量和得率。

（3）化合酸（C. A.）

当总酸一定时，适当提高化合酸，在蒸煮前期有利于中和因反应生成的木素磺酸等强酸，从而防止木素缩合，使纤维素和半纤维素少受破坏，提高浆的得率和浆的白度以及强度（除了撕裂度）。但化合酸过高，则会阻滞木素的溶出，从而延长蒸煮时间。当化合酸增加到一定程度后，纸浆的白度和强度也不会再有显著增加。在钙盐基蒸煮中，过高的化合酸还会促使盐基沉淀，造成硫耗及纸浆的灰分增大。一般入锅时药液的化合酸控制在 0.8％～1.2％为宜。

（4）蒸煮液的 pH

如前所述，不同种类的亚硫酸盐法蒸煮的 pH 不同。酸性亚硫酸氢盐蒸煮液的 pH，在常温下一般为 1.5～2.0。过低的 pH 将使半纤维素甚至纤维素受到强烈的降解；过高的 pH 则需改变其他蒸煮条件（如温度、时间等）。但是，亚硫酸盐蒸煮液在高温下的 pH 与常温下不同，一般来说，pH 随温度的升高而增大，且与盐基种类有关。

（5）盐基种类

亚硫酸盐制浆，使用的盐基主要有钠、铵、镁、钙四种。钠盐基和铵盐基为一价可溶性盐基，镁为二价易溶性盐基，钙为二价难溶性盐基。

与难溶性盐基相比，可溶性盐基能加速木素磺酸或木素磺酸盐的溶出，碳水化合物降解少而蒸煮得率高。从质量角度来看，无论哪一种纤维原料，使用可溶性的钠盐基或铵盐基的蒸煮效果都好，易溶性镁盐基较差，难溶性盐基最差。但由于可溶性盐基价格贵，在没有废液回收系统的条件下，以采用价廉的难溶性盐基为宜。

（6）时间

蒸煮时间不是一个独立的变数，其长短是由蒸煮过程中的各种因素所决定的，在高温下，不适当的延长时间，会使纸浆的得率和强度大大下降，甚至造成"黑煮"，相反，适当延长时间，又可补救其他条件的相对不足。

在实际生产中，对硬度要求较高的纸浆宜采用较高的温度和较短的时间，对要求强度高和纯度高的软浆宜采用较温和的蒸煮条件，用较低的温度和较长的蒸煮时间。

（7）温度

蒸煮初期，适当提高温度可以加速药液浸透和木素的磺化反应，从而缩短蒸煮时间。但对 pH<4 的蒸煮液，在料片未充分浸透前，不能超过临界温度（110℃），否则木素将会缩合。对 pH>4 的蒸煮液，则不受限制。

在蒸煮后期，温度每升高 10℃，脱木素的速率约加快一倍，但纤维素和半纤维素的溶出速率也加大一倍，因而使纸浆的得率和强度下降。不同 pH 的亚硫酸盐蒸煮和不同的材种，都各有其适宜的最高温度。最高温度范围一般为：酸性亚硫酸盐蒸煮 130～155℃，亚硫酸氢盐蒸煮 140～170℃。此外，蒸煮最高温度的选择还与浆的类型有关，制取可漂浆温度应较高。生产高强度的浆宜用较低的温度。一般认为，药液浓度高，压力高，蒸煮温度较低时，浆的得率和强度均较高。

（8）压力

亚硫酸盐法蒸煮的压力与碱法蒸煮不同，不能直接反映锅内的温度，因为蒸煮锅内的压力是由流体静压、水蒸气和 SO₂ 及其他气体所具有的压力组成。但压力高时，温度也将增高（用泵加压则例外）。改变压力不仅会影响温度的变化，也影响到锅内 SO₂ 分压的变化，从而影响到锅内酸液的组成。一般木浆的蒸煮压力控制在 590～830kPa，蔗渣浆和苇浆的压力控制在 590～640kPa。

（9）液比

当药液的浓度一定时，液比的大小，将直接影响到硫耗和汽耗的增减。液比大时，硫耗大，汽耗大，液比小时则相反。为了减少硫耗和汽耗，在蒸煮初期，往往首先用较大的液比，以保证料片的充分渗透，待渗透完毕，即将多余的药液回收。此时，在能满足循环量要求的情况下，宜把液比降到最小值，这样不但可以减少硫耗和汽耗，也有利于废液的回收利用。

在实际生产中液比的大小往往是根据具体条件变动的，常用的液比范围为木材蒸煮 1：5～1：6，芦苇蒸煮 1：3～1：4。

此外，纤维原料的种类、水分含量的大小及料片的规格等都会影响到蒸煮进程和质量。

（二）碱性亚硫酸钠和中性亚硫酸钠（铵）法的蒸煮过程和蒸煮技术

碱性亚硫酸盐法和中性亚硫酸盐法的蒸煮过程与碱法（烧碱法和硫酸盐法）的蒸煮过程基本相同，这里不再介绍。碱性亚硫酸钠（AS）和中性亚硫酸钠（铵）法（NS）的蒸煮技术简要介绍如下。

1. 碱性亚硫酸钠（AS）法的蒸煮技术

AS 法脱木素较慢，因此，国外一般添加蒸煮助剂蒽醌（AQ）。AS—AQ 法比硫酸盐法在纸浆强度相同的情况下蒸煮得率高，纸浆颜色浅，易洗易漂。在国内，主要用来代替烧碱法和硫酸盐法蒸煮草浆，其特点是纸浆的得率高，颜色浅，易洗易漂，滤水性能好。

碱性亚硫酸钠蒸煮的最高温度一般比硫酸盐法高。

2. 中性亚硫酸钠（铵）法（NS法）的蒸煮技术

中性亚硫酸钠法，国外主要是用来生产半化学浆，即所谓 NSSC 浆（中性亚硫酸盐半化学浆）。由于蒽醌的使用，已发展采用 NS—AQ 法蒸煮化学木浆，并取得了与硫酸盐木浆相竞争的能力。国内主要用来生产草类化学浆，如中性亚硫酸钠苇浆，中性亚硫酸铵麦草浆和蔗渣浆等。表 2-14 为非木材原料中性亚硫酸盐法蒸煮实例。

表 2-14　　　　　　　　　　　非木材原料中性亚硫酸盐法蒸煮实例

	麦草	竹子	蔗渣	
			（1）	（2）
Na_2SO_3 用量/%	—	—	—	16
$(NH_4)SO_3$ 用量/%	12	20	20	—
NaOH 用量/%		2（Na_2O 计）	3	2～3
$(NH_4)CO_3$ 用量/%	1.5		—	—
pH	—	10～12	12（终煮8.5～9）	12（终煮8.5～9）
液比	2.3	2	3.5	3.5
最高压力/MPa	0.686	0.686	0.686	0.686
空转时间/min	10	10	30	30
升温时间/min	90	96	110	110
保温时间/min	130	270	120	90
喷放时间/min	30	45	—	—
纸浆硬度（$KMnO_4$值）	14～16	14 左右	9～12	9～12
得率/%	45～50（细浆）	38（粗浆）	—	—

四、添加助剂的蒸煮技术

蒸煮过程中添加助剂的主要目的是加速脱木素和保护碳水化合物。

蒸煮助剂中，有些可保护碳水化合物、提高蒸煮得率，有些可加速脱木素、缩短蒸煮时间，有些助剂既可加速脱木素，又可保护碳水化合物。实际生产中使用的蒸煮助剂主要有蒽醌及其类似物、多硫化钠、亚硫酸钠和表面活性剂等，下面对常用的蒸煮助剂进行讨论。

（一）添加助剂的碱法蒸煮技术

1. 添加蒽醌及其类似物的碱法蒸煮技术

蒽醌（AQ）及其类似物是目前用得比较多的有机氧化性助剂。蒽醌的主要作用是保护碳水化合物和加速脱木素。纤维素和半纤维素得到保护，可提高纸浆得率；脱木素速率加快，可缩短蒸煮时间，或者可降低蒸煮温度、加深脱木素的程度、降低纸浆硬度、减少蒸煮用碱量等。用烧碱—AQ 法代替硫酸盐法蒸煮，还可以消除挥发性硫化物气体的产生。

（1）蒽醌的作用机理

蒽醌首先氧化碳水化合物的还原性醛末端基，使之变成羧基，从而避免剥皮反应的发生，蒽醌本身则还原为蒽氢醌（AHQ 或 H_2AQ）。在碱性溶液中，蒽氢醌电离成蒽氢醌离子，然后互换为蒽酚酮离子与木素亚甲基醌结构反应，反应后蒽酚酮离子又变回蒽醌，继续对碳水化合物进行氧化作用。这样的氧化还原循环作用的结果，既保护了碳水化合物，提高了得率，又促进了脱木素反应，起到了 Na_2S 的作用。

蒽醌与碳水化合物和木素反应的过程及循环反应关系如图 2-40 所示。从图中可以看出，蒽醌在反应过程中是不断循环发挥作用的，其中对木素的作用，主要是由蒽酚酮离子中的负

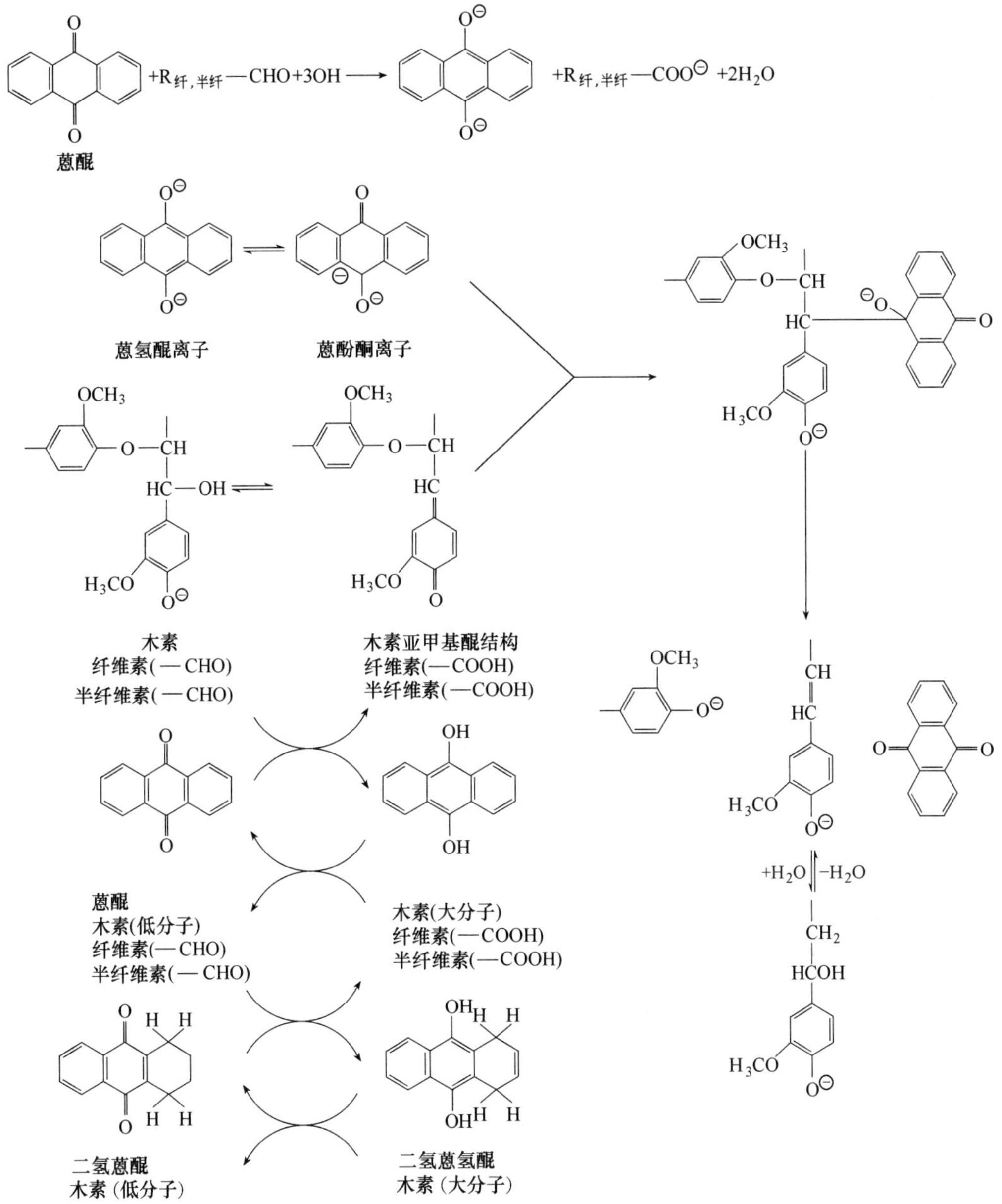

图 2-40 蒽醌与碳水化合物和木素的反应过程与循环反应关系

碳离子进攻木素亚甲基醌的亚甲基部位，并由负氧离子提供电子，促进了酚型 β-芳基醚键的断裂。

（2）蒽醌在碱法蒸煮过程中的作用效果

研究结果表明，加入微量的蒽醌（对原料的 $0.03\%\sim0.05\%$），就可以加快脱木素，降低碱耗，提高纸浆的得率，但对提高纸浆强度的效果不很显著。

试验得出，蒽醌最有效的作用阶段是在蒸煮的前期。H—因子不同时，蒽醌的作用效果不同。在 H—因子低于 2000 的情况下，AQ 对脱木素具有显著影响，蒸煮时添加 AQ，卡伯值会降低 6 个单位；当 H—因子达到 2500 以上时，使用 AQ 对脱木素无明显效果，此时，蒽醌使用与否，所得到纸浆的卡伯值没有明显不同。

添加蒽醌的蒸煮技术可以用于蒸煮木浆，也可以用于蒸煮草浆。蒽醌对不同原料的效果有差异，对于各种杉木、松木等针叶材的硫酸盐法蒸煮，加入蒽醌后，纸浆得率可提高 0.8%～4.0%，蒸煮液的硫化度可降低 20%，蒽醌的添加量在 0.05%～0.2% 范围内。对于阔叶材蒸煮，蒽醌添加量多在 0.05%～0.1% 范围内。阔叶材的硫酸盐-蒽醌蒸煮中，用碱量及 H—因子可降低 10% 左右，纸浆得率提高 1%～2%。图 2-41 为蒽醌在混合阔叶木碱法蒸煮中的作用效果。

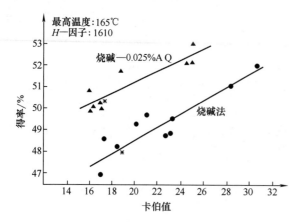

图 2-41 混合阔叶木碱法蒸煮中添加蒽醌的效果

总之，蒽醌的作用效果因原料和制浆方法的不同而有差别：

① 用于烧碱法比用在硫酸盐法的效果大；

② 用于草类原料（稻草除外）比用在针叶木上的效果好；

③ 在低 H—因子（即蒸煮时间短）和低硫化度条件下，蒽醌对脱木素具有重要影响。蒽醌的用量范围为 0.02%～0.2%，一般为 0.05%。

添加蒽醌的蒸煮也有缺点，主要表现在浆料漂白比较困难，漂白浆泡沫多，易糊网，木浆打浆帚化较慢，成纸较脆，有的湿强度较低。

（3）蒽醌/表面活性剂联合使用作为蒸煮添加剂

北美一些阔叶木硫酸盐制浆厂采用蒽醌/表面活性剂联合使用，消除了蒸发器结垢问题，粗浆得率增加 1%，白液用量降低 0.5%（以有效碱用量计），纸浆卡伯值下降了 6.5%，H—因子降低 7.7%，黑液中固形物含量下降 2.8%，碱回收生产能力提高 7.4%，最终漂白浆黏度提高 35%，白度提高 1.1%，打浆能耗降低 29%。

另外，醌类化合物与阴离子表面活性剂复配可改善蒸煮效果，而蒽醌类与非离子表面活性剂复配效果不好。

2. 添加多硫化物的硫酸盐法蒸煮技术

多硫化钠蒸煮，在国外已有多家工厂采用，其得率较一般硫酸盐浆高 3% 左右，有的工厂认为，此法比添加蒽醌的方法好。

用多硫化钠蒸煮，主要是由于多硫化钠的氧化作用，它能使纤维素和半纤维素的醛末端基氧化成各种碱稳定的糖酸末端基，从而停止剥皮反应，提高蒸煮得率。

$$R_{纤, 半纤} —CHO + S_2^{2-} + 3OH^- \longrightarrow R_{纤, 半纤} —COO^- + 2S^{2-} + 2H_2O$$

例如在一种松木的硫酸盐法蒸煮试验中，加入 12% 多硫化钠，在纸浆木素含量均为 7.5% 时，纸浆得率由 50% 增加到 61%。得率的增加，是由于聚糖保留量的增加，其中聚葡萄糖-甘露糖增加了 100%。约占增加得率的 50%，聚戊糖和纤维素分别增加了 10%。试验得出，把多硫化物加到蒸煮液中不仅可以稳定聚木糖，减少其溶出，而且溶解在废液中的那部分聚木糖在蒸煮结束时的聚合度，比从一般硫酸盐蒸煮液中离析出的聚木糖高。

然而，多硫化钠的这种氧化作用，只有在温度较低时才能充分发挥，因为温度超过 100℃后，温度越高，多硫化钠的分解作用就越严重，其分解后的产物为硫化钠和硫代硫酸钠，其反应如下：

$$4Na_2S_2 + 6NaOH \longrightarrow 6Na_2S + Na_2S_2O_3 + 3H_2O$$
$$2Na_2S_3 + 6NaOH \longrightarrow 4Na_2S + Na_2S_2O_3 + 3H_2O$$
$$4Na_2S_4 + 18NaOH \longrightarrow 10Na_2S + 3Na_2S_2O_3 + 9H_2O$$

由此可见，多硫化钠对纤维素和半纤维素的保护作用也是有一定条件的，因为在高温时纤维素和半纤维素还会发生碱性水解，产生新的醛末端基，继续进行剥皮反应，而多硫化钠则已失去作用了。

由于多硫化钠的氧化反应和分解反应，产生了更多的硫化钠，因此也促进了脱木素的反应。

3. 添加亚硫酸钠的碱法蒸煮技术

在碱法蒸煮时添加少量亚硫酸钠也可以提高蒸煮的得率。这主要是由于亚硫酸钠也可以作为纤维素和半纤维素醛末端基的氧化剂，从而减少剥皮反应。

$$3R_{纤.半纤}-CHO + SO_3^{2-} + 3OH^- \longrightarrow 3R_{纤.半纤}-COO^- + S^{2-} + 3H_2O$$

添加亚硫酸钠的量可多可少，少时作为助剂，多时可作为蒸煮剂，即成为碱性亚硫酸钠法蒸煮。

4. 表面活性剂类蒸煮助剂

一般表面活性剂具有洗涤、润湿、渗透、分散、乳化、软化、消泡等方面的作用和功能。表面活性剂应用到蒸煮中，主要是利用其润湿、渗透和分散的特点。它可以促进蒸煮液对纤维原料的润湿，加速蒸煮化学品和其他化学品的渗透和均匀扩散，从而增进蒸煮液对木材或非木材中木素和树脂的脱除，还能起到分散树脂的作用。

目前蒸煮中常用的表面活性剂，主要有阴离子表面活性剂、非离子表面活性剂和阴离子表面活性剂与非离子表面活性剂的复合物。阴离子表面活性剂有十二烷基苯磺酸钠、二甲苯磺酸、缩合萘磺酸钠、烷基酚聚氧乙烯醚硫酸钠等。非离子表面活性剂有烷基酚聚氧乙烯醚、脂肪醇聚氧乙烯醚等。阴离子表面活性剂和非离子表面活性剂的复配效果更好，既可加快渗透、促进木素和树脂的脱除，还能提高纸浆得率，如添加质量比为 $1:1 \sim 1:2$ 的二甲苯磺酸和缩合萘磺酸钠与壬基酚聚氧乙烯醚的复合物，既可收到良好的树脂脱除效果，又能提高浆的得率，多方面改善浆的质量，包括降低卡伯值和提高浆的强度。

（二）添加助剂的亚硫酸盐法蒸煮技术

能够作为亚硫酸盐蒸煮助剂的主要是蒽醌。

蒽醌作为助剂，必须在碱性条件下才能发挥作用。中性亚硫酸钠蒸煮液的 pH 在 $10 \sim 12.5$ 之间，蒸煮终了也有 7 以上；碱性亚硫酸钠蒸煮液的 pH 在 $10 \sim 13.5$ 之间，蒸煮终了时在碱性范围。因此，蒽醌还是能发挥作用的，与碱法蒸煮添加蒽醌类似，一方面可提高脱木素速率，缩短蒸煮时间；另一方面可保护碳水化合物，提高纸浆得率。

1. 添加蒽醌的中性亚硫酸钠（NSAQ）蒸煮技术

在中性亚硫酸钠-蒽醌蒸煮时，AQ 的添加量以 0.2% 较好，Na_2SO_3 和总碱的比例在 $0.8 \sim 0.85$ 时卡伯值最低。针叶木 NSAQ 蒸煮和硫酸盐法蒸煮（KP）的条件及结果见表 2-15。从该表中可以看出，NSAQ 浆的得率比相应的 KP 浆的得率高很多，其原因主要是由于半纤维素的含量增加了。

某厂将硫酸盐法蒸煮改为 NSAQ 蒸煮，结果使松木与云杉混合蒸煮的得率从 47% 提高到 50%（全漂浆，卡伯值 38），半漂浆的得率达到 $50.9\% \sim 52.6\%$，而相应的半漂硫酸盐浆的得率只有 43.8%。

表 2-15　　针叶木 NSAQ 蒸煮和硫酸盐蒸煮（KP）的条件及结果

蒸煮方法		NSAQ	KP
最高温度/℃		165～175	170
蒸煮时间/min		180～260	100～120
用碱量（NaOH 计）/%（对绝干原料）	总碱量	22～24	19～22
	Na_2SO_3	18.6～20.0	—
	NaOH	—	13～15
	Na_2CO_3	3.5～4.0	—
	Na_2S	—	6～7
AQ/%		0.1～0.2	
pH	开始	11.3～12.0	14
	终点	9.2～9.6	12
纸浆得率/%		55～60	48～50

NSAQ 蒸煮的最高温度与 KP 蒸煮相近，但蒸煮时间长，浆得率与各种消耗之比并不比 KP 蒸煮大。

2. 添加蒽醌的碱性亚硫酸钠（ASAQ）蒸煮技术

工业生产上的 ASAQ 浆，在纸浆强度相同的情况下，较硫酸盐浆的得率高，可漂性好，空气污染轻。因此，ASAQ 浆的生产似乎增强了与硫酸盐漂白浆的竞争能力。

用于 ASAQ 蒸煮的药液，可以是强碱性的药液，也可以是中等碱性的药液。强碱性的药液如下：11% NaOH 和 11% Na_2SO_3，另有约 4% 的 Na_2CO_3（均以 Na_2O 计，对绝干木片），其蒸煮条件与结果见表 2-16。从该表可以看出：在纸浆得率和强度基本相同时，添加 AQ 的蒸煮可以降低最高温度、缩短蒸煮时间和缩短打浆时间，而且浆的卡伯值较低，黏度较高。

中等碱性的药液（有时称为半碱性亚硫酸钠蒽醌法，即 SAS—AQ 法）蒸煮条件如下：Na_2SO_3：Na_2CO_3：NaOH＝80：10：10（均以 Na_2O 计），蒸煮开始时 pH 为 13.2，蒸煮终点的 pH 为 9.5。这种药液可以用来蒸煮挂面纸板用浆，也可以用来生产漂白浆。生产漂白浆的蒸煮条件见表 2-17（与硫酸盐蒸煮作对比）。

表 2-16　　针叶木碱性亚硫酸钠添加蒽醌的蒸煮条件与结果

蒸煮	AS 法	ASAQ 法
活性药品用量/%（Na_2O）	22	22
AQ 用量/%（对绝干木片）	—	0.1
蒸煮温度/℃	172	167
保温时间/min	122	72
总得率/%	50	50
卡伯值	72	36
黏度/mPa·S	29	34
在 300mL 加拿大游离度时的强度		
撕裂指数/(mN·m²/g)	9.1	10.2
耐破指数/(kPa·m²/g)	11.8	11.2
裂断长/km	13.2	14.7

表 2-17　　针叶木漂白浆的蒸煮条件和结果

	ASAQ 法	KP 法
硫化度/%	—	30.6
蒸煮最高温度/℃	175	166
保温时间/min	120	99
总得率/%	50.30	44.90
细浆得率/%	50.15	44.75
卡伯值/%	31.2	29.5
黏度/mPa·s	54.2	23.4
筛选前磨散	需要	不需要

注：①ASAQ 其他蒸煮条件，药品用量 22%（Na_2O 计），其中 80% Na_2SO_3，10% Na_2CO_3 和 10% NaOH（均以 Na_2O 计），AQ 用量 0.05%～0.08%。

② KP 其他蒸煮条件，活性碱用量 18%（Na_2O 计）。

从表 2-16 和表 2-17 可以看出：在蒸煮得率相近时，ASAQ 浆较硫酸盐浆的硬度低、强度好。在硬度接近时，ASAQ 浆较硫酸盐浆得率高。由此可见，ASAQ 浆有较强的竞争力，但也有其缺点，即蒸煮温度高、时间长。

五、预水解硫酸盐法蒸煮技术

预水解硫酸盐法（或碱法）主要是用来生产高纯度的精制浆——溶解浆，作为人造纤维浆和其他纤维素衍生物用浆，具有特殊用途的造纸用浆也可用预水解硫酸盐法来蒸煮，特别是半纤维素含量高的原料和树脂含量高的原料，必须用预水解硫酸盐法来蒸煮才能得到合格的浆粕。溶解浆要求 α-纤维素含量高，半纤维素、灰分和抽出物等含量低，并且聚合度也有特殊的规定。

预水解硫酸盐法蒸煮包括预水解和硫酸盐蒸煮两个环节，即首先对原料进行预水解处理，而后再用硫酸盐法进行蒸煮。

1. 预水解处理

（1）预水解的方法

目前，常用的预水解处理方法有三种：酸预水解、水预水解和汽预水解。

① 酸预水解法。酸预水解法是用无机酸（盐酸、硫酸、亚硫酸等）作为预水解剂处理植物纤维原料。其中硫酸比较便宜，应用比较普遍。在以硫酸作为预水解剂时，一般酸的浓度为 0.3%～0.5%，温度控制在 100～125℃，时间 2h 左右。

② 水预水解法。水预水解法是以清水为预水解剂，对原料进行预水解的处理方法。在水解过程中，原料在热水中脱出乙酰基与甲酰基，形成醋酸与甲酸，得以供给 H^+ 离子进行酸水解。与此同时，还有其他的有机酸产生，使酸度逐渐增加，水解作用逐渐激烈，到水解终了时，pH 最低能降至 3.0 左右。一般水预水解的温度为 140～180℃，时间 20～180min 不等。

③ 汽预水解法。汽预水解法是以高温饱和蒸汽作为预水解剂，在高温下进行预水解的方法，其作用原理与水预水解相同。但由于汽预水解液比小，水解液中 H^+ 离子浓度大，水解反应迅速，且升温时间短，一般只需 10～30min。

（2）预水解的主要作用

① 降低原料中的半纤维素含量，并改变其结构，提高成浆的 α-纤维素含量。

② 提高溶解浆在化学加工时的反应能力。在酸性条件下，能破坏纤维的初生壁，并使初生壁在制浆过程中脱落下来，这样，富含纤维素的纤维次生壁就暴露出来，与化学加工用药剂（NaOH、CS_2 等）接触，从而提高浆的反应能力。

③ 控制溶解浆的黏度与聚合度。较缓和的预水解条件，所得浆的黏度与聚合度较高；较剧烈的预水解条件则黏度与聚合度较低。

2. 预水解后半料的碱法蒸煮

预水解后半料的硫酸盐法蒸煮同一般的硫酸盐法蒸煮。但由于预水解过程木素的缩合和其他物质结构的变化，使预水解后半料浆的颜色变深，所以为了保证成浆质量的要求，蒸煮用碱量要高于一般造纸用浆，最高温度和时间也要适当控制。

六、改良的硫酸盐法蒸煮技术

蒸煮的主要目的是脱除木素，对于漂白化学浆而言，希望尽量多脱除木素，以减少漂白化学药品的用量，从而减少漂白废水的污染负荷。在蒸煮脱木素的同时，碳水化合物不可避免地会发生降解，造成纸浆得率和强度的降低。碳水化合物的降解在一定范围内对其强度的影响不太大，但超过某一范围，纸浆强度会随着纸浆黏度的下降而明显降低，见图 2-42。对传统漂白和包含氧脱木素的 ECF 漂白浆都存在着这种黏度与纸浆强度的关系。Teder 和 Warnquist 选择了 850mL/g 作为硫酸盐浆可以接受的最小黏度。在漂白过程中，纸浆黏度会降低，无元素氯漂白（ECF），黏度下降约 150mL/g；全无氯漂白（TCF），黏度下降

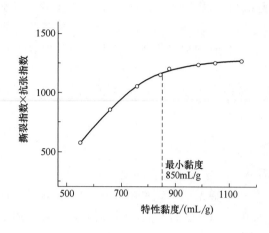

图 2-42　针叶木硫酸盐浆的强度与黏度的关系

300mL/g 左右。因此，蒸煮所得到的未漂浆的黏度应大于 1000（ECF）～1150（TCF）mL/g。

为了尽可能多脱除木素，同时又使碳水化合物少受损伤，国内外的造纸工作者一直在进行着不懈的努力，使蒸煮技术得到了发展，特别是近三十多年来，硫酸盐法蒸煮技术有了很大改进，出现了多种深度脱木素技术，并应用于实际生产。下面重点介绍改良的硫酸盐法蒸煮技术。

（一）提高硫酸盐法蒸煮脱木素选择性的四个原则

20 世纪 70 年代末，瑞典皇家工学院 Hartler 教授首次提出深度脱木素（Extended Delignification）的概念，随后，瑞典林产品研究所（STFI）和皇家工学院的研究人员在大量实验室研究的基础上，提出了进行深度脱木素并减少碳水化合物降解的 4 个基本原则：

① 蒸煮过程中的碱液浓度尽量保持均匀，即在蒸煮初期碱液浓度比传统蒸煮低一些，接近蒸煮终了时碱液浓度比传统蒸煮高一些；

② 蒸煮液中 HS^- 浓度应尽可能高，特别是在蒸煮初期和大量脱木素阶段开始时，应保持较高的 HS^- 浓度；

③ 蒸煮液中的溶解木素和 Na^+ 浓度应尽量低，特别是在蒸煮末期（即大量脱木素末期和残余木素脱除阶段）；

④ 保持较低的蒸煮温度，尤其是在蒸煮初期和末期，温度应尽可能低。

提高硫酸盐法蒸煮脱木素选择性的这 4 个原则中包括了蒸煮过程的主要影响因素。

在传统蒸煮过程中，蒸煮用的碱（NaOH 和 Na_2S）在蒸煮开始阶段就全部加入，因此蒸煮初期碱液浓度高，易造成碳水化合物的降解；随着蒸煮的进行，由于碱的不断消耗，碱液浓度越来越低，而到蒸煮后期，较低的碱液浓度不利于木素的溶出。

原则①使蒸煮过程中碱液浓度比较均匀，既在蒸煮初期保护了碳水化合物，又为蒸煮后期木素的溶出提供了有利条件。这能在碳水化合物降解较少的情况下，蒸煮至成浆的残余木素含量较低。

原则②保证了较高的 HS^- 浓度，从而可加快脱木素，并提高纸浆的强度和得率。

原则③利于降解的木素从纤维中扩散出来，并避免木素重新沉淀到纤维上。近几年的研究结果显示，在碱的浓度足够高的情况下，蒸煮液中溶解的木素对脱木素无不良影响；

原则④能减少碳水化合物的降解，提高成浆得率，亦即提高脱木素的选择性。

图 2-43 为白液从连续蒸煮系统的三个位置加入，改良后的蒸煮碱浓与常规蒸煮碱浓的对比情况。这种改良蒸煮在芬兰进行的生产实验得出了图 2-44 所示的结果。结果显示，碳水化合物的降解（以黏度表示）明显减少。尽管蒸煮后的卡伯值非常低，但纸浆强度没有下降。这一成果开创了制浆的新纪元，其目的在于减少了蒸煮残余木素的含量，但不降低浆的质量，这样可以减少漂白过程中的脱木素量，从而降低了漂白过程对环境的污染负荷。

深度脱木素技术，根据上述提高脱木素选择性的 4 个基本原则，对蒸煮过程中不同脱木

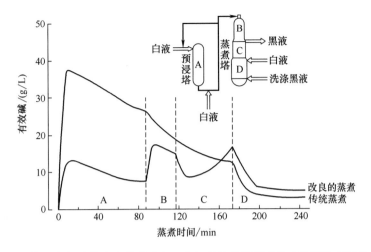

图 2-43　分三次加碱的改良的蒸煮与一次加碱的传统蒸煮的有效碱浓度变化情况

素阶段的 OH⁻ 和 SH⁻ 的浓度以及温度进行了优化，在降低纸浆硬度的同时，保持了纸浆的强度。深度脱木素技术包括间歇式的置换蒸煮和连续式的改良硫酸盐法蒸煮，下面分别进行介绍。

（二）改良的硫酸盐法间歇蒸煮技术——置换蒸煮技术

1. 概述

20 世纪 80 年代，节能置换蒸煮技术出现在间歇蒸煮系统中，如快速置换加热（RDH）蒸煮技术、超级间歇蒸煮（SuperBatch）、Enerbatch 和冷喷放（Cold Blow）、连续调节蒸煮液浓度的间歇蒸煮技术（CBC）和 DDS 等蒸煮

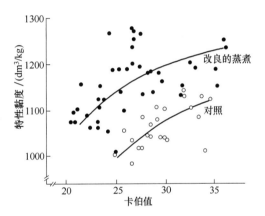

图 2-44　深度脱木素工厂实验所得纸浆的黏度随着卡伯值的变化情况

技术；21 世纪初出现了 SuperBatch-K 蒸煮技术；后来又出现了双置换蒸煮技术（Dual C）；汶瑞机械（山东）有限公司研发了节能高效间歇置换蒸煮技术（EDC）。这些技术都属于置换蒸煮，是由不同的公司开发的，有其共同的蒸煮原理，但又有各自的特点。

置换间歇蒸煮的基本原理是将蒸煮结束时黑液中的热量和残余化学品收集起来，用于下一锅间歇蒸煮。它是通过把置换出来的黑液贮存于不同的贮液槽，而后用于加热下一锅木片和白液而得以实现的。

（1）置换蒸煮的基本过程

图 2-45 描述了置换蒸煮从装料到放料的整个过程。

a. 装木片（Chip fill）：向蒸煮器内装木片。通常采用蒸汽装锅器装木片，以增加装锅量。同时，空气由蒸煮锅中部药液循环的篦子抽出去。木片装锅大约需要 20～30min。

b. 温黑液浸渍，或称为送温黑液（Warm liquor fill）：从温黑液槽泵送温黑液进入蒸煮锅的底部，并将锅内空气置换至常压黑液槽。待泵入的温黑液充满蒸煮锅后，关闭锅顶阀门，继续泵入温黑液至锅内压力升至规定数值为止。木片接触黑液时，黑液中的残碱很快被消耗。为此需加入一部分白液保持一定的 pH，以防止有机物沉淀。此过程需要 25～35min。

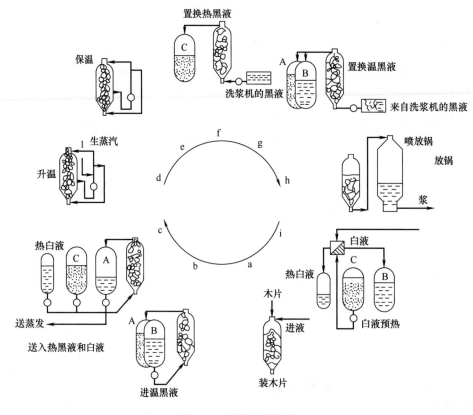

图 2-45　置换蒸煮技术

注：A 和 B 为温黑液槽，C 为热黑液槽。

c. 热黑液置换，或称为送热黑液与热白液（Hot liquor fill）：把热黑液和热白液泵入蒸煮锅。在此过程中，木片之间的自由液体被热黑液和热白液置换出来。热的液体从蒸煮器底部送入，置换出来的液体从蒸煮器的顶部通过置换篓子排出，进入温黑液收集槽。进入蒸煮器的药液的流量用传统的流量控制器来控制，而从蒸煮器排出的液体的流量由蒸煮器的压力控制来决定。此过程需要 25～45min。

d. 加热升温（Heating）：升温阶段将蒸煮器内料片与药液的温度升高到规定的最高蒸煮温度，通常是直接通蒸汽入循环液中来加热。

一般这一阶段温度只需要升高 10～15℃。因此，蒸汽的用量很少。这是优于传统蒸煮的一大优点，传统蒸煮温度需要升高 90～110℃。在某些情况下，间接换热器替代直接蒸汽喷嘴，用于蒸煮液循环中。

e. 在蒸煮最高温度和压力下的保温（Time at cooking temperature and pressure）：蒸煮液继续在蒸煮器内循环。蒸煮器内的压力通过放气来控制，通常排至第二黑液贮存槽。根据温度和压力确定反应时间，控制 H-因子。

f～g. 终点置换，也称为洗涤置换（Wash displacement）：当蒸煮反应达到了规定的脱木素程度时，把蒸煮器内的料片和黑液冷却，以终止反应。方法是把本色浆洗涤工段第一段洗浆机的洗涤滤液（washing filtrate）（即黑液）从蒸煮器的底部泵入。低温（约 70～80℃）的洗浆黑液将热黑液从蒸煮器的顶部置换出来，送至压力热黑液贮存槽。首先置换出来的黑液进入热液贮存槽（步骤⑥）。温度较低的黑液置换至温黑液贮存槽（步骤⑦）。

置换出的液体的总量一般大约是木片之间的空隙（free volume）的两倍。置换之后，纸浆的温度恰好低于100℃，并且纸浆得到了洗涤。洗涤置换大约需要30～55min，这取决于蒸煮锅的规格。

h. 放锅（Pulp discharge）：经过黑液降温的纸浆（低于100℃）用浆泵抽出，送入喷放锅。浆料需要适当地稀释，以控制泵送的浆浓，同时把蒸煮锅放空。根据蒸煮锅规格的不同，放锅大约需要10～30min。

i. 碱回收系统来的白液，用部分热黑液进行热交换后再通少量蒸汽，使其达到热白液温度，贮于热白液槽备用。热交换后的那部分热黑液送到温黑液槽备用。

（2）置换蒸煮的特点

分析上述过程，可以看出置换蒸煮具有如下特点：

① 蒸煮终点以低温稀黑液置换热黑液是置换蒸煮技术的核心。蒸煮终点，蒸煮废液中含有大量的溶解木素与未消耗尽的活性碱，并蕴含着全蒸煮过程所给予的热能。当到达蒸煮终点以后，若不迅速将大量的热能释放并终止料片与蒸煮药剂的反应，将会产生过蒸而影响浆的质量。以温度为70～80℃的洗浆黑液置换锅内的高温浓黑液，可以终止蒸煮化学反应，此外还有高温洗涤的作用，可提高洗涤效率。

② 木片装锅之后，用温黑液加压预浸渍，再用热黑液置换，充分利用了黑液中的热能，蒸煮加热到最高温度（如170℃）仅需要少量的蒸汽。同时，还利用了黑液中的硫化物。木片会吸附黑液中的硫化物，使蒸煮的硫化度提高，因此，置换蒸煮化学反应比传统硫酸盐法（KP）蒸煮更有选择性。在传统KP蒸煮里，蒸煮开始的有效碱浓度高，而硫化度较低。在RDH蒸煮里，开始有效碱浓度低而硫化度非常高，例如，温黑液硫化度73％，热黑液71％。因为蒸煮开始时大量温黑液和热黑液流过木片，所以木片受到大量的硫化物作用。在置换蒸煮时，以高硫化度的液体进行循环，脱木素选择性是很高的，这就是为什么置换蒸煮既能蒸煮出低卡伯值的纸浆，又能维持较好纸浆强度的原因之一。

③ 温黑液浸渍和热黑液置换过程中分别加入部分白液，蒸煮白液分2～3次加入，蒸煮过程中碱液浓度比较均匀，可提高脱木素的选择性。

④ 在蒸煮开始阶段具有独特的木片浸渍段。由于木片经过充分的浸渍，蒸煮液成分均匀地渗透到木片中，使得脱木素反应均匀，从而降低了筛渣率；温黑液中的残碱可中和木片内部的一些酸性基团，在蒸煮阶段有助于减轻活性碱作用的波动性，提高了浆料的匀度。

⑤ 液比大，蒸煮全过程蒸煮器内都充满蒸煮液。在蒸煮时碱浓虽较低，但缓冲能力较大，对碳水化合物有进一步稳定作用，从而有利于得率的提高。

⑥ 蒸煮终点，用洗浆黑液（约70～80℃）置换，将锅内物料温度降至100℃以下，然后，浆料用泵抽放到喷放锅。没有快速闪蒸，因此，放浆温和并且均匀。不需要复杂的热回收和臭气收集系统；由于放锅在沸点温度以下用泵抽放，对纤维的损伤小，因此，纸浆性能得到了改善。

（3）置换间歇蒸煮的优缺点

与传统间歇蒸煮相比较，概括起来，置换蒸煮系统的优点是生产出的纸浆质量好；蒸煮得率高；蒸汽消耗少。如图2-46所示，卡伯值相同时，置换间歇蒸煮的得率较高，这是由于蒸煮比较均匀和改良了蒸煮的化学作用（碱液浓度均匀和硫化度升高）。从图2-47可以看出，木片厚度相同时，置换蒸煮的药液浸透情况较好，脱木素化学反应均匀性比常规间歇蒸煮好，成浆卡伯值低，筛渣少。

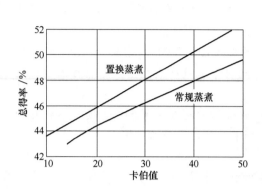

图 2-46　针叶木硫酸盐法常规和置换
间歇总得率与卡伯值的关系

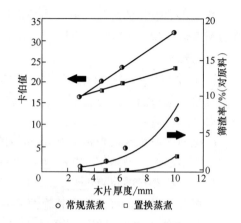

图 2-47　木片厚度对常规蒸煮和置换蒸
煮的卡伯值和筛渣率的影响

注：针叶木硫酸盐法间歇蒸煮，蒸煮条件相同。

置换蒸煮的缺点是占地面积较大，因为槽罐区需要空间；仪表比传统蒸煮多，特别是比连续蒸煮还要多；松节油回收率较低，每吨浆约能回收 1kg，低于卡米尔连续蒸煮的回收量（5～6kg/t 浆）。

2. 快速置换加热蒸煮技术（RDH-Rapid Displacement Heating）

RDH 是典型的置换蒸煮技术，其操作程序与上述的置换蒸煮过程基本相同。RDH 温黑液浸渍的温度一般为 125～130℃，因此，浸渍阶段碱的消耗很快，需要补充白液。在 RDH 蒸煮系统中，有二到三个黑液贮存槽，用来贮存不同温度的黑液。热黑液置换是从一个或两个最热的黑液槽中抽出黑液，并连续向热黑液中加入白液。在 RDH 蒸煮时，送入的热黑液体积一般为蒸煮器内木片之间自由液体体积的 2.0 倍。

3. DDS（Displacement Digester System）蒸煮系统

DDS 置换蒸煮系统是美国 CabTec 公司，在原美国 Beloit 公司的 RDH 间歇蒸煮技术基础上，研发出来的一种制浆技术。目前，国内的置换蒸煮大多采用的是 DDS。

（1）工艺特点和流程

DDS 蒸煮系统的基本原理与 RDH 蒸煮系统相同。不同之处在于 DDS 蒸煮白液分成三部分，分别在装料、温黑液置换（温充）段和热黑液置换（热充）段加入。在装料时，采用了冷黑液加白液充装，保证 pH≥12，强化了黑液预浸渍的作用，增大了温充的作用效果，预浸渍的效果也更加明显，降低了成浆的卡伯值，提高了得率。DDS 蒸煮采用了先进的自动化控制系统，更好地解决了偏流、槽区液位的预测、放锅过程堵塞预测等问题。其具体工艺流程见图 2-48。

DDS 的操作步骤与前面介绍的置换蒸煮的操作相似，包括 a. 装料；b. 温黑液浸渍（也称为温黑液充装）；c. 热黑液置换（热黑液充装）；d. 蒸煮；e. 置换；f. 放锅等步骤。

（2）DDS 蒸煮系统的优点

a. 纸浆卡伯值降低。b. 纸浆得率和强度提高，产量增加。c. 节省了蒸汽的用量和时间，吨浆汽耗仅为 0.5～0.8t，单锅蒸煮周期 180～240min。（传统蒸煮吨浆汽耗为 1.8～2.4t 汽，单锅蒸煮周期 300～400min）。d. 脱木素均匀，浆的质量稳定。

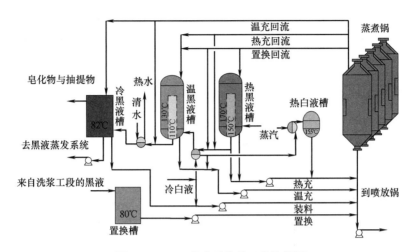

图 2-48　DDS 蒸煮系统的工艺流程图

（3）DDS Alpha™溶解浆置换蒸煮

DDS Alpha™溶解浆置换蒸煮技术，是在原有的 DDS 基础上，增加了木片的预水解工序，其操作过程包括：a. 热水装锅；b. 酸液充装；c. 预水解阶段的升温和保温；d. 酸液中和；e. 热黑液充装回流到酸液外槽；f. 热黑液充装回流到酸液内槽；g. 蒸煮升温和保温；h. 终点置换回收到热黑液外槽；i. 终点置换回收到热黑液内槽；j. 放锅。

4. 超级间歇蒸煮（SuperBatch 和 SuperBatch-K）

SuperBatch 的特点是蒸煮结束时，从蒸煮锅内置换出一定体积的热黑液送到一个贮存槽中，锅内剩余的黑液用浓度和温度比较低的洗涤液置换出来，送到另一个黑液槽中。初始黑液浸渍的温度为 80～90℃。

在 SuperBatch 蒸煮中，热黑液置换过程分为三个步骤。第一，送入的大部分药液，是来自第一（高温）黑液贮存槽的热黑液。第二，从白液槽内抽出热白液送入蒸煮器，送液量为蒸煮所用的全部白液或大部分白液。第三，泵入一些热黑液，目的是冲洗管道中的白液和提升蒸煮器内的白液层。

在 21 世纪初期出现了 SuperBatch-K 蒸煮技术。该技术的设计主要是为了减少针叶木蒸煮黑液在蒸发车间的钙结垢问题。在早期的间歇置换蒸煮技术中，浸渍后的黑液一部分作为温充液回用，另一部分送往黑液蒸发车间。然而，这种黑液含有在浸渍阶段和热充段前期从木材中释放出来的钙。当加热的时候，释放的钙离子会生成碳酸钙。碳酸钙的形成有特定的温度范围，大约在 120～160℃之间。在针叶木制浆时发现在蒸发工段的黑液蒸发温度下会形成碳酸钙，造成蒸发设备结垢。在 SuperBatch-K 中，在稀黑液送往蒸发车间之前，利用蒸煮后的余热来加热这种含有钙的黑液。另一种减少稀黑液中钙的特有方法是在浸渍段减少黑液的过多排出（加压之前溢流到黑液罐中）。图 2-49 为原来的 SuperBatch 与 SuperBatch-K 的区别。

除了含钙黑液的热处理外，SuperBatch-K 技术还有其他方面的改进。首先，部分置换洗涤液由来自浸渍段的黑液所替代，用洗浆稀黑液（washing filtrate）进行温充，洗浆稀黑液的溶解固形物浓度为 10％～12％，代替溶解固形物浓度高于 15％的稀黑液。因此，使得整个循环中蒸煮液中溶解的固形物浓度更低。第二黑液贮存槽的稀黑液直接送往蒸发工段。

与此同时，对槽罐区也进行了重新设计。黑液贮存罐采用单台卧式压力罐。单一卧式黑

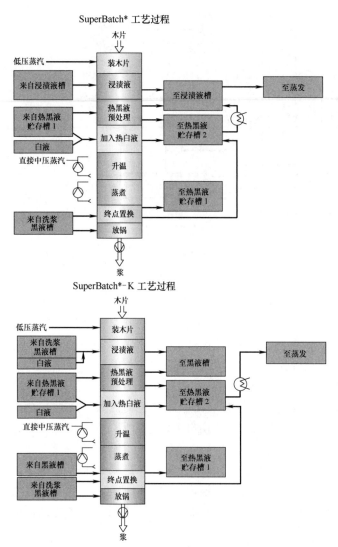

图 2-49 SuperBatch（超级间歇蒸煮）与
Super Batch-K 蒸煮技术中药液流程的比较

液贮罐的黑液温度较低。因此，设有换热器来控制进入蒸煮器的热充黑液的温度。但是，配置单一热黑液贮存罐的系统也有一些不足之处：a. 中压蒸汽的消耗比配置双黑液贮存罐的系统高约15％。b. 送蒸发的稀黑液的碱浓更难以控制。

5. 双置换蒸煮（Dual C — Dual Displacement Cooking）

Dual C 蒸煮技术是由 Super-Batch-K 和 RDH 蒸煮工艺发展而来的。下面列出了 Dual C 蒸煮技术与 SuperBatch-K 和 RDH 蒸煮技术的区别：

① 浸渍段与 RDH 相似。首先是送入冷黑液，接下来送入第二黑液贮存槽的温黑液。并对进入蒸煮器中的黑液碱浓进行控制。

② Dual C 中整个蒸煮药液的平衡和针对针叶木黑液中钙的热处理工艺与 SuperBatch-K 中相应的处理工艺类似。并且，由于 Dual C 蒸煮工艺所送入的温黑液的温度较高，排出的黑液温度也相对较高，强化了黑液（钙）的热处理。

③ 热黑液置换与 RDH 和 SuperBatch-K 的热黑液置换相

似，但对黑液的回流进行了调整，总是将最热的黑液回流到第一黑液贮存罐。上述调整使第二黑液贮存槽的温度降低了很多，不能从黑液中回收热量用于白液加热。因此，与之前的技术相比，Dual C 蒸煮系统更简单，省了热白液贮存槽及白液热交换器，同时，系统总的热效率保持不变。

④ 在两道置换工序，即送入热黑液和蒸煮后的洗涤液置换过程中，使用了 RDH 蒸煮中的双置换。双置换是指置换液由蒸煮锅的顶部和底部两处进入，通过蒸煮器中部的抽滤板抽出。与传统的升流式置换相比较，在不造成蒸煮锅内木片层扰动的情况下，双置换可以大大提高置换液的流速，并且锅内木片柱被压得更均匀。

图 2-50 为 Dual C 的蒸煮工艺过程。

GL&V 公司还开发了 Dual C 溶解浆双置换蒸煮技术。在硫酸盐法蒸煮之前，先对木片进行蒸汽预水解，其工艺过程为：装锅→蒸汽预水解→白液中和→热黑液置换中和液→升温和碱法蒸煮→洗浆黑液置换→放锅。

6. 节能高效间歇置换蒸煮技术（Energy Efficient Batch Displacement Cooking，简称 EDC）

EDC 是由汶瑞机械（山东）有限公司研发的，采用先进可靠的自动化控制技术，使系统达到高效、节能和环保的功效；适合年产 5 万～30 万 t 的竹、木浆蒸煮项目。EDC 的工艺系统主要有四个基本操作单元：蒸煮操作、黑液过滤、臭气分离和液体热交换。其中蒸煮操作与 RDH、DDS 很相似，包括装锅、浸渍、低温蒸煮、高温蒸煮、置换洗涤和放锅。EDC 的

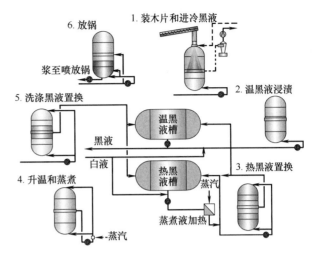

图 2-50　双置换蒸煮（Dual C）蒸煮过程

工艺流程如图 2-51 所示。主要工艺参数见表 2-18，蒸煮周期见表 2-19。

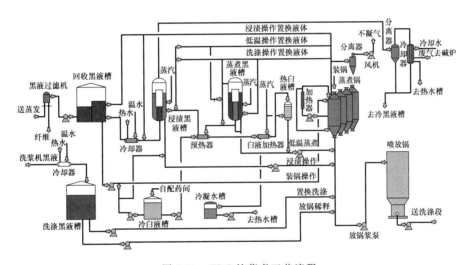

图 2-51　EDC 的蒸煮工艺流程

表 2-18　　　　　　　　　　　　　　　　主要工艺参数

参数	KP 桉木浆	KP 竹浆	参数	KP 桉木浆	KP 竹浆
蒸煮温度/℃	155～165	150～160	蒸煮周期/min	190～240	180～230
用碱量(E. A.，Na_2O 计)/ %	15～16	14～15	蒸煮得率/%	46～50	46～50
硫化度/ %	18～22	18～22	蒸汽消耗/(kg/t 浆)(中压蒸汽)	0.60～0.80	0.6～0.8
卡伯值	17～20	17～20			

表 2-19　　　　　　　　　　　　　　　蒸煮周期表　　　　　　　　　　　　　　　单位：min

阶段	装锅操作	浸渍操作	低温蒸煮	高温蒸煮	置换洗涤	放锅操作	合计
竹浆	20～30	30～40	30～40	60～70	30～35	10～15	180～230
按木浆	20～30	25～35	25～35	90～100	30～35	10～15	190～240

（三）改良的硫酸盐法连续蒸煮技术

立式连续蒸煮器主要有单塔和双塔两大类，料片与蒸煮液混合后，在塔内由塔顶向塔底流动，在此运动过程中完成脱木素化学反应。当蒸煮木片时，料片的滤水性能好，可以在蒸煮塔的任意部位将蒸煮液抽出来，补充新鲜的蒸煮剂并经过加热以后，再送入蒸煮塔内部。这为改变蒸煮器内不同位置的药液浓度和温度提供了条件。改良蒸煮的原则最先应用于工业化生产的是连续蒸煮。改良型蒸煮目的的实现，是通过使用分散式或者多次添加白液的方式来改变碱液浓度梯度和使用逆流蒸煮方法来减小蒸煮末期木素的浓度。总白液加入量的一部分，直接加入到蒸煮器的逆流蒸煮区。在某些应用中，白液也通过加热循环系统加入蒸煮器，这样蒸煮化学药品可以被加热到蒸煮所需温度，然后分布于木片柱中。

不同蒸煮设备公司，研发了不同的蒸煮技术，如改良连续蒸煮技术（MCC）、延伸改良的连续蒸煮（EMCC）、等温连续蒸煮（ITC）、紧凑蒸煮、低固形物蒸煮（LSC）、黑液预浸渍蒸煮（BLI）技术等。下面对常用的几种技术进行介绍。

1. 改良连续蒸煮（Modified Continuous Cooking-MCC）系统

图 2-52 为传统卡米尔连续蒸煮（CK）、MCC 和 ITC 蒸煮系统示意图。

传统卡米尔连续蒸煮，在木片预浸渍后，木片和全部蒸煮液一开始就接触，然后向同一方向移动并进行蒸煮，在 171℃ 下蒸煮至终点。在扩散洗涤区加冷黑液降温至 130℃，然后进行喷放。蒸煮过程中，蒸煮液中的碱浓越来越低，溶在蒸煮液中的木素浓度越来越大，这对蒸煮后期木素的脱除不利，难以达到深度脱木素。若进行强煮，则势必影响纸浆的强度。

MCC 技术在传统连续蒸煮基础上增加了一个逆流蒸煮区，该蒸煮区布置在顺流蒸煮区下方，白液总量的 20% 在这里通过 MCC 循环加入，结果降低了预浸初期的碱浓，而增加了蒸煮后期的碱浓，这样使得蒸煮过程碱浓分布曲线比常规蒸煮要均匀且低些。MCC 蒸煮显著提高了浆的黏度和强度，降低了粗渣率，提高了蒸煮的选择性，使得深度脱木素成为可能。MCC 由于需降低卡伯值 10 个单位，用碱量一般要比传统蒸煮多 1%（Na_2O 计）。

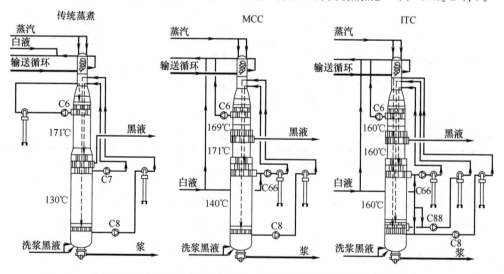

图 2-52　传统卡米尔连续蒸煮、MCC 和 ITC 蒸煮系统示意图

2. 延伸改良的连续蒸煮（Extended Modified Continuous Cooking-EMCC）系统

20 世纪 80 年代末，在 MCC 的基础上又成功开发出了 EMCC。图 2-53 是 EMCC 的示意图。如图所示，将 MCC 的高温洗涤区改为逆流蒸煮/洗涤区（即在洗涤区的洗涤循环泵

入口处加入白液），进一步降低了蒸煮过程中有效碱浓度的曲线（各区段白液的分配见表2-20），使得蒸煮后期的溶解木素浓度降低，延长了蒸煮时间（约多3h），降低了蒸煮温度。这些改进使得蒸煮的选择性进一步提高，浆的卡伯值降低，且避免了浆的强度损失。

表 2-20　　　　　　　　　　　几种连续蒸煮系统白液的分配示例

蒸煮方法	蒸煮区段	白液分配比例/%	蒸煮方法	蒸煮区段	白液分配比例/%
传统蒸煮	浸渍阶段	100		浸渍阶段	65
MCC	浸渍阶段	（65±5）	ITC（EMCC）	顺流蒸煮区	5
	顺流蒸煮区	15		原逆流蒸煮区	10
	逆流蒸煮区	20		原逆流洗涤区	20

3. 等温连续蒸煮（Iso-thermal Cooking-ITC）系统

瑞典克瓦纳公司在EMCC基础上，通过增大高温洗涤循环加热器和循环泵的抽出能力而形成新的ITC循环。从图2-52中可以看到，在逆流蒸煮区下方抽出的液体不再加热，降低该区的蒸煮温度。从而可使蒸煮在较低的等温条件下进行（针叶木160℃），具有更好的脱木素选择性。另外，由于ITC循环提高了蒸煮后期的流量和循环量，结果蒸煮器周边与中心温度分布一致，蒸煮更为均匀，蒸煮过程的白液分配见表2-20。

在采用MCC和EMCC或ITC技术的蒸煮过程中，各阶段碱浓的变化、溶出木素的变化和温度的变化以及碱耗情况见图2-54。从图中可以看出，MCC和ITC技术的碱液浓度，浸渍开始阶段已在40g/L以下，比传统的硫酸盐法连续蒸煮要低，在以后的各个阶段，碱液浓度基本都在20g/L以下。蒸煮末期希望碱液浓度比传统蒸煮高，ITC技术达到了这个目标。碱耗情况，ITC比MCC低。另外，由于逆流蒸煮刚开始时就高温抽黑液送碱回收系统，此时溶在蒸煮液中的木素浓度最大，因此蒸煮终了时蒸煮液中溶解的木素浓度将有大幅度的下降，有利于木素在逆流蒸煮区的进一步溶出，起到深度脱木素的作用。

此外，在单塔卡米尔连续蒸煮器采用ITC技术时，在顺流蒸煮区加碱80%，在逆流蒸煮区（由蒸煮器底部加入）加碱20%，总用碱量一般与传统卡米尔蒸煮一样。与双塔卡米尔连续蒸煮不同的是，单塔卡米尔连续蒸煮采用较高的循环液量，两者的卡伯值相差不大。

改良连续蒸煮技术的优点是在用碱量和得率相近的情况下，纸浆黏度对卡伯值的比值是ITC＞MCC＞CK，说明ITC和MCC技术不但脱木素较多，而且纤维受的损伤也较少。

与传统蒸煮相比，在用碱量和得率相近的情况下，改良的蒸煮技术，如MCC、EMCC和ITC，能够获得较低的粗浆卡伯值、较高的纸浆黏度、降低漂白化学品的用量以及提高纸浆的洁净度。改良的蒸煮还提高了浆的可漂性。

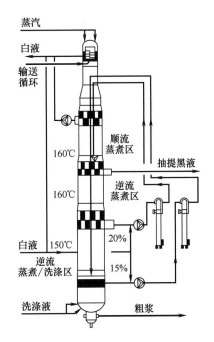

图 2-53　延伸改良的连续蒸煮器示意图（EMCC）

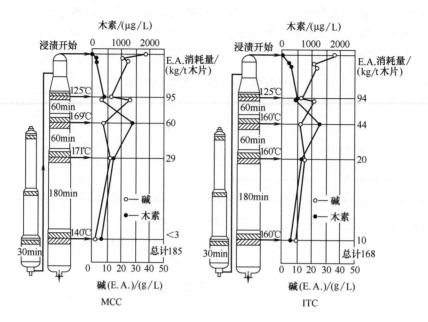

图 2-54　连续蒸煮器 MCC 和 ITC 技术各阶段变化情况示意图

4. 紧凑蒸煮（Compact Cooking）

紧凑蒸煮是 1997 年克瓦纳（Kvaerner）制浆设备公司开发的一种新的硫酸盐法制浆技术。已由第一代紧凑蒸煮 G1 型发展为第二代紧凑蒸煮 G2 型。

（1）第一代紧凑蒸煮（Compact Cooking G1）

第一代紧凑蒸煮系统主要包括紧凑型喂料系统、预浸器和蒸煮器等，如图 2-55 所示。

紧凑蒸煮技术的特点主要是：采用黑液预浸渍，优化了蒸煮过程的药液浓度分布、低温蒸煮、预浸渍和蒸煮阶段的液比可灵活控制。

紧凑蒸煮为优化蒸煮过程中的 OH^- 和 SH^- 浓度提供了多种途径，设置了浸渍器，用黑液等含有 OH^- 和 SH^- 的液体在低温下处理木片，不但有效地预热了木片，而且黑液中的碱可以与一部分木材中的酸性物质发生中和反应，使得这些木片在进行蒸煮的时候，需要的温度更低；此外，由于扩大了蒸煮区，所以在保证产量的情况下可降低蒸煮温度，蒸煮桉木时的最高温度为 140～150℃（ITC 为 150～160℃），如图 2-56 所示。在蒸煮段药液浓度分布

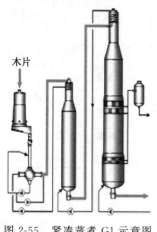

图 2-55　紧凑蒸煮 G1 示意图

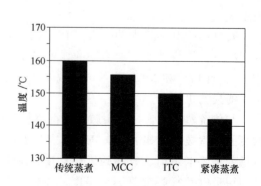

图 2-56　桉木不同方法蒸煮的典型温度

更理想，碱浓的波动比 ITC 更小，蒸煮的条件更温和，因此，更好地保护了碳水化合物，提高了纸浆的得率和黏度，同时也提高了纸浆的可漂性。从卡伯值与纸浆得率的关系来看，紧凑蒸煮的脱木素选择性较其他蒸煮好。

紧凑蒸煮不仅蒸煮均匀，而且成浆的卡伯值波动小，节子和浆渣含量低。当卡伯值为 22 时，总的浆渣含量从 1.5% 降至 0.5%。与 ITC 相比，紧凑蒸煮可以使未漂浆的白度提高约 3 个单位（SCA），撕裂强度提高 10%～15%。

概括起来，紧凑蒸煮的主要优点如下：

a. 蒸煮均匀，卡伯值波动小；b. 相同卡伯值时蒸煮得率较高；c. 浆渣含量非常低，约含 0.5% 的节子和细小浆渣；d. 浆的黏度高、强度好；e. 浆的可漂性好。

海南省金海制浆造纸有限公司年产 100 万 t 漂白阔叶木浆，其蒸煮系统为 G1 型紧凑蒸煮，设计能力为 3500t/d，蒸煮器底部直径为 12.5m，高度 71m。木片预蒸温度 100℃、时间为 10min，预浸温度 120～130℃、时间 45min，蒸煮温度 140～150℃、时间 6h。蒸煮器喂料速率为 30m³/min。纸浆得率约为 50%，比等温蒸煮提高 1%～2%，每吨浆蒸煮汽耗降至 500kg 以下。

（2）第二代紧凑蒸煮（Compact Cooking G2 Process）

第二代紧凑型蒸煮的整个蒸煮系统更紧凑，运用了深度黑液预浸渍技术（EIC），工艺更合理。紧凑蒸煮 G2 是目前最先进的连续蒸煮技术。与第一代紧凑蒸煮相比，第二代紧凑蒸煮有如下特点：

① 更低的蒸煮温度，针叶木可以降到 150℃，阔叶木可以降到 140℃；

② 预浸渍温度更低（约 100℃），预浸时间变得更长；桉木的预浸渍时间约为 90min、针叶木预浸渍时间 120min 左右；

③ 预浸渍段的液比较大，一般 1：7 左右；

④ 根据需要可以实现快速的第一段蒸煮液抽取；

⑤ 有最佳的后续抽液效果。

第二代紧凑蒸煮系统中，木片预汽蒸仓位于木片预浸器之上，设备更紧凑；将蒸煮塔中的黑液抽出一部分，作为预浸塔中的浸渍液。在第二代紧凑蒸煮工艺中，根据木片种类的不同，在预浸和蒸煮中，通过改变液比，得到合适的碱液分配；采用较低的预浸温度和蒸煮温度，并选择最优的用碱量，可以最大限度地减少半纤维素的溶出，提高纸浆得率和质量。下面介绍紧凑蒸煮的设备和技术。

图 2-57 为现代化的第二代紧凑蒸煮 G2 系统的主要组成部分。蒸煮器为双塔气—液相型。由皮带输送机从备料工段送来的木片，进入木片计量器上面的木片溜槽（称为木片计量缓冲槽）。木片的流量由木片计量器旋转的转数测量。木片落入浸渍塔（ImpBin）（图 2-57 中左边的较小的反应器，详见图 2-58）中，它把木片仓、闪蒸罐和预浸渍器结合为一体。塔的上部具有木片仓的功能，木片由闪蒸汽预汽蒸，这种闪蒸汽来自添

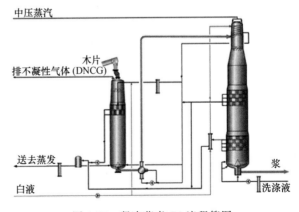

图 2-57　紧凑蒸煮 G2 流程简图

加到中心管的白液与黑液的热混合物，它进到液位上面。当木片沉到液位以下时开始浸透。浸渍在低温下进行，约为100℃。低温下完成浸渍，蒸煮剂（化学品）在其被消耗之前有时间扩散至木片中，这确保了药液均匀浸渍和蒸煮后的筛渣少。低温还使得半纤维素的溶解最少，从而获得高的蒸煮得率。

木片由排料装置和稀释液从浸透塔排出。在高压喂料器中压力升高，借助于液泵，木片被送到蒸煮器顶部的分离器，如图2-59所示。顶部分离器为立式螺旋，可把部分药液挤出来。木片和保留的部分药液从顶部分离器溢流并下落入蒸煮器中。白液和中压蒸汽加入到蒸煮塔顶部以调节碱浓度和提高温度。木片形成木片柱并在蒸煮器中缓慢地向下移动。一部分蒸煮液从上抽提滤板中抽提出来。余下的蒸煮液和一部分由底部加入的洗涤液从下抽提滤板中抽出。木片由放浆装置以10％～12％的浓度从蒸煮器中放出。木片通过喷放阀时分离成纤维状，并进入贮浆塔或者洗浆机。送去蒸发的黑液经过纤维筛筛除纤维和细小木片。

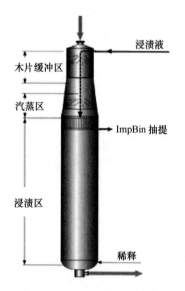

图 2-58　ImpBin 塔（浸渍塔）

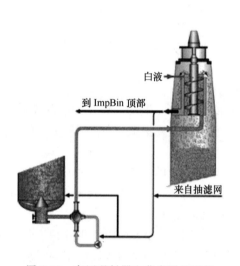

图 2-59　高压喂料器和蒸煮器的顶部

蒸煮器被分成三个区域：上蒸煮区、下蒸煮区和洗涤区。上部的蒸煮器滤板部分把两个蒸煮区分隔开，洗涤区位于下蒸煮区抽液滤板的下方。

位于蒸煮器顶部的顶部分离器把木片与输送循环的传输液体分离。顶部分离器的慢速转动的螺旋保持滤网清洁并把木片从顶部分离器提升出来，进入蒸汽相，然后下落一小段距离到木片堆。一部分输送循环液由顶部分离器溢出。顶部的直接蒸汽提供了加热到预期蒸煮温度的后期加热。通过蒸煮器由直接蒸汽加热木片，获得了蒸煮器内均匀的温度分布。白液进入顶部分离器下方的内部总管。调节白液用量使上部蒸煮器抽液具有期望的残碱值。蒸煮在顺流模式下进行。在下抽提滤板下方的洗涤区是蒸煮器中唯一以逆流模式操作的部分。蒸煮器的上部区域很窄，此处对木片料位变化的反应很快。木片料位由三个机械料位指示器控制。

从上滤板提取的黑液再循环到浸透塔和输送系统。只有少量黑液送去蒸发。这使得在蒸煮过程中控制碱的浓度具有灵活性。

从下滤板抽取的黑液送至蒸发，但在送去蒸发之前，先与白液进行热交换，以回收热量和提高热效益。蒸煮器的上抽提滤板和下抽提滤板有几排。每排滤板的下方都有一个集合总管。

在蒸煮器的底部区域用粗浆洗涤的滤液（即黑液）进行逆流洗涤。洗浆黑液通过垂直的和水平的喷嘴以及底部刮板臂分布于蒸煮器的底部。这使得要放出去的纸浆在送到喷放锅之前被冷却到约 90℃ 左右。安装在蒸煮器底部的速控卸料装置把浆料排出。

送到蒸发器的黑液主要是从蒸煮器中提取。总抽提量的一部分是从浸渍塔抽提出来的，少部分也可能来自输送循环的回流管。如果从粗浆洗涤而来的洗涤液有多余的液体，也会被送到蒸发工段。

亚太森博（山东）浆纸有限公司采用的是 G2 型紧凑连续蒸煮，设计产浆能力为 5160t/d，蒸煮器直径为 12.5m，高度 72m，体积 5090m³。

5. 低固形物蒸煮（Lo-solids Cooking）

图 2-60 为低固形物蒸煮的示意图。蒸煮器共分四个工艺区域，每个区之间有两组抽滤板相隔，从上往下，第一个是顺流预浸区，第二个是逆流加热/蒸煮区，第三个是顺流蒸煮区，而最下部为逆流蒸煮/洗涤区。白液总加入量的 50%～55% 在喂料部分加入，与料片一起进入预浸区，白液总加入量的 20%～35% 在介于第二区和第三区之间的下蒸煮回路加入，剩下的 10%～25% 白液则加入底部的蒸煮/洗涤回路中。

低固形物蒸煮的工艺特点：

① 在蒸煮器的前段和后段同时抽取黑液。

② 在黑液抽取处下方的蒸煮循环回路中加进白液和洗涤液，以保持恒定的液比和利用稀释作用降低各蒸煮区内固形物的浓度（故此得名为低固形物蒸煮）。

③ 蒸煮白液在三处加入。与 EMCC 法相比，低固形物蒸煮的有效碱浓度分布曲线更加均匀，蒸

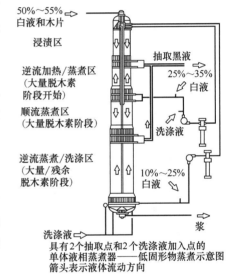

图 2-60　低固形物蒸煮示意图

煮选择性进一步提高。深度脱木素的四个原则在低固形物蒸煮中都得到了充分的应用。

低固形物蒸煮技术的几个工艺参数的变化如图 2-61，可见：

① 白液浓度低而均匀，浸渍开始后，整个蒸煮器碱浓均低于 15g/L（以 NaOH 计，下同）；

② 浸渍后至大量脱木素，残碱只有 4g/L，而硫化度较高，HS⁻/OH⁻摩尔比＞3；

③ 由于洗涤区也改为逆流蒸煮区，蒸煮将结束时，浆中木素含量很低；

④ 整个过程，蒸煮液中溶解的木素等固形物含量低；

⑤ 蒸煮温度均匀。

蒸煮结果：筛渣＜0.5%（对浆），漂白浆黏度比 EMCC 和 ITC 浆高。针叶木浆的撕裂指数比 EMCC 和 ITC 浆高 5%～15%，视材种而异。

思茅松低固形物蒸煮用碱量 24%～26%（以 NaOH 计），硫化度 27%～32%，液比 1∶3.5。产量为 240t/d 时，料片在蒸煮器各区的停留时间和温度见表 2-21。

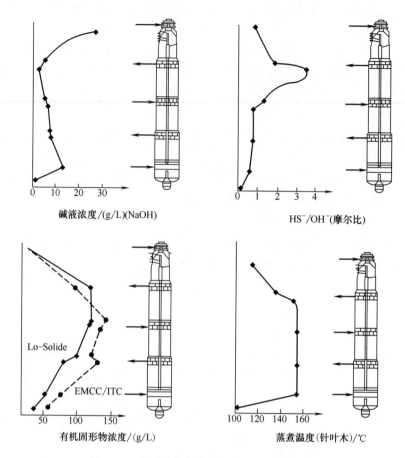

图 2-61　低固形物蒸煮过程中几个参数的变化

表 2-21　　　　　　　　　　　蒸煮器各区的停留时间和温度

蒸煮分布	蒸煮各区滞留时间/min	各区蒸煮温度/℃		蒸煮分布	蒸煮各区滞留时间/min	各区蒸煮温度/℃	
		低固形物蒸煮	常规蒸煮			低固形物蒸煮	常规蒸煮
浸渍区	35	132	132	顺流蒸煮区	109	165	175
逆流加热区	68	140	152	逆流洗涤区	206	165	170

七、有机溶剂法制浆简介

溶剂法制浆是以有机溶剂作为蒸煮剂，在一定的温度和压力下处理植物纤维原料，使其中的木素溶出，纤维分离成纸浆。

1. 用于制浆的有机溶剂

用于制浆的有机溶剂种类很多，目前被认为具有发展前途或已经取得较好效果的溶剂主要有如下几类。

a. 醇类溶剂：甲醇、乙醇、丁醇；b. 有机酸类溶剂：甲酸、乙酸、甲酸＋乙酸、甲醇＋乙酸；c. 酯类溶剂：乙酸乙酯；d. 酚类溶剂如：苯酚；e. 复合有机溶剂：甲醇＋乙酸、乙酸乙酯＋乙醇＋乙酸等；f. 活性有机溶剂：二甲亚砜、二乙醇胺等。其中，有机醇类和有机酸类溶剂是研究中最常用的有机溶剂。制浆的催化剂可以是无机酸、无机碱和无机盐等。蒽醌也可以作为助剂。

2. 有机溶剂法制浆基本原理

在溶剂法制浆中，有机溶剂的主要功能是使木素溶于蒸煮液中。在碱性有机溶剂蒸煮中所发生的反应类似于在相应的硫酸盐法和碱性亚硫酸盐法制浆过程中的反应。

在酸性有机溶剂制浆过程中，木素的 α-醚键的断裂是最重要的反应，但 β-醚键的断裂也起作用，并且木素与碳水化合物之间的醚键容易断裂。

3. 有机溶剂法制浆的分类

根据蒸煮化学，有机溶剂制浆方法可分为六大类：

① 热自水解法，利用蒸煮过程中木材水解作用所产生的有机酸进行蒸煮。

② 酸催化法，用酸性物质引起水解。

③ 酚和酸催化法（这也可能是上述方法的一部分）。

④ 碱性有机溶剂蒸煮法。

⑤ 在有机溶剂中进行的亚硫酸盐和硫化物蒸煮。

⑥ 在有机溶剂中氧化木素的蒸煮。

4. 几种有机溶剂制浆方法简介

（1）Milox 法

在 Milox 法制浆过程中，甲酸与木素的游离脂肪族羟基和酚羟基反应生成甲酸酯。多糖也与甲酸发生反应，主要反应是酸水解。过氧甲酸是通过甲酸与过氧化氢之间的平衡反应来制备的。过氧甲酸氧化木素，使得它更具有亲水性，并因此而增加了木素的溶解度。

阔叶木木片先干燥至水分含量低于 20%，然后浸渍于上一锅蒸煮的第三段的 80%～85% 甲酸溶液中，该溶液中还加入了 1%～2% 的过氧化氢（对绝干木片质量）。在第一阶段，将温度从 60℃ 升高至 80℃。形成的过氧酸与木片反应 0.5～1h。将温度升高到甲酸的沸点（约 105℃）并持续蒸煮 2～3h。然后，软化的木片在另一个反应器中用纯甲酸洗涤。洗涤后的纸浆再用过氧甲酸加热到 60℃，浆浓约为 10%。药液中加入 1%～2%（对绝干木片）的过氧化物。蒸煮后，纸浆用浓甲酸洗涤，压到 30%～40% 的浓度，并在加压下用 120℃ 的热水洗涤。图 2-62 为三段 Milox 制浆流程。

在 2010 年 5 月第三代生物质精炼线在芬兰的 Oulu 开业。其工艺是

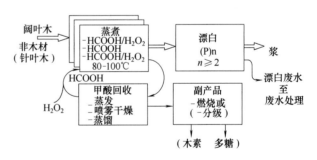

图 2-62 三段 Milox 制浆流程

由 Milox 法制浆发展而来的，主要是将非粮食和非木材生物质转化为造纸用浆、生物燃料和生物化学品。

（2）Acetocell 法和 Formacell 法

在 Acetocell 制浆中，蒸煮液的乙酸浓度约为 85%，蒸煮温度为 170～190℃，总蒸煮时间为 5.5h。蒸煮之后用乙酸进行三段洗涤。

在 Formacell 制浆中，木片干燥至约 20% 的水分含量，然后在乙酸/水/甲酸（75/15/10）溶液中进行蒸煮。蒸煮温度为 160～180℃，在最高温度下的蒸煮时间为 1～2h。Formacell 法可用于阔叶木、针叶木和草类制浆，但纸浆质量（至少针叶木浆）比硫酸盐浆差。由于酸水解没有选择性，一些聚木糖也发生水解反应，并进一步形成糠醛。

（3）Organocell 法

Organocell 法或称为甲醇-蒽醌-碱法与烧碱-蒽醌法和硫酸盐法蒸煮有些相似。木片先在浓度大的甲醇（90%以上）水溶液中浸渍，然后在约 200℃ 下进行蒸煮；接下来用含有烧碱（5%～10%）和蒽醌（0.01%～0.15%）的较稀的甲醇（约 70%）水溶液，在 160～180℃ 下蒸煮，蒸煮时间（包括木片浸渍）约为 3h。

（4）ASAM 法

ASAM 制浆工艺以 Na_2SO_3 为主要蒸煮剂，辅以 Na_2CO_3、$NaOH$ 或两者并用，再加入蒽醌作为催化剂进行蒸煮，初步降解木素；最后用甲醇作为有机溶剂将木素溶出。

ASAM 法的工艺条件为：Na_2SO_3 用量 20%（对绝干木片，以 $NaOH$ 计），5% $NaOH$，0.1% 蒽醌，甲醇浓度 20%，液比 1∶4，最高温度 175℃，保温时间 3h 左右，所得浆的卡伯值 30 以上，但浆易漂白，成纸物理性能优于硫酸盐浆。

（5）乙醇法

乙醇法制浆是以乙醇作为主要蒸煮剂，根据是否向蒸煮液中添加助剂以及添加助剂的类型，可以把乙醇制浆分为 5 类。

a. 自催化乙醇法制浆：仅用乙醇不加任何助剂；b. 碱性乙醇法：乙醇＋氢氧化钠；c. 酸催化乙醇法：乙醇＋无机酸或有机酸；d. 盐催化乙醇法：乙醇＋钙盐或镁盐；e. 乙醇/氧气法：乙醇＋氧气。

自催化乙醇制浆，就是在蒸煮时仅用乙醇水溶液作蒸煮剂，蒸煮剂中不再添加任何其他催化剂。自催化乙醇制浆过程中反应所需的酸度，来自在制浆过程中原料里的碳水化合物水解所产生的有机酸。

Alcell 法制浆就是利用了木材自水解所产生的有机酸。木片在 190～200℃ 和高压下，用 50% 乙醇的水溶液进行蒸煮。蒸煮使得乙酰基脱下来形成游离的乙酸，从而使木材中的木素脱除。在蒸煮过程中还会发生某些木材半纤维素的水解，特别是木聚糖。

5. 溶剂法制浆存在的问题及未来的发展趋势

有机溶剂制浆的主要缺点如下：

① 洗浆过程复杂，有机溶剂浆不能直接用水洗涤，因为用水稀释制浆废液会使溶解的木素重新沉积在纤维上；

② 有机溶剂的挥发性高，由于有机溶剂固有的燃烧性和爆炸性，使得制浆的操作必须严格控制，不允许有泄漏发生；

③ 纸浆质量较差；

④ 溶剂的价格高及其回收率低；

⑥ 漂白废水中有机物的含量高。

尽管有这些不足，但比较成熟的几种有机溶剂制浆的理念已经建立起来了。根据目前情况，近期内有机溶剂制浆技术是不可能取代硫酸盐法制浆生产造纸用浆的。但是，当今生物质精炼行业的繁荣兴旺正促进着有机溶剂法新理念的研究和开发，促使其作为利用生物质成分生产高附加值产品的一种方法。

八、蒸 煮 计 算

（一）蒸煮药液配制计算

1. 烧碱用量 m_1

$$m_1 = \frac{80m \cdot a \cdot (1-s)}{62\omega_{P1}} \tag{2-10}$$

式中　　m_1——每蒸煮一锅 NaOH 的用量，kg

　　　　m——总装锅量（绝干料片），kg

　　　　a——用碱量（以 Na_2O 计），%

　　　　s——硫化度，%

　　　　ω_{P1}——烧碱纯度，%

　　　　80——NaOH 的相对分子质量

　　　　62——Na_2O 的相对分子质量

　2. 硫化钠用量 m_2

$$m_2 = \frac{78m \cdot a \cdot s}{62\omega_{P2}} \tag{2-11}$$

式中　　m_2——每蒸煮一锅 Na_2S 的用量，kg

　　　　ω_{P2}——硫化钠纯度，%

　　　　78——Na_2S 的相对分子质量

　3. 白液用量

在有碱回收工厂中，其每锅的用碱量可按下式计算：

（1）每锅需加活性碱量 m'（以 Na_2O 计）

$$m' = m_1' + m_2' = m \cdot a \tag{2-12}$$

$$m_2' = m \cdot a \cdot s \tag{2-13}$$

$$m_1' = m \cdot a \cdot (1-s) \tag{2-14}$$

式中　　m_1'——每蒸煮一锅 NaOH 的用量（以 Na_2O 计），kg

　　　　m_2'——每蒸煮一锅 Na_2S 的用量（以 Na_2O 计），kg

其余符号意义同前。

（2）每锅需用白液量 V_1

$$V_1 = \frac{m_1'}{\rho_1} \tag{2-15}$$

式中　　ρ_1——白液中 NaOH 的浓度，（以 Na_2O 计），kg/m^3

$$\rho_1 = \rho_2(1-s_1) \tag{2-16}$$

　　　　ρ_2——回收白液中活性碱浓度（以 Na_2O 计），kg/m^3

　　　　s_1——白液的硫化度，%

（3）每锅应补加硫化碱液量

$$V_2 = \frac{m_3}{\rho_3} \tag{2-17}$$

式中　　m_3——每锅应补加 Na_2S 的量（以 Na_2O 计），kg

$$m_3 = m_2' - m_4 \tag{2-18}$$

　　　　m_4——每锅用白液中所含 Na_2S 的量（以 Na_2O 计），kg

$$m_4 = V_1 \cdot \rho_3 \tag{2-19}$$

　　　　ρ_3——白液中 Na_2S 的浓度（以 Na_2O 计），kg/m^3

（4）每锅需补加的水（污热水）量 V_3

$$V_3 = V_4 - (V_1 + V_2 + V_5) \tag{2-20}$$

式中　V_4——每锅需要总液量，m^3

$$V_4 = m \cdot r \tag{2-21}$$

r——液比

V_5——原料带入的水量，m^3

其余符号的意义同前。

（二）技术经济指标的计算

1. 蒸煮器每 m^3 装原料量（即装锅量）

$$装锅量 = \frac{蒸煮净料量(kg)}{蒸煮器容积(m^3) \times 生产锅次}(kg/m^3) \tag{2-22}$$

式中蒸煮净料量是指蒸煮使用的经过各料加工的净料量；蒸煮器容积是指蒸煮器的最大有效容积；每台蒸煮器放锅一次为一个生产锅次。

2. 平均每锅粗浆产量

应按每个蒸煮器和不同的纸浆品种分别核算：

$$平均每锅粗浆产量 = \frac{本期粗浆产量}{本期生产锅次} \tag{2-23}$$

3. 粗浆得率

$$粗浆得率 = \frac{本期粗浆产量}{本期装锅原料量} \times 100\% \tag{2-24}$$

粗浆产量是指蒸煮后的放锅量，可以采用经常测定的方法取得。每当改变原料配比、组成或蒸煮工艺条件时，即要及时进行标定或测定。同时，要经常利用各种技术条件，对粗浆得率进行校验。

装锅原料量是指经过各料加工的净料量，包括上期装锅在本期放出的粗浆量所使用的净料量。但不包括本期已装锅在本期内未放出的粗浆所使用的净料量。

4. 细浆得率

$$细浆得率 = \frac{本期细浆产量}{本期使用的粗浆量} \times 100\% \tag{2-25}$$

式中细浆产量是指蒸煮后的粗浆，经洗涤、除渣、精选后所获得的细浆量。

5. 每吨纸浆耗原料量

$$每吨纸浆耗原料量 = \frac{本期耗用原料量(kg)}{本期纸浆(细浆)生产量(t)} \tag{2-26}$$

应按原料种类及纸浆品种分别计算。

6. 每吨纸浆耗碱量

$$每吨纸浆耗碱量 = \frac{本期蒸煮使用碱量(kg)}{本期纸浆产量(t)} \tag{2-27}$$

式中，使用碱量包括蒸煮使用的外购、回收、企业自产自用的烧碱、硫化钠和亚硫酸钠等。应折成 $100\%NaOH$。

第四节　蒸　煮　设　备

蒸煮设备包括蒸煮器和其附属设备。蒸煮器的分类如下：

$$蒸煮器 \begin{cases} 间歇式 \begin{cases} 立式蒸煮锅 \\ 蒸球 \end{cases} \\ 连续式 \begin{cases} 立式连续蒸煮器 \\ 横管式连续蒸煮器 \\ 斜管式连续蒸煮器 \end{cases} \end{cases}$$

目前采用的蒸煮设备，主要有间歇式蒸煮的蒸煮锅（立锅）、立式连续蒸煮器中的卡米尔（Kamyr）蒸煮器和横管式中的潘迪亚（Pandia）连续蒸煮器。蒸球已逐渐被淘汰。

一、间歇式蒸煮设备

蒸煮锅，也称为立锅，是间歇式蒸煮的主要设备。

蒸煮锅通常是圆柱形的，有一个锥形底和半球形的或锥形的圆顶锅体，外敷保温层。图 2-63 为蒸煮锅示意图。蒸煮锅的上部有一个大的带有法兰盘的开口以及一个可移动的锅盖，用以装原料和作出入口用。蒸煮锅分为上锅体和下锅体，锅体上设有抽液滤带，用于蒸煮药液循环。药液循环装置由加热器、循环泵、循环管道等组成。间接加热系统通过抽滤带（循环篦子）从蒸煮器内抽出药液，药液在热交换器加热后又返回蒸煮器上部和下部的入口。

蒸煮锅的容积随工厂的规模而变化，一般为 $60 \sim 400 \mathrm{m}^3$，国外大型木浆厂一般有 $6 \sim 8$ 台锅，国内一般 $3 \sim 5$ 台。为了达到高的木片装料密度，装料时可以使用蒸汽或机械装锅器。装锅器的结构见图 2-64 和图 2-65。

二、连续式蒸煮设备

目前在工业上已经应用的连续蒸煮器有卡米尔（Kamyr）连续蒸煮器、潘迪亚（Pandia）或汤佩拉（Tampella）连续蒸煮器和鲍尔 M&D（Bauer M&D）连续蒸煮器等。其中以立式的 Kamyr 连续蒸煮器和横管式的 Pandia 或 Tampella 连续蒸煮器应用最广。

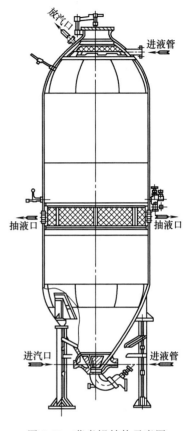

图 2-63　蒸煮锅结构示意图

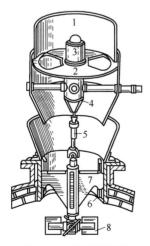

图 2-64　机械装锅器

1—漏斗　2—回转盘　3—减速器　4—齿轮箱

5—联轴器　6—分布板　7—支架　8—导板

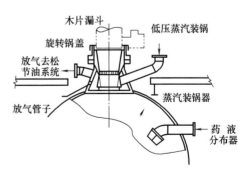

图 2-65　蒸汽装锅装置

（一）立式连续蒸煮器

立式连续蒸煮器中，卡米尔式连续蒸煮器是目前各国应用最为广泛的一种连续蒸煮设备。卡米尔式连续蒸煮器的类型主要有：单塔液相型（或称水力型）、单塔汽—液相型、双塔汽—液相型和双塔液相型。双塔型的连续蒸煮器，其中一个塔为预浸渍塔，用于蒸煮需要预浸渍的木材原料。

液相型蒸煮器内充满了蒸煮液，通过药液循环用外部加热器进行间接加热；汽—液相型连续蒸煮器顶部充满了蒸汽，并采用新鲜蒸汽进行加热。

单塔液相型连续蒸煮器包括压力浸渍区（蒸煮器顶部）、蒸煮区（蒸煮器中部）和洗涤区（位于蒸煮器底部）。该蒸煮器内充满了蒸煮液，通过药液循环用外部加热器进行间接加热。图2-66为具有四组抽液滤带的单塔液相型蒸煮器。从木材备料工段输送而来的木片，通过木片仓进入蒸煮系统。通常由计量装置来控制由木片仓送出木片的速率。该木片计量装置控制着生产速率。

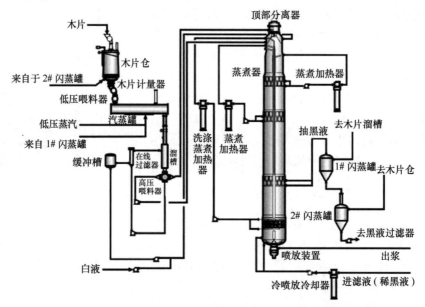

图 2-66　典型的单塔液相型蒸煮器设计图

由木片计量装置送出的木片进入低压喂料器，它将木片送至水平、压力汽蒸器。此过程的压力为100～150kPa。汽蒸器为水平螺旋输送装置，它将木片送至垂直的溜槽。木片通过溜槽进入高压喂料器的入口。木片靠重力降落至溜槽并与蒸煮液首次接触。蒸煮液循环路线是由溜槽流经高压喂料器，再通过在线过滤器返回溜槽。在溜槽底部的木片靠重力和上面所讲的循环蒸煮液的曳力的共同作用而进入高压喂料器。高压喂料器传送木片由低压（100～150kPa）到高压（超过1MPa）。蒸煮液将木片从高压喂料器冲（输送）到蒸煮塔的顶部。塔顶上方的螺旋分离器将蒸煮液与木片分离，液体返回至高压喂料器的入口处，同时，螺旋分离器将木片分散于蒸煮器顶部。在喂料系统加入部分或是全部的白液（蒸煮化学品）。

高压喂料器在液压条件下工作，处于水平连接为低压，垂直连接为高压。它有一个截锥形转子，转子上带有盛装木片和药液的贯穿通道，或称为料袋。转子上有四个独立的料袋，每个料袋的入口和出口相错45°。这能够以稳定的流量（喂料器每转一周有8次排料）将木片送到顶部分离器。当转子旋转时，一个料腔内已充满木片与药液，而另外一个或两个料腔正在装木片和药液。与此同时，药液和木片从另一个或两个料腔排出。木片的输送是由药液泵加压的，而不是由高压喂料器。

木片在进入蒸煮器顶部之后形成木片柱，并垂直向下移动。木片向下移动的推动力是木片柱与未结合的自由液体之间的密度差。尽管木片和结合液体（木片内部的液体）始终垂直向下移动，而木片外的（自由）液体可以向任意方向运动。

图 2-66 所示的蒸煮器的顶部是浸渍区。该区的高度为从木片柱的顶部到蒸煮器第一段抽液滤板。送到分离器顶部的固液混合物的温度决定了该区域的起始温度。此温度通常是115～125℃，此温度取决于汽蒸罐内的蒸汽压力、进入喂料系统的白液量和白液的温度以及喂料系统的自然降温等因素。在这个区域内，当温度达到蒸煮最高温度之前，蒸煮化学品要能够扩散到木片中心。在反应之前化学药品扩散到木片内，使得木片内脱木素程度的差别最小化。

满负荷运行时，木片在浸渍区的停留时间为 45～60min。紧接着浸渍区的下方是蒸煮器四组抽液滤带中的第一组抽液滤板。它们是位于蒸煮器内部的环形滤板，如图 2-67 所示。

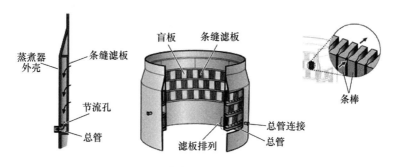

图 2-67　蒸煮器抽提区滤板剖面

滤板可以选择性地将游离液体（蒸煮液）从木片柱内抽出。木片与结合液体呈柱状留在蒸煮器内。蒸煮液被抽出后，通过泵和加热器，并由中心管布液装置重新进入蒸煮器内木片柱的中心。这可完成蒸煮液的循环以及分配。以这种方式，木片柱使用外部液体加热循环系统进行间接加热。最高蒸煮温度一般为 150～170℃。

对于图 2-66 所示的系统，两组这样的加热循环系统可将木片柱加热到蒸煮最高温度。这是许多单塔型连续蒸煮系统的典型加热方式。位于两组加热循环下面的是顺流蒸煮区。在顺流蒸煮区的停留时间为 1.5～2.5h。第三组抽滤板抽出蒸煮废液，这一区域是抽提区。

在抽提区，未结合液（木片外的液体）被抽出来并从蒸煮系统排除去。此处，提取的液体将不再送回木片柱的中心。相反，它通过串联的两台闪蒸罐，从蒸煮最高压力和温度降至常压和饱和温度。第一级闪蒸罐产生的蒸汽返回到汽蒸罐、木片仓或者同时返回到汽蒸罐和木片仓，用于木片加压预蒸。来自于第二级闪蒸罐的蒸汽适用于木片仓内木片的常压预汽蒸。将冷却后的闪蒸液（黑液）送至蒸发和碱回收工段。

再看蒸煮器内的木片柱，当顺流蒸煮区内提取液流量超过未结合的自由液体流量时，抽液网下方的未结合液会向上流动并向蒸煮区流动。因此，该抽液过程会在蒸煮器抽液滤板下方产生逆流。这种逆流会产生一个洗涤区，这样木片在蒸煮器底部得到了洗涤。其洗涤液是蒸煮器之后本色浆第一段洗涤的滤液（即洗浆稀黑液）。

靠近蒸煮器的最底部是洗涤循环系统，它是图 2-66 中第四组、也是最后一组抽液滤板。

关于逆流洗涤，如图 2-68 所示，洗浆黑液从蒸煮器的底部泵入。蒸煮器底部是喷放稀

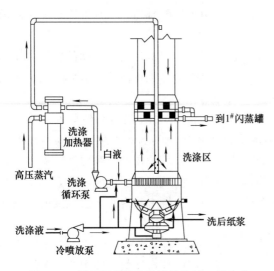

图 2-68　蒸煮器底部的逆流洗涤区（箭头表示蒸煮器内液体流动的方向，木片和与其结合的液体总是垂直向下运动）

释和冷却区。温度低于 80℃的洗浆黑液泵入蒸煮器的底部。此黑液的一部分逆流向上流入蒸煮器的木片柱。此向上运动的黑液在洗涤循环中得到加热，从而提高了逆流洗涤区的洗涤效率。木片在逆流洗涤区的停留时间为 1～4h。由洗涤循环系统将逆流洗涤的温度控制在 130～160℃。

加入底部的黑液把蒸煮过的木片稀释和冷却。冷却了的木片与黑液的混合物用刮除装置从蒸煮器底部的出口排出。排放温度通常是 85～90℃。蒸煮过的木片经过喷放阀后分散成浆，然后送至第一段粗浆洗涤或送入喷放锅。

（二）横管式连续蒸煮器

Pandia 连续蒸煮器蒸煮管的根数为 2～8 根，蒸煮管直径最大达 1.5m，长度超过15m。其蒸煮特点是可以进行汽相高温快速蒸煮，生产能力可达 300t/d 以上。

1. 工艺过程

Pandia 连续蒸煮器流程，包括下列几个步骤：进料、入双螺旋预浸渍器、挤入料塞管、进入蒸煮管、喷放到喷放锅。图 2-69 是Pandia 连续蒸煮器流程图。

从料仓来的原料，经输送机 1 送到双辊计量器 2 进行计量。双辊计量器是由两个彼此相向旋转的辊子组成。经双辊计量器计量的原料连续定量地落入双螺旋预浸渍器 3。原料在预压螺旋 8 初步压实，再送进螺旋进料器 9 中经挤压，最后由螺旋末端挤入料塞管，形成密封料塞，以密封蒸煮空间的蒸煮压力，螺旋挤出的多余药液，由螺旋进料器外壳上的开孔流出。

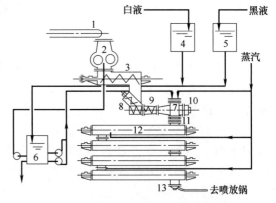

图 2-69　芬兰 Tampella 公司生产的日产 62.5t
风干浆的 Pandia 连续蒸煮器流程
1—输送机　2—双辊计量器　3—双螺旋预浸馈器
4—白液罐　5—黑液罐　6—药液混合罐　7—竖管
8—预压螺旋　9—螺旋进料器　10—气动止逆阀
11—补偿器　12—蒸煮管　13—翼式出料器

料塞经扩散落入蒸煮管 12 就开始恢复到正常容重，同时由直接蒸汽加热升温。四根蒸煮管结构相同，管内有螺旋输送器，不仅可输送原料，同时还起到搅拌混合的作用。蒸煮器的充满系数一般为 0.5～0.7。成浆由最后一根管落入翼式出料器 13，经可调节的喷放阀喷放到喷放锅。翼式出料器里面装有翼式搅拌器，转速 300r/min 左右，用以将浆料初步碎解并刮至喷放器。

近些年已采用冷喷放，它是在最后一条蒸煮管至翼式出料器之间的竖管上注入 85℃左右的稀黑液，将浆料稀释至 8%左右的浓度，并保持竖管内料位稳定，利用蒸煮管压力喷放。冷喷放能提高浆料物理强度，并阻止蒸煮管内蒸汽随浆料一同喷放至喷放锅，降低废气污染。

横管连续蒸煮器具有自动化程度高，操作劳动强度低、运行稳定可靠；汽耗低且负荷均衡；蒸煮得率高、成浆质量均匀等优点，尤其适于质量轻、松散、较易成浆而滤水性差的麦草、蔗渣、芦苇等非木材纤维原料。对于竹片和木片等结构紧密、药液难以浸透的原料，可采用改良的压力浸渍连续蒸煮器。

2. 改良的横管连续蒸煮器

图 2-70 为改良的连续蒸煮器的结构简图。用立式汽蒸仓取代了卧式螺旋预热器，用压力浸渍器取代了 T 形管，以利于竹片和木片等结构紧密原料的蒸煮液快速浸透；卸料器内设有重物分离器（旋转的旋翼），可防止底部浆料堵塞并分离杂质，使浆顺利从喷放阀排出。目前该设备竹浆生产能力达到 300t/d。

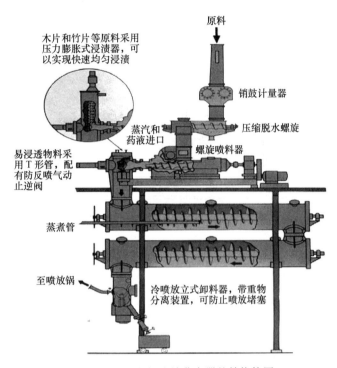

图 2-70　改良的连续蒸煮器的结构简图

三、碱法蒸煮系统

碱法蒸煮系统，除了蒸煮锅外，还包括药液计量和加热以及纸浆喷放和废热回收装置等。

（一）药液计量和加热系统

使用蒸煮锅的大、中型纸浆厂，是将一定量的白液和黑液（或水）按比例混合加热后，送到药液计量槽供使用。药液的加热可用间接蒸汽加热器。

（二）纸浆喷放及废热回收系统

蒸煮锅内浆料的喷放，一般设有喷放锅，并附有比较完善的废热回收系统。

喷放锅一般安装在蒸煮车间外。喷放锅一般用 12～18mm 钢板焊接而成。喷浆时，喷放锅所受的压力约 0.98MPa，同时锅体将受到一定的震动。喷放锅锅体为圆筒形，而底部则有锥底和平底结构两种，分别称为锥底喷放锅和平底喷放锅。图 2-71 为锥底喷放锅示意图。锥底喷放锅底部，装有直立式搅拌装置，常见的搅拌器有桨叶式和螺旋桨式。锥底喷放锅的特点是：在锅底的浆料，有搅拌器的搅拌作用，能使浆料与送来稀释的黑液均匀混合，以利于下一工序的洗涤处理。国外锥底喷放锅的容积为 100～900m³。

平底喷放锅底部为平底，底部中央有锥顶部件，使锅底构成一个环状浆道。在环状浆道上，又设有叶轮搅拌器。平底喷放锅结构如图 2-72 所示。目前国产平底喷放锅有 150m³、225m³ 和 500m³ 等几种规格。国外大的喷放锅有 900m³。

大型木浆厂连续蒸煮器之后的喷放浆塔的容积可达 2000～4000m³。

每个蒸煮车间通常只有一台喷放锅。它的容积必须满足几台蒸煮锅的需求。这样，尽管

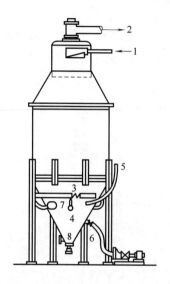

图 2-71　锥底喷放锅结构示意图

1—纸浆入口　2—废蒸汽出口　3—稀释用黑液总管

4—稀释用黑液进口喷嘴　5—纸浆回流管

6—浆料出口管　7—人孔　8—除杂质小孔

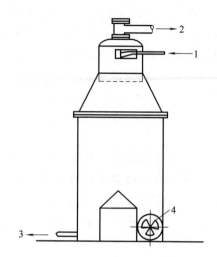

图 2-72　平底喷放锅结构示意图

1—浆料进口　2—废蒸汽出口

3—浆料出口　4—搅拌器

是间断地喷放也能连续不断地出浆。喷放锅或喷放仓的总容积，一般为蒸煮器总容积的 1.5～1.8 倍，每台喷放锅（或喷放仓）的容积一般应为每台蒸煮锅容积的 2.5～3 倍。例如两台 110m³ 蒸煮锅可用一台 330m³ 的喷放锅。

一般大中型纸浆厂都有比较完善的废热回收系统，这将在本章第五节蒸煮过程节能与热能回收中进行详细介绍。

（三）废气收集与处理

硫酸盐法蒸煮放出的气体中，含有甲醇、松节油、甲硫醇、甲硫醚等甲基硫化物、硫化氢、少量丙酮、氨和硫化铵等，这些气体应该加以收集处理。一般设有两个废气罐，一个为大体积低浓度罐（HVLC），另一个为小体积高浓度罐（LVHC）。量大浓度低的废气，例如来自常压黑液槽和喷放锅的废气以及木片装锅时从蒸煮锅内排除的气体，送至 HVLC 罐；从压力槽中排除的气体，由于温度高，经过冷凝后送到 LVHC 罐。收集于废气罐中的蒸煮系统的废气，一般与黑液碱回收蒸发工段的废气一起处理，可送至石灰窑、碱炉或者是专门的燃烧炉，进行燃烧，以回收热能。

在松木蒸煮中，可从小放气的气体中回收松节油。

四、亚硫酸盐法蒸煮设备

（一）酸性亚硫酸盐法和亚硫酸氢盐法蒸煮设备

酸性亚硫酸盐法和亚硫酸氢盐法蒸煮液对锅炉钢有强烈的腐蚀性，因此，与蒸煮液相接触的锅壳表面必须用耐酸保护层保护。目前亚硫酸盐蒸煮锅所用保护材料有两类：一类用耐酸陶瓷砖或用不透性石墨砖（或称炭砖）衬里；另一类用耐酸钢薄板（3～5mm）衬里，或直接用复合钢板制造。我国通常使用的为 110～220m³，国外应用的锅容较大，为 300～400m³。图 2-73 所示为我国设计的 170m³ 复合钢板蒸煮锅。

116

（二）中性和碱性亚硫酸盐法蒸煮设备

中性和碱性亚硫酸盐法蒸煮设备与碱法蒸煮设备类似，这里不再赘述。

（三）附属设备

1. 蒸煮锅加热器

加热器有多种形式，使用比较普遍的是列管式加热器、套管式加热器和板式加热器。

2. 循环系统

为保证蒸煮均匀，必须为蒸煮锅设置强制循环系统。通常多采用将药液从锅体中下部或中部抽出，经循环泵和加热器，再分路从锅体上部和下部泵送回锅内。通常在达到最高温度 1h 或保温后期停止药液循环。泵的能力以保证每小时使药液循环次数不低于 5～6 次为宜。

3. SO₂ 回收和热回收装置

酸性亚硫酸盐浆厂的 SO₂ 和热回收装置主要由高压回收锅、低压回收锅和常压回收槽组成。蒸煮过程中的回收液和小放气直接导入高压回收锅中，大放气则导入低压回收锅和常压回收槽中。在大放气管线上设置热交换器，以控制回收锅的温度。

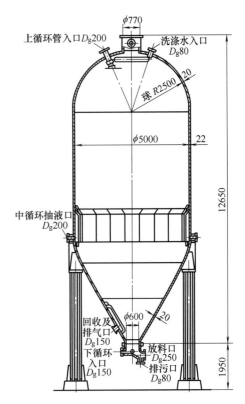

图 2-73　复合钢板蒸煮锅

第五节　蒸煮过程节能与热能回收

蒸煮过程中的能耗主要包括蒸汽消耗和电耗。汽耗主要用于蒸煮升温和保温，另外，蒸汽装锅和预汽蒸会消耗部分蒸汽；电消耗于蒸煮器内的药液循环和原料装锅及送蒸煮液等方面。木片蒸煮的能耗占造纸厂生产总能耗的 46% 左右。

一、蒸煮过程能耗的影响因素

蒸煮过程能耗的影响因素很多，主要有原料的种类、料片的尺寸、蒸煮方法、蒸煮方法及其工艺参数、蒸煮操作、蒸煮加热方式、蒸煮器的型号、规格及其保温情况，等等。

脱木素较慢的原料，蒸煮时间较长，蒸煮能耗大。例如针叶木的能耗通常比阔叶木大。

木片尺寸，特别是木片厚度，对蒸煮汽耗和成浆质量的影响都很大。木片太厚，蒸煮能耗大；但木片太薄会影响浆的质量和蒸煮药液的循环，并且备料损失也大。

置换蒸煮利用了黑液中的热能，其能耗明显低于传统间歇蒸煮的能耗。

蒸煮工艺参数方面，液比大，蒸汽消耗多。液比减小，可减少蒸煮体系的总液量，从而减少蒸煮所用的蒸汽量，但前提是要保证蒸煮的均匀性。

在蒸煮温度不升高的情况下，加快脱木素，可缩短蒸煮时间，从而降低蒸汽消耗。例如，硫化度会影响脱木素速率。在用碱量一定的情况下，硫化度太小或太大，脱木素速率都比较慢。硫化度适当，可以加快脱木素。用碱量大，脱木素快，但碳水化合物的降解也多。

因此，用碱量要适当。

蒸煮助剂可以加快脱木素，如蒽醌，既能加快脱木素，又能保护碳水化合物。表面活性剂可以加快蒸煮药液向木片内部的渗透，从而缩短蒸煮时间。

蒸煮直接通蒸汽加热升温和保温的汽耗比通过换热器间接加热的汽耗要少。

二、蒸煮过程节能

蒸煮是热化学反应过程，任何降低蒸煮温度，缩短蒸煮时间的措施，都可以减少蒸汽消耗，达到节能的目的。蒸煮余热的回收利用，同样可以实现节能。因此，可以采取如下措施，降低蒸煮能耗。

① 根据产品质量要求，选择适宜的原料，并在备料工段控制好料片尺寸。

② 选择能耗低的蒸煮方法，如置换蒸煮等。

③ 控制好蒸煮工艺参数，见本章第三节。

④ 添加助剂进行蒸煮。

⑤ 蒸煮操作中，掌握好装锅密度，保证料片与蒸煮液混合均匀，提高蒸煮匀度。

⑥ 合理使用直接蒸汽加热。

⑦ 做好蒸煮器的保温。

⑧ 蒸煮结束后，回收蒸煮系统的余热，是降低蒸煮能耗的行之有效的方法。

三、蒸煮过程热能回收

（一）置换蒸煮的热能利用和回收

在置换间歇蒸煮体系，热量回收是一个连续的过程，其在蒸煮中使用各种黑液进行处理，以达到所要求的温度和浓度。

1. 蒸煮过程中的黑液置换节能

置换蒸煮是一种节能型蒸煮技术。置换蒸煮技术充分利用了蒸煮结束时蒸煮锅内浆料所含的热能。置换蒸煮终点，用来自洗浆工段的温度较低、固形物含量较低的黑液，把蒸煮锅内温度高、固形物含量高的黑液置换出来，贮存于热黑液槽和温黑液槽中，然后，在下一锅蒸煮时，先用温黑液槽中的温黑液加热冷的木片，再用热黑液槽中的高温黑液加热温黑液浸渍过的木片和冷的白液。方法是用泵把热黑液泵入蒸煮锅内，把温黑液从木片中置换出来。这样，蒸煮锅内木片和蒸煮液的温度上升至仅比蒸煮最高温度低 10℃ 左右。只需用少量蒸汽就可以达到蒸煮最高温度。通过热交换器利用高温黑液加热冷的白液。不过，在黑液的置换过程中，会消耗电能。

2. 置换蒸煮的热回收

除了在蒸煮过程中，通过黑液置换实现节能之外，置换蒸煮系统还通过液体热交换，充分回收利用热能。如图 2-74 所示，系统热交换主要有白液加热和浸渍黑液冷却、洗浆工段黑液冷却几部分，通过换热满足工艺要求和回收利用热能。

① 白液加热。蒸煮黑液槽的黑液借槽内压力通过白液预热器预热白液后送往浸渍黑液槽。预热后白液再经过白液加热器用蒸汽加热到规定的温度进入热白液槽，蒸汽冷凝水进入冷凝水槽然后用泵送往洗选段的热水槽。

② 纸浆洗涤黑液冷却。自洗选工段来的黑液经过洗涤黑液冷却器与冷却水进行热交换后进入洗涤黑液槽，产生的热水送往洗选工段的热水槽。

③ 浸渍黑液冷却。浸渍黑液槽的黑液借槽内压力通过浸渍黑液冷却器进行热交换后送往洗涤黑液槽，冷却介质为蒸发工段来的温水或清水总管的清水，产生的热水送往洗选工段的热水槽。

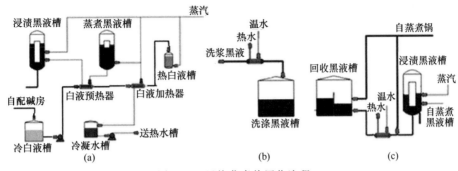

图 2-74 置换蒸煮热回收流程

(a) 白液加热流程　(b) 洗涤黑液冷却流程　(c) 浸渍黑液冷却流程

（二）传统间歇蒸煮的热回收

传统的间歇蒸煮有其热能回收系统，它是将喷放锅内的废蒸汽加以回收利用。喷放过程中，在喷放线上和喷放锅的入口处由于湍流和蒸汽的急骤蒸发产生的剪切作用，木片分离成纤维。喷放锅设有锥形分离器，使得进入闪蒸蒸汽冷凝系统的蒸汽不含纤维。分离出来的闪蒸蒸汽量是重要的能源。大约蒸煮所用热量的 2/3 能形成低压闪蒸汽。国内较为典型的蒸煮废热蒸汽回收方法是将从蒸煮器释放的废热蒸汽进行直接或间接换热回收，得到污热水或清热水再加以利用。图 2-75 为喷射式冷凝器热回收系统，它主要由汽水直接接触的喷射式冷凝器（又名混合式冷凝器）、污冷凝水收集槽、螺旋热交换器、热水槽等组成。

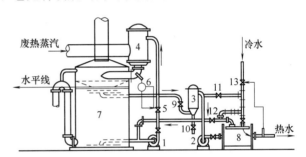

图 2-75 喷射式冷凝器热回收系统

1—水泵（抽冷凝水、收集槽中的冷凝水，送到喷射式冷凝器，冷却废蒸汽之用）　2—水泵（抽冷凝水、收集槽中的热冷凝水，经螺旋热交换器后回到冷凝水收集槽的底部或直接进入泵）　3—过滤器（滤去冷凝水中之悬浮物）　4—喷射式冷凝器　5,6—自动调节阀及自动调节器　7—污冷凝水收集槽　8—螺旋热交换器（或其他形式的热交换器）　9~12—阀　13—自动调节阀

由蒸煮锅大放汽或喷放过程中生产的热蒸汽进入喷放锅后，由喷放锅顶部进入旋浆分离器，将废气中夹带的纤维、黑液进行分离，纤维送入喷放锅中，蒸汽则进入喷射冷凝器，与冷污水或清水进行逆流混合接触，以回收废气中的热量而形成污热水，污热水下降进入热污水槽。进污热水槽的污热水可能还有未凝蒸汽或闪急汽，可考虑在槽顶安装二次冷凝器使其完全冷凝。污热水槽上部的热污水可直接使用，污热水槽底部的污冷水可送入喷射冷凝器进行循环热交换。一般污热水槽上部污热水的温度可达到 90℃左右，可以直接用来蒸煮配碱；也可泵送至热交换系统进行热交换而得到清热水，经换热后污热水温度可降到 40℃左右，将这部分冷污水用于喷射冷凝器再次进行热交换。换热后的清水温度一般在 70~80℃，可用于洗浆或作为生活用水。

此外，小放气和大放汽时放出的气体可通过螺旋热交换器加热清水。

（三）连续蒸煮器闪蒸系统

闪蒸系统是从废液中回收蒸汽，从蒸煮器抽提出的废液由蒸煮温度（150～170℃）和高压力（＞1MPa）下降为常压下饱和温度时发生闪急蒸发，从而产生蒸汽。图 2-66 所示的连续蒸煮系统中有两台串联的闪蒸罐。第一级闪蒸罐产生的蒸汽返回到汽蒸罐、木片仓或者同时返回到汽蒸罐和木片仓，用于木片加压预蒸。来自第二级闪蒸罐的蒸汽适用于木片仓内木片的常压预汽蒸。将冷却后的闪蒸液（即黑液）送至碱回收蒸发工段。

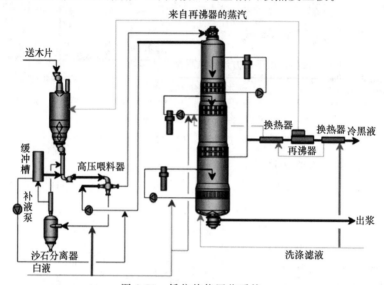

图 2-76　低位热能回收系统

（四）低位热能回收系统

低位热能回收系统是从抽提的蒸煮废液中回收热能的一种方法，可替代前面叙述过的闪蒸罐系统。图 2-76 是一个实例，抽提的废液首先经过一台热交换器，再进入釜式再沸器，然后进入最后一台热交换器。对低固形物蒸煮过程，热量通过热交换器在热的抽出废液和加入蒸煮器的冷的洗涤滤液之间传递。釜式再沸器利用抽出黑液中的余热把水和冷凝液变成洁净的蒸汽，见图 2-77。

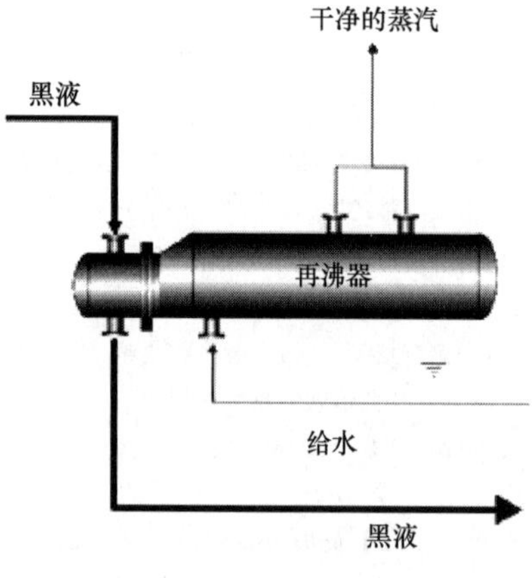

在釜式再沸器里进行间接传热，因此它能产生洁净的蒸汽。这些蒸汽用于预汽蒸木片仓中的木片。预汽蒸使用闪蒸罐系列组合、液/液换热器以及釜式再沸器都是可行的。每种装置都有优点和缺点，它们的优点因地而异，取决于工厂里对低压蒸汽和中压蒸汽的需求。

图 2-77　热回收系统的釜式再沸器

第六节　化学浆的性能、用途与质量控制

一、化学浆的性能

植物纤维原料经过化学法制浆后，留在纸浆中的成分及其含量和分布，以及纸浆的物理

性质，与纤维原料和蒸煮方法有很大的关系。而同是一种原料，用不同方法和不同的工艺参数蒸煮后，所得纸浆的性能也会有一定程度的差异。

（一）化学浆的化学性能

1. 化学浆的碳水化合物组成

化学浆最重要的化学性能是半纤维素含量，以及在某些情况下的纤维素的聚合度。纸浆和原料之间碳水化合物组成的最重要差别是半纤维素部分。表 2-22 是针叶木用不同方法蒸煮后纸浆中碳水化合物的成分分析。表 2-23 为云杉和桦木各种化学制浆方法的未漂浆的化学组成和成纸特性。

表 2-22   **针叶木（云杉）用不同方法蒸煮后纸浆中碳水化合物的成分分析**

制浆方法	碳水化合物的含量按大小排列						黏度(η)的变化
	1	2	3	4	5	6	
原料（云杉）	纤维素	聚 4-O-甲基葡萄糖醛酸-阿拉伯糖-木糖	聚半乳糖-葡萄糖-甘露糖	聚葡萄糖-甘露糖	聚阿拉伯糖-半乳糖	果胶等	—
酸性亚硫酸氢盐法浆和亚硫酸氢盐法浆 pH=1～6	纤维素	聚 4-O-甲基-葡萄糖醛酸-木糖	聚葡萄糖—甘露糖	—	—		η 随 pH 降低而降低
中性亚硫酸盐法浆	处于酸性亚硫酸盐法浆和碱性亚硫酸盐法浆之间						
碱性亚硫酸盐法浆 pH=8～10	纤维素	聚 4-O-甲基-葡萄糖醛酸-木糖	聚半乳糖-葡萄糖-甘露糖	聚葡萄糖-甘露糖	—		η 随 pH 增加而增加
硫酸盐法和碱浆 pH=12～14	纤维素	聚阿拉伯糖-木糖	聚半乳糖-葡萄糖-甘露糖	聚葡萄糖-甘露糖	—		η 随 pH 增加而降低
预水解硫酸盐法浆	纤维素	聚木糖	聚葡萄糖-甘露糖	—	—		

表 2-23   **不同原料各种化学制浆法未漂浆的化学组成和成纸特性**

化学制浆方法	得率/%	浆组成/%				成纸特性(45°SR)		
		Klason 木素	纤维素	聚葡萄糖-甘露糖	聚葡萄糖醛酸-木糖	打浆时间/min	裂断长/km	撕裂度/g
云杉								
酸性亚硫酸氢盐	55	6	77	11	6	20	9.5	70
	50	3	84	8	5	23	9.4	75
亚硫酸氢盐	55	8	77	11	6	22	10.7	85
	50	3	84	8	5	25	9.5	95
硫酸盐法	55	8	72	11	9	95	10.9	120
	50	4	79	8	9	85	11.5	130
预水解硫酸盐法	45	2	91	3	4	125	9.5	180
多硫化物法	55	3	73	18	6	82	12.0	110
桦木								
酸性亚硫酸氢盐	55	4	72	6	18	17	7.5	58
	50	2	77	4	17	16	7.0	45
亚硫酸氢盐	55	4	72	6	18	22	9.0	66

续表

化学制浆方法	得率/%	浆组成/%				成纸特性(45°SR)		
		Klason木素	纤维素	聚葡萄糖-甘露糖	聚葡萄糖醛酸-木糖	打浆时间/min	裂断长/km	撕裂度/g
桦　木								
硫酸盐法	55	3	68	1	28	25	8.5	72
	50	2	71	1	26	30	8.5	75
预水解硫酸盐法	38	3	89	1	7	65	5.5	70

由表 2-22 可以看出，从 pH 低的酸性亚硫酸氢盐法（传统的亚硫酸盐法）到传统的硫酸盐法，所得纸浆的碳水化合物成分和这些成分的含量均有较大的差异。

从表 2-23 可以看出，同是云杉，在蒸煮得率基本相同时，pH 低的酸性亚硫酸氢盐浆含有较少的聚戊糖，而相应的硫酸盐浆则含有较多的聚戊糖（但多数已脱掉葡萄糖醛酸侧链）。预水解硫酸盐浆的聚戊糖和聚己糖的含量均较低。多硫化钠浆则保留了大量的聚己糖。桦木蒸煮的情况也相似。

碱法制浆时，纤维素的黏度显著降低，纤维素聚合度下降，羧基含量增加。纤维素的微晶结构不同，黏度降低的速率与结果也不相同。碱对纤维素的作用是在纤维的任意位置上发生的；而酸的作用集中在纤维已有损伤的位置上，会导致强度的严重损失。

2. 化学浆中的残余木素

纸浆中的残余木素，影响其物理性能，如强度和颜色，也影响化学性能，特别是在漂白过程中。可漂浆的木素含量：针叶木为 3%～4%（对纸浆）、阔叶木约 2%（对纸浆）。将阔叶木蒸煮到较低的木素含量，纤维才完全分离。未漂亚硫酸氢盐浆的木素含量：用于新闻纸的高得率浆为 10%～15%，可漂针叶木浆为 3%～5%、阔叶木浆为 1%～2.5%，草浆的木素含量与阔叶木浆相近。纸袋纸用硫酸盐浆的卡伯值为 55～80，可漂针叶木硫酸盐浆的卡伯值一般为 28～35，可漂阔叶木浆硫酸盐浆的卡伯值为 15～20。木素在纤维壁中的分布情况参见表 2-24。

表 2-24　　　　云杉早材硫酸盐浆与酸性亚硫酸氢盐浆纤维中木素的分布

浆　种		硫酸盐浆		酸性亚硫酸氢盐浆		
卡伯值		50	25	50	25	15
木素分布/%	次生壁(S)	73	87	88	90	92
	初生壁(P)	14	10	8	8	8
	细胞角(CC)	13	3	4	2	0

3. 化学浆的得率

在 Klason 木素含量相同时，亚硫酸盐浆的得率较硫酸盐浆高，但是，亚硫酸盐浆一般含有较高的酸溶木素（主要是磺化木素），如果在总木素（Klason 木素＋酸溶木素）基本相同时，亚硫酸盐浆的得率与硫酸盐浆的得率基本相同。

4. 化学浆中的树脂含量

碱法制浆中残留的树脂量，比木材原料中少得多，也比同一材种的亚硫酸氢盐浆低得多。用亚硫酸盐法蒸煮只能从纸浆中部分地除去木材中的松脂，因为它们不溶于酸。留在纸浆内的松脂仅为纸浆质量的 1% 左右，但会给制浆造纸生产造成一些障碍。

（二）化学浆的物理特性

1. 化学浆的细胞形态

硫酸盐浆的强度取决于许多工艺参数，然而，决定纸浆强度的最重要参数是制浆所用原料的纤维特性和化学成分。不同原料的纤维，在长度、纤维直径、细胞壁厚度、纤维粗度、细纤维角度和春材与秋材的相对比例等纤维形态特征方面有很大的不同，纸浆中的纤维也呈现相应的变化。在很大程度上，强度值与用 Bauer-McNett 筛分仪测定的纤维长度相关（见表 2-25）。纤维长度长，撕裂度大，但耐破强度低。

表 2-25　　　　　　　　　　　　五种不同树种的硫酸盐纸浆的物理性能

	西部铁杉	花旗松	雪松	黑云杉	黑松
筛分值（Bauer-McNett 筛分仪）+20 目/%	79.0	81.6	80.9	75.2	82.5
耐破度[a]—400mL（加拿大游离度）	200	154	231	214	152
撕裂度[a]—400mL（加拿大游离度）	1.74	2.65	1.53	1.36	2.20
打浆到 400mL（加拿大游离度）所需的时间/min	48	47	53	55	42

注：a 不是国际单位，只作比较用。

针叶木浆、阔叶木浆和草类浆之间，在细胞类型和纤维形态方面，有很大的差别。针叶木浆的非纤维细胞含量不多于 5%，阔叶木浆约含 20%，草类浆则多至 30%～50%（按面积计）。

2. 化学浆的打浆性能

亚硫酸盐浆很易打浆，达到纸浆的最高抗张强度所需的打浆动力比硫酸盐浆所需的低得多。在相同的打浆转数下，打浆度较高（见图 2-78），或者在打浆至相同打浆度时，打浆时间较短。

3. 化学浆的滤水性能

纸浆的滤水性能对制浆造纸过程影响很大，表 2-26 列出了几种浆的原浆打浆度。

4. 化学浆的物理强度

在打浆度相同时，硫酸盐浆的强度，一般比亚硫酸

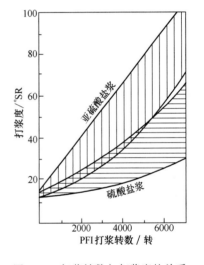

图 2-78　打浆转数与打浆度的关系

氢盐浆的强度好（见图 2-79），但是，打浆转数相同时，则两者的强度接近（见图 2-80）。

表 2-26　　　　　　　　　　　　几种浆的原浆打浆度　　　　　　　　　　　　单位：°SR

浆种	稻草浆	麦草浆	苇浆	针叶木浆	阔叶木浆
未漂浆	40～42	30	18～19	12	14～16
漂白浆	42～45	35	22	14～16	16～18

由此可见，亚硫酸氢盐浆的强度一般较硫酸盐浆低，这与纸浆的单根纤维强度和纤维间的结合力有关。一般来说，硫酸盐浆单根纤维的强度较高。打浆度相同时，硫酸盐浆的细纤维化的程度较高，因此，结合力也大。

蒸解度是一个重要参数，它不但影响硫酸盐浆的颜色，而且影响强度性能。通常，由于得率提高后木素的含量增加，所以纸浆强度随得率的提高而下降。就针叶木而论，耐破度和抗张强度在未漂浆得率 50% 左右时达到最大值；而撕裂度，在整个得率范围内，随得率的

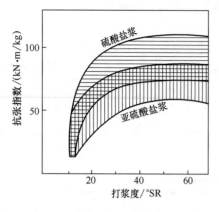

图 2-79　打浆度与抗张指数的关系

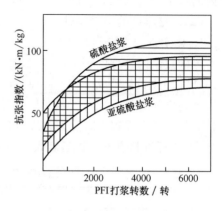

图 2-80　打浆转数与抗张指数的关系

升高始终是降低的。细胞壁中木素含量增加，会使纤维的柔韧性降低，抄成纸页时纤维与纤维的接触面积减少。但纤维的刚性对提高挺度有利。

在亚硫酸氢盐蒸煮的 pH 范围内所产纸浆的全部强度均比酸性亚硫酸氢盐的好。当 pH 进一步提高到中性亚硫酸盐法的范围，纸浆的强度变化不大。用强碱性亚硫酸盐药液蒸煮所制得纸浆的强度可以达到硫酸盐浆的水平。

5. 化学浆的颜色

亚硫酸盐浆法蒸煮所得浆的颜色比碱法蒸煮所得浆的颜色浅得多，因此，未漂亚硫酸盐浆能用以制造多种印刷纸。这种浆甚至在得率为 70% ，即含有 10%～15% 木素时，其白度也足以用在不必久存的印刷纸上。碱法纸浆颜色很深，未漂浆一般不适合生产印刷纸。

二、化学浆的用途

化学浆的用途，需根据原料的种类、蒸煮方法和产品的质量指标而定。例如硫酸盐浆的物理强度高，可用于生产强度要求高的纸种，例如挂面纸板、纸袋纸和包装纸以及漂白硬纸板等。马尾松本色硫酸盐浆则主要用于纸袋纸、包装纸等的生产，而马尾松漂白硫酸盐浆则可用于生产书写纸、胶版纸和配抄其他纸。

阔叶木浆的强度较低，阔叶木硫酸盐浆的主要用途是以漂白浆用于抄造各种印刷纸，因为细的、短的阔叶木纤维可以抄造具有优良表面性能和良好不透明度的平滑且均匀的纸页。这些纸种的纤维配比中阔叶木浆可高达 70%～80% ，其余的是针叶木浆，这样可以达到所要求的纸机运行效率并确保纸的强度性能。

草类浆的强度更低，漂白化学草浆可生产一般文化用纸，或配部分木浆抄造较高级的文化用纸。

亚硫酸氢盐浆总的强度不如硫酸盐浆，但它具有一些物理性质使其特别适用于制造某些纸种，如新闻纸和其他掺有机械浆的印刷纸、薄页纸、半透明玻璃纸、防油纸以及许多高级印刷纸。本色亚硫酸盐浆的透明度高，防油性好，在打浆中水化快，因此，特别适用于制造半透明玻璃纸、防油纸、防潮原纸、邮封纸、鸡皮纸、凸版印刷纸和配抄新闻纸等。漂白亚硫酸盐浆则可用来生产书写纸、双面胶版纸、贴花纸、特号薄页纸、水彩画纸、海图纸、字典纸和配抄卷烟纸等。

总之，化学浆的用途是很广泛的，有些纸最好是用几种浆配合，以抄造出质量更好的纸张。

纸浆用途的不同，可以选择不同的原料和适宜的蒸煮方法来生产。例如生产电气绝缘用纸的纸浆，必须选择树脂含量低、灰分低、纤维细长的长纤维原料，采用硫酸盐法进行蒸煮；生产人造纤维浆粕，则选择半纤维素含量低的原料，采用酸性亚硫酸氢盐法进行蒸煮，若是高树脂含量的原料则必须采用预水解硫酸盐法进行蒸煮。

三、化学浆的质量指标

根据化学浆的性质和用途，可制定必要的质量指标。国外尚没有统一规定，我国则有一些木浆和非木材浆的统一标准。化学木浆的标准有《GB/T 13507—1992 本色亚硫酸盐木浆》《GB/T 13506—2008 漂白亚硫酸盐木浆》《GB/T 24321—2009 未漂白硫酸盐针叶木浆》《QB/T 1678—2017 漂白硫酸盐木浆》。在这些标准中，对机械强度（抗张指数、耐破指数、耐折指数、撕裂指数，除漂白硫酸盐木浆之外，均为 45°SR、60g/m² 时检得的结果）、尘埃度作了规定，本色亚硫酸盐针叶木浆、各种漂白浆则要求一定的白度，亚硫酸盐木浆还对二氯甲烷抽提物含量作了规定。非木材化学浆的标准有《GB/T 24322—2009 漂白硫酸盐竹浆》《GB/T 26188—2010 漂白碱法麦草浆》《GB/T 3148—2008 漂白苇浆》等，对机械强度、尘埃度作了规定，漂白浆也要求一定的白度，漂白硫酸盐竹浆和漂白碱法麦草浆的标准中还对灰分进行了规定。

另外，还有《GB/T 13505—2007 高纯度绝缘木浆》《QB/T 1937—1994 照相原纸木浆》《QB/T 4898—2015 溶解浆》《QB/T 5051—2017 模塑纸餐具专用纸浆》等一些特殊用途纸浆质量的标准。

工厂也自定一些质量指标，例如，各种碱法草浆的硬度范围，根据需要，漂白用浆高锰酸钾值为 8～12 和 16～18；有些还规定了原浆的打浆度。

近些年来，随着技术进步和环保要求越来越严格，国外漂白用硫酸盐木浆的硬度范围也在不断变化着。20 世纪 90 年代追求深度脱木素、低卡伯值；后来发现，与蒸煮深度脱木素相比，蒸煮后纸浆硬度稍微高一些，然后，采用两段氧脱木素技术使得进漂白工段纸浆的硬度降至同样较低的值，最终可获得较高的纸浆得率，经济上合算。

对纸浆的碳水化合物含量，有的规定 α-纤维素含量，有的要求抗碱性，部分纸浆还规定了特性黏度。

习题与思考题

1. 解释化学法制浆常用名词术语。

2. 化学法制浆主要分为哪几类？碱法和亚硫酸盐法制浆主要分为哪几种？各自的特点是什么？

3. 硫酸盐浆和亚硫酸盐浆的优缺点是什么？

4. 蒸煮药液浸透的原理、影响因素和强化药液浸透的措施各是什么？

5. 碱法和亚硫酸盐法蒸煮过程中木素和碳水化合物的反应类型有哪些？

6. 碱法蒸煮过程中，纤维素在什么情况下发生剥皮反应和碱性水解？如何减少纤维素的降解？

7. 试述木材与草类原料碱法蒸煮脱木素反应历程的异同。

8. 试述碱法蒸煮的影响因素（有哪些影响因素和如何影响蒸煮以及它们之间的相互关系）。

9. 添加助剂的碱法蒸煮过程中，蒽醌、多硫化钠和亚硫酸钠等的作用各是什么？

10. 什么叫 H—因子？H—因子的意义是什么？如何利用计算机控制蒸煮？

11. 碱法蒸煮操作过程包括哪些步骤？

12. 小放气的作用是什么？

13. 提高碱法蒸煮脱木素选择性的四个原则是什么？

14. 简述置换蒸煮的操作过程。

15. 与传统卡米尔连续蒸煮相比较，EMCC（ITC）、紧凑蒸煮和低固形物蒸煮技术的特点是什么？

16. 为什么置换蒸煮可获得较低硬度和较高黏度（聚合度）的纸浆？

17. RDH、DDS 和 DUALC 等置换蒸煮技术的特点是什么？

18. 绘出碱法制浆和亚硫酸盐法制浆的生产流程简图（框图），并将二者加以比较。

19. 为什么硫酸盐法蒸煮的脱木素速率比烧碱法快？

20. 试比较硫酸盐浆和亚硫酸盐浆的化学和物理性能。

21. 某厂用蒸煮锅进行硫酸盐法蒸煮，每锅装水分含量为 45％ 的湿木片 60t，蒸煮用碱量为 20％（以 NaOH 计），白液的活性碱浓度为 135g/L（以 NaOH 计），液比为 1：4.5，用黑液配碱。试计算每锅白液和黑液的加入量。

22. 某硫酸盐浆厂采用 75m³ 立式蒸煮锅蒸煮条件为：装料量：150kg/m³ 锅容；苇片水分：12％；蒸煮用碱量：13％（以 Na_2O 计）；硫化度：20％；液比：1：4；液体 NaOH 浓度：100g/L；固体硫化钠的纯度：70％。试计算每锅：

（1）装绝干苇片量（kg）；

（2）实际装入 12％水分的苇片量（kg）；

（3）应加入液体 NaOH 的量（L）；

（4）应加入固体 Na_2S 量（kg）；

（5）补加水量。

23. 蒸煮锅装绝干原料 18t，装锅原料水分为 20％，用碱量 12％（以 Na_2O 计），硫化度 14％，液比 1：4，回收白液中活性碱浓度为 70g/L（以 Na_2O 计），白液硫化度为 10％，外购硫化钠浓度为 80g/L（Na_2S 计）。求每锅：

（1）需用白液量；

（2）应补加外购硫化钠的量；

（3）应补加的污热水量。

参 考 文 献

［1］ 詹怀宇，主编. 制浆原理与工程. 第三版 ［M］. 北京：中国轻工业出版社，2009.

［2］ Fardim, P. Papermaking Science and Technology, Chemical Pulping Part 1 Fibre Chemistry and Technology. Jyvaskyla ［M］. Finland：Gummerus Printing，2011.

［3］ Ek, M., Gellerstedt, G., Henriksson, G. Pulp and Paper Chemistry and Technology, Volume 2, Pulping Chemistry and Technology ［M］. Germany：Hubert & Co. GmbH & Co. KG, Goettingen，2009.

［4］ Sixta, H. Handbook of Pulp ［M］. Germany：WILEY-VCH Verlag GmbH & Co. KGaA, Weinheim，2006.

［5］ 谢来苏，詹怀宇，主编. 制浆原理与工程. 第二版 ［M］. 北京：中国轻工业出版社，2001.

［6］ 马科隆，E. W.，格雷斯，T. M.，编著. 最新碱法制浆技术 ［M］. 曹邦威译. 北京：中国轻工业出版社，1998.

［7］ 詹怀宇，刘秋娟，靳福明，编著. 制浆技术 ［M］. 北京：中国轻工业出版社，2012.

［8］ Gullichsen, J. and Foglholm, C.-J. Papermaking Science and Technology, Book 6. Chemical Pulping. Jyvaskyla ［M］. Finland：Gummerus Printing，2000.

［9］ Pedro Fardim，著. 化学制浆 I 纤维化学和技术 ［M］. 刘秋娟，杨秋林，付时雨，译. 北京：中国轻工业出版社，2017.

［10］ Smook, G. A. Handbook for Pulp and Paper Technologists, Second Edition ［M］. Bellingham：Angus Wilde Publications Inc. 1997.

[11] Casey，J. P. Pulp and Paper - Chemistry and Chemical Tecchnology. Third Edition. Vol. Ⅰ ［M］. New York：A Wiley - Interscience Publication，1980.

[12] 陈嘉翔，主编. 制浆原理与工程 ［M］. 北京：轻工业出版社，1990.

[13] 隆言泉，主编. 制浆造纸工艺学 ［M］. 北京：轻工业出版社，1980.

[14] 刘长恩，编著. 硫酸盐法制浆 ［M］. 北京：中国轻工业出版社，1997.

[15] 陈嘉翔，编著. 制浆化学 ［M］. 北京：轻工业出版社，1990.

[16] 陈嘉翔，编著. 高效清洁制浆漂白新技术 ［M］. 北京：中国轻工业出版社，1996.

[17] 詹怀宇，主编. 纤维化学与物理 ［M］. 北京：科学出版社，2005.

[18] 陈克复，主编. 制浆造纸机械与设备（上）. 第三版 ［M］. 北京：中国轻工业出版社，2011.

[19] How Paper Is Made. An Review of Pulping and Papermaking from Woodyard to Finished Product (CD ROM). Tappi. 1998.

[20] 邝守敏，主编. 制浆工艺及设备 ［M］. 北京：中国轻工业出版社，2004.

[21] 王忠厚，主编. 制浆造纸工艺 ［M］. 北京：中国轻工业出版社，2006.

[22] 梁实梅，张静娴，张松寿，编著. 制浆技术问答 ［M］. 北京：中国轻工业出版社，2000.

[23] 中国造纸学会碱法草浆专业委员会《常用非木材纤维碱法制浆实用手册》编写组编. 常用非木材纤维碱法制浆实用手册 ［M］. 北京：中国轻工业出版社，1993.

[24] 《制浆造纸手册》编写组编. 制浆造纸手册（第三分册·碱法制浆）［M］. 北京：轻工业出版社，1988.

[25] Hartler，N. Extended Delignification in Kraft Pulping Cooking-a New Concept. Svensk Papperstiding，1978（15）：483-484.

[26] Norden，S. and Teder，A. Modified Kraft Processes for Softwood Bleached-grade Pulp. Tappi，1979，62（7）：49.

[27] 黄于强. 深度脱木素的原理及其在连续蒸煮器中的应用 ［M］. 中华纸业，1999（5）：32-35.

[28] 冯宇彤. Super Batch 低卡伯值置换蒸煮 ［M］. 中国造纸，2003（8）：67-70.

[29] 丁仕火，张铭锋，王武雄，等. DDS™置换蒸煮系统 RDH 间歇蒸煮技术新进展 ［J］. 中国造纸，2005（6）：62-63.

[30] 杨亚辉. 低固形物蒸煮的工艺生产实践 ［J］. 西南造纸，2003（5）：39-40.

[31] 范丰涛. 连续蒸煮新技术 Compact Cooking™ G2 工艺 ［J］. 中华纸业，2008（17）：50-54.

[32] 李忠正. 禾草类纤维制浆造纸 ［M］. 北京：中国轻工业出版社，2013.

[33] Patt，R.，Kordsachia，O. Neue Zellstoffkapazitaeten in Deutschland. Das Papier，1997，51（1）：3-9.

[34] 武书彬，何北海，平清伟，等. 制浆造纸清洁生产新技术 ［M］. 北京：化学工业出版社，2003.

[35] Saltberg，A.，Brelid，H.，Lundqvist，F. The effect of calcium on kraft delignification - Study of aspen，birch and eucalyptus. Nordic Pulp and Paper Research Journal，2009，24（4）：440-447.

[36] Bogren，J.，Brelid，H.，Bialik，M.，et al. Impact of dissolved sodium salts on kraft cooking reactions. Holzforschung，2009，63（2）：226-231.

[37] 《制浆造纸手册》编写组编. 制浆造纸手册（第五分册·酸法制浆）［M］. 北京：轻工业出版社，1986.

[38] 景罗荣. Dual C™溶解浆双置换蒸煮技术 ［J］. 中国造纸，2011，30（3）：46-48.

第三章　高得率制浆

第一节　概　　述

一、高得率制浆的定义和分类

高得率制浆是指得率高的制浆方法。机械浆、化学机械浆、半化学浆和高得率化学浆都可说是高得率浆。高得率浆的高得率是和低得率化学浆相对而言的，而各种高得率浆的得率范围并无统一的说法。国外曾以木材原料为例，按得率划分如下：

制浆方法	得率	制浆方法	得率
机械浆	90%～98%	半化学浆	65%～85%
化学机械浆	85%～90%	高得率化学浆	50%～65%

这只是一种大概的划分，实际上这几种浆的得率并没有明确的界限。草类原料由于水抽出物和1%NaOH抽出物含量较高，各种高得率浆的得率比相应的木浆低。

高得率化学浆仍属于化学浆的范畴，第二章已有相关阐述，本章不再述及。本章按机械或机械与化学处理程度的不同将高得率制浆分为机械法制浆、化学机械法制浆和半化学法制浆三大类。

1. 机械法制浆

机械法制浆（Mechanical Pulping）是单纯利用机械磨解作用将纤维原料分离成纸浆的方法，所得纸浆称为机械浆。机械法制浆几乎不溶出原料中的木素，是得率最高、污染最少的一种制浆方法。该制浆方法主要利用机械的旋转摩擦工作面对纤维原料的摩擦撕裂作用，以及胞间层木素的热软化塑化作用，将原料磨解撕裂分离为单根纤维或纤维碎片。根据机械处理所用设备的不同，机械法制浆主要有磨石磨木法和盘磨机械法，前者采用磨木机，后者采用盘磨机。制得的机械浆主要有磨石磨木浆（SGW）、压力磨石磨木浆（PGW）、（普通）盘磨机械浆（RMP）和热磨机械浆（TMP）。

2. 化学机械法制浆

化学机械法制浆（Chemimechanical Pulping）是采用化学预处理和机械磨解相结合的制浆方法。木片（或草片）先用药剂进行化学预处理，再用盘磨机磨解软化了的木片（或草片），使纤维分离成纸浆。这种纸浆称为化学机械浆（简称化机浆）。

化学预处理和机械磨浆是化学机械法制浆两个最基本的工艺过程。化学预处理可采用亚硫酸钠、氢氧化钠、过氧化氢、亚硫酸铵、绿液等多种不同的药剂，有常压预浸，加压加温预浸或蒸煮等多种方式。磨浆可采用常压或压力磨浆，以及单段磨浆、两段磨浆或三段磨浆等不同方式。根据化学预处理方法和磨浆方式的不同，组成多种不同的工艺流程，生产不同的化学机械浆，如化学热磨机械浆（CTMP）、碱性过氧化氢机械浆（APMP）、磺化化学机械浆（SCMP）等。

3. 半化学法制浆

　　半化学法制浆（Semichemical Pulping）和化学机械法制浆一样属于两段制浆法。第一段，以温和的化学方法处理木片或草片，软化纤维间的物质并去除部分木素、半纤维素或其他物质；第二段，用机械方法使纤维分离。由于化学处理的条件比化学制浆法温和，所以纸浆得率较高。但半化学法化学处理的条件比化学机械法强烈，故其得率比化学机械法低。

　　用于生产化学浆的化学药剂，原则上都可用于生产半化学浆，如硫酸盐法半化学浆、烧碱法半化学浆、酸性亚硫酸盐半化学浆、中性亚硫酸盐半化学浆（NSSC）、碱性亚硫酸盐半化学浆（ASSC）。此外，还有绿液法半化学浆和无硫法半化学浆。

　　半化学浆可用来生产新闻纸、包装纸及各种包装纸板。经过漂白的半化学浆，还可制造书写纸、杂志纸、涂布原纸、防油纸等。半化学浆作为生产高得率浆的一种生产方法，还存在着浆的强度差，纤维束多，纸的外观和印刷适性不好，漂白后易返黄，不宜抄造高级纸张，产品用途受到一定限制等问题。近年来环境保护要求愈来愈严，特别是半化学浆的废液回收比较困难，因而其发展基本处于停滞的状态。

二、高得率制浆的名词术语

　　根据化学和机械处理工艺的不同，上述三类高得率制浆方法又可细分为若干不同的制浆方法，生产不同的高得率纸浆。这些方法或纸浆被赋予专有的名词术语。以纸浆为例，列举如下。

　　SGW 或 GW（Stone Groundwood or Groundwood）磨石磨木浆，常压磨木。

　　PGW（Pressure Groundwood）：压力磨石磨木浆，压力磨木，磨木温度＞100℃。

　　PGW-S（Super Pressure Groundwood）：超压磨石磨木浆，压力磨木，磨木温度＞100℃。

　　TGW（Thermo Groundwood）：热磨磨石磨木浆，常压磨木，磨木温度＞100℃。

　　RMP（Refiner Mechanical Pulp）：盘磨机械浆，无预处理，常压下盘磨磨浆。

　　TMP（Thermomechanical Pulp）：热磨机械浆，＞100℃下预汽蒸，接着盘磨带压磨浆；或第一段＞100℃带压磨浆，第二段常压下或＞100℃盘磨带压磨浆。

　　CTMP（Chemithermomechanical Pulp）：化学热磨机械浆，＞100℃下预汽蒸和加化学药品预浸，第一段盘磨磨浆温度＞100℃，第二段盘磨常压磨浆。

　　CMP（Chemimechanical Pulp）：化学机械浆，＞100℃或常压低温下用化学药品预处理，然后用盘磨常压磨浆；也是所有化学机械浆的总称。

　　SCMP（Sulfonated Chemimechanical Pulp）：磺化化学机械浆，化学处理时使木素磺化的一种化学机械浆。

　　APMP（Alkaline Peroxide Mechanical Pulp）：碱性过氧化氢机械浆，采用碱性过氧化氢进行化学预处理，然后用盘磨常压磨浆。

　　P-PC APMP（Preconditioning Refiner Chemical APMP）：温和预处理和盘磨化学处理的碱性过氧化氢机械浆。

　　Bio-MP（Biomechanical Pulp）：生物机械浆，原料先经生物（菌或酶）预处理，然后用盘磨常压磨浆。

　　Bio-CMP（Biochemimechanical Pulp）：生物化学机械浆，原料先经生物预处理，再经化学处理，然后用盘磨常压磨浆。

　　EMP（Extruder Mechanical Pulp）：挤压法机械浆，原料先经挤压机处理，再用盘磨磨解成浆。

    SCP（Semichemical Pulp）：半化学浆。

    NSSC（Neutral Sulfite Semichemical Pulp）：中性亚硫酸盐半化学浆。

    ASSC（Alkaline Sulfite Semichemical Pulp）：碱性亚硫酸盐半化学浆。

    此外，还有 FGP（木片磨石磨木浆）、CRMP（化学盘磨机机械浆）、OPCO（两段盘磨机磨浆之间进行化学处理的热磨机械化学浆，由加拿大安太略造纸公司开发）、VHY（甚高得率浆）、UHY（超高得率浆）等，这些工艺或名词术语现在已经很少用了。

三、高得率制浆的发展与历史

（一）磨石磨木法制浆的历史与现状

    磨石磨木浆是应用机械力或水力作用，在使木材的纹理与磨石的轴向保持平行的情况下，将木段压向有合适刻纹的磨石表面，由旋转的磨石将木材磨解成纤维，再用喷水将其从磨石表面冲洗下来，即成磨石磨木浆，有时简称为磨木浆。磨石磨木浆（标有 GW 者）是所有浆种中得率最高、生产成本最低、环境污染最小的制浆方法，虽然其存在强度和白度稳定性较低的不足，但具有优良的不透明度和吸墨性，因而在新闻纸、印刷纸的生产中曾占有一席之地。

    1844 年，Keller 发明了磨石磨木机，并用磨木浆掺配破布浆抄纸，用于印刷当地的报纸。第一台工业磨石磨木机是 Voith 公司制造的，于 1852 年在德国投产。1960 年以前，机械浆主要是磨石磨木浆。为了克服普通磨石磨木浆（SGW）细小纤维较多、长纤维含量较少、强度较低的缺点而又保持其能耗低、光散射系数高的优点，在 SGW 的基础上，先后开发了压力磨石磨木浆（PGW）和超压磨石磨木浆。第一台压力磨木机于 1976 年在瑞典 Mo-DoCell 公司的 Bure 浆厂投产。生产实践证明压力磨木机生产的纸浆纤维较长且在相同的输入功率下纸浆的撕裂、耐破和抗张强度均提高。为了进一步提高纸浆质量，将压力磨木机的压力和喷水温度进一步提高，生产超压磨石磨木浆。第一台超压磨木机于 1988 年在芬兰的 Myllykoski 造纸厂投产。

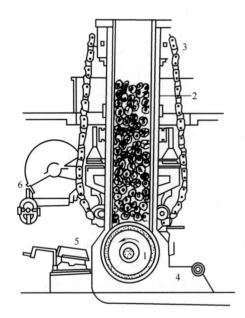

图 3-1　链式磨木机

1—磨石　2—料箱　3—链条　4—浆坑
5—刻石装置　6—链条传动装置

    1. 磨木机和磨石

    磨木机是生产磨木浆最主要的设备，种类较多。按压送原木机构的特征和加压方式，可分为机械加压与水力加压两大类；按生产操作的方式，可分为间歇与连续操作两类；按形式可分为链式磨木机、袋式磨木机、库式磨木机、环式磨木机等；根据结构的不同，双袋式磨木机又可分为大北式、卡米尔式、汤培拉式等类型。国内使用的磨木机，以链式最多。链式磨木机主要原理是借助在磨石上方的料箱两侧循环转动的带翅链条，将原木压向磨石，其构造与外形如图 3-1 所示。链式磨木机主要由机架、料箱、链条及其传动机构和磨石等组成。

　　磨石是磨木机最重要的组成部分。磨木浆的质量和磨木机的生产能力、动力消耗等，在很大程度上取决于磨石的质量、工作层组成的均一性和机械强度。磨石是在圆周速度高、负荷大、温度变化大的条件下运转的。因此，磨石应适应上述工作条件及磨浆质量的要求。磨石分为天然磨石和人造磨石两类，人造磨石又分为水泥磨石和陶瓷磨石两种。人造磨石主要由磨料与黏合剂两种物料组成。磨料主要有金刚砂（SiC）和刚玉（Al$_2$O$_3$）两种，黏合剂多为黏土、长石和石英砂的混合料。

　　磨石的性能主要取决于磨料粒子的种类、形状、粒度以及磨石的气孔率和硬度。随着磨木机向大型、高转速和大动力发展，现均采用强度高而耐热性能好的陶瓷磨石，图 3-2 所示为陶瓷磨石的结构。

　　2. 磨木机磨浆理论

　　现代磨木浆的磨浆理论，是压力脉冲理论，根据这个理论，磨木过程中纤维的离解分为 3 个阶段：a. 由于磨石对原木周期性的压力脉冲作用，使木材加热，木素软化；b. 在剪切力的作用下离解纤维；c. 分离下来的纤维与纤维束进行复磨和精磨。这个磨浆理论将磨浆过程看作一个能量传递和转换的过程，能量以摩擦能与振动能两种形式表现出来。摩擦能的作用，主要取决于磨石的表面结构、磨料粒子的状况及磨碎面积等；而振动能的作用，主要由磨石刻纹，在通过木材某点前后，使木材表面产生一次压力脉冲，从而将能量传输给木材。

　　在磨浆的第一阶段，由摩擦及压力脉冲产生的能量被木材吸收后，转化为热能，使木材温度升高，引起胞间层木素的软化。据认为，木材表面的升温，足以软化木材贴近石面约 10 层纤维的厚度。而木素的软化为下一步纤维的完整离解，创造了必要的条件；

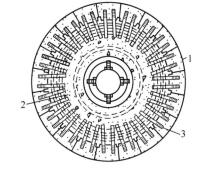

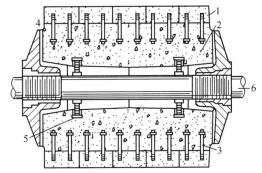

图 3-2　陶瓷磨石的结构
1—陶瓷磨块　2—水泥芯筒　3—螺栓
4—加强钢筋　5—定心螺丝　6—磨石轴

反之，若未经充分软化的木材，在磨浆中会在细胞壁任意处破裂，导致碎片的增多，或产生破损了的纤维或粉状细料。

　　在磨浆的第二阶段，经软化的纤维在摩擦力及剪切力的作用下，可由木材表面剥离下来，这种剥离作用，通常由纤维一端开始。纤维通常以严格的次序和同样的方向剥离，如图 3-3 所示。

　　在磨浆的第三阶段，剥离下来的纤维物料，聚集在磨石刻纹的沟槽中，在磨碎移出的过程中，经受精磨与复磨。

　　3. 影响磨木机磨浆的因素

　　磨木机磨浆过程可以看作一个

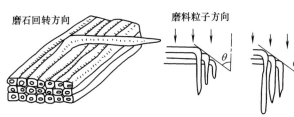

图 3-3　纤维的剥离过程

能量传递和转换的过程，输入的电能转换为摩擦能和振动能。摩擦能的作用，主要取决于磨石的表面结构、磨料粒子的状况和磨碎面积等；而振动能的作用，主要取决于磨石刻纹间距和线速，即木材表面受到的压力脉冲的频率。由摩擦及压力脉冲产生的能量被木材吸收后，转化为热能，使木材温度升高，引起胞间层木素的软化；经软化的纤维在摩擦力和剪切力的作用下从木材表面剥离下来，进而受到精磨和复磨，得到磨木浆。

在磨木浆生产中，影响磨浆的因素很多，主要包括原料、设备、工艺操作几个方面，例如：原木的质量、磨石的表面状态、磨木比压、磨石线速、磨木温度与浓度、磨石浸渍深度等，通常各因素间往往存在相互影响。

4. 磨石磨木浆的用途

磨木浆主要用于生产新闻纸，部分用于配抄胶印书刊纸、低定量涂布纸及纸板。在新闻纸配比中，磨木浆一般可占到 70%～85% 以上，因此新闻纸的质量很大程度上取决于磨木浆的性质。

5. 其他磨石磨木浆

其他磨石磨木浆还包括压力磨石磨木浆（PGW）、热磨磨石磨木浆（TGW）、木片磨石磨木浆（FGW）。

（二）盘磨机械法和化学机械法制浆的历史与发展

1960 年，第一个木片盘磨机械浆（RMP）工厂投产。1968 年，第一条热磨机械浆（TMP）生产线在瑞典正式运行。其后，在 RMP 基础上发展起来的 TMP 有了很大的发展。到 1976 年不到十年的时间，TMP 生产工厂已遍布世界十多个国家。随后又出现了化学机械浆（CMP）制浆技术。由于 CMP 的柔软性和强度优于 TMP，而 TMP 的光学性能和印刷性能优于 CMP，因此，吸取 CMP 的优点，在 TMP 基础上开发了化学热磨机械浆（CTMP）制浆技术。第一家工业化 CTMP 浆厂于 1973 年在瑞典开始运行，随后该工艺在全世界得到推广。CTMP 与 TMP 的主要不同，在于增加了化学预浸段。

1989 年，Andritz 公司在 CTMP 基础上开发出了一种新的化学机械浆生产技术，即碱性过氧化氢机械浆（APMP）制浆技术。该工艺采用碱性过氧化氢溶液浸渍木片，而后用常压磨浆制得漂白的浆料。由于制浆和漂白相结合，可省去专用的漂白工段，并用常压盘磨代替压力盘磨磨浆，不需要庞大的汽蒸系统，可以节省投资，降低运行成本。用碱性过氧化氢预处理，纤维容易润胀和软化，磨浆时纤维容易分离，因此可显著降低磨浆能耗。此外，该法不使用 Na_2SO_3，废水中不含硫，较容易处理，对环境污染较小。但该法对原料的适应性较差，主要适合于杨木等结构疏松、白度较高的纤维原料。在 APMP 的基础上，Andritz 公司又推出了一种改良的 APMP 制浆技术——PRC APMP 制浆技术，可进一步提高 APMP 的松厚度和强度等性质，通过工艺调节可生产不同白度和打浆度的高得率浆。

第二节　盘磨机械法制浆

盘磨机械浆是以木片为原料，用盘磨机生产机械浆。20 世纪 70 年代起，木片盘磨机械浆发展迅速，其主要原因是：a. 木材利用率高，可充分利用枝丫、边皮等林区和制材厂的废材；b. 生产能力大，自动化程度高，大大提高了劳动生产率，劳动成本较低；c. 纸浆强度较高。其存在的主要缺点有：a. 电耗高，比磨石磨木浆约高 50%；b. 磨盘使用寿命较短，维修费用较高；c. 成纸的白度稍差，平滑度较低。

一、盘磨机及其磨浆原理

（一）盘磨机

1. 盘磨机的结构要求

盘磨机是大型精密的设备，对其结构有较高的要求，主要有：

（1）结构坚固的机体

高浓磨浆的比压大，与定盘固定连接的外壳受很大的轴向推力，又由于磨浆时产生很大热量引起金属的膨胀及变形，因此，近代设计及生产的盘磨机都考虑结构的坚固，磨室壳体呈对称形直接固联在机座上，形成一整体的坚固的结构。

（2）稳定均匀的喂料

高浓磨浆须用螺旋喂料器，而且要均匀、稳定地喂料以保证稳定的负荷，这是稳定磨浆操作的重要条件之一。

（3）连续畅通的排料

连续畅通的排料也是稳定磨浆操作的重要因素之一。如果带压高浓磨浆，磨室壳体下方应有宽大的排料口。实践证明，如排料不畅通会导致盘磨负荷波动，直接影响磨浆的产量和质量。磨浆时产生的蒸汽大部分跟浆料一道排出，若排料不畅通会因蒸汽的压力变化而引起负荷波动。

（4）合适耐用的磨盘

磨盘要用合适耐用的材料，要有合适的磨齿齿形及磨盘锥度，以保证磨浆的产量和质量以及磨盘的使用寿命。

（5）精确可靠的磨盘平行度

盘磨机在运行中动盘与定盘的平行度对于稳定磨浆质量和操作条件及减少磨盘的磨损具有重要意义。近代盘磨机的设计与制造都十分重视研究及解决如何保证和控制平行度的问题。

2. 盘磨机的类型

盘磨机是生产盘磨机械浆和化学机械浆的主体设备，主要有三种类型，即单盘磨、双盘磨和三盘磨，如图 3-4 所示。

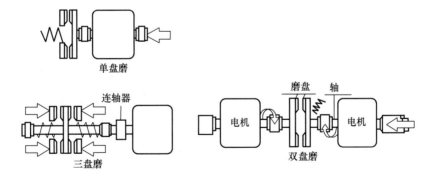

图 3-4　盘磨机的三种构型

单盘磨是单转盘盘磨机（single rotating disc refiner）的简称，由 1 个定盘和一个动盘组成，由 1 台电动机带动转轴上的动盘旋转进行磨浆。料片由定盘中心孔进磨。电源频率为 50Hz 时，转速为 1500r/min；电源频率为 60Hz 时，转速为 1800r/min。磨盘间隙通过液压

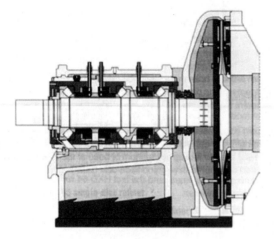

图 3-5　Metso RGP 268 单盘磨

系统或齿轮电动机进行调节。图 3-5 为 Metso 公司生产的 RGP268 单盘磨。

双盘磨是双转盘盘磨机（Double Rotating Disc Refiner）的简称，由两个转向相反的动盘组成，各由一台电动机带动。通常在电源频率为 50Hz 时转速为 1500r/min，电源频率为 60Hz 时转速为 1800r/min；当生产 RTS TMP 时，转速提高到 2400～3000r/min。通过双螺杆进料器强制进料，利用线速传感器（LVTD），可准确控制磨盘间隙。图 3-6 为 Metso 公司生产的 RGP68DD 双盘磨。

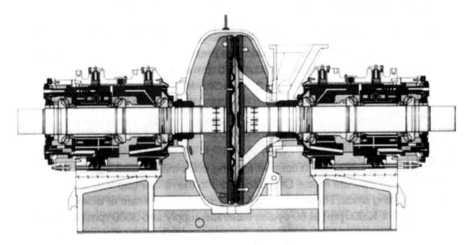

图 3-6　Metso RGP 68DD 双磨盘

三盘磨又称单动三盘磨（Twin Disc Refiner），是将两个单盘磨结合成为一体，中间的磨盘为转盘，两面均有磨齿，各对一个定盘，组成两个磨浆室。轴向联动的 2 个定盘，通过液压系统，可调整间隙和对动盘施加负荷。图 3-7 为 Andnitz 公司制造的三盘磨（Twin refiner）。

单盘磨产量较低，但其设计与制造简单，成本较低，仍有一定市场；双盘磨在 20 世纪 70 年代发展较快。由于盘磨机所做的功，是在磨盘的刀缘上完成的，单位时间内刀缘纤维接触次数越多，则纤维经受处理的程度越大，浆的强度提高越大。因此盘磨机转速越高，则运转中齿刀作用于纤维的频率越高；另一方面，提高转速与增大磨盘直径，均可提高盘磨机的单机生产能力。因此，不论单盘磨或双盘磨，都有向高速、大直径发展的趋向。迄今，已出现最大盘径 2082mm、动力 26000kW 的盘

图 3-7　Andnitz 的三盘磨

磨机。

但提高转速会使盘磨机产生很大离心力，影响磨盘间浆料的正常分布，并使设备产生稳定性问题。三盘磨的开发，从增加磨浆面积入手，在不提高转速及增大盘径情况下，磨浆面积增加 2 倍。既有利于产量提高，也有利于改进磨浆质量，同时便于热能回收。

除了上述三种类型的盘磨机外，国外还开发了其他类型的盘磨机。图 3-8 为 Metso 公司制造的 RG82CD 锥形盘磨机（Conical Disc Refiner）。这种盘磨机在单盘磨上增设了一个锥形磨浆区，以增大盘磨机磨浆面积，扩大生产能力。

图 3-9 为 Andritz 公司研发的圆柱盘磨机（Cylindrical Refiner），其外壳可以开启，以便更换磨盘。

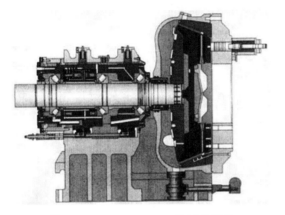

图 3-8　Metso RG82 CD 锥形盘磨机　　　　图 3-9　Andritz 圆柱盘磨机

Metso 和 Andritz 是目前生产大型磨盘机的主要厂家。表 3-1 为一些大型磨盘机的规格型号与特征。

表 3-1　　　　　　　　　　　　　　　一些大型盘磨机的特征

类型	型号	制造厂	特　征
单盘磨	RGP268 SD	Metso	电机功率 15MW,磨盘直径 1728mm(68in),转速 1500r/min
双盘磨	RGP68 DD	Metso	电机功率 30MW,磨盘直径 1730mm(68in),转速 1500r/min(50Hz) 1800r/min(60Hz),设计压力 1.4MPa
三盘磨	Twin 66	Andritz	电机功率 24MW,磨盘直径 1680mm(66in),转速 1800r/min
锥形盘磨机	RGP82 CD	Metso	电机功率 30MW,磨盘直径 2080mm(682in),转速 1500r/min(50Hz) 或 1800r/min(60Hz),设计压力为 1.4MPa,磨浆面积为 3.2m^2
圆柱盘磨机	Papillon CC-600	Andritz	电机功率 2000kW,磨盘直径 600mm,空转负荷 160kW

3. 磨盘

磨盘是盘磨机的关键部件，选择磨盘的主要准则是：a. 生产的浆料质量好；b. 消耗的能量少；c. 单位产量磨盘成本低。能否达到这些要求，取决于：a. 磨盘的材质；b. 磨齿的几何形状，即齿宽、槽宽、槽深及齿纹的排列组合；c. 浆挡的形状、位置和数目；d. 磨盘的锥度。

为了得到理想的能量传递和磨浆效果，磨盘的磨齿要耐磨、耐腐蚀，齿面又要维持一定的粗糙度。常用的磨盘材料有：

Ni-硬白铁合金（3.3%C，3.0%Cr，4%-5%Ni）

高铬白铁合金（2.8％C，25％Cr）

铬钼白铁合金（3.0％C，15％Cr，2.7％Mo）

不锈钢（0.9％～1.4％C，Cr、Ni、Mo 含量随着型号的不同而变化）

磨盘材料是影响磨盘寿命的因素之一。一般来说，Ni 硬合金寿命最短，300～600h；高合金白铁居中，500～1000h；不锈钢寿命最长，800～1600h。而磨盘成本则相反，不锈钢磨盘成本最高。

磨盘齿形设计是很重要的，但是没有一种齿形对所有原料都是适合的。齿对纤维施加压力而槽让纤维重新膨胀，并用于输送过量的水和蒸汽。槽宽和齿宽应小于纤维的长度，以避免磨盘盘面接触，引起振动和破裂。如齿槽过宽或容积过大，应设置浆挡，迫使浆料移向齿面。在磨盘设计时采用正确的沟槽面积和磨齿面积之比，也可不设浆挡。设计适当而没有浆挡的磨盘，生产出的纸浆纤维束较少。但为了在高剪切力下加强刀齿，设置一些次浆挡是可行的，次浆挡应比齿面低一些。

磨盘在结构上可分为整体磨盘与组合磨盘；从形状上可分为圆形与扇形；从用途上可分为一段磨盘、二段磨盘、粗渣磨盘。磨盘上的分区，是根据不同段磨浆及浆料流动方向的不同要求而设计的。精磨用精齿、细齿。磨盘上齿的数量、粗细、沟槽的深浅、齿的排列形状及齿的梯度、磨盘上各磨浆区的分配等，都对磨浆性能与能耗有重要的影响。一般来说，一段磨盘可分为三个区：破碎区、磨浆区（或粗磨区）和精磨区，如图 3-10 所示。

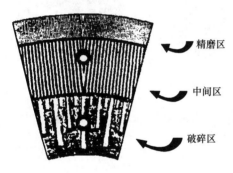

图 3-10　一段磨浆齿盘

在磨盘设计中，盘面锥度也是一个重要的参数。适当的锥度使物料的磨碎速度与物料在盘间的流动达到平衡。否则，由于两者的不平衡，在某区段或锥度变化的部位就会引起物料的闭塞，使负荷急剧增高，会导致事故的发生。每种磨盘均须选择最佳的锥度。通常第一段盘磨机的磨盘锥度较第二段大。

（二）盘磨机磨浆过程

1. 磨浆过程

盘磨机在磨浆过程中存在三个明显的重叠交叉阶段。首先木片在磨区入口处被解离成较粗糙的碎块；然后在磨区中部，碎块被离解成纤维；最后在磨区外围，齿盘间对纤维进行精磨。最重要的是第二阶段，粗纤维束在磨区内呈不定向排列，在齿盘刀缘的剪切作用下被打碎，与盘齿平行排列的纤维束分离成纤维，而与盘齿垂直排列的纤维束则被磨成碎片。

木片在磨浆时的变化过程为：木片在破碎区前受到轴头上转动的星形螺帽的撞击，而破裂成粗大纤维束与少量碎片；在盘磨机磨浆区内圈，有相当数量的粗大纤维束产生再循环作用，即沿定盘的齿沟回流到破碎区，再沿动盘齿沟流向磨碎区外圈；在粗磨区，纤维受到盘齿剪切刀、压力、纤维间摩擦力及离心力等应力的复合作用而分级；在精磨区，纤维沿齿和齿沟向前流动，对纤维所做的大部分功在此区完成，且不会显著降低纤维长度，浆强度在这个区得到迅速发展。

一般认为，磨浆过程可以分为三个区段，木片状态的变化如图 3-11 所示。

① 破碎区。磨浆时木片首先进入磨盘中心部位的破碎区（又称为磨腔），此区磨盘间隙

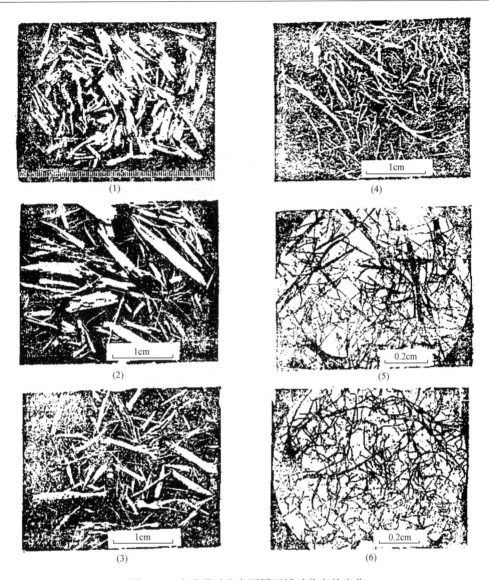

图 3-11　木片通过齿盘不同区域时状态的变化

最大，刀片厚，刀数少。在此区段，木片在高温下首先被碎成火柴杆状水木梗。

②　粗磨区。此区域的盘间间隙从内到外逐渐变窄，原料停留时间较长，逐渐被磨成针状木丝，进一步受到磨齿的机械作用及纤维间的摩擦作用，被离解成纤维束及部分单根纤维。

③　精磨区。此区域位于齿盘外周，齿数增多，齿沟变窄，由粗磨区流过来的纤维束及单根纤维，在此受到进一步离解及一定程度的细纤维化。

木片在盘磨机磨解时，离解按指数函数变化，即 4^n，如图 3-12 所示。

磨浆过程，也是料片形态与纤维离解状况以及浆料性质不断发生变化的过程。图 3-13 表明磨浆过程中浆料游离度、筛渣率及强度性质的变化。由图中可以看出，木片从破碎、细分、离解成单根纤维到细纤维化的磨浆过程中，浆料在盘磨机中流动大致呈有序状态，大多数纤维径向排列。游离度在精磨区前下降很快，在精磨区内变化较慢。浆渣数量呈阶段性变化，在破碎区下降较大，在粗磨区变化不大，而在精磨区下降很快。表征纸浆强度的耐破因

137

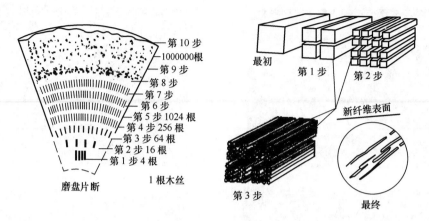

图 3-12　木片在磨浆中的离解过程示意图

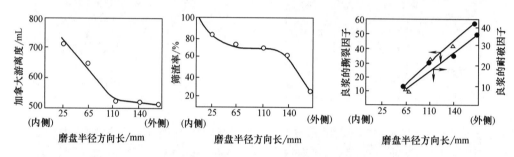

图 3-13　磨浆过程中纸浆性质的变化

子和撕裂因子，随磨浆的进行呈线性增长。

因此，木片磨浆过程基本上可分为两步：

① 将木片离解成单根纤维，而尽量减少碎片生成及保持纤维长度。因此，磨浆浓度应高些，磨盘间隙大些，使木片在相互摩擦作用下离解，减少纤维的切断。

② 使离解的纤维束及单根纤维，进一步纤维化和细纤维化，纤维应受较多的机械摩擦与剪切作用，增加单位时间内纤维与磨盘刀缘接触的次数。因此，磨浆浓度应低些，磨盘间隙小些。

根据上述过程，在盘磨机磨浆时，要想经过一次磨浆处理就获得高度纤维化和细纤维化的浆料是比较困难的，故盘磨机械浆的生产通常采用分段磨浆。

2. 盘磨机磨浆的主要影响因素

（1）材种与料片规格

木材种类不同。其纤维形态、物理性质及化学组成有所差异，用盘磨机磨出的纸浆性质也相应变化。如在针叶材中掺入阔叶材生产 TMP，则浆中长纤维组分减少，浆强度降低。生产盘磨机械浆最适宜的纤维原料是密度低、纤维长、细胞壁薄、细胞腔大的木材。或者说，用密度小、生长快、秋材含量高、抽出物含量低的木材，可生产出强度较高的盘磨机械浆。

（2）磨浆浓度

磨浆浓度是盘磨机械浆的重要参数，一般认为应在 20%～30% 范围内。当采用分段磨浆时，第一段目的在于分离纤维，为减少纤维的切断，主要应靠纤维间的相互摩擦作用分离纤维，因此，浆浓度宜高些，一般在 25％左右，但若浓度过高（如＞35％），则喂料不易均匀，局部木片（或纤维）水分蒸干，会致使浆料烧焦。第二段磨浆主要在于发展强度，磨浆浓度不宜太高，在 20％左右；但若浓度过低（如＜16％），则磨浆负荷不够稳定，浆料细纤维化作用较差。图 3-14、图 3-15 和图 3-16 为 TMP 两段磨浆时，各段浆浓度对浆强度的影响。表 3-2 为高浓磨浆与低浓磨浆成浆性质的比较。从表中看出，高浓度磨浆比低浓磨浆的成浆特性好。高浓磨浆对处理马尾松、落叶松等厚壁纤维特别适宜。

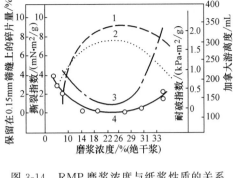

图 3-14　RMP 磨浆浓度与纸浆性质的关系
1—撕裂指数　2—耐破指数　3—游离度　4—碎片

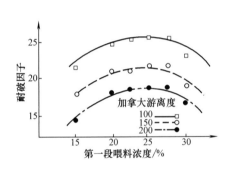

图 3-15　第一段磨浆浓度对耐破强度影响

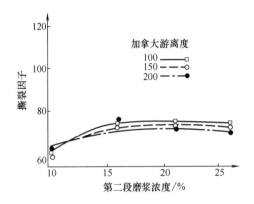

图 3-16　第二磨浆浓度对撕裂强度的影响

表 3-2　高浓磨浆与低浓磨浆成浆性质的比较

磨浆方式	高浓	低浓	磨浆方式	高浓	低浓
纤维长度的变化	不大	很大	纤维的整体形状	扭曲	宽带状而少扭曲
磨浆过程打浆度的上升	较慢	较快	磨浆的动力消耗	较少	较多
浆料的滤水性	较好	较差	纤维束含量	较少	较多
纤维的细纤维化程度	好	差	浆机械强度	较高	较低

（3）预热温度（压力）和预热时间

预热温度（压力）和预热时间对 TMP、CTMP 的质量和能耗有较大的影响。预汽蒸的作用，主要在于软化纤维胞间层的木素。木素软化有一个临界温度，到这个温度后，木素从硬的玻璃态转化为弹性的软状态，这个温度称为玻璃化转移温度。木素的玻璃化转移温度一般为 120～135℃，取决于材种及木片水分含量等。预热温度过高，超过木素玻璃化转移温度，磨浆时纤维的分离发生在木素浓度高的胞间层和初生壁之间，纤维虽然容易离解，但软化了的木素附着在纤维表面，冷却后形成玻璃状木素覆盖层，使纤维难于细纤维化，造成磨浆障碍，动力消耗增加，白度也降低。预热温度过低，木素未软化，纤维发生不规则分离，产生大量碎片，使纤维长度降低。因此，适宜的预热温度应接近木素玻璃化转移温度，即在 120～135℃范围。纤维的分离主要在细胞壁的 S_1 和 S_2 层间，纤维长度保持较好，浆中带状纤维较多，细纤维化程度较高，纤维潜在结合力增大，纸页强度较高。

图 3-17 表明了 TMP 制浆汽蒸压力对纸浆性质及磨浆能耗的影响。在木素玻璃化转移点之前，随汽蒸压力增大，纸浆的撕裂及耐破强度均有较大增加，在接近木素玻璃化转移点的 275kPa 时，达到最高。继续增大汽蒸压力，超过木素玻璃化转移点，则强度开始降低。纸浆的松厚度与光散射素数随汽蒸压力的增大而呈线性降低。在一定游离度下，总的磨浆能耗随汽蒸压力增大而上升。

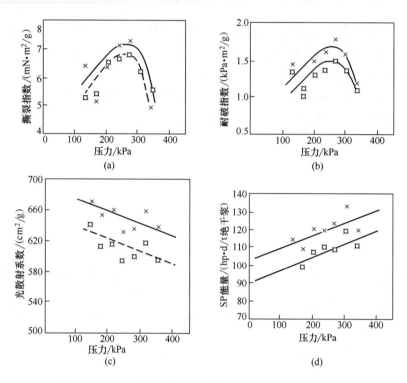

图 3-17　TMP 制浆汽蒸压力与纸浆性质及磨浆能耗的关系

X—游离度 150mL　☼—游离度 200mL　注：1hp＝0.75kW・h

（4）磨浆能耗与能量分配

纤维的离解与细纤维化都需要能量，工业生产上 RMP 与 TMP 比 SGW 要耗更多的能量。就单位能耗来说，RMP 为 1600～2200kW・h/t，TMP 为 1800～2300kW・h/t，而 SGW 仅为 1100～1300kW・h/t。输入的能量主要用于纤维的离解和精磨上，而离解只需要较少的能量，大部分能量消耗于发展纤维强度的精磨上。实验测得 RMP 制浆时用于离解纤维的能耗不超过 360kW・h/t 风干浆；对于游离度为 150mL 的 TMP，离解纤维的能量多数占总能耗的 1/3。基于数学模型的实验结果分析表明，木片的纤维化占总能耗的 20％～30％，主要能量消耗于纤维的精磨上。国内对获 CMP 磨浆的研究也表明，用于一段磨浆的能耗，高浓度（20％）时为 24％～39％，低浓度（5％）下为 45％～50％，而大部分电能主要用于二段磨浆的细纤维化作用上。

磨浆能耗与木材的种类和性质、木片预处理条件、磨浆浓度、磨盘的齿型及转速等有关，而热磨机械浆的性质与输入的能量及能量分配有关。研究表明，以云杉为原料生产 TMP 时，第一段的磨浆能耗是一个重要的操作因素。制取相同游离度的浆种时，增加压力磨浆段的动力输入，可以减少磨浆的总动力消耗，但所得纸浆的纤维长度小，物理强度也较低，碎片含量较多。图 3-18 是 TMP 撕裂因子和裂断长与第一段磨浆能耗占总能耗的百分率

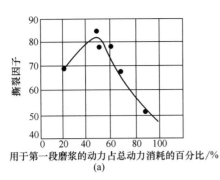
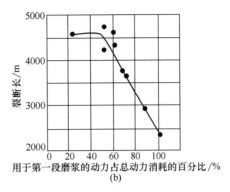

图 3-18 第一段磨浆动力消耗百分率与纸浆强度关系

的关系。由图可见，两种强度性质，均在一段磨浆能耗占总能耗的 50％ 左右时，达到最大值。

（5）磨盘间隙

用盘磨磨浆时，有 3 个可控的重要参数，即浆浓、能耗、磨盘间隙。3 个参数具有相互关联的制约关系。维持能耗不变时，提高磨浆浓度则间隙就要加大；如浓度一定，则减小间隙，能耗就会增大。如果间隙降低到 200μm 时，已达到磨盘的震动范围，此时纤维长度剧烈下降，撕裂强度随之大大降低。制造磨盘间隙小于 100μm 是非常困难的。在 RMP 生产中用浆浓来调整间隙，在 TMP 生产中还可用压力差来控制。磨浆时，用于离解纤维，间隙应大些；用于发展浆强度，间隙应小些。不同的间隙不仅使能耗不同，也对盘磨机械浆性质产生影响。

（6）磨盘特性

磨盘特性主要包括齿型、磨盘锥度与齿盘材料等。

齿型包括齿的长短、粗细、数量，齿的排列与分布，齿沟的深浅与宽窄，浆挡的设置，齿盘各区的划分与面积。齿型与磨浆产量、质量及能耗关系很大，磨浆时纤维与刀缘的接触次数可用 IC/M（英寸接触长/min）表示，IC/M 越大，则纤维与刀缘接触频率越高，表明纤维经受齿盘刀缘处理的次数越多，纤维强度发展越好，可由齿数和磨盘转速来控制。当齿数一定，提高转速时，可使 IC/M 增大，但同时增大了浆料流动阻力，无效负荷会成立方地增加，加大了无效能耗的比例。标准磨盘转速在线速度 1400～1800m/min 范围。当增多齿数时，势必使齿纹变细、齿沟变窄，而细齿纹结构强度较低，窄齿沟也限制了浆料的流动，因而影响生产能力。浅齿沟虽可增加齿盘寿命，但由于浆流量降低，也增大了无效负荷，因此齿型的设计要兼顾到磨浆质量与降低能耗的要求。一般来说，宽齿主要用于离解纤维，窄齿主要用于发展纤维强度。

在一定的齿型下，增大齿角（指磨盘上的磨齿与半径方向的夹角），有利于发展纤维强度，而减小齿角，切断作用增大，细纤维化作用减小。通常使用的齿角在 25°～45°。

磨盘锥度是另一重要特性，它是指单位径向上坡度的大小。它随材种、得率、齿型结构而变化，磨浆浓度不同，锥度也有差别。提高磨浆浓度，锥度应相应加大，对不同的浓度范围，推荐采用如下磨盘锥度（表 3-3）。

表 3-3 不同浓度范围推荐采用磨盘锥度

磨浆浓度/%	锥度/(mm/m)	磨浆浓度/%	锥度/(mm/m)
1～9	1.5	14～20	5.0～15
9～14	1.5～5.0	>20	15

二、普通盘磨机械法制浆（RMP）

木片不经预处理，在常压下直接用盘磨机磨浆生产的机械浆，称为普通盘磨机械浆，或直接称为盘磨机械浆（RMP）。RMP是最早开发的木片盘磨机械浆。

（一）RMP生产流程

图3-19为典型RMP生产流程，由木片洗涤器、螺旋输送器、盘磨机（两段）等部分组成，为美国Escaba公司1971年所建，生产能力80t风干浆/d。原料为杨木，生产印刷纸用的盘磨机械浆。

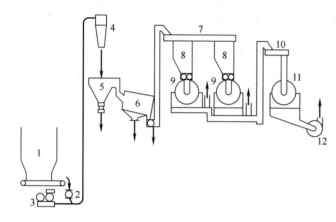

图3-19　典型的RMP生产流程

1—木片仓　2—旋转阀　3—鼓风机　4—旋风分离器　5—木片洗涤器　6—洗涤脱水器　7—分配输送器　8—平衡木片仓　9—第一段盘磨机　10—刮板运输机　11—第二段盘磨机　12—泵

贮于木片仓的木片，用螺旋输送器卸出，经称重后用风力送至旋风分离器，然后进入木片洗涤器。用50℃白水洗涤后，经格栅式脱水机脱水，木片水分含量约65%。

洗后木片，用螺旋输送器送至一段盘磨机的木片仓，仓中有料位指示器，用以控制木片仓的开启与关闭。变速螺旋进料从木片仓底部，计量输送至第一段各台盘磨的进料器。

磨浆用3台Sprout-Waldron盘磨机，每台动力1838.75kW，转速1800r/min，一段磨浆用2台，磨浆浓度24%，二段磨浆用1台，磨浆浓度18%～20%。

经二段磨的浆料，落入盘磨机下的浆槽中，加白水稀释至浓度4.5%左右，用循环白水维持浆温在70℃左右，有助于木片磨木浆消潜，然后送至筛选、除渣、浓缩。

自TMP工业化后，基本上已不再有新的RMP生产线建立，多数现有的RMP工厂也已转为TMP生产系统。

（二）RMP主要特性

RMP与SGW相比，原料成本较低廉，可充分利用磨木机不能使用的边角废料，如板片、边材、刨花、锯末等。其生产能力较大，占地面积小，但RMP能耗较SGW高50%～100%。与SGW相比，RMP的纤维较长，强度和松厚度较高，只是颜色稍深，白度稍低，但由于木片没有预热，磨浆温度不够高，磨出的浆中纤维束较多，抄出的纸较粗糙，平滑度差。表3-4为不同原料的RMP与SGW浆强度比较。

表3-4　　　　　　　　　　　　　　　　RMP与SGW性能比较

项目	云杉		班克松		西方铁杉		火炬松		冷杉	
	SGW	RMP	SGW	RMP	SGW	RMP	SGW	RMP	SGW	RMP
游离度/mL	115	101	100	145	115	122	90	87	95	125
耐破因子	12	18	8	10	11	14	4	10	9	18
撕裂因子	57	86	44	69	48	86	38	73	38	74
裂断长/km	2.9	3.2	2.3	2.5	3.3	3.3	2.0	3.9	—	—
白度/%G·E	61	61	57	56	55	52	56	60	—	—

三、热磨机械法制浆（TMP）

（一）TMP 生产流程

一般来说，TMP 的生产流程为：

木片→木片洗涤器→木片预热器→螺旋给料器→第一段压力盘磨机→喷放→第二段压力或常压盘磨机→筛选→浓缩贮存

不同原料、不同磨浆设备及不同的纸张品种，TMP 的生产流程有所不同。图 3-20 为使用 Metso RGP 68 DD 双盘磨的单段磨浆 TMP 生产流程；图 3-21 为生产新闻纸的两段磨浆 TMP 生产流程；图 3-22 为生

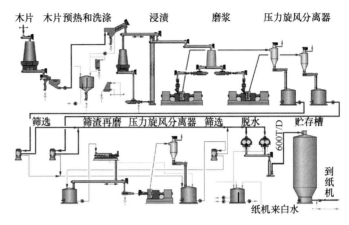

图 3-20　Metso RGP 68 DD 双盘磨单段磨浆 TMP 生产流程

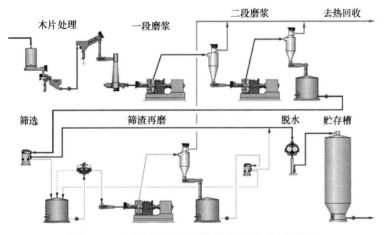

图 3-21　生产新闻纸的两段磨浆 TMP 生产流程

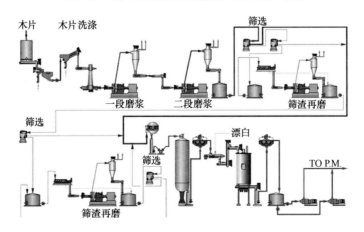

图 3-22　生产低定量涂布纸的两段磨浆及筛渣两段磨浆的 TMP 生产流程

143

产低定量涂布纸的两段磨浆及筛渣两段磨浆的 TMP 生产流程。

由上述流程图可以看出，TMP 生产系统主要由木片洗涤、木片预热、磨浆、成浆精磨、筛渣再磨等部分组成。

1. 木片洗涤

木片用热水洗涤的目的是除去木片中砂、石、金属等重杂质，以保护盘磨机的磨盘，同时除去木片中灰分和树皮，增加木片的水分并使水分含量均匀，提高木片的温度。图 3-23 为 Metso 公司的木片洗涤系统。木片洗涤器回转的叶轮使进入的木片浸入水中进行洗涤，使重杂质落到锥形槽底，通过自动控制装置定期排出。洗后的木片与水混合后泵至脱水斜螺旋，脱水后的木片进入预热系统，而洗涤水经斜筛或其他净化设备处理后回用。木片洗涤时间 1～2min，洗涤温度 30～50℃。

图 3-23　木片洗涤系统

2. 木片预热

木片洗涤后，通过变速螺旋进斜器，挤出多余水分及空气，形成密封料塞，再进入预热器。图 3-24 为一种 TMP 预热器。这种预热器为一直立圆筒，直径上小下大，器内有搅拌器。经压缩的木片进入预热器后，立即吸热膨胀，很快被加热到相当于饱和蒸汽压力的温度。预热器内压力 147～196kPa，温度 115～135℃，木片在预热器内停留的时间 2～5min。

预热器中部有同位素料位指示器，可控制螺旋进料器的电机控制器。当料位过低时自动调节螺旋转速增大进料量，以保证木片必要的预热时间。

3. 磨浆

预热后木片经双螺旋输送机，以与预热器内相同的压力喂入第一段压力磨盘机中磨浆，磨浆浓度一般为 20%～25%。磨后浆料在压力下喷放至浆汽分离器。浆料经分离蒸汽后送至第二段盘磨机压力或常压磨浆。

4. 成浆精磨

成浆精磨是对经筛选、除渣和浓缩后的浆料，做最后一次磨解，目的在于降低浆中纤维束含量。

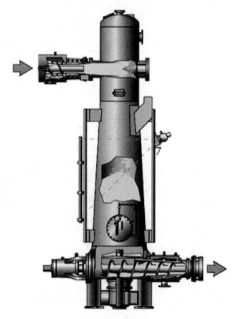

图 3-24　一种 TMP 预热器

（二）TMP 的特性

TMP 由于木片先经蒸汽预热，使木片软化，其性能有很大改进，与 SGW 和 RMP 相比，具有纤维较长、纤维束较少、强度较高的特点。表 3-5 为云杉 SGW、RMP 和 TMP 三种机械浆性能的比较。

表 3-5 云杉三种机械浆的比较

纸浆	SGW	RMP	TMP	纸浆	SGW	RMP	TMP
能耗/(MJ/kg)	5.0	6.4	7.0	伸长率/%	1.2	1.8	2.7
耐破指数/(kPa·m²/g)	1.4	1.9	2.3	光散射系数/(m²/kg)	72	64	70
撕裂指数/(mN·m²/g)	4.1	7.5	9.0	Sommer ville 纤维束含量/%	30	2.0	0.5
松厚度/(cm³/g)	2.5	2.9	2.7	白度/%(SCAN)	61.5	59	58.5
+48 目组分/%*	28	50	55				

注：* 相对地表示长纤维组分。

TMP 在纤维形态上，保留了较多的中长纤维组分，其碎片含量也远较 SGW 及 RMP 低；在强度性能上较 RMP 有较大改善，但其纤维较挺硬，柔韧性较低，纤维表面强度也不高；与 SGW 相比，TMP 松厚度较大；因此抄出的纸面较粗糙。TMP 的白度比 SGW 低，而与 RMP 接近；光散射系数略低于 SGW，但优于 RMP，总的来说，具有较好的光学性能。

（三）RTS TMP

为了降低 TMP 的磨浆能耗而又提高或保持纸浆的性能，国外对 TMP 生产工艺进行了改进，开发了 RTS RMP 法和 Thermopulp TMP 法。

Andritz 公司 20 世纪 80 年代的中间试验研究表明，提高磨盘转速可以显著降低 TMP 磨浆能耗。若干高转速 TMP 生产线于 90 年代初投入运行，发现高转速磨浆在节能的同时降低纸浆的纤维长度和撕裂强度。但是，如果仅在第一段磨浆时，在提高磨盘转速的同时提高磨浆温度并缩短纸浆在盘磨机的停留时间，就有可能保持纤维的长度，于是开发了 RTS TMP 新工艺。R 代表短停留时间（short retention time），T 代表高温（elevated temperature），S 表示高转速（high speed）。RTS 表示高温高速短停留时间的磨浆工艺，磨盘转速提高到 2000～2500r/min，蒸汽压力升高到 0.55～0.66MPa，停留时间缩短至 10～20s，短时间的高温选择性增加次生壁的温度而不增加胞层间的温度，有利于纤维的分离和细纤维化。第一条 RTS TMP 生产线于 1996 年在瑞士的 Perlen 造纸公司投入运行，表明 RTS TMP 法可以降低 15% 的能耗，而且在相同的游离度下，纸浆强度略高，纤维束较少，而光散射系数和白度有所提高。图 3-25 为 RTS TMP 生产流程，表 3-6 为用于抄造新闻纸的 TMP 和 RTS TMP 的比较。

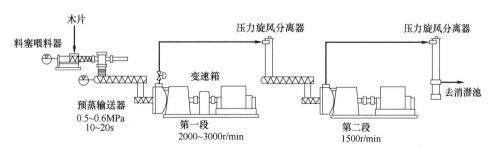

图 3-25 Andritz RTS TMP 生产流程

（四）Thermopulp TMP

20 世纪 90 年代中期，Metso（原 Sunds Defibrator）公司开发了 Theromopulp TMP（热制浆）法，已有几条生产线在欧洲和北美运行。在两段磨浆中，第一段是在相对较低的温度下磨浆（根据避免在胞间层分离的理论），压力和温度在进入第二段磨浆前升高到 0.6～

表 3-6			用于抄造新闻纸的 TMP 和 RTS TMP 的比较			
纸浆	TMP	RTS TMP	纸浆	TMP	RTS TMP
加拿大游离度/mL	90	90	抗张能量吸收/(J/m²)	47.1	49.7
比能耗/(kW·h/t)	2198	1878	纤维束/%	0.2	0.13
松厚度/(cm³/g)	2.38	2.38	不透明度/%	93.5	93.4
耐破指数/(kPa·m²/g)	2.8	2.9	光散射系数/(m²/kg)	55.9	58.2
撕裂指数/(mN·m²/g)	9.5	9.5	白度/%ISO	59.8	61.5
抗张指数/(Nm/g)	46.6	47.2			

0.7MPa 和 160～170℃，有报道称可节能 10％～20％。这可解释为在高温下纤维壁的分裂较多以及由于压缩蒸汽和较软的纤维使盘磨间隙减小。图 3-26 为 Thermopulp TMP 生产流程。表 3-7 为工厂生产的标准两段磨浆 TMP 和 Thermopulp TMP 的比较。从表中看出，在相近的 CSF 条件下，Thermopulp TMP 的单位能耗要低很多，而纸浆性质基本相同。在高温下的停留时间很短（仅几秒钟），以免纸浆的白度损失。此外，温度过高除了导致白度降低外，也增加溶出物的量，这会降低纸浆强度。因此，Thermopulp 磨浆的温度不应高于 170℃。

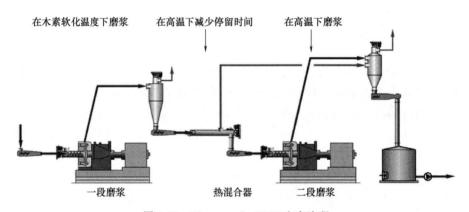

图 3-26　Thermopulp TMP 生产流程

表 3-7			工厂生产的 TMP 和 Thermopulp TMP 的比较		
纸浆	TMP	Thermopulp	纸浆	TMP	Thermopulp
游离度/mL	180	160	撕裂指数/(mN·m²/g)	9.8	9.6
比能耗/(MW·h/t)	2.15	1.75	光散射系数/(m²/g)	54.3	54.8
抗张指数/(Nm/g)	37.5	37.1	白度/%ISO	55.1	54.5

（五）蔗渣 TMP

国内进行了蔗渣 TMP 的试验研究，试验流程为：

蔗渣→水力碎浆机→跳筛→连续蒸煮器（预热器）→热磨机（ϕ450mm，55kW）→螺旋压榨机→1# 高浓磨浆机（ϕ600mm，115kW）→浆池→振框式平筛（ϕ3mm 孔）→圆网脱水机→浆池

采用水力碎浆机和跳筛对蔗渣进行湿法除髓，不仅可以除髓（除髓率一般为 25％～30％），而且能有效地除去尘埃、泥沙、煤灰等杂质，并除去水溶物，净化效果较好。

热磨系统由预热器和热磨机组成。蔗渣在预热器中的停留时间为 10～15min，蒸汽压力 0.2MPa。由于设备上的限制，热磨浓度只能达到 7％～10％，虽未能充分发挥热磨作用，但仍能将蔗渣离解成纤维。

高浓磨浆由两台 $\phi 600mm$ 盘磨机串联而成，磨浆浓度 $15\%\sim25\%$，采用砂轮磨盘。由于砂轮表面具有尖锐的小颗粒磨料，表面粗糙，对纤维起到良好的撕碎和离解作用。砂轮磨盘设计时，进料区和初磨区应采用较大的锥度，较宽的齿条。

经一段热磨和两段高浓磨浆，蔗渣 TMP 的打浆度为 $50\sim70°SR$，裂断长 $900\sim1750m$，湿强度约 $60g/30mm$，筛前浆料得率 89%，三段磨浆总电耗为 $1200\sim1700kW\cdot h/t$，浆料白度 $25\%\sim30\%$ SBD。

印度南部的 Tamil Nadu 造纸厂采用水力碎浆机、高浓除渣器、水洗器组成的湿法除髓系统，对蔗渣除髓后用于生产 TMP，其主要流程为：

湿法除髓蔗渣→螺旋给料器→压力盘磨机→旋风分离器→消潜池→筛选→净化→浓缩→TMP

该厂的蔗渣 TMP 生产线有 2 台并联的 54 英寸 Beloit Jones 压力盘磨机，功率 4500kW，生产能力为 110 绝干/(d·台)，出浆浓度 30%，得率 95%，能耗为 $1080\sim1260kW\cdot h/t$。表 3-8 为蔗渣 TMP 的主要性质。以 50% 蔗渣化学浆和 50% 蔗渣 TMP 或 50% 蔗渣 TMP 与 35% 蔗渣化学浆和 15% 桉木化学浆配抄出合格的新闻纸。

表 3-8 　　　　　　　　　　　　　　　　　**蔗渣 TMP 的性质**

项目	单位	数值	项目	单位	数值
游离度	mL	182	撕裂指数	$mN\cdot m^2/g$	3.73
松厚度	cm^3/g	3.31	白度	%ISO	43.50
抗张指数	Nm/g	21.77	不透明度	%	95.90
耐破指数	$kPa\cdot m^2/g$	0.78	光散射系数	m^2/kg	46.00

四、其他盘磨机械法制浆（Bio-MP）

生物机械浆（Bio-MP）是以微生物或酶预处理纤维原料，然后再进行机械处理的制浆方法。用生物预处理代替化学预处理，利用木质纤维降解菌或酶作用于纤维原料，有选择性地降解原料中部分木素或改变木素结构，从而有利于纤维的分离，达到改善纸浆品质、降低能耗、减轻污染的目的。可以降解木素的微生物很多，最主要的是担子菌类，如白腐菌类。

生物机械法制浆时，白腐菌预处理虽然对木质纤维进行了部分降解，但并未对复合胞间层的木素大量脱除，木素部分降解的结果使纤维细胞壁结构变得疏松，并有碎解现象出现，从而使后续机械磨浆时分离出带状纤维，纤维平均长度增加。表 3-9 为杨木不同制浆方法所得纸浆的筛分结果。从表中可以看出与 SGW、RMP 和 TMP 相比，Bio-TMP 有较多的长纤维组分（R28＋28/48），而通过 200 目的短纤维则少得多。

表 3-9 　　　　　　　　　　　**杨木不同制浆方法所得纸浆的 Bauer-McNett 筛分结果**

纸浆种类	游离度/mL	R28%	28/48%	48/100%	100/200%	P200%
SGW	115	0.70	7.15	2.15	48.05	41.95
RMP	110	6.45	27.90	24.00	17.65	24.00
TMP	111	8.40	25.10	25.60	8.60	32.00
Bio-TMP	100	5.30	60.00	24.00	7.25	3.45
CTMP	120	22.15	28.00	20.00	8.85	21.00
NSSC	230	9.20	34.50	28.10	8.10	19.80
KP	315	9.20	45.90	24.90	6.75	13.25

注：R—retained，留着；P—passed，通过。

生物机械浆在相同游离度的情况下，其强度性能高于未经生物处理的机械浆。用 *Dichomitus squalens* 和 *Phanerochaete chrysosporium* 处理杨木片，制得的生物机械浆的抗张指数增加 40%～70%，撕裂指数和耐破指数增加幅度更大，光散射系数和纸浆白度却有所降低，不透明度略有提高。用白腐菌 *C. subvevmispora* 处理火炬松木片，制得的生物机械浆的撕裂指数增加 47%～60%，耐破指数增加 33%～46%；桦木、黑云杉、挪威松和加勒比松制得的生物机械浆，也有类似的结果。

表 3-10 为杨木、火炬松和挪威松的生物机械浆的物理性能。

表 3-10 生物机械浆的物理性能

物理性能	杨木			火炬松		挪威松	
	对照	*D. squalens* 处理 24d	*P. chrysosporium* 处理 42d	对照	*C. subvermispora* 处理 28d	对照	*C. subvermisproa* 处理 15d
游离度/mL	90	85	95	100	100	100	100
耐破指数/(kPa·m²/g)	0.35	1.21	0.75	0.66	0.93	—	—
撕裂指数/(mN·m²/g)	1.69	4.30	2.14	2.18	3.36	5.4	5.1
抗张指数/(N·m/g)	21.3	36.6	30.6	22.2	23.0	33.9	37.8
紧度/(kg/m³)	408	382	405	404	382	398	43
白度/%ISO	51.4	39.7	40.7	45.6	36.1	54.7	41.9
不透明度/%	96.8	97.1	98.5	95.6	94.7	—	—
光散射系数/(m²/kg)	59.0	45.7	54.2	44.1	32.1	50.0	43.6

由于白腐菌在处理木质纤维的过程中，细胞新陈代谢会导致一些色素物质的合成，或者由于降解产物的影响，使生物机械浆的白度降低了。不过，有研究表明，生物机械浆的可漂性提高，在其后续漂白过程中，白度有较快的增加。杨木和黑云杉经 *D. sguatens* 处理所得的生物机械浆与未经白腐菌处理的机械浆用 3% 的 H_2O_2 漂白，杨木 RMP 和 Bio-TMP 白度分别从 63.4%ISO 增加到 81.0%ISO 和从 44.8%ISO 增加到 72.6%ISO，黑云杉的 RMP 和 Bio-TMP 的白度分别从 59.5%ISO 增加到 75.7%ISO 和从 30.7%ISO 增加至 58.6%ISO；但用 *P. chrysosporium* 处理的白度为 40.7%ISO 的杨木生物机械浆用 2% H_2O_2 可漂白至 58.1%ISO，与之对照的机械浆白度只从 51.4%ISO 提高到 58.1%ISO，两者漂白后白度相同。白腐菌 IZU-154 处理的山毛榉生物机械浆的漂白性能明显优于机械浆，如白度 40.8%ISO 的 RMP 和 38.14%ISO 的 Bio-RMP 用 2% H_2O_2 漂白，白度分别达到 64.7%ISO 和 67.4%ISO。因此，生物机械浆的低白度可通过后续化学漂白得到补偿。

用白腐菌 *P. chnysosporium* 和 *Phtebia tremettosa* 处理所得的杨木 Bio-TMP 其性质与杨木 SGW、RMP、TMP、CTMP、NSSC 和 KP 浆性质的比较如表 3-11 所示。从表中看出，Bio-TMP 的强度性能优先于 SGW、RMP 和 TMP，抗张指数提高 6.67%～14.29%，撕裂指数提高 21%～142%，耐破指数增加约一倍；不透明度与 SGW、RMP、CTMP、NSSC 和 TMP 相同，高于 CTMP、NSSC 和 KP，光散射系数高于 NSSC 和 KP，低于 SGW、RMP 和 TMP，与 CTMP 相近。

生物机械制浆除了可以提高纸浆的强度性能之外，还能显著降低机械磨浆时的能量消耗。采用 *Phtebia bresvispora* 和 *Htebia subseriatis* 等菌种在静置式生化反应器中处理木片 28d 后，在 ϕ300mm 盘磨机上磨解至游离度 100mL，可减少 40%～45% 的能量消耗；而采用 *P. chrysosporium* 在转鼓式生化反应器预处理木片，可降低 38% 的能耗。采用白腐菌

IZU-154 处理粗磨后的山毛榉机械浆 7d，可使后续磨浆能耗降低 1/3～1/2，强度性质也得以改善。

表 3-11 不同制浆方法所得纸浆抄造纸页（60g/m²）的物理性能

纸浆种类	得率/%	游离度/mL	耐破指数/(kPa·m²/g)	撕裂指数/(mN·m²/g)
SGW	95	115	0.01	1.9
RMP	95	110	0.92	2.0
TMP	95	111	1.0	3.8
Bio-TMP	95	100	2.0	4.6
CTMP	94	120	2.1	6.7
NSSC	76	230	5.5	4.8
KP	56	315	7.1	6.4
纸浆种类	抗张指数/(N·m/g)	紧度/(kg/m³)	白度/%ISO	不透明度/%	光散射系数/(m²/kg)
SGW	28	421	63	94	66
RMP	30	389	64	93	62
TMP	28	417	57	94	69
Bio-TMP	32	402	42	95	40
CTMP	47	499	60	84	48
NSSC	106	717	43	62	14
KP	116	773	31	82	18

国内进行了蔗渣生物预处理机械法制浆的研究。采用白腐菌 *P.chrysosporium* 和 HG-XO3（一株从自然界筛选分离出的具有木素降解能力的白腐菌）降解甘蔗渣，培养温度（39±1）℃和 30℃，相对湿度（85±5）%，培养时间分别为 14d 和 28d。真菌处理后的甘蔗渣用 GNM-300 高浓磨浆机磨解，Ⅰ、Ⅱ、Ⅲ、Ⅳ段磨浆的磨盘间隙分别为 0.70mm、0.30mm、0.10mm 和 0.10mm，进一步磨浆处理采用 PFI 磨浆机。

研究结构表明，采用白腐菌处理甘蔗渣，可以有效地降解木素，培养 14d 和 28d，*P.chrysosporium* 可使甘蔗渣原料的木素降解 19.5% 和 26.3%，HG-XO3 可使木素降解 15.2% 和 22.7%。真菌处理使得原料组织结构松弛，磨浆时纤维易于分离。两种白腐菌预处理所得机械浆的 PFI 磨浆转数与打浆度变化情况如图 3-27 所示。未经真菌处理的甘蔗渣机械浆打浆度增加较慢，而且纤维很硬，磨浆时易于产生碎屑；真菌处理后所得生物机械浆的打浆度明显增加，纤维比较柔软。相同磨浆转数时，生物机械浆的打浆度明显高于机械浆，或者说达到相同的打浆度时，生物机械浆度所需的磨浆转数明显少于机械浆，说明生物处理降低了磨浆能耗。

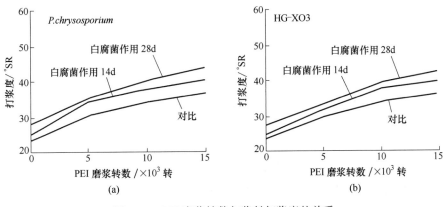

图 3-27 PFI 磨浆转数与浆料打浆度的关系

表 3-12   甘蔗渣生物机械浆抄造纸页的强度和光学性能

物理性能	未经真菌处理	*P. chrysosporium*		HG-XO3	
		处理 14d	处理 28d	处理 14d	处理 28d
打浆度/°SR	36.5	38.5	40.5	38.0	42.0
紧度/(kg/m³)	318	326	343	329	338
抗张指数/(N·m/g)	3.63	10.36	12.60	9.65	10.57
撕裂指数/(mN/m²/g)	1.68	2.08	2.40	1.92	2.31
耐破指数/(kPa·m²/g)	0.45	0.92	1.14	0.90	1.02
白度/%ISO	37.2	29.0	28.5	31.2	29.5
不透明度/%	98.0	98.0	96.4	96.8	96.8
光散射系数/(m²/kg)	38.67	32.69	30.60	33.15	30.28

表 3-12 为甘蔗渣生物机械浆抄造纸页的强度和光学性能。与未经生物处理的对照浆相比，生物机械浆抄造纸页的强度性能明显改善。这可归因于真菌处理过程中部分木素的降解及由此产生的纤维细胞壁结构松弛，有利于磨浆时纤维的解离以及细纤维化的发展，从而有助于形成纸页时纤维之间的交织和结合。真菌的种属或菌株不同，生物机械浆强度性能改善的情况存在明显差异，*P. chrysosporium* 预处理较之 HG-XO3 预处理所得的生物机械浆的强度性能要好。真菌处理后白度明显降低，这是由于黑色素的产生以及木素和碳水化合物降解产物的影响，但白度的降低可以通过后续的 H_2O_2 漂白得到恢复。由于生物处理改善了纤维的柔软性及纤维之间的交织与结合，减少了纸页结构的散射界面，纸页的光散射系数减少，而不透明度没有明显变化。

第三节　化学机械法制浆

化学机械法制浆是 CTMP、APMP、SCMP 等的统称，是一种兼有化学和机械处理制浆的方法。由于化学机械浆具有得率高、强度好、污染负荷轻、生产成本低等优点，因此自 20 世纪 80 年代以来，有了较快的发展。

一、化学热磨机械法制浆（CTMP）

化学热磨机械浆（CTMP）生产工艺包括温和的化学处理和机械磨浆两个过程以达到木质纤维的分离，并进一步达到抄造纸和纸板所必需的浆料特性。

（一）CTMP 生产流程

CTMP 是在 TMP 的基础上发展出来的，CTMP 与 TMP 的主要不同，在于增加了化学预浸段，其主要流程和工艺条件可概括为：

木片$\longrightarrow$洗涤$\longrightarrow$化学预浸$\longrightarrow$蒸汽预热$\longrightarrow$磨浆（一段或两段）$\longrightarrow$未漂浆

针叶木：$1\%\sim6\%Na_2SO_3$ $120\sim130℃$，$2\sim5min$ 得率 $91\%\sim96\%$

阔叶木：$0\%\sim3\%Na_2SO_3$ $60\sim120℃$，$0\sim30min$ 得率 $85\%\sim95\%$

           $2\%\sim5\%NaOH$

图 3-28 为针叶木纸板级 CTMP 生产线流程图。

图 3-29 为有代表性的生产 BCTMP 的工艺流程图。该生产线含木片化学预浸、预热、两段磨浆、消潜、粗渣再磨、筛选净化、两段漂白及压榨脱水、高浓储浆等设备，以阔叶木为原料，生产漂白化学热磨机械浆。

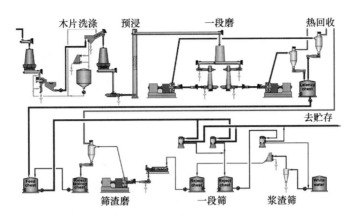

图 3-28　Metso 针叶木纸板级 CTMP 生产线

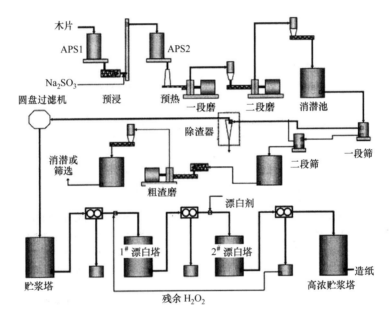

图 3-29　有代表性的 BCTMP 工艺流程简图

用于化学预浸渍的设备有 Prex 预浸器和双螺杆挤压机（Bi-Vis）如图 3-30 所示。这两种设备，都是使木片受到压缩并挤出部分水分，然后膨胀以吸收预浸药液。不管木片初始的水分多少，都可使木片水分均衡，实现更为均匀的预浸。

（二）CTMP 的化学处理

1. 化学处理的目的和任务

化学处理的目的，一是在保证提高纸浆得率的基础上，制造出能满足某些产品性能（包括物理强度和光学性能）的高得率纸浆；二是为了降低生产成本，少用或不用高价的长纤维化学浆；三是开辟制浆原料来源，充分利用其他制浆方法不太适宜或较少使用的阔叶木，特别是蓄量较大的中等密度的阔叶木；四是软化纤维，为提高强度，减少碎片，改善质量创造条件。此外，通过化学处理还可节约磨浆能耗，延长磨浆设备的齿盘或盘石的寿命等。

化学处理的主要任务是实现纤维的软化。木材软化后，能较多地分离出完整的纤维，使长纤维组分增加。而软化后的纤维，有助于降低磨浆能耗，提高浆的强度。但是软化要适

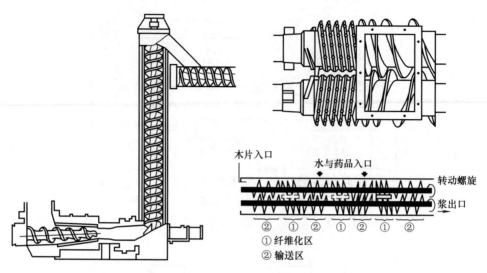

木片入口　水与药品入口　转动螺旋

浆出口

② ① ② ① ② ① ②
①纤维化区
②输送区

图 3-30　Prex 预浸器和双螺杆挤压机

当，如过度软化，表面被木素包覆的纤维增多，会给下阶段磨浆造成困难。化学处理软化木片，与热处理软化木片的根本区别在于热处理软化木片是可逆过程，其木素的软化是暂时的，冷却后又会复原，而化学处理对木素的软化是不可逆的，不会复原，因此是永久性的。一般认为，使用化学处理软化木片优于热处理方法，而经化学处理后，再经热处理，可进一步提高软化的效果。

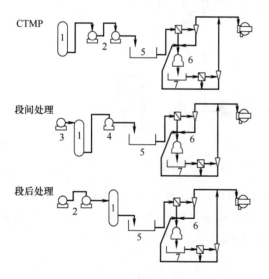

图 3-31　CTMP 化学处理方式
1—反应器　2—加压一级和二级盘磨　3—加压
一级盘磨　4—大气压二级盘磨　5—消潜浆池
6—大气压浆渣盘磨　7—浆渣池

化学处理所用化学药品，一般为氢氧化钠、亚硫酸钠及碳酸钠。化学处理的方式，最基本的是在磨浆前对木片进行温和的化学处理，此外，也有在段间及段后进行化学处理的，如图 3-31 所示。

2. 化学处理的作用原理

化学处理对木片的基本作用主要有两个：木材纤维的润胀与木素的改性。

（1）木材纤维的润胀

木材是一种黏弹性物质，表征木材物理特性的刚性率（G）与内摩擦因数（μ），与木材纤维的软化程度密切相关。经化学处理的木材，G 值变小，单位力作用时变形增大，即木材纤维变软，G 值越小，纤维越软；同时内摩擦 μ 增大，即 G 值关系到能否分离完整的纤维细胞，而 μ 值关系到细纤维化的程度。图 3-32 表明云杉在经化学处理前后 G 值与 μ 值的变化情况。

由图 3-32 可见，在相同的热处理温度下，经化学处理的木材，G 值均较未经化学处理时为小；在最大 μ 值所对应的温度（软化点）进行化学处理后，G 值也明显降低。

木材的软化，实质上是组成纤维的木素与半纤维素的软化，而木素与半纤维素的软化点，又受水分含量的影响，半纤维素的软化温度，在无水条件下为210℃，在含水60％下可降至20℃；木素的软化温度与水分含量的关系如图3-33所示。

由于化学处理在碱性介质中进行，半纤维素所含的乙酰基，在碱作用下，生成乙酸钠而溶解，加之一些易溶于碱的糖醛酸类低聚物的溶出，在细胞壁与胞间层表面，形成小孔隙，使水更易于进入纤维组织内部；而木素的弱酸性基团与碱作用，形成离子，也增大了其吸水能力。这样，碱与木素及半纤维素的作用，增大了木材的水分含量，促进了纤维润胀，增大了纤维的柔软性，降低了软化温度，为磨浆时的纤维离解，创造了更有利的条件。

（2）木素的化学改性

在亚硫酸钠化学处理的温和条件下，不能导致木素结构的广泛裂解，其主要反应在于木素的磺化。磺酸基取代木素结构中的羟基后，在木素分子中引入了强亲水基，使木素吸收更多的水，从而使纤维产生永久性软化。木素的软化温度，随木素磺化度的增加而呈直线下降。未磺化的木素，其软化温度在120～135℃，随磺化度的提高，木素的软化温度可降至70～90℃。木素的亲水性增大，木素的热塑性也增大，在磨浆时，易于使纤维离解，并使纤维完整程度增大，细纤维化程度高，纤维结合强度好。图3-34至图3-36表明了木片磺化度与浆纤维长度（L因子）、浆比表面积及抗张强度的关系。

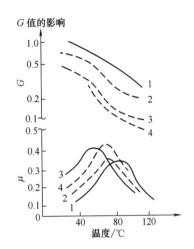

图3-32　化学处理对云杉
G 值和 μ 值的影响
1—未化学处理　2—过氧化氢处理　3—亚硫酸氢盐处理　4—硫酸盐蒸煮液处理

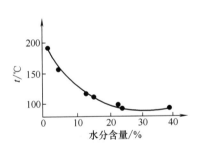

图3-33　木素软化温度与含水量关系

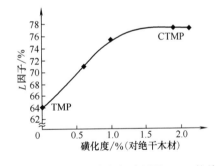

图3-34　木片磺化度与长度因子（L）的关系

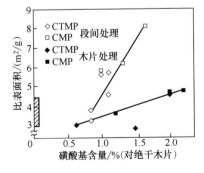

图3-35　磺化度与浆比表面积的关系

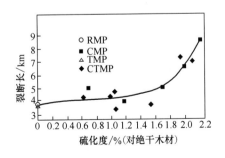

图3-36　磺化度与裂断长关系

（三）CTMP 生产的主要影响因素

1. 原料

木材的种类和材质对 CTMP 生产有重要的影响，针叶木和阔叶木生产的 CTMP 性质有明显的不同。木材水分对质量也有很大影响，木材水分低于饱和点时，纸浆中长纤维含量要减少，纤维束增加，浆强度下降。因此，生产中应尽可能使用新鲜木。木片中混杂的树皮、腐朽木和木节，都会造成纸浆中尘埃增加，白度下降，强度也会降低，木片中的砂石会影响磨盘的寿命。因此，应尽可能做好备料。

2. 预汽蒸和挤压程度

为了取得良好的预浸渍效果，木片在预浸渍之前，必须进行预汽蒸，然后进行挤压疏解。

（1）预汽蒸

为了取得良好的预浸渍效果，木片在预浸渍之前，必须进行预汽蒸。其目的是为了排除木片中的空气，同时提高木片的温度并使之稳定。这样木片在进入预浸渍器后，可以很快吸收药液，增加木片中的水分含量。而较高的木片温度，省却了木片在预浸渍器中的升温时间，可使木片立即开始与药液反应。

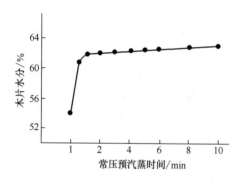

图 3-37　预汽蒸时间对木片吸收液量的影响

木片的预汽蒸，是在常压下进行的，预汽蒸时间对木片化学预浸渍时吸收药液量有一定影响。图 3-37 表明了在规定的化学预浸渍时间内（2min），不同的预汽蒸时间，对木片吸收药液量的影响。由图可见，在常压预渍 1min 以内，木片吸液量急剧提高，1min 后吸收速率显著降低，呈缓慢增长。因此，生产中预汽蒸时间应在 10min 以内。

（2）木片挤压程度

由于木片厚薄不均匀，在预汽蒸时排除的空气也不均匀，会影响到木片吸收药液的均匀性。为了能保证药液对木片均匀浸透，木片必须经挤压后才进入预浸渍器。木片的挤压是由进料螺旋实现的，进料螺旋的压缩比，是控制挤压程度的关键参数。由图 3-38 可以看到，木片体积中，空气占了绝大部分，其次是水分，而固体木片占最小比例。当进料螺旋压缩比为 1∶1 时，仅起到输送作用，而丝毫不产生挤压作用。当进料螺旋压缩比提高到 2∶1 时，压缩的木片形成料塞，可以起到密封作用。当进料螺旋压缩比提高到 2.5∶1 时，木片的体积已与固体木材相似，附在木片表面的空气和水分已除去。为了进一步除去木片内的空气和部分水分，以促进药液的吸收，压缩比必须提高到 4∶1 以上，才能使进入预浸渍器的木片吸收更多的药液，同时有利于均匀浸透。

3. 预浸渍工艺

（1）化学预浸渍

化学预浸渍是 CTMP 的主要特征，也是生产 CTMP 的关键工艺。

在温和的条件下，化学处理的主要作用是使纤维软化，木材软化后，能较多地分离出完整的纤维，使长纤维组分增加。而软化后的纤维，有助于降低磨浆

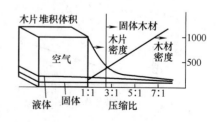

图 3-38　木片压缩比曲线

能耗，提高浆的强度。

预浸渍用的化学药品一般为亚硫酸钠和氢氧化钠。亚硫酸钠的主要作用是使木素磺化，在木素分子中引入强亲水性基团——磺酸基。木素的软化温度，随木素磺化度的增加而呈直线下降。木素的亲水性增大，其热塑性也增大，磨浆时纤维易于离解，并使纤维完整程度增大，细纤维化程度高，纤维结合强度好。氢氧化钠是一种很好的润胀剂和软化剂。在碱作用下，半纤维素所含的乙酰基脱除，一些易溶于碱的糖醛酸类低聚物也溶出，在细胞壁与胞间层表面形成小空隙，使水更易进入纤维组织内部；木素的弱酸性基团与碱作用，形成离子，也增大了其吸水能力。这样，碱与木素及半纤维素的作用，促进了纤维的润胀和软化，为磨浆时纤维的离解和细纤维化，创造了有利的条件。

图 3-39、图 3-40 为 NaOH 加入量对杨木 CTMP 质量的影响。可以看出，随 NaOH 用量的增加，单位磨浆能耗和浆中纤维束含量降低，而抗张指数上升。NaOH 用量的增加也使纸浆白度和光散射系数下降。

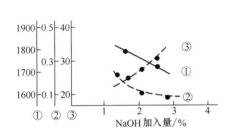

图 3-39　NaOH 加入量对杨木 CTMP 质量影响
①磨浆电耗/(kW·h/t 风干浆)　②纤维束含量/%
③抗张指数/(N·m/g)

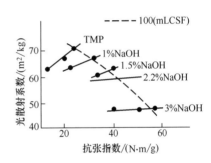

图 3-40　NaOH 不同加入量时杨木
CTMP 光散射系数与抗张指数
关系（Na_2SO_3 用量为 3%）

亚硫酸钠用量多少，影响木片磺化度大小，而纸浆强度随磺化度的增加（尤其是磺化度＞1.2% 时）而提高，如图 3-41 所示。磺化度的大小对纸浆的白度、光吸收系数和光散射系数，也产生不同的影响，如图 3-42 所示，随磺化度（浆中硫含量）的增加，纸浆的白度提高，而光吸收系数和光散射系数都急剧下降。

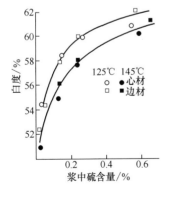

图 3-41　磺化度与未漂浆白度关系

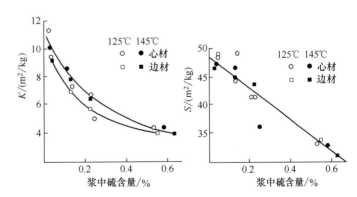

图 3-42　磺化度对未漂浆光吸收系数 K 和光散射系数 S 的影响

预浸渍处理时，pH 对磺化度及纸浆白度有影响，如图 3-43 所示。由图可以看出，随磺化 pH 的升高，浆的磺化度呈线性增长，而未漂浆的白度，随 pH 升高先升后降，在 pH＝

7.5 时出现峰值。图 3-44 表明 pH 对 H_2O_2 漂白浆白度的影响。由图可见，对于制得的 CT-MP，在 H_2O_2 用量一定时，磺化 pH＝7.5 时，漂白浆白度最高，pH 升高或降低，都导致漂白浆白度的下降。

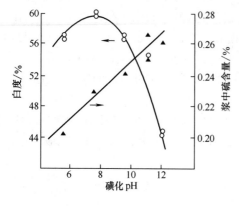

图 3-43　磺化 pH 对未漂浆白度及磺化度的影响　　图 3-44　磺化 pH 对 H_2O_2 漂后纸浆白度的影响

（2）预浸渍温度

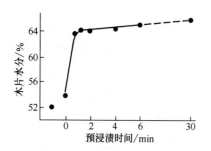

图 3-45　预浸渍时间与木片吸液量关系

预浸渍的温度，视不同材种与设备而定，针叶材一般为 120～135℃，阔叶材一般为 60～120℃。预浸渍时间一般为 2～5min。图 3-45 表明了预浸渍时间与木片吸液量的关系。由图可见，预汽蒸后，又经挤压的木片，容易吸收药液，在预浸渍 2～3min 后，木片吸液量已达到饱和，进一步延长浸渍时间，木片吸收液量也不会产生大的变化。

4. 磨浆工艺

磨浆工艺是影响 CTMP 纸浆性能的主要因素之一。磨盘特性、磨盘间隙、磨浆浓度、磨浆温度（或压力）、磨浆能耗等均能影响 CTMP 的产量和质量，应合理调节和控制。

（四）CTMP 的主要特性

CTMP 结合了化学浆和机械浆各自的优点，既有很高的得率，又有较好的柔软性和强度。由于木片经过化学处理，即使在高游离度下，筛渣的含量也很少，长纤维级分比 TMP 多；与漂白硫酸盐浆等化学浆相比，它能在高松厚度下达到一定的强度，有利于改善产品的某些性能，如纸板的良好松厚度，卫生纸的高吸水性，印刷纸的挺度等。

与 TMP 相比，CTMP 具有以下优点：a. 长纤维组分多，纤维束少；b. 具有较好的柔韧性，主要表现在具有较大的紧密性，改善了抗张强度与撕裂强度；c. 可漂性得到改善，白度较高；d. 树脂易于脱除，因为在碱性条件下，磨浆时树脂组分得到很好分离，在后续的洗涤中极易除去。这种性能，对于绒毛浆的生产及薄纸的抄造，是很重要的。表 3-13 为云杉和白杨 CTMP 与 TMP 性质比较。

不同用途的针叶木 CTMP，其游离度和纸浆性质有较大的不同，如表 3-14 所示。表 3-15 为新闻纸用杨木 CTMP 的性质。

我国山东某厂以杨木为原料，生产 BCTMP 配抄印刷纸，其工艺条件与纸浆质量如下：

表 3-13　　　　　　　　　**云杉和杨木 CTMP 与 TMP 性质的比较**

树　种	云　杉			杨　木		
方　法	TMP	CTMP	CTMP	TMP	CTMP	CTMP
Na₂SO₃含量/%	0	1.7	4.6	0	1.8	2.0
NaOH 含量/%	0	0	0	0	1.2	4.0
比能耗/(kW·h/t)	1980	2150	2300	—	—	—
游离度/mL	100	100	100	100	100	100
紧度/(kg/m³)	405	438	445	365	409	545
耐破指数/(kPa·m²/g)	2.35	2.55	2.90	0.9	1.6	2.6
抗张指数/(N·m/g)	42	52	54	2.3	39	51
撕裂指数/(mN·m²/g)	8.6	8.4	8.2	3.7	4.6	6.2
光散射系数/(m²/kg)	43.5	40.0	38.0	68.0	52.0	41.0
白度/%	53.0	56.5	57.0	58.0	61.0	49.5

表 3-14　　　　　　　　　　　**不同的针叶木 CTMP 的性质**

用　途	绒毛浆	卫生纸	纸板	新闻纸	LWC
游离度/mL	650～700	350～500	250～500	80～100	40～50
纤维束含量/%	1.5	0.2	0.15	0.1	0.05
紧度/(kg/m³)	240～260	330～370	330～370	400～480	435
抗张指数/(N·m/g)	15～20	35～45	30～35	45～60	50
撕裂指数/(mN·m²/g)	5～8	8～12	7～10	8～9	6
DCM 抽出物/%	0.25	0.15	0.10	—	—

注：＊DCM—二氯甲烷；LWC—低定量涂布纸。

表 3-15　　　　　　　　　**新闻纸用杨木 CTMP 的性质（瑞典）**

项　目	未筛浆	筛后浆	项　目	未筛浆	筛后浆
加拿大游离度/mL	98	89	抗张指数/(N·m/g)	29.8	35
纤维束含量/%	0.37	0.32	干伸长率/%	1.6	1.6
湿纸抗张强度/(N·m)	58.1	72.2	撕裂指数/(mN·m²/g)	3.0	3.9
湿伸长率/%	6.7	4.8	白度/%	66.6	63.5
紧度/(kg·m³)	—	451	光散射系数/(m²/kg)	56.0	55.0

① 木片预处理条件。洗涤水温：65～75℃；预汽蒸温度及时间：70～80℃，15min 以上；化学药品加入量：Na₂SO₃ 0.3%～0.5%、NaOH 0.2%～0.5%；反应温度及时间：80～90℃，20min 以上。

② 磨浆条件。磨浆浓度：45%～50%；磨浆能耗：1000～1100kW·h/风干 t；游离度：400～500mLCSF；消潜浆池：浓度 4.6%，温度 70℃，时间 20～30min。

③ 漂白条件。漂白药品加入量：H₂O₂ 2.5%～3.0%；NaOH 1.5%～2.0%；Na₂SiO₃ 2.0%；DTPA 0.3%；漂白浆浓：10%；漂白温度：70℃；漂白时间：180～210min。

④ 浆质量特性。成浆白度：≥78.0%；成浆游离度：350～450mLCSF；撕裂指数：3.3～3.5mN·m²/g；抗张指数：20～22N·m/g；松厚度：2.7～3.2cm³/g；纤维束含量：＜0.08%。

二、碱性过氧化氢机械法制浆（APMP）

碱性过氧化氢机械浆（APMP）是在漂白化学热磨机械浆（BCTMP）的基础上发展起来的。20 世纪 80 年代，Andritz 公司开发了以碱性过氧化氢机械浆（APMP）为商品名的高得率浆生产方法，将制浆与漂白结合在一起同时完成。

（一）APMP 生产流程

APMP 的基本流程为：

洗后木片→一段螺旋挤压预浸→二段螺旋挤压预浸→一段常压磨浆→螺旋挤压→二段常压磨浆→消潜→筛选净化→多盘过滤机→高浓浆塔

该流程的特点是两段螺旋挤压、两段预浸和两段常压磨浆。与其他高得率制浆方法相比，APMP 的优点有：a. 制浆漂白合二为一，不需要专门的漂白车间，可以节省投资 25% 以上；b. 采用的高压缩比预浸螺旋挤压机（impressafiner）可挤出木片中大部分树脂和水溶出物；c. 常压磨浆可省去压力汽蒸系统；d. 磨浆前用碱预浸木片，在达到所需强度的前提下，可降低能耗，在某些情况下，能耗降低 40%；e. APMP 工艺过程没有使用 Na_2SO_3，废水中不含硫，废水的处理比较容易。

图 3-46 为典型的 APMP 的预浸和磨浆系统。洗后木片，在第一台常压预浸仓后，进入第一段预浸螺旋挤压机（或称螺旋压榨预浸器），其压缩比为 4：1，可将木片中的空气和多余水分及树脂等挤出，并将木片碾细，然后进入第一段浸渍器，泵入浸渍液。此段的浸渍液为第一段磨浆机后压榨脱水机的滤液，或此滤液补加部分新浸渍液，是一种弱的浸渍液。经第一段预浸后的木片，进入第二台常压汽蒸仓通汽加热浸渍液并与木片继续反应。由此汽蒸仓出来的物料，进入第二段预浸螺旋挤压机，将物料进一步挤压碾细，泵入配制的新浸渍液或新浸渍液加部分一段滤液的强浸渍液。经第二段浸渍后的物料，进入第三台常压预蒸仓，继续通汽进行化学反应。然后进入第一段磨浆机进行常压磨浆，磨后粗浆稀释后经洗涤压榨脱水，进入第二段磨浆机进行常压磨浆。磨后浆料消潜后送筛选系统。

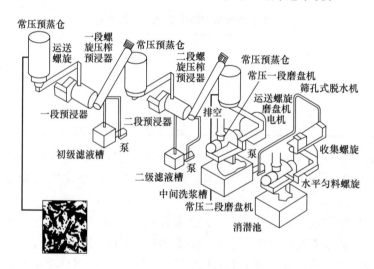

图 3-46　APMP 的预浸和磨浆系统

（二）APMP 制浆机理

APMP 制浆的最大特点就是将制浆和漂白合二为一，制浆的同时完成漂白过程。APMP 的制浆机理是 NaOH 和 H_2O_2 共同作用的结果。化学反应主要发生在预处理过程中，反应机理上 Cisneros 等认为，碱与木片中的半纤维素发生反应，纤维从 S_1 层与 S_2 层之间分离，而亚硫酸盐与木片中的木素发生反应，纤维从胞间层分离。分离的部位的不同形成了两种浆质量上的差异。

大量的研究表明，在预浸渍过程中 NaOH 的作用有两个方面：a. 保证预处理药液有一定的碱度，促使 H_2O_2 离解出氢过氧离子 HOO^-，充分发挥 H_2O_2 的漂白效果；b. 润涨和软化纤维，溶出某些抽提物及木材中的短链的半纤维素，并溶出小分子量的木素。

H_2O_2 的作用有三个：a. 在碱性条件下按下式进行分解 $H_2O_2+OH^-\rightarrow H_2O+HOO^-$，分解出的氢过氧离子与木素反应，改变木素发色基团的结构，如木素结构中的醌型，α-羰基结构，侧链上的共轭双键等，并氧化它们为无色的木素分子；b. 在漂白木素分子的同时，使木素大分子侧链断裂，变成小分子木素溶出；c. 向木素分子中引入羧基，增加木素亲水性，使木素软化，其作用与向木素中引入磺酸基类似。此外为防止过氧化氢的无效分解需加入稳定剂、保护剂和螯合剂 DTPA 或 EDTA 等。

对三倍体毛白杨 APMP 和 P-RC APMP 制浆工艺和机理的研究表明：

① 在 APMP 制浆中，挤压疏解能有效提高预处理效果。在 APMP 制浆的化学预处理中，NaOH 用量和 H_2O_2 用量是影响浆料质量的主要因素。NaOH 用量对浆的强度贡献较大，而 H_2O_2 用量对浆的白度贡献较大。NaOH 和 H_2O_2 的用量比及化学药品在段间的不同分配对浆的质量也有一定程度的影响。

② 与单段预处理浆相比，两段预处理浆具有较高的白度和裂断长，稍低的光散射系数和不透明度。传统 APMP 与 P-RC APMP 浆相比，传统 APMP 浆具有较高的紧度和物理强度，而 P-RC APMP 浆具有较高的松厚度和光学性能。

③ 增加 NaOH 用量能降低磨浆能耗，提高纤维平均长度和长纤维组分含量，降低细小纤维含量，纤维的柔软度增加。提高打浆度，纤维的粗度、平均长度下降，细小纤维含量增加，强度提高。磨浆过程中，伴随着纤维彼此分离及细纤维化过程，纤维受到一定程度的剪切、破损和纵裂，纤维的细纤维化是强度提高的主要原因。

④ 浆料化学成分分析表明，抽出物、木素和聚戊糖在制浆中均有不同程度的溶出，木素和聚戊糖的溶出是得率下降的主要原因。

⑤ 浆料红外光谱、红外差示光谱及二氧六环木素的红外和紫外光谱表明，在制浆过程中，原料中的乙酰基有较多溶出，木素中的酯键发生断裂，酚羟基含量降低，共轭羰基受到了破坏从而使白度升高，但同时也有部分新的羰基生成并最终保留在浆中。

（三）APMP 生产的主要影响因素

1. 木片挤压

预浸螺旋挤压机是生产 APMP 的关键设备，其对木片的挤压效果对浆的质量有重要的影响。这种高压缩比的螺旋挤压机将木片中空气、树脂和部分水分挤出，并将木片碾细，结构变得疏松，出挤压机后蓬松的木片易于吸收浸渍液并与之反应。经过充分挤压的木片，不仅可以充分均匀地吸收化学药液，提高处理的效果，还能起到节省药品用量、缩短反应时间的作用。研究表明，用于 APMP 的螺旋挤压机较适宜的压缩比为 4 : 1。

2. 化学预浸

用于化学预浸的化学品为 NaOH 和 H_2O_2，同时加入部分助剂。NaOH 和 H_2O_2 用量是影响质量的主要因素。NaOH 用量（尤其是第一段预浸的 NaOH 用量）与纸浆的物理强度和磨浆能耗有较大的关系，增加 NaOH 用量，浆的物理强度提高，而白度和得率下降，磨浆能耗也减少。H_2O_2 用量（尤其是第二段预浸的 H_2O_2 用量）与纸浆的最终白度有较大的关系，增加 H_2O_2 用量，纸浆白度提高，松厚度有所提高，强度有所降低，而对浆的得率影响甚小。加入适量的整合剂（EDTA 或 DTPA）和保护剂（Na_2SiO_3 和 $MgSO_4$）对稳定 H_2O_2 提高纸浆白度有显著的作用。

预浸渍的温度，为了不使 H_2O_2 受热分解，必须在 100℃ 以下，视原料种类不同而有所差别，一般为 60～80℃。预浸渍时间，应能保证原料浸渍均匀充分，并有合适的时间，一般为 30～60 min。

3. 磨浆

喂料速度、磨盘间隙、磨浆浓度等均会影响纸浆的质量。一般采用两段常压高浓磨浆时，第一段磨盘间隙大，浆浓较高（30%～35%）；第二段磨盘间隙较小，浆浓比第一段低些。成浆的游离度视纸种而不同。用于生产新闻纸和 SC 纸时，游离度一般控制在 100～150mL，生产 LWC 时，游离度范围为 50～100mL。

（四）APMP 的主要特性

杨木 APMP 特性及其与 BCTMP 的比较见表 3-16。由表中可以看出，杨木 APMP，无论是化学药品消耗，还是能耗，都较相应的 BCTMP 低，而在相同游离度下，杨木 APMP 的耐破、抗张和撕裂强度略高于 BCTMP。在相同的 H_2O_2 用量下，APMP 白度稍高于 BCTMP，不透明度和光散射系数也优于 BCTMP。而且 APMP 省去了漂白系统的投资，也省去了 Na_2SO_3 的消耗成本，因此，APMP 的成本低于 BCTMP。

表 3-16　　　　　　　　　　　　　　杨木 APMP 与 BCTMP 的比较

浆　　种	BCTMP	APMP	浆　　种	BCTMP	APMP
化学品用量%			耐破指数/(kPa·m²/g)	2.9	3.0
Na_2SO_3	1.4	0	撕裂指数/(mN·m²/g)	6.3	6.5
NaOH	1.8/4.3	5.8	抗张指数/(N·m/g)	58	60
H_2O_2	4.0	4.0	白度/%ISO	82.8	83.5
单位能耗/(kW·h/admt*)	1715	1120	不透明度/%	80	83.8
游离度/mL CSF	77	77	光散射系数/(m²/kg)	39	43
紧度/(kg/m³)	555	558			

注：* admt—风干公吨（air dry metric ton）。

表 3-17 为黑云杉 APMP 与 BCTMP 的比较。由表中看出，在相同白度下，APMP 与 BCTMP 在化学药品消耗、能耗、成浆的得率、强度等方面相差不大，APMP 并未显示出其优势。

表 3-17　　　　　　　　　　　　　　黑云杉 APMP 与 BCTMP 的比较

浆　　种	BCTMP	APMP	浆　　种	BCTMP	APMP
化学品用量/%			耐破指数/(kPa·m²/g)	3.4	3.2
Na_2SO_3	1.0	0	撕裂指数/(mN·m²/g)	9.9	9.7
NaOH	4.8	3.0/2.0	抗张指数/(N·m/g)	57	56
H_2O_2	5.1	1/3.7	白度/%ISO	80	80
单位能耗/(kW·h/admt)	1700	1700	光散射系数/(m²/kg)	47	50
游离度/mL CSF	245	244	纤维束(Pulmac* 缝 0.1mm)	0.6	0.1
紧度/(kg/m³)	445	457	得率/%	88	87

注：* Pulmac—Pulmac 纤维束分析仪测试结果。

（五）APMP 的发展——P-RC APMP

P-RC APMP 是在 APMP 基础上发展起来的一种高得率制浆工艺。P（Preconditioning）表示磨浆前的预处理，RC（Refiner Chemical）代表磨盘促进浆料的化学作用。Andritz 公司推出的 P-RC APMP 工艺有两个重要特性使其区别于 APMP 工艺：

① 木片在预浸段只经过 40～50℃ 温和的化学处理；

② 主要的漂白反应在一段磨及其后的高浓反应塔中进行，纸浆漂白代替了木片漂白。这样，可以克服 APMP 漂白不完全的不足。

P-RC APMP 的工艺流程示于图 3-47。该流程的主要特点有：设置两段木片挤压及预浸系统，增强了木片的挤压效果，提高了药液与木片反应的均匀性；两段常压磨浆，压力喷放，可减少纤维束含量；在一段磨喷放管中加入漂白化学药液，充分利用其高温高浓高压的条件，促进了药液与浆料的均匀混合，有利于浆料在高浓塔中的漂白反应，从而使药耗大大减少；漂液的多点加入有利于漂白工艺及成浆白度的控制；二段磨后增加了低浓磨浆系统，使成浆质量均匀，浆料游离度控制更灵活，工艺调控灵敏。加强化学作用，浆料向高强度、高白度方向发展；加强机械作用，浆料向高松厚度、高光散射系数方向发展。

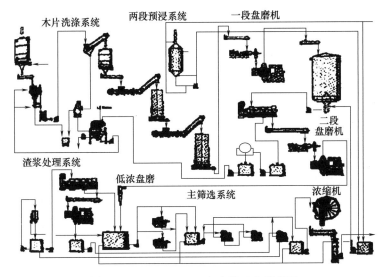

图 3-47　P-RC APMP 生产线工艺流程图

国内某厂意大利杨 P-RC APMP 生产线运行实践表明，浆料的打浆度高（游度度低），强度好。成浆打浆度可在 55～80°SR（加拿大游离度 80～150mL）范围内调节；裂断长平均 3200m 以上，最高达 6000m；成浆白度稳定在 78%～80% ISO，最高达 82% ISO；成浆光散射系数平均 45m^2/kg，最高达 54m^2/kg；在高裂断长情况下，保持高的松厚度，平均达 2.2cm^3/g，最高达 3.0cm^3/g；纤维束含量少，Pulmac（缝 0.1mm）纤维束平均为 0.1%，很多情况下接近零。

意大利杨 P-RC APMP 工艺，既可生产低白度（63%～65% ISO）、高游离度（100mL 左右）的新闻纸浆料，也可以生产高白度（78%～82% ISO）、低游离度（60～80mL 左右）的 LWC 浆料。PRC APMP 浆料还可以配抄各种文化用纸或作为芯浆配抄高档包装纸板。平均磨浆能耗低于 1500kW·h/风干。

国内进行了混合阔叶木（柞木、水曲柳、桦木等）PRC APMP 的研究。两段预浸渍的 NaOH 总用量为 6.0%，H$_2$O$_2$ 总用量为 5.0%；当磨后打浆度为 50°SR 时，制得的浆料的白度为 74.8% ISO，抗张指数为 43.66N·m/g，撕裂指数为 3.4mN·m^2/g。

三、其他化学机械法制浆（SCMP、Bio-CMP）

（一）磺化化学机械浆（SCMP）

磺化化学机械浆（SCMP）是 20 世纪 70 年代开发的浆种，是在 CTMP 的基础上发展起来的。这种纸浆的生产方法是：把木片用亚硫酸钠药液蒸煮，使原料中的木素磺化、润胀而不溶解，木片变得柔软，纤维容易解离，然后用盘磨机磨成纸浆。SCMP的生产过程与CT-MP的不同之处，在于木片受到比较强烈的化学处理，这和CMP的情况是一样的。实际上，SCMP是CMP的一种生产方法。

1. SCMP生产流程

SCMP一般生产流程为：

木片→木片洗涤器→木片预热器→蒸煮器（M&D斜管连续蒸煮器）→喷放器→螺旋压榨机→两段常压磨浆→筛选（成浆CSF300～400mL）

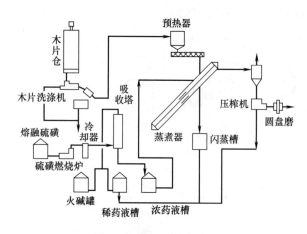

图3-48 SCMP生产流程

图3-48为有代表性的SCMP生产流程。

2. SCMP制浆原理

SCMP制浆的基本原理，是利用Na_2SO_3与木片进行磺化反应，使木片亲水性增大，产生永久性软化，从而提高了木片的塑性，在磨浆过程中，可以更完整的分离纤维及细纤维化，使纤维的柔软性与结合强度有较大的提高，可以获得最佳的撕裂度/抗张强度的关系。

木片的软化温度，随木素磺化度的增加而直线下降。在生产SCMP时，当磺化度低于1.2％时，仅胞间层的木素被磺化而软化，有助于纤维的完整离解；磺化度在1.2％～2.0％时，磺化反应将在纤维细胞壁中进行，在磨浆中才能有助于微细纤维的游离，产生细纤维化，从而提高浆的结合强度。

3. SCMP制浆的主要影响因素

SCMP制浆是利用Na_2SO_3与木片进行磺化反应，使木片的亲水性增大，产生永久性软化，从而提高木片的塑性，在磨浆过程中，可以更完整地分离纤维和细纤维化，使纤维的柔软性与结合强度有较大的提高。木素磺化度对SCMP性质有重要的影响。用透射电子显微镜和能谱研究木素的磺化，发现当磺化度低于1.2％时，磺化反应主要在胞间层发生；磺化度在1.2％～2.0％时，磺化反应主要在细胞壁中发生。因此，可以说磺化度在1.2％以下时，磺化作用主要是有助于纤维分离；磺化度高于1.2％时，主要作用是使纤维柔软和细纤维化而提高浆料的强度。

生产SCMP的关键是磺化的工艺条件，要使磺化度达到1.2％以上，主要是选择合适的Na_2SO_3用量、磺化pH、磺化温度及时间，而SCMP的成浆质量还与原料种类与磨浆条件等有关。

（1）Na_2SO_3用量

在其他条件不变时，磺化度随Na_2SO_3用量或浸渍液中Na_2SO_3浓度的增大而增大，如表3-18所示。提高浸渍液的浓度，废液中残留的Na_2SO_3也增多，必须进行回收利用。而回用预浸渍液，会降低低浆得率与白度，但纸页的松厚度与耐破强度有一定的提高，磨浆能耗有所降低，对抗张和撕裂强度影响不大。

表 3-18 浸渍液中 Na_2SO_3 浓度与结合硫或磺化度关系

pH7.5～8.0[①]	Na_2SO_3 浓度/(g/L)	50	70	80	120
	结合硫含量/%	0.45	0.52	0.56	0.60
pH12.0～13.4[②]	Na_2SO_3 浓度/(g/L)	42	52	68	83
	结合硫含量/%	0.65	0.67	0.69	0.70

注：①140℃，30min；②140℃，60min。结合硫与磺化度关系：磺化度（%）=结合硫（%）/0.4。

（2）浸渍液 pH

在相同的 Na_2SO_3 浓度及预浸温度下，pH 增加，木片的磺化度增大，纸浆强度提高而白度下降。浆的白度在微酸性或中性条件下最高，pH 保持在 7.5～8.0，纸浆仍能保持适当的白度。药液 pH 过低时，对于提高纸浆得率和强度以及降低磨浆能耗，都会产生不利的影响。

（3）预浸渍温度和时间

提高预浸渍（或蒸煮）温度和延长预浸渍时间，纸浆的结合强度有所提高，但得率和白度有所降低。表 3-19 为蒸煮温度对针叶木 SCMP 性质的影响。一般采用的蒸煮温度为 140℃，保温时间 30min。

表 3-19 蒸煮温度对 SCMP 性质的影响

蒸煮温度/℃	100	120	140	160
纸浆得率/%	93	94	94	90
裂断长/km	3.4	3.5	4.4	5.2
耐破指数/(kPa·m²/g)	1.3	1.4	1.8	2.3
撕裂指数/(mN·m²/g)	8.4	8.4	8.5	8.0
紧度/(kg/m³)	320	340	390	458
结合硫/%	0.36	0.45	0.60	0.77
白度/%	58	56	55	52

注：Na_2SO_3 用量 12%，蒸煮 30min；磨浆至加拿大游离度 350mL。

（4）磨浆条件

成浆质量与磨浆条件及盘磨机操作参数有直接关系，应掌握合适的纸浆游离度。

（5）树种适应性

SCMP 有较广的树种适应性。阔叶木中杨木和桦木的 SCMP 性能良好。针叶木除铁杉强度较差外，其他树种的 SCMP 性能都较好，且优于阔叶木 SCMP。

4．SCMP 的主要特性

SCMP 的主要特性有：

① 得率高。一般为 85%～93%。

② 强度好。用云杉、冷杉木片生产的 SCMP 的裂断长可达 6000m，杨木、桦木 SCMP 的裂断长也在 4000m 以上。总之，其强度比普通磨石磨木浆和热磨机械浆好得多，而接近钙盐基亚硫酸盐法化学木浆的强度。SCMP 可以代替新闻纸配料中的全部化学木浆，取代比为 1.5～2∶1。

③ 滤水性好。其游离度一般为 300～400mL，滤水性好。

④ 污染小。由于得率高，生产过程产生的污染物大大减少，其污染负荷 BOD_5 一般为 35-45kg/t。

不同原料制得的 SCMP 的性能如表 3-20 所示。

表 3-20　　　　　　　　　　　　不同树种 SCMP 性能比较

物理性能	黑云杉	香脂冷杉	短叶松	铁杉	杨木	枫木	桦木
裂断长/km	6.1	4.8	4.2	2.8	4.8	2.9	4.0
耐破指数/(kPa·m²/g)	2.9	1.9	1.6	0.8	1.5	0.8	2.4
撕裂指数/(mN·m²/g)	9.5	7.1	10.5	7.8	7.1	3.0	6.0
湿纸拉力/(N/m)(干度20%)	27.7	26.0	20.5	14.6	12.1	11.9	—
白度/%EI.	57	56	45	57	66	61	53
不透明度/%	90	88	—	86	82	90	—
长纤维细分/%	75	74	60	73	58	39	—
细小纤维组分/%	20	16	27	16	21	28	—
纸浆得率/%	93	92	91	92	90	89	—
磨浆能耗/(GJ/t)	5.5	—	—	—	—	—	—

注：预浸，Na_2SO_3 用量 12%，140℃，30min；磨浆至 350mLCSF。

从表 3-20 可以看出，杨木、桦木等阔叶木的 SCMP 性能良好，完全可以替代针叶木的 SGW 生产新闻纸、印刷纸和薄型纸；而针叶木 SCMP 的强度远优于阔叶木 SCMP，故可替代化学木浆用于新闻纸等纸种的生产。

5. 非木材原料的 SCMP

非木材纤维原料是我国重要的造纸纤维原料，国内对非木材原料 SCMP 制浆进行了许多研究工作。

（1）芦苇 SCMP

我国东北某厂进行了芦苇化学机械法制浆试验，采用中性亚硫酸钠、亚硫酸氢镁、氢氧化钠和热水等不同的预处理剂，预处理后用盘磨机磨成浆，再进行氧碱漂白和/或次氯酸盐漂白，制取漂后细浆得率 65%～70%、白度 60% 以上、质量符合抄造凸版纸要求的漂白化学机械浆。试验结果表明，中性亚硫酸钠预处理是最好的预处理方式，其条件为：总酸 1.3%～1.9%，Na_2CO_3 用量 0.5%，液比 3.5∶1，最高温度 156～160℃，升温时间 60～90min，保温时间 40～60min。磨后浆氧碱漂白条件为：用碱量 5%（对未漂浆），氧压 0.8MPa，升温至 100℃，保温 60min；次氯酸盐漂白的耗氯量为 49kg/t 浆。制得的 SCMP 得率为 66.5%，白度 60.4%，浆料的质量好，淡黄尘埃少，返黄值较低。

（2）蔗渣 SCMP

蔗渣 SCMP 的开发，主要是以配抄新闻纸为目的。蔗渣 SCMP 的主要磺化条件如下：Na_2SO_3 用量 10%～12%，NaOH 用量 2%，液比 6∶1，最高温度 140℃，保温时间 20～30 min，浆料得率 86%～87%；磨后浆打浆度 50～60°SR；漂白条件：H_2O_2 用量 2%～3%，NaOH 用量 1%，Na_2SiO_3 用量 5%，$MgSO_4$ 用量 0.1%，DTPA 用量 0.1%，浆浓度 10%，温度 70℃，漂白时间 2h，浆白度≥50% ISO。蔗渣 SCMP 强度较好，裂断长可达 3km 以上，撕裂指数也可达 4.2mN·m²/g 以上，可以满足配抄新闻纸的要求。

（3）竹子 SCMP

四川白尖竹，磺化条件为：Na_2SO_3 用量 15%～18%，NaOH 用量 1%，温度 130～140℃，保温 90min，常压磨浆。在磺化度 1.2% 以上时，裂断长与耐破指数提高很快。但竹子 SCMP 很难漂白，H_2O_2 单段漂，在 H_2O_2 用量 5.4% 的条件下，只能从原浆白度 27%ISO 漂至白度 40%ISO。

（4）红麻全秆 SCMP

用红麻全秆生产 SCMP，作为挂面箱纸板用浆，预浸渍药品采用亚硫酸铵，用量为

8％，以 MgO 作为 pH 缓冲剂，所得纸浆物理强度很好，耐破与耐折强度较高，可满足箱纸板的质量要求，用 NaOH 代替 MgO 做预浸液 pH 缓冲剂，其效果稍逊。

（二）OPCO 制浆

OPCO 制浆法是加拿大安太略造纸公司开发的方法，以公司名命名（OPCO——Ontario Paper Company），其目的是生产的纸浆可以完全取代新闻纸配料中的化学木浆而对纸机运行和纸张质量没有不良的影响。

OPCO 法是在 TMP 两段磨浆之间或之后用 Na_2SO_3 进行化学处理，处理的条件为：

Na_2SO_3 用量：7％～10％；处理温度：130～180℃；处理时间：15～120min；浆料浓度：>10％。

OPCO 处理使纤维的柔软性得到改善，因而纸幅有较好的结合性能。经过高温处理，纤维卷曲特性得到了固定，使抄纸时湿纸幅伸长率增大，纸幅有较好的湿强度与干强度。表3-21 比较了 TMP 和经过后处理所得 OPCO 纸浆的性质。由表中可见，湿纸和干纸物理强度都有很大的改进。

表 3-21 TMP 和 OPCO 纸浆性质的比较

指标	TMP（两段磨浆）	OPCO（两段磨浆后处理）	指标	TMP（两段磨浆）	OPCO（两段磨浆后处理）
加拿大游离度/mL	345	330	撕裂指数/(mN·m²/g)	6.16	9.65
湿纸:拉力/(N/m)	53	62	紧度/(kg/m³)	210	318
伸长率/%	4.4	7.3	白度/%ISO	56.3	62
厚度/mm	0.404	0.325	光散射系数/(m²/kg)	45.4	38.0
干纸:抗张指数/(N·m/g)	20.9	38.8	STFI 纤维束[*]含量/%	2.76	0.99
耐破指数/(kPa·m²/g)	1.15	2.63			

注：＊采用瑞典制浆造纸研究所研制的纤维束测定仪。

段间处理和段后处理的效果有所不同。段间处理的纸浆湿纸和干纸的提高都很明显，而段后处理的湿纸伸长率较大，但干纸的耐破和抗张强度提高较少。此外，在达到相同的游离度情况下，段间处理所需磨浆能量较少。

（三）爆破法制浆

爆破法制浆也称汽蒸爆破制浆（SEP—Steam Explosion Pulping）。该法将纤维原料用化学药液在专门的反应器中高温短时间汽蒸，然后瞬间释压爆破，再进行常压磨浆。汽蒸温度一般 180～200℃，时间 1～5min。由于化学处理使纤维软化，汽蒸爆破使纤维结构变得疏松，部分纤维已分离，有利于其后磨浆时纤维的分离和细纤维化，磨浆能耗可降低 25％～30％，而纸浆结合强度提高。

（四）无硫化学机械浆

无硫化学机械浆（NSCMP）最早见于欧洲的一个专利（1985 年）。化学预处理采用单乙醇胺和氢氧化铵溶液的混合物，可以循环使用。其主要流程包括汽蒸、木片的药液浸渍和磨浆。

杨木和混合阔叶材的试验结果表明，NSCMP 是一种简易的制浆方法，纤维容易分离，磨浆能耗低，化学药品和热量回收简单，得率 80％～90％ 的 NSCMP 浆具有很好的槽纹和环压强度，适于抄造瓦楞原纸和挂面纸板的中间层。在长网纸机上容易脱水，成形好，纤维结合力大，显示出良好的抄造性能。因药液不含硫，因此大大减轻了环境污染。

（五）生物化学机械浆（Bio-CMP）

生物化学机械浆（Bio-CMP）是在生物机械浆的基础上增加一段化学处理，或是在化学机械浆的基础上增加一段生物处理，因而它结合了化学机械制浆和生物机械制浆的优点。

国内对杨木 APMP 进行的生物预处理研究表明，杨木生物预处理 F-APMP 的纸浆强度比 APMP 好，如表 3-22 所示。此外，纸浆印刷性能也比 APMP 好，而制浆污染负荷则有所降低。

表 3-22　　　　　　　　　　　　　杨木 APMP 进行的生物预处理的效果

物理性能	APMP	F-APMP	物理性能	APMP	F-APMP
打浆度/°SR	61	59	撕裂指数/(mN·m²/g)	2.04	3.27
定量/(g/m²)	60.1	62.0	裂断长/km	3.37	3.84
紧度/(g/cm³)	0.377	0.413	不透明度/%	87.89	90.08
抗张指数/(N·m/g)	33.01	37.68			

第四节　半化学法制浆

半化学法属两段制浆法。第一段，以温和的化学方法处理木片或草片，软化纤维间的物质并除去部分木素、半纤维素或其他物质；第二段，用机械方法使纤维解离。半化学浆的化学处理程度较化学机械浆激烈，但较化学浆温和，原料经化学处理后，尚未达到纤维分离点，仍需靠机械方法进一步离解。

生产半化学浆的方法很多，主要有中性亚硫酸盐法（NSSC）、碱性亚硫酸盐法（ASSC），也有采用亚硫酸氢盐法、亚铵法、硫酸盐法、烧碱法和无硫法等。

一、木材原料半化学浆

对木材原料来说，半化学法特别适合于阔叶木。国内外制造半化学浆的工厂中，绝大多数采用阔叶木，如桦木、杨木、山毛榉等，其原因除了与针叶木原料的日益短缺且针叶木主要用于制造高强度的化学浆和得率更高的机械浆，主要是与阔叶木比针叶木速生且其化学组成与针叶木有较大的不同，阔叶木在半化学制浆时可除去较多的木素并保留较多的半纤维素。半化学木浆的主要生产方法是中性亚硫酸盐法。

（一）中性亚硫酸盐法

中性亚硫酸盐半化学木浆的主要蒸煮药剂为亚硫酸钠，同时要加入缓冲剂，一般多用 Na_2CO_3，也有用 $NaHCO_3$ 或 NaOH。缓冲剂的作用是中和原料在蒸解过程中产生的有机酸，控制蒸煮终点 pH 在 7.2～7.5，防止碳水化合物水解。缓冲剂的用量，根据材种、设备和蒸煮条件以及得率等有所不同，一般为 1.5%～3.0%（Na_2O 计，对木材干重）。Na_2CO_3 除直接购买外，也可使用碱回收过程中的绿液。NSSC 制浆时，加入蒽醌，可加快脱木素速率，提高浆的得率，减少化学药品消耗和降低蒸煮能耗。

NSSC 制浆时，增大药品用量，会降低纸浆得率，但浆的强度相应提高；降低药品用量，可增加浆得率，但筛渣相应增多。典型的药品用量（Na_2SO_3 计）与浆得率关系如表 3-23 所示：

表 3-23	典型药品用量（Na_2SO_3 计）与得率关系			
Na_2SO_3用量/%	14～18	12～16	10～14	8～12
得率/%	70	75	80	85

NSSC 制浆在中性条件下蒸煮，温度宜高些，一般为 160～185℃；全程蒸煮时间一般为 2～4h。蒸煮后废液应有 5～10 g/L 的残余 Na_2SO_3，如 Na_2SO_3 全部耗尽，则纸浆的色泽变深。表 3-24 为生产阔叶木 NSSC 浆的典型工艺条件。

表 3-24		生产阔叶木 NSSC 典型工艺条件				
项　目		纸板用浆	漂白用浆	项　目	纸板用浆	漂白用浆
纸浆得率/%		70～80	65～72	蒸煮温度/℃	150～185	160～175
药品用量/% （对原木）	Na_2SO_3	8～14	15～20	保温时间/h	0.3～4	3～8
	$NaHCO_3$	4～5	3～4	磨浆动力消耗/(kW·h/t风干浆)	220～320	180～270

图 3-49 为用 M—D 斜管连续蒸煮器生产阔叶木 NSSC 浆的生产流程。M—D 蒸煮器将木片的蒸汽预热、药液浸渍、汽相蒸煮和液相蒸煮结合起来进行。蒸煮工艺条件为：药品用量 12%～14%（Na_2SO_3 计，对绝干木片）；Na_2SO_3：Na_2CO_3＝3：1～4：1；蒸煮温度 175～180℃；压力 0.95-1.05MPa；总时间 18～20min。

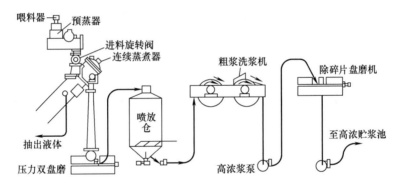

图 3-49　M—D 斜管连续蒸煮器生产 NSSC 流程

图 3-50 为汤佩拉-BC 蒸煮器生产锯末 NSSC 浆的流程。原料在汽相蒸煮前，先进行液相预浸渍，锯末由原料仓 1，经预汽蒸器 2 到螺旋进料器 3，再经高压旋转阀式进料器 4，进入预浸渍器 5，在此加入热蒸煮药液，预浸后进入蒸煮器 6 的下部进行液相蒸煮，由蒸煮斜管内的螺旋输送器的转速，控制蒸煮时间，蒸煮斜管 6 上半部进行汽相蒸煮，由斜管出来的料，进入立式蒸煮管 7，在立式蒸煮管上部继续进行蒸煮，下部为冷喷放装置，设有底部搅拌器，在此加入冷黑液，降低浆温度与浓度后，放到喷放锅 8 中，喷放浓度约5%，温度约 130℃。

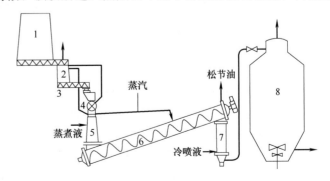

图 3-50　汤佩拉-BC 蒸煮器生产锯末 NSSC 浆流程

（二）生产半化学木浆的其他方法

1. 亚硫酸氢盐法

盐基为镁或钠，药剂的主要成分为 $Mg(HSO_3)_2$ 或 $NaHSO_3$。例如，用 $NaHSO_3$ 蒸煮桦木生产半化浆，药液 pH5.0～5.5，在 130～145℃下浸渍 5～10min，然后通过蒸煮管在 160～170℃蒸煮 40～60min，并在高温高压下热磨成浆。浆得率 65%～73%。

2. 碱性亚硫酸盐法

这是一种在较高 pH（9～11）下的亚硫酸盐半化学浆生产方法。添加蒽醌有利于加快脱木素速率和提高纸浆得率，ASSC—AQ 浆的强度可与硫酸盐法浆媲美，而得率和白度比硫酸盐浆高。例如，得率 70%、游离度 650mL 的针叶木 ASSC—AQ 浆与得率 54%、游离度相近的同种原料 KP 浆相比，两者耐破强度相似，ASSC—AQ 浆的裂断长高 7%，环压强度高 17%，白度高 18% ISO，但撕裂指数低 17%。两种浆均可成功地抄制 205g/m² 挂面纸板，且 ASSC-AQ 浆挂面纸板的性能优于 KP 浆挂面纸板。

3. 硫酸盐法

用阔叶木生产硫酸盐法半化学浆的代表性蒸煮条件为：总碱 4%～7%（Na_2O 计），蒸煮温度 160～180℃，保温时间 0.3～2.0h，纸浆得率 70%～75%，供抄造纸板用。采用针叶木生产得率 65%～80% 的硫酸盐法半化学浆，主要供抄造挂面纸板和高强瓦楞纸。

4. 无硫半化学浆

为了防止硫的污染，采用不含硫的蒸煮液生产半化学浆，称为无硫半化学浆。所用蒸煮药品可以是 Na_2CO_3 或 Na_2CO_3 与 $NaOH$ 的混合液。用阔叶木制浆时，使用 6% 的 Na_2CO_3 在 170℃下蒸煮 30min，即可得到得率为 85% 与 88% 的桦木浆和山毛榉浆。在某工厂试验中，用混合阔叶木为原料，用碱量 4.5%（Na_2O 计），$NaOH$ 与 Na_2CO_3 比为 15∶85（Na_2O 计），在 1.18MPa 压力及 190℃蒸煮 4～6min，所得浆与 NSSC 法生产的浆相比，浆的质量与得率相近。如表 3-25 所示。

表 3-25　　　　　　　　　无硫法及 NSSC 法浆生产的 40g/m² 瓦楞原纸的比较

蒸煮方法	环压强度/N		撕裂度/mN	CMT 值/kg
	纵	横		
NSSC 法	18	48	65	32.1
无硫法	19.5	50	67	32.0

无硫制浆的废液，可采用湿法燃烧或流化床燃烧方法进行回收，也可与硫酸盐黑液一起回收，Na_2CO_3 可以作为钠的补充。这种纸浆抄造瓦楞原纸时，生产费用可较 NSSC 法降低 5%～10%。

二、非木材原料半化学浆

非木材纤维是我国重要的造纸原料，为了充分利用资源，提高纸浆得率，降低生产成本，20 世纪 70 年代起，国内研究并开发了非木材纤维的半化学浆。

（一）中性亚硫酸铵法

中性亚硫酸铵法半化学浆简称亚铵法半化学浆。我国从 20 世纪 70 年代中期以来发展推广了这种方法，对中小纸厂减轻污染，支援农业，提高纸浆得率，解决碱的缺口，起了一定的作用。表 3-26 为稻草、蔗渣和麦草生产亚铵法半化学浆的蒸煮条件和结果。这些半化学浆主要用于抄造瓦楞纸、包装纸和箱纸板。若适当强化蒸煮条件，如增加亚铵和游离氨用量，提高蒸煮温度或压力，制得的半化学浆经漂白后也可用于抄造凸版印刷纸。例如，山东某厂用麦草在亚铵用量 12%，游离氨 1.5%～3.0%，最高温度 160℃，保温时间 2.0～2.5h 条件下，经过磨浆，得到细浆得率 51%～54% 的半化学浆，再经一段或二段次氯酸盐漂白，白度可达到 1 号或 2 号凸版印刷纸部颁标准。

表 3-26 几种非木纤维中性亚硫酸铵法半化学浆的蒸煮条件

原料	稻草	麦草	蔗渣	原料	稻草	麦草	蔗渣
亚铵用量/%	8	9	10	最高压力/MPa	0.50～0.55	0.45～0.50	0.70
游离氨含量/%	2	1.5	3.5	保温时间/min	120	90～120	90
液比	1:2.5	1:2	1:2.5	粗浆卡伯值	27.5	37～45	52
升温时间/min	60	45	30	粗浆得率/%	73.6	63～66	67
抄造纸种	瓦楞原纸、包装纸	食品包装纸	箱纸板	抄造纸种	瓦楞原纸、包装纸	食品包装纸	箱纸板

（二）碱性亚硫酸钠和中性亚硫酸钠半化学浆

四川某厂以蔗渣为原料，采用碱性或中性亚硫酸钠法制半化学浆，漂白后用以生产凸版纸、书写纸等，其蒸煮条件见表 3-27。

表 3-27 蔗渣碱性亚硫酸钠和中性亚硫酸钠半化学浆的蒸煮条件

项目	AS	NS	项目	AS	NS
Na_2SO_3 用量/%	18	12	最高压力/MPa	0.7	0.73
Na_2S/Na_2CO_3 用量	Na_2S 调 pH 至 9～10	Na_2CO_3 2%（或 $NaHCO_3$ 3%）	保温时间/min	180	30
液比	1:2.8	1:4	纸浆得率/%	64.4	70.0
升温时间/min	60	50	卡伯值	16	26

（三）硫酸盐法半化学浆

国内曾以芦苇和麦草为原料，先用热水预浸，再进行硫酸盐法蒸煮，生产的半化学浆漂白后抄造打字纸等文化用纸，而本色浆用于抄造包装纸。其蒸煮条件见表 3-28。

表 3-28 芦苇和麦草硫酸盐法半化学浆的蒸煮条件

项目	芦苇	麦草	项目	芦苇	麦草
用碱量/%（NaOH 计）	11	4	蒸煮压力/MPa	0.45	0.55～0.60
硫化度/%	15	17	保温时间/min	30	90
液化	1:4	1:4.5	纸浆得率/%	65	54.8*
升温时间/min	60	60	粗浆硬度（KMnO₄ 值）	14～15	17～20

注：* 为成浆得率。

（四）烧碱法半化学浆

国内外均有采用非木材原料生产烧碱法半化学浆。墨西哥某厂以蔗渣为原料生产烧碱法半化学浆，并用以配抄新闻纸。如表 3-29 所示，在不同的配比下，蔗渣半化学浆配抄的新闻纸质量均合格。

表 3-29 蔗渣半化学浆配抄新闻纸质量

配料（半化学浆：磨木浆：长纤维）	70:15:10	80:15:15	80:15:15	95:0:5
定量/（g/m²）	54	53	51.1	53
耐破度/kPa	—	85	76	100

续表

配料（半化学浆：磨木浆：长纤维）		70：15：10	80：15：15	80：15：15	95：0：5
撕裂度/mN	横向	247	272	258	302
	纵向	300	309	280	324
裂断长/m	横向	3950	4130	3790	4380
	纵向	2260	2350	2590	2860
白度/% ZBD		62.0	58.0	58.6	59.5
不透明度/%		90.5	89.5	88.0	87.8

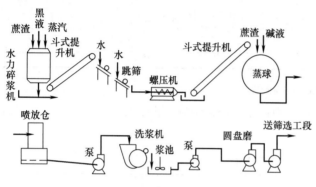

图 3-51　蔗渣烧碱法半化学浆生产流程

国内某糖厂利用黑液在水力碎浆机中对蔗渣预煮，预煮后经跳筛除髓并除去蔗渣中夹带的泥沙和煤灰，再经螺旋压榨机压干，用斗式提升机送到蒸球蒸煮，粗浆洗涤后先磨浆后筛选，其生产流程见图 3-51，工艺技术条件见表 3-30。这种预煮后的蔗渣水分均匀，有 25% 左右的溶出物和筛出物，除髓效率较高，吨浆碱耗降至 159kg。碱煮后浆料质量稳定，易洗涤，颜色浅，滤水性好。用此法生产的半化学浆用于抄造凸版纸，质量达到部颁标准。由于蔗髓大部分筛出，消除了纸机上糊网黏缸的毛病，有利于车速的提高。

表 3-30　　　　　　　　　　　　湿法除髓蔗渣半化学浆工艺条件

除髓：除髓用黑液含碱量	1.68～3.68g/L	蒸煮压力	392kPa
液比	1：8～12	升温时间	40min
预煮时间	40～50min	保温时间	50min
蒸煮：用碱量	9%（NaOH 计）	粗浆卡伯值	24～32
液比	1：5	粗浆得率	>65%（对湿法除髓后绝干蔗渣）

国内某厂以麦草为原料，采用烧碱法生产半化学浆，日产 200t，用以配抄高强瓦楞原纸。该厂采用干湿法备料、连续蒸煮、高浓磨浆、低浓疏解的技术路线，不仅使成浆质量均匀，纸张强度有所提高，且降低了动力消耗。干湿法备料及蒸煮流程如图 3-52 所示。

图 3-52　干湿法备料及蒸煮流程

该流程集中了干法和湿法备料的优点，原料中的杂质除得比较干净。蒸煮系统采用四横管串联连续蒸煮器和冷喷放工艺，产量大，蒸煮质量稳定，设备利用率高。蒸煮工艺条件为：用碱量 6%～8%，液比 2：7，蒸煮压力 0.4～0.6MPa，蒸煮时间 20～30min，粗浆得率 60%～70%。磨浆采用高浓（浆浓 35%）磨浆和低浓疏解相结合。高浓磨浆的磨盘间隙较大，纤维受到更多的纤维间摩擦、挤压、揉搓、扭曲等作用，有效地保护了纤维的长度；

而低浓疏解对高浓磨浆后的浆料起一定的匀整作用，使浆料中的纤维束疏解开，可降低成品浆中的纤维束含量。

近年来，国内已有几家纸厂用全棉秆制半化学浆并将其用于高强瓦楞纸及箱纸板的生产。同样采用干湿法备料、连续蒸煮、高浓磨浆、低浓疏解的技术路线。连续蒸煮的工艺条件为：用碱量 $6\%\sim8\%$，液比 $2:7$，蒸煮压力 $0.8MPa$，蒸煮时间 $20\sim30min$，粗浆得率 $65\%\sim70\%$。

第五节　高得率制浆过程节能与热能回收

高得率制浆具有纸浆得率高，对环境友好的特点，其主要缺点是生产高得率浆的电耗高，在能源价格不断上涨的情况下，成为制约高得率纸浆发展的重要因素。因此，在高得率制浆过程中采用有效的节能措施并回收利用过程热能，实现节能减碳，具有重要的实际意义。

一、高得率制浆过程节能

（一）磨石磨木浆生产过程节能

磨石磨木浆生产过程的能耗主要为磨浆电耗，过程节能的主要措施是过程调控与工艺优化，列举如下：

（1）采用磨木机粗磨和筛渣盘磨机再磨的磨浆工艺

磨石磨木浆节能的途径之一是提高磨木机出浆的游离度，经过两级筛选后筛渣用盘磨机磨成细浆。测试结果表明，在纸浆强度保持不变的情况下，能耗可降低 32%；如能耗下降 14.5%，则可使纸页裂断长增加 11.1%。

（2）选择合适的刻石方式

一般来说，粗刻石产量大，电耗低，浆的强度也较低。所以，在满足纸浆质量要求的前提下，选择合适的刻石刀和刻石方式，以达到提高纸浆产量、降低磨浆比能耗之目的。

（3）适当提高磨石线速

磨石线速提高，磨木浆生产能力和动力消耗随之增加，在一定范围内单位动力消耗降低。适当提高磨石线速，可以达到节能增产的效果。例如，我国某造纸厂磨木机的磨石线速由 $250r/min$ 提高到 $300r/min$，即线速由 $19.6m/min$ 提高到 $24.4m/min$，磨木浆产量增加到原有的 2.22 倍，而单位电耗仅为原来的 51.8%，但纸页的裂断长下降较明显，由 $2835m$ 降至 $2009m$。此外，线速的增加受到磨石机械强度的影响。

（4）采用压力磨石磨木浆设备与工艺

采用封闭加压的压力磨石磨木机，相应提高喷水温度，使原木温度升高，有利于纤维软化和分离，纤维细纤维化程度提高，浆的强度提高，电耗有所下降。一般来说，PGW 的磨浆能耗比相同游离度的 SGW 稍低。

（5）磨木机喷淋水中加过氧化氢

把磨木浆 H_2O_2 漂白浆滤液中的残余 H_2O_2，连滤液加到磨木机喷淋水中，可以改善磨木浆的白度，提高浆的强度，降低能耗。当喷淋水中 H_2O_2 含量为 $0.87g/L$，pH 为 8.4 时，磨浆能耗降低 30% 左右，而浆的强度提高 $10\%\sim20\%$。

（6）采用高温低浓的磨浆工艺

生产中往往将浆坑的温度作磨浆温度，浓度也以浆坑浓度来表示。采用高温低浓的磨浆工艺，可以提高磨木机生产能力和磨木浆机械强度，降低单位动力消耗。

（二）盘磨机械浆生产过程节能

与磨石磨木浆一样，盘磨机械浆生产过程节能的主要措施是过程调控和工艺优化。

1. 选择节能的磨浆设备

生产盘磨机械浆的关键设备是盘磨机。选择节能型盘磨机，由于其结构和装配的特点，能降低非生产性能耗和大幅度回收磨浆时产生的热量，节能效果较好。例如，Mesto 公司开发的带平面齿盘的 RGP60 型盘磨机和带锥形面齿盘的 RGP70CD 型盘磨机均为能改善热回收、降低能耗的新型盘磨机。其结构特点是将盘磨机机座、机壳和定盘做成一个整体，使机械结构特别稳定，磨盘间隙不会波动，能连续获得均匀质好的纸浆。此外，其需维修的零部件少，更换或维修方便，使用寿命长，因此有利于减少非生产性能耗。

磨盘是盘磨机的关键部件，要求生产的纸浆质量好、能耗低、单位产量磨盘成本低。能否达到这些要求，主要取决于磨盘所用的金属或合金的类型、磨齿的几何形状（齿形、齿宽、槽宽、槽深及齿纹的排列组合）、浆挡的形状、位置和数目以及磨盘的锥度。

磨盘材料是影响磨盘寿命的最重要因素，选择耐磨耐腐蚀的材料以延长磨盘使用寿命，可相应地减少非生产性能耗。

齿型包括齿的长短、粗细、数量、排列与分布，齿槽的深浅与宽窄，浆挡的设置，齿盘各区的比例。齿型与磨浆产量、质量及能耗关系很大，齿型的设计要兼顾磨浆产量、质量与降低能耗的要求。不同原料、不同产品应选择各自合适的齿型，以保证质量，节约能源。

磨盘锥度应随材种、齿型、浆浓而变化，选择合适的锥度，使物料的磨碎速度与物料在盘间的流动达到平衡，以免负荷波动，浆质不匀，能耗增加。

2. 优化磨浆运行参数

盘磨运行参数主要包括磨浆浓度、磨盘转速、磨盘间隙、磨浆压力、磨浆温度、磨浆能量分配等。这些运行参数的调控与优化，可以达到提高磨浆产量和质量、降低比能耗之目的。

例如 Andritz 公司开发的 RTS TMP 技术，采用高温高速短停留时间的磨浆工艺，磨盘转速提高到 2000～2500 r/min，在相同的游离度下，纸浆强度略有提高，而比能耗降低 15% 左右。Mesto 公司开发的 Thermopulp TMP 技术，第一段在相对较低的温度下磨浆，第二段磨浆温度提高到 160～170℃，据报道可节能 10%～20%。

与低浓磨浆相比，高浓（20%～30%）磨浆可以降低磨浆比能耗。

合理的段间磨浆能量分配，有助于降低比能量。有研究表明，制相同游离度的浆料时，增加压力磨浆段的动力输入可以减少磨浆的总动力消耗。

3. 进行化学预处理

化学处理的主要作用是实现纤维的软化，尤其是纤维组分中木素和半纤维素的软化。与热处理不同，化学处理对木素的软化或改性是永久性的。木材软化后，磨浆时能较多地分离出完整的纤维，使长纤维组分增加，而软化后的纤维，有助于降低磨浆能耗，提高纸浆强度。CTMP、APMP、CMP 等高得率浆制浆过程中，均是通过化学药剂，如 Na_2SO_3、NaOH、H_2O_2，对木材的软化作用，使其后磨浆时纤维容易分离和细纤维化，在达到相同或更高纸浆强度下，降低磨浆能耗。

二、热能回收与利用

压力磨石磨木浆（PGW）、超压磨石磨木浆（PGW-S）、热磨机械浆（TMP）和化学热磨机械浆（CTMP）生产过程中，由于是在压力和高温下磨浆，消耗于磨浆的能量大多以废热蒸汽的形式释放出来。虽然这部分废热蒸汽一般具有夹带纤维、木屑、空气及其他杂质且呈酸性等特征，但由于热值很高，有重要的回收价值。本节以 TMP 为代表，介绍热能回收与利用。

（一）TMP 的热回收方式

TMP 磨浆过程产生的废热蒸汽可分为回流蒸汽和喷放蒸汽，可以分别收集，单独或混合利用。考虑到回收装置的热损失，大约有 80％ 的磨浆能耗可以被回收和利用，这样可使 TMP 制浆的总能耗减少 18％。如果废热回收的效果好，可使 TMP 制浆过程的总能耗比 SGW 还低。

TMP 的热回收，根据废热蒸汽的性质，可采取直接加热或间接加热的方式进行。

直接加热回收是将废热蒸汽通过旋浆分离器回收其中的纸浆纤维后，直接用于加热木片或生产过程用水（如白水）。尽管此法较为简单，但由于蒸汽是酸性的，且夹带纤维、树脂等杂质，直接加热回收存在一定的局限性。

间接加热回收是将废热蒸汽作为一种热源，通过换热器间接加热空气或水。当被加热的空气与 TMP 系统距离较远时，可以考虑用乙二醇—水作为热交换的介质。因为乙二醇具有沸点高，比体积小的优点。先对乙二醇—水进行间接加热，然后泵送至使用场所，用后再送回热交换器用废热蒸汽再间接加热。间接加热可用来加热空气，用于纸机的袋通风干燥、锅炉供风及车间的取暖等；间接加热也可用来加热软水或清水，用作锅炉给水或生产喷淋水、洗涤水及生活用水。

上述回收的热能品质较低，使用的范围有限。更为有效的热能回收方式是通过压力旋风分离器，回收压力较高的废热蒸汽，通过降膜式蒸发器或其他类型的换热器生产出清洁的新蒸汽，用于纸机的干燥部。由于采用这种方式回收的新蒸汽压力较低，一般为 0.26MPa，所以往往还要采用热泵（蒸汽喷射式热泵或蒸汽压缩式热泵），将新蒸汽压力提高至 0.41MPa，供纸机的干燥部使用。

TMP 磨浆过程产生的废热蒸汽回收利用的途径如图 3-53 所示。

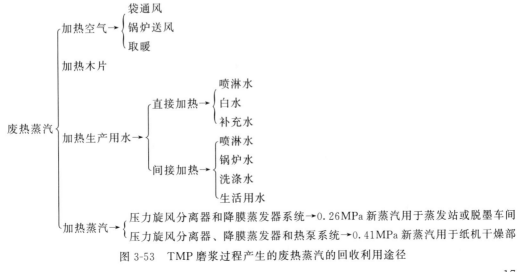

图 3-53 TMP 磨浆过程产生的废热蒸汽的回收利用途径

（二）TMP 的热回收流程

图 3-54 为有代表性的 TMP 热回收流程图。从磨浆机来的废热蒸汽经过压力旋风分离器与纤维分离，然后进入重沸器（Reboiler）中冷凝而蒸发出洁净的蒸汽。重沸器的 TMP 废蒸汽冷凝水与给水和白水进行热交换，以充分利用其热量，最后用喷雾洗涤器（涤汽器）对 TMP 废蒸汽进行洗涤，使其在排到大气前没有纤维。

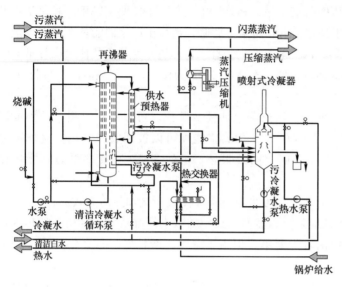

图 3-54　TMP 热回收流程图

图 3-55 为国内某厂 TMP 热回收系统流程。TMP 蒸汽经过旋风分离器后，进入重沸器（蒸发器）的管程，与壳程流动的软水（脱盐水）进行间接热交换，所得的洁净蒸汽供其他车间使用。TMP 蒸汽热交换后的余热，用来加热重沸器的给水及 TMP 制浆白水，热交换后的污冷凝水排入涤汽器。该系统还配置了蒸汽能量调节的热泵，以蒸汽管网中 1.0MPa 的过热蒸汽为热泵的动力，将 TMP 热回收装置产生的压力 0.25MPa 的蒸汽增压至 0.35MPa，然后并入该厂低压蒸汽管网，解决了 TMP 热回收蒸汽产量大、气压偏低的问题，实现热力系统优化运行。图 3-56 为热泵供热流程图。

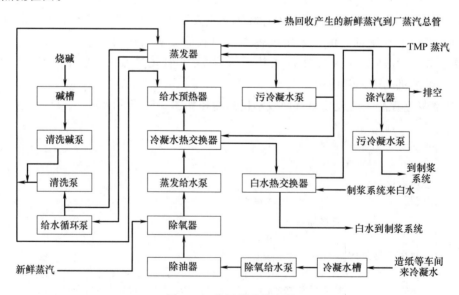

图 3-55　热回收系统流程

（三）TMP 热回收系统主要设备

1. 压力旋风分离器

为了净化从磨浆系统回收的热能，保持废气较高的压力，并分离回收废热蒸汽中夹带的

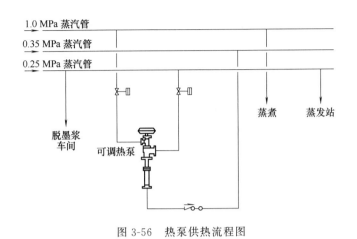

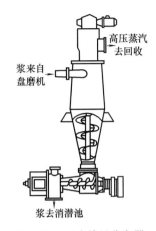

图 3-56 热泵供热流程图

图 3-57 压力旋风分离器
结构示意图

纸浆纤维，热能回收系统中压力旋风分离器起着十分重要的作用。图 3-57 为压力旋风分离器的结构示意图。该分离器下部装有锥形紧实螺旋，以保证高压蒸汽的顺利输出。由于输出的是高压蒸汽，分离器的外形尺寸可相应减小。此外，螺旋给料速度较为缓慢，并可连续用水冲洗以防止浆料黏附在器壁上和在分离器内产生"架桥现象"，保证废热蒸汽顺利进行浆汽分离，减少输出蒸汽中纸浆纤维等杂质。

2. 重沸器

重沸器（Reboiler）也称再沸器，也有直接称为煮沸器或蒸发器。重沸器的作用是冷凝 TMP 废热蒸汽而在尽可能低的压力损失下蒸发出洁净的蒸汽。图 3-58 为最普通的 Rinheat 3R 重沸器示意图。3R 重沸器为一立管式热交换器，TMP 蒸汽在重沸器底部以切线方向进入，中间管入口处产生涡旋作用；TMP 蒸汽在管内流动，干净蒸汽在管外产生。向下流的冷凝水使管壁保持润湿，以防热传递表面产生污垢。

3. 喷雾洗涤器

喷雾洗涤器也称涤汽器，其主要作用是洗涤 TMP 废蒸汽使之在排到大气前不含有纤维，以免对周围建筑或设备造成危害。此外，也起消除噪音的作用。喷雾洗涤器是一个大气压的立式容器，其底部按旋风分离器设计，上部是喷雾洗涤器，顶部有足够高度的起烟囱作用的立管，如图 3-59 所示。

（四）TMP 热回收的影响因素

（1）磨浆压力

盘磨机磨浆的压力直接影响 TMP 的热回收，磨腔压力由 0.1 MPa 提高到 0.3～0.4 MPa，蒸汽的量随之增加，蒸汽的使用范围也可以扩大。与常压磨浆相比，带压磨浆有利于热的回收和利用。

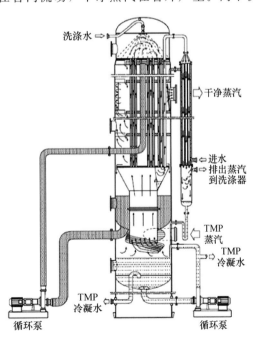

图 3-58 Rinheat 3R 重沸器示意图

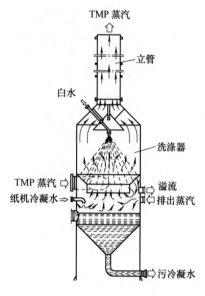

图 3-59 喷雾洗涤器

（2）磨片优化

国内某厂通过磨片优化，有效地减少磨浆过程中的回流蒸汽量，减少磨盘轴向振动，提高磨盘寿命（可达 2500 h），降低成浆总能耗。

（3）木片和稀释水温度

随着木片和稀释水温度的提高，盘磨机产生的废气量和重沸器产生的洁净新蒸汽量均增加。研究表明，木片温度降低 11℃，盘磨废蒸汽和重沸器新蒸汽量约降低 3.5％；稀释水温度降低 10℃，盘磨废蒸汽和重沸器新蒸汽量约减少 2％。

（4）重沸器给水温度

重沸器产生的新蒸汽量也取决于给水的温度，因此进入重沸器的软水通过多级热交换设备提高其温度，以增加重沸器产生的新蒸汽量。

（5）重沸器的结垢与清洗

采用适宜的清洗方法对重沸器结垢进行清洗，可以保证重沸器连续稳定运行。国内某厂 TMP 热回收系统中的重沸器，采用水洗→化学清洗→清水漂洗→钝化处理的清洗方式，效果甚好。清洗后运行 3 年多，新蒸汽生产效率与刚清洗后接近。开重沸器入孔盖检查，管壁仍然光亮如新。

（五）TMP 生产线热平衡

国外某厂 TMP 生产线，日产风干浆 102t，纸浆游离度为 105mL，比能耗为 2045kW·h/t 风干浆，压力旋风分离器喷洒和盘磨机稀释用水的水温为 61℃，该生产线的热平衡图如图 3-60 所示。

从图 3-60 可以看出：

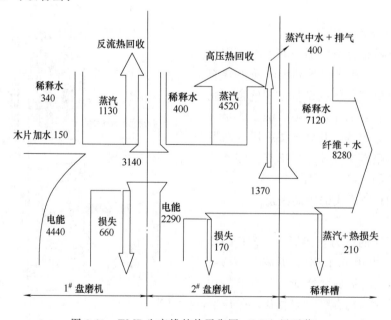

图 3-60　TMP 生产线的热平衡图（MJ/t 风干浆）

1$^{\#}$ 盘磨机出浆带走热量为：$4440+150+340-1130-660=3140$（MJ/t 风干浆）

2$^{\#}$ 盘磨机出浆带走热量为：$2920+3140+400-4520-170-400=1370$（MJ/t 风干浆）

回收蒸汽的热量占输入电能的百分率为：$(1130+4520)\div(4440+2920)\times100\%=76.8\%$

因此，TMP 的热回收对 TMP 生产线的经济性是至关重要的。

第六节　高得率浆的性质与应用

一、机械浆的潜态性与消潜

机械浆的潜态性（Latency）是指在高浓磨浆时，纤维发生扭曲和缠卷，一旦放料冷却后即被固着并影响浆纸强度发展的现象。因此，机械浆需要进行消潜（Delatency）处理，以去除这种潜态性。生产上的消潜，是在消潜池中进行，在较低的纸浆浓度（2%～4%）、较高的温度（70～90℃）下搅拌 30min 左右，即可将扭曲和缠卷的纤维伸展开，从而稳定浆的质量，改善纸浆的强度。盘磨机械浆潜态的形成和消除，见示意图 3-61。

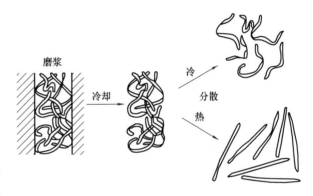

图 3-61　盘磨机磨浆纤维潜态的形成和消除

表 3-31 为消潜后测得的纸浆性质的最大变化。消潜的最重要效果是游离度和纤维束含量的降低和结合强度的提高。游离度的降低相当于减少比能耗；纸浆强度的提高可相应地减少纸料中长纤维化学浆的配比，降低生产成本；纤维束含量的降低有利于纸张质量的提高和印刷性能的改善。

表 3-31　　　　　　　　　　**消潜对纸浆 * 性质的影响**

性　　质	消潜后测得的最大变化	性　　质	消潜后测得的最大变化
纤维束含量	-70%	抗张指数	$+100\%$
加拿大游离度	$-(100～150)\text{mL}$	抗张能量吸收	$+100\%$
湿纸强度	$+40\%$	撕裂指数	$+15\%$
湿纸伸长率	-70%	光散射系数	无变化

注：* 所用纸浆为北欧云杉 TMP。

消潜时的温度是一种重要因素。较高温度下进行热离解，由于热和机械的结合作用，不但打散纤维聚集，而且使纤维的应力完全消除而变直。离解温度越高，越有利于潜态性的消除。一般采用 85℃ 左右的离解温度。

二、高得率浆的质量指标

（一）机械浆的质量等级

为了适应制造各种不同纸张的需要，国外将机械浆分成不同的等级，见表 3-32。

表 3-32   机械浆等级和用途

等级	打浆度 /°SR	松厚度 /(cm³/g)	碎片含量 /%	抗张力 /(N/cm²)	用途
粗（C）	59～40	2.8～3.5	0.25～0.6	2.0～2.1	纸板中层
标准（S）	67～60	2.4	0.15～0.20	2.6	薄型纸、新闻纸、胶版纸、杂志纸、纸板衬层、食品包装纸板中间层
细（F）	69～65	2.2	0.03～0.10	2.8	书写纸、印刷纸、纸板面层、板纸
特细（EF）	73～69	2.1	<0.06	2.8	涂布或不涂布高级纸

（二）高得率浆的质量检测指标

常见的高得率浆的质量检测指标如下。

（1）游离度

游离度表示纸浆的滤水性能，以加拿大标准游离度（Canadian Standard Freeness-CSF，mL）或肖伯氏打浆度（Schopper-Riegler，°SR）表示，两者的换算见表 3-33。

表 3-33   加拿大标准游离度和肖伯氏打浆度的换算表

加拿大游离度/mL	打浆度/°SR	加拿大游离度/mL	打浆度/°SR	加拿大游离度/mL	打浆度/°SR	加拿大游离度/mL	打浆度/°SR
25	90.0	425	30.0	225	48.3	625	18.6
50	80.0	450	28.5	250	45.4	650	17.5
75	73.2	475	26.7	275	43.0	675	16.5
100	68.0	500	25.3	300	40.3	700	15.5
125	63.2	525	23.7	325	38.0	725	14.5
150	59.0	550	22.5	350	36.0	750	13.5
175	54.8	575	21.0	375	34.0	775	12.5
200	51.5	600	20.0	400	32.0	800	11.5

（2）纤维形态

纤维形态可通过蓝玻璃法在现场目测，这是一种凭经验的观测；也可以用显微镜或显微投影仪观察，检测其纤维的长度、宽度、细纤维化程度、纤维束的形状和多少等。纤维长度与粗度也可以用 Kajaani 纤维分析仪来测量，但不能含纤维束。浆料的比表面积和比容积以及压缩性，可通过液体渗透法测定。

（3）筛分析和纤维束测定

筛分析是利用不同网目的的筛，将纸浆纤维筛分成若干级分，用各级分的质量百分率来判断浆料的结构成分，以预测浆料的质量，最常用的是 Bauer McNett 筛分仪。纤维束（Shive）含量一般用 Sommerville 筛分仪测定，用百分率表示。

（4）高得率浆的机械强度和光学性能

纸浆抄成手抄纸页后，进行各种测定和相应的计算，即得出该种浆的松厚度、各项强度（包括物理强度、表面强度和 Z 向强度）、白度、色度、不透明度、光散射系数、光吸收系数等。

三、几种高得率浆的比较

高得率浆的种类较多，所用原料的种类也较多，生产设备和工艺技术也不尽相同，因此，各种高得率浆的性质、能耗和污染负荷等有明显的差异。

① 磨石磨木浆含有较多的纤维碎片和细小纤维，浆料的均一性较差，因此其强度较 TMP 等机械浆差；但其有优良的不透明度和印刷性能，且单位动力消耗低，生产成本低，故在新闻纸等印刷用纸生产中，仍是应用的浆种之一。在 SGW 基础上改进的 PGW，在高温下木素的软化和纤维的分离得到改善，浆中长纤维含量比 SGW 的高，纸浆强度比 SGW 有显著的提高。在印刷性能方面，PGW 保持了 SGW 的优点。在单位能耗方面，PGW 与 SGW 相近。

② 盘磨机械浆主要包括 RMP 和 TMP。尽管 RMP 的强度大于 SGW，但动力消耗大。由于木片没有预热，磨出的浆中纤维束较多，抄出的纸较粗糙，平滑度差，自 TMP 工业化后，RMP 很快被 TMP 取代。TMP 在磨浆前木片经汽蒸，有利于纤维的软化和分离，使大部分纤维保持完整，强度比 RMP 有较大提高，但由于解离了的单根纤维有可能被软化了的木素所覆盖，妨碍了纤维的进一步分丝帚化，因而其纤维较挺硬，柔软性较差，其表面强度也不高，抄出的纸页较粗糙，较容易掉毛。TMP 的光散射系数比 SGW 略低，但优于 RMP。

③ 化学机械浆是化学处理和机械磨浆相结合的制浆方法，具有得率高、强度好、污染较少等特点。由于经过化学预处理，纤维充分地软化，更有利于机械磨解时纤维的分离和细纤维化，减少了纸浆中的碎片含量，改善了纸浆的结合性能，但其光散射系数和不透明度降低，而纸浆的白度则主要取决于预处理时所用的化学药品及其用量，采用 Na_2SO_3 预处理有利于纸浆白度的提高，碱性过氧化氢预处理的 APMP 浆可以根据需要达到 80%ISO 甚至更高的白度，漂白 CTMP 也可达到高白度。CTMP（或 BCTMP）、APMP 和 PRC APMP 是目前主要的三种化学机械浆，其纸浆性能相差不大。APMP 和 PRC APMP 由于磨浆能耗较低，纤维柔软性较差，结合强度稍低，表面性能也不如 BCTMP。PRC APMP 比 APMP 具有较高的白度、不透明度和光散射系数，但强度略低。

④ 半化学浆的化学处理程度较化学机械浆激烈，一般来说，其得率比化学机械浆低，而强度较化学机械浆高。半化学浆的白度和不透明度随化学处理条件的不同有很大的差异。

一般来说，对于相同的原料并在相同的游离度下，几种高得率浆的得率和物理性能比较如下：

① 得率：SGW＞RMP＞TMP＞CTMP＞CMP；

② 强度：SGW＜RMP＜TMP＜CTMP＜CMP；

③ 光散射系数：SGW＞RMP＞TMP＞CTMP＞CMP；

④ 不透明度：SGW＞RMP＞TMP＞CTMP＞CMP；

⑤ 白度：TMP＜PGW＜SGW，CTMP 和 CMP 的白度主要取决于所用的化学品及工艺条件；

⑥ 磨浆能耗：PGW＜SGW＜RMP＜TMP＜CTMP，CMP 的磨浆能耗与化学处理的条件及所要求的纸浆游离度有关。在达到相同强度的条件下，其磨浆能耗较上述各种机械浆和 CTMP 低。

表 3-34 为不同纸浆的性能比较。表 3-35 为几种高得率浆制浆废水的污染负荷。从表 3-35 可以看出，废水的污染负荷为：SGW＜PGW＜TMP＜CTMP。

表 3-34 不同纸浆的性能比较

纸浆	SGW	TMP	CTMP	CMP	SCP	CP
得率/%	97	95	90~95	80~90	60~80	40
磨浆或打浆能耗/(kW·h/t)	1200	2200	2500	1000	200~500	100
游离度/mL	100	120	200	400~600	600	800
抗张指数/(Nm/g)	30	40	50	60~70	80	100
光散射系数/(m²/kg)	65	60	50	40	30~40	30

表 3-35 云杉几种高得率浆制浆废水的污染负荷

纸浆方法	BOD$_7$含量/(kg/t)	COD含量/(kg/t)	TOC含量/(kg/t)	总P含量/(g/t)	总N含量/(g/t)
SGW	10~12	30~40	10~14	20~25	80~100
PGW	12~15	40~50	14~18	20~30	90~110
TMP	15~25	50~80	18~28	30~40	100~130
CTMP	20~35	60~100	21~35	35~45	110~140

四、高得率浆的应用

（一）SGW 和 PGW 的工业应用

磨石磨木浆和压力磨石磨木浆主要用于生产新闻纸，也用于生产超级压光纸（SC）和低定量涂布纸（LWC），部分用于配抄胶印书刊纸和纸板。

（二）TMP 的工业应用

生产新闻纸是 TMP 的最大应用。同 SGW 和 TMP 一样，TMP 也应用于 SC 纸和 LWC 纸的生产。生产 SC 和 LWC 纸的 SGW、PGW 和 TMP 质量要求见表 3-36。TMP 应用于纸板生产有利于提高纸板的厚度和挺度。TMP 滤水性好，碎片含量少，也可用于配抄薄型纸，如卫生纸、面巾纸。

表 3-36 用于生产 SC 和 LWC 纸的 SGW、PGW 和 TMP 的质量要求

纸浆	SGW	PGW	TMP	TMP
纸种	SC/LWC	SC/LWC	SC	LWC
游离度/mL	30~40	30~40	30~40	40~50
纤维束含量/%	<0.05	<0.05	<0.05	<0.05
粗纤维 R14/%	<1.0	<1.0	<7.0	<3.0
长纤维(P14/R28)/%	10~15	14~20	28~33	22~27
细小纤维 P200/%	>36	>32	>28	>28
紧度/(kg/m³)	450~500	440~500	450~520	450~500
抗张指数/(Nm/g)	>40	>45	>50	>50
撕裂指数/(mN·m²/g)	>3.5	>4.5	>7.0	>6.5
光散射系数/(m²/g)	>70	>68	>58	>58

（三）CTMP 的工业应用

由于 CTMP 的特性可在较大范围内调整，其在工业上的应用范围不断扩大，可制造各种文化用纸、薄型纸、纸板和绒毛浆。

1. 生产新闻纸

可用针叶木 CTMP 按 2∶1 的比例取代长纤维化学木浆，也可采用 100% CTMP 生产新闻纸。瑞典 Matfors 纸厂，以杨木为原料生产 CTMP，纸浆特性如表 3-15 所示。该厂用 85% 的杨木 CTMP 与 15% 的半漂硫酸盐木浆配抄新闻纸，其质量与瑞典标准新闻纸无明显

差异。

2. 生产印刷书写纸

采用 CTMP 代替部分化学浆生产印刷纸，可以提高纸页的松厚度、挺度和不透明度。CTMP 稍高的表面粗糙度和稍低的白度，可添加稍多的填料来补偿。结合力不好的长纤维，会降低印刷性能，引起掉毛。因此，CTMP 在磨浆时应充分细纤维化，以产生大量的带状纤维，抄出的纸具有较高的强度与不透明度，并能增加表面平滑度，使光散射系数与强度获得最佳组合。CTMP 还可用于低定量涂布原纸的生产，其要求类似于新闻纸，但对强度要求更高。由于涂布时要求纸的透气度要低，所以 CTMP 的游离度不能太高。

3. 生产薄型纸

吸收性薄纸的生产，如卫生纸、面巾纸等，要求浆具有高松厚度、优良的柔软性、良好的吸收性和满意的强度。CTMP 的高游离度，低纤维束含量，较多的长纤维组分，较少的细小纤维以及较低的抽出物含量，适合这类薄型纸的要求。CTMP 在一定强度下的柔软性，完全可与化学浆纤维相比。但松木 CTMP 的纤维较硬，树脂较多，不太适合作抄造薄页纸的浆料；阔叶木 CTMP 的强度较低，细小纤维含量较高，用于抄造薄页卫生纸时，其用量一般不超过 15%～20%。

4. 生产纸板

用于生产纸板时，CTMP 比 SGW、TMP 更能满足纸板所应具有的弯曲挺度、剥离强度和印刷性能等重要特性。生产高质量折叠纸盒纸板时，CTMP 可代替化学浆作为内层，以改善纸板的挺度；生产液体容器纸板时，CTMP 代替芯层的化学浆，以其高松厚度可获得具有优良挺度的纸板，并能降低定量；掺入 CTMP，能改善均质纸板的松厚度和挺度，提高高挺度挂面纸板的堆积强度。CTMP 具有双面纸板的弯曲强度，又有均质纸板的抗张强度，也有好的表面印刷性能。

5. 生产绒毛浆

绒毛浆要求树脂含量（DCM，二氯甲烷抽出物）要低，游离度高，吸水性好，初始渗透速度快。CTMP 的基本特性，可以满足这类吸收性产品的需要。CTMP 在高游离度下，其长纤维含量可保证生产绒毛浆制品时的强度要求，而其吸收性，又可承受大容积的液体。CTMP 较未漂 TMP 优越，与漂白硫酸盐化学浆相近。表 3-37 比较了各种绒毛浆的性质。

表 3-37　　　　　　　　　　　　　　各种绒毛浆性质比较

浆种	DCM 抽出物/%	水吸收		比体积/（cm³/g）
		时间/s	容量/（g/g）	
未漂 TMP	0.6～0.9	＞15	—	—
未漂 CTMP	0.2～0.3	6～9	—	—
漂白 CTMP	0.1～0.2	5～7	10～12	17～18
漂白 KP	—	5～7	9～10	17～20

（四）APMP 和 P-RC APMP 的工业应用

APMP 和 P-RC APMP 的应用范围与 BCTMP 相同，主要用于生产新闻纸、印刷书写纸、LWC 等文化用纸，并可作为芯浆配抄高档包装纸板。

（五）SCMP 的工业应用

SCMP 的强度高，滤水性好，主要用于生产新闻纸、印刷纸和薄页纸。

（六）半化学浆的工业应用

半化学浆主要用于生产各种纸板和瓦楞原纸，其漂白浆可配抄新闻纸、印刷纸、书写纸、半透明纸和卫生纸。

习题与思考题

1. 什么是高得率浆？有哪些种类？
2. 盘磨机的磨浆机理和影响因素是什么？
3. TMP 的生产流程及特点是什么？
4. CTMP 是如何发展起来的？其特点及应用范围如何？
5. 何为 APMP？其生产流程、主要设备、特点及应用范围如何？
6. P-RC APMP 与 APMP 有何区别？纸浆性能有何不同？
7. 化学机械浆有哪些？常见的有哪些？
8. 什么是半化学浆？常见半化学浆有哪些？其生产流程和特点如何？
9. 比较几种常见高得率浆的性能特点及用途。
10. 高得率浆的主要性能指标有哪几个？
11. 试分析高得率浆的发展方向。

参 考 文 献

[1] Casey J P. Pulp and Paper Chemistry and Chemical Technology. Third Edition. Vol. I. New York：A Wiley Interscience Publication，1980.

[2] Gullichsen J. Paulapuro H. Papermaking Science and Technology：Book 5，Mechanical Pulping，Helsinki：Fapet Oy，1999.

[3] Herbert Sixta. Handbook of pulp，II Mechanical Pulping，WILEY-VCH Verlag GmbH & Co. Kga A，Weinheim，2006.

[4] 詹怀宇，主编. 制浆原理与工程，第三版 [M]. 北京：中国轻工业出版社，2009.

[5] 谢来苏，詹怀宇，主编. 制浆原理与工程. 第二版 [M]. 北京：中国轻工业出版社，2001.

[6] 陈嘉翔，主编. 制浆原理与工程 [M]. 北京：中国轻工业出版社，1990.

[7] 隆言泉，主编. 制浆造纸工艺学 [M]. 北京：中国轻工业出版社，1980.

[8] 李元禄，编著. 高得率制浆的基础与应用. 第一版 [M]. 北京：中国轻工业出版社，1991.

[9] 张栋基，著. 高得率制浆、涂布纸 [M]. 广州：广东经济出版社，2005.

[10] 陈嘉翔，编著. 高效清洁制浆漂白新技术 [M]. 北京：中国轻工业出版社，1996.

[11] 林鹿，詹怀宇，编著. 制浆漂白生物技术 [M]. 北京：中国轻工业出版社，2002.

[12] 刘秉钱，曹光锐，编著. 制浆造纸节能技术 [M]. 北京：中国轻工业出版社，1999.

[13] 高扬，王双飞，林鹿，等. 甘蔗渣生物预处理机械法制浆的研究 [J]. 华南理工大学学报，1996，24（12）：44-48.

[14] 刘文军，文琼菊. 山东晨鸣年产 25 万 t BCTMP 工程设计 [J]. 中国造纸，2006，25（1）：33-37.

[15] 郭勇为. PRC-APMP 生产线的工艺及装备特点 [J]. 中国造纸，2005，24（3）：27-29.

[16] 李文龙. 一种新的麦草半化学浆生产工艺 [J]. 中国造纸，2005，24（5）：42-43.

[17] 李文龙，李录云. 棉秆半化学浆工艺方案设计的总结 [J]. 中国造纸，2005，24（10）：35-37.

[18] 陆荣旺. TMP 热回收过程中的蒸汽回收及热泵供热系统运行 [J]. 中国造纸，2009，28（10）：53-55.

[19] 王志成. 浅析 TMP 制浆过程中的磨片优化 [J]. 中国造纸，2008，27（4）：66-68.

第四章 纸浆的洗涤、筛选与净化

第一节 纸浆的洗涤

一、纸浆洗涤的目的

化学制浆的得率一般在 50% 左右，另有 50% 左右的物质溶解在蒸煮液中，需要进行纸浆和废液的分离。分离之后的废液在碱法制浆中称为黑液，在酸法制浆中称为红液。其固形物中主要是木质素、聚糖、淀粉及其降解产物等有机物（占 65%～75%），其余为无机物。纸浆洗涤的目的是尽可能完全地将纸浆从废液中分离出来，而得到洁净的纸浆；废液提取的目的则是为废液回收利用做准备，以取得经济和环境效益。

洗涤与废液提取的基本任务和要求是，在满足洗净度要求的前提下，用尽可能少的水，提取出固形物浓度高、提取率高的废液。

二、洗涤术语与工艺计算

1. 洗净度（Cleanliness）

表示纸洗涤后的干净程度，一般用如下方法表示。

① 以洗后每吨风干浆中所含的残余药品量表示 如某碱法木浆厂要求洗后浆中残碱量（Na_2O）小于 1kg/t 风干浆。

② 以洗后纸浆滤液中所含的残余药品量表示 不同的制浆方法、不同的原料要求有所差异。残碱小于的数值一般要求碱法木浆为 0.05g（Na_2O）/L、碱法苇浆为 0.25g（Na_2O）/L、亚铵法草浆为 0.3g/L。

③ 以洗后纸浆滤液消耗 $KMnO_4$ 的量表示 常用于酸法制浆，一般木浆该值要小于 100mg（$KMnO_4$）/L、苇浆小于 120mg（$KMnO_4$）/L。

2. 置换比（Displacement ratio，DR）

表示洗涤过程中可溶性固形物实际减少量与理论最大减少量之比。

$$DR = \frac{w_0 - w_M}{w_0 - w_W} \tag{4-1}$$

式中 w_0——洗涤前浆内废液所含溶质质量分数，%

       w_M——洗涤后浆内废液所含溶质质量分数，%

       w_W——洗涤液所含溶质质量分数，%，使用清水时 $w_W=0$

置换比可用来评价洗涤系统的洗涤效果。其大小主要受洗涤液用量的影响。一般来说，置换比大，洗涤效果好，提取率就高。

3. 稀释因子（Dilution factor）（又称稀释度）

表示洗涤每吨风干浆时进入所提取的废液中的水量（m^3）。可由下式计算：

$$DF \approx V - V_0 (m^3/t \text{ 风干浆}) \text{ 或 } F \approx V_w - V_P (m^3/t \text{ 风干浆}) \tag{4-2}$$

式中　V——提取的废液量，m^3/t 风干浆

V_0——蒸煮后纸浆中的废液量，m^3/t 风干浆

V_w——洗涤用水量，m^3/t 风干浆

V_P——洗后浆带走的液体量，m^3/t 风干浆

稀释因子大，说明洗涤用水量多，提取废液的浓度低，但废液的提取率高，纸浆洗得干净。稀释因子的大小与所使用的洗涤设备、浆种等因素有关，一般碱法浆的稀释因子见表 4-1。

表 4-1　　　　　　　　　　　洗涤（以水计）的稀释因子　　　　　　　单位：kg/kg 风干浆

洗浆设备	螺旋压榨机	沟纹挤浆机	真空洗浆机	压力洗浆机	洗浆池	置换洗涤
木浆	2.0	2～2.5	1～2.5	1～2.5	3～5.5	3
草浆	—	3～4	2～3	—	4～6	—

4. 洗涤损失（Washing loss）

指洗涤过程的化学损失，一般用残留在每吨绝干浆中的溶质表示。溶质可以是指总固形物；也可以是指 Na、Na_2SO_4 或 BOD 等。碱法制浆通常以 Na_2SO_4 表示。稀释因子对洗涤损失影响很大。稀释因子增大，洗涤损失下降。

5. 洗涤效率（Washing efficiency）

指浆料通过洗涤系统后提取出的固形物占总共固形物的百分比。洗涤效率用于评价洗涤系统或设备的洗涤效果。其计算式如下。

$$\eta = \frac{m_0 - m}{m_0} \times 100\% \quad \text{或} \quad \eta = \frac{\rho_0 m_{w,0} - \rho_1 m_{w,1}}{\rho_0 m_{w,0}} \times 100\% \tag{4-3}$$

式中　η——洗涤效率，%

m_0——洗前浆料中废液的固形物绝干质量，g

m——洗后浆料中废液的固形物绝干质量，g

ρ_0——洗前浆料中废液所含溶质（残碱）浓度，g/L

ρ_1——洗后浆料中废液所含溶质（残碱）浓度，g/L

$m_{w,0}$——洗前单位绝干浆所含水分，g

$m_{w,1}$——洗后单位绝干浆所含水分，g

6. 黑液提取率（Extraction efficiency of black liquor）

碱法制浆的黑液提取率是指每吨纸浆提取出来送往蒸发工段的黑液溶质量对蒸煮后吨浆黑液总溶质量的百分比。一般黑液提取率小于洗涤效率，实际上洗涤效率要考虑跑、冒、滴、漏等各种损失。只有当所提取黑液全部送往碱回收时两者才相等。这是评定洗涤过程中设备运行和管理水平的指标。

三、纸浆洗涤的原理与方式

（一）洗涤原理

蒸煮后的浆料是纸浆和废液组成的一种非均相系的悬浮液。废液的分布情况是：80%～85% 分布于纤维之间，15%～20% 存在于纤维细胞腔中，还有约 5% 存在于细胞壁内。要将这些废液与纤维分离，通常要采用过滤、挤压、扩散或置换等方式来完成。纤维之间的大部分废液可以通过过滤、挤压的方式较为容易地分离出来；但是纤维细胞腔尤其是细胞壁中的废液只能靠扩散洗涤的方法分离。目前的废液提取设备和流程都是据此设计的。

1. 过滤

指用具有许多微细孔道的物质（如滤网、滤布、多孔的薄膜或浆层）作介质，在压差的作用下，固体被截留，而液体滤出的过程。浓度低于 10% 时（造纸工业称为低浓），经常采用过滤的方式来洗涤纸浆并提取废液。假定滤液是通过许多半径相等的毛细管道流动的，过滤速度可由下式表示。

$$q_V = \frac{n\pi r^3 pA}{8\mu\gamma_a\delta} \quad 或 \quad v = \frac{q_V}{A} \tag{4-4}$$

式中　q_V——过滤设备的生产能力，m^3/s

　　　n——过滤面上的毛细管数

　　　r——毛细管半径，m

　　　p——滤层两面压差，Pa

　　　A——过滤面积，m^2

　　　μ——废液黏度，Pa·s

　　　γ_a——毛细管的弯曲半径，m

　　　δ——滤层厚度，m

　　　v——过滤速度，m/s

从式（4-4）中可以定性地分析影响过滤速度的诸因素。

① 过滤面积。过滤面积增大，生产能力增加。所以目前以过滤为主的设备，一般都以其过滤面积定规格和型号，并用以间接表示生产能力。

② 压差。是过滤的推动力。压差越大，过滤速度越快。压差的产生有 3 种方式，即液体静压、鼓风或抽真空形成的气压及机械挤压。

③ 滤层厚度。浆层越薄，过滤速率越快；但是浆层变薄，设备的生产能力会降低。所以，浆层的厚度应适当。浆层的厚度还与滤网的目数有关，滤网的目数越大，网的孔径越小，则滤网的阻力就越大。一般过滤纸浆所选网目为 45～100 目，在这个范围内，滤网的阻力远远小于浆层的阻力。

④ 废液黏度。废液黏度越大，过滤越困难。一般可以通过提高洗涤温度的方式来降低废液的黏度。但是温度太高，碱法的黑液会产生大量的泡沫。

⑤ 浆的种类和浆层的紧密度。浆层越紧，毛细管半径越小，过滤越困难。草浆滤水性比木浆差，相当于毛细管小、弯曲程度大，所以在同样设备和操作条件下，生产能力比木浆小得多。

2. 挤压

指用机械设备（如压辊、螺旋等）对高浓浆料（浓度高于 10%）进行过滤的操作。这种方法的优点是可将未被稀释的废液分离出来，因而对废液回收和综合利用有利。在挤压的过程中，纤维间的废液会很容易被挤出，随着挤压的进行，少部分纤维内部的废液也能被挤压出来。但是，用挤压的方法不可能将废液与纤维完全分离。这是因为随着挤压的强度不断提高，纤维间的毛细管道和细胞直径都变小了，从而使毛细管作用变得明显，结果使废液进入到毛细管中，而不是挤出去。液体在毛细管中的上升高度由式（4-5）决定：

$$h = \frac{4\gamma}{\rho d} \quad (m) \tag{4-5}$$

式中　γ——液体的表面张力，N/m

　　　ρ——液体的密度，N/m^3

d——毛细管直径，m

其毛细管压力为：

$$p = h\rho = \frac{4\gamma}{d} \tag{4-6}$$

所以，随着挤压操作的进行，废液挤出；但是随着浆料逐渐被压实，毛细管直径逐渐变小，导致毛细管内部的压力逐渐升高，直至与外部的压力平衡时废液就不能再挤出了。剩下的部分只能通过扩散作用来分离。

3. 扩散（置换）

指传质的过程，其推动力是浓度差。纸浆的扩散洗涤是利用浆中残留的废液溶质浓度大于洗涤液溶质浓度这一浓度差，使细胞腔和细胞壁中高浓的废液溶质向洗涤液转移（即发生置换），直至达到平衡。扩散速率 G 可用下面扩散方程表示。

$$G = DA\frac{\rho_1 - \rho_2}{L} \ (\text{kg/h}) \tag{4-7}$$

式中　D——扩散系数，m^2/h

　　　A——扩散作用的面积，m^2

　　　ρ_1——纤维内液体的溶质浓度，kg/m^3

　　　ρ_2——纤维外部液体的溶质浓度，kg/m^3

　　　L——扩散距离，m

可见浓度差 $\rho_1 - \rho_2$ 是决定扩散速率的重要因素，增加洗涤水用量或用清水作洗涤液，有利于保持浓度差，但会使提取出来的废液浓度降低。为了用较少的水洗净纸浆，而废液浓度又不太低，一般都采用多段逆流洗涤。扩散系数 D 与纸浆种类、纸浆硬度、温度、黏度、压力等因素有关。提高温度或降低黏度都会使 D 值增大，可以加快扩散速度。搅拌可以增加扩散作用的面积，减少扩散距离，这样可以增加扩散速率和设备的生产能力。

4. 吸附作用

纤维表面分子与废液中的溶质分子具有一定的吸力，而产生吸附作用。它的存在对浆料的洗涤不利。所以通过洗涤使纸浆与废液完全分开是不可能的。研究表明，带负电荷的纸浆纤维对金属离子的吸附能力比对木质素大得多，但不同的阳离子对纤维的亲和力也有差异，其规律如下。

$$H^+ > Zn^{++} > Ca^{++} > Mg^{++} > K^+ > Na^+$$

浆对钠离子的吸附等温式为：

$$S = \frac{a\rho_e}{1 + b\rho_e} \ (\text{kg 钠/t 绝干浆}) \tag{4-8}$$

吸附曲线的斜率为：

$$K_S = \frac{dS}{d\rho_e} = \frac{a}{(1 + b\rho_e)} \ (\text{m}^3/\text{t 绝干浆}) \tag{4-9}$$

式中　S——平衡状态的吸附量，kg 钠/t 绝干浆

　a、b——吸附常数，m^3/t 绝干浆

　　　ρ_e——平衡浓度，kg 钠/m^3

所以，不同的浓度，有不同的平衡点，当浓度 ρ_e 趋于 0 时，吸附的溶质几乎能全部被解吸。因此，理论上只要有足够的水和足够的时间就能把钠离子全部洗出来。

（二）洗涤方式

洗涤方式分为单段洗涤和多段洗涤。多段洗涤又可分为多段单向（即每段都用新鲜的洗

涤水）和多段逆流洗涤。由于纸浆洗涤在达到洗净度要求的前提下，不仅要求废液提取率高，而且要求稀释因子小，废液浓度高。要解决这个矛盾显然采用多段逆流洗涤才可能在较小的稀释因子下，充分发挥扩散作用，取得较好的洗涤效果。

多段逆流洗涤是由多台设备或一台设备分隔成多个洗涤段组成洗浆机组，浆料由第一段依次通过各段，从最后一段排出；洗涤水（一般为热水）则从最后一段加入，稀释并洗涤浆料，该段分离出来的稀温废液再用于洗涤前一段的浆料，此段分离出来的浓一些的废液再送往更前一段，供洗涤浆料之用，如此类推，在第一段能够获得浓度最高的废液，送往碱回收或进行综合利用。图 4-1 为一个四段逆流洗涤流程。在各段中始终保持着洗涤液（较低浓度）与浆中废液（较高浓度）之间的浓度差，从而充分发挥洗涤液的洗涤作用，并达到废液增浓的目的。为提高洗涤效果，增大浆料与洗涤液之间的接触面积，段与段之间一般还设置了带有搅拌设备的中间槽，使浓度较高、较紧密的浆料在槽中被打散和稀释，为进入下一段做准备。虽然在洗浆机浓缩程度和洗涤用水量一定时，段数越多，最后一段送出的浆料越干净，但是考虑到设备费用和操作费用等因素，段数不宜过多，一般以 3～5 段为宜。

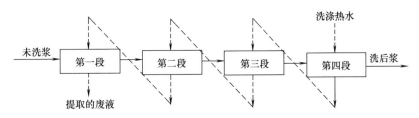

图 4-1　四段逆流洗涤流程示意图

四、影响洗涤的因素

1. 温度的影响

提高温度会使废液的黏度降低，废液的流动性增加，分子热运动加剧，不仅对浆料的过滤和扩散作用有利，而且为施加较大的挤压或过滤压力创造了条件。但是，温度不能过高，尤其是真空洗浆机，太高的温度会使滤液沸腾，从而破坏真空度，使洗涤效率下降。真空洗浆机一般控制洗涤温度在 70～80℃ 之间。

2. 压差的影响

压差虽然对扩散影响较小，但它是过滤的主要推动力。压差越大，过滤的速度越快，纸浆的干度越大、含碱量越小。但是对于真空洗浆机来说，真空度提高，废液的沸点会下降，容易造成废液沸腾和强化泡沫的形成。所以温度 80℃ 的上限，决定了真空度不能大于 50kPa。另外，挤压设备的最大压力一般为 200kPa 左右，压力过高，浆层被压紧，会使毛细孔阻力增加，而过滤速度增加并不明显，同时容易损坏滤网，使纤维流失增加。

3. 浆层厚度、上浆浓度及出浆浓度的影响

浆层厚度增加会使过滤阻力增大，过滤速度减慢，洗涤液与浆料的接触面积减小，不利于扩散；但是会增加生产能力。

其他条件不变，提高上浆浓度会使过滤网上的浆层厚度增加，生产能力提高；但同时会使洗涤质量和废液的提取率下降。

在其他因素相同情况下，出浆浓度越大，洗涤损失越小，提取率越高。

确定浆层的厚度、上浆的浓度和出浆浓度要考虑浆料的种类、浆料滤水性、洗浆温度、

压力及生产能力等因素。对于滤水性好的木浆，浆层可以厚些；滤水性差的草浆，过滤时不易上网，所以上浆浓度要比木浆高，否则浆层太薄。

4. 蒸煮方法、浆的种类及纸浆硬度的影响

酸法浆由于对镁、钠等离子吸附率低，在得率相同时溶出木质素多，细胞的孔隙大，所以比碱法浆滤水性好，易于洗涤；木浆中由于杂细胞少比草浆滤水性好易于洗涤；硬浆比软浆滤水性好，但由于细胞壁孔隙少，扩散效果差。

5. 洗涤用水量与洗涤次数的影响

在相同的条件下，洗涤用水量越多，浆会洗得越干净，提取率也会越高。但同时会导致所提取的废液浓度降低，从而增大蒸发液时的耗汽量。

当洗涤水量一定时，洗涤次数越多，洗涤效果越好。但设备费用和操作费用会增加。所以，应根据浆的性质和纸浆洗涤的质量要求来确定洗涤次数。

6. 泡沫的影响

在纸浆的洗涤过程中常常会产生大量的泡沫（尤其是碱法制浆的工厂），若处理不当，不仅会造成碱的损失，提取率下降，对环境造成污染，而且会给操作和管理带来麻烦。

（1）泡沫的形成原因

泡沫的形成原因很多，但主要是三要素：空气、表面活性物质和激烈搅拌。一方面是原料本身含有很多相对分子质量大的有机物，如表面活性较大的树脂、脂肪及皂化物等，它们溶出易产生稳定的泡沫。另外，浆料输送、机械搅拌和稀释混合等操作以及强烈的冲击喷射使空气混入，以及温度、黏度、pH等条件变化也是形成泡沫的外因。碱法制浆由于会形成许多皂化物而非常容易产生泡沫。

（2）预防和减少泡沫形成的措施

① 尽量使用贮存时间较长的原料，因为贮存可以降低易产生泡沫的有机物含量。

② 尽量避免或减少空气混入浆和废液中。真空（或压力）洗浆机中间槽的搅拌器应淹没在浆液内部，并控制搅拌速度，避免浆料翻腾剧烈；尽可能建立封闭系统，浆管出口也要深入浆层以下足够的深度。

③ 尽可能地使废液保持较高的温度，这样不仅对碱回收有利而且难以形成稳定的泡沫。

（3）消泡方法

① 静止消泡。采用较大容积的黑液槽，使废液在槽内的高度维持在1/3左右，给泡沫留下充足的空间，以便使其自行破裂而消泡。对于容易产生泡沫的废液槽，还可以设置多孔隔板，使泡沫在通过时自行破灭。泡沫破裂的时间还和废液的pH、温度有关。pH增大，消泡时间会增加；温度增高，消泡时间会减少。

② 机械消泡。一般在各段洗浆机的黑液槽顶端配置消沫器。利用旋翼的回旋和离心作用将泡沫碰灭或甩破。还可以在黑液槽内设置一个带有销钉（起消泡作用）和挡板的旋风分离器（如图4-2所示），黑液以切线方向进入，并作旋转运动，由于离心作用，空气向上排出，这样不仅减少了泡沫而且减少了排液阻力。

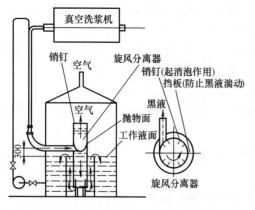

图4-2 内设旋风分离器的黑液槽结构图

③ 抽吸消泡。在黑液槽液面的上方设置抽

风机，将泡沫吸走，泡沫会经风机叶片的撞击而破灭。

④ 高压蒸汽消泡。用 785～981kPa 的高压蒸汽喷射泡沫，使其破裂，同时泡沫因受热而液膜黏度下降，膜内空气鼓胀使液膜变薄直至泡沫破灭。

⑤ 消泡剂消泡。用表面活性大、表面强度低、黏度小的液态表面活性剂，如煤油、松节油以及硅化物等新型的表面活性剂喷洒，改变泡沫的薄膜状态，使薄膜破裂，空气逸出。

五、洗 涤 设 备

一般来说，废液的提取和纸浆的洗涤是同时完成的，所用设备种类较多，分类的方法也不尽相同。例如，按设备结构形式来分有鼓式、带式、辊式和多盘式等；按洗涤原理来分有过滤式、挤压式和扩散式；按动力形式来分有液压差过滤、气压差过滤和机械压力等形式；按处理的纸浆浓度来分有低浓、中浓和高浓洗涤设备。下面按设备出口浓度的大小进行介绍。

（一）低浓洗涤设备

低浓洗涤设备出浆浓度一般小于 8％。大多属于利用液位差过滤洗涤的设备，常见的有圆网浓缩机、侧压浓缩机、斜网浓缩机等。其主要特点是不仅出浆浓度低，而且过滤后粗浆中仍含有许多溶质，要把浆洗净，需要较多的水，洗涤效率低。所以这类设备主要用于浆料的浓缩，目前与废液提取同时进行的浆料洗涤很少采用这类设备。

（二）中浓洗涤设备

中浓洗涤设备出浆浓度一般在 10％～20％范围内。这类设备的挤压作用不强烈，由于进出口浓度相差较大（可相差 10 倍），所以扩散作用比较明显，一般采用多台串联逆流洗涤，所以废液提取率较高，可达 96％～99％。

1. 鼓式真空洗浆机

该设备是目前我国大中型造纸企业广泛使用的浆料洗涤和废液提取设备。它的特点是操作方便，成熟可靠，洗浆质量好，废液提取率较高，还可以直接观察浆料上网、洗浆、卸料等情况，新的机型自动化程度高，并设有自动保护系统，整机性能稳定。但是它存在结构相对复杂，多台串联时占地面积大，易产生泡沫，安装楼层的标高要求高，稀释洗涤所用废液泵扬程高，洗涤温度不能过高，投资较大等缺点。

真空洗浆机主要工艺条件：进浆浓度木浆 0.8％～1.5％，草浆 1.0％～3.5％，出浆浓度 10％～15％，水腿内废液流速 1～3m/s，木浆提取率较高（95％左右），草浆提取率较低（83％～88％），真空度 26.7～40.0kPa。

真空洗浆机主要由一个圆筒状转鼓半浸在浆槽中而成。一般转鼓鼓面是用不锈钢板焊接成带锥度的小室，避免由于滤液逐步增加而超过正常流速，发生湍流作用使阻力增大；转鼓表面铺有一层多孔滤板（孔径 10～12mm），再铺上 5～12 目的内网和 40～60 目的不锈钢或塑料的外网。转鼓的鼓体则沿辐射方向用隔板分成若干个互不相同的小室，随着转鼓的转动，小室通过分配阀分别依次接通自然过滤区Ⅳ、真空过滤区Ⅰ、真空洗涤区Ⅱ和剥浆区Ⅲ，逐一完成过滤上网、抽吸、洗涤、吸干和卸料等过程，其结构示意图和工作原理参见图4-3 和图 4-4。

当小室 1 向下逐渐浸入稀释的浆中时，经过的是与大气相通的自然过滤区Ⅳ，此时靠浆液的静压使滤液进入小室，排除小室的空气，同时网面上形成了浆层；当小室 1 继续转动到真空过滤区Ⅰ时，在高压差下强制吸滤，浆层的厚度进一步增加，并在转出液面后被逐步吸

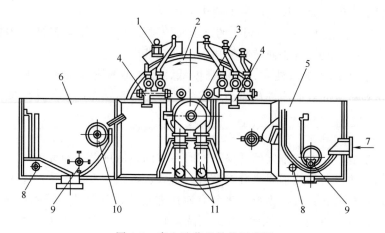

图 4-3 真空洗浆机结构示意图

1—洗液槽 2—洗鼓 3—分配阀 4—洗液管 5—头槽 6—中间槽 7—浆料
进口 8—黑液进口 9—搅拌器 10—散浆辊 11—真空管（黑液出口）

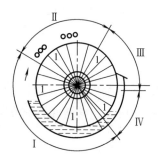

图 4-4 真空洗浆机工作原理图

干；当它继续向上转入真空洗涤区Ⅱ时，鼓面上的浆层被喷淋、洗涤，洗液被吸入鼓内，完成置换洗涤操作；小室继续转动，再经过剥浆区Ⅲ时，小室与大气相通或导入压缩空气，浆料就很容易地从网上卸下来。这样周而复始，连续进行洗涤和浓缩的操作。

真空洗浆机主要是依靠水腿产生真空，有时辅以真空泵。真空过滤区Ⅰ、真空洗涤区Ⅱ可用两个水腿分别排出滤液，也可以合并成一个水腿。若用两个水腿，则过滤区Ⅰ的滤液经过主水腿排出，可以减少空气的进入，从而减少泡沫，使真空度保持较高的水平；洗涤液由副腿排出，并用加速泵向副腿中注水，以提高洗涤区的真空度和出浆浓度，从而提高洗涤效率。若采用一个水腿，应使过滤区水腿直立，而洗涤区水腿为斜向布置，再合并为好。对于滤水性好的木浆和漂后浆可用滤液通过水腿产生真空；但是对于滤水性差的草浆一般滤液量不足，可用泵向水腿内注入本段滤液来加大流量或者用真空泵在水腿上部抽真空。

2. 压力洗浆机

压力洗浆机的主要特点是利用风机产生正压，在封闭状态下使洗鼓内外产生压差，浆料在洗鼓滤网压滤脱液。图 4-5 示出了压力洗浆机的工作原理。它主要由转鼓以及把转鼓密封起来的鼓槽、密封辊和外壳组成。风机产生压力气流经风管进入鼓槽内，产生正压，进入浆槽内的浆料，在气压和液位差的作用下，脱液

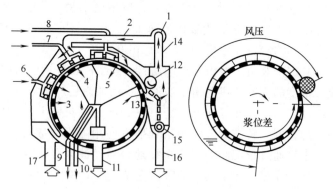

图 4-5 压力洗浆机工作原理图

1—风机 2—风管 3～5—三个洗涤区的滤液槽 6～8—洗涤液
9～11—滤液排出管 12—密封辊 13—剥浆辊 14—回风管
15—碎浆螺旋 16—出浆管 17—进浆管

并在网上形成浆层。当浆层随转鼓进入到洗涤区后，先后用两组喷淋管喷淋洗涤，浆层中的废液得到置换，并脱出。第一组的喷淋液来自本段洗浆机的废液盘；第二组喷淋液来自下一段的洗浆机。排出的废液也按不同的浓度收集。鼓内压力的保持是借助于密封辊将压力区和出浆区分隔开。与废液一同穿过洗网的气流在剥浆口处将洗后浆层剥落，并重新进入风机，循环使用。剥离的浆层经碎浆螺旋打散后输出。

压力洗浆机的主要工艺条件：进浆浓度第一台 0.9%～1.1%，第二台以后 1.0%～1.4%；鼓槽内风压 5～11kPa，转鼓内风压 0～0.3kPa；洗涤水温 80～85℃；废液提取率 95%～98%；出浆浓度 12%～18%。

压力洗浆机的优点是洗涤效果好，提取率高，由于密封操作，劳动条件好。与真空洗浆机相比，设备装置高度不受限制，投资少；对浆量和浆浓的适应性好；没有中间槽，浆料输送用轴泵，有利于浆料的均匀和扩散作用；另外，由于正压过滤，洗涤水温高，不仅有利于浆料的洗涤，而且泡沫少。但水温不宜高过 90℃，否则蒸汽量过大，对操作产生不利影响。压力洗浆机的缺点是动力消耗大，管理要求严格，滤鼓内外压差比真空洗浆机小得多，对生产能力等有影响。常用于洗涤木浆，少数用于洗涤芦苇、荻苇、芒秆浆等。

改进的 HP 型压力洗浆机设有排液水腿，可以既利用压力气流，又利用排液水腿产生的真空脱液。不仅用于木浆的洗涤效果好，也可以用于滤水性差的草浆洗涤。

3. 水平带式真空洗浆机

水平带式真空洗浆机一般简称为带式洗浆机。其结构与长网洗浆机的网部相似。它的工作原理如图4-6所示，一条无端的合成滤网包绕着传动辊和导网辊，网下水平安装有 7 个真空吸水箱（吸水箱的个数可以根据需要调整），每个吸水箱都与单独的真空泵相连。浆料以较低的浓度（1%～4%）均匀地从流浆箱流送上网，在到达第一吸水箱上方时，脱水至浓度 10%～11%，吸出的废液返回用于上浆前的稀释。其余 6 个吸水箱按逆流洗

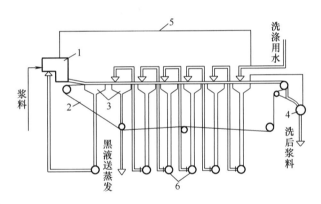

图 4-6　水平带式真空洗浆机工作原理图

1—流浆箱　2—网　3—真空吸水箱　4—洗后浆料输送机　5—机罩　6—泵

涤原理洗涤浆料。最后一段喷淋热水，浆料中置换出来的稀废液，用泵送往前一个吸水箱上方的喷淋管，依次类推，直至第二个吸水箱。碱法制浆将第二个吸水箱吸出的黑液送往碱回收。

水平带式真空洗浆机主要工艺条件：进浆浓度 2.0%～4.0%（草浆取低值，木浆取高值），出浆浓度 12%～17%，稀释因子 1.5～2.6，热水温度 70～80℃，过滤压差 9.8～29.4kPa，提取率差别较大。

水平带式洗浆机的优点是取消了段间的稀释，单机洗涤段数多；稀释因子小，废液浓度高，泡沫少；滤网在回程中可以用高压水反正面冲洗，避免了糊网，这对草浆的洗涤非常有利；由于一次上浆形成较厚的滤层，其余各段位置换洗涤，不破坏滤层，所以细小纤维流失少，废液所含细小纤维也少，可以不必过滤，直接送碱回收或进行综合利用；结构简单，占

地面积小，操作方便，投资小。

国产的带式洗浆机存在一些问题，如密封性差，跑、冒、滴、漏严重，故热损失比较大。所以该设备较多的用于纸浆的洗涤，而较少用于废液的提取；另外，胶带的磨损大且价格较高，换胶带时需停机等。

目前已有两种改进型的水平带式洗浆机：将原来橡胶履带衬托的水平式洗浆机发展成无橡胶履带衬托的长网式洗浆机和用钻孔的无端钢带代替滤网而形成的水平钢带式真空洗浆机。前者机台的宽度不受限制，可造生产能力大的设备，结构简单，价格便宜，并免去了更换橡胶履带的麻烦；后者在前者的基础上更加耐腐蚀、耐磨损。

（三）高浓洗涤设备

高浓洗涤设备出浆浓度一般可达 30％以上。这类设备在提取废液时，主要以机械挤压为主，挤压作用较剧烈，但由于进出浆的浓度变化小，只提高 3～4 倍，所以扩散作用小，故一般废液提取率不高。单机提取率仅为 50％左右，因此生产上多采用多机串联，热水逆流洗涤，以增加其扩散作用和提取率。

1. 螺旋挤浆机

螺旋挤浆机又称螺杆挤浆机或螺旋压榨机，主要由螺旋辊、滤鼓、防滑梅花板和锥形塞头组成。传统的单螺旋挤浆机已经很少用。近年来，国际上废液提取设备逐渐向高浓发展，一些改良的双螺旋挤浆机已经研制成功，并取得了好的应用效果。

例如，一种同向双螺旋挤浆机，利用同方向旋转的一对共轭螺旋辊，形成密封空间沿轴向输送浆料，由于变径和变距，使密封空间逐渐减小，浆料层逐渐变薄，废液从四周的筛板孔中挤出。

该机压缩比为 7.5，入口浓度 4％～8％，出口浓度 30％～40％。可用于化学木浆及苇浆的废液提取。得到的高浓度废液，对废液碱回收和综合利用非常有利。高浓的浆料可以经打散、稀释后，送带式真空洗浆机等设备进一步洗涤；废液可进一步被提取。该机单机提取率平均在 75％以上，只要后面的带式真空洗浆机的提取率达到 80％以上，整个系统的提取率就能达到 95％以上，而且废液的波美度、温度较高，不受其他因素影响。因此，将其作为废液提取流程的第一段，效果比较好。该机也可用于浆料的洗涤和高浓浆料的制取。

这种挤浆机，进浆浓度范围宽，对浆浓度波动适应性强，占地面积小，附属设备少，能耗较低，操作简单方便。另外，由于双螺旋同向旋转，不会因异物卡住而损坏筛板；而且由于筛板孔眼是倒锥形的，螺旋与筛板之间的缝隙设计合理，使浆料在浓缩的过程中产生纤维的自清洗作用，从而有效地避免了筛板孔眼的堵塞。

2. 双辊挤浆机

双辊挤浆机是由一对压辊、浆槽、螺旋喂料机、刮刀、疏刀及传动装置组成。它利用一对带有排液孔槽的辊子在机械压力下挤压浆料，使浆料被压缩而脱液。是一些中小型制浆厂常用的提取废液的设备。其入口浓度 8％～12％；出口浓度 20％～30％。单台废液提取率55％～65％，三台串联提取率为 75％～85％。其主要特点是：适应性强，操作简单，动力消耗小；但结构复杂，压辊易被硬物损坏，纤维流失大。目前新建车间已经很少采用。

近年来具有置换洗涤作用的双辊挤浆机受到重视。图 4-7 所示的双辊置换压榨挤浆机的工作原理为：浓度为 2％～5％的浆料用泵以 0.02～0.06MPa 的压力送入浆槽，在进浆压力和液位压差的作用下，开始在压辊Ⅰ区脱水，废液通过辊面上的滤孔进入辊内，并经辊子两端的开口排出。辊面上的连续浆层随压榨辊的转动到达置换区Ⅱ，此时浆浓大约为 10％。

在置换区，浆料中的废液与来自下面的洗涤液进行置换，这种置换作用，直到浆料进入压榨区Ⅲ才结束。在压榨区浆料被挤压到30%～40%的浓度，并由上部的螺旋输送出去。两段真空洗浆机和两段双辊置换压榨挤浆机组成的洗涤流程洗涤硫酸盐木浆，黑液提取率可达到99%。

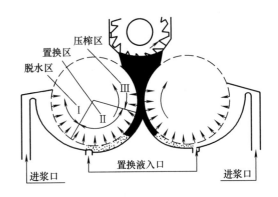

图 4-7　双辊置换压榨挤浆机的工作原理图

这种设备的特点是集稀释、置换和压榨为一体，能有效除去浆料中的可溶性固形物，尤其是 COD 去除率高，从而可以降低漂白化学药品的消耗；洗涤水用量低，吨浆废液量仅为 5m³ 以下，污染小；产量大，易于操作，设备结构紧凑，占地面积小，建筑费用低。但浆中如有硬杂物易损坏压辊，所以浆料需预先进行筛选。

3. 双网挤浆机

双网挤浆机又称双网压滤机或夹网式压滤机。其工作原理是浆料以一定浓度和速度从网前箱喷射上网，先在网上利用自身重力进行脱水，然后进入由双网逐渐合拢的楔形区，在上网和下网的挤压和真空箱抽吸力的作用下双面脱水，并利用网在导辊的包绕段上的张力，在 S 形的回转区逐渐增大挤压力脱水，最后通过数对压辊或由强力绕性带同压辊形成宽压区压榨脱水。一般来说，国产的双网挤浆机的进浆浓度为 1.5%～4%，出浆浓度 15%～30%，国外的进浆浓度 3%～12%，出浆浓度 35%。

目前，一种将水平真空洗浆机（置换洗涤）与双网洗浆机（压榨洗涤）结合为一体双网置换压榨洗浆机，可实现多段逆流洗涤，优点很突出。它的工作原理是 3%～10%浓度的浆料由一个特殊的网前箱流送上网，经预脱水后，浆层在 2～4 段逆流置换洗涤区洗涤；浆层再经过 2～4 道压榨后，出浆浓度能达到 35%以上。洗涤清水在压榨区前的最后一段置换洗涤区加入，这样在压榨区压榨出来的滤液基本上是干净的。把压榨区的滤液与最后一段置换洗涤区的滤液混合在一起，用于前段的置换洗涤，并逐段逆流洗涤，可以用较低的稀释因子，获得高的洗涤效率。预脱水区和置换区由鼓风机的吸力产生一定低真空度以利于脱水；同时为了减少对环境的不良影响，大部分空气又循环进入到洗浆机的机罩内，少部分空气外排以保持机罩内有少许负压，防止泄露。正是因为这种洗浆机具有非常高的出浆浓度，所以洗涤效率比其他单台洗浆机都高，如果有四道置换洗涤区可以代替三台常规洗浆机。图 4-8 示出了双网置换压榨洗浆机的工作原理。

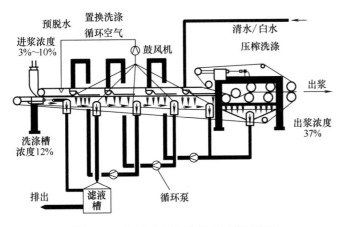

图 4-8　双网置换压榨洗浆机工作原理图

双网挤浆机的主要特点是利用双网两面脱水、挤压和压榨，脱水区长，压力差逐渐增大，生产能力大。出浆浓度高，草浆的废液提取率也能达到90%以上。所以特别适于废液黏度大，滤水困难的草类浆的废液提取，不会产生因滤水困难而跑浆的现象。该设备结构简单，占地面积小，造价低，不需要高位安装，建筑费用较低。但浆中如有硬杂物容易损坏滤网和压辊，所以未洗的浆料需要预先进行高浓除渣和筛选等处理。

（四）扩散洗涤设备

扩散洗涤设备在洗涤过程中实际上包含了较多的置换过程，其置换动力为压力差。置换过程会使溶质从吸附于纤维上向洗涤液中横向扩散，优于稀释、扩散过滤的洗浆过程。主要有常压扩散洗涤器和压力置换洗涤器两种形式。

1. 常压扩散洗涤器

常压扩散洗涤器由瑞典卡米尔公司1965年发明，可用于漂后洗，代替鼓式洗浆机。也可以用于蒸煮后的浆料洗涤。

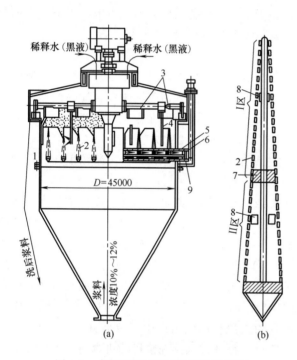

常压扩散洗涤器的基本结构如图4-9所示，未洗浆料从洗涤器的底部进入，并缓缓上升。洗涤水是由上方的轴芯进入，并由伸入各筛环之间的分布管流入浆层之中，随着分布管围绕轴心的转动使洗涤水沿筛环均匀分布。进入到浆层的洗涤液将浆层中的废液置换出来，穿过两侧筛板上的孔，进入筛环的中心夹层中，并由连接筛环的径向排液管排出。为了防止筛环的堵塞，整个筛环借液压缸的推动，随浆料一道缓缓上升一定距离后，瞬时下落，此时排液阀也瞬间关闭停止排液，这样筛板上形成的浆层会与筛板发生急剧摩擦而脱落，同时筛孔也得到清洗。洗涤好的浆料上升至超过筛环上边缘时，被安装在悬臂上的卸料刮刀刮落到浆槽中，并从浆槽的出口处排出。

图4-9 常压扩散洗涤器的结构示意图
(a) 扩散洗涤器 (b) 筛环断面
1—外壳 2—筛环 3—卸料刮刀 4—分布管 5—支撑管
6—筛环振动机构 7—筛环隔板 8—支撑 9—支撑隔板

常压扩散洗涤器的进浆浓度9%～10%，浆料温度85～95℃。

常压扩散洗涤器特点是浆料经历的洗涤时间比传统的鼓式洗浆机长，洗涤效率高；设备全部密封，洗涤时不与空气接触，几乎不产生泡沫，不用配置消泡器（即使是树脂含量大的原料），也不会散发臭味，可减少对大气的污染；与连续蒸煮设备配用时，流程上可不设喷放锅和送浆泵，简化流程，便于实现遥控和计算机控制；与真空洗浆机相比，设备本身价格较高，但因为可以建在贮浆塔上或建在室外，从而节省了建筑面积，工程总投资可大大减低，同时动力消耗也比较低。其缺点是稀释因子较高（2～3）。同时筛环上下往复运动的油压自控系统比较复杂，一旦局部产生故障就会影响整个系统的运行。

2. 压力扩散洗涤器

这种洗涤器有升流式和降流式，内流式和外流式等形式。以升流的内流式压力扩散洗涤器为例。浆料在筛环外侧从下向上流动；具有一定压力的洗涤液来自从洗涤器外侧的一系列分配管和喷嘴进入压力壳体内壁的洗涤液分布导流板；浆料与多道洗涤液先后接触，洗涤液在高压作用下穿过浆层，置换出的滤液向内流，经滤板向下流出洗涤器外。筛环随浆上行，并在行至最上端时快速下落，由于滤板内的滤液通道是锥形的，瞬间下降引起滤板内的滤液倒流反冲，从而防止了滤板的堵塞。图 4-10 是该洗涤器的内部结构示意图。

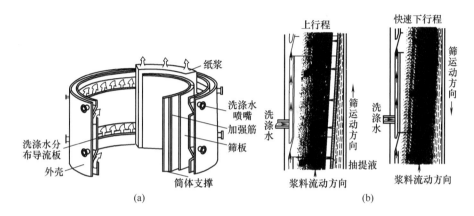

图 4-10 内流式压力置换洗涤器的内部结构
（a）压力置换洗涤器的内部结构 （b）浆料和筛板的运动方向

常压扩散洗浆器的过滤压力差主要为浆中的液位差，其压力差比较小，置换过程比较缓慢，过滤能力也小。压力扩散洗涤器是一种在压力下操作的全封闭洗涤设备。除了具备常压洗涤器的特点外，其洗涤的压力差加大，而且提高了洗浆的温度（可达 150℃）和浓度（可达 10％～11％）。因此，稀释因子大大降低，生产能力大大增加。压力洗涤器目前主要用于转鼓式洗浆机或常压置换洗涤器最终洗涤之前，也可用于卡米尔（Kamyr）蒸煮器与喷放锅之间，用作提取浓废液的第一段洗涤设备。

如图 4-11 所示，卡米尔（Kamyr）蒸煮器的底部设置有这种扩散洗涤器（或 Kamyr 的专用术语"高温洗涤"），浆料（或木片）在温度 130～140℃ 和完全逆流的洗涤区至少有 1.5h 的时间，使浆料（或木片）与移动的洗涤液之间有相当长的时间接触，以便有足够的时间从纤维结构中将可溶性固形物扩散或沥滤出来。可获得的洗涤效率及稀释因子与停留时间成函数关系，如图 4-12 所示。在实践中，高稀释因子时蒸煮器内浆料的向下流动可能会受到妨碍，特别是当蒸煮器在接近最高生产能力运行时。必须根据具体情况确定极限稀释因子。

3. 鼓式置换洗涤机

鼓式置换洗涤机简称 DD 洗浆机（Drum displacement washer），是芬兰奥斯龙公司在 20 世纪 80 年代推出的洗浆设备。经过不断地改进，这种设备已经在一台洗浆机上实现多段（一般为 2～4 段）逆流洗涤。图 4-13 为具有 4 段置换洗涤的 DD 洗浆机的结构简图。其转鼓外边面由不锈钢板分隔成若干部分，并在两隔板之间与带滤孔的不锈钢过滤板一同构成洗浆机的过滤室；固定的密封板附在外壳上，并于转鼓表面相接触，以进行密封。这样密封板就将转鼓表面分成浆层成形段、置换洗浆段、真空吸滤段和卸料段。

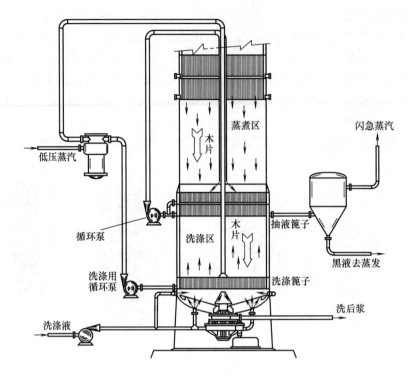

图 4-11 典型 Kamyr 连续蒸煮器的内置洗涤区

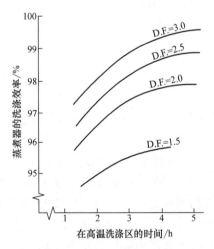

图 4-12 洗涤时间和稀释因子对高温
蒸煮器扩散洗涤效率的影响

首先进入成形段的未洗浆料快速脱水浓缩并在浓度增至 10％～12％时进入置换洗涤段；滤液则经过转鼓两端的分配阀流至区间的管中进入黑液槽。在置换洗涤段第 4 段的浆料用热水洗涤（水温 100℃），第 3 段的洗液用第 4 段泵送的滤液，第 2 段的洗液用第 3 段的滤液，第 1 段的洗液用第 2 段的滤液，从而实行了逆流洗涤。每一段的洗涤液都用增压泵送液，既保证了洗涤所需的压力，又可防止空气进入浆层而产生泡沫。随着转鼓的旋转，浆层仍以 10％～12％的浓度进入真空吸滤段并在此段增浓至 15％～16％，成为滤饼状，此段的滤液也泵送至第 3 洗涤段作为洗涤液。滤饼状浆料在卸料段受到压缩空气脉冲压力的作用被吹落至下方的碎浆式螺旋输送机。

鼓式置换洗涤机与其他洗涤方法或传统的多台洗涤设备的洗涤系统相比有较多的优点：

① 投资省，设备所占空间小。多段逆流洗涤在一个洗鼓内完成并采用循环增压泵输送段间洗液，只需一个黑液槽，节省了各段的中间槽、黑液泵、黑液管线、阀门和所占的空间，且不受安装高度的限制，所以厂房和设备投资都较少。

② 操作简单，维修量小，利用率高。单机操作，控制反馈速度快，开机后 10min 左右整个洗涤系统就可建立起正常的平衡；对洗涤的条件要求不苛刻，只要浆料的硬度适宜即可进行洗涤。因为没有网子，所以无须换网；转动设备简单，维修量小。

③ 置换洗涤效果好。由于各洗涤段保持着完整、均匀的浆层和可调节的置换速率，又由于各段的洗涤液是经增压泵加压后进入鼓内的，置换洗涤液主要是在压力作用下将浆层中的液体置换出来，而不会像真空洗浆系统当浆料温度接近沸点时会因真空作用而产生闪急蒸发造成洗浆困难，因而可以提高洗浆温度，不仅置换洗涤效率高而且单位面积产量大。其黑液的提取率和浓度达到96％以上和 $9.0°Be$ 以上，碱损失率在 $10kg/t$ 浆以下（以 Na_2SO_4 计）。

④ 全封闭洗浆，不必消泡。由于在鼓式置换洗涤机中，洗涤滤液带有一定压力，使空气混入浆中的可能性减小；另外，用中浓泵和洗浆机相配合，中浓泵具有除去纸浆中空气的能力，故浆中空气很少，所以可以不用消泡剂和相应的附属设备。

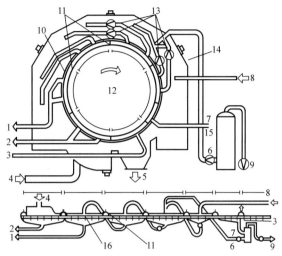

图 4-13 鼓式置换洗涤机

1—从第一洗涤段排出的滤液 2—从成形区排出的滤液 3—加压空气入口 4—进浆 5—出浆口 6—从真空箱回流的滤液 7—从第四洗浆段流入真空箱的滤液 8—洗涤水入口 9—空气入口 10—密封挡板 11—隔板 12—转鼓 13—增压泵 14—密封罩 15—气水分离器 16—滤板

⑤ 能耗和热损失低。由于进浆浓度高，滤液系统简单，洗涤段之间采用的是低能耗泵，所以动力消耗低；由于系统是封闭的，热传输区域小，无须为排出空气而加热，所以热量损失小。

鼓式置换洗涤机需要控制的一些工艺参数：

① 上网浆料的浓度是正常生产的关键，一般应控制在 2.5％～3.5％ 范围内，浓度过低影响生产能力、过滤速度、洗涤质量和稀释因子。浓度过高，易产生洗浆机负荷过大、堵浆等现象。

② 洗涤水的温度不应低于 60℃，否则将影响洗涤质量和稀释因子。

③ 洗涤浆料的硬度卡伯值不应超过 55。浆料硬度过大，滤水过快，易产生洗浆机负荷过大的现象。

④ 压缩空气的压力不应低于 0.5MPa；密封水的压力不应低于 0.6MPa，并要保证水的清洁度。因为压缩空气和水压过小，会产生滤液的泄漏，使浆料进入密封区，并使洗浆机的负荷过大；密封水不干净则会损坏密封带。

第二节 纸浆的筛选与净化

一、筛选和净化的目的

用于造纸的粗浆中往往含有大的纤维束、节子、沙粒和金属颗粒等杂质，需要经过筛选与净化等处理过程予以清除。除去这些杂质的目的和要求：一是满足纸浆的质量要求；二是保护后续设备，使其不因浆中含有杂质而被损坏；三是节水、节能，降低成本。

二、筛选的原理及影响因素

（一）筛选的原理

筛选通常是利用粗浆中杂质与纤维的几何尺寸大小和形状不同，利用带有孔或缝的筛板，在一定的压力下使细浆通过筛板，杂质被阻留在进浆侧，从而和纤维分离的过程。去除的杂质主要是化学浆中未蒸解的纤维束以及磨木浆中粗木条、粗纤维束等。净化一般是利用杂质和纤维的密度不同来分离的。去除的杂质主要是沙石、金属杂物、橡胶、塑料等。

筛选效率（Screening efficiency）：指浆料中含有的杂质被去除的百分率，通常用尘埃度来代表杂质的含量。

$$筛选效率=\frac{进浆尘埃数-良浆尘埃数}{进浆尘埃数}\times100\% \tag{4-10}$$

筛选排渣率（Reject rate）：指筛选后排出的浆渣占进浆的百分率。习惯上排渣率较高时（如10%以上）排出的浆渣称为尾浆；排渣率较低时（如低于5%）或浆渣中好纤维较少时，排出的浆渣称为粗渣。

浆渣中好纤维率（Acceptable fiber ratio in rejects）：浆渣中能通过40目网的好纤维量占总渣浆量的百分率。

（二）筛选的影响因素

影响纸浆筛选主要因素如下：

1. 筛板的形式

筛板主要有普通光滑面筛板、齿形筛板和波形筛板（见图4-14）三种形式。由于纸浆进入普通光滑面筛板内时，一面沿筛鼓内侧从上至下做旋转运动，一面在压力的作用下调转一个直角，通过筛孔流向筛鼓外侧。这样就使筛鼓内侧从上到下逐步增浓，形成逐渐增厚的纤维层，使浆料通过筛孔的阻力增大，流速减慢，良浆浓度下降，从而使整个筛选能力下降。为了减少鼓内纤维层的形成，只好在低浓（1.5%以下）下筛选，使得设备的生产能力小，电耗高。所以，常用于造纸机前的纸浆精选。

由于近年来对筛板的优化设计取得重大的突破，新型波形的筛板的出现使高浓筛选成为可能。当纸浆在这种筛内做旋转运动时，会在孔附近产生湍流或涡流，破坏筛孔附近纤维层的形成。同时，由于浆流运动方向的改变和涡流剪切力的作用，使筛孔附近的纸浆纤维网络比较分散，通过筛孔的浆量就大大增加；纸浆的筛选浓度比普通光滑面筛板高，可达2%～5%；所以生产能力大、电耗低。但是由于涡流作用，纤维束等杂质也易混入良浆，使筛选效率下降；为此，波形筛的孔径或缝宽要比普通光滑面筛板小一些。高浓筛常用的缝筛又比孔筛的开孔小，从而使筛两侧的压力增大。同时，使旋翼产生的前后压力脉冲作用更强，对长纤维的通过和消除筛缝挂浆堵塞有利。良浆排出时，除了压力差外，开缝处还使浆料产生涡流，增强了浆料的流动性，使其更易穿过筛板。波形筛的筛孔或筛缝尺寸根据浆料的性质和纸浆的质量要求，一般筛孔直径在

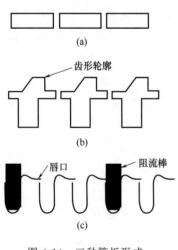

图4-14　三种筛板形式

（a）普通光滑面筛板　（b）齿形
筛板　（c）波形筛板

$\phi 1.2 \sim 2.4$mm、筛缝缝宽在 $0.15 \sim 0.75$mm 之间选取。

2. 筛孔大小、形状与间距

筛孔（或缝）的大小直接影响通过杂质的尺寸和数量。因此应根据浆料的种类、杂质的形状、进浆量以及筛选浆料的质量要求来确定。对筛选长纤维如针叶木浆，筛孔孔径多采用 $\phi 2.2 \sim 3.0$mm；而筛选短纤维如草类浆，则采用 $\phi 1.0 \sim 1.5$mm 孔径；硬浆的筛孔应比软浆大。孔距一般要大于纤维平均长度，这样会很少产生挂浆或糊板现象，筛板的开孔率一般在 $15\% \sim 25\%$ 之间。但孔（缝）间距太大使产量降低、排渣量增大。圆孔筛板生产能力大，处理浆料浓度较高，不易堵塞，能有效地除去浆料中的纤维束和细薄碎片；而长筛缝除去圆形和立体状的杂质比圆孔好，但产量下降。

3. 进浆浓度与进浆量

进浆浓度大，良渣与粗渣分离困难，会使尾浆中的好纤维量增加，并容易糊板，增加尾浆量。但进浆浓度小，会降低生产能力，同时使浆料中的粗渣易通过筛孔而混入良浆里，降低筛选效率。当浓度一定时，进浆量越大，产量越高，筛选效率也越高，而电耗的增加并不明显。所以，筛浆机应在满负荷下运行。对于某一筛浆机来说，都有其合适的筛选浓度和进浆量。

4. 稀释水量与水压

稀释水量应该根据浆种、筛孔径、进浆量和进浆浓度来决定。一般情况下，当进浆浓度为 1% 时，稀释水量可为进浆量的 $20\% \sim 30\%$；当进浆浓度为 $2\% \sim 3\%$ 时，稀释水量可为进浆量的 100% 以上。稀释水量不能太大，否则容易使小粗渣随良浆一起通过筛孔，降低筛选效率。稀释水量太小，会导致筛孔堵塞。稀释水压也应在工艺条件的要求范围内，一般控制在 $50 \sim 150$kPa 范围内。

5. 压力差

这里是指进浆与良浆之间或筛板两边的压力差。当筛孔一定、进浆浓度一定时，流量增加、压力差增加，推动浆料通过筛孔的作用力增大，筛选能力提高，但部分粗渣会被迫通过筛孔，或是嵌入筛孔，使筛选效率下降。对于高频振框式平筛压力差对筛选效率的影响不大；但是对于离心筛则影响较大。

6. 转速

对于离心筛来说，转速过低，离心力小，好纤维与粗渣的分离作用小，产量低，筛板易堵，纤维损失大。若转速太高，离心力过大，虽然产量增加，但是粗渣也部分被迫通过筛孔，使筛选效率下降，动力消耗增加。对于滤水性较差的草浆，转速可以适当提高。

7. 排渣率

对于固定的筛板，排渣率越高，筛选效率越高；但是排渣率增加到 30% 以上时，筛选效率不再有明显提高；而筛渣率太小，筛选效率下降，也就是说，无粗渣就无筛选效果。

三、筛选设备与工艺

常用的设备主要分为振动式筛浆机、离心式筛浆机、压力式筛浆机三种形式。

（一）振动式筛浆机及工艺

振动式筛浆机简称振动筛。其筛选原理是将筛板两边的压力差作为推动力，使良浆通过筛孔。同时机械振动使筛孔两边产生压力脉冲，瞬间的负压，使已通过筛孔的少部分良浆返回，冲掉筛孔上的浆料，而不使筛孔堵塞。振动还破坏了纤维的絮聚，使筛孔周围的较长纤维通过筛孔。

按筛板的形状不同，振动筛可分为平筛和圆筛；按振动频率的不同又可分为高频振动筛（频率大于 1000 次/min）和低频振动筛（频率 200～600 次/min）。目前国内使用较多的是高频振框式平筛（詹生筛）。

高频振框式平筛结构如图 4-15 所示。支撑在减震器上的筛框中心主轴由绕性联轴器与电机直接相连，筛框的底板是曲面的筛板，筛框的振动是通过安装在同一根主轴上的偏重式振动块产生的，当主轴带动偏重块转动时，由于偏重块重心的离心力方向不断变化，带动筛框振动。振幅可以通过改变偏重块的偏心距来调节。

未选浆料从进浆箱流入筛框内，在压力差和筛板振动作用下，纤维通过筛孔，进入混凝土槽。槽内设有浆位调节板，控制良浆位略淹没筛板，使其既作为阻力使筛框振幅保持稳定，又起到淘洗筛板上附黏于粗渣上的好纤维的作

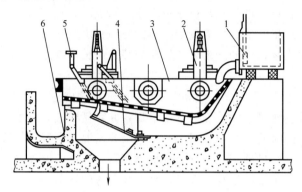

图 4-15　高频振框式平筛结构示意图
1—进浆箱　2—减震装置　3—筛框
4—浆位调节板　5—喷水管　6—粗渣槽

用。未通过筛板的浆渣，逐步向前移动，直到筛板的末端，落入粗节槽内。在浆渣出口上方装有高压喷水管，冲洗筛板上的粗渣，以防浆渣带走合格纤维。

该设备主要用于各种浆料的粗选。一般使用的振动频率为 1400～1450 次/min，振幅 2～3mm；用于除节时，孔径 $\phi3$～10mm，孔距 5～13mm；用于草浆一级筛选时孔径可小于 3mm。进浆浓度 0.8%～1.5%，出浆浓度 0.6%～1.2%。

高频振框式平筛的特点是除节能力强，动力消耗低，占地面积小，对浆料适应能力强，生产能力大，操作简单，维护容易。但是喷水压力要求较大；而且由于不封闭，操作环境较差。

（二）离心式筛浆机及工艺

离心式筛浆机简称离心筛。其筛选原理是靠转子产生的离心力和筛板内外的压力差使良浆通过筛孔而与渣浆分离。离心筛的种类很多，较早的产品有 A 型、B 型、C 型三种离心筛，已经淘汰。目前国内使用较多的是 CX 型和改进的 $ZSL_{1～4}$ 型离心筛。

CX 型和 $ZSL_{1～4}$ 型离心筛的工作原理基本相同。纸浆从离心筛的一端进入，在具有 3 个区的转子叶片作用下，在筛板内做旋转运动，离心力大于重力时，在筛鼓内形成略带偏心的环流，上部浆环较薄，下部浆环较厚。好纤维由于比重较大，迅速靠近浆环的外圈随水穿过筛孔。粗渣因比重较轻、尺寸较大，悬浮于浆环的内层。从空心轴的两头向 Ⅱ 区和 Ⅲ 区送入稀释水，通过叶片夹层喷到筛板上，对筛板进行冲洗，并使鼓内的浆层保持适当的浓度和厚度，避免浓度过大而糊筛板和排渣量过大。良浆穿过筛板后从筛浆机底部侧管流出；粗渣从另一端的下部流出。

由于 CX 型离心筛排渣不畅，叶片易挂浆及叶片间的死角易存浆，使叶片产生偏重而损坏，$ZSL_{1～4}$ 型离心筛取消了第二和第三筛区的挡浆板，并封住了两个叶片间的死角，从而解决了挂浆和存浆的问题。$ZSL_{1～4}$ 型离心筛结构如图 4-16 所示。CX 型和 $ZSL_{1～4}$ 型离心筛

具有生产能力高，筛选效果好，电耗低，占地少，设备重量轻，筛选浓度高，尾渣量少，浆渣中好纤维率低，结构简单、维修方便，运行平稳等优点。一般工艺参数如表 4-2 所示。

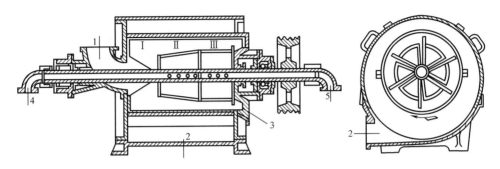

图 4-16　ZSL$_{1\sim4}$ 型离心筛结构简图

1—进浆口　2—良浆出口　3—粗浆出口　4—Ⅱ区稀释水进口　5—Ⅲ区稀释水进口

表 4-2　　　　　　　　　　　　CX 型和 ZSL$_{1\sim4}$ 型离心筛的工艺参数

浆种	筛孔直径/mm	进浆浓度/%	良浆浓度/%	尾浆浓度/%	粗渣率/%
硫酸盐木浆	1.8～3.0	1.0～1.8	0.6～1.2	1.5～2.5	2～4
亚硫酸盐木浆	1.8～2.8	0.8～1.5	0.6～1.0	1.0～1.5	2～5
机械木浆	1.2～2.2	0.8～1.5	0.6～1.0	1.2～2.0	2～4
苇浆	1.0～2.0	0.8～2.0	0.6～1.5	1.0～2.0	2～4
麦草浆	1.0～1.8	0.6～1.6	0.5～1.0	1.0～1.8	4～6
蔗渣浆	1.0～1.6	0.6～1.2	0.5～1.0	1.0～1.8	4～6

（三）压力式筛浆机及工艺

压力式筛浆机简称压力筛。它种类很多，但基本结构和工作原理大体相同。我国使用较多的是旋翼筛（因旋转叶片的断面与机翼相似而得名）。它有单鼓和双鼓、内流和外流、旋翼在鼓内和旋翼在鼓外之分。图 4-17 是常见的 4 种形式。压力筛是全封闭的，未筛选的浆料在一定压力下切向进浆，良浆在压力作用下通过筛板，粗渣被阻留在筛板表面，并向下移动排出。筛板的清洗是靠压力脉冲来实现的，当旋翼旋转时，其前端与筛板的间隙很小（一般为 0.75～1.0mm），将浆料压向筛板外；随着旋翼的后部分与筛板的间隙逐渐增大，在高速下出现局部的负压，使筛板外侧的浆液反冲回来，黏附于筛孔上的浆团和粗大的纤维就被定时冲离筛板（见图 4-18）。旋翼经过后恢复正压，良浆又依靠压力差及另一个旋翼的推动，再次向外流，开始下一个循环。

高浓压力筛（进浆浓度 2%～5%）与低浓压力筛

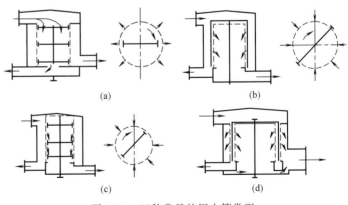

图 4-17　四种常见的压力筛类型

（a）单鼓外流式旋翼筛（旋翼在筛鼓内）　（b）单鼓内流式旋翼筛（旋翼在筛鼓外）　（c）单鼓内流式旋翼筛（旋翼在筛鼓内）　（d）双鼓内外流式旋翼筛（旋翼在两筛鼓间）

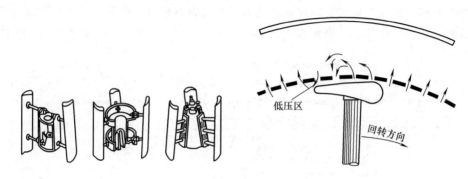

低压区

回转方向

图 4-18　几种旋翼筛转子及旋翼筛工作原理图

（进浆浓度低于 2％）相比有较多的优点。低浓筛选时，由于水容易通过筛孔或缝，所以从进浆口到排渣口浆的浓度是递增的，为了防止增浓，影响筛选效果，一般采用加入大量的水来稀释，这样不仅使良浆的浓度逐渐下降，而且浪费了许多能量。高浓筛选时，由于纸浆浓度高、产量大，又由于不会有大量的水被循环输送，所以既高效又节能。

目前，转子旋翼主要有如下四个方面的改进：

① 增大旋翼作用面的宽度，来增加真空抽吸长度，使在正压时通过筛孔的水，在负脉冲时大量返回，这样使进浆、良浆、粗渣浓度基本一致，避免了筛板表面的增浓现象。

② 采用鼓泡形旋翼即在转子的表面加工有鼓泡形突块（半球形或楔形），使整个筛选区域产生的脉动均匀及整个区域纸浆流体化，这样可以提高筛选浓度。对于化学浆来说，浓度增到 5％ 也可有效操作。其生产能力可比普通旋翼提高 50％。一般应该根据纸浆的处理量、浓度和杂质含量等条件来确定鼓泡的数量、排列方式及形状。

③ 采用多叶片旋翼即是将旋翼叶片的数量增加并相互错开，使筛板四周产生许多均匀的局部小脉冲。这样可以减少纸浆上网前流送中的脉动，降低上网定量的周期性波动。

④ 采用齿形旋翼。这种旋翼的叶片为齿条形，且旋翼的宽度较小，使压力筛在整个筛选过程中具有破碎浆团、分离絮聚的作用，适于各种纸浆粗浆的筛选，特别是杂质较多的粗浆。

包括高浓压力筛在内的压力筛选机的优点是进浆浓度大（0.5％～5％），运转可靠；密封性好，不产生泡沫；筛孔较小（$\phi 1.0～2.4mm$），筛选效率高；结构紧凑，占地面积少。其缺点是连续排渣时，浆渣量大，带走的好纤维较多；间歇排渣时则排渣阀门易堵；筛鼓和叶片（旋翼）加工精度要求高。

压力筛经常用于纸机前的浆料精选。由于压力筛是封闭的，可进行热浆的筛选，这对碱回收和操作环境非常有利，所以目前压力除节筛代替振筛除节已成为趋势。另外，压力筛用于制浆车间的浆料精选也较多。目前，现代化造纸厂尤其是新建的纸厂，压力筛已成为标准配置的筛选设备。

四、净化原理及影响因素

如果杂质的外形尺寸接近或小于纤维，粗选和精选均不能去除这些杂质，须通过净化来完成。

（一）纸浆净化原理

纸浆的净化是根据纸浆与杂质的相对密度不同来除去较重或较轻的杂质。下列术语常用来评价净化质量：

净化效率（cleaning efficiency）：指浆料中含有的杂质被去除的百分率，通常用尘埃度来代表杂质的含量。

$$净化效率 = \frac{进浆尘埃数 - 良浆尘埃数}{进浆尘埃数} \times 100\%$$ (4-11)

排渣率（Reject rate）：指筛选（净化）后排出的浆渣占进浆的百分率。由于浆渣中含有部分好纤维，所以用排渣率不能全面地评价除渣效果。应和"筛选（净化）效率"和"浆渣中好纤维率"综合起来进行评价。

最原始、最简单的方法是重力沉降法，是使稀释的悬浮液（浓度0.5%左右）在平稳缓慢地流动（10m/min）过程中自然沉降并除去其中的重杂质。常用的设备为沉沙盘（沟），这种设备结构简单而节能；但是它占地面积大、除砂效率低、纤维流失多，目前已基本淘汰。

更有效、更普遍使用的是离心分离法，其典型的设备为涡旋除渣器又称离心净化器。其中应用较多的是锥形除渣器，其工作原理图见图4-19。浓度为0.5%左右的纸浆在浆泵的作用下，在除砂器的上部最大直径处以一定压力沿切向进入，入口的涡形道引导浆流形成一个旋转运动，并产生离心力，根据离心力的公式：

$$F = \frac{Gv^2}{gr}$$ (4-12)

图4-19 离心净化器工作原理图

式中　F——离心力，N

　　　G——物体的重力，kgf

　　　v——流体运动的圆周速度，m/s

　　　g——重力加速度，9.8m/s^2

　　　r——物体旋转半径，m

物体产生的离心力大小与其相对密度成正比。如果杂质的相对密度大于纤维，则所受离心力大，会快速从中心向外移动，并在重力作用下，沿筒壁下滑至排渣口排出。而在锥筒的轴心处，由于离心力的作用，形成"低压区"，其中心为负压，相对密度较小的纤维就在向下旋转的同时逐渐移向低压区，并在此区域向上旋转，至顶部出浆口排出。由于离心力的大小还与物体旋转的圆周速度平方成正比，与物体旋转半径成反比。因此，在筒壁的阻力和良浆向低压区移动受到浆料内部黏度阻力的影响下，引起浆料的圆周速度下降，从而引起离心力的下降，故将离心净化器做成锥形，使旋转的半径逐渐减小，从而保持足够的离心力来分离杂质。

（二）影响纸浆净化的因素

影响纸浆净化的因素很多，主要有：

1. 除渣器结构、材料与规格

除渣器的材料、规格与结构均会影响除渣器的净化效果。锥形除渣器一般由不锈钢、复合玻璃钢、玻璃、塑料、陶瓷等制成，要求内壁光滑、耐磨、耐腐蚀，使用寿命长，净化效果好。除渣器的规格有多种，结构也不相同。除渣器的结构，如进浆、良浆和粗渣出口直径、涡旋定向管长度与内室长度、内室直径与锥角等均会影响净化效果。因此，必须综合考虑选择合适的净化设备。

2. 压力差

压力差是指进浆压力与良浆压力之差，是产生涡旋运动，使杂质分离的动力。

在其他条件不变时，增大压力差能提高净化效率和生产能力，同时使排渣率减小，从而使纤维损失率减小。这是由于压力差增大，即浆料运动的推动力增大，所以器体内浆料的旋转速度加快，离心力增大，使除渣效率随之增高。另一方面，涡旋的速度越快，中心形成的低压区的压力越小，而半径则相应增大，所以浆料易被压向低压区而旋转向上由良浆出口排出；另外，低压区直径的增大，会使下部的排渣有效面积被挤而减小，这两种原因都造成排渣率减小。其有利的一面是减少了纤维的损失率；不利的一面则是使净化的效率降低。如图4-20所示，压力差在增大到一定程度时，不仅净化效率的增加不再显著，反而使动力消耗增加。另外，浆料旋转速度的加快，使浆料的通过量增加，生产能力则增大，如图4-21所示。

锥形除渣器出口压力的大小直接影响压力差。当出口压力增大时，相当于减小了压力差，从而降低了生产能力和除渣效果，并增大了排渣量。若出口压力太小，进低压区的压力过小，影响排渣，也会影响除渣效率。一般进浆压力为 $0.28 \sim 0.35 \mathrm{MPa}$，良浆出浆压力 $0.02 \sim 0.05 \mathrm{MPa}$。

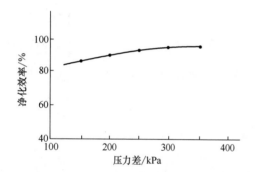

图 4-20 进出口压差与净化效率的关系

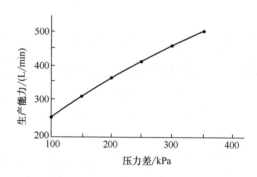

图 4-21 进出口压差与生产能力的关系

另外，浆料的性质不同，使得浆料对杂质离心沉降的阻力不同，因而净化的效果也不相同。一般纤维长度大，净化的效果就差。因此不同的浆料，其最佳的净化浓度是不同的。

3. 进浆浓度

压差一定时，进浆浓度增加，净化效率下降，排渣浓度上升，纤维损失随之增大；这是因为浓度的增加，使浆中纤维的悬浮量增加，致密程度增加，影响杂质在离心力作用下的运动，所以降低了净化效率。尤其当浓度升至0.8%以后，这种影响更加显著。进浆浓度过低，生产能力下降，动力消耗增加。不同浆种有不同的合适进浆浓度，一般为0.5%～0.8%。

4. 通过量

每种型号的除渣器都有其额定的生产能力，一般要求除渣器在满负荷下运行。通过量过小，除渣器的个数多，动力消耗大；通过量过大，则净化效率下降，纤维损失增加。

5. 排渣率

提高排渣率，会使杂质顺利地由排渣口排出，所以净化效率将提高。但另一方面，好纤维的损失率也必然增加。而影响排渣率的最重要因素是排渣口直径的大小，图4-22和图4-23示出了通过量为180L/min的600EX的玻璃锥形除渣器排渣口直径变化对排渣率和净化效率的影响，从图中可以看出：排渣口直径对净化效率影响很大，应根据除渣器型号、浆种及质量要求选择合适的排渣口。一般大型号为 8～20mm，中型号 4～8mm，小型号 3～5mm。为了减少纤维的流失，一般要求纤维的总损失率不大于 1.5％～2.0％（即最后一段排渣损失量占第一段进口总纤维量的百分比），应在这个范围内适当确定各段的排渣率；一般锥形除渣器的排渣率在 10％～30％之间，多段除渣器系统，越往高段次，杂质越多，所以排渣率应相应加大，即选择较大的排渣口，这也可以避免杂质多时，易引起的排渣口堵塞现象。

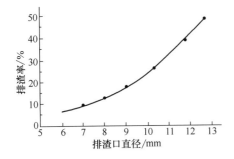

图 4-22　排渣口直径对排渣率的影响

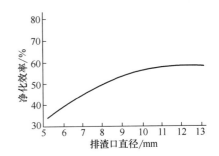

图 4-23　排渣口直径对净化效率的影响

五、净化设备与工艺

按浆流方向（如图 4-24 所示）把涡旋除渣器分为正向式、逆向式、通流式 3 种类型。正向式可以除去浆中相对密度大于 1 的细小沙粒等重杂质，是目前采用最多的一种形式。后两种主要用于除去废纸浆中相对密度小于 1 的塑料薄膜等轻杂质。由于通流式在减少压力降和降低水里排渣率方面具有优势，已经逐步取代了逆向式。

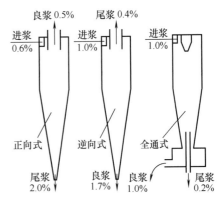

图 4-24　涡旋除渣器分类

（一）高压差低浓涡旋除渣器

高压差低浓涡旋除渣器即一般被称为的锥形除渣器，是目前广泛应用的净化设备。国产锥形除渣器主要有 600 型、600EX 型、606 型和 620 型，其技术特征如表 4-3 所示。600 型和 600EX 型除渣效率高，主要用于去除漂白浆和打浆后成浆中的小尘埃；606 型主要用于未漂化学浆的净化以及去除机械木浆中的树皮和尘埃；620 型是一种较大型的除渣器，用于去除机械木浆、未漂化学浆、半化学浆中的大杂质和尘埃、纤维束、树皮、泥沙等。常用的 606 型锥形渣器的工艺条件列于表 4-4 中。

表 4-3　　　　　　　　　　　　　国产高压差低浓涡旋除渣器的技术特征

型号	600	600EX	606	622	623	624
头部直径/mm	75		150	300		
长度/mm	821	836	1404	2161		
进口直径/mm	12.5	20	50	76	102	152
良浆出口直径/mm	16	19	50	51～64	76～101	101
流量/(L/mm)	75	120～130	700	830～1020	1890～2460	3210
筛选效率/%	75～80		50～60			

表 4-4　　　　　　　　　　606 型锥形除渣器的工艺条件及净化效率

浆种	进浆浓度/%	进浆压力/kPa	出口压力/kPa	净化效率/%
硫酸盐浆	0.6～1.0	245～343	9.8～49.1	50～70
亚硫酸盐浆	0.4～0.8	245～343	19.6～49.1	50～70
机械木浆	0.3～0.7	245～294	19.6～49.1	50～60
苇浆	0.6～0.8	275～314	9.8～29.4	40～60
稻麦草浆	0.3～0.6	196～294	9.8～19.9	70～75
蔗渣浆	0.4～0.7	294～337	98～29.4	60～70
棉浆	0.2～0.5	265～343	19.6	64～76

（二）低压差涡旋除渣器

低压差涡旋除渣器简称低压除渣器，其工作原理与锥形除渣器相同。上部为圆柱体，下部为锥底，进浆口、出浆口、排渣口的位置都和锥形除渣相似，但其直径和锥底角度较大，进浆压力低，所以除去重杂质的效果不如锥形除渣器，一般用于去除颗粒较大的重杂质，通常设在锥形除渣器或压力筛之前，以保护其后锥形除渣器排渣口或筛板，以免堵塞或损伤。

国内制造的低压除渣器头部直径有 500、600、700 和 800mm 等多种，进浆浓度一般为 0.5%～1.0%，进浆压力 0.05～0.10MPa。图 4-25 为 Metso 公司生产的大直径高浓除渣器，头部直径为 200～500mm，进浆浓度一般为 1.5%～2.5%，最高可达 5%，其作用与国内生产的低压除渣器一样，除去重杂质以保护其后的筛板或盘磨机。

（三）集束除渣器

由于充分的离心净化需要低浓度和小型的涡旋除渣器，处理大流量纸浆需要大量的涡旋除渣器，排成长排，且常压排渣。如今，可以将大量的压力涡旋除渣器组装在一个封闭的不锈钢容器里。图 4-26 为 Noss Radidone AM 集束除渣器。涡旋除渣器径向安装在一个压力

图 4-25　Metso 高浓除渣器

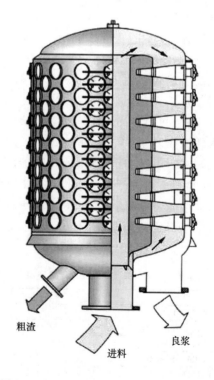

图 4-26　Noss Radiclone AM 集束除渣器

容器中并与该容器的轴垂直，除渣器的数目取决于生产能力，可多达几百个。浆由底部中心进入容器中并流向各个涡旋除渣器进行净化分离，各个除渣器的良浆和尾浆分别汇集后由容器底部出浆口和排渣口排出。有代表性的涡旋除渣器直径为 $80 \sim 125$mm，进出浆压差为 $0.1 \sim 0.2$MPa。

第三节　纸浆的浓缩与贮存

一、纸浆的浓缩

（一）纸浆浓缩的目的

筛选和净化后的浆料浓度一般较低，只有 0.5% 左右，一般都要经过浓缩再送往下一工序。纸浆浓缩的目的有如下几点。

① 满足纸浆贮存的需要。浆料贮存具有调节和稳定生产的作用。但是低浓贮存浆料需要很大的容积（如 1t0.5% 浓度的绝干浆料，体积为 200m³），所以需要浓缩浆料。

② 满足漂白工艺的需要。目前采用较多的中浓漂白的纸浆浓度为 8%～16%，即使低浓漂白浓度也在 3%～6% 之间，所以漂白之前必须对纸浆进行浓缩。

③ 节省动力消耗。低浓的浆料体积大，输送、搅拌的动力消耗也大，所以为提高生产能力和节约生产成本，需对纸浆进行浓缩。

④ 进一步洗涤纸浆。在纸浆浓缩的过程中，浆中的部分溶质会随白水滤出与纤维分离，这样提高了纸浆的洗净度，减少了漂白药品的消耗。

（二）纸浆浓缩的设备

纸浆浓缩常用的设备有圆网浓缩机、侧压浓缩机和鼓式真空浓缩机等。

1. 圆网浓缩机

圆网浓缩机的结构比较简单（见图 4-27），主要由圆网槽和转动的圆网笼组成。并分为有刮刀和无刮刀两种。当低浓的浆料进入网槽后，由于网内外的液位差，而使浆料中的水滤入网笼内，从一端或两端排出。浓缩后的纸浆附在网上，随网笼转出浆面，并转移到压辊上，然后由刮刀刮下或由喷水管的水冲下，并排出。

圆网浓缩机的常用工艺条件为：进浆浓度 0.3%～0.8%，出浆浓度 3%～4%（无刮刀）或 5%～6%（有刮刀）；白水浓度 0.06～0.08g/L。生产能力（无刮刀）：化学木浆 3～4t/（m²·d）；机械木浆 1.2～1.5t/（m²·d）；苇浆 2.5～3t/（m²·d）；稻麦草浆 1.2～2t/（m²·d）。有刮刀式的生产能力比无刮刀式的要高。一般控制网笼的转数为 8～14r/min。

2. 侧压浓缩机

侧压浓缩机又称加式脱水机，其结构如 4-28 所示。它有一个在进浆侧形成高浆位的浆槽，而在出浆侧的下方低液位处，借一个压辊来封闭浆槽与网鼓之间的缝隙。网鼓和压辊具有相同的圆周速度。被浓缩的浆料沿网鼓的转动方向由上至下，经脱水和压辊压干后用刮浆刀从压辊上刮下来。包胶压辊的两侧装有杠杆加压装置，可以调节压辊的压力，以控制出浆浓度。

侧压浓缩机的常用工艺条件为：进浆浓度 1%～4%，出浆浓度 7%～14%，白水浓度 0.025%～0.04%。生产能力：化学木浆 5～7t/(m²·d)；稻麦草浆 1.5～3t/(m²·d)。

3. 鼓式真空浓缩机

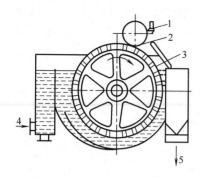

图 4-27　圆网浓缩机

1—刮浆刀　2—压辊　3—圆网

4—进浆口　5—出浆口

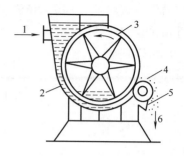

图 4-28　侧压浓缩机

1—进浆口　2—浆槽　3—圆网笼

4—压辊　5—刮浆刀　6—卸料处

该机与洗涤和提取废液用的鼓式真空洗浆机的工作原理和结构基本相同。比圆网浓缩机、侧压浓缩机浓缩作用大很多，出浆浓度可达 12%～15%。

纸浆的浓缩设备还有落差式浓缩机、斜网浓缩机、斜螺旋浓缩机、环式双筒挤浆机（CPA 型挤浆机）等多种类型，我国较少使用。

二、纸浆的贮存

（一）纸浆贮存的目的和作用

① 在间歇性生产和连续性生产之间设置贮浆设备，均衡、调节生产的连续性，以满足连续性生产的需要。

② 在设备发生故障及设备维修等局部停机时，贮浆设备起缓冲作用，以保证前后工段的生产正常进行。

③ 流程中的贮浆设备还能起到稳定浆料浓度、质量，减少波动的作用。

（二）纸浆贮存的设备

常用的贮浆设备为贮浆池和贮浆塔。按贮浆的浓度可分为低浓贮浆设备和中浓贮浆设备两类。低浓是指纸浆浓度一般在 5% 以下；中浓是指纸浆浓度一般在 8%～15% 之间。贮浆池体一般为钢筋混凝土结构，贮存质量要求高的纸浆时，浆池内壁要加铺一层水磨石或上釉瓷砖，以减少纸浆黏附于池壁；贮浆塔一般由碳钢制造，内壁可以砌上釉瓷砖，也可以由不锈钢制造。纸浆贮存的设备的底部一般设有推进器，以保持纸浆的浓度均匀，并使纤维保持悬浮状态。

贮浆设备的容积可按式（4-13）计算：

$$V = \frac{tQ}{10w} \ (\mathrm{m^3})　　　　　　　　　　　　　（4-13）$$

式中　t——贮存时间，h，一般为 4～8h

　　　Q——单位时间的进浆量，kg/h

　　　w——贮浆浓度，%

1. 低浓贮浆设备

低浓贮浆设备分为卧式和立式两类。常用的设备有卧式贮浆池和立式方浆池两种。

（1）卧式贮浆池

目前使用较多的卧式浆池结构如图 4-29 所示。池体被隔墙分隔为两沟道或三沟道，池底有 2.6%～4% 的坡度，浆料在循环器（一般为螺旋桨推进器）的推动下沿浆道循环。循环器被安装在浆池的最低部位，浆料在此位置被提升到最高点后借助池底的坡度再流回到这一部位。放料口和排污口设置在浆池的最低部。

（2）立式方浆池

立式方浆池的高度一般大于边长，其结构简单，外形方正，便于施工，能充分利用空间。立式方浆池多采用螺旋桨搅拌器，其设置位置在池底大约中间的位置。

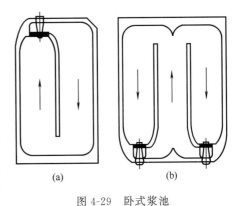

图 4-29　卧式浆池

（a）两沟道浆池　（b）三沟道浆池

2. 中浓贮浆设备

中浓贮浆设备是立式贮浆塔，可分为带稀释装置的低浓泵送浆和不带稀释装置的中浓泵送浆两种。

（1）低浓泵送浆的中浓贮浆塔

低浓泵送浆的中浓贮浆塔还可分为低速立式搅拌叶式和高速循环器式。低速立式搅拌叶式的浆池的搅拌转数较慢、结构比较复杂（下锥部见图 4-30）。高速循环器式的中浓贮浆塔结构如 4-31 所示。塔底部的混合区设有稀释装置，把中浓纸浆稀释成低浓纸浆，经搅拌混合均匀后由低浓泵送走。

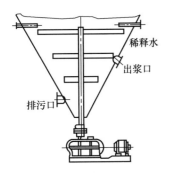

图 4-30　锥底立式浆池的下锥部

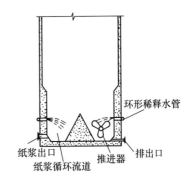

图 4-31　中浓贮浆塔结构示意图

（2）中浓泵送浆的中浓贮浆塔

中浓泵送浆取消了立式贮浆塔的稀释区域，不仅增大了塔的贮浆空间，而且减少了稀释、低浓泵送浆、脱水等工艺环节，真正显示出了中浓贮浆的优越性。

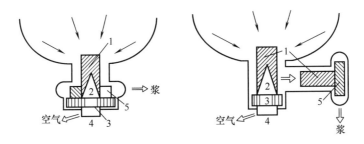

图 4-32　中浓泵安装示意图

1—湍流发生器　2—空气分离器　3—纤维分离器　4—空气排出区　5—纸浆泵送区

中浓泵送浆的贮浆塔内的底部装有中浓泵。图 4-32 示出了中浓泵安装的两种形式：一种是利用安装于塔底部的刮浆器，将纸浆刮到中浓泵的贮浆立管中，并由中浓泵送出；另一种是将中浓泵的湍流发生器直接立式安装于贮浆塔的底部，使其插入卸料口的纸浆中，高速旋转的湍流发生器就会在其干扰范围内产生高强剪切立场，使纸浆流体化，再由空气分离器分离空气后，由中浓泵送走。

第四节 洗涤、筛选与净化的流程

一、洗涤、筛选与净化工艺流程的组合

洗涤、筛选与净化的根本目的是除掉各种杂质，将蒸煮分离了的纸浆纤维洁净地提取出来。因此先除掉那种杂质，没有实质性的限定，即洗涤、筛选和净化的顺序，只取决于所用设备的类型和操作上的方便。比如在利用洗浆池洗浆，利用沉沙盘除去重杂质的年代，其流程自然是：洗涤→净化→筛选；筛选包括粗选和精选，在未蒸解组分较多和较粗大时，也可以把粗选放在净化之前。而在采用锥形除渣器作为净化设备时，为了防止除渣器堵塞，把净化放在筛选之后，即：洗涤→筛选→净化。在采用真空洗浆机组洗涤浆料时，为了防止粗大的未蒸解分在剥浆辊处受挤压而伤及真空转鼓上的网面，同时防止高温黑液在真空下沸腾而破坏真空度，一般把粗选放在洗浆之前。而在采用压力洗浆机时，为了改善车间的操作环境，并保持较高的黑液温度以减小过滤阻力和碱回收蒸发的负荷，则可将粗选放在洗涤之后。近年来封闭筛选工艺及设备的进步，又使筛选和洗浆同时进行。

因此，洗涤、筛选与净化工艺流程组合的原则应该是在满足产品质量的前提下，选择效率高、占地少、纤维损失小、动力消耗小、操作管理方便、建筑费用低、水耗低的设备。流程的设计应该兼顾产品质量、生产规模和经济状况、碱回收等废液处理要求以及对渣浆处理的要求等诸方面综合考虑。

二、筛选与净化的流程中的级与段

"级"是指良浆（包括第一级处理原浆）经过筛选或净化设备的次数。级数越多，良浆经过的筛选或净化的设备次数越多，处理后的纸浆质量就越好。所以，多级筛选或净化的目的是提高良浆的质量。一般适用于产品质量要求较高的工厂。但是，随着级数的增加，设备投资和动力消耗增加，良浆量会减少，尾浆量会增加，所以要根据具体情况，适当选择级数。

"段"则是指尾浆（包括第一段处理原浆）经过筛选或净化设备的次数。当通过一次筛选或净化后的尾浆中含有较多的好纤维时，将这些尾浆再进行一次筛选或净化时，叫二段筛选或净化。如果需要还可以增加段数。所以多段筛选或净化的目的是为了减少好纤维随浆渣流失。但是段数太多时，不仅使设备投资和动力消耗增加，还会使总筛选效率降低。因此当浆渣中杂质量超过 80％时不宜再进行筛选。

在图 4-33 中，（a）（b）（c）（d）是多段筛选或净化的几种形式。其中（a）是细浆合流的多段流程，由于渣浆经多段处理，一段排渣量可增大到 10％～30％，而纤维损失量较小。各段的除渣效率随杂质的增多而下降，细浆合流也会导致细浆质量下降，从而使总筛选效率下降；（b）（c）分别为细浆循环或部分循环的流程，由于杂质含量多的二、三段良浆回流再

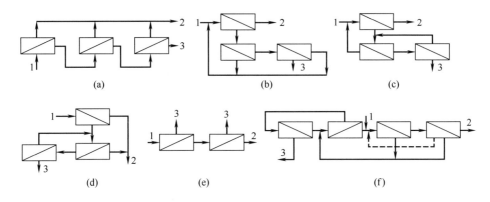

图 4-33　几种筛选净化流程
1—进浆　2—良浆　3—渣浆

筛，提高了总筛选效率，但是第一段的负荷增大；图中（d）则兼有细浆合流和循环的特点，可在满足纸浆质量的前提下不增加一段的负荷，使各段负荷均匀化；图中（e）是二级筛选的流程，虽然提高了浆的质量，但使排渣增多，设备投资及动力消耗都增加了，经济性下降。即使生产高质量的浆一般也不单独使用这种流程，而是采用图中（f）所示的多级多段［（f）为二级二段］流程。

三、木浆洗涤、筛选与净化的流程

（一）硫酸盐木浆洗涤、筛选与净化的流程

如图 4-34 所示，该流程采用先洗涤后粗选的方式，即有利于提高黑液的回收率（若先筛后洗，渣浆会带走部分黑液），又使送碱回收的黑液保持较高的温度，减轻了蒸发工段的负荷，同时具有较好的操作环境。其缺点是浆中如含有木节等杂物易损坏洗浆机的滤网。粗选出来的木节送蒸煮回煮；精选出的浆渣经磨浆后重新回到筛选系统。

现代木浆厂的筛选由开放式向封闭式，由低浓到相对高浓的方向发展。随着密闭的压力筛浆机的出现，筛选系统可封闭在纸浆逆流洗涤的过程中。早期的 A 型筛和 B 型离心筛筛选浓度不到 1％，目前最新型的压力筛浓度可提高到 4％。浓度提高后，既大大节约了用水和减少了排放的废水，又大大地减少了筛选过程输送的浆料量，泵送浆料的电耗可节省 50％以上。长条形缝筛的出现以及缝筛与孔筛的结合使用，提高了筛选的净化效率。各种波形筛

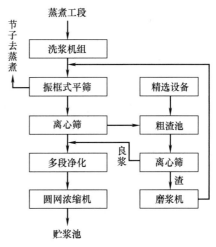

图 4-34　硫酸盐木浆洗涤、
筛选与净化的流程

板或缝棒式筛鼓的出现，宽作用面旋翼、多叶式旋翼或鼓泡旋翼等新型转子的采用，显著地提高了筛选浓度、生产能力和纸浆质量。缝筛的精密程度越来越高，最细的筛缝可以做到0.15mm。国内近年新建的硫酸盐木浆厂都采用封闭筛选技术。某大型浆厂采用压力除节机和两段压力筛，封闭筛选阔叶木硫酸盐浆。另一浆纸企业采用除节精选联合筛（上部为除节

211

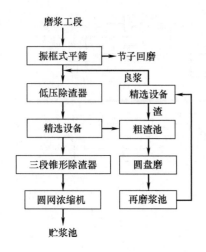

图 4-35 机械木浆的筛选净化流程

孔筛，下部为精选缝筛）以及两段压力缝筛筛选未漂针叶木浆或阔叶木浆，都达到了高效、清洁、节能、高质之效果。

（二）机械木浆筛选与净化的流程

图 4-35 是机械木浆筛选净化的一般流程，磨木机来的浆料先经粗选除去粗大的节子并将其送回磨木机再磨；浆料则进入低压除砂器除去较大颗粒的砂石等杂质后送入精选设备；一段精选后的浆渣经盘磨机再磨后送入二段精选；第二段精选后的良浆送入低压除渣器，回到第一段精选；第二段精选浆渣则再磨后送回本段，重新进入筛选。一段精选后的良浆经净化后浓缩贮存。

四、竹浆洗涤、筛选与净化的流程

竹浆的洗涤和筛选技术的发展在非木浆中发展最快，用于现代化木浆生产线的压力封闭筛选、循环用水逆流洗涤在竹浆中同样得以应用，工艺系统基本与木浆相同，只是在工艺路线的选择和设备选型上结合竹浆的纤维特性作了调整和优化。

20 世纪 80 年代之前，国内竹浆洗涤和筛选多采用老式洗浆系统和低浓常压筛选。洗浆采用 3 或 4 台老式锥阀滤板式真空洗浆机串联，除节用振框式平筛，筛浆用低浓常压离心筛如 CX 筛。洗涤和筛选为两个单独的单元，清水分别注入两个系统。

20 世纪 90 年代建成的几个有代表性的竹浆企业引进了国外的压力筛选装置并采用了合理的水循环理念，使竹浆的洗选技术进入阶段性的演进。各厂还根据生产中存在的问题对工艺流程作了改进。图 4-36 为国内某厂改进后的洗筛工艺流程。该厂的主要洗浆设备为 Ingersoll-Rand 公司生产的锥形阀分配头真空洗浆机。主要改进措施是取消了一段压力筛与 4# 真空洗浆机之间的锥形除渣器系统（一级三段），视 4# 真空洗浆机为 4 段逆流洗。该系统浆洗涤、筛选和氧脱木质素统一组织水循环，热水只在氧脱木质素后的 6# 真空洗浆机加

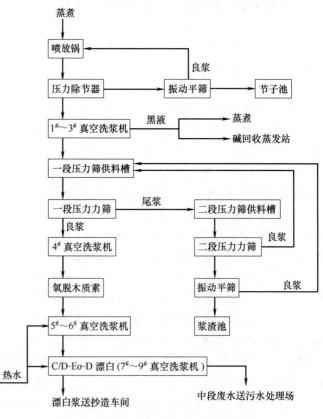

图 4-36 竹浆洗涤、筛选与净化的流程

入，逆流至 1# 真空洗浆机，黑液送碱回收，实现了全封闭循环，黑液提取率≥98%。

现代化的竹子制浆系统更加封闭，水循环组织更加合理。国内某大型竹浆厂，将洗涤、筛选、氧脱木质素和漂白整线统一考虑，清水（热水）从 TCF 漂白 PO/OP 段后洗浆机加入，逆流进入氧脱木质素段，再逆流至置换压榨洗涤，黑液送碱回收，黑液提取率>99%。

五、草浆洗涤、筛选与净化的流程

（一）麦草浆洗涤、筛选与净化流程

碱法麦草浆由于纤维短、细、软，易被压实，浆层密，过滤性能差，且黑液含硅量高，黏度大。因此黑液提取率的提高，是麦草浆洗浆技术改进与提高的关键。

传统的草浆洗涤和筛选分为两个独立系统，洗涤水进入各自的系统；筛选采用低浓常压开式式筛选，如振框式平筛，CX筛，耗水量大，能耗高。图4-37为传统的麦草浆洗涤、筛选和净化流程。蒸煮后草浆中草节和生片较软，一般不会损坏洗浆机的滤网，因此可采用先洗后粗选的方式，以利黑液提取率和浓度的提高和筛选操作。精选采用 CX 型或 ZSL1-4 型离心筛，净化采用一级三段或二级三段 606 型锥形除渣器。

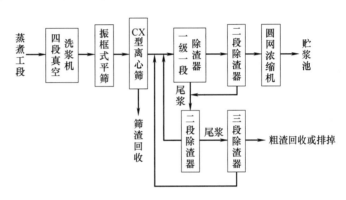

图 4-37　传统的麦草浆洗涤、筛选和净化流程

目前许多麦草浆厂将洗涤和筛选组合在一起，选用中浓压力筛进行封闭热筛选；清水（热水）从浆料最后一台洗浆机加入（如有氧脱木素段，也将其组合在内），进行逆流洗涤。运行实践表明，采用组合逆流洗涤，黑液提取率明显提高，节水效果显著。图 4-38 为某麦草浆厂黑液提取与封闭筛选的工艺流程。洗浆采用 4 台串联的新型平面阀波纹板鼓式真空洗浆机组逆流洗涤，洗后送至一段压力筛，通过压力筛的良浆进入最后一台真空浓缩机再洗涤浓缩落入细浆贮浆塔供漂白用。真空浓缩机洗涤用 70℃热水，洗涤后的滤液作为 4# 真空洗

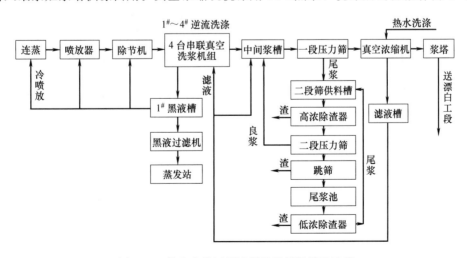

图 4-38　某麦草浆厂黑液提取及封闭筛选流程

浆机的喷淋液，逆流洗涤提取的黑液浓度达 8.5°Bé，黑液提取率达 88.9%。

为了进一步提高草浆黑液提取率，已有一些麦草浆厂采用挤压＋置换洗涤＋封闭筛选组合的优化工艺路线。采用的挤压设备有单螺旋挤浆机、双网挤浆机、双链板挤浆机和鼓式高浓挤浆机。图 4-39 为一种麦草浆洗涤筛选优化流程。蒸煮所得纸浆先经压力除节机除节，以防其后的双网挤浆机的网和压辊损坏；双网挤浆机与真空洗浆机组联合洗涤使黑液提取率提高到 88%，并大幅降低水耗；缝宽 0.25mm 的压力筛的良浆经真空洗浆机用热水洗涤后送入高浓贮浆池，再送到漂白工段。此台真空洗浆（浓缩）机的滤液用于真空洗浆机组的逆流洗涤。处理一段压力筛尾浆的二段压力筛、跳筛及锥形除渣器的组合使纤维的损失降到最低。

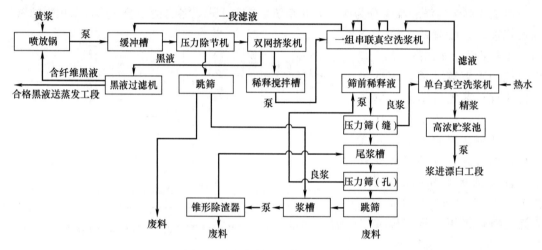

图 4-39　麦草浆洗涤筛选优化流程

（二）芦苇洗涤、筛选与净化流程

传统的芦苇浆洗涤、筛选与净化与麦草浆的相似。洗涤大多采用老式的真空洗浆机组，

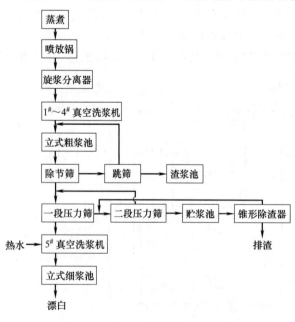

图 4-40　芦苇浆洗涤与筛选流程图

少数浆厂采用水平带式真空洗浆机，粗选采用振框式平筛，精选用 CX 型或 $ZSL_{1~4}$ 型离心筛，净化采用 606 锥形除渣器。废液的提取率不够高，纤维损失较大，水耗和能耗较高。20 世纪 90 年代，逆流置换洗涤和封闭筛选已在我国苇浆企业投入运行，先进的压力除节也已在部分苇浆厂使用，使得废液的提取率显著提高，节水节能效果明显，纸浆质量明显提高。图 4-40 为有代表性的芦苇浆洗选流程。

为了提高黑液提取率和纸浆洗净度，国内已有新建苇浆厂采用挤压—置换洗涤—中浓封闭筛选的组合技术。图 4-41 为日产 160t 风干漂白苇

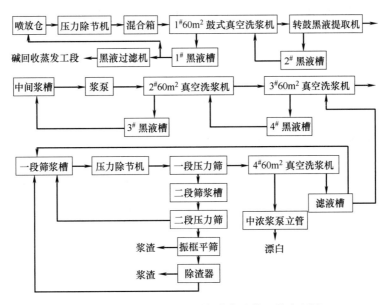

图 4-41　日产 160t 风干漂白苇浆洗筛工艺流程图

浆洗选工艺流程图。

由蒸煮工段喷放锅泵送过来的浆料首先进入筛孔为 6.0mm 的压力除节机，除节后的良浆以 1.5%～2.5% 的浓度进入 1# 鼓式真空洗浆机洗涤浓缩至 10%～12% 的浓度，浆料经匀浆机散开后均匀地铺垫在转鼓黑液提取机（又称鼓式高浓挤浆机）的滤带上，由滤带拖动进入滤带和转鼓之间的预压区。浆料进入后，被包绕在转鼓表面，由滤带的张紧和转鼓之间产生的压力作用，使黑液通过转鼓表面包覆的金属滤板孔眼排出，并且分区逐渐加压以获得良好的挤压效果。转鼓黑液提取机出来的浆经 2 台串联的真空洗浆机逆流洗涤，洗后粗浆进入筛缝为 0.25mm 的一段压力筛，良浆经真空洗浆机洗涤浓缩后进入中浓浆泵立管，送氧脱木素及后续漂白。一段压力筛的尾浆经二段压力筛、振框式平筛和锥形除渣组合回收其中的好纤维。该苇浆洗筛工段主要工艺技术参数如表 4-5 所示。

表 4-5　　　　　　　　　　　　苇浆洗筛工段主要工艺技术参数

年工作日数	340d	稀释因子	2.0～2.5m³/t 浆
日工作时数	24h	洗筛损失	3%～4%（对粗浆）
平均粗浆产量	160t 风干浆/d	进转鼓式黑液提取机浆料浓度	≥8%
粗浆得率	47%	出转鼓式黑液提取机浆料浓度	30%～45%
黑液提取率	95%	进真空洗浆机浓度	1.5%～2.5%
送碱回收黑液浓度	11.5%	出真空洗浆机浓度	10%以上
送碱回收黑液温度	75℃	进压力筛浓度	3%～4%
送蒸发黑液量	9～10t/t 风干浆	出压力筛浓度	3%～4%

该流程采用平面阀鼓式真空洗浆机（3＋1）与转鼓黑液提取机组合的工艺提取黑液，同时进行封闭筛选，黑液提取率可达 95%，纸浆的质量明显提高。

（三）蔗渣浆洗涤、筛选与净化流程

蔗渣是糖厂的副产品，蔗渣纤维的纤维素含量较高，制浆性能良好。在制浆造纸生产过程中，洗选流程与设备的选用对于整个生产系统的节水、节能起着重要作用。20 世纪 90 年代之前，蔗渣浆的洗筛如同麦草浆和芦苇浆，洗涤以老式的真空洗浆机或国产的水平带式真空洗浆机为主要设备，筛选使用CX型离心筛，浓缩使用圆网浓缩机。筛选质量差，水耗和能耗高，废水排放量大，生产成本较高。图4-42为国内20世纪80年代投产的蔗渣浆的筛选流程。

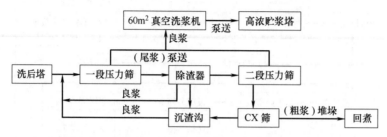

图4-42　国内某厂新蔗渣浆生产线的筛选工艺流程

近年来，蔗渣浆的洗涤筛选正朝着逆流置换洗涤和封闭筛选的方向发展。某厂新建的10万t/a蔗渣浆生产线采用先进的外流式中浓压力筛和真空洗浆机的筛选和浓缩主体设备，取代原有的CX型离心筛、低浓压力筛和圆网浓缩机（如图4-42所示），吨浆水耗、电耗大幅下降，细浆质量也显著提高。

第五节　浆渣的处理与回用

一、浆渣的来源和特性

浆渣是指浆料经过筛选净化后与良浆分离后的部分，主要来于筛选工序，它们由节子、生片、粗大纤维束和砂石等组成，都含有纤维，经过一定的处理之后还可以有效利用。随着制浆方法、纸浆品种、产品纸制品质量要求的不同，浆渣的品质和数量也有所不同。如生产一般文化用纸时，纸浆的浆渣量为：草浆约为5％，化学木浆约为10％。磨木浆、化学机械浆、半化学浆的浆渣较多约为20％～30％。可见，浆渣仍是重要的纤维资源。来源于化学浆净化后得到的木浆粗渣、精选后浆渣和磨木浆粗渣在数量和特性上是有区别的，应分别处理和使用。

二、浆渣处理回用

从节约原料、降低成本及解决浆渣存放问题等方面考虑，应合理利用这些浆渣。常见的处理利用方法主要有如下4种。

① 抄造低档纸产品。由于浆渣中，特别是净化后得到的浆渣，一般都含有少部分泥沙、碎石等，浆的质量较差，所以经再磨、筛选净化后可配抄或单独抄造低档的包装纸、瓦楞原纸、纸板和用作白纸板的芯浆。

② 木浆粗渣回煮或再磨。在化学木浆系统中，粗选分离出来的粗大木节、木片等可直接送回蒸煮锅回煮，再经洗涤、筛选和净化后使用；磨木浆的粗渣则可送回磨木机再磨，经后续制浆程序后酌情使用。

③ 精选后浆渣再磨。用单独的再磨机（一般为盘磨机）处理这部分浆渣，并送回筛选净化系统。

④ 磨木浆粗渣的化学预处理。粗选后的浆渣先经水力碎浆机破碎，然后和精选出来的

浆渣一起送入磺化罐进行磺化预处理，再送入盘磨机磨解成浆，然后送回精选系统。这种方法的优点是粗渣处理效果好，与未经磺化处理的相比，纸浆质量得到改善，并能稳定磨木机负荷，提高生产能力，降低能耗。该过程的磺化预处理也可改为碱性过氧化氢预处理。

习题与思考题

1. 什么叫稀释因子？稀释因子的大小对洗涤效率和提取的废液浓度有何影响？
2. 什么叫逆流洗涤？试说明多段逆流洗涤的特点及影响因素。
3. 反映洗涤用水量、洗涤程度及洗涤效率的参数有哪些？说明它们的含义。
4. 试论述过滤、挤压、置换洗涤方式的原理和特点。
5. 试论述影响洗涤的因素对洗涤效果的影响。
6. 中浓洗浆机和高浓洗浆机各举一例，并简述其工作原理及优缺点。
7. 泡沫的形成原因是什么？如何预防和减少泡沫形成？消泡的方法有哪些？
8. 筛选和净化的基本原理及目的是什么？
9. 什么是筛选（净化）效率？什么是排渣率？什么是浆渣中好纤维率？
10. 简述高频振框式平筛及 $ZSL_{1\sim4}$ 型离心筛的工作原理及优缺点。
11. 简述压力筛的工作原理及影响因素。
12. 试述锥形除渣器的工作原理。影响其操作的因素有哪些？
13. 纸浆贮存的目的是什么？常用的贮浆池有哪几种？简述其结构特点。
14. 洗涤、筛选与净化工艺流程的组合原则是什么？
15. 什么叫筛选净化的"级"和"段"？为什么要采用多级？为什么要采用多段？
16. 常用的浓缩设备有哪些？简述其结构和工作原理。
17. 纸浆贮存的目的是什么？常用的贮浆池有哪几种？简述其结构特点。
18. 根据本章所学知识并查阅资料，试拟出漂白硫酸盐苇浆洗涤、筛选和净化流程，并说明理由。
19. 综合本章所学知识并查阅资料，试计算漂白麦草浆洗涤、筛选和净化的浆水平衡。

参 考 文 献

[1] Casey J P. Pulp and Paper Chemistry and Chemical Tecchnology. Third Edition. Vol. I. New York：A Wiley Interscience Publication，1980.

[2] Gullichsen J. Paulapuro H. Papermaking Science and Technology：Book 6A，Chemical Pulping，Helsinki：Fapet Oy，1999.

[3] Herbert Sixta. Handbook of Pulp, 5 Pulp Washing，6 Pulp Screening，Cleaning and Fractionation，WILEY-VCH Verlag GmbH & Co. KGaA，Weinheim，2006.

[4] Monica EK，Goran Gellersted，Gunna Henriksson，Pulp and Paper Chemistry and Technology，Book 2 Pulping Chemistry and Technology，Published by Fiber and Polymer Technology，KTH，2007，Stockholm，Sweden.

[5] 詹怀宇，主编. 制浆原理与工程. 第三版 [M]. 北京：中国轻工业出版社，2008.

[6] 谢来苏，詹怀宇，主编. 制浆原理与工程 [M]. 第二版. 北京：中国轻工业出版社，2001.

[7] 陈嘉翔，主编. 制浆原理与工程 [M]. 北京：中国轻工业出版社，1990.

[8] 隆言泉，主编. 制浆造纸工艺学 [M]. 北京：轻工业出版社，1980.

[9] 斯穆克 G. A. 著. 制浆造纸工程大全 [M]. 曹邦威译. 北京：中国轻工业出版社，2001.

[10] 陈克复. 中高浓制浆技术与装置 [M]. 广州：华南理工大学出版社，1994.

[11] 陈嘉翔，主编. 制浆造纸手册（第七分册）[M]. 北京：轻工业出版社，1988.

[12] 陈克复，主编. 制浆造纸机械与设备 [M]. 北京：中国轻工业出版社，2003.

[13] 潘福池，主编. 制浆造纸基本理论与应用 [M]. 大连：大连理工大学出版社，1990.

［14］ 丁忠柱. 浆料的洗涤与筛选［M］. 北京：轻工业出版社，1982.

［15］ 刘秉钺，主编. 制浆黑液的碱回收［M］. 北京：化学工业出版社，2006.

［16］ 王正顺，主编. 制浆造纸设备与维护［M］. 北京：化学工业出版社，2005.

［17］ 梁实梅，主编. 制浆技术问答［M］. 北京：中国轻工业出版社，2004.

［18］ Pekka Tervola and Erkki Räsänen. A cake-washing model with an overall action transfer in kraft pulp washing. Chemical Engineering Science，2005，60（24）：6899-6980.

［19］ 胡志顺，范丰涛. 常压扩散洗涤器的工艺过程和应用［J］. 中华纸业，2005，（8）：49～51.

［20］ 王连霞，宿金荣. 100m² 鼓式真空洗浆机的设计制造及运行实践［J］. 中国造纸，2003，22（12）：22-24.

［21］ 倪莲波，王永金，宿金秀，等. 双辊置换挤浆机的开发与应用［J］. 中国造纸，2005，24（4）：67-68.

［22］ 刘善桂，陈栋谚，王新. 漂白化学木浆筛选洗涤工艺流程的技术改造［J］. 中国造纸，2003，22（2）：27-29.

［23］ 周鲲鹏. 湖南骏泰浆纸公司 40 万 t/a 化学木浆生产线新工艺、新设备及清洁生产［J］. 中国造纸，2010，29（3）：41-48.

［24］ 杨朝虎. BKP 竹浆生产工艺的改进［J］. 中国造纸，2003，22（4）：30-32.

［25］ 刘文军. 麦草制浆生产线的设计实践［J］. 中国造纸，2003，22（1）：30-32.

［26］ 曹宪斌，吕刚毅，刘恒明，等. 转鼓高浓挤浆机在麦草浆黑液提取工艺中的应用［J］. 中国造纸，2009，28（10）：79-81.

［27］ 戴云. 鼓式置换洗涤机［J］. 纸和造纸，1993，12（3）：37-38.

［28］ 韩函. 一种新型黑液提取设备——双辊螺旋挤浆机［J］. 黑龙江造纸，1998，（2）：30-31.

［29］ 潘德海. 置换压榨洗选生产线的特点与应用［J］. 中国造纸，1996，15（5）：3-9.

［30］ 林乔元. 麦草浆洗筛及黑液提取工艺和设备的优化组合［J］. 中国造纸，2002，（1）：53-56.

［31］ 何北海. 造纸工业清洁生产原理与技术［M］. 北京：中国轻工业出版社，2007.

第五章 废 纸 制 浆

废纸是重要的纤维资源，其回收利用不仅可以减少森林资源的砍伐，而且节省能源、化学品和水。本章对于废纸的分类、相关立法、废纸碎浆、净化、脱墨和胶黏物除去原理与工艺，以及废渣的资源化利用等方面的知识进行了阐述。

第一节 废纸的分类与立法

一、废纸回用的意义

随着世界经济的快速发展，能源和资源瓶颈问题日益凸现，再生资源回收在提高资源利用率，减少污染，保护环境方面的作用越加重要。目前，废纸是制造纸和纸板的最主要的原料。据统计，国际上废纸的回用率达到 53%，中国的废纸的回用率接近 80%。我国以废纸为原料生产纸和纸板的产能增长在世界上最为引人注目，表 5-1 为 1990—2016 年我国废纸浆量及其占造纸用浆的比例。表中数据表明，废纸已是我国最重要的造纸纤维原料。废纸的回收利用是解决造纸工业面临的原料短缺、能源紧张和污染严重等三大问题的有效途径。

表 5-1   **1990—2016 年废纸浆生产情况**

年 份	1990	2000	2010	2012	2013	2014	2015	2016
废纸浆生产量/万 t	392	1140	5305	5983	5940	6189	6338	6329
占造纸用浆比例/%	28.0	40.8	73.8	76.1	77.6	78.3	79.4	79.9

废纸回用的意义，可以概括为：

1. 节约原料，增加生产

废纸的回收利用可节省大量的制浆造纸用纤维原料，节省出来的纤维原料可增加纸浆和纸张产量，满足人们生活和工业的需要。目前全世界木材年需求量 20 亿 m^3 以上，而且在未来 20 年中，全世界木材需求量年增长率不低于 25%。木材需求量如此之大，就迫切需要节约木材。用废纸制浆造纸，可节约大量的木材。例如，每生产 1t 废新闻纸浆较生产 1t 磨木浆可节约木材 $2m^3$，生产 1t 高白度废纸脱墨浆较生产 1t 漂白化学浆可节约木材 $5m^3$。

2. 减少污染，保护环境

与常规的制浆过程相比，废纸制浆生产工艺流程较简单，其废水的处理也较容易，排放的废水量和污染负荷较少。此外，废纸制浆基本上没有大气污染，因此，废纸制浆可减少对环境的污染。由于不用新的纤维原料，木材砍伐量可相应减少，有利于生态平衡和保护环境。

3. 节省能源，降低能耗

与化学法、机械法和化学机械法制浆相比，废纸制浆生产工艺流程较简单，能耗相应较低。生产 1t 废新闻纸浆比生产 1t 磨木浆节约能量 75% 左右，生产 1t 高白度脱墨浆较生产 1t 化学浆节约能量 50% 以上。

4. 节省投资，降低成本

建设以植物纤维原料制浆的生产线投资大，而建设同等规模的废纸浆厂只需建设原浆浆厂投资的 25%～30%。化学浆厂化学品回收和废水处理投资也很大，而废纸制浆污染轻，其废水也较易处理，环保方面的投资也较少。由于废纸浆的原材料成本、能耗、投资均较低，其生产成本比原浆要低。

据统计，全球每回收 1000 万 t 废纸，可造新纸 800 万 t，节约木材 3000 万 m³，保护森林 150 万亩，节约碱 300 万 t，产生 7.3 万 t 氧气，供 1000 人呼吸 10 万 d，让绿色重归于人们的世界，感受自然带来的舒畅。

二、废纸的分类、收集与立法

（一）废纸的分类

我国非常重视废纸回收利用，对于废纸回收有明确的分类，在介绍分类之前，我们对于废纸的各种定义进行明确，以利于废纸的收集、运输和管理。

1. 术语和定义

废纸（Recovered Paper），指在生产生活中产生的可循环利用的纸。

不合格废纸（Unqualified recovered paper），某类废纸中含有的、不符合该类废纸用途的其他种类的废纸。

禁物（Prohibitive materials），废纸中混入的可能对再利用过程造成损害的物质，包括《GB 5085.7—2007 危险废物鉴别标准　通则》所定义的危险废物、放射性废物、爆炸性武器弹药和金属、玻璃、塑料、蜡、胶黏物等物质。

不合格废纸含量（Unqualified recovered paper content），废纸中不合格废纸的质量占废纸总质量的百分率。

废纸回收率（The recycling rate of waste paper）：

$$废纸回收率 = \frac{废纸国内回收量(纸厂废纸采购量+废纸出口量-废纸进口量)}{纸和纸板国内消费量(纸厂纸和纸板销售量-纸和纸板出口量+纸和纸板进口量)}$$

(5-1)

废纸利用率（The rate of waste paper utilization），指废纸的利用量与纸和纸板产量的比值。

2. 中国废纸的分类

我国废纸的分类，有 8 大类，23 小类，分别归纳如下：

① 箱纸板（X）。使用过的各类瓦楞纸箱、纸盒以及纸箱厂的边角料等，分为 4 个等级。一级箱纸板（X1）的不合格废纸含量≤3%，禁物≤2%，水分含量≤12%。

② 废报纸（B）。使用过的不带涂层的报纸，过期未发售的报纸，分为 4 个等级。一级废报纸（B1）的不合格废纸含量≤12%，禁物为 0，水分含量≤12%。

③ 废铜版纸（TB）。使用过的双涂面的挂历、张贴画、杂志书籍的封面、插图、美术图书、画报、画册、手提袋、标贴以及印刷厂的铜版纸切边、铜版条子等，分为 3 个等级。一级废铜版纸（TB1）的不合格废纸含量≤10%，禁物为 0，水分含量≤10%。

④ 废页子纸（YZ）。没有装订的呈书页状的废纸，分彩色页子纸和胶印页子纸，包括办公废纸、书刊内页和白纸切边等，分为 3 个等级。一级废页子纸（YZ1）的不合格废纸含量为 0，禁物为 0，水分含量≤12%。

⑤ 废牛皮纸（NP）。使用过的各类牛皮包装箱、牛皮包装纸、牛皮纸袋等，以及牛皮纸边角料、牛卡纸，分为 2 个等级。一级废牛皮纸（NP1）的不合格废纸含量≤1%，禁物为 0，水分含量≤10%。

⑥ 废卡纸（K）。使用过的介于页子纸和纸板之间的一类坚挺耐磨的厚纸，包括使用过的明信片、卡片、画册衬纸、名片、证书、请柬、各种封皮、礼品包装纸手提袋、扑克牌等，分为 2 个等级。一级废卡纸（K1）的不合格废纸含量≤1%，禁物为 0，水分含量≤12%。

⑦ 废书刊杂志（SK）。使用过的书刊杂志、过期未发售的新书，不包含铜版或轻涂材质的书刊杂志，分为 3 个等级。一级废书刊杂志（SK1）的不合格废纸含量为 0，禁物为 0，水分含量≤12%。

⑧ 特种废纸（TZ）。含高湿强剂、沥青、热熔胶等化学物质的废纸，主要包括沥青纸、绝缘纸、电缆防护纸、热敏纸、复写纸、液体包装纸盒、含蜡废纸等，分为 2 个等级。一级特种废纸（TZ1）的不合格废纸含量≤2%，禁物≤0.5%，水分含量≤12%。

以上各种分类对于不合格废纸含量、禁物和水分含量有明确规定，见中华人民共和国国内贸易行业标准《SB/T 11058—2013　废纸分类等级规范》。

3. 美国废纸的分类

美国是中国废纸进口的主要地区，因此了解美国的废纸分类具有必要性。美国将废纸分为 3 大类：纸浆代用品、可净化的废纸和普通废纸。纸浆代用品指白纸与白纸的切边，这类废纸经打散成纤维后不作进一步处理即可作为成浆使用。可净化的废纸经脱除印刷油墨后即可成浆使用。普通废纸包括旧报纸、旧瓦楞纸箱和混合废纸等。美国废纸《PS—2003　美国废纸分类指南》共分 51 类，包括我国造纸企业使用较多的 8# 特级旧报纸（脱墨用）、10# 旧杂志、11# 旧瓦楞纸箱和 37# 经拣选的办公室废杂纸。一些废纸由于含有湿强剂、塑胶涂布、塑料覆膜、金属纸、复写纸、热熔胶或经浸渍加工，需用特殊的处理设备和工艺去除这些对废纸回用有不良影响的物质，因此不列入普通废纸类别中。在 PS—2003 中作为特殊废纸级别列出，共有 35 种。

4. 其他国家和组织废纸的分类

联合国粮农组织按废纸用途将废纸分为 4 大类：新闻纸和书籍废纸、纸板箱废纸、高质量废纸及其他废纸。

日本将废纸分为硬质白边纸、白色含磨木浆纸边、含磨木浆的印刷废纸、不含磨木浆的印刷废纸、旧报纸、旧杂志、褐色牛皮纸和纸板、旧箱纸板（旧瓦楞纸箱）、纸盒切边等 9 大类共 27 种。

欧洲制定了废纸质量标准，将废纸分为普通级（A 级）、中等级（B 级）、高等级（C 级）和牛皮级（D 级）四个等级。A 级又细分为 $A_0 \sim A_{11}$ 类，B 级有 $B_1 \sim B_{13}$ 类，C 级含 $C_1 \sim C_{19}$ 类，D 级有 $D_0 \sim D_6$ 类，共 51 类。

（二）废纸收集

废纸的收集主要在大城市和政治文化中心地区进行。废纸的主要来源有：印刷厂切下的白纸边和报废的印刷品；出版单位作为废纸处理的书籍和刊物；机关、工商企事业单位的废旧公文资料、废旧书刊报纸及各种包装纸箱、纸盒等；学校的旧书报和学生练习本；居民家庭自有的各种旧报纸、废旧图书杂志、包装纸箱等。近年来，我国大量进口废纸，也成为废纸的重要来源。

我国目前的废纸收集有以下渠道：

1. 个体收集废纸

这一类废纸是由个人收集到的废纸，包括单位清除的废旧书刊报纸，居民家庭废旧报纸书刊和包装纸品，以及从垃圾堆里捡到的各种废纸，收集后大多卖给废旧物资回收公司的收购站。由于是个体收集，数量不大，但积少成多，是我国当前废纸回收的一支不可忽视的力量。

2. 废旧物资回收公司收集废纸

这类废纸是废旧物资回收公司定期或不定期到政府办公机构、学校或住宅区收购到的各种废纸，也包括个体收集废纸和居民交送的各类废纸。此类废纸品种多，成分杂，但数量较大，是造纸厂所用废纸的主要来源之一。

3. 造纸厂和纸品加工厂废纸

有些纸厂生产上色、涂布、层合的纸或纸板，在生产过程中产生的废纸不适合于本厂回收利用。这类废纸可作废纸出售，送专门废纸回收的工厂处理。各种仅有纸品加工的工厂废纸集中送有废纸制浆造纸的工厂使用，见图5-1。

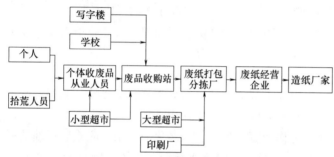

图 5-1　我国传统废纸收集和经营模式

目前，我国废纸回收率低，仅为 46%，而发达国家日本约78%；德国约 83%；美国约75%。为此，于 2016 年，中国工信部发布了《轻工业发展规划（2016—2020 年）》，指出要推动造纸工业向节能、环保、绿色方向发展，充分利用开发国内外资源，加大国内废纸回收体系建设，提高资源利用效率，降低原料对外依赖过高的风险。

4. 新的废纸回收系统

建立信息化回收网络系统，主要服务于社区、学校、政府部门和企事业单位，当用户有废纸需要处理时，可以选择两种途径与系统联系：一个是用户通过手机移动 APP 完成回收的预约和支付，根据订单情况安排物流将废纸送到回收站点；另外一个途径是通过设置在用户附近的废纸回收机自动称重、回收和支付，回收机箱满后自动通知回收车取货，再送回到回收站点，见图5-2。这两个途径都解决了从居民（包括企事业单位等）到回收站点的一公

图 5-2　信息化回收网络系统

里问题。

5. 服务性废纸交易平台支撑系统

这是一个再生资源交易系统，把整个产业链上的企业，从废纸源头到物流仓储再到保险、金融，一直到最终的废纸利用企业，全部包括进来。所有的参与方都在这个交易平台上，通过再生资源的交易实现数据的堆积，并形成金融服务。目前我们的平台已经和建设银行展开了合作，为平台上的企业进行金融服务，见图5-3。

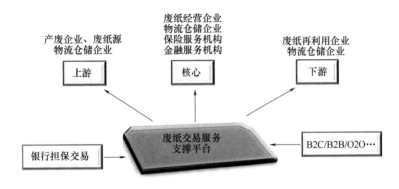

图 5-3　服务性废纸交易平台

6. 国外进口废纸

多年来，我国从国外进口了大量的废纸，主要是进口箱纸板、瓦楞纸板、旧新闻纸、旧杂志纸和混合废纸。由于我国废纸回收得到加强，虽然进口废纸的量增加，但是进口废纸浆占废纸浆的比例下降，从 2006 年的 46.5% 下降到 2016 年的 36.5%。

（三）废纸分拣

1. 人工分拣

废纸与不同的废弃物分开回收，因此需要人工分拣。工人的工作就是除去木材、金属、玻璃和塑料等不合适的材料，以及对生产不利的纸和纸板，比如液体包装。但是人工分拣的效率很低，一般说来，纸厂的脱墨车间要求将白色的绘图纸和消费后棕色的包装纸分开，可以确保从一开始白色绘图纸中含包装纸的比例相当小的，分拣效率得到提高。

2. 自动分拣

1987 年开始出现了机器分拣技术，将不可脱墨的组分，如纸板分离出来。从 2002 年开始，光传感器和摄像技术已经在废纸分拣中应用。德国步骤采用的自动分拣替代人工分拣，不仅减少人工劳动强度，而且提高生产效率。我国出现自动分拣的设备较晚，目前还处于初级阶段，没有大规模应用于造纸企业。

（四）废纸分类和收集的法规

国外对于废纸利用的法规，欧盟已经正式通过了一项关于废弃物的新条例，以及欧洲废纸回收宣言。

中国对于废纸、废物利用的法规有明确的规范，2013 年 12 月中华人民共和国商务部颁布了中华人民共和国国内贸易行业标准《SB/T 1058—2013　废纸分类等级规范》。除了前面介绍的等级规定外，对于废纸的抽样，水分测定有明确的规定和方法。对于散装废纸，抽样量每批不超过 1t，每批抽样量为销售量的 1%；对于打包废纸，每批不多于 35t，每批抽样量为销售量的 10%～15%，抽取 3～6 包。

中国政府于 2017 年 11 月 15 日向世界贸易组织（WTO）通报了作为原材料进口废物的新污染物限量。根据提交的文件，新法规将于 2018 年 3 月 1 日生效。为贯彻落实《禁止洋垃圾入境推进固体废物进口管理制度改革实施方案》（国办发〔2017〕70 号），进一步加强可用作原料的固体废物进口管理工作，依据《中华人民共和国固体废物污染环境防治法》《固体废物进口管理办法》，中华人民共和国于 2017 年 12 月 14 日，公布制定的《进口废纸环境保护管理规定》，并自公布之日起施行。对进口废弃物做了严格的限制，废纸、废塑料和废金属的含杂率不得超过 0.3%，废纸从 1.5% 降到了 0.3%，变化幅度较大。过去，按照中国的标准，进口废纸的含杂率不得高于 1.5%，实际上，这几年进口到中国的废纸含杂率普遍在 1%～5%，因此严格执行国家规定的标准对于我国的环境保护具有重要意义。

第二节　纸和纸板的可回用性

在纸和纸板的生产中，废纸是最重要的原材料。工业原料的供应中，原生纤维与回收纤维之间配比的平衡依赖于当前政策、经济、环境要求的需要。纤维具有足够的可回用性是实现这些需要的前提。废纸纤维循环使用时，废纸纤维的性质与原浆纤维的性质有所不同，因为它们经过了：浆料制备、湿部脱水、干部干燥、压光卷取等造纸全过程，部分纤维发生了不可逆的变化。纸和纸板的后加工方法及工艺，存放时间及环境条件，都会引起废纸浆性质不同程度的变化。而不同浆种的废纸在循环使用过程中纸浆性质的变化也有明显的差别。下面对于不同浆种和不同加工的纸可回用性进行介绍。

一、化学浆废纸再生过程中性质的变化

图 5-4 为经打浆的未漂针叶木硫酸盐浆循环回用时纸浆性质的变化。对于经过打浆的化学浆，循环回用引起裂断长、耐破度和耐折度的显著下降，紧度和伸长率少量下降，而撕裂度、挺度、光散射系数、不透明度和透气度增加。这些变化在第一次回用时最显著，循环使用超过 4 次后，大部分物理性质趋于稳定。多数研究者认为，引起这些变化的主要原因是：废纸在重复碎浆—脱水—干燥等处理过程中，纤维素的部分游离羟基形成氢键结合，非结晶结构转变为结晶结构，使纤维素的结晶度增加，经过干燥收缩的纤维在再次制浆和打浆过程中部分微细纤维间的氢键不再打开，细胞壁各层之间紧密，细胞腔塌陷，产生不可逆的角质化（Hornification），纤维变得挺硬，可塑性降低，吸水后的润胀减少，保水值下降，因而导致纤维间的结合强度降低。表 5-2 为漂白硫酸盐浆再生纤维的纸页性质。从图 5-4 看出，随着回用次数的增加，纸浆的保水值下降，纸页的厚度增加，紧度、裂断长下降，白度和不透明度有所增加。针叶木浆与阔叶木浆主要不同是：随循环回用次数的增加，针叶木浆的撕裂因子提高，而阔叶木浆的撕裂因子下降。

此外，硫酸盐浆和亚硫酸盐浆，打过浆和未打浆的化学浆，漂白浆和未漂浆，其回用过程性质的变化均有一定的差别。

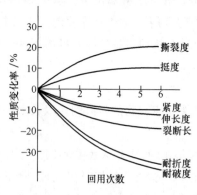

图 5-4　经过打浆的未漂针叶木硫酸盐浆循环回用时纸浆性质的变化

224

表 5-2				针叶木和阔叶木漂白硫酸盐浆再生纤维的纸页性质				
参　　数	针叶木				阔叶木			
回用次数	0	1	3	5	0	1	3	5
加拿大游离度/mL	326	441	362	334	343	470	441	420
保水值/%	132	113	109	106	131	114	103	106
厚度/10^{-2}mm	7.8	8.7	9.2	9.3	8.1	10.0	10.5	10.6
紧度/(g/cm³)	0.74	0.63	0.60	0.59	0.73	0.57	0.53	0.53
裂断长/km	8.61	4.40	3.71	3.65	6.38	2.52	2.03	1.93
撕裂因子/(mN·m²/g)	10.2	18.2	21.3	20.4	9.2	7.0	6.0	5.8
白度/% ISO	80.4	83.8	84.4	84.2	79.6	84.0	83.5	82.7
不透明度/%	65.1	76.9	80.1	80.0	75.2	85.1	85.3	85.2

二、机械浆废纸再生过程中性质的变化

机械浆循环回用过程中性质的变化与化学浆不同。随着回用次数的增加，紧度、裂断长和耐破度提高，撕裂强度也略有增加，而光散射系数下降。图 5-5 为机械浆循环回用时纸浆性质的变化。表 5-3 为回用 TMP 和 CTMP 纤维纸张的物理强度性能。

机械浆在湿的状态下并非完全层离的，干燥时产生的角质化很少，而挺硬的机械浆纤维经过连续的循环使用而逐步变平和柔韧，使得纤维间的结合改善，抄纸时得到更薄和更紧密的纸页，因而紧度和强度提高，光散射系数下降。

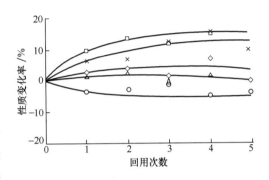

图 5-5　机械浆循环回用时纸浆性质变化
□—紧度　×—裂断长　◇—耐破
度　△—撕裂度　○—光散射系数

表 5-3				回用 TMP 和 CTMP 纤维纸张的物理强度性能			
纸浆	回用次数	紧度/(g/m³)	裂断长/km	耐破指数/(kPa·m²/g)	撕裂指数/(mN·m²/g)	MIT双次耐折度
TMP	0	0.36	3.44	1.64	6.23	4
	1	0.37	3.59	1.72	6.24	6
	2	0.40	3.84	1.85	6.45	7
	3	0.40	3.66	1.86	6.25	8
	4	0.40	3.81	1.93	6.33	8
	5	0.41	4.39	2.08	6.49	13
CTMP	0	0.37	4.31	2.38	7.11	14
	1	0.42	4.81	2.55	6.45	21
	2	0.42	4.89	2.49	6.55	25
	3	0.43	4.94	2.53	6.52	19
	4	0.46	2.48	2.48	6.63	26
	5	0.46	4.97	2.51	6.88	23

三、影响废纸浆性质的因素

影响废纸浆性质的因素很多，除与纤维原料和制浆方法有关外，还与打浆工艺、纸料配比、造纸过程、印刷加工方法、消费和收集方式以及循环回用方法等有关。

1. 打浆工艺

化学浆打浆越强烈，打浆度越高，循环回用后纸浆质量变化越大，抗张强度的下降就越多。总的来说，经打浆的化学浆循环回用后，润胀显著减少，纤维长度降低，细小纤维含量增加。而未经打浆的化学浆，在其后回用过程中，纸页的抗张强度会有所上升。

2. 抄造环境

纸页抄造时的化学环境会影响干燥和回用后纸浆纤维的润胀。在酸性条件下抄造的未漂化学浆回用后其润胀和强度均比碱性条件下抄造的低。废纸中的松香胶和硫酸铝会引起循环潜力（纸浆强度等）的进一步损失，这可能是由于施了胶的纤维维持其疏水表面，在一定程度上阻碍了纤维间的结合。

3. 压榨工艺

对于中度打浆的化学浆，重的湿压榨会引起纤维润胀的损失。如图 5-6 所示，对经湿压、未干燥和经湿压和干燥的纤维的润胀度均随湿纸页干度的提高而降低，但大多数影响是在干度大于 35% 时才产生。对机械浆，压榨对回用纤维的润胀性影响甚微。

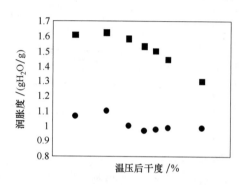

图 5-6　经打浆的漂白硫酸盐浆湿压后干度对回用浆润胀度的影响
■—湿压、未干燥　●—湿压、干燥

4. 纸浆干燥

纸浆在抄纸前是否干燥过对废纸浆性质有一定的影响。从未干燥过的化学浆，抄纸干燥过程中产生角质化，废纸回用时纤维结合强度会降低。干燥温度越高，干燥程度越剧烈，纤维润胀和强度的降低就越多。对干燥过的纸浆，由于干燥时已经角质化，抄纸时进一步干燥并不明显减少其已经较低的润胀，废纸循环回用时其结合潜力损失甚小；而且，干燥过的纤维通常是卷曲的，这种卷曲会降低纸浆强度，循环回用时能去除部分卷曲，有利纤维间的结合。

5. 压光工艺

无论是化学浆还是机械浆，随着对纸页压光强度的增加，压光对回用纤维品质的负面影响也增大。压光会引起化学浆保水值、长度和强度的损失。压光越重，由压光纸回用浆制的纸页裂断长越低，撕裂强度和浆料滤水性也变差。现代趋势是避免采用硬压区，并尽可能采用软压光设备。

6. 印刷加工

印刷主要影响废纸浆的光学性质。大于 $50\mu m$ 的油墨粒子形成尘埃，小于 $50\mu m$ 的油墨粒子虽然肉眼看不到，但会降低白度，使浆变灰色。

制纸箱时用的憎水材料（如胶黏剂）保留在纸箱碎解后的纤维悬浮液中并沉积在纤维表面，因而降低了回用纤维的表面自由能，阻碍了纤维的结合。

7. 消费和收集

纸张（品）消费者和废纸收集者将不同类型的废纸混合在一起，会降低废纸的级别，废纸中的杂质（污染物）影响其回用性能。废纸的老化也是一个重要的因素，旧报纸存放的时间越长，其废纸浆的强度越低。

8. 回用过程

废纸回用包括机械、化学和热处理过程，对纤维会造成形态、尺寸、表面性能、长短纤维比例的变化，因此对废纸浆性质有重要的影响。

机械作用与纸浆浓度密切相关。浓度高于8％时，机械作用对纤维的卷曲和微压缩有重要的影响。随着浆浓的提高，得到更松厚、伸缩性更大的纸浆。

氢氧化钠是废纸制浆的重要化学品之一。NaOH有助于油墨的脱除和重施胶纸张的离解，更有助于纤维的润胀，使纤维更柔韧且结合更好。

四、废纸再生过程纤维衰变的机理

一般的概念认为，回用纤维品质衰变的主要原因是纤维在回用过程中受到了损害，致使纤维的长度变短，纤维本身的强度变差。但近年来国际上的研究结果表明，回用过程对纤维的平均长度降低并不多，当灰分和细小组分在回用过程中较多地流失后，纤维的平均长度还有所增加。对回用过程纤维自身强度的下降程度，不同研究者有不同的测定结果，有的明显下降，有的反而增加，其变化的幅度目前尚难确定。但不论是化学浆还是机械浆，纤维回用次数对其零距抗张强度几乎没有影响。因此，纤维品质的下降，并不主要由纤维长度的减少和纤维本身强度的降低所致。

是什么原因造成了纤维结合强度的下降，国际上众多研究者的共识是：纤维角质化是影响纤维结合强度的主要原因。纸页在干燥过程中，纤维细胞内的水分被蒸发排除。在水分子较大的内聚力作用下，使纤维细胞内壁两侧互相靠拢贴紧，造成所谓的"胞腔塌陷"，见图5-7。这种胞腔塌陷是不能完全恢复的，这是由于纤维胞腔内的纤维素分子的羟基一旦进入互相容易形成氢键的位置时，纤维素分子间形成了有规则的结合，生成具有相当稳定性的纤维素晶体。当纤维再与水接触时，纤维不能完全润胀，从而导致纤维结合强度的下降。

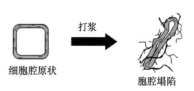

图 5-7 纤维胞腔塌陷示意图

纤维的角质化是纤维结构的不可逆转变。一旦角质化形成，纤维的润胀程度将不能回复或不能完全恢复。特别是对经过强烈打浆和干燥历程的原生纤维，其在回用过程中的润胀程度下降很大，且很难恢复。

纤维衰变的另一个可能的原因是回用过程中一些化学组分的脱除，产生了"化学衰变"。国外学者的研究结果表明，回用纤维中聚戊糖和木素含量的减少是化学衰变的主要特征。其中聚戊糖的减少，特别是聚木糖的减少，是纤维衰变的重要原因之一。随着回用纤维中聚木糖含量的减少，纸浆的相对裂断长下降，如图5-8所示。纤维中木素含量的影响程度远不及聚木糖。对于聚木糖含量的降低如何影响到纸页强度，目前还没有圆满的解释。有研究者认为，存在于纤维微纤间的聚木糖分子，可以防止纤维微纤在干燥时相互靠近，有助于保留纤维弹性，从而延缓了回用纤维品质的衰变。也有学者认为，聚戊糖等半纤维素物质的存在，可减少纤维表面的水滴接触角，增加纤维表面的亲水性，从而有助于回用纤维的重要润湿，促进纤维间的结合。

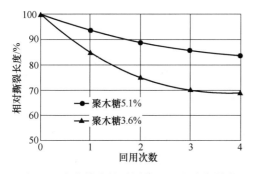

图 5-8 聚木糖含量对纤维回用品质的影响

从科学的观点来看，使植物纤维永久不衰变是不可能的，但如能通过某种调控机制延缓其衰变速率是有可能的。

第三节　废纸制浆的主要单元操作

一、纤维悬浮液的流体力学

制备废纸浆有多个分离过程。大多数过程，流送的物料是纤维悬浮液形态。因此，纤维悬浮液的流体力学知识对于理解浆料制备的单元操作的物理原理非常重要。液体流体力学的基本特性与作用于流体的力（例如压力梯度的形成）和剪切力或者流体中剪切力应变有关联。在一个简单的管道中的流体，如图 5-9 所示，流体的驱动力是压力梯度 Δp，流体中的力用局部速度梯度 $u(y)$ 来表示。管壁的剪切应力 τ_w 可以用压力梯度和管道的几何数据来表示，如方程式（5-2）的形式。

$$\tau_w = \Delta p \cdot \frac{r}{2} \cdot L = \eta \cdot \frac{\partial u}{\partial y} \tag{5-2}$$

在方程中，管壁的剪切应力与速度梯度的关联因子就是黏度 η。如果黏度与速度无关，流体就是牛顿流体（Newtown fluid）。水就是牛顿流体，而纤维悬浮液则是非牛顿流体，具有非常复杂的非线性黏度。在许多纤维悬浮液中，纤维与管壁之间的管壁效应不能忽略。因此，纤维悬浮液性质非常独特，在转换从牛顿流体（水）到纤维悬浮液的实验和知识时必须特别注意。图 5-10 比较了水与纤维悬浮液在形成剪切应力与速度梯度的流体力学指纹谱图。压力下降与平均流速的关系有更多实用的图，它们都有相同的形状。

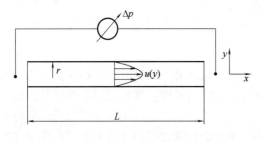

图 5-9　管道中流体的剪切力和速度

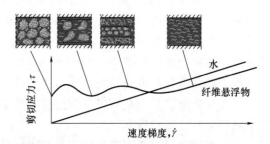

图 5-10　水和纤维悬浮液流变图谱的对比（τ 剪切应力，$\dot\gamma$ 速度梯度）

在悬浮液中的颗粒必须分散，使纤维和其他有用的颗粒物在分离过程中可以回收。因此，剪切应力 τ_c 是非常重要的参数，利用此参数可以计算出悬浮液达到流态化以及颗粒物分离的最小能耗。τ_c 是关于浆浓 w_s 指数方的函数。

$$\tau_c = k_1 \cdot w_s^{k_2} \tag{5-3}$$

方程（5-3）中的常数 k_1 和 k_2 的典型数据列于表 5-4。必须强调，方程（5-3）计算的绝对数值决定于测定设备，用这些设备进行测定。然而，对于不同浆种的相对比较，这个方法是很有用的。

临界剪切应力受 pH 和填料浓度的影响。碱性 pH 引起纤维溶胀，使纤维润滑。就会导致 τ_c 的数值较低。填料颗粒物会降低纤维的取向性，形成团聚，因此可能降低 τ_c。图 5-11 是剪切应力与浓度的关系图。这种指数变化曲线可以做两条渐近线。转折点就是两条直线的

表 5-4　　　　　　　在浓度为 w_s（%）时计算出流态化剪切力 τ_c 的常数

纸 浆 种 类	k_1	k_2	纸 浆 种 类	k_1	k_2
针叶木漂白硫酸盐浆	3.12	2.79	TMP	2.03	3.56
磨石磨木浆	1.08	3.36			

交叉点，我们定义使用的浓度低于临界浓度
（Edge consistency）的过程为低浓过程（Low
consistency，LC），而高于临界浓度的过程定义为
高浓过程（High consistency，HC）。在 LC 过程
纸浆的流态化随着浆浓的增加，需要增加的能耗
不显著。在 HC 过程，纸浆流态化时，浆浓增加
会急剧增加能量。从这一点看，分离过程的最佳
操作点在 LC 范围，靠近临界点，此后曲线呈指数
增长。综合考虑纸浆的最小稀释度和流态化最小
能需，此点是最好的点。

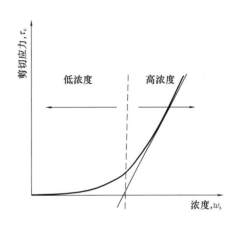

图 5-11　纸浆悬浮液流态化的
剪切应力与浓度的关系

在日常的工业实践中，从能量消耗角度来看，
操作过程常常在左边远离最优点。理由之一是避
免进入高浓区；在高浓区，原料成分和加工条件
变化很大。在这种情况下，分离过程（如净化、
浮选、筛浆等）的效率急剧下降。测定悬浮液流体力学性能的传感器能够帮助控制过程接近
最优浓度，通过使用较少的水而节省能耗。

二、分离过程的评价和模型

浆料制备过程及其单元操作的主要目的就是把纤维中的杂质和杂物除去。评价这些单元
操作的基本定义和方法将在此处讨论。

评价单元操作的基础就是过程的质量平衡，图 5-12 表示分离过程的桑基（Sankey）图。
在典型的浆料生产的单元操作中，有三个组分必须考虑，即：

①水；

②浆料；

③杂物或者杂质。

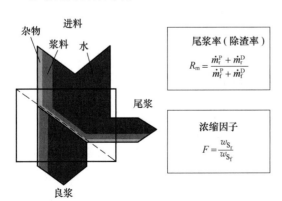

尾浆率（除渣率）

$$R_m = \frac{\dot{m}_r^P + \dot{m}_r^D}{\dot{m}_f^P + \dot{m}_f^D}$$

浓缩因子

$$F = \frac{w_{S_r}}{w_{S_f}}$$

图 5-12　分离过程 Sankey 示意图

每种组分的质量平衡必须能够计算，且
他们的平衡必须明确清晰。因此下文介绍他
们的定义。

$\dot{m}_f^W$：在过程操作进料时水的质量流。
在该定义中上标指的是组分部分。

W：水部分

P：浆部分

D：杂物部分

下标是过程的输入或者输出。

f：进料

a：良浆

229

r：过程尾浆

图中黑色盒子"Black Box"表示分离过程和此种情况的质量平衡，可以写成式（5-4）：

$$\dot{m}_f^W = \dot{m}_a^W + \dot{m}_r^W \tag{5-4}$$

当测定分离效率时，水可以忽略，只考虑固形物。当然在设计设备、泵、管道和操作过

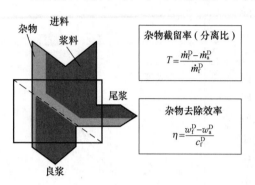

杂物截留率（分离比）

$$T = \frac{\dot{m}_f^P - \dot{m}_a^D}{\dot{m}_f^D}$$

杂物去除效率

$$\eta = \frac{w_f^D - w_a^D}{c_f^D}$$

图 5-13　固体组分分离的桑基图

程的时候水的质量流和体积流是重要的。但是对于研究纤维与杂质分离，仅考虑固形物以及每个组分的平衡是合理的。因为典型的浆浓是 3%～5%，水占了 95%～97%，这样处理具有更好的使用价值。图 5-13 是固形物浆和杂质的桑基图。

为了全面描述每一个组分的分离过程，至少需要两个质量流。因为出渣口的测定没有入浆口和良浆准确（此两处的杂物浓度高，且混合均匀），通常在此处测定后，计算排渣口所需要物质的量。另外，必须考虑是，没有传感器直接测定浆料制备系统的质量流。所以测定各种组分的质量流必须测定体积流和浓度。例如，测定进浆口碎片的质量流就要测定其体积流 V_f^D，总浓度 w_s 和碎片的浓度 w_f^D。因此通常做了一个简化处理，将总体积粗略地等于水的体积，特别是低浓情况更合适。

分离有两个目标：一是得率高，二是良浆质量好。不幸的是，这两个目标互相矛盾。高得率导致低的分离效率，高质量通常会降低得率。因此，至少用两个指标来表征分离过程。

除渣率 R_m 表示总质量中渣的份额，可用下式计算：

$$R_m = \frac{\dot{m}_r^P + \dot{m}_r^D}{\dot{m}_f^P + \dot{m}_f^D} \tag{5-5}$$

对于低碎片浓度，在计算中碎片的质量流可以忽略。

浓缩因子 F（Thickening factor）：

$$F = \frac{\dot{m}_r^P + \dot{m}_r^D}{\dot{m}_r^W} + \frac{\dot{m}_f^W}{\dot{m}_f^P + \dot{m}_f^D} = \frac{w_{s_r}}{w_{s_f}} \tag{5-6}$$

在此详细说明，提升渣和进浆的浓度称为浓缩（Thickening）。这个数值很重要，可以用于控制浓度，或者调节稀释比。

分离比或者碎片除去效率 T 表示碎片质量流在进浆和良浆中的变化：

$$T = \frac{\dot{m}_f^D + \dot{m}_a^D}{\dot{m}_f^D} \tag{5-7}$$

杂物浓度（Debris concentration）w^D 是杂物质量流与总固形物质量流之比：

$$w^D = \frac{\dot{m}^D}{\dot{m}^D - \dot{m}^P} \tag{5-8}$$

碎片富集因子（Debris enrichment factor）W_e 表示杂物在尾浆和进浆的浓度之比，计算如下：

$$W_e = \frac{w_r^D}{w_f^D} \tag{5-9}$$

杂物除去效率（Debris removal efficiency），定义为净化效率 η，是在进浆和良浆杂物浓

度之差与进浆中杂物浓度之比。

$$\eta = \frac{w_\mathrm{f}^\mathrm{D} - w_\mathrm{a}^\mathrm{D}}{w_\mathrm{f}^\mathrm{D}} \tag{5-10}$$

表示过程分离特征的是分离图解图，其中分离比 T 对尾浆率 R_m 作图，图 5-14 就是分离图解图的一个例子。

在图中，分离过程很容易与两条极端的曲线比较：T 形片（只有渣排出，没有分离效果）和理想分离线。T 形片的效果在图中的对角线上以短棒表示。沿此线，分离比 T 等于尾浆率 R_m，没有任何分离效果。

理想分离就是图中的虚线：准确地说就是尾浆比例等于进浆中杂物的浓度 w_f^D，曲线从分离比为 0 跳到分离比为 1。这就意味着只有尾浆流中有杂物，而良浆中没有。这

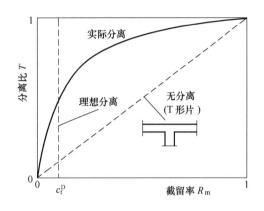

图 5-14 分离示意图

种情况在实际工业生产中是达不到的。实际分离的曲线是图中的粗实线。典型的筛浆和浮选就是如此。通常实际分离曲线符合指数规律。对于这些过程，分离图解图很清楚解释了为什么这些分离过程的尾浆率处于 5％和 30％之间。尾浆率至少要高于进浆中杂物的浓度。在分离曲线的起始阶段，尾浆率降低，增加尾浆率会显著增加分离比。也就是说增加尾浆率就会增加分离效率，因此浆的质量高于平均质量。相反，在分离曲线的右手边，曲线变平缓，增加尾浆率，分离比变化很小。在这阶段，得率下降与质量提升的关系很差。如果分离曲线在梯度变化大的范围内不能达到所需的浆质量或者分离比，在梯度变化大的曲线范围内显著提高尾浆率比在曲线处于平缓范围提高尾浆率的效果更好。

在分离图中可以看到两个更好的关联：即过程的净化效率（cleanliness efficiency）和分离效果（fractionation effect）。净化效率 η 可以表示为有效分离 x 的比例，因此有方程（5-11）：

$$x = T_x - R_x \tag{5-11}$$

理论上，最大的分离可能性表示如下：

$$y = 1 - R_x \tag{5-12}$$

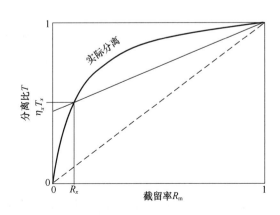

图 5-15 分离比与净化效率的关系

这种关联关系取决于质量平衡。根据在相交定理，x/y 比值投射到分离图的纵坐标上，如图 5-15 所示。

在给定 T_s 的条件下，通过经过（1，1）和（R_x，T_x）的直线与纵坐标的焦点就可以发现 η_s 值。

分离图也可以用于不同纤维的分离，称为纤维分级。分级就是不同种类纤维（长纤维和短纤维）的分离。长纤维的上标用 LF，短纤维的上标用 SF，长纤维分级的分离比计算如下［从方程（5-7）变化而来］：

$$T = \frac{\dot{m}_f^{LF} - \dot{m}_a^{LF}}{\dot{m}_f^{LF}} \tag{5-13}$$

分级的分离图表示如图 5-16。图中表示长纤维和短纤维的曲线。在典型的分级过程，例如分级筛，长纤维在尾浆流中富集，短纤维就在良浆流中。结果，短纤维曲线处于平均分配曲线之下。在分级过程，高分离比并不是主要的目的，但是长纤维的分离比与平均分配或者短纤维的分离比有较大的差别。在分离图中，这种差别越宽，分级效果越好。这种相互关系就解释了为什么分级过程的操作在尾浆比约为 0.5 时，分级效果达到最大。

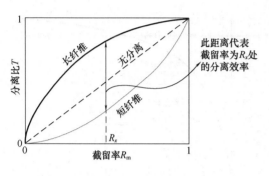

图 5-16　纤维不同组分分离过程示意图

当纤维的级分不均匀，而是由不同长度、柔软度、宽度的纤维构成的混合纤维；同时杂物颗粒也是由不同特征和性质的混合物构成。由于组成的不均匀性，计算分离过程的总效率也许过于简单而导致结果不可用。为了解决这个问题，不同的人提出几个定义。例如，三种长度的纤维（长、中、短），及三种粒度的胶黏物（大、中、小）。需要这些因子定义上述过程，例如，分离比或者效率不是简单的数值，而是矢量（在此例中就是三维）。所有的平衡必须用矢量来计算。用这个方法，整个浆料的分离系统就可以构模，进行衡算。因此三种大小的粒子（纤维和胶黏物）就可以计算出来。

三、废纸的离解

废纸的离解包括碎解和疏解两个阶段。在废纸制浆流程中，碎解是废纸制浆的第一步，疏解是碎解的继续，使废纸最终完全离解成纤维。

（一）废纸的碎解

1. 碎解的目的

碎解的目的是使废纸离解，使原先交织成纸页的纤维最大限度地离解成单根纤维而又最大限度地保持纤维的原有形态和强度。碎解操作能使重、大的杂质与纤维分离。在处理需要脱墨的废纸时，通过加入一定量的脱墨化学品并通汽加热，使纤维与油墨分离。

2. 碎解设备

废纸碎解的设备主要有水力碎浆机和圆筒式碎浆机。水力碎浆机是国内外常用的碎解设备，从结构形式上分为立式和卧式，从操作方法上可分为连续式和间歇式，从碎浆浓度上可分为低浓和高浓。圆筒式碎浆机是近年出现的高浓连续碎浆设备。

目前废纸碎解大多采用高浓碎浆机，因为与低浓碎浆相比，高浓碎浆可减少对杂质的碎解，以利其后杂质更好地去除；可降低能耗，节省化学品，油墨的去除也更完全。表 5-5 为高浓碎解与低浓碎解系统的比较。

几种常用的碎浆设备介绍如下：

（1）立式间歇水力碎浆机

水力碎浆机的结构主要有槽体、转盘、转子和底刀环等。图 5-17 为立式间歇水力碎浆机结构示意图。它主要靠转子转动产生的机械作用和水力作用来达到碎解废纸的目的，其中

表 5-5 高浓碎解与低浓碎解系统的比较

碎解方法	废纸种类	纸浆浓度 /%	单位能耗 /(kW·h/t)	停留时间 /min	排料孔径 /mm
低浓连续	OCC	3～4.5	30～45	5～8	18
低浓间歇	OCC	5～8	30～45	10～20	3～16
高浓连续	旧报纸	15～20	15～25	15～20	4～10
高浓间歇	旧报纸	12～18	20～25	5～10	10～20

水力作用是主要作用。这种水力碎浆机的操作浓度一般为 6%～8%，筛板的筛孔范围较大，多在 $\phi5$～$\phi22mm$ 之间。这种设备主要适用于碎解浆板、车间内部回抄损纸和外购杂质少的废纸。不同的造纸企业根据需要进行改造，因此有大小和配件不同的水力碎浆机。

这种设备的优点是：

① 浆料碎解程度比较稳定，便于掌握投料量、加水量、脱墨时间及反应温度。

② 若流程中无疏解机、多段筛等设备时，采用间歇式可减少设备投资费用。

但是也存在如下缺点：

① 单位能耗较大。

② 投料、放料等非碎解时间较长，降低了设备的生产能力。

③ 不适合安装斗式提渣机和绞索装置。

④ 不适合处理杂质较多的废纸。

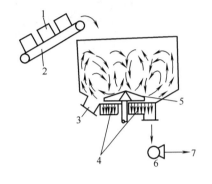

图 5-17 立式间歇式水力碎浆机示意图
1—废纸捆 2—胶带机 3—排渣口
4—筛板 5—转子 6—浆泵 7—去浆池

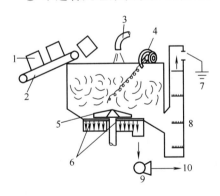

图 5-18 立式连续水力碎浆机结构示意图
1—废纸捆 2—胶带机 3—水 4—绞索装置 5—转子 6—筛板 7—排渣
8—斗式提渣 9—浆泵 10—去浆池

使废纸脱墨不能很好地进行。

（3）卧式连续水力碎浆机

（2）立式连续水力碎浆机

图 5-18 为立式连续水力碎浆机结构示意图。除其操作连续性外，还装绞索装置和斗式提升机。设备的优点是：

① 可连续排除难以碎解的非纤维杂质。

② 可除去打包用铁丝和绳索等束状物质。

③ 电耗较间歇式低，设备利用率高。

④ 生产能力大，且浆池、浆泵等辅助设备投资费用较低。

⑤ 适用于处理各种废纸。

缺点是：

① 纸片分散成纤维的程度较小，仅能达到 90%。

② 由于连续使用，限制了化学药品作用时间，

这种水力碎浆机也称伏特式卧式水力碎浆机，可用于处理未经分拣的废纸。其结构与立式水力碎浆机不同之处，主要在于有一个侧置的转子和圆槽下端连接一个重渣物收集器，如

图 5-19 所示。

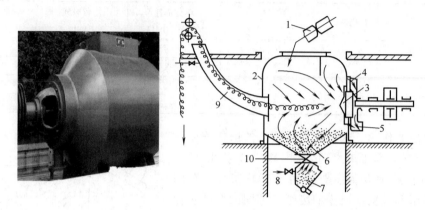

图 5-19　伏特式卧式水力碎浆机（左：实物图，右：示意图）
1—废纸　2—碎浆机壳体　3—转子　4—筛板　5—良浆出口　6—重渣物
7—重渣物收集器　8—白水　9—绞索装置　10—阀门

槽中转子以 1200～1800r/min 的速度旋转，使纸浆在槽中作回转运动，纸浆与旋转的叶轮、固定刀片间的相对运动以及浆流内部的速度不同而产生的摩擦作用，使纤维相互分离。其碎解浓度为 2.5%～3.5%，筛孔孔径为 $\phi 4\sim 8$mm。被分散的纤维穿过筛孔经稳流箱连续排出，夹杂在废纸中的绳索、破布、铁丝、塑料等被投入浆槽中的一端带钩刺的绳子缠紧，由槽顶的绞车拉出，而比重较大的杂质，则在槽底定期排出。

这种碎浆机的优点是：

① 可以连续排除难以碎解的非纤维杂质、绳索、铁丝等束状的物质。

② 电耗比间歇式低，设备利用率高。

③ 生产能力大，浆池、浆泵等辅助设备投资费用较少。

④ 适合于处理各种废纸。

⑤ 转子的刀片磨损小，重杂质排除方便。

⑥ 结构简单，维护方便，设备高度低，占地面积小。

（4）立式高浓水力碎浆机

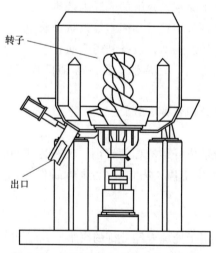

图 5-20　立式高浓水力碎浆机示意图

图 5-20 为立式高浓水力碎浆机（即 Herical 式螺旋水力碎浆机）的结构示意图。这种水力碎浆机具有很强的碎解能力，其转子是螺旋钻头形叶轮。当螺旋式叶轮旋转时，高浓度的浆料借螺旋作用由上而下，由外朝里，最后从中央推向外圆向上回流。废纸浆在运动过程中，纤维之间产生强烈的摩擦和揉搓，与带齿螺旋翼也产生摩擦，使废纸离解。在脱墨剂及强烈摩擦作用下，也可使油墨从纤维表面脱落。这种设备的优点是：

① 转子与浆料接触面积较大，能在 12%～18%高浓度下运行。与低浓碎浆机比，用于脱墨可节约加热蒸汽 60%。

② 作用较缓和，避免了废纸中的杂质被粉碎，

便于其后的净化处理。

③ 在高浓度下，纤维之间相互产生强力摩擦，可缩短碎浆时间，节约化学药品和动力。

④ 与相同能力的传统水力碎浆机相比，这种碎浆机的占地面积小。

⑤ 高浓碎解时纤维对纤维的剪切作用使油墨更易从纤维中分离出来。对废纸中热熔物的除去效果也优于普通低浓碎浆机。

（5）圆筒式连续碎浆机（鼓式连续碎浆机）

圆筒式连续碎浆机是一种新型的碎浆设备，是 Andritz 公司首先根据洗衣机原理研制开发的。其结构简单，高效实用。图 5-21 为其结构和工作原理示意图。该机分为前后两个区，前区为高浓碎解区，后区为筛选区。转鼓的轻度倾斜使原料缓慢地向前移动。废纸、热水、化学药品同时连续地从投料口投入，进入高浓碎解区，在 15%～20% 浓度下碎解。

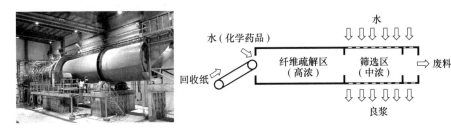

图 5-21 圆筒式连续碎浆机（左：实物图，右：工作示意图）

圆筒的内壁上装有轴向隔板，见图 5-22。圆筒转动时，内壁上的隔板重复地把废纸带起再跌落在圆筒底部硬表面上，产生温和的剪切力和摩擦力，使废纸纤维化而不会切断纤维和破坏杂质。当圆筒的滚动运动作用于浆团之间时，摩擦作用增加，使废纸中的油墨、胶料及热熔性胶黏剂等物质从纤维上有效的分离。由于纤维分离过程中无切断作用，因而减少杂质被切碎后带来操作上的麻烦。

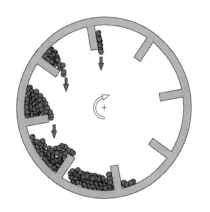

图 5-22 转鼓碎浆机中原料的运动

圆筒的后一段为稀释筛选区，被碎解的浆料注水稀释成 3%～5% 浓度并进行筛选，良浆进入浆池，废渣从圆筒尾端排除。

这种碎浆机的优点是：

① 有良好的除杂能力，废纸原料可不经分选就直接使用，可节省大量分选费用。

② 动力消耗比水力碎浆机节省 50% 左右。

③ 化学药品可减少 10% 以上，蒸汽可节省 60%。

④ 产能大，处理 ONP/OMG 混合废纸的单台生产能力已高达 2200t/d。

⑤ 整个废纸处理系统的单位产能设备费用减少，且设备易维修保养，筛孔不易堵塞，可长时间连续运转。

这种设备对新闻纸、杂志纸及一般低级纸离解效果甚好。根据 Andritz 公司介绍，其圆筒式连续碎浆机可处理 OCC 废纸。通过加长该型设备，亦可处理牛皮箱纸板。

近年来，Voith 公司也推出了一种新型的双鼓式碎浆机，见图 5-23，由分开的碎浆和筛选两个圆鼓组成。这种双鼓式碎浆机运行时原料输入量大，填充度高，能量能得到有效利

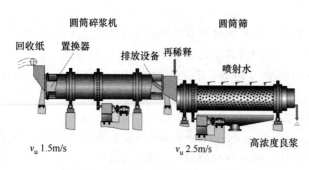

圆筒碎浆机　　　　　　　　　　　圆筒筛

回收纸　置换器　　排放设备 再稀释

喷射水

v_u 1.5m/s　　　　　　v_u 2.5m/s　　高浓度良浆

图 5-23　双鼓式（TwinDrum）碎浆机

用，长度较短，结构更为紧凑。

Metso 公司近年来也推出了新型 Optislush 鼓式碎浆机，据称这种鼓式碎浆机是从圆筒剥皮机的结构衍生出来的，因其采用滚轮而不是齿轮作传动。这种碎浆机可以调节圆鼓倾斜角、转速和停留时间，在纤维疏解、温和处理、防止污染物碎解方面效果好，排出的废渣中基本不含纤维。

3. 碎解工艺

碎解温度、浓度和碎解时间是废纸碎解的主要工艺参数；废纸种类、转子结构性能和转子线速度也是水力碎浆机工作效率的重要影响因素。

（1）碎解温度

提高碎浆温度可加速废纸的软化，对于重施胶和印刷过的废纸，有利于碎解和脱墨，并可使废纸浆黏度下降而增加浆料的流动性，促进浆料循环，从而加快回流速度，减少动力消耗。因此，利用蒸汽或热水将槽内浆料加热至 75～80℃可以提高碎解作用和降低动力消耗。温度的高低一般由废纸种类及施胶轻重等决定。如施加三聚氰胺树脂的废纸须加热至 90℃以上，而处理旧新闻纸时加热至 55℃左右，夏天处理瓦楞纸箱可不加热。

在有化学品存在的碎解过程，例如脱墨生产的碎浆机中，提高温度可以强化化学品的作用，加快化学反应。

（2）碎解浓度

在浆料循环良好，温度一定和间歇碎浆的情况下，提高浆浓可以降低电耗。如浆料浓度从 3%提高到 7%时，碎解时间相近，总电耗随浆浓提高而增加，但单位产量的电耗反而减少，主要是浓度提高增强了废纸相互之间摩擦的结果。在添加化学品的碎解过程，提高浆浓可相应提高化学品的浓度，强化化学反应。高浓碎解是目前的技术发展趋势，碎解浓度多为 15%～20%。

（3）碎解时间

碎解时间视设备形式、废纸种类和纸浆质量要求而定。每一类废纸均有合适的碎解时间，在其他条件不变时，碎解时间过长或过短均对碎解效果不利。因为废纸在碎解程度 60%～75%之前，电耗与碎解程度成正比，超过之后电耗增加，碎解作用减慢。

（4）废纸种类

废纸种类繁多，对不同的废纸其碎解作用是不一样的，影响碎解的主要因素是废纸的吸水润胀能力和纤维的结合力。对湿强度大的纸张，必须进行加热和化学处理。通过高温处理和化学品处理减少碎片强度往往更具成本效益。如图 5-24 所示，这种处理过程促进了纸碎片在碎浆机和高频疏解机的疏解。用于这种处理过程的化学品是碱性或酸性的，这取决于湿强剂的类型。

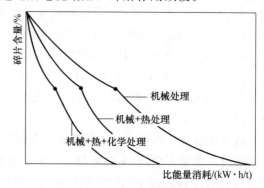

碎片含量/%

机械处理

机械+热处理

机械+热+化学处理

比能量消耗/(kW·h/t)

图 5-24　三种处理方法湿强纸碎解后碎片含量

(5) 转子结构性能

转子是水力碎浆机的主要部件。转子直径的大小、刀片的数目、长度、宽度、形状和排列位置对碎浆效果均有重要影响。为了保证在浆料浓度较高的情况下，循环良好而动力消耗又低，转子直径以相当于槽体直径的 1/3～1/2 为宜。

水力碎浆机的标准型伏克斯转子〔Vokes Rotor，如图 5-25（a）所示〕为 8 翼式转子，这种转子有效地改善了废纸的碎解作用，其缺点是电耗较高。改进后的伏克斯转子是将转翼厚度 d_1 改薄一半，同时增设 4 片立式弧形翼瓣〔如图 5-25（b）所示〕，使浆料循环回流继续保持良好。改进后的转子在处理相同负荷的纸浆时，回转线速不变，动力消耗平均可降低 20%～30%，故称之为节能型伏克斯转子（Power Saver Vokes Rotor）。这种立式翼瓣的高度，随离解废纸浓度的提高而增加。当离解浓度为 6%～8% 时，翼瓣高度为 125～150mm。为了减少转子磨损，可在转子翼片的迎浆面棱角边堆焊 1～2mm 厚的抗磨材料（如钨铬钴合金或碳化钨）或镶 410 铬钢。

图 5-25　转子结构

（a）标准型伏克斯转子　（b）节能型伏克斯转子

(6) 转子线速度

提高转子线速度可以提高碎解能力，加快碎解速度，缩短碎浆时间，提高设备利用率。但转子速度过高，对转子的磨损作用增大，动力消耗亦相应增加，因此转子线速度一般以 900～1100m/min 为宜。

（二）废纸的疏解

1. 疏解的意义

如果采用水力碎浆机使废纸达到完全碎解，会消耗相当高的动力，且碎解度提高很慢。有资料证明，当碎解率达到 75% 时，不宜继续采用水力碎浆机碎解，否则将严重损伤纤维，降低纤维强度。此时应采用疏解机等疏解设备来完成后期的碎解任务，这对提高碎解效果，保证废纸纤维的强度，降低动力消耗都有好处。因此，可以说疏解是碎解的继续，其目的是将纤维全部离解而不切断损伤纤维，降低纤维强度。

2. 疏解机及其应用

一般疏解机的工作部件都设计为非收缩性的，其作用于废纸的力主要为往复曲折运动产生的卷解力、内摩擦力、加速度所产生的力以及这些力的组合。工作部件在高圆周速度下旋转产生足够的剪切力使废纸纤维化。我国常用的疏解机为高频疏解机。高频疏解机又可分为齿盘式、阶梯式、锥形、孔板式等类型。

(1) 齿盘式高频疏解机

我国造纸厂使用的高频疏解机大多为齿盘式。齿盘式疏解机的外形与水泵相似，它是由

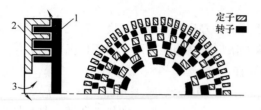

图 5-26 齿盘式高频疏解机
1—转盘 2—定盘 3—浆料

旋转齿盘（转子）和固定齿盘（定子）组成。转子和定子各有共同心圆的 3 排齿环，转子齿环与定子齿环相互啮合，组成了疏解区，如图 5-26 所示。齿槽是从中心向外逐渐缩小，而齿数却逐渐增多。运行时，浆料送到齿盘中心，首先与内环（转子）接触，作圆周运动，并经齿槽作径向移动，最后经定齿环（定子）排出。处理纸浆的浓度在 3% 左右时，定子与转子的齿环间隙一般为 0.8~1.0mm。

这种设计能提供高速的机械水力撕裂作用，浆料中的碎纸片可全部分散成纸浆。其主要缺点是当金属碎片或塑料等杂物随浆料进入齿环时，易造成齿的断裂。因此，仅适用于处理筛选、除渣后的废纸浆及车间内含杂质少的损纸。

（2）阶梯式高频疏解机

图 5-27 为阶梯式高频疏解机示意图，由于浆料有充分通过"间隙"的时间，疏解性能良好。

（3）锥形高频疏解机

锥形高频疏解机是阶梯式和锥形相结合的一种新型疏解机，其主要特点是用截锥代替阶梯，旋转刀片和固定刀片均为截锥，如图 5-28 所示。

（4）孔板式高频疏解机

图 5-29 为孔板式高频疏解机磨盘。这种疏解机与传统的齿盘式高频疏解机相比具有如下特点：纤维几乎不被切断，在工艺条件基本稳定的情况下能保持原有废纸浆纤维的长度和强度；废纸浆料经一次疏解处理后，完全可以疏解成浆；最高转速可达 3000r/min，产浆量高、质量好、电耗低。

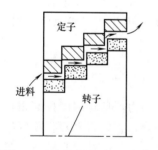

图 5-27 阶梯式疏解机示意图

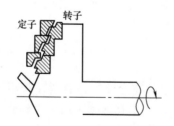

图 5-28 截锥代替阶梯

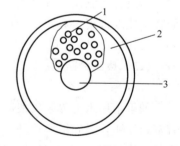

图 5-29 孔板式高频疏解机磨盘
1—孔 2—孔板磨盘 3—轴孔

疏解机在废纸处理流程中的安排，主要根据产品质量要求而定。一般经水力碎浆机碎解后的废纸浆料，可以全部通过疏解机疏解后再进行净化、筛选；也可以先经过筛选设备，再用疏解机处理尾渣，以节省能量。

3. 纤维分离机及其应用

纤维分离机也称疏解分离机，对纤维有理想的疏解作用，而对纤维的损伤极小，是继续离解来自水力碎浆机浆料的新型设备。同时，它又是废纸浆筛选的优良设备。它能同时分离出废纸浆中的重杂质和轻杂质，分离性能良好。因而，纤维分离机被作为废纸处理的多功能设备而得到广泛应用。

图 5-30 为国内生产的 ZDF 型纤维分离机结构示意图。它一般装置在水力碎浆机之后，作为废纸"二级碎浆"及分离设备。其工作原理是：浆料从槽体上方切线压力进入，由于叶轮旋转作用，使浆料在机壳内做旋转运动，同时由于叶轮旋转的泵送原理，使浆料沿轴向作循环运动。重杂质在离心力作用下，因其相对密度较大而逐渐趋向圆周，又因机壳呈圆锥形，重杂质在运动中自动向锥形大端集中，最后甩入沉渣口定期排出。塑料等轻杂质则在离心力作用下逐渐趋向机壳中心，沿轴向分离出去。良浆在旋转叶轮的强烈冲击或叶轮与底刀的撕碎、疏解作用下，充分离解成纤维，经过 $\phi 3 \sim \phi 4mm$ 筛孔筛选后，从良浆出口排出。由于筛板与叶轮靠得很近，加上高速旋转的叶轮与底刀间形成的流体运动，在筛板附近产生强烈的浆流，起到自动清扫筛孔的作用。

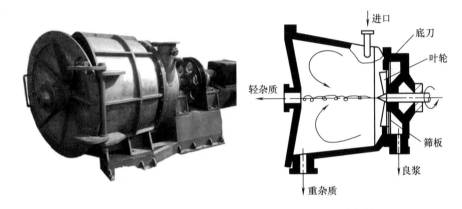

图 5-30　ZDF 型纤维分离机（左：实物图，右：示意图）

这种纤维分离机的特点是：

① 具有浆料二次疏解，轻杂质分离，重粗废料去除等 3 种基本功能。

② 装置纤维分离机的碎浆流程可以处理低级的废纸，可减少原料的预处理，降低成本。

③ 使用纤维分离机，可提高原有水力碎浆机的生产能力，降低 10%～20% 的单位能耗。

4. 使用盘磨机疏解废纸

安装在水力碎浆机之后的国产 $\phi 330$ 和 $\phi 370$ 单盘磨浆机，有泵送和疏解双重作用，可作为废纸二次碎解设备，以补充水力碎浆机的不足。这种盘磨机的磨齿较薄，齿槽内设浆挡，以防废纸片短路流出。为提高设备疏解性能，可在磨壳内壁加装一圈齿板。这种盘磨机设备投资少，动力消耗低，对于小型废纸制浆企业来说，是有现实意义的。

5. 浓浆揉搓处理

废纸经碎解、粗筛并浓缩至 30% 以上的浓度，采用揉搓机（Kneader）进行机械处理，见图 5-31。揉搓机具有 2 根转速不同的转轴及轴上的螺旋转子，使浆料相互摩擦和揉搓，使油墨粒子的大小降到 $20 \sim 60 \mu m$，以利其后的浮选。浆浓为 30%～35% 的条件下可获得最好的分散效果。

不同的废纸，可以采用不同的处理流程：

① 通常的废纸处理流程：揉搓→浮选脱墨→洗涤

图 5-31　浓浆揉搓机

脱墨；

②100％激光打印办公废纸制高级纸用浆处理流程：一段揉搓→二段揉搓→浮选脱墨→洗涤脱墨；

③旧报纸、旧杂志纸和废账簿纸等制高级纸用浆处理流程：揉搓→浮洗脱墨→揉搓→洗涤脱墨；

④100％旧报纸制新闻纸用浆处理流程：浮选脱墨→揉搓→洗涤脱墨。

四、废纸浆的净化

废纸经水力碎浆机碎解，疏解机分离成纤维之后，在废纸浆中含有较多的杂质，其中有重的杂质如小石块、砂粒、玻璃屑、铁屑、钢针、黏土等，轻的杂质如木片、塑料膜片、树脂、橡胶块、纤维束等。

去除废纸浆中杂质的过程称为净化。净化过程包括除渣、筛选两个工序，分别由除渣器、筛浆机完成。处理废纸的工艺过程，就是有针对性地分离这些杂质，并尽量减少处理过程中的纤维损失。现代废纸浆净化工艺有效地将筛选和除渣结合，采用孔型筛和缝型筛结合以及高浓工艺与低浓工艺结合的方法。

（一）废纸中的废杂物

废纸在使用和收集过程中不可避免地混杂了各种各样的杂质，其中有轻的杂质，也有重的杂质。这些杂质在废纸回用过程中会产生各种各样的不良作用。

例如，重的金属类杂物如不清除干净，就会造成设备、部件的磨损或损坏；轻杂质的存在，特别是相对密度与纤维十分相近的轻杂质，就会给废纸的处理带来种种障碍。热熔性蜡、石蜡、聚合物、热熔物等会弄脏毛毯，在纸上产生透明点，降低纸张物理强度。蜡的存在还会影响成品的印刷性能和胶着性能，影响纸箱的加工等。表5-6为不包括胶黏物的废纸中各种杂质及其特征。随着废纸需求的日益增长，废纸的质量日趋下降，废纸中的废杂物的种类和数量会越来越多，因此，废纸浆的净化越来越引起人们的重视，废纸浆的净化技术不断取得进步。

表 5-6 废纸中各种废杂质及其特征

废杂质类别	主 要 特 征			
	形状	熔点/℃	规格大小	相对密度
一、金属：订书钉	C		长：3～5mm	>7
铁类物	P-G		7～5mm	7～8
铝（复合铝）	F-G-P			2.7
二、矿物类			直径：	
砂、砾			砾>400μm	
			砂>200μm	
			细砂<200μm	2.5
玻璃、颜料	G-P			
三、木				
碎片	P		可变	一般<1
四、重质合成聚合物				
乙烯基树脂（PVC等）				
聚酰胺树脂（尼龙等）	P-F	$t_R=90$		1.38
聚苯乙烯（非泡沫）	F	$t_F=160$	厚度50～100μm	1.13
橡胶	P	$t_R=60～110$		1.05

续表

废杂质类别	主 要 特 征			
	形状	熔点/℃	规格大小	相对密度
五、热熔聚合物				
沥青	P-G	$t_R=85$ $t_F=160$		一般>1
石蜡、蜡	G-P	$t_R=60\sim110$		$0.9\sim0.98$
六、轻质合成聚合物				
多层涂布袋	F	$t_R=110$	厚度 $20\sim200\mu m$	0.92
			$10\sim20\mu m$	
聚丙烯	G-P	$t_R=130$	$15\sim30\mu m$	0.90
泡沫聚苯乙烯	G	$t_R=80$		0.1

注：表中英文字母表示：P—碎片　G—颗粒状　F—膜状　C—圆柱状　t_R—软化点，℃　t_F—熔点，℃。

（二）废纸浆的筛选

废纸浆的筛选分为粗筛选和精筛选。粗筛选在碎浆和高浓除渣后进行，粗筛有圆盘筛和筒筛，均需要压力。圆盘筛最初是用来筛含有较高废料和碎片浆料的，因为圆盘筛不会因废料和废纸碎片含量较高而产生阻碍，且对废纸碎片有疏解效果。相对较干净的浆料悬浮液，良浆较多地净化，常用筒筛。圆盘筛的筛孔为 $\phi1.3\sim2.0mm$ 的孔筛，通常在 $3\%\sim5\%$ 浓度下运行。图 5-32 是圆盘筛，其盖已打开。转子的线速度约为 $20\sim30m/s$，有几个转子上的叶片维持筛板在抽吸时不被堵塞，并且将废料和碎片沿径向甩向外围。转子和筛板之间的空隙为 $2\sim4mm$。

对于含碎片低于 5% 浆料的粗筛用筒筛，筒筛也有一定的疏解效果，但不及圆盘筛。筒筛有一个筛筐，其上有孔和缝，缝比通常的缝更宽一些。大多数筛筐是通过筛条组装而成（筛条型筛筐）。这种筛的粗筛和精筛设备相似。不同的是筛筐转动，而脉动叶片固定，如图 5-33 所示。粗糙的粒子由于筛筐旋转产生的离心力被分离。

图 5-32 圆盘筛（开盖）：带叶片转
子，筛板，挡棒，同心腔

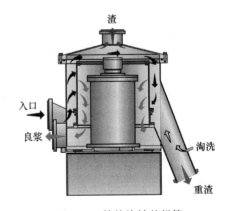

图 5-33 筛筒旋转的粗筛

有许多配有筛筐的不同筛。转子安装在筛筐的入口处，或者良浆一侧。溢出筛筐的可能是离心力产生，或者向心力产生。最常见的安装是转子装在入口侧，浆料离心离开筛筐。转子和筛筐的空隙是 $2\sim20mm$。

精筛选所用压力筛的筛缝宽度多在 $0.15\sim0.70mm$ 之间，视生产的纸种和设置的部位而定，目前已有缝宽 $0.1mm$ 甚至更细的筛板。精筛使用范围是低浓（LC）或等浓（IC）浆料，有时适用于中浓（MC）筛选浓度，也能达到3％～5％。这些细缝筛用以去除一些非常细小的废杂质，如胶黏物、热熔物和斑点等。用于废纸浆分级的压力筛，将废纸浆分选为长纤维组分和短纤维组分，根据浆的流向压力筛可分为单鼓外流式、单鼓内流式和双鼓内、外流式等。压力筛的能力与效率取决于压力差以及浆流在筛板表面流动的状态与进入孔（缝）处的浆流受力情况，即筛板的形状结构、开孔（缝）形式及转子（旋翼）的形状和作用。

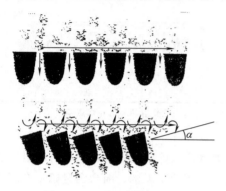

图 5-34　两种不同筛板表面
纸浆悬浮液的流动状况

筛板表面几何形状对筛选效果有重要的影响，如图 5-34 所示。对于表面光滑的平面筛板，表面和开口附近没有微湍流或扰动的发生，筛浆时浆料在面上的流线基本上是和筛板平行的，纤维网或絮片没有散絮的现象，因此筛选的浓度较低，纸浆通过量少，粗渣较多。对波形筛板，它的波形进浆开口，加上转子的作用，使筛板进浆开口处上方的一定范围内产生了起着散絮作用的微湍流，实现了纸浆悬浮液的流体化。由于改变了浆料流线，提高浆料在筛缝（孔）附近的涡流程度，有利于筛选能力和效率的提高；槽区产生的涡流剪切力破坏了孔（缝）处的纤维絮聚，起冲刷孔（缝）的作用；通过改变浆料流线改善纤维取向，可降低筛板两侧压差，因此降低能耗。

20 世纪 80 年代中期，在波形筛板的基础上开发了棒状筛鼓（Bar screen）。这种棒状筛鼓的筛选表面由一根根像条栅一样排列的波形棒组成。这些波形棒靠一系列的支撑箍将其固定到位，有的还有加强筋以保证整个筛鼓的稳定性和坚固性。楔形棒状筛鼓的问世可以说是废纸处理技术的一项突破，这种筛鼓的筛缝长度几乎可以达到整个筛鼓的长度，而缝宽可小到 0.1mm 甚至更细，缝宽误差很小。由于开口面积很大，因此显著地提高了筛浆机的生产能力。图 5-35 为 Voith 公司的 C 形棒筛鼓工作原理和结构示意图。

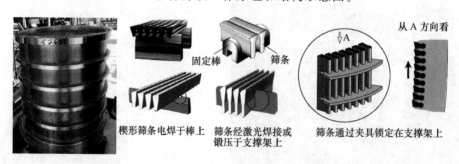

固定棒　　筛条

从 A 方向看

楔形筛条电焊于棒上　　筛条经激光焊接或　　筛条通过夹具锁定在支撑架上
　　　　　　　　　　锻压于支撑架上

图 5-35　不同制造技术的筛筐（左：C 形棒条筛鼓实物图，右：示意图）

（三）废纸浆的除渣

除渣器的基本原理是靠离心力将废杂质与纤维分离。废纸浆的除渣利用杂质与纸浆相对密度不同将废纸浆中的重杂质（金属、石、砂、玻璃碎等）或轻杂质（泡沫、塑料、树脂等）除去。用于废纸浆除渣的设备有高浓除渣器、正向除渣器、逆向除渣器、通流式除渣器和轻、重杂质除渣器。

1. 高浓除渣器

高浓除渣器的作用是除去相对密度较大的杂质，如石块、金属物等。其结构特点为上部有低压头泵叶，其下方为叶轮，下部有集渣器，自动或手动定期排渣，如图 5-36 所示。高浓除渣器由于除去了较大的重杂质，可以保护其后的设备。处理的浆料浓度为 3%～6%，进浆泵的扬程大于 20m，稀释水压大于 0.2MPa。

现代高浓除渣器采用逆流工作，并且有三个主要的连接：入口、良浆口和排渣口。入口和良浆口的压力差，对于有转子的除渣器为 0.01～0.12MPa；对于无转子的设备为0.04～

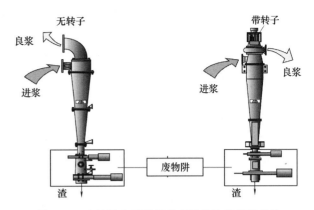

图 5-36　有转子和无转子的高浓除渣器间歇操作

0.2MPa，有时候达到 0.3MPa。重质颗粒通常通过重质闸口定期排出。这个就是废物阱（Junk Trap），由上部和下部滑阀构成一个过渡闸口腔。为了使浆渣中的纤维损失最小，高浓除渣器通过底部锥形口或者重质颗粒闸口（这是一个带阀门的除渣腔）进行反冲。

2. 正向除渣器

正向除渣器，又称顺向除渣器、顺向净化器。

正向除渣器设计和运行的主要因素为除渣器的几何形状、除渣器运行的工艺以及纸浆悬浮液的物理特性。

正向除渣器的几何图形见图 5-37。与几何图形有关的参数有：

① 内室直径。从理论上来说，除渣器直径越小，其效率就越高。但较小的除渣器单个通过量较小，压力降较大，因而需配置的除渣器较多，动力消耗较大。当直径小于 75mm 时易产生堵塞。为了节省投资和运行费用，目前趋向于使用直径较大的除渣器。

② 内室长度。必须有足够的内室长度以保证纸浆在进入分离区前有足够的停留时间以形成稳定的涡旋，提高除渣器的净化效率。但内室过长，除渣器内表面积的增大会增加压力降。

③ 锥角。较小的锥角可减少除渣器的拖力，增加除渣器的总长度和纸浆在器内的停留时间，提高除渣器的净化效率，但由于内表面积增加而增加压力降。

④ 涡旋定向管长度。应有足够长度的涡旋定向管以免进浆向良浆短路，但过长则增加了压力降。

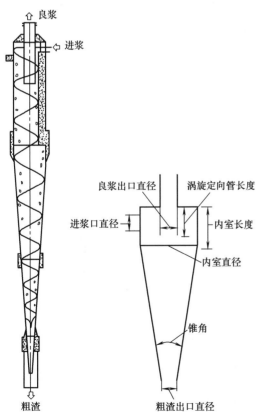

图 5-37　正向除渣器（左）及其几何图（右）

⑤ 进浆口直径。进浆口应保证在尽量减少湍动和压力降损失的前提下使回转速度达到最大值。进浆口形状通常为矩形，使整个浆流紧贴除渣器壁进入。

⑥ 良浆出口直径。应在减少内部浆流再循环的前提下使除渣器效率最佳。良浆出口直径过大会影响净化效率，过小会产生大量的再循环，影响生产能力。

⑦ 粗渣出口直径。粗渣出口直径过小会使粗渣被良浆浆流带走，甚至导致出口堵塞，过大会使纤维流失增加。

除渣器运行的主要工作参数为：

① 进浆浓度。一般不超过0.7%，过大则净化效率下降。

② 进出浆压力差。应有一最小压差来产生适合除渣器运作的涡旋流动模型。达到这一值后，通过除渣器的浆流量将随压差的增大而增加。压差过大会使浆料发生湍流而使净化效率下降。良浆和粗渣间的压力差决定除渣器的排渣量，压差越大，粗渣量就越高。

③ 纸浆的游离度。高游离度的浆如OCC脱水较易，沿器壁的浓缩程度高，因而排渣量高。应适当减少良浆和粗渣的压力差。

④ 排渣率。排渣率过小会降低净化效率，无排渣就无净化效果；排渣率过大会增加纤维损失且会扰乱器内的涡旋流动而使净化效率降低。

3. 逆向除渣器

逆向除渣器又称逆流除渣器、逆向净化器，其工作原理见图5-38。其作用是除去比纤维轻的杂质，如苯乙烯、聚乙烯碎片、蜡、模压塑料等。

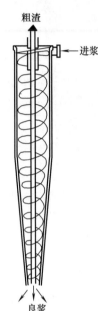

图 5-38　逆向除渣器

逆向除渣器的工作原理与正向除渣器完全相同，只是良浆和粗渣的位置调换了，质量重的部分为良浆，质量轻的部分为粗渣。逆向除渣器通常有较大的粗渣排放量（可达进浆量的40%～60%），以保持一个稳定的涡旋流动模型。通常筒体较长，直径较小，需要较大的压力降。

逆向除渣器通常是三段阶梯式排列，以提高净化效率，减少粗渣中纤维流失。最后一段粗渣排掉或送气浮澄清器。

4. 通流式除渣器（Through-flow cleaner）

通流式除渣器也是一种轻杂质除渣器。它较好地解决了逆向除渣器存在的压力降大增加能耗、排渣量大增加系统处理粗渣的麻烦这两个问题，其特点是良浆和轻杂质都是同方向在器底部排出。如图5-39所示，良浆出口处有一围绕着轻杂质（粗渣）排出管的环形空间，使得加大良浆出口也不会扰动涡旋的流动模型。从器底向上伸出的排渣管在一准确位置处以捕捉旋涡芯的轻杂质，使它在改变方向前从轻杂质排除管排出，而较重的纤维则借离心力沿器壁向下移动至器底加大空间处从良浆管排出。

表5-7为逆向除渣器和通流式除渣器的运行参数。可以看出，通流式除渣器的压力差和排渣率均较小，而单个除渣器生产能力较大。

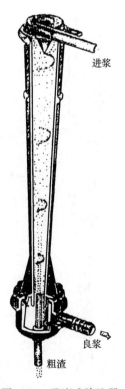

图 5-39　通流式除渣器

表 5-7　　　　　　　　　　　**两种轻杂质除渣器的运行参数**

项目	逆向除渣器	通流式除渣器	项目	逆向除渣器	通流式除渣器
进浆浓度/%	0.5～0.8	0.5～1.0	排渣率/%(体积分数)	40～60	5～15
压力差/kPa	170～270	100～135	单个除渣器生产能力/(L/min)	55～115	95～150
排渣率/%(质量分数)	15～25	5～10	停留时间/s	1	1.5

5. 轻、重杂质除渣器

轻、重杂质除渣器是正向除渣器和逆向除渣器的混合产物，其工作原理见图 5-40。除渣器的顶部装有两个同心圆的涡旋定向管。重杂质与正向除渣器相同，从除渣器的底部排出，纤维和轻杂质从外涡旋转入内涡旋，升至除渣器上部后，轻杂质从中心管排出，良浆则从两同心套管的环状空间排出。

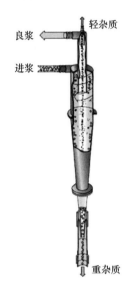

图 5-40　轻、重杂质除渣器

五、废纸浆的浓缩

为了便于浆料的贮存和满足流程后面工段的工艺要求，筛选后浆料须经脱水浓缩。所选用的设备及工艺要求和化学浆浓缩设备及工艺要求基本一致。废纸浆浓缩设备的选择可根据工艺流程对浆料浓度的要求以及废纸品种来决定。从工艺角度来分，脱水浓缩设备有低浓、中浓和高浓三种范围。国内废纸浆的浓缩，基本上采用低浓范围的浓缩设备，如圆网浓缩机、侧压浓缩机、斜网浓缩机、真空过滤机和低压差落差式浓缩机等。根据废纸浆的特殊性，废纸制浆过程要求有各种出浆浓度的设备；兼有洗涤作用的设备要有较大的浓缩比以节省动力；有些洗涤浓缩设备兼有筛除微小非纤维固形物之作用；滤网冲洗要容易。为了适应这些要求，国外开发了新型的中浓和高浓浓缩设备，如倾斜式螺旋浓缩机、螺旋压榨浓缩机、夹网挤浆机、双辊脱水压榨等，分述如下。

1. 倾斜式螺旋浓缩机

倾斜式螺旋浓缩机由一个钻孔的套筒外壳及一个等螺距螺旋所组成。也有 2 根或 3 根螺旋并列的。其结构紧凑，图 5-41 为倾斜式螺旋浓缩机的结构示意图。浆料自下部进浆口送入，向上运送。浆料在螺旋推进的套筒内向上移动时，受自重及进浆压力的作用将其中的水从螺旋周围套筒的小孔挤出，使纸浆得到浓缩。浓缩后的浆料从上部出口经过溜槽送出。根据进浆浓度的不同，处理后的浆料浓度差别很大。进浆浓度为 2% 时，出口浓度可达 15%；进浆浓度为 3% 时，出口浓度可达 25%。白水浓度约为 0.25%～0.4%。

2. 螺旋压榨浓缩机

螺旋压榨浓缩机由一个有孔的厚套筒外壳及一根直径越近出口越大的螺旋轴组成，如图 5-42 所示。浆料

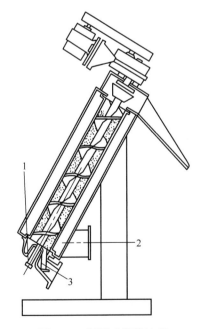

图 5-41　倾斜式螺旋浓缩机结构示意图

1—浓缩浆料出口　2—滤出白水　3—浆料进口

从进料口进入后，受螺旋挤压向前移动。由于螺旋的螺距逐步缩小和螺旋轴直径逐渐增大，浆料通过的截面积逐渐缩小，使浆料不断受到挤压，从钻孔挤出的水经套筒外壳夹层从排出口排出。进浆浓度为 3% 时，出浆浓度可达 30%～40%。

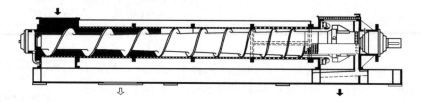

图 5-42　螺旋压榨

3. 夹网挤浆机

夹网挤浆机包括双长网相夹、长圆网相夹及双圆网相互挤压等形式，适用于打浆度很高的纸浆（如含机械浆多的纸浆）。改变网的压辊数目或排列，即可获得不同浓度的浓缩纸浆，从而使废纸制浆流程的浓缩设备品种与维修简化，因而成为发展的新方向。图 5-43 为上下两长网相夹的夹网挤浆机示意图。通过改变上下压辊的对数与排列来改变出浆浓度，最高出浆浓度可达 33%～35%。

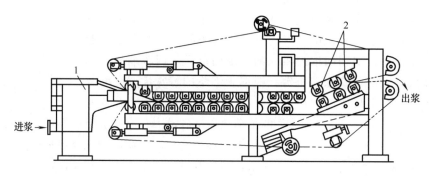

图 5-43　夹网挤浆机
1—上浆箱　2—压辊

4. 双辊脱水压榨

双辊脱水压榨的工作原理是脱水、置换和压榨等要素的组合。Metro Paper 公司的 Twin Roll A 双辊脱水压榨对纸浆进行置换洗涤并将进浆浓度为 3%～5% 的纸浆浓缩到 35% 的浓度。其结构示意图见图 5-44。

图 5-44　双辊脱水压榨示意图
1—纸浆分布螺旋　2—撕碎螺旋、浆出口
3—挡板　4—洗涤水

浆层形成于双辊和挡板间的脱水区内，双辊和挡板之间的距离可根据实际运行状况和需要进行调节，以确保压榨机内理想的浆流状态。在脱水区的末端，纸浆浓度达到 10% 左右，洗涤水加到置换区内。在辊子压区处，纸浆被压缩到 35% 的出浆浓度。通过压区的纸浆送入置于双端上方的撕碎输送机输出，被挤压出来的滤液从辊子的末端开口流出并从压榨机槽底的两个排出口排出。

Metro Paper 公司的另一种双辊脱水压

榨为 Wi Roll 双辊脱水压榨，其主要特点是压榨辊面上包覆有耐磨的合成纤维网，这大大改进了压榨的操作。纤维网提高了脱水效能，生产能力较高，纤维损失小，纸浆干度较高。

5. 多盘浓缩机

多盘浓缩机的工作原理和鼓式真空洗浆机基本相同，只是在浆槽中回转的不是一个圆鼓，而是多个覆盖有聚酯网或不锈钢网的平行排列的转盘，进浆浓度一般为 0.7％～1.0％，出浆浓度 10％～12％，最高可达 20％。多盘浓缩机一般设有真空水腿以提高浓缩后纸浆浓度，而排出的滤液也按清、浊程度分别排出，其中浊白水可进行澄清以除去一些油墨和灰分颗粒，而清白水则可直接回用。

多盘浓缩机的优点是表面积大，占地面积小，可通过增加盘数来增加生产能力；出浆浓度高，固形物损失少，通常用于低游离度纸浆的浓缩；低速，节能，操作简便；浊白水和清白水可以分开。其主要缺点是设备费用较高。

多盘浓缩机本体主要由机槽及气罩、中空轴、分配头及水腿管接口、圆盘及扇片、剥浆喷水装置、接料斗、出浆螺旋、传动装置等部分组成。多盘浓缩机大多利用滤液水腿管产生的真空作为过滤推动力，水腿净高度一般为 5～7m。多盘浓缩机运转时，机槽内的液位高于主轴中心线 100～200mm。圆盘上各扇形片在运转中处于不同的工作状态，先进入大气过滤区，扇片开始挂浆，随后转入真空过滤区，扇片上形成滤饼。当扇片转出液面时，在真空抽吸下，滤饼进一步脱水至干度 10％～15％。当扇片离开真空区便进入剥浆区，用压力水将浆层剥落。

图 5-45 为新型的无滤袋扇片多盘浓缩机。不带滤袋的扇片由波纹式的带孔板组成。波纹式板由不锈钢制成，过滤面积比有滤袋的提高 20％。按图中数字，其工作原理为：1. 多圆盘的扇片浸入槽中的悬浮物，在大气压的作用下开始形成纤维垫层。浊滤液通过滤液阀排出；2. 滤液阀中的分流板将滤液分为浊、清（真空区）两部分；3. 滤液阀中的隔板将清滤液分为两部分，最清的滤液进入真空水腿；4. 在扇片进行脱水的过程中，气流经过垫层浆使垫层浆（滤饼）干燥；5. 滤液阀中的分流板起着切断真空的作用；6. 喷淋水剥下浆片；7. 摆动喷淋清洗不锈钢扇片。

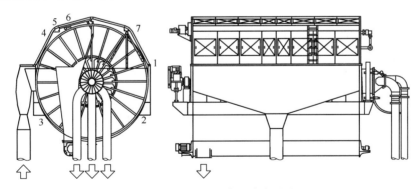

图 5-45　新型无滤袋扇片多盘浓缩机

第四节　废纸脱墨

为了将经过印刷的废纸变成满足生产要求的白纸浆，提高废纸浆的使用价值和生产的纸张（纸板）级别，需要从废纸中除去油墨。进行这种处理的过程称为废纸脱墨。经过脱墨生产出的纸浆称为脱墨浆。

一、印刷方法与印刷油墨

随着科学技术的发展，印刷技术日新月异，印刷油墨也种类繁多。印刷方法和印刷油墨不同，废纸脱墨效果也不同。

（一）印刷方法

当今印刷方法大体上可分为活版印刷、胶版印刷（冷凝固或热凝固油墨）、苯胺油墨印刷、凹版印刷等接触性印刷以及激光印刷、静电印刷等非接触性印刷。不同印刷方法的废纸碎解后浆中油墨粒子的大小见表5-8。

表5-8 废纸碎浆后浆中油墨粒子的大小

印刷方法	油墨粒子大小/μm		印刷方法	油墨粒子大小/μm	
	未涂布纸	涂布纸		未涂布纸	涂布纸
活版印刷	2～30	10～100	凹版印刷	2～30	5～30
胶版印刷	2～30	5～100	激光印刷、静电印刷	40～400	40～400
苯胺油墨印刷	0.9～1	0.7～2			

不同的印刷方法、不同的油墨粒子大小以及油墨颗粒的表面化学性质决定了采用什么样的脱墨方法最有效。例如，水性苯胺印刷油墨粒子小，十分适宜于洗涤法脱墨，同时由于其表面化学特性，也可用阳性表面活性剂进行浮选的方法。非接触印刷的调色剂油墨（toner）颗粒大，且大多为扁平状，故往往需要浮选、除渣、细缝筛以及揉搓、分散的组合处理，才能获得较好的脱墨效果。

（二）油墨的组成

按照印刷方法可以将油墨分为接触性印刷油墨和非接触性印刷油墨。接触性印刷油墨就是通常意义上的油墨，是由色料（主要为颜料）、连结料和助剂按一定比例均匀分散混合而成的浆状胶体。色料赋予印品丰富多彩的色调；连结料作为色料的载体，也作为胶黏剂使色料固着在承印物表面；助剂的作用是调节油墨的色调、黏性、流动性、干燥性和印刷适应性。

非接触性油墨，包括静电复印和激光打印油墨，是粉状固体，以热塑性树脂为主，加入烯烃、颜料、电荷控制剂和流动化剂等添加剂。当油墨加热至熔融后，再加压力使其固定在纸上。此种油墨比一般印刷油墨牢固、耐磨、耐水、耐酸碱。

接触性油墨种类繁多，成分复杂。油墨不含色料为透明油墨，不含溶剂为无溶剂油墨，以水为溶剂的为水基油墨（或水性油墨），以油为溶剂的为油基油墨。油墨类型不同，其组成和性能各异。

1. 色料

印刷油墨中的色料主要是颜料，颜料在油墨里主要起显色和基础两个方面的作用。颜料分为有机颜料和无机颜料两大类。有机颜料品种多，且性能优良，是制造彩色油墨的主要颜料。无机颜料品种较少，彩色的无机颜料大部分被有机颜料取代，但白色和黑色的无机颜料具有优良的性能，是有机颜料无法比拟的。

（1）无机颜料

无机颜料是一些金属氧化物、无机盐、络合物等。用于油墨制造的主要黑色颜料是炭黑，其价格低，使用价值高，是其他任何黑颜料比不上的。油墨中的炭黑由无定形粒子炭黑组成，大小为 $0.1\sim0.5\mu m$，具有很强的着色力和遮盖力，其化学性能稳定，不与酸碱发生化学反应，耐光、耐高温。炭黑的吸附能力强，吸油量很高，可达 $180g/100g$。

油墨中使用的白色颜料以钛白、锌钡白和锌白为主。其中钛白（TiO_2）是白颜料中最好的品种，价格也最高，多用于制造高质量白色油墨。其分散度大，遮盖力和着色力强，耐光性、耐碱性好。

用于油墨制造的无机颜料还有铬黄、铁蓝等。

（2）有机颜料

人工合成的有机颜料具有色彩齐全、鲜艳、颗粒细软、相对密度小、着色力强等优点，制出的油墨结构稳定，色相齐全，质量好。用于彩色油墨制造的有机颜料有酞菁颜料、偶氮颜料、色淀颜料以及杂环颜料、还原颜料等。

2. 连结料

油墨中应用的连结料种类很多，根据连结料组成及性能的不同主要分为油型、树脂型和溶剂型连结料三大类，如下所示。

油型：植物油——干性植物油：桐油、亚麻仁油、梓油等

　　　　　　　　半干性植物油：豆油、菜籽油等

　　　　　　　　不干性植物油：蓖麻油、椰子油等

　　　　矿物油——机械油：润滑油、锭子油等

　　　　　　　　油墨油：煤油、轻柴油等

　　　　动物油——猪脂、牛脂等

树脂型：天然树脂：松香、沥青等

　　　　合成树脂：酚醛树脂、醇酸树脂、聚酰胺树脂、环氧树脂等

溶剂型：石油溶剂：汽油等

　　　　芳烃类溶剂：苯、甲苯、二甲苯等

　　　　醇类溶剂：乙醇、异丙醇、丁醇等

　　　　酮类溶剂：丙酮、丁酮等

　　　　酯类溶剂：醋酸乙酯、醋酸丁酯等

　　　　水型连结料：水、醇、丙烯酸树脂等

连结料是油墨至关重要的一个部分，在很大程度上决定了油墨的黏度、黏性、干燥性和流动性能。

3. 助剂

助剂的作用是调节油墨的色调、黏性、流动性、干燥性及印刷适应性。油墨助剂的种类很多，在油墨中含有一种或多种，使油墨具有各种特性并适应印刷的要求。常用的油墨助剂有增塑剂、稀释剂、增稠剂、催干剂、防干剂、减黏剂、调色剂、防霉剂、消泡剂、紫外线吸附剂等。

二、废纸脱墨原理

为了破坏印刷油墨对纤维的黏附，需要加入一些化学品，在适当的温度和机械作用下，将油墨从纤维上分离出来。

在印刷过程中，印刷油墨黏附在纤维的表面，有些高质量的油墨还在纤维表面形成一层清漆膜。脱墨的原理和印刷的原理相反，是根据油墨的特性，采用合理的方法来破坏油墨粒

子对纤维的黏附力，即通过化学药品、机械外力和加热等作用，将印刷油墨粒子与纤维分离，并从纸浆中分离出去的工艺过程。脱墨的整个过程大致可分为以下 3 个步骤：a. 疏解分离纤维；b. 使油墨从纤维上脱离；c. 把脱离出来的油墨粒子从浆料中除去。

废纸在碎浆机中进行离解，在机械作用和适当温度条件下，纸面润湿膨胀变形，纤维间原存在的氢键被削弱，在碎浆机产生的强大剪切作用下，废纸疏解成纤维，使成片油墨粒子分散开来，为保证均匀脱墨创造条件。在有化学药品的水溶液中，印刷油墨与皂化剂作用，使油墨皂化，使颜料粒子从纤维中分离出来。为了防止游离出来的颜料粒子互聚和被纤维重新吸收，在脱墨剂中含有分散剂和吸收颜料粒子的吸收剂。游离出来的颜料粒子通过洗涤法或浮选法除去。为使颜料粒子润湿和油脂乳化，在洗涤前还加入肥皂、脂肪酸等润湿剂。因此，废纸脱墨过程中，脱墨化学品使废纸上印刷油墨的表面张力降低，从而产生润湿、渗透、乳化、分散等多种作用，而机械、化学和热协同作用才能使纤维上的油墨脱除干净。

三、废纸脱墨化学品

脱墨剂一般由多种化学品组成。在脱墨过程中所起化学和物理作用各不相同，有些药剂同时起着几种作用。因而，整个脱墨过程实际上是在多种化学品协同作用下完成的。如皂化油墨粒子需要皂化剂；而分散剂的作用是分散和游离油墨粒子；为了不使油墨粒子重新聚集并覆盖在纤维表面，就必须有吸收剂吸收油墨粒子；还有使废纸脱色的脱色剂或漂白剂；为润湿颜料粒子，使之乳化便于分离溶出，还应有清净剂等。可见，单一脱墨剂组分是不可能达到最佳脱墨效果的，必须组成合理的配方。因此，脱墨剂是降低废纸与印刷油墨的表面张力而产生皂化、润湿、渗透、乳化、分散和脱色等多种作用的综合体。

脱墨化学品的种类很多，按其作用的不同，可分为以下几类。

1. 皂化剂

皂化剂有 NaOH、Na_2CO_3 和 Na_2SiO_3 等。它们的作用是使纤维润胀，使油墨中的油脂皂化，通过皂化使油墨的颜料粒子游离出来。同时，可以使纸张中的松香皂化，便于纤维分散。NaOH 碱性强，润胀纤维和皂化油脂效果好，但使用不当，会使纤维受到损伤。NaOH 一般用于不含磨木浆的废纸脱墨。Na_2CO_3 碱性较弱，对纤维的破坏作用较小，故较普遍使用。硅酸钠（水玻璃）也是一种皂化剂，它主要用于含机械浆的废纸脱墨。因为机械浆保留了原料中的木素，用 NaOH 或 Na_2CO_3 进行皂化处理，会使纤维发黄。硅酸钠又是具有较高表面活性的物质，具有润湿和分散作用，既皂化油脂类物质，又可分散颜料，防止纸浆重新吸附油墨污点。硅酸钠在较低 pH 下比氢氧化钠脱墨效果好，脱墨浆白度较高，纤维损伤较小，特别是适合处理含磨木浆较多的废纸。硅酸钠与 H_2O_2 同时使用，脱墨效果更好，它有助于 H_2O_2 的稳定，使其效能充分发挥。

2. 湿润剂

湿润剂（也称清净剂）有肥皂、油酸钠皂、萘皂、脂肪酸、石油磺酸、烷基磺酸钠、吐温等。这些湿润剂与 Na_2CO_3、Na_2SiO_3 等配合使用，能润湿颜料粒子，使油脂乳化并溶出。它们能渗透到纤维内部，而无破坏纤维的作用。常用的肥皂价格便宜，效果较好。特制的油酸钠皂和萘皂，具有较好的润湿及乳化作用，使脱墨浆具有较高的白度。

3. 分散剂

分散剂的作用是接收碎浆时分离出来的油墨颜料粒子，并使其保持悬浮状态，防止颜料粒子互聚，或被钙皂或镁皂生成的凝乳所吸附。分散剂一般有硅酸钠、油酸钠、动物胶或干酪素等。洗涤法脱墨分散剂常用表面活性剂，如壬基酚乙氧基化物和乙氧基化直链醇。用于短序脱墨（即碎浆机脱墨）的分散剂通常是环氧乙烷/环氧丙烷共聚物、乙二醇和脂肪醇烷氧化物的混合物。树脂分散剂可从天然材料或副产品制得，如木素磺酸盐、萘磺酸盐和氨甲基化聚丙烯酰胺等。

4. 吸收剂

常用的吸收剂有高岭土、黏土、皂土、硅藻土和瓷土等。由于它们具有较大的表面积，可将颜料粒子和分散乳化的油脂吸附在其表面上，而不被纤维吸附，以便用洗涤的方法除去。

5. 脱色剂和漂白剂

常用的脱色剂往往又是漂白剂，如 H_2O_2、连二亚硫酸盐、甲脒亚磺酸等，其中使用最多的是 H_2O_2。H_2O_2 既有漂白作用也有皂化作用，主要用于含机械浆的废纸脱墨，以稳定和提高废纸浆的白度和白度稳定性，同时还能促进纤维分散，油墨皂化及改变其他成分如胶料、淀粉和油墨载体等的性质。

6. 表面活性剂

表面活性剂具有润湿、渗透、乳化、分散、洗净及发泡等多种功能，是脱墨剂中不可缺少的组成部分，是脱墨配方优良与否的重要影响因素。用于废纸脱墨的表面活性剂有两种主要成分—亲水成分和疏水成分。当表面活性剂加入碎浆机或浮选槽之前时，其疏水基团与油墨、油等杂质联结，而亲水基团仍在水中，形成"胶束"。

表面活性剂的分类方法有多种，但通常是按其亲水基团在水中是否电离以及电离后的离子类型来分类。表面活性剂溶于水时，凡不能电离的称为非离子型表面活性剂，能电离的称为离子型表面活性剂。离子型表面活性剂又按其生成离子的类别分为阴离子型、阳离子型和两性离子型表面活性剂。

用于废纸脱墨的表面活性剂主要为非离子型表面活性剂和阴离子型表面活性剂。非离子型表面活性剂既具有良好的渗透性能，又具有高效的去污性能，性能比阴离子型表面活性剂优越。

常用于废纸脱墨的非离子型表面活性剂有壬基酚聚氧乙烯醚、环氧乙烷环氧丙烷共聚物（EO/PO 共聚物）和脂肪醇聚氧乙烯醚，其结构式如图 5-46 所示。

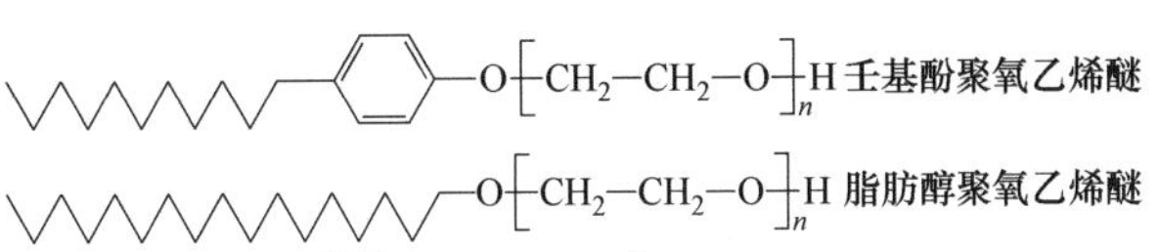

壬基酚聚氧乙烯醚是一种良好的分散剂，但由于在生物降解过程中会生成具有毒性的酚类化合物而给废水处理带来严重问题，近年来已减少使用。EO/PO 共聚物的生物降解性也

图 5-46　常用的非离子型表面活性剂

较差。脂肪醇聚氧乙烯醚由于具有良好的生物降解性能，其使用量增加很快。在制备过程中，改变环氧乙烯单体的数量及脂肪醇的成分，其成泡性、溶解性、湿润性和分散性均会变化。

烷基苯磺酸钠、α-烯基磺酸盐等阴离子型表面活性剂，脱墨时的发泡性好，有洗涤、乳化和渗透的能力，但泡沫对油墨的吸着力不甚强烈，在脱墨中往往与非离子型表面活性剂并用。

阳离子型表面活性剂很少用于脱墨，因为它容易吸附在带负电荷的纤维表面，使得排渣量增加。但有研究表明，阳离子型表面活性剂可用于水溶性苯胺油墨印刷废纸的脱墨。两性表面活性剂由于价格较高，也很少用于脱墨。

表面活性剂分子中的亲水基不变时，疏水基的相对分子质量越大，表面活性剂的疏水性就越强，因此疏水性可用疏水基的相对分子质量大小来表示。表征表面活性剂亲水性的大小，可用亲水基团与疏水基团的质量比，即亲水—亲油平衡值（Hydrophile-Lypophile Balance）来表示，简称 HLB 值。当 HLB 值高时，表面活性剂分子中亲水部分的影响大于疏水部分，反之亦然。不同 HLB 值的表面活性剂具有不同的性能和用途。HLB 值对脱墨效果有影响。实验表明，浮选脱墨的表面活性剂最佳 HLB 值为 15 左右。

表面活性剂的另一性质是浊点，这是一种与温度有关的现象。表面活性剂加进水中形成稀溶液。当温度低于浊点时，表面活性剂分子会很好地分散在水中；温度升高，分子就越来越靠近而开始缔合。若干表面活性剂分子的聚集或缔合，在水中出现云斑或呈乳白色，故定名为浊点。浊点作为表面活性剂的一种性质可以从资料中查阅，通常给出 1% 或 10% 的表面活性剂水溶液的浊点。因此，必须按脱墨过程的操作温度来选择该过程的表面活性剂。表5-9 为使用表面活性剂时，操作温度对旧新闻纸脱墨效率的影响。可以看出，当温度刚好在浊点以下时，表面活性剂是最有效的，脱墨效果最好。

表 5-9 操作温度对旧新闻纸脱墨效率的影响

表面活性剂	浊点*/℃	操作温度/℃	白度/%ISO	尘埃度/(mg/kg)
脂肪醇乙氧基化物 $C_{12\sim15}E_9$	74	40	48～49	40～50
		50	49～50	40
		70	52	15
脂肪醇乙氧基化物 $C_{14\sim15}E_7$	46	40	49～51	20
		50	48	30
		70	48	20

注：* 1% 水溶液。

7. 浮选促集剂

浮选促集剂用于浮选脱墨，可在碎浆机中加入，也可刚好在浮选槽前加入。促集剂可由天然材料（如脂肪酸皂）、合成物（如聚氧乙烯/聚氧丙烯共聚物）和混合物（如乙氧基化脂肪酸的混合物）制备。浮选促集剂是将碎浆时分离的油墨粒子聚集在一起，然后由气泡带走而除去。

脂肪酸皂是一种表面活性剂，主要是 16～18 碳原子链，如硬脂酸、油酸、棕榈酸、亚油酸、亚麻酸和棕榈油酸的混合物。没有双键的脂肪酸（如硬脂酸）有助于油墨从纤维上分离，而双键的存在（如油酸）有利于浮选。据报道，含高百分比硬脂肪酸的脱墨剂有最好的浮选脱墨效果。

脱墨系统所用的脂肪酸钠不管是片状的，还是液态的，必须转化为钙盐，才能起浮选促集剂的作用。为了形成脂肪酸的钙盐，脱墨系统中必须加入钙离子。钙离子可来自废纸中以碳酸钙形式存在的涂料或填料，或来自专门加入浮选槽的氯化钙。钠皂溶于水，而钙皂则不溶于水。在浮选槽的稀释情况下，钙皂形成微小沉淀物。油墨和皂的微沉淀物与气泡联结在一起，被气泡带到浮选槽顶部而除去。

另一类称之为分散—促集剂（Displector）的离子型和非离子型表面活性剂，也称复合脱墨剂，既起分散剂的作用，又起促集剂的作用，特别适合于浮选和洗涤相结合的脱墨系统。其主要好处是不需加钙离子，可以减少造纸过程化学沉积，并提高纸浆白度，而且用量少，纤维的损失也少。

8. 脱黏剂

废纸中的黏着物（Stickies）的去除是废纸制浆的重要一环，通常的方法有两种：机械法和化学法。机械法是用筛缝很细的压力筛去除对压力敏感的胶黏剂、聚苯乙烯泡沫和蜡等，用分散设备处理热熔物和其他黏性物。

黏着物的相对密度通常与水相同，难以通过浮选或离心净化而去除，有些黏着物能改变其形状而通过筛孔或筛缝。因此，必须用化学方法除去黏着物的黏性，采用的方法包括分散、去黏、钝化和附集，所用的化学品主要有 3 类：无机物（滑石和锆化合物）、分散剂/钝化剂和合成纤维。

滑石的独特性质是具有疏水面和亲水边。这种性质使其既分散于水中，又让小的黏着物黏附在其面上，或是滑石涂盖在大的黏着物表面上。滑石的另一好处是作为一种白色填料提高了纸页的白度和适印性。锆化物的作用是钝化或涂盖在黏着物表面。

阴离子型分散剂使黏着物带负电荷而分散在水中。非离子型分散剂的疏水基附着在黏着物上，而亲水基在水中游荡，以阻止黏着物的附集。

改性聚丙烯细纤维有很高的分支结构和很大的表面积，对发黏粒子有很高的亲和力，能将黏着物包覆，减少其黏网和黏毛毯的倾向。

9. 附集剂

附集剂主要用于静电复印废纸、激光打印废纸等办公废纸的脱墨，其目的是从化学性能上改变这些废纸中薄片状热溶性油墨（调色剂）的表面特性，降低油墨粒子间排斥力和玻璃化温度，从而产生调色剂薄片间的附集现象，最后形成较大的颗粒，通过缝式压力筛和正向除渣器除去。曾报道的附集剂有 $C_{14} \sim C_{22}$ 伯醇类、非离子表面活性剂。正庚烷和蓖麻油据说也有良好的附集作用。

四、废纸脱墨方法

油墨从纤维上分离后仍分散留在废纸浆中，必须及时除去。常用的方法有洗涤法、浮选法以及两者相结合的方法。

（一）洗涤法

洗涤法为最早使用的传统方法，其脱墨工艺是一个水力分离的过程。要求油墨粒子要小，细致分散，并要亲水，保持在水相中，通过反复洗涤浆料，使废纸中的油墨洗去。洗涤过程中除了去除油墨粒子外，还除去浆中的填料、涂布颜料和细小纤维。

典型的洗涤设备洗涤一次可除去 85％ 的油墨。从理论上讲，经过反复洗涤，可除去 99％ 的油墨。在生产实际中，油墨粒子在 $1 \sim 10 \mu m$ 之间，洗涤效果最好。如果油墨粒子大于 $40 \mu m$，在洗涤时易被纤维层阻留在纸浆中，而小于 $1 \mu m$ 的油墨粒子又易被纤维吸附到表面上，降低洗涤效果。

（二）浮选法

浮选法是利用纤维、填料及油墨等组成的可湿性不同，运用不同颗粒具有不同的表面性能的机理来达到分离的方法。在这一方法中，憎水性颗粒或用表面活性剂使其由亲水性转变为憎水性的颗粒吸附在纸浆悬浮液中的空气泡上，向上浮动再与纸浆分离。要求油墨粒子的大小在一定范围内，且是疏水的，靠气泡捕集油墨粒子。当携带油墨的气泡上升到液面，形成泡沫层，通过溢流、机械装置或真空抽吸而除去。

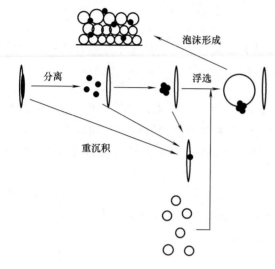

图 5-47　浮选法脱墨过程示意图

图 5-47 为浮选法脱墨过程的示意图。浮选脱墨过程可分为：a. 油墨从纤维上分离；b. 浮选促集剂（如脂肪酸钙皂）将分离出来的油墨粒子附集成可浮选大小的粒子；c. 部分油墨粒子再沉积在纤维上。再沉积是水基油墨浮选脱墨中存在的大问题，小的分散的水基油墨粒子会渗入纤维的细胞腔中。应尽量避免油墨粒子的再沉积。d. 油墨粒子吸附在空气泡上并形成泡沫层。

浮选系统通常由几个浮选槽组成，每个浮选槽装有空气泡发生装置。经过初步筛选和净化的废纸浆，稀释至 $0.8\%\sim1.2\%$ 浓度送入浮选槽的混合室，与空气、脱墨剂充分混合后进入浮选槽。为了达到良好的浮选效果，浮选机浆料的 pH 要维持在 $9.0\sim9.6$，当油墨粒子的尺寸为 $10\sim100\mu m$ 时，浮选法的脱墨效果最好。

（三）浮选法与洗涤法的比较

洗涤法脱墨较干净，所得纸浆的白度较高，灰分含量较低，脱墨操作方便，工艺稳定，电耗较低，设备费用较少，其缺点是用水量大，纤维流失率高。

浮洗法的优点是纤维流失少，得率高，化学药品和用水量较少，污染少；其缺点是白度较洗涤法低 $3\%\sim4\%$ ISO，设备费用较高，工艺条件要求较严格，动力消耗较大。

总的来说，洗涤法脱墨流程简单，一般原制浆流程稍加改造即可进行洗涤脱墨生产，投资省，上马快，适合小型浆厂或要求浆料灰分含量很低的废纸脱墨。浮选法脱墨，占地面积较大，投资较高，但综合效果比洗涤法好，省时、省水、省汽、省化学品，脱墨浆的得率较高，是废纸脱墨的发展方向。一般新建厂大多采用浮选法。表 5-10 为浮选、洗涤两种脱墨方法的综合比较。

表 5-10　　　　　　　　　　　　洗涤法和浮选法的比较

脱墨方法	浮选法	洗涤法	脱墨方法	浮选法	洗涤法
得率损失 /%	$5\sim10$	$15\sim20$	投资	较高	较低
填料和细纤维	保留	除去	脱墨浆白度	较低	较高
除去的油墨	浓缩的泥浆	很稀	游离度	较低	较高
水耗	较低	较高 *	强度	较低	较高
化学药品成本	稍低	稍高	不透明度	较高	较低

注：* 对低浓洗涤。

洗涤、浮选、净化、筛选等单元操作除去的油墨粒子的大小范围是不同的。图 5-48 为各单元操作的最佳粒子大小及除去的效率。由图可见，脱墨过程中各单元操作的最佳粒子大小顺序为：筛选＞除渣＞浮选＞洗涤。筛选是通过粒子大小和形状的不同来分离杂质；离心净化主要靠相对密度的不同来分离，也与粒子的形状有关；浮选利用润湿性的不同来分离；

洗涤是用水洗使杂质通过孔道而除去。一个完整的废纸脱墨系统往往是净化、筛选、浮选和洗涤的结合，具体如何结合取决于油墨粒子的大小分布，即回收的纤维的性质、印刷油墨的特性、需要除去的杂质量以及所要抄造的纸张级别。

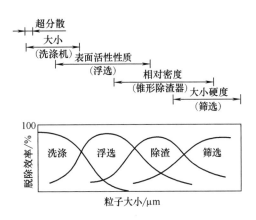

图 5-48　脱墨过程中各单元操作的最佳粒子大小及除去效率

五、废纸脱墨流程

（一）废纸脱墨流程

1. 洗涤法

图 5-49 为传统的洗涤法脱墨流程，这一流程的特点是多次洗涤，最大限度地除去油墨粒子，洗出废水经澄清后循环使用。

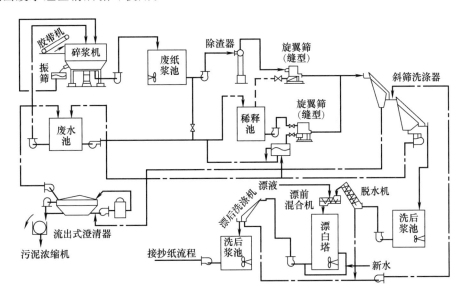

图 5-49　洗涤法废纸脱墨基本流程

只用洗涤的脱墨系统，过去一直是北美的标准脱墨系统，很适合除去很细的油墨（即水性苯胺油墨）和尘埃，其缺点是用水量大，污水排放量大。

2. 浮选法

图 5-50 为国内某厂 250t/d 脱墨浆生产流程图，用 70％旧报纸和 30％旧杂志纸为原料，生产的脱墨浆供配抄新闻纸或低定量涂布纸。该流程的主要设备有：Ahlstrom 公司的转鼓式碎浆机，高浓除渣器，三段粗筛，Voith 公司的椭圆形浮选槽，三段重杂质除渣器，三段轻杂质除渣器，三段精筛（筛缝为 0.15mm 的压力筛），多盘浓缩机，双网压滤机，分散机，H_2O_2 漂白塔，圆网浓缩机，气浮澄清池和先进的 DCS 控制系统。可以说，该生产线达到了 20 世纪 90 年代世界废纸脱墨生产线的先进水平。

图 5-51 是国内某厂 1360t/d ONP/OMG 脱墨浆生产流程图。该生产线采用转鼓连续碎浆机、Ecocell 浮选脱墨槽、盘式热分散机等先进设备，配置两段浮选（前后浮选）、两段筛选（粗筛和精筛）、两段洗涤（前后两段多盘浓缩机）和两段漂白（H_2O_2 漂白和连二亚硫酸

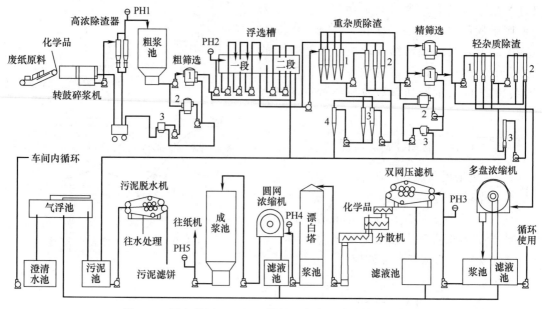

图 5-50　国内某厂 250t/d 旧报纸旧杂志纸脱墨浆生产流程

注：1～4 为段数顺序。

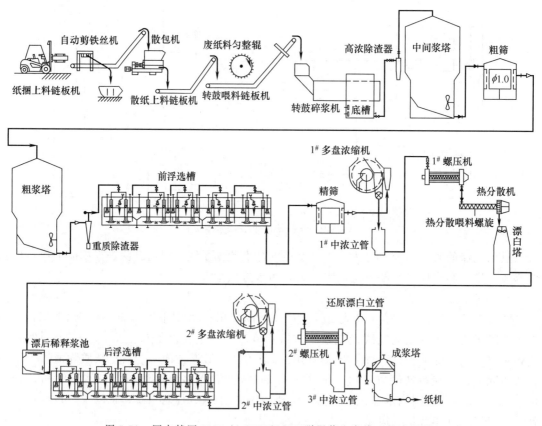

图 5-51　国内某厂 1360t/d ONP/OMG 脱墨浆生产线工艺流程图

盐漂白），是当今世界上单条生产能力最大的现代化脱墨生产线之一。生产的脱墨浆质量好、单位能耗和水耗均很低。

以不含机浆废纸脱墨生产卫生纸用浆流程与一般的脱墨流程相似，不同的是要采用尽可能去除灰分的洗涤设备，如高速带式洗浆机、多盘洗浆机等，并采用高浓精浆和揉搓机，纸浆的得率要低一些，多低于 60%。图 5-52 为国外某公司废纸脱墨生产卫生纸的制浆双回路流程。

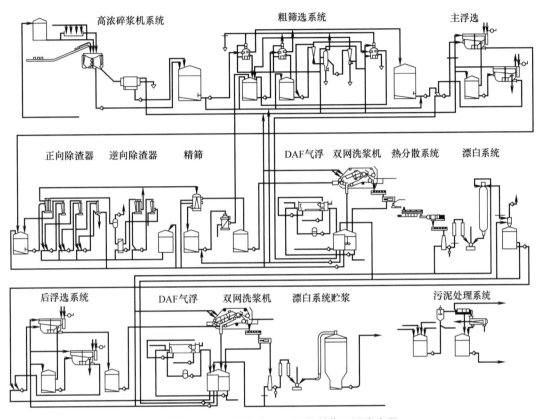

图 5-52　废纸脱墨生产卫生纸的制浆双回路流程

OCC 废纸浆主要用于生产包装纸和纸板，产品的价值较低。OCC 废纸浆生产流程的设计，应掌握较简单、高效、节水、节能的原则，不宜采用过于复杂的流程，而又要达到高效去除废纸中的杂质，包括塑料包装带、胶带、塑料绳、湿强纸、砂石、玻璃等粗杂质和填料、微小的胶黏物等细小杂质，并获得最高的得率和强度性能。图 5-53 为一个常用的 OCC 生产瓦楞原纸和挂面纸板的工艺流程。废纸浆用分级筛分级后，长纤维部分和短纤维部分采

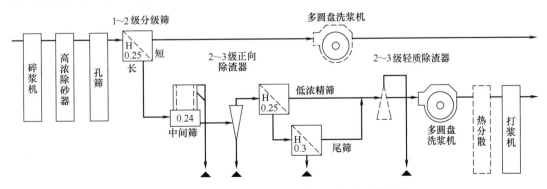

图 5-53　OCC 生产瓦楞原纸和挂面纸板的工艺流程

用不同的处理方式。长纤维部分的浆一般需经轻、重杂质除渣器的净化和打浆处理，视废纸品质和抄造产品的质量要求也有经热分散处理的系统。

国内有在中浓水力碎浆机之前使用蒸球蒸解混合办公废纸，蒸煮温度为 $120℃$，使废水中的胶料、聚乙烯塑料、蜡质等杂质软化或熔化，从纤维上脱落下来。当温度降低时，它们中的一部分又聚合成团，有利于筛选净化除去。经过此流程脱墨后的纸浆白度为 75% ISO左右，可用于生产胶版印刷纸和书写纸。其基本流程为：

混合办公废纸→蒸球→中浓水力碎浆机→圆筛→高浓除渣器→高浓压力筛→重杂质除渣器→圆网浓缩机→浮选脱墨机→轻杂质除渣器→圆网浓缩机→螺旋挤浆机→热分散机→贮浆池

（二）废纸脱墨工艺示例

1. 高质量印刷废纸脱墨

废纸种类：胶版印刷纸、画报、高中级混合废纸。

药品：NaOH 2%，Na_2SiO_3 3%，H_2O_2 1%，脱墨剂 0.2%（均对废纸）。

碎解：碎浆浓度 6%，温度 $60℃$，时间 $7min$。

浸渍：纸浆浓度 1%，温度 $60℃$，时间 $60min$。

浮选：纸浆浓度 1%，温度 $25℃$，时间 $10min$。

洗涤：纸浆浓度 $1\%\sim10\%$，脱墨后浆白度 $80\%\sim81\%$。

2. 旧报纸脱墨

废纸种类：旧报纸，重彩印刷不超过 10%。

化学药品：NaOH，Na_2SiO_3，H_2O_2，表面活性剂。

碎解：碎浆浓度 $12\%\sim14\%$，温度 $60℃$。

浮选：常温，pH9，纸浆浓度 $1\%\sim1.2\%$。

脱墨后的浆得率 94%，白度 $49\%\sim54\%$ ISO。

3. 旧报纸/旧杂志纸混合废纸

废纸种类：旧报纸 70%，旧杂志纸 30%。

化学药品：NaOH 1.2%，Na_2SiO_3 2.0%，H_2O_2 1.0%，螯合剂 0.8%，工业皂 1.2%。

碎解：碎浆浓度 13%，pH11，温度 $50℃$，时间 $12min$。

浮选：纸浆浓度 $0.9\%\sim1.0\%$，pH10，空气/浆体积比：0.3。

热分散：纸浆浓度 32%，温度 $90℃$。

漂白：纸浆浓度 12%，H_2O_2 1.2%，NaOH 1%，Na_2SiO_3 1.2%，温度 $70℃$，时间 $1h$。

脱墨浆白度：$52\%\sim55\%$ SBD，裂断长 $2.8\sim3.6km$，撕裂指数 $7.4\sim9.6mN\cdot m^2/g$。

六、废纸脱墨的影响因素

影响废纸脱墨的因素很多，既与废纸种类及印刷油墨性质有关，更与废纸脱墨的方法及其工艺条件密切相关。

1. 废纸种类

废纸种类很多，各种印刷品不只是所用纸张的性质不同，而且油墨的组成和性质也不同，因此所采用的脱墨方法、药品配方和工艺技术也有所不同。要取得好的脱墨效果，必须对废纸选别分类，然后按不同类别的印刷废纸，决定脱墨的配方和工艺技术条件。

废纸存放时间会影响脱墨效果。存放时间超过半年的旧报纸的脱墨较难，脱墨浆的白度也较低，因此，旧报纸的存放时间最好不超过 3 个月。

2. 加料顺序

通常采用的加料顺序是先加药品于碎浆机中，经热水溶解和调到一定的浓度，然后再迅速加入废纸。这种顺序操作方便，便于控制药液浓度，使脱墨药剂更加均匀地和废纸接触和反应，以得到均匀稳定的效果。更重要的是，如采用先加废纸，后加药液的顺序，在碎解过程中油墨粒子可能进入纤维内部，使之在其后的洗涤和浮选时，不易被悬浮出来，因而降低脱墨效果。

3. 脱墨温度

脱墨温度是脱墨效果的重要影响因素之一。在水力碎浆机中低温脱墨，温度一般为 40~60℃，而高温脱墨，其温度一般为 80~90℃。在脱墨过程中，适当提高温度可以促进油墨的软化和分散，并可加快化学反应，有利油墨的去除。对书籍纸，其油墨中含有沥青成分，当温度低于 80℃时，不易分散脱离，使浆料中小纸片和黑点增多。但对旧报纸或机械浆含量较高的纸，应采取低温脱墨，温度不能超过 60℃，否则将引起纸浆变黄，白度下降。

4. 脱墨时间

脱墨时间主要根据废纸种类、脱墨剂和其他工艺条件来决定。温度高些，时间可短些；脱墨剂的化学作用较强，时间可相对缩短。在水力碎浆机碎解并同时脱墨，通常每池浆料需 20~40min；对于施胶加填多和纸质疏松的废纸，如画报纸等，要比书籍纸所需的时间短得多。要使废纸疏解和油墨分散得好，要有足够的时间。但时间过长，动力、蒸汽等消耗增加，产量减少，且有可能造成油墨粒子的"回转"及纤维重新被染料染色，也容易使纤维在较长时间机械作用下受到机械损伤。

5. 碎解浓度

浆料碎解浓度对碎解和脱墨效果有直接的影响。首先浆料浓度提高，在脱墨剂用量一定的条件下，相应地提高了脱墨药液的浓度，有利于脱墨剂与油墨反应。同时，浓度提高，可增加纤维与纤维之间的摩擦力、剪切力和揉搓力。由于增强了分散和碎解作用，碎解时间可减少，动力消耗相应地降低；而且在高浓度条件下碎解，油墨粒子也容易分散游离出来，为其后的洗涤和漂白打下基础。碎解浓度视碎浆设备而定。目前趋向于高浓度，一般控制在 12%~15%。

6. 油墨性质

油墨主要由颜料粒子及其载体连结料组成。脱墨的难易程度，主要取决于油墨连结料的性质。有些连结料，如天然松脂、改良松脂、香豆酮、松节油、石油松脂、醇酸油脂和干性油等都容易除去，而有些连结料，如沥青、纤维素衍生物、合成胶乳、苯酚尿素树脂和三聚氰胺树脂等则难以除去。要取得好的脱墨效果，就要了解不同印刷品所用印刷油墨中连结料的特性，根据其特性来确定脱墨剂的配方和制定合理的工艺技术条件。

7. 脱墨 pH

一般废纸脱墨剂多为碱性脱墨剂，脱墨时浆料 pH 多数控制在 9~11 之间。但对于染色废纸，特别是不易除去的颜料和处理湿强纸时，则应采用较低的 pH 和高温。因为这一类纸往往不易分离成纤维。

8. 废纸疏解

在其他条件不变的情况下，废纸疏解得越充分，油墨粒子就越容易从纤维上分离出来，脱墨效果就越好。为此，有些工厂在水力碎解机之后，设有高频疏解机或纤维分离机，使废纸充分疏解。

9. 浆料洗涤

脱墨后的浆料一定要迅速及时洗涤，以免由于油墨中颜料的染色作用而造成纤维返色，影响纸浆白度。

七、废纸脱墨设备

（一）浮选脱墨设备

浮选脱墨设备种类很多，老式的传统浮选装置占地面积大，生产过程不易控制，需经常清洗，对环境的污染大。由于浮选脱墨浆的发展，浮选脱墨设备也不断发展和创新。目前总的发展趋势是：

① 设备形式。从纸浆的平流卧式型向纸浆的旋流立式型发展，到近年立式型、卧式型多元发展。

② 机体结构。从槽体的方箱型向圆柱形和椭圆形发展，槽体从开启式向密闭式发展。

③ 气泡形式。从压缩空气或机械搅拌向文丘里抽气或专用气泡发生器方向发展。

④ 浮渣排除。从自然溢流或机械刮板式向正压吹风或负压抽吸式方向发展。

国内外较常用的浮选机介绍如下。

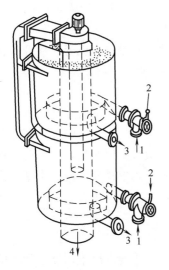

图 5-54　Swemac 立式
圆柱形浮选机

1—未脱墨浆　2—空气　3—脱
墨后浆　4—墨渣

1. Swemac 立式圆柱形浮选机

Swemac 浮选机是不需要搅拌器的浮选机。图 5-54 为 Swemac 立式圆柱形浮选机结构示意图。它是钢板制成呈中空之双圆筒形。浆料由泵送入底部喷射混合器，使浆料与压缩空气、脱墨剂均匀混合后，以切线方向喷入槽底。气泡带着油墨粒子涡旋地向上漂浮，从而延长气泡上升的路线和时间，提高脱墨效果。整个槽内的浆做旋转运动，漂浮在浆面上的泡沫由鼓风机吹来的切线方向的风使之密集到一角，从溢流口流入槽中心的空心管，从槽下方排出。

此类浮选机为立式圆柱形，可以两个或三个重叠安装，以节省占地面积，纸浆在浮选槽中浓度为 $1.2\% \sim 1.5\%$，纤维与油墨重黏可能性小，纤维流失少，水耗和电耗低。浆气混合器的吸气量与气泡大小可以调节，脱墨效果好。

2. Lamort 对流式浮选机

Lamort 对流式双作用浮选机由上大下小的两段圆柱体组成的浮选槽、两个浆料分配缸和多个文丘里浆气混合器、吸墨装置及浆位控制槽等组成。主要特征是两次充气，两次浮选和真空吸墨。图 5-55 和图 5-56 分别为 Lamort 对流式浮选机的结构图和作用示意图。

纸浆由浆泵送入浆料分配缸，均匀高速地进入文丘里浆气混合器，空气由混合器顶部自动吸入。混合后的纸浆以切线方向进入下部小直径的圆柱形浮选室进行第一次浮选；纸浆沿螺旋线上升，到达顶端后向外溢流，气泡吸附油墨粒子上浮到浆面，形成油墨泡沫层被真空吸墨装置吸走。

与油墨分离的浆料向下流到容器的外槽，并导入液位槽。液位槽的作用是使浆面与油墨

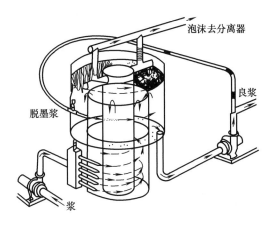

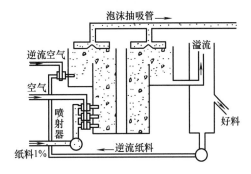

图 5-55　Lamort 对流式浮选机结构图　　　　图 5-56　Lamort 对流式浮选机结构作用示意图

泡沫抽吸管始终保持一个固定距离。液位槽中的浆料一部分经文丘里浆气混合器后，从上部外层圆筒中部切线进入，与翻过内圆筒顶端旋流下来的良浆混合，进行第二次浮选。二次气泡吸收的油墨粒子也上升至浆面上的油墨泡沫层，而良浆则旋降至上部圆筒的底部沿切线方向流出。由于二次充气浆料进入上部外层圆筒旋转后，具有阻隔油墨粒子下降的作用，并可加强圆筒上部纸浆在表面形成的旋转运动，有利于油墨粒子的分离；同时，二次充气回流的浆料是可以调节的，能提高单台设备的浮选效率。

这种浮选机的浮选浓度为 0.8%～1.5%，一段浮选用 2～3 台浮选机串联，不需二段浮选。与传统的浮选机比较，纤维损失少，动力消耗低，占地面积小，环境卫生良好。

3. Escher Wyss 阶梯扩散式浮选机

这是一种采用阶段扩散进浆的立式圆柱形浮选机，其示意图见图 5-57。布气元件组顺圆周均匀设置于机体上部。浆料用泵送入布气元件，通过阶梯扩散器吸入空气，产生微湍流作用，经充分混合均匀后，切线喷射入浮选槽中，空气黏附油墨粒子直接浮至浆面上，顺中间排墨渣管排出。

气泡与良浆的分离从浆料进入浮选槽即开始，泡沫

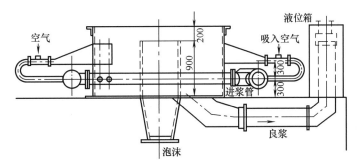

图 5-57　Escher Wyss 阶梯扩散式浮选机示意图

向上，良浆向下，两者运动方向相反，利于浆料与油墨粒子分离，因进浆管仅略低于浆面，空气泡能很快将油墨带到浆面，并可使聚集的泡沫在表面形成涡旋流动。浆位用液位箱控制。良浆在液位槽停留还可将一部分溶解的空气及游离空气排出，以利浆泵的抽吸。这种浮选机可单台水平安装，也可多台叠装，浆料浓度为 0.8%～1.5%。

4. 椭圆形卧式浮选机（EcoCell 浮选槽）

图 5-58 为 EcoCell 浮选槽系统示意图。槽体为椭圆形，根据工艺需要，每个槽可分几个室，用隔板分开，隔板底部开口，使各室内部相通。每室底部有良浆出口，其出口有导流板，每室有几个气泡发生器。气泡发生器由几节耐磨材料的多孔板组成，孔径从小到大，形

成阶梯扩散作用和文丘里作用，使空气吸入和浆料混合。浓度为1.2%的浆料从混浆池泵送到1号浮选池，浆料经过气泡发生器时吸入空气并和浆料混合，从槽底部的分布扩散器排出，气体带着油墨浮到液面，满过溢流堰板进入泡沫收集槽。良浆从槽底泵出，经过气泡发生器进2号浮选池，如此重复直至浆料到达最后一个浮选池。各浮选池的泡沫进泡沫收集槽，从泡沫出口泵送到二段浮选槽再进行浮选处理。二段浮选将一段泡沫中的大部分纤维进行回收并送回一段浮选前再脱墨，二段浮选的排渣则送污泥处理系统。

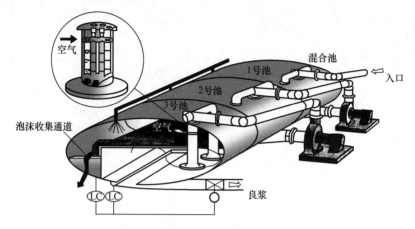

图5-58　Ecocell浮选槽系统示意图

　　EcoCell浮选槽为密封的椭圆形卧式槽体，既减少纸浆流动的阻力，改善混合效果，又消除室内环境污染。这种浮选槽能分离出的油墨粒子尺寸范围大（5～500μm）；槽间内部相通，液位控制简单，生产能力范围大；运行可靠性高，脱墨效果好。EcoCell浮选系统为两段浮选，既保证了一段浮选能获得高质量的纸浆，又因二段浮选的设置使系统在不损失纸浆白度和洁净度的前提下提高纸浆的得率。

　　5. Beloit压力浮选机

　　Beloit公司在压力制浆的总体概念上，发展了压力式浮选槽，其工作压力为0.1～0.4MPa，此压力由附属的空气压缩机提供。图5-59为压力式浮选机示意图。从原理上，压力浮选机可分为3个区：暴气区、混合区和分离区。暴气区是将空气泵入浆料中，使气泡有适当的大小和数量；混合区由一系列扩张区和收缩区组成，使空气泡与油墨粒子碰撞的频率和强度达到最大，同时形成气蚀区，使溶液中的空气成微小气泡逸出；分离区是尽快将油墨和气泡混合物升到浆面，在槽内压力和浆流的作用下，泡沫从堰板上部喷放到旋风分离器，良浆从堰板底部排出。浮选浆料浓度0.8%～1.0%。由于油墨分离效果好，排渣率低，仅需一段多台串联浮选，不需要对油墨泡沫进行二段浮选。

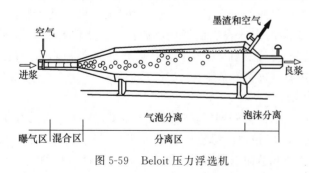

图5-59　Beloit压力浮选机

　　图5-60为国内某厂旧报纸压力浮选脱墨系统图。它由4个压力浮选槽和2台浆泵串联组成，每个浮选槽分别配置1个旋风分离器。该系统独立配置1台压力为0.4MPa的空气机。生产实践证明，该系统设备运行性能良好。脱墨浆得率达到85%以上，白度通常达到55%～57%ISO。

6. 卡米尔旋风分离式浮选脱墨机

这种浮选机的构造与水力旋风分离器相似，如图5-61所示。空气在浆料进入浮选机前引入，浆料以切线方向从上部进入，良浆从底部排出。压缩空气强制通过有孔的内壁，产生气泡。油墨粒子黏附在气泡表面并移向中心气柱，形成的油墨泡沫从顶部排出。

这种设备将浮选脱墨与轻杂质分离结合在一起进行。工作浓度为1%～3%，高于一般的除渣器。由于送入的空气速度很快，并能很好地与纸浆混合，因而油墨可以在短时间内黏附在气泡的表面，并被立即分离出去。可适用于较大的油墨粒度范围脱墨。通常采用多级多段方式，即良浆通过多级处理，浆渣通过多段处理。这样可以保证最大的净化效率和较高的纸浆得率。整个设备占地空间小。

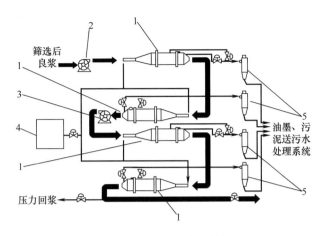

图 5-60 压力浮选脱墨系统图
1—压力浮选槽 2—1#脱墨浆泵 3—2#脱墨浆泵 4—空压站 5—旋风分离器

7. 浮选柱脱墨

浮选柱以前用于选矿工业，现已有部分替代了常用的浮选槽。废纸浆脱墨用浮选柱也是从浮选选矿学来的，已经应用到工厂用于生产脱墨浆。

脱墨浮选柱是柱形的浮选器，其结构示意图见图5-62。它比一般的浮选槽高很多，高与直径之比也大得多。浆料从全柱高离顶部1/3处进入柱中，由上向下流动，与由下向上流动的空气泡接触碰撞形成油墨/胶黏物泡沫，这个区域叫混合区。良浆在混合区底部排出，混合区的泡沫继续上浮至稳定区，再到除泡区呈浮渣排出。在除泡区可喷水分离泡沫带出的纤维和填料等有用物料，故浮选柱的损失较小，得率较高。由于浆流与气泡流的方向是相反的，即气泡（包括泡沫）和油墨粒子（或胶黏物粒子）始终是相对流动的，故油墨粒子与气泡的碰撞概率高，泡沫的滞留时间较长，脱墨的效率较高。

以混合办公废纸为原料，生产的脱墨浆供抄造书写纸和薄页纸。该流程设3段（每段1台）浮选柱，实际脱墨效率可达79%～83%，比浮选槽的脱墨效率要高得多。由于白度要求较高，设置两段漂白。成品浆最低白度可达88%ISO，尘埃度小于5mm²/m²，灰分小于5%，机械浆含量在10%以下。打浆度为28～35°SR时，裂断长为5.8～7.0km，耐破指数为3.5～4.0kPa·m²/g。

浮选柱除了成功地用于混合办公废纸的浮选脱墨外，还可以用于OCC浆中胶黏物和蜡

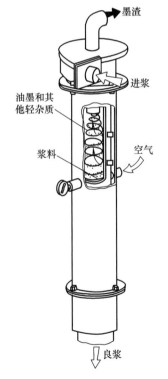

图 5-61 旋风分离式浮选机

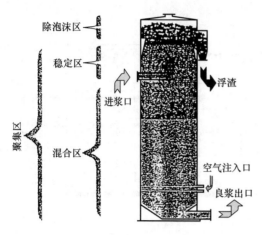

图 5-62　Kvaerner Hymac 浮选柱示意图

的脱除，还可用于 DAF（溶解空气浮选池）浮渣中有用物料的回收利用。随着浮选柱脱墨技术的不断改进和完善，废纸浆脱墨和胶黏物脱除将会提高到一个新水平。

8. 国产浮选脱墨机

国产 Fx 型浮选机可处理废书本、画报、报刊等印刷过的纸张，经脱墨后浆料白度为原纸白度的 90% 左右，尘埃度也在允许范围内。可用 100% 的脱墨浆生产卫生纸、有光纸、招贴纸，或代替部分草浆生产书写纸、凸版纸，糖果包装原纸等。

这种浮选机采用卧式圆柱形钢槽体，由浆泵、文丘里管、混合管和导流器组成。加了药液的浆料用泵送至文丘里管，借以产生负压，吸入空气。浆液、油墨粒子、药剂与空气经混合管混合后，通过导流管流入槽体。这时通过促集剂和微细气泡的作用，把分散在浆液中的油墨粒子连同废纸中的部分填料，漂浮到液面，形成浮渣层，溢流入浮渣槽，与浆液中的纤维分离。

Fx 型浮选机有 Fx-1 和 Fx-2 两种型号，每组浮选机一般由 7 个浮选槽串联组成，进浆浓度 0.8%～1.0%。其中 Fx-1 型单槽有效容积为 750L，日产量 3.5～5t；Fx-2 型单槽有效容积为 1450L，日产量为 7～10t。

国产 ZCF1～5 型（阶梯扩散式）浮选脱墨机，浆料通过量为 20～480m³/h，进浆压力 100～150kPa，浆料浓度 0.8%～1.2%。一般为 5～6 台串联使用，可能单台水平安装，也可以多台叠装。在浆料压力、流速等主要工艺参数稳定的情况下，浮选槽内液位、气泡大小也是稳定的，因此操作安全可靠。

国产 ZCF11～15 型（对流式）浮选脱墨机，浆料通过量为 60～340m³/h，有效容积 2.5～12m³，浆料浓度 0.8%～1.5%。

（二）洗涤脱墨设备

洗涤法所用的设备大都为常用的洗涤浓缩设备，主要有圆网浓缩机、斜网洗涤机、倾斜式螺旋洗浆机，真空洗浆机和带式浓缩机等。若按洗浆浓度来分，有低浓洗涤机，中浓洗涤机和高浓洗涤机。

1. 圆网浓缩机

外包有铜网的圆网部分浸没在浆料内，浸没的位置高低决定水位差的大小。在水位差的作用下，在圆网表面形成一层浆层，水、油墨和高岭土从圆网外部通过网目流入圆网内部并从圆网两端排出。为了加强洗涤和脱水，圆网上可加一伏辊，依靠机械加压的作用，使脱水后浆层浓度达 8%～10%。浆料从圆网表面转移到包胶的伏辊上，用刮刀将浆层刮下来。

这种设备由于占地面积大，生产能力低而不常用。

2. 斜网洗涤机

这是一种结构简单、操作容易、洗涤效果尚可的洗涤设备。

斜网倾斜角一般采用 38° 或更大角度，外形尺寸根据具体情况而定。送入斜网上部流浆箱的浆料浓度为 0.6%～1.2%，浆料流速受堰板的抑制减速溢流到斜网表面。浆料从斜网表面滚落至底部，出浆的浓度在 $3\%\sim4\%$ 之间，排至斜网洗浆机底部的排料箱中。水、油墨及瓷土从斜网滤下，收集至底部网下的分离箱。

这种洗浆机基建投资和维修费用较低，适用于中小型厂。其主要缺点为占地面积较大，出浆浓度较低，筛网易堵塞，需经常清洗。

3. 倾斜式螺旋洗浆机

倾斜式螺旋洗浆机主要由供浆部分、钻有孔眼的外壳圆筒和倾斜螺旋组成。螺旋旋转时，浆料随螺旋片上升并受挤压而不断脱水。挤出的水从有孔的筒体排出。螺旋片将增浓的浆料推向顶部螺旋末端，用一个固定在螺旋轴上的专用破碎臂使之破碎并落入卸料口。为了获得最佳浓缩效果，破碎臂是可调的。浓缩的浆料从卸料口落入搅拌箱，用水稀释后送入下一台倾斜式螺旋洗浆机进一步洗涤。

这种洗浆设备，可使出浆浓度达到 $16\%\sim25\%$，但由于油墨粒子有可能被裹在浆层中，不能随废水排出。因此，洗涤效果不如圆网浓缩机和斜网洗浆机。

4. 真空洗浆机

真空洗浆机是利用转鼓内外真空和大气压差，使洗液通过浆层，以达到洗涤和浓缩的目的。由于真空抽吸作用，在鼓面上形成浆层，转鼓上方设有喷淋洗涤装置对浆料进行洗涤，洗涤效果好。

真空洗涤机的出浆浓度一般为 $12\%\sim17\%$，其优点是纤维损失率低。但若浆层较厚，油墨粒子也有可能被裹在浆层中而不能洗出。

5. 带式洗浆机

图 5-63 为 Kadant-Black Clawson 公司开发的一种带式双压区洗浆机（DNT 洗浆机）。它由胸辊、伏辊、聚酯网、流浆箱、出料螺旋输送器等组成。浆料从流浆箱分布喷头高速喷入聚酯网与胸辊之间的压区，受到挤压而大量脱水，网绕胸辊转动过程中继续脱水。网离开胸辊后，形成的浆层进入网与伏辊之间的压区进一步脱水，浓缩的浆料落入出料螺旋输送器排出，脱除的含有油墨粒子和填料的

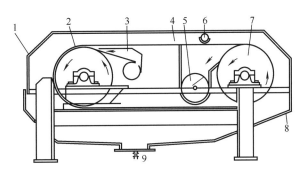

图 5-63　带式洗浆机示意图
1—机罩　2—胸辊　3—流浆箱　4—网　5—出料螺旋　6—喷水　7—伏辊　8—白水盘　9—白水排出口

白水从白水盘底部排出。这种洗涤设备的进浆浓度为 $0.5\%\sim3\%$，出浆浓度 $10\%\sim14\%$。由于其设计简单，性能良好，在国外被广泛采用。

第五节　胶黏物和其他特殊物质的处理

有些废纸除含有轻、重杂质外，还含有沥青、树脂、热熔胶、压敏胶、胶黏剂、油脂等物质，在废纸回用过程中会产生胶黏物障碍（stickies trouble），不但影响生产的正常运行，而且降低生产效率和产品质量。因此，控制或消除废纸中胶黏物产生的障碍，是废纸造纸的关键技术之一。

除去沥青或其他热熔物的方法与去除轻、重杂质的方法完全不同。一般是通过把沥青或

其他热熔物分散成肉眼看不见的微粒并均匀地分布在纸浆中，而在最后的成品中不容易察觉出来。

温度是沥青和其他热熔物分散处理的重要影响因素。如表 5-11 所示，不同杂质所需的软化温度不同。要求加热达到的温度也有所不同。

表 5-11　　　　　　　　　　　　不同杂质的软化温度

杂　质	软化温度/℃	杂　质	软化温度/℃
沥青	>100～110	紫外固化油墨	85～120
蜡	85～105	热熔物	85～110
苯胺油墨	85～105		

一、沥青的分散处理

沥青常用于层压黏合剂和纸袋纸、纤维桶容器、牛皮纸货运袋中的防水气层及其他物品的防潮包装等。沥青的存在会给造纸过程带来麻烦，如断头、糊网、黏缸及纸张物理强度下降。

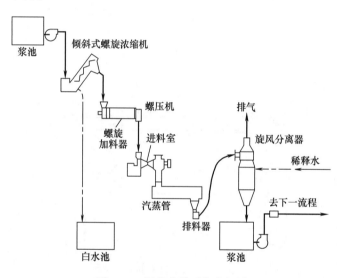

图 5-64　沥青分散系统流程图

沥青分散处理原理主要为机械物理作用，首先将净化、筛选后的含沥青废纸浆汽蒸加热，使沥青成为熔融状态，然后经螺旋机械作用使之分散于纸浆中。图 5-64 为国外常用的沥青分散系统流程图。浆料经倾斜式螺压浓缩机浓缩至 12%～15% 的浓度，再送到螺压机浓缩至 30%～35% 浓度，用螺旋喂料器经进料室将浆料从常压区送入压力区，控制浆料在汽蒸管内停留 3～5min。汽蒸管内的温度保持在 150℃ 左右。熔融的沥青或其他热熔物在螺旋的机械作用下分散于浆料中，浆料通过排料器排出，喷放到旋风分离器，同时送入稀释水，稀释并冷却浆料。沥青由于被分散得很细，分布得很均匀，所以在最后的成品纸张中不易看出。此法的缺点是成纸的强度有所下降。

二、热熔胶的处理

由于回收的废纸许多是使用过的加工纸和纸制品。多种加工纸如热熔性涂布纸、热敏性涂布纸、胶乳黏胶涂布纸等，在生产中使用了热熔性黏胶剂。废瓦楞纸箱中也常常含有大量的热熔胶（用作黏胶剂）。这些胶黏物沉积在成形网上，堵塞网孔，造成滤水困难，影响纸机正常运行；沉积在压榨毛毯和压辊上，影响湿纸幅脱水，并缩短毛毯使用寿命；黏附在烘缸、压光机辊筒等部件上，造成断头；残留在纸页中形成斑点，影响外观质量；聚集在白水中，成为阴离子垃圾，影响阳离子型化学助剂的作用效果，阻碍造纸白水的封闭循环。因此，废纸制浆时必须除去这些杂质。

除去热熔胶的方法目前主要有两种：冷处理法和热分散法。

1. 冷法处理

冷法就是不用加热，而是利用热熔胶颗粒尺寸比纤维大或相对密度比纤维小，采用缝型筛或逆向除渣器除去未熔化的热熔胶颗粒，或者采用缝型筛和逆向除渣器相结合除去热熔胶颗粒。

2. 热法处理

采用机械作用与热分散作用相结合的方法，将经过离解和初步净化的废纸浆料送入热分散系统。废纸浆首先浓缩至 25%～35% 的干度，用螺旋输送器将浆料送入加热螺旋，用饱和蒸汽加热到 90℃（低温）或 110～120℃（高温）的温度，使浆料中挥发性物质蒸发，用喂料螺旋送入热分散机。利用高浓度纤维之间的强烈摩擦作用，使黏在废纸上的热熔物在机械作用下与纤维分开，并分散成微小颗粒，均匀地分散在纤维中间，不对纸张生产造成危害。图 5-65 就是典型的分散系统，带有脱水螺旋压榨，加热螺旋和分散螺旋。

图 5-66 为一种单轴热分散机，Ⅰ区为进浆区，Ⅳ区为出浆区，Ⅱ、Ⅲ区为热分散区。这种揉搓疏解型的热分散机主要靠转子上的条棒和定子上的条棒在回转时产生的交叉作用及生成的剪切力促进纤维与纤维之间

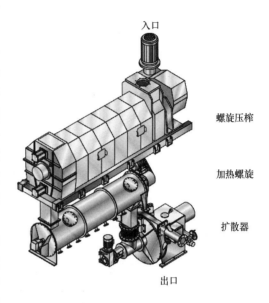

图 5-65 带有脱水、加热和分散的分散系统

的摩擦作用。进气管通入机内形成贴底向前喷吹的气流可推动浆料前进，又起均匀热分散热熔物的作用。这种揉搓、疏解型热分散机也可以是双轴或三轴的，图 5-67 为一种反向旋转的双轴热分散机的截面图。双轴的反向回转在纸浆改变移动方向时产生了剪切效应，两根轴上的叶片（或条棒）为了增加揉搓的强度提供了附加的摩擦阻力。

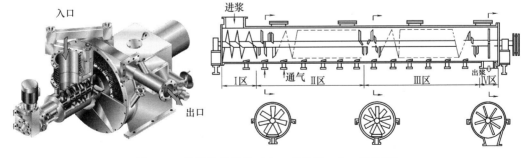

图 5-66 单轴热分散机（左：实物图，右：示意图）

另一类广泛应用的分散设备为盘式热分散机，两个磨盘中一个固定，另一个高速转动。磨盘上有多个相互啮合的同心环。磨片为齿形状，由耐磨镍铬钢制成。浆料由喂料螺旋送入热分散机的中心，通过齿形磨盘间的破碎区、磨浆区和精磨区而受到热磨。齿盘间的强力机

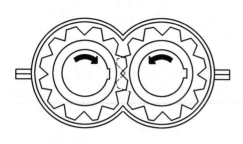

图 5-67　反向旋转的双轴热分散机截面图

械作用，使油墨颗粒和胶粘物等杂质进一步从纤维上剥离下来，并在强烈展延作用下，破碎分散成适合于浮选或在流程末尾分散成肉眼看不见的微粒。可以是低温（50～90℃）操作，也可用蒸汽加压，在 100～120℃ 下运行，其主要作用是纤维间的揉搓、摩擦和纤维的软化，而尽量避免切断、压溃和损伤纤维。图 5-68 为 Voith 公司制造的 HTD 型热分散机的结构图。从图 5-68 中可以看到，喂料螺旋挤压着动盘和定盘齿盘之间的浆

料，浆料从内向外通过齿盘，将一些碎纸片或纤维束疏解，油墨和胶黏物等杂质分散。动盘和定盘磨齿之间的间歇由电动—机械执行器来调节。表 5-12 为 60％新闻纸和 40％杂志纸废纸浆浮选后，在浆浓 25％～27％，进口温度 77℃，出口温度 89℃，输入功率 52kW·h/t，磨盘间隙 2.4mm 条件下，经高速分散机处理后纸浆性质的变化。从表 5-12 中看出，经高速分散处理后，游离度和白度下降，撕裂指数略有下降，而裂断长有所提高。

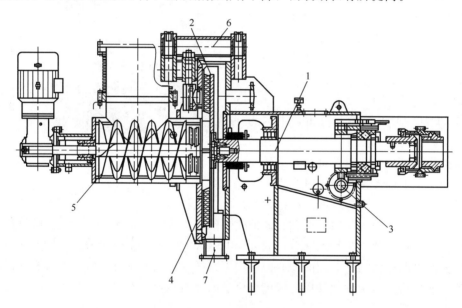

图 5-68　HTD 热分散机的结构

1—轴承总成及联轴器　2—动盘　3—动盘调节机构　4—磨盘　5—喂料装置　6—摆动吊架　7—排料管

表 5-12　　　　　　　　　　　高速热分散机处理前后的纸浆性质

纸的性质	热分散前	热分散后	纸的性质	热分散前	热分散后
加拿大游离度/mL	145	97	撕裂指数/(mN·m²/g)	7.8	7.6
松厚度/(cm³/g)	1.9	1.8	透气度/(mL/min)	223	240
裂断长/km	3.8	3.9	白度/%ISO	57	55

三、热分散在废纸制浆系统中的应用

图 5-69 为不同废纸制浆流程中热分散段的位置。直到 20 世纪 80 年代末，热分散设备几乎都置于废纸制浆流程中的最后一段，如图 5-69（a）所示。这种设置对杂质的分散是很

成功的，有效地减少了黏着物在造纸机上的沉积，大大地改善了纸机的运行性，但纸张白度下降。图5-69（b）是用于生产卫生用纸的废纸浆制浆流程。油墨和其他杂质在热分散之后可以通过浮选和洗涤除去，以提高纸浆的洁净度和白度。图5-69（c）是用于生产高级印刷纸的废纸浆制浆流程，设置了两个热分散处理段，前一段为低速热分散机，使油墨等杂质分散，然后通过浮选和洗涤将其除去。后一段为高速热分散机，使杂质分散成为微小颗粒，以保证纸机的正常运行和纸张质量。

(a) 碎浆机→筛选→浮选→除渣→洗涤→浓缩→热分散→造纸机

→造纸机
(b) 碎浆机→筛选→除渣→洗涤A→浓缩→热分散→浮选→洗涤B→造纸机

→造纸机
(c) 碎浆机→筛选→浮选A→除渣→浓缩→热分散A→浮选B→洗涤→
浓缩→热分散B→造纸机

图5-69　热分散在不同废纸制浆流程中的位置

四、生物酶对于胶黏物降解和控制的作用

酶法脱墨是近年来废纸脱墨的研究热点。酶法脱墨就是利用酶处理废纸，并辅以浮选和/或洗涤，从而除去油墨的工艺技术。

酶法脱墨主要使用纤维素酶和半纤维素酶。纤维素酶大多为含有多种纤维素酶组分和半纤维素酶的商品酶制剂，也有使用纯纤维素酶（如纯的内切纤维素酶）。半纤维素酶主要使用聚木糖酶，很少使用聚甘露糖酶。此外，酶法脱墨也有少量使用淀粉酶、脂肪酶、果胶酶和漆酶。

1. 酶法脱墨的研究进展

酶法脱墨在二十多年前就开始了。1991年，纤维素酶用于废新闻纸的脱墨。此后的几年中，酶法脱墨的研究主要集中于废新闻纸的脱墨。对胶印新闻纸脱墨的研究表明，酶法脱墨避免了化学法脱墨所要求的碱性环境，节省了化学药品用量，降低了白水系统的COD含量，所得的脱墨浆的白度至少可与传统的化学法脱墨浆相当，且纸浆更洁净。利用纤维素酶和半纤维素酶对废新闻纸进行脱墨的结果表明，酶法脱墨浆的物理强度和光学性能都优于对照的化学法脱墨浆。

近年来，酶法脱墨研究的热点转向含有较多静电复印纸和激光打印纸的混合办公废纸的脱墨上。静电复印、激光打印和紫外固化的油墨由于其调色体和干燥方式的特殊性，采用传统的化学脱墨方法不能取得满意的脱墨效果，而酶法很适合这类废纸的脱墨。

和传统的化学法脱墨相比，静电复印废纸的酶脱墨可使油墨粒子更好地与纤维分离，酶脱墨浆的白度达84.5%ISO，残余油墨量仅为5×10^{-6}。和化学法脱墨相比，用酶和表面活性剂进行生物脱墨是一项有利于环境且有助于提高效能的工艺，该工艺可成功地用于办公废纸的脱墨，以生产高级印刷纸和书写纸等高档产品。过氧化氢和氯等对酶和表面活性剂的效能有不同的影响，酶对过氧化氢的忍受能力高，但有效氯的存在会引起酶的失活。试验结果表明，酶法脱墨不仅有效地除去油墨，而且改善了纸浆的滤水性能而具有相似的强度，还降低了系统废水的需氧量和毒性。酶处理是混合办公废纸一种有竞争的脱墨方法。当使用纤维素酶/半纤维素酶时，油墨粒子释放到悬浮液通常是由于纤维—油墨结合区表面纤维素的水解，促进油墨的分离。此外，这些酶能除去油墨粒子表面的微纤丝，因而改变了油墨粒子的相对憎水性，有助于其后浮选/洗涤段油墨粒子的分离。酶的混合物，主要是纤维素酶，已经用于取代化学法脱墨。

2. 酶法脱墨的机理

和酶法脱墨的工艺研究相比，酶法脱墨机理的研究相对较少，其机理尚未完全清楚。从本质上说，酶法脱墨与纤维素酶和半纤维素酶对油墨附着的纤维表面的纤维素和半纤维素部分水解有关，即用酶剥离纤维素细纤丝，因而释放和除去附着的油墨粒子，然后通过浮选和/或洗涤而去除。

图 5-70　非接触印刷废纸碎浆时可能产生的各种粒子

混合办公废纸碎浆时，可能产生的粒子可以分为油墨、油墨—纤维（带有少量纤维的油墨）、纤维—油墨（带有少量油墨粒子的纤维）、纤维和填料等组分（见图5-70），前两者较易通过浮选而去除。酶脱墨的最大改进是酶作用于纤维—油墨粒子表面，产生更多的油墨—纤维粒子，然后通过浮选去除。纤维素酶作用于油墨—纤维粒子，也能改善脱墨效率，提高得率，因为憎水性提高，浮渣中含有的纤维更少。酶只是部分地水解和解聚纤维表面的微纤维，但这一部分水解作用削弱了表面微纤维相互之间的结合，增加了这些微纤维的自由度，因此油墨粒子容易在这些纤维发生分离而被脱除掉。

酶脱墨机理如图5-71所示，作用于油墨粒子的剪切力暴露了固着油墨粒子的纤维素，提高了纤维素酶的可及度，然后纤维素酶断裂此暴露的纤维素，通过纤维素酶的水解作用使油墨从纤维上脱落下来。另一密切相关的模式，如图5-72所示，酶的作用使纤维素纤维绒毛似的表面变得平滑。由于纤维表面上的细小纤维去除，使油墨的暴露程度更大，易于与纤维分离。

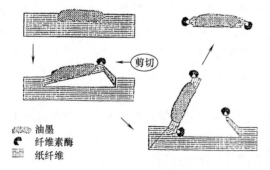

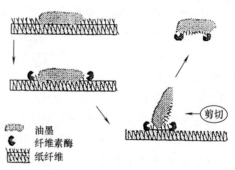

图 5-71　酶脱墨过程中纤维素酶的
剪切作用机理

图 5-72　酶脱墨过程中纤维素酶使
绒毛状的纤维表面变得平滑

上述脱墨机理都解释了一些实验现象，每种机理实际上是与特定底物、特定的油墨组成和特定的酶液组成有关，只能反映某一特定条件下的脱墨效果。总的来说，纤维素酶的酶法脱墨作用是以机械作用与酶学作用的综合效果，纤维素酶的脱墨机理实质上就是纤维素酶的作用机理。脱墨用纤维素酶一般为复合酶，含有多种酶组分，不同的酶组分在脱墨中起到不同的作用。在废纸浆的酶处理中，会使纤维素结晶区发生无定型化、脱链、降聚、润胀和断裂等一系列物理化学变化，因此对油墨的去除和纸浆的物理性能产生不同的影响。

3. 酶法脱墨的影响因素

酶法脱墨效果与废纸和油墨的特性、酶的类型及其性质、酶法脱墨的操作条件有关。不同的油墨，脱除的难易程度不同，而酶的组成及酶法脱墨的操作条件、酶和表面活性剂用量、反应温度、时间、pH 和搅拌强度等，均是酶法脱墨的影响因素。

（1）油墨组成和废纸特性

不同的油墨由于其成分不同，印刷方式不同，印刷后的油墨与纤维的结合程度不同，因此具有不同的脱除性能，酶法脱墨的作用效果也不同。相对地说，废新闻纸或其他废纸的油基性油墨易于脱除，静电复印和激光打印废纸的油墨较难脱除。

废纸的化学成分和纸龄对酶法脱墨也有重要的影响。化学浆生产的纸比机械浆生产的纸易于脱墨，因为机械浆的纸含有大量的木素。与新鲜废纸相比，纸龄越长，纸浆的白度就越低，越难以脱墨。纸龄超过 6 个月的废新闻纸较难脱墨。

（2）酶的类型及酶用量

用于酶法脱墨的酶有多种，如美国 EDT 公司的 EnzynkTM 产品是酶和其他添加剂的混合物。丹麦诺维信公司生产的 Novozym342 是一种由基因工程修饰过的 Humicola 经深层发酵制成的纤维素酶和半纤维素酶的混合物，它的主要活性为内切聚葡萄糖酶、纤维二糖水解酶、纤维二糖酶和半纤维素酶。

不同品牌的酶的组成及活性有所不同，对不同废纸的最佳用量也不同。不同来源或不同组成的废纸与酶的反应性能不同，其最佳的酶用量应通过实验来确定。

（3）表面活性剂

表面活性剂是酶法脱墨必须添加的化学品，以利含油墨废纸的润湿与分散。表面活性剂与酶应有最好的兼容性，使酶与表面活性剂之间存在一种协同作用。大多数用于混合办公废纸脱墨的表面活性剂是非离子型的。酶与表面活性剂的最佳用量比取决于废纸的质量、碎浆用白水的质量和达到可接受的系统运行性。选择合适的表面活性剂用量，以达到良好的系统运行性和有效的泡沫控制。

（4）pH

酶对 pH 的变化很敏感，每种酶只能在一定 pH 的范围内起作用，且有最佳的 pH。静电复印废纸和激光打印废纸脱墨用的几种酶的最佳 pH 在 5.0～7.5 之间，且多数为 5.5。Novozym342 在 pH6～9 的范围内具有活性，无论是在实验室还是在中试工厂，在加入废纸后将纸浆初始 pH 调至 7.5 左右可获得最佳效果。废纸碎解后的 pH 取决于废纸的施胶和加填情况。对于混合办公废纸，碎解后浆料 pH 在 7 以上。若 pH 过高，可用硫酸或磷酸来调节。当然，不同废纸在选择纤维素酶脱墨时，最好使废纸的 pH 与酶的最适 pH 相适应，以省去烦琐的 pH 调节。

（5）处理温度

酶的催化作用与处理温度有密切的关系。当酶浓度和底物浓度一定时，为酶所催化的反应速率在一定范围内随温度的升高而升高，然而超过酶的最适宜温度会引起酶的失活，反而引起反应速率的降低。目前用于废纸脱墨的酶的最适宜温度大多在 45～55℃之间。

（6）反应时间

由于纸浆纤维是酶的作用底物，过长的反应时间会对纸浆的强度起破坏作用，即要使脱墨完全，又要保持纸浆应有的强度性能，并避免脱除的油墨粒子重新吸附在纤维上，这就要求在一定的条件下，控制好酶处理的时间。废纸在碎浆机中完全纤维化所需的时间取决于废纸的组成和碎解设备的种类。一般来说，废纸完全纤维化需要 30min，而酶在碎浆机中与废纸浆作用的最短时间也约为 30min。当浓度较高时，反应时间稍长些为宜。

（7）纸浆浓度

纸浆浓度的改变不仅会影响酶的浓度，也会影响纤维间的摩擦程度，从而直接影响油墨的脱除。实验结果表明，混合办公废纸在高浓（16％）条件下的脱墨性能更好。

（8）添加顺序

一般来说，添加顺序是先将废纸加入到有适量水的碎浆机中，然后将 pH 调至合适的范围，随后加入表面活性剂，再加入酶制剂的稀释溶液，使酶均匀分布。

（9）搅拌作用

酶与纤维素底物的直接接触是纤维素酶解的先决条件。因此，对酶法脱墨来说，酶和纸浆系统的搅拌作用是十分重要的。搅拌作用应缓和，过度搅拌产生的剪切力会导致酶的失活。

4. 酶法脱墨的中间试验、生产试验和工业化应用

位于美国威斯康星州的 Voith Sulzer 技术中心，以 100％激光打印的白色办公废纸为原料，进行了酶法浮选脱墨的中间试验。

（1）试验条件

对照试验：表面活性剂（BRD 2340）0.125％（对浆）；碎解浆浓 16％，温度 50℃，时间 10min；脱墨浆浓 14％，温度 50～55℃，时间 25min。

酶法试验Ⅰ：混合纤维素酶液（Novozyme 342）0.4mL/kg 浆，表面活性剂（BRD 2340） 0.125％（对浆）；碎解浆浓 14％，温度 45～48℃，时间 10min；脱墨浆浓 12％，温度 45～48℃，时间 25min。

酶法试验Ⅱ：碎解时间 5min，脱墨时间 30min，其余条件与酶法试验Ⅰ相同。

（2）试验结果

1）油墨粒子的去除

表 5-13 为三组试验脱墨浆中残余油墨含量。从表中可以看出，酶法脱墨性能明显好于对照试验，而酶法试验Ⅱ又优于酶法试验Ⅰ。

表 5-13 脱墨浆中的残余油墨 单位：mg/kg

油墨离子直径	对照	酶法Ⅰ	酶法Ⅱ	油墨离子直径	对照	酶法Ⅰ	酶法Ⅱ
＞225(Tappi)μm	258	173	26	80～160μm	167	99	24
＞160μm	417	239	47	10～80μm	310	110	200

2）酶法脱墨浆的物理强度

表 5-14 为 3 组试验脱墨浆的物理强度。从表中可以看出，两种酶法脱墨浆的游离度分别比对照试验浆样高 60mL 和 55mL，说明酶法脱墨能改善浆料的滤水性。而纸浆的强度性质与对照试验浆样相当或略有提高。

表 5-14 脱墨浆的物理强度

浆样	加拿大游离度/mL	纤维长度/mm	抗张指数/(Nm/g)	耐破指数/(kPa·m²/g)	撕裂指数/(mN·m²/g)	黏度/mPa·s
对照	510	1.88	41.0	2.20	4.28	17.2
酶法Ⅰ	570	2.01	43.0	2.42	4.39	17.4
酶法Ⅱ	565	1.87	41.2	2.34	4.26	16.5

3）酶法脱墨浆的光学性质

酶法脱墨能提高脱墨浆的白度，酶法试验浆样的白度比对照浆样高 3%～3.5%ISO。由于酶法脱墨能除去更多的油墨和细小纤维，因此酶法脱墨浆的不透明度比对照浆略低，如表5-15 所示。

表 5-15 脱墨浆的光学性质

浆样	白度/%ISO		灰分/%		不透明度/%	
	浮选前	最终	浮选前	最终	浮选前	最终
对照	74.3	82.2	11.9	2.6	82	79
酶法Ⅰ	75.8	85.7	13.5	1.7	81	76
酶法Ⅱ	77.2	86.2	12.1	1.4	81	77

4）酶法脱墨废水的污染负荷

酶法脱墨废水经澄清器澄清后，其 BOD、COD 和毒性均比对照试验的低。

位于丹麦海岛上的 Stora Dalum 脱墨浆厂年产 8 万 t 供生产高级印刷和书写纸的脱墨浆，每日约用 320t 混合办公废纸生产 220t 脱墨浆。该厂为了减少脱墨浆中的尘埃和胶黏物，提高白度，降低化学品用量，提高脱墨浆得率和产量，在生产试验取得成功后，酶法脱墨投入连续运行。

酶法脱墨的生产实践（如表 5-16）表明，酶法脱墨浆比化学法脱墨浆的白度提高 1%ISO 以上，尘埃减少 30%，胶黏物减少 54%，而得率提高 2%，灰分含量略有降低，废水生化处理特性没什么变化，充分体现了酶法脱墨的优越性。

表 5-16 混合办公废纸两种方法脱墨效果的比较

脱墨方法	漂白前白度增值/%ISO	漂白浆				
		尘埃总面积（相对值）	黏着物面积（相对值）	得率/%	灰分/%	产量/(t/d)
化学法	1.0	100	100	67	5.9	215.5
酶法	2.2	70	46	69	5.4	223.7

我国某新闻纸厂在 500t/d 脱墨浆生产线采用美国 EDT 公司的 Enzynk^R E1688 生物酶脱墨剂进行生产试验。为了保证生产正常运行，使脱墨浆质量满足生产要求，在化学法脱墨正常运行的基础上分阶段进行生产试验，逐步以生物酶脱墨剂部分取代化学脱墨剂，系其他工艺条件保持稳定。脱墨浆生产线生产工艺流程见图 5-73。

生物酶脱墨工艺条件为：废纸配比：20%～30%旧杂志纸，70%～80%旧新闻纸（8$^{\#}$美国废纸）；pH：碎浆 9～11，浮选 8～10；生物酶用量：0.05%～0.2%（100%有效成分，对绝干废纸）；碎浆浓度：13%～18%，温度：50～60℃，时间：15～25min。

生产试验结果表明，用生物酶脱墨剂取代部分钠皂后，卸料槽白度提高约 1.1%ISO，

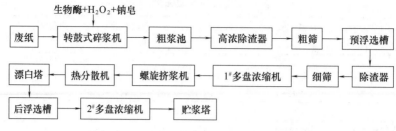

图 5-73　500t/d脱墨浆生产线工艺流程图

进一段预浮选浆料白度提高约 1.3％ISO，一段预浮选出口良浆白度约提高 0.8％ISO。由于浮选后浆料白度的提高，使漂白过程化学品用量得以降低，却仍然保持成浆白度的稳定。使用生物酶后，成浆中的尘埃数量有明显的下降，系统也得到净化。与化学法脱墨废水相比，生物法脱墨废水的平均 COD_{Cr}、BOD_5 和 SS 值均有显著的降低。同时，由于减少了钠皂的用量，减轻或消除未溶解工业皂在纸机上的沉积及对成纸和白水系统的影响，减少"阴离子垃圾"，有利于纸机湿部的助留助滤。

第六节　废纸制浆过程节能及废弃物的处理处置与利用

能源是经济发展的原动力，是现代文明的物质基础。能源的开发利用极大地推进了世界经济和人类社会的发展。造纸行业又是公认的用能大户，因此造纸节能尤其重要。国际上，吨纸综合能耗的先进水平为 0.4～0.9t 标煤，我国工信部发布的数字显示，全国纸和纸板的综合能耗 2015 年数据显示为 0.53t 标煤，国家要求到 2020 年降至 0.48t 标煤。我国引进和新建的制浆造纸生产线，能耗水平基本都达到了世界先进水平，其产能大约占我国纸和纸板总产量的 40％。然而占我国纸和纸板产能 60％的企业和生产线，能耗依然相对较高，其中有 35％左右的产能技术装备比较落后，因此制浆过程节能是非常重要的环节。

一、废纸制浆过程节能

1. 废纸制浆的能耗分析

节能方式一般可以分为三大类：a. 结构节能；b. 技术节能；c. 管理节能。其中，管理节能既对结构节能与技术节能提供重要支持，又可实现能源效率的持续改进，能源管理系统（Energy Management System，EMS）是管理节能的核心。EMS 是一项整合自动化和信息化技术的管控一体化节能新技术，通过对企业能源转换，利用和回收实施动态监控，改进和优化能源平衡，实现系统性节能降耗。废纸纤维在我国制浆造纸原料中所占的比例已经超过了 65％，因此废纸制浆过程节能意义重大。对造纸企业能量系统的综合管理优化，将生产工艺参数和设备参数等对其能源使用状况进行了定量分析，进行管控一体化，从而达到节能。

废纸制浆包括废纸原料进入备料车间，至制浆、洗涤、筛选与净化、浓缩与贮存、漂白，直至生成合格纸浆，其全过程如下，图 5-74。

从碎浆开始，需要选择合适的碎浆方法。碎浆机有立式与卧式两种类别之分，卧式碎浆机主要指转鼓碎浆机，是一种大型高效率碎浆设备，其一个突出优点是能耗低。转鼓碎浆机与水力碎浆机相比，吨浆装机容量低 30％～40％。

在筛选与净化方面，为了使大规格的杂质有效地从粗浆中分离出去，需要把浆料稀释到合适的较低浓度。浓度越低，筛分的效果越好，但是浓度过低，筛前的泵送和筛子本体的功率消耗都会增大。因此，筛子向高浓方向发展，一般在 3.5%～4% 的浓度下工作。单个筛的功率在 50～100kW 之间。净化设备的主要能耗设备为其输入泵。

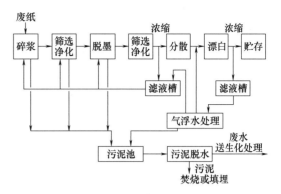

图 5-74　废纸制浆的典型过程

浮选脱墨过程是纤维中脱除油墨粒子，并将他们分散在浆料悬浮液中，然后油墨粒子通过一系列洗涤和（或）浮选措施，从"灰色浆料"中被分离出来。浮选脱墨是一种连续的物理化学过程，一般浆料完成一次浮选需要 30～40s 的停留时间。热分散过程同时是一个能量传输的过程。通常热分散的功率输入量为 60～80kW·h/t。这个数值随着处理浆料种类的不同而不同，也随生产中工艺条件的变动而不同。热分散机分为盘式热分散机和辊式热分散机两种。另外，还有漂白和废物处理。

某废纸浆生产线，生产能力为 1350t/d，对于碎浆生产线中的每一工艺单元，其单位产品电耗如表 5-17 所示：

表 5-17　　　　　　　　　　　碎浆生产线各工艺单元电耗

工艺单元	单耗/(kW·h/t 风干浆)	占比例/%	工艺单元	单耗/(kW·h/t 风干浆)	占比例/%
碎浆	23	35.86	粗筛塔	14.40	22.45
重质除渣	7.64	11.92	合计	64.14	100
粗筛	19.09	29.77			

可见，碎浆生产线中碎浆工序电耗最大，实际上仅碎浆机主电机的额定功率就为 1250kW，占碎浆生产线的 34.65%。其次，各种筛选工序是第二大耗电工艺单元。另外，粗浆塔的电耗也较高，其主要耗能设备为粗浆塔卸料泵电机。

对于脱墨生产线中的每一工艺单元，其单位产品电耗如表 5-18。

表 5-18　　　　　　　　　　　脱墨生产线各工艺单元电耗

工艺单元	单耗/(kW·h/t 风干浆)	占比例/%	工艺单元	单耗/(kW·h/t 风干浆)	占比例/%
重质除渣	12.92	2.74	浓缩 2	44.40	9.41
前浮选	48.22	10.23	贮浆塔	13.55	2.87
精筛	40.58	8.60	水循环系统	113.34	24.03
浓缩 1	36.00	7.63	污泥系统	15.58	3.30
热分散	92.86	19.69	冷却水系统	1.66	0.35
一段漂	8.95	1.90	合计	471.60	100
后浮选	43.53	9.23			

脱墨生产线中电耗最大的工艺单元为水循环系统，因为水循环系统涵盖整个脱墨生产线，包含的设备数量众多，并且脱墨生产线的水循环系统还与纸机的白水系统和碎浆生产线的水系统相连接，因而，水循环系统中的电机功率也偏大。其次，热分散是第二大耗电工艺单元，仅单个热分散主电机的功率，就达 2500kW，占整个脱墨生产线电耗的 19.57%。接

下来，前浮选、精筛、前多盘浓缩、后浮选、后多盘浓缩具有类似的电耗量，都为10％左右，这些工艺单元的设备配置类似。

为了建立科学有效的节能降耗技术评价体系，欧美发达国家在造纸产业节能降耗等方面采用CAT（Current Average Technologies，现有平均技术）、BAT（Best Available Technologies，最佳经济可行技术）。欧美发达国家的BAT体系中，《制浆造纸业最佳可行技术参考文件》详细描述了各类生产节能降耗等相关技术、最佳可行技术的确定以及新兴技术，是新建企业和现有企业技术改进遵循的参考文件。美国造纸产业利用BAT可使单位产品综合平均能耗（浆、纸、综合利用）（标煤）由0.519t降至0.446t。欧洲造纸产业的制浆造纸单位能耗在0.3～0.4t标煤/t的水平。欧盟利用BAT后最佳可行性产品单位能耗达到0.23～0.35t标煤/t的更低范围，比利用BAT前平均能耗水平降低12％～20％，节能降耗作用明显，这主要得益于欧盟造纸产业的整体造纸技术与装备水平以及造纸节能科研投入与应用等方面，使其造纸产业能耗长期处于世界领先水平。

2. 废弃物生产能量

废纸处理车间的废弃物在外运用于其他用途时遇到了一些潜在用户的抵制。而且，还存在过度依赖外部用户的风险，这些用户可以自行确定废弃物的价格。因此，将废弃物用于企业内部的能量回收将变得十分重要。

废弃物用于产生能量的主要目的是：降低废弃物的最大体积和质量；钝化有机组分；通过转化为灰分和炉渣的方法将有害物质固定下来；利用产生的能量。

在造纸行业，废弃物的焚烧有很久的历史，比如树皮和木材残余物的燃烧。近年来，利用其他类型的废弃物（如污泥和尾渣）来获取能量的做法受到了越来越多的关注。呈现这一趋势的原因有：化石燃料和外购电力的成本有所升高；填埋容量的降低，填埋成本的提高；废弃物使用的法规更加严格；带有高效烟气净化技术的新型燃烧技术的发展。

二、非纤维废弃物的回收与利用

（一）纸厂废弃物及生活垃圾的分类

在废纸制浆中，常见的固体废弃物如图5-75所示。包括从水力碎浆机或转鼓碎浆机中排出的物质在内，废渣还包括筛选和净化过程的各种排渣。污泥包括在清水、过程水和废水的机械净化过程得到的固体，以及生物法废水处理车间的污泥。煅烧残余物包括厂内发电车间和废弃物焚烧车间的灰分和炉渣，以及烟气清洁过程中得到的残余物（包括飞尘）。其他废弃物包括化学残余物、废油、网子、皮带，以及有害废物（如实验室化学品、电池和变压器油）。当在生产机械浆时，还会存在一些木材残余物，如树皮和锯末。

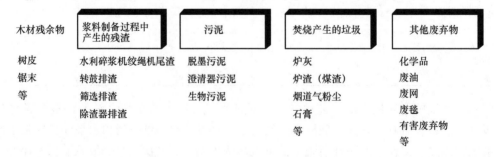

图5-75 废纸制浆厂中常见的固体废弃物

不同类型废弃物的物质回收和能量回收以及最终处置技术的现状如图 5-76 所示。很明显，填埋对所有类型的废弃物都很重要。但是，在未来的几年内，许多欧洲国家将禁止通过填埋的方法来处置废弃物。一部分欧洲和非欧洲国家将继续允许实施大规模的填埋处理。即使在这些国家中，填埋地点的缺乏、泄露水收集与处理的高昂成本、堆填区沼气控制与利用的费用高等因素都使填埋技术的发展受到阻碍。因此，采用其他方法进行能量的回收以及废弃物质的利用将越来越重要。

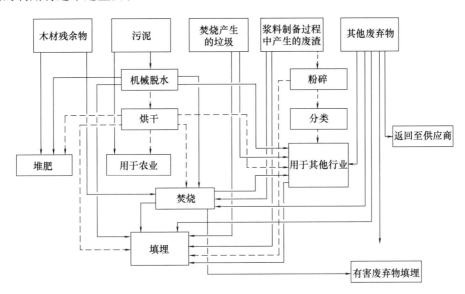

图 5-76　废纸造纸过程中固体废弃物的利用及处置技术

根据废纸及纸产品回用率的不同，一定量的废纸和纸板将不能进入纸厂的回用循环。对某些种类的纸而言（比如卫生纸和特种纸），是不可能回用的。未在纸厂中处理的废纸通常为生活垃圾，但它们也可以用作其他用途，比如燃烧产生能量、堆肥或者生产隔热材料。

生活垃圾的处置面临着与废纸处理过程中废弃物的处置一样的压力。只有有机物质含量很少的废弃物才可以进行填埋处理。这就需要对生活垃圾（其中含未回用的纸和纸制品）进行热处理。在一些国家，生活垃圾中的有机组分是单独进行收集的。这些生物垃圾包括各种纸制品（如厨房手巾纸、手帕纸、餐巾纸、脏包装纸和咖啡滤纸等）。生物生活垃圾可以进行堆肥处理或厌氧发酵。

（二）废纸制浆过程中固体废弃物的利用与最终处置

废纸回用的目的是生产回用浆，用来制造纸和纸板。为此，需要把那些可能干扰废纸处理过程或成品质量的所有物质都从碎解后的回用浆料中去除掉，直到干扰物质的浓度达到可以接受的水平。根据废纸受非纸组分污染程度的不同，废弃物的量有较大的差别。

回用浆在筛选、净化、脱墨过程中得到的固体尾渣和污泥，以及未回到生产循环的固体物质都归类为废弃物。这些废弃物可分成两部分，一部分可重新利用（系统外利用），一部分进行最终处置。过程中被去除的物质如果又重新回到生产过程中，则不归为废弃物，如图 5-77 所示。

废纸制浆过程中产生的废弃物的类型和总量取决于废纸的组成和筛选的功效（确保产品质量和纸机运行性能基础上）。废弃物既包括比重较大、颗粒较粗的尾渣，也包括比重较小、颗粒较小的尾渣，还包括污泥。其中，污泥包括浮选脱墨产生的污泥，以及过程水和洗浆机

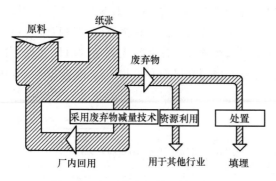

图 5-77　纸厂废弃物管理体系概览

滤液在微气浮处理过程中产生的污泥。

三、尾渣和脱墨污泥的处置与利用

（一）尾渣

尾渣的生成量及其组成从根本上取决于废纸的等级。根据塑料比例的不同，尾渣的组成有明显的区别。新闻纸生产过程中尾渣来自鼓式碎浆机的排渣口，排渣的比例（以固含量计）为风干废纸的 0.7%～1%。该尾渣样品的固含量约为 70%。其中，塑料的比例为 52%。纸片与纤维（27%）主要来自于湿强纸。在后续的筛选和净化段，另外产生了 3%～4% 的固体。

废纸碎浆后的净化和筛选段提高了尾渣中纤维的含量。瓦楞原纸和挂面箱板纸生产过程中轻质而细小尾渣有纤维、塑料和不可燃物。纤维占总固含量的比例超过 35%。由于可燃性塑料物质的含量较高，该尾渣的热值（超过 20GJ/t，以干物质计）远高于褐煤的。

与废纸处理过程得到的污泥相比，尾渣中的总氯含量（有机氯和无机氯总和）明显地高。氯的含量可能占尾渣质量的 3%（以干物质计）。如下含聚氯乙烯的物质是氯含量的主要来源：自黏胶带，湿立板和瓦楞纸板容器的行李提手，来自包装部门的 PVC 薄膜层压材料，误丢入废纸容器中的 PVC 产品。

若尾渣的氯含量较高，可能会限制其作为能量的来源，比如作为水泥生产中的二级燃料。

（二）脱墨污泥

根据《国家危险废物名录》（国家环保部、国家发展改革委员会令 2008 年第 1 号），我国危险废物名录中的 47 类废物中，从产生的工业危险废物种类来看，造纸行业的脱墨渣为废物代码 221-001-12，废物类别 HW12，属于燃料、涂料废物系列。并具有 T 毒性等危险特性，为解决其大容量堆积、外运过程中对环境造成的潜在危害。

脱墨污泥中含有印刷油墨（黑色和彩色颜料）、填料、涂布颜料、纤维和细小纤维以及黏合剂成分。含磨木浆书写纸的生产过程中脱墨污泥的平均组成有细小纤维和印刷油墨（29%），纤维（7%），碳酸钙（19%），可抽提物（8%），黏土和其他颜料（37%）。通过浮选而脱除的固体物质中，无机组分的比例超过 55%，其中主要是填料和涂布颜料（如黏土和碳酸钙）。纤维的含量较低，为 7%。二氯甲烷抽出物的平均比例为 8%，其中包括纤维的木材组分（如松香、脂肪和树脂酸）、可溶性印刷油墨和黏合剂组分以及浮选脱墨化学品。其余的 29% 包括细小纤维、不溶性油墨组分（主要为炭黑和彩色颜料）以及不溶性黏合剂组分。

卫生纸生产过程中产生的洗涤法脱墨污泥与浮选法脱墨污泥是不同的，因为前者更为洁净，且填料及颜料几乎完全被脱除了。由于纤维和细小纤维的含量较高（11%），填料和颜料的比例通常低于 50%。细小纤维、不溶性油墨和黏合剂组分的比例占 40%。抽出物的比例较低（约 3%），这是因为原料中不含磨木浆的废纸比例较高。

脱墨污泥的特性是灰分含量高（40%～70%）。它们净热值的高低取决于灰分含量，可达 4.7～8.6GJ/t 干物质。硫、氟、溴和碘的含量较低。因此，在脱墨污泥焚烧时。与废水生物处理车间的污泥相比，氮和磷的含量很低。利用脱墨污泥进行堆肥、农用和填埋时，需要考虑这一点。

废纸处理过程中产生的污泥，其重金属的含量通常比较低。脱墨污泥比城市废水处理厂污泥受污染的程度要低。镉和汞的浓度特别微不足道，有时甚至低于检测限（原子吸收光谱）。只有铜的浓度与城市污水厂污泥属于同一数量级。脱墨污泥中的铜主要来自于印刷油墨中的蓝色颜料（其中含有苯二甲蓝化合物）。

另外，痕量的有机卤化物〔如多氯联苯（polychlorinated biphenyls，PCB）、多氯代二苯并二噁英（polychlorinated dibenzodioxins，PCDD）、多氯代二苯并呋喃（polychlorinated dibenzofurans，PCDF）也是需要考虑的。直到 20 世纪 70 年代，多氯联苯类化合物一直用于生产无碳纸。从那以后，脱墨污泥中 PCB 含量就发生了显著地降低。多个脱墨车间的最近数据证实，PCB 的浓度（通过测定最相关的 7 个同源物的浓度）低于 0.3mg/kg 干物质（0.3ppm）。脱墨污泥中 PCDD/PCDF 的浓度也呈现类似的下降趋势。随着化学浆从元素氯漂白向二氧化氯和氧气漂白的不断转变，德国纸厂脱墨污泥中 PCDD/PCDF 含量一直在大幅度降低。如今，脱墨污泥中 PCDD/PCDF 含量为 25～60ngI-TE/kg（干物质）（I-TE，国际毒性当量，International Toxicity Equivalent）。这些数字并不比城市污水厂污泥中 PCDD/PCDF 的平均含量高很多。由于化学法制浆过程中漂序的改进，绝大多数生产纸浆的国家中不再有二噁英的产生。因此，废纸处理车间二噁英的排放量将会进一步降低。

可吸附有机卤（AOX）在环境法规中起到很关键的作用。比如在德国，污水厂的污泥若要直接散布在农业耕地上，须对重金属、PCB、二噁英和 AOX 等进行控制。很多情况下，脱墨污泥中 AOX 含量须低于 500mg/kg（干物质）的允许限值。据位于德国达姆施塔特行政区的 PMV（Department of Paper Science and Technology，PMV）调查发现，脱墨污泥中高达 80％的 AOX 为印刷油墨中黄色颜料的氯化产物。但这些颜料不溶于水，且不可生物降解。

以减量化、资源化和无害化为原则，采用焚烧消纳的途径处置危险废物，使其体积、质量减量，能量有效转化。国内某厂在环保部门的许可和监管下，采用专门设计的脱墨污泥焚烧炉，在焚烧炉设计时采用三级燃烧技术：一级采用湍流式热解浅床鼓泡床焚烧洁净技术，燃烧温度 850～950℃，二级采用旋流混合焚烧技术，燃烧温度 850～950℃确保炉渣热灼减率小于 5％，三级设置二燃室使脱墨渣充分焚烧，并配置大容量的旋流型油枪燃烧机，全自动点火和燃烧控制，可根据二燃室燃烧温度的高低自动进行油量和风量调节，保证二燃室温度始终达到 1100～1200℃的高温，并配置了高大绝热炉体，保证高温烟气停留时间大于 2s，烟气含氧大于 6％。整套焚烧系统燃烧温度高、停留时间长，扰动强烈，使二噁英等有害物质得以彻底分解。烟道烟气系统采用热管技术将 600℃的高温烟气在 1s 内降低为 180～200℃低温烟气，降低二噁英在低温合成温度区再次合成的可能。

脱墨渣废物经焚化处理后，很大程度上减少废物的质量和容积，对灰渣运输和最终处置带来了极大的便利。脱墨渣废物焚化处理，烧成灰烬后，不仅在质量上大幅减量，体积也缩小至 1/10 以下。灰渣经过实验室烧灰得出热灼减率均小于 5％，说明在正常工况下脱墨渣在湍流式三级焚烧体系中能够将脱墨渣处理成比较稳定的终产物，在体积、质量大幅降低的前提下进行外运处置并实现能量转化，从技术开发、设备和实施运行方面实现企业清洁生产。

（三）纤维充填

纤维充填（Fiber Loading）是一种在生产过程中制造沉淀碳酸钙（PCC—Precipitated

Calcium Carbonate）并对纸浆纤维加填的技术。纤维充填分两步进行：第一步将氢氧化钙加到纸浆中并进行混合，第二步是用高浓加压精浆机使混合后的纸浆与二氧化碳反应，压力约 0.2MPa，纸浆浓度约 20%。实验结果表明，有 20%～30% 的 PCC 在纤维加填过程中沉降在纤维细胞壁和细胞腔内。显微照片清晰地显示出 PCC 晶体在纤维细胞腔内的存在。纤维充填由于改善滤水率和湿部加压而减少了抄纸时的干燥用汽，由于将部分填料充填到纸浆纤维内和改善了细小纤维的流着从而减少了污泥产生的数量。

近年来，纤维充填技术已在包括废纸脱墨在内的工厂进行生产试验。在废纸处理方面，纤维充填技术已在生产书写、印刷纸的废纸浆升级方面应用成功，并证实在经济和环保方面有好处。据称，一个日产 500t 脱墨纸浆厂，纤维充填比热分散后直接加填每年可节能 $23843×10^7$ kJ。采用纤维充填新技术，相当规模的废纸处理工厂每年可节约费用 312.7 万美元。

习题与思考题

1. 废纸回用的意义是什么？
2. 我国国家标准将废纸分为多少类？
3. 化学浆（以经打浆未漂针叶木浆为例）和机械浆废纸浆再生过程中性质的变化有何不同？
4. 影响废纸浆性质的因素有哪些？废纸再生过程纤维衰变的主要原因是什么？
5. 影响水力碎浆机工作效率的因素有哪些？鼓式连续碎浆机有何优点？
6. 双鼓碎浆机有什么特点和优势？
7. 高浓除渣器、正向除渣器和逆向除渣器的工作原理和主要工艺参数（浆浓、压力等）有何不同？
8. 废纸浆选用波形筛板有何好处？
9. 胶黏物对生产和产品质量有何影响？试述去除胶黏物的措施。
10. 热分散机有何作用？在流程中热分散机应如何设置？
11. 一般脱墨分成哪几个步骤？试比较浮选法脱墨和洗涤法脱墨的原理及其优缺点。
12. 用于废纸脱墨的化学品有哪些？其作用如何？
13. 试述废纸脱墨的主要影响因素。
14. 试比较几种主要的浮选机的工作原理及其优缺点。
15. 试述废新闻纸/废杂志纸的基本生产流程。
16. 试述酶法脱墨的原理及其影响因素。

参 考 文 献

[1] Lothar Gottsching and Heikki Pakaninen. Recycled Fiber and Deinking. Published by Fapet Oy, Helsinki, Finland, 2000.
[2] Monica EK, Goran Gellerstedt, Gunnar Henriksson. Pulping Chemistry and Technology. Fiber and Polymer Technology, KTH, Stockholm, Sweden, 2007, Chapter 15, Paper Recycling, 415-452.
[3] 陈庆蔚，主编. 当代废纸制浆技术 [M]. 北京：中国轻工业出版社，2005.
[4] 沈序龙，朱友胜，编著. 废纸再生工程 [M]. 北京：中国轻工业出版社，1990.
[5] 安建华，编. 废纸制浆与造纸 [M]. 北京：轻工业出版社，1990.
[6] 梁实梅，张静娴，张松寿，编著. 制浆技术问答 [M]. 北京：中国轻工业出版社，1994，358-409.
[7] 詹怀宇，主编. 制浆原理与工程（第三版）[M]. 北京：中国轻工业出版社，2009，192-244.
[8] Borchardt J. K. Recent Development in Paper Deinking Technology. Pulp and Paper Canada, 2003, 104 (5): 32-35.
[9] Doshi M. R. Paper Recycling Technology Developments. Progress in Paper Recycling, 2003, 12 (2): 32-37.
[10] Doshi M. R., Dyer J. M. Chapter 1, Introduction, Management and Control of Wax and Stickies. Progress in Paper

Recycling，1999，1-13.

[11] Doshi M. R. ，Dyer J. M. Chapter 2，Wax Properties and Controls，Management and Control of Wax and Stickies. Progress in Paper Recycling，1999，14-20.

[12] Doshi M. R. ，Dyer J. M. Chapter 3，Classification of Stickies，Management and Control of Wax and Stickies. Progress in Paper Recycling，1999，21-44.

[13] Basta A. H. ，Zhan H. Y. ，Wang S. F. ，et al. The use of deinking rate and cleaning rate to evaluate deinking plant performance. Appita，2004，57（1）：23-25.

[14] Eom T. J，Ow S. K. Enzymatic deinking method of old newspaper. Japan Tappi，1991，45（12）：81.

[15] Prasad D. Y. ，Heitmann J. A. ，Joyce T. W. Enzymatic deinking of colored offset news print. Nordic Pulp and Paper Research Journal，1993，No. 2，284.

[16] Jeffries T. W. ，Klungness J. H. ，Sykes M. S. ，et al. Comparison of enzymatic-enhanced with traditional deinking of xerographic and laser-printed paper. Tappi J. ，1994，77（4）：173-179.

[17] Jobbins J. M. ，Franks N. E. Enzymatic deinking of mixed office waste：process condition optimization. Tappi J. ，1997，80（9）：73-78.

[18] Heise O. L. Industrial scale-up enzyme enhanced deinking of non-impact printed toners. 1995 Tappi Pulping Conference，Tappi Press，Atlanta，1995，349.

[19] Pala H. ，Mota M. ，Gama F. M. Enzymatic versus chemical deinking of non-impact ink printed paper. Journal of Biotechnology，2004，108：79-89.

[20] Franks N. E. ，Holm H. C. ，Munk. N. . Enzyme facilitated deinking of mixed office waste. The use of alkaline cellulases，presented at the 94 Paper Recycling Conference，1994，London，UK.

[21] Kim T. J. ，Ow S. ，Eom T. J. Enzymatic deinking method of waste paper. Proceeding of Tappi Pulping Conference，1991，Tappi Press，Atlanta，USA，1023.

[22] Zeyer C. ，Joyce T. W. ，Heitmann J. A. ，et al. Factor influencing enzyme deinking of recycled fiber. Tappi J. ，1994，77（10）：169-177.

[23] Vyas S. ，Lachke A. Biodeinking of mixed office waste paper by alkaline active cellulases from alkalotolerant *Fusarium sp.* Enzyme and Microbial Technology，2003，32：237-245.

[24] Pala H. ，Mota M. ，Gama F. M. Factors influencing MOW deinking：Laboratory scale studies. Enzyme and Microbial Technology，2006，38：81-87.

[25] 甘毅. 生物酶在脱墨生产中的应用 [J]. 福建轻纺，2004，9：7-10.

[26] 苏建勤. 化学法与生物酶法协同脱墨技术在福建南纸的应用 [J]. 造纸科学与技术，2006，25（5）：25-26.

[27] Mohandase C. ，Raghukumar C. Biological deinking of injet-printed paper using *Vibrio alginolyticus* and its enzyme. J. Ind Microbiol Biotechnol，2005，32：424-429.

[28] Ben Y. ，Dorris G. ，Page N. Application of column flotation in waste paper recycling. 7th Research Forumn on Recycling，2004，Quebec City. Canada，229-238.

[29] 卢正保. 广纸脱墨渣焚烧热能利用与减量无害处理 [J]. 造纸科学与技术，2015，34（6）：102-105.

第六章　纸浆的漂白

第一节　概　述

漂白是指在除去残余木素和其他有色杂质产生的纸浆颜色的化工过程，是纸浆化学纯化和改良的过程。纸浆的光学性质通过除去能吸收可见光的组分或减少其光吸收能力而改变。纸浆漂白在制浆造纸生产过程中占有重要的地位，与纸浆和成纸的质量、物料和能量消耗及对环境的影响有密切的关系。

一、漂白的分类与发展

按漂白作用来分类，纸浆漂白的方法可分为两大类。一类称"溶出木素式漂白"，通过化学品的作用溶解纸浆中的木素使其结构上的发色基团和其他有色物质受到彻底的破坏和溶出。此类溶出木素的漂白方法常用氧化性的漂白剂，如氯、次氯酸盐、二氧化氯、过氧化物、氧、臭氧等，这些化学品单独使用或相互结合，通过氧化作用实现除去木素的目的，常用于化学浆的漂白。另一类称"保留木素式漂白"，在不脱除木素的条件下，改变或破坏纸浆中属于醌结构、酚类、金属螯合物、羰基或碳碳双键等结构的发色基团，减少其吸光性，增加纸浆的反射能力。这类漂白仅使发色基团脱色而不是溶出木素，漂白浆得率的损失很小，通常采用氧化性漂白剂过氧化氢和还原性漂白剂连二亚硫酸盐、亚硫酸和硼氢化物等。这类漂白方法常用于机械浆和化学机械浆的漂白。

按漂白所用的化学品来分类，纸浆漂白可分为含氯漂白（包括氯、次氯酸盐和二氧化氯）和含氧漂白（氧、臭氧、过氧化氢、过氧酸等）。18世纪末到19世纪30年代，用于纸浆漂白的含氯漂剂为氯和次氯酸盐，并实现了多段连续漂白。1946年二氧化氯漂白正式投入生产，20世纪50年代出现了CEDED漂白流程，在纸浆强度很少损失的情况下将硫酸盐浆漂到高白度。1970年第一套工业化高浓氧脱木素装置投入生产；继而高剪切中浓混合器和中浓浆泵研制成功，20世纪70年代后期实现了中浓氧脱木素的工业化，20世纪80年代出现了氧强化的碱抽提（EO）新技术。20世纪90年代初，无元素氯（ECF）漂白迅速发展，全无氯（TCF）漂白也较快发展，并向全无废水排放（TEF）漂白的方向努力。

随着环境保护要求的日益严格，含氯漂白废水中含有的氯化有机物对环境的危害引起人们广泛的关注，氯和次氯酸盐漂白正越来越受到限制，纸浆漂白正朝着无元素氯和全无氯漂白的方向发展。由于二氧化氯漂白的纸浆白度高，强度好，废水对环境的污染较小，因此含二氧化氯漂段的无元素氯漂白仍将继续发展。氧脱木素、过氧化氢漂白和臭氧漂白是全无氯漂白工艺的重要组成部分，必将稳步增长。随着生物科学技术的进步，生物漂白技术也将逐步发展。

二、漂白化学品与漂白流程

用于漂白的化学品有氧化性漂白剂、还原性漂白剂，还有氢氧化钠、酸、螯合剂和生物酶等。这些化学品单独或结合使用组成各种漂段，如表 6-1 所示。

表 6-1　　　　　　　　　　　　　　　　漂白段和漂白化学品

符号	段　名	化　学　品
C	氯化	Cl_2
E	碱抽提（碱处理）	$NaOH$
H	次氯酸盐漂白	$NaOCl, Ca(OCl)_2$
D	二氧化氯漂白	ClO_2
P	过氧化氢漂白	$H_2O_2 + NaOH$
O	氧脱木素（氧漂）	$O_2 + NaOH$
Z	臭氧漂白	O_3
Y	连二亚硫酸盐漂白	$Na_2S_2O_4$
A	酸处理	H_2SO_4
Q	螯合处理	$EDTA, DTPA, STPP$
X	木聚糖酶辅助漂白	$Xylanase$
Pa	过氧醋酸漂白	CH_3COOOH
Px	过氧硫酸漂白	H_2SO_5
Pxa	混合过氧酸漂白	$CH_3COOOH + H_2SO_5$
CD	氯和二氧化氯混合氯化（二氧化氯部分取代的氯化）	$Cl_2 + ClO_2$
EO	氧强化的碱抽提	$NaOH + O_2$
EOP	氧和过氧化氢强化的碱抽提	$NaOH + O_2 + H_2O_2$
OP	加过氧化氢的氧脱木素	$O_2 + NaOH + H_2O_2$
PO	压力过氧化氢漂白（用氧加压的过氧化氢漂白）	$H_2O_2 + NaOH + O_2$
DN	在漂白终点加碱中和的二氧化氯漂白	$ClO_2 + NaOH$
D_{HT}	高温二氧化氯漂白	ClO_2

　　不同漂白化学品的作用、适应浆种和优缺点有明显的不同。表 6-2 总结了主要漂白化学品的作用、适应浆种和优缺点。

表 6-2　　　　　　　用于纸浆漂白的主要化学品的作用、适应浆种和优缺点

化学品	作用	适应浆种*	优点	缺点
Cl_2	氯化和氧化木素	C	有效、经济的脱木素，尘斑去除好	产生有机氯化物，腐蚀性强
$Ca(OCl)_2$ $NaOCl$	氧化和溶出木素，脱色	C	容易制备和使用，成本低	引起纸浆强度损失，产生氯仿
ClO_2	氧化和溶出木素，脱色，保护纤维素以防降解	C	达到高白度而不引起纸浆强度和得率的损失，尘斑去除好	必须现场制备，成本较高，产生一些有机氯化物，腐蚀性强
O_2	氧化和溶出木素	C	化学成本低，废水无氯化物，可送碱回收系统	设备投资较高，可能损失浆的强度
O_3	氧化和溶出木素，脱色	C	高效脱木素，废水无氯化物，可回收	必须现场制备，成本高，尘斑漂白效果差，纸浆强度较低
H_2O_2	氧化木素，脱色	C, M, DIP	容易使用，投资低	化学品成本较高，尘斑漂白效果差，能引起纸浆强度损失
$Na_2S_2O_4$	用于木素的还原和脱色	M, DIP	容易使用，投资低	容易分解，白度增值有限
甲脒亚磺酸	用于木素的还原和脱色	M, DIP	容易使用，投资低，对过渡金属离子不敏感	化学品成本高
木聚糖酶	催化聚木糖水解，辅助漂白	C	容易使用，投资低	成本高，局限的有效性
$NaOH$	水解氯化木素和溶出木素	C	有效，经济	使纸浆发暗
$EDTA$ $DTPA$	除去金属离子	C, M	提高过氧化氢的漂白效率和选择性	化学品成本高

　　注：* C—化学浆；M—机械浆和化机浆；DIP—废纸脱墨浆。

氧化性漂白剂的效率可用氧化当量（Oxidation equivalent，OXE）表示。1OXE 等于当物质被还原时接受 1mol 电子所需该物质的量。表 6-3 为化学浆常规、ECF 和 TCF 漂白中最重要的漂白化学品的氧化当量。由表中可知，二氧化氯的氧化当量为 74.12OXE/kg，过氧化氢的氧化当量为 58.79OXE/kg。

表 6-3 氧化性漂白剂的氧化当量（OXE）

漂白剂	摩尔质量/(g/mol)	转移电子数/(e/mol)	当量/[g/(mol·e)]	氧化当量/(OXE/kg)
Cl_2	70.91	2	35.46	28.20
ClO_2	67.46	5	13.49	74.12
NaClO	74.45	2	37.22	26.86
O_2	32.00	4	8.00	125.00
H_2O_2	34.02	2	17.01	58.79
O_3	48.00	6	8.00	125.00
CH_3COOOH	76.00	2	38.00	26.32

含氯漂白剂的氧化能力通常用有效氯（Active chlorine）表示。有效氯是指含氯漂白剂中能与未漂浆中残余木素和其他有色物质起反应，具有漂白作用的那一部分氯。Cl_2 的有效氯量与 Cl_2 的质量相同；ClO_2 的有效氯量为 ClO_2 质量的 2.63 倍，或为 ClO_2 中的 Cl 的质量的 5 倍。因此，$1kgClO_2$ 的氧化能力相当于 $2.63kgCl_2$ 的氧化能力。

纸浆的漂白可以是单段，如次氯酸盐、过氧化氢或连二亚硫酸盐单段漂，但更多的是采用多段漂白流程。在选择漂白流程时，最主要是要考虑漂白成本、漂白选择性及对环境的友好性。在合理的工艺条件下，多段漂能提高纸浆白度，改善强度，节省漂白剂。与单段漂相比，其灵活性大，有利于质量的调节与控制，能将卡伯值高、难漂白的浆漂到高白度。当然，漂白段数并非越多越好，在达到目的和要求的前提下，尽量用短一些的漂白流程。从控制污染、保护环境的角度出发，采用对环境友好的 ECF 和 TCF 漂序。

传统的含氯漂序包括 H、HH、CEH、CEDED、CEHDED 等。

ECF 漂序有 DED、ODED、ODQP、OD（EO）D、OZED、OD（EO）DED、OD（EOP）DP 等。

TCF 漂序有 OQP、OZQP、OQPZP、OQ（PO）Pa（PO）、OQ（EOP）（PaQ）（PO）等。

三、纸浆的光学性质与漂白原理

纸浆被照射时产生光的吸收、散射或反射，纸浆的颜色与白度是由光的吸收与散射相对数量的多少以及光谱的分布来决定的。

（一）纸浆的颜色与白度

在可见光谱（波长 380nm 到 780nm）范围内，不同波长的辐射会引起人们的颜色感觉，波长 700nm 为红色，595nm 为橙色，580nm 为黄色，515nm 为绿色，500nm 为青色，470nm 为蓝色，420nm 为紫色。日光就是由这七种单色光组成的。对于不透光的物体，其颜色取决于对不同波长的各种单色光的反射和吸收的差别。如果物体只反射 700nm 的光，物体就呈红色；同样，只反射 470nm 的光的物体呈蓝色；如果物体能够反射日光中所有的七种单色光，物体呈白色。

纸浆的颜色是由纸浆对可见光的反射来决定的，纸浆中的木素是颜色的主要来源，未漂浆的颜色是黄色或咖啡色，经漂白后纸浆纤维略带黄色至灰白色或白色。

纸浆的亮度（brightness）是指浆张在波长 457nm 处的反射率，是一种物理现象，使用不同的仪器测定的结果有所不同。因此，表示纸浆亮度的大小，均需注其测定方法或使用的仪器。采用国际标准方法测得的亮度，用"％ISO"表示。

纸浆的白度（whiteness）是一种生理现象，是从浆片反射出来的光使人眼产生的印象。当一张黄色的浆片加入蓝色染料后，肉眼感到更白些，即白度提高，但纸浆的亮度并没有提高。白度和亮度虽是两个不同的概念，但我国造纸行业已习惯将白度作为亮度的同义词。纸浆的白度是指纸浆对可见光谱中七种单色光全反射的能力，国际上是用波长 457nm 的蓝色单光测定的 R_∞ 反射率与相同条件下测得的纯净氧化镁表面 R_w 反射率之比即 R_∞/R_w，以百分数表示。我国对白度的测定方法有如下规定：纸的白度指白色或接近白色的表面对蓝光的反射率，以相当于氧化镁反射率的百分数表示。二者的含义是相同的。一些未漂浆和漂白浆的白度列于表 6-4。一般来说，白度≥88％ISO 的漂白浆称为全漂浆。

表 6-4　　　　　　　　　　　　　一些未漂浆和漂白浆的白度

浆种		白度/％ISO	浆种		白度/％ISO
未漂浆	松木硫酸盐浆	23～28	漂白浆	松木硫酸盐浆	88～91
	桦木硫酸盐浆	28～31		桦木硫酸盐浆	88～93
	磨石磨木浆和 TMP	55～65		云杉亚硫酸盐浆	
	云杉亚硫酸盐浆	60～70		造纸级	89～93
半漂浆	松木硫酸盐浆	60～80		溶解级	89～95
	磨石磨木浆和 TMP	70～80			

（二）光的散射与吸收

光的反射分为镜面反射和扩散反射。整饰度高的纸面，显示出一定的镜面反射。通常浆片或纸面是疏松的，光线渗入其内部，在各个方向上散射出数量大体相同的光线，从而产生半球形的扩散光。从浆片或纸面上反射出来的光线大部分是扩散光。

1. 光散射系数（Light scattering coefficient，S）

表示浆片或纸页内部散射光的能力。光的散射是由纤维与空气界面所引起的。光的散射系数不仅取决于纤维原料、蒸煮漂白条件，还取决于打浆抄纸过程。

2. 光吸收系数（Light absorption coefficient，K）

表示浆片或纸页吸收光的能力。光的吸收是浆片或纸页把光线转变为其他能量（一般为热能）的能力。吸收系数是衡量光能转变为其他能的程度，主要由纸浆中发色团的数量与性质所决定，与蒸煮漂白的方法和程度以及纸浆的返黄密切相关，并受到抄纸时染料、颜料和填料的施加量以及纸的结合程度等影响。

（三）K—M 方程

漂白过程中，纸浆的光学性质通过除去能吸收可见光的组分或减少其光吸收能力而改变。纸浆的白度与光散射系数和光吸收系数有密切的关系，这可用 Kubelka—Munk 方程（简称 K—M 方程）来描述。

$$\frac{K}{S} = \frac{(1-R_\infty)^2}{2R_\infty} \tag{6-1}$$

或者

$$R_\infty = 1 + \frac{K}{S} - \left[\frac{K^2}{S^2} + \frac{2K}{S}\right]^{\frac{1}{2}} \tag{6-2}$$

式中　R_∞——反射率，若选用 457nm 的波长则为纸浆的白度

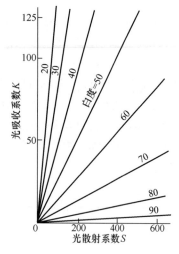

K——光的吸收系数

S——光的散射系数

图 6-1 纸浆的光学性质

图 6-1 为纸浆的白度与光散射系数和光吸收系数的关系。从图中看出，降低纸浆的光吸收系数或提高浆的光散射系数，均可提高纸浆的白度。光吸收系数主要取决于浆中发色基团的数量和性质，降低光吸收系数可通过漂白来实现；而光散射系数主要与纤维的表面性质、试样的紧度、表面结合状况等有关。相对地说，漂白对光散射系数的影响较小，而打浆和纸页抄造条件对其影响较大。

（四）不透明度（Opacity）

不透明度是浆片或纸张性质之一，不仅与光的散射有关，而且与光吸收有关，通常用印刷不透明度（printing opacity）表示，即单张浆片在黑背景上的反射度（R_0）与无限厚层的反射度 R_∞ 之比，以百分数表示。

纸张的不透明度取决于光吸收系数、光散射系数和纸的定量。纸张是由纤维、填料、空气（既存在于纤维之间，也存在于纤维细胞腔中）等组成的不均一介质，进入纸层内的光将在纤维与空气、纤维与填料、空气与填料等的界面上发生散射，在纸页内光的散射越厉害，透过纸页的光量就越少，纸的不透明度就越大。另外，纸页吸收的光量越多，纸的不透明度就越高。在同一定量下，漂白浆的不透明度比未漂浆纸。对纸浆来说，光散射系数的大小比不透明度的高低更有意义。

（五）纸浆与纸张白度的差别

纸浆与纸张白度的差别在于后者经过纸料制备，并受纸机上抄造过程的影响。

纸浆的白度是指未加任何物料和打浆处理的纸浆纤维的白度，是影响纸张白度的最重要因素。纸浆白度主要取决于浆中的发色基团，表现为木素含量的多少。纸浆中的尘埃、金属离子含量、生产用水的浊度以及日光和热的老化等都会影响纸浆的白度。

纸张的白度主要取决于纸浆的白度，并受纸料制备过程中打浆、施胶、加填、染色及压榨和干燥等抄纸过程的影响，其中颜料和染料的影响最大。

颜料中白色的二氧化钛、碳酸钙和滑石粉等的反射率比纸浆的反射率高，通常能增加纸张的白度。在某些情况下，填料易集中在纸页上层，而使纸张两面白度相差 2～3 度。有些颜料还有着色的作用。

各种染料均能降低光的反射量，因而不能提高纸张的白度，但是每一种染料均有其特性的波长，在此波长范围内吸收光线的数量比其他波长范围为多。

打浆能降低白度，湿压也会降低纸浆的光散射系数，影响试样的白度。

（六）纸浆漂白的基本原理

纸浆中最重要发色基团是木素侧链上的双键、共轭羰基以及两者的结合，使苯环与酚羟基和发色基团相连接。醌的结构对纸浆的白度有重要的影响。对醌（ $O{=}\langle\ \rangle{=}O$ ）为黄色，邻醌（ $\langle\ \rangle{=}O$ ）为红色，它们除有不饱和酮的性质外，由于其 $\diagup C{=}C \diagdown$ 双键和 $\diagup C{=}O$

羰基处于共轭体系中，因此具有共轭双键的性质。此外，纤维组分中的某些基团与金属离子作用也可形成具有深色的络合物。浆中抽出物和单宁也有着色反应。此外，一些助色基团，如—OR、—COOH、—OH、—NH$_2$、—NR$_2$、—SR、—Cl、—Br 等，其存在有助于发色和颜色的加强或由非可见光区转移到可见光区。

由于木素大分子含有不同的发色基团以及发色基团与发色基团之间和发色基团与助色基团之间的各种可能的联合，构成复杂的发色体系，形成宽阔的吸收光带，因此，从理论上来说，有色物质的脱色或者说漂白是通过阻止发色基团间的共轭，改变发色基团的化学结构，消除助色基团或防止助色基团和发色基团之间的联合等途径来实现。目前纸浆的漂白，无论是使用氧化性漂白剂还是使用还原性漂白剂，都是以上述理论为基础的。

漂白的作用是从浆中除去木素或改变木素的结构。漂白化学反应可以分为亲电反应和亲核反应。亲电反应促使木素降解，亲电剂（阳离子和游离基，如 Cl$^+$、ClO$_2$、HO·、HOO·）主要进攻木素中富含电子的酚和烯结构；亲核剂（阴离子和少许游离基，如 ClO$^-$、HOO$^-$、SO$_2^-$·、HSO$_3^-$）则进攻羰基和共轭羰基结构，除还原反应外，也会发生木素降解。亲电剂主要进攻非共轭木素结构中羰基的对位碳原子和与烷氧基连接的碳原子，也攻击邻位碳原子以及与环共轭的烯，即 β-碳原子；亲核剂主要攻击木素结构中羰基及与羰基共轭的碳原子；亲电剂对纤维素主要是进攻 C$_2$、C$_3$ 和末端 C 原子，如图 6-2 所示。

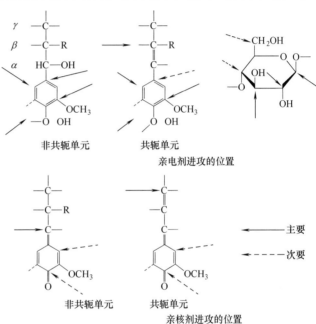

图 6-2　亲电剂和亲核剂攻击木素和碳水化合物的位置

第二节　化学浆传统含氯漂白的危害及其改进

含氯漂白剂包括氯、次氯酸盐和二氧化氯。由于氯和次氯酸盐漂白的化学品成本较低，漂白效率较高，曾是纸浆漂白的主要化学品。我国目前仍有少数工厂采用次氯酸盐单段或两段漂以及 CEH 三段漂，不但漂白浆的质量不高，对环境也造成严重的影响。通常将漂白流程中含有使用氯和/或次氯酸盐的漂白称为传统含氯漂白。本节介绍化学浆传统含氯漂白的工艺技术、环境影响及改进措施。

一、化学浆的次氯酸盐漂白

用于漂白的次氯酸盐有次氯酸钙和次氯酸钠，其原料——氯气和石灰（烧碱）价格较低，漂液的制备和漂白过程比较简单，在漂白过程中还能改善某些浆料的物理化学性质，但次氯酸盐漂白过程中强烈的氧化作用使碳水化合物降解，纤维的得率和强度损失较大，漂白废水的颜色较深，污染较严重。

（一）次氯酸盐漂液的组成与性质

次氯酸盐漂液具有氧化性，在不同的 pH 下，漂液的化学组成不同，因而漂液的氧化能力也不同。

次氯酸盐漂液是由氯气与氢氧化钙或氢氧化钠作用而得，其反应如下式：

$$2Ca(OH)_2 + 2Cl_2 \xrightarrow{\hspace{1cm}} Ca(OCl)_2 + CaCl_2 + 2H_2O + 热$$

$$2NaOH + Cl_2 \xrightarrow{\hspace{1cm}} NaOCl + NaCl + H_2O + 热$$

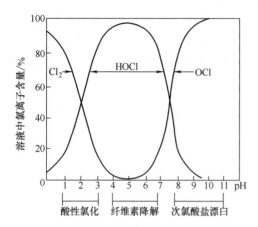

图 6-3　不同 pH 时氯水体系的平衡
（温度 25℃，浓度 0.1mol/L）

上述反应是可逆反应，其溶液的组成与氯水体系的 pH 有极大的关系，如图 6-3 所示。当 pH<2 时，溶液成分主要为 Cl_2，pH>9 时主要成分为 OCl^-。pH 不仅影响溶液的组成，对其氧化性也有影响，因为不同成分有如下不同的氧化电势：

$$Cl_2 : \frac{1}{2}Cl + e \Longrightarrow Cl^- + 1.35V$$

$$HOCl : H^+ + HOCl + 2e \Longrightarrow Cl^- + H_2O + 1.5V$$

$$OCl^- : H_2O + OCl^- + 2e \Longrightarrow Cl^- + 2OH^- + 0.94V$$

由上述反应式可见，$HOCl$ 的氧化电势最大，故氧化能力最强。

（二）次氯酸盐漂白的原理

次氯酸盐与木素的反应，主要是攻击苯环的苯醌结构，也攻击侧链的共轭双键，ClO^- 与木素的反应是亲核加成反应，即次氯酸盐阴离子对醌型和其他烯酮结构的亲核加成，随后进行重排，最终被氧化降解为羧酸类化合物和二氧化碳。

次氯酸盐是强氧化剂，如在中性或酸性条件下，则形成的次氯酸是更强的氧化剂，对碳水化合物有强烈的氧化作用。在次氯酸盐漂白过程中，由于各种酸的形成，pH 是不断下降的。如果漂初 pH 不够高而漂白过程中又没有加以调节，则漂白后期有可能达到中性或微酸性。

次氯酸盐与纤维素的反应，一是纤维素的某些羟基氧化成羰基，二是羰基进一步氧化成羧基，三是降解为含有不同末端基的低聚糖甚至单糖及相应的糖酸和简单的有机酸。三种氧化反应的速度取决于 pH。pH 高些，羰基氧化成羧基的速度大于羰基形成的速度，pH 为 6~7 时，羰基形成的速度快于被氧化成羧基的速度。纤维素氧化降解的结果，导致漂白浆 α-纤维素含量减少，黏度下降，铜值和热碱溶解度增加，致使纸浆强度下降和返黄。

（三）次氯酸盐漂白的影响因素

① 有效氯用量。有效氯用量视未漂浆的浆种、硬度以及漂白浆的白度和强度要求而定。用量不够，漂白不完全，白度达不到要求；用量过多，非但浪费，还会增加碳水化合物的降解和漂白废水的污染负荷。

② pH。由于漂液组成和性质随 pH 的不同而变化，因此，漂白时 pH 的高低，直接影响漂白速率和漂白浆的强度、得率、白度和白度稳定性。pH 为 7 时，漂液的主要组分是 $HOCl$，漂白速率和碳水化合物降解速率均最大，而且酸性和中性条件下，形成的羰基多，易造成纸浆的返黄。因此，应绝对避免在中性条件下进行漂白。一般控制漂初 pH 在 11~

12，漂终 pH 应在 8.5 以上。

③ 浆浓。提高浆料的浓度，实际上提高了漂白时的有效氯浓度。例如，有效氯用量 4%，浆浓为 6%，漂白有效氯浓度为 0.255%；将浆浓提高到 16% 时，则有效氯浓度为 0.76%，约增加了 2 倍。浆浓高，不但加快漂白速率，还可节约加热蒸汽，缩小漂白设备的容量，并减少漂白废水量。

④ 温度。提高温度可以加快漂白反应速度。因为温度升高，可以加速漂液向纤维内部渗透，也加快反应产物的扩散溶出，另一方面，次氯酸盐水解生成次氯酸的速度加快，漂液的氧化性增强。实验证明，次氯酸盐漂白在 30～50℃ 范围内，温度每提高 7℃，反应速度增加 1 倍。一般控制在 35～40℃，以减少纤维素的降解。但是，近十多年来已采用高温（70～82℃）漂白技术，其关键是漂白自始至终保持较高的 pH（漂浆 pH 最好 11 以上）。只要严格控制药品加入量和漂白时的 pH，实现高温次氯酸盐漂白，缩短漂白时间是完全可能的。当温度为 70～82℃ 时，漂白时间 5～10min 已经足够。

⑤ 时间。漂白时间的长短，受许多因素的影响，控制漂白时间意味着要控制漂白终点，一般根据漂液残氯和纸浆白度来确定。漂终残氯控制在 0.02～0.05g/L 为宜。漂后纸浆应立即进行洗涤，洗后浆残氯应在 0.001g/L 以下，否则浆要发黄。次氯酸盐单段漂时间一般为 1～3h。

二、化学浆的 CEH 三段漂

氯化（C）—碱处理（E）—次氯酸盐（H）三段漂是化学浆传统含氯漂白的代表性漂序。在大多数国家，CEH 漂白已被 ECF 或 TCF 漂白所取代。我国至今仍有少数浆厂（尤其是草浆厂）采用 CEH 三段漂。

（一）氯化

1. 氯—水体系的性质

把氯气直接通入纸浆与浆中残余木素作用的过程叫氯化。氯和水接触后首先溶解于水中，然后进行可逆的水解反应：

$$Cl_2 + H_2O \Longleftrightarrow HOCl + H^+ + Cl^-$$

HOCl 只能部分电离：

$$HOCl \Longleftrightarrow H^+ + OCl^-$$

pH 影响上述两个反应式的平衡反应方向，影响氯—水体系各组分的比例。如图 6-3 所示，pH<2 时，氯—水体系以 Cl_2 为主，随着 pH 的提高，逐渐以 HOCl 为主（pH＝4～6 时，几乎 100% 为 HOCl），随后以 OCl^- 为主（pH≥9.5 时 100% 为 OCl^-）。

2. 氯与木素和碳水化合物的反应

氯化时氯与木素的反应主要有芳环取代、亲电置换和氧化反应。分子氯产生的正氯离子 Cl^+ 是亲电攻击剂，易与木素发生氯化取代，木素大分子有可能变成小一些的分子，而苯环上的氯水解后形成羟基，增加了亲水性，这些均有利于浆中残余木素的溶出；木素侧链 α-碳原子被氯亲电置换，导致侧链的断裂；木素的氧化反应促进苯环上的醚键的断裂，产生邻苯醌结构，进而氧化为己二烯二酸衍生物，最后氧化裂解为二元羧酸的碎片。

纸浆氯化的脱木素有较好的选择性，但氯化过程中碳水化合物仍有一定程度的降解。氯对聚糖配糖键的攻击，导致部分链的断裂，生成醛糖和糖醛酸末端基，致使纸浆黏度降低。

3. 影响纸浆氯化的因素

① 用氯量。CEH 三段漂中，氯化用氯量一般为总用氯量的 60%～70%。总用氯量一般是：亚硫酸盐浆 2%～6%，硫酸盐浆 3%～8%，半化学浆 10%～15%。生产中有凭经验观察浆料颜色的变化来控制用氯量。氯化过程中浆料颜色的变化是：棕红→橘红→橘黄，氯化终点应控制在橘黄色，如果浆料发白则说明已过氯化。

② pH。浆液 pH 的大小决定氯在体系的性质，因此也决定了反应是以氧化为主还是以氯化为主。pH 高了会增加氯化时的氧化作用。由于氯化反应很快，初期就有大量 HCl 生成，使 pH 很快降至 1.6～1.7，因此，通常氯化过程无须特别控制 pH。

③ 温度。提高温度可以加快氯化反应速度，但温度提高，纤维素的氧化作用加剧，纸浆的黏度损失增多。氯化反应的速度很快，不需靠提高温度来缩短时间。因此，纸浆氯化一般在常温下进行。

④ 浆浓。氯化纸浆浓度一般为 3%～4%。在低浓下进行氯化，可以溶解所有的氯，保证浆氯混合和反应的均匀，浆料输送容易，由于氯的浓度低，避免对设备的过分腐蚀，碳水化合物降解速度慢。在常温下氯化，浓度低并不增加热能消耗。其主要缺点是废水量增加，动力消耗较高。

⑤ 时间。氯化反应速度极快，在常温下，5min 内便可消耗加入氯量的 85%～90%，15min 氯化作用基本完成，但实际生产中氯化时间要长些，通常为：亚硫酸盐木浆 45～60min，硫酸盐木浆 60～90min，草类浆 20～45min。

⑥ 混合。由于氯气—水—浆所构成的氯化系统的非均一性，所以氯化过程中，浆、氯、水充分和均匀的混合是非常重要的。氯化工段应装设混合效果好的浆氯混合器，以免产生氯化不匀和局部过氯化现象。

（二）碱处理

氯化木素只有一部分能溶于氯化时形成的酸性溶液，还有一部分难溶的氯化木素需在热碱溶液中溶解。碱处理主要是除去木素和有色物质，并溶出一部分树脂。碱的作用还使氯化过程中产生的二元羧酸溶解；碱的润胀能力使氯化木素容易被抽提，使木素的碎片从纤维的细胞壁里顺利扩散出来；碱的作用还会使吸附在纤维上的物质溶解。在温和的碱处理条件（碱浓<2g/L，温度<70℃）下，对纤维素无影响，半纤维素溶解也不多。对于某些特殊要求的纸浆，如溶解浆，碱处理的条件要强烈些（称为碱精制），以除去半纤维素，提高 α-纤维素含量和平均聚合度。热碱处理对降低溶解浆中 SiO_2 类型的灰分也十分有效。

影响碱处理的因素有碱量、温度、时间和浆浓。

用碱量取决于制浆方法、未漂浆的硬度和氯化用氯量等。一般 NaOH 用量为 1%～5%，终 pH 为 9.5～11 之间。在充分洗涤的情况下，针叶木硫酸盐浆碱处理段 NaOH 用量为氯化段用氯量的一半加 0.3%，阔叶木硫酸盐浆按用氯量的一半加 0.2%掌握。

提高温度可提高氯化木素的溶解速度和溶解量，但温度高，热量消耗大，并会增加碳水化合物的溶出。一般碱处理温度为 60～70℃。

碱处理时间受用碱量、温度和浆浓所制约，提高温度可缩短时间。氯化后的碱处理时间一般为 60～90min。

碱处理纸浆浓度一般为 8%～15%，但趋向于上限浓度。浓度高，可节省蒸汽，碱浓度高，反应也快，可缩小碱处理塔容积，减少废液排放量。

（三）次氯酸盐补充漂白

氯化和碱处理后的纸浆中仍有少量的残余木素，浆的颜色较深，必须经过补充漂白，才能达到所要求的白度。次氯酸盐用于多段漂白的补充漂段时，其作用原理与单段次氯酸盐漂白类似，即次氯酸盐阴离子对醌型和其他烯酮结构的亲核加成，然后分子进行重排，并使木素进一步氧化降解，成为羧酸类型的产物。次氯酸盐补充漂白的影响因素与单段次氯酸盐漂白类似，不同的是次氯酸盐漂前纸浆的化学组成和性质有所不同。氯化和碱处理后，浆中的木素很少，纤维素在次氯酸盐漂白时已失去木素的保护，更容易受到漂剂的氧化作用而降解。因此，在用氯量、漂白温度和漂白 pH 的控制方面要更加严格，采用较温和的漂白条件，保护纤维素，减少其降解。

三、传统含氯漂白的危害

自 1930 年开始用元素氯进行氯化作为硫酸盐浆漂白的第一段以后，在很长的一段时间，硫酸盐浆的漂白方法几乎都以氯化和碱抽提两段开始，并通常采用次氯酸盐补充漂白。这是因为采用 C、E 和 H 相结合的方法是漂白硫酸盐浆最经济、最有效的方法，但却生成大量的有机氯化物，其中很多是有毒且可生物积累的，如三氯甲烷、氯代酚类化合物、氯代二噁英和呋喃等。

在次氯酸盐单段漂和 CEH 三段漂时会产生大量的三氯甲烷，已证实三氯甲烷具有强烈的毒性和致癌性；导致肝肾慢性中毒并引起一系列症状；在光的作用下，能被空气中的氧氧化生成氯化氢和有剧毒的光气。表 6-5 为硫酸盐蔗渣浆次氯酸盐漂白时有效氯用量对三氯甲烷及有机氯含量的影响。从表中可以看出，随着漂白的有效氯用量的提高，漂白氯耗量增加，浆的白度提高，浆及废液中有机氯含量和废液中三氯甲烷含量都增加。

表 6-5　　　　　　　　　有效氯用量对三氯甲烷及有机氯含量的影响*

有效氯用量/%	漂白氯耗/%（对浆）	浆中有机氯/(mmol/100g 浆)	废液中有机氯/(mmol/100g 浆)	废液中三氯甲烷/(μg/g 浆)	浆白度/% SBD
3	2.77	37.58	18.93	158.45	54.27
5	3.31	42.93	22.07	174.83	64.43
7	3.80	48.88	25.45	209.33	72.31
9	4.60	55.79	28.14	249.61	81.50

注：* 未漂蔗渣浆 $KMnO_4$ 值 10.56，漂白浆浓 6%，温度 38℃，时间 90min。

氯代酚类化合物主要以二氯代酚、三氯代酚、四氯代酚和五氯代酚的形式存在，此外还有氯代愈创木酚、氯代儿茶酚等，这些污染物具有毒性，不易降解，排放到环境水体中会对生物产生毒害作用，而且会通过食物链富集。

传统含氯漂白产生的二噁英类持久性有机污染物（persistent organic pollutants，POPs）对环境的影响引起世界各国的极大关注。1985 年美国环保局在一些纸厂下游的河中捕获的鱼体内检测出 2，3，7，8-四氯代二苯并-对-二噁英（TCDD）。1986 年在日本召开的二噁英国际会议上，Rappe 等报道了瑞典某纸厂外采集到的蟹及排污沉积物中，2，3，7，8-四氯代二苯并-对-二噁英和 2，3，7，8-四氯代二苯并呋喃（TCDF）的含量超出背景值的 10 倍。因而引起各国的极大关注。

TCDD 和 TCDF 有代表性的结构式及传统含氯漂白中二噁英类的生成机理如图 6-4 所示。据报道，TCDD 有 75 个异构体，TCDF 有 135 个异构体，统称为二噁英。

TCDD 和 TCDF 是在目前已知化合物中毒性最大，具有致癌性和致变性的物质。近期的研究表明，二噁英类还能降低人体免疫能力，影响生殖和发育。因此，氯化和碱处理的废

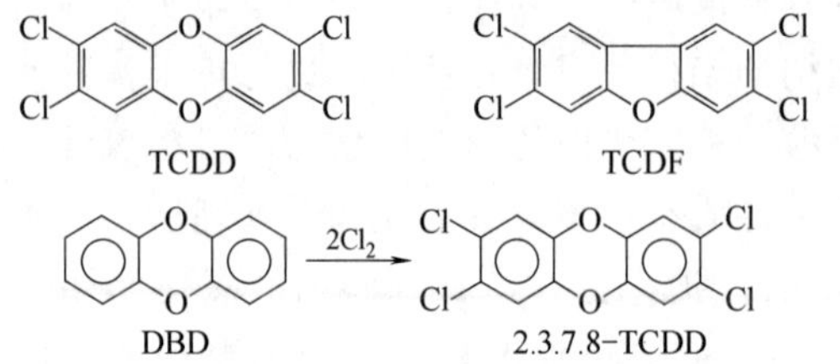

图 6-4 TCDD（2，3，7，8-tetracholro-dibenzo-P-dioxin）和 TCDF（2，3，7，8-tetrachloro-dibenzo-furan）有代表性的结构式及传统含氯漂白中二噁英类的生成机理

水对环境的冲击和危害极大。为了减少漂白废水中的 AOX（Adsorbable Ogranic Halogen，可吸附有机卤）含量，最有效的途径是减少或不用氯进行漂白。

据报道，2009 年我国造纸工业二噁英发生总量为 378gTEQ（毒性当量），其中氯气漂白纸浆的二噁英发生量为 85gTEQ，占造纸工业发生总量的 22.49%。表 6-6 为 2009 年我国造纸工业二噁英发生总量估算表。

此外，传统含氯漂白的废水难以回用，直接排放的废水量大，污染负荷高，漂白需要的清水量大，能耗也高。这样既浪费了资源，又危害了环境。从纸浆质量来看，次氯酸盐单段或两段漂和 CEH 三段漂白的纸浆质量不高，强度较低，白度难于达到高白度且漂白浆容易返黄，漂白过程的得率损失也较大。

表 6-6   **2009 年我国造纸工业二噁英发生总量估算表**

项　　目	二噁英发生量/gTEQ					各部分占总量比例/%
	水体	大气	残渣污泥	产品	合计总量	
采用氯气漂白纸浆	22.50		22.50	40.00	85.00	22.49
ECF 漂白纸浆	0.12		0.40	1.00	1.52	0.40
机械浆				2.50	2.50	0.660
废纸（脱墨）				150.00	150.00	39.69
废纸（无脱墨）				102.00	102.00	26.99
进口漂白木浆				4.25	4.25	1.12
黑液锅炉		0.70		0.70		0.19
燃烧污泥及树皮燃料类锅炉		2.00	30.00		32.00	8.47
合计	22.62	2.70	52.90	299.75	377.97	100
所占总量的比例/%	5.98	0.71	14.00	79.31	100	

四、传统含氯漂白的改进

为了减少传统含氯漂白对环境的污染，减少漂白过程中碳水化合物的降解，提高浆料的物理强度和白度，改善漂白浆的白度稳定性，近年来对传统含氯漂白工艺进行了许多改进。

（一）二氧化氯部分或全部取代的氯化

氯化时用 ClO_2 部分甚至全部取代 Cl_2，以提高纸浆的白度和强度，并减少漂白废水的污染。

广西某厂对针叶木硫酸盐浆进行氧脱木素，然后进行 D/C-EO-D 漂白。D/C 段总有效氯用量为 50kg/t 风干浆，ClO_2 取代率为 50%，浆浓 10%～11%，pH1.5～2.0，温度 45～50℃，反应时间 45min。D/C 段后浆料白度为 45%～50%ISO，漂终白度达 88%ISO。

某竹浆厂也采用 O-D/C-EO-D 漂序漂白硫酸盐竹浆。D/C 段总有效氯用量为 36kg/t 风干浆，ClO_2 取代率为 50%，浆浓 10%，pH1.5～2.0，反应温度 45～60℃，时间 50min。生产实践表明，ClO_2 取代率越高，纸浆强度越好，废水毒性越小，（EO）段 NaOH 用量越小。

江苏某厂采用 D/C-(EP)-H 漂序进行木浆与芒秆浆混合浆（3∶1，质量比）漂白生产试运行，D/C 段总有效氯用量为 50kg/t 浆，ClO_2 取代率分别为 25%、38%、50% 和 100%，浆浓 2.5%，反应温度 30～35℃，时间约 45min。运行实践表明，用 ClO_2 部分或全部取代 Cl_2，D/C-EP-H 漂白浆的黏度、抗张指数、撕裂指数和耐折度都明显高于氯化段全部用 Cl_2 的对比样。ClO_2 部分取代 Cl_2 的漂白浆白度也有所提高。如用 100%ClO_2 取代 Cl_2，应适当提高反应温度，否则会影响漂终白度。

氯化段用 ClO_2 部分取代 Cl_2，先加入 ClO_2 再加入 Cl_2 比先加 Cl_2 再加 ClO_2 的漂白效果好。在相同的有效氯用量下，氯化和碱抽提后浆料卡伯值顺序为（DC）E＜（D＋C）E＜（CD）E。先加 ClO_2 再加 Cl_2 的工艺，可使纸浆中残余木素先与 ClO_2 发生氧化反应，再与 Cl_2 发生氯化反应，这样，既有利于残余木素降解溶出，又有利于保护碳水化合物。

（二）过氧化氢在含氯漂白中的应用

在碱处理段加过氧化氢或在 CEH 三段漂白后增设过氧化氢漂段，对因条件限制目前仍采用传统 CEH 漂白的浆厂来说是一个简易有效的改进措施。在碱处理段添加 H_2O_2，工艺简单，操作方便，可提高纸浆的白度或在达到相同白度的情况下减少漂白有效氯用量，减轻含氯漂白废水的污染。在 CEH 三段漂后增设 P 段，即改为 CEHP 漂序，可减少 C 段和 H 段的用氯量，减少漂白废水的污染负荷，尤其是 AOX 含量，又可提高漂白浆的白度和白度稳定性。广东某厂原采用 CEH 漂序漂白甘蔗渣芒秆混合浆，在 H 段后增一段高浓 H_2O_2 漂白，H_2O_2 用量 0.8%～1.2%，不但 C 段和 H 段的用氯量有所减少，漂白浆白度提高 2%～5%ISO，且返黄值显著降低。

（三）OHMP 少氯漂白的工业化应用

OHMP 纸浆漂白工艺由氧脱木素、次氯酸盐漂白、活化预处理和过氧化氢漂白组成，以氧和过氧化氢为主要漂剂，采用少量的次氯酸盐，配以活化处理，是国内研究开发、具有自主知识产权的高效清洁漂白集成技术。氧脱木素可根据未漂浆性质和漂白浆要求采用单段或两段。氧脱木素段洗涤滤液可全部逆流回用于本身的浆料稀释和用于黑液提取段的浆料置换洗涤而进入碱回收系统。H 段是在氧脱木素的基础上通过氧化作用与浆中残余木素和色素反应，使其溶出或脱色，同时有效地去除浆中的纤维性尘斑。M 段使用专用助剂进行活化处理，为后续过氧化氢漂白创造更好的条件。P 段在碱性条件下进行过氧化氢漂白。

国内某厂烧碱法芦苇浆卡伯值为 16～20，经两段氧脱木素后卡伯值为 8～10，木素脱除率为 45%～55%。经氧脱木素的粗浆进行 HMP 漂白，H 段后白度达到 65%～75% 时，P 段后白度达到 85% 以上。国内某厂硫酸盐法竹浆卡伯值为 18～20，经两段氧脱木素后卡伯值降至 8～10，木素脱除率为 50%～60%，再经 HMP 漂白，白度达到 82%ISO 以上。

生产实践表明，OHMP 漂白工艺生产调节灵活，工艺装备容易实现国产化，工程建设投资少，运行费用较低，污染负荷轻。表 6-7 为三种纸浆 CEH 和 OHMP 漂白废水污染负荷。

表 6-7   **CEH 和 OHMP 漂白废水污染负荷**

浆种	漂序	AOX 含量 /（kg/t 风干浆）	COD_{Cr} 含量 /（kg/t 风干浆）	BOD_5 含量 /（kg/t 风干浆）	废水排放量 /（m³/t 风干浆）
马尾松浆	CEH	4.8	66.50	19.55	100
	OHMP	1.2	14.67	6.81	30
芦苇浆	CEH	2.8	81.04	24.81	100
	OHMP	0.4	17.09	7.35	30
蔗渣浆	CEH	4.1	94.43	28.29	100
	OHMP	0.5	24.61	9.82	30

由表中数据可知，OHMP 漂白的污染负荷比传统 CEH 三段漂低得多。AOX 排放量减少 75%～88%，废水排放的 COD_{Cr} 下降约 75%，BOD_5 下降约 65%，废水排放量减少 70% 左右，已基本达到国际清洁生产先进水平。

（四）HD 短序漂白

在麦草浆 HD 短序漂白实验室研究的基础上，山东某厂将原有的 60t/d 麦草浆 CEH 三段漂白改造成 HD 两段漂白，进行了 HD 漂白生产试验。实验及生产试验结果表明，碱法麦草浆采用 HD 短序漂白工艺优于 CEH 三段漂白工艺，纸浆经 HD 漂白后白度可以达到 78% ISO，得率比传统 CEH 漂白提高 5 个百分点，强度明显改善，用水量降低 30% 以上，漂白废水中 AOX 含量降低 60% 以上，废水色度显著降低。与 CEH 三段漂白相比，HD 工艺流程投资较高，主要原因是设备、管道等需要选用耐 ClO_2 腐蚀的材料，但 HD 工艺消耗的化学成本略低，由于少了一段漂白，故电耗和水耗减少，运行成本较 CEH 三段漂低。

综上所述，HD 漂白工艺是一种低污染的清洁漂白技术，可以取代传统的 CEH 三段漂。

（五）化学助剂在传统含氯漂白中的应用

1. 氯化时添加的助剂

氯化时，尤其是在高温（如 50℃）下氯化，会使碳水化合物降解，纸浆黏度下降。加入适量助剂（ClO_2 或氨基磺酸、NH_4Cl 及含氮有机物）对纤维有保护作用，减少黏度的下降。

氯化时添加 ClO_2，可清除或减少氯化时产生的游离基 Cl· 和 ClO·，从而减少碳水化合物的游离基氧化降解反应。ClO_2 用量为 0.05%～0.1% 时，就能起到良好的作用。此外，ClO_2 能降解亚硫酸盐浆中的树脂，减少氯化时形成的黏性氯化树脂。

2. 碱处理时添加的助剂

碱处理时，添加助剂可以减少碳水化合物降解反应的发生。可以添加的助剂有 KBH_4、Na_2SO_3、H_2O_2 等。KBH_4 的作用是其对碳水化合物还原性末端基的还原作用，抑制了剥皮反应，提高了 α-纤维素含量和得率。Na_2SO_3 在碱处理中的作用与碱法蒸煮时相似，能作为氧化剂使碳水化合物还原性末端基氧化，减少剥皮反应，同时又是脱木素反应剂，使碱处理后纸浆的可漂性提高。碱处理段添加 H_2O_2 的作用是明显的，强化了脱木素作用，使纸浆白度提高或减少漂剂用量。

3. 次氯酸盐漂白时添加的助剂

次氯酸盐漂白时使用的助剂有氨基磺酸、尿素、硫代硫酸钠等。

在次氯酸盐漂白中添加氨基磺酸，可有效地抑制碳水化合物的降解，其原因被认为是氨基磺酸与次氯酸盐形成了 N-氯氨磺酸盐。

$$NH_2SO_3Na + NaClO \longrightarrow NHClSO_3Na + NaOH$$

N-氯氨磺酸盐的形成提高了次氯酸盐漂液与木素反应的选择性，减少了浆中碳水化合物被氧化降解的机会，在酸性和中性条件下也能起到很好的作用。

在次氯酸盐漂白中，加入尿素对次氯酸盐有活化作用，可促进漂白反应，同时抑制碳水化合物的降解，阻止纤维素发生剥皮反应，避免纤维过度损伤。

尿素和次氯酸钙发生的反应如下

$$CO(NH_2)_2 + Ca(OCl)_2 + 2OH^- \longrightarrow N_2H_4 + CaCl_2 + CO_3^{2-} + H_2O$$

硫代硫酸钠可用作次氯酸盐漂白后的脱氯剂，能够与漂后浆料中的残氯发生反应而将其脱除，可缩短漂后浆料洗涤时间，并减少漂后纸浆的返黄。

国内某厂在麦草浆 CEH 漂白的 H 段中添加一种丙烯酸聚合物及无机盐与活性剂组成的复合助漂剂，加入量为 1.8kg/t 浆。该助剂可以提高次氯酸盐的活性，使漂白速度加快，可使漂液用量降低 20％～30％，漂白损失减少 3％～4％，并提高浆料的滤水性和物理强度。

第三节　化学浆的 ECF 和 TCF 漂白

随着人们对传统含氯漂白危害性认识的提高以及世界各国环境保护要求的日益严格，20 世纪 80 年代以来，无元素氯（ECF）和全无氯（TCF）漂白技术得到迅速发展，成为化学浆漂白的必选漂白方法。

一、ECF 和 TCF 漂白技术的发展

（一）ECF 漂白技术的发展

二氧化氯是无元素氯漂白的基本漂剂。用二氧化氯代替元素氯和次氯酸盐漂白纸浆，氯化有机化合物的产生量要少得多。以二氧化氯为基本漂剂而不用氯和次氯酸盐的漂白称为无元素氯漂白。但是，目前仍有一些人把次氯酸盐漂白也称为无元素漂白，这显然是对无元素氯漂白含义的严重误解。次氯酸盐因其漂白废水中有毒性很强的三氯甲烷等有机氯化物，这早在明令禁止用氯气之前便被禁止使用。二氧化氯是一种高效清洁的漂白剂，其主要作用是氧化降解木素，使苯环开裂并进一步氧化降解成各类羧酸产物，因此，形成的氯化有机化合物甚少。由于 ECF 漂白的纸浆白度高、强高好，对环境的影响小，成本又相对较低，因此，1990 年以来，ECF 漂白得到迅速的发展。全球 ECF 浆产量由 1990 年的 350 万 t 上升到 2010 年的 6300 万 t，占漂白化学浆总量的 75％以上。北美地区已基本完成从传统含氯漂白转变为 ECF 漂白的过程，ECF 浆已占该地区漂白纸浆总产量的 96％。

二氧化氯漂白工艺的发展大体分为 3 个阶段。第一阶段是 ClO_2 用作补充漂白段的漂白剂，以及用 ClO_2 部分取代元素氯，从而减少了漂白废水对环境的影响，提高漂白浆质量，但漂白流程中仍有用氯和/或次氯酸盐，还不是无元素氯漂白。第二阶段为采用深度脱木素的未漂浆，漂前采用氧脱木素技术，再进行用 ClO_2 完全取代的氯化及二氧化氯补充漂白，实现了 ECF 漂白。漂白前除去更多的木素使漂白的药耗和能量降低，纸浆强度和白度稳定性显著提高。有代表性的漂白流程有 OD（EO）D、OD（EOP）D，OD（EOP）DD、OD（EO）DP 等。第三个阶段是在现代化的浆厂，采用深度脱木素蒸煮和氧脱木素，纸浆用含氧漂白剂（如臭氧、过氧化氢和过氧酸）漂白后，只在偏后或最后一段采用 ClO_2 漂白，而且 ClO_2 的用量较低，称之为轻 EDF（Light-ECF 或 Mild-ECF）漂白。和常规 ECF 相比，轻 ECF 产生的氯化有机污染物更少，工厂废水量可进一步减少，在 ClO_2 漂白前的废水可以循环回用。有代表性的漂白流程如 OZED、OZ（EO）D、OQPZD、（OO）Q（OP）D（PO）、O（OP）DQ（PO）等。

（二）TCF 漂白技术的发展

全无氯（TCF）漂白是不用任何含氯漂剂，而用 H_2O_2、O_3、过氧酸等含氧化学药品以及生物酶进行漂白。由于环境保护要求越来越严，对高白度漂白化学浆要求也越来越高，特别是用于生产食品包装纸或纸板（如茶叶袋纸、咖啡过滤纸、卷烟纸、糖果包装纸）的漂白化学浆，要求不许含有有机氯化物。为此，许多国家进行了全无氯漂白的研究和应用，其中

主要是利用已经成熟的氧脱木素技术、H_2O_2 漂白技术以及已成功工业化应用的臭氧漂白技术，有的还结合使用过氧酸漂白技术和生物酶漂白技术，生产高白度全无氯漂白浆，满足市场的需要。由于 TCF 漂白浆的白度、强度和得率较低，而生产成本又比 ECF 高，因此，TCF 漂白浆产量增长缓慢。欧洲是世界主要的 TCF 浆生产地，例如瑞典的 Sodra Cell 公司1991—2003 年就生产了 1000 万 t TCF 纸浆。

目前常用的 TCF 漂序有：ZEP、OQ（PO）、OZQ（PO）、OQ（PO）（PO）、OQ（PO）（ZQ）（PO）、OQ（PO）Pa（PO）、OQ（EOP）（PaQ）（PO）等。

TCF 漂白是实现无废水排放（Totally effluent free，TEF）的一个重要步骤。无废水排放并不是纸浆生产不用水，而是指纸浆厂不向外排放废水。实际上，世界上已有一些纸浆厂实现无废水排放。采取的措施有：采用深度脱木素蒸煮技术，生产低卡伯值纸浆；采用氧脱木素和其他含氧漂剂的 TCF 漂白技术；洗涤和漂白废水循环使用，最大限度地降低纸浆厂用水量；将排放的少量（<8m³/t 浆）废水经过蒸发后焚烧，或将碱性废液用于粗浆洗涤，微酸性或酸性废液送至单独的蒸发系统浓缩后，与黑液混合燃烧。

（三）国际纸浆漂白的新特点

20 世纪 80 年代以来，随着科学技术的发展和保护环境的需要，纸浆漂白朝着对环境影响最小的漂白（Minimum impact bleaching）的方向发展。国际纸浆漂白出现了以下几个新特点。

1. 漂白技术的先进性

现代化的浆厂已不再采用氯和次氯酸盐为漂剂的传统含氯漂白，取而代之的是 ECF 和 TCF 漂白。两段氧脱木素（OO）、氧或/和过氧化氢强化的碱抽提（EO、EP、EOP）、压力过氧化氢漂白（PO）、高温二氧化氯（D_{HT}）漂白等先进技术已在许多浆厂应用。过氧酸漂白（Pa、Px、Pxa）和木聚糖酶辅助漂白（X）也已工业化应用。近年国内外投产的化学浆漂白生产线，几乎都采用目前世界上最先进的高效清洁漂白技术，例如，化学木浆的（OO）D_{HT}（EO）$D_1 D_2$、（OO）D_0（EOP）D（PO）的 ECF 漂白，低二氧化氯用量的 O（OP）DQ（PO）、（OO）Q（EOP）D（PO）的轻 ECF 漂白，OO（ZQ）（PO）（ZQ）（PO）的 TCF 漂白；化学竹浆的（OO）Q（OP）D（PO）轻 ECF 漂白以及全无氯的 OQ（PO）、（OO）Q（OP）Q（PO）漂白；化学草浆也采用了短流程的 ECF 或 TCF 漂白。

2. 漂白流程的多样性

随着漂白技术的发展，漂白流程不再像以前那样标准化，而是出现了漂段和漂序的多样化。在同一漂段可用多种或多次加入漂白化学品，例如，把 O_3 和 ClO_2 放在同一段的（ZD）、臭氧漂白和螯合处理相结合的（ZQ）、二氧化氯漂白和螯合处理同时进行的（DQ）以及螯合处理与木聚糖酶辅助漂白结合的（QX），可节省投资，降低能耗。漂白流程视原料、浆种及漂白浆质量要求而多种多样，很少几个厂采用完全相同的漂白流程。

3. 漂白工艺灵活性

现代漂白浆厂，在采用先进、合理的漂白流程前提下，漂白工艺是灵活多变的，以适应未漂浆性质的变化以及漂白浆的质量要求。例如，既有过氧化氢强化的氧脱木素（OP），又有氧加压的过氧化氢漂白（PO）；两段氧脱木素，段间有进行洗涤的，也有不洗涤的；化学品可只在第一段加入，也可以在两段分别加入；两段的温度压力和时间不同，但可灵活调节。有的浆厂在新建漂白生产线时就考虑既可进行 ECF 漂白，又可进行或略作改造后进行 TCF 漂白，根据市场需求，既可生产 ECF 漂白浆，又可生产 TCF 漂白浆。

4. 对环境的友好性

由于重视环境保护，采用先进的 ECF 和 TCF 漂白技术，现代化浆厂对环境的影响大大地减少了，漂白废水的污染负荷已降至：AOX 0.1～0.3kg/t 浆，COD 5～10kg/t 浆，废水排放量 5～10m³/t 浆。

二、氧 脱 木 素

氧脱木素（Oxygen delignification）也称氧碱漂白、氧漂白，是在碱性条件下用氧进行脱木素和漂白的过程。1956 年，苏联学者 Niktin 和 Akim 用分子氧在碱性条件下对溶解浆进行漂白与精制，但氧用于造纸用浆的漂白时没有成功，因为碳水化合物过多降解。1964 年，法国学者 Robert 等人发现氧碱漂白时添加 $MgCO_3$ 能保护纸浆的强度。这一发现，导致了两个高浓氧漂系统的同时出现，南非 Sopoxal 法和瑞典的 MoDo-CIL 氧漂系统于 1970 年投入运行。其后高剪切中浓混合器和中浓浆泵研制成功，实现了中浓氧脱木素的工业化。20 世纪 90 年代，ECF 和 TCF 漂白迅速发展，氧脱木素随之得到迅猛的发展。目前，氧脱木素已经成为一种广泛应用的成熟漂白技术。未漂浆残余木素的 1/3～1/2 可以用氧在碱性条件下除去而不会引起纤维强度严重的损失，而且废液中不含氯，可用于粗浆洗涤且洗涤液可送到碱回收系统处理和燃烧。氧脱木素是 TCF 漂白不可缺少的重要组成部分，也是大多数 ECF 漂白的重要组成部分，成为纸浆漂白技术的一个发展方向。

（一）氧的性质与制备

1. 氧的性质

氧在常温常压下为无色、无臭、无味的气体，相对分子质量为 32.0，密度 1.429，熔点 −218.4℃，沸点 −183℃。主要化合价 −2。能被液化和固化。液氧呈天蓝色，固氧是蓝色晶体。氧仅略能溶解于水。在常温时不很活泼，对许多物质不易发生作用，但在高温时则很活泼，能与多种元素直接化合，氧有质量数 16、17 和 18 的三种同位素。氧是动物呼吸和植物燃烧所必需的气体。氧在自然界中分布极广，在空气、水、矿石中的氧，约占地壳总质量的一半，是地壳中含量最多的元素。

氧是空气的主要成分之一。接近地面的空气密度为 1.293g/L，离地面越远，密度越小。空气是一种气体混合物，主要成分是氧和氮，并含有氩、氖等惰性气体以及水蒸气、二氧化碳等。干燥空气的平均组成（体积百分率）为氧 20.93%，氮 78.10%，氩 0.92%，CO_2 0.028%，其他 0.022%。空气是燃烧、呼吸和工业氧化等所需的氧的主要来源。

氧本身不燃烧，但能助燃。氧是一种常见的氧化剂，能与多种元素化合发出光和热，即燃烧。氧与氢的混合气具有爆炸性，液氧和有机物及其他易燃物质共存时，特别是在高压下，也具有爆炸的危险性。因此，在运输和使用时，必须注意安全。

2. 氧的制备

实验室常用氯酸钾与二氧化锰加热制氧气。工业上常用的制氧方法有深度冷冻分离空气法和变压吸附分离空气法。

（1）深度冷冻分离空气法

深度冷冻分离空气法（Cryogenic Air-separation Process）是利用空气中氧、氮气和氩气的沸点不同（在标准大气压下氧沸点 −183.0℃，氮沸点 −193.8℃），将空气压缩、净化、冷却和膨胀后，在 −190℃ 左右的低温下在蒸馏柱中分离而制得。

深度冷冻分离空气法制得很纯的气体，纯度可高达 99.5%，但设备的安装、运行、管理的技术要求高，生产成本较高。对纸浆氧脱木素来说，氧气纯度大于 90％ 即可，不需要高纯度的氧。因此，除少数特大型综合制浆造纸厂外，此法较少在造纸工业应用。

（2）变压吸附分离空气法

变压吸附分离空气法简称 PSA（Pressure swing adsorption）或 VSA（Vacuum swing adsorption），是利用空气中氧气和氮气在分子筛中吸附能力的不同而分离的方法。其基本操作过程为：空气经压缩机压至 0.6～0.8MPa，经除油、除水及除尘后，进入装填分子筛（由具有大量微孔的小颗粒沸石组成）的吸附柱组成的变压吸附装置。净化了的压缩空气由底部进入吸附柱，分子筛吸附大部分氮气，氧气则不断通过分子筛在吸附柱顶部富集，作为产品由吸附装置上部排出，进入氧气罐。该吸附过程一直持续到分子筛达到饱和，饱和的分子筛需要再生。两个吸附柱一个用于制氧，另一个进行再生，两者交替进行。PSA 过程压力变化范围为 0.1～0.7MPa。后来引入的 VSA 的基本原理是一样的，真空是用于吸附床的再生，压力变化在 0.03～0.15MPa 之间。现在变压吸附法通常称为 VPSA。

变压吸附分离空气法制得的氧气纯度可达 94％ 左右，通常低于 94％，产量为 1～200tO_2/d。变压吸附法较简单、节能，在对氧气纯度要求不高（<95％）、用氧量不太大的情况下多采用吸附制氧方式。

（二）脱木素的化学反应

分子氧作为脱木素剂，主要是利用其具有两个未成对的电子对有机物具有强烈的反应性。氧又是一种相对弱的氧化剂，要保证木素与氧的反应有适当的速率，必须加碱活化木素，即将酚羟基和烯醇基转变成更有活性的酚盐和烯酮盐。

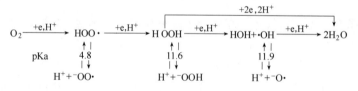

图 6-5　氧逐步还原时形成的活性基

分子氧在氧化木素时，通过一系列电子转移，本身被逐步还原，其过程如图 6-5。由图看出，氧在起氧化作用而被逐步还原时，根据 pH 的不同而生成过氧离子游离基（O_2^-·）、氢过氧阴离子（HOO^-）、氢氧游离基（HO·）和过氧离子（O_2^-）。这些氧衍生的基团，在木素降解中起着重要的作用。氧脱木素过程中的反应，既有亲电反应，又有亲核反应；既有离子反应，也有游离基反应。游离基反应快，主要作用是脱木素，使木素碎片化。离子反应慢，主要作用是破坏发色结构，提高纸浆白度。

图 6-6 为氧与酚型木素结构的反应，首先是通过酚氧离子转移一个电子给分子氧而形成酚氧游离基，继而产生过氧离子游离基（·O_2^-）、氢过氧游离基（HOO·）和氢过氧化物。后者离解生成的氢过氧阴离子（HOO^-）进攻羰基或进行分子内亲核反应而形成二氧四环中间产物，经过重排形成环氧乙烷结构、黏康酸衍生物和 α-酮结构，进一步氧化降解生成甲醇、羧酸等产物，而 $C_\alpha C_\beta$ 连接断裂。氧脱木素后纸浆残余木素中酚羟基含量降低，羧基含量增加，废液中检测出低分子量羧酸和甲醇（见表 6-8），证明了上述反应的发生。

木素衍生的氢过氧化物裂解生成过氧化氢和氢氧游离基。H_2O_2 在碱性条件下转变为氢过氧阴离子，它是一种很强的亲核剂，进攻不饱和结构和环氧乙烷结构，使纸浆白度提高。氢氧游离基是一种很强的亲电剂，除主要与酚氧离子反应生成酚氧游离基外，还将已部分氧化的木素进一步降解为水溶和碱溶的碎片。

表 6-8 松木硫酸盐浆氧脱木素废液的组成

化合物	含量/(kg/t 浆)	化合物	含量/(kg/t 浆)
木素	29	草酸	1.1
低质均分子量木素产物	3.7	乙酸	1.0
聚糖*	4.5	乙醇酸	1.0
甲醇	1.5	3,4-二羟基丁酸	0.9
二氧化碳	7.5	其他少量的酸(总量)	2.5
甲酸	3.0		

注: * 主要为木糖。

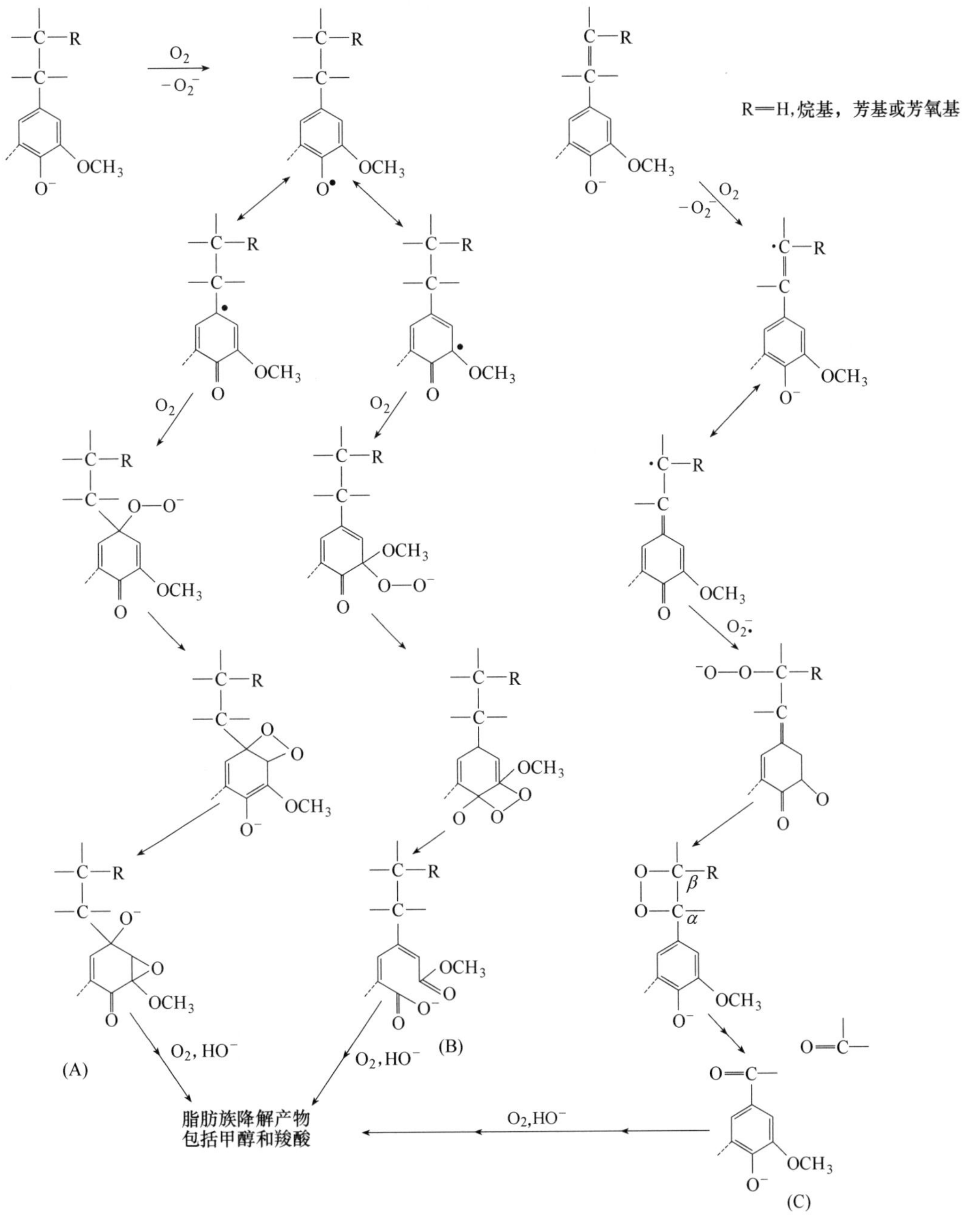

图 6-6 氧与酚型木素结构的反应

299

在碱性条件下氧与木素结构中环共轭羰基反应，关键的一步是氢过氧阴离子的产生及其后此亲核剂分子内攻击羰基碳原子形成二氧四环结构，此环二烷过氧化物重排最终导致 C_α 和 C_β 连接的断裂。

（三） 氧与木素模型化合物的反应

表 6-9 为木素模型化合物与氧的相对反应性。从表中可以看出，酚型木素结构单元的反应活性要大大高于非酚型木素结构单元；紫丁香基型木素结构单元反应活性大于愈创木基型结构单元，更大于对羟苯基型结构单元。侧链上有羰基的比没有羰基的反应活性小得多。

表 6-9　　　　　　　　　　　　　木素模型化合物与氧的反应活性

功能基	对氧的相对反应性
酚羟基	（酚型结构 >> 甲氧基取代酚型结构，以 R_1、R_2、R_3、OH、OCH_3 取代的苯环结构）
甲氧基	（邻位 OH、OH 结构 >> H_3CO、OCH_3、OCH_3 三甲氧基结构 > OCH_3、OCH_3 结构 > 对 OH 结构）
侧链	（CH_2、OCH_3、OH 结构 > HC—OH、OCH_3、OH 结构 >> C—OH（O）、OCH_3、OH 结构 > C=O、OCH_3、OH 结构）

氧脱木素反应动力学可分为明显的两个阶段。第一个阶段主要是蒸煮和洗涤后存在于纤维壁中可及的木素参与反应，这类木素易于在氧脱木素第一阶段溶出。第二阶段木素溶出速度慢，与残余的木素结构，如丙基愈创木酚、酚型 β-O-4 结构和 5-5' 双丙基愈创木酚结构，相对反应性较低有关。

氧脱木素后木浆中残余木素的化学结构与木材木素有所不同。硫酸盐蒸煮过程中木素的 β-O-4 结构断裂使蒸煮后浆中木素的 β-O-4 结构比例（频率）大大下降。但氧脱木素后浆中残余木素的 β-O-4 结构的比例又有所增加，β-5、5-5' 结构的比例也有所增加，如表 6-10 所示。

表 6-10　　　　　针叶木及其硫酸盐浆、氧脱木素硫酸盐浆木素的连接形式的比例

连接形式 分析方法	β-O-4	β-5	β-β	5-5	4-O-5
	核磁共振			氧化降解	
木材木素	48	12	3.5	10	5
硫酸盐浆木素（卡伯值 30～35）	10	5	2	12	7
氧脱木素浆木素（卡伯值 9～11）	18	8	2	13	4

氧脱木素后浆中残余木素与碳水化合物连接的比例增加。针叶木硫酸盐浆中木素至少有

50％与聚木糖和聚葡萄糖甘露糖连接，而氧脱木素后浆中 80％～90％的残余木素与半纤维素的主要组分连接。

（四）碳水化合物的降解化学反应

氧脱木素时碳水化合物的降解化学反应，主要是碱性氧化降解反应，其次是剥皮反应。

在碱性介质中，纤维素和半纤维素会受到分子氧的氧化作用，在 C_2 位置（或 C_3、C_6 位置）上形成羰基。在氢氧游离基进攻下，C_2 位置上形成羟烷游离基，再受分子氧氧化作用生成乙酮醇结构。C_2 位置上具有羰基，会进行羰基与烯醇互换，继而发生碱诱导 β-烷氧基消除反应，导致糖苷键断裂，纸浆的黏度和强度下降。在 C_3 和 C_6 位置上引入的羰基能活化配糖键，通过 β-烷氧基消除产生碱性断裂。

由于氧脱木素是在碱性介质并在 100℃ 左右或 100℃ 以上进行的，因此，碳水化合物或多或少会发生一些剥皮反应。氧化降解产生新的还原性末端基，也能开始剥皮反应。剥皮反应的结果是降低了纸浆的得率和聚合度。但是氧脱木素过程中剥皮反应是次要的。在氧化条件下，碳水化合物的还原性末端基迅速氧化为醛糖酸基，因此，防止末端降解的发生。

未漂硫酸盐浆氧脱木素的废液中，60％～70％为溶出的木素。除了少量的低相对分子质量木素产物外，如乙酰香草酮，这些木素仍以聚合物形式存在。碳水化合物的溶出要少得多。溶出的木素和碳水化合物碎片会发生一定程度的氧化反应，产生各种脂肪酸、甲醇和二氧化碳。为了避免碳水化合物的过多降解，一般单段氧脱木素的脱木素率不大于 50％，氧脱木素后针叶木浆卡伯值为 18～20，阔叶木浆为 10～12，卡伯值再低会引起得率下降，强度降低。为了抑制碳水化合物的降解，保护碳水化合物，在氧脱木素时加入保护剂是一个有效途径，工业上最重要的保护剂是镁的化合物，如 $MgSO_4$、$MgCO_3$、MgO 等。

（五）氧脱木素的影响因素

氧脱木素的主要工艺参数有用碱量和碱源、pH、反应温度和时间、氧用量和氧压、浆浓和添加保护剂等。

1. 用碱量和碱源

用碱量对氧脱木素初始阶段和后续阶段的脱木素和碳水化合物降解有密切的关系。增加用碱量，脱木素加速，碳水化合物降解也加快。因此，用碱量高，卡伯值低，纸浆得率和黏度也随之降低，如图 6-7 和图 6-8 所示。用碱量应根据浆种和氧脱木素其他条件而定，一般为 2％～5％。与高浓浆相比，低浓浆需要较高的用碱量，以达到相同的卡伯值降值。

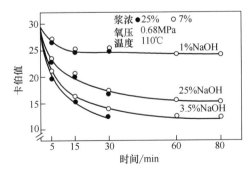

图 6-7　针叶木硫酸盐浆氧脱木素时用
碱量和时间对卡伯值的影响

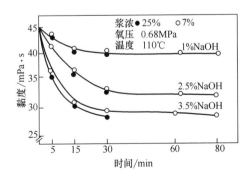

图 6-8　针叶木硫酸盐浆氧脱木素时
用碱量和时间对黏度的影响

碱源对氧脱木素率和脱木素选择性也有影响。研究表明，辐射松硫酸盐浆氧脱木素用新鲜 NaOH 溶液和用氧化白液的脱木素率相同，但若用未经处理的白液代替 NaOH 溶液，会降低氧脱木素率（如图 6-9 所示），这与未经处理的白液中存在硫化物有关。此外，脱木素选择性也比用 NaOH 或氧化白液稍差。

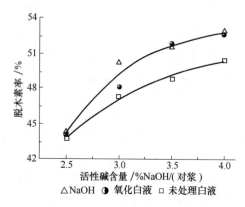

图 6-9 辐射松硫酸盐浆氧脱木素时碱源对脱木素率的影响

国内某厂针叶木硫酸盐浆氧脱木素时，用低硫化度白液部分代替 NaOH，以节省建氧化白液装置的投资。低硫化度白液活性碱浓度 $100 \sim 120 \mathrm{g/L}$（NaOH 计），硫化度 $10\% \sim 15\%$，用之替代 45% 左右的 NaOH。生产实践表明，在氧脱木素段可以用低硫化度白液替代部分 NaOH，氧脱木素段浆得率相对低，但后续漂白损失率低，故最终总得率与用 NaOH 氧脱木素的总得率相当，漂白浆各项质量指标均高于企业质量标准（见表 6-11）。纸浆黏度的提高，得益于氧脱木素段用的低硫化度白液中 Na_2S 的存在，一定程度上缓解了纤维素的降解。

表 6-11 采用低硫化度白液替代 NaOH 氧脱木素后成浆质量

指标	抗张指数 /(N·m/g)	耐破指数 /(kPa·m²/g)	撕裂指数 /(mN·m²/g)	黏度 /(mL/g)	白度/%
企业标准	≥55	≥3.5	≥8	≥600	≥84
实测值	59.0	4.00	12.6	765	86.1

2. pH

pH 与用碱量密切相关，也与浆种和氧脱木素其他条件有关。北美工厂数据表明，进入氧脱木素段 pH 为 10.3～12.1。木素模型化合物的研究表明，pH 在 11 左右时的脱木素率最大，这可能是在此 pH 下，含氧反应基，如过氧阴离子、过氧游离基和羟游离基形成的缘故。

工厂运行实践表明，氧脱木素终点（喷放线上测得）pH 为 10.5 时，纸浆黏度与卡伯之比最佳，即脱木素选择性最好。pH 过低，溶出木素开始沉积在纤维表面，这显然对选择性不利。ESCA 表面分析表明，氧脱木素时纤维表面的木素脱除率没有总木素脱除率高，证明溶出木素的沉积。另一研究显示，当氧脱木素终点 pH 达到 10.4 时，其后续 D（EP）D 漂序的可漂性改善，可节省近 10% 的有效氯；终 pH 高于 10.4，其可漂性保持同一水平。为了不影响氧脱木素选择性，碱可以分处加入。有一部分碱在喷放前加入，使终 pH 在 10 以上，这等于中间没有洗涤而外加一个温和的碱处理段。

3. 反应温度和时间

氧脱木素要求高于 80℃ 的温度，提高温度可加速脱木素过程。在其他条件相同的情况下，温度越高，纸浆卡伯值越低，如图 6-10 所示。

氧脱木素是放热反应，反应热为 12～14MJ/t 浆。生产上采用的温度一般在 90～105℃ 之间，过高的温度会导致碳水化合物的严重降解。要达到某一卡伯值，较低温度、较长停留时间得到的纸浆黏度较高，即脱木素选择性较好。

在一定的碱浓下，卡伯值的降低可以分为初始快速下降和后续缓慢下降两个阶段，大部分氧化反应可在 30min 内完成。时间过长，碳水化合物降解严重，纸浆黏度快速下降。氧脱木素反应时间一般在 1h 以内。图 6-11 为蓝桉硫酸盐浆氧脱木素选择性的变化。从图中可以看出，氧脱木素前期（快速脱木素阶段）的选择性较好，黏度的损失较小。

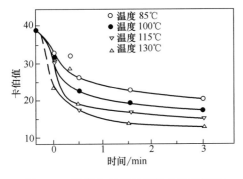

图 6-10　温度和时间对氧脱木素的影响

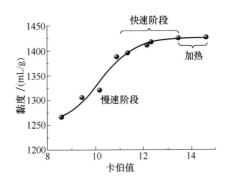

图 6-11　蓝桉硫酸盐浆氧脱木素选择性的变化

4. 氧用量和氧压

氧用量对氧脱木素没有用碱量和温度那么重要，只要有足够的氧存在于氧脱木素系统就可。一般来说，氧的用量 20～30kg/t 绝干浆就已足够，不会出现氧限制了脱木素。氧脱木素的研究和生产实践表明，卡伯值每降低 1，吨浆消耗的氧约为 1kg。与氧用量的影响相比，氧压对脱木素的影响要大得多。提高氧压，脱木素率增加，碳水化合物的降解也会增多。图 6-12 为氧压对脱木素的影响，图 6-13 为氧压对一种酚型 β-芳基醚化合物降解率的影响，可见木素脱除率或降解率均随氧压的提高而增大。在技术上可行的情况下，提高氧压是氧脱木素的发展趋势之一。然而，与用碱量和反应时间相比，氧压的影响相对较小，生产上使用的氧压多为 0.5～0.7MPa。

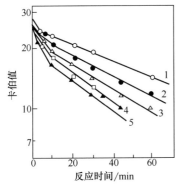

图 6-12　氧压对脱木素率的影响
（温度：110℃）

1—0.1MPa　2—0.2MPa　3—0.49MPa
4—0.69MPa　5—1.0MPa

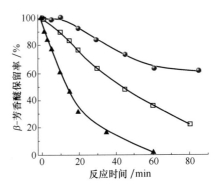

图 6-13　氧压对一种酚型 β-芳基醚化
合物降解率的影响（pH11，100℃）

氧压：—●—0.4MPa
—□—0.6MPa　—▲—1.1MPa

5. 纸浆浓度

纸浆浓度将影响到碱液浓度，也即影响反应速率，同时影响到蒸汽的消耗和反应器的大小等。在一定用碱量下，降低浆浓，碱液浓度下降，木素脱除和碳水化合物降解均减慢。提高浆浓，可缩短扩散距离，提高化学品有效浓度，节约蒸汽、增加生产能力。生产上均采用高浓或中浓氧脱木素。

纸浆浓度对氧脱木素系统的安全性有很大影响。氧脱木素产生的气体反应产物（主要为一氧化碳、挥发性烃）必须从氧脱木素系统（含反应器、喷放锅、洗浆机）除去。与高浓相比，中浓系统单位纸浆产生的一氧化碳量约少30%。可见，中浓系统的安全性比高浓系统好。

6. 未漂浆洗涤效率

蒸煮后纸浆的洗涤效率会影响进入氧脱木素段的纸浆携带的固形物量（通常称Carry-over）。浆液中残留的有机物（主要为溶出木素）对氧脱木素的脱木素率和选择性有负面的影响。其原因之一是浆中残余木素和浆液中溶出木素产生消耗碱和氧的竞争，溶出木素氧化产生的酸性基团消耗碱使OH^-浓度下降，影响脱木素反应的进行；同时，溶出木素的存在加快了碳水化合物的降解反应。因此，氧脱木素前浆要尽量洗干净，减少进入氧脱木素段浆液中的溶出木素或未氧化的COD量，以增加氧脱木素段的脱木素率，改善脱木素选择性。

7. 添加保护剂

浆中存在的过渡金属离子（锰、铁、铜等）对氢氧游离基的形成有催化作用，因而会加速碳水化合物的降解。为了保护碳水化合物，纸浆在氧脱木素前进行酸预处理以除去过渡金属离子；另一途径是加保护剂，抑制碳水化合物的降解。工业上最重要的保护剂是镁的化合物，如$MgCO_3$、$MgSO_4$、$Mg(OH)_2$、和MgO或镁盐络合物，如羟酸和糖酸的镁盐络合物。它们作为碳水化合物的保护剂的作用机理还不完全清楚。有人认为，$Mg(OH)_2$或镁盐在碱性介质形成的$Mg(OH)_2$沉淀会吸附过渡金属离子或形成络合物。图6-14为镁盐对脱木素选择性的影响。由图看出，仅添加$20\sim80mol/t$浆的$MgSO_4$，经氧脱木素的纸浆的黏度就得到明显的改善。

此外，未漂浆在O_2存在下用NO_2处理，可显著改善其后氧脱木素的效率和选择性。用Cl_2、ClO_2或酸性H_2O_2预处理，也有同样的效果。

（六）氧脱木素流程及工艺

1. 高浓氧脱木素

图6-15为有代表性的高浓氧脱木素的生产流程。洗涤之后未漂浆从低浓贮浆池送往浓缩设备脱水，使纸浆浓度提高到$25\%\sim30\%$，而后施加适量的NaOH和镁盐，送入氧脱木素反应器。在反应器中，首先经绒毛化器将纸浆分散成绒毛状，高的浆浓减少了纤维周围液膜的扩散阻力，在氧压下反应一定时间后，喷放和洗涤。1970年投产的Sapoxal法和Mo-Do-CIL法氧脱木素系统均属高浓法，其工艺条件如表6-12。

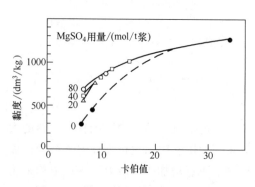

图6-14 镁盐对脱木素选择性的影响

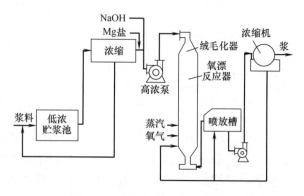

图6-15 高浓氧脱木素生产流程

表 6-12　　　　　　　　**Sapoxal 法和 MoDo-CIL 法氧脱木素工艺条件**

生产方法	Sapoxal 法	MoDo-CIL 法	生产方法	Sapoxal 法	MoDo-CIL 法
浆浓/%	17～25	25～30	氧压/MPa	0.6～1.2	0.6～0.8
NaOH 用量/%(对浆)	2～7	2～5	温度/℃	90～130	95～120
镁盐用量/%(对浆)	0.3～0.5(以 MgO 计)	>0.05(以 Mg²⁺ 计)	时间/min	25～60	<60

2. 中浓氧脱木素

20 世纪 80 年代初，由于高效的中浓混合器和中浓浆泵的出现，使中浓氧脱木素实现了工业化，并迅速得到发展。至 1993 年，中浓氧脱木素生产能力已经占总生产能力的 82%。高强度混合器的开发，使氧有效地分布到中浓纸浆中，高浓条件下存在的爆炸危险性也消除了，碱能较好地分布，漂白更均匀，选择性也提高。

图 6-16 为中浓氧脱木素的流程。粗浆经洗涤后加入 NaOH 或氧化白液，落入低压蒸汽混合器与蒸汽混合，然后用中浓浆泵送到高剪切中浓混合器，与氧均匀混合后进入反应器底部，在升流式反应器反应后喷放，并洗涤。表 6-13 是有代表性的针叶木硫酸盐浆中浓氧脱木素的工艺条件。表 6-14 为麦草烧碱-AQ 法浆中浓氧脱木素的试验条件和结果。

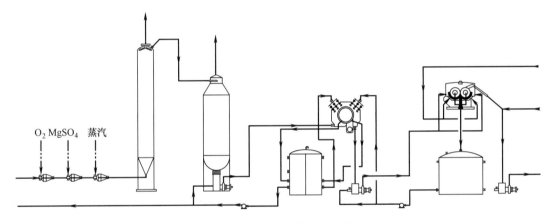

图 6-16　中浓氧脱木素流程

表 6-13　　　　　　　　**中浓氧脱木素的工艺条件***

浆浓/%	10～14	进口压力/MPa	0.7～0.8
用碱量/(kg/t)	18～28	出口压力/MPa	0.45～0.55
用氧量/(kg/t)	20～24	反应时间/min	50～60
温度(进口)/℃	85～105	脱木素率/%	40～45

注：＊针叶木硫酸盐浆。

表 6-14　　　　　　　　**麦草烧碱-AQ 法浆中浓氧脱木素的试验条件和结果***

浆样	1	2	3	浆样	1	2	3
氧压/MPa	0.5	0.5	0.7	卡伯值	7.21	6.90	6.51
温度/℃	100	100	100	脱木素率/%	45.21	47.57	50.53
时间/min	60	75	60	得率/%	93.62	93.16	93.33

注：＊未漂浆卡伯值为 13.16；氧脱木素的固定条件为：浆浓 10%，NaOH 用量 3%，MgSO₄ 用量 0.5%；得率对未漂浆。

从表 6-14 可以看出，适当增加氧压或反应时间有利于脱木素率的提高，而对纸浆得率影响甚小。

3. 高浓氧脱木素与中浓氧脱木素的比较

20世纪80年代以前，所有的氧脱木素系统都采用高浓。与中浓系统相比，高浓氧脱木素的化学药品耗用量较低，而脱木素程度较高；但高浓系统存在设备投资大，给料操作复杂，纸浆强度较低以及在氧气中可能发生燃烧等缺点。因此，1983年以后投产的氧脱木素系统都采用中浓。中浓氧脱木素的主要优点是：投资较少；由于中浓混合和泵送技术的成功，浆料的处理比高浓容易得多；浆料浓度较低，设备的腐蚀少，也没有在氧气中燃烧的危险。其缺点是化学品耗用量比高浓系统高，而脱木素率较低。

在新建氧脱木素系统时，既可选择中浓，也可选择高浓，但强烈倾向于中浓。

（七）两段氧脱木素技术

氧脱木素是高效清洁的漂白技术，其缺点之一是脱木素的选择性不够好，一般单段的氧脱木素率不超过50%，否则会引起碳水化合物的严重降解。为了提高氧脱木素率和改善脱木素选择性，目前的发展趋势是采用两段氧脱木素。段间进行洗涤，也可不洗；化学品只在第一段加入，也可以两段分别加入；一般第一段采用高的碱浓度和氧浓度（用量和压力），以达到较高的脱木素率，但温度较低，反应时间较短，以防止纸浆黏度的下降；第二段的主要作用是抽提，化学品浓度较低，而温度较高，时间也较长。

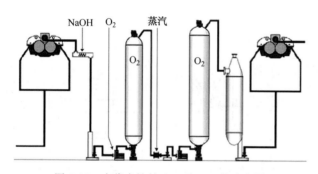

图6-17　有代表性的OxyTrac工艺流程图

两段氧脱木素的脱木素率可达67%～70%，且脱木素选择性好，漂白浆的强度高，化学品的耗用量减少，漂白废水的COD负荷降低。

1995年，Sunds Defibrator（今Metso）就申请了两段氧脱木素的专利OxyTrac。表6-15为OxyTrac两段氧脱木素的工艺条件，图6-17为有代表性的OxyTrac工艺流程图。碱加入双辊挤压机的稀释螺旋，然后纸浆落入中浓浆泵的立管中，氧加入第一台高剪切混合器后，浆—液—气混合物通过第一个氧反应塔，然后降流至静态蒸汽混合器，此处喷入蒸气以提高温度到第二段要求的温度，通过一台增压泵使其流经第二台高剪切混合器和第二个反应塔，然后喷放到喷放塔，气体和纸浆在喷放塔分离，最后用泵将纸浆送到洗浆机洗涤。

表6-15　　　　　　　　　　OxyTrac两段氧脱木素工艺条件

参数	第一段	第二段	参数	第一段	第二段
浆浓/%	12	>10.5	反应时间/min	30	60
NaOH用量/(kg/t风干浆)	25	0	温度/℃	80～85	90～100
氧用量/(kg/t风干浆)	18～25	低用量	压力(顶部)/MPa	0.8～1.0	0.4

继而，Kvaerner制浆公司（今Metso）开发了Dualox两段氧脱木素工艺，第一个反应器只是一根长的厚管，停留时间仅有几分钟，第一个反应器后加一中浓浆泵。第一个反应器和第二个反应器的进口压力均为0.8～1.0MPa，反应器顶部压力为0.5～0.6MPa，采用高的压力以加快反应。第一个反应器的温度为85～90℃，而第二段为90～105℃。

图6-18为有代表性的Dualox工艺流程图。碱加入第一台中浓浆泵前的立管中，然后纸

浆悬浮液泵送流经第一台高剪切混合器和管式反应器，再由增压泵使纸浆流经第二台高剪切混合器进入升流塔，最后到喷放槽。在第一台和第二台高剪切混合器均加入氧和蒸汽。Dualox 系统的一个特点是两个反应器均在最高的可能压力下运行，以尽可能深度脱木素。与 OxyTrac 系统相反，第一台反应器的氧用量低，氧主要加到第二反应器。工厂运行表明，

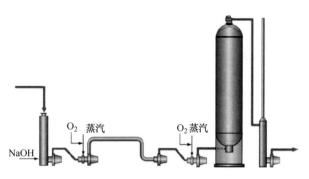

图 6-18　有代表性的 Dualox 工艺流程图

Dualox 系统脱木素性能与 OxyTrac 系统相当，用于针叶木硫酸盐浆，卡伯值可降低 65%，降至 8～12。

国内某木桨厂，未漂浆卡伯值为 23～25，采用两段氧脱木素，在浆浓 10.5%～12%，NaOH 用量为 25kg/t 风干浆，O_2 用量 18kg/t 风干浆，反应温度 98℃，反应压力 0.48MPa 的条件下，卡伯值可降到 9～11，木素脱除率达到 65%，再经过 D_0（EOP）D_1 D_2 四段漂白，漂白浆的白度达到 88%ISO，黏度达到 870mL/g，说明氧脱木素和漂白过程中，碳水化合物的损伤少。该厂生产实践表明，氧脱木素时要确保压力不低于 0.45MPa，温度 95℃ 以上，同时应注意不凝气的排除，否则将直接影响木素的脱除率。

国内某竹桨厂，采有 G2 型紧凑蒸煮器制硫酸盐竹浆，卡伯值为 15～18，然后进行两段氧脱木素，浆浓 10%～12%，NaOH（氧化白液）用量 20～22kg/t 风干浆，$MgSO_4$ 用量 1kg/t 风干浆，O_2 消耗 16～18kg/t 风干浆，第一段的温度、反应时间和压力分别 80℃，30min 和 0.8MPa，第二段则为 95℃，40min 和 0.4MPa。氧脱木素后卡伯值为 7～9，白度 45%～50%ISO。

国内某厂对卡伯值为 18 的烧碱法苇浆进行两段氧脱木素。第一段：浆浓 12%，NaOH 用量 15～20kg/t 浆，$MgSO_4$ 1～2kg/t 浆，氧气 20～40kg/t 浆，温度 100～110℃，压力 0.5～0.7MPa，时间 30min；段间不洗涤，第二段 NaOH 用量 5～10kg/t 浆，O_2 5～15kg/t 浆，温度 100～110℃，压力 0.4～0.5MPa，时间 50min。两段的脱木素率为 45%～55%。氧脱木素后，再经 HMP 漂白，白度达到 85%ISO 以上。

（八）氧脱木素的强化

为了提高氧脱木素的效率，改善其脱木素选择性，国内外都重视氧脱木素强化技术的研究，提出了一些有效的方法，有的已在工业上应用。

1. 过氧化氢强化的氧脱木素

氧与木素反应过程中有 H_2O_2 产生。在氧脱木素过程中，实际上存在着木素与 H_2O_2 的反应。氧与 H_2O_2 脱木素有着相似的反应条件，两者共同起作用，可实现相互强化。实验证明，在氧脱木素过程中加入少量的 H_2O_2，可提高脱木素率和纸浆白度，而对氧脱木素浆的黏度影响甚小。例如，湿地松硫酸盐浆氧脱木素时，用 0.8% 的 H_2O_2 强化，脱木素率从 45.0% 增加到 51.8%，而纸浆的黏度与不加 H_2O_2 的几乎相同。国内某竹浆厂在两段氧脱木素（OO）和螯合处理（Q）后，进行 H_2O_2 强化的氧脱木素（OP），采用的浆浓为 11%～12%，反应温度 90～100℃，停留时间 60min，塔顶压力 0.4MPa，NaOH 用量 11～13kg/t 风干浆，H_2O_2 耗量 4～7kg/t 风干浆，O_2 用量 5kg/t 风干浆，（OP）段终 pH 10.5～11.0，

卡伯值 4.0～5.5，白度视反应条件可达 63%～77%ISO。

过氧化氢强化的氧脱木素可在第一段或第二段氧脱木素时进行，即 OP-O 或 O-OP，也可在第一、第二段均用 H_2O_2 强化，即 OP-OP。研究表明，OP 作为第一段的效果更好。

2. 甲醇强化的氧脱木素

实验证明，氧脱木素时加入甲醇可以增强脱木素作用，改善木素的溶解性能，提高木素的溶出速率，可抑制氧脱木素过程中游离基的形成，降低体系中 OH⁻ 浓度，减少碳水化合物的降解，因而改善脱木素选择性。国内进行了桉木硫酸盐浆和麦草浆甲醇强化的氧脱木素研究，结果表明，甲醇强化的氧脱木素浆具有漂白性能好，白度高，得率高，黏度损失小，强度好等优点。较佳的甲醇用量为 6%，用量过高会导致黏度的迅速下降。理论上，消耗的甲醇几乎 100% 可以回收，如甲醇回收这一问题得到圆满解决，甲醇强化不失为一种高效实用的强化方式。

3. 蒽醌磺酸钠强化的氧脱木素

在氧脱木素过程中，氧气分子会转变成不同形式的含氧游离基和阴离子，如 $O_2^-·$、HO·、HOO·、HOO⁻ 等，加入蒽醌磺酸钠可促进氧气分子转变为过氧阴离子游离基（或超氧阴离子游离基）$O_2^-·$。由于 $O_2^-·$ 具有降解、溶出木素的能力，促进木素的脱除，而对碳水化合物的降解很少。因此，蒽醌磺酸钠强化的氧脱木素能在不降低纸浆黏度的情况下提高木素脱除率和脱木素选择性。表 6-16 为蒽醌磺酸钠强化 EMCC 竹浆氧脱木素的结果。氧脱木素前的 EMCC 竹浆卡伯值为 17.2，黏度 1110mL/g；氧脱木素条件为：浆浓 10%，用碱量 3%，$MgSO_4$ 用量 0.5%，氧压 0.5MPa，温度 90℃，时间 80min。由表 6-16 看出，随着蒽醌磺酸钠用量的增加，氧脱木素竹浆的卡伯值逐渐降低，白度逐渐升高，黏度甚至略有增加。

表 6-16　　　　　蒽醌磺酸钠强化 EMCC 竹浆氧脱木素的结果

蒽醌磺酸钠用量/%	卡伯值	黏度/(mL/g)	木素脱除率/%	黏度降低率/%	脱木素选择性*	白度/%ISO
0	8.8	926	48.8	16.6	2.9	31.5
0.05	8.0	933	52.3	16.0	3.3	32.3
0.1	7.8	951	54.7	14.3	3.8	33.0
0.2	7.5	954	56.4	14.1	4.0	33.7

注：* 脱木素选择性为木素脱除率与黏度降低率之比。

4. 表面活性剂强化的氧脱木素

为了提高氧脱木素率并减少纤维黏度损失，尝试在麦草烧碱—AQ 法浆氧脱木素中加入不同类型的表面活性剂，分别为非离子型表面活性剂（曲拉通 100）、阴离子型表面活性剂（E）、阳离子型表面活性剂（十六烷基三甲基溴化胺）和非离子—阴离子复合型表面活性剂，其用量分别为 0.5% 和 1.0%，其他条件与常规氧脱木素相同：浆浓 10%，NaOH 用量 2.5%，$MgSO_4$ 用量 0.5%，氧压 0.6MPa，温度 100℃，时间 60min。结果发现，阴离子型表面活性剂和非离子—阴离子复合型表面活性剂能有效地提高木素脱除率，且纤维黏度的损失不大，而阳离子型表面活性剂对脱木素有负面作用。当阴离子表面活性剂用量为 1% 时，木素脱除率从 28.7% 提高到 51.5%，白度提高了 8.83%ISO。表面活性剂有较好的湿润作用和渗透性，可以加速化学品在浆中的渗透、扩散，增加氧的溶解度，提高氧脱木素的效率。纤维的 SEM 观察表明，表面活性剂强化的氧脱木素的纤维更为柔软润胀，部分分丝，暴露出更多的 S2 层，因此，有利于纤维结合强度的提高。

三、二氧化氯漂白

早在 20 世纪 20 年代初，德国化学家 Schmidt 就发现 ClO_2 能溶解薄木片中的木素，但作为纸浆的漂白剂，还是 1946 年才正式在造纸厂中应用。由于二氧化氯漂白具有许多优越性，20 世纪 50 年代以后迅速在许多国家推广应用。

二氧化氯的化学性质与元素氯不同，它有很强的氧化能力，是一种高效、清洁的漂白剂。二氧化氯漂白的特点是能够选择性地脱除木素和氧化色素，而对纤维素没有或很少损伤，漂白浆的得率高，强度好，白度高，返黄少，漂白效率高，对环境影响小，但 ClO_2 必须现场制备，生产成本较高，对设备耐腐蚀性要求高。

（一）二氧化氯的性质和制备

1. 二氧化氯的性质

二氧化氯的分子式为 ClO_2，相对分子质量为 67.46，凝固点 $-59℃$，沸点 $11℃$，气态相对密度 2.33。二氧化氯气体为赤黄色，液态为红褐色，具有与氯气类似的特殊刺激性气味，有毒，如果直接接触气体，二氧化氯的毒性比氯气要大，它能侵蚀眼睛和呼吸器官，高浓度时会侵入中枢神经使人致死。目前规定空气中二氧化氯的最大允许浓度为 $0.3mg/m^3$。

二氧化氯易溶于水，在 $4℃$、$1.01×10^5 Pa$（一个标准大气压）下 1 体积的水可溶解 20 体积的二氧化氯，溶解度是氯气的 5 倍；在 $20℃$、$1.01×10^5 Pa$ 下其在水中的溶解度为 $8.3g/L$。

二氧化氯有强烈的腐蚀作用，对一般黑色金属和橡胶都有腐蚀作用。因此，所有与二氧化氯接触的反应器、吸收塔、贮存罐、管路和泵都必须用耐腐蚀材料制成，较好的耐腐蚀材料有耐酸陶瓷、玻璃、钛或钼钛不锈钢，也可采取内衬铅、玻璃或钛板。

液体和气体 ClO_2 都容易爆炸，即使经空气稀释的 ClO_2，遇光、电、光花、铁锈、油等都会爆炸。爆炸时分解成 Cl_2 和 O_2。因此，在制备、运输和使用时必须高度重视安全操作。在空气中 ClO_2 浓度应小于 13%，分压低于 13.3kPa。

2. 二氧化氯的制备

二氧化氯的制备方法和工艺路线很多，而且还在不断发展。总体而言，主要分为电解法和化学法两大类。电解是以成本低廉的食盐为原料，首先电解生成氯酸钠和氢气，氢气和氯气反应生成盐酸，再以盐酸为还原剂与氯酸钠反应生成 ClO_2。由于电解法生产的 ClO_2 纯度低，一次性设备投资大，对电极隔膜的材质要求较高、电耗高以及电效率较低，因此影响了该法的推广使用。研究最多、应用最广的还是化学法。

化学法以商业氯酸钠为原料，在强酸性条件下，采用 SO_2、CH_3OH、$NaCl$、HCl、H_2O_2 等将氯酸钠还原成气态的 ClO_2，再用冷水吸收生成的气相 ClO_2。其反应通式为：

$$NaClO_3 + H^+ + 还原剂 \longrightarrow ClO_2 + H_2O + \cdots\cdots$$

不同工艺采用不同的还原剂，其基本化学反应式如下：

$$2NaClO_3 + SO_2 + H_2SO_4 \longrightarrow 2ClO_2 + 2NaHSO_4$$

$$NaClO_3 + NaCl + H_2SO_4 \longrightarrow ClO_2 + \frac{1}{2}Cl_2 + Na_2SO_4 + H_2O$$

$$NaClO_3 + 2HCl \longrightarrow ClO_2 + NaCl + \frac{1}{2}Cl_2 + H_2O$$

$$4NaClO_3 + 2H_2SO_4 + CH_3OH \longrightarrow 4ClO_2 + 2Na_2SO_4 + HCOOH + 3H_2O$$

$$30NaClO_3 + 20H_2SO_4 + 7CH_3OH \longrightarrow 30ClO_2 + 10Na_3H(SO_4)_2 + 6HCOOH + CO_2 + 23H_2O$$
$$2NaClO_3 + H_2O_2 + H_2SO_4 \longrightarrow 2ClO_2 + O_2 + Na_2SO_4 + 2H_2O$$

在以往建造的二氧化氯系统中多使用二氧化硫、氯化钠和盐酸为还原剂，而近 10 年来新建的系统基本上都是采用甲醇或过氧化氢还原的工艺。

目前，以甲醇为还原剂的 ClO_2 制备过程在工业上应用最广泛，其商品名称有 R8、SVP、MeOH、SVP-LITE 和 Solvay。以 SVP-LITE 为例，二氧化氯制备系统主要包括生产系统、吸收系统、真空系统、排汽洗涤系统、盐饼处理系统、化学品添加系统和自动控制系统。在 ClO_2 生产系统里，反应器处在真空条件下，氯酸钠与甲醇在硫酸溶液中反应，该反应的副产物为甲酸和倍半硫酸钠。图 6-19 为 SVP-LITE 法制备二氧化氯工艺流程图。该生产系统最大的特点是集发生、蒸发和结晶三作用为一体，通过分别加入反应物料不断地进行化学反应，完成 ClO_2 气体的发生、溶剂水的蒸发和 $Na_3H(SO_4)_2$ 的结晶的操作。

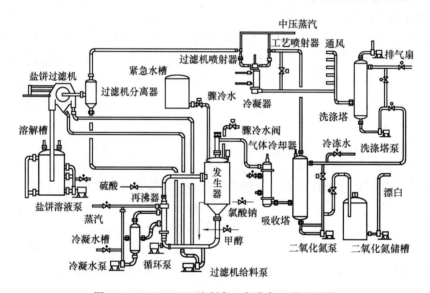

图 6-19 SVP-LITE 法制备二氧化氯工艺流程图

氯酸钠甲醇还原法生产效率和转化率较高，产品纯度高，ClO_2 溶剂中 Cl_2 的含量很低，设备投资较低，操作较简便，可适用于不同规模的工厂。其缺点是甲醇的有效利用率不够高，产品二氧化氯中易含有毒的甲醇。

过氧化氢还原法（SVP-HP）是以过氧化氢为还原剂，在硫酸介质中使氯酸钠还原生产二氧化氯的方法。该法在负压下操作，生成的二氧化氯、氧气和水蒸气一起排出反应器，在低酸和不使用催化剂下能得到较高的反应速率和效率，生产的二氧化氯产品高纯，产生的盐量大大减少，消除有机还原剂，反应速度比甲醇法快，是目前最具前途的高效、高纯二氧化氯发生工艺。其主要缺点是过氧化氢价格较高，导致其生产成本比甲醇法高。

表 6-17 为几种 ClO_2 制备方法的物料平衡表。表中，Mathieson（马蒂逊）法为以 SO_2 为还原剂的氯酸盐法，SVP 法为以食盐为还原剂的氯酸盐法（或称 R3 法，单容法）。由表中可以看出，SVP-LITE 法和 SVP-HP 法吨 ClO_2 消耗的氯酸盐较少，汽耗也较低，而电耗居中。

（二）二氧化氯漂白原理

1. 二氧化氯的脱木素与漂白作用

二氧化氯是一种高效的脱木素剂和漂白剂。二氧化氯与未漂浆或氧脱木素浆，其主要作用

表 6-17　　　　　　　　　　几种 ClO_2 制备方法的物料平衡表

	制备方法	单位	Mathieson	SVP	SVP-LITE	SVP-HP
消耗	$NaClO_3$	t/tClO_2	1.8	1.68	1.64	1.64
	H_2SO_4	t/tClO_2	1.4	1.57	1.0	0.8
	$NaCl$	t/tClO_2	—	0.97	—	—
	H_2O_2	t/tClO_2	—	—	—	0.3
	SO_2	t/tClO_2	0.7	—	—	—
	CH_3OH	t/tClO_2	—	—	0.18	—
	电	kW·h/tClO_2	80	120	100	100
	蒸汽	t/tClO_2	—	8.7	4.2	5.9
产生	Na_2SO_4	t/tClO_2	1.17	2.30	1.09	1.00
	H_2SO_4	t/tClO_2	1.50	—	0.25	—
	Cl_2	t/tClO_2	—	0.40	—	—
	O_2	t/tClO_2	—	—	—	0.24

是脱木素，增白作用甚少；在后面的漂段，二氧化氯能氧化有色杂质和一些未变化的芳香木素结构；在漂序的末端，二氧化氯是一种有效的增白剂，可将纸浆漂至 90%ISO 左右的白度。此外，在二氧化氯漂段的酸性条件下，浆中的己烯糖醛酸（HexA）会选择性地水解降解，生成 5-甲酰糠酸（FFA）和糠酸，如图 6-20 所示。表 6-18 为针叶木硫酸盐浆氧脱木素后和 ECF 漂后白度、黏度和卡伯值的变化。从表中可以看出，ECF 漂白后白度大幅提高，黏度略有降低，卡伯值大大下降。由于针叶木浆己烯糖醛酸含量较低，其对卡伯值的贡献不大。

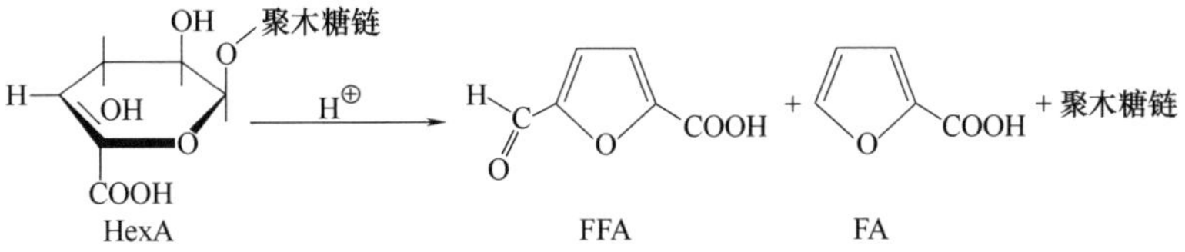

图 6-20　己烯糖醛酸水解生成 5-甲酰糠酸（FFA）和糠酸（FA）

表 6-18　　　　针叶木硫酸盐浆氧脱木素后和 ECF 漂后白度、黏度和卡伯值的变化

浆样	白度/%ISO	黏度/(dm³/kg)	卡伯值	对卡伯值贡献		
				木素	己烯糖醛酸	非木素组分
O 段后	44.7	910	10.7	4.6	1.2	4.9
ODE 后	73.3	850	3.3	1.6	0.8	0.9
ODEQP 后	88.8	800	1.6	0.8	0.7	0.1

2. 二氧化氯与木素的反应

ClO_2 与酚型木素结构的反应，首先是形成酚氧游离基，继而与 ClO_2 形成亚氯酸酯，进一步转变为邻醌或邻苯二酸、对醌和黏康酸单酯或内酯，并释放出亚氯酸或次氯酸。愈创木基结构转变成黏康酸单酯及内酯的反应增加了浆中残余木素的水溶性和碱溶性。黏康酸结构及其对应的内酯可进一步氧化成二元羧酸的碎片。ClO_2 的另一重要反应是氧化脱甲基反应，首先形成邻醌衍生物，然后通过亚氯酸根或二氧化氯进攻醌环上的双键而进一步氧化降解。图 6-21 为酚型木素结构的 ClO_2 氧化反应。

ClO_2 也与非酚型的木素结构单元反应，反应途径与酚型的木素结构单元类似，首先生成酚氧游离基，再形成亚氯酸酯，继而水解生成黏康酸衍生物和醌，只是反应速率大大减小。

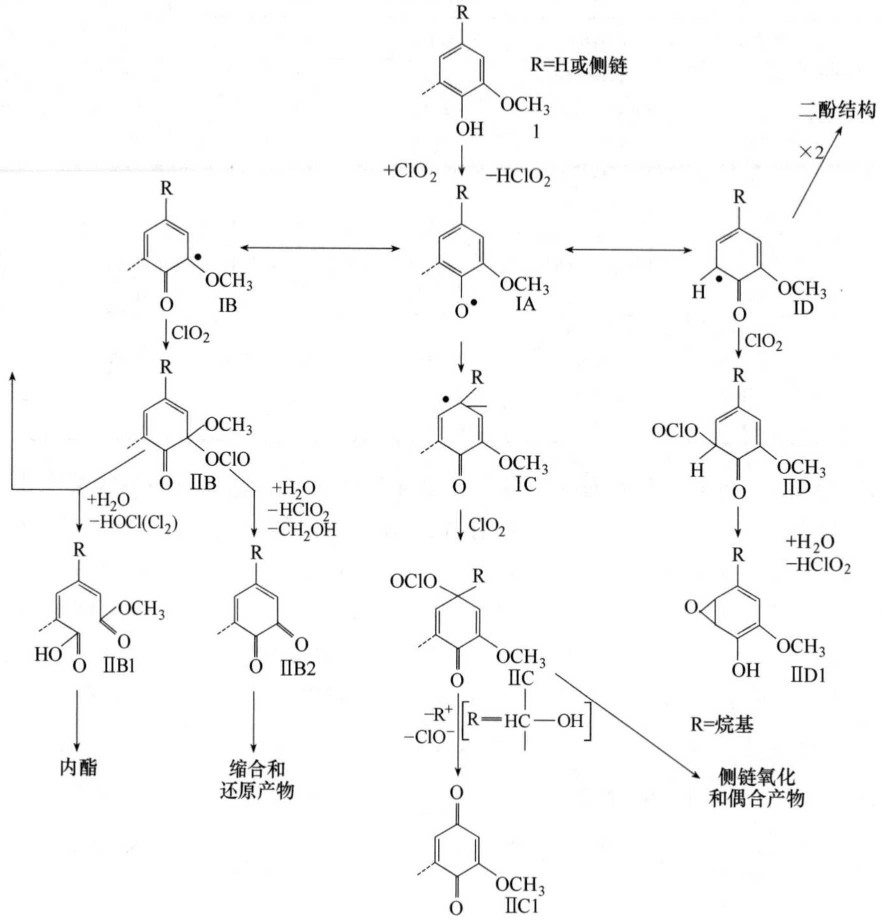

图 6-21　酚型木素结构的 ClO_2 氧化反应

ClO_2 与环共轭双键的反应导致双键的破坏而形成 α、β-环氧化物和次氯酸根游离基的脱除，其后环氧化物在较低 pH 条件下经酸水解生成二醇。

3. 二氧化氯与碳水化合物的反应

二氧化氯漂白的选择性很好，除非 pH 很低或温度很高。ClO_2 对碳水化合物的降解，比起氧、氯和次氯酸盐要小得多，但 ClO_2 在酸性条件下漂白对碳水化合物会有少许的降解作用，主要表现在酸性降解和氧化反应两个方面。

酸性降解（水解）的结果，使纸浆的黏度下降，见表 6-19。漂白时间与 pH 对碳水化合物的酸性水解有影响。pH 为 4 左右对碳水化合物的水解最少。

表 6-19　　　　氧脱木素硫酸盐木浆采用（CD）EDED 漂白流程在生产上漂
至 90% 白度时二氧化氯漂段的黏度下降*

| | 二氧化氯漂白的条件 | | 黏度/(dm³/kg) | 黏度下降/(△dm³/kg) |
漂终 pH	反应时间/h(D₁段＋D₂段)	温度/℃		
<3	长(5＋5)	高(80)	750	190
3～4	长(5＋5)	低(50)	875	65
4～5	长(2＋4)	中(70)	890	50

注：* 氧脱木素后纸浆黏度为 940dm³/kg。

二氧化氯对碳水化合物的氧化，主要表现在纸浆经氧化后会现出少量的各种糖酸和糖醛酸的末端基，例如，葡萄糖酸、阿拉伯糖酸、赤酮酸和乙醛酸等末端基。此外，纤维素大分子还会出现葡萄糖醛酸基。当然，这些基团的产生为数并不多。因此，ClO_2 漂白比起次氯酸盐漂白对碳水化合物的降解少，漂白的选择性高。

（三）二氧化氯漂白的影响因素

1. ClO_2 用量

ClO_2 用量主要取决于未漂浆的卡伯值和要求漂到的白度，常用卡伯因子乘以未漂浆卡伯值来求得以有效氯计的 ClO_2 用量。一般针叶木浆 D_0 段的卡伯因子为 0.20～0.28。D_1 和 D_2 段的 ClO_2 用量比 D_0 段低得多，对硫酸盐木浆，通常 D_1 和 D_2 段 ClO_2 总用量为 0.5%～1.5%，其中 D_1 段用量约占总用量的 75% 左右时，达到相同白度所需的 ClO_2 总量最少，或者说 25% 左右的 ClO_2 用于 D_2 段时，纸浆的白度最高。图 6-22 为针叶木硫酸盐浆 D_0（EO）D_1 ED_2 漂白时 D_2 段 ClO_2 用量对漂终白度的影响。由图可见，当 D_2 段 ClO_2 用量为 3kg/t 风干浆时，白度已高于 90%ISO。

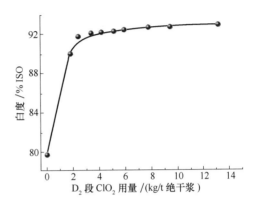

图 6-22　针叶木硫酸盐浆 D_0（EO）D_1 ED_2 漂白时 D_2 段 ClO_2 用量对漂终白度的影响

2. pH

ClO_2 漂白时，pH 的控制是很重要的。pH 若在碱性范围内，ClO_2 会与 OH^- 反应生成氯酸盐离子和亚氯酸盐离子：

$$2ClO_2 + 2OH^- \longrightarrow ClO_3^- + ClO_2^- + H_2O$$

反应的结果是 ClO_2 的有效作用减弱，ClO_3^- 的形成随 pH 的提高而减少，ClO_2^- 的形成则随 pH 的升高而增加。氯酸盐本身没有漂白能力。亚氯酸盐在 pH＜4 时能与纸浆反应而具有漂白作用，pH＞4 时其反应性迅速降低，pH＞5 时在纸浆悬浮液中稳定。图 6-23 为 D_1 段漂终 pH 对白度和亚氯酸盐、氯酸盐形成的影响。从图中可以看出，最佳的 D_1 段漂终 pH 为 3.5～4.0，在此范围内漂白，纸浆白度最高，有效氯的损失最小。由于 ClO_2 漂白时有 HCl 和有机酸产生，漂白过程中 pH 不断下降。为了维持漂终最佳 pH，必须在漂白过程中加入适量的 NaOH。

一般来说，二氧化氯漂白较合适的漂终 pH 范围为：D_0 段：2～3，D_1 段：3～4，D_2 段 3.5～4.5。

3. 温度

在 ClO_2 用量一定的情况下，提高温度，可以提高白度，减少残氯。通常二氧化氯漂段采用的温度为：D_0 段：40～70℃，D_1 段：55～75℃，D_2 段 60～85℃。为了提高 ClO_2 漂白效率，缩短漂白时间，工业生产中已趋向采用较高温度的二氧化氯漂白。

4. 时间

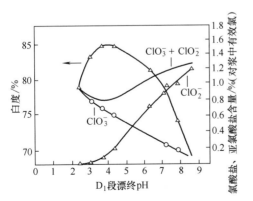

图 6-23　D_1 段漂终 pH 对白度和亚氯酸盐、氯酸盐形成的影响

ClO_2 与纸浆的反应速度很快，在开始 5min 内就可消耗 75％ 的 ClO_2，白度也很快提高，其后反应速度变慢。为了充分利用 ClO_2，提高白度，减少残余 ClO_2 对环境的影响，二氧化氯漂段仍采用较长的反应时间。通常采用的时间为：D_0 段：30～60min，D_1 段：2～3h，D_2 段 2～3h。

5. 浆浓

纸浆浓度在 10％～16％ 之间对 ClO_2 漂白反应和漂白效率几乎没有影响。浆浓低，纸浆在漂白塔停留时间短，且加热的蒸汽耗量增大。从节约蒸汽、提高设备生产能力、减少废液排放量等方面来考虑，应尽可能提高浆浓。通常为 10％～13％。

6. 未漂浆性质

二氧化氯漂白的效率和脱木素选择性与未漂浆性质有关。研究表明，对未经氧脱木素的未漂浆来说，ClO_2 脱木素选择性大大地取决于进入 D_0 段的纸浆卡伯值和黏度，氧脱木素浆中残余木素比未漂硫酸盐浆中残余木素对 ClO_2 有较大的抵抗性。蓝桉 OD 漂白的结果表明，ClO_2 漂白的选择性随 O 段脱木素率的提高而降低。

（四）二氧化氯漂白工艺流程

二氧化氯漂白反应塔有升流—降流反应塔和升流式反应塔两类。以前较多采用升流—降流反应塔，其工艺流程如图 6-24 所示。洗涤和浓缩后的浆料调节 pH 和温度后用中浓泵送经中浓混合器，与加入的 ClO_2 混合后进入升流塔，容积较小的升流塔使挥发性的二氧化氯在液压下保持在溶液中与纸浆反应，而容积较大的降流塔用于完成漂白反应。该流程中的降流塔的优点是操作灵活，有一定的调节浆料体积的能力。

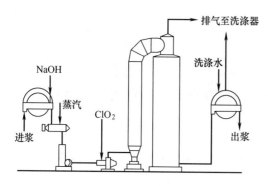

图 6-24 设升流-降流反应塔的二氧化氯漂白工艺流程

仅设升流塔的二氧化氯漂白工艺流程见图 6-25。来浆在一个立管中与调节 pH 的化学品混合，用中浓泵送至高剪切混合器混合后在升流式反应塔完成漂白反应。漂后浆料用泵送至洗浆机洗涤。通常为单段洗涤，洗涤设备可用洗涤压榨、鼓式置换洗浆机、常压扩散洗涤器、鼓式真空洗浆机等。

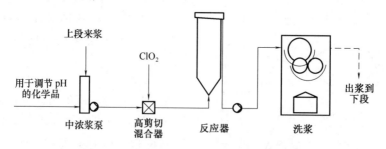

图 6-25 设升流塔的二氧化氯漂白工艺流程

（五）二氧化氯漂白的改进

1. 二氧化氯漂前的热酸水解

二氧化氯漂白前在温度 >90℃、pH 小于 3 的条件下进行 2h 的热酸水解（A_{hot}），能降解浆中的己烯糖醛酸（HexA）和降低卡伯值，可以降低其后二氧化氯漂段的 ClO_2 用量。对阔叶木浆，可节省 1.5％有效氯；对针叶木浆，可节省 0.8％有效氯。然而，节省的有效氯不多，但要投资建一个大塔和外加的洗涤段，此外，加热到热酸水解的温度每吨浆需要 0.5t 低压蒸汽。因此，应考虑将 D_0 段与热酸水解（A_{hot}）结合起来。

2. 高温二氧化氯漂白

高温二氧化氯漂白（D_{HT}，也用 D * 或 DUALD™ 表示）技术，是 D_0 段漂白和热酸水解结合的技术，而且一开始就加入 ClO_2。由于 ClO_2 和纸浆中木素的反应速率比 ClO_2 和 HexA 的反应速率快，因此，大部分 ClO_2 消耗于与木素的反应，而 HexA 是在高温和较长时间的酸水解中逐步被去除。D_{HT} 把脱木素过程和热酸水解有机地结合起来，在漂白纸浆的同时，水解浆中的己烯糖醛酸，从而避免己烯糖醛酸消耗漂白剂二氧化氯。达到相同的纸浆白度时 ClO_2 的消耗量明显降低，例如，漂白经氧脱木素的桉木硫酸盐浆，ClO_2 需要量（以有效氯计）从 33kg/t 风干浆降至 23kg/t 风干浆。或在相同的卡伯因子下，漂后卡伯值降低，白度提高，返黄值下降。由于高温二氧化氯漂段产生的氯化结构迅速降解为无毒的 Cl^-，因此 AOX 的排放量减少了 50％。目前，高温二氧化氯漂白（D_{HT}）已经成为阔叶木硫酸盐浆 D_0 段漂白的首选，近年国内外新建的大型阔叶木硫酸盐浆漂白生产线大多采用了高温二氧化氯漂白技术，pH3 左右，温度 90～95℃。辽宁某纸厂采用高温二氧化氯漂白芦苇浆，D_0 段温度 85～90℃，时间 120min，D_1 段温度 80℃，时间 240min，白度可达 85％ISO。

3. 助剂在二氧化氯漂白中的应用

为了提高二氧化氯漂白效率，提高漂白浆白度和强度，减少漂白过程中产生的可吸附有机卤化物（AOX），可在二氧化氯漂段加入少量的助剂，举例如下：

（1）二氧化氯漂段加入氨基磺酸

加入氨基磺酸主要作用是与 HClO 反应，减少 HClO 对碳水化合物的损伤，并减少漂白过程产生的 AOX 量。其作用原理是氨基磺酸与 HClO 反应生成 N-氯氨磺酸盐，提高了脱木素选择性。反应式如下：

$$NH_2SO_3H + HClO \longrightarrow NHClSO_3H + H_2O$$
$$NH_2SO_3Na + NaClO \longrightarrow NHClSO_3Na + NaOH$$

竹子硫酸盐浆在 DQP 漂白的 D 段中添加 0.02％的氨基磺酸，得率提高了 2％，漂白浆白度提高 0.8％ISO，黏度增加 21mL/g。

（2）二氧化氯漂段添加五氧化二钒

ClO_2 漂白时，ClO_2 或多或少会发生分解产生氯酸盐，造成 ClO_2 漂白能力的损失。可通过加入 V_2O_5 作为催化剂，使氯酸盐又生成了具有漂白效能的 ClO_2。反应式如下：

$$V^{5+} + 有色物质（木素）\longrightarrow 氧化有色物质 + V^{4+}$$
$$6V^{4+} + ClO_3^- + 6H^+ \longrightarrow 6V^{5+} + Cl^- + 3H_2O$$
$$NaClO_3 + 2H^+ + 2Cl^- \longrightarrow NaCl + ClO_2 + 1/2Cl_2 + H_2O$$

竹子硫酸盐浆在 DQP 漂白的 D 段中添加 0.02％的 V_2O_5，得率提高了 1.8％，漂白浆白度提高了 3.2％ISO，黏度增加 22mL/g。

此外，也有报道采用 H_2O_2、亚氯酸盐、二甲亚砜、甲醛、过硫酸盐、表面活性剂等作为二氧化氯漂白的添加剂，提高二氧化氯漂白效率，减少漂白过程中 AOX 的形成。

四、碱抽提及其强化

氧强化的碱抽提（EO）就是在碱抽提时加氧，以强化碱抽提作用，降低纸浆卡伯值。

1980 年之前，已经认识到在碱抽提段加较便宜的氧来部分代替其后 D 段的 ClO_2 的好处，但是没有找到经济可行的实施方法。直到高强度中浓混合器的出现，才使氧强化的碱抽提实现工业化。1980 年以后，氧强化的碱抽提迅速发展。

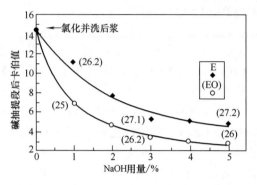

图 6-26　氧强化的碱抽提对纸浆卡伯值和黏度的影响（括号内数字为纸浆黏度，$mPa \cdot s$）

与常规的碱抽提相比，氧强化的碱抽提能降低纸浆卡伯值，而对黏度的影响甚小，如图 6-26 所示。（EO）段后纸浆卡伯值降低了，在其后的 D 段可少用 ClO_2，或在其前的 C 段减少用氯量，以减少漂白废水中的有机氯化物，并降低漂白成本。实践证明，针叶木、阔叶木和草类原料的硫酸盐浆或亚硫酸盐浆采用氧强化的碱抽提，都有明显的好处。国内某厂采用 O(C/D)（EO）D 漂序漂白硫酸盐竹浆，其（EO）段的工艺条件为：浆浓 $12\%\sim13\%$，NaOH 用量 $2.0\%\sim2.5\%$，O_2 用量 $5\sim8kg/t$ 风干浆，反应温度 $70℃$，时间 $80min$。竹浆经氧强化的碱抽提后，pH 为 $10\sim11$，白度比（C/D）段高 $5\%\sim8\%$ISO，黏度比（C/D）段有所提高。

氧压和氧与浆的混合是影响氧强化碱抽提效果的主要因素。通常较佳的氧压为 $0.14MPa$，氧停留时间约 $10min$，用氧量为 0.5%（对浆）。由于氧在水中的溶解度很低，应有高强度的混合器使氧和浆均匀混合才能保证（EO）段的处理效果。（EO）段的反应温度和时间与 E 段相同，但 NaOH 用量要高 0.5%。因为氧强化的碱抽提，木素氧化程度增加，形成的羧酸量也增加。氧强化的碱抽提的副作用是当残气进入纸浆时，浆料的洗涤要困难些。因此，要控制好加氧量，并使氧尽量反应完全。

过氧化氢强化的碱抽提（EP）以及 O_2 和 H_2O_2 强化的碱抽提（EOP）已广泛应用。图 6-27 为氧和 H_2O_2 强化的碱抽提流程图。图 6-28 为 H_2O_2 用量对氧和 H_2O_2 强化的碱抽提段纸浆白度和卡伯值的影响。由图可见，仅加少量的 H_2O_2，纸浆卡伯值明显下降，白度更是显著提高。图 6-29 为氧或/和过氧化氢强化的碱抽提对纸浆卡伯值和氯化段有效氯氯比（有效氯用量与未漂浆卡伯值之比）的影响。可以看出，加 O_2 或/和 H_2O_2 强化碱抽提后，纸浆卡伯值显

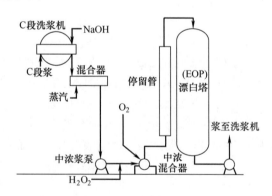

图 6-27　氧和 H_2O_2 强化的碱抽提流程图

著降低，或在相同卡伯值情况下，用氯量可大大减少。国内某厂对针叶木硫酸盐浆进行 O(D/C)（EOP）D 漂白，其（EOP）段的工艺参数为：浆浓 $10\%\sim11\%$，NaOH 用量约 $30kg/t$ 风干浆，O_2 用量 $5kg/t$ 风干浆，H_2O_2 用量 $3\sim5kg/t$ 风干浆，反应温度 $65\sim70℃$，时间 $90min$，压力 $0.25MPa$。（EOP）段后纸浆白度为 $65\%\sim70\%$ISO，比（D/C）段白度约提高 20%ISO。

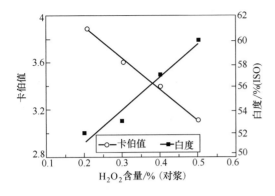

图 6-28　H_2O_2 用量对（EOP）
段纸浆白度和卡伯值的影响

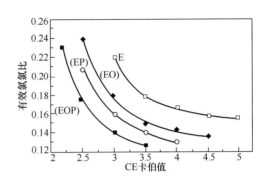

图 6-29　氧或/和过氧化氢强化的碱抽提对纸
浆卡伯值和氯化有效氯氯比的影响

五、臭　氧　漂　白

臭氧用于漂白造纸用浆，早在 1889 年就有专利。20 世纪 60 至 70 年代，国外对臭氧漂白化学木浆作了大量的研究，但由于臭氧漂白浆的成本较高而强度较低，以及臭氧发生器的规模较小等原因，推迟了臭氧漂白的工业化进程。到了 20 世纪 90 年代，由于含氯有机物排放的严格限制及市场上对全无氯漂白浆的需要，促进了臭氧漂白的技术进步和工业化应用。1992 年，世界上第一套臭氧高浓漂白系统在美国 Union Camp 公司 Franklin 造纸厂投入运行，开创了工业化大规模应用臭氧漂白的新纪元。目前，臭氧漂段已是大多数 TCF 漂白生产线的重要组成部分，也是一些 ECF 漂白生产线的漂段之一。

（一）臭氧的性质与制备

1. 臭氧的性质

臭氧是氧的同素异形体。气态臭氧厚层带蓝色，相对密度 1.658，有特殊臭味，浓度高时与氯气气味相像。液态臭氧是深蓝色，相对密度 1.71（−183℃），沸点 −112℃。固态臭氧是紫黑色，熔点 −251℃。臭氧在 20℃水溶液中的溶解度是 14mmol/L，在有机溶剂中的溶解度较高。

臭氧是一种很强的氧化剂，其氧化电势如下式所示：

$$O_3 + 2H^+ + 2e^- \longrightarrow O_2 + H_2O \qquad E^0 = 2.07V$$

臭氧能与木素、苯酚等芳香化合物作用，与烯烃的双键结合，也能与杂环化合物、蛋白质等反应，并具有脱色、除臭的作用。

臭氧不够稳定。在空气中的分解速度随温度的升高而加快。臭氧在水中易分解，其分解速率随 OH^- 浓度的增加而增加，其动力学方程式为：

$$-\frac{d[O_3]}{dt} = k[O_3]^a[OH^-]^b \tag{6-3}$$

式中　$[O_3]$——臭氧浓度

t——时间

k——反应速率常数

a——常数，通常≤2（1～2）

b——常数，通过<1（0.5～1）

臭氧分解的链机理如图 6-30 所示，其在水中的主要分解反应如下：

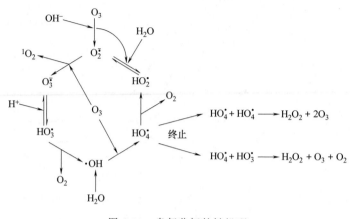

$$O_3 + OH^- \longrightarrow \cdot O_2^- + HOO\cdot$$
$$O_3 + HOO\cdot \longrightarrow 2O_2 + HO\cdot$$
$$O_3 + HO\cdot \longrightarrow O_2 + HOO\cdot$$
$$2HOO\cdot \longrightarrow O_3 + H_2O$$
$$HOO\cdot + \cdot OH \longrightarrow O_2 + H_2O$$

表 6-20 为臭氧分解游离基链反应的引发剂、促进剂和抑制剂。可以看出，金属离子（如 Co^{2+}、Fe^{2+}）的存在，会引发臭氧的分解，而乙酸盐、碳酸盐、碳酸氢盐等可以抑制臭氧的分解。

图 6-30　臭氧分解的链机理

表 6-20　　　　　　　　　　　　臭氧分解的引发剂、促进剂和抑制剂

引发剂	促进剂	抑制剂	引发剂	促进剂	抑制剂
HO^-	R_2CHOH（包括多元醇和糖）	乙酸盐	乙醇酸	二羟乙酸	
HOO^-	伯醇	烷基-(R)	Fe^{2+}	乙醇酸	
$O_2^-\cdot$	芳基-(R)	叔丁醇	Co^{2+}	磷酸盐离子	
甲酸盐	甲酸盐	HCO_3^-/CO_3^{2-}	其他过渡/重金属		
二羟乙酸	甲醇		紫外光（254nm）		

臭氧有毒，连续 8h 接触的最大允许浓度为 $0.1mL/m^3$，但是浓度仅为 $0.01 \sim 0.015mL/m^3$ 就能检测出来。

2. 臭氧的制备

臭氧气体一般使用电晕放电法（Corona discharge method）生产。在该法中，所施加的高压电通过一个放电间隙，含氧气体从此间隙通过，放电造成氧分子的离解，其中有若干部分再结合成臭氧形式，其基本原理是：

$$O_2 + 2e^- \longrightarrow 2O^-$$
$$2O^- + 2O_2 \longrightarrow 2O_3 + 2e^-$$

臭氧制备需要的是氧气和电能，得到的臭氧实际上是臭氧和氧的混合物，臭氧的体积浓度约为 $8\% \sim 14\%$。臭氧的浓度越高，所需能耗越高。臭氧浓度的大小取决于生产的需要，对于高浓臭氧漂白系统，$6\% \sim 7\%$ 的臭氧浓度已足够；对于中浓臭氧漂白系统，要求臭氧的浓度为 $12\% \sim 14\%$。现代臭氧发生器产生的臭氧浓度可达 16%，单台最大生产能力达 $150kgO_3/h$。进入臭氧发生器的气体必须很干，即使水分含量很低，臭氧的产率也大大下降。为了降低臭氧的生产成本，臭氧中的氧气必须分离回用，分离后的氧气可用于氧脱木素，也可经纯化、除湿后回用到臭氧发生器。

（二）臭氧与木素的化学反应

臭氧是三原子、非线性的氧的同素异形体，有 4 种共振杂化体：

这些中介体的双极特性意味着臭氧既可作亲电剂，又可做亲核剂，但在漂白中起亲电剂作用。漂白中出现的含氧活性基团中，除 $HO\cdot$ 之外，臭氧是最强的氧化剂。

臭氧与木素反应，引起苯环开裂、侧链烯键和醚键的断裂。臭氧与芳环反应，导致连续降解，并生成各种有机酸和二氧化碳。臭氧漂白时，不管是酚型还是非酚型木素结构，都能发生环的开裂，木素侧链双键很容易被臭氧氧化降解，形成的二氧五环臭氧化物水解导致双链的断裂形成羰基，并有 H_2O_2 生成，木素侧链醇羟基、芳基或烷基醚等可氧化为羰基，醛基则氧化为羧基。上述反应产物进一步氧化的结果，最后生成 CH_3OH、HCOOH、HCOOOH、CH_3COOH、CH_3COOOH、CO_2 和 H_2O 等。臭氧解反应必须在微酸性条件下进行，否则臭氧会迅速分解为氢氧游离基和过氧游离基，这些游离基对纸浆质量有负面作用。

（三）臭氧与碳水化合物的反应

由于臭氧不是选择性的氧化剂，因此它既能氧化木素，也能氧化碳水化合物，使纸浆的黏度、强度和得率下降。

臭氧氧化碳水化合物，使还原性末端基氧化成羧基，醇羟基氧化成为羰基，配糖键发生臭氧解而断裂。图 6-31 为碳水化合物的还原性末端基被臭氧氧化成羧基的反应。

R—C
H
O
⁻O-O-O⁺
R—C
O—O—O—H
O
−O₂
R—C
OH
O

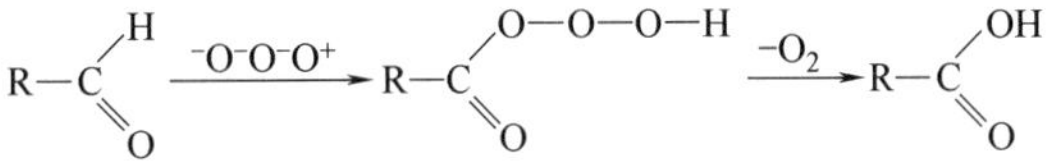

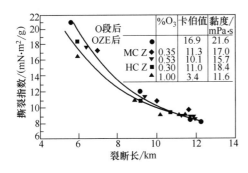

图 6-31　碳水化合物还原性末端基的氧化

臭氧漂白过程中，臭氧分解生成的氢氧游离基（HO·）和氢过氧游离基（HOO·）均有很强的氧化作用。HOO·使碳水化合物的还原性末端基氧化成羧基；HO·既能氧化还原性末端基，也能将醇羟基氧化成为羰基，并在聚糖链上形成乙酮醇结构，使在其后的碱抽提段发生链的断裂。

（四）臭氧漂白的影响因素

臭氧漂白的主要影响因素为纸浆浓度、臭氧用量、pH 和漂白温度等。

1. 纸浆浓度

臭氧漂白既可在高浓或中浓下进行，也可在低浓下进行。通常高浓臭氧漂白的浆浓在 30%～50%之间。浆浓度高，纤维周围的水膜薄，臭氧能迅速透过此很薄的非流动层扩散到纤维，与木素反应，脱木素效率较高。但高浓漂白的脱木素选择性没有中浓和低浓好，这与高浓臭氧漂白产生的 H_2O_2 的浓度较高，由 H_2O_2 分解生成的 HO·和 HOO·游离基量较多，导致碳水化合物的降解较多有关。

由于高强度混合器的出现，中浓臭氧漂白得到发展。如图 6-32 所示，中浓与高浓臭氧漂白的脱木素选择性相差不大。目前已投产的臭氧漂白系统中中浓已占多数。正在建设的臭氧漂白项目，也多数采用中浓。

撕裂指数/(mN·m²/g)
裂断长/km
O段后
OZE后
MC Z
HC Z
%O₃
卡伯值
黏度/mPa·s
16.9　21.6
0.35　11.3　17.0
0.53　10.1　15.7
0.30　11.0　18.4
1.00　3.4　11.6

图 6-32　臭氧漂白浆浓对纸浆强度的影响
MC—中浓　HC—高浓

与高浓度臭氧漂白相比，低浓漂白的纸浆黏度和强度较好，其可能原因是低浓纸浆水量多，臭氧漂白产生的 H_2O_2 浓度低，臭氧和 H_2O_2 分解产生的 HO·和 HOO·浓度低，对碳水化合物的损伤少。但低浓臭氧漂白的脱木素效率低，混合能耗高（50～60kW·h/t 风干浆，而中浓仅为 11kW·h/t 风干浆），投资也高，因此，其工业规模化应用在经济上不可行。

2. 臭氧用量

图 6-33 为臭氧用量对针叶木硫酸盐浆卡伯

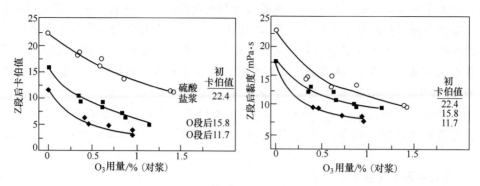

图 6-33　针叶木硫酸盐浆臭氧漂白时 O_3 用量对纸浆卡伯值和黏度的影响

值和黏度的影响。随着臭氧用量的增加，卡伯值下降，黏度也随之下降，对经氧脱木素、卡伯值已经较低的纸浆，一段臭氧漂白 O_3 用量一般为 $0.5\%\sim1.0\%$。

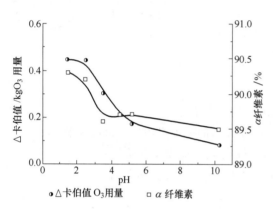

图 6-34　pH 对臭氧漂白脱木素效率（△卡伯值/O_3 用量）和纸浆 α 纤维素含量的影响

3. pH

臭氧漂白需在酸性介质中进行，一般认为 pH 应小于 3。有研究指出，最佳 pH 为 $2\sim2.5$。臭氧在低 pH 下稳定性较好，在水中的溶解度也较高，因此有利于脱木素效率的提高，也有利于保护碳水化合物。图 6-34 为 pH 对脱木素效率和浆中 α 纤维素含量的影响。图 6-35 为经氧脱木素的针叶木硫酸盐浆臭氧漂白时，pH 对纸浆卡伯值和黏度的影响。从图中看出，当 pH 为 2 时，不仅脱木素率（卡伯值降低）最高，黏度的损失也最少。因此，臭氧漂白前需用酸调节 pH 为 $2\sim3$，研究表明，草酸是最有效的酸，

草酸能阻止 HO· 的形成，改善臭氧处理的效率和选择性，其不足是草酸会形成草酸钙而引起结垢。

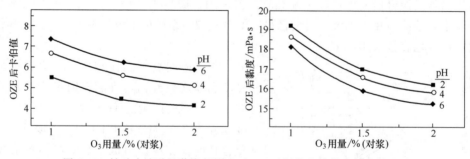

图 6-35　针叶木硫酸盐浆臭氧漂白时 pH 对纸浆卡伯值和黏度的影响

4. 温度

高温会加速臭氧分解。大多数研究表明，提高温度对脱木素效率和选择性不利。有报告指出，温度为 23℃ 时臭氧对硫酸盐浆脱木素最有利，而选择性随温度的提高而降低。图 6-36 为温度对榉木酸性亚硫酸盐溶解浆臭氧漂白脱木素效率（△卡伯值/O_3 用量）和黏度的

影响。由图中可以看出，当温度大于 50℃
时，脱木素效率和纸浆黏度均显著下降。
图 6-37 为经氧脱木素的松木 ASAM 法（加
蒽醌和甲醇的碱性亚钠法）浆臭氧漂白时，
温度对纸浆卡伯值和黏度的影响。由图看
出，温度为 20℃ 时，不仅有最好的脱木素
效率，脱木素选择性也最好。但工厂为了
便于漂段间温度的调节，臭氧漂白的温度
通常为30～40℃。

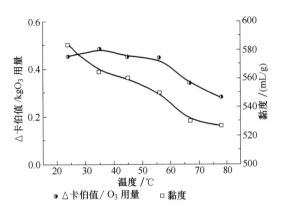

图 6-36　温度对臭氧漂白脱木素
效率和纸浆黏度的影响

　　5. 过渡金属离子
　　浆中和漂液中的过渡金属离子会催化
臭氧的分解，产生 HO・、HOO・和 O_2^-・
等游离基。研究表明，Co^{2+}、Fe^{2+} 和 Cu^{2+}
会加快臭氧的分解，即使这些金属离子的浓度低，对纸浆黏度都有负面的影响。但是，锰的
存在并不影响臭氧漂白的选择性。

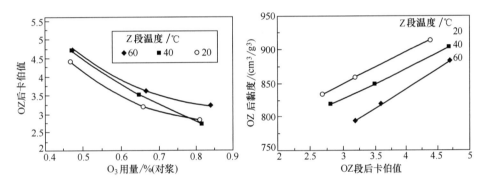

图 6-37　松木 ASAM 浆臭氧漂白时，温度对纸浆卡伯值和黏度的影响

金属离子催化臭氧分解可用以下方程式表示：

$$O_3 + M^{n+} + H^+ \longrightarrow M^{(n+1)+} + HO\cdot + O_2$$

$$HO\cdot + O_3 \longrightarrow HOO\cdot + O_2$$

$$HOO\cdot \Longleftrightarrow O_2^-\cdot + H^+$$

$$O_2^-\cdot + M^{(n+1)+} \longrightarrow M^{n+} + O_2$$

综合上述反应式，可得

$$2O_3 \xrightarrow{\ M^{n+}/H_2O\ } 3O_2$$

研究表明，当 pH 调到 2 时，可完全抑制过渡金属离子对臭氧的催化分解。

　　6. 携带溶出物
　　臭氧脱木素对前面漂段（如氧脱木素段）浆液中携带的溶出物很敏感，但对自身（Z）
漂段或后面漂段（如过氧化氢漂段）滤液中带回的溶出物较不敏感。图 6-38 为浆液或滤液
中溶出有机物（以 COD 表示）对桉木预水解硫酸盐浆 OZP 漂白浆白度的影响。由图中可以
看出，O 段携带的有机溶出物对漂终白度有显著的影响。当 O_3 用量为 4kg/t 风干浆，O 段
携带 COD 由 0 增至 14.4kg/t 风干浆时，白度由 90％ISO 降至 85％ISO，而 Z 段和 P 段带回

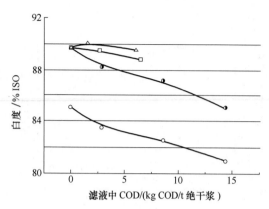

图 6-38　携带或带回到 Z 段的溶出有
机物对 OZP 漂终白度的影响

● O 段携带，O₃用量 4kg/t 风干浆
○ O 段携带，O₃用量 2kg/t 风干浆
□ Z 段带回，O₃用量 4kg/t 风干浆
△ P 段带回，O₃用量 4kg/t 风干浆

的 COD 对漂终白度的影响甚小。

携带或带回到 Z 段的溶出有机物对臭氧漂白的影响也大大地取决于纸浆浓度，高浓臭氧漂白受到的影响比中浓臭氧漂白小，这与高浓漂白时与浆结合的水量要少得多有关。

7. 碱抽提

臭氧漂白后进行碱抽提（E），可显著降低纸浆卡伯值，而对黏度影响甚小。若用△卡伯值/CS（CS，chain scissions，为链断裂数）表示脱木素选择性，则脱木素选择性提高，如表 6-21 所示。从表 6-21 还可看出，如果用过氧化氢或氧强化碱抽提，卡伯值可进一步降低，而纸浆黏度的损失不大。如果臭氧漂白后碱抽提的目标卡伯值与 Z 段相同，则 Z 段臭氧用量可减少 25%～45%。

表 6-21　　　　松木硫酸盐浆臭氧漂白后的碱抽提*

臭氧耗量/(kg/t 绝干浆)	漂序	卡伯值	黏度/(mL/g)	△卡伯值/CS
0		34.0	1280	
19	Z	17.6	920	12.5
19	ZE	12.6	905	15.3
19	Z(EP)	11.9	885	14.7
19	Z(EO)	9.5	850	14.2

注：* E 段：NaOH 用量 2%，60℃，60min；EP 段：NaOH 用量 2%，H₂O₂用量 0.5%，60℃，60min；EO 段：NaOH 用量 2%，氧压 0.2MPa，90℃，60min。

8. 添加助剂

臭氧漂白前用酸调节 pH，或加螯合剂（DTPA、EDTA 等），增加臭氧的稳定性和溶解性，都能改善臭氧的脱木素选择性。有报道称，用聚木糖酶（Irgazyme 40s）处理针叶木氧脱木素硫酸盐浆，能在相同臭氧用量下提高臭氧漂白浆的白度，或在达到相同白度的情况下减少臭氧用量。

臭氧漂白时，添加醋酸、草酸、甲酸、甲醇、脲—甲醇、二甲亚砜、二甲基甲酰胺等有机化合物，对保护碳水化合物都是有效的，但有些助剂（例如甲醇）所需的量太大，成本过高，影响了其在工业上的实际应用。

（五）臭氧漂白流程

1. 高浓臭氧漂白流程

图 6-39 是高浓臭氧漂白的生产流程。纸浆用冷却了的蒸馏水稀释

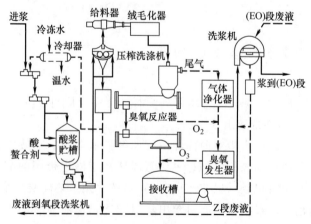

图 6-39　高浓臭氧漂白生产流程

并加酸和螯合剂处理，然后用压榨洗涤机挤出废液，使之达到高达 40％的浓度。高浓纸浆经撕碎和绒毛化后，进入气相反应器与臭氧反应，漂白纸浆经洗浆机洗涤后送（EO）段。

图 6-40 为 Metso ZeTrac 高浓臭氧漂白系统。该系统没有以往高浓臭氧漂白系统所需的螺旋给料器和绒毛化器，代之以专门设计的撕碎螺旋压榨，使纸浆绒毛化并送到横管反应器，与臭氧/氧混合气接触，并在浆叶推动下与气体一同向前运动。反应器在较小的真空度下运行，以保证没有气体外逸。臭氧脱木素后浆料排至稀释螺旋输送器，并在输送器使纸浆碱化。然后中浓纸浆落入贮浆槽，再泵送至其后漂段。

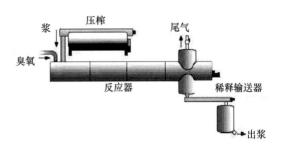

图 6-40　Metso ZeTrac 高浓臭氧漂白系统

高浓臭氧漂白脱木素效率较高，O_3 的消耗较少，但脱木素选择性较差，投资也较多。

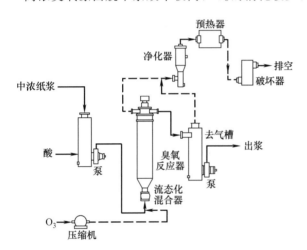

图 6-41　中浓臭氧漂白的生产流程

2. 中浓臭氧漂白

图 6-41 为中浓臭氧漂白的生产流程。纸浆经酸化后用泵压入高强度混合器，与用压缩机压入的压力为 0.7～1.2MPa 的臭氧/氧气混合，在升流式反应塔与 O_3 反应，漂后纸浆与气体分离，残余的 O_3 被分解，纸浆送洗涤机洗涤。与高浓臭氧漂白相比，中浓臭氧漂白的投资较少，实施容易，因此，成为臭氧漂白的主要生产流程。

3. 低浓臭氧漂白

低浓（浆浓≤3％）臭氧漂白，O_3 必须先溶解在水中，才能与纸浆的纤维反应。由于 O_3 在水中的溶解度低，用水量多，脱木素效率较低，但脱木素选择性较好。低浓臭氧漂白由于浆浓低，生产效率低，化学品和动力消耗较高，产生的废水量多。因此，限制了其在工业上的应用。国内以亚麻浆为原料，进行了含低浓纸浆臭氧漂白段的 TCF 漂白（OAZP 四段漂），漂终白度可达 84％ISO。

（六）臭氧在 ECF 和 ECF 漂白中的应用

臭氧既有显著的脱木素作用，又能提高纸浆的白度。臭氧漂白能有效除去浆中的己烯糖醛酸（对阔叶木浆特别有意义），有利于提高漂白浆的白度稳定性，减少后续漂段的化学品用量。臭氧既可用于 ECF 漂白，也可用于 TCF 漂白。

1. 臭氧在 ECF 漂白中的应用

在 ECF 漂序中引入臭氧的主要目的是减少二氧化氯用量，提高漂白效率。降低进入 Z 段的纸浆卡伯值，可以改善臭氧漂白的选择性，因此，一般在臭氧漂白前进行氧脱木素。与只用臭氧段（Z）相比，氧脱木素与臭氧处理相结合的 OZ 漂序，臭氧的用量较少，臭氧中的氧气分离后可循环使用，因此，可降低化学品成本；而且，水封闭循环的可能性更大。对 O、Z、D 组成的 ECF 短漂序，OZD 的选择性比 ODZ 好，因为 Z 段后的二氧化氯漂白对纤维素没有负面作用。图 6-42 为国内某厂阔叶木硫酸盐浆采用的 O（Ze）DP 漂白流程图，其相关工艺参数如表 6-22 所示。纸浆经该漂序漂白后其白度可达到 90%ISO。

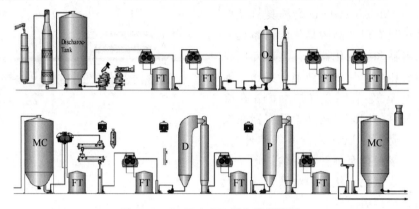

图 6-42 O（Ze）DP 漂白流程简图

表 6-22 **O（Ze）DP 漂白工艺条件及漂白结果**

漂段	化学品用量/(kg/t 风干浆)	时间/min	温度/℃	卡伯值	白度/%ISO
O	O_2,16(压力 0.5~0.6MPa)；NaOH,20	60	95	9.1	
Ze	O_3,5.5(浆浓≥12%)	~5	~50	3.5	75
D	ClO_2,17(有效氯)	120	75		85
P	H_2O_2,4；NaOH,21	120	85		90

注：未漂浆卡伯值 18.1。

臭氧可以与二氧化氯在同一漂段进行，以节省一段洗涤，降低能耗。依漂剂加入的顺序组成（DZ）或（ZD）漂段。有报道指出，（DZ）对未漂浆更有效，而（ZD）更适合于氧脱木素浆。（DZ）对减少 AOX 的产生也是有利的。二氧化氯能起游离基清除剂作用，抑制其后臭氧处理的游离基量，而臭氧能破坏二氧化氯处理时产生的 AOX。在 ECF 漂序中，用（DZ）取代 D_0 特别有效。对阔叶木硫酸盐浆，$1kgO_3$ 可以取代 $1.58kgClO_2$ 或 4.16kg 有效氯。表 6-23 为阔叶木硫酸盐浆用 Z 或（DZ）取代 D_0 的 ECF 漂白结果。由表中可以看出，用（DZ）取代 D_0 的 ECF 漂序白度达 88.9%ISO，且黏度较高，AOX 产生量较少。

表 6-23 **阔叶木硫酸盐浆用 Z 或（DZ）取代 D_0 的 ECF 漂白结果**

漂序	漂段	化学品	化学品用量 kg/t 绝干浆	OXE	ΣOXE	卡伯值	白度/%ISO	黏度/(mL/g)	AOX 含量/(kg/t 绝干浆)
未漂浆						14.8		1050	
$D_0(EOP)D_1D_2$	D_0	ClO_2	14.0	1038	1038				
	EOP	H_2O_2	5.0	294	1332				
	D_1	ClO_2	10.0	741	2073				
	D_2	ClO_2	2.5	185	2258		87.7	940	0.8
$Z(EOP)D_1D_2$	Z	O_3	6.0	750	750				
	EOP	H_2O_2	5.0	294	1044				
	D_1	ClO_2	10.0	741	1785				
	D_2	ClO_2	2.5	185	1970		87.5	820	0.2
$(DZ)(EOP)D_1D_2$	D	ClO_2	8.0	593	593				
	Z	O_3	6.0	750	1343	3.9	54.4	900	
	EOP	H_2O_2	5.0	294	1637		69.4		875
	D_1	ClO_2	7.5	556	2193		86.2		
	D_2	ClO_2	1.5	111	2304		88.9	885	0.4

注：D_0：浆浓 3%；EOP：浆浓 10，$MgSO_4 \cdot 7H_2O$ 3kg/t 绝干浆，氧压 0.2MPa；D_1：浆浓 10%，75℃，90min；D_2：浆浓 10%，NaOH 2kg/t 绝干浆，80℃，180min；Z：浆浓 40%，pH 2.5；（DZ）：浆浓 3%，先加 8kgClO_2/t 绝干浆，50℃，10min，然后加入 O_3。

目前，较为常见的含臭氧漂段的 ECF 漂序有：OZED、OQPZD、O（ZD）（EO）D、O（DZ）（EOP）DD 等。

2. 臭氧漂白在 TCF 漂白中的应用

氧、臭氧、过氧化氢是纸浆 TCF 漂白的重要漂白剂，Z 段已是多数 TCF 漂序的组成部分。为了达到高白度和最好的强度性质，臭氧漂段在 TCF 漂序中的最佳位置仍是一个未解决的问题，为此进行了许多研究。有报道指出，当臭氧漂段置于两段过氧化氢漂段之间时，TCF 漂白的效率大大提高。表 6-24 为在相同的漂白条件（OXE 用量）下，OQP_1ZP_2 与 $OZQP_1P_2$ 两种 TCF 漂序纸浆性质的比较。从表中可以看出，OQP_1ZP_2 漂白浆的白度比 $OZQP_1P_2$ 漂白浆高 5％ISO，而黏度也高 119mL/g，说明 OQP_1ZP_2 的漂白效率和选择性比 $OZQP_1P_2$ 好。这可能是 O 段后直接进行臭氧处理会引入较多的对碱不稳定的基团，而在第一段 H_2O_2 漂白后进行臭氧处理，浆中残余发色结构通过臭氧化引入酚羟基而活化，因此有利于其后的碱性过氧化氢漂白。

表 6-24　　　　相同漂白条件下 OQP_1ZP_2 与 $OZQP_1P_2$ 漂白浆性质的比较

漂序	漂段	化学品	化学品用量			卡伯值	白度/%ISO	黏度/(mL/g)	△卡伯值/CS
			kg/t 绝干浆	OXE	ΣOXE				
未漂浆						27.3		955	
$OZQP_1P_2$	O					15.5		895	
	Z	O_3	5.2	650	650	9.9	46.7	800	9.1
	QP	H_2O_2	25	1470	2120	3.6	77.5	558	3.6
	P_2	H_2O_2	25	1470	3590	2.8	83.9	546	3.6
OQP_1ZP_2	O					15.5		895	
	QP_1	H_2O_2	25	1470	1470	7.1	70.3	807	14.9
	Z	O_3	5.2	650	2120	2.7	77.6	730	10.8
	P_2	H_2O_2	25	1470	3590	1.0	88.9	665	7.8

注：O：浆浓 10％，氧压 0.58MPa，90℃，60min；Z：浆浓 10％，pH2.2，2℃；P：浆浓 10％，NaOH 用量 3％，$MgSO_4$ 用量 0.05％，DTPA 用量 0.2％，85℃，240min；CS：断链数。

目前，较为常见的含臭氧漂段的 TCF 漂序有：ZEP、OPZ、OPZP、OZQP、OZQPP、OQPZP、OQPZ（PO）、O（ZQ）（EOP）P 等。

六、过氧化氢漂白

早在 1940 年，过氧化氢就已在一家工厂用于机械浆的漂白。过氧化氢用于化学浆的漂白，在较长的一段时间里，主要是用于多段漂白的最后一段，以达到更高的白度，并改善纸浆的白度稳定性。直到 20 世纪 80 年代后期，由于环境对含氯漂白剂使用的限制，过氧化氢用于化学浆的漂白才迅速增长。H_2O_2 既可作脱木素剂，也可作漂白剂，成为 TCF 漂白不可缺少的组成部分，许多 ECF 漂白流程也含有过氧化氢漂白段。

（一）过氧化氢的性质与制备

1. 过氧化氢的性质

过氧化氢是无色透明的液体，有轻微的刺激性气味。国外工业用商品多为 50％～70％ 的水溶液，国内则多为 30％～50％ 水溶液。不同浓度的过氧化氢溶液的物理性质如表 6-25 所示。

过氧化氢水溶液无毒，有腐蚀性，有杀菌作用。

表 6-25　　　　　　　　　　　　不同浓度的过氧化氢溶液的物理性质

浓度	沸点/℃	熔点/℃	密度(25℃)/(g/cm³)	浓度	沸点/℃	熔点/℃	密度(25℃)/(g/cm³)
$100\%H_2O_2$	150.2	−0.42	1.443	$50\%H_2O_2$	114	−52	1.196
$70\%H_2O_2$	125	−40	1.288	H_2O	100	0	0.997
$60\%H_2O_2$	119	−56	1.241				

过氧化氢能与水、乙醇和乙醚以任何比例混合。纯净的过氧化氢相当稳定，但遇过渡金属如锰、铜、铁及紫外光、酶等易分解，可加少量 N-乙酰苯胺、N-乙酰乙氧基苯胺等作稳定剂。H_2O_2 水溶液的 pH 对其稳定性有重要的影响。pH 小于 3 或大于 6，H_2O_2 的分解速率增加，pH 为 4～5 时分解速度最小。所以，H_2O_2 溶液必须在 pH4～5 条件下贮存。

过氧化氢水溶液呈弱酸性，并按下式电离：

$$H_2O_2 \rightleftharpoons H^+ + HOO^-$$

$$Ka = \frac{[H^+][HOO^-]}{[H_2O_2]} = 2.24 \times 10^{-12}(25℃)$$

$$pKa = pH - \log\frac{[HOO^-]}{[H_2O_2]} = 11.6(25℃)$$

当温度为 25℃ 时，若 H_2O_2 有一半离解，则 pH＝pKa；若 pH 为 10.6，则 H_2O_2 仅有 10% 离解成 HOO^-。

图 6-43 为过氧化氢在不同温度和 pH 条件下的电离度，用 $\dfrac{[HOO^-]}{[HOO^-]+[H_2O_2]}$ 表示。

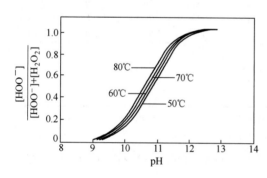

图 6-43　过氧化氢在不同温度
和 pH 条件下的电离度

从图中看出，温度越高，在同样条件下的电离度越高；pH 在 9～13 之间时，pH 越高，电离度就越大。

过氧化氢水溶液易受过渡金属离子（锰、铁、铜等）的催化而分解：

$$M^{n+} + H_2O_2 \longrightarrow HO\cdot + OH^- + M^{(n+1)+}$$
$$HO\cdot + HOO^- \longrightarrow O_2^-\cdot + H_2O$$
$$O_2^-\cdot + H_2O_2 \longrightarrow O_2 + HO\cdot + OH^-$$
$$HOO^- + M^{(n+1)+} \longrightarrow HOO\cdot + M^{n+}$$
$$HOO\cdot + OH^- \rightleftharpoons O_2^-\cdot + H_2O$$
$$HO\cdot + HO\cdot \longrightarrow H_2O_2$$

催化分解的结果，除生成 O_2、H_2O_2 和 OH^- 外，还有 $HO\cdot$、$HOO\cdot$、$O_2^-\cdot$ 等游离基生成，这些游离基对过氧化氢漂白过程中的脱木素和碳水化合物的降解有重要的影响。

2. 过氧化氢的制备

工业上生产过氧化氢的方法有蒽醌法、电解法和异丙醇法，其中最重要的是蒽醌法。

蒽醌法以 2-烷基-9、10-蒽醌为载体（或称工作液），经甲基偶氮苯、钯黑等催化剂催化加氢使之变为烷基蒽氢醌，然后用氧（通常用空气）氧化得到 H_2O_2 和对应的烷基蒽醌，用去离子水萃取 H_2O_2，得到粗的 H_2O_2，再经纯化、浓缩变成 H_2O_2 产品，烷基蒽醌则循环使用。可用作载体（工作液）的烷基蒽醌还有：2-乙基蒽醌、2-叔丁基蒽醌、2-戊基蒽醌、2-新戊基蒽醌等。图 6-44 为蒽醌法制备 H_2O_2 的流程和反应式。图中，氢气由天然气产生：$CH_4 + 2H_2O \longrightarrow CO_2 + 4H_2\,(g)$，天然气必须先纯化除硫，因硫对其后 H_2O_2 制备过程有毒，可加 ZnO 与 S 反应生成 ZnS，然后分离去除。

电解法可得到 4% 的 H_2O_2 溶液，由于在生成 HOO^-（H_2O_2）的同时，又有碱（HO^-）生成，故电解法生产的 H_2O_2 溶液碱度大。反应式如下：

$$O_2 + H_2O + 2e^- \longrightarrow HOO^- + HO^-$$

（二）过氧化氢与木素的化学反应

过氧化氢是一种弱氧化剂，它与木素的反应主要是与木素侧链上的羰基和双键反应，使其氧化，改变结构或将侧链碎解，反应式见图 6-45。

木素结构单元苯环是无色的，但在蒸煮过程形成各种醌式结构后，就变成有色体。因此，过氧化氢与木素结构单元苯环的反应，实际上就是破坏醌式结构的反应，使其变为无色的其他结构，导致苯环氧化开裂最后形成一系列的二元羧酸和芳香

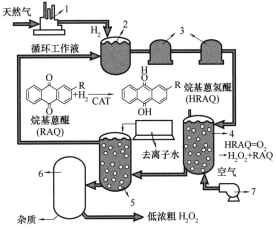

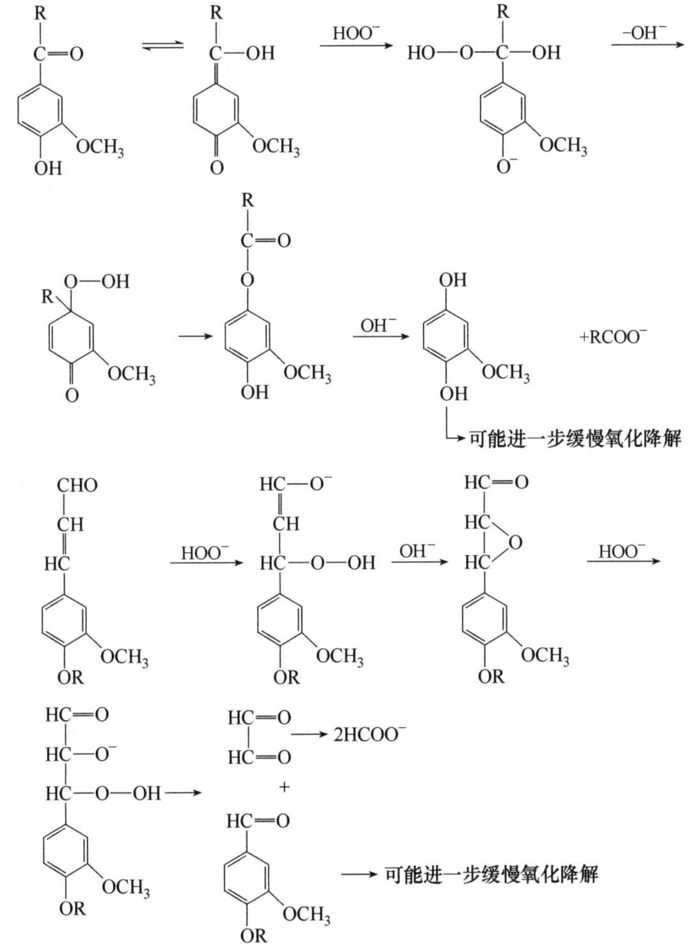

图 6-44　蒽醌法制备 H_2O_2 的流程和反应式

1—氢厂　2—氢化器　3—过滤器　4—氧化器
5—抽提器　6—净化器　7—压缩机

图 6-45　过氧化氢与木素侧链羰基和双键的反应

酸，如图 6-46 所示。

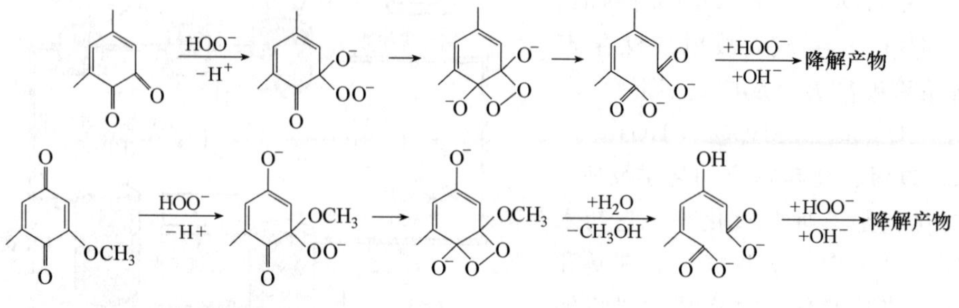

图 6-46 过氧化氢与木素结构单元苯环的反应

过氧化氢漂白过程中形成的各种游离基也能与木素反应。例如，氢氧游离基与浆中残余木素反应形成酚氧游离基，过氧离子游离基（O_2^- · ）与酚氧游离基中间产物反应生成有机氧化物，再降解成低相对分子质量化合物。

由此可见，在过氧化氢漂白时，既能减少或消除木素的有色基因，也能碎解木素使其溶出。过氧化氢漂段的溶出物除木素外，还有低相对分子质量的脂肪酸，如甲酸、羟基乙酸、3，4-二羟基丁酸。此外，还有聚糖，主要为聚木糖。但碱性过氧化氢不能降解己烯糖醛酸。

（三）过氧化氢与碳水化合物的反应

在温和条件下进行过氧化氢漂白，过氧化氢与碳水化合物的反应是不重要的。但在过氧化氢漂白过程中，H_2O_2 分解生成的氢氧游离基（HO·）和氢过氧游离基（HOO·）都能与碳水化合物反应。HOO·能将碳水化合物的还原性末端基氧化成羧基，HO·既能氧化还原性末端基，也能将醇羟基氧化成羰基，形成乙酮醇结构，然后在热碱溶液中发生糖苷键的断裂。H_2O_2 分解生成的氧在高温碱性条件下，也能与碳水化合物作用，因此，化学浆经过氧化氢漂白后，纸浆黏度和强度均有所降低。若漂白条件强烈（例如高温过氧化氢漂白），又没有有效地除去浆中的过渡金属离子，漂白过程中形成的氢氧游离基过多，碳水化合物会发生严重的降解。因此，必须严格控制好工艺条件。

（四）过氧化氢漂白的影响因素

1. 材种和浆种

过氧化氢漂白效果随材种和制浆方法的不同而异，这主要与浆中抽出物含量有关。总的来说，阔叶木浆较易漂白，针叶木浆较难漂白；相同的原料，亚硫酸盐浆比硫酸盐法浆好漂些。

2. H_2O_2 用量

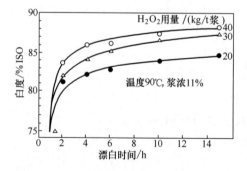

图 6-47 过氧化氢用量对纸浆白度的影响

过氧化氢用量视浆种、白度要求和漂白条件等因素而定。一般来说，随着 H_2O_2 用量的提高，纸浆白度增加。但用量过高，会出现白度停滞现象，即白度不再随 H_2O_2 用量的增加而增加，漂白效率降低，且漂白化学品成本增加，经济上不合算。此外，漂终应有 $10\%\sim20\%$ 的残余 H_2O_2，否则浆易返黄。图 6-47 为经氧脱木素的阔叶木硫酸盐浆（卡伯值 11）过氧化氢漂白时 H_2O_2 用量对纸浆白度的影响。一般来说，若仅有一段过氧化氢漂白，H_2O_2 用量不超过 2.5%；若有多个过氧化氢漂段，一段 H_2O_2 用量不超过 1.5%，总 H_2O_2 用量不多于 4.5%。

3. pH

过氧化氢漂白时，pH（或碱度）的控制是非常重要的。为了保证漂液中有必要的 HOO^- 浓度，必须有足够的碱度。但碱度过高，H_2O_2 的电离速度过快会造成无效损失；pH 过低，漂白作用又减少。许多试验研究表明，漂初 pH 为 10.5～11.0，漂终有 10%～20% 的残余 H_2O_2，pH 为 9.0～10.0，漂白效果较好。

pH 主要由加入的 NaOH 用量来调节，即要控制合适的 $NaOH/H_2O_2$ 比值。中浓（9%～12%）漂白时，$NaOH/H_2O_2$ 为 1 较好；高浓（20%～30%）漂白，NaOH 与 H_2O_2 之比为 0.25 即可。NaOH 用量，或者说 NaOH 与 H_2O_2 的用量比随漂白浆种的不同而有差别。若 H_2O_2 漂白时也加入硅酸钠（如 41°Bé 水玻璃），pH 通常用总碱（T.A.）与 H_2O_2 用量比来调节。

$$T.A.\% = NaOH(\%) + 0.115 \times Na_2SiO_3\%(41°Bé)$$

4. 漂白温度和时间

漂白温度和时间是两个相关的因素，在其他条件相同的情况下，温度高，则时间可以短些。但温度过高，过氧化氢易分解；时间过长，残余 H_2O_2 消失，会发生"碱性变暗"而引起返黄。过去，过氧化氢漂白采用较低的温度（40～60℃），目前的趋势是提高漂白温度，以强化过氧化氢的漂白和脱木素作用。图 6-48 为经氧脱木素的针叶木硫酸盐浆（卡伯值 6.0）过氧化氢漂白时，温度对纸浆白度的影响。可以看出，提高温度，有利于缩短漂白时间和增加纸浆白度。一

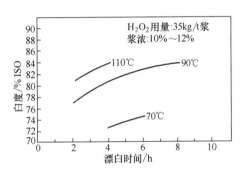

图 6-48　漂白温度和漂白时间对纸浆白度的影响

般常压下最高漂白温度为 90℃，压力下漂白温度不超过 120℃，以免引起 H_2O_2 的氧—氧键均裂。

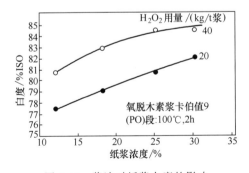

图 6-49　浆浓对纸浆白度的影响

5. 纸浆浓度

在相同的化学品用量并使化学品与纸浆均匀混合以及相同的温度和时间条件下，浆浓提高，可以提高漂白化学品的有效浓度，增加白度，高浓也有利于节约蒸汽，减少漂白化学品用量，并减少漂白废水量。图 6-49 为经氧脱木素的针叶木硫酸盐浆过氧化氢漂白时，纸浆浓度对白度的影响，很明显，在相同的 H_2O_2 用量下，白度随纸浆浓度的提高而增加。与高浓过氧化氢漂白相比，中浓漂白投资较少，浆料浓缩的能耗较低，操作较易，浆质较均匀，近年来也得到迅速发展。

（五）过氧化氢漂白工艺流程

从纸浆浓度分，过氧化氢漂白可分为高浓、中浓和低浓过氧化氢漂白。低浓 H_2O_2 漂白用水量多，能耗高，漂白效率低，几乎不为工业上所采用。目前，工业上既有采用高浓 H_2O_2 漂

白，也有采用中浓 H_2O_2 漂白。机械浆、化学机械浆和废纸脱墨浆多数采用高浓 H_2O_2 漂白，化学浆的 TCF 或 ECF 漂序中，一般采用中浓 H_2O_2 漂白。从漂白压力分，过氧化氢漂白又可分为常压漂白和压力漂白。

1. 常压过氧化氢漂白工艺流程

图 6-50 为有代表性的常压过氧化氢漂白工艺流程。碱加入前一漂段来的纸浆中，碱化了的纸浆落入一直管中，在进入中浓浆泵时与加入的 H_2O_2 混合，然后进入升流式反应器进行漂白，漂后纸浆视其后洗浆机进浆的要求以中浓或低浓排出。H_2O_2 漂白后纸浆通常进行单段洗涤，洗涤设备可采用洗涤压榨、单段鼓式置换洗浆机、常压扩散洗浆机，或鼓式真空洗浆机。

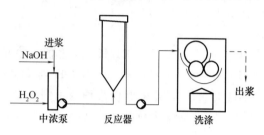

图 6-50　常压 H_2O_2 漂白工艺流程

2. 压力过氧化氢漂白工艺流程

过氧化氢是一种弱氧化剂，为了增强过氧化氢的脱木素和漂白作用，一种有效的方法是在更高的温度下用氧加压的过氧化氢漂白，称之为压力过氧化氢（PO）漂白。

压力过氧化氢漂白设备与氧脱木素设备相似，其有代表性的工艺流程如图 6-51 所示。

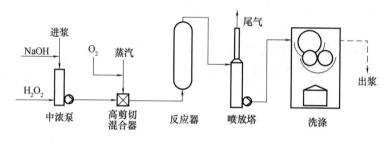

图 6-51　压力 H_2O_2 漂白工艺流程

中浓纸浆中加入碱和 H_2O_2 后，纸浆悬浮液用中浓浆泵混合并送至高剪切混合器，加入氧和蒸汽，然后三相的混合物进入升流式压力反应器，在此进行漂白反应。高剪切混合器产生稳定的微泡以保证均匀的漂白效果。漂后浆料从反应器顶部排到喷放锅并与气体分离，然后送洗浆机洗涤。洗涤设备与常压 H_2O_2 漂白浆所用的相同。（PO）段结合碱氧漂白和过氧化氢漂白的优点，明显改善了漂白效果。图 6-52 为经氧脱木素的针叶木硫酸盐浆（卡伯值 12.5）压力高温过氧化氢漂白的结果。许多研究结果表明，在 $95\sim120℃$ 范围内，随着温度的升高，H_2O_2 和 NaOH 消耗速度增加，pH 下降，纸浆白度提高，卡伯值降低，黏度也相应下降。在任一恒定温度下，随着压力的升高，纸浆卡伯值的下降略有增

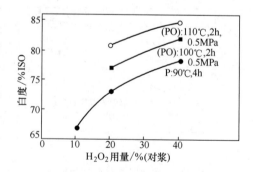

图 6-52　针叶木硫酸盐浆的
压力高温过氧化氢漂白

加，而白度明显提高。加压能增加氧的溶解度和强化传质过程。理论上，较高的氧压可以防止过氧化氢漂白时所不希望发生的副反应：

$$H_2O + HOO \cdot \Longleftrightarrow H_2O + HO \cdot + O_2$$

$$H_2O_2 \Longrightarrow H_2O + 1/2O_2$$

加压可以防止上述化学平衡向右移动，避免或减少 H_2O_2 的无效分解，提高 H_2O_2 漂白效率。

（PO）段的工艺条件一般为：H_2O_2 用量 $5\sim40kg/t$，O_2 用量 $5\sim10kg/t$，压力 $0.3\sim0.8MPa$，浆浓 $9\%\sim13\%$，pH $10.5\sim11.0$，温度 $80\sim110℃$，时间 $1\sim3h$。

Andritz 公司采用 Q（PO）流程漂白经氧脱木素的针叶木硫酸盐浆，未漂浆卡伯值 10.5，黏度 $970dm^3/kg$。（PO）段浆浓 10%，H_2O_2 用量 $29kg/t$ 风干浆，温度 $100℃$，时间 $2\sim3h$，漂后纸浆白度达 86%ISO，黏度降至 $700dm^3/kg$。Ingerssoll Rand 公司采用 A（EOP）（ZQ）（PO）流程漂白桉木硫酸盐浆，白度达到 90%ISO。国内某厂采用 OQ（PO）漂序漂白卡伯值为 15.1 的麦草浆，（PO）段的工艺条件为：H_2O_2 用量 $35kg/t$，NaOH 用量 $4kg/t$，$NaSiO_3$ 用量 $30kg/t$，$MgSO_4$ 用量 $5kg/t$，塔顶压力 $0.4MPa$，温度 $95\sim105℃$，时间 $90min$，漂终白度达到 80%ISO 以上。

（六）改善过氧化氢漂白性能的途径

除了优化过氧化氢漂白工艺条件，采用压力过氧化氢漂白外，还可采用多种技术措施来改善 H_2O_2 漂白性能，例如，添加 H_2O_2 稳定剂，控制浆中金属离子的分布、活化 H_2O_2 等。分述如下：

1. 添加 H_2O_2 的稳定剂

减少 H_2O_2 无效分解的一个有效措施是 H_2O_2 漂白液的稳定化，硫酸镁和硅酸钠是常用的碱性过氧化氢溶液稳定剂。

（1）硫酸镁

添加 $MgSO_4$ 的作用是稳定 H_2O_2，防止 H_2O_2 因过渡金属离子引起的催化分解。有报道指出，为了防止 H_2O_2 的无效分解，浆中镁离子与锰离子的比应大于 50。有关硫酸镁稳定 H_2O_2 的机理，有不同的假设：吸附过渡金属离子或是与之形成稳定的络合物；与过氧游离基 $O_2^- \cdot$ 络合；与纤维素络合，也起保护碳水化合物的作用。

（2）硅酸钠

工业硅酸钠又名水玻璃和泡花碱，其性质随 Na_2O 与 SiO_2 分子比的不同而不同。漂白用硅酸钠的 Na_2O 与 SiO_2 分子比约为 $1:3.3$。过氧化氢漂白中，硅酸钠既是漂液 pH 的缓冲剂，又是 H_2O_2 的稳定剂，还是金属设备表面钝化剂以及有助于 H_2O_2 与纸浆接触的浸透剂。

加入硅酸钠，对 H_2O_2 漂液 pH（或碱度）有缓冲作用。NaOH 过多时，硅酸钠可与 NaOH 结合，使 pH 降低；NaOH 过少时，硅酸钠则可释出一定量的 NaOH，使 pH 升高；故硅酸钠可使 H_2O_2 漂液的 pH 相对稳定，在适合的 pH 范围内进行漂白。其反应原理如下式所示：

水玻璃（$Na_2Si_3O_7 \cdot 2H_2O$）　　　　硅酸钠（Na_2SiO_3）

硅酸钠通过钝化过渡金属离子，对 H_2O_2 的无效分解具有抑制作用。在 H_2O_2 漂液中加入硅酸钠，并同时加入少量的 Mg^{2+}（如 $MgSO_4$），硅酸钠和镁离子可形成硅酸镁胶体悬浮物。研究认为，胶体硅酸镁具有多孔性海绵状结构，能吸附过渡金属离子和其他杂质，从而抑制过渡金属离子的催化作用和 H_2O_2 的无效分解。

2. 控制浆中金属离子的分布

浆中存在的金属离子对过氧化氢漂白性能有重要影响。如前所述，锰、铜、铁等过渡金属离子会催化分解 H_2O_2 并产生游离基。虽然一定量的游离基有利于脱木素，但这些游离基会引起 H_2O_2 的无效分解，并导致碳水化合物的降解。碱土金属离子，如 Mg^{2+}、Ca^{2+}，能稳定 H_2O_2 并保护碳水化合物。因此，H_2O_2 漂白时必须控制浆中的金属离子分布，即尽量去除过渡金属离子而保留适量的碱土金属离子。主要方法有：

（1）螯合处理

螯合处理是在适当的温度、时间和 pH 等条件下，用螯合剂处理纸浆，然后进行洗涤。螯合剂可分为无机螯合剂和有机螯合剂。无机螯合剂有三聚磷酸钠（$Na_5P_3O_{14}$）、六偏磷酸钠 [$(NaPO_3)_6$] 等。有机螯合剂种类较多，有代表性的有机螯合剂名称及结构式如下：

EDTA（乙二胺四乙酸）

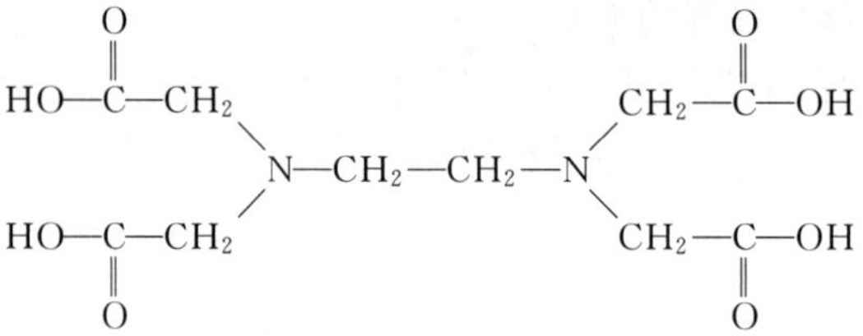

DTPA（二乙三胺五乙酸）

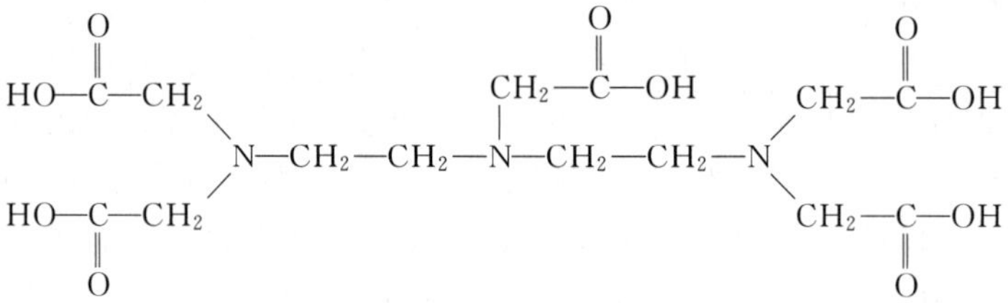

HEDTA（羟乙基乙二胺三乙酸）

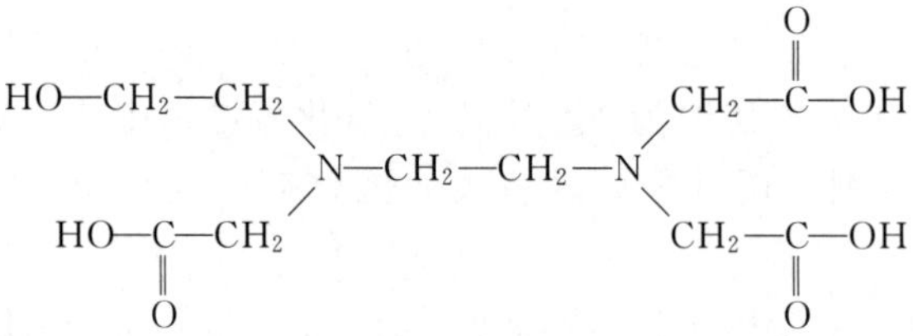

NTA（次氮基三乙酸）

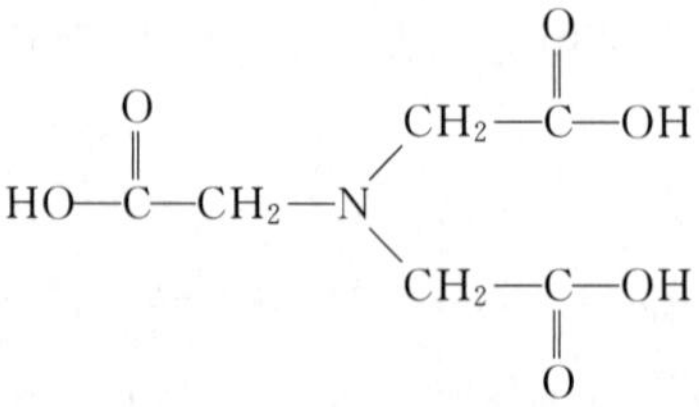

DTPMPA（二乙三胺五亚基膦酸）

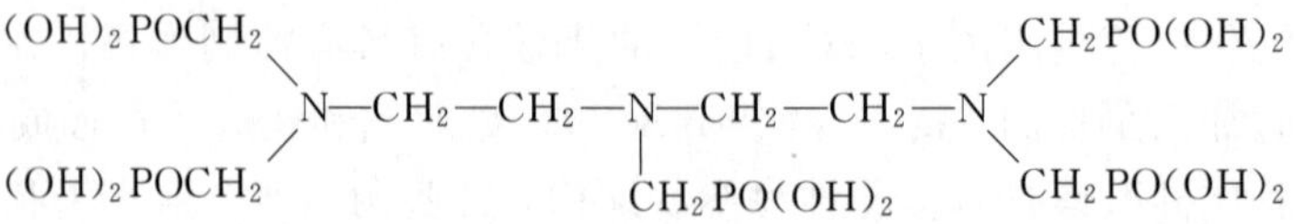

金属阳离子与螯合剂阴离子的反应可表示为：

$$M^{n+} + Q^{m-} = MQ^{n-m}$$

用平衡常数 K 表示形成的螯合物的螯合稳定系数，则

$$K = \frac{[MQ^{n-m}]}{[M^{n+}][Q^{m-}]} \tag{6-4}$$

表 6-26 为几种螯合剂的螯合稳定常数（以 $\log K$ 表示）。$\log K$ 值越大，表明其螯合能力越大。

表 6-26　　　　　　　　　　几种螯合剂的螯合稳定常数 $\log K$

螯合剂	金属			
	Fe^{3+}	Cu^{2+}	Fe^{2+}	Mn^{2+}
EDTA	25.1	18.8	14.3	14.0
DTPA	28.6	21.5	16.5	15.5
HEDTA	19.8	17.6	12.2	10.7
NTA	15.9	13.0	8.8	7.4

从表 6-27 看出，过渡金属离子的螯合顺序为：$Fe^{3+} > Cu^{2+} > Fe^{2+} > Mn^{2+}$。理论上，表中几种螯合剂的螯合能力大小为：DTPA＞EDTA＞HEDTA＞NTA。工业上常用的螯合剂是 EDTA 和 DTPA。在漂白生产中，选用哪一种螯合剂最好，要根据工厂具体情况来决定。因为螯合处理的效果取决于螯合剂的种类和用量、螯合处理的温度和时间、其他金属离子的干扰及 pH 等。表 6-27 为针叶木硫酸盐浆螯合处理前后的金属离子含量。

表 6-27　　　　　　　　　螯合处理前后浆中的金属离子含量　　　　　　　单位：mg/kg

	Ca	Mg	Fe	Mn	Cu
螯合处理前	1400	300	11	47	0.6
螯合处理后	500～1000	120～280	6～8	<5	0.1～0.2

注：Q 段条件：EDTA 0.2%（对浆），pH5～7，90℃，1h。

螯合处理时 pH 对处理效果有显著的影响。对 DTPA 和 EDTA，较佳的 pH 为 4～6，如图 6-53 所示。Q 段的温度为 60～90℃，处理时间 30～60min。

DTPMPA 是一种较新的螯合剂，在 H_2O_2 漂白的碱性条件下，是比 DTPA 和 EDTA 更有效的螯合剂，能螯合浆中残余的过渡金属离子，提高漂白浆的白度和黏度。例如，经氧脱木素的针叶木硫酸盐浆，在 H_2O_2 用量和其他条件相同的情况下，经 AP 漂白，其白度和黏度分别为 68.4% ISO 和 18.5mPa·s，而经 AP_{DTPMPA}（P_{DTPMPA} 表示在 H_2O_2 漂白时加 DTPMPA）漂白，其白度和黏度分别为 71.0% ISO 和 21.4mPa·s。

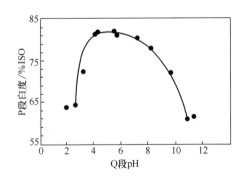

图 6-53　Q 段 pH 对其后过氧化氢漂白纸浆白度的影响

注：未漂浆：氧脱木素针叶木硫酸盐浆，卡伯值 10.3；P 段：3.5% H_2O_2，90℃，4h。

（2）酸处理

酸处理是用酸（一般用无机酸 H_2SO_4 或 HCl）对浆进行处理，使浆中金属离子溶出并

通过洗涤而除去。酸处理时必须根据不同的浆种优化 pH、温度和时间。pH 为 3 时，采用较高的温度（75℃），才能更有效地除去浆中的过渡金属离子；pH 为 2 时，处理的温度可以降低，时间也可以缩短。酸处理段加入 SO_2 或 $NaHSO_3$，可以增加金属离子的去除，改善其后过氧化氢漂白性能。

表 6-28 为酸处理对针叶木硫酸盐浆黏度的影响。由于酸处理条件较为缓和（温度 50℃，时间 30min），纸浆黏度的降低很少，且几乎与酸的种类（H_2SO_4 或 HCl）无关。若酸处理的条件较强烈（低 pH，且较高的温度和较长的时间），对纸浆黏度的影响要大些。

表 6-28 酸处理对针叶木浆黏度的影响

浆种	酸	酸处理 pH	黏度/mPa·s	浆种	酸	酸处理 pH	黏度/mPa·s
					—	—	24.2
硫酸盐浆	—	—	38.7	经氧脱木素的硫酸盐浆	H_2SO_4	3.0	23.7
	H_2SO_4	1.5	37.7		H_2SO_4	1.5	23.2
	HCl	1.5	37.7		HCl	3.0	23.0
					HCl	1.5	23.0

由于酸处理也除去了镁和钙，为了稳定 H_2O_2 和保护碳水化合物，可根据浆中残余的镁和钙量，在过氧化氢漂白时补加适量的镁。

（3）酸化与螯合相结合

可在酸化后进行洗涤，再螯合处理，即 AQ 处理；也可在酸化后不洗涤直接进行螯合处理，即（AQ）处理，先酸化使浆中的金属离子释出，然后加螯合剂螯合释出的金属离子，通过洗涤将其除去。例如，经氧脱木素的针叶木硫酸盐浆，经（AQ）处理后，浆中的锰、铜、铁含量分别从 28.56mg/kg、6.55mg/kg 和 16.64mg/kg 降至 0.04mg/kg、0.16mg/kg 和 8.60mg/kg，因此其后 H_2O_2 漂白效率大大提高。H_2O_2 用量为 4% 时，白度由 27.4%ISO 提高到 74.8%ISO，残余 H_2O_2 达 39.1%，卡伯值由 19.4 降至 6.7，说明（AQ）处理的效果很好。

3. 活化过氧化氢

有些化合物，能够活化过氧化氢，提高漂白效率，这些化合物称之为 H_2O_2 的活化剂。例如氨基氰（H_2N—$C{\equiv}N$）、双氰胺 $[H_2N$—$C(NH)$—$NHCN]$、四乙酰乙二胺：

$$\begin{array}{ccc} H_3COC & & COCH_3 \\ & \diagdown \quad NCH_2CH_2N \quad \diagup & \\ H_3COC & & COCH_3 \end{array}$$

以氨基氰和双氰胺作为活化剂，其增强漂白能力的机理是 H_2O_2 与氨基氰反应生成比 H_2O_2 具有更强氧化反应能力的氨基亚氨基过氧酸。

$$H_2N-C{\equiv}N + H_2O_2 \longrightarrow \underset{\underset{OOH}{|}}{H_2N-C{=}NH} \rightleftharpoons \underset{\underset{OO^-}{|}}{H_2NC{=}NH} + H^+$$

氨基亚氨基过氧酸离解生成的氨基亚氨基过氧酸离子是很强的亲核剂，能选择性地与发色团和木素反应，增加纸浆白度。随着活化剂用量的提高，H_2O_2 消耗量相应增加，纸浆卡伯值降低。与氨基氰相比，双氰胺有更广泛的适应性。表 6-29 为双氰胺对 H_2O_2 漂白的影响。由表中可见，当双氰胺用量从 0 增至 2% 时，漂白浆白度由 68.4%ISO 增加到 75.1%ISO，白度增值达 6.7%ISO，卡伯值由 6.5 降至 3.7，而浆的黏度仅略有减小。

表 6-29　　　　　　　　　　　　　　　　双氰胺用量对 H_2O_2 漂白的影响

双氰胺%（对浆）	0	0.5	1.0	2.0
H_2O_2 消耗/%	68	68	76	88
终 pH	11.5	10.8	10.2	9.6
卡伯值	6.5	5.2	4.4	3.7.
白度/%ISO	68.4	71.1	73.6	75.1
黏度/mPa・s	21.0	21.6	20.4	19.7

注：未漂浆卡伯值 11.4，白度 36.7%ISO，黏度 25.1mPa・s；P 段：H_2O_2 2.0%，NaOH 1.7%，$MgSO_4$ 0.05%，DTPA 0.2%，浆浓 10%，80℃，4h。

四乙酰乙二胺活化 H_2O_2 的原理是其与 H_2O_2 离解生成的氢过氧阴离子 HOO^- 发生亲核取代反应，生成的过氧乙酸与纸浆中的木素发生化学反应，使木素选择性地脱除。四乙酰乙二胺与 HOO^- 的反应如下：

$$H_3COC \quad COCH_3$$
$$\underset{H_3COC}{\diagdown}N CH_2 CH_2 N \underset{COCH_3}{\diagup} + 2HOO^- \longrightarrow 2CH_3COOOH + CH_3CON^-CH_2CH_2N^-COCH_3$$

带有 α，α'-亚胺基的芳香氮化合物，如聚吡啶（1，10-啡咯啉及其衍生物，2，2'-二吡啶等）在碱性高温（90～120℃）条件下，能增强过氧化氢漂白作用，提高白度，而对黏度影响较小。

钨酸盐和钼酸盐催化剂能活化酸性过氧化氢。聚氧金属簇合物能控制过渡金属的活性。硅—钨—锰基簇合物与经氧脱木素的针叶木硫酸盐浆在 125℃下作用 2h，纸浆卡伯值从 35（氧脱木素前）降至 5，而黏度的损失不大，从 34mPa・s 降至 27mPa・s。聚氧金属簇合物与木素反应后可重新氧化，循环使用。

此外，H_2O_2 漂白前采用 $KMnO_4$、$HNO_3/NaNO_3$、酸性 H_2O_2 等进行活化处理；以及两段过氧化氢漂白之间，采用过氧乙酸（CH_3COOOH）、过氧硫酸（H_2SO_5）或混合过氧酸（$CH_3COOOH + H_2SO_5$）进行活化处理，都能改善 H_2O_2 漂白性能，提高漂白浆的白度。

七、过氧酸漂白

（一）过氧酸的性质与制备

1. 过氧酸的性质

分子中含有过氧基—O—O—的酸称为过氧酸。例如过氧甲酸（Pf）、过氧醋酸（Pa）、过氧硫酸（也称过氧单硫酸或卡诺酸，Px）以及 Pa 与 Px 的混合酸（Pxa）。

在上述过氧酸中，对过氧醋酸的研究最多也最深入，在造纸工业中应用的也几乎都是过氧醋酸。过氧醋酸是无色有强烈气味的液体，属易燃易爆化学品。一般商品是 40% 的酸溶液，还含有水、过氧化氢和微量硫酸。相对密度为 1.15，熔点 0.1℃，沸点 105℃，溶于水、乙醇、乙醚和硫酸。过氧醋酸对皮肤有腐蚀性，对眼睛有强烈的刺激作用。性质不稳定，温度稍高即分解而放出氧气，热至 110℃ 时爆炸。

2. 过氧酸的制备

过氧酸是由浓酸与 50%～70% 的过氧化氢溶液反应而生成的，反应式如下：

过氧甲酸（Pf）：$HCOOH + H_2O_2 \rightleftharpoons HC\!-\!O\!-\!OH + H_2O$
$$\qquad\qquad\qquad\qquad\qquad\qquad\qquad\; \underset{O}{\|}$$

过氧醋酸（Pa）：$CH_3COOH + H_2O_2 \rightleftharpoons CH_3C\!-\!O\!-\!OH + H_2O$
$$\underset{\displaystyle O}{\|}$$

过氧硫酸（Px）：$H_2SO_4 + H_2O_2 \rightleftharpoons HO\!-\!\underset{\displaystyle O}{\overset{\displaystyle O}{\|}}\!-\!O\!-\!OH + H_2O$

混合过氧酸（Pxa）：含过氧醋酸和过氧硫酸的混合酸。

过氧化氢转变为过氧酸的百分比叫作转化率，按式（6-5）计算：

$$转化率 = \frac{混合物中过氧酸量（以\ H_2O_2\ 计）}{加入的\ H_2O_2\ 量} \times 100\% \tag{6-5}$$

制备过氧醋酸时，通常加浓硫酸作催化剂。H_2O_2 的转化率受 H_2O_2 溶液中的水量、醋酸与 H_2O_2 的摩尔比等影响。减少混合物中的水量和增加醋酸与 H_2O_2 的摩尔比能提高转化率。过氧醋酸的制备方法有平衡法和精馏法，目前大多采用精馏法。

过氧硫酸是德国人 Heirich Caro 首先发现的，故也称卡诺酸（Caro's acid）。其制备模式与过氧醋酸一样，由浓硫酸与过氧化氢反应而成。H_2O_2 的转化率也是随硫酸与 H_2O_2 的摩尔比的增加而提高。

表 6-30 为各种过氧酸的组成及 H_2O_2 转化率。由表中结果看出，H_2O_2 浓度从 50％提高到 70％，在酸与 H_2O_2 摩尔比减少的情况下，H_2O_2 转化率仍有所提高。但要注意：70％ H_2O_2 比 50％ H_2O_2 对眼睛和皮肤的伤害性更大，使用时要格外小心；贮存 70％ H_2O_2 的容器受强烈压力冲击会引起 H_2O_2 的自加速分解，必须尽量避免。

表 6-30 过氧酸的组成及 H_2O_2 转化率

H_2O_2 浓度	过氧酸	过氧酸各组成用量/mol			H_2O_2 转化率/%
		CH_3COOH	H_2SO_4	H_2O_2	
50%	Pa	3.50	0.03	1.00	70
	Px	0.00	2.75	1.00	70
	Pxa₁	1.00	1.00	1.00	74
	Pxa₂	0.75	1.50	1.00	74
	Pxa₃	0.50	1.50	1.00	65
70%	Pa	2.00	0.03	1.00	71
	Px	0.00	1.50	1.00	70
	Pxa₁	0.75	0.50	1.00	77
	Pxa₂	0.75	0.75	1.00	80
	Pxa₃	0.50	1.00	1.00	73

在计算过氧酸中活性氧百分含量时，一个摩尔过氧酸的 O—O 连接中只有一个氧是活性氧，例如，

$$H_2SO_5\ 中的活性氧 = \frac{16.0}{114.08} \times 100\% = 14.0\%（114.08\ 为\ H_2SO_5\ 的摩尔质量）$$

$$CH_3COOOH\ 中的活性氧 = \frac{16.0}{76.05} \times 100\% = 21.0\%（76.05\ 为\ CH_3COOOH\ 的摩尔质量）$$

（二）过氧酸与木素的反应

1. 过氧酸与木素的反应机理

过氧酸与木素的反应主要有亲电取代/加成反应和亲核反应。过氧酸的亲电取代反应，导致羟基化和对苯醌的形成，而亲电加成反应，导致侧链 β-芳基醚键的断裂，使木素大分

子变小；过氧酸与木素芳环的亲核反应，使苯环开裂并进一步降解溶出；过氧酸与侧链羰基进行亲核反应，继而进行重排，最终导致侧链的断裂。

过氧酸漂白后，浆中残余木素结构发生改变。残余木素中酚羟基和羧基数量增加，提高了木素的亲水性，有利于后续漂段中木素的脱除。

2. 过氧醋酸和过氧硫酸的反应性的比较

过氧醋酸和过氧硫酸与木素的反应途径是相同的，但其反应性不同。在芳环的亲电取代，导致苯环羟基化并形成对苯醌结构，以及由于亲电加成而导致 β-芳基醚断裂等方面，过氧硫酸的反应性比过氧醋酸强；而在与羰基的亲核反应方面，过氧醋酸的攻击能力比过氧硫酸强。概括地说，过氧醋酸的亲核性较强，亲电性弱；过氧硫酸的亲电性强，亲核性弱；而含有过氧醋酸和过氧硫酸的混合过氧酸，既有较强的亲核性，又有较强的亲电性，因此有较强的脱木素和漂白能力。

3. 过氧酸与过氧化氢反应性的比较

过氧硫酸和过氧醋酸是强氧化剂，其氧化电势分别为 1.44V 和 1.06V，与氯和二氧化氯的氧化电势（分别为 1.36V 和 1.15V）相近，其优点是不含氯。

$$HSO_5^- + 2H^+ + 2e \rightleftharpoons HSO_4^- + H_2O \qquad E_0 = 1.44V$$

$$CH_3COOOH + 2H^+ + 2e \rightleftharpoons CH_3COOH + H_2O \qquad E_0 = 1.06V$$

表 6-31 为过氧酸与过氧化氢反应性的比较。过氧甲酸、过氧醋酸和过氧硫酸的 pKa 分别为 7.1、8.2 和 9.4，而 H_2O_2 的 pKa 为 11.6。pKa 的数值较小，说明其离解平衡常数较大。从表 6-31 看出，过氧酸的亲核性和亲电性都比 H_2O_2 强，因此，是比 H_2O_2 更为有效的脱木素剂和漂白剂。

表 6-31　　　　　　　　　　　　　　过氧酸与过氧化氢反应性的比较

	过氧酸	过氧化氢		过氧酸	过氧化氢
pKa	7.1～9.4	11.6	亲电性	高	很低
亲核性	高	较低			

（三）过氧酸在纸浆漂白中的应用

过氧酸作为脱木素的研究，早在 1948 年就已开始，但直到 20 世纪 90 年代，由于环境对含氯漂白剂的限制，过氧酸漂白才引起造纸界的重视，进行了大量的试验研究，证明过氧酸既可作脱木素剂，又可作漂白剂和木素的活化剂。

过氧酸除了脱木素和漂白作用比 H_2O_2 强外，对过渡金属离子的敏感度也比 H_2O_2 低得多。表 6-32 为过氧酸漂白的典型工艺条件。

表 6-32　　　　　　　　　　　　　　过氧酸漂白的典型工艺条件

终 pH	浆浓/%	温度/℃	时间/min	压力	药品用量/(kg/t)
4～6	5～15	50～80	30～150	常压	5～20

1. 过氧酸作脱木素剂

由于过氧酸有较强的脱木素作用，因此可以取代或强化氯化，例如，将漂白流程由（CD）（EO）DED 改为 Pxa（EOP）D（EP）D，实现了无元素氯漂白。

氧脱木素已广泛用于纸浆的 ECF 和 TCF 漂白，其主要缺点是投资较大。过氧酸与（EOP）结合，可以达到通常氧漂达到的脱木素程度。例如，卡伯值为 20.4 的硫酸盐木浆，用 1% 的过氧酸（以 H_2O_2 计），经 Pa（EOP）、Px（EOP）和 Pxa（EOP）漂段后，其脱木素率分别达 42.6%、44.6% 和 56.0%，因此，可以代替氧漂，节省投资。

国内进行了经氧脱木素的硫酸盐麦草浆过氧醋酸漂白的研究，Pa 段的工艺条件为，浆浓 8%，Pa 用量 1%，稳定剂 $Na_4P_2O_7$ 用量 0.1%，pH7.0，温度 70℃，时间 1h。卡伯值由 5.2 降至 2.7，下降了 48.1%；白度由 52.8%ISO 提高到 71.8%ISO，白度增值为 19.0% ISO，而纸浆黏度由 1029mL/g 降至 947mL/g，黏度降低率为 7.8%。说明过氧醋酸有较强的脱木素和漂白作用，同时也引起碳水化合物一定的降解。

2. 过氧酸作活化剂

过氧酸可用作氧或过氧化氢漂白前或漂段间的活化剂，以活化浆中残余木素，使其在后面漂白段中更易降解溶出，提高白度。

北欧的几个浆厂，采用以下 TCF 漂白流程：PaQP，QPaQ（PO），QPa（EOP），Q（PO），QPaPPP，Q（PaQ）PPP。

设置 Pa 漂段的主要目的是活化浆中木素，提高其后 H_2O_2 漂白效率。Pa 用量为 1% 时，白度可提高 3%～4%ISO，纸浆的强度也得到改善。

表 6-33 为麦草硫酸盐浆 OPPa 与 OPaP 漂白的比较，在 O、P、Pa 各段条件完全相同的条件下，OPaP 漂白浆的卡伯值较低，白度较高，返黄值较低，但黏度也较低。结果表明，在 P 段前进行过氧醋酸处理，能活化浆中残余木素，提高其后 H_2O_2 漂白效率。

表 6-33　　　　　　　　　　　　　硫酸盐麦草浆 OPPa 与 OPaP 漂白的比较*

漂序	卡伯值	白度/%ISO	返黄值	黏度/（mL/g）
OPPa	2.3	73.6	0.95	923
OPaP	2.1	74.2	0.73	896

注：* 未漂浆卡伯值 10.4，白度 34.6%ISO，黏度 1067mL/g。

3. 过氧酸作漂白剂

（1）过氧酸在 ECF 漂白中的应用

过氧醋酸用于 ECF 漂白，可减少有效氯用量而达到高白度。由于 Pa 的成本高，在漂白流程后面一、二段即浆中木素含量低时使用 Pa 是最合适的。Pa 段的漂白条件一般为：Pa 用量 5～10kg/t 浆，pH4～6，温度 60～80℃，时间 1～3h。

过氧醋酸漂白的最佳 pH 和 ClO_2 漂白很接近，最佳温度也在相同的范围内，而且过氧醋酸和二氧化氯相互间不会迅速反应。因此，在二氧化氯漂段中加入少量的过氧醋酸，可提高白度或降低二氧化氯用量。芬兰 Veitsluoto 浆厂采用 O（XQ）（O/D）D（EP）D 流程漂白硫酸盐浆，在最后的 D 段中，将 Pa 与 ClO_2 同时使用，即将 D 改为（PaD），其结果见表 6-34。从表中看出，在 ClO_2 用量减少的情况下，加 Pa 后，针叶木浆的最终白度提高，黏度相同；阔叶木浆的白度相近，黏度提高。

表 6-34　　　　　　　　　芬兰 Veitsluoto 浆厂将最后一段 D 改为（PaD）后的结果

浆　　　种	针叶木硫酸盐浆		阔叶木硫酸盐浆	
Pa 用量/（kg/t 浆）	0	2.5	0	2.5
ClO_2 用量（以有效氯计）/（kg/t 浆）	52	47	54	48
末段洗浆机出口纸浆白度/%ISO	90.7	91.0	90.5	90.3
漂白贮浆塔纸浆白度/%ISO	91.1	91.8	91.1	90.7
末段洗浆机出口纸浆黏度/（dm^3/kg）	754	752	797	846

表 6-35 为硫酸盐麦草浆 O、Pa、P、D 段组合的 ECF 漂白结果。在各段条件完全相同的条件下，OPaD 的漂白结果比 ODPa 好。OPaDP 与 ODPaP 两种漂序相比，除前者的纸浆黏度较高外，卡伯值、白度和返黄值几乎没有区别。但与这两种漂序相比，OPaPD 漂白浆的白度更高，达 87.5%ISO，卡伯值降至 0.7，黏度也增加到 911mL/g，只是返黄值较高。

表 6-35 硫酸盐麦草浆 O、Pa、P、D 段组合的 ECF 漂白结果*

漂序	卡伯值	白度/%ISO	返黄值	黏度/(mL/g)
OPaD	1.3	83.7	0.72	954
ODPa	1.5	80.6	1.19	875
OPaDP	0.9	86.9	0.82	892
ODPaP	0.9	86.8	0.84	827
OPaPD	0.7	87.5	1.15	911

注：* 未漂浆性质与表 6-34 同。

（2）过氧酸在 TCF 漂白中的应用

在 TCF 漂白中，过氧酸可作为一漂段，取代其中一个含氧漂白段，例如用 Pa 来代替 P 段。表 6-36 为经氧脱木素的松木硫酸盐浆 Q（EOP）PP 和 Q（EOP）PxaP 漂白结果的比较。

表 6-36 Q（EOP）PP 和 Q（EOP）PxaP 漂白结果的比较*

漂白流程	Q(EOP)PP	Q(EOP)PxaP	漂白流程	Q(EOP)PP	Q(EOP)PxaP
H_2O_2 总用量/%	4.0	1.0	卡伯值	2.3	0.9
Pxa 用量(以 H_2O_2)/%	—	1.0	白度/%ISO	77.1	86.4

注：* Q（EOP）条件相同。

对于杨木中性亚硫酸盐—AQ 法高得率化学浆，单段过氧醋酸漂白具有明显的脱木素作用，但对白度提高的作用不大。实验室条件下过氧醋酸处理的适宜条件为：浆浓 12%，过氧醋酸用量 0.6%，DTPA 用量 0.4%，温度 75℃，时间 60min。用过氧醋酸处理代替碱性过氧化氢漂白前的 Q 段，会使漂白浆的白度提高 2.5%ISO，卡伯值和返黄值降低，而浆的黏度相当，如表 6-37 所示。

表 6-37 杨木 NS-AQ 法浆含 Pa 漂段的 TCF 漂白结果*

漂序	卡伯值	白度/%ISO	返黄值	黏度/(mL/g)	得率/%
Qa-OP-Q-P	5.0	84.8	0.56	792	87.8
Qa-OP-Pa-P	4.0	87.3	0.36	767	89.4

注：* Qa—pH 值 3 的酸性螯合处理。

八、生物漂白

生物漂白就是利用微生物或其产生的酶与纸浆中的某些成分作用，形成脱木素或有利于脱木素的状况，并改善纸浆的可漂性或提高纸浆白度的过程。

生物漂白的目的，主要是节省化学漂剂，改善纸浆性能，实现清洁生产，减少漂白污染。

纸浆生物漂白用酶，主要有两类：半纤维素酶（Hemicellulase）和木素降解酶（Ligninase）。半纤维素酶包括聚木糖酶（Xylanase）和聚甘露糖酶（Mannanase）；木素降解酶主要有木素过氧化物酶（Lignin peroxidase）、依赖锰过氧化物酶（Manganese peroxidase）和漆酶（Laccase）。也有直接用白腐菌（White rot fungus）漂白纸浆的。限于篇幅，本节主要介绍半纤维素酶辅助漂白和漆酶/介体系统漂白。

（一）纸浆的半纤维素酶辅助漂白

用于纸浆漂白的半纤维素酶主要是聚木糖酶。聚木糖酶系主要包括三类：a. 内切 β-聚木糖酶，优先在不同位点上作用于聚木糖和长链木寡糖；b. 外切-β-聚木糖酶，作用于聚木糖和木寡糖的非还原端，产生木糖；c. β-木糖苷酶，作用于短链木寡糖，产生木糖。聚甘露糖酶在过氧化物系列漂白中作用与聚木糖酶相似，但在含氯漂序前预漂作用非常小，这可能与酶分子的结构和大小不同有关。聚木糖酶能渗透进入纸浆纤维微孔中，作用于纤维表面和内部，甘露聚糖酶只在纤维表面起作用。聚木糖酶因为作用明显，生产成本较低、适应性强而成为工业化应用的半纤维素酶。

1. 聚木糖酶漂白原理

有关聚木糖酶漂白原理，多数研究者认为：硫酸盐法蒸煮过程中，总会有部分木聚糖沉积在纤维的表面，沉积的聚木糖使纸浆纤维中大分子木素的通过和脱除受到限制。聚木糖酶能催化水解沉积在纤维表面的聚木糖，使之溶出并使纤难表面更显多孔状，有利于纤维里面和表面的碎片在后续的漂白和碱抽提段容易除去。也有学者认为，聚木糖酶能降解纸浆中的木素—碳水化合物复合体（LCC），使 LCC 结构中的木素—半纤维素连接键断裂，部分 LCC 中的木素分子变为小分子。这样，LCC 分子变小，部分小分子 LCC 也溶出，未溶出的 LCC 中的木素被更多地暴露出来。后续漂白时，可以节省原本用于酶解溶出的 LCC 和半纤维素反应的漂剂量，又有利于残余木素与漂白剂的反应。图 6-54 为桉木硫酸盐浆中 LCC 结构与聚木糖酶作用的可能机制，图中箭头所示为酶作用的位置。另一假设是聚木糖酶催化细胞壁中聚木糖降解溶出，使其截留的木素容易扩散到纤维外。由于上述作用，使纸浆漂白性能改善，达到减少后续漂白化学漂剂（尤其是含氯漂剂）用量、提高漂终白度、减轻污染负荷的目的。

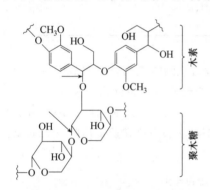

图 6-54　桉木硫酸盐浆中的 LCC 结构与聚木糖酶作用的可能机制

2. 聚木糖酶辅助漂白的影响因素

（1）酶源

目前已有十几种商品聚木糖酶用于纸浆的辅助漂白。不同厂家、不同品名的聚木糖酶特性有所不同，有些聚木糖酶制品中含有纤维素酶的活性，若纤维素酶的活性过高，会在酶处理过程中引起纸浆黏度和纤维强度的下降。因此对酶源的选择是很重要的。据资料介绍，Novozymes 公司生产的聚木糖酶 Pulpzyme HC，含有较高的聚木糖酶的活性，但不具备纤难素酶的活性，适合于纸浆酶辅助漂白。

（2）酶用量

酶的最佳用量取决于纸浆类型，也与酶处理的浆浓、pH、温度和时间有关。阔叶木浆的聚木糖含量比针叶木浆高，且此聚木糖更易可及，其酶用量通常为针叶木浆用量的一半。例如，当使用 Pulpzyme HC 时，对针叶木浆较合适的酶用量为 500～1000EXU/kg 绝干浆，对阔叶木浆则为 250～300EXU/kg 绝干浆。最佳的酶用量可通过实验来确定。浆浓过低，酶处理温度过低或时间过短，则所需的酶用量增加。在高 pH 和高温下具有较高活性的聚木糖酶的用量较普通的聚木糖酶用量少。

（3）pH

不同的聚木糖酶的适宜 pH 范围不同，大多数商品聚木糖酶的最佳 pH 为 5～7，少数酶有一定的耐碱性，允许的 pH 可达 9 或更高。图 6-55 为聚木糖酶 Pulpzyme HC 处理北欧针叶木浆，酶用量 1000EXU/kg 绝干浆，浆浓 10%，反应时间 2h 时，pH 与酶相对活性的关系。可以看出，当温度为 50～60℃，pH 为 6～8 时酶的活性最高。当温度为 70℃，pH 为 7～8 时，酶的活性也较高，但由于温度过高，比 50～60℃ 时的酶的活性要低得多。

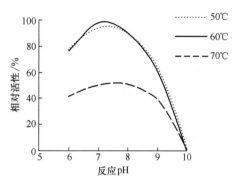

图 6-55　pH 与酶 Pulpzyme HC
相对活性的关系

（4）金属离子

不同的金属离子对聚木糖酶的活性有不同的影响，有的起抑制作用，有的则起激活作用。Fe^{3+} 在低浓（100mg/L）时对聚木糖酶 Pulpzyme HC 有激活作用，在浓度小于 30mg/L 时对聚木糖酶 Unikfect100 也有激活作用，但 Fe^{3+} 在高浓时对聚木糖酶有抑制作用。Al^{3+} 对 Pulpzyme HC 有抑制作用，对 Unikfect100 有激活作用。Mn^{2+} 对 Puplzyme HC 有激活作用，对 Unikfect 100 有抑制作用。Cu^{2+} 对上述两种聚木糖酶都表现为抑制作用。Cu^{2+} 可能影响酶分子中硫基的还原状态，使之氧化，从而改变了酶的构象，使酶失活。在聚木糖酶辅助漂白时，也有加入螯合剂以控制浆中金属离子的负面作用。

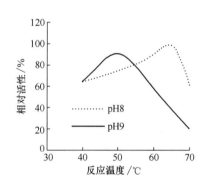

图 6-56　pH 为 8 和 9 时温度与
Pulpzyme HC 相对活性的关系

（5）反应温度

聚木糖酶的活性与温度有关。一般来说，温度每升高 10℃，酶的活性会增加一倍。但这种关系只能持续到最佳之极限，否则酶的稳定性和活性会急剧下降。因此，温度过高或过低，酶的相对活性均降低。pH 高些，则温度控制低一些。图 6-56 是 pH 为 8 和 9 时，聚木糖酶 Pulpzyme HC 相对活性与温度的关系。pH 为 8 时，在 60～65℃ 之间的酶相对活性最高；pH 为 9 时，温度应控制在 50℃ 左右，才有较好的酶相对活性。

（6）反应时间

在给定的温度下，要获得最佳的漂白预处理效果，其反应时间与酶用量成反比。一般来说，反应时间控制在 60min 或更长一些。

（7）纸浆浓度

纸浆浓度对酶处理效果的影响较小，但从工艺操作，运行成本等综合考虑，一般采用中浓（10%～15%）进行酶处理。

（8）酶浆混合

酶与纸浆的均匀混合是很重要的。大多聚木糖酶（如 Pulpzyme HC）的稳定性较高，可承受高剪切力和流态化混合。因此，混合过程可以在任何一个能确保酶在纸浆中均匀扩散和混合器或泵中进行。为了使酶能均匀地混合于纸浆中，酶制剂使用时要进行稀释。酶的稀释需用冷水。通常来讲，稀释后的酶不太稳定，需在 2h 内用完。

3. 马尾松硫酸盐浆的聚木糖酶漂白

福建某厂以马尾松为原料生产漂白硫酸盐商品浆，采用 O-D/C-EO-D 或 O-D/C-EP-D 四段漂白。该厂进行了聚木糖酶辅助漂白的生产试验。采用 Pulpzyme HC 聚木糖酶，为褐色的浓缩液，酶活为 1000AXU/g。此酶是一种从优选菌中得到的聚木糖酶制剂，含有内-4，4-β-D 聚木糖酶的活性，但不具备纤维素酶的活性。酶液稀释后在氧脱木素后洗浆机浆料出口、贮浆塔之前的螺旋输送器中加入，主要靠螺旋输送器的作用使酶液与浆料混合。

试验浆浓为 10%，酶用量为 0.5AXU/g 浆，pH7～9，温度 50～55℃，反应时间 90～120min。分别进行了其他漂白条件相同情况下加酶与不加酶的对比试验，以及加酶而降低有效氯用量的试验，结果如表 6-38 所示。

表 6-38 　　　　　　　　　　　马尾松硫酸盐浆聚木糖酶辅助漂白生产试验结果

漂序	O-X-D_0-EP-D		O-X-D_0-EP-D		O-X-D/C-EPD	
聚木糖酶用量/（AXU/g 浆）	0	0.5	0	0.5	0	0.5
Cl_2 用量（有效氯计）/%	0	0	0	0	3.30	2.83
ClO_2 总用量（有效氯计）/%	7.27	7.27	8.33	8.33	7.40～7.53	6.27
漂终白度* /%ISO	84.5	86.5	85.0	86.8	86.0	86.2

注：* 白度为前后测定 10 次以上的平均值。

表 6-38 结果表明，在其他条件相同的情况下，聚木糖酶辅助漂白可以提高漂终纸浆的白度，在高白度的情况下，白度增值为 1.8%～2.0%ISO；或在达到相同或略高白度的情况下，可以减少用氯量，其中 Cl_2 用量减少 14.2%，ClO_2 总用量减少 16.1%～18.7%。

4. 桉木硫酸盐浆的聚木糖酶漂白

广西某造纸厂进行了桉木硫酸盐浆聚木糖酶辅助漂白生产试验。所有酶为诺维信公司的 Pulpzyme HC，为褐色的浓缩液，酶活为 1000AXU/g。酶液稀释后在氧脱木素浆洗涤挤压后的螺旋输送器中加入，经浆泵混合并泵送到漂前塔反应。酶处理的条件为：浆浓 10%，酶用量 0.315AXU/g 浆，pH8.0～9.5，温度 50～55℃，处理时间 90～120min。酶处理后再经 D/C-EO-D 漂序，漂至 87%ISO 以上的白度。试验结果列于表 6-39。

表 6-39 　　　　　　　　　　　桉木硫酸盐浆聚木糖酶辅助漂白的生产试验结果

试验阶段	漂白流程	Cl_2 用量		D/C 段 ClO_2 用量		D 段 ClO_2 用量		ClO_2 总用量 /（kg/t 浆）	漂终白度 /%ISO
		/（kg /h）	/（kg /t 浆）	/（m^3 /h）	/（kg /t 浆）	/（m^3 /h）	/（kg /t 浆）		
Ⅰ	O-D/C-EO-D	212.273	25.724	7.638	8.285	5.839	6.334	14.619	87.7
Ⅱ	O-X-D/C-EO-D	176.154	22.230	5.688	6.562	5.585	6.442	13.004	87.4
Ⅲ	O-X-D/C-EO-D	180.556	23.946	4.456	5.289	5.189	6.159	11.448	87.8

注：阶段Ⅰ、Ⅱ、Ⅲ的 ClO_2 浓度分别为 8.952g/L、9.141g/L 和 8.950g/L。

试验结果表明，在达到相同白度的前提下，用聚木糖酶进行辅助漂白，可以减少氯用量 6.91%～13.56%，减少 ClO_2 用量 11.05%～21.69%，相应地，可以降低漂白废水的污染负荷。

5. 竹子硫酸盐浆的聚木糖酶漂白

国内进行了中小径竹硫酸盐浆含聚木糖酶辅助漂段的 ECF 漂白的研究。未漂竹浆卡伯值 22.69，白度 23.6%ISO，黏度 1002mL/g。采用三种生物酶：聚木糖酶 Pulpzyme HC，半纤维素酶 Unikfect80 和碱性聚木糖酶 Unikfect100。

硫酸盐竹浆氧脱木素后进行酶处理，三种酶处理的条件和结果列于表 6-40。表中结果表明，三种酶都能提高纸浆的白度，降低卡伯值和黏度。其中聚木糖酶 Pulpzyme HC 处理的纸浆白度增值最大，黏度下降也最多。经 Unikfect100 处理的纸浆白度增值次之，但黏度下降最少。

表 6-40 　　　　　　　　　　　三种酶处理硫酸盐竹浆的条件和结果

酶	酶用量/(IU/g 浆)	浆浓/%	pH	温度/℃	时间/min	卡伯值	白度/%ISO	黏度/(mL/g)
Unikfect80	5.4	8	5.0	55	30	11.92	36.8	905
Unikfect100	5.5	4	9.0	65	20	11.73	37.6	916
Pulpzyme HC	1.3	4	8.5	60	20	11.58	38.8	903

注：氧脱木素浆：卡伯值12.09，白度34.8%ISO，黏度963mL/g。

氧脱木素和聚木糖酶处理后，进行了相同条件的 D_1（EOP）D_2 漂白，并与未经聚木糖酶处理的漂序比较，结果列于表 6-41。

表 6-41 　　　　　　　　　　　不同漂序硫酸盐竹浆的漂白结果

漂序	白度/%ISO	黏度/(mL/g)	裂断长/km	撕裂指数/(mN·m²/g)	耐破指数/(kPa·m²/g)
OX_1D_1(EOP)D_2	85.0	799	6.67	11.9	4.49
OX_2D_1(EOP)D_2	86.4	804	6.90	10.3	4.17
OX_3D_1(EOP)D_2	88.5	808	7.32	11.4	5.02
OD/C(EOP)D	88.2	598	6.37	10.9	4.03

注：X_1、X_2、X_3 分别表示 Unikfect80、Pulpzyme HC、Unikfect100 处理。

比较几种漂序，OX_3D_1（EOP）D_2 的漂白效果最好。漂白浆白度达 88.5%ISO，黏度 808mL/g，裂断长 7.32km，撕裂指数 11.4mN·m²/g，耐破指数 5.02kPa·m²/g。

6. 麦草烧碱—AQ 法浆的聚木糖酶漂白

山东某厂采用 AU-PE89 聚木糖酶辅助漂白麦草浆，在真空洗浆机组最后一台洗浆机出浆螺旋处加聚木糖酶，酶用量 40~50g/t 浆，浆浓 8%~12%，pH7~9，处理温度 50±5℃，时间 60~90min。pH 控制在 7.5~8.5 时，酶的活性率可达 88% 以上。使用聚木糖酶的效果明显，纸浆的白度平均提高 4.1%ISO，浆中纤维束和尘埃明显减少，洁净度提高；残氯减少，漂白浆的返黄有所减轻；后续漂白时间由原来 2.5~3.0h 缩短为 2h，因此产量提高；氯耗降低，废水 COD_{Cr}、BOD_5 和色度降低。

河南某厂在 CEHP 四段漂白前使用 AU-PE89 聚木糖酶，在贮浆塔中进行预处理，浆浓 6%，酶用量 60g/t 浆，pH9.0，温度 40~50℃，处理时间 60~90min。经过连续一个月的实际生产，取得了成功。使用聚木糖酶后，漂白生产能力从 160t/d 提高到 200t/d，比设计生产能力提高了 25%，同时吨浆电耗、水耗也大幅下降。未漂浆经聚木糖酶处理后，高锰酸钾值降低 1.0~1.5，后续漂白化学品用量减少，纤维降解减轻，浆料滤水性和强度得到一定的提高，打浆度下降 2°SR，对纸机的正常生产和车速提高非常有益。酶处理后漂白浆的白度提高 1%~2%ISO。生产实践表明，聚木糖酶处理操作方便，不需改变原有生产流程及工艺条件，而浆的产量、质量、经济效益均明显提高，并有利于减轻环境污染负荷。

7. 芦苇烧碱法浆的聚木糖酶漂白

新疆某浆厂以当地盛产的芦苇为原料，烧碱法蒸煮所得的未漂浆采用 OHH 三段漂，漂液用量大，漂白浆质量不够好。为了解决纸浆漂白中存在的问题，提高漂白浆的质量，该厂将 OHH 漂白工艺改为 OpXH 漂白工艺。所用聚木糖酶为 AU-PE89 聚木糖酶，酶液稀释后通过计量泵加入到氧脱木素后洗浆机的出口螺旋处，处理条件为：浆浓 8%～12%，酶用量 45g/t 浆，pH 不高于 9.5，温度 40～50℃，时间 1～1.5h。改为 OpXH 漂白工艺，即用聚木糖酶（X）代替第一段次氯酸盐漂白（H），通过减少次氯酸盐的用量，解决了因漂液用量大，漂液混浊度高所造成的浆料洗净度不合格，以及纸浆强度低、浆色暗、废水污染物含量高等问题。表 6-42 为 OHH 与 OpXH 工艺的漂率比较。

表 6-42   **OHH 与 OpXH 工艺的漂率比较**

漂序	OHH						OpXH					
生产月份	2	3	4	5	6	7	8	9	10	11	12	1
漂率/%	5.9	5.8	5.8	5.9	5.8	5.4	3.2	2.9	3.0	3.0	2.9	2.9

采用 OpXH 工艺后，漂率大幅降低，减少了碳水化合物的降解，漂白浆得率增加 2%，漂白浆洗净度改善，返黄值降低 1.2，打浆度由 23～26°SR 降至 18～22°SR，纤维湿重由 3.0～3.5g 增至 3.8～4.5g，裂断长提高 600m 左右。漂白浆成本降低 40 元/t 浆，按年产 5 万 t 计，每年可节约 200 万元。

由于减少了用氯量，OpXH 工艺排放废水 COD 较 OHH 工艺减少 300～700mg/L，而且废水可全部回用于洗浆，实现了漂白废水的零排放。

（二）纸浆的漆酶/介体系统漂白

1. 漆酶/介体系统的作用机制

漆酶是一种含铜的糖蛋白，产于不同的微生物和一些植物和昆虫中。漆酶有许多生理功能，包括木素的生物合成和生物降解。漆酶的氧化还原电势较低，仅为 300～800mV（对标准氢电极），只能氧化降解酚型的木素结构单元，而不能氧化降解在植物纤维木素结构中占大多数的非酚型结构单元。20 世纪 90 年代初发现一种染料化合物 ABTS-2，2'-联氮-二（3-乙基苯并噻唑-6-磺酸）可以作为漆酶氧化还原传递电子的介体，随后又找到 HBT-1-羟基苯并三唑、NHA-N 羟基乙酰苯胺、VC-紫尿酸等也是有效的催化漆酶的介体，近年又发现制浆黑液及其降解产物中的小分子酚类化合物也可作为催化漆酶的天然介体。

漆酶/介体系统（Laccase-Mediator System，简称 LMS）对木素的氧化机理要如图 6-57 简化表示，包括两种反应：一是在氧存在下，介体被漆酶氧化，氧被还原成水；二是氧化了的介体对木素的氧化降解。换言之，有效的介体必须是漆酶的底物，氧化了的介体必须能有效氧化木素。

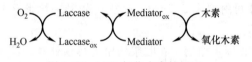

图 6-57   LMS 氧化木素的机理

2. 松木硫酸盐浆的 LMS 生物漂白

国外进行了针叶木硫酸盐浆漆酶/介体系统漂白的研究。漆酶为 *Trametes hirsuta* 产生的。介体为 1-羟基苯并三唑（HBT），未漂浆为松木（*Pinus sylvestris*）硫酸盐浆（卡伯值 24.7，白度 27.1%ISO，黏度 1060mL/g）和经两段氧脱木素的松木硫酸盐浆（卡伯值 8.6，白度 43.9%ISO，黏度 860mL/g），分别以 KP 和 KP-OO 表示。

漆酶/HBT 处理条件为：漆酶用量 670nkat/g 浆，HBT 用量：3%（对 KP 浆），1%（对 KP-OO 浆），浆浓 10%，pH 4.5，氧压 0.3MPa，45℃，2h。碱抽提条件为：浆浓

10%，60℃，1h。

经两段氧脱木素的松木硫酸盐浆，采用含漆酶/介体漂段或臭氧漂段的 TCF 漂白流程，漂白结果列于表 6-43。

表 6-43　　经两段氧脱木素的松木硫酸盐浆 LQP、QZP 和 QPZ/QP 漂白结果的比较

漂白流程	LQP	QZP	QPZ/QP	漂白流程	LQP	QZP	QPZ/QP
H_2O_2 总消耗/%（对浆）	0.9	1.2	1.1	白度/%ISO	87.6	85.6	87.5
O_3 消耗/%（对浆）		0.4	0.26	PC 值	0.49	0.36	0.25
卡伯值	3.0	2.3	1.6	得率/%（对原料）	42.9	42.1	42.0
黏度/(mL/g)	790	670	720				

从表 6-43 可以看出，LQP 漂白浆的白度和得率均比 QZP 漂白浆高，卡伯值和 PC 值也比 QZP 漂白浆高。卡伯值较高与 LQP 漂白浆的己烯糖醛酸含量较高有关，因为己烯糖醛酸对卡伯值有贡献。若采用较长的漂白流程 QPZ/QP，则白度与 LQP 漂白浆相同，但卡伯值和得率低些。

表 6-44 为未漂浆在漆酶/HBT 处理前后纸浆强度性质的变化。可以看出，漆酶/HBT 处理对未漂浆的打浆度、撕裂和零距抗张强度和松厚度几乎没有影响，漆酶/HBT 处理的硫酸盐浆的挺度下降，而 KP-OO 浆的挺度不变，漆酶/HBT 处理没有引起纤维断裂，但由于纤维有些卷曲，粗度略有增加。

表 6-44　　　　　　　　　漆酶/HBT 处理前后纸浆强度性质的变化

纸浆 性能	漆酶/HBT 处理前		漆酶/HBT 处理后	
	KP	KP-OO	KP	KP-OO
打浆度/°SR	16	16	17	17
撕裂指数/(mN·m^2/g)	18.3	17.7	17.7	18.4
零距抗张指数（湿）/(Nm/g)	153.0	134.4	148.2	138.2
松厚度/(cm^3/g)	1.57	1.45	1.60	1.49
挺度/(mN/g)	0.282	0.198	0.242	0.200

3. 桉木硫酸盐浆 LMS 生物漂白

国内以尾叶桉（*Eucalyptus urophylla*）为原料，分别用常规硫酸盐（CK）法和深度脱木素硫酸盐连续蒸煮（EMCC）法制得卡伯值为 21.0 和 15.1 的 CK 浆和 EMCC 浆。EMCC 浆再经氧脱木素，制得的 EMCC-O 浆卡伯值为 10.1。然后用漆酶/介体系统对 CK 浆和 EMCC-O 浆进行生物漂白。

漆酶由白腐菌 *Pamus conchatus* 产生，介体为自行合成的 N-羟基乙酰苯胺（NHA）。通过分析漆酶用量、NHA 用量、pH、氧压、处理温度和时间等对漆酶/NHA 系统脱木素效果的影响，提出了漆酶/NHA 处理的优化条件：漆酶用量 2.5U/g 浆，NHA 用量 1%，pH5.0，氧压 0.3MPa，反应温度 50℃，时间 2h。按此优化条件，对不同卡伯值的纸浆进行脱木素处理。高卡伯值的浆脱木素效率更高，但低卡伯值浆的终卡伯值仍较低。表 6-46 为 CK 浆和 EMCC-O 浆 LMS 处理和 TCF 漂白的结果。

表 6-45 中结果表明，经 LQP 后，高卡伯值的 CK 浆的白度达到 81.7%ISO，低卡伯值的 EMCC-O 浆白度达到 87.6%ISO，实现了全无氯高白度漂白。

与许多同类研究结果不同的是，无论对高卡伯值的 CK 浆，还是低卡伯值的 EMCC-O 浆，漆酶/NHA 处理后直接进行 QP 处理，即经 LQP 漂白的纸浆白度比 LEQP 漂白浆的白度高。

表 6-45 CK 浆和 EMCC-O 浆 LMS 处理和 TCF 漂白的结果

处理方法	卡伯值	卡伯值降低/%	白度/%ISO	白度增值/%ISO	黏度/(mL/g)
CK 浆	21	—	38.1	—	1200
L	17.0	19.0	31.8	−6.3	1248
LE	13.7	34.8	41.6	3.5	1184
LEQP	9.2	56.2	80.4	42.3	1055
LQP	10.4	50.5	81.7	46.3	1086
QP	10.8	48.6	78.2	40.1	1078
EMCC-O 浆	10.1	—	50.2	—	1150
L	9.4	6.9	52.8	2.6	1161
LEQP	7.9	21.8	84.4	32.2	1029
LQP	8.1	19.8	87.6	34.8	1051
QP	8.4	16.8	78.9	26.1	1047

注：L 段：漆酶/NHA 处理，按优化条件；

E 段：浆浓 10%，NaOH2%，70℃，90min；

Q 段：浆浓 10%，EDTA1%，pH6，50℃，30min；

P 段：浆浓 10%，$H_2O_2$2%，NaOH2.0%，EDTA0.2%，$MgSO_4$0.5%，90℃，4h。

从纸浆的黏度来看，纸浆经漆酶/介体处理后，无论是高卡伯值或低卡伯值的纸浆，黏度都没有下降，反而略有上升，说明漆酶/介体的氧化作用是对木素选择性地进行的，没有引起纤维素的降解。

4. 竹子硫酸盐浆 LMS 生物漂白

未漂硫酸盐竹浆的卡伯值为 18.3，白度 31.5%ISO，黏度 1038mL/g。实验用漆酶为：

漆酶 1：由白腐菌 HG 变异株发酵产生，收集粗酶液于 4℃下保存备用；

漆酶 2：由白腐菌 PF 发酵产生，收集粗酶液于 4℃下保存备用；

漆酶 3：为商品漆酶，由诺维信（中国）公司提供。

在 O、Q、P 各段条件相同的情况下，含 3 种漆酶/HBT 漂段的 OLQP 漂白结果见表 6-46，并与 CEH 漂白结果作比较。

表 6-46 3 种漆酶漂白效果的比较*

	白度/%ISO	卡伯值	黏度/(mL/g)		白度/%ISO	卡伯值	黏度/(mL/g)
原浆	31.5	18.3	1038	漆酶 2/HBT	77.9	2.9	768
漆酶 1	76.7	2.9	808	漆酶 3/HBT	74.7	2.9	783
漆酶 1/HBT	80.7	2.7	837	CEH	79.6	1.9	536

注：*O 段：浆浓 10%，NaOH 用量 2%，$MgSO_4$ 用量 0.5%，氧压 0.7MPa，80℃，60min；

L 段：浆浓 10%，漆酶用量 5IU/g 浆，HBT 用量 0 或 2%，pH4.0，氧压 0.3MPa，60℃，150min；

Q 段：浆浓 10%，EDTA 用量 0.5%，pH5～6，60℃，60min；

P 段：浆浓 10%，H_2O_2 用量 2%，NaOH 用量 1.5%，$MgSO_4$ 用量 0.05%，80℃，180min。

由表 6-46 可知，各种漆酶的漂白能力差异较大，但 TCF 漂白浆比 CEH 漂白浆黏度提高 43.3%～56.2%，说明前者具有更高的物理强度，含漆酶 1/HBT 生物处理的 TCF 漂白浆的各项性能明显优于其他 3 种浆。因此，筛选和培育具有优良产酶能力的菌株，实现漆酶规模化生产，构建高效的漂白体系，是实现 LMS 全无氯漂白工业化的关键。

九、化学木浆的 ECF 和 TCF 漂白工艺

国外化学木浆的漂白大都采用 ECF 和 TCF 漂白工艺。表 6-47 为针叶木硫酸盐浆和阔叶木硫酸盐浆的 ECF 漂白条件和结果。从表中可以看出，不管是采用 D（EO）DED 还是 D

（EOP）DED 漂序，都可将硫酸盐木浆漂到 89.0％ISO 以上的白度，针叶木浆的 AOX 产生量≤2.0kg/t 绝干浆，而阔叶木浆的 AOX≤0.5kg/t 绝干浆。

表 6-47　　　　　　　　　　　　　　硫酸盐木浆的 ECF 漂白

未漂浆	漂序	化学品用量/(kg/t 绝干浆)					漂白浆		AOX 含量/(kg/t 绝干浆)
		D_0	EO/EOP	D_1+D_2	E_2	总	白度/%ISO	黏度/(mL/g)	
		ClO_2	NaOH	H_2O_2	ClO_2	NaOH	OXE			
SW-KP	D(EO)DED	24.7	20.0	0.0	15.0	5.0	2942	89.6	1050	1.9
	D(EOP)DED	24.7	20.0	3.0	12.0	5.0	2896	90.8	1050	1.9
	D(EO)DED	31.4	24.0	0.0	12.0	5.0	3218	90.8	1050	2.0
	D(EOP)DED	31.4	20.0	3.0	9.5	5.0	3209	91.2	1050	2.0
HW-KP	D(EO)DED	13.8	16.7	0.0	11.0	5.0	1839	89.9	920	0.4
	D(EOP)DED	13.8	16.7	3.0	9.0	5.0	1867	90.8	920	0.4
	D(EO)DED	16.3	17.2	0.0	9.0	5.0	1877	90.3	920	0.4
	D(EOP)DED	16.3	17.2	3.0	8.0	5.0	1979	92.3	920	0.5

注：SW-KP：针叶木硫酸盐浆，卡伯值 29.5，黏度 1130mL/g；

HW-KP：阔叶木硫酸盐浆，卡伯值 16.5，黏度 1015mL/g。

表 6-48 为针叶木硫酸盐浆 OD（EO）DED 漂白有代表性的工艺条件。两种有代表性的化学木浆 ECF 漂序——OD（EO）D 和（OO）D（EO）（DN）D 漂白流程图如图 6-58 所示。

表 6-48　　　　　　针叶木硫酸盐浆 OD（EO）DED 漂白有代表性的工艺条件

漂段	O	D	(EO)	D	E	D
化学品用量(O_2)/(kg/t 浆)	30		5			
(ClO_2)/(kg/t 浆)		15		8		5
(NaOH)/(kg/t 浆)	30		25	5	5	
终 pH	11+	3	10.6	3.5	10.6	4
温度/℃	95	60	70	70	70	70
时间/min	30	30	60	180	60	180
浓度/%	12	3	12	12	12	12

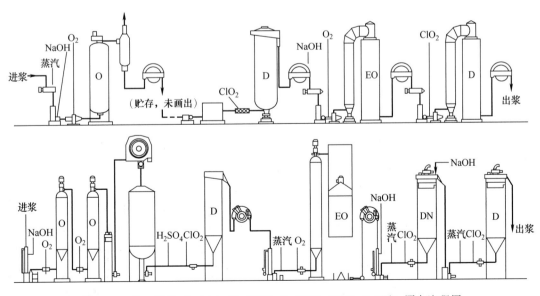

图 6-58　OD（EO）D（上）和（OO）D（EO）（DN）D（下）漂白流程图

　　TCF 漂白流程和生产工艺在不同工厂有较大不同，取决于纤维原料、制浆方法、目标白度和浆质要求。采用深度脱木素蒸煮和/或氧脱木素，使进入漂白段的纸浆既是低卡伯值，又具有较高的黏度，这是生产高白度 TCF 浆的前提条件，而 H_2O_2 和 O_3 是 TCF 漂白的重要漂白剂。工业上应用的含臭氧和过氧化氢漂段的 TCF 漂序有：

　　（EOP）ZP，适用于制溶解浆的阔叶木亚硫酸盐浆。

　　（OO）AZP，适用于制溶解浆的阔叶木预水解硫酸盐浆。

　　ZEP，适用于针叶木亚硫酸盐浆。

　　OQPZ（PO）、OQ（OP）（ZQ）（PO）、Q（EOP）（ZQ）（PO）、OOQ（OP）A（ZQ）（PO）、OO（ZQ）（PO）（ZQ）（PO/PO），适用于针叶木或阔叶木硫酸盐浆。图 6-59 和图 6-60 分别为 OQPZ（PO）和 Q（EOP）（ZQ）（PO）漂白流程图。

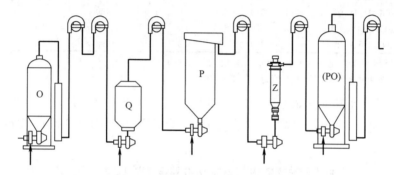

图 6-59　OQPZ（PO）漂白流程图

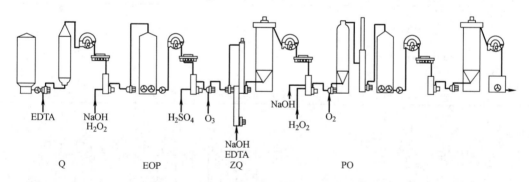

图 6-60　Q（EOP）（ZQ）（PO）漂白流程图

　　我国化学木浆的漂白由少氯向无元素氯的方向发展。20 世纪 90 年代建成的化学木浆厂，如广西贺达造纸厂、南宁凤凰纸业、日照森博浆纸公司一期工程在氧脱木素后采用 D/C-EO-D 或 D/C-EO-D_1-D_2 流程，漂白木浆白度提高到 88%ISO 以上，漂白废水的 COD_{Cr} 可降低至 28kg/t 浆，AOX 则取决于 D/C 段 Cl_2 与 ClO_2 的比例，约为 0.5kg/t 到 2.0kg/t 浆。近期新建的化学木浆厂都采用对环境友好的 ECF 漂白。海南金海浆纸公司采有 OO-D_{HT}-EO-D_1-D_2 漂白流程；湖南怀化骏泰纸业则采用 OO-D_0-EOP-D_1-PO 的 ECF 或较少二氧化氯用量的 OO-Q-PO-DQ-PO 轻 ECF 漂序，白度达到 90%ISO。日照亚太森博浆纸公司二期工程采用 OO-D_{HT}-EOP-D-P 的轻 ECF 漂白流程，是目前国内已经和即将建成的全漂阔叶木硫酸盐浆漂白中二氧化氯用量最少的。在保证浆的白度达到 90%ISO 时，漂白废水中的 COD_{Cr} 为 25kg/t 浆，AOX<0.35kg/t 浆。图 6-61 和图 6-62 为国内某厂的漂白流程图。

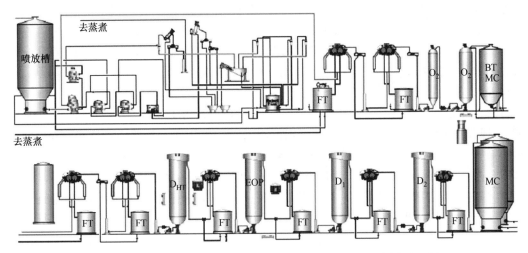

图 6-61 国内某浆厂阔叶木浆（OO）D_{HT}（EOP）D_1D_2 漂白流程图

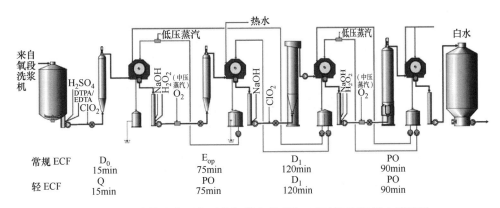

图 6-62 国内某木浆厂在两段氧脱木素后的 ECF/轻 ECF 漂白流程图

十、化学竹浆的 ECF 和 TCF 漂白工艺

我国化学竹浆的漂白已由传统的含氯漂白向少氯漂白进而向 ECF 和 TCF 漂白的方向发展。用得较多的竹浆少氯漂白流程是 O-D/C-EO-D，漂白浆的白度稳定在 $85\%\sim87\%$ISO，漂白废水污染物排放量为 $COD_{Cr}34\sim60kg/t$ 风干浆，AOX$0.9\sim1.7kg/t$ 风干浆。某竹浆厂采用的工艺条件为：

O 段：浆浓 $10\%\sim12\%$，NaOH 用量 20kg/t 风干浆，O_2 用量 15kg/t 风干浆，$MgSO_4$ 用量 5kg/t 风干浆，塔顶最佳氧压 0.4MPa，温度 $97\sim100$℃，时间视产量和浆浓而定，塔底 pH$11\sim12$，氧脱木素率 45%左右。

D/C 段：先加入 ClO_2，再加入 Cl_2。浆浓 10%，ClO_2 的有效氯用量 18kg/t 风干浆，Cl_2（有效氯）用量 18kg/t 风干浆，H_2SO_4 用量 2-4kg/t 风干浆，SO_2 用量 1kg/t 风干浆，pH $1.5\sim2.0$，反应温度 $45\sim60$℃，时间 50min。

EO 段：浆浓 11%，NaOH 用量 18kg/t 风干浆，O_2 用量 5kg/t 风干浆，pH $10\sim12$，顶部压力 0.4MPa，反应温度 $80\sim85$℃，时间 120min。

D 段：浆浓 11%，ClO_2 有效氯用量 24kg/t 风干浆，NaOH 用量 2kg/t 风干浆，SO_2 用

量 1kg/t 风干浆，pH 4，反应温度 70～75℃，时间 240min。

生产的漂白浆白度达到 86%ISO 以上（最高达到 89%ISO），浆张裂断长 5.29km，撕裂指数 10.4mN·m^2/g，耐破指数 4.0kPa·m^2/g，达到我国漂白硫酸盐竹浆行业标准一等品的指标要求。漂白中段废水污染物产生量为：COD_{Cr}38kg/t 风干浆，$BOD_5$5～28kg/t 风干浆，AOX1.2～2.6kg/t 风干浆。

目前，部分竹浆厂已取消元素氯的加入，将 D/C 段改为 D_0 段，并在 EO 段加入少量的 H_2O_2（即改为 EOP 段），采用此 ECF 漂白流程 O-D_0-EOP-D_1，纸浆白度≥87%ISO，漂白废水污染物产生量为 COD_{Cr}<30kg/t 风干浆，AOX<0.4kg/t 风干浆。一些新建的竹浆厂也采用相同或相近的 ECF 漂序。四川某厂采用 O-D_0-EOP-D_1 漂序漂白硫酸盐竹浆，漂白浆白度达 87%～88%ISO，黏度>700mL/g，抗张指数 50～70N·m/g，耐破指数 5.0～5.5kPa·m^2/g，撕裂指数 9.0～12.5mN·m^2/g。

国内某厂采用图 6-63 所示的 O-Q-PO 漂白流程，是国内第一条竹浆 TCF 漂白生产线，纸浆白度在 80%ISO 左右，但存在漂白成本较高，白度不够稳定等问题。

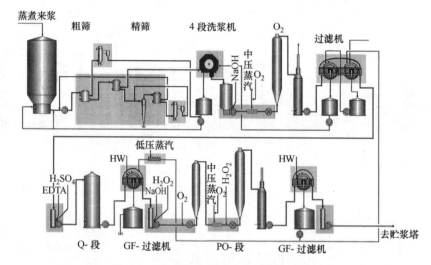

图 6-63　硫酸盐竹浆 O-Q-PO 漂白流程图

国内某厂在新建漂白生产线时就考虑既可进行 ECF 漂白，又可进行 TCF 漂白。根据市场需要，既可生产 ECF 漂白竹浆，又可生产 TCF 漂白竹浆。采用 OO-Q-OP-D-PO 的轻 ECF 漂白流程（如图 6-64）和 OO-Q-OP-Q-PO 的 TCF 漂白流程，纸浆白度可以达到 88%ISO。更为良好的封闭水循环系统使漂白废水污染物排放量大幅度降低。轻 ECF 漂白废水排放的 COD_{Cr} 降至 22kg/t 浆，AOX 也进一步降低；TCF 漂白废水排放的 COD_{Cr}<17kg/t 浆。

十一、化学草浆的 ECF 和 TCF 漂白工艺

我国麦草浆、蔗渣浆和芦苇浆的漂白经历了缓慢的发展过程，采用的漂白方法几乎一直沿用低浓度次氯酸盐单段漂和 CEH 三段漂，用水量大，化学品用量高，漂白浆白度和强度低，废水污染物浓度高。由于大多数麦草浆厂规模较小，采用 CEH 漂白运行成本低，白度可达到 80%ISO 左右，从经济上考虑，企业大多数选择了 CEH 或减少用氯量的 CEHP 或 C-EP-H 漂序。随着国家环保要求的日益严格，元素氯的禁止使用，草浆的漂白技术正朝少

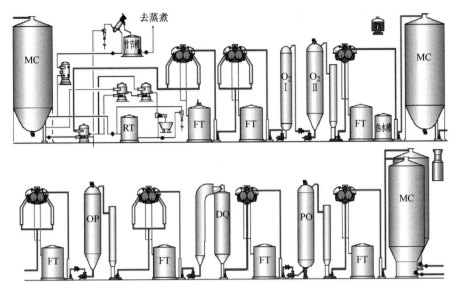

图 6-64　竹浆 OO-Q-OP-D-PO 漂白流程图

氯并逐渐向 ECF 和 TCF 推进。已有多家纸厂采用少氯的 OO-H-M-P（M 为助剂）的漂白流程（如图 6-65 所示），纸浆白度明显提高，漂白废水污染负荷显著降低。例如，新疆某厂硫酸盐苇浆采用 OO-H-M-P 漂白流程，白度达到 85％ISO。与 CEH 漂白相比，该流程漂白废水排放量和排放的 COD 减少 70％，AOX 降低 80％。

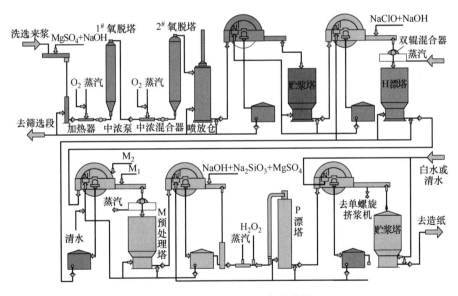

图 6-65　O/OHMP 工艺流程图

湖南某厂新建 10 万 t/a 荻苇浆生产线，采用氧脱木素和二氧化氯漂白技术，是国内乃至全球第一条 O-D-EOP-D 漂序的 ECF 漂白荻苇浆生产线，浆料质量较传统的 CEH 漂白有较大的提高，白度达到 85％ISO 以上，大大地减少了污染物，尤其是持久性有机污染物（POPs）的排放。

蔗渣浆的漂白也逐渐向 ECF 的方向发展。广西已有多家蔗渣浆厂采用了二氧化氯作主要漂剂，进行 D-EP-D 或 O-D-EO-D 漂白。南宁某厂采用 D-EP-D 漂序漂白蔗渣浆，白度达到 85％ISO。漂白中段废水的 COD_{Cr} 量比 CEH 三段漂减少了 60％。

麦草浆漂白经历了缓慢的发展过程，采用的漂白方法很长时间为低浓度浆次氯酸盐单段漂和 CEH 三段漂白，部分工厂将 CEH 改造成 C-EP-H 或 CEHP 四段漂。随着国家环保要求的日益严格，元素氯的禁止使用，麦草浆的漂白技术会逐渐向 ECF 和 TCF 推进。河南某厂采用 O-Q-PO 清洁漂白工艺漂白烧碱—AQ 法麦草浆，其漂白流程如图 6-66 所示。

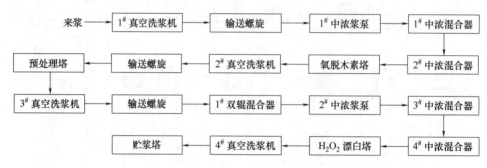

图 6-66　O-Q-PO 短序全无氯漂白流程示意图

其主要工艺技术条件如下：

O 段：浆浓 9％～10％，NaOH 用量 30kg/t，$MgSO_4$ 用量 5kg/t，氧气用量 28kg/t，塔顶压力 0.4MPa，温度 100～105℃，反应时间 60min。

Q 段：浆浓 10％～11％，DTPA 用量 0.5kg/t，活化剂 5～10kg/t，反应温度 60℃，处理时间 60min。

PO 段：浆浓 10％～11％；化学品用量：H_2O_2 35kg/t，NaOH4kg/t，Na_2SiO_3 30kg/t，$MgSO_4$ 5kg/t；塔顶压力 0.4MPa；反应温度 95～105℃；时间 90min。

O-Q-PO 漂白浆的白度可达 81.6％ISO，黏度 653mL/g。成浆打浆度为 44.3°SR 时，裂断长为 7.10km，耐破指数 4.68KPa·m^2/g，撕裂指数 4.83mN·m^2/g。漂白工段废水排放量约为 30m^3/t。

十二、化学浆 ECF 和 TCF 漂白的选择与比较

（一）ECF 和 TCF 漂白的选择

ECF 和 TCF 漂白都是无/少污染的纸浆漂白技术，是漂白浆生产的发展方向。究竟选择 ECF 还是 TCF 漂白，除取决于工厂的基础条件（原料、制浆方法等）外，主要要考虑漂白浆的质量（特别是白度和强度）要求、漂白成本及对环境的影响。白度和强度要求很高的纸浆应选择 ECF 漂白；对某些专门用途（如生产食品包装纸和纸板）的纸浆必须用 TCF 漂白；对漂白废水有机氯化物限制非常严格的应选用 TCF 漂白。

对可漂性较好的纸浆（如亚硫酸盐浆、阔叶木浆），选用 TCF 漂白，较易达到高白度。就漂白成本来说，要达到相同的高白度，硫酸盐浆 ECF 漂白比 TCF 漂白低。有人指出：TCF 是市场的需要，而 ECF 是质量的选择。建立灵活的漂白系统，既可采用 ECF 工艺也可采用 TCF 工艺，应该是新建浆厂漂白车间的一种较好的选择。

（二）ECF 和 TCF 漂白工艺的比较

20 世纪 90 年代以来，国际上对 ECF 和 TCF 存在较多的争议，主要集中于哪种工艺在环境影响、纸浆质量、生产成本等方面更有优势。不管争论多么激烈，ECF 纸浆市场占有率远远高于 TCF 已是不争的事实，而且 ECF 的发展比 TCF 迅速得多。欧洲和美国环境权

威部门均承认 ECF 和 TCF 都是制浆造纸工业的最佳实用技术，认为这两种技术对环境的影响没有区别。环保组织则更倾向 TCF，认为 TCF 可以更彻底地消除二噁英等有机氯化物，而且 TCF 漂白是实现无废水排放（Totally effluent free）的一个重要步骤。通过最大限度地降低纸浆厂用水量；洗涤和漂白废水循环使用；生产低卡伯值纸浆；采用氧脱木素和其他含氧漂剂的无污染漂白技术，将排放的少量（<10m³/t 浆）废水经过蒸发、焚烧、分离浓缩物和回用，不断降低用水量，逐步提高生产系统封闭程度，就有可能从 TCF 漂白到实现无废水排放。

　　TCF 漂白浆的目标白度一般比 ECF 漂白低，在多数情况下强度比 ECF 浆低而与常规漂白浆相近。表 6-49 为针叶木硫酸盐浆（卡伯值 25）在不同黏度下常规和 TCF 漂白浆的强度和光学性质。

表 6-49　　　　　　　　　　　　针叶木漂白硫酸盐浆的强度和光学性质

漂白方法	特性黏度 /(dm³/kg)	TAPPI 黏度 /mPa·s	PFI 磨转数	紧度 /(kg/m³)	抗张指数 /(N·m/g)	撕裂指数 /(mN·m²/g)	光散射系数 /(m²/kg)
常规	1000	25.5	9000	825	105	9.3	13.5
	850	17.4	7800	830	99	8.7	14.5
	700	11.7	6500	820	89	7.7	16.6
TCF	800	15.2	7125	835	99.5	8.9	14.6
	700	11.7	6200	830	92	8.2	15.9

　　表 6-50 为硫酸盐木浆 ECF 和 TCF 漂白的比较。根据此表数据及国内外许多文献资料，大体上作个比较。

表 6-50　　　　　　　　　　　　硫酸盐木浆 ECF 和 TCF 漂白的比较*

漂白方法		ECF		TCF
漂白流程		D(EO)DD	OD(EO)DD	OQZ(EOP)ZQP
氧脱木素	卡伯值		12	10
	得率/%（对浆）		94.7	92.6
	得率/%（对木材）		44.5	43.5
氧脱木素后漂白	得率/%（对浆）	92.6	95.5	95.0
	得率/%（对木材）	43.5	42.5	41.3
漂白浆生产	木材/(t/t 风干浆)	2.07	2.12	2.18
	黑液回收/(干固物 t/t 风干浆)	1.54	1.64	1.78
	黑液回收/(有机固形物 t/t 风干浆)	1.06	1.13	1.19
	废水/(排放量 t/t 风干浆)	18.4	6.9	5.8
	废水/(有机固形物 t/t 风干浆)	75.8	45.5	59.5
	电耗/(kW·h/t 风干浆)	620	650	830
漂白化学品	NaOH 用量/(kg/t 风干浆)	35	30	40
	O₂ 用量/(kg/t 风干浆)	3	25	28
	ClO₂ 用量/(kg 有效氯/t 风干浆)	94	61	—
	O₃ 用量/(kg/t 风干浆)	—	—	7
	H₂O₂ 用量/(kg/t 风干浆)	—	—	35
	H₂SO₄ 用量/(kg/t 风干浆)	—	—	15
	EDTA 用量/(kg/t 风干浆)	—	—	10

注：* 蒸煮得率 47%，卡伯值 25。

ECF 漂白和 TCF 漂白的比较结果如表 6-51 所示。

表 6-51 ECF 漂白和 TCF 漂白的比较

指标	TCF	ECF	指标	TCF	ECF
排水量/(m³/t)	5～15	30～45	化学品消耗量	高	低
COD$_{Cr}$含量/(kg/t)	15～20	20～25	白度/%ISO	78～82	85～92
AOX 含量/(kg/t 风干浆)	基本没有	不高于 0.5	运行成本	高	低

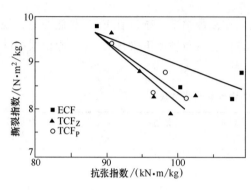

图 6-67　ECF 和 TCF 漂白浆的强度性质

1. 漂白浆质量

ECF 漂白硫酸盐浆能够满足强度、白度、白度稳定性和洁净的最高要求。TCF 漂白可以达到 ECF 相同的高白度，但往往强度损失较大。图 6-67 为 ECF 和 TCF 漂白松木硫酸盐浆的抗张强度和撕裂强度，在相同的抗张指数下，TCF$_Z$（含臭氧漂白）和 TCF$_P$（含过氧化氢漂白，但不含臭氧漂白）的撕裂指数均比 ECF 浆低。许多研究结果表明，生产全漂硫酸盐浆时，ECF 浆的撕裂强度比 TCF 浆的高 10%。

2. 漂白浆得率

TCF 漂白要求蒸煮或氧脱木素后的纸浆卡伯值要低，因此未漂浆得率相对较低，生产高白度 TCF 浆时，漂白过程中的损失也较多，因此漂白浆的总得率比 ECF 浆要低，一般低 1%～2%。

3. 漂白成本

TCF 漂白化学品的成本与 ECF 相近或略高（取决于当地化学品价格），但得率较低，生产 1t TCF 浆消耗的木材比 ECF 多，电耗也较高，因此，一般来说，TCF 漂白浆的成本要高些，其售价应比 ECF 浆高，工厂才有经济效益。

4. 对环境影响

许多研究表明，TCF 和 ECF 漂白对环境的影响没有很大的差别。TCF 漂白不会产生有机氯化物，这是 ECF 没法比的；TCF 漂白也是实现无废水排放（TEF）的关键一步。现代化学浆厂 ECF 漂白废水的 AOX 含量已控制在 0.3kg/t 浆以下，其他污染负荷（BOD、COD、色度等）与 TCF 并无多大差别。

第四节　高得率纸浆的漂白

随着高得率纸浆的发展，其使用范围不断扩大，不仅用于生产新闻纸，也用于生产胶印书刊纸、轻量涂布纸、超级压光纸等印刷用纸和卫生纸，对高得率纸浆白度的要求也相应提高，迫切要求解决高得率纸浆的漂白和白度稳定性问题。

本节主要讨论机械浆与化学机械浆的漂白。

一、高得率纸浆漂白的特点

与化学浆的漂白相比，高得率纸浆漂白有下列不同的特点。

1. 采用保留木素的漂白方法

为了保持高得率，高得率纸浆不宜采用脱木素的漂白方法，而应采用保留木素的漂白方法。一般采用氧化性漂白剂（如 H_2O_2）或还原性漂白剂（如 $Na_2S_2O_4$）来改变发色基团的结构、减少发色基团与助色基团之间的作用来脱色。由于不是溶出木素，发色基团未彻底破坏，因此漂白纸浆容易受光或热的诱导和氧的作用而返黄。

2. 适应多种漂白工艺

根据浆种、设备和白度要求的不同，机械浆和化学机械浆的漂白既可在漂白塔或漂白池中进行，也可在磨浆过程中进行，或在抄浆、抄纸过程中浸渍或喷雾漂白；既可以是单段漂白，也可以两段组合漂白。H_2O_2 漂白时，既可在高浓（20％以上）下进行，也可在中浓（10％～15％）或低浓（3％～6％）下进行。

3. 对纸浆原料材种和材质有选择性

随着纸浆原料材种和材质的不同，漂白的效果不同。研究结果表明，云杉、香脂冷杉、花旗松、桦木和白杨的机械浆易被 H_2O_2 漂白，而马尾松和短叶松机械浆则较难漂白，其原因之一是这些树种树脂等抽出物的含量较高。腐材和树皮的存在，不仅使机械浆的白度降低，也影响其可漂性。

4. 对金属离子的敏感性强

不管是 H_2O_2 漂白，还是 $Na_2S_2O_4$ 漂白，对金属离子都很敏感，因为锰、铜、铁、钴等过渡金属离子不仅会催化分解 H_2O_2 和 $Na_2S_2O_4$，还会与浆中多酚类物质生成有色的物质，使机械浆和化学机械浆的白度明显降低。漂前用螯合剂预处理或在漂白时加入螯合剂都有利于漂白效率的提高。常用的螯合剂有 DTPA，EDTA 和 STPP（三聚磷酸钠）。图 6-68 为各种螯合剂对 $Na_2S_2O_4$ 漂白白度增值的影响。由图看出，DTPA 的效果最好。

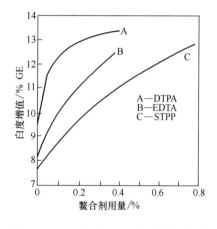

图 6-68　各种螯合剂对白度增值的影响

5. 漂白废水污染少

由于 H_2O_2 和 $Na_2S_2O_4$ 漂白均不会产生有机氯化物，H_2O_2 或 $Na_2S_2O_4$ 只是改变发色基团结构而不降解和溶出木素，而且 H_2O_2 还有杀菌消毒作用，能氧化漂白废水中的有害物质。因此，漂白废水污染少。

二、高得率浆的过氧化氢漂白

（一）过氧化氢漂白原理

过氧化氢漂白机械浆和化学机械浆主要是靠 H_2O_2 离解生成的氢过氧阴离子（HOO^-），使纸浆中的发色基团褪色，从而提高浆料的白度。

用 H_2O_2 氧化木素模型物的研究表明，H_2O_2 与木素的反应，主要是氧化木素大分子侧链 α, β-不饱和的醛基，使双键断裂；在木素大分子侧链的对位有游离羟基存在时，α-酮基也会受到作用。这些双键与羰基都是木素侧链上的发色基团。H_2O_2 漂白机械浆，提高白度的原理就在于破坏或减少这些发色基团。也有人提出，H_2O_2 漂白机械浆是靠 HOO^- 与烯酮共轭系统的加成破坏发色基团的。当漂白条件加强后，也会引起木素苯环的开环和溶解。

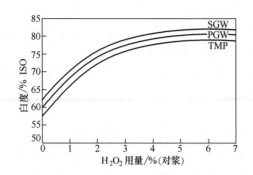

图 6-69　制浆方法对云杉机械
浆 H_2O_2 的漂白结果的影响

漂白条件：浆浓 20%，Na_2SiO_3 3%，60℃，180min

（二）H_2O_2 漂白的影响因素

1. 制浆方法

不同原料生产的机械浆和化学机械浆的白度和可漂性有所不同；同一种原料采用不同的高得率制浆方法，纸浆的白度和漂白性能也有一定的差别。图 6-69 为制浆方法对云杉机械浆 H_2O_2 漂白的影响。一般来说，对于相同的原料，机械浆和化学机械浆的白度和可漂性的顺序是：SGW＞PGW＞CTMP＞TMP＞RMP。

2. H_2O_2 用量

H_2O_2 用量对白度的影响（图 6-70）与浆种、漂初 pH、浆浓、漂白温度和时间有一定的关系。在其他条件相同的情况下，H_2O_2 用量增加，浆的白度增加。研究结果和生产实践表明，机械浆漂白，H_2O_2 用量应控制在 1%～3%。用量超过 3%，漂白效率降低，成本过高。值得注意的是，漂白结束时，浆中应残留一定量的 H_2O_2，不然会发生"碱性发黄"，残余的过氧化氢量应为 H_2O_2 用量的 10%～20%。

3. NaOH 和 Na_2SiO_3 用量

H_2O_2 漂白时，NaOH 和 Na_2SiO_3 的用量应适当，以控制合适的 pH。图 6-71 为在一定的 H_2O_2 用量下，NaOH 用量对机械浆 H_2O_2 漂白浆白度的影响。在图中所示的条件下，最佳的 NaOH 用量为 1.75%。图 6-72 为不同 NaOH 用量下硅酸钠用量对机械浆漂白浆白度的影响，由图中可见，不同的 NaOH 用量，获得最高白度的硅酸钠用量（以 38～40°Bé 水溶液计）也不同。

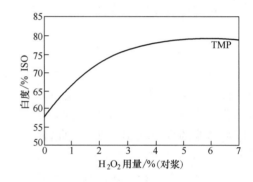

图 6-70　云杉 TMPH_2O_2 漂白
时用量对白度的影响

漂白条件：浆浓 20%，Na_2SiO_3 3%，60℃，180min

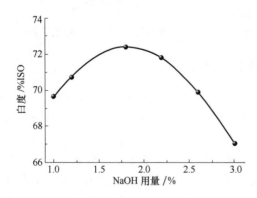

图 6-71　NaOH 用量对针叶木 TMPH_2O_2
漂白浆白度的影响

漂白条件：H_2O_2 用量 4%，硅酸钠
用量 2%；浆浓 25%，70℃，3h

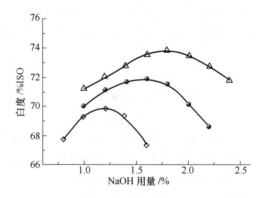

图 6-72　硅酸钠用量对白度的影响

硅酸钠　◇ 0%　● 1.5%　△ 3%

pH 通常用总碱（T. A.）与 H_2O_2 用量比来调节

T. A. ％＝NaOH％＋0. 115×Na_2SiO_3％（41°Bé）

图 6-73 是云杉 TMP H_2O_2 漂白时，$\dfrac{TA}{H_2O_2}$ 比对白度的影响。H_2O_2 用量、纸浆浓度、漂白温度和时间不同，最佳的 $\dfrac{TA}{H_2O_2}$ 比有所不同。

4. 漂白浓度

H_2O_2 漂白可以在 $4\%\sim35\%$ 的浓度下进行，漂白浆浓提高，漂白剂浓度相应提高，可加快反应速度，节约蒸汽，提高白度。因此在混合均匀的情况下，尽可能提高浆浓，目前均用高浓（$25\%\sim35\%$）和中浓（$10\%\sim15\%$）漂白。图 6-74 为云杉磨木浆 H_2O_2 漂白时浆浓对白度的影响。由图可见，在相同 H_2O_2 用量下，高浓漂白的白度最高。当然，高浓漂白要有相应的高浓混合和脱水设备。

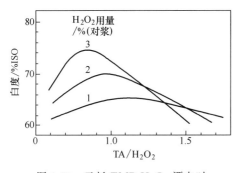

图 6-73　云杉 TMP H_2O_2 漂白时

$\dfrac{TA}{H_2O_2}$ 比对白度的影响

漂白条件：浆浓 18％，Na_2SiO_3 3％，60℃，180min

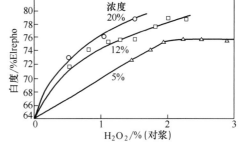

图 6-74　云杉磨木浆 H_2O_2

漂白时浆浓对白度的影响

5. 螯合剂预处理

机械浆中的铁、锰、铜等过渡金属离子来自木材、设备或生产用水。H_2O_2 漂前，用螯合剂 EDTA，DTPA 和 STPP 进行预处理，除去浆中的过渡金属离子，对提高白度和防止返黄都是有效的。在漂白时施加螯合剂或在生产磨石磨木浆时在磨木的喷水里添加，也有相同的效果。

福建某厂以杉木为原料生产 BCTMP 绒毛浆，为了除去浆中的过渡金属离子，在 CT-MP 消潜过程中加入 0.35％的 EDTA，大大地降低了浆中的锰和铜离子，而铁离子去除得较少，如表 6-52 所示。

表 6-52　　　　　　　　　　杉木木片及 EDTA 处理后未漂 CTMP 的金属离子含量　　　　　　　单位：mg/kg

金属离子	Ca	Cu	Fe	Mg	Mn
木片	290	0.6	3.5	110	35
EDTA 处理浆	230	0.2	2.9	180	5.1

6. 漂白温度和时间

提高漂白温度，可以加速漂白反应，缩短漂白时间，可节省 H_2O_2，但过高的温度，会促进 H_2O_2 的分解，增加蒸汽用量。漂白温度、碱度和时间的关系可以归纳为：低温（35～44℃），中或高碱度，长时间（4～6h）；中温（60～79℃），中等碱度，中等时间（2～3h）；

高温（93～98℃），低碱度，短时间（5～22min）。

加拿大 Liebergott 等采用高温快速工艺漂白云杉-香脂冷杉 CTMP，原浆白度 52%，H_2O_2 用量 2%，在其他条件相同的条件下，漂白温度从 50℃ 升至 95℃，最高白度从 68.9% 增至 72.2%，达到最高白度的时间从 120min 减至 6min。他们还发现，当有 DTPA 存在时，高温 H_2O_2 漂白可以不需要 Na_2SiO_3。

（三）H_2O_2 漂白流程

1. 中浓 H_2O_2 单段漂白

图 6-75 为中浓 H_2O_2 单段漂白流程图。浆料在送往浓缩机前，在浆池用 DTPA 处理 15min，处理温度 40～50℃。预处理后浆料经浓缩机洗涤并脱水，送至混合器，与漂液和蒸汽混合，然后进入漂白塔，反应时间 2h 或更长一些。大部分工厂 H_2O_2 漂白后用 H_2SO_4 或 SO_2 调节 pH（酸化），以防纸浆返黄。

2. 高浓 H_2O_2 单段漂白

图 6-76 为高浓 H_2O_2 单段漂白流程图。浆料通常在消潜池中用 DTPA 预处理 15min，温度 60～74℃，然后送往双网压榨脱水机或双辊压榨脱水机浓缩至 35% 的浓度，在高浓混合器与漂液混合后，浓度为 28% 左右，进入高浓漂白塔反应 1～3h（大多数 1.5～2h），经螺旋输送器送出，酸化后送造纸。若回用废液，则在漂白塔后需另设一浓缩机脱除废液。

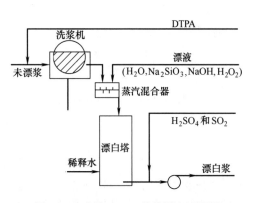

图 6-75　中浓 H_2O_2 单段漂白流程图

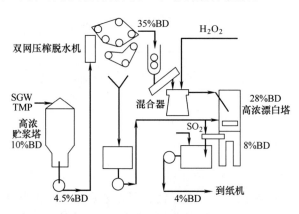

图 6-76　高浓 H_2O_2 单段漂白

3. 中浓—高浓 H_2O_2 两段漂

图 6-77 为中浓—高浓 H_2O_2 两段漂白流程图。新鲜漂液在第二段加入，第一段则用第二段的漂白废液。这样循环使用残余的化学药品，可以提高白度，降低成本，减少污染。

4. 非常规 H_2O_2 漂白

① 盘磨机漂白。图 6-78 为盘磨机漂白流程图。木片进入盘磨机前先用 Na_2SiO_3 和 DTPA 进行预处理，然后在第一段或第二段盘磨机前加入碱性过氧化氢漂液。由于盘磨磨区的温度高，又有高的湍流，因此漂白反应快。H_2O_2 用量为 2% 时，白度可提

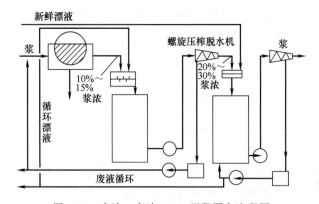

图 6-77　中浓—高浓 H_2O_2 两段漂白流程图

高 11%ISO；磨到相同的游离度，磨浆能耗可降低 10%；与未漂浆相比，强度有所提高。与在漂白塔内漂白相比，可节省设备投资和运行成本，漂损与排污量也减少。但是由于盘磨机内温度太高，浆料停留时间短，漂白效率没有漂白塔高，Na_2SiO_3 引起的磨盘结垢也是一个问题。

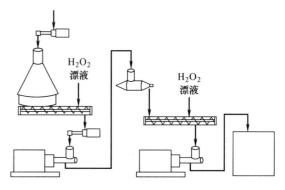

图 6-78　盘磨机漂白流程图

② 闪击干燥漂白。干燥商品机械浆的一个方便的方法是闪击干燥。闪击干燥漂白，即 H_2O_2 漂白与闪击干燥同时进行，可以节省漂白工段投资。H_2O_2 漂液喷洒在进入闪击干燥器的浆上，大约 60% 的漂白反应是在闪击干燥器内短短的 45s 内完成的，余下的漂白反应是在贮存的浆捆中完成。此法必须严格控制用碱量，使当 H_2O_2 耗尽时，纸浆呈中性或微酸性，以免发生"碱性返黄"。

③ 浸渍漂白。将干度 50% 左右的湿浆板在 H_2O_2 漂液中浸渍，然后在室温中贮存，使漂白反应完全，一般需几天时间，才能完成漂白作用。和闪击干燥漂白一样，必须严格控制用碱量，使 H_2O_2 反应完毕时，纸浆呈中性或微酸性，防止"碱性返黄"。如需要，可加入杀菌剂以防霉菌生长。杀菌剂可加在漂液中，也可喷洒在贮存的湿浆表面。

（四）高得率浆 H_2O_2 漂白的改进

为了提高高得率浆 H_2O_2 漂白效率，改善纸浆品质，减少漂白对后续工艺过程和环境的影响，国内外进行了改进高得率浆 H_2O_2 漂白的研究和实践，本节主要介绍加拿大新不伦瑞克大学开发的几种改进技术。

1. 连二亚硫酸盐辅助的螯合处理

连二亚硫酸盐辅助的螯合法称之为 Qy 法。Qy 法在螯合的同时使过渡金属离子从高氧化态还原成为低氧化态，处于低氧化态的过渡金属离子与纸浆纤维中的木素结构或其他配体形成的配合物很不稳定，容易从浆中除去。Qy 法结合了还原和螯合作用，强化了过渡金属离子的去除。表 6-53 为常规螯合处理（Q 法）与 Qy 法处理的机械浆残余锰含量的比较。可以看出，Qy 法是增加锰从机械浆中脱除的有效手段，添加 0.1% 的连二亚硫酸钠已足以有效地改善锰的脱除效果。Qy 处理后，在相同的 H_2O_2 用量下，漂白浆的白度较高，H_2O_2 的消耗较低。

表 6-53　　　　　　　　　　　　Qy 法和 Q 法处理的纸浆残余锰含量的比较[*]

试样	描述	锰含量/(mg/kg)
未处理的纸浆	—	144
Q0.5（洗涤）	0.5%DTPA，螯合后彻底洗涤	11
Q0.5（压榨）	0.5%DTPA，螯合后压榨至 30% 浆浓	20
Q0.2（洗涤）	0.2%DTPA，螯合后彻底洗涤	20
Q0.2（压榨）	0.2%DTPA，螯合后压榨至 30% 浆浓	35
Qy0.5（洗涤）	0.1%连二亚硫酸钠,0.5%DTPA,螯合后彻底洗涤	3
Qy0.5（压榨）	0.1%连二亚硫酸钠,0.5%DTPA,螯合后压榨至 30% 浆浓	15
Qy0.2（洗涤）	0.1%连二亚硫酸钠,0.5%DTPA,螯合后彻底洗涤	8
Qy0.2（压榨）	0.1%连二亚硫酸钠,0.5%DTPA,螯合后压榨至 30% 浆浓	17

注：* 云杉 TMP，pH 5.8，0.5%DTPA，3% 浆浓，70℃，30min。

2. 改良的 H_2O_2 漂白

改良的 H_2O_2 漂白法称为 P_M 法，是指 H_2O_2 漂白具体操作程序的改进。硅酸钠、硫酸镁、DTPA 或 EDTA 等 H_2O_2 的稳定剂与氢氧化钠首先与浆混合，并在碱性条件下短时间处理纸浆后，才加入 H_2O_2。由于硅酸盐、硫酸镁和螯合剂等稳定剂是在加入 H_2O_2 之前加入，使存在于系统中的锰稳定，更有效地减少了锰诱导过氧化氢的分解。P_M 法改进 H_2O_2 漂白的另一原因是在碱预处理阶段纸浆纤维发生了脱乙酰作用，即在加入 H_2O_2 之前，纸浆纤维的乙酰基已水解，因此在 H_2O_2 漂白过程中不形成过氧醋酸。虽然过氧醋酸在酸性或中性条件下有漂白结果，但在强碱条件下，过氧醋酸很不稳定，能引起木素新的发色团的形成。因此，在碱性过氧化氢的条件下，过氧醋酸的形成是不希望的。P_M 法由于不产生过氧醋酸，因此，H_2O_2 更稳定，漂白效率更高。

表 6-54 为 P_M 法与常规过氧化氢漂白法（P 法）的比较。表中结果表明，与 P 法相比，在相同的漂白条件下，P_M 法漂白浆的白度较高，而过氧化氢消耗较少。

表 6-54   **P_M 法与 P 法的比较**[*]

方 法	残余 H_2O_2/%（对浆）	白度/%ISO
P 法	0.25	69.9
P_M法	1.18	71.7

注：[*] 纸浆为工厂螯合处理过的 TMP，漂白条件同为：浆浓 10%，H_2O_2 用量 4%，NaOH 用量 2%，$NaSiO_3$（溶液）用量 3%，$MgSO_4$ 用量 0.05%，60℃，120min。

3. $Mg(OH)_2$ 取代 NaOH 的 H_2O_2 漂白

常规的过氧化氢漂白采用 NaOH 作为碱源。NaOH 的强碱性引起木素和碳水化合物（特别是半纤维素）的过多溶出，导致漂白废水 COD 和 BOD 负荷增加，纸浆得率降低，同时形成大量的阴离子垃圾。这些阴离子垃圾被带到纸机湿部而干扰造纸过程，致使聚合物/助剂的添加量即成本增加，纸浆的滤水性降低，产品质量下降。因此，用 $Mg(OH)_2$ 取代或部分取代 NaOH 作为 H_2O_2 漂白的碱源，引起了广泛的关注。

由于 $Mg(OH)_2$ 的碱性较弱，镁碱 H_2O_2 漂白的反应条件较温和，因此漂白过程溶出的有机物较少，漂白浆的得率较高，漂白废水的 COD 负荷较低，产生的阴离子垃圾较少。同时，保持了高的纸浆松厚度和光散射系数。

大多数研究表明，镁碱过氧化氢漂白浆的白度比钠碱的低，但最近一些研究表明，镁碱 H_2O_2 漂白浆的白度与钠碱 H_2O_2 漂白浆相近，甚至较高，如表 6-55 所示，镁碱加改良 H_2O_2 漂白的纸浆白度比常规钠碱的高，而 H_2O_2 消耗较少。

表 6-55   **NaOH 基和 $Mg(OH)_2$ 基 H_2O_2 漂白法的比较**[*]

方法	NaOH 基[**]	$Mg(OH)_2$ 基[**]					
		P 法			P_M法		
NaOH 或 $Mg(OH)_2$用量/%	1.6	0.75	1.0	1.5	0.75	1.0	1.5
终点 pH	7.84	6.85	7.14	7.92	6.80	7.12	7.91
残余 H_2O_2/%	0.70	1.22	0.95	0.28	1.38	1.04	0.49
白度/%ISO	70.4	69.0	70.0	69.6	69.8	70.7	70.6

注：[*] 工厂已螯合处理的云杉 TMP，浆浓 10%，H_2O_2 用量 2%，70℃，5h。

    [**] 钠碱 H_2O_2 漂白时加 3% Na_2SiO_3，镁碱 H_2O_2 漂白加 0.1%DTPA。

由于 $Mg(OH)_2$ 的溶解度有限，$Mg(OH)_2$ 用于高得率浆 H_2O_2 漂白时与纸浆的均匀有效混合是很重要的。$Mg(OH)_2$ 的质量，如粒度和过渡金属含量，对漂白浆白度有重要的影响。如表 6-56 所示，减小 $Mg(OH)_2$ 颗粒的尺寸，对提高漂白浆的白度有利，并使残余 H_2O_2 增加。实验表明，采用 200～400 目的 $Mg(OH)_2$ 颗粒漂白效果较好。

表 6-56　　　　　　　　　　$Mg(OH)_2$ 颗粒大小对漂后浆料白度的影响*

颗粒目数	漂后 pH	残余 H_2O_2/%	白度/%ISO	颗粒目数	漂后 pH	残余 H_2O_2/%	白度/%ISO
R100	8.7	27.0	66.1	200～400	8.8	34.9	68.0
100～200	8.7	22.8	66.4	P400	8.8	33.1	67.8

注：* 马尾松 CTMP 漂白条件：浆浓 10%，H_2O_2 用量 4%，NaOH 用量 2.25%，Na_2SiO_3 用量 5%，70℃，2h。

$Mg(OH)_2$ 取代 NaOH 对漂白浆强度的影响取决于未漂浆的性质和 H_2O_2 漂白条件。一般来说，如果高得率浆在常规钠碱 H_2O_2 漂白时强度没有明显改变，将钠碱改为镁碱不会影响漂白浆的性质。表 6-57 为 $Mg(OH)_2$ 取代 NaOH 对漂后浆物理性能的影响。结果表明，用 $Mg(OH)_2$ 取代 25% 的 NaOH，漂白浆得率提高，白度相当，松厚度、不透明度和抗张指数有所增加，而撕裂指数和耐破指数变化不大。

表 6-57　　　　　　　　　$Mg(OH)_2$ 取代 NaOH 对漂后浆物理性能的影响*

$Mg(OH)_2$ 取代率/%	得率 /%	白度/% ISO	松厚度 /(cm³/g)	不透明度 /%	抗张指数 /(Nm/g)	撕裂指数 /(mN·m²/g)	耐破指数 /(kPa·m²/g)
原浆		47.0	0.62	90.4	12.48	8.14	1.41
0	96.9	72.1	0.61	80.6	14.28	15.06	1.32
25	98.6	72.0	0.66	81.5	15.90	14.64	1.37

注：* 漂白条件：浆浓 15%，H_2O_2 用量 4%，Na_2SiO_3 用量 5%，80℃，2.5h。

图 6-79 为钠碱改为镁碱对压力磨石磨木浆（PGW）H_2O_2 漂白废水 COD 负荷的影响。图中结果表明，$Mg(OH)_2$ 作为碱源的 COD 负荷要比 NaOH 作为碱源的低得多。

4. 过氧化氢与荧光增白剂的增白工艺

在纸浆纤维中加入荧光增白剂（OBA）的主要目的是进行颜色的物理补偿，即通过向浆料中添加 OBA 来补偿颜色，将浆料中不需要的色调屏蔽掉。通过添加 OBA 的方式，不仅可达到生产高白度高得率浆的目的，还可避免采用强烈的漂白条件，保持高得率浆的松厚度

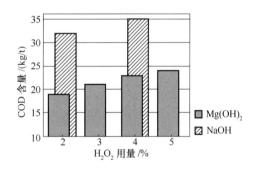

图 6-79　$Mg(OH)_2$ 基与 NaOH 基 H_2O_2 漂白 PGW 废水 COD 负荷的比较

和光散射系数，且不会产生大量的阴离子垃圾。OBA 吸附在高得率浆纤维上，能作为一种紫外吸收剂而阻止高得率浆的光诱导返黄。

表 6-58 为阔叶木漂白硫酸盐浆（HWBKP）与经 OBA 处理的高得率浆（HYP）的光学性能的比较。由表 6-58 可知，OBA 对 HYP 光学性能的改善效果非常明显。加入 0.6% 的 OBA，HYP 的 CIE 白度和 ISO 白度分别从原来的 61.4% 和 82.7% 增加到 91.9% 和 92.0%；b^* 值也从原来的 6.41 降至 1.92，色调得到很好的调整。但过量的 OBA 会对 HYP 的光学性能产生一定的负面影响。此外，添加 0.3% OBA 的 HYP 的光学性能可以达到 HWBKP 的光学性能水平。

表 6-58 　　　　　　　　　 HWBKP 与经 OBA 处理后 HYP 的光学性能比较

浆料	OBA 用量/%	CIE 白度/%	ISO 白度/%	荧光增量/%	L^*	a^*	b^*
HWBKP	0	76.2	88.4	0	97.4	−0.60	3.84
HYP[①]	0	61.4	82.7	—	96.1	−0.19	6.41
	0.3	81.9	88.2	3.62	96.1	0.13	3.97
	0.6	91.9	92.0	5.46	96.6	0.26	1.92
	1.2	88.0	90.8	5.78	96.5	0.37	0.75

注：杨木高得率浆加拿大游离度 325mL，白度 83%ISO。

三、高得率浆的连二亚硫酸盐漂白

连二亚硫酸盐是还原性漂白剂，主要用于机械浆的漂白。早期机械浆漂白多是使用稳定性较好的 ZnS_2O_4，由于 Zn^{2+} 对水源有污染，现在很少用 ZnS_2O_4，大多采用 $Na_2S_2O_4$ 漂白机械浆。

（一）连二亚硫酸盐的制备和性质

1. 连二亚硫酸盐的制备

传统的方法是用锌将亚硫酸还原成为连二亚硫酸锌。如生产 $Na_2S_2O_4$，用 NaOH 与 ZnS_2O_4 反应即得。反应式如下：

$$Zn + 2H_2SO_3 \longrightarrow ZnS_2O_4 + 2H_2O$$

$$ZnS_2O_4 + 2NaOH \longrightarrow Na_2S_2O_4 + Zn(OH)_2$$

目前普遍采用硼氢化钠还原法（国外称之为 Borol 法），利用 $NaBH_4$ 使亚硫酸钠还原成连二亚硫酸钠，其反应式如下：

$$NaBH_4 + 8NaHSO_3 \longrightarrow 4Na_2S_2O_4 + NaBO_2 + 6H_2O$$

此法简便且成本低，1moL 的 $NaBH_4$ 可以生成 $4moLNa_2S_2O_4$，即 $1kgNaBH_4$ 可以制备 $18.4kgNa_2S_2O_4$。

2. 连二亚硫酸盐的性质

$Na_2S_2O_4$ 是还原剂，因此遇到水中的溶解氧或空气中的氧时能氧化成为 $NaHSO_3$：

$$2Na_2S_2O_4 + O_2 + 2H_2O \longrightarrow 4NaHSO_3$$

如与过量空气（氧气）接触，则能部分氧化成 $NaHSO_4$：

$$Na_2S_2O_4 + O_2 + H_2O \longrightarrow NaHSO_3 + NaHSO_4$$

$Na_2S_2O_4$ 还能进行缺氧分解，结果是生成 $Na_2S_2O_3$ 和 $NaHSO_3$：

$$2Na_2S_2O_4 + H_2O \longrightarrow Na_2S_2O_3 + 2NaHSO_3$$

硫代硫酸钠是引起连二亚硫酸钠对金属腐蚀的主要原因。

（二）连二亚硫酸盐的漂白原理

连二亚硫酸盐的漂白作用，主要是连二亚硫酸盐的还原作用。漂白过程中，连二亚硫酸根离子离解成二氧化硫游离基离子：

$$S_2O_4^{2-} \Longrightarrow 2SO_2^- \cdot$$

$SO_2^- \cdot$ 通过电子转移变成 SO_2 和 SO_2^{2-}：

$$2SO_2^- \cdot \longrightarrow SO_2 + SO_2^{2-}$$

SO_2^-、$S_2O_4^{2-}$ 和 SO_2 都是还原性物质，都可用作纸浆漂白的还原剂。

连二亚硫酸盐能还原纸浆木素中的苯醌结构、松柏醛（双键）结构，使之变成无色的产物。$Na_2S_2O_4$ 本身则被氧化成为亚硫酸氢盐。亚硫酸氢盐本身也能破坏与苯环共轭的双键。苯醌和松柏醛型发色基团被连二亚硫酸盐和亚硫酸氢根离子还原成无色物质。邻苯醌结构被二氧化硫游离基离子还原成邻苯二酚阴离子。对苯醌结构也有类似的反应。连二亚硫酸盐还原和分解的产物——SO_2 和 HSO_3^-，也有使醌型结构脱色的能力。松柏醛结构的脱色通过几种途径，如图 6-80 右侧反应式所示，连二亚硫酸根离子分别起醛基还原剂和亲核加成反应的加成物的作用；亚硫酸氢根离子与共轭体系反应生成磺酸盐和二磺酸盐。这些途径都导致发色体系的部分还原，使对光的吸收从可见光区转移到近紫外光区。

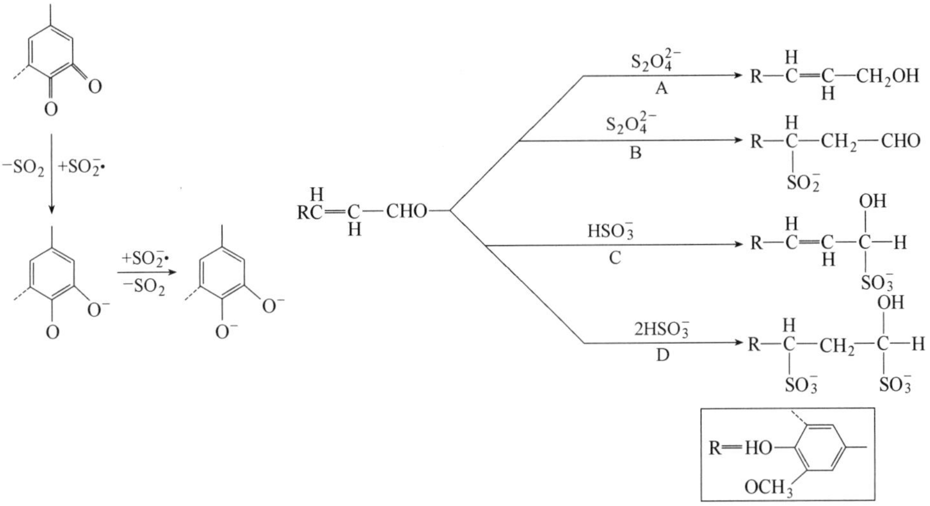

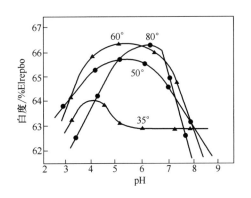

图 6-80　连二亚硫酸盐和亚硫酸氢根离子对苯醌和松柏醛型发色基团的还原反应

（三）连二亚硫酸盐漂白的影响因素

连二亚硫酸盐漂白机械浆已是较成熟的工艺，主要影响因素有：

1. $Na_2S_2O_4$ 用量

$Na_2S_2O_4$ 用量增加，漂白纸浆的白度增加，但 $Na_2S_2O_4$ 用量到达一定值时，白度不再提高。生产中的 $Na_2S_2O_4$ 用量一般为 $0.25\%\sim1.0\%$。如能配加 $Na_2S_2O_4$ 用量的 $25\%\sim100\%$ 的 $NaHSO_3$，则效果更好。据说这样可以获得最佳的漂白 pH，最高的还原能力，并具有降低 $Na_2S_2O_4$ 分解的效果。

2. pH

漂白时的 pH，除了影响漂液的稳定性外，还影响漂白的效率。用 $Na_2S_2O_4$ 漂白机械浆，pH 宜在 $4.5\sim6.5$ 之间，pH 在 $5.5\sim6.0$ 之间漂白效果会更好。图 6-81 为 $Na_2S_2O_4$ 漂白磨木浆时，pH 对白度的影响。从图中看出，最佳 pH 也与漂白温度有关。漂白温度较低（如 $35\,^{\circ}\mathrm{C}$），漂白 pH 宜低一些；如漂白温度较高（如 $80\,^{\circ}\mathrm{C}$），漂白 pH 值则相应高一些。

3. 浆料浓度

$Na_2S_2O_4$ 漂白机械浆常用的浆料浓度为

图 6-81　$Na_2S_2O_4$ 漂白时 pH 对白度的影响

3%～5%。更高的浓度，如6%～10%，白度增值能达到1%～3%ISO，但提高浆浓需强化混合，会带入多量的空气，增加$Na_2S_2O_4$的分解。浓度过低，水中溶解氧增加，也会增加$Na_2S_2O_4$的损失。

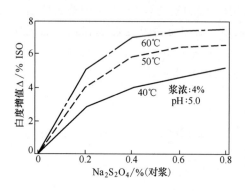

图6-82 南方松 TMP $Na_2S_2O_4$
漂白时温度对白度增值的影响

4. 漂白温度

提高漂白温度，能加快漂白反应并增加漂后浆的白度。图6-82为南方松 TMP 用 $Na_2S_2O_4$ 漂白时温度对白度的影响，温度为60℃时，白度增值最大。考虑到加热蒸汽的消耗，漂剂在高温下的分解及温度过高引起纸浆返黄，连二亚硫酸盐的漂白温度一般在45～60℃。

5. 漂白时间

漂白时间取决于漂白温度和漂白剂用量。温度高，漂白剂用量少，漂白时间就可短些。大部分漂白作用是在加漂白剂后的头10～15min完成的，但为了充分利用漂白剂的还原能力，常用的漂白时间为30～60min。

6. 螯合剂

如前所述，铁、锰、铜等过渡金属离子不仅会催化连二亚硫酸盐分解，而且还会与纸浆中多酚类物质生成有色的络合物，因此必须用螯合剂进行预处理或在连二亚硫酸盐漂白时加入螯合剂。常用的螯合剂有 STPP，EDTA 和 DTPA，还可施加柠檬酸钠和硅酸钠。

（四）连二亚硫酸盐漂白方法

1. 贮浆池漂白

漂白剂直接加入贮浆池中。此法简单，但在贮浆池中，$Na_2S_2O_4$接触空气的机会多，因此被空气氧化分解的多，漂白的效率较低。

2. 漂白塔漂白

图6-83为在升流塔进行 $Na_2S_2O_4$ 漂白的流程图。采用升流式漂白塔，浆料浓度为4.5%，可防止浆料与空气接触。在漂白塔浆泵入口处施加漂白剂，尽量避免空气的进入。因此，漂白效果较好，白度增值可达8%～10%ISO。

3. 盘磨机漂白

漂白剂在盘磨机入口处加入，由于磨浆是在高浓和高温条件下进行，浆料与漂白剂混合很好，漂白反应很快，当浆料离开磨浆

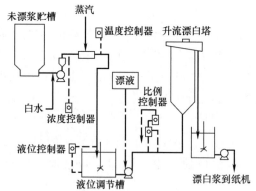

图6-83 $Na_2S_2O_4$ 漂白塔漂白流程图

区时，漂白作用几乎全部完成。如经盘磨机漂白后，再在升流塔进行第二段 $Na_2S_2O_4$ 漂白，漂白效果会更好。

4. H_2O_2—$Na_2S_2O_4$两段漂

图6-84为 H_2O_2—$Na_2S_2O_4$ 两段漂流程图。浆料先在中浓条件下用 H_2O_2 漂白，段间用 SO_2 中和和酸化，调节好 pH 和浆浓，与 $Na_2S_2O_4$ 混合后进入升流塔漂白。这种氧化性漂白

剂—还原性漂白剂组合的两段漂白，兼有氧化和还原作用，能更有效地改变或破坏发色基团的结构，白度可提高 10%～20%ISO。

福建某厂以杉木为原料生产 BCTMP绒毛浆，采用 H_2O_2—$Na_2S_2O_4$ 两段漂。图 6-85 为其主流程示意图。漂白工艺技术条件如下：

第一段 H_2O_2 漂：浆浓＞27%；化学药品消耗：H_2O_2 7.8%，NaOH 3.5%，Na_2SiO_3 2.5%，$MgSO_4$ 0.5%，EDTA 0.35%；漂白温度 90～97℃，漂白时间 90min；漂后白度 77%～79%ISO。

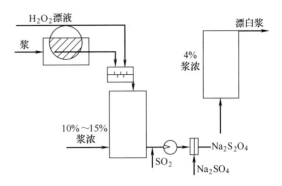

图 6-84 H_2O_2—$Na_2S_2O_4$ 两段漂流程图

第二段 $Na_2S_2O_4$ 漂：浆浓 7%～12%；化学药品用量：$Na_2S_2O_4$ 1.6%～2%，焦亚硫酸钠 0.6%，三聚磷酸钠 0.3%；漂白 pH 6.5～6.0；漂白温度 70～75℃，漂白时间 60min；漂后白度 80%～83%ISO。

生产实践证明，杉木 CTMP 采用 H_2O_2—$Na_2S_2O_4$ 两段漂白工艺是合理经济的，产品白度达到 80% ISO 以上，对杉木 CTMP 黄的底色有所消除从而改善产品的感观。

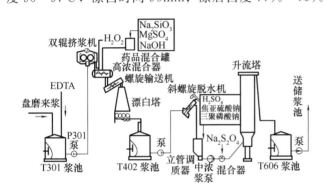

图 6-85 P-Y 两段漂白主流程示意图

四、高得率浆的甲脒亚磺酸漂白

（一）甲脒亚磺酸的性质与漂白原理

甲脒亚磺酸（Formamidine sulphinic acid，简称 FAS），也称二氧化硫脲，分子式为 $H_2N(NH)CSO_2H$。FAS 为白色针状晶体，易溶于水，新配制的水溶液接近中性，但放置一段时间后酸度增加。FAS 是一种很有效的还原剂，它在碱性溶液中生成次硫酸和次硫酸钠。

$$H_2N(NH)CSO_2H + H_2O \longrightarrow H_2NC(O)NH_2 + H_2SO_2$$

$$H_2N(NH)CSO_2H + 2NaOH \longrightarrow H_2NC(O)NH_2 + Na_2SO_2 + H_2O$$

次硫酸和次硫酸钠均具有强还原性，能改变纸浆中的发色基团结构，减轻对光的吸收，提高白度。甲脒亚磺酸的脱色效果特别好，对空气的氧化和过渡金属离子的催化分解不敏感，使用时也不必酸化，而且无毒无味，使用方便，易生物降解。其主要缺点是价格较高。

（二）影响 FAS 漂白的主要因素

① FAS 用量。在一定用量范围内，纸浆的白度随 FAS 用量的增加而提高，但到一定用量后白度增加缓慢。一般用量为 0.5%～1.0%，白度增值为 6%～9%ISO。表 6-59 为 FAS 用量对马尾松 TMP 白度的影响。兼顾漂白浆白度增值和化学品成本，较合适的 FAS 用量为 0.6%。

表 6-59		FAS 用量对马尾松 TMP 白度的影响			
FAS 用量/%	0	0.3	0.6	0.9	1.2
白度/%ISO	44.82	48.55	52.79	54.48	54.98
白度增值/△%ISO		3.73	7.97	9.66	10.16

② NaOH 用量。FAS 在碱性条件下能分解出高还原能力的次硫酸和次硫酸盐，所以用碱量对漂白效果有很大的影响。马尾松 TMP 和杉木 CTMP 的 FAS 漂白实验结果表明，较合适的 NaOH 与 FAS 用量比为 0.5。

③ 漂白温度。升高温度可以加速 FAS 漂白进程，缩短反应时间。温度过低，FAS 的反应速率低，在一定的漂白时间内白度提高不大；但过高的温度会造成浆料返黄。所以 FAS 的漂白温度一般为 70～80℃。

④ 漂白时间。温度越高，漂白反应速度越快，漂白时间可以缩短。因漂白温度一般为 70～80℃，故漂白时间多为 30～60min。

⑤ 漂白浆浓。FAS 用量一定时，浆液中 FAS 的浓度随浆浓的提高而增加，反应速度加快，且蒸汽消耗降低。因此，一般采用 8%～14% 的中浓漂白。

（三）FAS 漂白方法

1. FAS 单段漂

广西某厂进行了马尾松磨石磨木浆（SGW）FAS 漂白的生产试验，未漂 SGW 白度约为 46%ISO，采用 0.6%～1.0% 的 FAS，限于实际条件和生产设备，试验在较低的浆浓（4% 左右）和温度（60℃ 左右）条件下进行，结果如表 6-60 所示。表中结果表明，0.8% 的 FAS 与 2%Na$_2$S$_2$O$_4$ 具有相同的漂白效果，FAS 是一种有效且有竞争力的还原性漂白剂。

表 6-60				马尾松 SGW 单段 FAS 漂白结果					
漂白剂	FAS	FAS	FAS	Na$_2$S$_2$O$_4$	漂白剂	FAS	FAS	FAS	Na$_2$S$_2$O$_4$
用量/%	0.6	0.8	1.0	2.0	漂后白度/%ISO	52.2	54.0	55.0	53.7
初 pH	7.7	7.9	8.3	6.2	白度增值/△%ISO	6.2	7.5	8.8	7.2
终 pH	6.6	6.7	6.9	5.4	色度(b^* 值)	13.3	12.8	11.7	12.9
原浆白度/%ISO	46.0	46.5	46.2	46.5					

2. H$_2$O$_2$ 与 FAS 的组合漂白

马尾松 FAS 单段漂（用 F 表示）、H$_2$O$_2$-FAS（P-F）两段漂以及 FAS-H$_2$O$_2$（F-P）两段漂的结果汇于表 6-61。从表中可见，FAS 单段漂及其与 H$_2$O$_2$ 组合的两段漂，漂白浆的白度提高，明度指数（L^*）增大，色度指数（a^*、b^*）降低，即使打浆度较低，强度仍有所改善。P-F 漂白浆比 F-P 漂白浆白度高 2.14%ISO，撕裂指数和耐破指数也较高。这是因为氧化性漂白剂 H$_2$O$_2$ 既有漂白作用，又有脱木素作用，部分木素被氧化生成有色基团，这些有色基团在其后 FAS 漂白时被还原，故 P-F 两段漂比 F-P 两段漂的漂白效果好。

表 6-61					F、P-F 及 F-P 漂白结果[*]			
浆样	白度/% ISO	L^*	a^*	b^*	打浆度 /SR	抗张指数 /(N·m/g)	撕裂指数 /(mN·m^2/g)	耐破指数 /(kPa·m^2/g)
原浆	44.82	82.55	−0.55	17.71	53	13.9	6.29	0.766
F 漂白浆	52.79	86.27	−1.53	14.82	50	17.4	7.21	0.791
P-F 漂白浆	62.88	91.21	−2.87	14.62	47	19.3	8.34	0.849
F-P 漂白浆	60.74	90.70	−2.93	15.69	45	19.4	8.26	0.732

注：[*] F 段：浆浓 10%，FAS 用量 0.6%，NaOH 用量 0.3%，70℃，60min；

P 段：浆浓 10%，化学品用量 H$_2$O$_2$ 2%，NaOH 0.6%，Na$_2$SiO$_3$ 3%，MgSO$_4$ 0.05%，DTPA 0.2%，70℃，120min。

　　杉木 CTMP 采用 H_2O_2 与 FAS 的组合漂白结果列于表 6-62。与两段 H_2O_2 漂白相比，FAS 与 H_2O_2 结合的两段漂白可以把浆料漂至更高的白度。还原型 FAS 漂白置于 H_2O_2 漂白之后比置于 H_2O_2 漂白之前可获得更好的漂白效果，相同漂剂用量白度可提高 $1\% \sim 2\%$ ISO。以 FAS 为终段漂剂的三段漂白（PPF），可改变浆料的色相，实现较大的白度增值，白度达到 82.8%ISO。与未漂浆相比，漂白浆强度提高。终段使用 FAS 漂白残液的污染负荷和色度均较低。

表 6-62　　　　　　　　　　　　　　　FAS 作为终段漂剂的白度及颜色

漂白方法	白度/%	L^* 值	a^* 值	b^* 值	C_{ab}^*
PP(6/2)	77.6	94.8	-0.3	7.8	7.8
PF(6/2)	81.1	95.7	-0.7	6.5	6.6
PPP(2/6/2)	78.3	95.1	-0.6	7.7	7.7
PPF(2/6/2)	82.8	95.6	-0.5	5.7	5.7

注：漂白方法中括号内数字为各段漂剂用量，均为相对于绝干浆质量，下同。色饱和度 $C_{ab}^* = \sqrt{(a^*)^2 + (b^*)^2}$。

五、高得率浆的亚硫酸氢盐漂白

　　亚硫酸氢钠漂白机械浆是一种老方法，但并不广泛应用。亚硫酸氢盐的漂白作用是基于图 6-86（a）所示类型的还原反应。亚硫酸氢盐也能与共轭羰基反应生成磺酸，图 6-86（b）。

　　用量 1% 的亚硫酸氢盐漂白的白度最大增值为 $3\% \sim 4\%$ ISO。如果白度要增加 $6\% \sim 7\%$ ISO，就需要增加亚硫酸氢钠的用量，但是对机械浆漂白来说这不是经济的选择。

　　生产化机浆时，亚硫酸氢钠也可用作预处理化学品。在这种情况下，如图 6-86 所示的这种反应在预处理阶段已能破坏发色基团，减少浆的光吸收系数。即使光散射系数有很少的减少，引起的光吸收能力的减少也能提高白度 $3\% \sim 4\%$ ISO。

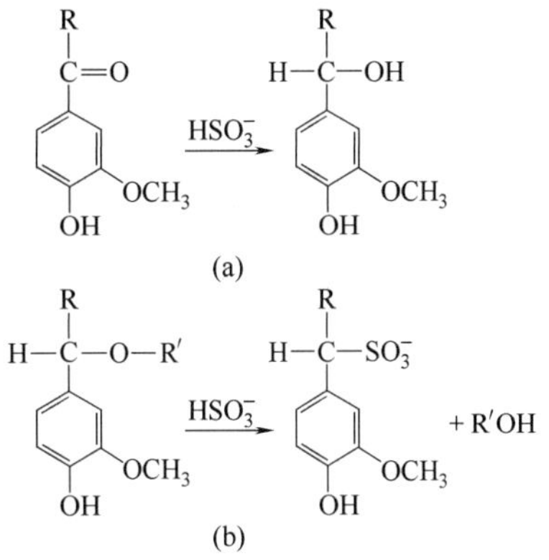

图 6-86　亚硫酸氢盐漂白的还原反应

第五节　废纸浆的漂白

　　随着废纸回收利用比例的提高和废纸浆使用范围的扩大，漂白已成为废纸制浆的重要工艺过程。

　　废纸浆的漂白和其他纸浆的漂白有较大的差别。首先是引起废纸浆发色的原因较复杂，除纸浆中木素等引起的颜色外，还存在着各种外来因素，例如涂料、染料、油墨、添加剂及其他杂质的影响。另外，对已经漂白过的废纸浆，重新漂白时，其化学反应的作用也有所不同。

　　用于漂白化学浆和高得率浆的漂白剂，包括氧化性漂白剂和还原性漂白剂，都可用于废纸浆的漂白。较普遍使用的有过氧化氢和连二亚硫酸盐。近年来，由于含氧漂白技术的进步，氧和臭氧也用于本色废纸浆的漂白。

一、废纸浆的过氧化氢漂白

H_2O_2 广泛用于废纸浆的漂白。H_2O_2 漂白废纸浆的方法多种，方便灵活，可以把 H_2O_2 漂液加入水力碎浆机中，也可在漂白塔或分散机中进行。

1. 在水力碎浆机中进行 H_2O_2 漂白

在中浓或低浓碎浆机中碎解纸浆，加入 H_2O_2、$NaOH$ 和 Na_2SiO_3 等化学品，有时也加 DTPA 和表面活性剂。通常 pH 控制在 $10.0\sim10.5$，反应温度 $45\sim50℃$，时间约 30min。

硅酸钠的作用是：a. 过氧化氢的保护剂，减少 H_2O_2 的无效分解，例如，当碱度和其他条件相同时，不加 Na_2SiO_3，H_2O_2 消耗 87%，加 1% Na_2SiO_3，仅消耗 55%；b. H_2O_2 助漂剂，加 Na_2SiO_3 后，浮选后废纸浆的白度明显比不加 Na_2SiO_3 的高；c. 油墨收集剂，防止油墨重新沉积在纤维上，并防止油墨聚集成大的（$>10\mu m$）的粒子。

旧报纸（ONP）和旧杂志纸（OMG）的废纸浆，在碎浆机中用 $0.3\%\sim1.0\%$ H_2O_2 漂白后，白度可提高 $3\%\sim10\%$ISO。

2. 脱墨后在漂白塔中进行 H_2O_2 漂白

脱墨后废纸浆在漂白塔中的 H_2O_2 漂白，原理与原浆的 H_2O_2 漂白一样，漂白温度、时间和浆浓的影响也相同，但碱度比原浆 H_2O_2 漂白时要小，在相同漂白条件下，白度增值比原浆的小，用 $0.5\%\sim1.5\%$ H_2O_2，白度增值仅 $2\%\sim5\%$ISO。

原浆漂白时，浆中金属离子的分布较易控制，废纸浆漂白时却难于做到，因为废纸中的杂质和脏物太多。另外，造纸过程中纸上沉积的硫酸铝会造成废纸浆中铝的累积，铝能与螯合剂络合，会影响螯合剂的使用效率。

3. 在分散机中进行 H_2O_2 漂白

第一级浮选脱墨后，一般设有分散系统，其后接第二级浮选（后浮选）。分散机将油墨分散成更小的粒子。若不加 H_2O_2，白度会下降；若加 H_2O_2 漂液，白度有明显的提高，如表 6-63 所示。分散机是极好的混合器，在分散机内的高浓（30%）高温（$90℃$）条件下进行 H_2O_2 漂白，虽然停留时间很短，但对白度的提高有显著的作用。

表 6-63   分散机中进行 H_2O_2 漂白的效果

分散机中加入的 H_2O_2 量/%	0	1	分散机中加入的 H_2O_2 量/%	0	1
分散机出口的白度增值/%ISO	-3	$+1$	后浮选出口的白度增值/%ISO	$+1$	$+8$

二、废纸浆的连二亚硫酸盐漂白

连二亚硫酸盐是一种还原性漂白剂。由于其还原电势高，能脱除废纸浆中的染料和其他有色物。用于漂白含机械浆的脱墨浆时，能提高纸浆的白度，所用的条件与漂白 TMP 时相似，但 pH 稍高，一般为 pH$5.5\sim7.5$。

连二亚硫酸盐比氧化性漂白剂能更有效地将废纸浆脱色。如废纸浆不含或仅含少量机械浆，则脱色条件略有不同，应在较高温度（$80\sim100℃$）和较高的 pH（7 或更高）条件下进行。表 6-64 为单色纸样用连二亚硫酸钠脱色的效果。

三、废纸浆的甲脒亚磺酸漂白

影响废纸浆 FAS 漂白的主要因素有：

表 6-64　　　　　　　　　　　　**单色纸样用 $Na_2S_2O_4$ 脱色的效果**

颜色	$Na_2S_2O_4$ 用量/%	白度/%ISO	L^*（y 轴）	a^*（x 轴）	b^*（z 轴）
黄	0	35.3	92.2	−13.4	46.2
	1	83.4	94.6	−0.8	2.5
蓝	0	75.3	83.1	−4.6	−10.6
	1	82.0	93.4	−2.1	1.6
红	0	42.5	73.3	32.3	3.2
	1	84.7	94.6	0.0	1.6
绿	0	51.6	81.3	−22.3	7.8
	1	68.5	93.7	−6.0	13.0

注：① L^*—明度指数，a^*、b^*—色度指数。a^* 也称红绿值，a^* 为正值表示偏红，负值表示偏绿；b^* 也称黄蓝值，b^* 为正值表示偏黄，负值表示偏蓝。

② 浆浓 4.0%，pH7.0，80℃，60min。

① FAS 用量。在一定用量范围内，废纸浆的白度随 FAS 用量的增加而提高，但到一定用量后白度增加缓慢。一般用量为 0.5%～0.6%，白度增值为 6%～7%ISO。

② NaOH 用量。FAS 在碱性条件下能分解出高还原能力的次硫酸和次硫酸盐，所以用碱量对漂白效果有很大的影响。对废新闻纸脱墨浆，当 FAS 用量为 0.6% 时，NaOH 用量 0.3% 就可以了，此时初 pH 为 11 左右，终 pH 在 7 左右。而漂白彩色办公废纸脱墨浆，在 FAS 用量为 0.5% 时，NaOH 用量为 0.8%。适宜的 NaOH 用量应根据不同废纸品种通过试验来确定。

③ 漂白温度。升高温度可以加速 FAS 漂白进程，缩短反应时间。温度过低，FAS 的反应速率低，在一定的漂白时间内白度提高不大；但过高的温度会造成浆料返黄。所以 FAS 的漂白温度一般为 70～80℃。

④ 漂白时间。温度越高，漂白反应速度越快，漂白时间可以缩短。因漂白温度一般为 70～80℃，故漂白时间多为 30～60min。

⑤ 漂白浆浓。FAS 用量一定时，浆液中 FAS 的浓度随浆浓的提高而增加，反应速度加快，且蒸汽消耗降低。因此，一般采用 8%～14% 的中浓漂白。

表 6-65 为 FAS 漂白废纸脱墨浆的条件和结果。从表 6-65 中看出，FAS 对三种脱墨浆均有较好的漂白效果。在 0.6% 的 FAS 用量下，废新闻纸脱墨浆的白度从 50.4%ISO 提高到 57.9%ISO；而对未漂浆白度达 81.6%ISO 的混合办公废纸浆，白度提高到 85.6%ISO。相比之下，FAS 对彩色办公废纸脱墨浆的漂白和脱色效果更好，白度增值达 13.1%ISO。

表 6-65　　　　　　　　　　　　**FAS 漂白废纸脱墨浆的条件和结果**

浆种	ONP	白色 MOW	彩色 MOW*	浆种	ONP	白色 MOW	彩色 MOW*
FAS 用量/%	0.6	0.6	0.5	时间/min	60	60	20～30
NaOH 用量/%	0.3	0.3	0.8	原浆白度/%ISO	50.4	81.6	73.8
浆浓/%	10	10	10	漂后白度/%ISO	57.9	85.6	86.9
温度/℃	70	70	80～85	白度增值/%ISO	7.5	4.0	13.1

注：* 漂白时加入 0.2% 的 DTPA。

四、H_2O_2、$Na_2S_2O_4$ 或甲脒亚磺酸的组合漂白

为了更有效地漂白废纸浆，H_2O_2 可以与 $Na_2S_2O_4$ 或甲脒亚磺酸组合进行两段漂白，表 6-66 为 H_2O_2、$Na_2S_2O_4$ 和甲脒亚磺酸的不同组合方式。工业上大部分是第一段进行 H_2O_2 漂白，第二段用 $Na_2S_2O_4$ 或甲脒亚磺酸还原和脱色。

表 6-66 H_2O_2、$Na_2S_2O_4$ 和甲脒亚磺酸（FAS）的组合漂白

工艺条件	漂白方式	组合方式	白度增值/$\triangle\%ISO$		适用废纸浆种类
			不含机械浆废纸	含机械浆废纸	
P:H_2O_2 用量 0.5%～3% NaOH 用量 0.5%～2% 40～95℃	漂白塔（中浓） 分散机（高浓） 碎浆机（中浓）	P P-Y P-F	3～15 8～20 8～20	2～12 10～15 10～17	所有脱墨废纸浆
Y:$Na_2S_2O_4$ 用量 0.3%～1% 60～95℃	漂白塔（中浓） 分散机（高浓）	Y Y-P	3～15 8～17	2～7	所有脱墨废纸浆
F:FAS 用量 0.3%～1% NaOH 用量 0.2%～0.5% 70～95℃	分散机（高浓） 管道（中浓）	F F-P	6～15 8～18	3～10 8～12	所有脱墨废纸浆

表 6-67 为办公废纸脱墨浆 H_2O_2—FAS 两段漂白的结果。表中数据表明，混合办公废纸脱墨浆经 H_2O_2—FAS 两段漂，白度可达 90.5%ISO，而且漂白浆的打浆度略有降低，抗张、撕裂和耐破强度均有明显的提高。

表 6-67   混合办公废纸脱墨浆的 H_2O_2—FAS 两段漂白的结果

浆样	白度/%ISO	L^*	a^*	b^*	打浆度/°SR	抗张指数/(N·m/g)	撕裂指数/(mN·m²/g)	耐破指数/(kPa·m²/g)
未漂脱墨浆	81.6	91.1	1.4	−2.1	27.5	27.6	7.30	1.66
H_2O_2-FAS 漂白浆	90.5	95.0	0.8	−1.9	26.0	29.3	9.46	1.96

注：① H_2O_2 漂段：浆浓 10%；化学品用量：H_2O_2 2%，NaOH 1%，Na_2SiO_3 3%，$MgSO_4$ 0.05%；70℃，120min。
　　FAS 漂段：浆浓 10%；化学品用量：FAS 0.6%，NaOH 0.3%；70℃，60min。
　　② L^*、a^*、b^* 见表 6-64 含意。

五、本色废纸浆的降解木素式漂白

以长纤维本色未漂化学木浆为原料的本色废纸，如废纸袋纸，是优良的二次纤维原料。为了弥补长纤维原料的不足，国内外均有利用本色废纸为原料制漂白浆。由于此类废纸木素含量较高，一般先经氧脱木素，再进行多段漂白。

国内进行了废纸袋纸浆氧脱木素的研究。废纸袋纸浆为国产废水泥袋纸浆，经蒸煮后浆料卡伯值为 21.5，黏度 1196mL/g。通过分析 NaOH 用量、氧压、反应温度和时间等对氧脱木素的影响，得出了优化的氧脱木素条件：浆浓 10%，NaOH 用量 3%，$MgSO_4$ 用量 0.8%，氧压 0.6MPa，反应温度 100℃，时间 60min。还比较了氧脱木素和 H_2O_2 强化的氧脱木素（OP）的结果，如表 6-68 所示。

表 6-68   废纸袋纸浆氧脱木素与 H_2O_2 强化的氧脱木素的结果

脱木素方式	卡伯值	黏度/(mL/g)	得率/%	卡伯值降低率/%	黏度降低率/%
O	11.1	1025	98.2	48.4	14.30
(OP)	10.2	1020	98.0	52.5	14.72

注：O 段：按优化条件；（OP）段：H_2O_2 用量 0.8%，EDTA 用量 0.3%，其他条件同 O 段。

从表 6-68 看出，在优化的条件下氧脱木素，可脱除 48.4% 的木素，而得率和黏度的损失较小。氧脱木素时加入 H_2O_2 有利于提高脱木素率而对纸浆黏度几乎没有影响。

国外的研究表明，一个包括 40％牛皮纸袋和 40％旧瓦楞纸箱（OCC）的废纸浆，经氧脱木素可以降低卡伯值 56％并得到 12.6％ISO 的白度增值。生产实践证明，氧脱木素对去除尘埃及对棕色和染色纤维的脱色十分有效。

OCC 浆由于其卡伯值很高，若用比较强烈的条件进行氧脱木素，会严重影响纸浆的强度，故一般采用较温和的两段氧脱木素，且有段间用二氧化氯或混合过氧酸活化处理的方法。表 6-69 为 OCC 浆 O_1DO_2 脱木素的结果。

表 6-69　　　　　　　　　　　　**OCC 浆 O_1DO_2 脱木素的结果**[*]

	未漂浆	O_1 段	D 段	O_2 段		未漂浆	O_1 段	D 段	O_2 段
卡伯值	92.3	56.0	20.1	2.2	白度/％ISO	18.3	22.2	38.8	64.0
脱木素率/％	—	39	64	89	黏度/mPa·s	31.2	18.7	18.3	16.8

注：O_1 段：浆浓 10％，NaOH 用量 4.5％，$MgSO_4$ 用量 1％，氧用量为过量，温度 100℃，时间 60min；

D 段：浆浓 10％，有效率用量 2％～5％，温度 60℃，时间 60min；

O_1 段：浆浓 10％，NaOH 用量 6％，$MgSO_4$ 用量 1％，氧用量为过量，温度 100℃，时间 60min。

从表 6-69 可以看出，采用 O_1DO_2 脱木素方法可将卡伯值从 92.3 降至 2.2，而纸浆黏度仍有 16.8mPa·s。这种浆再经一段二氧化氯或过氧化氢漂白可漂到 80％ISO 以上的白度，而得率约为 OCC 原浆的 80％左右。

卡伯值为 75.3 的 OCC 浆采用 O_1PxaO_2DP 漂序，可漂至 88.7％ISO 的高白度，说明 OCC 浆的脱木素和漂白是成功的。为了实现全无氯脱木素和漂白，以 $O_1Pxa_1O_2Pxa_2P$ 或 O_1PxaO_2ZP 替代 O_1PxaO_2DP 是完全可能的。

第六节　漂白工艺计算与过程节能

一、漂白化学品计算

（一）ClO_2 有效氯含量计算

有效氯是指含氯漂白剂中能与未漂浆残余木素和其他有色物质起反应，具有漂白作用的那一部分氯，以氧化容量（氧化能力的大小）表示。此容量在实验室一般用碘量法测定。通常，如果 1moL 的氯能游离出 1moL 的碘，即说明存在 100％的有效氯。

计算公式：

$$w_{有效氯} = \frac{n_{I_2} \times 71}{nM_x} \times 100\%$$ 　　　　　　(6-6)

式中　$w_{有效氯}$——有效氯含量，％

n_{I_2}——测定反应生成的碘的物质的量

71——氯气的摩尔质量

n——漂白剂参加反应的物质的量

M_x——漂白剂的摩尔质量

ClO_2 的有效氯含量

根据反应式 $2ClO_2 + 10KI + 4H_2SO_4 = 2KCl + 4K_2SO_4 + 5I_2 + 4H_2O$

得 $w_{有效氯} = \dfrac{n_{I_2} \times 71}{nM_{ClO_2}} = \dfrac{5 \times 71}{2 \times 67.5} \times 100\% = 263\%$

因此，ClO_2 的有效氯含量为其质量的 263％（2.63 倍），或为 ClO_2 中 Cl 的质量的 5 倍。

（二）二氧化氯溶液用量计算

计算公式：

$$G_V = \frac{1000 w_{ClO_2} G_m}{\rho t} \qquad (6\text{-}7)$$

式中　G_{V,ClO_2}——所需二氧化氯溶液量，m^3/h

　　　G_m——每日处理浆量，t 绝干浆

　　　w_{ClO_2}——二氧化氯用量，%（对绝干浆）

　　　ρ——二氧化氯溶液浓度，g/L（以 ClO_2 计）

　　　t——每日工作时间，h

（三）过氧化氢溶液用量计算

计算公式：

$$G_V = \frac{1000 w_{H_2O_2} G_m}{\rho t} \qquad (6\text{-}8)$$

式中　G_V——所需过氧化氢溶液量，m^3/h

　　　G_m——每日处理浆量，t 绝干浆

　　　$w_{H_2O_2}$——过氧化氢用量，%（对绝干浆）

　　　ρ——过氧化氢溶液浓度，g/L

　　　t——每日工作时间，h

（四）漂液稀释用水量计算

计算公式：

$$V_w = V' \frac{\rho_0 - \rho_1}{\rho_1} \qquad (6\text{-}9)$$

式中　V_w——稀释用水量，m^3

　　　V'——药液量，m^3

　　　ρ_0——稀释前药液浓度，g/L

　　　ρ_1——稀释后药液浓度，g/L

（五）漂白浆料稀释用水量计算

计算公式：

$$V_w = m_{绝干浆} \frac{w_0 - w_1}{w_0 \, w_1} \qquad (6\text{-}10)$$

式中　V_w——稀释用水量，m^3

　　　$m_{绝干浆}$——绝干浆量，t

　　　w_0——稀释前浆料浓度，%

　　　w_1——稀释后浆料浓度，%

二、漂白设备计算

（一）漂白机生产能力计算

计算公式：

$$G_m = V n \rho \qquad (6\text{-}11)$$

式中　G_m——漂白机生产能力，t 绝干浆/（d·台）

　　　V——漂白机有效容积，m^3

n——每昼夜每台漂白机漂白次数，次／（d·台）

ρ——漂白机中浆料浓度，t 绝干浆／m³

（二）连续漂白设备生产能力计算

计算公式：

$$G_m = \frac{\pi}{4} d^2 \frac{h}{t} \rho \tag{6-12}$$

式中　G_m——生产能力，t 绝干浆／h

d——漂白设备（塔）内径，m

h——设备（塔）高度，m

t——浆料在设备（塔）内停留时间，h

ρ——浆料浓度，t 绝干浆／m³

三、漂白用汽量计算

（一）间歇式漂白机用汽量计算

加热绝干浆耗热量

$$Q_1 = 1000 V w_b c_1 (t_2 - t_1) \tag{6-13}$$

加热水耗热量

$$Q_2 = 1000 V (1 - w_b) c_2 (t_2 - t_1) \tag{6-14}$$

热损失

$$Q_3 = (Q_1 + Q_2) \eta \tag{6-15}$$

总耗热量

$$Q = Q_1 + Q_2 + Q_3 \tag{6-16}$$

蒸汽用量

$$m_D = \frac{Q}{h_1 - h_2} \quad (\text{kg}) \tag{6-17}$$

折合每吨绝干浆用汽量

$$W_{m,D} = m_D / R (\text{kg/t 绝干浆}) \tag{6-18}$$

式中　V——漂白机内纸浆体积，m³

1000——换算系数，1m³ 浆相当于 1000kg 浆，kg/m³

w_b——漂白浓度，%

t_1——进入漂白的浆料温度，℃

t_2——漂白温度，℃

c_1——绝干浆比热容，1.32kJ/（kg·℃）

c_2——水比热容，4.18kJ/（kg·℃）

h_1——蒸汽热焓量，kJ/kg

h_2——漂白温度 t_2 时水的热焓量，kJ/kg

η——热损失率，一般取 25%

R——每台漂白机绝干漂白浆产量，t

（二）连续式漂白（或碱处理）用汽量

$$m_D = \frac{1000 V [w_b c_1 + (1 - w_b) c_2] (t_2 - t_1)}{h_1 - h_2} (\text{kg/h}) \tag{6-19}$$

折合每吨绝干浆用汽量

$$W_{m,D} = m_D / R (\text{kg/t 绝干浆}) \tag{6-20}$$

式中　V——每小时处理浆量，m^3/h

　　　R——每小时漂白绝干浆产量，t/h

其余同上。

四、漂白工艺设计参数示例

以某厂生产漂白硫酸盐竹浆为例，列举 ECF 和 TCF 漂白工艺设计参数。

1. 未漂浆性质

用于 ECF 漂白的未漂浆：卡伯值 18，白度≥36％ISO，黏度≥1300mL/g；用于 TCF 漂白的未漂浆：卡伯值 16，白度≥38％ISO，黏度≥1300mL/g。

2. 两段氧脱木素（R_1——第一段，R_2——第二段）工艺设计参数

浆浓≥10％

NaOH 用量 20～30kg/t 风干浆

MgSO$_4$ 用量 1kg/t 风干浆

O$_2$ 消耗 16～18kg/t 风干浆

反应温度（R_1/R_2）80℃/95℃

反应压力（R_1/R_2）0.8MPa/0.4MPa

停留时间（R_1/R_2）30min/40min

氧脱木素浆筛渣率＜0.05％

氧脱木素浆卡伯值 ECF：8～9；TCF：7～8

氧脱木素浆白度 ECF：45％ISO；TCF：50％ISO

氧脱木素段得率损失 2％

氧脱木素段黏度降低 20％

3. 漂白工艺设计参数

表 6-70 列出氧脱木素浆漂白工艺设计参数。

表 6-70　　　　　氧脱木素浆漂白工艺设计参数

项目＼漂序	Q-OP-Q-PO	Q-OP-D-PO	项目＼漂序	Q-OP-Q-PO	Q-OP-D-PO
第一段	Q 段	Q 段	第三段	Q 段	D 段
浆浓/％	11～12	11～12	浆浓/％	11～21	11～12
反应温度/℃	75～90	75～90	反应温度/℃	85	75
停留时间/min	180	180	停留时间/min	120	120
DTPA 用量/(kg/t 风干浆)	1.5～2.0	1.5～2.0	DTPA 用量/(kg/t 风干浆)	1	0
H$_2$SO$_4$ 用量/(kg/t 风干浆)	6	6	ClO$_2$ 用量(有效氯计)/(kg/t 风干浆)	0	11
终 pH	5.5	5.5	H$_2$SO$_4$/NaOH 用量/(kg/t 风干浆)	5(H$_2$SO$_4$)	0.5～1(NaOH)
			终 pH	5.5	3.5～4
第二段	OP 段	OP 段	第四段	PO 段	PO 段
浆浓/％	11～12	11～12	浆浓/％	11～12	11～12
反应温度/℃	90～100	90～100	反应温度/℃	90～105	90～100
停留时间/min	60	60	停留时间/min	120	120
塔顶压力/MPa	0.4	0.4	顶部压力/MPa	0.4	0.4
NaOH 用量/(kg/t 风干浆)	13	11	NaOH 用量/(kg/t 风干浆)	16	11
H$_2$O$_2$ 用量/(kg/t 风干浆)	7	5	H$_2$O$_2$ 用量/(kg/t 风干浆)	24	10
O$_2$ 用量/(kg/t 风干浆)	5	5	MgSO$_4$ 用量/(kg/t 风干浆)	1	1
终 pH	10.5～11	10.5～11	O$_2$ 用量/(kg/t 风干浆)	5	5
卡伯值	4.0	5.5	终 pH	10.5	10.5
黏度/(mL/g)	950	980	卡伯值	2.5	1.5
白度/％ISO	75～77	63～65	黏度/(mL/g)	880	900
			漂白得率损失/％	3.5	3.5
			漂终白度/％ISO	≥88	≥88

五、漂白过程节能

纸浆漂白过程节能的实施主要体现在中高浓漂白技术、短流程漂白技术、科学合理的工艺条件以及漂段组合等技术的开发与应用。

（一）短序漂白技术的应用

短序漂白也称为短流程漂白，采用短序漂白技术是实现节能降耗的重要手段之一。

1. 硫酸盐法竹浆的次氯酸盐－二氧化氯短序漂白（HD）工艺

对硫酸盐法竹浆的次氯酸盐－二氧化氯短序漂白（HD）的实验室研究表明：在适宜的处理条件下，硫酸盐竹浆经 HD 两段漂白后，漂浆白度可达 81.2%（SBD），漂浆黏度为 812mL/g，卡伯值 5.4；而且成浆物理性能好，漂白废水污染负荷比 CEH 漂白约低 51.7%，因而可以取代传统的 CEH 漂白。

2. OD/C（EO）D 短序漂白技术的应用

对于硫酸盐木浆和竹浆，采用 OD/C（EO）D 短序漂白技术，其显著的优势是可去除浆中 50% 左右的残余木素，O 段废水可直接送碱回收车间处理，可降低污染物负荷 40% 左右。生产实践表明：硫酸盐木浆和竹浆采用 OD/C（EO）D 短序漂白，具有节约能源、减少设备投资、降低运行成本以及减轻环境污染等优点。

3. （DQ）（PO）两段漂白技术的应用

20 世纪 90 年代中期，两家瑞典制浆造纸企业分别将其针叶木绒毛浆和液体包装纸板面层浆的漂白生产线，改造成 DQ（PO）三段漂白流程，漂浆白度可达到 85%～88%。在此基础上，将 D 和 Q 两段合成一段，即（DQ）（PO）两段漂白。这种两段漂白流程，将螯合剂直接加入到二氧化氯反应塔后的立管中，不必再设单独的螯合反应塔；在过氧化氢漂白段（P）加入氧气，使其在较高的温度下进行压力漂白。

对阔叶木浆采用（DQ）（PO）漂白时，漂白浆的返黄问题较原三段漂白流程严重，因而阻碍了该两段漂流程的应用与推广。研究表明：在进行（DQ）处理时，适当提高漂白温度和延长漂白时间，得到改良型（DQ）漂白方法，则漂白浆的返黄问题就会得以解决。将 D（EO）D 三段漂的第一个 D 段改成高温二氧化氯漂段 D * 后，可显著节省漂白所需的二氧化氯量。而在同样二氧化氯用量时，漂白过程生成的 AOX 也会显著减少，有利于环境保护。

（二）中高浓漂白技术的应用

中高浓漂白技术在节水、节能及节约设备的占地面积等方面的优势是低浓漂白所不及的。实现中高浓漂白的关键是如何解决浆料的有效浓缩、输送和浆料在漂白化学反应过程中的混合均匀性问题。为此，主要就中浓浆泵、中浓混合器及其节能技术的发展进行简要介绍。

1. 中浓浆泵

中浓浆泵是实现纸浆中浓漂白的重要设备。近几年，随着中浓氧脱木素、中浓打浆等中浓处理纸浆技术在生产中推广应用，Sulzer 公司、ITT Industries 公司、ABS 公司等相继研发和推出了适合不同浆种、不同结构的中浓输送设备，国内对中浓浆泵也进行了大量的研究开发工作，并推出了一些专利产品。

中浓浆泵的结构比常规离心浆泵要复杂得多，现以 Sulzer 公司研发的第三代 MCE™ 系列中浓浆泵为例作简要介绍。MCE 中浓浆泵由 5 个工作区组成，即流态化区：此区内纤维浆料网络被破坏而得以有效分离；气态分离区：空气自浆料中分离出去；泵送区：推进叶轮将浆料泵送至排料端；纤维回收区：自气态分离区出来的空气中所含纤维在此区回收并进入排料口；除气区：空气在此处导入除气元件。其中，纸浆的流态化是关键，流态化的 8% ～ 18% 浓度的纸浆视同液体，可通过离心泵顺利输送。

Sulzer 公司的第三代中浓浆泵采用了新型的流体力学设计，改善了浆泵的工作效率，在纸浆中浓范围内能耗可降低 20% ～ 30%，并可承受浆料浓度大幅度变化引起的负荷波动，新型设计也使得速度调控范围变得很宽，具有较好的节能效果。

2. 中浓混合器

中浓混合器也是实现中浓漂白的关键设备之一，其混合效果的优劣，对于漂白时间的长短、漂白剂消耗量以及漂后纸浆质量有很大的影响。国外自 1976 年 Kamyr 公司宣布研制成功世界上第一台中浓混合器以来，其他制浆造纸设备公司如 Sunds Defibrator、Rauma-Repola、Sulzer 等也相继推出了自己的产品，并在中浓氯化、中浓氧碱抽提、中浓氧脱木素以及过氧化氢、二氧化氯漂白等方面，取得了较好的效果。我国在中浓混合器研发方面进行了卓有成效的工作，已研制出专利产品并在行业内推广使用。

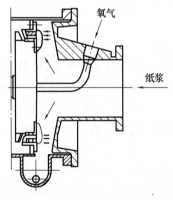

图 6-87　中浓混合器结构示意图

中浓混合器有多种结构形式。图 6-87 为一种较为通用的中浓混合器结构，它由进浆管、进气管、转动件、固定件等组成。纸浆与漂白剂在预混合室混合后，经固定件与转动件所形成的特殊流道在很短的时间内离开混合室。据称这种中浓混合器具有纸浆浓度高、混合效果好，动力消耗少的优点。

图 6-88 为 Kamyr 公司开发的一种中浓混合器。它的结构类似于一台单盘磨，固定盘与转动盘之间构成了混合区域，经预混合后的纸浆与漂白剂在此受到瞬间的剪切力作用，引起湍动混合。其特点是混合时间短，大约在 0.2 ～ 0.5s。后来，该公司又开发了另一种结构的中浓混合器，增加了旋转挡圈和固定圈，加长了旋转叶片，湍流混合时间比前者长，因而混合效果更好。

（三）漂段组合技术的应用

采用漂段组合技术可以减少漂白过程中水的消耗量，因而可以减少漂白过程中的污染物排放而实现清洁生产。就节能而言，通过漂段组合可以实现多段漂白过程中漂段的减少，其节能效应是不言而喻的。常采用的漂段组合有（QX）——螯合处理与木聚糖处理辅助漂白结合、（ZQ）——臭氧漂白和螯合处理相结合、（ZD）——臭氧漂白和二氧化氯漂白相结合以及（DQ）——二氧化氯漂白和螯合处理同时进行等。

此外，在纸浆漂白过程中采用科学合理的工艺条件，如选择合适的温度、时间等均可以

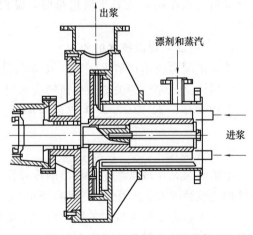

图 6-88　Kamyr 公司 30/20 型中浓混合器结构示意图

减少漂白过程中的能量消耗及污染负荷，改善漂白效果，降低漂白成本，实现节能的目的。

第七节 纸浆的返黄及减轻返黄的措施

一、纸浆的返黄和返黄值

纸浆在通常的环境或特定条件下放置一段时间后，会逐渐变黄，白度会有一定程度的降低，这种现象叫作返黄或回色。纸浆返黄造成白度损失，直接影响到纸浆或纸和的使用价值。

纸浆返黄的程度可用返黄值（Postcolour number，简称 PC 值）来表示：

$$PC 值 = [(K/S) - (K_0/S_0)] \times 100 \tag{6-21}$$

式中 K_0、K——纸浆老化前、后的光吸收系数

S_0、S——纸浆老化前、后的光散射系数

而

$$\frac{K}{S} = \frac{(1-R_\infty)^2}{2R_\infty} \tag{6-22}$$

因此

$$PC 值 = \left[\frac{(1-R_\infty)^2}{2R_\infty} - \frac{(1-R_{\infty 0})^2}{2R_{\infty 0}} \right] \times 100 \tag{6-23}$$

式中 $R_{\infty 0}$、R_∞——纸浆老化前、后所测得的白度，以百分率（%）表示

许多研究表明，K/S 的比值与纸浆中有色物质的含量呈线性关系。因此，返黄值能反映出返黄过程中产生的有色物质的相对数量。值得注意的是，白度下降得多，并不一定是返黄值大，因为浆料白度高的时候，数量相同的有色物质引起的白度降低要多。例如，白度从 80% 降到 77% 时的返黄值大于白度从 92% 降到 87% 时的返黄值。计算如下：

$$PC 值 = \left[\frac{(1-0.77)^2}{2 \times 0.77} - \frac{(1-0.8)^2}{2 \times 0.8} \right] \times 100 = 0.935$$

$$PC 值 = \left[\frac{(1-0.87)^2}{2 \times 0.87} - \frac{(1-0.92)^2}{2 \times 0.92} \right] \times 100 = 0.623$$

计算结果说明第一种情况（白度从 80% 降到 77%）产生的有色物质比第二种情况（白度从 92% 降至 87%）的多。可见，PC 值能反映返黄的真实程度。

为了评价纸浆的白度稳定性，通常在实验室进行热老化以加速返黄的实验。热老化条件通常为：温度 105℃，老化时间 4h。通过测定老化前、后浆张的白度（$R_{\infty 0}$、R_∞）计算出返黄值。

二、化学浆的返黄原理与减轻返黄的措施

纸浆的返黄都是由热和光的诱导产生的。但是，由于高得率浆（机械浆和化学机械浆）与化学浆的化学组成有较大的不同，其返黄机理和影响因素有所不同，减轻或抑制返黄的措施也有明显的不同。

（一）化学浆返黄的机理

漂白化学浆的白度稳定性一般比漂白高得率浆好，但放置一段时间后仍然有不同程度的返黄。化学浆的返黄也是热和光的诱导产生的。但是，化学浆的光诱导返黄不如高得率浆那样重要。漂白化学浆，特别是高纯度的漂白化学浆，残余木素的数量已经很少，木素对返黄

的影响没有高得率浆那么大，没有确切证据说明漂白化学浆残余木素能引起返黄，但又不能排除这种可能性。纤维素和半纤维素的氧化降解产物、浆料中所含的树脂及过渡金属离子等对纸浆的返黄有不良的影响。

影响高纯度漂白化学浆返黄的原因，主要是由于不恰当的生产工艺条件使纤维素和半纤维素受到氧化产生了各种形式的羰基和羧基造成的，其中羰基的影响最大。以纤维素为例，氧化生成的各种羰基和羧基的形式见图 6-89。

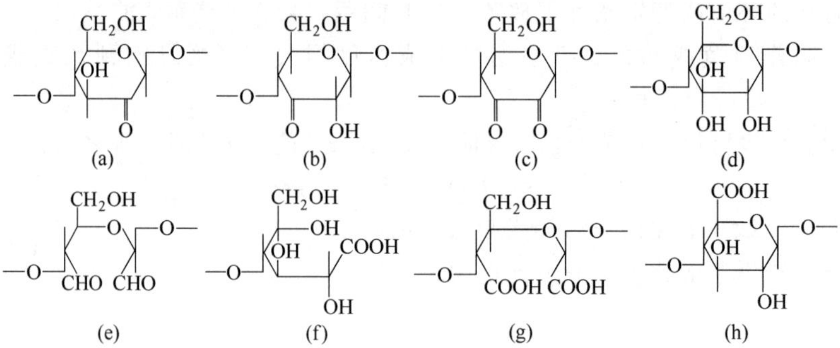

图 6-89　纤维素氧化产生的各种形式的羰基和羧基[(a)～(h)]

从图 6-89 可以看出，纤维素葡萄糖基的 C_2、C_3 和 C_6 位置都能形成醛基和羧基，C_2 和 C_3 位置还能形成酮基。这些都是引起返黄的基本基团。特别是羰基，是引起返黄的主要基团。但是，纤维素末端的醛基及其氧化产物羧基不会引起返黄。

半纤维素在不合适的工艺条件下，更易产生羰基和羧基。因此，用碱抽提掉漂白浆中的半纤维素后，返黄程度会减轻。

在大多数 ECF 和 TCF 漂白浆中仍含有己烯糖醛酸（HexA）。例如云杉硫酸盐浆的 OD-EQ（PO）漂白浆，白度为 91%ISO，HexA 含量为 13.8mmol/kg；桦木硫酸盐浆经 OQ_1（OP）Q_2（PO）漂白，白度达到 92%ISO，HexA 含量仍高达 38.8mmol/kg。Sevastyanova 等的研究表明，己烯糖醛酸在热返黄过程起着重要作用。热返黄伴随着己烯糖醛酸的分解，同时形成 3 种反应性的化合物；2-呋喃甲酸（2-furancarboxylic acid，简称 FA）、5-甲酰-2-2 呋喃甲酸（5-formyl-2-2furancarboxylic acid，简称 FFA）和 2,3-二羟-2-2 环戊烯-1-酮（2,3-dihydroxy1-2-cyclopenten-1-one，也称还原酸 reductic acid，简称 RA）。生成的 FFA 和 RA 是导致漂白浆热返黄的化合物，而 FA 对返黄的影响较小。当有过渡金属离子，特别是 Fe^{2+} 存在时，返黄的趋势明显增加。图 6-90 为 HexA 引起的漂白化学浆热返黄的机理。

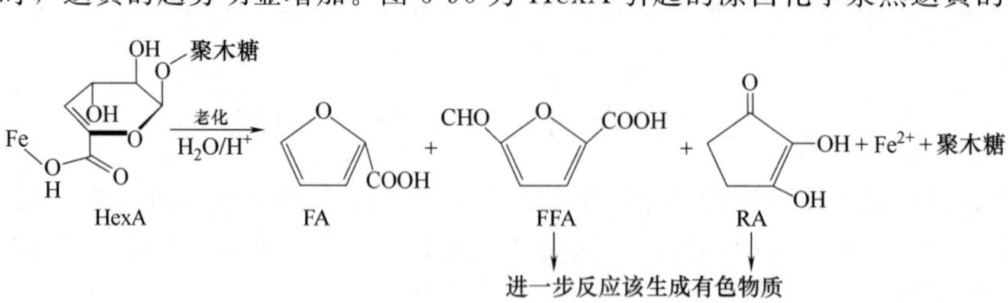

图 6-90　HexA 引起的漂白化学浆热返黄的机理

（二）化学浆返黄的影响因素

生产化学浆的原料和制浆方法、纸浆漂白的方法及其工艺、浆中金属离子及其含量、杂细胞和水分含量、干燥贮存的条件等，对纸浆返黄都有不同程度的影响。

1. 纤维原料和制浆方法

不同纤维原料的化学组成不同，化学法制浆后的化学组分也有所不同。采用不同的制浆方法和制浆工艺，浆中残余木素、抽出物、半纤维素、己烯糖醛酸等含量不同，对其漂白浆的返黄均有一定的影响。半纤维素聚合度较低，带有较多支链，在氧化性漂白过程中易受到氧化、生成的羰基、羧基较多，易引起返黄。研究表明，硫酸盐浆比亚硫酸盐浆较易返黄，含半纤维素多的亚硫酸盐浆比含半纤维素少的亚硫酸盐浆容易返黄。

2. 漂白方法和漂白条件

氧化电势高的漂白剂（如臭氧、次氯酸盐）漂白的纸浆比氧化电势低的漂白剂（ClO_2、H_2O_2 等）漂白的纸浆易返黄。

单段漂白的纸浆比达到相同白度的多段漂白的纸浆易返黄。次氯酸盐单段漂时，漂白剂是一次加入，用量也较多，漂液有效浓度较高，漂白剂在氧化脱木素的同时，不可避免地与失去木素保护层的纤维素和半纤维素发生氧化作用，羟基和醛基可氧化成为羰基和羧基。若次氯酸盐漂白的 pH 接近中性，则漂液中的 HOCl 多，其氧化电势高，反应速度快，能将碳水化合物的羟基氧化成醛基或酮基，会造成漂白浆的严重返黄。

氯化用氯量过多，温度过高，时间过长或混合不均匀而产生局部过氯化时，使纤维素或半纤维素生成羰基而导致纸浆易返黄。

漂白浆洗涤不干净，浆中含有残氯、残碱及降解有机物，都会引起漂白浆的返黄。

3. 浆中残余木素和树脂

纸浆中残余木素多，则纸浆易返黄。白度低的半漂浆比白度高的全漂浆易返黄。

纸浆中的树脂，在含氯漂白时生成氯化碳氢化合物，这些物质不稳定，在存放中会分解出碳氢化合物而变成深暗色的树脂产物。

4. 浆中金属离子

浆中存在的金属离子中，铁、铜、锰等过渡金属离子对漂白浆的返黄有严重的影响，特别是 Fe^{2+} 能氧化成 Fe^{3+}，生成有色无机物。这些过渡金属离子能起催化剂的作用，加快返黄速度。

5. 草浆中杂细胞含量

草浆中杂细胞含量对漂白浆的返黄有重要影响。这是因为杂细胞中木素和灰分含量均较高，其比表面积又大的缘故。从表 6-71 看出，随着浆中杂细胞含量的增加，灰分和木素增加，纸浆的返黄值也增大。

表 6-71　　　　　　　　　　　　　草浆杂细胞含量对返黄的影响

浆中纤维/杂细胞	100/0	80/20	60/40	30/70	0/100
老化前白度（蓝光）/%	87.3	85.4	84.1	78.3	70.9
老化后白度（蓝光）/%	79.8	76.2	73.4	69.6	66.1
漂白浆灰分/%	13.65	14.23	15.07	—	18.64
漂白浆木素含量/%	1.54	1.78	2.03	—	2.42
返黄值 PC	1.64	2.47	3.32	3.63	3.74

6. 纸浆的干燥和贮存

使用蒸汽烘缸干燥浆板时，会使白度损失，浆板外层比内层变黄更明显。浆板打包贮存时会产生热和光诱导返黄，特别是浆板在高温下打包时返黄现象更严重。由于温度和湿度的影响，在室温下放置 3d 后，风干浆捆外层白度下降 2～3 度，而里面能下降 7 度左右。贮存温度的高低，对返黄也有影响。

7. 纸浆水分含量

贮存的漂白浆水分越大，老化后越容易返黄。这是因为纤维素分子的葡萄糖单元 C_2、C_3 上羟基在湿状态下容易被氧化。表 6-72 为在 120℃ 下对水分含量不同的化学浆进行 24h 老化试验的结果。

表 6-72　　　　　　　　　　　漂白浆水分对返黄的影响

漂白浆水分 /%	漂白浆的白度/%GE			漂白浆水分 /%	漂白浆的白度/%GE		
	老化前	老化后	返黄值(PC)		老化前	老化后	返黄值(PC)
0	83	81.1	0.459	24	83	67	6.390
4	83	79	1.049	40	83	59.5	12.43

（三）减轻化学浆返黄的措施

根据前面所述化学浆返黄机理及影响因素，可采取以下一些措施来减轻返黄，提高白度稳定性。

1. 提高未漂浆的质量

① 加强备料。针叶木应有足够的贮存风化时间，以减少树脂含量。草类原料要尽量除去含杂细胞多的草叶、草穗、蔗髓和泥沙等。

② 优化蒸煮工艺，稳定蒸煮质量，减少碳水化合物的氧化降解。

③ 加强未漂浆的洗涤和筛选，减少蒸煮过程碳水化合物的降解产物进入漂白工段；草浆在漂前用跳筛除去杂细胞。

2. 选用合适的漂白剂

各种氧化性漂白剂的氧化电势的高低不同，选用氧化电势低的漂白剂，可以减少漂白浆的返黄。在多段漂白的终段，漂白剂的选用更为重要，选用 ClO_2 或 H_2O_2，可显著减少漂白浆的返黄。

3. 确定合理的漂白方法

纸浆的漂白可以用单段、两段或多段。化学浆尽量避免采用次氯酸盐单段漂，而采用多段漂白，以减轻漂白过程的氧化作用，减少纤维素和半纤维素的降解和羰基的生成。热碱处理可除去树脂和部分半纤维素，又可破坏浆的羰基，对减少返黄有利。漂后纸浆用酸处理，以进一步除去浆中的重金属离子，提高白度稳定性。

4. 采用合适的漂白工艺

制定并严格执行合适的漂白工艺条件，包括化学品用量、浆浓、pH、反应温度，时间等，并确保漂白化学品与纸浆的均匀混合，避免局部过漂、pH 过低或过高、温度过高或时间过长，以防纤维素和半纤维素过多降解和生成羰基，减少纸浆返黄。

次氯酸盐漂白时，pH 在 7~11 的范围内，pH 越高，漂白浆的返黄程度越小。pH 在 9 以上时，羰基能进一步氧化成羧基，而羧基对返黄的作用仅为羰基的 1/10，故漂白浆的返黄减少。在中性或接近中性的条件下进行次氯酸盐漂白，会产生酮基使返黄加剧。一般要求次氯酸盐漂白终 pH 不低于 8.5。

在温度 ＞90℃，pH＜3.5 的条件上进行热酸水解（Hot acid hydrolysis），或进行高温二氧化氯漂白（D_{HT}）可有效除去化学浆中的己烯糖醛酸，减少或消除己烯糖醛酸及其分解产物引起的返黄。

控制好漂白终点，一般终漂时浆中应剩有少量漂剂。漂后纸浆应充分洗涤，以洗除残氯和漂白过程中生成的可溶性氧化物。

5. 掌握合理的浆板干燥和贮存条件

浆板干燥时要有合理的干燥曲线，减少浆板的水分；出干燥部的浆板先经冷却再打包贮存，均可减少纸浆的返黄。

三、高得率浆的返黄原理与抑制返黄的措施

（一）高得率浆返黄的机理

高得率浆由于木素含量高，其白度稳定性比漂白化学浆差很多。光照和加热都会引起纸浆的返黄，而高得率浆的光诱导返黄比热诱导返黄更为重要，或者说，光化学氧化是高得率浆返黄的主要原因。

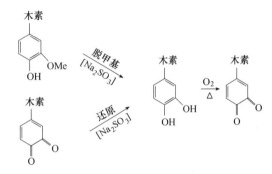

图 6-91　邻苯二酚结构氧化成为邻醌结构的反应

含高得率浆多的纸张在温暖潮湿的环境中贮存，会产生热诱导返黄，其可能的机理是纸浆木素中的邻苯二酚结构热氧化成为有色的苯醌结构，图 6-91 为亚硫酸盐处理时形成的邻苯二酚结构，氧化成为邻醌结构的可能程序。连二亚硫酸盐漂白机械浆时醌还原生成的氢醌，热诱导氧化成为醌，而 H_2O_2 漂白机械浆时，醌被氧化成为羧酸和内酯。因此，连二亚硫酸盐漂白的机械浆的返黄程度比 H_2O_2 漂白的大。也有学者认为，高得率浆热诱导返黄也是游离基引发的链反应机理，但热诱导返黄程度较光诱导返黄轻微得多。

在光照、氧或过渡金属离子存在的条件下，机械浆和化学机械浆氧化产生各种游离基，包括氢氧游离基、烷氧游离基、苯氧游离基、过氧游离基，如图 6-92 各反应式所示（式中，$h\nu$ 为光照射放出的能量，M 表示过渡金属）。

木素中的酚羟基通过吸收紫外光或游离基作用，或者说通过直接或间接的光诱导均裂产生酚氧游离基（图 6-93）：

$$RH + O_2 \longrightarrow HOO\bullet + R\bullet$$
$$R\bullet + O_2 \longrightarrow ROO\bullet$$
$$ROO\bullet + RH \longrightarrow R\bullet + ROOH$$
$$ROOH \xrightarrow{h\nu或\Delta} RO\bullet + HO\bullet$$
$$ROOH \xrightarrow{M^{n+}} RO\bullet + OH^- + M^{(n+1)+}$$

图 6-92　光氧化产生各种游离基的反应

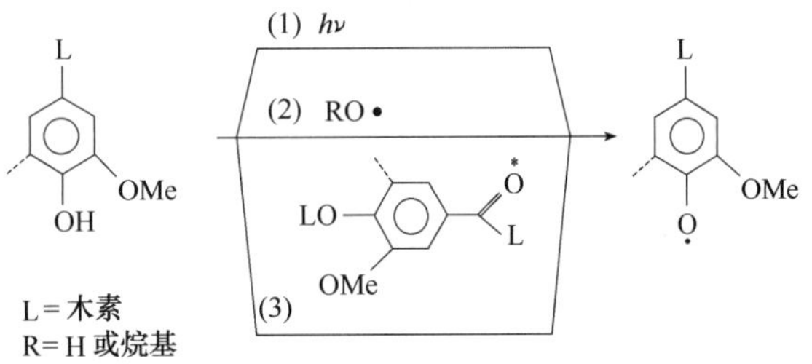

图 6-93　酚羟基直接光诱导均裂产生酚氧游离基的反应
（＊表示光激发结构）

酚氧游离基被过氧游离基（ROO·）氧化成为有色的邻醌结构，反应式如图 6-94。

（二）高得率浆返黄的影响因素

1. 材种和材质

不同树种的纤维原料化学成分不同，相同制浆方法制备的高得率浆的白度稳定性存在不

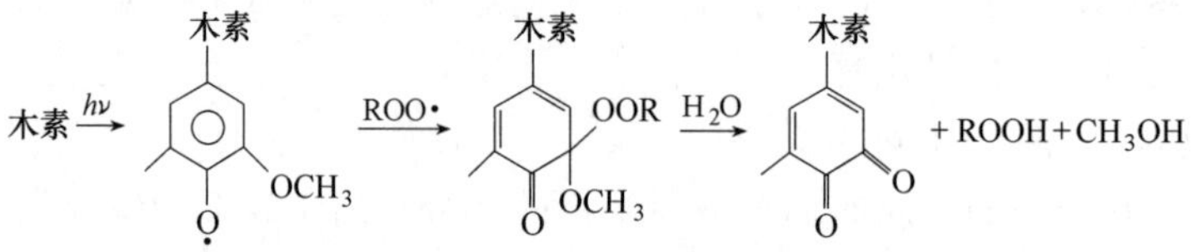

图 6-94　酚氧游离基氧化成邻醌结构的反应

同程度的差异，即使同一树种不同部位原料制得的高得率浆，其返黄值也有所不同。针叶木机械浆中，雪松机械浆的热稳定性最好，香脂冷杉和云杉次之，落叶松和短叶松最差。桦木和杨木机械浆的热稳定性相近，并与云杉相当。短叶松芯材机械浆的返黄比其边材严重。树脂含量高的材种的机械浆热稳定性较差。树皮的带入也会降低机械浆的白度稳定性。

2. 制浆方法

同种原料、不同制浆方法制得的高得率浆的白度稳定性存在差异。在室温下放置，TMP 的返黄比 SGW 快。用亚硫酸钠预处理的 CTMP 比 TMP 容易返黄。研究发现，在给定的光吸收系数时，化学机械浆比机械浆返黄程度大，这可能是化学机械浆木素中的酚羟基含量高于机械浆，而酚羟基容易被氧化生成邻醌等发色结构。

3. 漂白方法

高得率浆通常采用保留木素式的漂白，不管是连二亚硫酸钠的还原性漂白，还是过氧化氢的氧化性漂白，漂白浆的返黄均高于未漂浆。用连二亚硫酸钠漂白的机械浆比用过氧化氢漂白的机械浆容易返黄，但用强还原剂 $NaBH_4$ 漂白高得率浆，能显著提高其白度稳定性。

4. 温度和湿度

高得率浆贮存的温度和湿度（水分）对其返黄有较大的影响。高温高湿会促进高得率浆返黄。纸浆木素中的邻苯二酚和氢醌型化合物在氧气存在下会受热氧化，生成有色的醌型化合物而引起白度下降。机械浆在低温或常温且避光干燥条件下贮存很少返黄。湿度对光诱导返黄作用的影响程度随制浆方法的不同而有所不同，但高湿度情况下会加速返黄。

5. 过渡金属离子

锰、铁、铜等过渡金属离子的存在对高得率浆的白度稳定性有负面影响。锰离子在氧气存在下可以从低氧化态被氧化成高氧化态，使氧分子还原成超氧化物，也能使 H_2O_2 分解产生氢氧游离基，起催化返黄的作用。Fe^{2+}、Cu^+ 还可能与过氧化物形成复合体，然后分解成离子和游离基，参与碳水化合物和木素的降解反应。Fe^{2+} 能氧化成 Fe^{3+}，不仅生成有色物质而加深纸浆的颜色，还使纸浆更易于光诱导返黄。铜离子对纸浆白度的影响比铁离子略小些。

（三）抑制高得率浆返黄的措施

漂白高得率浆保留了大部分的木素，返黄是难以避免的，重要的是如何减轻或抑制高得率浆的返黄。可以采用相应的措施来抑制高得率浆的返黄。

1. 优化高得率浆漂白工艺

机械浆漂白前采用 H_2SO_4 进行预处理，可除去浆中的铁、锰、铜等离子，提高 H_2O_2 漂白的白度增值和白度稳定性。螯合剂 DTPA 预处理可钝化过渡金属离子，同样对抑制漂白浆返黄是有利的。用表面活性物质白土对马尾松磨石磨木浆进行预处理，可除去部分树脂，有利于提高白度和白度稳定性。

不管是用连二亚硫酸钠进行还原性漂白，还是用 H_2O_2 进行氧化性漂白，必须采用优化的工艺条件，包括化学品用量、pH、漂白温度和时间等。H_2O_2漂后pH应在9左右，漂终浆中有一定量的残余H_2O_2，否则会发生碱性返黄。

高得率浆过氧化氢漂白后，一般要进行酸化处理，用酸调节浆料pH到5.5～6.0，以减轻纸浆的返黄。

2. 开发新型的高得率浆漂白剂和漂白助剂

研究开发新型的高得率浆漂白剂和漂白助剂，以期在保持高得率的特性下获得白度高、返黄值较低的纸浆。国外的研究发现，一些含磷化合物，如三羟基磷酸、四羟基磷酸及其衍生物，可作为高得率浆的新型漂白剂或漂白助剂，漂后的纸浆具有较高的湿热稳定性。由于成本较高，至今尚未见工业化应用的实例。

3. 改变木素功能基的化学特性

光诱导返黄是高得率浆返黄的主要原因，而木素是产生光诱导返黄的主要化学组分。通过对木素功能基的化学改性，改变木素功能基的化学特性，消除产生光诱导返黄的功能基，以抑制光诱导返黄。

（1）木素酚羟基的醚化、酯化和甲基化

如前所述，木素中的酚羟基通过吸收紫外光或游离基作用而产生酚氧游离基，酚氧游离基容易被过氧游离基氧化成有色的邻醌结构，因此，木素酚羟基是引起光诱导返黄的一种功能基。通过对其进行化学改性，如醚化、酯化和甲基化，消除这种产生光诱导返黄的功能基，是抑制高得率浆返黄的措施之一。

（2）羰基的还原和乙烯基的加氢

羰基和乙烯基（双键）的存在也是引起高得率浆返黄的因素之一。用强还原剂$NaBH_4$处理纸浆降低纸浆中的羰基含量，或对乙烯基（双键）进行催化加氢将其转变为饱和键，可以减轻高得率浆的返黄。

同时进行羰基的还原和酚羟基的醚化更有利于减轻高得率浆的光返黄。

4. 添加光返黄抑止剂

（1）添加紫外光吸收剂

紫外光吸收剂是指一类可吸收紫外光并通过非返黄机制来散射光能的化合物，如邻羟基二苯甲酮、苯并三唑、三嗪等，能有效吸收波长为290～410nm的紫外线，其本身具有良好的热稳定性和光稳定性。

（2）添加聚合物抑止剂

用作光诱导返黄的抑止剂的聚合物有聚乙二醇（Polyethylene glycol）和聚乙烯吡咯烷酮（Polyvinylpyrolidone，简称PVP）。PVP用于涂布纸涂料中能提高涂层的白度和光泽度，它也可用作光诱导返黄抑止剂，其可能的解释是PVP的酰胺基与木素酚羟基形成很强的氢键，阻止酚羟基被烷氧游离基和过氧游离基氧化成酚氧游离基，因此，抑止了机械浆的光诱导返黄。

（3）添加游离基清除剂

添加游离基清除剂（又称游离基捕获剂）能抑制光氧化反应的进行，是抑制光诱导返黄的最成功的方法。用作游离基清除剂的化合物有：抗坏血酸及其盐类、硫醇、硫醚、环己二烯、丙酸盐和脂肪醛等。通过清除过氧游离基和烷氧游离基，抑止酚氧游离基氧化成为有色的邻醌结构，减轻高得率浆的返黄。

习题与思考题

1. 试述纸浆漂白的目的和漂白方法的分类。

2. 什么是纸浆的亮度和白度？纸浆的亮度和白度有何区别？纸浆的白度和纸张的白度又有何区别？

3. 纸浆中主要有哪些发色基团和助色基团？纸浆漂白的基本原理是什么？

4. 什么叫有效氯？什么叫有效氯用量？以 Cl_2 和 ClO_2 为例，说明之。

5. 试述次氯酸盐漂液的组成与性质。

6. 制备次氯酸盐漂液时应注意些什么？制漂过程中的过氯化有何不良后果？

7. 试述次氯酸盐漂白的原理和影响因素。

8. 纸浆次氯酸盐漂白时为何 pH 要控制在碱性范围内？试从纤维素的氧化反应说明之。

9. 次氯酸盐单段漂，每天处理未漂风干浆 80t，有效氯用量为 4%，漂损为 5%，漂液有效氯浓度为 25g/L，试求每小时漂白浆产量和所需的漂白剂体积。

10. 试述氯—水体系的性质与组成。

11. 试述氯与木素和碳水化合物的反应以及氯化的主要影响因素。

12. 氯化后的纸浆为何要进行碱处理？影响碱处理的工艺因素有哪些？

13. 多段漂中次氯酸盐补充漂白与二氧化氯补充漂白的作用和漂白效果有何不同？

14. 以 CEH 三段漂为例，说明传统含氯漂白的废水对环境的危害。

15. 为什么说二氧化氯是一种高效的漂白剂？试述二氧化氯脱木素原理及二氧化氯漂白的影响因素。

16. 试述氧脱木素的原理及其主要影响因素。

17. 两段氧脱木素与一段氧脱木素的工艺条件有何区别？两段氧脱木素有什么好处？

18. 试述臭氧漂白的原理及其影响因素。

19. 试比较高浓与中浓臭氧漂白的优缺点。

20. 试述过氧化氢漂白的原理及其影响因素。

21. 金属离子对过氧化氢漂白有何影响？控制浆中金属离子的分布有哪些方法？

22. 试比较过氧酸和过氧化氢的反应性。举例说明过氧酸在纸浆漂白中的应用。

23. 试述木聚糖酶辅助漂白纸浆的原理及其影响因素。

24. 可用于纸浆脱木素和漂白的木素酶有哪几种？简述其脱木素原理。

25. 试述纸浆漂白技术的发展趋势，并比较 ECF 和 TCF 漂白的优缺点。

26. 试述高得率纸浆漂白的特点。

27. 试述高得率浆过氧化氢漂白的原理及其影响因素。

28. 试述高得率浆连二亚硫酸盐漂白的原理及其影响因素。

29. 试述过氧化氢、连二亚硫酸盐、甲脒亚磺酸在废纸浆漂白中的应用。

30. 化学浆与高得率浆返黄机理有哪些主要的不同？减轻化学浆和高得率浆返黄有哪些措施？

31. 试设计一个 500t/d 的桉木硫酸盐浆漂白流程（白度要求≥88%ISO），并说明理由。

参 考 文 献

[1] Casey J. P.. Pulp and Paper Chemistry and Chemical Technology, A Wiley-Interscience Publication, 3rd Edition, 1980, Vol. l. 633-746.

[2] Dence C. W., Reeve D. W.. Pulp Bleaching: Principles and Practice, TAPPI Press, 1996, 4-7, 91-212.

[3] Gullichsen J., Paulapuro H.. Papermaking Science and Technology, Book 6A Chemical Pulping, 137-218, Published by Fapet Oy, 2000, Helsinki, Finland.

[4] Herbert Sixta. Handbook of Pulp, 7. Pulp Bleaching, WILEY-VCH Verlag GmbH & Co. Kga A, Veinheim, 2006.

[5] Monica EK，Goran Gellerstedt，Gunna Henriksson. Pulp and Paper Chemistry and Technology，Book 2 Pulping Chemistry and Technology：217-316，Published by Fiber and Polymer Technology，KTH，2007，Stockholm，Sweden.

[6] 陈嘉翔，主编. 制浆原理与工程 [M]. 北京：轻工业出版社，1990：267-334.

[7] 谢来苏，詹怀宇，主编. 制浆原理与工程（第二版）[M]. 北京：中国轻工业出版社，2001.

[8] 詹怀宇，主编. 制浆原理与工程（第三版）[M]. 北京：中国轻工业出版社，2009.

[9] 陈嘉翔，编著. 制浆化学 [M]. 北京：轻工业出版社，1990，331-343.

[10] 陈嘉翔，编著. 高效清洁制浆漂白新技术 [M]. 北京：中国轻工业出版社，1996.

[11] 詹怀宇，刘秋娟，靳福明，编著. 制浆技术 [M]. 北京：中国轻工业出版社，2012.

[12] 梁实梅，张静娴，张松寿，编著. 制浆技术问答（第二版）[M]. 北京：中国轻工业出版社，2004.

[13] 钱学仁，安显慧，编著. 纸浆绿色漂白技术 [M]. 北京：化学工业出版社，2008.

[14] 林鹿，詹怀宇，编著. 制浆漂白生物技术 [M]. 北京：中国轻工业出版社，2002.

[15] 邝仕均. 无元素氯漂白与全无氯漂白 [M]. 中国造纸，2005，24（10）：51-56.

[16] 詹怀宇，付时雨，李海龙. 浅述我国制浆科学技术学科现状与发展 [J]. 中国造纸，2011，30（2）：49-57.

[17] 孙学成. 我国造纸工业二噁英类持久性有机污染物的研究进展 [J]. 中国造纸，2010，29（9）：56-60.

[18] 黄义寿. 桉木浆生产及降低生产成本的措施 [J]. 中国造纸，2005，24（1）：29-31.

[19] 罗巨生，戴罗根，陈卫兵，等. D/C 段在小规模纸浆漂白中的应用 [J]. 中国造纸，2007，26（9）：66-67.

[20] 陈安江，王涛，郭加忠，等. 从 OHMP 漂白的工业化应用谈常规含氯元素多段漂白的改造 [J]. 中华纸业，2008，13：66-69.

[21] 王长建，苗金祥，助漂剂在麦草浆 H 段漂白中的应用试验 [J]. 中国造纸，2011，30（4）：72-73.

[22] 刘嘉. 浅析 SVP-LITE 法 ClO_2 制备系统 [J]. 中国造纸，2010，29（3）：49-55.

[23] 李友明，陈中豪，刘明友，等. 苇浆双塔氧脱木素的生产实践 [J]. 中国造纸，24（6）：29-31.

[24] 周鲲鹏. 湖南骏泰浆纸公司 40 万 t/a 化学木浆生产线新工艺、新设备及清洁生产 [J]. 中国造纸，2010，29（3）：41-45.

[25] 曹石林，詹怀宇，付时雨，等. 蒽醌磺酸钠用于竹浆氧脱木素的研究 [J]. 中国造纸，2006，25（8）：5-8.

[26] 王习文，詹怀宇，何为，等. 表面活性剂强化的氧脱木素的研究 [J]. 中国造纸学报，2003，18：43-45.

[27] 李军，李焜，吴绘敏，等. 麦草浆 OQPo 清洁漂白生产实践 [J]. 中国造纸，2009，28（6）：38-41.

[28] 詹怀宇，蒲云桥. H_2O_2 漂前浆中金属离子分布的控制 [J]. 广东造纸，1998，5：21-23.

[29] 孙冬冬，徐立新，温雪梅，等. 过氧乙酸用于硫酸盐麦草浆多段漂白 [J]. 中国造纸，2007，26（7）：66-68.

[30] 杨骐铭，唐凤华，张运展. 过氧乙酸用于杨木 NS-AQ 浆漂白 [J]. 中国造纸，2003，22（12）：5-8.

[31] 詹怀宇，黄方，李建军，等. 马尾松硫酸盐浆木聚糖酶辅助漂白生产试验 [J]. 中国造纸，2001，20（4）：38-40.

[32] 詹怀宇，李建军，黄方，等. 桉木硫酸盐浆木聚糖酶辅助漂白生产试验 [J]. 造纸科学与技术，2001，20（2）：1-2.

[33] 黄六莲，陈礼辉，张建春，等. 中小径竹硫酸盐浆无元素氯漂白 [J]. 中国造纸，2006，25（8）：9-13.

[34] 崔学全，许志晔，张桂兰，等. 木聚糖酶在麦草浆漂白中的应用 [J]. 中国造纸，2005，24（11）：64，67.

[35] 张世进，李军，齐云洹，木聚糖酶用于碱法草浆生产的研究 [J]. 纸和造纸，2004，2：64-66.

[36] 赵永建，徐林，徐重斌，等. 木聚糖酶在烧碱法苇浆 ECF 漂白中的应用 [J]. 造纸化学品，2006，18（6）：28-30.

[37] Balakshin M.，Chen C.L.，Gratazl J.S.，et al. Biolbeaching of pulp with dioxygen in the laccase-mediator system. Part I Kinetics of delignification，Holzforschung，2000，54（4）：390-396.

[38] 付时雨，詹怀宇，余惠生. 漆酶/介体系统漂白尾叶桉硫酸盐浆的初步研究 [J]. 中国造纸，2000，19（2）：8-12.

[39] 刘梦茹，付时雨，詹怀宇，等. 漆酶用于硫酸盐竹浆 TCF 漂白的研究 [J]. 中国造纸学报，2005，20（2）：52-55.

[40] 李耀，黄运基，黄祖壬，等. 木材纤维的制浆技术 [J]. 中华纸业，2009，30（21）：171-180.

[41] 李耀，黄运基，黄祖壬，等. 非木纤维的制浆技术 [J]. 中华纸业，2009，30（21）：162-170.

［42］ 赵琳. 永丰年产 12 万 t 漂白竹浆林纸一体化项目建设经验，制浆造纸工业科学合理利用非木材纤维原料研讨会论文集 ［G］. 广西南宁：中国造纸学会，2010：10-13.

［43］ 田勇，张鼎军，刘锡炳. 赤天化纸业年产 20 万 t TCF 漂白竹浆生产线 ［J］. 中国造纸，2010，29 （10）：43-45.

［44］ 杨傲林，节能减排 清洁生产 循环利用 持续发展 ［A］. 低碳造纸理念与实践论坛论文集 ［C］. 北京：中国造纸学会，2010：95-104.

［45］ 梁萍，陈思益. 甘蔗渣浆优化生产工艺技术的实践 ［A］. 制浆造纸工业科学合理利用非木材纤维原料研讨会论文集 ［C］. 南宁：中国造纸学会，2010：53-55.

［46］ Ni Y. H. , He Z. B. Fundamentals of peroxide bleaching of mechanical pulps. Proceedings of 16th International Symposium on Wood, Fiber and Pulping Chemistry. 2011, Tianjin, China, Vol. 1：784-792.

［47］ 迟聪聪，张曾. $Mg(OH)_2$ 对松木 CTMP H_2O_2 漂白的影响 ［J］. 中国造纸，2007，26 （8）：10-12.

［48］ 张红杰，胡惠仁，何志斌，等. 利用荧光增白剂改善高得率浆的光学性能 ［J］. 中国选纸，2010，29 （9）：1-6.

［49］ 李贵祥，杉木 BCTMP 绒毛浆漂白生产实践 ［J］. 中国造纸，2004，24 （3）：40-42.

［50］ 宋海龙，陈中豪，黄显南，等. 二氧化硫脲在马尾松 SGW 漂白中的工业化应用研究 ［J］. 造纸科学与技术，2002，21 （5）：12-15.

［51］ 王萍，黄方，岳保珍，等. 热磨机械浆甲脒亚磺酸单段漂和过氧化氢—甲脒亚磺酸两段漂 ［J］. 广东造纸，2000，1：4-7.

［52］ 沈葵忠，房桂干，储富祥，等. FAS 在杉木 CTMP 漂白中的应用研究 ［J］. 中国造纸，2009，28 （11）：1-5.

［53］ Chirat C. , de la Chapelle V. Heat and light-induced brightness reversion of bleached chemical pulps. Journal of Pulp & Paper Science，1999，25 （6）：201-205.

［54］ Granstrom A. , Gellerstedt G. , Eriksson T. On the chemical process occurring during thermal yellowing of TCF-bleached birch kraft pulp. Nordic Pulp and Paper Research Journal，2002，17 （4）：427-433.

［55］ 林本平，王双飞. 高得率浆光诱导返黄机理及其抑制技术的研究进展 ［J］. 中国造纸学报，2007，22 （1）：92-98.

［56］ Kawae Ayano Kawae, Uchida Yosuke. Heat and moisture induced yellowing of ECF-light bleached hardwood kraft pulp. Appita Journal，2005，58 （5）：378-381.

［57］ Sevastyanova Olena, Li Jiebing, Gellerstedt Goran. On the reaction mechanism of the thermal yellowing of bleached chemical pulps. Nordic Pulp and Paper Research Journal，2006，21 （2）：188-192.

［58］ Vuorinen T. , Fagerstrom P. , Buchert J. , et al. Selective hydrolysis of hexenuronic acid groups and its application in ECF and TCF bleaching of kraft pulp. Journal of Pulp & Paper Science，1999，25 （5）：155.

［59］ Sevastyanova O. , Li J. B. , Gellerstedt G. Influence of various oxidizable structures on the brightness stability of fully bleached chemical pulps. Nordic Pulp and Paper Research Journal，2006，21 （1）：49-53.

［60］ Eiras K. M. M. , Colodette J. L. Investigation of eucalyptus kraft pulp brightness stability, Journal of Pulp and Papes Science，2005，31 （1）：13-18.

［61］ Anderson Guerra, Paulo C. Pavan Andre Ferraz. Bleaching, brightness stability and chemical characteristics of *Eucalyptus grandis*-bio-TMP pulps prepared in a biopulping pilot plant, Appita Journal，2006，59 （5）：412-415.

第七章　蒸煮废液回收与综合利用

第一节　概　　述

蒸煮废液是植物纤维料在蒸煮过程中产生的一类有色液体，其中含有大量溶解性物质（含有机质和无机质）和少量细小纤维等残渣。蒸煮废液属于污染性较重的环境有害物，同时也极具回收利用价值。所以，回收利用蒸煮废液，一方面是环保问题，同时也是废物利用问题。合理处置并综合利用蒸煮废液对制浆企业可持续发展至关重要。

一、蒸煮废液的种类和污染特性

根据浆种不同，蒸煮废液可分为化学浆废液、化机浆废液和半化学浆废液等。根据蒸煮方法不同，蒸煮废液又可分为碱法蒸煮废液（俗称黑液）和酸法蒸煮废液（俗称红液）。黑液又有烧碱法黑液和硫酸盐法黑液、木浆黑液和草浆黑液等之分。

目前，酸法蒸煮工艺在制浆领域中应用已经很少，一般所谓蒸煮废液就是指碱法蒸煮过程产生的黑液。所以，本章重点学习对黑液进行回收与利用的相关知识。

化学浆生产过程中，对纤维原料化学处理的程度较高，纤维原料中约50%的组分（主要为木素和碳水化合物）会被溶解和降解于蒸煮药液中形成黑液。所以，化学浆黑液属于高浓度废液，也是各类蒸煮废液中环境污染负荷最高的一类废液。

化机浆和半化学浆生产过程中，对纤维原料化学处理的程度相对较低，相应从纤维原料中溶解或降解的木素和碳水化合物等组分较少，尤其化机浆蒸煮废液中所含有机污染物最少。所以，该类废液属于污染负荷较小的低浓度废液。

蒸煮废液中的可溶性有机质（主要为溶解或降解木素、碳水化合物及其他有机物质）是导致其环境污染负荷（如TOD、COD、BOD、色度和氨氮总量等）的重要来源。化学浆黑液的化学需氧量（COD）可高达10多万COD单位，生化耗氧量（BOD）可高达数万BOD单位。由于黑液中含有大量悬浮物、溶解性有机质、无机盐和其他环境有害物，如对其不加处理或处置而直接排放，就会对水体环境等造成严重污染。黑液对水体环境的污染性主要体现在：过度消耗水中溶解氧，严重威胁水体微生物和生物的正常生存；破坏水体环境的酸碱平衡，恶化水质，导致水体变黑变臭等。

二、蒸煮废液回收利用的目的和意义

对蒸煮废液进行回收利用的目的，首先是降低废液污染负荷，消除或减轻废液的环境危害性；其次是合理利用蒸煮废液中的有用物质，实现蒸煮废液的资源化利用。

据统计，每生产1t碱法化学浆，就会有约1.5t左右的可溶性固形物溶解在蒸煮药液中而形成废液，其中，有机物占比约65%~70%，无机物占比约30%~35%。由此可见，蒸煮废液所含可溶性固形物量一般会大于纸浆产量。若不采取有效措施对蒸煮废液进行合理处置，一方面，直接排放会造成蒸煮废液对水体、土壤乃至大气环境的严重污染，威胁生态安

全；同时，蒸煮废液中的有用物质（如木素、聚糖等）不能得到回收和利用，会造成资源浪费。所以，合理处置并利用蒸煮废液已成为现代制浆企业中不可或缺的生产环节，兼有环境效益、经济效益和社会效益。

回收利用蒸煮废液的意义主要体现在两个方面：通过有效处理和处置，消除或减轻蒸煮废液的环境危害性，实现清洁生产，产生环境效益，解决制约企业发展的瓶颈问题；通过资源化利用，使蒸煮废液中的有用物质得以利用，变废为宝，产生经济效益，提升企业市场竞争能力。

三、黑液的回收利用方法

回收利用蒸煮废液的方法一般可分为燃烧法和综合利用法两大类。

燃烧法是一种将从洗涤/提取工段送来的稀废液浓缩至较高浓度后，作为燃料在专门设计的燃烧炉内进行焚烧处理，以实现热能和蒸煮化学品回收的方法。在燃烧法回收过程中，废液中的有机物经焚烧产生的热能可被锅炉利用而产生蒸汽。其中，中低压蒸汽可用于蒸发、蒸煮、造纸等过程，高压蒸汽可用于汽轮机发电，此过程属于对蒸煮废液的能源化利用。废液中的无机物在焚烧过程产生的高温条件下形成熔融物，熔融物在水中（通常为稀白液）溶解后产生绿液，经后续苛化处理产生蒸煮药液（俗称白液），可回用于植物纤维原料的蒸煮过程，实现蒸煮化学品的循环利用，此过程属于对蒸煮废液的资源化利用。

习惯上，将燃烧法回收碱法（包括烧碱法和硫酸盐法）黑液的过程称为黑液碱回收。在碱回收过程中，黑液经提取、蒸发、燃烧、苛化工序得到蒸煮化学品后回用到蒸煮过程，实现蒸煮化学品的循环利用，其间也包含对绿液和白液澄清过程产生的绿泥、白泥等二次污染物的处理和利用问题。典型黑液碱回收系统的主要生产工序如图 7-1 所示。

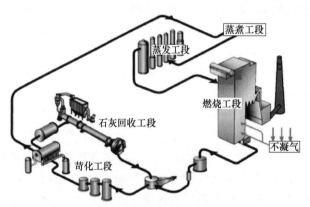

图 7-1 黑液碱回收系统主要生产工序

在硫酸盐法黑液碱回收过程中，Na_2S 损失可通过黑液燃烧过程中外加芒硝并发生芒硝还原反应而生成 Na_2S 的方法进行补充。现代黑液碱回收工艺中，黑液在碱回收炉内燃烧时产生的中高压蒸汽可用于汽轮机发电。从汽轮机排出的蒸汽或背压蒸汽压力一般为 0.5MPa 和 1.27MPa，可用于生产过程其他用汽工序。在黑液碱回收过程中实现热电联产，是现代黑液碱回收技术发展的重要进步。

黑液碱回收过程中会产生大量的副产物，如不加以合理处置就可能会产生环境二次污染物。黑液碱回收过程中产生的副产物主要有皂化物、污冷凝水、不凝结气体、绿泥、白泥等，对这些副产物进行有效回收和利用，是现代碱回收过程中必须考虑的重要问题，也是实现碱回收清洁生产目标的重要内容。随着环保产业政策日益严格化，生产企业对上述副产物的回收利用都非常重视，目前基本可以做到采用减量化、无害化和资源化等方式对上述副产物进行回收利用。

四、黑液碱回收与综合利用进展

（一）黑液碱回收

由于黑液碱回收兼有化学品回收和热能利用的双重作用效果，目前已成为世界范围内解决蒸煮黑液污染环境问题的主要技术方案。一般来说，木浆黑液的蒸发性能好，燃烧热值高，苛化白液及白泥质量高，因而普遍认为其碱回收易性好。相比之下，草浆黑液的碱回收易性较差。所以，如何改善草浆黑液的碱回收易性和提高其碱回收的经济性，是一直以来人们关注的研究课题。另外，化机浆制浆技术的发展和化机浆产能的不断扩大，人们对燃烧法回收化机浆黑液的工艺技术进行了探索和实践。

为实现生产过程的节能减排目的，目前黑液碱回收技术正在朝着规模化、节能化、自动化以及智能化方向发展。与传统碱回收技术相比较，现代碱回收技术无论在设备运行效能还是在二次污染物治理方面都有了较大进步。

① 黑液提取方面。采用先进的工艺技术可使木浆黑液提取率接近100%。草浆黑液由于滤水困难等原因，其提取率普遍较低，一般为80%～88%甚至更低一些，黑液提取率对碱回收率有重要影响。木浆黑液的提取浓度一般为14%～20%，而草浆黑液一般为8%～13%，提取浓度对黑液蒸发能耗影响较大。所以，如何进一步提高草浆黑液的提取率和提取浓度，是目前草浆碱回收过程需要研究解决的难题之一。

② 黑液蒸发方面。现代碱回收系统普遍采用了多体多效管式或板式自由流降膜式蒸发器、重污冷凝水汽提和结晶蒸发及高温压力贮存等技术，有效提高了热能利用效率，使送至碱回收炉的黑液浓度达到70%～80%的水平。

③ 黑液燃烧方面。现代碱回收炉一般采用了次高压产汽参数设计方案，配套有汽轮发电机组。同时，采用了先进的低臭燃烧、单汽包锅炉、复合钢管水冷壁、高低二次供风系统及高浓臭气燃烧等技术，使碱回收炉的运行可靠性、安全性以及综合效率等大为提高，也为黑液燃烧产能的提高创造了条件。

④ 绿液苛化方面。现代碱回收系统采用预苛化技术、压力过滤机（X-过滤机）过滤绿液技术等，进一步提高了白泥洗净度和干度，降低了白泥残碱含量，在去除非工艺元素方面较传统的绿液澄清沉淀法更为有效，极大地提高了苛化过程的运行效能，也提高了回收白液的质量。同时，现代碱回收系统对苛化白泥的洗涤和脱水进行了强化，采用真空盘式过滤机替代传统的鼓式真空过滤机等设备，使白液回收率和白泥干度得以提高，进一步提高了碱回收系统的运行经济性和白液质量，也为白泥的后续回收和利用创造了条件。

（二）黑液综合利用技术

对黑液进行综合利用，就是采用适当的工艺方案，通过物理法、化学法或生物法等手段对黑液进行处理，使黑液中的降解木素、聚糖类物质以及有机酸等得以分离并进行资源化利用。通过综合利用，一方面可以使黑液中的有用成分得到高值化利用，同时也降低黑液的污染负荷。所以，综合利用已成为解决黑液污染问题的另一重要途径，相关研究工作一直以来备受关注。

目前，黑液综合利用的工业化技术主要有以下几个方面：一是从黑液中分离出粗木素，进一步采用适当的技术手段对粗木素进行改性处理，得到具有一定应用性能的木素产品，使其在黏合剂、表面活性剂制备等领域中得到广泛应用；二是借鉴酸法红液的利用技术，对黑液进行生物发酵等处理，以制备工业酒精、饲料酵母等产品；三是采用适当技术手段把黑液转化为生物质有机肥料或复合肥料，将其应用于农业种植和园林养护等领域。

出于对黑液污染物治理和废物资源化利用的考虑，综合利用一直以来是非常有吸引力的研究方向，主要研究内容涉及精细化学品开发、能源化和材料化利用等领域。由于经济合理性、技术可行性以及工程化难度等方面的原因，目前有关黑液综合利用的许多研究工作尚处于实验室阶段。

第二节　黑液的基本特性

一、物理特性

（一）组成与组分

组成和组分是黑液重要物理特性之一。组成是指构成黑液的主要物质种类，属于宏观概念。通常说黑液为多相物质，就是对其物质组成而言。组分是指形成黑液的具体化合物和元素的种类及含量，属于微观概念。

黑液主要由水和溶解或分散于水的固体物质（俗称固形物）构成，固形物有可溶性固形物和不溶性固形物之分。黑液种类不同，其固形物种类及含量会有较大不同，相应的组分及含量也会有较大不同。化学浆黑液固形物中，无机物占比一般为 $30\%\sim35\%$，有机物占比一般为 $65\%\sim70\%$。

黑液无机物主要来自蒸煮化学品如 $NaOH$ 和 Na_2S 等和植物纤维原料的灰分物质如 Si、K、Na、Ca 等的化合物，无机物是燃烧法黑液回收过程中产生再生蒸煮液（白液）的主要物质。黑液有机物主要为植物纤维原料中的木素、纤维素、半纤维素、脂肪酸和树脂酸、淀粉、色素等在蒸煮过程中的降解产物和溶出物等，有机物是燃烧法黑液回收过程中产生热值的主要物质。

对黑液组分的分析对分析和评价其回收利用性能有重要的指导意义。表 7-1 和表 7-2 中分别给出了几种黑液的组成和组分。

表 7-1　　　　　　　　　　几种黑液的组成和组分

	原料	红松	落叶松	马尾松	慈竹	棉秆	蔗渣	芦苇	麦草
	有机物	71.49	69.22	70.33	68.05	65.60	68.36	69.72	69.00
	木素	29.20	30.40	26.18	22.30	21.50	23.40	29.60	23.90
	挥发物	5.61	7.95	8.00	10.85	11.60	11.08	8.80	9.40
固形物含量/%	无机物	28.31	30.78	29.67	31.95	34.40	31.64	30.28	31.00
	总钠	21.80	23.20	22.80	25.50	26.00	24.19	21.30	—
	总硫	2.28	2.51	2.90	2.78	3.46	2.59	2.08	—
	总碱	25.60	22.08	25.80	22.20	30.42	19.20	25.65	28.20
	Na_2SO_4	1.84	1.03	1.79	2.16	1.79	1.86	2.84	—
	SiO_2	0.21	0.58	0.22	0.52	0.21	2.36	2.68	7.48
	有机物/无机物	2.50	2.26	2.37	2.13	1.91	2.14	2.30	2.22
有机物含量/%	木素	41.00	43.90	37.00	32.70	32.75	34.10	42.40	34.60
	挥发酸	7.84	11.48	11.35	15.95	17.70	16.20	12.68	13.30
	其他	51.16	44.62	51.02	51.53	49.55	49.70	45.02	52.70

续表

原料		红松	落叶松	马尾松	慈竹	棉秆	蔗渣	芦苇	麦草
无机物含量/%	总碱	89.60	90.60	87.00	69.50	88.70	60.80	85.00	—
	Na_2SO_4	3.64	1.89	2.25	3.81	2.92	3.30	5.30	—
	SiO_2	0.75	1.89	0.75	1.73	0.62	7.44	8.83	23.90
	其他	6.01	7.51	10.00	24.96	7.76	28.46	0.87	—
蒸煮条件	用碱量/%	22.6	24.5	22.0	25.8	28.8	18	22.0	18
	硫化度/%	25	25	25	25	25	22	18	—
	液比	1:2.5	1:2.5	1:2.5	1:3.0	1:3.0	1:4.0	1:3.0	1:2.8
	最高温度/℃	150	150	150	160	160	150	150	160
	原料产地	吉林	内蒙古	福建	四川	河北	广东	江苏	浙江

注：无机物、总碱、Na_2SO_4及用碱量均以 NaOH 表示。除麦草为烧碱法外，其余均为硫酸盐法。

表 7-2　　　　　　　　　　　　　几种黑液的元素组成　　　　　　　　　单位：%（质量分数）

原料	马尾松1	马尾松2	桉木1	桉木2	杨木	撑绿竹	芦苇	麦草
Na	16.7	19	19.4	20.2	17.37	17.8	22.2	16.43
H	4.17	3.8	3.5	3.7	3.84	3.6	4.06	3.69
C	38.92	37.5	35.5	33.8	37.56	36	37.68	33.93
O	36.2	34.5	34.4	34.8	24.55	37	33.46	39.93
S	3.82	3.6	4.3	3.8	2.73	2.9	—	0.59
K	—	0.6	1.9	2.4	0.26	1.0	0.56	2.87
Cl	—	0.4	0.9	1.0	—	0.7	—	—
Si	0.09	—	—	0.2	—	0.6	1.84	1.46
N	0.096	0.1	0.1	0.1	0.06	0.2	—	0.9
惰性物	0.004	0.5	—	—	—	0.2	0.2	0.2
HHV*/(MJ/kgDS)	15.07	15.1	14	13.5	14.2	13.7	13.4	12.42

注：* HHV—高位发热值；DS—溶解固形物含量。

黑液的组成与组分随纤维原料种类、制浆工艺的不同而不同。其中，有机物和无机物的质量比以及具体化学组分对黑液碱回收性能可能会有较大影响。

（二）浓度

浓度通常用来表示某种液相体系如溶液中所含固形物如溶质的多少。在分析化学中，浓度一般指单位体积或质量的液相体系如溶液中所含固形物如溶质的量，其中，溶质的量可以用摩尔数或质量单位表示。

黑液浓度反映了其中所含固形物的多少，通常用质量分数（俗称浓度）、波美度和相对密度表示。

黑液浓度是黑液碱回收过程的蒸发和燃烧操作中一项非常重要的物理特性参数。

浓度通常采用质量分析法进行测定，具有分析结果准确可靠的特点，但使用仪器较多，方法较为烦琐。浓度一般用符号"S"表示，单位为%、%（质量分数）或%DS，此处 DS 为溶解性固形物，即 Dissolved Solid。

波美度和相对密度可采用波美度计和密度计进行直接测定，具有数据获取迅速、测定方法简便、生产指导性较强，因而在生产实践中被广泛采用。波美度和相对密度随环境温度的变化较大，所以测定结果中必须标明测试温度值。

生产实践中，把15℃下测得的波美度或相对密度被称为"标准波美度"或"标准相对密度"，其他温度下测得的波美度或相对密度可以通过经验公式换算成标准波美度或标准相对密度。

对于黑液，波美度的换算公式有：

$$°Bé_{15℃} = °Bé_{t℃} + 0.052(t-15) \tag{7-1}$$

式中：$°Bé_{t℃}$ 表示 $t℃$ 下的波美度，$°Bé_{15℃}$ 表示黑液温度标准波美度。

黑液的相对密度和波美度间可以进行换算，公式有：

$$d = 144.3/(144.2 - °Bé_{15℃}) \tag{7-2}$$

式中：d 表示相对密度。

黑液的浓度和波美度间可以进行换算，公式有：

$$S = 1.51°Bé_{15℃} - 0.64 \tag{7-3}$$

或 $S = 1.52°Bé_t + 0.079t - 1.82$

式中：S 表示黑液浓度，$°Bé_t$ 表示黑液温度为 t 时的波美度。

黑液的浓度和相对密度及其测试温度间存在一定的函数关系。当黑液浓度≤50%时，其相对密度和浓度间的换算公式有：

$$d = 0.9982 + 0.006S - 0.0054t \tag{7-4}$$

式中符号的含义同上。

当黑液浓度＞50%时，就不能采用上述公式进行换算。

（三）黏度

黏度反映了某种流体受外部应力如剪切力或压力作用时自身产生应变的能力，是流体在流动过程中产生内摩擦阻力或内聚力大小的反映。根据测定方法不同，流体黏度通常有动力黏度、运动黏度和条件黏度之分。黏度通常用符号"η"表示，单位为 Pa·s、mPa·s 或 cP。

黏度是黑液重要的流体力学特性之一，也是影响黑液碱回收性能的重要物理特性参数，具体对黑液提取、流送和蒸发、燃烧等过程会产生显著影响。生产实践中，黏度可用来作为制订和优化黑液蒸发工艺方案的依据。

影响黑液黏度的因素很多，如蒸煮方法、纤维原料、黑液组成及组分、浓度、温度等。其中，浓度和温度对黑液黏度的影响最大。

在温度一定时，流体黏度一般会随着浓度的提高而增大。当黑液浓度较低时，其黏度随浓度变化的幅度不会太大，低浓度黑液的黏度与水近似。当浓度达到某一较高值时，黑液黏度就会骤然上升，通常把此浓度值叫作"临界浓度"。临界浓度反映了黑液的蒸发性能或蒸发易性，可用来估算黑液在未经其他降黏措施（热处理或结晶蒸发）的情况下进行蒸发操作的最高浓度值。图7-2给出了几种黑液的黏度随浓度变化的情况。

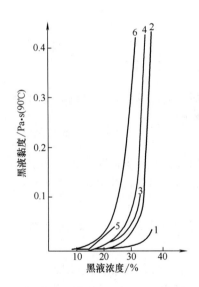

图 7-2　黑液浓度对黏度的影响

1—木浆黑液　2—荻苇浆黑液　3—麦草浆黑液　4—蔗渣浆黑液　5—稻草浆黑液　6—龙须草浆黑液

通常草浆黑液由于硅含量较高等原因，其"临界浓度"较木浆黑液低，这就使得草浆黑液的蒸发过程较木浆黑液难度较大，从而导致草浆黑液的碱回收性能较差。

黑液黏度会随温度的升高而下降，所以，在生产实践中可通过提高温度实现降低黑液黏度的目的。图7-3给出了不同温度下某种黑液的黏度随浓度变化的情况。

值得注意的是，离心泵可泵送区域黏度值应低于0.5Pa·s，实践中宜控制黑液黏度在0.4Pa·s以下。

表7-3中给出了某种黑液的黏度随温度变化的数据。

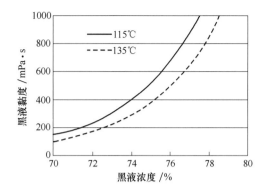

图7-3 温度和浓度对黑液黏度的影响

表7-3　　不同温度下混合热带阔叶木硫酸盐法蒸煮黑液的黏度

浓度/%	温度/℃	密度/(t/m³)	黏度/mPa·s	动力黏度/(10^{-2}m²/s)	浓度/%	温度/℃	密度/(t/m³)	黏度/mPa·s	动力黏度/(10^{-2}m²/s)
70	130	1.41	137	97	52	100	1.29	14	10.8
68	130	1.39	97	70	42	95	1.22	4	3.3
57.3	125	1.31	21	16	40.6	90	1.21	7	5.8
70	100	1.43	989	691	30	80	1.15	3	2.6
68	100	1.41	605	429	24	70	1.11	2	1.8
57.3	100	1.33	53	40	20	60	1.09	1	0.9

黑液中残碱量较低时，黑液会转变为非牛顿型流体而呈现出高黏度状态，所以，残碱量对黑液黏度有显著影响。为了降低黏度，黑液残碱量宜保持在3.0%（质量分数）以上。生产实践中可通过在黑液中添加适量白液以提高有效碱量的方法，达到降低黑液黏度和改善黑液蒸发性能的目的。

高温热处理会有利于降低黑液黏度。可在较高温度和压力下将黑液处理一定时间，由于黑液导致黏度提高的某些高分子物质的解聚，从而产生降黏效果。

（四）沸点升高

沸点升高是黑液的一种重要物理特性，反映了黑液沸点随浓度提高而升高的性质。沸点升高可用符号 ΔT_b 表示，单位为℃或K。

图7-4中给出了几种黑液的沸点与浓度的关系。

一般而言，黑液的沸点升高与黑液浓度成正比，黑液浓度越高，其沸点就会越高。一般认为，黑液中无机物含量及其溶解度对黑液沸点升高有重要影响，特别是黑液中的钠、钾物质的含量与黑液的沸点升高成正比例关系。

沸点升高特性对黑液蒸发操作具有一定的指导意义。

黑液浓度在50%以下时，其沸点升高值可

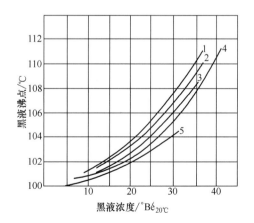

图7-4 黑液沸点与浓度的关系

1—木浆黑液　2—竹浆黑液　3—蔗渣浆黑液
4—麦草浆黑液　5—龙须草浆黑液

采用下列公式进行估算：

$$\Delta T = \Delta T_{50} S / (1-S) \qquad (7-5)$$

式中　S——黑液浓度

　　ΔT——沸点升高值

　　ΔT_{50}——浓度为 50% 黑液的沸点升高值

在常压情况下，黑液的沸点升高值也可用下列公式进行估算：

$$\Delta T = 6.17S - 7.48S(S)^{0.5} + 32.75S^2 \qquad (7-6)$$

在压力情况下，沸点升高值可采用相同压力下水的沸点按下列公式进行校正：

$$\Delta T_p / \Delta T = 1 + 0.6(T_p - 3.73)/100 \qquad (7-7)$$

式中　ΔT——常压下沸点升高值，K

　　ΔT_p——压力 p 下的沸点升高值，K

　　T_p——指定压力下水的沸点，K

在生产实践中，通过研究黑液的沸点升高与浓度的关系特性，对黑液浓度进行软测量法测定。

（五）热值

热值也叫燃烧值，反映了物质在燃烧过程中化学能转化为热能的特性，是单位质量的物质在完全燃烧时释放出的热量值。热值可用符号 Q 或 q 表示，其单位为 MJ/kg。

黑液热值通常以其高位发热量（HHV）为计算依据进行测定。黑液热值一般为 $12.56\sim15.35$MJ/kg，黑液中的有机物和还原硫均可在燃烧过程中产生热量，其他无机物好比是稀释剂会降低黑液热值。黑液中的有机物组分和含量，对其热值有较大影响。阔叶木木素的热值约为 25MJ/kg，而碳水化合物的热值约为 13.5MJ/kg，所以木素含量高的黑液（如木浆黑液）的热值较木素含量低的黑液（如草浆黑液）要高一些。

热值是影响黑液燃烧性能的重要物理特性，具体与黑液中的无机物与有机物质量比、木素和碳水化合物含量等关系较大。表 7-4 中给出了几种浆种对应黑液的组成及热值。

表 7-4　　　　　　　　　　　　　几种黑液的固形物组分及热值

浆种	有机物量 /(kg/t 浆)	无机物量 /(kg/t 浆)	总固形物 /(kg/t 浆)	有机物含量 /%	无机物含量 /%	热值 /(MJ/kg)
高得率浆	648	274	922	70.3	29.7	16.720
硬浆	859	392	1251	68.7	31.3	16.302
绝缘浆	968	475	1443	67.1	32.9	15.884
中等软浆	1188	595	1783	66.6	33.4	15.048
预水解浆	1134	645	1779	63.8	36.2	14.630

黑液的高位发热值主要与固形物中的碳含量有关，下式为分析了 500 多种黑液得出的经验公式，可用以估算黑液的高位热值。

$$HHV = 29.35c_C + 3.959 \pm 0.42 \qquad (7-8)$$

式中　HHV——黑液高位热值

　　c_C——固形物中碳元素含量

如果已知黑液固形物中其他元素，则可以采用下式计算其热值：

$$HHV = 25.04c_C + 0.18c_S - 2.58c_{Na} + 48.92c_H + 4.23 \pm 0.41 \qquad (7-9)$$

式中：c_C、c_S、c_{Na}和c_H分别为黑液中碳、硫、钠和氢元素的含量。

研究黑液的热值特性，对于制订和优化其燃烧工艺方案具有指导意义。

（六）**比热容**

比热容又称比热容量，简称比热，指单位质量的物质在单位温度下吸收或释放的热量。比热容反映了物质的热性质，可用符号c表示，单位为kJ/(kg·℃)、kcal/(kg·℃)。

比热容是黑液蒸发系统热平衡计算时的重要热力学数据。

一般认为，在100℃的范围内，黑液比热容随温度变化较小，可以采用下列公式进行计算：

$$c=0.98-0.52S \tag{7-10}$$

式中　c——黑液比热容，kJ/(kg·℃)

　　　S——黑液浓度，%

黑液相对密度的倒数可以作为比热容的估算数据，也可以采用下列公式估算黑液比容热：

$$c=1.00-(1-c_{DS})S \tag{7-11}$$

式中：c_{DS}为黑液固形物的比热容，其数值可在$0.3\sim0.5$kJ/(kg·℃) 范围内假定。在$71.1\sim128.6$℃的范围内，黑液固形物比热容可设定为0.5。

浓度对黑液比热容的影响较大。浓度越高，黑液比热容值越低。如果已知某个浓度下黑液的比热容，则可采用下列的公式估算其他浓度下的黑液比热容：

$$c/c_{ref}=1-(S-S_{ref})/(2.14-S_{ref}) \tag{7-12}$$

式中　c——黑液比热容，kJ/(kg·℃)

　　c_{ref}——已知浓度下的黑液比热容，kJ/(kg·℃)

　　　S——黑液浓度，%

　　S_{ref}——参考黑液浓度，%

温度升高会降低黑液比热容，可采用下列公式进行温度修正：

$$c/c_{ref}=1-(t-t_{ref})/(377-t_{ref}) \tag{7-13}$$

式中　c——黑液比热容，kJ/(kg·℃)

　　c_{ref}——参考温度下黑液比热容，kJ/(kg·℃)

　　　t——黑液温度，℃

　　t_{ref}——参考黑液温度，℃

（七）**导热系数**

导热系数反映了物质的热传导性能，即物质在单位时间单位面积的传热量。导热系数用符号λ表示，单位为W/(m·K)。

导热系数是考量黑液蒸发器热效率的重要依据，也是蒸发系统工艺设计时进行热平衡计算的重要依据。导热系数受溶解性无机物影响较小，而受有机物的影响较大。黑液导热系数可采用下列经验公式计算：

$$1.73\lambda_K=0.823\times10^{-3}T-1.93\times10^{-3}S+0.32 \tag{7-14}$$

式中　λ_K——黑液导热系数

　　　T——温度

　　　S——黑液浓度

（八）**膨胀性**

膨胀性是物质在受热时长度或体积出现变化的一种特性，一般用等温膨胀容积指数

（Volumetric Isothermal Expansivety，简称 VIE 值）表示，膨胀性对黑液燃烧性能有重要影响。

黑液膨胀性随黑液种类不同有较大不同。烧碱法杨木浆黑液的 VIE 值远大于麦草浆黑液，麦草浆黑液的 VIE 值又稍大于稻草浆黑液；杨木硫酸盐法浆黑液的 VIE 值高于烧碱法，且硫化度越高，黑液的 VIE 值越大；稻、麦草碱性亚钠法黑液的 VIE 值高于同等用碱量的碱法黑液；黑液中硅含量是影响 VIE 值的重要因素，硅含量越高，VIE 值就会越低。

对不同蒸煮黑液燃烧性能的分析发现：在蒸发干燥和热分解时间相近时，不同黑液的燃烧时间可能会有较大差别，最高可达 $5\sim6$ 倍。总体发现，燃烧时间短的黑液其膨胀程度较大，说明黑液燃烧性能与其膨胀性密切相关。

目前国内外尚无统一认可的统一的黑液固形物膨胀性的表示和测定方法。资料报道的黑液固形物膨胀性的表示和测定方法主要有等温膨胀容积指数、熔胀体积指数（Swelling Volume Index，简称 SVI 指数）、比膨胀体积（Specific Swelling Volume，简称 SSV 值）或膨胀体积比（Swelling Volume Ratio，简称 SVR 值）等，单位均采用 mL/g。由于测定方式、实验条件、实验目的等不同，上述方法测定结果之间并无可比性。

二、化 学 特 性

（一）起泡性

起泡性是含表面活性物质水溶液的物理化学特性。植物纤维原料中的木素、树脂酸或脂肪酸等组分在碱法蒸煮过程中与蒸煮剂发生化学反应而会生成木素钠盐和皂化物，使黑液具有一定的表面活性特性。

表面活性特性使黑液具有起泡性，导致黑液在受到机械搅拌等外力作用时产生泡沫。泡沫会使黑液在蒸发过程中发生"跑冒滴漏"和"跑黑水"等现象，对黑液蒸发操作产生不利影响，也会引起蒸发器结垢和蒸发效率下降等问题。

起泡性与黑液中种类有关，与黑液所含皂化物的种类及含量有关，具体与纤维原料和蒸煮方法等因素有关。一般而言，树脂含量较高的针叶木蒸煮黑液中皂化物含量较高，导致其表面活性较其他黑液要高一些，黑液起泡性自然也就会强一些。

鉴于黑液泡沫物质主要是皂化物的特性，可以采取适当的工艺方案对其进行提取和回收，实践上叫作"皂化物回收"。回收的皂化物可以进一步进行精细化处理，得到有一定应用价值的产品如松香和表面活性剂等，该工艺属于皂化物回收的技术范畴。

黑液碱回收过程中，一般要控制进蒸发站黑液的树脂量低于 $10kg/m^3$，而出蒸发站黑液的树脂量须低于 $23kg/m^3$。蒸发过程中，当黑液相对密度达到 $1.15\sim1.16$ 时静置，黑液泡沫即可上浮于黑液表面，可通过专门装置把 $50\%\sim80\%$ 的皂化物撇取和分离，得到粗皂化物产品。

（二）腐蚀性

腐蚀性是指某种物质对金属材料表面发生化学或电化学反应，导致金属材料表面和结构受到破坏的一种现象。

黑液对金属设备有腐蚀性，主要是黑液产生的酸性气体对金属发生腐蚀性反应所致。黑液中的固形物在黑液流送过程中对设备部件产生的机械摩擦作用可能会加剧腐蚀现象的发生。

一般而言，碱性物质对金属设备的腐蚀性较弱，而酸性物质对金属设备的腐蚀性较强。

所以，保持黑液具有较高碱度对抑制其对金属设备的腐蚀性可能会有积极的意义。

生产实践表明，浓黑液对金属设备的腐蚀性会更强。所以，贮存或输送浓度低于45％黑液的设备可使用相对廉价的碳钢材质制作，贮存或输送浓度高于45％黑液的设备应采用耐腐蚀性较强的不锈钢材质制作，经混合碱灰并结晶蒸发后浓度在70％以上的高浓度黑液设备通常需要采用耐腐蚀性更强的双相钢材料制作。

黑液对金属设备的腐蚀性主要发生在蒸发系统中。在黑液蒸发过程中，由于二次蒸汽及其冷凝水中含有的挥发性有机酸（如甲酸、乙酸）以及酸性硫化物（如硫化氢，甲硫醇）等是导致黑液腐蚀性的主要原因。所以，在黑液蒸发系统中凡是接触二次蒸汽及其冷凝水的地方均属于腐蚀隐患部位，对相关设备采取一定的耐蚀措施是很必要的。

（三）胶体性

植物纤维原料在碱法蒸煮过程产生的降解木素、抽提物、皂化物等物质大多以胶体微粒的形式分散于黑液中，其分散稳定性受黑液 pH 和浓度的影响较大。改变黑液的 pH 或提高黑液浓度，都有可能使黑液的分散稳定性受到破坏，出现所谓"失稳"现象，发生某些物质如木素、皂化物的沉淀或析出反应。在生产实践中，可利用上述特性进行碱木素和皂化物等物质的分离和回收操作。

研究黑液的胶体性，对于改善黑液在流送、蒸发以及存储过程中的热力学稳定性具有指导意义；同时，可以为从黑液中分离木素和皂化物等副产物的技术研究提供依据。

（四）黏结性

黑液中含有大量的降解木素组分，木素分子中以苯丙烷单元通过 C—C 和 C—O—C 键联结形成的三维结构具有与酚醛树脂相似的分子结构特征，且木素分子的苯环上均有发生交联反应的游离空位（酚羟基的邻、对位）。所以，经浓缩和化学改性后的黑液具有一定的黏结特性。

木素苯环上的取代基较多，酚羟基和可交联反应的游离空位较少，加上木素苯环处于预缩合刚性状态以及取代基的空间位阻效应，采用甲醛等交联试剂对木素直接进行交联的反应能力会低于苯酚类物质，所以未经改性木素制备黏合剂的胶黏性能一般较酚醛树脂会差一些。

黏结性强弱与黑液种类有关，该特性使黑液具有制备黏合剂的应用潜质。

（五）润湿分散性

黑液中含有碱木素、硫化/磺化木素以及脂肪酸、树脂酸类皂化物等组分，这些组分的存在使黑液具有表面活性特性，也为黑液赋予了一定的润湿分散性。

润湿分散性强弱与黑液种类有关，该特性为以黑液为原料制备分散剂（如木素磺酸盐）提供了依据。

三、生　物　特　性

（一）发酵性

黑液中含有大量可发酵组分如聚糖化合物，使黑液具有一定的可发酵特性。

发酵性与黑液中可发酵物质种类和含量有关，该特性为发酵法综合利用黑液提供了依据。

（二）腐败性

黑液的腐败性是指黑液在一定的环境条件下可能会发生生物降解和腐败变质的特性。

黑液中含有一定量的腐殖质、硫化物等物质，这些物质的存在会使黑液在一定的环境条件下受微生物作用而产生氨气、硫化氢、甲硫醇等嗅觉不良物。同时，黑液的发酵性也可能会为其腐败性产生促进作用。

黑液发酵性与黑液种类与黑液的存储条件等因素有关。

第三节　黑液预处理

为了改善黑液的碱回收易性并实现碱回收过程的节能降耗，生产过程中一般需要对进入蒸发、燃烧工序的黑液进行预处理，以消除对上述工序操作的不利影响。黑液预处理一般包括除渣、氧化、除硅、除皂、热处理或钝化以及压力贮存等环节。

一、除　渣

一般而言，来自提取工段的黑液中含有的细小纤维和各种残渣含量可达到 $150 \sim 200 \text{mg/L}$，这些物质如不能有效去除，就会在黑液蒸发系统中形成纤维性垢化物，对蒸发操作产生不利影响。为此，生产中一般须对进入蒸发系统的黑液进行除渣预处理。另外，通过除渣可实现对细小纤维等组分的回收利用，有助于提高制浆得率。

黑液除渣一般采用重力式黑液过滤机或压力式黑液过滤机进行，也有采用其他过滤设备的情况。

二、氧　化

黑液中的 Na_2S 在蒸发、燃烧过程中容易生成 H_2S 而释放出来，一方面会造成硫元素的损失，同时也会产生大气污染和腐蚀设备等问题。黑液氧化就是将黑液中的 Na_2S 通过氧化反应转化为相对稳定的 Na_2SO_4 和 $Na_2S_2O_3$ 等物质，从而为保证黑液中的硫元素含量的稳定性创造条件。

黑液氧化的原理如下列化学反应式所示：

$$Na_2S + 2H_2O \longrightarrow 2NaOH + H_2S\uparrow$$
$$2Na_2S + 2O_2 + H_2O \longrightarrow Na_2S_2O_3 + 2NaOH$$
$$Na_2S + 2O_2 \longrightarrow Na_2SO_4$$

值得注意的是，黑液氧化也会对黑液碱回收过程造成一些负面影响，如引起黑液热值下降、木素和硅化物沉淀和蒸发器结垢等。所以，对于硫化度不高、含硅量较高而热值又较低的草浆黑液而言，生产中不宜进行氧化处理。

现代碱回收工艺中，由于采用了结晶蒸发等高效技术，使入炉黑液浓度进一步提高，采用高效燃烧技术使硫元素损失大为降低，特别是高浓臭气和低浓臭气回收技术的应用，使硫元素的回收率显著提高，黑液氧化已很少被采用了。

三、除　硅

与木材原料相比较，草类原料中硅元素含量一般较高，致使草浆黑液的硅化物含量较木浆黑液更高一些。黑液中硅化物的存在，会对碱回收过程中诸工艺环节如蒸发、燃烧、苛化和白泥回收等产生不良影响，即所谓"硅干扰"现象。

硅干扰会影响碱回收过程的正常操作，不利于提高碱回收率，具体影响如下：

① 对蒸发过程。引起黑液黏度增大，降低黑液的"临界浓度"值，对黑液的蒸发传热和蒸发效率产生不利影响，并会引起或加剧蒸发系统中结垢问题的产生。

② 对燃烧过程。引起无机熔融物熔点升高，增加无机物熔融的热能消耗，增大黑液燃烧难度。

③ 对苛化过程。降低苛化效率，降低白液澄清速度，影响回收白液质量。

④ 对白泥回收过程。降低白泥质量，使煅烧法回收石灰消化困难，影响石灰利用价值，导致煅烧石灰法回收白泥技术失败。

为此，生产过程中一般需要对进入碱回收系统的黑液进行除硅预处理。

通过除硅预处理，可以在一定程度上克服硅干扰问题，对于改善草浆黑液的碱回收易性和提高碱回收率具有积极意义。为防止或减轻黑液中的硅化物对碱回收系统的不利影响，可采用专门技术对黑液进行预处理，以达到除硅或抑制硅干扰的目的。

为了减少硅干扰现象，可采取下列措施：

（一）补加烧碱法

在黑液中添加适量烧碱或蒸煮白液，以提高黑液体系的 pH，可使黑液中的硅化物处于游离状态，有助于降低黑液黏度，防止硅化物从黑液中析出和沉淀。该方法可在一定程度上减少蒸发过程的硅干扰问题。但由于硅化物依然存在于黑液中，不能从根本上起到除硅的作用效果。

（二）二氧化碳除硅法

在黑液中通入二氧化碳，使黑液 pH 达到 $9.5 \sim 10$，此时部分硅化物会以硅酸的形式沉淀出来，通过后序分离加以去除。主要化学反应为：

$$Na_2SiO_3 + 2CO_2 + 2H_2O \longrightarrow H_2SiO_3\downarrow + 2NaHCO_3$$

实际生产中，可将黑液燃烧产生的烟道气直接通入黑液中，产生 CO_2 除硅的作用效果。除硅产生的沉淀物可通过适当技术加以有效分离，但须回收其中夹带的黑液。

（三）石灰除硅法

在黑液中加入石灰，使黑液中的 Na_2SiO_3 与石灰反应生成硅酸钙沉淀，通过后序分离加以去除。主要化学反应为：

$$Na_2SiO_3 + CaO + H_2O \longrightarrow CaSiO_3\downarrow + 2NaOH$$

此法产生的大量 $CaSiO_3$ 副产物待处理，技术应用中可能会有许多实际问题需要解决。

（四）铝土矿除硅法

将适量的铝土矿混入黑液中，在燃烧过程中形成的铝酸钠，在绿液中与 Na_2SiO_3 反应生成硅铝酸钠复合体沉淀物，通过后序分离加以去除。主要化学反应为：

$$2Al(OH)_3 + Na_2CO_3 \longrightarrow 2NaAlO_2 + CO_2 + 3H_2O$$

$$4Na_2SiO_3 + 2NaAlO_2 + 4H_2O \longrightarrow Na_2O \cdot Al_2O_3 \cdot 4SiO_2\downarrow + 8NaOH$$

此法产生的大量 $Na_2O \cdot Al_2O_3 \cdot 4SiO_2$ 副产物待处理，技术应用中可能会有许多实际问题需要解决。

（五）生物除硅法

在黑液中加入某种微生物制剂，通过生化作用使黑液中的硅化物得以析出并去除。

上述除硅方法中，除了补加烧碱法在实践中有一定的可行性外，其他方法均会存在一些实际问题待解决。

（六）同步除硅法

同步除硅是一种在植物纤维原料蒸煮过程中实现黑液除硅的方法，其作用原理为：在植物纤维原料蒸煮过程中，加入一种叫"留硅剂"的化学品，纤维原料中的硅化物可与留硅剂反应生成一种难溶沉淀物。该沉淀物可附着在纸浆纤维上，从而可使进入黑液中的硅化物含量大为降低，从而达到了除硅的效果。

除硅剂一般采用铝盐化合物，资料数据表明：采用 2.5%（对绝干纤维原料）除硅剂进行同步除硅时，黑液除硅率可达到 90% 以上，可获得显著的黑液除硅效果。

表 7-5 和表 7-6 中分别给出了同步除硅法的作用效果。

表 7-5 同步除硅麦草浆黑液碱回收性能的影响

工艺流程	蒸发强度 /(kg 水/kg 汽)	蒸发效率 /[kg 水/(m²·h)]	燃烧能力 /(tTS/d)	碱回收率 /%	成本 /(元/t 碱)
常规蒸煮	2.61	10.719	40.6	55.52	1194.8
同步除硅蒸煮	3.15	11.465	44.8	64.98	1072.9

注：TS—总固形物。

表 7-6 同步除硅对麦草浆黑液性质的影响

项目	TS 含量 /%	SiO_2 含量 /(g/kg)	黏度(80℃) /mPa·s	VIE /(mL/g)	SiO_2 含量/% （对 TS）
常规蒸煮	40.172	15.301	160.83	1.94	3.82
同步除硅蒸煮	42.33	6.9296	96.29	3.4612	1.64

注：TS—总固形物。

四、除　皂

黑液中大量皂化物的存在，会造成黑液泡沫和蒸发器结垢问题，除皂就是采用适当的工艺将皂化物泡沫从黑液中分离出来，实现塔罗油回收。回收的塔罗油可通过分馏等化工手段制得脂肪酸、松香等产品。

黑液除皂的目的，一方面是为了解决黑液蒸发过程中的泡沫干扰问题，同时可实现回收皂化物。黑液除皂方法主要有静置法和充气法等。其中，静置法最为简单，适合于各种浓度黑液的除皂，因而应用较为广泛。

黑液中的皂化物可采用盐析法原理进行分离，即在多种电解质如 Na_2SO_4、Na_2CO_3 和 NaCl 等的作用下，使皂化物产生凝聚。由于皂化物密度较小，易于悬浮于黑液表面，进一步可采用专门装置进行回收。

由于皂化物在黑液中的溶解性与黑液浓度有关，所以不同浓度黑液进行皂化物回收的除皂率会有一定的差异。例如，稀黑液的除皂率约为 20%，半浓黑液（25%～35%）的除皂率约为 40%，而浓黑液的除皂率约为 20%，所以实际生产中大多采用半浓黑液除皂法进行皂化物回收。

五、热处理和钝化

对黑液进行热处理的目的是降低黏度，其工艺原理是：较高浓度的黑液在高温度下处理一定时间，黑液中的高分子聚合物如聚糖得以降解，可使黑液黏度得以降低，从而有利于对黑液进行蒸发浓缩和获得更高浓度。

黑液热处理效果如图 7-5 所示。

普遍认为热处理黑液产生的降黏效果是不可逆的，且降黏程度与黑液种类有较大关系。经热处理后的黑液，就可以在较高浓度如75%～80%下进行常压贮存和输送。

某公司开发并运行的黑液热处理系统中，将浓度45%的黑液加热到180～185℃并保温30min，黏度降幅可达65%～75%。所以，经热处理降黏后黑液可采用普通板式降膜蒸发器进一步增浓至80%左右，此高浓黑液可以进行常压贮存和输送。

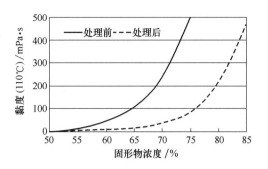

图7-5　黑液热处理效果

对浓黑液进行降黏处理的另一项技术，是某公司开发运行的所谓"黑液钝化技术"。黑液钝化的工艺原理是：黑液中的钙盐、镁盐和硅酸盐等物质的溶解度具有随温度升高而降低的特性，为此，可将进入临界蒸发器（易产生结垢问题）的黑液进行加热处理，由于溶解度降低致使黑液中的钙盐、镁盐和硅酸盐析出和沉淀，进一步将这些析出物进行分离，可实现降低黑液黏度的目的。

高温钝化后的黑液可采用闪蒸技术进行降温和热量回收。

黑液钝化操作会增加一定的设备投资和运行费用，但可显著提高黑液蒸发系统的运行效能。

黑液钝化技术具有下列优点：

① 降低黑液黏度；

② 降低蒸发系统中产生无机盐垢的可能性；

③ 降低蒸发系统中形成硅酸盐垢的可能性，有利于减少硅干扰问题。

六、压力贮存

基于热处理对黑液产生的显著降黏效应，黑液高温降黏工艺正在成为现代碱回收过程的惯用技术。当热处理温度达到或超过黑液沸点时，采用常压贮存时可能会出现黑液沸腾和汽化问题，影响正常操作。采用压力贮存就可克服高温条件下出现黑液沸腾和汽化的问题。一般认为，木浆黑液进行常压贮存的最高浓度是73%～75%，高于该浓度值时，黑液宜采用压力贮存。

通常，黑液压力贮存槽的设计压力为0.1MPa左右，设计温度应该依据黑液沸点升高来确定。实际压力和温度应根据运行浓度下将黑液送入碱回收炉时，保证喷液压力下黑液具有适宜的黏度以保证得到良好雾化为参考。

第四节　黑液蒸发

一、黑液蒸发的目的、意义和方法

黑液蒸发的目的是将提取工段送来的稀黑液通过蒸发技术进行脱水浓缩，得到一定浓度的浓黑液产品，以满足后序燃烧工段对黑液浓度的要求。

黑液蒸发的意义主要体现在两个方面：一是脱除黑液中水分，提高黑液浓度，为黑液在碱回收炉内进行正常创造条件；二是在半浓条件下从黑液中分离出皂化物，实现除皂和皂化物回收，为黑液副产物回收创造条件。

传统的黑液蒸发过程一般采用多效蒸发系统（Multi-Effect Evaporators，MEE）的所谓"间接蒸发"结合圆盘蒸发器系统的所谓"直接蒸发"进行。间接蒸发过程以新鲜蒸汽为热源，采用多效蒸发系统对稀黑液进行脱水浓缩，浓缩后黑液浓度一般可达到 40%～55%，但此浓度值尚难满足黑液燃烧炉要求。直接蒸发采用燃烧炉内产生的高温烟气为热源，将烟气通入间接蒸发后得到的浓黑液中进行接触式蒸发，其间烟气中的粉尘物（一般为未充分燃烧的碳粒和碱灰等）会被黑液黏附。经直接蒸发后，木浆黑液浓度可达到 60%～65%，草浆黑液可达到 50%～55%，此浓度值一般可满足黑液燃烧炉的要求。

随着黑液蒸发技术的发展，考虑到直接蒸发过程产生臭气对大气环境的污染问题，逐步取消了"直接蒸发"系统。现代碱回收过程中，通过采用"自由流板式降膜蒸发器""管式降膜蒸发器"和"结晶蒸发"等新设备和新工艺，使黑液的蒸发增浓水平较传统蒸发系统大为提升。所以，现代黑液蒸发过程中，完全采用多效蒸发系统即可实现获得高浓度黑液的目的，在很大程度上降低了黑液碱回收过程的臭气释放量。

二、黑液多效蒸发系统

（一）名词和术语

1. 稀黑液（Weak black liquor）、浓黑液（Strong black liquor）、重黑液（Heavy black liquor）

稀黑液是指来自黑液提取工段的低浓度黑液。一般而言，木浆稀黑液浓度为 14%～18%，草浆稀黑液浓度为 8%～13%。

浓黑液是指经常规蒸发技术浓缩后得到的浓度为 45%～65%的黑液。

重黑液是指采用结晶蒸发等技术浓缩后得到的浓度为 65%～80%的黑液。

2. 新蒸汽（Fresh steam）、二次蒸汽（Secondary steam）

新蒸汽也称为新鲜蒸汽，是指直接由蒸汽锅炉送来的蒸汽；二次蒸汽是指黑液蒸发过程中自身产生的蒸汽，其清洁度较差，可能会含有一定量的杂质和污染物成分。

3. 体数（Body number）、效数（Effect number）

体数是指多效蒸发系统中蒸发器台数，有时也包括黑液预热器。

效数是指黑液经不同质量等级的蒸汽（如新蒸汽、二次蒸汽等）蒸发的次数，可采用大写罗马字母（Ⅰ、Ⅱ、Ⅲ等）表示。通常以新蒸汽做热源的蒸发器为Ⅰ效，用Ⅰ效蒸发器产生的二次蒸汽做热源的蒸发器为Ⅱ效，以此类推。

4. 清洁冷凝水（Clean condensate）、污冷凝水（Foul condensate）

清洁冷凝水是指新蒸汽产生的冷凝水，该冷凝清洁度高，可作为锅炉用水回用。

污冷凝水为二次蒸汽产生的冷凝水。根据不同蒸发器中产生污冷凝水的浓度不同，污冷凝水又可分为一次轻污冷凝水、二次轻污冷凝水和重污冷凝水。一次轻污冷凝水可回用于制浆系统；二次轻污冷凝水可回用于苛化工段及蒸发器除雾器洗涤；重污冷凝水须经汽提塔处分离出臭气后，与一次轻污冷凝水回用于制浆洗涤。

5. 不凝结气体（Offgas）

不凝结气体简称为不凝气，是指在常规冷却条件下不能被冷凝的气体，如空气、硫化氢、甲硫醇和二甲硫醚等。不凝结气体对蒸发传热有不利影响，同时含有大量臭气污染物。

所以，对不凝结气体应及时排除并进行无害化处理。

6. 蒸发强度（Evaporation strength）

指蒸发器的单位加热面积在单位时间内蒸发出的水量，单位为 kg/(m² · h)。蒸发强度可用来表示蒸发器的运行效能即蒸发能力。

7. 蒸发效率（Evaporation efficiency）

指单位质量的新蒸汽从黑液中蒸发出的水量，单位为 kg 水/kg 汽或 t 水/t 汽。蒸发效率与所谓"蒸发比"概念的含义相同，可用以表示蒸发系统的蒸汽利用效率。

8. 总温差（Total temperature difference）

蒸发系统初效中新蒸汽的温度与末效二次蒸汽冷凝温度间的差值，具体与新蒸汽压力和末效蒸发器的真空度大小有关。总温差被视为多效蒸发系统的蒸发"总动力"，可用以调控蒸发强度和蒸发效率。

（二）蒸发工艺流程及操作原理

黑液蒸发系统的工艺流程如图 7-6 所示，按工艺介质不同，可分为蒸汽流程、黑液流程、冷凝水流程和不凝结气体流程。

1. 蒸汽流程

蒸汽流程可分为新蒸汽流程和二次蒸汽流程。通常将新蒸汽进Ⅰ效蒸发器，Ⅰ效蒸发器中产生的二次蒸汽进Ⅱ效蒸发器，Ⅱ效蒸发器中产生的二次蒸汽进入Ⅲ效蒸发器，依次类推。最后一效（末效）蒸发器产生的二次蒸汽进入二次蒸汽冷凝系统。

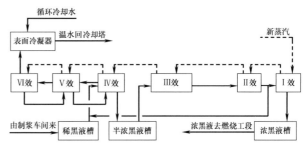

图 7-6　黑液蒸发工艺流程示意图

为了提高蒸发强度，有时在两台或多台相邻的蒸发器中同时使用新蒸汽做热源，形成所谓"同效多体"蒸发系统，生产中常见的有"双Ⅰ效"蒸发系统。双Ⅰ效蒸发系统中，两台同时使用新蒸汽的蒸发器分别表示为ⅠA 和ⅠB 或Ⅰa 和Ⅰb，ⅠA 和ⅠB 蒸发器中产生的二次蒸汽合并后进入Ⅱ效蒸发器，后续蒸汽流程与常规系统相同。

"多体同效"蒸发技术已成为现代黑液蒸发系统的重要特征之一。目前，黑液蒸发采用的 11 体六效蒸发系统中，Ⅰ效蒸发器为组合四体（ⅠA、ⅠB、ⅠC、ⅠD），Ⅱ效蒸发器为组合 3 体（ⅡA、ⅡB 和ⅡC）；而五体四效或六体五效蒸发系统都属于双Ⅰ效蒸发方式。

2. 黑液流程

多效蒸发系统中，根据与蒸汽流程的走向关系，黑液流程一般可采用 3 种方式，即顺流式、逆流式、以及将上述两种方式结合形成的混流式。

（1）顺流式

黑液的流向与蒸汽流向（即Ⅰ、Ⅱ、Ⅲ、…）完全一致。稀黑液经过预热器预热后，先进入Ⅰ效蒸发器，然后按顺序流向下一效，直至达到浓缩要求。对黑液蒸发而言，目前尚无采用此种流程的生产实例。

顺流式流程中，黑液可利用各效之间产生的压差自动流入到下一效，各效之间无须设计黑液输送泵输送和预热器。顺流式流程的优点是：辅助设备少、动力消耗低和流程结构紧凑等。顺流式的缺点是：随着黑液浓度的逐效增加而蒸发温度逐效降低，随之黑液黏度会增高、黑液沸点升高，传热系数下降，最终导致蒸发系统的蒸发能力减小，达到规定浓度时蒸汽消耗量较大。

（2）逆流式

与顺流式相反，稀黑液首先泵送至蒸发系统的最后一效，然后以与蒸汽流向相反的方向进行流送。

逆流式的优点是：蒸发传热条件佳，增浓效果好，生产能力大，蒸汽消耗量低。

逆流式的缺点是：由于蒸发器中的黑液侧的温度和压力呈逆效升高和增大的趋势，所以，各效蒸发器间必须设计输送泵和预热器，整个蒸发系统中辅助设备增多，工艺操作复杂和运行成本较高。

（3）混流式

黑液流送过程中既采用顺流式，又采用逆流式。

混流式兼有顺流式和逆流式的优点，并易于将半浓黑液提取来进行皂化物分离。所以，混流式是生产过程中普遍采用的一种黑液流程。混流式供液流程可以有多种方式，现以目前较为先进的六效九体蒸发系统为例，简要说明黑液的具体流程走向。

制浆送来的稀黑液首先进入稀黑液槽，然后依Ⅳ→Ⅴ→Ⅵ→Ⅲ→Ⅱ→Ⅰ的流程走向通过各效蒸发器，其中，Ⅰ效由三台常规蒸发器（a、b、c）和一台结晶蒸发器（d）组成。

上述黑液流程各有特点，具体选择哪一种流程，不仅要从减少设备投资、节约蒸汽消耗和降低操作费用方面考虑，更重要须考虑不同黑液的蒸发特性和需要达到的蒸发浓度等问题。生产实践中，可定期或不定期采用不同黑液流程转换的蒸发操作，可在一定程度上减缓或防止蒸发系统中产生结垢问题。

为了进一步提高蒸发效率和黑液浓度，现代黑液蒸发过程一般会选用自由流降膜蒸发器组成多效蒸发系统，黑液流程通常采用全逆流式。

3. 冷凝水流程

新蒸汽产生的冷凝水属于软水，清洁度高，经闪蒸回收热量后可回用至蒸汽锅炉系统。

二次蒸汽产生的污冷凝水，利用各效气室之间的压力差，通过 U 形管、节流孔板或节流阀形成压差依次送入到下一效，经闪蒸逐效回收热量。最后一效排出的污冷凝水进入污冷凝水收集系统。污冷凝水可在生产系统中进行直接回用或送至废水处理系统进行清洁化处理。

4. 不凝结气体流程

Ⅰ效蒸发器中的不凝结气体因其洁净度较高，可送到Ⅱ效蒸发器进行热能利用。老式的升膜蒸发器一般将Ⅰ效蒸发器中的不凝结气体直接排放，造成热能损失。

各效蒸发器产生的二次蒸汽中会有少量不凝结气体。以六效蒸发系统为例，Ⅱ、Ⅲ、Ⅳ、Ⅴ和Ⅵ效的不凝结气体经孔板收集到不凝结气体总管后进入表面冷凝器处理，Ⅵ效产生的不凝结气体直接进入表面冷凝器。不凝结气体中含有的蒸汽大部分可以在表面冷凝器冷凝，最终不凝性气体由真空泵从表面冷凝器中抽出。由于最终不凝结气体有臭气污染性，须进行后序清洁化处理（如稀白液吸收或焚烧等）。

将黑液蒸发过程中产生的最终不凝结气体进行清洁化处理，是现代碱回收技术发展的重要特征。

5. 重污冷凝水流程

重污冷凝水槽中的重污冷凝水经过滤后，在汽提器中通过热交换汽提原理分离出臭气，经冷凝后送至臭气处理系统进行清洁化处理。

（三）黑液多效蒸发系统的典型工艺流程

图 7-7、图 7-8 和图 7-9 中分别给出了几种典型的蒸发系统工艺流程简图。

图 7-7 为五效长管升膜蒸发站混流进料流程。稀黑液首先经加热后泵送到Ⅲ效蒸发器，同时，将不同比例的稀黑液补充到Ⅳ效蒸发器和Ⅴ效蒸发器。从Ⅲ效出来的黑液依次送到Ⅳ效和Ⅴ效中去，由Ⅴ效出来的半浓黑液可以送入半浓黑液槽进行皂化物分离（无须皂化物分离时可直接进入螺旋换热器）。系统中产生的半浓黑液送至螺旋换热器中，采用Ⅱ效、Ⅲ效、Ⅳ效二次蒸汽作为热源进行热交换。经换热后的黑液再经半浓黑液预热器预热后进入Ⅰ效蒸发器，出Ⅰ效的黑液再顺流经过Ⅱ效蒸发器，出Ⅱ效黑液可送至浓黑液槽贮存。Ⅰ效冷凝水送到燃烧工段作为锅炉给水回用，Ⅱ、Ⅲ、Ⅳ、Ⅴ效污冷凝水经逐级闪蒸利用后送到污冷凝水槽。出Ⅴ效的二次蒸汽以及各效排出的不凝气（从螺旋换热器排出）进入表面冷凝器冷凝，最终的不凝气体由真空泵抽出，进行后续清洁化处理或排空。

该系统中黑液流程为：稀黑液→Ⅲ→Ⅳ→Ⅴ→半浓黑液→Ⅰ→Ⅱ→浓黑液。

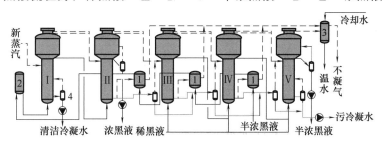

图 7-7　五效长管升膜蒸发站混流进料流程
1—螺旋换热器　2—黑液加热器　3—表面冷凝器　4—闪蒸/液位罐

图 7-8 为三管两板蒸发站混流进料流程，其中，Ⅰ、Ⅱ效采用板式降膜蒸发器，该系统被广泛应用于草浆黑液蒸发。Ⅲ、Ⅳ、Ⅴ效中黑液流程与图 7-7 相同，主要不同在于采用黑液预热器代替螺旋换热器。来自半浓黑液槽或出Ⅴ效黑液泵的热黑液被送到黑液换热器，然后进入Ⅱ效蒸发器，经循环蒸发后送Ⅰ效蒸发器，出Ⅰ效蒸发器黑液经浓黑液闪蒸罐后送到浓黑液槽中贮存。为调整

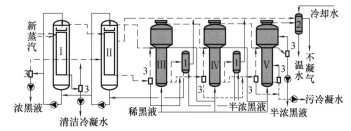

图 7-8　三管两板蒸发站混流进料流程
1—黑液加热器　2—表面冷凝器　3—闪蒸液位罐

出蒸发系统黑液的温度，浓黑液闪蒸罐中的蒸汽采用阀门控制后被送到Ⅱ效蒸发器的黑液室中。黑液在Ⅰ、Ⅱ效按逆流式流程运行。

该系统中黑液流程为：稀黑液→Ⅲ→Ⅳ→Ⅴ→半浓黑液→Ⅱ→Ⅰ→浓黑液。

图 7-9 为五效全板式降膜蒸发器系统，稀黑液首先送入稀黑液贮存槽，再泵送至Ⅳ效闪蒸室，闪蒸后的黑液依Ⅴ→Ⅳ→Ⅲ→Ⅱ→Ⅰ流程进行全逆流蒸发。新蒸汽冷凝水泵送至燃烧工段作为锅炉给水回用。表面冷凝器将清冷水换热成温水后送洗选、苛化等工段使用。各效蒸发器产生的污冷凝水分为轻污冷凝水和重污冷凝水。轻污冷凝水送纸浆洗选和苛化工段等处使用，重污冷凝水送至废水处理厂进行清洁化处理。现代碱回收过程中，一般将重污冷凝

水采用汽提塔技术进行汽提处理，将分离出的汽提塔臭气送碱回收炉进行焚烧处理，汽提后污冷凝水可回用于其他生产工序中。

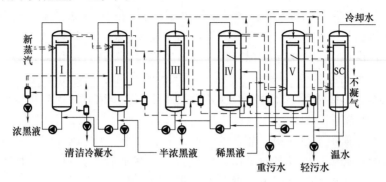

图 7-9　五效全板式降膜蒸发系统

（四）蒸发设备

蒸发器是黑液多效蒸发系统的主体设备，此外还包括其他辅助设备。

1. 蒸发器

多效蒸发系统的蒸发器属于间接给热式蒸发器，主要由黑液室、加热室、沸腾室、分离室、循环管和循环泵等部件组成。根据蒸发器种类的不同，具体的设备组成有所不同。

目前，常见的黑液蒸发器主要有升膜蒸发器（含长管式和短管式）、降膜蒸发器（含管式和板式）等类型，这些蒸发器因结构和工作原理不同而具有不同的应用性能。

（1）长管升膜蒸发器

根据黑液加热管的长度不同，长管升膜蒸发器可分为普通长管（约 7m）式和超长管（9～10m）式两种类型。该蒸发器通常由一组或多组垂直长管作为黑液换热元件，黑液由蒸发器底部进入管内，而蒸汽则由蒸发室进入管外。黑液在长管内预热后沸腾，进一步蒸发产生二次蒸汽。黑液在管内二次蒸汽流作用下，附管内壁呈膜状上升至分离室。蒸发器内黑液流程有单程，双程和三程之分；黑液循环方式有自然循环和强制循环之分。

长管升膜蒸发器曾经是一种广泛应用的黑液蒸发器。该蒸发器的应用特点是：传热效率高，蒸发速度快，生产能力大，适合于蒸发易起泡的黑液。由于黑液在沸腾管内呈液膜状上升，当黑液流送速度不高时，蒸发管内易产生结垢现象。超长管式升膜蒸发器内黑液流速较高，有利于提高传热效率和减轻蒸发管内结垢现象。

图 7-10 和图 7-11 中分别给出了罗森贝兰特式单程长管升膜蒸发器和双程长管升膜蒸发器的结构简图。

（2）短管蒸发器

短管蒸发器的结构与长管升膜蒸发器相似，其黑液分离室安装在加热室之上，只是黑液加热管较短（一般为 2～4m）。

短管蒸发器中黑液在蒸发管内基本呈满流状上升，基本无升膜式蒸发效果。所以，该类蒸发器加热管内不易产生黑液结垢现象，被认为是一种非常适合于高黏度草浆黑液的蒸发设备。但由于短管蒸发器蒸发强度较低，综合蒸发效能较差，目前在实际产生中已很少采用。

（3）管式降膜蒸发器

图 7-12 为典型管式降膜蒸发器的结构简图。

管式降膜蒸发器在结构上好比"头脚"倒置的升膜蒸发器，黑液加热和沸腾室位于蒸发器顶部，而黑液分离室位于在蒸发器底部。

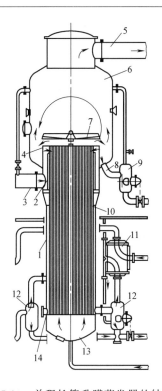

图 7-10　单程长管升膜蒸发器的结构

1—沸腾器壳体　2—反射板　3—蒸汽输入管　4—上管板
5—二次蒸汽排出管　6—分离器　7—折转板　8—浓黑
液排出管　9—液位控制器　10—沸腾管　11—螺旋
换热器　12—冷凝水排出器　13—下黑液室　14—下管板

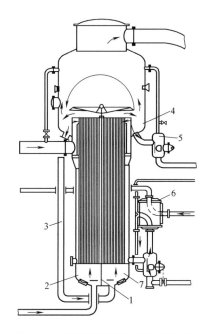

图 7-11　双程长管升膜蒸发器的结构

1—隔板　2—黑液室　3—去黑液室第二
半部分的管路　4—分离器　5—液位控
制器　6—螺旋换热器　7—黑液
室的第二半部分

管式降膜蒸发器中，黑液由经内部循环管预热后被输送至上部配液盘中，由配液盘均匀分布后，沿管壁成膜状下降并进行蒸发。黑液采用中间循环管预热，缩短了预热时间，提高了蒸发效率。由于二次蒸汽快速向下流动时，会将黑液液膜层"吹刷"变薄，并使黑液流速加快，进一步使传热阻力减小和传热系数提高。由于蒸发过程为降膜状态，有利于克服静压力引起的沸点升高问题，更加有利于黑液的蒸发增浓，同时蒸发器结垢现象减少。

管式降膜蒸发器由于传热效能好，蒸发效率高，结垢问题较少，因而在实际生产中得到了广泛应用。该设备通常被应用于黑液多效蒸发系统的后增浓过程。

另外，管式降膜蒸发器将换热区设计成前冷凝段和后冷凝段，可实现二次蒸汽冷凝水的分级，实现冷凝水自汽提效果。由前冷凝段排出的冷凝水为轻污染冷凝水，由后冷凝段排出的冷凝水为重污染冷凝水。

通过自汽提作用，可使冷凝水中的重污染成分从

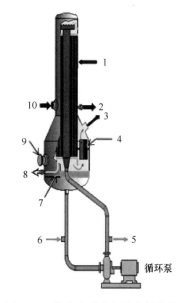

图 7-12　管式降膜蒸发器的结构简图

1—加热室　2—冷凝水出口　3—二次蒸汽出
口　4—雾沫分离器　5—黑液出口　6—黑液
进口　7—蒸发器汽室　8—冷凝水出
口　9—人孔　10—蒸汽进口

液相转化为汽相。有人认为，自汽提作用可将约 80% 的 BOD 负荷集中在约 $10\%\sim20\%$ 的重污冷凝水中，从而有利于污冷凝水的清洁化处理。

（4）板式降膜蒸发器

板式降膜蒸发器的蒸发原理与管式降膜蒸发器基本相同，只是黑液的换热元件由管式改成了板式，即所谓"片状波纹板"。黑液自蒸发器的上部降流时，在加热板表面形成液膜而进行蒸发。采用板式结构，比管式具有更高的传热效率和更大的流通面积，不仅蒸发能力增加而且可以降低黑液循环泵的动力消耗。同时，加热板表面上的结垢现象大为减轻，产生的结垢也更加易于清除。板式蒸发器加工过程中采用了整体焊接方式，因而维修难度较大。

板式降膜蒸发器的结构如图 7-13 所示。

将板式换热元件设计成预冷凝和后冷凝段，也可实现二次蒸汽冷凝水分级，形成所谓"冷凝水自汽提"结构，可应用于蒸发系统中后增浓效黑液的蒸发操作中。

图 7-14 中给出了自汽提板式降膜蒸发器的结构简图，采用该设备处理二次蒸汽达到的作用效果如表 7-7 所示。

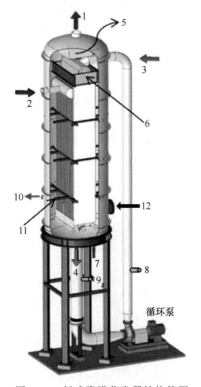

图 7-13 板式降膜蒸发器结构简图

1—蒸汽出口 2—蒸汽入口 3—循环液入口 4—循环液出口 5—雾沫分离器 6—分配箱 7—冷凝水出口 8—黑液出口 9—黑液进口 10—不凝气出口 11—内部钢结构 12—人孔

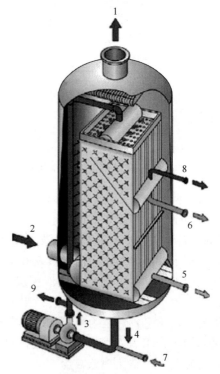

图 7-14 自汽提型板式降膜蒸发器结构简图

1—二次汽出口 2—二次汽入口 3—循环液进口 4—循环液出口 5—轻污水出口 6—重污水出口 7—稀黑液进口 8—不凝气出口 9—黑液送出口

表 7-7　　　　　　　　　　　自汽提蒸发器应用效果　　　　　　　　　　单位：$\%$

	轻污冷凝水	重污冷凝水	不凝结气体
流量	89	10	1
甲醇含量	10	80	10

2. 蒸发辅助设备

多效蒸发系统的辅助设备主要有预热器、冷凝器、液位罐、闪蒸罐、泵类和汽提塔等。

（1）预热器

预热器的作用是加热黑液和提高进效黑液的温度，以满足该效蒸发器的操作要求。常见的预热器有列管式和螺旋式两种类型。

列管式预热器根据其结构不同可分为卧式和立式两种，根据黑液流程不同又可分为单程和多程。

卧式预热效果较好，但结构不够紧凑，占地面积较大，维修不便，生产中不常选用。立式克服了卧式的缺点，因而应用较为广泛。

单程式预热器结构简单，但加热面积相当的情况下占地面积较大，因而在生产中不常应用。

螺旋式预热器一般由两块不锈钢薄板按螺旋线卷制而成的圆筒设备，利用圆筒内形成的两条螺旋通道进行热交换。该设备结构紧凑，占地面积小，传热效率高，但由于黑液通道狭小，易于堵塞和结垢。

（2）冷凝器

冷凝器的作用是将最后一效产生的二次蒸汽进行冷凝。由于二次蒸汽冷凝过程中产生的减容效应，在系统内可形成一定的真空度，同时实现对二次蒸汽废热的回收。冷凝器一般采用表面式和混合式两种类型。

表面冷凝器大多采用列管式，其热量回收效果较好，也有采用螺旋式冷凝器的情况，其结构与前述的螺旋预热器结构相似。在板式降膜蒸发系统中，可采用与板式降膜蒸发器结构相同的板式降膜表面冷凝器。

混合式冷凝器有多种形式，主要有大气压冷凝器，其工作原理是：二次蒸汽和冷却水进行充分接触式混合，在密封情况下排入水封槽，而不凝结气体由真空泵抽出。

生产中也有采用表面冷凝器和混合式冷凝器结合的方式。由于混合式冷凝器会产生更多的污水量，因此，现代黑液蒸发系统已很少选用混合式冷凝器进行二次蒸汽冷凝。

（3）液位罐

液位罐的作用是排水阻汽，该设备实际上是一个封闭的容器罐，与之配置有液位测量装置，通过变送器将液位信号传递给液位罐出口或与其连接的泵出口管线，实现对液位罐内液位的控制。

（4）闪蒸罐

闪蒸罐包括黑液闪蒸罐和冷凝水闪蒸罐，使用目的是回收热黑液和热冷凝水中的蒸汽热量。闪蒸罐的结构与液位罐相同，但由于该容器内温度及压力低于进口黑液或冷凝水的温度及压力，当黑液或冷凝水进入该容器后压力下降，成为汽液混合物，进而自行蒸发产生蒸汽。

（5）输送泵及真空泵等

输送泵主要用来输送蒸发系统内的黑液、冷凝水、温水等，通常为离心泵。黑液输送泵多采用双端面机械密封式，每台泵的机械密封水流量为 $3\sim5L/min$。

黑液输送泵特别是降膜蒸发器的黑液循环泵，应特别注意其热膨胀的补偿问题。可采用波纹管补偿器或将循环泵安装在弹簧底座上方式进行热膨胀补偿。

有时也选用螺杆泵输送高浓黑液，但螺杆泵存在维护费用高、操作不灵活等缺点。因此，蒸发操作中达到的最高黑液浓度一般以离心泵可输送的最高黏度来确定，以免使用螺杆泵。

真空泵的主要作用是抽出末效二次蒸汽冷凝冷凝器中的不凝结气体，其流程组成如图7-15所示。生产中一般多采用水环式真空泵和水环喷射式真空泵。为降低重污凝水量，目前普遍采用的是带自身冷却水循环系统的水环式真空泵。

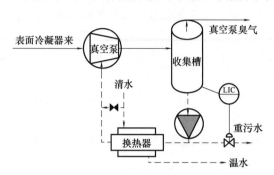

图 7-15　真空系统流程组成

蒸发工段有时需选用一些特殊物料的输送泵，如皂化物和松节油的输送泵。皂化物输送泵通常为容积泵，松节油输送需要使用具有防爆电机和无泄漏功能的泵体等。

在现代黑液多效蒸发系统中，可采用蒸汽喷射器来代替常规真空泵。蒸汽喷射器的设备投资费用会低于真空泵，但运行费用可能会高于真空泵。为满足表面冷凝器的操作要求，生产中一般采用两级蒸汽喷射器来进行抽真空操作，而两级喷射器之间需要配置直接或间接冷凝器。此外，为缩短开机时间，通常还需要配置一台启动喷射器。

（6）汽提塔

汽提塔的主要作用是分离汽水混合物中的气体。

蒸煮和蒸发过程产生的污冷凝水可泵送到汽提塔进行臭气分离处理。最常用汽提装置的是盘式洗涤塔，在塔内可空气吹洗冷凝水，使其中的恶臭物质发生部分氧化，如硫化氢氧化生成元素硫，进一步从污冷凝水中有效分离出来。从汽提塔中分离出的恶臭气体等物质可进行后序无害化处理。

（五）黑液多效蒸发过程影响因素

1. 黑液种类

黑液的成分与组分、浓度及黏度等参数对其蒸发性能会产生重要影响，蒸发工艺方案的制订与实施从根本上说与黑液种类有关。蒸发系统的工艺设计、蒸发工艺和运行参数的确定都必须考虑黑液的种类特性。所以，黑液种类是影响其多效蒸发过程的首要因素。

具体而言，由于木浆黑液和草浆黑液在理化性质方面差异较大，对其采取的蒸发工艺就应该与之相适应。

2. 蒸发效数

增加蒸发效数会使蒸发效率提高，但蒸发强度可能会随之下降。多效蒸发系统的运行经济性，不但要看其蒸发效率，也要看蒸发强度。单台蒸发器的蒸发强度取决于设备形式、传热面积、有效温差和传热系数等，两套蒸发器种类及其总传热面积相同的蒸发系统因效数不同会使其蒸发强度不一定相同。例如，相同总换热面积的六效蒸发系统的蒸发强度可能会低于五效蒸发系统，即增加蒸发效数仅能提高蒸发效率，而不一定能提高蒸发强度。

蒸发效数的确定原则是：充分考虑节约新蒸汽与减少设备投资和运行费用间的平衡问题，既要保持较高蒸发效率，也要保持较高的蒸发强度，使多效蒸发系统具有良好的运行效能。

3. 蒸汽压力

新蒸汽是黑液蒸发系统的热能来源，新蒸汽的压力是影响蒸发强度和蒸发效率的主要工艺因素。在一定范围内，适度提高新蒸汽压力可以增加总温差，有利于提高蒸发效能和蒸发效率。但是，过高的蒸汽压力可能会使黑液结垢问题加剧；反之，过低蒸汽压力会延长蒸发时间，对蒸发效能不利，也可能会导致黑液结垢问题发生。生产过程中，黑液蒸发使用的新蒸汽一般为低压饱和蒸汽，通常把进初效新蒸汽的压力控制在 $0.35\sim0.45\mathrm{MPa}$，对应温度为 $139\sim148℃$。

在多效蒸发系统中，Ⅰ效蒸发器中新蒸汽的压力最高，以后各效中使用前效二次蒸汽的压力会逐步降低，进一步呈负压状态。

4. 供液特性（温度、浓度和流量）

稀黑液的进效浓度是影响蒸发器运行效能的重要参数。由提取工段送来的稀黑液中一般会混合一些从其他工序溢液回收的稀黑液，使稀黑液浓度降低。为使蒸发系统稳定运行，稀黑液进入蒸发器前一般需要进行配浓处理，即在稀黑液中配入一定量的浓黑液或半浓黑液，以提高进效浓度和降低稀黑液的起泡性，也有利于减少二次蒸中汽夹带黑液即所谓"跑黑水"问题的发生。如果稀黑液起泡性较弱，则进效黑液浓度可适当低一些。

对于含皂化物较多的针叶木浆黑液，一般需要将浓度调整至 $18\%\sim22\%$ 并在进料槽或稀黑液槽中进行静置除皂处理，然后方可进效蒸发。

供液温度一般要求比进效蒸发器内的黑液沸腾温度适当低一点（如 $2\sim3℃$）为宜。温度过低，会延长黑液在加热管中加热至沸腾的时间，降低蒸发强度；温度过高，可能会使进入蒸发器的黑液形成骤然蒸发现象，引起蒸发器振动即所谓"振效"和蒸发器结垢等问题。

进效黑液黏度宜保持在较低水平。高黏度会对黑液的蒸发传热产生不利影响，所以在条件允许的情况下，尽可能降低进效黑液的黏度，这对于提高蒸发强度和蒸发效率都具有重要影响。

供液流量宜保持在满负荷水平，以使蒸发产能最大化。同时，应该尽可能保持流量稳定化。流量不足可能会造成蒸发器内产生"黑液焦化"而形成"焦化垢"，造成蒸发传热效率下降等问题；流量过大会造成蒸发器内黑液形成液膜的面积降低，沸腾区减少，造成传热系数降低，蒸发面积减小，进一步可能会使黑液蒸发不及而造成二次蒸汽中夹带黑液的所谓"跑黑水"现象。

供液特性的确定，应根据蒸发设备状况和黑液特性等因素进行。

5. 总温差

总温差即初效新蒸汽温度与末效二次蒸汽冷凝温度间的差值，对多效蒸发系统真空条件下运行有重要影响，进一步会影响蒸发效率。总温差主要与新蒸汽压力、末效二次蒸汽的冷凝温度等因素有关。在新蒸汽压力一定的情况下，适度提高总温差，会使系统真空度增高，从而有利于蒸发操作；但总温差过大，又可能会使后效蒸发器中温度下降太多，对蒸发操作造成也会产生不利影响。

6. 真空度

多效蒸发系统的主要特征就是在真空条件下进行蒸发操作，所以，真空度对蒸发强度和蒸发效率都会产生显著影响。多效蒸发系统中真空度的产生主要是由于末效蒸发器二次蒸汽被及时抽出并充分冷凝而产生的。系统中真空泵的主要作用是抽取未被冷凝的气体即不凝结气体，对系统内真空度的形成起到了辅助作用。一方面，减小真空度会使黑液沸点降低，有利于进行低温蒸发；同时，低温又会导致黑液黏度升高，对蒸发操作也会产生不利影响。

末效蒸发器的真空度一般为 $80\sim93\mathrm{kPa}$（$600\sim700\mathrm{mmHg}$），对应温度为 $62\sim42℃$。

7. 冷凝水排出

多效蒸发系统内产生的冷凝水应及时排出，否则就会导致蒸汽加热面积和进入蒸发器的蒸汽量降低。其中新蒸汽产生的清洁冷凝水可直接送锅炉系统回用，二次蒸汽产生的污冷凝水根据来源或污染程度的不同，可直接回用于纸浆洗涤和苛化工段等处，或进行汽提处理后回用。

（六）蒸发器结垢与控制

1. 蒸发器结垢及成因

黑液在蒸发系统中进行蒸发时，由于沉淀或结晶析出、焦化等原因，在黑液预热器、分配器、换热管或换热板壁面上会产生难溶性附着物即所谓"垢化物"，此现象即为蒸发器结垢。蒸发器结垢是一种普遍现象，但结垢程度与黑液种类、工艺参数控制等因素有关。蒸发器结垢主要会对蒸发强度和蒸发效率产生不利影响，结垢严重时会导致蒸发操作失败。

蒸发器结垢一般是指在黑液侧设备表面上产生的垢化物。

蒸发器结垢的危害性主要体现在以下几个方面：

① 降低蒸发强度和蒸发效率，增大蒸发难度和增加蒸汽能耗；

② 降低蒸发流量和蒸发产能；

③ 增加停机除垢次数，降低生产效率；

④ 腐蚀换热元件，影响设备使用年限。

由于蒸发器结垢是一种普遍现象，考虑到结垢问题的诸多危害性，从了解结垢的成因入手，研究制定必要的防垢和除垢措施，应该是黑液蒸发过程中一项非常重要的技术工作。

生产实践表明，导致黑液蒸发器结垢的原因非常复杂，可从以下几个方面进行分析：

① 稀黑液除渣预处理效果差，纤维性物质含量过高（如≥30mg/L）；

② 黑液中皂化物的分离效果差，皂化物含量过高；

③ 黑液燃烧过程中芒硝还原率低、绿液和白液澄清效果差、苛化过程中石灰用量过高和苛化率过低、植物纤维原料备料时杂质分离不充分和料片洗涤时采用纸机白水或漂白中段废水等原因，导致黑液中 Na_2SO_4、Na_2CO_3、$CaCO_3$、CaO 及非工艺元素 Si、Al、Ca、Mg 等含量过高；

④ 稀黑液中残碱量过低（如≤6g/L，Na_2O 计），导致稀黑液 pH 过低（如≤12）；

⑤ 进效蒸汽温度过高（如≥148℃）。

2. 蒸发器结垢的种类

蒸发器黑液侧结垢主要有无机物垢和有机物垢两种类型。其中，无机物垢主要有钙盐垢（$CaCO_3$ 等）、铝硅垢（$Al_2O_3 \cdot SiO_2$ 等）、钠盐垢（Na_2CO_3 或 Na_2S）等，有机物垢主要有皂化物垢、木素垢或纤维垢等。

实际生产过程中，黑液蒸发器中形成的垢化物应该是上述几种结垢物质的复合物，只是各类结垢物质的含量会随黑液种类和操作条件控制情况有所不同。

蒸发器的蒸汽侧设备表面上也可能会产生结垢问题，该问题尤其在低温效中会更加突出。蒸汽侧结垢主要为二次蒸汽中含有的硫化物或飞沫夹带物等在传热面上形成的附着物以及高温条件下酸性物质腐蚀碳钢材料形成的硫化铁、氧化铁等锈化垢。蒸发器蒸汽侧结垢的形成，一方面会对蒸发强度和蒸发效率产生不利影响，同时会对设备机体结构产生破坏作用，也应该给予重视。在低温效蒸发器中，若采用耐腐蚀材料如不锈钢制作换热面，可减少传热面蒸汽侧锈化垢的产生。

3. 蒸发器的防垢与除垢措施

生产中诸多问题的解决，应该遵循"预防为主，防治结合"的原则，蒸发器结垢问题的解决也不例外。

蒸发器结垢较严重时，会导致蒸发能力的下降。在现代黑液多效蒸发系统中，各效蒸发器上一般都装有温差测量仪和 U 值（传热系数）表，用以检测和判断蒸发器的结垢程度。在蒸发能力稳定的情况下，如发现温差有上升现象，则表明该效蒸发器存在结垢的可能性。为克服蒸发器结垢对正常蒸发操作的不利影响，生产过程中通常会采取必要的防垢和除垢措施来解决黑液蒸发器的结垢问题。

（1）防垢措施

① 强化黑液预处理。通过除渣、除硅和除皂等预处理手段，对黑液进行"净化"处理，使黑液中可能引起蒸发器结垢的诸多不利因素得以有效减少或消除。所以，对黑液进行有效预处理，是防止蒸发器结垢的重要措施之一。另外，适当提高黑液残碱量，使其保持较高 pH，可降低黑液黏度和防止黑液木素等物质发生沉淀析出反应，可在一定程度上起到预防黑液在蒸发器产生结垢的作用。

② 使用阻垢剂。在黑液中添加适量所谓"阻垢剂"的化学助剂，可在一定程度上防止黑液中有关物质发生沉淀而引起蒸发器结垢。这种方法具有简单易行和经济有效的特点，所以，在实际生产中易于推广应用。

③ 优化碱回收工艺。适当降低 I 效蒸发器的蒸汽温度，对于防止蒸发器结垢会有一定的预防作用。同时，通过对黑液燃烧和绿液苛化工艺进行优化，提高芒硝还原率和绿液苛化率，强化绿液和白液澄清效果，降低白液中石灰含量，使黑液中的 Na_2SO_4、Na_2CO_3、$CaCO_3$、CaO 等的含量尽可能降低，以减少上述物质产生的"致垢"因素。

④ 强化备料和生产用水管理。一方面，通过植物纤维原料的备料操作，尽可能将有关杂质如皮、节、泥沙等分离充分；同时，加强生产过程中回用水的质量管理，使黑液中非工艺元素 Si、Al、Ca、Mg 等的含量尽可能降低，以减少上述物质产生的"致垢"因素。

⑤ 转换蒸发流程。蒸发过程中通过黑液流程的转换，将低浓黑液输送至高浓效蒸发器中，使低浓度黑液对高浓效蒸发器的黑液侧设备表面的结垢物产生冲刷作用，从而将结垢物予以清除。这种方法在生产中易于实施，对生产过程的影响性较小，且防垢效果较为有效。

⑥ 强制循环。通过加快黑液在蒸发器内流速的方法，对附着在传热面的"软质"结垢进行冲刷并清除，也应该是一种行之有效的防垢措施。

（2）除垢方法

定期清洗蒸发器以达到一定的除垢效果，是解决结垢问题的有效途径。采用水或一定浓度的碱液对已经形成的垢化物进行蒸煮和清洗处理，是常用的除垢措施。但是，当这些定期清洗方法不再有效时，可采取其他除垢措施。

① 水洗法。在一定温度和压力下，采用水或稀黑液定期（如每周一次）对蒸发器黑液侧结垢物进行蒸煮一定时间（如 4h 左右）的蒸煮处理，可使结垢物分散于水中得以清除，此法对于水溶性和质地较为松软结垢物质具有比较显著的清除效果。值得注意的是，水洗过程中必须防止水和稀黑液量不足或温度过高，以免使原有松软垢加热干燥后变为硬化垢。

② 碱洗法。当水煮清洗法除垢效果不很有效时，生产上可采用碱煮清洗法。在一定温度和压力下，采用苛化白液或浓度为 10％～15％NaOH 溶液对蒸发器黑液侧结垢进行蒸煮处理，可使结垢物溶解和分散于碱液中得以清除，此法应该对纤维性有机垢和碱溶性无机垢

较为有效。对于蒸发系统后几效蒸发器蒸汽侧结垢物的清除，此法也较为常用。通常将蒸汽室内装满碱液，通汽加热至一定温度并浸泡一定时间，可使蒸汽侧结垢物得以溶解和分散于碱液中得以清除。

③ 酸洗法。对于采用碱洗法除垢不很有效的结垢物，通常可采用酸洗法进行除垢处理。酸洗法习惯上也叫化学法。一般以一定浓度的硝酸或盐酸对结垢面进行浸泡和清洗处理，为防止酸洗液对金属设备的腐蚀，在酸洗液中必须加入一定量的缓蚀剂。缓蚀剂一般为若丁、乌洛托品或其他更为高效的缓蚀剂。酸洗法除垢时间较短，除垢较为彻底，但存在对金属设备的腐蚀风险和增加试剂成本等问题，同时对除垢产生的废酸液需要进行清洁化处理。酸洗液浓度和缓蚀剂选用得当的情况下，可使设备腐蚀性减轻。

④ 机械法。机械法是一种利用机械作用原理清除蒸发器结垢物的方法，一般有机械刷管法。该法采用用于动力锅炉除垢用的电动软轴刷管器，按加热管直径配备专用的刷管头，然后进行机械振动式除垢操作。机械刷管法无须使用化学试剂特别是酸类试剂，化学安全性较好。但是，该法除垢时间较长，劳动强度较大，同时对加热管壁可能会产生的一定的机械破坏。所以，其应用性会受到一定的限制。

生产过程中，具体采用哪种除垢方法，应根据具体的工况而定。但无论采用哪种除垢方法，事后都应对蒸发器进行水压试验，以保证蒸发器运行的压力安全性。

（七）蒸发系统的稳定运行要点

在多效蒸发系统中，黑液和蒸汽的稳定供给、真空度和相关管槽液位的稳定性对于蒸发系统的稳定运行具有重要影响，具体要求如下：

① 黑液。尽可能使黑液的流量、温度和浓度保持稳定。

② 蒸汽。尽可能使新蒸汽和二次蒸汽的压力、温度和流量保持稳定。

③ 真空度。末效真空度波动范围宜≤2.5kPa。末效真空度的稳定对于其他各效蒸发器温差稳定性有重要影响，进一步会影响蒸发操作的稳定性。

④ 液位。黑液液位、冷凝水液位等需保持稳定。液位稳定性与蒸发系统中各处阀门的开度以及输送泵的运行稳定性相关。

（八）黑液多效蒸发系统的技术进展

黑液多效蒸发技术的发展，曾经历了多次革新。20 世纪 70 年代，蒸发器主要是以等面积或不等面积的管式升膜蒸发器为主，出蒸发站黑液浓度一般为 45％～55％，该浓度黑液需要在燃烧工段中利用碱回收炉烟气的余热，采用直接蒸发技术浓缩到可满足燃烧要求的浓度水平（49％～60％）。20 世纪 80 年代以来，随着节能和环保要求的日益严格化，自由流板式降膜蒸发器成为黑液多效蒸发系统的主流蒸发器，出蒸发站黑液浓度可达到 65％～72％的水平，随之直接蒸发装置被取消。近二十年，板式降膜蒸发站和管式降膜蒸发站几乎平分了全部黑液蒸发市场，采用如图 7-16 所示的所谓"结晶蒸发及高温压力贮存"技术可进一步将出蒸发站的黑液浓度提高到 80％的水平。目前，黑液蒸发系统的技术进步集中体现在与环保相关的污冷凝水处理和臭气处理技术的研究和设备开发方面。

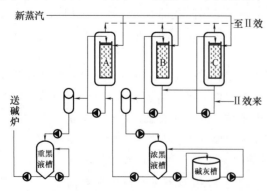

图 7-16　结晶蒸发和高温压力贮存工艺流程示意图

三、黑液直接蒸发系统

直接蒸发是一种采用黑液燃烧过程中产生的高温烟气对来自多效蒸发系统的黑液进行直接接触式蒸发的一种工艺方法，通常可以将浓度为 50%～55% 浓黑液增浓至 60%～65%。其间，一方面可使烟气温度从 350～400℃ 降低到 160～180℃，达到烟气降温的目的；同时，烟气中所含的碳粒、碱尘等物质被黑液黏附，达到回收烟气中粉尘物和净化烟气的作用。

目前，生产中尚在使用的直接蒸发系统主要有圆盘蒸发器系统和文丘里—旋风蒸发器系统。圆盘蒸发器和文丘里—旋风蒸发器的结构如图 7-17 和图 7-18 所示。

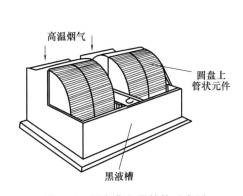

图 7-17　圆盘蒸发器结构示意图

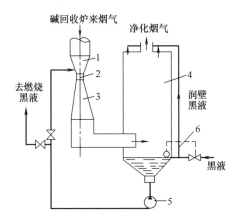

图 7-18　文丘里-旋风分离蒸发器结构示意图

1—收缩管　2—喉管　3—扩散管　4—旋
风分离器　5—循环泵　6—浮动阀

圆盘蒸发器主要由一个圆盘间轴向装配有许多短管的蒸发单元及封闭黑液槽组成，当圆盘转动时，附着在短管上的黑液与高温烟气接触并进行蒸发。

文丘里—旋风蒸发器主要由文丘里黑液烟气混合器和旋风分离器组成，当烟气和黑液在文丘里混合器中充分接触后，黑液被烟气加热并进行蒸发，然后在旋风分离器将烟气和黑液进行分离。

直接蒸发由于存在臭气污染等问题，属于一种相对落后的黑液蒸发工艺，在传统碱回收系统中较为常见，但在现代碱回收系统中已不再采用。

第五节　黑　液　燃　烧

一、黑液燃烧的目的和意义

通过燃烧处理，对黑液中的有机物和无机物进行有效分离并使其得到充分回收和利用。黑液中的有机物燃烧产生的热量采用蒸汽锅炉进行回收，其中，中低压蒸汽可用于其他用汽工序（如蒸煮、蒸发等），中高压可用于发电。黑液中的无机物在高温下发生熔融，产生的熔融物溶解于水或稀白液中形成 Na_2CO_3 为主要成分的绿液，绿液经后续苛化后产生 NaOH 为主要成分的白液，白液可回用于蒸煮工段。

燃烧是黑液实现热能利用和化学品回收的关键工艺环节，可以说碱回收过程的其他工艺环节都是围绕燃烧工段而设置的。燃烧过程中黑液的燃烧效能和化学品转化效率（如碳酸盐化、芒硝还原等）对于黑液的热能利用和化学品回收乃至其他生产环节（如蒸发、苛化和蒸煮等）都会产生影响。所以，黑液燃烧工艺设计的合理与否，对于黑液实现碱回收的可行性和碱回收系统的运行经济性都会产生重要影响。

下面以最具代表性的硫酸盐法蒸煮黑液为例，介绍碱回收系统中黑液燃烧的相关知识。

二、名词和术语

1. 黑液提取率（Extraction rate of black liquor）

指生产 1t 粗浆时，由黑液提取工段送往碱回收系统蒸发工段的黑液量占本期蒸煮过程中产生的黑液量的百分数。黑液提取率是影响碱回收率重要因素，根据计算基准不同，黑液提取率的表示方法可以有多种。一般有以总碱和黑液固形物变化量为计算基准两种表示方法，分别称为"总碱黑液提取率"和"固形物黑液提取率"。其中，固形物黑液提取率的测定和计算相对较为简单，可操作性较强。

固形物黑液提取率是可用下列公式计算：

$$w_R = \frac{m_{TS}}{\frac{1000}{w_Y} \times (1 - w_Y) + m_A} \times 100\% \tag{7-15}$$

式中　w_R——吨粗浆对应的黑液提取率，%

m_{TS}——黑液固形物质量，kg

w_Y——粗浆得率，%

m_A——蒸煮用碱量（总碱），kg

2. 总钠盐（Total sodium salt）

总钠盐是指碱液中全部的钠盐量的总和，通常以 Na_2O 表示。

3. 全碱（Whole alkali）

全碱是指碱液中 $NaOH$、Na_2S、Na_2SO_3 和 Na_2SO_4 含量的总和，通常以 Na_2O 表示。

4. 总碱（Total alkali）

总碱是指碱液中可滴定的碱如 $NaOH$、Na_2S 和 Na_2CO_3 的总和，通常以 Na_2O 表示。

5. 绿液（Green liquid）、稀绿液（Dilute green liquid）

绿液是指将黑液燃烧产生的无机熔融物溶于稀白液或水后形成的一种暗绿色液体。绿液所以呈绿色，是因为其中含有一定量的二价铁盐物质。

稀绿液是指将绿液澄清过程中形成的沉淀物（绿泥）进行洗涤时得到的低浓度绿液。

6. 绿泥（Green mud）、绿渣（Green dregs）

绿泥是指对绿液进行澄清或过滤时产生的泥渣。

绿渣是指绿液与石灰发生消化反应时，主要由石灰中的难消化物形成的残渣。

7. 芒硝还原率（Reduction rate of mirabilite）

黑液燃烧过程中，加入碱炉内的芒硝（$Na_2SO_4 \cdot 10H_2O$）在高温下发生还原反应而生成 Na_2S。其间，Na_2SO_4 和 Na_2S 体系中 Na_2S 的占比百分数称为芒硝还原率（w_R），可用公式（7-16）表示：

$$w_R = \frac{w_{Na_2S}}{w_{Na_2S} + w_{Na_2SO_4}} \times 100\% \tag{7-16}$$

式中，w_{Na_2S} 和 $w_{Na_2SO_4}$ 浓度以 Na_2O 或 $NaOH$ 计。

8. 碱回收率（Alkali recovery rate）、碱自给率（Alkali self-sufficiency rate）

碱回收率是指在一个生产周期中，经碱回收得到的总碱量占制浆过程（含蒸煮和氧脱木素）总用碱量（总碱）的百分数，不包括补充芒硝。碱回收率可用公式（7-17）表示：

$$w_A = \frac{m_r - m_g}{m_p} \times 100\% \tag{7-17}$$

式中　w_A——碱回收率，%

　　　m_r——回收碱量，kg

　　　m_g——补充芒硝碱量，kg

　　　m_p——制浆过程（含氧脱木素）总用碱量，kg

碱自给率是指在一个生产周期中，经碱回收得到的总碱量占制浆过程（含蒸煮和氧脱木素）总用碱量（总碱）的百分数，包括补充芒硝。碱自给率可用公式（7-18）表示：

$$w_{As} = \frac{m_r}{m_p} \times 100\% \tag{7-18}$$

式中　w_{As}——碱自给率，%

　　　m_r——回收碱量，kg

　　　m_p——制浆过程总用碱量，kg

三、黑液燃烧过程及基本原理

一般来说，硫酸盐黑液燃烧过程大致可分为三个彼此关联的阶段。

第一阶段为黑液蒸发干燥段。此阶段中，送入碱炉的浓黑液在高温烟气流的作用下进行进一步蒸发干燥。当黑液水分达到 10%～15% 时形成所谓"黑灰"，黑灰降落在燃烧垫层上发生后序热解和燃烧反应。

第二阶段为黑液热解和燃烧段。此阶段中，黑灰在燃烧垫层上发生燃烧和热解反应。其中，有机物燃烧并裂解为 CH_3OH、CH_3CH_2CHO、CH_3SH、H_2S 等可燃气体，这些可燃气体与供风系统送来的空气混合并发生燃烧反应，生成 CO_2、CO、H_2O、SO_2 和 SO_3 等气体，同时释放大量热量。

在此阶段中，黑液中的 $NaOH$、Na_2S 和有机钠盐等与烟气组分发生下列化学反应：

$$2NaOH + CO_2 = Na_2CO_3 + H_2O$$

$$2NaOH + SO_2 = Na_2SO_3 + H_2O$$

$$2NaOH + SO_3 = Na_2SO_4 + H_2O$$

$$Na_2S + CO_2 + H_2O = Na_2CO_3 + H_2S$$

$$2Na_2S + 2SO_2 = 2Na_2S_2O_3$$

$$Na_2S + SO_3 + H_2O = Na_2SO_4 + H_2S$$

$$2RCOONa + SO_2 + H_2O = Na_2SO_3 + 2RCOOH$$

$$2RCOONa + SO_3 + H_2O = Na_2SO_4 + 2RCOOH$$

黑液中的 $NaOH$ 和 Na_2S 基本转化成 Na_2CO_3、Na_2SO_3、$Na_2S_2O_3$ 和 Na_2SO_4，而黑液中的有机钠盐转化成 Na_2SO_3 和 Na_2SO_4。

此阶段中，黑液中部分有机物会发生碳化反应生成元素碳，在燃烧垫层上进行燃烧并释放大量热量，进一步为无机盐熔融和芒硝还原提供了热能和碳元素条件。另外，部分有机钠盐会发生热分解反应而生成 Na_2CO_3。

黑液中与有机物结合的钠和硫经过燃烧反应后生成 Na_2CO_3 和 Na_2S、Na_2SO_3 和 $Na_2S_2O_3$

等。一般认为，即使在碱炉操作条件控制适当时，也仅有 50% 的有机结合硫会转化为无机硫化物，其余有机结合硫会随烟气流失。因此，在燃烧过程中硫元素的损失量会较大，减少硫元素流失和对流失的硫元素进行有效回收是黑液碱回收过程的重要任务。

第三阶段为无机物熔融和芒硝还原段。此阶段中，当燃烧垫层温度达到 1000℃ 左右时，黑液无机盐和补加芒硝被熔化形成所谓"熔融物"。同时，补加芒硝与元素碳会发生还原反应而生成 Na_2S，化学反应式如下：

$$Na_2SO_4 + 2C \Longrightarrow Na_2S + 2CO_2 - 224kJ$$
$$Na_2SO_4 + 4C \Longrightarrow Na_2S + 4CO - 568.5kJ$$
$$Na_2SO_4 + CO \Longrightarrow Na_2S + 4CO_2 + 120.4kJ$$

芒硝还原以上述第二个反应式为主。

还原 1kg 的芒硝，约需消耗 7120kJ 的热量和 2.4kg 的元素碳。所以，足够高的反应温度和足量的元素碳，是保证芒硝还原反应发生的重要条件。

此阶段中，燃烧垫层处空气量（即一次风量）不宜过大，具体以保证黑灰在还原条件下充分燃烧为准。在空气量不足的情况下，元素碳会发生还原反应会生成 CO，而 CO_2 也可能会被还原成 CO，这也可为芒硝还原创造条件。值得注意的是，当温度较高和空气量不足时，Na_2CO_3 可能会分解成 Na_2O，进一步会还原成元素钠。

就提高芒硝还原率而言，希望反应温度高一些好，但由于 Na_2O 和元素钠在高温下挥发性强，温度过高会产生元素钠的升华损失。化学反应式如下：

$$Na_2CO_3 \Longrightarrow Na_2O + CO_2$$
$$Na_2CO_3 + 2C \Longrightarrow 2Na + 3CO$$

在高温条件下，熔融态的 Na_2CO_3 和 Na_2S 等还会与碱炉的炉衬材料发生化学反应，导致化学品损失和炉衬破坏现象发生。化学反应式如下：

$$Na_2CO_3 + SiO_2 \Longrightarrow Na_2SiO_3 + CO_2$$
$$Na_2CO_3 + Al_2O_3 \Longrightarrow 2NaAlO_2 + CO_2$$
$$Na_2CO_3 + MgO \Longrightarrow MgCO_3 + Na_2O$$
$$Na_2CO_3 + Cr_2O_3 \Longrightarrow 2NaCrO_2 + CO_2$$

四、黑液燃烧工艺流程与操作原理

黑液燃烧目前基本上采用喷射炉燃烧工艺。与硫酸盐法黑液燃烧过程相比较，烧碱法黑液燃烧时无须补加芒硝系统，所以工艺流程相对简单一些。

硫酸盐法黑液喷射炉燃烧工艺过程如图 7-19 所示。

硫酸盐法黑液喷射炉燃烧工艺过程主要由黑液系统、碱灰芒硝系统、供风系统、烟气系统、锅炉给水系统、吹灰系统、助燃系统、臭气处理系统和绿液系统组成。

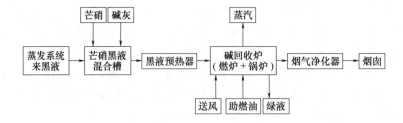

图 7-19　硫酸盐法黑液喷射炉燃烧工艺过程示意图

（一）黑液系统

黑液系统的作用是将一定温度、流量和压力的黑液喷射到碱回收炉内，为实现热能和化学品回收创造条件。黑液系统包括供给和燃烧两个环节，其中，供给是将蒸发系统送来的浓黑液与碱灰和芒硝混合后，泵送至碱回收炉。燃烧是将进入碱炉的黑液充分燃烧后，产生蒸汽和绿液。根据碱回收过程所配置黑液蒸发系统和碱回收炉形式的不同，黑液系统的工艺流程也有所不同。

典型黑液系统的工艺流程如图 7-20 所示。

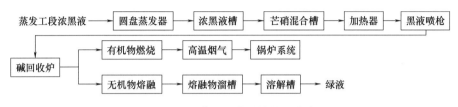

图 7-20 典型黑液系统的工艺流程

现代碱回收过程中，通过采用高温降黏、强制循环蒸发和结晶蒸发等技术可使黑液浓度进一步增浓至更高浓度，从而取消了黑液直接蒸发操作。同时，配置制了低臭型碱回收炉，可避免由于黑液直接蒸发而产生臭气溢散的现象。此时，出多效蒸发系统浓黑液先送入芒硝混合槽进行混合，再送回结晶蒸发器等高浓蒸发系统中进一步增浓后进行压力贮存，再经中压蒸汽直接加热泵送至碱回收炉。

黑液喷枪上通常设置了蒸汽管路，用于冲扫枪头中的堵塞物及停炉时黑液管路清洁。同时，黑液喷枪上还设置有蒸汽汽封装置，以防止烟气外泄。

（二）碱灰芒硝系统

碱灰芒硝系统的作用是将回收碱灰、芒硝与黑液充分混合后送往碱回收炉，主要由碱灰集运、芒硝供给以及黑液混合等设备组成。

碱灰是黑液碱回收炉内中产生的积灰副产物，应该进行有效回收。通常，在锅炉管束、省煤器及静电除尘器等处都会产生碱尘积灰现象，其中，大颗粒碱尘可采用吹灰器将其从传热面上吹落至位于锅炉管束和省煤器下部位的灰斗中进行收集，小颗粒碱灰则可通过烟气净化装置如静电除尘器进行收集。收集后碱灰由总刮板输送机将其运送到芒硝混合槽中与黑液混合。

典型的碱灰芒硝系统工艺流程（图 7-21）如下：

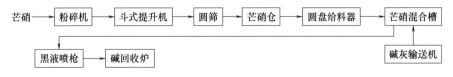

图 7-21 典型碱灰芒硝系统工艺流程

烧碱法黑液产生的碱灰成分主要为 Na_2CO_3，所以经水或稀白液溶解后可直接泵送至绿液系统。

（三）供风系统

供风系统的作用是为黑液燃烧提供必要的氧气，主要由鼓风机、空气预热器、风道和风嘴等装置组成。供风系统一般在黑液燃烧炉体上采用自下而上多处供风的方式进行设计，以满足黑液在碱回收内有效燃烧时的氧气需求。供风系统是保证碱回收炉能够安全、连续和高效运行的重要工艺配置。现代碱回收炉一般采用多层供风方式，自下而上分为一次风、二次风、三次风甚至四次风。

典型碱回收炉的供风系统工艺流程（图7-22）如下：

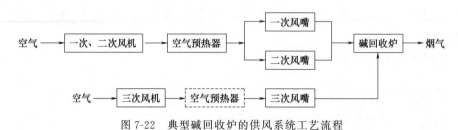

图7-22　典型碱回收炉的供风系统工艺流程

一次风一般在炉底上方约 $0.7\sim1.0m$ 处的燃烧垫层上加入，其作用是为垫层燃烧提供足量的氧气，以保证垫层中黑灰燃烧良好和保持垫层活度、无机物熔融和芒硝还原，同时起到稳定垫层的作用。

二次风一般在黑液喷枪附近处加入，其作用是为炉膛内可燃气燃烧提供氧气，同时有加速入炉黑液蒸发干燥和控制垫层高度等作用。现代碱回收炉设计中，为了将从其他生产工序中收集的低浓度臭气送入碱回收炉燃烧，将二次风分为高、低二层布置，称为高二次风和低二次风。

三次风一般由位于喷枪上方的适当位置处加入，其作用是为炉膛内可燃气体的充分燃烧提供氧气，同时具有降低飞灰流失和调节、均匀烟气温度的作用。

为了降低碱回收炉燃烧过程中氮氧化物（NO_x）的产生量，现代碱回收炉在三次风入口上方又设计了四次风（又称为"火上风"）流程。设计四次风势必会提高碱回收炉膛总高度，增加投资费用。所以，在氮氧化物要求满足环保要求的条件下，尽可能不采用四次风流程。

（四）烟气系统

烟气系统的作用是将碱回收炉内的高温烟气经热能回收（锅炉产汽、直接蒸发等）和净化（直接蒸发、静电除尘等）后，使烟气达标排放。

典型烟气系统的工艺流程（图7-23）如下：

图7-23　典型烟气系统工艺流程

传统碱回收过程中，烟气中热能利用主要靠锅炉产汽和直接蒸发等方式进行，而烟气的净化主要靠黑液的直接蒸发和静电除尘等方式进行。

传统碱回收系统中，由于黑液与高温烟气的直接接触式蒸发会释放出大量恶臭气体（主要为硫化物），现代碱回收系统中已取消了黑液的直接蒸发操作，采用了所谓"除臭式燃烧工艺"技术。除臭式燃烧工艺采用了系列高效蒸发技术使黑液浓度较常规蒸发技术达到更高水平，并采用了大面积高效省煤器等装置对烟气余热进行有效利用，彻底取消了黑液的直接蒸发系统。

（五）锅炉给水系统

锅炉给水的作用是将符合碱回收炉附属锅炉用水质量要求的水提供给锅炉并产生蒸汽，

蒸汽按压力不同可输送到其他产生工序如黑液蒸发、纤维原料蒸煮以及汽轮机发电等使用。

为防止在锅炉系统中产生氧化腐蚀、结垢等问题，锅炉给水一般须进行除氧和软化处理。

除氧一般采用热力除氧法，即把水加热至沸腾时，水中溶解氧会自动从水中溢出，从而达到除氧效果。

软化一般采用离子交换法结合外加药剂法。离子交换法是一种采用离子交换树脂为介体以钠离子置换水中钙、镁离子的方法。外加药剂法是一种在水中添加磷酸钠盐等所谓"防垢剂"将水中钙、镁离子通过沉淀而去除的方法。

锅炉给水在循环使用过程中，其中溶解盐浓度会随着蒸汽的持续外排而升高，当该浓度达到某一限定值后，炉水蒸发面上会产生大量泡沫，形成所谓"汽水共腾"现象。出现此类问题时，水中盐分会随蒸汽溢出而进入蒸汽过热器和其他管道，从而会导致在蒸汽管路中产生积盐性结垢问题。为此，生产中通常对高盐浓度炉水采用连续排污或表面排污的方式加以去除。

典型锅炉给水系统的工艺流程如图7-24所示。

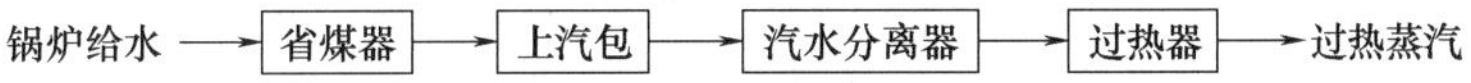

锅炉给水 ⟶ 省煤器 ⟶ 上汽包 ⟶ 汽水分离器 ⟶ 过热器 ⟶ 过热蒸汽

图 7-24　典型锅炉给水系统的工艺流程

（六）吹灰系统

吹灰系统的作用是清除碱回收炉运行过程中沉积在过热器、管屏、省煤器及空气预热器（仅对于采用烟气加热空气的碱回收炉）等处的碱灰。

吹灰器一般采用由低温过热器出口集箱上引出的减压蒸汽为动力，在其蒸汽管路系统的最低标高位置处配备有自动疏水阀和疏水管道，可将吹灰管路中产生的凝结水自动排放至疏水系统。

大型碱回收炉由于吹灰用汽量较大，可单独采用外网蒸汽提供吹灰动力。

带水洗功能吹灰器还可用于停炉维修时进行碱炉水洗，热洗涤水由与除氧水箱相接的给水泵提供。

（七）助燃系统

助燃系统的作用是为碱回收炉的正常运行提供助燃保证。碱回收炉在开、停机时，需要外加重油或天然气进行助燃。对于草浆黑液，由于其含硅量较高及燃烧性能较差等原因，在其燃烧过程中也可能需要进行助燃。传统助燃系统一般采用重油为燃料，其工艺流程如图7-25所示。

图 7-25　传统助燃系统工艺流程

助燃系统在二次风口处配置有启动燃烧器，由二次风箱提供助燃空气。助燃系统的主要作用是将碱炉预热至入炉黑液着火点，为入炉黑液燃烧创造温度条件。当黑液燃烧过程发生不稳定情况时，助燃系统可起到稳定碱炉燃烧的作用。在停炉期间，助燃系统还可用于烧除炉内结焦物等。

（八）臭气处理系统

臭气处理系统的作用是将其他生产工序如蒸煮、蒸发等产生的臭气收集后在碱回收炉中进行焚烧处理，这是现代制浆企业中正在推行的一项臭气无害化处理技术。

制浆厂产生的臭气可分为低浓臭气和高浓臭气。

低浓臭气收集后采用冷却洗涤器、液滴分离器或再热器去除多余水分后，与二次风（一般在高二次风机进口处）混合并采用蒸汽预热器预热至规定温度，由高二次风嘴送入炉膛进行焚烧。

高浓臭气收集后采用蒸汽喷射器和液滴分离器去除多余水分后，送入专门的燃烧器进行焚烧。通常，燃烧器安装于碱回收炉二次风进口位置处。汽提塔系统产生的臭气、液化甲醇也可送至燃烧器中进行焚烧。

高浓臭气管道须配置防爆膜和阻火器。液滴分离器和收集槽中的冷凝水集中经收集后，可送回蒸发工段的污冷凝水槽进行回用或无害化处理。

（九）绿液系统

绿液系统的作用是将黑液燃烧形成熔融物从碱回收炉内及时排出并有效溶解。通常，碱回收炉中的熔融物在其出口处通过"溜槽"送入溶解槽，在溶解槽中采用苛化工段送来的稀白液或清水进行溶解后形成绿液，绿液可送至苛化工段进行白液回收。

考虑到绿液管道会由于绿液中 Na_2CO_3 结晶析出而被堵塞的情况，一般可将绿液和稀白液管道设计成可切换运行模式。采用稀白液对绿液管道进行洗涤，可达到清除绿液管道中堵塞物的作用效果。

五、黑液燃烧过程影响因素

（一）黑液种类

黑液中有机物与无机物含量及其比例、元素组成、燃烧值、黏度、含硅量等参数对其燃烧性能会产生重要影响。与草浆黑液相比较，木浆黑液具有热值较高、含硅量较少等优势，所以，在相同浓度下其黏度值较低，流动性较好，具有更好的燃烧性能。

（二）黑液浓度

低浓度黑液由于水分含量高，在碱回收炉内燃烧时需要消耗更多热量，因而会影响炉温和燃烧热效率。当浓度过低时，还可能由于大量水蒸气集聚会导致炉衬脱落、熄火甚至爆炸等事故。一般而言，在不影响流动性和入炉喷雾性的前提下，黑液浓度越高，其燃烧性能就会越好。

传统碱回收系统由于蒸发设备能力所限，入炉黑液浓度一般最高为 65% 左右，现代碱回收系统由于采用了高温降黏和结晶蒸发等技术，使入炉黑液浓度提高至 80%，极大地改善了黑液燃烧性能。

（三）入炉喷液状态

首先，入炉喷液量宜保持合适和稳定，同时应与碱回收炉供风量相适应。喷液量过高，则会使碱炉超负荷运行，产生燃烧不完全和热效率低等问题，同时，会使烟气中的臭气量增加，导致硫损失和大气污染，还会造成锅炉系统中熔融性积灰量增加和排烟温度过高等问题。喷液量过低，会影响碱炉运行效率。造成喷液量不稳定的原因主要有：黑液输送泵或管路不畅，由于温度过高使黑液沸腾在输送管路中出现"喘气现象"等。

其次，喷液颗粒大小要适当。颗粒太小，容易被炉内烟气带走，导致机械性飞失问题，从而加重对过热器的腐蚀及锅炉管壁等处的积灰，同时，不利于保持燃烧垫层应有的高度。喷液颗粒过大，黑液难以快速干燥，会使燃烧垫层的水分过高，使黑液在垫层上燃烧不充分以致产生"死灰层"问题，同样会影响正常燃烧。一般认为，较为适宜的喷液颗粒直径为4～5mm。喷液颗粒的大小可通过调整黑液喷枪的喷液压力及喷孔大小来实现。

（四）送风量

黑液燃烧过程中所需总空气量与黑液的种类有关，具体送风量可根据公式（7-19）计算：

$$w_{L0} = 4.31 \times (2.67 w_C + 8 w_H + w_S - w_O) \tag{7-19}$$

式中　　　　　w_{L0}——燃烧1kg黑液固形物所需的理论空气量，kg/kg

w_C、w_H、w_S、w_O——黑液固形物的四种元素含量，%

4.31、2.67、8——分别为单位质量的分子氧与空气的换算系数、完全燃烧1kg碳和1kg氢的需氧量

实际生产过程中，供风量通常为理论空气量的1.05～1.10倍。

一次风量一般为总风量的45%～50%为宜。一次风量过大，会使垫层温度过高和黑灰燃烧过快，难以保持垫层应有的高度，同时还会导致芒硝还原用碳量和一氧化碳量减少，不利于芒硝还原，也会促使钠盐分解和升华，降低芒硝还原率和碱回收率。一次风量过低，会引起炉温降低及硫挥发性损失增大，也不利于芒硝还原。

一、二次风温须预热至150℃左右，三次风一般无须预热。一次风压力一般为0.8～1.2kPa；二、三次风压力一般为1.5～3.0kPa。另外，燃烧过程中炉膛须保持10～20Pa的负压，以使碱炉在负压状态下安全运行。

（五）燃烧温度

为保证黑液在碱回收炉内进行正常燃烧、无机物熔融和补充芒硝有较高的还原率，碱炉内应保持较高的温度。通常，燃烧温度宜保持在950～1050℃。草浆黑液由于燃烧值较低，加之硅含量较高使其无机熔融物熔点值提高，导致其燃烧性能较差，生产中一般可通过碱炉设计优化以及助燃等方式加以补偿。

（六）垫层特征

垫层对于黑液燃烧过程而言是一个非常重要的影响因素，主要起到燃烧黑液、蓄热和稳定碱回收炉内温度的作用。一方面，垫层应该保持完好并具有1.0～1.5m的高度，为此，入炉黑液干燥后形成的黑灰应保持10%～15%的水分含量。另外，垫层应该保持一定的"活度"，以保证黑灰不断被燃烧、芒硝还原和熔融物持续排出碱炉。有时，由于入炉黑液黏度较大和水分较高等原因，会导致燃烧不良而形成"死垫层"，造成黑液燃烧困难。一旦出现"死灰层"现象，生产中须通过减少入炉黑液量和助燃等方法，及时提高炉温，尽快解决死垫层问题。

六、碱回收炉及辅助设备

（一）碱回收炉

碱回收炉是黑液燃烧工段的主要设备，也是一种以黑液为燃料的特殊锅炉。与常规锅炉相比较，由于燃料的特殊性，碱回收炉结构更为复杂，运行条件更为恶劣，爆炸危险性更大。因此。对碱回收炉的设计和操作要求会更高一些。

目前，生产中使用的碱回收炉主要可分为带圆盘蒸发器的普通炉型和不带圆盘蒸发器的现代低臭炉型两大类。按汽包配置情况，可分为双汽包碱回收炉和单汽包碱回收炉，均为全水冷壁型喷射炉。其他的黑液燃烧设备如回转炉、简易喷射炉、移动式圆形夹套熔炉半水冷

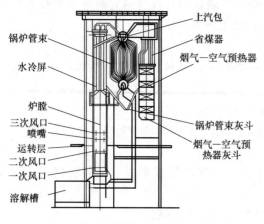

锅炉管束
水冷屏
炉膛
三次风口
喷嘴
运转层
二次风口
一次风口
溶解槽

上汽包
省煤器
烟气—空气预热器
锅炉管束灰斗
烟气—空气预热器灰斗

图 7-26 双气包碱回收炉结构示意图

或半风冷壁喷射炉等均已淘汰和停止使用。

双汽包碱回收炉属于常规炉型，其结构如图 7-26 所示，也称为全水冷壁喷射炉或称为方形喷射炉，一般由炉膛、汽包、锅炉管束、水冷壁管、水冷屏、凝渣管、过热器、省煤器、吹灰器等部件组成。该炉型具有自动化程度较高、碱与热回收率较高等优点，但其结构较为复杂，制备投资费用较高。目前，除部分小型非木浆碱回收系统中选用外，已不再使用。

现代单汽包低臭型碱回收炉属于现代碱回收炉型，其结构如图 7-27 所示。单汽包低臭型碱回收炉的主要结构与双汽包碱回收炉相似，也主要由炉膛、汽包、锅炉管束、水冷屏、过热器、省煤器、吹灰器等组成。

下面结合上述两种炉型，介绍碱回收炉的结构组成及工作原理。

1. 炉膛

炉膛由炉底及四面炉壁、炉顶组成的方形密封空腔。炉底、炉壁、炉顶均由水冷壁管组成的炉型，称为全水冷壁碱回收炉。膛壁上适当标高处设有一、二、三次乃至四次风孔，黑液喷液枪孔和观火孔等，在适当部位还设有防爆孔。在前水冷壁接近炉底处设有熔融物出口，也称为溜子口。熔融物会顺着溜子口经溜槽流入熔融物溶解槽进行溶解。

在炉膛内，黑液燃烧可大致分为三个不可分割的过程，即：靠炉内热量干燥入炉内黑液、有机物热分解和可燃气体的完全燃烧、垫层黑灰充分燃烧和无机物熔融并发生芒硝还原反应。据此，可将炉膛划分为干燥区、燃烧区（氧化区）、熔融区（还原区）。与煤炭等燃料相比较，黑液具有水分大、热值低以及飞尘多、钠升华等特点，容易在碱炉各部位易产生积灰现象；同时，对炉膛和其他部位的腐蚀性更为严重。因此，碱回收炉在结构设计、材质选择等方面都应该适应上述不足。

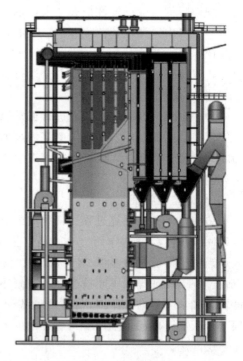

图 7-27 现代单汽包低臭型
碱回收炉结构简图

炉膛断面尺寸要满足以下的要求：一方面，要有合理的断面热负荷，能保持熔融区有较高温度，使燃烧过程稳定运行；同时，能容纳在额定负荷时垫层的燃烧体积。断面尺寸过大时，会因炉膛"太冷"而无法维持正常燃烧。由于一次风口标高一般变化不大，为了一次风口不易堵塞，垫层的高度也不宜太高，此时，垫层容积量的多少，就取决于断面大小。因此，只有同时满足上述两方面要求的炉膛断面才是合理的。

炉膛高度也要满足相关要求。从炉底到黑液喷枪处，此段高度要满足黑液液滴进行悬浮干燥的要求。通常，麦草浆黑液入炉后干燥所需的热量一般为木浆黑液的 3 倍左右，比竹、苇浆黑液也高出许多，因此麦草浆黑液碱炉此段高度的选取应比其他浆种黑液高 1.5～2.5m，一般距离炉底 6.8m 以上。

从黑液喷枪到炉膛出口，即水冷屏入口处高度的选取也应满足两方面要求。一方面，便于控制炉膛出口处的烟气温度，避免在水冷屏及管束进口处发生结焦问题；同时，使烟气夹带黑灰能够在三次风作用下充分燃烧。炉膛上部设有水冷屏，该处高度以满足水冷屏布置要求即可。

炉膛四周及炉底、炉顶的水冷壁有翅片式和膜式两种结构形式。翅片式水冷壁是由两侧带有翅翼的内径和壁厚相同的无缝锅炉钢管并排组成的，翅片之间有缝隙。一旦向火面侧的耐火涂料有裂缝，烟气会渗漏到管排后面即炉膛之外，就会发生腐蚀现象。所以新设计的碱炉，均采用膜式水冷壁。膜式结构的主要特点是把水冷壁管的翅片直接对焊起来，中间不留缝隙而连接成膜屏结构。

2. 水冷屏

水冷屏通常布置在炉膛上部，连接至炉膛后墙，将过热器与燃烧区分开，起到保护过热器免受炉膛下部直接辐射的作用，同时也起到冷却烟气并保证其后的受热面不会产生结焦堵灰现象。水冷屏的结构有"人"形和"L"形两种结构。在仅产生饱和蒸汽的黑液喷射炉中，水冷屏通常布置成"人"形。

为了有利于热膨胀和安装方便，水冷屏一般不做成膜式壁形式，而采用紧密管排的结构形式，即管子之间为切圆布置，管间不留间隙。为了避免屏间结渣"搭桥"，每片屏间的距离不宜太小。由于水冷屏泄漏与水冷壁一样会给碱炉带来致命的危险，对其材质选择及焊接质量必须严格把关。

目前大多数现代碱回收炉均采用水冷屏设计，较少采用汽冷屏。

3. 凝渣管

锅炉管束前的受热面包括水冷凝渣管和过热器，或者只有过热器。凝渣管是布置在炉膛上部出口处的一组管束，通常安装在过热器前面。其主要作用是降低进入过热器烟气的温度，并使烟气具有均匀的温度和流速。同时，使过热器免受炉膛高温辐射而起到保护过热器的作用。由于碱炉中飞灰粒子的软点及黏点温度较低，所以，当凝渣管降温能力不足而烟气温度较高时，飞灰粒子就可能在锅炉管束等部件处黏附形成结垢层，严重影响传热效率。此时，就需要增加水冷屏作为烟气降温的补充部件。

4. 过热器

过热器一般布置在锅炉管束前面，以充分吸收烟气温度，其作用是将上汽包来的饱和蒸汽加热成过热蒸汽，供汽轮机发电使用等。对于低压碱回收炉而言，其产生的低压饱和蒸汽直接供其他生产工序使用，也就无须配置过热器。对于中、高压碱回收炉而言，过热器应该是其标准配置。

过热器通常有分管式和屏式两种，其中，分管式过热器的管子间存在一定的间距，因而容易产生积灰现象；屏式过热器的管子间相互切接，交错排列，因而积灰现象较轻，也易于清除。

5. 汽包

汽包是碱回收炉附属锅炉的主要配置部件。从外观结构看，汽包为一个两端有封头的圆

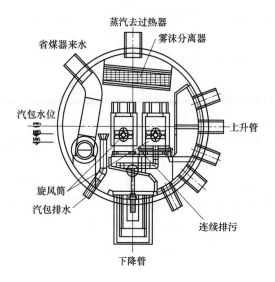

蒸汽去过热器
省煤器来水
雾沫分离器
汽包水位
上升管
旋风筒
汽包排水
连续排污
下降管

图 7-28　上汽包结构简图

筒形高压容器。双汽包碱回收炉中，上汽包连接锅炉给水管道、蒸汽管道、对流管束、凝渣管等受热部件，其结构如图 7-28 所示。上汽包内储存有一定数量的饱和蒸汽，以便外界负荷发生变化时，可减少锅炉运行参数的波动，并增加锅炉运行的安全性。汽包内安装有净化蒸汽阀、压力表、水位表以及高水位警报器等。下汽包结构与上汽包相似，与若干管束接连，一方面起到供给和循环炉水的作用，同时起到定期排污的作用。单、双汽包碱回收炉的汽包结构基本相似，内设有旋风分离器或隔板，以便进行汽水分离，尽可能减少蒸汽中夹带的水分。

6. 锅炉管束

锅炉管束也叫对流管束，是碱回收炉产生蒸汽的主要部件。锅炉管束与水冷壁和凝渣管有机结合，起到平衡生产蒸汽所需传热面积的作用。在双汽包型碱回收炉中，锅炉管束的上部与上汽包相连，下部与下汽包相连（均采用胀接方式）。烟气流动采用单通道错流式。由于受热情况不同，锅炉管束可分为上升管和下降管。

靠近炉膛处在高温烟气中受热较强的管束为上升管，而远离炉膛处在降温烟气中受热较弱的管束为下降管。由此，在对流管束中形成了上汽包→下降管→下汽包→上升管→上汽包的炉水循环流程。

为了减少积灰和便于吹灰，锅炉管束的间距一般保持在 120mm 以上。单汽包型碱炉的管束采用管屏式设计，与上、下联箱焊接在一起。与汽包连接的管子也无须胀接，这种设计避免了炉水通过胀接口漏入炉膛的风险。单汽包对流管束像水冷壁和凝渣管一样，直接由汽包的下降管供水，炉水进入下联箱后靠自然循环作用流送到上联箱中去。

凝渣管和过热器主要靠辐射效应进行传热，而锅炉管束和省煤器则主要靠对流效应进行传热，故其管子比较密集，以保证有足够的烟气流速；管束与烟气流向呈垂直设计，以获得良好的传热效果。管束也是碱回收炉最易积灰的地方。

单汽包碱回收炉采用了烟气流向与管束管子相平行的设计，在一定程度上减少了积灰现象。

7. 省煤器

省煤器的作用是利用锅炉尾部烟气的余热加热锅炉给水，进一步降低烟气温度和提高热能利用效率。省煤器一般采用纵向立式直管结构，配有烟气直接接触式蒸发器的碱回收炉由于大部分烟气余热被黑液所吸收，所以其省煤器面积较小。而现代低臭式碱回收炉则采用较大面积的省煤器达到烟气降温和余热利用的目的，且采用多程烟气通道型省煤器。一般而言，排出碱回收炉的烟气温度越低，热能利用率就会越高。但低温情况下会使省煤器腐蚀性较为严重，为此，省煤器排烟温度不能过低，一般宜保持在 176～190℃。对于麦草浆黑液而言，设定其低臭型碱回收炉省煤器的出口烟气温度时，还须充分考虑空气预热器出口热风可否达到预定温度的问题。

排烟温度较低时，消除省煤器低温腐蚀现象的有效方法是将其给水温度控制在较高水平，如 121～135℃。

（二）辅助设备

1. 黑液喷枪

黑液喷枪的作用是将预热至一定温度的浓黑液喷入碱炉燃烧区，在工艺操作上应满足如下要求：a. 流量稳定性，这对稳定黑液燃烧操作有重要影响；b. 分布均匀性，这对入炉黑液的均匀干燥乃至形成稳定垫层有重要影响；c. 粒度均整性，这对入炉黑液形成符合质量要求的黑灰并减少碱尘飞失有重要影响。

黑液喷枪主要由枪杆和喷嘴两部分组成，通常有摇摆式和固定式两类，摇摆式喷枪配置有传动机构。喷枪的枪杆由普通钢材或不锈钢制成，而喷嘴要用耐高温和耐腐蚀材料制成。喷枪进入燃烧炉的位置、喷枪的数量以及喷嘴的设计参数与碱炉形式、黑液干燥方式（射壁干燥或悬浮干燥）以及黑液性质等因素有关。

现代大型碱炉多采用固定式黑液喷枪。

2. 熔融物溜槽

熔融物溜槽安装在炉膛底部，其作用是将炉膛内熔融物连续流送到溶解槽。溜槽配置有水冷却装置，以减缓熔融物对溜槽的高温腐蚀和摩擦性破坏。

熔融物溜槽冷却水须进行化学处理，以减少对溜槽材料产生腐蚀和结垢影响。

3. 溶解槽

溶解槽的作用是将熔融物用稀白液或水进行溶解，产生一定浓度的绿液。溶解槽一般采用钢板焊接而成，配置有搅拌器、消音装置等。溶解槽的消音通常有循环绿液喷射熔融物消音法和蒸汽喷射熔融物消音法，其中，蒸汽法效果较好，为大型碱炉普遍采用。

大型碱炉溶解槽为椭圆形，宽度与炉膛宽度一致。溶解槽的搅拌器须保证熔融物进行有效混合和溶解，在溶解槽上熔融物溜槽开孔应最小化设计。溶解槽设计还应充分考虑排气烟囱和爆炸释放装置的尺寸和位置，使槽内烟气和蒸汽能够排放至烟囱而不影响操作环境。

4. 溶解槽排气洗涤器

溶解槽排气洗涤器的作用是将溶解槽排气中的空气、蒸汽、碱和硫化合物粉尘进行有效分离，达到净化排气和回收化学药品的目的。

通常，采用洗涤器和冷凝器相结合的方式对溶解槽排气进行所谓"洗涤"处理，洗涤后排气经预热至一定温度如 90℃后送至碱回收炉的二次风和高二次风系统或直接送入锅炉排气烟囱。

排气中大部分粉尘物可在洗涤器内清洗出来。在冷凝系统中，排气经冷却后可去除多余水分，有利于降低进入锅炉送风系统的排气含水率，冷凝水则可直接送入溶解槽。

5. 放空槽

放空槽的作用是收集碱炉运行过程中来自黑液喷枪、黑液加热器和芒硝混合槽的黑液，实现收集化学品和避免下水道污染的目的。放空槽位于芒硝混合槽的底部。芒硝混合槽排气可通过放空槽进入溶解槽排气洗涤器，放空槽内收集的黑液可泵送至蒸发工段的溢液槽。

6. 吹灰器

碱回收炉内产生的碱灰具有低黏附温度的特点，随具体成分不同，低黏附温度为 650～700℃，在碱灰中氯、钾含量较高的情况下该温度甚至可以低到 500℃。当碱灰黏附沉积在换热设备的受热面上时，将严重影响传热效果和锅炉热效率。

吹灰器的作用是清除沉积在碱回收炉各部位的积灰，一方面使传热面保持清洁以提高碱炉热效率，同时为回收积灰中所含的化学品和未燃尽碳粒创造条件。

吹灰方式有定期和不定期之分，吹灰设备有蒸汽式和机械式之分。

水冷屏区是炉膛烟气首先接触的地方，此处积灰具有塑性特性，而后段积灰会出现由塑性到硬性的转化，同时会形成颗粒状的 Na_2CO_3 和 Na_2SO_4 积灰。

常用的机械吹灰器有固定式和伸缩式两种形式。固定式吹灰器通常固定安装在烟气通道里，长期受高温影响会出现损坏，一般最好不采用固定式吹灰器。目前大多采用横跨炉体的伸缩式吹灰器，该设备具有自动运行和在线清灰能力。在不能采用机械吹灰器的地方，可采用过热蒸汽吹灰器。

7. 圆盘蒸发器

圆盘蒸发器的作用是将多效蒸发系统浓黑液与高温碱炉烟气进行混合，一方面，可利用烟气余热对黑液进行直接接触式蒸发；同时，可利用黑液的黏附作用对烟气中所含粉尘物（主要为碱、硫化物和碳粒等）进行回收。

圆盘蒸发器蒸发系统与文丘里蒸发系统（已趋于淘汰）相比较，由于烟气和黑液的接触不是很充分，所以无论除尘、降温还是黑液增浓其效果均不如后者。但由于圆盘蒸发器具有结构较为简单、动力消耗较低、维护方便等优势，是传统碱回收系统中对黑液直接蒸发的标准配置。圆盘蒸发器与静电除尘器配合使用时，兼有蒸发黑液和烟气净化和烟气降温的多重作用效果。

圆盘蒸发器的主体结构如图 7-17 所示。该设备主要由蒸发圆盘、圆盘槽、密封盖和传动装置等组成。蒸发圆盘通常是由安装在轴上的圆盘组以及盘间短管组组成，蒸发圆盘组安装在圆盘槽中。整个圆盘蒸发器除了黑液进出口和烟气进出口外，处于全密封状态。

在现代碱回收系统中，由于取消了黑液的直接蒸发系统，所以，圆盘蒸发器已不再选用。

8. 静电除尘器

静电除尘器的作用是净化烟气和回收碱尘化学品，合理使用该设备对于减少烟气污染负荷和提高碱回收率都有重要影响。由于静电除尘器具有烟气除尘高效的特点，目前已成为净化锅炉烟气的标配设备。

静电除尘器主要由电场和电源两部分组成，电场由正、负极组成，电源采用可自动控制的高压整流器。除尘器内部有匀流器、电场和集尘装置等。根据电场结构的不同，静电除尘器可分为立式和卧式两种形式。黑液碱回收过程中大多采用干法卧式静电除尘器。

静电除尘器的负极接高压直流电源，正极接地。当含尘烟气通过除尘器电场时，负极产生的"电晕"，使粉尘粒子产生充电效应。被充电后的粉尘粒子在电场的作用下向正极方向运动，最终沉积在正极板上，经振打处理后脱落并得以收集。影响静电除尘器除尘效果的主要因素有电压、烟气温度、烟气水分以及烟气含尘量等。静电除尘器对于颗粒直径小的尘埃有较高的集尘和除尘效率，依据电场配置情况不同，其总除尘效率可达 $90\% \sim 99.8\%$。

静电除尘器具有烟气阻力较小、电耗较低以及除尘效率较高等优势，但其不能具备回收烟气热量的作用，且设备投资费用较高。

七、碱回收炉安全运行要点

由于碱回收炉所用燃料和燃烧产生熔融物性质的特殊性，在运行安全性方面较常规锅炉有着更高的要求。碱回收炉除具有一般动力锅炉的安全性要求外，宜制定与之相适应的专门安全标准和要求。碱回收炉最为突出的安全问题主要包括腐蚀问题和熔融物-水接触爆炸性问题，此类问题一旦发生，就可能会产生破坏性和灾难性结果。碱回收炉安全运行须注意的问题主要有下列几个方面：

（一）腐蚀问题

1. 向火侧腐蚀

由于黑液燃烧过程中硫化物等物质的存在，碱回收炉向火侧的金属（一般为碳钢）部件表面上会产生腐蚀问题，其中，炉膛下部最为常见。一般而言，最主要的腐蚀是由元素硫和铁反应生成硫化亚铁引起的。主要腐蚀化学反应如下：

$$2H_2S + 2O_2 = S + SO_2 + 2H_2O$$
$$Na_2S + 2CO_2 = S + Na_2CO_3 + CO$$
$$S + Fe = FeS$$

当温度超过 310℃ 时，上述腐蚀化学反应速度会加剧。为此，控制金属表面温度是一项重要的防腐技术。另外，熔融物流经时也会对金属表面产生高温摩擦性侵蚀问题，但由于熔融物首先在金属表面会形成一层凝固层，对金属表面的高温摩擦性侵蚀会起到一定阻隔作用。针对上述腐蚀问题，生产中可采取如下措施：

① 强化保护措施。可以在碱回收炉下部密集安装栓钉，一方面可增加加热面积，同时易于形成坚固的熔融物保护层，可起到保护金属部件免受侵蚀或腐蚀的作用效果。

② 加强碱回收炉金属部件的耐蚀性。采用耐蚀性较好的复合钢材料制造金属部件，或在金属部件表面采用火焰或等离子喷涂高温耐蚀材料。同时，保持水循环系统良好运行和加强排污操作等。

③ 控制垫层稳定性。垫层宜保持应有的高度，避免完全焚烧；同时使水冷壁上熔融物凝固层保持完好，从而防止水冷壁表面的腐蚀风险。

④ 控制好一次风压及避免插风枪现象。控制好一次风压及避免插风枪现象，可防止由于高温及局部高温点引起的高温腐蚀或侵蚀。

2. 省煤器腐蚀

省煤器的腐蚀部位通常在其入口联箱以及烟气出口处，因为在这些部位容易发生水中溶解氧积聚，从而对金属管子内部造成氧腐蚀，此类腐蚀与炉水水质密切关系。另外，省煤器出口烟气温度较低时，烟气中的 SO_3 会与碱灰中的 Na_2SO_4 反应生成 $NaHSO_4$，在潮湿环境中会对金属管子外壁发生酸性腐蚀。所以，严格控制炉水水质，优化黑液燃烧工艺以减少烟气中 SO_3 含量、加强保温措施，并及时清除省煤器各部位的积灰，是预防省煤器发生腐蚀问题的有效举措。

3. 停炉腐蚀

长期停炉时，炉内存水的存在会对碱回收炉金属部件表面产生腐蚀。为此，在停炉时，宜将炉内存水及时排空，并采取湿法和干法措施将炉内沉积物和水分予以清除。

（二）水质问题

与动力锅炉相比较，碱回收锅炉由于运行条件更为恶劣，发生故障的危险性更大。因此，对给水水质的要求应该更高一些。如果水质不良，就会造成炉内结垢问题，致使换热部件传热不佳，进一步会导致引起爆管等严重事故的风险发生，也会加剧对省煤器的氧腐蚀性。可以说严格控制炉水水质，是碱回收炉安全运行的重要保证。

（三）熔融物与水接触性爆炸问题

碱回收炉运行过程中最为严重的事故就是熔融物与水的接触性爆炸。在 $850\sim950℃$ 的高温下，熔融物和水接触会发生如下化学反应：

$$Na_2S+4H_2O \Longrightarrow Na_2SO_4+4H_2$$

$$Na_2S+4H_2O \Longrightarrow NaOH+H_2S$$

$$Na_2CO_3+H_2O \Longrightarrow 2NaOH+CO_2$$

上述反应会生成大量 H_2 等可燃性气体，具有发生化学爆炸的危险性。

通常认为，熔融物与水的接触性爆炸主要还是物理性爆炸。当水接触到高温熔融物时，会发生极度过热效应，水分会被瞬即蒸发产生大量蒸汽，导致系统内蒸汽压力突然增大，以致对密闭系统产生破坏性冲击。据估算，$1kg$ 的水在 $0.001s$ 内汽化成蒸汽后，所释放出的能量相当于 $0.5kg$ 的 TNT 炸药的爆炸力。因此，发生熔融物与水接触性爆炸时决定爆炸强度和爆炸损伤性的重要因素是接触熔融物并被汽化的水量。

熔融物与水接触性爆炸通常会发生在燃烧炉和熔融物溶解槽内。

（1）炉内爆炸

当炉内水管发生泄漏时，就可能会发生炉内爆炸问题。为此，唯一的办法就是防止炉内水管尤其是水冷壁和水冷屏管发生泄漏问题。通常需要注意以下几个问题：

① 定期或不定期检查炉内有关炉水管件的完好程度，减少对炉水管件的机械性损伤如钢钎捅熔融物溜槽等。重点部位的炉水管件宜定期检查，如空气预热器及熔融物溜槽冷却水系统的泄漏问题，发现问题应及时解决。

② 避免入炉黑液浓度过低。入炉黑液浓度过低时，会使大量水进入炉膛，严重时会引起熔融物与水的接触性爆炸。因此，生产中要求入炉黑液浓度不得低于 55%。

③ 相关部位安装紧急事故排水阀，一旦出现漏水时，可迅速进行排水，减少泄水量。

（2）炉外爆炸

炉外爆炸通常是指进入溶解槽的熔融物和水接触发生的爆炸。由于熔融物溶解必须和水进行接触，通常可将熔融物首先分散成较小颗粒，以避免由于热能集中造成爆炸性安全隐患。为防止此类爆炸问题，生产中可采取如下措施：

① 熔融物溶解过程中注意保持适当的绿液浓度和溶解槽液位，并及时排除溶解槽内产生的水蒸气，通常绿液浓度宜控制为 $95\sim115g/L$。绿液浓度过高时，会发生沉淀或结晶现象，不仅会影响消音，严重时还会在绿液液面上结成硬壳层，熔融物会堆积在硬壳层上面，增加发生爆炸事故的隐患。

② 定期检查消音装置以保证良好的消音效果，发现结垢等问题宜及时解决。

③ 定期检查搅拌装置以保证良好的搅拌效果，防止与熔融物沉积和局部浓度过大而引起爆炸事故。

④ 加强碱炉运行管理以保证熔融物能够连续、稳定排出，减少瞬间大量熔融物流出现象。

（四）可燃气体爆炸

黑液燃烧不正常时，由于黑液发生热解反应在炉膛内产生大量可燃气体，若不能及时燃烧就会发生爆炸事故。此类爆炸事故严重时，可能会造成炉内管件的损伤，从而会引起熔融物与水接触性爆炸事故。生产中应注意以下问题：

① 入炉黑液宜充分预热，并使其流量稳定和喷雾良好，以使其在炉膛内充分燃烧；同

时，要控制燃烧室出口烟气中有 $1.0\%\sim2.0\%$ 的过剩氧量，以保证炉内可燃性气体能够充分燃烧；另外，保证烟道畅通，以利于炉内烟气及时排出。

② 开、停炉时要使引风负压适当，以便将炉内积存的可燃气体及时抽出。

③ 如发生爆炸事故，可采用大量黑液窒息燃烧垫层。此时须注意调整好引风负压，以保证大量可燃气体及时抽出。

④ 点油枪时，如发现点火不良宜间隔一段时间，让可燃气体排出后再行点火操作，且不宜将油枪内存油直接喷入炉膛。同时，要保证油枪雾化良好。

碱回收炉关联的工艺系统较为复杂，其安全运行性涉及工艺设计、设备制造与安装、运行检查以及维护等各个环节，所以，实际操作过程中加强对每个环节的管理是保证其安全运行的重要前提。

八、黑液燃烧技术进展

（一）非工艺元素控制技术

由于现代制浆厂生产用水系统封闭程度的提高，导致非工艺元素（NPE）如氯、钾在生产系统中的累积度会增加。氯、钾元素的存在，会使碱灰黏附温度降低，进一步会影响碱回收炉的正常运行。

氯、钾元素对碱回收操作的影响主要有：加重碱炉积灰现象，须增加吹灰次数并蒸汽消耗，也使洗炉频次增加；降低碱炉产汽能力；导致换热部件特别是过热器的腐蚀等。所以，有效控制碱回收过程系统中的氯、钾元素含量，对于碱回收炉的正常运行有重要意义。

氯、钾元素主要来自于植物纤维原料，原料种类不同，其含量会有差异，表 7-8 中给出了不同纤维原料制浆黑液中氯和钾的含量情况。植物纤维原料不同，上述元素含量会有所差异，如钾元素更富集于树皮中。上述元素也可由外加化学药品和生产用水带入。所以，优选制浆纤维原料，提高纤维原料的备料质量，尽可能减少外加化学品和生产用水中这些元素的含量，都是控制此类元素含量的重要举措。

表 7-8　　　　　　　　　不同纤维原料制浆黑液中氯、钾元素的含量

	北欧木材黑液		北美木材黑液		热带木材黑液	
	松木	桦木	松木	阔叶木	松木	混合阔叶木
K 含量/%	2.2	2.0	1.6	2	1.8	2.3
Cl 含量/%	0.5	0.5	0.6	0.6	0.7	0.8

黑液中氯、钾元素的含量已成为现代碱回收炉设计中确定碱回收炉最高过热蒸汽温度的重要依据，也是限制碱回收炉进一步提高蒸汽参数和增加发电量的主要障碍。

国外对氯、钾元素的富集和去除进行了大量的研究，相继提出了三种去除钾盐和氯化物的方法，包括碱灰沥青法、结晶法和膜法。其中，碱灰沥青法和结晶法已实现工业化生产。

1. 碱灰沥青法

碱灰沥青法是最先进入工业化生产的一种非工艺元素去除方法，是一种利用 Na_2SO_4、$NaCl$、K_2SO_4 等在一定温度和 pH 条件下在水中的溶解度有差异的特性，将碱灰中的钾、钠元素通过溶解、结晶析出等方法加以分离的技术。图 7-29 中给出了碱灰沥青法系统的工艺流程简图。

碱灰沥青法的具体工艺案例：将电除尘碱灰首先溶解在 90℃ 热水中，控制灰水比为 1.2～

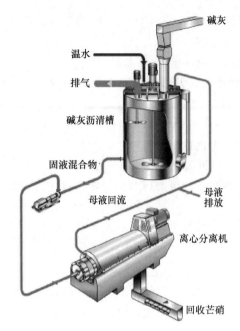

图 7-29　碱灰沥青法工艺流程简图

1.6kg 灰/kg 水，使溶液接近饱和状态。此时，有较高溶解性的氯化钠和氯化钾处于完全溶解状态，而溶解性较差的 Na_2SO_4 则会以晶体型式析出来。

该方法投资和运行费用较低，操作简单，但分离效率还有待提高。

2. 冷却结晶法

冷却结晶法是一种利用 Na_2SO_4 可以在低于 20℃ 时从溶液中析出的特性，将电除尘碱灰在 40～50℃ 温水中溶解，同时加入硫酸，将大部分 Na_2CO_3 转变为 Na_2SO_4，然后降低温度至 10～15℃，使 Na_2SO_4 形成含水晶体（$Na_2SO_4 \cdot 10H_2O$），进一步进行分离。图 7-30 中给出了典型冷却结晶法系统的工艺流程简图

某公司安装了 6 套冷却结晶法碱灰处理系统，用于 2400t 固形物/d 碱回收炉系统（蒸汽压力 10.8MPa）。处理碱灰能力 1.8t/h，除钾效率为 75%，除氯效率 90%，回收 Na_2SO_4 效率 96.6%。

3. 蒸发结晶法

蒸发结晶法也是一种基于钾、钠盐类在水中溶解度的差异性对其进行分离的技术。首先将碱灰用大量热水溶解（0.4kg 灰/kg 水），然后使用结晶蒸发器将溶液浓缩，使其中的 Na_2SO_4 和 Na_2CO_3 及碳酸钠矾（$Na_2CO_3 \cdot 2Na_2SO_4$）结晶出来，当溶液中的氯、钾达到一定浓度时，可将结晶体进行有效分离，排放母液，达到分离氯、钾元素的目的。图 7-31 是某公司开发的典型蒸发结晶法工艺流程。

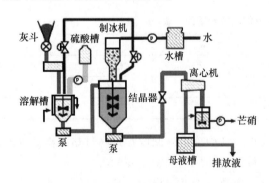

图 7-30　典型冷却结晶法工艺流程简图

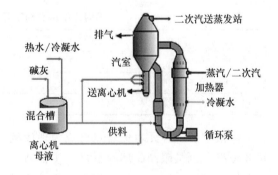

图 7-31　典型蒸发结晶法工艺流程简图

4. 离子交换法

离子交换法是一种利用离子交换、选择性吸附等原理分离碱灰中非工艺元素的方法。首先，将电除尘碱灰溶于水中，经过滤后进入离子交换塔，使用对 NaCl 有高选择性的常压树脂对其吸附，该交换塔包括阳离子和阴离子交换单元，通过吸附和解吸操作将 NaCl 去除。该方法投资、操作和维修成本较低，氯离子去除率高且安装空间需求小，但存在钾去除率较低、回收 Na_2SO_4 较高和离子交换塔内树脂易被堵塞等操作问题。

5. 膜电解法

膜电解法是一种利用阴、阳离子膜对氯离子和钾离子存在选择性吸附的原理，对这些元素进行分离和去除的方法。某制浆厂选用一价阴离子选择性膜处理电除尘碱灰，在几乎不损失硫酸盐的情况下，氯离子去除率可达 50％ 以上。由于阳离子选择性膜对去除钾有较好的选择性，可使处理后的元素钾含量大大降低，同时对重金属离子以及高分子有机物也会起到较好地去除效果。

（二）高浓黑液燃烧技术

高浓黑液燃烧技术是现代碱回收炉生产工艺方面的重大进展。通过对黑液蒸发技术的改进，采用高温降黏、结晶蒸发等高效蒸发技术可以将黑液浓度提升至 80％，为实施高浓黑液燃烧创造了重要条件。采用高浓黑液燃烧技术，会显著提高蒸汽产量和改善燃烧稳定性，有利于提高碱回收产能和碱回收率，并使烟气中的总还原硫（TRS）和二氧化硫含量大为降低，同时还会减少碱炉积灰和堵灰现象。

黑液浓度对碱炉炉膛温度、碱炉热效率、蒸汽产量、烟气流量以及入炉热量的影响如图 7-32 所示。

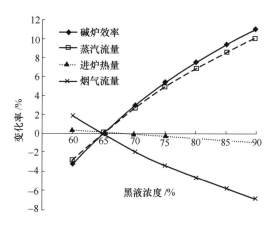

图 7-32　黑液浓度对碱炉运行参数的影响

（三）高参数碱回收炉技术

针对利用黑液燃烧过程产生过热蒸汽用于发电的问题，在传统碱回收炉的基础上，开发出了所谓"高参数碱回收炉技术"。出于碱炉运行过程中过热器腐蚀及高制造成本等问题的考虑，对黑液氯、钾含量的控制提出了更高要求，同时提出了不能单方面追求过高的过热蒸汽参数的设计思想。目前，较先进的碱炉蒸汽压力为 8.9MPa，温度为 480℃；国内碱炉蒸汽压力最高为 9.2MPa，温度最高为 490℃；国外碱炉蒸汽压力可达 10.9MPa，温度可达 510℃，蒸汽产量可达 3.8kg 汽/kg 固形物，发电量可达 2.16MJ/kg 固形物。

（四）碱炉大气污染物控制技术

为满足日益严格的环保要求，控制大气污染物排放已成为碱回收炉运行过程中必须考虑的问题。碱炉产生的大气污染物主要有粉尘颗粒物、总还原硫和 SO_2、NO_x、CO、HCl 和 NH_3 等。

碱炉粉尘颗粒物一般可采用除尘效率大于 99.5％ 的多电场干法静电除尘器进行捕集，溶解槽及芒硝混合槽排汽中的颗粒物可采用湿式洗涤器进行洗涤捕集。

现代碱回收炉中产生的总还原硫可控制在 $5cm^3/m^3$ 以下，其他生产系统如蒸煮、洗选漂、蒸发和苛化工段中产生的硫化物臭气可送入碱炉进行焚烧。碱炉中产生的 SO_2 浓度主要取决于碱炉的运行工况，如果碱炉垫层温度足够高，就可使 SO_2 浓度降低至不可测的水平。图 7-33 中反映了垫层温度对碱炉烟气中 SO_2 和 NO_x 排放的影响。可见，

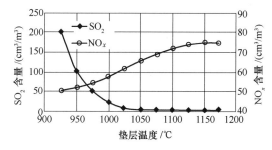

图 7-33　垫层温度对烟气中大气污染物的影响

合理控制垫层温度，可有效控制烟气中 SO_2 和 NO_x 的含量。

碱炉产生的 NO_x 浓度会相对较低，一般为 $50\sim100cm^3/m^3$。现代碱回收炉通过增加四次供风设计，可有效降低 NO_x 产生量。

碱炉中 CO 的排放通常易于控制，通常在万分之一范围内，但在碱炉运行不正常时，CO 的排放量将会增加。

如果黑液中氯化物含量较高，同时烟气中 SO_2 浓度较高时，由于氯化物与 SO_2 会发生化学反应，烟气中 HCl 的排放浓度就会增加。所以，降低烟气中 SO_2 浓度以及除去炉水中氯离子含量是降低烟气中氯化氢浓度的关键所在。

NH_3 及氨盐仅在溶解槽排气中可检测到，主要来源于木材等纤维原料中与有机物结合的氮元素。从汽提塔送来的臭气中通常含有一定量的 NH_3 成分，会在碱回收炉中焚烧时生成 NO_x。在黑液蒸发过程时，黑液中约 20% 的氮元素可被除去，大部分氮元素会进入蒸发系统的冷凝水中。

（五）臭气处理技术

硫酸盐制浆厂产生的臭气中含有一般含有 H_2S、CH_3SH（甲硫醇）、C_2H_6S（二甲硫醚）和 $C_2H_6S_2$（二甲二硫醚）等。由于臭气中大量硫化物（即所谓"总还原性硫"）的存在，若不加有效处置，就会对大气环境造成严重污染。当臭气浓度达到某一临界值后，还会在密闭状态下发生爆炸。所以，结合黑液碱回收过程，对生产过程中产生的臭气进行焚烧处理，已成为目前制浆行业中的一项重要的技术。

制浆生产过程中产生的臭气主要会在蒸煮器、蒸发器、松节油回收系统、汽提塔、未漂纸浆洗浆机和黑液槽、污水槽等处散发出来。所以，生产中首先对这些臭气收集后，经阻火、冷却及雾沫分离、洗涤及预热等处理后送入碱回收炉、动力锅炉以及石灰窑等处进行焚烧。

硫酸盐制浆厂产生的臭气一般可分为高浓臭气（CNCG）、低浓臭气（DNCG）和汽提臭气（SOG）。

1. 高浓臭气处理

高浓臭气具有高浓少量的特点，主要来源于硫酸盐制浆厂连续蒸煮器的木片溜槽和蒸发工段的热井处。

来自木片溜槽的气体经细沫分离器分离出细碎木屑后，进入初级冷凝器进行松节油分离。从初级冷凝器排出的气体送至不凝气冷却器，被冷却的不凝气经过阻火器后同蒸发工段热井（冷凝水收集装置）的不凝气混合，再经过阻火器后一起进入浓白液涤气器以吸收部分不凝气，经洗涤后气体经蒸汽喷射器和雾沫分离器分离出液体后经阻火器和火焰喷嘴在石灰窑等处进行焚烧。

2. 低浓臭气处理

图 7-34 给出了低压臭气处

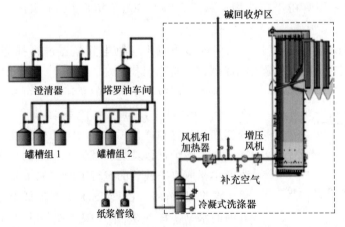

图 7-34　低浓臭气处理系统工艺流程简图

理系统的工艺流程简图。

低浓臭气具有低浓量大的特点，主要来源于硫酸盐制浆厂连续蒸煮器的木片仓、洗浆机气罩、洗浆机滤液槽、黑液槽、污冷凝水槽及其他污水槽、绿液稳定槽和澄清槽等处。由于木片仓气体中松节油含量较多，在送入臭气处理系统前可在冷凝器中进行松节油分离，排气再经冷却器冷却至较低温度（如 40℃）后，由蒸汽喷射器送往 DNCG 气体处理系统中。

将其他部位产生的低浓臭气经收集后，与木片仓臭气混合进入冷却器冷却至一定温度（如 50℃）并去除多余水分，送至 DNCG 系统的加热器预热至一定温度（如 80℃），可作为三次风送入碱回收炉焚烧。

3. 汽提臭气处理

汽提臭气主要来源于蒸发工段的汽提塔和污水输送过程中，其主要组分中约 50% 为甲醇，其余为水蒸气和少量硫化物。从汽提塔汽提的臭气一般温度和压力较高（约 90℃，30kPa），所以在输送过程中无须动力源。臭气经阻火器、雾沫分离器后和高浓臭气一起送至石灰窑或动力锅炉中焚烧。

为防止汽提臭气中大量甲醇产生冷凝问题，须采用独立管道对其进行输送。

第六节　绿液苛化

一、苛化的目的和意义

黑液在燃烧工段产生的绿液其主要成分为 Na_2CO_3 和 Na_2S，尚不能作为碱法蒸煮药液使用。为此，须将绿液中的 Na_2CO_3 转化为 NaOH 后，方可回用于蒸煮工段。绿液苛化的目的就是将其中的 Na_2CO_3 转化为 NaOH，制得一定有效碱浓度的蒸煮药液，实现真正意义上的碱回收。绿液苛化是碱回收系统的重要组成部分，其运行效能对于碱回收系统的运行经济性有重要影响。

绿液苛化过程中，除了产生蒸煮药液外，还会产生白泥副产物。

二、苛化反应及名词术语

（一）苛化反应过程

绿液苛化过程实际上就是绿液中的 Na_2CO_3 与苛化剂（石灰）发生化学反应生成 NaOH 的过程，主要包括石灰消化和绿液苛化两种反应，方程式如下：

消化：$CaO + H_2O \longrightarrow Ca(OH)_2 + 65kJ/mol$

苛化：$Ca(OH)_2 + Na_2CO_3 \Longleftrightarrow NaOH + CaCO_3 \downarrow$

首先将 CaO 加入绿液中发生消化反应生成 $Ca(OH)_2$，$Ca(OH)_2$ 与绿液中的 Na_2CO_3 发生苛化反应生成 NaOH 与 $CaCO_3$ 沉淀（白泥）。其中，消化反应属于放热反应，且反应速率较高；苛化反应属于可逆反应，存在化学反应平衡问题。合理调整反应过程的相关工艺参数如反应物和生成物浓度等，对于促进苛化向正反应方向进行有积极的意义。

（二）名词术语

1. 白液（White liquid）、稀白液（Weak white liquor）

白液是指绿液采用石灰进行苛化过程中，得到的苛化反应液经过滤和澄清后得到液体，因其中会含有少量白泥成分而呈浊液态。白液是黑液碱回收得到的碱性药液，可回用于植物纤维原料的蒸煮过程。

稀白液是指白液澄清或过滤过程中得到的白泥进行洗涤以回收白泥中夹带的白液成分时，产生的低浓度白液。

2. 苛化度（Causticity）

苛化度也叫苛化率，是指苛化反应过程中生成 NaOH 的浓度与反应体系中 NaOH 与 Na_2CO_3 浓度加和之比。苛化度反映了绿液中的 Na_2CO_3 转化为 NaOH 的比率，可用下列公式计算：

$$C = \frac{w_{NaOH}}{w_{NaOH} + w_{Na_2CO_3}} \times 100\%$$ (7-20)

式中　w_{NaOH} 和 $w_{Na_2CO_3}$ 的浓度以 Na_2O 或 NaOH 计。

三、工艺流程及操作原理

目前生产中采用的绿液苛化工艺大致可分为两类，一是以绿液澄清器和白液澄清器为主要设备的所谓传统连续苛化技术，二是以高效固液分离器为主要设备的所谓现代连续苛化技术。老式苛化工艺大多采用第一类苛化技术，而新式苛化工艺则采用第二类苛化技术。

（一）传统连续苛化工艺

图 7-35 中给出了采用单层澄清器的传统连续苛化系统工艺流程简图。该工艺大致可分为如下过程：绿液澄清、石灰消化和绿液苛化、白液澄清和白泥洗涤、绿泥和白泥洗涤、辅助苛化（图中未显示）等部分。

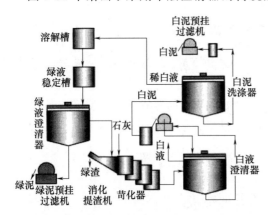

图 7-35　传统绿液连续苛化系统工艺流程简图

1. 绿液澄清

绿液通常含有一些水不溶性的绿泥杂质，对后序生产过程会造成不良影响。绿液澄清的目的就是去除绿液中的绿泥，得到相对洁净的绿液和粗绿泥副产品。澄清后绿液送至石灰消化器进行石灰消化和绿液苛化反应，粗绿泥送至绿泥洗涤器进行洗涤后采用过滤机进行脱水处理。绿泥脱水得到的绿泥可送至绿泥处置系统或直排，而稀绿液则可送至辅助苛化系统与白泥经洗涤和脱水得到的稀白液混合进行辅助苛化。

2. 石灰消化和绿液苛化

绿液苛化采用的生石灰与绿液在石灰消化器中进行消化和苛化反应，生成的初级白液（含白液和白泥）进入多级苛化反应器（一般为 3～4 级）继续进行苛化反应，生石灰消化产生的灰渣（绿渣）经提取后可送至灰渣处理系统。

初级白液在多级苛化反应器中的苛化反应宜在低速搅拌和适当温度条件下进行，反应过程中相关工艺参数的控制应该以提高苛化反应效率和有利于白液澄清为前提。

3. 白液澄清和过滤

将从多级苛化反应器得到的白液送到白液澄清器中，以除去白液中的沉淀物。澄清后白液经进一步过滤后送至浓白液槽，浓白液可送至蒸煮工段回用。白液澄清产生的粗白泥送至白液过滤机过滤以回收白液，产生的白泥送至白泥洗涤器中，经热水稀释、洗涤和混合均匀经澄清后得到稀白液和白泥，此处白泥与辅助苛化系统来的白泥一起送入白泥脱水机进行脱水得到白泥饼和稀白液。

4．绿泥和白泥洗涤

绿液和白液澄清产生的初级绿泥和初级白泥中，尚含有一定量的绿液和白液成分，考虑到回收利用的重要性，一般对初级绿泥和初级白泥采用热水在洗涤系统中进行洗涤处理，以回收其中的有效成分。回收的稀绿液和稀白液可送至辅助苛化系统继续进行苛化反应。

5．辅助苛化

利用从浓白液澄清器来的粗白泥和白泥洗涤过滤系统来的稀白液中含有的未经充分苛化的有效成分，与从粗绿泥洗涤过程中回收的稀绿液进一步进行苛化反应得到稀白液，以提高白液回收率。辅助苛化系统的稀白液一般可送至燃烧工段熔融物溶解槽。

（二）现代连续苛化工艺

图 7-36 中给出了具有代表性的现代绿液连续苛化系统工艺流程简图。

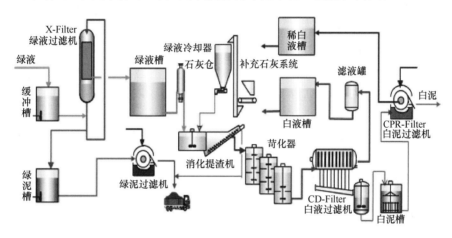

图 7-36　现代绿液连续苛化系统工艺流程简图

现代连续苛化工艺的核心技术是采用高效固液分离设备代替传统苛化工艺中的澄清器和过滤机，包括采用绿液过滤机（X 过滤机或卡式过滤机）代替绿液澄清器、预挂过滤机代替真空过滤机、压力管式或盘式过滤机代替白液澄清器及白泥洗涤器和真空盘式过滤机代替白泥预挂过滤机等。

与传统苛化工艺相比较，现代苛化工艺系统应该具有运行效能更高、设备布置更为紧凑等特点。

四、苛化过程的影响因素

（一）绿液浓度和组成

绿液浓度可以绿液中总碱或 Na_2CO_3 含量表示。绿液浓度增加时，绿液中的相关物质的浓度尤其 OH^- 离子浓度会增加，在一定程度上对苛化平衡反应向正方向进行会起到阻滞作用；浓度较低时，制得白液浓度也较低，不利于蒸煮液比的控制。为此，综合考虑各因素，绿液总碱浓度一般控制为 $100 \sim 110g/L$（NaOH 计）。

绿液中 NaOH、Na_2S、Na_2SiO_3、Na_2SO_3 等成分在苛化反应体系中均会直接或间接地产生 OH^- 离子，因而上述各组分的存在对苛化反应会产生一定的阻滞作用，主要化学反应如下：

$$Na_2S + H_2O =\!=\!= NaOH + NaSH$$
$$Na_2S + Ca(OH)_2 =\!=\!= 2NaOH + 2CaS\downarrow$$
$$Na_2SiO_3 + Ca(OH)_2 =\!=\!= 2NaOH + CaSiO_3\downarrow$$
$$Na_2SO_3 + Ca(OH)_2 =\!=\!= 2NaOH + CaSO_3\downarrow$$

适当降低绿液浓度对于获得理想的苛化度是有利的，特别对草浆绿液苛化而言，绿液浓度宜严格控制。有时采用较高绿液浓度（如总碱浓度达 130g/L，NaOH 计），其目的是为了得到高浓度白液，以便在蒸煮时可多配加一些黑液，以实现蒸煮过程节能降耗的目的。

（二）温度

尽管石灰消化反应是放热反应，但提高温度有利于提高石灰消化率和消化速度，所以，消化温度以 102～104℃ 为宜。绿液温度宜保持在 85～90℃，石灰消化过程中该温度会提升至 100℃ 以上，这对于提高消化和苛化效率都有好处。如果绿液温度过低（如小于 60℃），则由于消化速度慢会使消化器中未消化的石灰颗粒数增加，从而对苛化效果产生不利影响。

苛化温度的影响具有两重性：一方面，提高苛化温度，会使 $Ca(OH)_2$ 溶解度下降和 $CaCO_3$ 的溶解度增加，对苛化会产生不利影响；另一方面，温度的升高，会加快苛化反应进程，缩短苛化反应时间和提高苛化过程的运行效能。生产过程中，可通过控制绿液温度来控制消化和苛化温度，并使苛化反应在苛化液沸点以下进行，以减少碱性蒸汽的产生。

（三）时间

石灰消化时间与石灰质量有关。如果石灰质量高，则消化时间只需 1～2min 即可；如果石灰质量差，消化时间有时会达到 10min 以上。所以，消化器设计时须保证有 20min 左右的石灰消化时间。苛化反应时间与温度的关系较大，如苛化温度在 100℃ 左右时，苛化时间为 90min 左右即可。提高反应温度有利于提高苛化反应速率，如温度每提高 20℃，苛化反应速率就会提高 2～3 倍。生产过程中发现，适当延长苛化时间有利于生成澄清和滤水性良好的白泥颗粒。

（四）石灰质量及其用量

石灰中 CaO 含量越高，杂质含量越少，对苛化反应就会越有利。石灰中含镁、铝、硅等物质的存在，对提高苛化率和白液澄清性能都会产生不利影响。另外，石灰烧结现象严重（如硬壳化）时，也会影响石灰消化和绿液苛化反应速率。

石灰用量对苛化反应效果的影响较大。石灰用量低于理论值时，会使苛化反应速率降低；石灰用量过高时，过量的 $Ca(OH)_2$ 会导致白液澄清速率下降，还会对苛化度产生不利影响。

实际生产过程中，一般控制石灰用量较理论值高 5%～10% 左右为宜。

（五）搅拌

选用合适的搅拌器对苛化反应体系进行适度搅拌，对于促进苛化反应进程具有积极的意义。搅拌强度不宜过大，否则会使苛化反应产生的 $CaCO_3$ 颗粒尺寸过小而对白液澄清和白泥滤水产生不良影响。

五、苛 化 设 备

（一）澄清器

澄清器包括绿液澄清器和白液澄清器，通常有单层和多层之分，其作用是从绿液和白液中分离去除绿泥和白泥杂质，以提高绿液和白液质量。澄清器主要由槽体、刮泥器、进液装置、出液出泥装置等部件组成，典型的单层澄清器结构如图 7-37 所示。

传统制浆厂碱回收系统中，绿泥产量一般可达 10kg/t 浆；现代制浆厂碱回收系统中，绿泥产量可降至 2.45～6.58kg/t 浆。从绿液中有效分离出绿泥杂质，对于提高绿液苛化效率和白液质量都有着重要影响。

白液澄清器的结构与绿液澄清器基本相同，只是使用目的有区别。

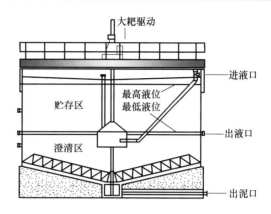

图 7-37　澄清器结构简图

（二）绿液过滤机

绿液过滤机的作用是进一步除去绿液中的绿泥杂质，图 7-38 中给出了 LimeGreen™ 型绿液过滤机的外形结构简图。该过滤机类似于板式降膜蒸发器，绿液由过滤机顶部，以均匀薄膜状沿过滤元件向下流动时，由于过滤元件内外压差，使部分绿液横向穿过过滤层进入过滤元件内部收集并排出。绿液过滤机使用过程中不形成滤饼，绿液澄清效果良好。绿泥在循环液中富集后，可送至后序过滤器进一步浓缩脱除绿液和提高绿泥浓度。

（三）绿泥离心式脱水机

将绿泥浆夹带的绿液进行有效回收对于提高碱回收率有重要影响。传统的绿泥浆脱水采用鼓式预挂过滤机进行，但所得绿泥干度一般较低（～40％），会造成绿液损失较多和绿泥运输量较大等问题。采用离心式脱水机对绿泥浆进行脱水处理，具有安装和运行费用低、绿液损失小、处理能力大和绿泥干度高等优点。

绿泥离心式脱水机结构如图 7-39 所示。

（四）石灰消化器

石灰消化器有鼓式、转筒式、耙式和螺旋分级式等类型。其中，鼓式和转筒式石灰消化器是早期使用的石灰消化设备，由于其消化质量较差，且化学药品损失较大，已被耙式石灰消化提渣机和螺旋分级式消化提渣机等设备所取代。

图 7-38　绿液过滤机结构简图

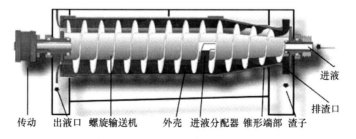

传动　出液口　螺旋输送机　　外壳　进液分配器　锥形端部　渣子

图 7-39　绿泥离心式脱水机结构示意图

石灰消化器主要由消化器和提渣机两部分组成，提渣机可以采用耙式，也可以采用螺旋式。现代石灰消化过程多采用螺旋分级式消化提渣机，其结构如图 7-40 所示。

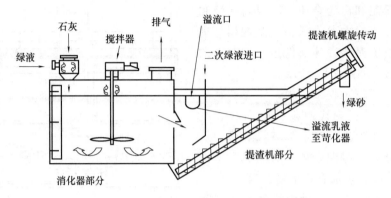

图 7-40　螺旋分级式石灰消化器结构示意图

（五）苛化器

苛化反应实际上从石灰消化过程就已经开始，苛化器的作用是为苛化提供进一步反应的空间和时间。现代连续苛化过程一般由多台苛化器串联使用，每台苛化器都是直立圆筒形结构，内设有立式搅拌器和蒸汽加热装置等。

在多台苛化器串联的流程中，苛化液主要靠溢流作用通过各台苛化器之间的安装高度差进行输送。苛化器设计有单室、双室或三室等形式，图 7-41 为典型的单室连续苛化器的结构示意图。消化乳液首先由苛化器顶部进入，反应后苛化液通过提升管送入下一台苛化器。

（六）白液过滤机

白液过滤机的作用是进一步去除白液中的白泥杂质。20 世纪 70 年代投入市场的管式压力过滤机是一种广泛应用的白液过滤设备，这种设备可避免白液温度降低，同时可连续获得高澄清度的白液，白液悬浮物浓度可低于 20mg/L。管式压力过滤机的结构如图 7-42 所示。

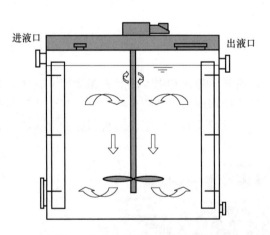

图 7-41　单室连续苛化器结构示意图

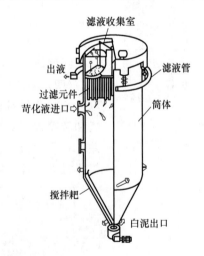

图 7-42　管式压力过滤机结构示意图

管式压力过滤机对白液中的硅、镁物质含量较为敏感，将其应用于硅含量较高以及采用外购石灰的草浆绿液苛化系统时，产能与木浆绿液苛化相比较会大大降低。在生产实践中，将该设备作为重力澄清后澄清液的后序过滤设备使用时，取得了较好的应用效果。

压力盘式过滤机是目前最先进的白液过滤设备，该设备兼有白液过滤和白泥洗涤的作用。压力盘式过滤机系统通常包括水平布置的压力过滤容器、带搅拌器的白泥打散槽、滤液收集槽、带分离器过滤器及增压压缩机等设备，其结构与白泥脱水系统工艺流程如图 7-43 和图 7-44 所示。

压力盘式过滤机内主要由轴向垂直布置的多个过滤盘片组成，每个盘片由多个滤布包覆的扇形过滤元件构成，过滤盘片连接到中心轴上，轴内液体通道将通过滤扇片过滤出来的白液通过过滤阀输送到滤液收集槽，经汽液分离后泵送至白液贮存槽。

从滤液收集槽分离出的气体经压缩机增压后送回过滤容器内维持过滤

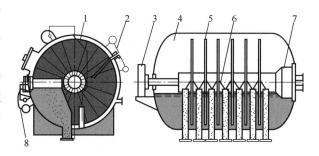

图 7-43　压力盘式过滤机结构示意图
1—清洗及空气搅拌装置　2—酸洗及泥饼清洗装置
3—传动装置　4—筒体　5—主轴及扇形板　6—刮
刀装置　7—分配阀　8—刮刀及出料口清洗装置

单元的过滤压差。部分压缩气体采用压缩机送入过滤机底部，作为气体搅拌用。通过气体搅拌，保证乳液中白泥颗粒悬浮于液相中以避免沉积。

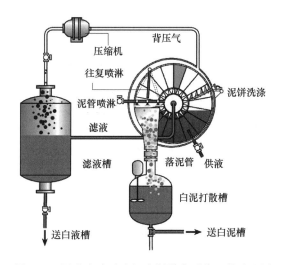

图 7-44　压力盘式过滤机白泥脱水系统工艺流程图

过滤元件内外有一定的压差，可促使白液通过滤布，分离出的白泥贴附在滤布表面上形成白泥饼，白泥饼经水洗后采用刮刀刮落。

过滤元件在使用一段时间后，为了除去"顽固性"白泥垢，需要对其进行酸洗，酸洗介质通常采用氨基磺酸。

（七）白泥脱水机

白泥脱水机的作用是将绿泥和白泥进行脱水浓缩，使其达到应有的干度，以便进行运输和后序处置。生产中用于白泥脱水的设备一般有带式过滤机、鼓式预挂过滤机、盘式预挂过滤机和离心机等，其中，鼓式预挂过滤机和盘式预挂过滤机较为常见。

（1）鼓式预挂过滤机

鼓式预挂过滤机的结构如图 7-45 所示。

鼓式预挂过滤机主要由转鼓、分配阀、槽体、刮刀、喷淋管、汽罩等几部分组成，其工作原理与鼓式真空洗浆机相似，是真空洗渣机的换代产品。该设备可用于绿泥和白泥脱水，是小规模苛化系统的首选设备。鼓式预挂过滤机的工作原理是：首先在转鼓面上预挂白泥层，然后进行洗涤和过滤，预挂层面上吸附形成的泥饼用刮刀连续刮除，转鼓内 360° 均设计有真空度。用于白泥脱水时，白泥干度可达 75%～85%，白泥残碱可达 0.1%～0.4%（对白泥质量，以 Na_2O 计）。

鼓式预挂过滤机的预挂层已由原先的间歇式发展为连续式，预挂层可采用高压水喷嘴进行喷淋，通过调节水压可部分或全部去除预挂层。这种设计可减少脱水后白泥浓度波动，对提高生产运行的稳定性有利。

随着碱回收生产规模的扩大，鼓式预挂过滤机逐渐被其他更为高效的新式脱水设备如盘

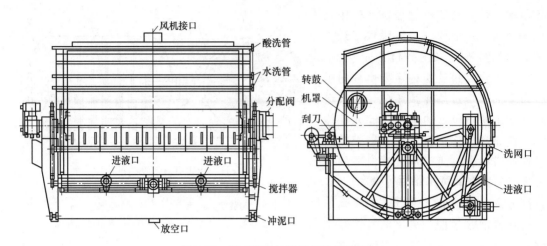

图 7-45　鼓式预挂过滤机结构示意图

式预挂过滤机等替代。

（2）盘式预挂过滤机

盘式预挂过滤机的结构图如 7-46 所示。该设备是在白液压力盘式过滤机和白液鼓式预挂过滤机的基础上开发出来的一种高效脱水制备，兼有对白泥进行洗涤和浓缩的作用。相对于传统的鼓式预挂过滤机，盘式预挂过滤机具有更大的过滤面积和白泥处理能力。盘式预挂过滤机运行中，在真空系统辅助作用下，滤水圆盘首先将白泥吸附在滤板的滤袋上形成预挂层，稀白液通过由预挂层和滤袋组成的过滤介质进入到扇形板内部，然后通过中心轴到达滤液收集槽，得到稀白液。脱水后白泥层经洗涤后由刮刀刮下并由皮带输送机送出。

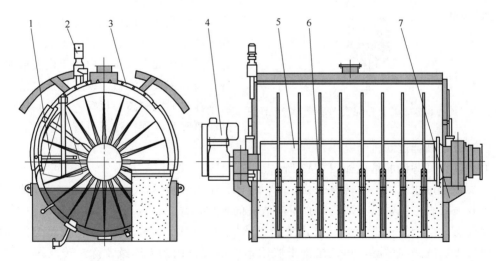

图 7-46　盘式预挂过滤机结构示意图

1—白泥洗涤装置　2—预挂层更换装置　3—上罩　4—传动装置　5—主轴及扇形板　6—刮刀装置　7—下槽体

设备运行过程中，可通过预挂层更换装置冲洗更换预挂层。过滤机滤网可采用低压水进行清洗，必要时也可采用氨基磺酸进行酸洗。

与鼓式预挂过滤机相比较，盘式预挂过滤机具有产能大、白泥洗涤能力强、设备占地面积小和维修维护更为简便等优点。

六、苛化系统稳定运行要点

为保证绿液苛化具有的理想的苛化度和白液澄清度，即在最低过量灰条件下最大限度地使 Na_2CO_3 转化成 $NaOH$ 并保证白液最低的混浊度，生产中除了遵守相关工艺规程外，须做到下述"四个保证"。

（一）保证绿液和石灰的质量稳定

绿液和石灰质量是影响苛化反应的最主要因素，需保持一定的稳定性。生产过程中如发现绿液和石灰质量异常，必须采取相应措施对相关工艺参数做出适时调整。

（二）保证苛化器运行稳定

苛化器的运行参数主要有绿液流量、温度、时间和搅拌速度等。绿液流量过大、温度过低和时间过短都会导致苛化速率会下降，最终会造成苛化度下降。搅拌速度过大或过小都会对苛化反应及生成白泥质量产生不利影响。生产过程中特别要对苛化温度严格控制，防止由于温度过高造成苛化液发生沸腾和喷溅现象。

（三）保证白液澄清器运行稳定

白液澄清器的稳定运行是获得理想澄清度白液的关键所在。在生产过程中，白液澄清器易出现"跑浑"问题，必须多加注意。一方面，宜尽量控制进澄清器粗白液的流量稳定性，同时宜严防澄清器中白泥积存过厚，造成搅拌器（如大耙）运行时扭矩过大甚至发生断轴事故。

（四）保证人身安全

绿液与苛化白液均具有较高的温度和碱度，发生飞溅和泄露会对操作人员造成腐蚀性伤害，因此，必须制订相应的安全防护规定，强化人员安全防护意识，随时认真检查易于发生飞溅和泄露的设备部位，发现问题应及时处理。同时，必须要求按规定合理配置劳保设施。

第七节　白泥回收与利用

白泥是绿液苛化过程中产生的固体副产物，其主要化学组分为 $CaCO_3$。据统计，以平衡 1t 绝干纸浆计，木浆黑液碱回收过程可产生干度为 75％ 的白泥 0.985t。白泥通常可采用煅烧石灰法进行回收，石灰可以在系统内进行循环使用；麦草浆黑液碱回收过程可产生干度为 60％ 的白泥 0.578t，由于硅干扰问题，目前尚不能采用煅烧石灰法进行回收。

白泥属于制浆造纸行业中最为重要的固体废物之一，对其进行合理处置并综合利用是制浆企业实施清洁生产的重要内容。

目前，白泥的回收和利用方法主要有煅烧石灰法和综合利用法如制备碳酸钙填料、烟气脱硫剂等。

一、煅烧石灰法

煅烧石灰法是一种将白泥在高温下进行焙烧处理，以制得石灰实现白泥回收的方法，化学反应式如下：

$$CaCO_3 \xrightarrow{\Delta} CaO + CO_2 - 177.8kJ/mol$$

煅烧石灰法适合于硫酸盐木浆厂碱回收白泥的处理，该类白泥中由于硅元素含量较低，制得石灰的品质较高，可直接回用于绿液苛化等工序。白泥煅烧产生的石灰就其经济性而言，尚难以与商品石灰相抗衡，一般认为，白泥烧制石灰的成本是商品石灰的2～3倍，但考虑到对固体废物进行有效处置并资源化利用的问题，煅烧石灰法仍具有一定的推广价值。在草浆碱回收系统中，煅烧石灰法回收白泥技术的应用还存在许多问题需要解决，如煅烧过程成本过高、石灰品质难以保证、在高温煅烧时白泥中的硅酸盐会腐蚀石灰窑壁等，所以，此技术尚难以推广应用。

煅烧石灰工艺按其主要设备不同可分为回转石灰窑法、流化床沸腾炉法和闪急炉法等，实际生产中以回转炉法为主。下面扼要介绍采用回转石灰窑系统回收白泥的工艺流程和主要设备特征。

（一）工艺流程

回转石灰窑也称为回转炉，一般可分为干法窑（短窑）和湿法窑（长窑）。当白泥干度≤60%时，最好采用湿法窑（长窑）对其进行回收处理。回转炉煅烧石灰系统的工艺流程如图7-47所示。

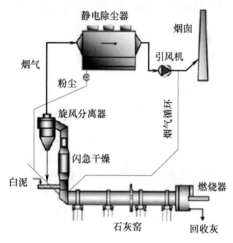

图7-47　回转窑炉法煅烧石灰系统工艺流程示意图

湿法窑可分为4个功能区，分别表示了由白泥转化为石灰的四个主要阶段。第一段为白泥干燥段，此阶段的作用是将湿白泥（干度＞55%）进行干燥处理，使白泥干度达到95%以上；第二段为白泥加热段，此阶段的作用是将白泥与热烟气充分接触，提高白泥温度；第三段为白泥煅烧区，此阶段的作用是对白泥进行热分解，通过煅烧化学反应生产CaO（石灰）和CO_2。第四段为冷却段，此阶段的作用是将石灰颗粒由高温度逐渐冷却至低温度，并排出石灰窑。出窑石灰还须采用冷却器进一步冷却至220℃以下的温度后，经破碎和分选处理后送至石灰仓备用。

采用干法窑煅烧白泥时，将干度大于60%的白泥首先送入闪急干燥器中与高温烟气进行直接接触式干燥，使白泥干度达到95%以上；干燥后白泥送入旋风分离器进行烟气分离，分离出的白泥送至石灰窑内进行煅烧反应至生成石灰产品。出窑石灰（也称为回收灰）也须经冷却器冷却至220℃以下的温度后，经破碎和分选处理后送至石灰仓备用。

煅烧石灰过程中使用的燃料有液体或气体燃料。其中，液体燃料可以是重油、甲醇、松节油或塔罗油等，而气体燃料可以是天然气、煤气、生物质燃气以及制浆厂臭气等。常用的燃料为重油或天然气。

煅烧石灰过程中产生的烟气需要进行净化处理。从旋风分离器分离出的烟气采用静电除尘器分离粉尘后，经引风机排至烟囱；从旋风分离器和烟气静电除尘器分离的粉尘可送回窑内进行煅烧处理。

外购石灰可经破碎机、皮带输送机、斗式提升机等设备送至石灰仓备用。石灰仓顶部应该设置一套袋式除尘器，用于逸出粉尘物的收集和降低排放烟气的空气污染指数。

（二）主要设备

1. 回转石灰窑

回转石灰窑是煅烧法回收白泥过程的主体设备，回转石灰窑一般由窑体（筒体）、窑衬、传动和支承装置、冷却器、燃烧器和液压挡轮等部件组成，图 7-48 中给出了典型回转石灰窑的结构及部件组成情况。

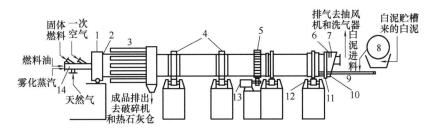

图 7-48　回转石灰窑结构简图

1—燃烧罩　2,11—气封装置　3—成品冷却器　4—环圈　5—主传动齿轮　6—后部侧氧仪　7—后部温度计
8—预挂过滤机　9—皮带输送机　10—进料端外罩　12—承压轮　13—电机和减速器　14—燃烧器

窑体是横卧倾斜安装和两头开敞的钢筒，低的一端称为窑头，高的一端称为窑尾，倾斜度一般为 2.0%～4.0%。现代回转炉长度达 100m 以上，其长度与直径的比例为 40∶1 左右；窑体安装在 3 个以上的支座上，石灰生产能力为 150～350t/d。适度增加窑体长度，有利于减少燃料消耗，但窑体长度过大时会造成炉尾温度大幅下降、进料不畅通和产生结圈现象等问题。

2. 回收灰冷却器

煅烧后的成品回收灰呈高温状态，需要通过冷却器进行热能回收，回收的热量可用于加热石灰窑送风。回收灰冷却器有传统的多筒冷却器（也称为管式冷却器）、现代扇形冷却器或复式冷却器之分。

3. 闪急干燥器

干法石灰窑回收白泥工艺中，一般设计有闪急干燥器系统，主要由换热筒、旋风分离器等组成。闪急干燥器的作用是对入窑白泥进行强制干燥处理，以适应后续煅烧反应对白泥干度的要求。

（三）煅烧石灰过程影响因素

1. 白泥特性

作为煅烧法回收石灰的主要原料，白泥的特性如含水率、杂质含量等参数对煅烧过程及石灰质量有重要影响。

首先，白泥含碱量宜保持在 0.5%～1.0% 范围内，含碱量过高时会产生以下不良影响：

① 高温下碱与耐火材料中的某些成分发生化学反应而产生窑衬腐蚀问题，严重时会导致炉衬脱落。

② 在窑炉出料端易产生结圈和炉瘤现象，造成操作困难。

③ 石灰钠盐含量高，对其消化过程产生不利影响。白泥含碱过低时，会使窑内粉尘物增多，飞失现象严重。其次，白泥杂质含量不宜超过 10%。杂质过多，炉内易产生硬块结圈现象。

为了补充系统中的石灰损失，一般在白泥煅烧过程中会外加部分商品石灰石进行补偿。此时，石灰石质量也是影响煅烧过程的重要因素。

2. 煅烧温度

石灰窑内煅烧温度须严格控制，一般不宜进行高温快速煅烧，以免造成煅烧不均匀或局部过烧现象。过烧石灰的消化难度较大，甚至不能消化，所以其利用价值不高。温度过低时，白泥烧制不充分，会导致回收石灰质量下降。

采用长窑煅烧白泥时，窑内物料停留时间较长，温度宜控制低一些，一般为1090℃左右。采用短窑煅烧白泥时，窑内物料停留时间较短，温度宜控制高一些，一般为1250℃左右。窑尾温度一般控制在105～150℃的范围内，最高不宜超过260℃，以防止链条等装置被烧坏。

（四）煅烧石灰系统稳定运行要点

回转窑煅烧白泥制备石灰过程中，通常出现的生产故障是"结圈"问题。所谓"结圈"，就是白泥在回转窑内某一部位处沿窑内壁形成一个越积越厚的环形圈，导致窑内通风和排烟不畅。

一般圈前温度较高，圈后温度较低，对正常生产会造成不利影响。生产中可通过检查出料均匀性和热、湿端温度变化以及排烟是否正常等方面判断是否已产生"结圈"问题，发现问题宜及时排除。

二、综合利用法

（一）制备碳酸钙填料

以白泥为原料制备轻质碳酸钙，用作造纸、塑料、橡胶及建筑涂料等产品制造过程中的填料，是对白泥进行综合利用的实用技术。

该技术一般基于三段苛化法原理，即对绿液采用预苛化、苛化和辅助苛化等技术处理。通过对相关工艺参数如绿液浓度、苛化反应温度和搅拌强度等的优化控制，使白泥获得理想的晶形和理化性能，再通过研磨、筛选和干燥等处理后，制得轻质碳酸钙产品。

某企业采用苇浆黑液碱回收白泥制备造纸用碳酸钙，主要流程为：白泥过滤机→粗白泥→粗白泥槽→粗筛选→白泥解絮机→细筛选→白泥槽→填料浆。其中，在白泥解絮机中通入来自石灰立窑的烟气或外购CO_2，目的是使白泥进一步碳酸化，以提高白泥中碳酸盐的含量。表7-9中给出了某企业制得白泥填料的性能指标。

表 7-9 白泥填料性能指标

化学组分	$CaCO_3$含量/%	Na_2O含量/%	CaO含量/%	SiO_2含量/%	Fe_2O_3含量/%	其他
	83.39	1.21	4.58	7.96	1.93	0.93
物理性质	沉降体积/(mL/g)	120目筛余物/%	白度/%	粒径分布/%		
				$>50\mu m$	$20\sim30\mu m$	$5\sim10\mu m$
	2.0	2.5	78.8	10	60	30

对白泥制备碳酸钙工艺进行优化研究的基础上，人们提出了从改善原料质量着手如增设对绿液和石灰的净化环节、控制苛化工艺以提高白泥质量的技术方案，制备白泥碳酸钙的性能指标如表7-10所示。

与商品碳酸钙相比较，目前国内制备的白泥碳酸钙填料在纯度、白度、粒度和沉降体积等质量性能方面可能还存在着一定的差距。所以，如何通过工艺优化和技术进步，使白泥碳酸钙填料满足更多领域的应用要求，是该项技术富有广阔发展前景的关键所在。

由于草浆黑液碱回收白泥中硅含量一般较高，目前尚难以采用煅烧石灰法进行回收，制备碳酸钙填料技术无疑为该类白泥的资源化利用提供了途径。由于生产工况不同，针对不同种类白泥的理化特性，宜在充分试验研究的基础上制定相应的碳酸钙填料的制备技术方案。

表 7-10　　　　　　　　　　　　　　白泥碳酸钙性能指标

项　　目	硫酸盐木浆	烧碱法蔗渣浆	硫酸盐法苇浆	烧碱法麦草浆
$CaCO_3$干基/%	98.18	98.56	90.35	88.84
盐酸不溶物/%	0.085	0.10	8.28	8.86
pH	9.76	9.92	9.86	9.67
铁/%	0.048	0.056	0.086	0.064
锰/%	0.0042	0.0038	0.0036	0.0039
沉降体积/(mL/g)	4.6	5.6	3.5	3.2
筛余物(45μm)/%	0	0	0.01	0.1
白度/%	92.6	96.3	91.8	95.0
磨耗/(mg/2000 次)	1.6	—	1.2	1.3

（二）制备烟气脱硫剂

为减轻燃煤、燃气锅炉烟气的大气污染性，锅炉烟气脱硫已成为一项惯用技术。白泥中的 $CaCO_3$、$NaOH$ 和 $Ca(OH)_2$ 等物质可有效吸收烟气中的 SO_2 并发生化学反应，所以，白泥可作为商品石灰石脱硫剂的替代品。采用白泥进行烟气脱硫，可大幅降低烟气湿法脱硫的成本（如 50% 左右），实现"以废治废"的目的。

白泥法烟气脱硫的作用原理可用下列化学反应式表示：

$$SO_2 + H_2O \longrightarrow H_2SO_3$$
$$CaCO_3 + H_2SO_3 \longrightarrow CaSO_3 + CO_2 + H_2O$$
$$CaSO_3 + H_2SO_3 \longrightarrow Ca(HSO_3)_2$$
$$NaOH + SO_2 \longrightarrow Na_2SO_3 + H_2O$$
$$Ca(OH)_2 + SO_2 \longrightarrow CaSO_3 + H_2O$$
$$CaSO_3 + SO_2 + H_2O \longrightarrow Ca(HSO_3)_2$$

白泥进行烟气脱硫的工艺过程为：白泥浆液经除砂后泵送至白泥浆液池，再由浆液池泵送至脱硫塔；烟气进入脱硫塔后经烟气分配装置形成分布均匀的烟气流，在塔内采用白泥浆液对烟气进行多层喷淋和洗涤，烟气与白泥喷淋液充分接触后发生吸收和化学反应，生成石膏。通过控制塔内烟气流速（如 3.5~5m/s）等工艺参数，使烟气中的二氧化硫被脱除，脱硫后烟气经除雾器脱水后进入烟囱排放。表 7-11 中给出了某企业采用白泥进行烟气脱硫的环保监测数据。

表 7-11　　　　　　　　　　　　　　白泥法烟气脱硫效果

烟气流量/(m³/h)	烟气流量/(m³/h)	SO_2浓度/(mg/m³)		含 O_2量/%	脱硫效率/%
进口	出口	进口	出口		
191003	171273	1411	68	8.5	95.7
270045	242666	2635	118	8.6	96.0

白泥脱硫在国内外已得到广泛应用，正常运行的白泥脱硫装置其脱硫效率可达 90% 以上。但根据国内部分企业中采用白泥湿法脱硫的经验，白泥用于湿法脱硫时尚存在一些技术上的不足，如：白泥中难溶性杂质含量过多会造成白泥浆泵频繁堵塞的问题，脱硫过程中生成的石膏含水量过高造成脱水难度大的问题，石膏浆液中铝盐等杂质含量高以及石膏粒径分布范围广和平均粒径小等问题。上述问题的存在，在一定程度上阻碍了白泥在烟气脱硫方面

的推广和应用。

（三）其他方法

将白泥进行综合利用的其他方法主要有制备水泥、涂料、腻子粉、塑料和其他建材等领域，表7-12中列出了对白泥在其他方面进行综合利用的一些实例。

表 7-12 综合利用白泥实例

序号	产品	应 用 方 式	限 制 条 件
1	水泥	替代石灰石掺烧普通硅酸盐水泥,此法适合于湿法回转窑水泥生产	对掺烧量和白泥残碱均有较高要求,且需要对水泥生产工艺和配方进行适当调整
2	涂料	以白泥为填料,配合基料、颜料和其他助剂制备出合格的涂料产品	不能生产高白度涂料,且白泥需要进行预研磨处理。生产固体建筑涂料时,需要对白泥进行干燥处理
3	腻子粉	与基料和其他配料混合制成腻子粉,用于涂料施工前的工作面找平	对残碱含量有较高要求,且需要对白泥进行干燥处理
4	塑料	作为填料碳酸钙的替代品,用于地板革、钙塑型包装箱、管材、异型材及其他塑料制件的制备过程。	需要对白泥进行干燥和研磨处理;该行业以使用重质碳酸钙居多,白泥的轻质碳酸钙属性使其吸油值偏高,这会增加塑料制备过程中增塑剂用量,因而会增加生产成本
5	建材	制备混凝土砖和玻璃等	白泥中残碱对砖材质量影响较大;白泥利用率较低,如混凝土砖材中白泥占 10%～25%,玻璃中白泥占 5%～9%

第八节　碱回收系统节能措施

碱回收过程中，能耗主要体现在蒸汽和电力消耗方面，碱回收系统节能核心内容就是尽可能节约蒸汽和用电消耗。

以平衡1t风干浆为基准，阔叶木硫酸盐法制浆和麦草烧碱—蒽醌法制浆黑液碱回收系统主要消耗指标的比较如表7-13所示。由于麦草浆黑液碱回收系统中一般没有白泥煅烧石灰工序，所以仅对蒸发、燃烧和苛化三个工序的消耗情况进行比较。

表 7-13 不同黑液碱回收系统的消耗情况

工艺	指 标	木浆	麦草浆	工艺	指 标	木浆	麦草浆
蒸发	蒸发水量/(t水/t浆)	6.79	9.39	燃烧	用电量/(kW·h/t浆)	70.30	97.83
	冷却水耗/(t水/t浆)	7.71	5.96	苛化	产碱量/(t碱/t浆)	0.539	0.249
	新蒸汽量/(MJ/t浆)	3455.50	7325.11		耗水量/(t水/t浆)	5.7	3.8
	耗电量/(kW·h/t浆)	30.50	103.86		耗汽量/(MJ/t浆)	166.86	425.91
燃烧	产汽量/(MJ/t浆)	23476.43	19145.57		耗电量/(kW·h/t浆)	4.09	15.05
	用汽量/(MJ/t浆)	4869.69	3637.30				

由表7-13可见，麦草浆黑液碱回收系统的蒸汽和用电消耗总体上高于木浆黑液，所以，就主要消耗指标而言，麦草浆黑液碱回收的难度会更高一些。

碱回收系统的节能是一个非常系统的问题，涉及面较宽，实践中可以从多种途径如优化工艺参数、选用新设备新技术、强化生产管理以及余热回收等实现节能目标。

一、蒸发节能

黑液蒸发过程的能耗主要为蒸汽热能，所以，通过采取多种措施，尽可能提高蒸发系统的蒸汽能效以降低蒸汽消耗，是实现蒸发节能的关键所在。

（一）提高稀黑液浓度和温度

进入蒸发系统稀黑液的浓度和温度会对蒸发过程的蒸汽能耗产生重要影响，为此，尽可能提高提取黑液的浓度和温度，有利于降低蒸发工段的蒸汽能耗。在生产实践中，通常对纸浆洗涤和黑液提取工艺有"三高"，即高浓度、高温度和高提取率的要求，其目的就是为了实现蒸发节能和提高黑液碱回收率。目前，在制浆过程中采用"多段逆流"和"封闭筛选"工艺进行纸浆洗涤和筛选，应该就是一种提高提取黑液浓度、温度和提取率以降低蒸发能耗的新技术典范。

（二）黑液除硅和除渣

前已述及，对含硅量较高的草浆黑液而言，硅干扰是影响其碱回收性能的最主要因素。硅干扰会使黑液黏度增大，导致黑液蒸发困难，所以对黑液蒸发能耗的影响会很大。所以，采用"同步除硅"和其他减小硅干扰影响的方法进行黑液除硅或抑硅处理，是实现黑液蒸发节能的重要手段。关于黑液"同步除硅"或抑硅的方法已在前面相关章节中做过阐述。

黑液中夹带的细小纤维和其他杂质，是造成蒸发系统结垢和堵塞管道的主要原因之一。国内某企业采用湿法备料、连续蒸煮、黑液预提取以及封闭式压力黑液过滤机等新技术对非木纤维制浆生产线进行了改造，一方面提高了纸浆质量，同时提高了提取黑液浓度，减少了黑液中硅化物和其他杂质含量，对提高蒸发效率和降低蒸发能耗产生了积极影响。

（三）黑液降黏

鉴于黑液黏度对其蒸发过程的影响性，降低黑液黏度会有利于黑液流动和蒸发传热，从而有利于蒸发节能。所以，黑液降黏已成为现代黑液蒸发过程中一项有效提高黑液浓度得到高浓度或超高度黑液（即所谓"重黑液"）的重要技术手段，也是实现黑液碱回收节能的重要举措。

实现黑液降黏的方法可以有多种，较为常见的方法主要有有效碱降黏法、热处理降黏法、备料防硅降黏法、无机盐降黏法、高剪切降黏法和超声波降黏法等。

有效碱降黏法是一种通过在黑液补加 $1.0\%\sim5.0\%$（对黑液固形物，以 NaOH 计）的烧碱或白液以提高黑液有效碱含量达到降低黑液黏度的技术。在较高有效碱含量条件下，黑液中的硅化物会处于游离状态，可在一定程度上克服由于硅化物在低有效碱情况下形成硅酸而导致黑液黏度增大的问题。有效碱降黏法只是一种间接的抑硅方法，黑液中硅化物依然存在，不能从根本上起到除硅的作用效果。

热处理降黏法是一种在高温高压和高有效碱量条件下处理黑液使其黏度降低的技术。在适当温度、压力和有效碱量条件下，黑液中由木素与碳水化合物形成的聚合体（LCC）会发生热解和碱性水解反应，产生小分子物质，从而可使黑液黏度得以有效降低。对于草浆黑液而言，采用该技术其降黏效果更为显著。

关于有效碱降黏法和热处理降黏法的技术应用也已在本章第三节"黑液预处理"中进行过阐述。

备料防硅降黏法是一种通过强化纤维原料备料操作实现黑液降黏的方法。非木纤维原料尤其是禾草和荻苇类原料，一般含有叶穗、根节和尘沙等杂质，会导致黑液中硅化物含量增多和黏度升高。通过加强备料过程中筛选和净化操作，提高纤维原料片的质量，可有效防止上述杂质进入黑液系统，从而在一定程度上起到除硅的效果，从而减小黑液黏度增高对蒸发操作的不利影响。

无机盐降黏法是一种通过在黑液中添加适量无机盐如 Na_2S、Na_2SO_4、Na_2CO_3 和 NaCl 等起到一定降黏效果的技术。呈正电性的钠离子与黑液中呈阴电性的木素等大分子物质结合后，可使黑液中由木素、聚糖类物质形成复合物交织强度下降，进一步对黑液黏度的降低起到积极的促进作用。在硫酸盐黑液燃烧过程中补充芒硝，一方面可起到补偿黑液提取和碱回收过程中的 Na_2S 损失的作用，同时也兼有黑液降黏的效果。

高剪切降黏法是一种利用剪切力作用实现黑液降黏的技术。高浓黑液通常属非牛顿流体，受剪切力作用会使其黏度降低。利用这种特性，生产中可采用专门装置，对高浓黑液进行高剪切力处理，使黑液中的木素—碳水化合物聚合体（LCC）受剪切力作用得以破坏，从而对降低黑液黏度起到积极的促进作用。固含量 60%～70% 的木浆黑液在一定的剪切速率下，黏度一般会下降 90% 左右。试验结果表明：黑液固形物含量越高，在高剪切场中的降黏幅度就会越大。高剪切降黏法具有不可逆的特性，因而在实践中具有一定的技术可行性。

超声波降黏法是一种利用超声波的空化效应进行黑液降黏的技术。在一定的超声波强度下，黑液中由木素等大分子物质形成的网络结构体受超声波空化效应得以"松散"和"解聚"，从而使黑液黏度降低。

（四）黑液预蒸发

充分利用纸浆喷放过程中产生的蒸汽（废热）对黑液进行预蒸发处理，提高送入蒸发系统黑液的浓度和温度，是实现蒸发节能的新技术。有代表性的黑液预蒸发系统有 Lockman 塔预蒸发系统、闪急罐预蒸发系统和两段板式降膜预蒸发系统等。

Lockman 塔预蒸发系统中，95℃左右的稀黑液首先进行闪急蒸发，产生的蒸汽可用于加热清水。闪急蒸发后黑液温度降至 65℃，再利用蒸煮喷放热加热至 95℃左右后送蒸发工段。

闪急罐预蒸发系统中，先将喷放蒸汽经两段冷凝器冷凝成 99℃左右的热水并进行闪急蒸发，产生的闪蒸汽用于蒸发黑液，其中黑液蒸发可采用 2～3 效蒸发系统，黑液流程可采用顺流、逆流或混流式。

两段板式降膜预蒸发系统中，可利用从提取黑液的自蒸发蒸汽和黑液蒸发系统的污冷凝水汽提塔中产生的二次蒸汽作热源进行黑液蒸发。该系统可将稀黑液蒸发至 30%～35% 的浓度，可使黑液蒸发站中将黑液蒸发至 60% 浓度时的新蒸汽消耗减少一半左右。

（五）蒸发流程设计和蒸发设备选型

黑液蒸发器的选型和蒸发流程的合理设计，对于蒸发节能是一个不容忽视的问题。在充分考虑黑液特性、生产规模和蒸发浓度要求的前提下，尽可能选择节能高效的蒸发设备和设计科学合理的蒸发工艺流程，是实现蒸发节能的重要举措。

早期广泛应用的蒸发器是立式长管升膜蒸发器，这种蒸发器用于木浆黑液的增浓时，可得到浓度为 50% 左右的浓黑液。在 20 世纪 80 年代，立式长管升膜蒸发器逐步被降膜蒸发器所替代。采用降膜蒸发器可得到浓度为 65%～75% 的浓黑液。目前，采用结晶蒸发器可以将黑液浓度提升至 75%～78%。

板式蒸发器具有蒸发效率高、结垢轻、易除垢等优点，其热效率比管式蒸发器高 10%～15%，所以节能效果较好。采用板式降膜蒸发工艺可提高二次蒸汽热能利用效率，从而为蒸发系统节能奠定了良好的基础。

二、燃 烧 节 能

黑液燃烧过程的节能，首先应该是以增加蒸汽产能为目标，提高能源利用效率。现代碱回收炉运行过程中，可从如下几个方面着手，实施节能措施。

（一）提高入炉黑液参数

首先，黑液浓度对锅炉产汽情况的影响较为显著。在处理量（流量）一定的情况下，黑液浓度越高，蒸汽产量就会越大，能效经济性也会越好。当黑液浓度从 65% 提高到 80% 时，蒸汽产量会增加约 7%。一般认为，黑液浓度每提高 5 个百分点，蒸汽产量就会增加 2 个百分点以上。

在操作允许的前提下，提高入炉黑液浓度会有利于提高锅炉产汽量和产汽收益。图 7-49 中给出了黑液浓度对蒸汽量变化的影响。可见，黑液浓度对于蒸汽产量的影响较大。黑液流量不变时，当进入直接蒸发器的黑液浓度从 50% 降至 47% 时，碱回收炉蒸汽产量会下降 3.4% 左右。所以，控制并提高入炉黑液浓度对于提高锅炉的产汽效益是十分重要的工艺操作。

另外，提高入炉黑液温度可降低黑液黏度，有利于黑液在燃烧炉内充分燃烧，进一步对提高其燃烧热效率产生积极的影响。

国内某公司采用结晶蒸发技术将黑液浓缩至 73%～75% 后，进行所谓"超浓燃烧"，使碱回收炉的热效率较常规浓度（如 65% 左右）燃烧时得以显著提高。由于采用了高浓黑液燃烧技术，该公司每年比常规黑液浓度燃烧时可多生产过热蒸汽约 6 万 t，经济效益较为明显。

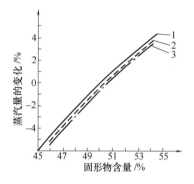

图 7-49　黑液固形物含量对蒸汽量的影响

1—过剩空气量 15%　2—过剩空气量 25%　3—过剩空气量 35%

（二）优化供风系统

碱回收炉的一、二、三供风系统的风机布置一般分为两种情况：一为风机布置在底层，从底层吸风；二为风机布置在底层，从炉顶部吸风。与底部吸风相比较，顶部吸风时风温可提高 13～15℃，且顶部吸风可使车间空气流通，有利于改善操作环境。若将风机布置碱回收中部，不仅可缩短风管长度，还可减少空气阻力损失。空气加热器一般由两部分组成，前部分为空气预热器，后部分为空气加热器。将空气加热器排出的冷凝水经闪蒸后产生的二次蒸汽作为空气预热器的热源，可将 18℃ 的空气预热至 34℃。

在 100t 浆/d 的碱回收炉中，采用上述两项措施，可节省 1.0MPa 的饱和蒸汽 593kg/h，每年可节省 4472t 的饱和蒸汽。

通过提高进炉风温来提高炉膛和垫层温度，可使草浆碱回收炉少用助燃油甚至甩掉油枪。若把碱回收炉的水冷壁改为风冷壁，或者在碱回收炉的尾部设置烟气—空气预热器，这样一方面可使炉膛温度提高，另一方面也可把冷却炉壁的热空气作为一、二次风引入炉膛，实现热能循环利用，使进炉风温由原来的 150℃ 提到 250～300℃。与水冷式碱炉相比较，风冷式碱炉有助于增加热能利用效率和减少热损失。

黑液属于劣质燃料，热值低、水分高，应该有其独特的燃烧方式。良好的空气动力场设计是黑液进行高效燃烧的前提，燃烧配风的好坏会直接影响碱回收的运行稳定性和燃烧效率。在碱回收设计上应注重燃烧配风的合理性，主要体现在分层配风的风量配比、风口尺寸的选取、风口的布置形式等方面。

传统的三次风采用侧墙或前后墙对冲布置，这种设计不利于三次风同未燃气体的充分混合，使烟气中可燃气体含量增高，从而会降低黑液燃烧效率。将三次风改为大风口前后墙交错布置后，可提高空气与烟气的混合性，使黑液燃烧充分，也有利于降低排烟中的可燃气体含量。

生产实践中，通过优化碱回收炉供风系统设计来改善黑液燃烧状况和提高热能利用效率，不失为一项切实可行的有效方法。

（三）提高蒸汽参数

碱回收锅炉蒸汽参数的选取是一项非常重要的工作，关系到整个制浆厂的热能经济性。

一般而言，碱回收锅炉的蒸汽参数（温度、压力）随碱回收锅炉容量增大而提高，小型碱回收锅炉趋向于选择低参数以节省投资，大型碱回收锅炉则倾向于选择高参数，以获取更大的经济效益。

大型碱回收锅炉的温度和压力参数都比较高，如过热蒸汽温度和压力分别达 480°C 和 6.8～8.4MPa，但炉内受热面的腐蚀问题可能较中小型碱回收锅炉严重。

（四）节约吹灰蒸汽

碱回收炉烟气中的粉尘物在过热器、锅炉管束及省煤器处堆积后会形成结垢，影响传热效率。吹灰系统通常采用高压蒸汽，蒸汽消耗量一般会占到碱回收炉总产汽量的 5％～8％，有时会高达 13.6％，所以，吹灰用汽在碱回收系统中属于消耗较大的操作单元之一。为此，节约吹灰蒸汽消耗对于碱回收炉运行过程的节约具有重要意义。实际生产中，可采取以下措施降低吹灰蒸汽消耗：

① 在积灰疏松和易吹灰区如锅炉及省煤器后部位处进行吹灰操作，可适当减小吹灰器的蒸汽压力。

② 提高吹灰器的运行速度，可减少吹灰器在清洁表面上的停留时间和减少了吹灰周期。

③ 采用吹灰操作最优化控制，可将吹灰面进行分段，各段只在需要吹灰的时候进行吹灰操作，一般可实现吹灰用汽节能 30％左右。

另外，采用声波吹灰技术取代蒸汽吹灰系统，不仅可显著提高碱回收锅炉的运行时间及热效率，而且可避免蒸汽吹灰系统运行时带来的炉温波动及蒸汽对炉内换热管带来的损伤，达到节能降耗的目的。由于声波除灰系统为程序化控制、自动化运行，且故障率低，从而极大地降低了劳动强度。目前，低频声波吹灰技术已在国内多家企业的碱回收炉中安装使用，成功解决了因机械吹灰故障率高而导致的经常性停炉清灰等问题。

三、煅烧石灰法白泥回收系统节能

煅烧石灰法进行白泥回收是硫酸盐法制浆厂各生产工序中能耗最大的部门之一，其热能消耗约占全厂总能耗的 10％左右。目前，常用的白泥回收设备是回转窑，所用燃料一般为重油或天然气。国内运行的石灰回转窑每回收 1t 石灰，消耗重油为 250～300kg，而国际先进水平为 125kg 左右。所以，煅烧石灰法白泥回收系统节能需要解决的关键问题就是如何降低燃料消耗。

（一）提高泥饼干度

热平衡计算表明，蒸发白泥水分的耗热占总能耗的 40％以上，所以降低入窑泥饼水分是煅烧石灰法回收白泥系统节能关键所在。为此，可从白泥脱水机的选型和优化白泥滤水性等方面入手，尽可能使送入白泥回收工序的白泥水分降低到最低程度。

（二）优化石灰窑设计参数

石灰窑是煅烧白泥生产石灰的最主要设备，对石灰窑结构、组成部件如冷却器和燃烧器、卸料端和进料端、保温材料等进行优化设计和选型，是实现石灰窑节能的重要途径。

四、碱回收炉热电联产系统节能

随着黑液碱回收规模的增大和入炉黑液浓度的提高，碱回收过程中采用热电联产技术使燃烧黑液热能得到最大化利用，是现代黑液碱回收技术的发展趋势。

热电联产本身就是一项黑液热能得以最大化利用的节能技术，在该系统中采取如下措施可获得较好的节能效果：

① 在平衡碱炉腐蚀性、设备材质选用成本及综合投资费用的前提下，尽可能选用高蒸汽参数。

② 避免蒸汽冷凝水流失和提高蒸汽冷凝水的回用率，以降低炉水生产成本和充分利用冷凝水低位热能。

③ 吹灰蒸汽可采用汽轮机抽气（2.5～3.0MPa）。

④ 科学设计汽轮机运行负荷，避免由于汽轮机不能合理接纳蒸汽导致高能蒸汽浪费的问题。

五、合理利用低位热能节能

对生产过程中产生的低位热能如排汽排水中蕴含的热量进行合理利用，是实现生产节能的关键所在。合理利用低位热能，一方面可以充分利用热能资源，同时也是降低环境污染负荷和实现清洁生产的重要举措。

碱回收系统的低位热能源主要有以下种类：蒸发工段的蒸汽冷凝水（清洁冷凝水和污冷凝水）和清温水；燃烧工段中溶解槽排汽和洗涤器、换热器温水、溜槽冷却器温水；苛化工段绿液冷却器温水及其他排汽等。

从节能方面考虑，生产过程中一方面应尽可能减少低位热能的产生量，同时对已经产生的低位热能进行合理利用，如将温热水用于纸浆洗涤、废蒸汽用于预热蒸煮用木片原料等。利用低位废热实现节能的技术在实际生产中应用较为广泛。

六、电 机 节 能

选用高效能电机是实现电机节能的关键所在。通常情况下，采用变频调速技术对风机、泵等设备流量的传统调节方法如挡板调节法和阀门调节法等进行改造，可大幅降低电机功率消耗，从而达到节约电机电耗的目的。

由于风机、泵类设备大多为平方转矩负载，轴功率与转速成立方关系，所以，当风机、泵转速下降时，功率消耗也大为降低，因此变频调速技术的节能潜力较大。采用变频调速技术可使电机效能得到充分发挥，可在很大程度上避免由于工艺设计中可能存在的"大马拉小车"问题而导致的电机能效低下和电能浪费严重的现象。一般认为，采用变频调速技术的节电率为 20%～50%。

第九节　碱回收技术进展

一、非传统式苛化技术

针对采用石灰对绿液苛化时存在的苛化率较低（一般为 $80\%\sim90\%$）、设备投资费用及运行成本较高、能耗较大等问题，从 20 世纪 70 年代开始，人们就开始了对传统石灰苛化法工艺进行改进的研究工作，提出了非传统式苛化技术并获得了相关专利。之后，对非传统式苛化技术的相关研究方兴未艾。

非传统式苛化技术的主要作用原理是：在黑液燃烧过程中加入某种氧化物或盐类物质作为苛化剂（也称为脱碳剂），黑液燃烧形成熔融物为非 Na_2CO_3 复合物，将该复合物溶解于水后，就会生成主要成分为 $NaOH$ 的蒸煮白液。根据反应产物的水溶解度不同，非传统式苛化技术可分为所谓"自动苛化法"和"直接苛化法"两种技术方案。

（一）自动苛化法

在自动苛化过程中，采用的苛化剂主要有 B_2O_3、P_2O_5、SiO_2 和 Al_2O_3 等，熔融物为水溶性物质。熔融物溶于水后会生成含 $NaOH$ 和苛化剂为主要成分的蒸煮白液，溶解过程可在制浆和碱回收过程中自动完成。由于苛化剂可在生产系统中循环使用，所以，理论上讲，自动苛化系统运行过程中，似乎无须额外添加苛化剂。

自动苛化法作用原理可用下列化学反应式表示：

脱碳作用：$nY+Na_2CO_3\longrightarrow Na_2Y_nO+CO_2\uparrow$

溶解反应：$Na_2Y_nO+H_2O\longrightarrow 2NaOH+nY$（液体）

蒸煮反应：$NaOH+R\text{—}H\longrightarrow R\text{—}Na+H_2O$

燃烧反应：$R\text{—}Na\longrightarrow Na_2CO_3$

式中：Y 表示由苛化剂和 Na_2O 在黑液燃烧过程中形成的复合物，如 $Na_2O\cdot B_2O_3$ 或 $NaBO_2$、$3Na_2O\cdot P_2O_5$ 或 $Na_4P_2O_7$ 等。

研究认为，B_2O_3 是一种最有前途的苛化剂，也是唯一进行过生产试验的苛化剂。

（二）直接苛化法

直接苛化过程中，采用的苛化剂主要有 TiO_2、Fe_2O_3 和 Mn_2O_3 等，熔融物溶解于水后形成的白液中会含有难溶物，需要进行有效分离后白液方可回用于纤维原料的蒸煮过程。

直接苛化法作用原理可用下列化学反应式表示：

$$Na_2O+M_xO_y\longrightarrow Na_2O\cdot M_xO_y$$
$$bNa_2O\cdot cM_xO_y+aNa_2CO_3\longrightarrow (a+b)Na_2O\cdot cM_xO_y+aCO_2\uparrow$$
$$(a+b)Na_2O\cdot cM_xO_y+aH_2O\longrightarrow aNaOH+bNa_2O\cdot cM_xO_y$$

式中：M_xO_y 表示某种苛化剂的化学式。

由于直接苛化剂一般在温度低于 1000℃ 时呈固态，所以，直接苛化技术研究主要集中在黑液流化床燃烧方面。

研究表明，Fe_2O_3 是一种有效的直接苛化剂，但由于 Fe_2O_3 与 Na_2S 和 S 反应会生成水难溶性的 FeS 和不能作为苛化剂的 FeO，所以，直接苛化法只能用于低硫化度或无硫黑液碱回收系统。

与传统苛化技术相比较，非传统式苛化技术有望实现取消或减轻传统碱回收系统中进行绿液苛化及白泥回收的压力，但在技术实施方面尚存在一定的问题有待解决，所以，迄今未实现规模化生产应用。

二、化机浆黑液碱回收技术

与化学浆相比较，化机浆具有纤维原料利用率高、制浆黑液污染负荷低和成浆性能独特等优势，化机浆制浆技术在制浆领域中得到了广泛应用。近 30 年来，通过引进吸收，我国先后建成了多条 BCTMP、APMP 和 PRC-APMP 化机浆生产线，已成为世界上化机浆产能发展最快的国家。

随着国家对制浆造纸行业污染物治理要求的日益严格，高浓化机浆黑液的处理问题备受关注。针对化机浆黑液的组分特性，国内开发了适应化机浆黑液的碱回收技术方案，相关技术已在国内企业中成功运行。

（一）化机浆黑液碱回收工艺

国内某企业设计安装了一条专门用于 30 万 t/a 桉木 PRC-APMP 化机浆黑液的碱回收生产线，吨风干浆可产生浓度约 1.5％的黑液约 10m³，下面介绍主要工艺要点。

该生产线的单元构成与常规碱回收系统类似，主要由蒸发、燃烧和苛化工段组成。

澄清绿液产生的绿泥和苛化工段产生的白泥按适当比例混合成干度大于 70％和残碱小于 0.5％的泥饼后，送到动力厂与煤进行混合焚烧，起到脱硫剂的作用。

黑液蒸发站主要由八效十体管式降膜蒸发器、强制循环效蒸发器和汽提系统等组成，蒸发能力为 800t 水/h。蒸发工段产生的浓度为 45％左右、温度为 110～120℃的浓黑液送入碱灰混合槽，与碱灰充分混合后，送回蒸发工段继续蒸发至浓度约 65％左右，经预热至 125～135℃后送入碱回收炉进行燃烧并产生绿液。

碱回收炉采用低臭型单汽包喷射炉，黑液处理能力为 400t/d。

澄清后绿液送至苛化工段进行苛化反应，反应时间为 120～210min。苛化工段白液产能为 1000m³/d，粗白液经澄清和压力过滤后，得到澄清度小于 0.0038％的白液，将该白液与商品碱按适当比例混合后送至制浆工段进行回用。

（二）化机浆黑液混合燃烧技术

国内某企业针对化机浆黑液与化学浆黑液组分相似，但浓度较低的特点，开发了化机浆黑液与化学浆黑液进行混合燃烧的工艺技术。

该工艺技术的主要特征有：首先，通过加强废水循环利用提高化机浆黑液浓度；其次，采用机械蒸汽再压缩蒸发器对化机浆黑液进行初步蒸发，使黑液浓度达到 15％左右；然后，将浓度 15％左右的化机浆黑液与化学浆黑液混合并送至碱回收系统一并进行蒸发、燃烧和苛化等处理。

三、黑液流化床燃烧技术

流化床燃烧技术的主体设备是流化床燃烧炉，也叫流化床反应器（FBR）。该设备是一种利用气体或液体通过颗粒状固体层而使固体颗粒处于悬浮运动状态并进行气固相或液固相燃烧反应的装置。流化床反应器用于气固反应体系时，又称为沸腾床反应器。流化床技术的应用起始于 20 世纪 20 年代的粉煤气化的温克勒炉中，20 世纪 40 年代在石油催化裂解领域中得到了进一步拓展，目前该技术在化工、石油、冶金、核工业等部门应用较为广泛。

自 1970 年由 Osterman 和 Kler 将流化床燃烧技术引用到黑液碱回收领域以来，人们对流化床黑液燃烧技术进行了大量研究工作。流化床碱回收技术由于流化床反应器独特的燃烧特点，可使黑液可以在较低的温度（600～900℃）和固形物浓度（40%～45%）下充分燃烧，且无须添加辅助燃料，因而被认为是一种非常适合于草浆黑液碱回收的技术。

（一）流化床碱回收工艺过程

流化床碱回收工艺过程与常规碱回收系统基本相同，只是碱回收炉的形式不同。

提取工段送来的浓度为8%～10%稀黑液在多效蒸发器系统中蒸发至20%～25%浓度后，在直接蒸发系统如文丘里—旋风分离器系统中进一步增浓至40%～45%，得到浓黑液。浓黑液被送至流化床反应器内进行燃烧，黑液中有机物燃烧产生的高温烟气可采用锅炉回收热能，无机物则形成无机盐颗粒（主要为Na_2CO_3），经冷凝后输送至贮存仓存放。其他辅助系统、苛化和白泥回收等过程基本同传统碱回收系统。

（二）流化床碱回收技术的特点

印度Shreyans公司于1995年建成并成功运行了亚洲第一套流化床碱回收系统。该系统投入运行后，废水排放指标完全符合当地污染控制部门的要求。流化床碱回收系统最初仅适用于蔗渣浆黑液，其他草类原料由于氯化物含量较高而会影响流化床的正常使用。研究表明，对氯化物含量较高的原料在制浆前采用湿法备料系统进行洗涤处理后，其氯化物含量就会降低。1999年该公司又建成第二套流化床碱回收系统且试车成功。

与传统碱回收炉技术相比较，流化床碱回收技术一般具有以下优点：

① 投资及运行成本低。一方面，设备投资成本为传统碱回收系统的1/3左右，同时，燃烧过程中无须辅助燃料以及对黑液燃烧浓度要求较低等。

② 运行安全性好。系统无熔融物产生，故无须熔融物溶解装置，可避免熔融物排出和溶解过程中可能发生爆炸的危险，所以安全性好。

③ 适合于高硅含量黑液进行碱回收。

从已建成并成功运行的流化床碱回收系统案例来看，该技术具有诸多方面的优势，特别对草浆黑液进行碱回收而言是一项非常有应用前景的实用技术。但是，可能由于其他方面的原因，该技术在黑液碱回收领域特别是我国草浆碱回收中的应用实例迄今还尚未见到。

第十节　黑液综合利用技术

一、热　解　技　术

黑液热解是一种在高温高压条件下，通过对黑液进行热解反应，使其中的有机物和无机物转化为可回收利用资源的技术，目前主要有热解气化和湿裂解化两种工艺。

（一）热解气化技术

通过黑液热解反应，可实现黑液中的有机物和无机物的有效分离。其中，有机物转化为可燃气体，无机物则转化为蒸煮化学品。黑液热解气化可实现降低黑液污染负荷和资源化利用黑液的目的。

黑液热解气化技术的工艺原理为：黑液首先在裂解炉内进行热解反应，使其中有机物转化为$C_2H_6O_2$（乙二醇）、H_2、CH_4和CO等可燃气体，同时，黑液中的无机物会被转化为蒸煮化学品。热解产生的部分可燃气体和辅助燃料一起回用于黑液热解反应，其他可燃气可用于燃气轮机发电并同时产生过热蒸汽，过热蒸汽可用于蒸汽轮机发电。

目前，黑液热解气化技术主要可分为高温气化和低温气化两类，其中，有 Chemrec 气流床高温气化法和 MTCI 间接加热流化床水蒸气低温气化法。

Chemrec 气流床气化法的工艺原理为：首先使用空气或氧气将浓度高于 70％的黑液进行雾化处理，然后将雾化后的黑液由顶部高速喷入气流床反应器内进行部分燃烧，使反应器内温度和压力分别达到 900～1000℃和 3.0MPa。黑液通过气化反应会生成可燃气及 Na_2CO_3 和 Na_2S 等的熔融物，熔融物可送入反应器底部的水池中形成绿液，可燃气则进入洗涤器进行脱除 H_2S 处理。该工艺运行中，由于气流床反应器处于高温高压和无机盐熔融物侵蚀环境中，反应器会存在较为严重的器壁腐蚀问题。此外，黑液气化产生的 CO_2 被绿液吸收后，会增加绿液苛化过程中对石灰的需求量，进一步会影响绿液苛化过程的经济性。

MTCI 气化法的工艺原理为：首先使用水蒸气将黑液雾化后均匀喷洒于床料表面，床层温度控制在 600～620℃。黑液在流化床反应器内进行迅速干燥并发生热解反应，热解产生的黑液焦化物与水蒸气反应会生成富氢燃气。从流化床中排出的固体颗粒可通过苛化反应回收 NaOH。床料在炉膛内的停留时间一般须超过 20h，以确保黑液中的硫元素几乎全部转化为 H_2S 气体。该工艺运行中，基本无空气参与，黑液气化剂以及床料的流化介质均为水蒸气。由于反应器内温度较低，所以，该工艺也存在黑液焦化物产量过高和碳转化率较低的缺点。

（二）湿裂解化技术

黑液湿裂解化是一种通过热裂解反应将低浓度黑液转化为焦油、碳粉和裂解气以及无机物化学品的技术，可实现降低黑液污染负荷和资源化利用黑液的目的。

黑液湿裂解技术的工艺原理为：将浓度为 15％～18％的稀黑液置于温度为 360℃左右和压力为 19～20MPa 的容器中反应约 0.5h，黑液会被裂解为 $NaHCO_3$、SiO_2、CH_3COONa、焦油、碳粉和裂化气体等物质。将这些生成物进行有效分离后，可通过苛化反应制备蒸煮药液。

关于黑液热解技术的研究资料报道较多，但研究成果大多还处于实验室阶段。由于黑液热解技术对设备制造和操作条件的要求较为苛刻，加上技术实施过程中可能存在的诸多问题，目前上述技术的工业化应用规模还较少。

二、发 酵 技 术

黑液发酵的主要目的是利用微生物作用对黑液进行酵解处理，一方面黑液中的聚糖类物质被发酵后产生沼气（主要为 CH_4）等得以利用，同时使黑液污染负荷得以降低。

国内一些科研部门和企业于 20 世纪 80 年代开始，针对小规模草浆厂黑液难以实施碱回收处理的问题，参考国外利用制浆废水厌氧发酵法产生沼气的技术成果，曾一度对发酵法处理草浆黑液技术进行了大量研究工作，并取得了一些成果。研究发现：首先，由于黑液 pH 较高，发酵前必须要进行预酸化预处理。黑液中木素会对发酵效果产生不利影响，发酵黑液发酵前最好进行脱木素处理。这些不利因素使发酵法处理黑液的难度增大。其次，发酵法处理黑液对降低黑液中的 COD 和 BOD 负荷有一定的效果，但去除率难以令人满意。也有人研究了发酵法处理亚铵法黑液制备酵母的问题，发现黑液污染负荷降低效果不很理想。所以，从解决黑液污染负荷方面考虑，发酵技术的竞争优势似乎不是很大。

发酵法处理黑液制备沼气法在技术上有一定的可行性，但在经济性合理性和产生二次污染物等方面尚存在诸多问题需要解决，所以，该技术迄今为止一直未得到工业化认可。

三、工业木素回收和利用技术

木素是黑液的主要有机质组分，在碱回收过程中作为燃料被焚烧而实现能源化利用。基于木素特有的化学结构和物理性质，将其从黑液中分离得到所谓工业木素后，应用于具有较高附加值产品的制造领域中以实现资源化利用的目的，是一直以来人们关注的研究课题。

对黑液木素进行资源化利用，首先需要将木素从黑液中进行分离，必要时还须进行提纯处理。关于木素回收利用方面的研究成果较多，下面着重介绍黑液木素的分离技术和综合利用木素的典型领域。

（一）黑液木素分离技术

分离黑液木素的基本原理主要有两点，一是利用黑液的胶体特性即热力学不稳定性分离木素，二是利用黑液中分散质微粒大小的差异性分离木素。为此，黑液木素的分离方法目前主要有三种，即：酸析法、电解质法和超滤法。

1. 酸析法

酸析法是分离黑液木素的主要方法。对黑液进行降低 pH 调节（酸化）时，黑液中的木素就会在较低 pH 条件下发生凝聚而沉淀出来。

酸析法木素的成本和产能会随着酸化工艺的不同而不同。通常使用的酸化剂有 H_2SO_4、H_3PO_4 以及锅炉烟气（CO_2）等，适宜的 pH 范围为 $3.0 \sim 4.0$。

酸析法分离木素的工艺流程一般包括中和、沉淀分离、干燥、包装以及酸析母液/残渣的处理等。采用 H_2SO_4 和 H_3PO_4 等无机酸分离的木素产品纯度较高，且提取率也高，但相应的成本也会高一些。采用烟气法分离的木素产品纯度较低，提取率也较低，但具有成本较低的特点，生产中具有一定的实用性。

值得注意的是，酸析法分离木素的同时，在一定程度上可实现降低黑液污染负荷（如COD）的目的，所以这种方法曾一度被一些无力投资黑液碱回收工程的企业作为治理黑液污染物的方法加以应用，但由于降污幅度有限，一直没有得到规模化应用。

酸析法作为一项分离黑液木素的实用技术已得到广泛认可，但在木素分离效率、产品纯度等方面尚有提升的空间而有待完善。该法对酸析木素过程中产生的母液及残渣副产物须进行合理处理和处置，以免造成二次污染。对草浆黑液采用酸析法分离木素时，由于木素颗粒较小加上硅干扰问题等原因，导致木素洗涤和分离过程较为困难。

2. 电解质法

电解质法也叫凝聚法或化学沉淀法。电解质的存在会使胶体产生凝聚效应，所以，在黑液中加入适量电解质后，分散于黑液中的木素等物质会由于发生凝聚反应而分离出来。

用于电解质法分离黑液木素的电解质较多，一般有 $FeCl_3$、$AlCl_3$、$Al_2(SO_4)_3$ 等以及利用粉煤灰、铝矿及其他原辅料与无机酸作用制成的复合絮凝剂。与酸析法相比较，电解质法用于黑液木素分离时，存在木素分离效率和产品纯度较低、沉淀木素结构疏松和分离困难等问题。

3. 超滤法

超滤法也叫膜分离法，是一种利用高分子分离膜对黑液木素进行分离的方法。由于分离膜对溶剂或溶质的透过具有一定的选择性，在压力差的作用下，可使溶剂、无机盐和低分子有机物选择性地通过分离膜，从而实现溶液浓缩或不同溶质分离的目的。由于超滤法分离过程中无相变发生，因而能量消耗较少。试验数据表明，采用超滤法将黑液浓度从 8.3％浓缩至 23.0％时，能耗仅为四效蒸发系统的 30％左右。所以，该法也可用于黑液的浓缩处理。超滤法分离黑液木素法具有木素纯度高、对木素相对分子质量和表面活性等特性破坏较小以及去除黑液污染负荷显著等优势，但大规模处理黑液尚存在一些综合成本较高等方面的问题。

从黑液中分离出来的木素，在制备精细化木素产品时还须进行提纯处理。关于木素提纯方面的知识可查阅专门文献进行了解和学习。

（二）黑液木素的改性和利用技术

与天然木素大分子相比较，黑液木素由于化学降解等原因导致其在分子结构和相对分子质量方面会发生较大变化，但构成木素大分子的基本结构单元变化不会太大。木素特有的苯丙烷结构单元特性及网状大分子结构特征，使其具有在表面活性剂、黏合剂以及药物缓释剂等产品制备中加以利用的潜质。

1. 黑液木素的改性技术

木素分子结构中存在很多活性官能团，因此木素具有一定的反应活性。对木素分子进行化学改性反应的类型主要有两类，一是苯环反应，参与反应的官能团主要有苯环、酚基及羰基、乙烯基、醇羟基等；二是侧链反应，参与反应的官能团主要有芳基醚键、烷基醚键等。木素苯环上可发生的反应主要有硝化、卤化和磺化以及烷基化和羟烷基化、酚化、接枝共聚等；木素侧链上可发生的反应主要有烷基化、异氰化、酰化、酯化（缩合）和酚化等以及水解、氧化、降解及其他反应。

由于木素分子结构较为复杂，加上其芳香环上的空间位阻较大，对其进行化学改性时其反应活性一般不会很高。同时，木素属于多分散性高分子物质，其多分散性指数一般大于2。对木素进行化学改性的主要目的在于提高其反应活性和赋予特殊的应用性能。在资源化利用黑液木素过程中，一般首先需要对其进行改性处理，即进行所谓功能化改性，以赋予或强化木素在某些领域中的应用性能。

目前，对黑液木素的改性技术主要体现在以下几个方面：

① 胺化改性。木素分子中游离醛基、酮基以及磺酸基附近的氢较为活泼，当木素与胺类化合物和甲醛作用时，活泼氢原子会被胺甲基所取代，发生 Mannich 反应（胺化反应）。通过胺化改性，木素的表面活性会显著提高，所以可拓展其在表面活性剂领域中的应用价值。

② 酚化改性。酚化改性的目的是提高木素分子结构中酚羟基含量。可采用甲酚—硫酸法和苯酚—氯化铝等酚化体系对木素进行酚化改性，改性反应过程中木素会发生脱甲氧基反应，同时木素中酚羟基含量会显著增加，木素的反应活性增强，也为其进行后续化学改性创造了条件。酚化改性一般被视为是制备木素基酚醛树脂胶黏剂的重要环节。

③ 烷基化和羟烷基化改性。木素分子中的羟基、羧基和羰基均可进行烷基化反应，目前研究较多的主要有甲基化和羟甲基化改性反应。在适宜 pH 条件下，使木素苯环上的游离酚羟基发生离子化反应，并使苯环上酚羟基邻位的反应点得以活化，与甲醛发生羟甲基化反应时可在苯环上引入羟甲基（—CH$_2$OH）基团。经羟甲基化改性可恢复木素原有的黏合强度，也有助于促进和改善木素基胶黏剂的应用性能，所以，该法也可作为制备木素基胶黏剂产品时对黑液木素进行改性处理的重要技术手段。

④ 氧化改性。木素与氧化剂可发生氧化降解反应。木素发生适度氧化降解反应后，木素相对分子质量由多分散性趋于均一化，在一定程度上可提高木素的反应活性。同时，木素

降解后产物的亲水能力也会增强。

⑤ 接枝共聚改性。木素分子中的游离酚羟基可与交联剂（卤化物、环氧化物等）发生交联反应。接枝共聚改性是赋予木素特殊应用性能（如表面活性、吸附性和絮凝性等）的重要技术手段，因而应用较为广泛。

⑥ 磺化改性。木素的磺化改性包括侧链磺化和苯环磺化两个方面。无甲醛存在时，木素与 Na_2SO_3 作用时会主要发生侧链磺化反应。甲醛和 Na_2SO_3 同时存在时，木素与甲醛和 Na_2SO_3 生成的中间体（$HOCH_2SO_3Na$）作用会主要发生苯环磺化反应。木素经磺化后，会生成具有良好表面活性的木素磺酸盐。木素磺酸盐属于一种阴离子表面活性剂产品，可在诸多领域中得到广泛应用。

⑦ 辐射改性。采用 γ 射线处理木素时，在适当的辐射剂量下可使木素相对分子质量增大。通过辐射效应，可制备出不同相对分子质量及其分布状况的木素产品，以开发木素在相关领域中的应用性能。

2. 黑液木素的利用领域

对黑液木素进行资源化利用的研究结果表明，黑液木素可以在表面活性剂、胶黏剂、农药缓蚀剂、离子交换剂和螯合剂、金属防锈剂和缓释阻垢剂、絮凝剂以及香兰素等精细化工产品制造领域中得以应用。关于黑液木素进行综合利用的研究报道很多，限于篇幅，下面列举几个可产业化利用黑液木素的典型应用领域。

（1）制备表面活性剂

亚硫酸盐法蒸煮过程中可形成磺酸盐木素（也叫磺化木素），磺酸盐木素本身就具有良好的表面活性，一般可采用石灰、氯化钙、碱式醋酸铅等沉淀剂从蒸煮废液中沉淀、分离出来后，经烘干处理制得磺化木素产品，可作为表面活性剂使用。碱法蒸煮过程中形成的碱木素其表面活性一般较差，所以，从蒸煮黑液中分离出碱木素后须采用磺化改性处理，使之转化为磺化木素后方可具备良好的表面活性特性。

木素基表面活性剂产品的用处非常广泛，如可用作水煤浆分散剂及作混凝土减水剂、矿料浮选剂、石膏板生产助剂、农药润湿剂、印染扩散剂、橡胶耐磨剂等方面，也可用作生产染料、香兰素、鞣剂的原料或中间体以及代替苯酚与甲醛合成塑料制品等，还可以用作油田钻井、油井压裂、三次采油等领域的助剂。

（2）制备黏合剂

将黑液木素酚化改性后，替代部分苯酚制备酚醛树脂产品是目前资源化利用黑液木素的主要领域之一。一方面可资源化利用黑液木素，同时也可节约苯酚原料。研究表明，采用工业木素代替部分苯酚制备胶合板黏合剂具有一定的可行性，有助于降低黏合剂产品的甲醛用量。从黏接三合板的胶合强度和木材破坏率综合来看，以木素替代 40% 的苯酚制备的木素基酚醛树脂胶用于三合板制造时，黏结强度可达 1.0MPa 以上，胶合性能可满足国家标准要求。

利用木素制备黏合剂具有诸多优点：一是不改变黏合剂质量性能同时，可大幅度降低游离甲醛含量，有利于改善板材热压工序的工作环境；二是有利于胶合板的预压成型，提高产品的成品率；三是有利于提高黏合剂的固形物含量和降低制备黏合剂的原料成本。

（3）制备农药缓蚀剂

由于木素具有比表面积大、质轻、吸收紫外光性能好、生物降解性好和与农药混合相容性好等优点，将其与农药充分混合后制成缓释农药产品，可在农业种植领域中进行利用。木素基缓释农药具有以下优点：一是农药缓释效果好；二是对光敏、氧敏农药能起到一定的稳定作用；三是木素本身无毒，且在土壤中能生物降解，最终不会产生污染物残留；四是制剂成本较低。

国内曾对木素基农药缓释剂的制备工艺及应用效果做了大量研究工作，木素产品有较好的综合应用效果。

四、黑液聚糖回收与利用技术

对黑液中聚糖类物质进行回收利用也是黑液综合利用的重要内容。

对酸法红液中聚糖类物质的利用已经有成功的生产经验，目前主要有两种利用途径：一是浓缩物直接做黏合剂利用；二是发酵法制备酒精和酵母。由于酸法蒸煮技术在化学法制浆领域中应用不很常见，所以，关于红液中聚糖类物质的回收利用技术在此不做专门介绍，需要时可查阅相关资料进行了解和学习。

20世纪90年代，有人曾对亚铵法制浆黑液发酵法生产酵母的工艺问题进行过初步研究工作，但一直以来人们对碱法黑液中聚糖类物质进行回收利用的研究工作较为少见。

国内某公司曾开发了利用制浆水解液提取物生产新型木糖和木糖醇的技术，但具体工艺技术及应用效果等均未见资料报道。

习题与思考题

1. 蒸煮废液回收利用的目的和意义体现在哪些方面？回收利用方法有哪些？
2. 黑液的基本特性有哪些？谈谈这些特性与黑液回收利用过程的关系。
3. 碱回收过程中黑液预处理技术哪些内容？谈谈这些预处理技术的作用目的和工艺原理。
4. 碱回收过程中草浆黑液硅干扰体现在哪些方面？
5. 碱回收诸工艺环节中有哪些名词术语？这些名词术语的含义如何？
6. 碱回收诸工艺环节的影响因素有哪些？谈谈这些因素对各工艺环节的影响性。
7. 黑液多效蒸发系统中包括哪些介质流程？谈谈黑液流程的种类及特点。
8. 多效蒸发系统中黑液结垢的原因和阻垢/除垢方法有哪些？
9. 碱回收诸工艺环节稳定/安全运行的要点有哪些？
10. 试述黑液燃烧过程的阶段性及工艺原理。
11. 试述现代黑液喷射炉燃烧工艺过程的系统组成、作用目的和原理。
12. 试述现代绿液苛化的工艺流程及原理。
13. 试述白泥综合利用的方法及其原理。
14. 碱回收各工艺环节中有哪些节能技术？谈谈这些技术的特点和原理。
15. 黑液综合利用技术有哪些？简述这些技术的工艺原理。
16. 与木浆黑液相比较，草浆黑液碱回收技术存在哪些问题？
17. 与传统碱回收过程相比较，现代碱回收诸工艺环节有哪些技术进步？

参　考　文　献

[1]　N. K. SHARMA. 农作物原料制浆黑液碱回收流化床技术 [J]. 国际造纸，2007，26（6）：31-34.

[2]　毕衍金，闫俊钦. 利用木素生产黏合剂的可行性分析 [C]. 山东造纸学会2013年学术年会：223-225.

[3]　董瑞雪. 木素的酚化、氧化改性及木素胶黏剂的合成 [D]. 北京：北京林业大学，2016. 06.

[4]　费达，王万荣. 谈碱回收炉供风系统的完善 [J]. 中华纸业，2006，27（1）：67-68.

[5]　胡建鹏. 基于改性工业木素制备环境友好型木质复合材料的研究 [D]. 哈尔滨：东北林业大学，2013. 06.

[6]　黄再桂，史忠丰，石海信. 化机浆碱回收利用技术在造纸过程中的应用 [J]. 广州化工，2013，41（6）：165-166.

[7]　纪晓瑜. 草浆黑液流化床燃烧直接碱回收的试验研究及数值模拟 [D]. 哈尔滨：哈尔滨工业大学，2017. 05.

[8]　李忠正，乔维川. 工业木素资源利用的现状与发展 [J]. 中国造纸，2003，22（5）：47-51.

[9]　李忠正. 禾草类纤维制浆造纸 [M]. 北京：中国轻工业出版社，2013. 03.

[10]　刘秉钺. 制浆黑液的碱回收 [M]. 北京：化学工业出版社，2006. 08.

[11]　刘秉钺. 制浆造纸节能新技术 [M]. 北京：中国轻工业出版社，2010. 01.

[12]　刘全校. 碱法制浆黑液中木素综合利用的研究 [D]. 天津：天津轻工业学院，2001. 06.

[13]　曲音波，张静，高培基，等. 亚铵制浆黑液非无菌操作连续发酵生产酵母 [J]. 环境科学学报，1996，16（2）：216-220.

[14]　宋德龙，邝仕均. 用于草浆黑液的流化床碱回收技术 [J]. 国际造纸，2002，21（1）：44-47.

[15]　唐其铮. 非传统式苛化技术 [J]. 国际造纸，2005，24（2）：11-19.

[16]　王大伟. 大型碱回收燃烧工段节能环保技术 [J]. 中国造纸，2012，31（8）：54-60.

[17]　王志敏，侯庆喜，韩卿，等. 热工基础与造纸节能 [M]. 北京：中国轻工业出版社，2010. 01.

[18]　王忠厚，高清河. 制浆造纸设备与操作 [M]. 北京：中国轻工业出版社，2006. 05.

[19]　杨建华，黄彪. 木素改性及高附加值应用研究进展 [J]. 亚热带农业研究，2006，2（3）：226-229.

[20]　应广东，陈克复，刘泽华. 太阳纸业化机浆废水零排放项目 [J]. 中华纸业，2012，33（5）：45.

[21]　詹怀宇，刘秋娟，靳福明. 制浆技术 [M]. 北京：中国轻工业出版社，2012. 09.

[22]　张楠，刘秉械，韩颖. 我国的木浆和麦草浆黑液碱回收现状 [J]. 中国造纸，2012，31（4）：67-72.

[23]　张陶芸，黄正，韩文，等. 木素农药缓释剂的研制与应用 [J]. 中国造纸，1995，14（3）：35-40.

[24]　张彦慧. 制浆黑液多效蒸发过程模拟与节能优化 [D]. 广州：华南理工大学，2011. 06.

[25]　赵会山，卢兴奖，朱家山. 克瓦拉臭气处理系统及其运行经验 [J]. 纸和造纸，2004，23（1）：21-23.

[26]　中国纸业网. 太阳纸业开发副产品生产木糖醇 [J]. 纸和造纸，2013，32（3）：85.

第八章 生物质精炼

第一节 概　　述

工业革命以来，以石油为主要原料的石油化工为人类文明社会的繁荣做出了巨大的贡献，随着世界经济的不断发展，资源和环境等问题日益突出。《BP世界能源统计2006》的数据表明，全球石油探明储量可供生产40多年，天然气和煤炭则分别可以供应65年和155年，全球化石能源的枯竭是不可避免的。为了实现人类社会、经济的可持续发展，迫切需要以可再生的生物质资源替代不可再生的化石资源。生物质资源因为具有来源广泛、可持续再生、清洁环保、价格低廉等特点，被认为是目前唯一可能替代化石资源潜力的天然资源。

另一方面，现代的制浆造纸工业是能源密集型和规模型的产业，市场、资源、环境的问题使造纸企业急需转变发展模式，推动企业转型升级。传统的造纸工艺只利用了原料中的纤维素和部分半纤维素，而有相当部分的半纤维素与大部分木素进入废液，原料没有得到充分综合利用。随着资源成本的提高，必须充分提取造纸原料中的纤维素、半纤维素和木素等各种成分，多元化生产纸浆、纤维材料、化学品和生物质能源等高附加值产品，减少废弃物的产生、提高纤维原料利用率。

所以，借鉴石油炼制的生产模式，将可再生的生物质高效转化为可以代替石油的能源、材料或化学品的生物质精炼技术是解决能源和环境问题、实现人类可持续发展和生态文明的有效途径。

一、生物质精炼的概念

"精炼（refinery）"的理念来自于现代石油化工产业。所谓"精炼"，是指通过分馏和催化转化等技术，把原油等复杂底物中不同的组分进行分离，进而把每一种组分分别转化成各种不同的产品，以最大限度地开发产品的总价值。将该思想引入到生物质资源开发领域，就形成了一个新概念——"生物质精炼（Biorefinery）"。生物质包含多种多样的有机和无机化合物，因此生物质精炼就是希望在以生物质为原料的加工工业中，打破传统生产方式中仅仅利用生物质中的某一种组分生产单一种/类产品的观念，尽可能地考虑将原料中每一种主要组分都分别转化为不同的产品，实现原料全组分的高效充分利用和产品价值的最大化。

实际上，生物质精炼的概念是1982年在《Science》上首次被提出。文中指出："学习石化工业发展经验，打破用生物质单纯生产单一产品的传统观念，充分利用原料中每一种组分，将其分别转化为不同产品，实现原料充分利用、产物多样化、产品价值最大化的新型工业模式就是生物质精炼。"

美国可再生能源国家实验室将生物质精炼定义为：以生物质为原料（木质纤维原料、植物基淀粉、农业废弃物等），整合生物质转化的各种过程和设备，进行再资源化和增值化，生产燃料、动力和化学品的综合产业；国际能源署对生物质精炼给出的定义是：持续地对生物质加工并生产出广谱的生物产品（食品、饲料、化学品、材料等）和生物能（生物燃料、动能或热量）。

生物质精炼（Biorefinery）可以归结为以可再生的生物质为原料，经过生物法、化学法、物理法等多种加工转化途径生产各种燃料、化学品和材料的新型工业模式。其中，生物质原料主要包括谷物类作物、木质纤维原料、油脂生物质原料等。

二、生物质精炼的发展与意义

基于生物质精炼概念的提出，生物质精炼主要经历了三代技术的发展。第一代生物质精炼技术以淀粉、糖和动植物油脂为原料，通过精炼来制备化学品和液体燃料。这种技术与人争粮、与粮争地，正在被逐步淘汰。第二代生物质精炼技术开始使用非粮食原料，主要以纤维素类生物质为原料，纤维素和半纤维素水解为单糖用于制备乙醇、乙酸、乳酸等单一化工产品，脱除的木素一般作为污染物废弃掉，有机碳的转化率较低。而第三代生物质精炼（又称绿色生物质精炼）技术注重从源头分离、纯化生物质原料中的各个组分，分类别开发利用生产不同的生物质基材料、化学品和燃料，丰富了整个生物质精炼的产品组成。纤维素被直接转化为生物基绿色化学品如乳酸、葡萄糖酸、羟基丁酸、甲酸、乙酸等；半纤维素被转化为低聚木糖、木糖醇、糠醛等；木素被转化为芳香化合物，其中小分子芳烃化物可作为精细化工产品、药物中间体、香料中间体、汽油和柴油稳定剂等，大分子芳烃化合物被一步转化为生物柴油和汽油等。第三代生物质精炼的有机碳转化率理论上无损失。

生物质精炼技术可以最大化地利用生物质资源，将其转化为各种生物质产品和能源，可实现生物质能源、生物质材料、生物质化学品与生物质之间的可持续循环，是一项高效率、低成本、绿色无污染的技术。

生物质精炼模式使用能量和碳元素的"捕捉—释放"方式，有利于减少大气环境的 CO_2 排放量，缓解和应对全球气候变化，同时满足人们当前对化学品、材料和能源等各方面的需求，符合低碳经济和可持续发展的要求。

三、制浆产业与生物质精炼

制浆是以木质纤维生物质为原料，通过化学法、机械法或化学机械法分离出纤维而制得纸浆的过程。木质纤维生物质主要由纤维素、半纤维素和木素三种主要成分和少量挥发性抽出物组成，而纸浆的最主要组分是纤维素，化学浆（包括溶解浆）的纤维素含量一般在85％以上。在碱法化学制浆过程中，木素从纸浆中分离出来，脱除的木素进入液相（黑液），原料中的大部分半纤维素也溶解在液相，只有少量保留在纸浆纤维当中。这些黑液通常是通过碱回收系统燃烧，以生产蒸汽、电能和回收化学品。但其中木素热值为 27.0MJ/kg，半纤维素热值则只有 13.6MJ/kg，其价值没有得到充分利用，如果采用生物质精炼技术将这些生物质转化为新的燃料或化工产品则可以大大提高其附加值。

制浆产业是最早大规模利用生物质的产业，拥有规模化收集、处理、加工植物生物质的基础设施和技术。传统制浆生产线可以说是生物质精炼工艺的雏形，在生物质精炼这一概念出现之前，制浆产业其实很早就已经开始注重原料和产物的综合利用了。在大型的化学浆厂，生产纸浆产品的同时还综合利用过程中产生的副产物，如废液中的木素作为燃料、制浆厂回收松节油和塔罗油、生产木素基表面活性剂及其他化学品等，并实现能源和化学品循环利用。

制浆产业是目前最大规模利用可再生生物质的产业，也是唯一拥有大规模收集、处理、加工生物质的基础设施及实际经验的产业。在制浆厂实行生物质精炼，还解决了生物质原料收集、运输及产品消化的问题，因此生物质精炼技术必然可以与制浆产业进行广泛的结合。制浆企业是生物质精炼最容易实现产业化的平台，生物质精炼是制浆造纸企业最好的延伸。美国林产和造纸工业协会在 1994 年制定了 2020 年发展规划，提出了"综合型森林生物质精炼工业（Integrated forest biorefineries，IFBRs）"的概念，旨在将现有的化学制浆工业进行升级，将更多的木材组分加以利用，从而转化为更多的化学品和能量载体，实现生物质资源的高效和高值利用。由传统的制浆造纸厂向复合型生物质精炼厂生产模式过渡，实现高值化利用原料和资源化利用三废的目标，其主要方式如图 8-1 所示。

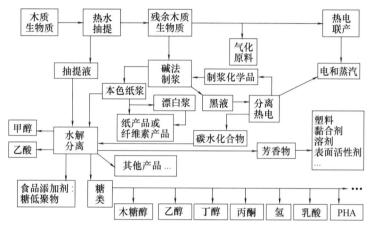

图 8-1　制浆造纸产业生物质精炼工艺路线图

制浆造纸产业与生物质精炼相结合主要包括：a. 在制浆前先从原料中抽提出半纤维素，将其进一步转化成乙醇或者生产其他各种化学品；b. 纤维素生产纸浆、溶解浆或进一步转化为生物质基材料和化学品等；c. 将黑液、树皮、污泥等生物质进行气化以提供能源（合成气、电力、蒸汽），或者制成化学品；d. 利用从黑液中分离出的木素制取胶黏剂、表面活性剂等化学品；e. 回收松节油、皂化物等副产物。

第二节　生物质预处理技术

植物纤维原料主要是由纤维素（40％～50％）、半纤维素（25％～35％）以及木素（15％～20％）组成。纤维素和半纤维素能够降解成单糖，单糖再经生物或化学转化可以生产乙醇、丁醇、糠醛、二甲基甲酰胺、乙酰丙酸、甲酸、乳酸等一系列的能源或化学品，木素作为一种酚类聚合物经分离改性可以广泛应用于热塑性材料、地膜材料、发泡材料、木素保墒剂、木素共混材料等方面。但是，因为植物纤维原料中的纤维素大多为结构紧密的结晶状态，木素和半纤维素包裹在纤维素的周围，这就使三大组分的利用，尤其是纤维素的水解转化受到了限制，要充分利用植物纤维资源必须先对其进行有效的预处理。

一、预处理的目的

预处理的目的是打破植物纤维原料本身的结构束缚，获得可以高效利用的纤维素、半纤维素或木素。根据终端产品不同，预处理的程度、方法和工艺不同。化学法制浆过程可以视为一种预处理，目的是尽可能多地脱除植物纤维原料中的木素，适当地保留半纤维素（溶解浆则要求半纤维素含量越低越好），获得一定质量要求的纸浆。玉米芯生产糠醛或木糖过程也是一种预处理，其目的是通过酸水解将半纤维素转化成糠醛或木糖分离出来。

将纤维素水解为糖的过程主要有两种方法，一种是酸水解（分为浓酸水解和稀酸水解），一种是酶水解。酸水解工艺已经相当成熟，早在 19 世纪即已提出，并在美国和苏联建有生产工厂。该工艺虽然原料价格便宜，但因为水解的单糖易降解，即影响产品的得率，降解的产物还会对后续的发酵过程产生不利影响。此外，苛刻的反应条件（要求耐酸腐蚀和耐高温高压）增加了设备的投资及维护成本，且酸的回收也比较困难。这些问题减小了酸水解工艺大幅度降低生产成本的可能性，为此，绿色的酶水解工艺过程越来越引起人们的关注。

与酸水解比，酶水解有很多优点：a. 酶水解反应条件温和，在常温下就可进行，过程能耗低；b. 酶有很高的选择性，可生成单一产物，故糖产率很高；c. 酶水解过程中基本不加化学药品，且副产物少，提纯过程相对简单，也避免了污染。但植物纤维原料进行酶水解之前需要对其进行预处理。

植物纤维原料预处理的目的是破坏半纤维素和木素对纤维素的包裹作用，使生物酶分子能够顺利地接触纤维素，并且能够适当地降低纤维素的结晶度和聚合度。理想的预处理过程应满足以下几个条件：a. 有利于提高酶水解过程的糖化得率；b. 避免碳水化合物的过度降解或损失；c. 避免生成对后续水解或发酵过程起抑制作用的副产物；d. 整个过程绿色环保，尽量少用或不用化学药品，避免对环境造成污染。

二、预处理方法

目前，常规的预处理的方法主要有：物理法预处理（包括机械粉碎、挤压预处理、高能辐射、微波处理、超声波等）、化学法预处理（包括酸法预处理、碱法预处理、有机溶剂法预处理、氧化法预处理）、物理化学法预处理（包括蒸汽爆破法、氨纤维爆破法、CO_2 爆破预处理、碱性双螺旋挤压预处理等）和生物法预处理（真菌、放线菌和细菌和漆酶等）等。

（一）物理法预处理

1. 机械粉碎

机械粉碎包括干法粉碎、湿法粉碎、振动球磨碾磨等。机械粉碎方法处理后，木素仍然被保留，但木素和半纤维素与纤维素的结合层被破坏，半纤维素、纤维素和木素的聚合度降低，纤维素的结晶构造被改变，提高了原料的比表面积和反应活性。该法设备简单、污染少，但通过物理粉碎产生的无定型态非常不稳定，容易重新结晶化，且处理过程所需能耗较高，使其应用受到限制。

2. 挤压预处理

挤压预处理的设备分单螺旋挤压机和双螺旋挤压机，依靠挤压机运行过程中产生的输送、加热、混合、剪切和碾磨作用，实现生物质原料的尺寸减低和细纤维化，提高酶解纤维素的可及度。挤压预处理因为具有设备投资低、原料的适应性好且容易实现连续生产，对糖几乎没有降解作用，可以简单地和酸碱预处理结合，被认为是一种经济可行的预处理方式。

3. 高能辐射

高能辐射包括 γ 射线辐射和电子束辐射等。高能辐射可使纤维素聚合度降低，结晶度减小，半纤维素水解和木素解聚，这些都有利于改善纤维素的酶水解效率，但处理能耗较高。

4. 微波处理

微波是一种快速、均一、具有选择性的加热技术，且与加热物质不直接接触，能使纤维素的分子间氢键发生断裂，提高纤维素的比表面积和酶可及度。实验室研究表明，经过微波处理生物质的纤维素转化率、半纤维素转化率和总糖得率均能得到提高，但因为设备的局限性，工业化放大比较困难。

5. 超声波

超声波处理是通过脉动高频超声波产生的气穴渗透到多糖分子中打开氢键，破坏木素和纤维素结晶区，使纤维的形态结构和超微结构发生变化，有效降低纤维素结晶度和规整度，从而提高酶解活性。但是，该处理技术目前还停留在实验室阶段，有待进一步研究。

（二）化学法预处理

1. 酸法预处理

酸法预处理是研究最广泛、最有效的木质纤维素预处理方法之一。酸处理可分为无机酸处理和有机酸处理。其原理都是通过溶解木质纤维原料中半纤维素和少量木素，增加纤维比表面积，进而增加酶对纤维素的可及度。酸处理的效果主要取决于酸的种类、浓度、温度、固液比等因素。

无机酸处理是研究最早、最深入的化学预处理方法。常见的无机酸如硫酸、盐酸、磷酸、柠檬酸和三氟乙酸等等。无机酸处理又可分为低温浓酸法和高温稀酸法。浓酸处理和稀酸处理都是利用酸作为催化剂将生物质水解为单糖，但浓酸处理所使用的酸浓度相对较高（10%以上，如72%硫酸、41%盐酸、77%～83%磷酸、100%三氟乙酸等），反应温度一般低于100℃；而稀酸处理所使用的酸浓度较低（5%以内），但反应温度相对较高，一般为100～240℃。

浓酸处理主要是水解半纤维素产生木糖、甘露糖、乙酸、半乳糖和葡萄糖等组分，尤其是水解木质纤维素中的木聚糖为木糖。在高温高压条件下，戊糖和己糖还会继续降解产生一些副产物如糠醛、5-羟甲基糠醛、甲酸和乙酰丙酸等，这些副产物对后续的酶水解和发酵产生非常严重的抑制作用。除此之外，低温浓酸法具有毒性大、腐蚀性高、危害强等缺点，需要特殊的防腐反应器，同时酸回收难度较大，后期需要消耗大量的碱进行中和，因此应用受到限制。

高温稀酸法是目前相对比较成熟的预处理方法之一，也是美国能源部在纤维素乙醇工艺中优先考虑的一种预处理方法。高温稀酸法一般是在较高温度（如140～220℃）和较低酸浓度（如0.1%～1.2%硫酸）作用下有效破坏纤维素的结晶结构，同时脱除或降解木素，从而提高酶对纤维素的可及性。稀酸处理因产生的后续发酵抑制物相对较少而在工业上的应用更为广泛，但经稀酸预处理后产生的发酵抑制物，仍然需要在糖发酵前将酸中和，费时且能耗大，从而影响最终糖得率。

除上述无机酸外，甲酸、乙酸、草酸、马来酸、反丁烯二酸、顺丁烯二酸等有机酸也可用于预处理木质纤维素生物质。有机酸的作用原理与无机酸相似，但是相对于无机酸，有机酸可减少对设备的腐蚀，且对后续酶解过程产生的有害物质少，具有较大的发展潜力。已有研究将反丁烯二酸、顺丁烯二酸和硫酸协同处理小麦秸秆，且处理效果较好。

总体上，酸处理因其易操作、纤维素水解糖得率较高等优点，但酸处理需要特殊的反应设备材料以及对后续酸的中和或回收上仍存在一定问题，在一定程度上阻碍了该法更为广泛地应用。

此外，水在高温状态下电离出来的 H^+ 可以作为催化剂，使半纤维素的糖苷键、O-乙酰基以及 O-糖醛酸基发生水解，释放的乙酸和糖醛酸等进一步催化水解半纤维素，从而生成低聚糖，并进一步降解成单糖。所以高温水热预处理也可以被视为一种绿色的稀酸预处理方式。高温热水预处理的温度一般在 $160\sim240℃$ 温度范围内，压力高于水的饱和蒸汽压。半纤维素的去除打破了纤维素、半纤维素和木素所形成的致密结构，提高了酶对纤维素的可及度。木质纤维原料经高温热水预处理过滤分离后可得固液两部分，固体组分富含纤维素和木素，液体组分富含半纤维素的降解产物。由于预处理过程中溶液呈弱酸性，半纤维素的降解产物多以低聚糖的形式回收，单糖的含量较少，同时产生的糠醛类的生物抑制剂含量也较少。研究表明对蔗渣、稻草、玉米秸秆、棕榈叶等进行高温热水预处理，经酶解后葡萄糖的回收率可达 $75.7\%\sim82.3\%$。对桉木实施两段高温热水预处理，第一段预处理温度为 $180℃$，时间为 20min 时，木糖最大得率为 86%，第二段预处理温度为 $200℃$，时间为 20min 时，酶解 72h 后总糖得率可达 97% 以上。水热预处理因为绿色环保、生成的副产物少而成为最近几年研究最广泛的预处理方式。

2. 碱法预处理

碱法预处理是利用 OH^- 对连接半纤维素和其他组分的分子间酯键的皂化作用破坏它们之间的链接，增加木质纤维原料的多孔性，进而使纤维素被润胀，引起分子的消晶和晶格转化，降低纤维素的聚合度和结晶度，同时去除半纤维素中的乙酰基和糖醛酸等亚单元，尤其是能破坏木素与木聚糖间的酯键，起到去木素的作用，从而提高纤维素和半纤维素的酶可及性。与酸法预处理相比，碱法预处理所引起的糖降解较少，但降解糖一般以变性半纤维素的形式存在，较难回收利用。基于制浆造纸工业的经验，碱法处理是所有化学法预处理技术中应用最为广泛的一种方法。常用的碱法预处理试剂有 NaOH、KOH、$Ca(OH)_2$、$NaCO_3$、氨水或者这几种碱的组合。

氢氧化钠作为一种强碱，有较强的脱木素和降低纤维素结晶度的能力，在预处理过程中应用比较广泛。但同时半纤维素在强碱性条件下也会被分解，致使糖损失较多，并且后续处理之前，需要大量的酸中和，增加了运行的困难性。氢氧化钠预处理通常有两种形式，分别为常温长时间处理和高温短时间处理。碱处理首先使木质纤维材料溶胀，纤维结构变得疏松，进一步使半纤维素和木素溶出。由于浓碱处理还会使木质纤维材料中的聚糖发生剥皮（Peeling）反应和分子结构中末端基团的水解，控制碱浓度和处理温度可选择性除去半纤维素，阻止剥皮反应的发生。因此，目前研究的碱预处理一般采用稀碱进行。研究认为，稀碱作用的机理是碱打断了半纤维素、木素与其他组分之间的交联键，溶出半纤维素和木素，同时使木质纤维材料形成多孔状态，从而使纤维素组分暴露，提高酶解糖得率。也有研究表明，稀碱处理的效果与木质纤维原料的木素含量有关，采用稀 NaOH 溶液常温条件下处理阔叶木原料，预处理后木素含量降低 20%，酶解效率由 14% 提高至 55%。但稀碱预处理对木素含量高于 26% 的针叶木效果不佳。而对木素含量只有 $10\%\sim18\%$ 的小麦草，稀 NaOH 溶液预处理能够取得较好的效果。

氢氧化钙处理木质纤维素具有原料成本低、操作简单等优点。并且氢氧化钙回收相比氢氧化钠要容易，在预处理液中通入二氧化碳生成碳酸钙后煅烧即可将石灰回收利用，相比传统的碱回收少了苛化过程。氢氧化钙处理的缺点是碱性较弱，所以反应缓慢，有时甚至需要几周时间才能完成，所以预处理时生物质粒径一般不大于 10mm。研究表明，在氢氧化钙处理过程中通入氧气或空气、提高温度都能在一定程度上改善处理效果，如用石灰在 $120℃$ 条件下处理甘蔗渣，可以使酶解率由 20% 提高到 75%。

氨水处理生物质原料可去除部分木素和半纤维素，破坏纤维素、半纤维素和木素所形成的致密结构，进而提高酶解效率。常见的氨水预处理包括氨纤维爆破法（AFEX），氨回收过滤法（ARP）和氨水浸泡法（SAA）等。在氨纤维爆破法中，生物质原料在较低温度（60～100℃）和较高压力（17～21MPa）下停留一段时间（5～30min）后瞬间释放压力。在这个过程中，纤维束发生润胀、解离，使纤维素结晶度降低；木素与碳水化合物之间连接键断裂及木素和半纤维素溶出、降解。氨纤维爆破的优点有：氨水可回收利用；固液比高且预处理后固体无须洗涤即可进行酶解；产生糠醛、羟甲基糠醛等发酵抑制剂量较少；发酵前无须脱毒处理等。氨循环渗透是氨在较高温度（150～170℃）下与木质纤维原料反应，反应后液态氨被回收再利用的处理方式。较高温度下，氨溶液可以有效润胀木质纤维素，破坏木素与半纤维素间的化学键，降低聚合度，且不会引起糖的降解。该法可有效去除70%～80%的木素、水解40%～60%的半纤维素，从而大大提高纤维素的酶解效率。

选取何种试剂以及处理效果与所处理的生物质特性及处理条件有关。研究表明，碱处理法对木素含量较低的阔叶木、草本植物和农业废弃物的处理效果比对木素含量较高的针叶木处理效果更为理想。碱法预处理的优势在于能有效去除木素、半纤维素的糖醛酸和乙酰基等抑制性产物，对反应器要求低，且可在室温条件下进行。但是碱法预处理的主要缺点是处理时间长、部分半纤维素降解损失，同时也涉及试剂的回收、中和以及洗涤等，进而可能引发一系列环境问题。

3. 有机溶剂法预处理

有机溶剂可以溶解并去除木素，提高酶对纤维素的可及度，所以可用于木质纤维素生物质的预处理。有机溶剂预处理一般为水油混合体系，经预处理后，木素会降解并溶于有机相中，预处理结束后过滤可得预处理液与固体残渣。固体残渣中富含纤维素、半纤维素的降解产物（单糖或低聚糖），预处理液中则含有大部分木素的降解产物。向预处理液中加水沉淀即可回收木素，回收的木素称为有机溶剂木素，是一类纯度很高、较容易利用的木素。研究表明，在有机溶剂预处理体系中加入一些酸（乙酸、盐酸、硫酸或草酸）作为催化剂来破坏半纤维素之间的连接键，可大大提高预处理段木糖得率。有机溶剂预处理与酸预处理相结合，可实现半纤维素和木素的分段降解及回收。

与酸碱预处理相比，有机溶剂预处理具有以下优点：a. 对设备的腐蚀小，要求低；b. 可得大量的纯度较高的溶剂木素，生产高附加值木素产品；c. 可通过蒸馏对有机溶剂进行回收利用；d. 有机溶剂预处理可对木质纤维原料三组分进行分级利用，有利于实现生物质精炼。

常用的有机溶剂主要有低沸点醇类（甲醇、乙醇），高沸点醇类（乙二醇、甘油、四氢糠醇）和其他的有机化合物如醚、酮、酚、有机酸和二甲亚砜等。

（1）低沸点醇

低沸点醇或低相对分子质量醇类是预处理木质纤维原料时最常用的有机溶剂，主要为甲醇和乙醇，并且伯醇较之于仲醇及叔醇脱木素的效果更好。采用低沸点醇可以节约后续回收时所消耗的能量。低沸点醇预处理时一般分为高温（210℃）下自催化预处理和低温（180℃）下添加催化剂处理两种方式。常用的催化剂种类包括无机酸、镁、氯化钡及硝酸盐等。

木质纤维素原料在经过甲醇—水溶液处理之后酶解效率有了很大程度的提高，并且甲醇是一种低沸点有机溶剂，因而利于回收，但是由于其有一定的毒性且容易挥发，对于大规模的应用有一定的限制。与甲醇处理相比，乙醇具有低毒、挥发性大、成本低和易回收利用等优点。采用乙醇有机溶剂预处理木质纤维原料时，半纤维素和木素能够有效脱除，纤维素能够大量保留，可实现生物质原料全组分分离。但低沸点醇存在易挥发、易燃、易爆等问题，限制了其工业化。

（2）高沸点醇

用于木质纤维原料预处理的高沸点醇一般是多羟基醇，其中乙二醇和甘油最受青睐。高沸点醇预处理最明显的优点是此过程可以在大气压下进行。常压甘油自催化预处理木质纤维原料具有很好的选择性，能够通过氧化和醇解等反应改变木素化学结构，从而使木素从与纤维素的结合中断裂脱落，最终实现木质纤维的选择性预处理和分级分离，进而提高了纤维原料的可酶解性。但是，这类高沸点有机溶剂也存在弊端，如溶剂回收能耗过高、装置密封要求严格等。

（3）丙酮

在酮类有机溶剂中，丙酮是最有效的脱木素溶剂，也是最常用的有机溶剂。使用丙酮进行预处理过程，大多数情况下辅以高温和低浓度酸催化处理，或是低温和高浓度酸催化或强氧化剂处理。由于磷酸不如硫酸具有强酸性和腐蚀性，是结合有机溶剂预处理时的一种很好的替代酸。采用加入磷酸的丙酮对纤维原料进行预处理，部分木素溶解在丙酮中，半纤维素在水中会发生降解，三种组分分别存在于有机溶剂相、水相和剩余固体相中，最终得到适合酶解糖化的无定型纤维素为主的固相物质。预处理物料的酶可及度大幅度提高，可以实现纤维素的高效率水解。

有机溶剂预处理因为容易回收并可以获得高纯度的木素，在生物质精炼的模式下越来越受到关注。但也存在一些缺点，主要表现在：a. 有机溶剂以及催化剂的价格较贵；b. 有机溶剂易燃，容易造成火灾和爆炸，安全问题也是有机溶剂法需要考虑的问题；c. 有机溶剂还是后续木质纤维素酶解的抑制物，他们的去除对后续操作是必须步骤，因此增加了费用；d. 对预处理后的固体洗涤需要采用相应的溶剂洗涤，不能采用传统的水洗方式，因为用水洗涤会使溶解的木素重新沉淀在纤维上。

理想的有机溶剂预处理试剂应该具有如下特征：a. 可以很好地溶解木素；b. 与水分离和易于回收；c. 几乎不会与木质纤维素的组分（纤维素、半纤维素和木素）相互发生反应；d. 低腐蚀性，可以较好地保护设备；e. 可以较好地润胀纤维素，降低纤维素的结晶度。但事实上，这种"理想"的有机溶剂很难找到，人们在选择有机溶剂预处理的溶剂时，更多的是从对木素的溶解度方面来选择的。

4. 氧化法预处理

氧化法预处理是利用氧化剂对木质纤维素原料进行处理，通过氧化剂对木素的氧化降解和对纤维素聚合度和结晶度的降低，从而达到提高纤维素酶解效率的目的。常用的氧化剂有过氧化氢、臭氧、氧气和芬顿试剂等。

（1）过氧化氢

过氧化氢作为一种环境友好型氧化剂，在木质纤维素的预处理过程中有着广泛的应用，如处理玉米秸秆、麦草、竹子、针叶木等。过氧化氢在碱性条件下可以与木素发生反应，其预处理条件温和，在处理过程中不会产生有害的副产物，自身还会降解成氧气和水，不会在预处理物中留下任何残渣。在酸性条件下，过氧化氢很不稳定，可以分解成活性更高的自由基，如参与木素降解和脱除的羟基自由基和超氧化物阴离子自由基，这些自由基不仅会降解木素，还会使木质纤维原料中的纤维素和半纤维素发生大幅度降解而影响最终糖得率，所以如何提高过氧化氢预处理过程中的选择性将是未来的重点研究方向。

（2）臭氧

臭氧预处理木质纤维原料可以除去大部分木素，并伴随部分半纤维素的降解，而纤维素几乎被完全保留。臭氧作为一种强氧化剂，可以通过两种途径分解木质纤维原料，一种是分子态的臭氧直接与木质纤维原料反应，另一种是在臭氧分解生物质过程中产生羟基自由基和中间产物自由基，由这些自由基完成分解反应。臭氧可与含有共轭双键和高电子密度功能的物质发生强烈反应，而木素含有大量碳碳双键，所以会被臭氧氧化降解。臭氧处理的优点在于可以高效去除木素，并且木素的降解物不会影响后续的酶解，反应还可以在常温常压下进行。臭氧预处理的缺点是臭氧的生产成本高，从而影响其工业化应用。

（3）氧气

相对于过氧化氢和臭氧而言，氧气具有廉价易得的优点。氧气结合碱在加温加压条件下，能够降解木质纤维原料中的木素，同时溶出部分半纤维素。分子氧的两个未成对电子对有机物具有强烈的反应性，从而发生游离基反应。在碱性介质中分子氧引起对酚型和烯醇式木素单元的自动氧化所形成的负碳离子的亲电攻击。在氧化过程中，氧通过一系列电子转移，本身被逐步还原。氧在起氧化作用而被逐步还原时，根据 pH 的不同而生成过氧离子游离基、过氧阴离子、氢氧游离基和过氧离子。这些由氧衍生而来的基团，在木素的降解过程中起着重要的作用。氧气预处理也同样存在对碳水化合物降解严重，选择性差的缺陷，还需要在进一步的研究中解决。

（4）芬顿法

芬顿氧化法是指用废水处理的芬顿氧化试剂处理生物质的一种方法。H_2O_2 在 Fe^{2+} 存在的酸性条件下，生成强氧化能力的羟基自由基，并引发更多的其他活性氧，以实现对木素的降解，其氧化过程为链式反应。其中以·OH 产生为链的开始，而其他活性和反应中间体构成链的节点，各活性氧被消耗，反应链终止，其反应机理较为复杂，这些活性氧可以使木素大分子碎片化并溶出，从而实现木质纤维原料的脱木素过程。芬顿氧化法预处理的条件温和，处理成本较低。但是芬顿试剂一般在酸性条件下效果较好，这使得预处理液的腐蚀性增加，同时形成的羟基自由基的强氧化性选择性低，也限制了其大规模应用。

（三）物理化学法预处理

物理化学法即通过化学、物理和机械（突然减压形成的爆破力）作用将原料的细胞壁结构进行破坏，进而提高纤维素酶可及性的方法，预处理效果优于物理或化学法的单独作用，虽然有些结合法需要两步甚至多步骤完成（研磨后酸解、研磨后碱处理等），但大部分结合法可一步完成，是最被看好的具有产业化前景的生物质预处理方法，蒸汽爆破（稀酸蒸汽爆破、稀碱蒸汽爆破）、氨纤维爆破、二氧化碳爆破、碱性双螺旋挤压法预处理都是常见的物理化学法预处理。

1. 蒸汽爆破

蒸汽爆破作为至今为止研究最广泛和最常用的物理化学预处理方法，其主要原理是用加压蒸汽处理生物质经过一段时间突然降压，使水分骤变成蒸汽。由于体积的急剧转变，木质纤维素的紧密结构会遭到毁坏，纤维素的酶可及性增大，酶解效率提高。蒸汽爆破预处理广泛适用于阔叶木和农林废弃物等非木材原料，对针叶木的处理效果不理想，这是因为其乙酰基含量较低，释放出的乙酸较少，自水解的程度较低。预处理时的温度、时间和物料的颗粒大小都会影响处理效果。随着温度的增加，半纤维素和纤维素解离的程度也会增加，然而温度过高，将会产生反应抑制物。降解碳水化合物的同时，木素也会发生缩合反应，影响木素综合利用和回收。蒸汽爆破预处理时间分为两部分，一是蒸煮时间，二是爆破时间。增加蒸煮时间，可以促进分离木素，溶解半纤维素，得到纯度高、热稳定性良好的纤维素。颗粒的粒径小，传热阻力小，物料比表面积大，在蒸煮过程中可以受热均匀。但粒径太小将会导致物料在蒸煮过程中受热程度太过剧烈，会生成单糖降解的副产物，影响单糖的回收和残渣的后续利用，所以粒径也不能太小。

目前，蒸汽爆破技术越发成熟，具有处理时间较短、能耗低、环境友好的优势，但是处理过程中对木素的降解程度较低，并且半纤维素降解物会对后续的发酵产生不利的影响。

2. 氨纤维爆破（AFEX）

氨纤维爆破是一种与蒸汽爆破类似的物理化学预处理法。其处理过程是将木质纤维原料与液氨混合，在 $1.72 \sim 2.06$ MPa 压力范围内、$60 \sim 140$℃温度条件下维持一定时间（一般小于 30min），然后突然释放压力。氨气的迅速膨胀引起木素与半纤维素连接结构的断裂以及木质纤维素结构的解体。整个预处理过程半纤维素水解较少，仅通过打开木质纤维素结构来增大纤维素的酶可及性。影响该预处理效果的因素有氨的添加量、温度、水的添加量、压力和维持时间等。氨纤维爆破应用于玉米秸秆、麦秆、柳枝稷等草本植物来源的木质纤维素（木素含量较低）时，能够显著促进纤维素的酶解效率，但应用于阔叶木、针叶木等木本植物来源的木质纤维素（木素含量较高）时，促纤维素酶解作用相对较低。研究表明，在 140℃下保温 5min，氨与底物混合比 2∶1，120％水添加量的条件下进行氨纤维爆破处理高粱渣，预处理后物料的酶水解率高达 90％。

AFEX 法具有很多优势，不会产生抑制物、不需要降低原材料的粒径、能回收 99％ 以上的可发酵糖、不需要为后续的微生物发酵过程额外添加氮源等。但是，该方法最大的问题在于预处理之后的氨气回收过程会增加工艺复杂性和成本。

3. CO_2 爆破预处理

CO_2 爆破预处理是一种以超临界 CO_2 作为介质对木质纤维素进行预处理的方法，其工作原理与蒸汽爆破原理相似，但是由于超临界 CO_2 的表面张力很小，其具备液体的连续性、流动性和气体的扩散性，很容易能够渗入到具有微孔的生物质内部，当压力突然下降时，超临界 CO_2 会膨胀形成气体，生物质结构被破坏，生物质酶解效率增加。有研究表显示，超临界 CO_2 中再加入其他试剂处理生物质时，会进一步提高生物质的酶解效果。并且超临界 CO_2 对湿物料的处理效果要好于对干物料的处理效果。超临界 CO_2 爆破预处理后，生物质的各个组分几乎都没有受到冲击，基本不会出现降解，因此更不会产生抑制发酵反应的产物。

CO_2 爆破预处理条件温和、无毒、成本低、环境友好，使其在工业领域具有较高的实用价值。特别是处理高固体浓度的生物质，不会产生对发酵有抑制作用的副产物。缺点是成本较高的高压设备，对原料的预处理效果以及适应性需要进一步改进。

4. 碱性双螺旋挤压预处理

双螺旋挤压机最早应用于塑料和食品行业，20 世纪 90 年代法国的 Clectral 公司开始尝试把这种设备用于制浆工业，并取得了巨大的成功，并称之为"BIVIS"机，从而引起了制浆历史上的一次革命。青岛生物能源与过程研究所联合天津科技大学及河北天正筛选制浆设备有限公司经过一年多的实验及技术攻关，成功地把双螺旋挤压机应用到了生物质预处理过程当中，实现木质纤维成分的简单分离和高效利用。

该设备由两个轴向平行、彼此啮合、同向转动的特殊螺杆组成。处理过程中，原料由进料口送入，被正向螺旋推向反向螺旋，在正反向螺旋挤压作用下物料被压缩，由于正向螺旋挤压作用较大，物料被迫从反向螺旋的斜槽通过进入下一个挤压区，如此反复。在挤压过程中，纤维和螺旋之间、纤维和纤维之间产生很大的摩擦力，致使纤维发生压溃、破裂及原纤维化作用。双螺旋挤压机挤压过程中产生的机械热能够达到 100℃ 左右，这样在不需要额外加热相对温和的状态下，使加入的碱催化剂与已破碎的木质纤维原料均匀混合并快速反应，同时加入的化学品也降低了物理破碎过程中的能耗，在排液口完成黑液（木素）的回收，简单地实现了木质纤维原料的预处理及组分分离过程。研究表明，玉米秸秆固含量 35%，温度低于 100℃，用碱量 6% 的温和条件下，预处理后玉米秸秆的酶解得率达到 90% 以上，总糖得率达到 480kg 混合糖/t 玉米秸秆。

（四）生物法预处理

生物法预处理是指利用微生物及其分泌的酶对木质纤维素物料进行分解作用，起到脱除木素、半纤维素或降解纤维素降低其聚合度，从而提高木质纤维素的酶解效率的目的。相比较物理和化学法，生物预处理技术具有条件温和、能耗低且无环境污染的优越性。用于生物质预处理的微生物主要包括真菌、放线菌、细菌及其降解木素的漆酶。

1. 真菌、放线菌和细菌

放线菌和细菌产生半纤维素酶、纤维素酶和木素降解酶的活力不够，所以降解木质纤维素的过程很慢，较适合用来处理草本类植物，更多的时候是被用于堆肥化处理。真菌如白腐菌、褐腐菌和软腐菌可以有效降解木素，促进后续的酶水解反应，因此生物法预处理生物质时最为常用的就是真菌。其中白腐菌是自然界中主要的木素降解菌，白腐菌能够分泌胞外氧化酶（木素过氧化物酶、锰过氧化物酶、漆酶），从而有效地将木素降解为 H_2O 和 CO_2。褐腐菌选择性地降解纤维素和半纤维素，对于木素作用很小，褐腐菌中的有些种类可以对木素进行修饰，而软腐菌仅作用于细胞中的半纤维素。白腐菌虽然可以降解木质纤维素材料的三种主要组分，但是更偏好降解木素和半纤维素。

2. 漆酶

漆酶是单电子氧化还原酶，具有广泛的底物专一性，能够催化氧化酚类化合物脱去羟基上的电子或质子，形成自由基，导致酚类及木素类化合物裂解，同时分子氧被还原为水。其反应包括脱甲氧基、脱羟基、C—C 键断裂过程等。漆酶催化底物机制表现在底物自由基的形成和漆酶分子中四个铜离子的相互协同作用。漆酶可以对木质纤维及一些高分子化合物起到降解作用，但反应效率仍然很低，需要通过基因工程技术改善木素降解酶的效果。

生物处理法的优势是不需要添加化学制剂，处理条件温和。但处理时间很长，水解效率低，往往需要数天甚至更长，因此，难以用于工业化生产。但是，如果生物预处理与化学法预处理相结合，在生物质原料堆放阶段，对其进行生物预处理，适当的降解木素或软化纤维后，再进行化学预处理，不仅可以降低后续处理化学品的用量和强度，降低对环境的影响，而且可以大幅度改善物料的酶水解效率。

第三节　生物质资源的高效清洁分离与利用

一、纤维素的高效清洁分离与利用

（一）纤维素的分离方法

纤维素是由葡萄糖组成的大分子多糖，是植物细胞壁的主要成分。纤维素是自然界中分布最广、含量最多的一种多糖，占植物界碳含量的 50％以上。棉花的纤维素含量接近 100％，为天然的最纯纤维素来源。一般木材中，纤维素占 40％～50％，还有 10％～30％的半纤维素和 20％～30％的木素，要获得高纯度纤维素，一般也称为溶解浆或精制浆，需要特殊的分离方法。制备溶解浆的方法一般分为两种，一种是预水解硫酸盐法，另一种是酸性亚硫酸盐法，但是最近几年使用化学浆纯化制备溶解浆的工艺也逐渐受到了重视。

1. 预水解硫酸盐法

溶解浆的生产过程要尽可能去除半纤维素，所以制浆前一般需要进行预水解。预水解的方法包括水、酸、蒸汽及碱预处理等。其中，酸、水和蒸汽预水解是最常用的预处理方法。水和蒸汽预处理也常称为"自催化水解"。在预处理过程中，木质纤维原料的细胞壁结构被破坏，半纤维素的溶出使原料结构疏松，为蒸煮药液的渗透打开了通道。用硫酸或盐酸进行酸预水解，虽然半纤维素的去除率较高、预处理速度较快，但由于其酸度较高，对设备的腐蚀较强，而且在水解条件激烈时，纤维素降解也较严重，导致纤维素分子质量下降、黏度降低。

已有研究表明用水预水解碱法生产油棕榈壳纤维溶解浆时，水预水解比酸预水解更为有效。水预水解过程中半纤维素侧链上的乙酰基和部分糖醛酸基的脱除会产生乙酸，使体系的 pH 下降到 3 左右，从而发生自催化酸水解。由于纤维素对有机酸的稳定性远高于无机酸，从而避免了纤维素的过度降解。在预水解过程中，随着预水解条件的加剧，溶出的半纤维素将进一步降解。随预水解时间的延长，溶出的半纤维素增多，单糖含量也增加，同时还也有一部分单糖进一步水解为糠醛。相关研究表明，预水解温度是影响半纤维素去除率和单糖分解的最主要因素。如何针对不同原料，优化预水解工艺参数，建立各种原料半纤维素预水解动力学数学模型及预测预水解结果，对溶解浆生产的在线控制具有重要意义。

蒸煮前对原料进行碱预处理（NaOH、KOH、LiOH、硼酸盐等）也可以去除半纤维素。碱预处理一般在较低温度下进行，不需要压力容器，而且可缩短后续蒸煮时间和蒸煮化学药品用量。由于碱预处理废液中的半纤维素含量较高，其分离提取也比自催化水解方法容易。研究表明，用 NaOH 溶液预处理杨木木片，然后进行硫酸盐法制浆，发现预处理 1t 木片可以得到 40～50kg 的半纤维素。尽管碱预处理可以得到较高质量的溶解浆和高浓度的半纤维素，但这种方法不适合用于针叶木半纤维素的抽提。

虽然预水解硫酸盐法具有溶解浆质量好、生产能力高的优点，但也存在一些缺点，如预水解过程中产生的高反应活性的中间产物（木素）会发生缩合反应，形成树脂状混合物。这种树脂状混合物的存在不仅会阻碍半纤维素的后续溶出，而且对后续制浆漂白产生不利影响。为了减少或避免沉淀，在蒸煮前对水解原料进行蒸汽活化处理是一种可供选择的方法。为了进一步去除预水解硫酸盐浆中的半纤维素，还可以进行制浆后碱处理，从而提高纤维素的纯度。尽管如此，还是有少量的抗碱半纤维素存在于微细纤维之间，降低溶解浆的反应性能，从而影响溶解浆磺化和纺丝过程。

2. 酸性亚硫酸盐法

酸性亚硫酸盐法曾是生产溶解浆最主要的方法，主要包括钙盐基、镁盐基、铵盐基和钠盐基。早期的溶解浆生产大多是采用钙盐基亚硫酸盐蒸煮，但由于化学品回收困难，环境污染严重，多数生产线都已关闭或改用其他盐基生产，目前钙盐基仍能存在的原因是其蒸煮废液用于生产黏合剂、木素粉和其他副产品。铵盐基蒸煮废液只能回收硫和热能，铵则无法回收。钠盐基化学品回收系统复杂，镁盐基的镁和硫都可以回收，回收系统也相对比较简单。

南非 Sappi 公司的 SAICCOR 浆厂 2008 年扩建投产的生产线，年产 30 万 t 桉木溶解浆，采用镁盐基亚硫酸盐蒸煮，配备红液回收系统。亚硫酸盐法溶解浆 α-纤维素含量一般能达到 90%～92%，浆粕反应性能较好。

在酸性亚硫酸盐法制浆过程中，半纤维素和木素同时溶出，而且溶出的聚戊糖不存在沉积的问题。酸性条件下，耐酸的残余乙酰基及 4-O-甲基葡萄糖醛酸基团会阻碍聚木糖吸附到微细纤维上形成结晶。在亚硫酸盐法制浆过程中，木素和半纤维素同时溶出使得蒸煮废液中的降解产物复杂，造成木素和半纤维素分离困难，很难对木素和半纤维素进行高附加值利用。与预水解硫酸盐法相比，亚硫酸盐法克服了木素沉淀的问题，并具有化学品回收率高的优点。但是，亚硫酸盐溶解浆还存在 α-纤维素含量相对较低和纤维素聚合度不高的缺点。

3. 化学浆纯化法

（1）预水解硫酸盐法和酸性亚硫酸盐法制备溶解浆的不足

生产溶解浆最常用的制浆方法为预水解硫酸盐法和酸性亚硫酸盐法，但这两种工艺均会使纤维素严重损失，并影响半纤维素去除效率，残余半纤维素含量达到 3%～4%。这就造成生产醋酸纤维级浆料时，需要采用额外的纯化步骤。此外，对于黏胶纤维（乙酸乙酯）级浆料，不仅要求半纤维素含量较低，而且残余纤维素的结构必须有利于羟基接近。为了保证化学品均匀渗透、保证浆料乙酰化更均匀，还要求其具有较窄的相对分子质量分布、没有微纤丝聚合或其程度较低、开放的孔隙以及无密度变化或压缩。据报道，纤维素 II 型晶体在乙酰化时更易反应，如果浆料未干燥，水会通过溶剂交换而从浆料中去除。但实际上，浆料通常是要进行干燥的，这就很容易引起纤维角质化，在纤维素 II 存在的情况下，形成耐再润湿的致密氢键网络。因此，纤维素 II 在生产醋酸纤维素时具有不利影响，应尽量避免。

乙酰化对于纤维纯度、形态和可及度非常敏感，故也可用乙酰化来评估纤维的反应活性，判断浆料质量。浆料中残余半纤维素或物理缺陷会妨碍纤维素羟基的乙酰化，并导致成品醋酸纤维品质较差。乙酰化不均匀以及半纤维素的存在会降低醋酸纤维的过滤性能并增大假黏度，这可以通过形成的雾度或颜色加以判断。残余半纤维素通过与纤维素竞争取代物以及使纤维素结块而影响乙酰化，降低纤维素反应活性。浆料中残余半纤维素类型不同，对醋酸纤维造成的影响也不同。如聚葡萄糖甘露糖对雾度、假黏度以及过滤性能有很大影响，但对颜色的影响可以忽略不计。而甲基葡萄糖醛酸基聚木糖主要与颜色的形成有关，硫酸盐聚木糖和阿拉伯糖基聚木糖会形成颜色和雾度，雾度对过滤性能有不利影响。

（2）化学浆纯化为高纯度溶解浆

采用冷碱抽提法可除去化学浆中的半纤维素，使其达到醋酸纤维级浆料的要求。冷碱抽提法是指通过 NaOH 溶液（质量分数约 10%）在中等温度（20～40℃）下选择性提取短链碳水化合物，从而去除化学浆中的大量半纤维素或将普通溶解浆精制成醋酸纤维级浆料。温度较低时半纤维素去除效率较高，但是低温会增大碱液黏度，容易在洗涤过程中造成化学品损失。一般情况下，同时考虑半纤维素去除效率和化学品损失，较为适宜的温度为 30～35℃。短链碳水化合物在由碱引起的晶体间和晶体内润胀之前就会溶解，在晶体间润胀中，碱液仅渗透到微纤维和非结晶区之间的可及空间。NaOH 质量分数高于 8%～9% 时还会发生晶体内润胀。此时，溶剂进入到纤维素内高度组织化的结晶区。当增大冷碱法的碱浓并通过纤维素微纤束开始晶体内润胀时，纤维素 I 逐渐转化成钠—纤维素 I（中和之后转化成纤维素 II）。碱浓为 8%～10% 时开始有纤维素 I 至纤维素 II 的转化，故应该保持较低的

NaOH 浓度，以便选择性提取半纤维素并避免纤维素 II 的形成。半纤维素主要分布于晶体间区域，通常 NaOH 质量分数为 10％时就足以去除大量半纤维素。冷碱法可以将酸性亚硫酸盐浆中残余聚木糖和聚葡萄糖甘露糖含量降至 0.5％；可将预水解硫酸盐浆中残余聚木糖含量降至 1.5％，残余聚葡萄糖甘露糖几乎没有。

获得高纯度纤维素会造成得率下降，通常，α-纤维素含量每增加 1％，纤维素得率会损失 1.2％～1.5％。一般化学浆的半纤维素含量约为 5％，冷碱法处理时聚木糖去除效率比聚甘露糖更高。对于生产人造纤维级溶解浆，尽管冷碱抽提法具有许多优势，但是 NaOH 用量过高（浆浓为 10％、NaOH 质量分数为 10％时，每吨浆料需要 1tNaOH）和随之引起的得率损失使得冷碱法在工业规模应用的吸引力很小。冷碱抽提过程中的主要反应是温度较低而引起的物理变化，所以碱消耗量较少。因此，若将其与高效的化学品循环过程相结合，则可以将冷碱法应用到工业规模的生产中。

酶预处理可使半纤维素变得更易被碱液提取，从而有利于从化学浆中去除半纤维素。已有研究表明，用聚木糖酶、葡聚糖内切酶和碱性溶液处理后，浆料残余聚木糖含量可降至 2.4％以下。

采用含有金属络合物的半纤维素选择性溶剂去除化学浆中的半纤维素也是一种很好的选择，如 Nitren［三（2-氨基乙基）胺镍络合物］可以方便地选择性溶解聚木糖，浆料先在 30℃下抽提 1h，然后过滤可以得到溶解的半纤维素。据报道，这种处理方法能将桦木化学浆中的聚木糖含量降低至 3.5％，其选择性比纤维素溶剂更优，但缺点是镍很容易污染浆料，对聚甘露糖去除效果较差，限制了其在阔叶木浆中的使用。

具有咪唑衍生物阳离子部分的离子液体对纤维素有较好的溶解性能，但离子液体的溶解能力很大程度上取决于其水分的含量，添加一定量的水可以降低离子液体对纤维素的溶解能力，因此离子液体—水混合物可作为一种选择性半纤维素溶剂，在中温（60℃）下，半纤维素会在较短的时间（3h）内被溶解，通过简单过滤分离获得高纯度纤维素，并通过添加溶剂系统含水量可以沉淀提取的半纤维素。分离过程中，两种溶剂组分均被保留，无任何降解或得率损失且纤维素 I 得以保留。

4. 溶解浆的发展历程与展望

20 世纪 50 年代以前，溶解浆普遍以木材为原料采用亚硫酸盐法生产，其 α-纤维素的含量一般在 88％～90％。到 20 世纪末，溶解浆的生产技术有了明显的变化和发展，主要体现在以下几方面。

① 在亚硫酸盐法溶解浆生产中，改变了传统的以云杉和冷杉（白松）为原料的局面，阔叶木得到了广泛的应用；

② 采用专门的精制技术，如冷碱和热碱联合精制或者亚硫酸盐—碱两级蒸煮技术，可使亚硫酸盐法溶解浆的 α-纤维素含量达到 96％以上；

③ 发展了预水解硫酸盐法新工艺，扩大了适用树种的范围；

④ 随着强力黏胶帘子线和高模量黏胶纤维的发展，要求溶解浆具有更高的 α-纤维素含量。现在高精制溶解浆纤维素含量已达到 96％以上，有的甚至高达 99％；

⑤ 采用多段漂白和漂白中应用 ClO$_2$，使在减少纤维素溶解的情况下，提高了溶解浆白度。

进入 21 世纪特别是最近 10 年，溶解浆的生产又有了新的动态，主要表现在以下几方面：

① 预水解硫酸盐法成为溶解浆的主要生产方法；

② 溶解浆的生产设备由间歇蒸煮向置换蒸煮乃至连续蒸煮方向发展；

③ 氧脱木素和 ClO_2 漂白在溶解浆生产中得到应用，少用或不用次氯酸盐，ECF 和 TCF 漂白得到逐步的应用；

④ 竹材逐步成为国内继棉短绒和木材后的又一重要溶解浆原料来源；

⑤ 采用非预水解的方法生产溶解浆正在研究过程中，其中包括生物质精炼技术，并可能成为生产溶解浆的新工艺。

（二）纤维素的利用

1. 纤维素的溶解体系

纤维素是由 D-吡喃式葡萄糖基通过 $1，4-\beta$ 苷键连接而成的线性高分子化合物。由于其葡萄糖单元 2，3，6 位上羟基的存在，使得纤维素分子内和分子间存在大量的氢键。这一结构特性成就了纤维素稳定的物化性质，但也使得纤维素很难溶于一般溶剂，从而限制了其作为功能化材料的应用。因此，研究纤维素的功能化必须首先研究其溶解体系。

溶解纤维素的溶剂分为衍生化溶剂和非衍生化溶剂。非衍生化溶剂是指仅通过分子间作用力来溶解纤维素的一类溶剂；衍生化溶剂则包含所有的通过共价键与纤维素形成醚、酯以及缩醛来溶解纤维素的一类溶剂。其区分标准是，衍生化溶剂体系中生成的纤维素衍生物能够通过改变体系的组成或者 pH 重新分解为再生纤维素。

（1）纤维素的衍生化溶剂体系

纤维素与大多数衍生化溶剂发生反应，这些体系中纤维素的衍生化和溶解是同时发生的。表 8-1 总结了部分衍生化溶剂体系及其对应的衍生物取代基。

表 8-1　　　　　　　　　　纤维素衍生化溶剂体系及其对应的衍生化取代基

溶剂	衍生物取代基	溶剂	衍生物取代基
H_3PO_4 水溶液（＞85％）	$—PO_3H_2$	$HCOOH/ZnCl_2$	$\overset{\overset{\displaystyle O}{\|}}{—CH}$
$CF_3COOH/CF_3(CO)_2O$	$—COCF_3$	N_2O_4/DMF	$—O—N=O$
$Me_3SiCl/$吡啶	$—SiMe_3$	$(CH_2O)_n/DMSO$	$—CH_2OH$
$CCl_3CHO/DMSO/TEA$	$—CH(OH)—CCl_3$	$CS_2/NaOH/$水	$—C—(S)SNa$
NaOH/尿素	$—CONH_3$	—	—

纤维素本质上是一种多元醇，作为路易斯碱可以向路易斯酸以及无机酸提供电子实现溶解。磷酸的成分一般用五氧化二磷的浓度来计算，当五氧化二磷的浓度（质量分数）超过74％时可以认为溶液为非水溶液（超磷酸），混合不同成分的磷酸会大大提高其溶解纤维素的能力，并且在纤维素溶解的过程中逐渐产生纤维素磷酸酯等衍生物。浓度（质量分数）为85％的磷酸溶液曾用于溶解纤维素并应用于各种分析目的，同时也作为纤维素均相氧化的介质。

羧酸酸性太低，不能直接溶解纤维素，但是可以与纤维素反应形成纤维素衍生物。能够溶解纤维素的羧酸包括三氟乙酸、二氯乙酸和甲酸，添加硫酸可以使纤维素的溶解速率加快。由于羧酸对纤维素溶解能力有限，同时纤维素发生严重降解，并对设备有很高的要求，因此难以推广。

纤维素在 N_2O_4/DMF 中溶解时，可快速形成纤维素亚硝酸盐，因而能够快速将未经预处理的高聚合度纤维素完全溶解，在绝对无水的条件下还会生成纤维素三亚硝酸盐，在含有少量水的水解过程中，纤维素 C_6 位上的亚硝酸基团比 C_2 和 C_3 位稳定。N_2O_4/DMF 体系含水量（质量分数）必须保持在 0.01% 以下，当含水量（质量分数）增至 0.1% 时，纤维素就不能完全溶解，而且降解明显增加。此外，由于亚硝化的二甲胺会生成亚硝酸并从 DMF 中逸出，因此具有明显的毒性。

若以三甲基氯硅烷作为活化剂，纤维素可以通过形成不稳定的纤维素甲硅烷基醚实现其溶解。纤维素与三甲基氯化硅反应时，在低极性介质中加入碱性的吡啶，可以除去反应中产生的 HCl，并得到取代度为 2.5 的三甲基纤维素硅醚，在 DMF/氨体系中反应则得到取代度为 1.5 的三甲基纤维素硅醚。纤维素在甲基氯硅烷体系中的溶解和生化反应的速率比在 DMF/N_2O_4 中慢，但纤维素降解程度较小，纤维素在多聚甲醛/DMSO 和三氯乙醛/偶极非质子溶剂中发生乙酰化形成有机可溶性产物。经过适当的预活化后，在较高温度下纤维素的溶解过程十分迅速。乙酰化一般优先发生在 C_6 位羟基上，同时形成支链结构。

在水溶液体系中通过形成共价衍生化作用来溶解纤维素最主要的是黏胶法（NaOH/CS_2）和氨基甲酸酯法（NaOH/尿素），黏胶法通过 CS_2 与碱纤维素反应溶解纤维素并生成水溶性的纤维素黄原酸酯，它可溶于 NaOH 水溶液并在酸性水溶液中分解用于制备黏胶纤维。新制黏胶溶液中纤维素黄原酸酯的取代度为 0.5，进一步的均相衍生化反应仅能发生在碱水溶液中，并且只能进行部分酯化反应。氨基甲酸酯法通过使纤维素与尿素在高温下发生衍生化反应，将纤维素转变为取代度为 0.3~0.4 的水溶性纤维素氨基甲酸酯，氨基甲酸酯化优先在纤维素的 C_2 位羟基上发生。

（2）纤维素的非衍生化有机溶剂体系

纤维素的非衍生化有机溶剂体系由活化剂与有机溶剂组成，并且有机溶剂既可作为活化剂，也可作为活化剂的溶剂使溶液具有较大的极性，从而促进纤维素的溶解和纤维素溶液的稳定性。纤维素的非衍生化有机溶剂体系包括：a. 含氮或硫的无机化合物/有机胺混合物，主要是 SO_2/脂肪胺/极性有机溶剂组成的有机溶剂体系和含氨基的活性化合物/极性有机溶剂组成体系两大类；b. 胺氧化物体系，如 N-甲基吗啉-N-氧化物（N-methylmorpholine-N-oxide，NMMO）溶剂体系；c. N，N-二甲基乙酰胺/氯化锂（DMAC/LiCl）体系。d. 离子液体体系，如咪唑镓盐、吡啶盐、铵盐以及季磷盐衍生物等；e. 二甲亚砜/四丁基氟化铵三水合物（DMSO/TBAF·$3H_2O$）体系；f. 液氨/NH_4SCN 体系等。

（3）纤维素的非衍生化水溶剂体系

目前，我们常用的非衍生化水溶剂体系主要有：a. 无机盐水合物体系，如阳离子包括 Li^+、Ca^{2+} 和 Zn^{2+} 等，阴离子有 SCN^-、Cl^-、I^-、ClO_4^- 等；b. 过渡金属/胺（或氨）络合物水溶液，包括铜氨（Cuoxam）、铜乙二胺（Cuen）、镉乙二胺（Cadoxen）和酒石酸络铁酸钠（FeTNa）溶液；c. 过渡金属/酒石酸络合物水溶液，即由 $Fe(OH)_3$、酒石酸钠和氢氧化钠水溶液混合形成的绿色络合物；d. 四烷基氢氧化铵水溶液；e. 碱金属氢氧化物/尿素（或硫脲）水溶液等。

2. 纤维素的衍生化反应

纤维素的 D-吡喃型葡萄糖单元（AGU）上有 3 个活泼的羟基：一个伯羟基（C_6 位）和两个仲羟基（C_2 和 C_3 位），可以发生与羟基有关的一系列衍生化反应，如酯化、醚化、交联、接枝共聚、氧化等。纤维素很难溶解于一般的溶剂，从而限制了其应用，而衍生化可以改善纤维素的溶解性，并赋予其新的功能和应用。

（1）纤维素的酯化反应

$$Cell—OH + H^{\oplus} \rightleftharpoons Cell—\overset{\overset{\displaystyle H}{|}}{\underset{\underset{\displaystyle H}{|}}{O}}$$

$$Cell—\overset{\overset{\displaystyle H}{|}}{\underset{\underset{\displaystyle H}{|}}{\overset{\oplus}{O}}} + H^{\oplus} \rightleftharpoons \left[X^{\ominus} \longrightarrow Cell—\overset{\overset{\displaystyle H}{|}}{\underset{\underset{\displaystyle H}{|}}{\overset{\oplus}{O}}} \right] \rightleftharpoons X—Cell + H_2O \qquad (1)$$

$$Cell—\overset{\overset{\displaystyle H}{|}}{O} + \overset{\overset{\displaystyle OH}{|}}{\underset{\underset{\displaystyle R}{|}}{C}}{=}O \rightleftharpoons \left[Cell—\overset{\overset{\displaystyle H}{|}}{O}—\overset{\overset{\displaystyle OH}{|}}{\underset{\underset{\displaystyle R}{|}}{C}}{=}O \right] \rightleftharpoons Cell—O—\overset{}{\underset{\underset{\displaystyle R}{|}}{C}}{=}O + H_2O \qquad (2)$$

$$Cell—\overset{\overset{\displaystyle H}{|}}{O} + \left[\overset{\overset{\displaystyle OH}{|}}{\underset{\underset{\displaystyle R}{|}}{C}}{-}OH \right]^{\oplus} \rightleftharpoons \left[Cell—\overset{\overset{\displaystyle H}{|}}{O}—\overset{\overset{\displaystyle OH}{|}}{\underset{\underset{\displaystyle R}{|}}{C}}{-}OH \right]^{\oplus} \rightleftharpoons Cell—O—\overset{}{\underset{\underset{\displaystyle R}{|}}{C}}{=}O + H_2O + H^{\oplus} \qquad (3)$$

纤维素是一种多元醇（羟基）化合物，这些羟基均为极性基团，在强酸溶液中可被亲核基团或亲核化合物所取代而发生亲核取代反应生成相应的纤维素酯，其反应机理如下：

在亲核取代反应过程中，首先生成水合氢离子，然后按（1）式进行取代，纤维素与无机酸的反应属于此历程。而纤维素与有机酸的反应，则实质上为亲核加成反应，按（2）式进行。酸催化可促进纤维素酯化反应的进行，因为一个质子首先加到羧基电负性的氧上，使该基团的碳原子具正电性，故而有利于亲核醇分子的进攻［按（3）式反应］。以上反应的所有步骤均为可逆的，即纤维素的酯化反应是一个典型的平衡反应，通过除去反应所生成的水，可控制反应朝生成酯的方向进行，从而抑制其逆反应—皂化反应的发生，理论上，纤维素可与所有的无机酸和有机酸反应，产生一取代、二取代和三取代的纤维素酯。

1）纤维素无机酸酯

纤维素无机酸酯是纤维素高分子中的羟基与某些无机酸（如硝酸、硫酸、磷酸等）进行酯化反应的生成物。代表性的纤维素无机酸酯有纤维素硝酸酯、纤维素硫酸酯、纤维素黄原酸酯、纤维素磷酸酯等，其中纤维素硝酸酯主要应用在火药、涂料、汽车、家具等领域，以及作为搪瓷漆、涂料、油布、胶泥、赛璐珞制品及胶片等。纤维素黄原酸酯主要用于黏胶纤维的生产，是目前应用最为广泛的两种无机酸酯之一。

2）纤维素有机酸酯

纤维素有机酸酯可通过纤维素与有机酸、酸酐或酰氯反应制得。纤维素有机酸酯大体上分为四类：酰基酯（包括纤维素醋酸酯、纤维素醋酸丙酯、纤维素戊酸酯和纤维素高级脂肪酸酯）、氨基甲酸酯、磺酰酯和脱氧卤代酯，其中最重要的是纤维素醋酸酯及其混合酯（如纤维素醋酸丙酯、醋酸丁酯等）。

（2）纤维素的醚化反应

纤维素醚类是纤维素衍生物的一类重要分支，它是纤维素分子中的羟基与醚化剂反应得到的产物。纤维素醚是工业上最重要的水溶性聚合物之一，种类已经超过千种，且还在逐年递增，广泛应用于建筑、水泥、石油、食品、纺织、洗涤剂、涂料、医药、造纸及电子元件等领域。纤维素醚按取代基种类可以分为单一醚和混合醚。根据溶解性可将纤维素醚分为水溶性和非水溶性纤维素醚。就水溶性纤维素醚来说，按取代基电离性质又可将其分为离子型、非离子型以及混合离子型纤维素醚，具体如表8-2所示。与纤维素相比，纤维素醚类最重要的优势在于其优异的溶解性能。纤维素醚类的溶解性可以通过取代基的种类以及取代度来调控。亲水性取代基（如羟乙基、季铵基团等）和极性取代基可以在低取代度时便赋予产物水溶性；而对于憎水取代基而言（如甲基、乙基等）低取代度的产物仅溶胀或溶解。于稀碱溶液中，适中的取代度时才能赋予产物较好的水溶性，取代度较高时则只能溶于有机溶剂中。

表 8-2   纤维素醚的分类

分类		纤维素醚	取代基	缩写
取代基种类	单一醚 烷基醚	甲基纤维素	$-CH_3$	MC
		乙基纤维素	$-CH_2CH_3$	EC
	羟烷基醚	羟乙基纤维素	$-CH_2-CH_2-OH$	HEC
		羟丙基纤维素	$-CH_2-CHOH-CH_3$	HPC
	其他	羧甲基纤维素	$-CH_2-COONa$	CMC
		纤维素季铵盐	$-CH(OH)-CH_2-N(CH_3)^+$	QC
		氰乙基纤维素	$-CH_2-CH_2-CN$	CEC
	混合醚	乙基羟乙基纤维素	$-CH_2-CH_3$，$-CH_2-CH_2-OH$	EHEC
		羟乙基甲基纤维素	$-CH_2-CH_2-OH$，$-CH_3$	HEMC
		羟乙基羧甲基纤维素	$-CH_2-CH_2-OH$，$-CH_2-COONa$	HECMC
		季铵化羟乙基纤维素	$-CH_2-CH_2-OH$，$-CH(OH)-CH_2-N(CH_3)^+$	QHEC
电离性	离子型 阳离子	QC		
	阴离子	CMC		
	非离子型	MC，EC，HEC，HPC 等		
	混合型	CMHEC，HPCMC，HECMC，QHEC 等		
溶解性	水溶性	QC，MC，CMC，HEC，HPC 等		
	非水溶性	EC，CEC 等		

烷基纤维素醚包括甲基纤维素（methylcellulose，MC）和乙基纤维素（ethylcellulose，EC）。其中 MC 具有优良的耐热性及耐盐性，水溶液本身具有表面活性，因此在建筑材料、食品、医药、建筑材料、食品、医药、化妆品、表面涂料、高分子聚合反应、电子、电池、陶瓷、编织、皮革等方面均有应用，主要用作水溶性胶黏剂的增稠剂。EC 具有可燃性低、耐热性强、抗寒性好等优点，它与多数树脂、增塑剂等材料具有良好的配伍性，可制成塑料、墨汁、薄膜、胶黏剂等，在复合材料中有提高韧性和强度的作用。

羟烷基纤维素最具代表性的两个产品是羟乙基纤维素（hydroxyethyl cellulose，HEC）和羟丙基纤维素（hydroxypropyl cellulose，HPC）。HEC 为白色或微黄色无臭无味易流动的粉末，溶于水后非常稳定，其黏度在 pH 为 2～12 时变化较小，超出此范围则下降较快。它与广泛范围的水溶性聚合物、表面活性剂及盐的相容性，和没有凝胶点也没有沉淀点的特性，以及所具有的增稠、悬浮、分散和保水等杰出性质，使它在众多行业得到应用。如：涂料、黏合剂、建筑材料、石油、药物和纺织等行业。HPC 比 HEC 更为憎水，相对于羟乙基纤维素多具有两个特征：a. 羟丙基纤维素的固态为热塑性，在 100℃ 时可以挤压注模加工；b. 羟丙基纤维素的水溶液可形成具有正规取向的液晶。因此 HPC 可用于注模器件、医药、涂料、化妆品、食品以及造纸等行业。

阴离子纤维素醚主要包括羧甲基纤维素（carboxymethyl-celulose，CMC）、磺酸乙基纤维素和各种羧甲基纤维素的衍生物，目前研究最多、应用最广的是CMC。CMC由于具有增稠、黏结、成膜、保水、乳化、悬浮等优异性能，在工业上用作黏合剂、增稠剂、悬浮剂、乳化剂、分散剂、稳定剂、上浆剂等，俗称"工业味精"。

阳离子纤维素醚（QC）是纤维素或纤维素醚与阳离子醚化试剂反应得到的产品。目前商业化的阳离子纤维素醚主要是以水溶性的羟烷基纤维素为原料来制备，得到的产品取代度较高，水溶性好。常用的阳离子醚化试剂主要有环氧丙基三甲基氯化铵、二甲基二烯丙基氯化铵和各种丙烯酸阳离子衍生物。

氰乙基纤维素（cyanoethyl cellulose，CEC）是较早开发和研制的纤维素醚，是由碱纤维素和丙烯腈在温和条件下反应制备的。取代度（degree of substitution，DS）低的CEC（DS＝0.3～0.5）能有效地抑制霉菌和细菌的生长，已经用于纺织品中。部分取代的CEC抗热抗酸性很好，能避免降解，可用于绝缘体中。高取代CEC具有高防水性、高绝缘性和自熄性，是大屏幕电视发射屏、新型雷达荧光屏、光学武器中的小型激光电容器等的最佳材料之一，还可在侦察雷达中用作高介电塑料、套管等。

除上述纤维素醚外，纤维素醚类还有芳烷基纤维素、芳基纤维素、纤维素有机硅醚等。苄基纤维素或称苯甲基纤维素、二苄基纤维素或称二苯甲基纤维素和三苄基纤维素均属芳烷基型纤维素醚。其中三苯基甲基纤维素，在制备过程中发生了纤维素大分子中伯醇羟基的选择性醚化，在三苯氯甲烷作用下伯羟基优先被取代，而且酸处理时三苯甲基又能定量地除去，因此三苯甲基纤维素被广泛应用于研究工作，以说明纤维素及其醚酯类结构的各种问题。

（3）纤维素接枝共聚反应

接枝共聚是一种重要的纤维素改性方法。它在不完全破坏纤维素材料自身优点的条件下，通过利用共聚物的功能性来改善纤维素，使其能够应用于催化、纳米科学以及光电器件等领域。接枝共聚反应的特点是单体通过聚合反应生成高分子链，并通过共价键接枝到纤维素主链上。如今，人们利用纤维素与丙烯酸、丙烯腈、甲基丙烯酸甲酯等高分子单体之间的接枝共聚反应，已制备出众多性能优良的高吸水性材料、离子交换纤维、永久性的染色织物以及具有力学性能的模压板材等新型化工产品，同时纤维素与高分子单体之间的共聚反应还可提高棉织物的热稳定性和防污性、纤维的耐磨性与化学稳定性以及黏胶纤维和橡胶的黏合性能等。

1）纤维素接枝共聚的方法

将单体接枝到纤维素主链上的方法很多，大致可以分为以下几类：自由基聚合、离子聚合、开环聚合以及活性自由基聚合，并主要基于以下3种方法来实施（图8-2）：

①"接枝到……"法首先在纤维素主链上引入活性官能团，然后与一端具有活性基团的高分子链反应。直接得到纤维素接枝共聚物；

②"从…接枝"法首先将活性中心修饰

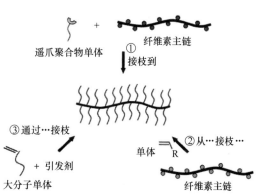

图8-2　制备纤维素接枝共聚物的3种主要途径

到纤维素主链上。然后引发单体聚合。得到纤维素接枝共聚物；

③"通过…接枝"法通常是将改性后的纤维素作为大分子单体。再与其他小分子共聚制得纤维素接枝共聚物。

其中最常用的是"从……接枝"法。由于是小分子单体参与反应，空间位阻较小，因此这一方法较容易制得高接枝率的纤维素接枝共聚物。与之相反，"接枝到…"法需要高分子参与反应，空间位阻较大，因此很难制得接枝率较高的产物。另一方面，由于纤维素大分子单体较难合成，"通过……接枝"法应用也较少。

自由基型接枝共聚是目前用于纤维素接枝改性的一种主要途径，与其他聚合方法相比，因其具有单体选择范围广、条件温和、引发剂和反应介质（如水等）价廉易得、便于工业化生产等优点而备受科研工作者的青睐。

离子型接枝共聚反应与自由基型接枝共聚类似，也包括链引发、链增长以及链终止三个过程，但此时的活性中心不是自由基而是离子。由于这样的离子既可以是阳离子，也可是阴离子，故此类改性途径一般又分为阳离子型和阴离子型两种。通常，形成阳离子型活性中心的催化剂往往是一些亲电试剂。例如，通过纤维素上的羟基（路易斯碱）与三氟化硼（路易斯酸）反应得到活性中心，再利用阳离子聚合将异丁烯和 α-甲基苯乙烯接枝到纤维素主链上。与阳离子型接枝共聚反应相反，当烯类单体双键上的取代基具有较强的吸电子能力时，以亲核试剂作为催化剂往往会发生阴离子型接枝聚合反应。常见的阴离子型接枝共聚催化剂有烷基金属化合物、碱金属和 Grignard 试剂等。纤维素的阴离子接枝共聚主要有以下 3 种途径：a. 先用浓碱与纤维素反应得到碱纤维素，再利用阴离子来引发接枝反应；b. 纤维素与醇钠反应引发接枝反应；c. 纤维素在液氨中与钠或钾反应，生成阴离子，然后再引发单体接枝。

由于传统的自由基聚合引发较慢、链增长较快、容易发生链转移和链终止，因此自由基聚合难以控制，常常导致聚合产物相对分子质量分布较宽，相对分子质量和分子结构难以控制，有时甚至发生支化、交联等，严重影响产物的性能。活性聚合的出现弥补了自由基聚合的缺点，实现了合成具有确定组成、可进行分子设计和具有功能性的精细高分子材料的目的。活性聚合的 3 个主要优点如下：a. 引发反应速率远大于增长反应速率，而且不存在任何链终止和链转移反应，因此相对分子质量分布很窄；b. 产物的聚合度可以通过单体和引发剂的投料比来准确调控；c. 单体转化率达到 100% 后，再加入同种或异种单体还可以进一步的反应，从而合成具有预定结构的嵌段共聚物。

活性聚合的主要方法为原子转移自由基聚合（ATRP）、可逆加成—断裂链转移聚合（RAFT）以及氮氧稳定自由基聚合（NMP）三种。三种方法都是通过钝化大量可反应的自由基，使其处于休眠状态，建立一个微量的增长自由基与大量的休眠自由基之间的快速动态平衡，使可反应自由基的浓度大大降低，从而减少双基终止及链转移的发生。其中氮氧稳定自由聚合是最早用于纤维素接枝改性的活性自由基聚合技术，但它只对苯乙烯及其衍生物具有控制能力。用于甲基丙烯酸盐和甲基丙烯酰胺类单体的聚合时，通常需要设计出特殊结构的氮氧化合物。虽然研究者们已经发现了高活性的氮氧自由基，但其价格较贵、合成困难、产率低、体系反应时间比较长且聚合温度较高的缺点限制了其应用。与此相比，原子转移自由基聚合具有适用单体范围广、反应条件较温和、相对分子质量可控及分子设计能力强等优点，因而在纤维素接枝改性领域得到广泛应用。而可逆加成—断裂链转移自由基聚合技术在纤维素接枝改性方面也以其特殊的优势（适用单体范围广、反应条件温和、实施聚合方法多样等）成为近年的研究热点。

2）纤维素接枝共聚物的应用

纤维素接枝共聚物的研究日益引人注目，而且在日常生活中也显示出较多的应用。接枝亲水性单体可改善纤维的润湿性、黏合性、可染性及提高洗涤剂的去油污速率；接枝疏水性单体则生成对油污等各种液体低润湿性的产物；而采用两种单体的混合接枝，更能制得综合性能优异的产品。一般说来，表面接枝可使纤维素具有耐磨、润湿或疏水、抗油与黏合等性能，本体接枝则赋予其抗微生物降解与阻燃性能。纤维素接枝某些极性单体如丙烯腈、丙烯酸和丙烯酰胺等会提高纤维素的吸水能力，可用作高吸水材料。纤维素系高吸水材料作为一种新型功能性高聚物，已在生理卫生用品、农林园艺、土木建筑、沙漠改良、石油化工、医药、食品、包装等领域得到广泛应用。纤维素接枝共聚物还可用于过渡金属离子及贵重金属的吸附、分离和提取，如含氮接枝的纤维素对 Cu^{2+}、Ni^{2+}、Co^{2+}、Cr^{3+} 等金属离子具有较好的吸附效果，并可重复使用。将石蜡、脂肪酸酯、异氰酸酯等接枝到纤维素分子上，可提高纤维素的亲油性，用作吸油材料。此外，接枝共聚还可制备一些特殊用途的吸附材料，如接枝改性的纤维素粉粒可以吸附染料等。

3. 纳米纤维素的制备和应用

纳米纤维素是指一维尺寸在纳米范围内（直径在 $1\sim100nm$，具有一定长径比，化学成分为纤维素）的纳米高分子材料。它的质量只有钢的 1/5，强度却是其 5 倍以上。依据尺寸、形貌以及制备方法的不同，纳米纤维素可分为以下四类：纤维素纳米晶体（cellulose nanocrystal，CNC 或 nanocrystalline cellulose，NCC），纤维素纳米纤丝（cellulose nanofibril，CNF），细菌纳米纤维素（bacterial nanocellulose，BNC），静电纺丝纤维素纳米纤丝（electrospun cellulose nanofibers，ECNF）。其中，CNC 的直径为 $10\sim20nm$，长度为几十到几百纳米，具有较高的结晶度，良好的机械强度；CNF 是由 $30\sim40$ 个纤维素分子呈束状伸展链状结构，宽度约 4nm，超微细、结晶度在 70％以上，是人工不能制造的纳米级纤维；BNC 与植物纤维素相比不含木素、果胶及半纤维素，其纯度、聚合度、结晶度（大于95％）高；ECNF 的直径在几十纳米到几微米之间。不同类型的纳米纤维素的制备方法也有所区别，下面重点论述以植物纤维为原料制备纳米纤维素 CNC 和 CNF 的方法。

（1）纳米纤维素 CNC 的制备方法

CNC 的制备一般是通过酸或氧化剂将纤维素原料中的无定形区和次结晶区降解，保留其结晶区而得到的高结晶度的棒状或针状纤维素纳米晶。常规制备 CNC 的方法有酸水解法、氧化降解法和离子液体法等。

1）酸水解法

① 无机酸水解法。无机酸水解法是起步最早，研究最多的纳米纤维素制备方法。自1947 年，Nickerson 和 Habrle 通过硫酸和盐酸水解木材与棉絮纤维素得到了纳米纤维素胶体悬浮液以来，盐酸、磷酸以及混合酸等无机强酸逐渐被用来水解纤维素原料制备 CNC。但是无机强酸对设备腐蚀严重，且不易回收，易对环境造成污染，因此出现了有机酸水解法、固体酸水解。

② 有机酸水解法。a. 近年来，研究人员发现有机酸（如甲酸、草酸、马来酸等）可用来水解纤维素原料制备 CNC。相比于无机酸水解法，有机酸水解法反应条件较温和，对设备腐蚀性较小，并且有机酸比较容易回收，对环境友好。但是由于有机酸酸性较弱，反应效率较低。但可通过添加少量合适的催化剂，或采用超声、微波等辅助手段来加快反应速率。

b. 有人以糠醛渣纤维素为原料采用 88% 的甲酸，辅以少量盐酸作为催化剂水解反应 30min，成功制备出了高热稳定性的 CNC，其得率为 66.3%，明显高于硫酸水解法制备的 CNC 的得率（34.5%）。后来，又有人采用氯化铁催化甲酸水解，可将甲酸浓度降低到 80%。该方法可得到高得率（70%～80%）、高热稳定性的 CNC（最大分解温度为 355℃），并且反应后分离出的水解液可直接循环使用 1～3 次。反应后的甲酸可通过减压蒸馏的方式回收，回收率高于 90%，氯化铁可通过中和反应以氢氧化铁的形式回收。c. 利用草酸、马来酸、对甲苯磺酸三种有机酸水解漂白阔叶木浆，可以制备出表面功能化的 CNC，其好处是未完全水解的固体残余物可通过简单机械处理得到 CNF，并且有机酸可在低温或室温下通过结晶进行回收，水解液中的还原糖也可得以回收。使用低浓度草酸（酸浓低于 50%）水解漂白桉木浆、溶解浆和棉浆，可以得到表面羧基化的 CNC，其热稳定性明显优于传统硫酸水解法制得的 CNC。但是由于草酸浓度较低，CNC 的最高得率仅为 5% 左右。以质量浓度 60% 的马来酸在 120℃ 条件下水解未漂阔叶木浆 120min，可得到木素包覆的 CNC，其得率约为 6%。研究发现，原料中木素含量越高，所制备的 CNC 长径比越大，热稳定性越高，疏水性越强。例如，采用稀草酸（0.06～1.11mol/L）辅以少量盐酸催化水解漂白桦木浆，CNC 的得率最高可达 85%，且具有较高的热稳定性（最大分解温度为 350℃）。

③ 亚临界水解。将水加热并加压到亚临界状态（120℃，20.3MPa），利用亚临界水的高电离效率、高活性和高扩散作用水解 MCC 可以制备出直径为 55nm 左右，长度为 242nm 左右的 CNC，其得率为 21.9%，结晶度为 79%，并具有较高的热稳定性（最大分解温度为

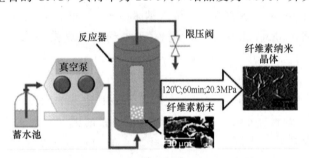

图 8-3 亚临界水制备 CNC 装置示意图

350℃）。利用亚临界水制备 CNC 装置示意图如图 8-3 所示。通过真空泵向反应器内注水维持反应器内压力，反应器内压力由限压阀控制，水解后的纤维素产品、糖以及降解产物通过过滤装置分离。对比亚临界水解法和经典硫酸水解法的化学药品及能耗成本，硫酸水解法制备 CNC 的成本为 1.54 美元/kg CNC，亚临界水解法制备 CNC 的成本为 0.02 美元/kg CNC，亚临界水解法比经典硫酸法成本降低了 77 倍。亚临界水解条件会影响 CNC 得率、结晶度、水力学半径和颜色。其中亚临界水解水压力对 CNC 得率影响较大，温度对 CNC 颜色影响较大。随着温度的升高，CNC 水悬浮液的稳定性逐渐增加，但仍低于硫酸水解法制备的 CNC 水悬浮液，主要由于此法制备的 CNC 表面电荷密度较低。相比于无机酸水解法，亚临界水解法以亚临界水为反应试剂，无大量废液排出，对环境友好且生产成本较低。但是其需要高温高压的环境，对设备要求较高，能耗较大。

④ 固体酸水解法。与经典的无机酸水解法相比，固体酸水解法反应条件温和，产品得率高，固体酸可回收再利用，对环境友好，设备腐蚀性小。常用的固体酸包括碳基固体酸、沸石分子筛、杂多酸和阳离子交换树脂等。固体酸水解制备纳米纤维素也存在反应效率较低、反应时间长的缺点，一般可采取合适的物理手段（如球磨、超声等）辅助或加入合适的催化剂来提高反应效率。利用固体酸阳离子交换树脂（NKC-9）以 MCC 为原料可以制备出直径为 20～40nm，长度为 100～400nm 的 CNC，结晶度由原料的 72.25% 增加到 84.26%，明显高于采用经典硫酸水解法制备的 CNC。通过响应面法优化反应条件，发现当树脂与

MCC 质量比为 10∶1，反应温度为 48℃，反应时间为 189min 时，CNC 得率最高达 50.04％。以漂白阔叶木浆为原料采用磷钨酸（$H_3PW_{12}O_{40}$，HPW）催化水解的方法可出制备出直径为 15～40nm 的 CNC，其具有较高的热稳定性并可稳定分散在水中，工艺流程如图 8-4 所示。具体过程是使用 75％的磷钨酸在 90℃ 处理浆料 30h，可以得到得率为 60％的 CNC，反应后的磷钨酸可用乙醚萃取回收，并可重新进行新的水解反应，回用 5 次后反应活性并未降低。由于该方法为固—液—固三相反应，反应效率较低且反应时间相对无机酸水解法较长。为了提高反应效率，可以采用机械活化的方法促进磷钨酸水解。例如，先将原料球磨 2h，然后置于 12.5％的磷钨酸中在 90℃ 水解 4.7h，可得

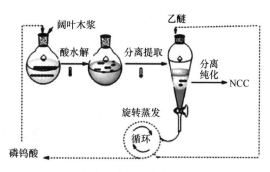

图 8-4　磷钨酸水解法制备 CNC 流程图

到得率为 88.4％的 CNC，大大缩短了反应时间。也有人采用超声预处理，然后采用磷钨酸-乙酸体系辅以少量过氧化氢在 110℃ 水解 3h，可得到最高得率约为 72％的 CNC，进一步降低了反应时间。

2）氧化降解法

纤维素表面的羟基具有很高的反应活性，比较容易被强氧化剂氧化为醛基、酮基或羧基，并导致本身结构破坏，聚合度降低。因此，利用纤维素的这一特性，采用氧化降解法可制备出 CNC。相比于无机酸水解法，利用氧化降解法制备的 CNC 热稳定性较高。但是反应过程中要消耗大量氧化剂，且反应时间较长，耗水量较大，生产成本较高。

以针叶木浆为原料，先用高碘酸钠氧化再用亚氯酸钠氧化的两步氧化降解法，可制得直径为 120nm 左右，长度为 0.6～1.8μm 的微纤丝和直径为 13nm 左右，长度为 120～200nm 的 CNC。以亚麻纤维为原料，利用过硫酸铵（APS）氧化降解，可以制备出表面羧基化的 CNC，其 CNC 呈针状，直径在 3.8nm 左右，长度在 150nm 左右。相比于酸解法，该方法无须前期预处理脱木素过程，可以直接以原始原料（如大麻、亚麻、秸秆等）制备 CNC，并且即使原料中含有 20％的木素，利用 APS 氧化降解法仍可成功制备出 CNC，因为 APS 氧化降解兼具脱木素功能。

另外，通过调节氧化反应条件或原料，还可以制备出球形 CNC。例如，以竹粉为原料，采用 APS 一步氧化降解可以制备出直径为 20～50nm 的球形 CNC，由于其表面部分羟基被氧化为羧基，其在水相具有较好的分散性，并且该 CNC 的热稳定性（最大分解温度约为 328℃）明显优于经典硫酸法制备的 CNC（最大分解温度约为 215℃）。利用 1mol/L 的 APS 水溶液在 80℃ 处理 Lyocell 纤维 16h，可以得到表面羧基化的球状 CNC，其粒径分布均匀，直径在 35nm 左右。研究表明该 CNC 纤维素Ⅱ型，具有很高的热稳定性（最大分解温度为 330.9℃）。

3）离子液体法

与传统溶剂相比，离子液体具有化学稳定性高、热稳定性高、不燃性以及低蒸气压等优点，被称为"绿色溶剂"。近年来，由于离子液体独特的性质，其被广泛用于溶解和分离木质纤维素以及制备 CNC。利用 1-丁基-3-甲基咪唑硫酸氢盐（［BMIM］HSO_4）处理微晶纤维素（MCC），可以制备出直径在 14～22nm，长度为 50～300nm 的 CNC，制备出的 CNC

仍保持了纤维素Ⅰ型的结构，但是热稳定性较原始的 MCC 明显下降。利用［BMIM］HSO$_4$ 水溶液在 120℃ 处理 MCC 24h，可以制备出得率为 48％ 的 CNC，利用两段［BMIM］HSO$_4$ 水溶液水解针叶木、阔叶木和 MCC，分别可以制得得率为 57.7％、57.0％、75.6％ 的 CNC 产品，得率近乎理论值。利用［BMIM］Cl 在 80℃ 润胀棉浆纤维，然后加入 1％～4％（质量分数）的硫酸继续水解反应 2～16h，可以制备出直径在 20nm 左右，长度为 150～350nm 的 CNC，并且这种方法制备的 CNC 表面磺酸基含量低于［BMIM］HSO$_4$ 法制备的 CNC，其热稳定性明显优于传统硫酸法制备的 CNC。使用 1-乙基-3-甲基咪唑乙酸盐（［EMIM］［OAc］）直接处理木材，可以制备出表面部分乙酰化的 CNC，其得率为木材纤维素含量的 44％，分离出的 CNC 为纤维素Ⅰ型，结晶度为 75％。使用四正丁基乙酸铵/二甲基乙酰胺（TBAA/DMAc）体系加乙酸酐处理阔叶木浆，可以制备出疏水性的 CNC，其反应示意图如图 8-5 所示。与传统方法相比，采用 TBAA/DMAC 和乙酸酐体系可一锅法制备出疏水的 CNC，流程简单并且制备出的 CNC 热稳定性高，表面带有乙酰基，与

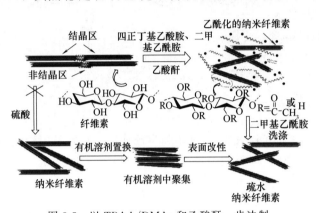

图 8-5 以 TBAA/DMAc 和乙酸酐一步法制备疏水性 CNC（上）和传统制备方法（下）
· 四正丁基乙酸胺/二甲基乙酰胺，释放的羧酸以及过量的酸酐

聚乳酸具有良好的界面相容性。

（2）纤维素纳米纤丝 CNF 的制备

CNF 主要通过机械强剪切力处理纤维素原料得到，处理的过程中纤维素的无定形区通常不被去除，最终的 CNF 仍由结晶区和无定形区构成，长径比较大，柔韧性较好。纤维素纳米纤丝还常被称为纳米纤丝化纤维素（nanofibrillated cellulose，NFC），微纤化纤维素（microfibrillated cellulose，MFC）等。

1983 年，Turbak 等和 Herrick 等首次利用高压均质机处理 2％（质量分数）木浆制备出了直径低于 100nm 的 CNF。即将纤维素纤维在高压均质器中靠压力能的释放和高速运动使物料粉碎，获得纳米纤维素。但是高压均质法易出现均质器堵塞等问题，能耗较大。随后其他方法逐渐被开发出来，例如微射流法、研磨法、超声法、冷冻破碎法、PFI 打浆法、双螺旋挤出法、乳化法、蒸汽爆破法、球磨法以及流体碰撞法等。其中高压均质法、微射流法和研磨法最为常用，对应的生产设备分别为高压均质机、微射流机和胶体磨［如图 8-6（a）～（c）所示］。

虽然制备 CNF 的方法可达十余种，但是单纯采用机械法制备 CNF 的能耗较大，例如高压均质法制备 CNF 的能耗高达 70MW·h/t CNF，商业石磨研磨法制备 CNF 的能耗约为 5～30MW·h/t CNF。因此，高能耗是长期以来制约 CNF 大规模生产的重要原因。另外，单纯机械法分丝帚化效率低且对纤维素结构破坏较严重，制备出的 CNF 粒径不均一，结晶度较低，分散性较差。为解决上述问题，科研学者们开发了一系列生物或化学预处理手段，例如：酶水解、TEMPO 催化氧化、羧甲基化、阳离子化等。因此，化学前期预处理结合机械后处理将是制备 CNF 的主流趋势。

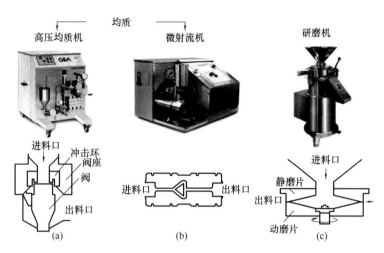

图 8-6 制备 CNF 最常用的机械设备及原理图

（3）纳米纤维素的应用

与其他纳米材料相比，纳米纤维素具有生物相容性好，可生物降解，可再生，较大的化学反应活性、高纯度、较大的比表面积、高结晶度、高亲水性、高杨氏模量、高强度、超精细结构和高透明性等优势，从而广泛应用于复合材料中，特别是在造纸、吸附剂、复合膜、电子复合材料、生物医药、建筑行业等领域，此外在化妆品、卫生保健品等领域也有应用。

1）造纸行业的应用

纳米纤维素的表面羟基含量丰富，将其加入纸浆中，可通过氢键与纸张纤维相互作用，提高纸浆纤维的结合力，使得纸张表面光滑，抗张强度和耐破强度均提高。故在造纸工业中常作为纸张增强剂、表面施胶剂、乳化稳定剂、涂料保水剂等。2008 年，Ahola 等人首次报道了 CNF 对纸张及纤维素膜物理性能的改善作用，将其与湿强剂聚酰胺环氧氯丙烷树脂 PAE 混合使用，纸张的干强度和湿强度都得到大幅度的提高，在相同强度下，可降低 PAE 的使用量；在含有 20% 滑石粉的漂白新闻纸的脱墨浆中，使用季铵化 NCC/CPAM 助留体系，能够对浆中细小组分起到较好的助留效果，而阳离子改性的纳米纤维素可以明显提高纸张的增强性能。将纳米纤维素作为 AKD 乳化剂，不仅可以通过 AKD 阻隔水层，而且可以得到通过纳米纤维素阻隔空气和水的多重阻隔性纸张。

纳米纤维素在某些特种纸中也有应用。例如，通过真空抽滤 CNF 悬浮液，可以得到湿 CNF 纸，然后通过热压法（60℃，7kPa）制备透明的纤维素纳米纸，其耐折度和透明度较高，而将 MFC 加入到纸浆之中，可以提高纸张的物理强度。

2）作为吸附剂

作为环境友好材料，纳米纤维素吸附剂有着其他合成吸附剂不可比拟的优点：如来源广，表面具有大量羟基，易于改性等。针对不同的吸附对象，将纳米纤维素进行选择性表面化学改性可引入特定的功能基团，增加其结合位点和络合能力，改善其吸附性能。通过对羟基改性可引入对阳离子具有吸附能力的羧基、磺酸基、磷酸基等。通过交联或接枝处理制成两性离子吸附剂，这些吸附剂被广泛用于重金属离子废水、染料废水、有机废水、造纸废水、农业生产废水等的处理。例如，通过交联反应合成的含反应功能基团的多面低聚倍半硅氧烷（R-POSS）的纳米纤维素杂化材料，对染料活性蓝 B-RN 和活性黄 B-4RFN 的吸附量分别为 14.40mg/g 和 16.61mg/g。

此外，将纳米纤维素作为包裹材料制备磁性颗粒也是纳米纤维素复合物的热点研究方向之一。例如，以 Fe_3O_4 为核，以聚甲基丙烯酸—共聚—乙烯磺酸为壳，并将甲基丙烯酸和乙烯磺酸接枝到其表面，通过化学沉淀法合成一种不溶于水的核壳磁性纳米纤维素复合物。该复合材料含有大量的羧基和磺酸基基团，因此对肌红蛋白具有很好的吸附能力，且该吸附剂可通过氨水解吸后循环使用。

3）复合膜

一般通过过滤和浇铸两种方法制备纳米纤维素薄膜材料。过滤法是在滤膜表面形成纳米纤维胶凝层，接着在一定温度和压力下干燥得透明薄膜；浇铸法是一种类似于高分子成型的方法，水分完全蒸发后获得纳米纤维素膜。根据不同的应用方向，与聚乳酸、环氧树脂、聚乙醇、聚丙烯、明胶、聚乙二醇、聚氨酯等聚合物复合，从而可以赋予膜 pH 敏感性、温度敏感性、抗紫外光性、超滤性、阻燃性、抗菌性、荧光性能、磁性等性能。

将纳米纤维素/聚乙烯醇复合制备的薄膜，其拉伸强度高达 101.79MPa，弹性模量高达 5714MPa，透光率高达 86.9%；将环氧树脂与纳米纤维素按不同比例共混可以制备出高强度、高韧性、较好湿稳定性的生物复合膜材料；纳米纤维素与聚砜复合制备的透析复合膜，其渗透通量可达 $0.363mL/(m^2 \cdot h \cdot Pa)$，抗拉伸强度可达 10.0MPa，相比未添加纳米纤维素的膜提高 36.4%，断裂伸长率达 19.8%，相比未添加纳米纤维素的膜提高 40.2%。纳米纤维素与相对分子质量较高的疏水性线性含磷化合物进行共混制备的纳米纤维素膜，阻燃效果可以得到很大改善。

4）电子功能复合材料

纳米纤维素具有精细的良好的力学强度和较低的热膨胀系数等优点，因此可与金属氧化物、导电聚合物（如聚苯胺、聚吡咯、聚噻吩）和二维纳米材料等多种纳米粒子通过原位聚合、原位化学氧化、电化学沉积、水热反应、自组装模式高效复合，形成不同微观尺寸和结构特性的纳米纤维素基多孔膜材料和导电复合材料，在金属离子电池、超级电容器等储能器件用隔膜和电极材料领域具有广阔的应用前景。以纳米纤维素为载体模板，与聚噻吩衍生物复合可以制备出一种可同时传导离子和电子的复合膜材料，其导电性高达 730S/cm。同时该膜材料具有优异的机械性能，拉伸强度可达 15MPa，是"卷对卷"柔性电极材料的良好选择；利用原位化学氧化法，在纳米纤维素表面进行吡咯的原位聚合，可以制备包裹聚吡咯的纳米纤维素晶体导电复合材料，该复合物呈核壳结构，其中纳米纤维素晶体的加入显著提高了体系的电化学容量。

5）医药领域

在医药工业方面，将纳米纤维素作为基材采用生物矿化、自聚合等方法与聚多巴胺、聚乙烯亚胺（PEI）、石蜡微球、碳酸钙（$CaCO_3$）、羟基磷灰石（Hydroxyapatite，HA）等材料复合，可应用于组织工程、抗菌等领域。纳米纤维素晶体能牢固地吸附在药物表面，所以可以用于药物缓释。此外，纳米纤维素还可以用于人造皮肤与血管、神经缝合保护罩、牙齿再生等替代材料。采用高压均质的方法制备的磁性细菌纳米纤维 BNC，将其浸泡在多巴胺溶液中，通过多巴胺的自聚合作用在 BNC 表面生成聚多巴胺层，最后浸泡在 $AgNO_3$ 溶液中，利用聚多巴胺对 Ag^+ 的还原作用原位合成磁性 BNC/Ag 纳米复合材料，所制备复合材料不仅对大肠杆菌和枯草芽孢杆菌具有较高的抗菌活性，还可以用作发酵培养基的灭菌剂，并可以通过外加磁场作用对材料进行回收或去除；在发酵过程中将 $300\sim500\mu m$ 的石蜡微球引入细菌纤维素 BNC 支架材料，然后再去除石蜡微球，此方法合成的多孔纤维素支架材料具有一定的力学强度，在支架空隙中培养成骨前体细胞 MC3T3-E1，可应用于组织工程的研究中。

6）建筑行业

纳米纤维素在建筑行业中也具有良好的应用。研究表明，将纳米纤维素添加到混凝土中，可显著提高混凝土的强度和韧性，添加质量分数 0.5％的纳米纤维素就可提高混凝土强度 20％，水泥消耗量亦可下降 17％。

二、木素的高效清洁分离与利用

（一）木素的分离方法

广义上来讲，制浆过程、纸浆漂白过程以及制浆废液中木素的回收过程均可归类为木素的分离，只不过差异在于针对的对象不同而已。木素分离的形式主要为两大类，一是以残渣形式分离的沉淀木素，另外一种是以溶解形式分离的溶解木素，这两种方式也是工业木素分离纯化的主要途径。

1. 碱法制浆木素

木素以溶解的形式从植物原料中分离出来的途径也称为制浆过程，利用蒸煮液的性质将木素溶解分离出来或者改变木素结构增加亲水基团使之溶出。碱法制浆就是利用木素在碱性条件下的溶解能力而实现木素脱除的，关于碱法制浆脱除木素的过程和机理可以参考本书第二章化学法制浆部分。

碱法制浆所产生黑液中的碱木素与硫酸盐木素一般通过酸沉淀和热凝结提取，简单步骤如下：

① 在充分搅拌的条件下加入 5％～20％浓度的酸液调节黑液 pH 到 2～3 之间，一般使用硫酸或盐酸，此时大多数黑液中的木素都沉淀出来，接下来对黑液进行加热保温处理使沉淀木素聚集成块利于过滤分离。

② 通过离心等方式实现固液分离，得到固体木素与含有杂质的滤液。

③ 将木素洗涤至中性得到纯化木素。若有需要也可以将木素再次在酸液中溶解，重复以上步骤进一步纯化。

这种酸析沉淀法工艺简单、容易操作，木素得率较高且没有被污染。值得注意的是 pH 与温度是两个影响沉淀的主要因素，随着 pH 的变化木素沉淀大致分为三个阶段，即初始沉淀阶段、大量沉淀阶段和最终沉淀阶段。在硫酸盐法制浆黑液中用盐酸调节 pH 比用硫酸调节 pH 木素得率更高，例如同样是调节 pH 到 4，用盐酸调节时木素得率 27％，用硫酸则为 21％，若要达到相同得率则需要进一步增大硫酸用量降低 pH，这无疑增加了成本。酸沉淀过程中改变温度有助于木素聚集沉淀分离，一般温度不应高于溶液沸点，否则沉淀出来的木素易上浮造成其中包含黑液杂质成分。此外，根据经验在加酸前不应加温，否则会大大降低木素得率，应当适当延长保温时间使木素能够充分沉淀出来。

2. 亚硫酸盐法制浆木素

亚硫酸盐法制浆则是在一定压力、温度以及无机盐的作用下，通过在木素结构上增加亲水的磺酸基提升其在水中的溶解能力而实现分离。所以，亚硫酸盐法制浆所产生的红液中所包含的木素主要是可溶于水的木素磺酸盐，如果采用与硫酸盐木素和碱木素一样的提取方法将会大大降低得率。因此，从红液中提取木素磺酸盐主要着力于降低其亲水性，一般是通过与其他化学品作用改变木素的溶解度。一种方法是首先用长链烷基胺处理形成不溶于水的木素磺酸胺混合物，再用有机溶剂萃取，达到去除非木素杂质、碳水化合物、寡糖以及无机盐的目的。分离萃取相中的混合物酸溶液用碱性溶液再次萃取，在水相中重新得到木素磺酸盐，在醇相中得到烷基胺。另一种方法是在碱性条件下利用碱析剂如石灰乳等化学品中的高价金属阳离子与木素磺酸盐螯合沉淀实现木素的有效分离。研究表明，红液在酸性条件下体系中氢离子与木素磺酸盐的配位作用大于金属阳离子，随着体系 pH 上升氢离子含量降低，金属阳离子与木素磺酸盐的螯合作用大于氢离子的配位作用而发生了碱析反应，木素磺酸盐的得率同时受到反应温度、碱析剂用量等因素的影响。

工业上一般将红液浓缩后喷雾干燥或者直接浓缩作为胶黏剂的生产原料，这些方法均未有效达到获得高纯木素磺酸盐的目的，而超滤法、压缩空气氧化法等虽然都有人研究，但因为处理效率低、成本高等原因尚不能满足大规模生产。

3. 有机溶剂分离木素

有机溶剂法制浆是区别于碱法制浆与亚硫酸盐法制浆的一种新型环保制浆方式。在一定温度和压力条件下利用有机溶剂代替无机药品处理植物纤维原料，其原理依旧是依据木素在各种有机溶剂中的溶解能力而使木素溶出。此法的优点在于木素的含硫量低纯度高，相对分子质量分布均一。

常用的有机溶剂主要集中在醇类和有机酸类，根据不同溶剂的理化特性木素分离回收工艺有所差异。针对低沸点溶剂如乙醇等制浆方式通过闪蒸方式回收溶剂并获得木素，而高沸点溶剂则通过加入水等木素的非良溶剂降低木素在有机蒸煮液当中的溶解度而沉淀下来进一步获得木素。

4. 生物质精炼过程分离木素

基于生物质精炼过程木素的提取方式主要有两种，一是在预处理前（或碳水化合物酶水解前）提取木素，这样有利于改善聚糖的酶水解效率和降低纤维素酶的用量。另一种是在发酵或酸解后提取，工艺简单。图 8-7 为生物质精炼过程提取木素的方案。通常情况下，木素会作为酶水解剩余物被收集利用（图 8-7 中上半部分）。随着有机溶剂和离子液体预处理方式的出现，木素可以在碳水化合物酶水解和发酵前被提取（图 8-7 中下半部分），此类方法提取的木素纯度较高、多分散性较小。

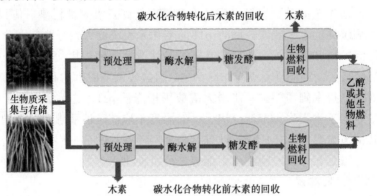

图 8-7　生物质精炼过程木素的提取方式

工业上比较典型的将木素作为残渣形式脱出的方式是把木材等植物原料酸水解，将主要成分纤维素水解成葡萄糖脱离，将无法水解的木素以固体形式留下。依据水解所用酸的类别将残留木素命名为硫酸木素、盐酸木素、高碘酸木素以及硫酸与氧化铜氨共同作用形成的氧化铜氨木素。不同种酸对木素结构破坏的程度不一样，总体而言使用硫酸水解过程中发生的缩合反应对木素结构影响最大。

5. 木素纯化

虽然使用有机溶剂制浆法获取的木素在纯度和相对分子质量分布上有较大改善，但是该方法洗涤过程复杂、制浆化学品挥发性高导致对设备要求严格以及对混合木材原料制浆困难等，使得目前市场上还是以碱法制浆木素为主。从制浆废液中提取出的木素在聚集过程中会夹带一定量的无机盐、糖类等杂质，同时聚集过程中的缩合反应造成了相对分子质量分布上的不均一性，为木素高值化利用形成了障碍。木素结构与性质受到植物原料种类、部位、分离方法等因素的影响，要实现对木素结构、性质的深入研究了解，实现特殊性质特殊利用以及适应工业生产的要求，对木素进行进一步纯化就显得十分必要。

（1）膜分离法

膜分离是一种在高分子膜两侧施加一个大于平衡渗透压的压力，发生溶剂倒流使高浓度溶液进一步浓缩的技术。根据膜孔径的大小通常分为反渗透、超滤、微滤三种，反渗透膜的孔径最小，一般用来阻截除溶剂外的所有组分包括溶解物与悬浮物；超滤膜孔径介于反渗透膜与微滤膜之间，主要用于截留大分子溶质及悬浮物；微滤膜孔径最大，允许分子通过，截留悬浮物。在木素纯化领域超滤膜的使用频率最高，针对碱法制浆中的低相对分子质量无机盐杂质与悬浮物等，通过设置不同相对分子质量的滤膜就可以轻松实现木素纯化，同时实现不同量级的木素分子富集。

（2）有机溶剂纯化法

有机溶剂法是基于木素在有机溶剂中的部分溶解实现对木素的纯化，溶剂的溶解系数对于溶出木素的性质起到至关重要的作用。一般而言溶液中存在的木素较未溶解的木素具有更高的纯度以及更集中的相对分子质量分布。木素分馏的方式分为几大类：

① 利用单一或混合的非良溶剂分馏木素，即木素部分溶解于该溶剂，然后通过离心等方式实现固液分离。其中划分为使用同一溶剂对木素进行一次分馏与对不溶部分进行多次连续分馏两类。

② 利用单一或混合的良溶剂完全溶解木素，然后向溶液体系添加非良溶剂降低混合溶剂对木素的溶解能力使木素沉淀析出，通过控制非良溶剂的加入量实现多级分馏。

③ 利用两种及以上且各自具有不同溶解系数的溶剂依次对前一次分馏的不溶木素进行分馏。

④ 以上方式之间的组合。

通过有机溶剂分馏既能够实现纯度的提升，也能够实现选择性的获取大/小相对分子质量的木素，一般而言使用的有机溶剂均可以通过蒸馏的方式回收二次利用，从经济上、安全以及操作便捷上来考虑，有机溶剂分馏法是一种较好的木素纯化方法。常用的单一有机溶剂有甲醇、乙醇、乙酸乙酯、丙酮等，混合有机溶剂有二氧六环＋甲醇，有机溶剂与非溶剂如水等组合等。值得关注的是木素大多数有机溶剂法分馏木素的目的均集中在纯度与相对分子质量分布上，而着眼于利用有机溶剂性质来分馏具有一定特性木素的研究关注点报道甚少。

（二）木素的利用

木素作为植物界中唯一含有芳环结构的天然高分子聚合物，由于其含量丰富而在材料领域的高值化利用一直受到关注。通过化学反应、复合改性等方法来研究木素改性材料，或者通过可设计的降解方法制得重要的化工原料是木素高值化利用的主要方式。木素分子结构中存在多种类型的活性官能团如芳香基、醇羟基、酚羟基、羧基、羰基、甲氧基、共轭双键等，可以进行卤化、酚化、硝化、酯化、氨化、接枝共聚等化学反应。这些反应可修饰木素结构、改变其官能团，是制备木素改性材料的关键。可以通过共混改性的方法与酚醛树脂、聚氨酯、橡胶、淀粉塑料、大豆蛋白塑料等复合来提高材料的性能，同时降低成本。此外，木素还被用作表面活性剂、絮凝剂或降解制备小分子化工原料，在农业、工业、医药等领域得到广泛的应用。

1. 木素基表面活性剂

表面活性剂被誉为"工业味精"，是指具有固定的亲水亲油基团，在溶液的表面能定向排列，并能使表面张力显著下降的物质。木素由于本身具有疏水的苯丙烷结构与亲水性的羟基、羧基等官能团而显示出表面活性作用。受限于木素纯度、相对分子质量、结构等因素，木素基表面活性剂的活性能力不高，因此需要通过羟甲基化、磺甲基化、烷基化、氧化、胺化、羧基化等改性方法引入亲水、亲油基团制备盐类及非离子表面活性剂。

（1）木素基表面活性剂的分类

① 阳离子类。阳离子表面活性剂主要是木素胺及其衍生物，利用醛和胺与木素分子中游离的醛基、酮基羰基团附近的活泼氢、苯环酚羟基邻对位及侧链 α 碳上活泼氢反应生成木素胺。根据氨基类型可细分为伯胺、季铵、叔胺以及多类型氨基复合型，根据合成方法可再分为曼尼希反应（Mannich）、合成中间体等途径。

② 阴离子型。阴离子表面活性剂主要由木素磺酸盐组成，极性的磺酸基团与非极性的芳香基团共同作用显示出良好的表面活性。一般木素磺酸盐来自于亚硫酸盐法制浆，而占我国制浆主导地位的碱法制浆所产生的碱木素则需要通过化学法引入磺酸基。根据化学反应的 pH 可以细分为酸性磺化、中性磺化以及碱性磺化。酸性磺化的反应位点主要在侧链 α 碳位上，而中性与碱性磺化位点在不饱和侧链 α 碳位上。其中碱性磺化历程为首先在碱性条件下促进酚羟基离子化，创造磺酸根离子的磺化条件，然后才在侧链发生反应。根据反应条件及机理可将磺化反应细分为高温磺化、磺甲基化、氧化磺化。高温磺化与亚硫酸盐法制浆原理一致，通过与亚硫酸钠反应在 α 碳位上引入亲水磺酸基，而磺甲基化则是先羟甲基化在木素苯环上生成反应位点，然后磺化在苯环上引入磺酸基，少量反应发生在侧链上。氧化磺化是通过氧化断裂化学键使木素降解为小分子打破聚集状态从而提高磺化程度，常用的氧化剂为高锰酸钾与过氧化氢。此外，提高木素磺酸盐的表面活性还可以通过纯化、复配改性、化学改性等方式。纯化的目的主要是将有机杂质分开从而提高反应活性。复配法则是与其他表面活性剂共同使用提升使用性能。化学改性一般通过缩合法与接枝共聚法来提升木素酸磺酸盐的吸附性和分散性。

③ 两性表面活性剂。两性表面活性剂是同一分子中既具有阴离子基团又具有阳离子基团的表面活性剂，其随着溶液 pH 的变化可以成为阳离子型表面活性剂也可以成为阴离子型表面活性剂。将木素胺磺化或者将木素磺酸盐胺化都可以使之变成两性表面活性剂，木素本身也含有带负电荷的酚羟基、羧基等基团，因此可以通过曼尼希反应引入带正电荷的氨基生成两性表面活性剂。

④ 非离子表面活性剂。即为不含氨基与磺酸基的木素表面活性剂，该类型表面活性剂具有优良的耐硬水能力、低起泡性、易去除等优点。目前木素非离子表面活性剂主要是醇胺类非离子表面活性剂、聚醚类非离子表面活性剂、醇醚类非离子表面活性剂。

（2）木素基表面活性剂的应用

① 木素基混凝土减水剂。在建材工业领域木素表面活性剂被用作混凝土减水剂，随着国家发展以及基础化建设的加速，对混凝土的需求急剧增加，相应的对各种添加剂的使用量也增加。此外，建筑物向高强度、大型化、大量化、功能化、施工过程复杂化、绿色环保等方向发展，因此水泥及混凝土减水剂的性能要求越来越高。但是现在的高性能减水剂主要是从石油或煤化工中来的萘系和聚羧酸系减水剂，但是由于石油原料短缺，以及生产工艺复杂导致其应用越来越受到限制。所以，可以利用制浆黑液木素制备成混凝土高效减水剂，因为其来源丰富、价格低廉，不仅能解决造纸黑液带来的环境污染问题，还能缓解高速发展的水泥建筑业对外加助剂的强劲需求，并减少传统减水剂对石化资源的依赖。

② 木素基水煤浆分散剂。木素基表面活性剂在煤炭工业中也发挥了重要作用，其结构中含有的亲水基团分散于水煤浆当中可以减少煤炭颗粒表面的憎水作用，形成水膜润滑颗粒间摩擦、降低煤浆表观黏度、提升分散性。木素类水煤浆分散剂主要以中低端产品为主，产品价格低廉，水煤浆制浆稳定性较好。目前作为木素基分散剂的原料主要有红液、红液提纯的木素磺酸盐、磺化硫酸盐木素及一些改性产品。改性方法主要以物理方法和化学改性为主。

③ 木素基染料分散剂。制浆黑液中的木素磺酸盐经化学改性后，可以作为染料分散剂，在应用过程中，木素磺酸盐的亲油端会趋向于染料，而亲水端（如磺酸基）则趋向于水，因为静电排斥和空间位阻的作用，在染料过程中可以有效地阻止染料颗粒的聚集，对染料有一定的分散性和稳定性的作用。改性碱法制浆所产生的黑液木素得到的产品称为"磺化木素分散剂"，而对酸法制浆黑液木素改性后得到的产品称之为"木素磺酸盐分散剂"。应用过程中，木素类染料分散剂具有良好的高温分散稳定作用，不仅能作为分散染料使用，还可以用于活性染料和其他染料。

④ 木素基表面活性剂在油田中应用。木素基表面活性剂在油田化学领域可作为油田钻井降黏剂加入钻井液中拆散黏土自身或黏土与高聚物形成的空间网状结构从而达到体系黏度的目的，促进黏土颗粒进一步分散。在钻井过程中因为压差的作用，会引起水分流失，而泥浆降滤失剂的使用会在油井壁上形成一层低渗透率、单薄而且细密的"滤饼"，可以最大程度的减少钻井液的滤失量，木素表面活性剂及其接枝改性产物在油田钻井降滤失方面表现出优良的性能。油井出水是在油田开采过程中遇到的普遍问题，为了改善油田开采条件、减少油井出水量、提高采油率，可以采用添加化学堵水剂封堵油田上的水层。普遍情况下，注入水井的堵水剂被称为调剖剂，而注入采油井中的称为堵水剂。但是化学调剖剂的制备过程中会加入无机铬交联剂，与石油的交联反应比较快并且不受控制，而且加入的铬盐为有毒性化合物，造成环境破坏，聚合物浓度高，材料费用高。目前天然木素磺酸盐类调剖剂作为一种新兴的环保调剖剂，克服了化学调剖剂的缺点。降低油水之间的表面张力，提升洗油效率对于提高石油采收率有极为重要的意义，木素通过烷基化、胺化、缩合、磺化、氧化等改性制备的驱油剂可以或与石油盐酸盐等复配使用提高采收率、降低开采成本。木素结构当中的苯丙烷结构单元与沥青当中的一些组分有类似的结构，起到了亲油基的作用，所以可以用作沥青乳化剂。

2. 木素基碳纤维

木素作为一种高含碳量的天然可再生高分子材料，可以通过改性或与其他高聚物共混制备碳纤维前驱体及碳纤维。用 2% 的氢氧化钠溶解蒸汽爆破木素，以 Raney-Ni 为催化剂，在温度为 250℃、压力为 5MPa 的条件下进行氢解处理，然后进行酸中和、过滤、抽提，得到熔点低于 50℃，摩尔质量为 950g/mol 的改性木素，将该木素按传统的熔体纺丝方法连续挤压纺丝获得长丝，在空气中加热到 210℃ 进行预氧化处理，最后在 N_2 气流中加热至 1000℃ 碳化处理，可以获得性能良好的木素基碳纤维，但该碳纤维的得率较低且能耗高。使用乙酸法分离木素为原料制备木素基活性碳纤维，制备的碳纤维吸附性能与商业碳纤维相似，拉伸强度与沥青基的具有可比性。以聚乙二醇溶解木粉获得的木素为原料，制备碳纤维的直径小于 $10.2\mu m$，拉伸强度大于 457MPa。

单一的利用木素制备碳纤维受其结构及纯度限制，很难在低成本的状态下制备性能优良的产品。因此，将一定量木素与高分子聚合物混合制备碳纤维既可以降低成本也可以在一定程度上提高碳纤维性能。有研究将聚对苯二甲酸乙二醇酯（PET）与阔叶木硫酸盐木素混合制备碳纤维，发现当 PET 与木素 25∶75（质量分数，%）时，预氧化速率要比纯木素基碳纤维快得多，而且拉伸强度（703MPa）和弹性模量（94000MPa）也较纯木素碳纤维的拉伸强度（605MPa）和弹性模量（61000MPa）高。同时，将具有高软化温度的阔叶木硫酸盐木素与 PEO 按照一定比例混合进行熔融纺丝，可以使其纺丝性能得到提高。当加入 PEO 的量小于 5% 时，不仅纺丝性能提高，而且纤维强度和预氧化速率与原阔叶木硫酸盐木素本身制备出的碳纤维相似；当加入的量为 3% 时，碳纤维力学性能可以达到最佳。

木素基纳米碳纤维作为一种新型碳材料具有优异的物理、力学性能和化学稳定性，具有表面效应、尺寸效应等特征，具备优异的光、热、电、磁等方面的性质。常用的制备方法是静电纺丝，即聚合物溶液或熔体在高压直流电源的作用下，克服表面张力，形成喷射细流，在喷射过程中，溶剂不断挥发，射流的不稳定性和静电力的作用使射流不断被拉伸，有时会发生射流分裂现象，最终在收集器上得到直径为几十纳米到几微米的纤维。Lallave 等将有乙醇木素与乙醇 1∶1 混合，通过静电纺丝第一次制备出木素基纳米碳纤维。制备出的木素原丝为 $400nm\sim2\mu m$，经过预氧化（$0.25℃/min$，200℃）和碳化（$10℃/min$，900℃）后，纳米碳纤维直径为 200nm，比表面积为 $1200m^2/g$。沈青等将木素与高分子（聚丙烯、聚对苯二甲酸乙二酯或聚对苯二甲酸丁二醇酯）按质量比 1∶3 混合、切片、真空干燥后进行熔融纺丝，得到直径为 $50\sim300nm$、长度为 $1\sim20\mu m$ 的纳米纤维。除了静电纺丝法，Spender 等还开发了一种冰晶模板法，制备出的纳米纤维直径小于 100nm，碳化后其比表面积为 $1250m^2/g$。

3. 木素基酚醛树脂胶黏剂

酚醛树脂胶黏剂是利用苯酚与甲醛合成的一种胶黏剂，具有黏结强度高、耐水、耐热、耐磨和耐化学腐蚀等特点，广泛应用于各种工业和民用行业，但酚醛树脂胶黏剂制备成本高，利用廉价木素替代部分苯酚能够很好地降低制备成本。但木素自身结构上所带有的羟基数量有限，因此在将木素作为原料生产酚醛树脂胶黏剂之前需要对苯环或侧链进行改性，增加羟甲基、酚羟基、醇羟基等活性基团数量，增大木素与苯酚、甲醛发生共聚反应的活性。常用的方式为羟甲基化反应、酚化反应、脱甲基化反应、水热反应和还原反应。

美国专利 US4113675 将羟甲基化的造纸黑液与低摩尔比的甲醛苯酚预聚体进行共混，并将制备的木素基酚醛树脂胶黏剂用于胶合板。当造纸黑液的羟甲基化产物与甲醛苯酚预聚体的比例为 8∶2 时，其胶合板湿胶合强度达到 1.5MPa，木破率达到 80%。以碱木素、木素磺酸盐为原料，盐酸或硫酸为催化剂制备的酚醛树脂胶黏剂在 135℃ 下比普通酚醛树脂具有更短的凝胶时间。其中以盐酸做催化剂，木素对苯酚替代率为 28% 时，制得胶合板胶合强度达到 1.1MPa。美国专利 US5177169 用硫与木素在高温高压下进行脱甲基反应，用乙酸乙酯提取分离，得到的脱甲基木素得率为 97%，苯丙结构单元平均相对分子质量为 171，与甲醛在碱性条件下共聚制备木素甲醛树脂，制备的胶合板强度可以达到 1.5MPa。

4. 木素基水凝胶

水凝胶是一类能吸水溶胀、可保持大量水分且不会溶解的具有三维交联网络的聚合物材料。研究表明木素引入凝胶体系当中可改变凝胶的热学性能、温敏凝胶的最低临界溶解温度、pH 敏感性以及溶剂敏感性。利用木素制备凝胶的方法通常是：木素与功能性单体接枝共聚、交联，木素以互穿、半互穿形式添加到凝胶体系中。近年来，基于木素水凝胶在水处理领域的研究取得较大的进展，利用凝胶润胀及木素与所接枝单体官能团对重金属（Pb^{2+}、Cr^{6+}、As^{5+}、Cu^{2+}、Ni^{2+}）、染料（孔雀石绿、亚甲基蓝）、有毒化学物质（双酚 A）等的螯合、吸附作用使木素基水凝胶在废水处理上展现出巨大优势。此外，通过向木素凝胶体系中添加填料可以提升凝胶的物理性能、吸附性能。这些填料可以是天然的纤维素、半纤维素、丝胶蛋白、淀粉等，也可以是石墨烯、膨润土、泥炭等物质，其作用在于提升凝胶的力学性能、亲水性能以及比表面积等对于吸附至关重要的因素。以木素磺酸钠、膨润土、丙烯酰胺、马来酸酐为基础制备的木素基水凝胶用以对 Pb^{2+} 的吸附研究，其吸附量高达 322.70mg/g。在过硫酸铵、TMEDA 的引发下以酰化的半纤维素、丙烯酸、木素磺酸钠制备水凝胶用以对亚甲基蓝的吸附，显示出 2691mg/g 的高吸附量。并且木素磺酸钠的用量不会影响这种凝胶的内部孔径大小，但是会对吸附量产生影响。经过进一步循环，水凝胶的吸附效率仍然保持 80%，被认为是处理染料废水的一种很有前途的材料。

5. 木素基能源及能源化学品

由于木素是由大量碳、氢、氧以及少量其他元素所构成的有机天然化合物，自身为苯丙烷结构单体通过醚键、碳碳键等一些化学键连接起来，人们可通过气化合成技术将木素转化为高品质的生物柴油、轻质油以及航空煤油。木素不仅可以通过热裂解方式快速得到裂解油，也能够通过水热转化制备生物油。木素通过快速热解能够得到热值为 42MJ/kg 的高品质生物油，质量与成品汽油相当。木素也可以通过多步分解途径，得到众多具有高附加值的有机小分子化合物，这些有机小分子化合物包括单糖（葡萄糖、木糖）、苯丙烷单体，可燃性气体产物如 H_2、CH_4 和 CO，液态小分子如有机酸、醛、醇等。具体成分的不同取决于加热速率、气化温度、压力和氧气。通过这些小分子有机化合物的转化，可产生替代石油基产品的高附加值化学品。

6. 木素制备其他高附加值产品

木素作为一种增强剂或反应主体添加到现有发泡体系中可制备木素改性发泡材料，甚至可以直接制备聚氨酯发泡材料，为造纸黑液的合理利用，降低环境污染提供新途径。然而目前单独以木素制备发泡材料在技术上还有一定限制，通常只是作为添加剂改善现有泡沫材料的力学性能、热稳定性、发泡密度及孔隙率，在一定程度上节约成本。

木素在碱性条件下具有一定的成膜性与强度，在溶液中添加少量甲醛作为交联剂、引入少量短纤维及其他高分子化合物增加强度与成膜性，在适宜的表面活性剂与起泡剂的作用下可制备出木素基液体地膜。使用木素基液体地膜可与分散的土壤颗粒胶结在一起，使土壤形成团粒，包覆在土壤表面防止水分蒸发，具有保墒作用，同时木素吸收紫外线可提高地温，最后降解成为腐殖酸废料，改善土壤。

三、半纤维素的高效清洁分离与利用

（一）半纤维素的分离方法

半纤维素是指在植物细胞壁中与纤维素共生、可溶于碱溶液，遇酸后远较纤维素易于水解的那部分植物多糖。半纤维素由几种不同类型的单糖构成的异质多聚体，被称为"非纤维素碳水化合物"，包括葡萄糖、木糖、甘露糖、阿拉伯糖和半乳糖等，与木素、纤维素或单糖聚体间分别以共价键、氢键、醚键和酯键连接，构成了具有一定硬度和弹性的细胞壁，因而呈现稳定的化学结构，也为半纤维素的分离带来一定困难。

在理论、实验教学中，最常用的半纤维素提取方法主要有两种：

① 从脱脂原料中提取半纤维素，利用碱液与脱脂原料反应，过滤后调节滤液 pH，加入乙醇或丙酮使半纤维素沉淀析出；

② 从综纤维素中提取半纤维素，首先用甲苯：乙醇（2/1，V/V）对原料进行脱脂预处理，然后用亚硫酸钠脱除木素得到综纤维素，再用碱液抽提得到半纤维素。工业上常用的半纤维素分离方法主要有碱法抽提、酸法预水解、有机溶剂法抽提等。

1. 碱法抽提

碱法抽提主要基于在高温、高压条件下，碱液介质能使纤维素得到更好的润胀，降低其结晶度，使半纤维素与木素间的酯键发生皂化，半纤维素和木素从细胞壁中溶解出来。其优势在于碱性介质中，半纤维素比纤维素溶解率高，比木素的抗氧化力强，且所得到的半纤维素聚合度高，组分降解较少，有利于对其进一步改性。

（1）碱法分级抽提半纤维素

浓碱溶解硼酸络合分级抽提被广泛用于针叶木综纤维素中半纤维素的分离。先用 24% KOH 抽提，然后用含硼酸盐的氢氧化钠再抽提。因为硼酸盐能与半纤维素聚糖形成环形—顺式—乙二醇结构，从而硼酸盐的溶解能力得到增加。逐步增加碱液浓度分级抽提的方式因为过程简单、适应范围广在半纤维素的提取中应用也较多。简单步骤是使用抽提装置在较低温度下（小于 100℃），先用较低浓度的碱液抽提，使易于溶解的和在纤维中易于到达的聚糖先抽提出来，然后逐步增加碱液浓度，把难溶的、不易到达的聚糖抽提出来。实际上，改进的氢氧化钡选择性分级抽提法应用更为广泛，因为 Ba(OH)₂ 可以将聚半乳糖葡萄糖甘露糖结合起来，形成在碱液中不溶解的络合物，从而与聚木糖类分开，简化了聚木糖的提纯手续。

（2）碱性过氧化物抽提

单纯用碱液分离的半纤维素通常是褐色的，这就限制了其在工业上的应用，而过氧化物在碱性介质中除了具有脱木素和漂白作用外，还可以提高大分子尺寸半纤维素的溶解度，可作为半纤维素大分子的温和增溶剂，减少缔合木素的产生。过氧化氢在碱性介质中形成的 HOO⁻ 能够用于漂白，由于过氧化氢的不稳定性，使得它在碱性条件下，特别是在锰、铁、铜等过渡元素存在的情况下容易分解为 HO⁻·和 O₂⁻·，这些自由基能造成木素氧化，进而产生亲水性基团，引起某些连结键的断裂，并最终导致木素和半纤维素的溶解。研究发现，在 pH 12.0～12.5、温度 48℃ 的条件下用 2% 的 H₂O₂ 处理 16h，麦草、稻草和黑麦草中 80% 的原半纤维素和木素被溶解，比传统的碱抽提法获得的半纤维素得率更高、颜色更白，且包含较少缔合的木素（3%～5%）。

2. 酸法预水解

酸水解法一般采用盐酸、硫酸、甲酸或高温液态水等直接预水解植物纤维原料获取水解的半纤维素产品。由于半纤维素成分在酸性介质和较高温度条件下，易水解成单糖，进而降解成如糠醛、羟甲基糠醛等，如果条件剧烈还会进一步降解产生乙酰丙酸，甲酸等，所以酸水解法需要严格控制反应的强度，如温度，pH，时间等。

（1）稀酸水解

最常用的方法是，将纤维原料浓度不高于 1％的酸液在 100℃以上的高温下经几小时的水解处理获得需要的半纤维素产品。稀酸处理效率较高，在温度高时所需时间较短，处理后半纤维素水解成单糖进入水解液，酸溶木素含量较少。目前，稀酸预水解技术在工业中已得到广泛应用，如稀酸预水解硫酸盐法分离半纤维素制备溶解浆。研究表明，在 140℃条件下，用 0.5％的硫酸处理柳枝稷 60min，92％的木糖被溶解，采用 0.45％～0.5％的硫酸处理玉米芯和玉米秸秆，160℃条件下处理 5～10min，超过 90％的木聚糖被溶解到处理液中。

以稀酸作为催化剂的酸预处理技术，虽然操作简单，效果明显，然而对设备的耐腐蚀性要求高、对环境造成一定的污染。在处理后需要采用石灰进行中和处理，进行洗脱、分离回收，成本相对较高。此外，过度水解导致单糖的深度降解形成糠醛和其他副产物，对后续的发酵过程也会产生抑制作用。

（2）高温液态水预水解

高温液态水法又称自水解，与稀酸水解原理相似。其特点是反应液中 H^+ 离子一部分来源于水在高温条件下电离产生，一部分是半纤维素侧链上的乙酰基断裂后，进一步转化成乙酸，产生质子 H^+ 为半纤维素水解的催化剂。自水解的 pH 相对较高、酸性较弱，产物一般以未降解完全的低聚糖为主，更适合应用于低聚木糖产品的生产。

自水解过程具有很多优点，无须添加化学试剂，对设备腐蚀性小，反应速率较酶水解法快，在反应较温和的条件下生成的单糖及其降解产物较少，但也要注意控制反应温度和反应时间，避免过水解副产物的产生。研究表明，用高温液态水法对白杨木片中的半纤维素进行抽提，半纤维素和木素溶出率随温度的增加和时间的延长而增加，在 160℃时，如果反应时间超过 150min 后，提取液中糠醛的浓度急剧增加。

3. 有机溶剂预处理抽提

有机溶剂法预处理抽提可直接分离得到半纤维素、无须分离木素，与高浓度碱液法相比，具有显著的优势。目前应用较多的有机溶剂为二甲基亚砜和二氧六环等。此外，半纤维素的分离提取过程中常常将有机溶剂与水、碱或者酸（无机酸、有机酸、路易斯酸）按照一定比例混合作为提取试剂，但所得的半纤维素相对分子质量较小。例如，含有 HCl 的二氧六环溶剂体系可使糖苷键断裂，半纤维素会发生明显的降解，得到具有较低的相对分子质量的半纤维素产品（摩尔质量为 14600～15200g/mol）。由于半纤维素的热稳定性与相对分子质量呈正相关，因此有机溶剂加酸提取的低相对分子质量半纤维素一般热稳定性较差。而使用质量分数为 90％的二氧六环溶剂体系分离出的半纤维素结构比较完整，摩尔质量为 23590～28840g/mol，提取的半纤维素主要为含有少量葡萄糖残基的、带有分支的阿拉伯木聚糖，具有较高的热稳定性。另外，使用二甲基亚砜作为溶剂抽提半纤维素时，乙酰基可被保留下来，与酸法预水解获得的半纤维素相比纯度高、活性好、更能接近生物质中原本结构的半纤维素。

使用有机溶剂或者与无机酸的混合溶液分离半纤维素可破坏木质纤维原料内部的木素和半纤维素之间的连接键，在此过程中，木素可溶解于有机溶剂中得到回收，且结构改变不大，同时，使用的溶剂经过蒸发、浓缩等回收处理，既可降低成本又避免了发酵抑制物的生成。但是使用的有机溶剂一般具有可燃性，操作不慎容易爆炸燃烧，在工业生产上操作困难。

（二）半纤维素的利用

1. 水解转化为低聚木糖、单糖和糠醛

半纤维素可以通过酸水解或酶水解生产低聚木糖，或进一步水解为木单糖，木糖在酸性条件下继续脱水生成糠醛。低聚木糖是由 $2\sim7$ 个木糖分子以 β-1，4-糖苷连接，并以木二糖、木三糖、木四糖为主要成分的混合物。低聚木糖具有四大特性：a. 高选择性增殖双歧杆菌；b. 很难为人体消化酶系统所分解；c. 酸、热稳定性好；d. 有效摄入量少等。适合于与所有食品、保健品、医药等产品配伍。低聚木糖在饲料中的使用也是其主要应用领域之一，在各类饲料中添加适量的低聚木糖，可以有效增强动物机体的免疫力、预防各类由肠道微生物引起的疾病、促进机体钙吸收、提高机体的生长生产性能、降低料重比，从而增加利润值。另外，低聚木糖可以在医药中作为药用辅料使用，在农业中还可以作为植物生长调节剂使用等。经调查统计，2015 年低聚木糖全球市场容量约在 3 万 t 左右，且增长速度较快。

已有许多文献涉及利用半纤维素制备低聚木糖的工艺。如以慈竹为原料，采用热水预水解提取半纤维素，后续采用烧碱—蒽醌法或硫酸盐法制浆。结果表明热水预水解过程中慈竹的半纤维素较易溶出，水解液中糖类组分主要是低聚木糖。也有人以玉米秸秆为原料，利用碱液提取半纤维素，再通过酶解获得低聚木糖。绝大多数研究利用的是原料初提的聚木糖废液，当中含有大量的杂质，尤其是木素降解的酚类化合物，使得低聚木糖产品含有大量的杂质，若要达到饲料及食品的国家标准，需要在生产过程中采用醇沉、膜分离等方法进行纯化，获得高质量的低聚木糖产品。

2. 发酵生产醇类（乙醇、丁醇）和有机酸（乳酸、衣康酸）

半纤维素提取液中的单糖主要是木糖，与葡萄糖不同的是木糖较难以较高的转化率生成乙醇。但是随着基因工程技术的发展，出现了一系列可以五碳糖和六碳糖同时转化的工程菌。已有研究表明大肠杆菌 KO11 可以转化所有的半纤维素糖类，包括木糖、葡萄糖、甘露糖、阿拉伯糖和半乳糖生成乙醇，而且对乙酸等抑制物和高浓度的钠盐具有较高的耐受性。

利用木糖发酵制备丁醇，理论产率要高于葡萄糖，并且丁醇的发酵有两种形式，ABE一步发酵（丙酮—丁醇—乙醇）；或是第一步使用丁酸菌通过对糖液进行丁酸发酵得到中间代谢物丁酸，在第二步中利用丁醇梭菌将丁酸发酵为丁醇，对糖中的醛或有机酸具有较高的耐受性，所以认为半纤维素水解产物木糖比纤维素水解产物葡萄糖更适合发酵制备丁醇。并且丁醇相比乙醇具有更高的热值和辛烷值，可直接替代汽油驱动内燃机，安全性能较高，具有良好的抗爆性能，所以如果成本降低，燃料丁醇相比燃料乙醇将更具有市场前景。

利用半纤维素水解糖生产大众化学品乳酸，相比生物燃料，可以获得更高的收益。利用凝结芽孢杆菌 MXL-9 可以把半纤维素水解糖发酵转化为乳酸，不仅适应 $30g/L$ 乙酸和 $20g/L$ 钠盐的提取液环境，乳酸的发酵率通常在 80% 以上。另外，衣康酸是一种无毒、可生物降解的五碳酸，可与其他单体混合生产聚合塑料和凝胶。利用木材中提取的半纤维素糖发酵生产衣康酸也是比较有产业化前景的利用方式。

3. 催化转化为醇类（木糖醇）和烷烃（十三烷）

木糖经催化加氢可制备木糖醇，其制备过程包括了原料水解、中和、脱色、离子交换、加氢、结晶几个关键步骤，对糖的纯度要求较高。木糖醇甜度高，以固体形式食用时，会在口中产生愉快的清凉感，并且具有防龋齿的作用而被广泛接受。

半纤维素经水解、双相脱水、羟醛缩合、低温氢化和高温加氢可以转化为烷烃。理论上，$1.6kg$ 木糖低聚物可以生成 $1kg$ 的十三烷。

4. 半纤维基功能材料

由于半纤维素具有天然可再生、可降解特性，关于半纤维素基功能材料的研究逐步得到重视，特别是使半纤维素功能化的改性技术，这些改性技术可以获得高值化产品，如功能性水凝胶、医用材料、可降解包装薄膜、重金属吸附材料以及催化剂载体等，为最大限度开发半纤维素提供了必要条件，为其发展成为一种新型的可降解聚合物材料提供了很大的应用空间。

（1）半纤维素基薄膜材料

目前，世界上约41％的塑料产品用于包装材料，这些包装材料来源于石油等不可再生资源，难以降解，容易给环境造成污染。半纤维素这一可再生、易降解原料在制备包装材料方面有其独特的优点。但是，无论来自哪种类型生物质原料的半纤维素，当用纯的半纤维素制膜时，薄膜都具有质脆、韧性和强度不够的缺点，甚至无法制成完整的薄膜。一般情况下需要进行改性、与其他物质共混、交联、接枝等来改善成膜的强度以及柔韧性。基于半纤维素的亲水特性，以及高温易降解的特性，制备半纤维素薄膜一般不采用吹塑工艺，而是采用流延法、浇铸法以及刮涂法等成膜工艺。

当利用共混方式制备半纤维素基膜材料时，根据所选辅料的不同可以选择性地提高薄膜的力学性能、热稳定性能、透明度、改善膜的柔韧性及提高膜的疏水性等。例如，羧甲基纤维素钠、纤维素纳米晶须、壳聚糖及明胶等辅料通过与半纤维素之间形成氢键及静电作用，可以显著提高膜的力学性能。丙三醇、木糖醇及山梨醇可以改善膜的柔韧性，硬脂酸、软脂酸的加入可以提高膜的疏水性，纳米银或二氧化钛可以赋予半纤维素薄膜抑菌功能，共混法可以简单地通过添加功能助剂改善半纤维素基膜材料的一些性能，或者结合改性、接枝等手段获得具有有特殊性能的半纤维素基薄膜材料以适应市场的需要。

由于半纤维素可以改善薄膜的阻氧性，目前的研究大多将半纤维素基薄膜应用于食品包装膜以及可食性包覆膜。虽然实现了水汽、氧气的阻隔性，但薄膜的力学性能还达不到目前石油基包装膜的水平，而且半纤维素基薄膜的亲水性强，在一定程度上影响了膜的应用范围。为改善半纤维素基薄膜的疏水性，有研究者以三氟乙酸酐为氟化试剂对阿拉伯糖基木糖进行了氟化改性，制得的膜材料不仅透光性好，而且膜表面接触角从40°上升至70°，薄膜的吸水率也从18％下降至12％，疏水性显著增强。也有人对黑麦阿拉伯糖基木聚糖膜表面进行乙酰化处理，结果发现经硬脂酸乙烯酯和乙酸乙烯酯改性获得的薄膜表面接触角从改性前的57°分别提高至73°和87°，薄膜疏水性大大提升；利用次磷酸钠催化柠檬酸、顺丁烯二酸以及丁烷四羧酸（BTCA）分别与半纤维素进行酯化交联，利用BTCA交联获得的半纤维素薄膜的水汽吸附量相对于未进行交联的半纤维素薄膜降低一半，显示了显著的抗水性和稳定性；以月桂酰氯为酯化试剂将烷基分别引入山毛榉木聚糖分子链和玉米糠木聚糖分子链上，可制备具有一定疏水性的薄膜。在羟基取代度相近的情况下，改性山毛榉木聚糖薄膜的抗张强度、弹性模量等强度指标均明显高于相同条件下未改性的薄膜，而改性玉米糠木聚糖薄膜则表现出比较优秀的轴向应变能力；将柠檬酸加入到木聚糖与聚乙烯醇（PVA）共混制备的混合膜时可以提高薄膜的阻氧性能、阻湿性能以及断裂伸长率；将羧甲基化木聚糖（CMX-PPO）与壳聚糖（CS）共混可以制备出表面光滑的具有较好疏水性的CMX-PPO/CS复合薄膜，并且随着CMX-PPO含量的增加，该膜的拉伸强度和拉伸应变均有所提高。

（2）半纤维素基水凝胶

半纤维素基水凝胶是一种以半纤维素为原料制备的亲水但不会溶于水的高分子聚合物，

它在水中可以迅速溶胀至饱和状态，并在一定条件下脱水退溶胀仍然能保持其原有形状，是一类集吸水、保水、缓释于一体的功能高分子材料。半纤维素基水凝胶的制备方法有接枝共聚交联、物理连接点交联等。与其他各种高分子合成的水凝胶相比，半纤维素基水凝胶具有环境友好性、生物相容性、无毒以及可降解性等优点，较多应用于药物包覆及控释、免疫调节、固定化酶、生物传感器、抑制细菌、药物释放、吸附材料等方面。

在药物包覆及控释领域，研究者多以水凝胶的吸附特性进行药物包覆，辅以环境敏感结构，如温度响应、光响应、pH 响应、离子响应、磁响应等实现药物的控释。叶青等利用自由基聚合方法将丙烯酸和丙烯酰胺接枝共聚到半纤维素上制备水凝胶，对模拟胃肠液中的阿司匹林具有明显的缓释效果。利用针叶木中的半纤维素 O-乙酰基-半乳糖葡萄糖甘露糖（AcGGM）在 DMSO 环境中改性，然后通过接枝聚合制得甘露糖基水凝胶，该水凝胶可以吸附自身质量 2.3 倍的水，并且随着改性半纤维素取代度的提高，该凝胶对牛血清蛋白的释放效果越好。当取代度为 0.36 时经过 8h 释放率达到 95%，对药物缓释起到积极的调控作用。以从云杉热磨机械浆液中提取的 O-乙酰基聚半乳糖葡萄糖甘露糖（AcGGM）为原料，与具有导电性的合成苯胺四聚体（AT）反应，可以制备出具有良好力学性能的导电半纤维素水凝胶，该水凝胶既可控制导电性又可以调节润胀性，在生物医学领域如生物传感器、电子设备和人造肌肉组织工程等方面有很好的应用前景。以芦苇半纤维素为原料，通过辉光放电等离子体可以制备出温度、pH 双重敏感性的水凝胶。以聚乙二醇为致孔剂可以制备出具有多孔结构的半纤维素—接枝—丙烯酰胺水凝胶，其特有的多孔结构和优良的 pH 敏感性，有望成为一种良好的药物缓释剂。以半纤维素为原料，以 4-[（4-丙烯酰羟基苯）-氮] 苯甲酸（AOPAB）为酯化试剂，通过酯化反应可以制备出具有对 pH、水/醇溶液、光等多重响应的水凝胶材料。将该水凝胶在紫外下照射时，偶氮苯由反式结构转变为顺式结构，故该水凝胶在负载维生素 B12 后，在紫外光下其药物释放能力高于无紫外光照下的释放能力。

在污水处理领域，半纤维素基水凝胶由于可降解，无毒性等优势，可以作为重金属或其他水中污染物的吸附材料。有人以半纤维素为原料与丙烯酸共聚制备出了多孔的水凝胶，该水凝胶对水中金属离子 Pb^{2+}、Cd^{2+} 和 Zn^{2+} 具有良好的吸附作用，吸附量最高可达 0.8g/g，在 60min 内即能达到吸附平衡，并且该水凝胶还具良好的循环使用性能，可循环使用 8 次以上，在污水处理方面具有极大的应用潜力。利用从黄竹中分离出的聚木糖类半纤维素可以制备出阴离子型智能水凝胶。该水凝胶在室温下能够吸附的水是自身质量的 90～820 倍，这是由于大量羧基和羟基的存在，水凝胶对 Cu^{2+} 和 Ni^{2+} 离子的吸附量超过 0.18g/g，显示了良好的重金属离子吸附效果，具有潜在的应用前景。

半纤维素基水凝胶具有良好的生物相容性，无细胞毒性，可以广泛应用于人造组织制备领域。利用木聚糖中葡萄糖醛酸与酪胺（TA）发生生物共轭反应，制得 TA—木聚糖，在酶的作用下，室温环境中 20s 内即可形成凝胶，该水凝胶的吸水量达 14g/g。此外，研究还发现脂肪细胞能够在该水凝胶内部分裂。因此，该水凝胶无细胞毒性，可代替其他合成的填充材料应用于人体组织工程。

四、其他组分的高效清洁分离与利用

（一）抽出物成分的分离

木质纤维生物质原料中除了纤维素、半纤维素和木素这些主要成分外，还有使用水或有机溶剂可以抽提出来的一些化学组分，如萜烯类、脂肪酸、酚类化合物和生物碱等，这些抽出物的含量较低，通常在 3%～5%，其组成和含量与生物质种类、原料部位、生长季节有关，在纤维生物质生长过程中能够免于害虫、细菌、真菌和病毒攻击起到不可或缺的作用。

将抽出物组分分离最简单的方法是蒸汽蒸馏和有机溶剂抽提。例如，对松木芯材进行蒸汽蒸馏或溶剂抽提获得挥发性组分萜烯和木松香。对树木开孔获得的树胶脂经蒸馏后生产松节油和松香。

硫酸盐制浆前，木片蒸汽预热所产生的挥发性物质冷却生成松脂即硫酸盐松节油。通过蒸馏，可除去含硫的有机杂质，主要为甲硫醇、二甲硫醚及更高相对分子质量的萜烯。木片在 170℃蒸煮 90min 后，木素、半纤维素和抽出物溶于蒸煮液。当约 16% 固含量的蒸煮液蒸发到固含量 25% 时，回收溶液上层的皂化物即可获得粗塔罗油，主要包含轻油 10%～15%、脂肪酸 20%～40%、松香 25%～35% 及沥青 20%～30%。所获得的松香和脂肪酸组分称为硫酸盐松香和硫酸盐脂肪酸。通过抽提可以从树脂酸和脂肪酸中分离出中性组分，主要为甾醇类物质。

（二）抽出物组分的应用

1. 塔罗油

塔罗油是硫酸盐法蒸煮针叶木浆生产过程回收的一种重要副产品。它是木材中的树脂（主要是树脂酸和脂肪酸）在蒸煮过程中形成的树脂酸和脂肪酸的钠盐即皂化物。溶解在黑液中的皂化物一般通过静置法或充气法提取，然后用 20% 浓度的硫酸进行洗涤和除杂处理，可得到油状的松香酸和脂肪酸化合物及一些杂质成分，即粗塔罗油。

粗塔罗油的精制主要分为碱金属氢氧化物分级皂化法、部分酯化分离法、吸附法、溶剂萃取法和蒸馏法。其中前 4 种方法均存在精制过程复杂而烦琐，产品质量差，成本高以及分离效果不理想等缺点而难以推广应用，蒸馏法操作简单，成本低且产品质量较好，因而得到广泛的应用。其中常见的减压蒸馏方法有两种：间歇蒸馏和连续蒸馏。连续蒸馏具有生产能力大、蒸馏时间短、降低设备投资、减少沥青的形成以及提高松香和脂肪酸的得率等优点，因而是工厂大规模生产中应用较多的工艺流程，见图 8-8。

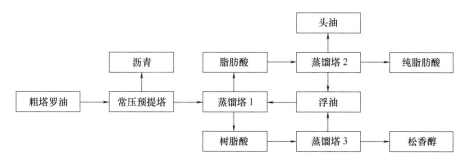

图 8-8　塔罗油生物质精炼流程

蒸馏法精制粗塔罗油可得到松香、脂肪酸、沥青等高附加值化学品，而广泛应用于肥皂、润滑剂、浮选剂以及油漆、油墨等工业生产。另外，利用新的生物炼制技术还可以把塔罗油转化为生物柴油。土耳其某工厂有一种由塔罗油转化为生物柴油的方法已经获得应用，其方法是首先将硫酸盐浆厂产生的塔罗油在精馏塔内 98～104℃的温度下蒸馏，除去水分和萜烯类化合物等杂质，在 235～333℃的温度下得到脂肪酸，然后在甲醇和催化剂存的条件下酯化生产生物柴油，而单独分离出来的树脂酸用于合成过程中的添加剂。美国则报道了一种新颖却相对较简单的由塔罗油生产生物柴油的方法，其产品已得到美国材料与试验协会

（ASTM）认证。其方法是将 9 份脱硫塔罗油与 1 份甲醇混合，生成 10 份生物柴油。并估算美国硫酸盐浆厂潜在的生物质柴油生产能力约为 6.36 亿 L/a，年收入 5 亿美元。最新通过塔罗油生物炼制生物柴油的方法是，在阶梯上升的温度和压力下催化氢化处理塔罗油，塔罗油在温度 300～400℃、压力 2～4MPa、有氢的降流式反应器中氢化处理后，再经过相分离器的分离就可得到液体烃类化合物，即生物柴油。这种方法转化生物柴油的产率超过 80%，并且研究表明氢化处理塔罗油产生的生物柴油要比通过酯化产生的生物柴油经济得多。

2. 松节油

松节油是针叶木进行碱法制浆时的一种副产品，主要存在于制浆过程蒸煮器释放的气体中。将这部分挥发释放物采用旋风分离和冷凝器冷凝等办法加以回收，再通过倾析分离，就可以得到粗松节油。粗松节油中含有少量的甲硫醇和硫醚等物质，需经过精馏、洗涤、脱色和除臭等精制过程，以得到纯度较高的精制松节油。

松节油的主要成分为长叶烯和 B-石竹烯，其中长叶烯分离后可以制得香料、聚合物添加剂和溶剂。以离子交换树脂作催化剂，利用水合反应降低重质松节油中的石竹烯含量，再经过提纯能够获得高纯度的长叶烯（石竹烯的含量降至 1.1%）。另外，松节油在催化剂存在下水合生产水合萜二醇，再通过结晶脱水制取松油醇，因为松油醇有紫丁香香气，可直接大量地用于香精的生产。将松节油水合生成的水合萜二醇通过叠氮化钠及林德拉（Lindlar）催化剂加氢还原，可以制备对孟烷二胺（MDA），提高其附加值。

3. 乙酸

乙酰基是半纤维素的特征官能团，一般针叶材中乙酰基的含量为 1%～2%，阔叶材中 3%～5%，半纤维素水解过程中乙酰基会脱落成为乙酸。所以在生物质精炼的模式下将植物原料中的乙酸回收并利用具有积极的意义。

利用水热氧化技术处理造纸黑液，通过控制造纸黑液中碱的含量、氧化剂的量、反应温度以及时间等工艺条件，可以将造纸黑液中的有机物转化成甲酸、乙酸等小分子有机物。该技术不仅可以有效治理造纸黑液，还能回收高附加值的工业原料，具有显著地经济及环境效益，同时该技术还具有操作简单、处理成本低、无二次污染等优点。具体工艺流程见图 8-9。

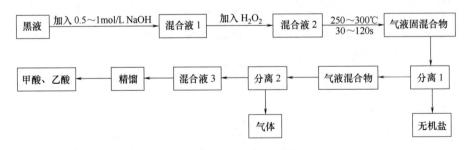

图 8-9　黑液回收乙酸工艺流程

4. 甾醇类化合物

甾醇是植物中的一种活性成分，在结构上与胆甾醇很相似，仅侧链不同。由于 C_4 位所连甲基数目不同及 C_{11} 位上侧链长短、双键数目的多少和位置的差异，植物甾醇的种类很多，甾醇的双键被饱和后称为甾烷醇，酯化后称为甾醇酯。大量流行病学资料和实验室研究显示，摄入较多的植物甾醇与人群许多慢性病的发生率较低有关，如冠状动脉硬化性心脏病、癌症、良性前列腺肥大等，因此目前植物甾醇受到了越来越多的重视。

5. 酚类物质

主要存在于树皮和芯材中的酚类抽提物，可作为生产酚类聚合物的原料。酚类物质具备保护树木免于昆虫和微生物攻击的能力，使其可能具有杀菌剂和杀虫剂的特性，并且其独特的抗氧化能力使其在医药领域得到了广泛应用。

单宁是普遍存在于植物中的一种水溶性多酚类物质，是产量仅次于纤维素、半纤维素的林业副产品。单宁与蛋白质以疏水键和氢键等方式发生聚合反应，使人产生收敛的感觉，在化妆品中加入单宁，最直接的效果就是收敛作用。含单宁的化妆品在防水条件下对皮肤有很好的附着力，可使粗大毛孔收缩、绷紧而减少皱纹，使皮肤显出细腻的外观。

单宁对紫外线光具有较强的吸收能力，加了单宁的防晒化妆品被称为"紫外线过滤器"，对紫外线的吸收率达98%以上，对日晒皮炎和各种色斑均有明显抗御作用。单宁对多种细菌、真菌和微生物有显著的抑制效果，在相同的抑制浓度下，不会影响人体细胞的生长发育。单宁又有独特的抗氧化性，能有效抵御生物氧化作用，它还有清除活性氧的功能，在化妆品中加入单宁能有效抑菌和具有保健防腐作用。

6. 香草醛、乙酰丁香酮、紫丁香醛等

香草醛又名香兰素（Vanillin），是香草豆的香味成分，是一种广泛使用的可食用香料。可以利用造纸厂的亚硫酸制浆废液中所含的木素制备香兰素。一般废液中含固形物10%～12%，其中40%～50%为木素磺酸钙。先将废液浓缩至含固形物40%～50%，加入木素量的25%的NaOH，并加热至160～175℃（约1.1～1.2MPa），通空气氧化2h，转化率一般可达木素的8%～11%。氧化物用苯萃取出香兰素，并用水蒸气蒸馏的方法回收苯。在氧化物中加入亚硫酸氢钠生成亚硫酸氢盐，然后与杂质分开，再用硫酸分解得香兰素粗品，最后经减压蒸馏和重结晶得成品。

乙酰丁香酮、紫丁香醛等可以从木素中降解得到，这种小分子醛类可以作为漆酶脱木素的天然介体。乙酰香草酮还可作为还原型烟酰胺腺嘌呤二核苷酸磷酸NADPH的有效抑制剂，抑制其产生氧化剂来杀死正常细胞。香草醇、紫丁香醇可广泛用于其他化学品合成的中间体、某些高分子材料、生物除草剂和杀虫剂以及染料的合成前体或者组成成分。

第四节　生物质精炼的关键技术与产业链

一、生物质精炼过程产品价值分析

面对目前全球范围内的资源短缺与能源危机，生物质精炼模式可以将可再生的生物质高效转化为可以代替石油的能源、材料或化学品，解决能源与环境问题。制浆产业是最早大规模利用可再生生物质的产业。由于制浆产业拥有规模化收集、处理、加工植物生物质的基础设施和技术，所以生物质精炼技术必然可以与其进行广泛结合，美国林产和造纸工业协会共同设计的林纸生物质精炼联合企业（IFBR）模式，IFBR模式与传统的制浆厂相比，可显现多方面的优越性，它不但可以满足目前造纸行业对浆料的需求，还可以生产其他高附加值产品，如乙醇、生物柴油、高分子材料等。这样既可做到资源的充分、可持续利用，又可为企业带来可观的附加效益。

（一）原料价值

从原料方面考虑，木材的糖分含量较高，纤维素和半纤维素含量大于 70%，玉米含淀粉 72%，甘蔗含糖 50%，玉米秸秆的综纤维素含量则高达 88%，但木材的生长是四季不断的，生物生长量一般不低于 15000kg/(hm² · a)，玉米秸秆 8400kg/(hm² · a)，甜高粱 3800kg/(hm² · a)，所以使用木材作为生物质精炼的原料有相当优势。从经济上考虑，即使把木材中的纤维素以约 50% 的得率全部转化为乙醇，且乙醇按目前售价每升 0.55 美元的高价位计算，每吨纤维素也只能提供 418 美元的较低产值，而漂白硫酸盐木浆的市场价格一般不低于 500 美元/t。所以，针对制浆造纸厂的半纤维素及副产品而不是纤维素进行生物质转化，才是更经济的。从规模及产业化的角度考虑，制浆厂的年产量一般不低于 20 万 t，其废液中半纤维素和木素的量分别是 8 万 t/年和 12 万 t/年，而国内像这样规模的制浆企业有几百家，可见制浆厂副产品的有效利用潜力巨大。

（二）终端产品价值

根据有关经济和技术专家论证的结果，以每吨木质纤维原料生产的产品产值计算，生产乙醇和生物柴油的产值为 209 美元，生产纸浆、乙醇和生物柴油的产值为 361 美元，如果同时生产纸浆、乙醇和生物柴油以及高分子材料和多种化学品，产值将为 613 美元。所以，纤维素用于生产纸浆和纸制品，半纤维素和木素转化为化学品和材料，相比单纯的转化为燃料乙醇或生物柴油具有更好的经济性。

（三）IFBR 模式与传统硫酸盐浆生产线的价值比较

在硫酸盐制浆工艺中木材生物质的 42%～44% 转化成纸浆，剩下的部分（主要是木素和半纤维素）在回收锅炉中烧掉，但半纤维素和木素的热值均比较低，分别为 13.6MJ/kg 和 27.0MJ/kg，其价值得不到充分利用。将这一部分资源通过生物质精炼，例如通过不同技术途径将其转化为生物质燃料、合成气体、化学品、热电等更具市场潜力的产品，可以得到更好地利用，从而提高木质纤维原料终端产品的附加值。

据计算，在美国阔叶木木片价格 75 美元/t（对绝干木材，下同）的前提下，传统硫酸盐浆厂的产值增加值为 180 美元/t 木材，而 IFBR 模式产值增加值能达到 286 美元/t 木材，这相当于每吨绝干木材增加了 59% 的利润。如果 IFBR 模式进一步生产高附加值的聚合物，产值的增加值将进一步提高至 538 美元/t 木材。

表 8-3、表 8-4 和表 8-5 列出了传统阔叶木硫酸盐浆厂产品与 IFBR 模式下纸浆和其他生物质产品的产值及增加值。

表 8-3　　　　　　　　　传统阔叶木硫酸盐浆厂的产品产值

产品	价格/（美元/t）	得率/%（对绝干木材）	产值/（美元/t）	产值增加值/（美元/t）
纸浆	500	45	225	
木材燃料	55	55	30	
总计		100	255	180

表 8-4　　　　　　　　　IFBR 模式中纸浆和液体燃料产品的产值

产　品	价格/（美元/t）	得率/%（对绝干木材）	转化率/%	产值/（美元/t）	产值增加值/（美元/t）
纸浆	500	47	100	235	
乙醇（来自半纤维素）	420	10	43	18	
生物柴油	630	43	40	108	
总计		100		361	286

表 8-5　　　　　　　　　　　IFBR 模式纸浆和其他生物质产品的产值

产　品	价格/(美元/t)	得率/%(对绝干木材)	转化率/%	产值/(美元/t)	产值增加值/(美元/t)
纸浆	500	45	100	225	
聚衣康酸	3000	10	50	150	
聚氨酯	2000	15	50	150	
生物柴油	630	35	40	88	
总计		100		613	538

从表 8-4、表 8-5 中的数据可以看出，IFBR 模式下的林纸生物质精炼联合企业有着可观的利润空间，它在促进制浆造纸工业发展的同时，也为将来生物质资源部分取代甚至全部取代传统的石油资源提供了一条可行的途径。同样面临来自全球竞争、环境保护、木材原料供应和资金等方面压力的我国制浆造纸工业，IFBR 模式对其发展方向具有重要的参考价值。

因此，未来的林产生物质精炼集成工厂中应当保留浆纸产品的生产。这样，制浆厂的工艺设备和基础设施可以直接作为 IFPB 的主要组成部分，从而最大限度地利用化学法制浆系统的现有设备和设施，以较小的投入和可行的路线将制浆造纸、林产化工与能源开发有机地结合在一起，构建新型的林产生物质精炼集成工业，高效合理地利用木质纤维资源中的纤维素、半纤维素和木素。

二、生物质精炼的产业现状与发展

目前，虽然实验室和中试实验证明了第三代生物质精炼理念的可行性，但大部分技术仍然处在工厂示范和验证阶段。要成功推进第三代生物质精炼规模化、商业化运行，除了形成独立的产业链之外，最好的方法是与现有工业的上游或是下游进行产业链有效融合。近年来，在生物质精炼技术的开发与利用方面进行了大量的研究，并取得了显著的成果，部分成果在相关的工业领域已经获得了应用。

（一）国外生物质精炼的产业现状

1. 芬兰 UPM 拉彭兰塔（Lappeenranta）生物柴油精炼厂

全球首家木质纤维生物质基可再生生物柴油精炼厂——芬兰 UPM 的拉彭兰塔生物精炼厂已经实现了商业化生产。该生物精炼厂生产的生物柴油 UPM BioVerno，以制浆废液中的副产品粗塔罗油为原料，采用 UPM 研发的加氢处理工艺制成，生产中使用的大部分原材料来自于 UPM 位于芬兰的制浆工厂，每年可生产近 1.2 亿 L 可再生生物柴油 UPM BioVerno。与传统柴油相比，可再生生物柴油 UPM BioVerno 可明显降低温室气体的排放量。

2. 芬兰梅沙（Metsä）集团芬宝（Metsä Fibre）生物质精炼工厂

芬兰梅沙集团下属的芬宝生物质精炼工厂位于芬兰艾内科斯基（Aänekoski），于 2017 年 8 月正式投产，其生产产品如图 8-10 所示。该项目建成后，将达到年产 130 万 t 纸浆，包

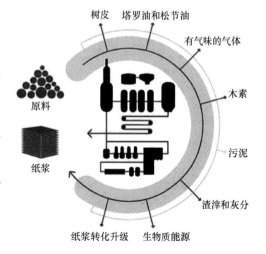

图 8-10　芬兰梅沙集团芬宝新一代
生物质精炼工厂的产品流程

括 80 万 t 针叶浆和 50 万 t 阔叶浆。该厂除了生产纸浆外，还生产塔罗油、松节油等附属产品，可用于生产胶水、油墨、油漆和生物燃料等。此外，作为一大亮点，该工厂还将生产多种生物质产品，包括通过树皮气化产生的生物能源，浆厂废弃物中提取硫酸，以及从污泥中生产沼气和生物燃料颗粒等。整个流程能源不但能实现自给自足无须使用任何化石燃料，还能为所在的小镇输送一部分热能。

3. 芬兰 Chempolis 公司 Formico 法生物质精炼技术

欧洲其他许多公司也积极致力于开发新型的生物质精炼技术，芬兰的 Chempolis 公司就是其中一家。该公司开发的 Formico 法生物质精炼技术如图 8-11 所示。主要的原料为非木材及非粮食作物的生物质，输出的纤维素基产品主要包括纸浆、溶解浆、葡萄糖和乙醇，其他化学品为木素、半纤维素、乙酸和糠醛等。Formico 法中用于生产生物乙醇的 Formicobio 技术被认为是第三代生物质精炼平台，其工艺流程如图 8-11 所示。

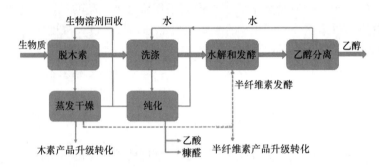

图 8-11　Chempolis 公司生产生物质乙醇 Formicobio 法的工艺流程

利用该技术可实现木质纤维素生物质主要组分（包括纤维素、木素、半纤维素）的有效分离。该技术生产的纤维素具有较高的纯度，易于酶解得到葡萄糖，进而发酵为乙醇，此过程的酶消耗量较少。基于 Formicobio 技术的第三代生物质精炼技术通过将农作物副产品一类的非食物生物质原料（如稻麦草、玉米秸秆、芦苇、甘蔗渣等）转化为一系列有高附加值的产品（如生物化学品、生物材料，生物燃料等），不会对食品生产造成影响，同时还可为社会创收，符合可持续发展的要求。其中的 FormicodeliTM 技术是对木质纤维材料中三大组分（纤维素、半纤维素和木素）进行选择性的高效分离（＞99％）、纯化、发酵和转化为生物乙醇和生物化学品，运用 FormicopureTM 系统对整个系统产生的过程水和生物溶剂进行净化、回收和再利用，实现流程封闭、能源自给自足，该系统的运行效益、原料转化率以及可持续程度均远高于第二代生物质精炼技术。

4. 瑞典 SEKAB 公司燃料乙醇生物精炼厂

SEKAB 是瑞典一家驰名全球、活跃于用生物质生产乙醇及相应系列化学品的研究、开发、工业化的集团公司。其制造乙醇的基本工艺流程如下：将含纤维素的原料运送到原料区，经切片加工后送至屋顶料仓内；在反应器内进行汽蒸加热原料，并除去残留空气；与此同时加入稀酸（硫酸或亚硫酸）进行预处理并加热，通过两个串联的反应器，半纤维素在温度大于 170℃ 和低 pH 条件下首先降解溶出，然后提高温度至 200℃ 以上降解纤维素；中和纤维素降解后形成的浆状物，并去除酶化水解时的抑制物质；然后，添加酶使纤维素发生酶水解产可发酵糖；发酵后生成的乙醇混合物送蒸馏塔进行蒸馏得到乙醇。由于木素在此过程不会发生反应，可在发酵之前或蒸馏之后用隔膜压滤机进行分离，而后进行洗涤、脱水，将木素浓度提高至 50%。木素热值高，可作为固体生物质燃料使用，也可加工成各种诸如聚合物、黏合剂等化学品，以供开发木素基的燃料或其他产品之用。

5. 意大利 M&G 集团纤维素燃料乙醇工厂

意大利的 M&G 集团积极投身于生物质精炼项目的建设中，旗下的第一家纤维素燃料乙醇工厂在意大利克雷申蒂诺正式投产。该工厂主要以农作物秸秆等农业废弃物以及芦竹等边际土地作物为生产原料，改变了此前以玉米、甘蔗等粮食作物为原料的局面。该工厂除利用纤维素生产燃料乙醇外，还利用原料中的木素发电，且能量转换效率很高。除此之外，该集团还联合安徽省国祯集团在阜阳市建造第二代生物精炼厂和配套热电联产项目。该生物精炼厂每年可将 130 多万 t 生物质原料转化为生物乙醇和生物乙二醇，可大大减轻阜阳市秸秆无序焚烧现象，对治理环境、重现蓝天白云、增加农民收入、实现农业、聚酯业可持续发展起到积极的推动作用。

6. 意大利 Butamax 公司和 QCCP 公司生物精炼技术

意大利杜邦公司遵循生物质精炼的概念，致力于生物燃料和生物基材料的生产。杜邦公司与合成生物技术公司成立合资公司 Butamax，目标是将藻类转化成可生物利用的糖类，再将这些糖类转化成异丁醇。异丁醇比多数第一代生物燃料拥有更高的能量，可以通过现有的石油和汽油销售基础设施进行输送，也可以直接用于较高排气量的汽油动力汽车，而不需要对发动机进行改造。杜邦公司还将葡萄糖作为生产生物基丙二醇的原料，利用从玉米淀粉中提取的一种微生物通过专门的发酵工艺制得高纯度的生物基丙二醇。与石油基丙二醇相比，生物基丙二醇的生产过程减少了近 40% 的能耗，并减少了 40% 以上的温室效应气体排放。该丙二醇还用于生产杜邦™Sorona® 等生物基纤维，该纤维具有极好的柔软性、特别的舒适弹性、亮丽的色彩和易打理性，能广泛用于生产地毯和服装等。由于使用生物基丙二醇作为主要原料，Sorona® 的生产要比石油基尼龙的生产减少 63% 的温室效应气体排放。该公司还成功将果糖转化为呋喃二羧甲酯（FDME），此单体可以取代苯二酸生产一种常见的热塑性聚酯——二甲酸乙二醇酯（PET）。

2014 年，Quad County Corn Processors（QCCP）公司采用杜邦公司的酶技术成功生产了纤维素乙醇，同时成为全球首个利用玉米粒纤维生产纤维素乙醇的公司。2015 年 10 月，杜邦公司再次与其签订合同，继续为 QCCP 公司纤维素燃料的生产提供酶产品。

（二）国内生物质精炼的产业现状

1. 山东太阳纸业股份有限公司溶解浆生物精炼生产线

山东太阳纸业股份有限公司的生物质精炼模式是以木片为原料，通过不加酸的自催化预水解及多段逆流脱木素技术实现木片三大组分的连续深度分离，半纤维素、纤维素和木素分别精炼功能性糖醇、高纯度纤维和表面活性剂等高值化产品，从而实现全组分的高效综合利用。

（1）主要工艺流程和参数

山东太阳纸业股份有限公司的木片生物精炼生产线是利用一条年产 15 万 t 硫酸盐漂白木浆生产线进行升级改造的，蒸煮前增加了预水解过程，产品也由原来的常规漂白硫酸盐木浆升级为高级溶解浆并副产功能性糖醇、高活性木素等产品，具体技术路线图如图 8-12 所示。

主要工艺技术参数如下：

① 木片首先经过预汽蒸，然后按照木片与水的质量比 1∶4 的比例，用泵将木片的水溶

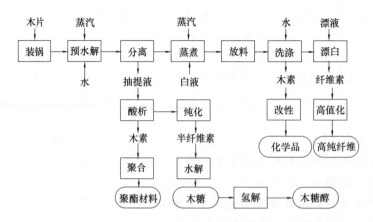

图 8-12　木片组分深度分离精炼高值化产品技术路线图

液泵送到独立连续水解塔的顶部，在塔体内 170℃水解反应 2.5h，反应完成后将水解液从水解塔下部的抽提口抽出。

② 预水解后的木片使用硫酸盐法蒸煮，蒸煮条件为效碱 20%（以 NaOH 计），硫化度为 28%，蒸煮温度 150℃，液比为 3.5，蒸煮时间 3h。

③ 采用氧脱木素和木聚糖酶处理的清洁漂白方法，其中两段氧脱木素条件为 NaOH 用量 1.0%～4.0%，氧气用量 1.0%～5.0%，纸浆质量浓度为 10%，温度为 90℃，塔顶压力为 0.5MPa，第一段氧脱时间 15min，第二段氧脱时间 50min。

④ 强酸条件下二氧化氯漂白：浆料浓度 10%，二氧化氯用量 1.3%，pH2.0、温度 80℃，时间 90min。

⑤ 氧气和过氧化氢强化的碱抽提：NaOH 用量 2.0%，过氧化氢用量 1.5%，氧气用量 1.0%，温度为 80℃，时间 90min，浆浓 10.0%，塔顶压力为 0.3MPa。

⑥ 二氧化氯漂白：二氧化氯用量 0.4%，温度 90℃，浆料浓度 10.0%，pH3.0。

⑦ 木聚糖酶处理：木聚糖酶用量 120mL/t 浆、pH7.0、温度 60℃、时间 60min，浆料浓度 10.0%。

⑧ 漂白后的纸浆白度≥91%ISO，α-纤维素含量≥94%，灰分≤0.10%，聚戊糖含量≤2.70%。

木片连续深度分离出的富含半纤维素的水解液，经过分离纯化制备木糖、阿拉伯糖等功能性糖醇。木糖甜度约为蔗糖的 70%，与葡萄糖甜度接近，风味亦与葡萄糖相似。木糖醇是一种白色结晶散状物体，无气味，易溶于水，甜度与蔗糖一样，发热量是蔗糖的 50%。具有不经胰岛素可直接被人体吸收和预防龋齿的功能，被发达国家广泛采用。木糖醇是重要的化工产品和原料，既可作为甜味剂应用于功能性食品等的生产，满足糖尿病患者对糖的需求；也可作为化工原料用于制取表面活性剂、乳化剂、破乳剂、醇酸树脂及涂料；同时在医药工业也被作为制造各种药物的原料，被广泛应用于食品、保健品、医药、香精、轻工和化工等多个行业。

预水解液中的低相对分子质量木素直接销售，可以代替苯酚制备环保型木素酚醛树脂胶黏剂等产品。黑液中的大相对分子质量木素在碱回收炉中燃烧回收热量和化学品，也可以通过改性制备高效表面活性剂（经过预水解过程木糖的抽提，碱木素纯度更高），实现木素的分级分别高效利用。高纯度纤维主要用来生产黏胶人造丝、玻璃纸以及纤维素衍生物等纤维素材料，具有广阔的市场前景。

（2）主要装备

太阳纸业木片生物精炼模式的核心装备是实现木片中半纤维素溶出的独立连续水解塔，

具体结构如图 8-13 所示。独立连续水解塔主要包括图 8-13 中 1～13 等部件。

经过预汽蒸的木片，按照木片和水的质量比 1∶4 的比例，泵送至独立连续水解塔的顶部，在塔体内 170℃水解反应 2.5h，反应完成后将水解液从水解塔下部的抽提口抽出，木片进入下一段的立式连续蒸煮锅，继续进行硫酸盐法蒸煮。其中水解塔包括塔体、塔体上部有进料口，塔体底部有出料口，塔体下部有带过滤装置的抽提口，塔顶有蒸汽入口，利用蒸汽来维持塔内的温度。塔体内的上部有螺旋送料机构，螺旋送料机构包括双层筛网、与双层筛网固定连接的底板和位于底板上方的螺旋输送轴。双层筛网的内层为筛网，外层为挡料层，挡料层固定在筛网外，筛网与挡料层之间有间隙，双层筛网的下部有进料口和循环水出口，木片中多余的水经过筛网筛出，由循环水出口流出。抽提口的端部设置有筛滤板，筛滤板位于塔体内壁上，可以防止抽提水解液时将木片一起抽出。在水解塔底部有稀释水口，位置位于出料口和抽提口之间，在塔内木片

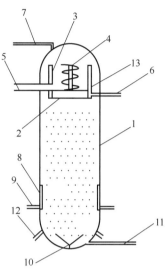

图 8-13　独立连续水解塔

1—塔体　2—底板　3—筛网　4—螺旋输送轴　5—进料口　6—循环水出口　7—蒸汽入口　8—筛滤板　9—抽提口　10—搅拌器　11—出料口　12—稀释水口　13—挡料层

反应过程中，由于重力作用，塔底的木片会过于紧密不利于木片的流动，此时可以通过稀释水口往塔内注入高压水，防止木片过于紧密。在水解塔塔体内的底部有搅拌器，防止木片在水解塔底部形成料塞。

该独立连续水解塔的设置，不仅投资少、生产效率高，而且工艺简单、操作方便，在不需加酸的条件下实现了半纤维素的高效溶出，减少了无机酸对纤维素的降解和设备的腐蚀，并且获得的溶解浆的质量、性能稳定，α-纤维素的含量高达 96% 以上。

（3）主要特征

太阳纸业木片生物精炼模式是首个采用不加酸的自催化连续预水解工艺、溶解并分离半纤维素的生产线，结合多段逆流脱木素技术、氧脱木素技术、生物酶预处理及无元素氯漂白实现溶解浆的清洁制备，其核心是具有自主知识产权的独立连续水解塔的设置，可以分离水解液中的半纤维素制备功能性低聚木糖或木糖醇产品，工艺中获得的低相对分子质量木素可以改性制备木素复合材料，实现了木片组分的深度分离和全组分高值化利用。

随着市场需求的扩大，太阳纸业集团紧接着又在山东太阳宏河纸业有限公司建立 30 万 t/a 天然纤维素项目，生产采用同样的预水解连续蒸煮及无元素氯漂白工艺，并于 2015 年 11 月份投产。

太阳纸业生物精炼模式也正在向世界推广，2016 年 4 月太阳纸业集团与美国阿肯色州正式签订了年产 60 万 t 溶解浆的项目，标志着太阳纸业的生物精炼模式正式落地美国阿肯色州。该项目每年约需要 350 万 t 针叶木片，可以生产约 60 万 t 溶解浆，终端产品除了黏胶

纤维之外，还包括纺织、汽车轮胎、香烟过滤嘴、制药业、清洁剂、油漆等。规划的副产品还包括约 5 万 t/年的塔罗油、木素萃取物、甲醇、乙酸、生物乙醇、乳酸、食品级木糖、木糖醇以及饲料级的木寡糖等。其中塔罗油可作为浮选剂用于矿山企业选矿，或用于化工企业分馏生产浮油松香、浮油脂肪酸和浮油沥青。而乙醇和乳酸在目前的生产中以玉米淀粉为主要原料，但该项目却是以溶解浆生产过程中的"废液"为原料，通过生物发酵或化学转化法生产乙醇或乳酸，在充分发掘木材原料值的同时，打破了传统行业中这两种产品对粮食原料的单纯依赖。

2. 泉林纸业集团秸秆资源高值化深度利用生物质精炼模式

"泉林模式"是泉林集团依靠技术创新，在实施传统秸秆制浆造纸转型升级的过程中，逐步探索构建的以秸秆资源高值化深度利用为核心的新型工农业循环经济模式。基本内容是从小麦、玉米、水稻等农作物秸秆中分离出黄腐酸和纤维素，黄腐酸用于生产系列高端肥料回馈农田，纤维素用于生产系列高档本色纸制品或乙醇。该模式将秸秆资源以"肥料化""原料化"实现秸秆高效综合利用，突破性地从秸秆中提取黄腐酸，为实现黄腐酸在农业中的广泛应用，解决农业、资源与环境等领域一系列突出问题提供了可操作性产业方案。泉林前瞻性地提出"生态纸业"循环经济模式，解决农作物秸秆焚烧难题（秸秆焚烧产生的 $PM_{2.5}$ 可占当天空气中 $PM_{2.5}$ 量的 $30\%\sim40\%$），并凭借研发"秸秆清洁制浆新技术""环保型秸秆本色浆制品技术"和"秸秆废液精制木素有机肥技术"等四项国际领先技术，破解了制约造纸企业发展的纤维原料、环境保护和水资源三大技术瓶颈，实现资源－产品－再生资源的良性循环，被环保部誉为"泉林模式"。泉林模式可以用图 8-14 来概括。

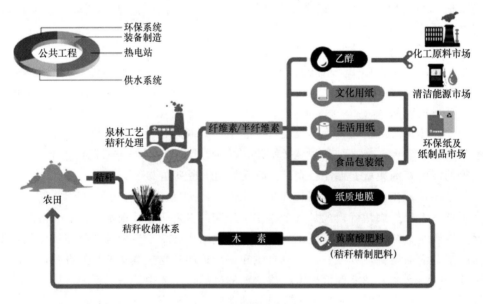

图 8-14　泉林模式概况

（1）主要工艺流程和参数

泉林模式的核心工艺路线是亚硫酸铵法制浆实现木素和纤维组分（纤维素和半纤维素）的分离，纤维组分经过漂白生产生活用纸和食品包装纸，木素用来生产磺腐酸肥料。泉林模式处理秸秆的工艺技术路线图如图 8-15 所示。

图 8-15 中的草类原料一般为稻草或麦草，使用切草机切至草片长 $2\sim3cm$，采用干湿法

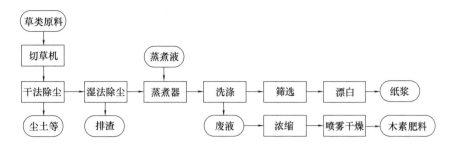

图 8-15 泉林模式处理秸秆的工艺技术路线图

备料除去草片中的草末、尘土和谷粒等杂质，进入蒸煮器。蒸煮器一般为蒸球间歇蒸煮，也可以采用卡米尔连续蒸煮，蒸煮工艺为亚硫酸铵法制浆。蒸煮条件为：亚硫酸铵用量 10%～14%，碳酸铵用量 1.2%～1.7%，液比 2～3，最高压力 0.686MPa，升温时间 80～100min，保温时间 120～140min，纸浆硬度 11～14（高锰酸钾值），残余亚铵 6～16g/L，pH7.2 以上。纸浆洗后采用氧脱木素加过氧化氢漂白，纸浆白度一般为 70%ISO。

（2）主要装备

泉林模式的主要装备包括切草机、除尘系统、蒸煮器、洗选漂设备等，因为与传统的碱法草浆设备基本相同，在这里不再详述。需要强调的是，不同于使用碱回收法利用木素工艺，在泉林模式的工艺路线中使用的是喷雾干燥设备，亚铵法制浆黑液通过喷雾干燥获取木素，继而转变为不同需要的木素肥料。

（3）主要特征

泉林模式打开了以秸秆为经纬的大规模工业化资源化利用的循环经济大门，从源头上解决了秸秆利用的难题。我国每年有 7 亿多 t 适于"泉林模式"的可利用秸秆资源，全球纸业急需新型木浆替代品来满足仍在不断增长的造纸原料需求，中国纤维素乙醇发展方兴未艾，我国有 20 多亿亩农业用地和百亿余亩草原、盐渍化土地、重金属污染土地、沙化土壤以及林场等都可用黄腐酸实施改良优化，泉林集团正在积极实施"走出去"战略，山东高唐、泉林德惠、黑龙江佳木斯三地秸秆综合利用项目已相继投产。

3. 山东华泰纸业集团造纸污泥制备生物质天然气精炼模式

华泰纸业的精炼模式是基于公司的一条废水处理线，在废水处理过程中采用厌氧＋好氧的处理工艺，厌氧工段每天产的沼气经过简单的脱硫处理用来燃烧产生蒸汽用于发电或纸张干燥，达到资源综合利用的目的。

（1）主要工艺流程和参数

华泰纸业的精炼模式是基于公司的一条 60000m³/d 的废水处理线，其采用了瑞典普拉克（PURAC）公司的生物处理设备，其流程为厌氧＋好氧的处理工艺，处理后的废水再进行 Fenton 处理，然后达标排放。其中厌氧工段采用两个 30000m³ 的厌氧反应塔，每天产沼气近 40000m³，其中 CH_4 含量在 65%～75%，CO_2 含量在 22%～33%，H_2S 含量在 1%～3%。工厂的初步设计是将产生的沼气经过简单的脱硫处理，送到电厂的锅炉中的燃烧产生蒸汽和发电，达到资源综合利用的目的。华泰集团废水处理及产生的沼气燃烧发电流程如图 8-16 所示。

2011 年，公司增上了 70 万 t/a 铜版纸项目，其涂布机采用的热风干燥的方式，每天需要从外面购进天然气 40000m³，但由于需求量大，天然气采购存在一定的困难，为了解决这

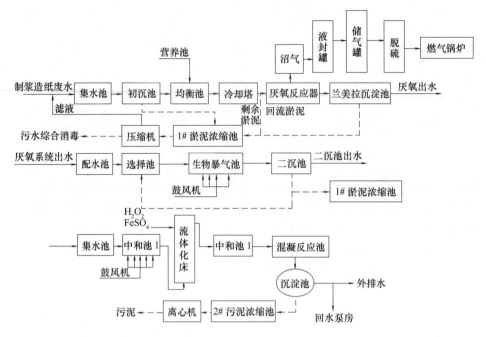

图 8-16 华泰集团废水处理及产生的沼气燃烧发电流程图

一问题，公司将废水厌氧产生的沼气进行净化，代替外购的天然气使用。沼气的净化采用了湿法粗脱硫＋小干法精脱硫＋变压吸附（SPSA）＋低压输配为主体的工艺路线，产品气达到《GB 18047—2017 车用压缩天然气》标准。具体工艺如下：来自厌氧发酵罐的原料沼气经罗茨风机加压 10kPa 并经控制气体温度在 35～40℃ 后输送至湿法粗脱硫装置将硫化氢脱除到 150mg/m³ 以内，进入可串可并的氧化铁系干法精脱硫工序进一步将硫化氢脱除至 15mg/m³ 以内。脱除硫化氢后的原料气经脱水、过滤、除尘后由往复式沼气压缩机两级压缩增压至 0.6MPa。经换热降温后进入变压吸附（SPSA）集成化装置脱去原料气中所含二氧化碳以及水、氧气、氮气、硫化氢等杂质气体，提纯精制成达标后，经管道送至铜版纸车间使用。从脱硫塔出来的碱液（简称富液）经富液槽短暂停留后用碱液泵（简称富液泵）送往再生槽中进行喷射式再生，再生后的贫液经贫液泵加压送至脱硫塔塔顶循环利用，脱除的硫化氢在再生槽中被氧化成单质硫并以硫泡沫方式浮选出来，然后用真空过滤机将其与碱液分离而形成含水约 50％ 的硫膏作为副产品销售，具体如图 8-17 所示。

SPSA 装置由吸附塔、缓冲罐、真空泵和包括程控阀在内的控制系统组成。SPSA 装置采用 6-2-3V 串 2-1-1V 变压吸附工艺，即 SPSA 系统由两级组成：一级六个吸附塔构成，原料气经吸附塔后去产品气系统；脱除的水、二氧化碳等杂质气体通过真空泵部分排入大气中，部分进行回收——进入二级变压吸附装置将甲烷气浓缩后回收到沼气压缩机入口进行再生产，以实现甲烷的充分利用。吸附塔在每个循环周期内，需要经历吸附、均压降、逆放、抽空、均压升、终冲等步骤。原料气中的高沸点组分（H_2O、CO_2 等）被吸附剂吸附，不容易吸附的低沸点组分作为产品气从吸附塔顶部经压力调节控制后送往后工序用户使用。吸附在吸附剂中的高沸点杂质组分，采用降压/抽空的方式解吸出来，即通过均压和逆放降低压力后解吸一部分；在逆放过程结束后，利用真空泵对吸附塔进行抽空，进一步降低吸附塔内杂质的分压，使吸附剂得到彻底的解吸。抽空过程结束后，吸附剂的再生即完成，恢复使用

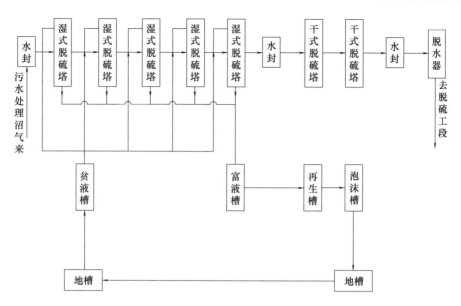

图 8-17 沼气回收脱硫工段流程图

功能。解吸出的杂质组分去放空总管排放到大气中。具体流程如图 8-18。

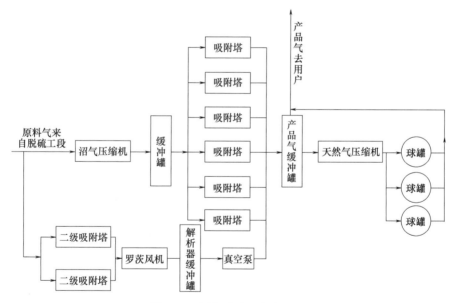

图 8-18 沼气脱碳工段流程图

（2）主要装备

华泰精炼模式的核心装备是废水厌氧处理过程的厌氧反应器。此系统采用的是瑞典普拉克（PURAC）公司生产的 ANAMET 厌氧反应器（如图 8-19 所示），是目前世界上 COD 总去除率最高的反应器，去除率 65％ 以上，日处理废水 60000m³。ANAMET 意为厌氧化、好氧和甲烷处理，利用厌氧化微生物来处理含有高浓度有机物的微生物处理工艺。ANAMET结构为布水系统、螺旋搅拌，反应器内部无三相分离器，外部接有一个沉淀器。同时增加了三级化学混凝处理系统，三级处理系统共建设直径为 40m 的混凝反应沉淀池 6 个。ANA-MET 反应器具有缓冲能力强，水质稳定，运行费用低，沼气产量高等优点。溶解态的有机

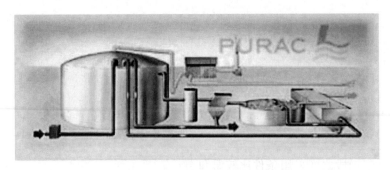

图 8-19　ANAMET 厌氧反应器

物在产酸菌的作用下，生成有机酸、游离氨和硫化氢。有机酸在产甲烷菌的作用下生成甲烷和二氧化碳从系统中排除，这样就达到了去除有机物的目的。

（3）主要特征

废水沼气用于涂布机干燥项目自 2013 年 5 月投产，运行状况一直比较平稳，技术指标稳定，产品气中甲烷含量可达 97%，收率不低于 98%。通过管道输送到铜版纸车间用于涂布纸的干燥，每年可减少外购天然气约 2.8 万 Nm^3/d，年实现节能 18931t/a、减排二氧化碳 47327t/a、减排二氧化硫 2250t/a、节约购气成本约 3400 万元/a，达到了清洁生产和资源综合利用的目的，实现了资源节约环境保护，具有较好的经济效益和社会效益。

（三）生物质精炼产业的发展趋势

生物精炼是解决人类社会目前面临的资源、能源与环境等诸多重要问题的有效手段。木质纤维素类生物质是世界上产量最丰富的可再生生物资源，有巨大的发展潜力。但因为原料、运输、转化技术等方面的问题，真正实现其产业化还面临诸多挑战。从原料方面考虑，木材的糖分含量较高，纤维素和半纤维素含量大于 70%（玉米含淀粉 72%，甘蔗含糖 50%，玉米秸秆的综纤维素含量 88%），并且木材的生长是四季不断的，所以使用木材作为生物精炼的原料有一定优势。从规模及产业化的角度考虑，纸浆厂的年产量一般不低于 20 万 t 浆，其产生的废液中半纤维素和木素的量大约分别是 8 万 t/a 和 12 万 t/a，而国内像这样规模的制浆企业有几百家，可见制浆厂副产品的有效利用的潜力巨大。另外，在制浆造纸企业实行生物精炼还解决了生物质原料收集、运输及产品消化的问题，被普遍认为是生物精炼技术最容易实现产业化的平台。

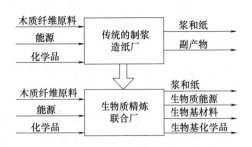

图 8-20　传统的制浆造纸厂转
型为生物精炼联合加工厂

制浆造纸工业是生物质资源的巨大消耗者，因此生物质精炼必然可以与制浆造纸工业广泛结合。传统的造纸行业因为原料利用不充分、污染严重也必须进行转型升级。通过发展生物质精炼可以将传统的制浆造纸厂变成一个生物精炼联合加工厂（如图 8-20 所示），这样除了生产纸和纸板以外，还可以从废液或预处理液中提取半纤维素和木素等生物质成分，通过生物转化进一步生产乙醇、碳纤维、聚合物、煤油和生物柴油等能源、材料和化学品，而这些能源和化学品大部分又可以应用于制浆造纸厂内部，解决造纸行业的能源供应和污染问题。例如，在传统的碱法制浆过程中，分别占木材原料质量约 20% 和 30% 的半纤维素和木素会溶解而进入制浆黑液，这些黑液通常是通过碱回收系统被燃烧，以生产蒸汽（电能）和回收氢氧化钠及硫化钠。但其中半纤维素和木素的热值均比较低（13.6MJ/kg 和 27.0MJ/kg），其价值得不到充分利用，如果采用生物精炼技术将这些生物质分别提取和转化则可以大大提高其附加值。

1. 半纤维素的预提取及其生物精炼

传统的化学法制浆一般是直接蒸煮原料，这样原料中的生物质尤其是半纤维素大部分进入制浆废液而被浪费掉，从而忽略了半纤维素作为生物质资源的潜在价值。结合制浆工艺过程，在削片和制浆工段之间采用条件比较温和的预抽提方法分离出生物质中的一部分半纤维素，然后将此半纤维素进行生物精炼，提高利用价值。并且半纤维素的抽出使木片的组织结构更疏松，为后续碱蒸煮过程药液的渗透打开了通道，从而加快了脱木素速率，降低残渣率，同时也减轻了黑液处理的压力。

制浆蒸煮前抽提出来的半纤维素或木糖溶液，最常规的利用方式是生物转化制取乙醇。基于从木质纤维料中提取的木聚糖，每克木聚糖的理论乙醇得率为 0.46g，按酵母发酵效率 90%，中国每年自产原生化学木浆 1000 万 t（折算成原料约 1820 万 t），可以提取利用的半纤维素以 10% 计算，可以生产不低于 75 万 t/a 的乙醇，同时可副产 22 万 t/a 乙酸。也可以利用木糖脱水制备糠醛，按木糖的转化率 80% 计算，每年可以生 150 万 t 糠醛，继而通过加氢、氧化脱氢、酯化、卤化、聚合、水解以及其他化学反应直接或间接的合成千余种化工产品。

2. 黑液中变性半纤维素的回收利用

木材原料中的半纤维素在高温蒸煮碱液条件下，发生剥皮反应和碱性水解反应，一部分降解成为低聚糖或单糖。这些糖类在碱性溶液中会进一步分解成各种有机酸，主要是糖精酸（Saccharinic acid），有些还会进一步分解成为乙酸、甲酸等，部分溶于蒸煮液中。在强碱、高温、高压条件下经过一系列变化而溶解出来的部分半纤维素，其结构和性质已不同于原来原料中的半纤维素，故称之为变性半纤维素。回收黑液中变性半纤维素的方法是，将黑液浓缩至一定浓度（约 35%）后，先加入等体积的 90% 甲醇溶液，过滤后得到半纤维素滤饼，再用 50% 甲醇溶液洗涤、过滤、蒸发后即可得粗制变性半纤维素。

黑液中提取的粗制变性半纤维素提纯后，可在造纸厂内部用来做纸张表面施胶剂、浆料内部添加剂等。有研究表明，使用半纤维素溶液处理，纸张表面强度性质可以和工业淀粉的效果相媲美，在某些情况下还优于工业淀粉。与此类似，变性半纤维素还可以用作煤团黏结剂、瓦楞纸板和纸箱的黏合剂。并且变性半纤维素经过改性后还可以生产其他化学品，例如，提纯的产物经过羧甲基化改性后生产羧甲基茯苓多糖等。

3. 黑液中木素的回收利用

制浆厂的黑液成分因所采用植物原料及制浆蒸煮条件的差异而有所不同。在碱法制浆黑液里的有机成分主要是木素和有机酸，其组成元素为 C、O、H、Na、S 等。黑液中固形物的 2/3 为有机物，这使黑液成为世界第六大重要能源。对于溶解在黑液中的木素最普遍的利用形式是燃烧法，包括黑液提取、蒸发、燃烧和苛化 4 个步骤，并回收钠盐重新用于木材的蒸煮。这种方法技术成熟，被广泛地应用于大型制浆企业，但因投资大、运行费用高，而不适于生产能力较小的企业，使大多数中小型厂家不能实现黑液回收治理。并且木素的热值比较低，只有 27.0MJ/kg，所以如果能够实现木素高值化利用，必将给制浆造纸企业带来新的经济增长点。

4. 黑液气化

黑液气化也是制浆造纸工厂进行生物精炼的一部分，其研究开始于 20 世纪 80 年代中期。黑液气化主要分为以下三个阶段：第一个阶段是蒸发黑液中的水分以形成固形物；第二个阶段是通过高温分解，使可挥发、易分解的物质转变为混合气体（CH_4 等），在此过程中随着分解时间的延长，Na_2CO_3 和 Na_2SO_4 等无机物也会分解，并放出 CO_2、CO、SO_2 等气体，最终形成的残渣即为焦炭；第三个阶段是气化阶段，焦炭与气化剂（CO_2 或 H_2O）反应生成可燃气体，如 CO、H_2 等。黑液气化与传统的黑液碱回收处理方式相比，最大的优点是挖掘了黑液中有机物质的潜在价值，从而实现了资源的充分利用。美国缅因大学的 A·VanHeiningen 教授在将现有硫酸盐浆厂转变为林产品生物精炼联合企业（Integrated Forest Products Biore-Finery，简称 IFBR）的构想中提到：在 IFBR 工厂中，黑液气化产生的热可以用于半纤维素单糖转化的过程，产生的合成气可以用于生产诸如 Fisher-Tropsch（属于一种碳氢化合物燃料，简称 FT）燃液、甲醇、二甲醚和高碳醇等液体燃料。实现黑液气化的先决条件是，在完成制浆化学品回收的同时，确保此项技术在工业规模上运作的可靠性和效率。

综上所述，制浆造纸工业因为能源消耗量大、资源利用不充分产生污染等原因发展受到限制，而生物精炼技术可充分利用生产中的废弃物，不仅能够解决能源供给的问题，还能够减小环境污染、提高产品的附加值，以解决石化资源短缺问题。相信将来的制浆造纸企业不仅能够生产浆和纸产品，必将可以无污染生产浆和纸制品，实现能源和化学品内部供应循环，同时还能输出代替石化产品的可再生能源、材料和化学品的新型循环经济加工厂。

三、基于制浆产业生物质精炼的产业链与发展

传统制浆造纸工业与现代生物质精炼技术相结合，就是要把传统的纸浆厂变成一个现代的纸浆和生物质精炼的联合加工厂（IFBR 模式），达到高值化利用原料和资源化利用三废的目的。制浆造纸和生物质精炼技术相结合，主要有三种类型：一是把原来生产过剩的制浆造纸工厂改造为生物质精炼厂，主要方向是生产燃料乙醇；二是借鉴制浆造纸工艺和设备，新建一个生物质精炼厂，生产能源与化学品；三是把两者结合起来，在现有工厂基础上对生物质全组分综合利用，多元化生产纸浆、能源、材料和化学品。许多专家和学者们认为，目前把两者进行有机结合是最佳途径。

根据 IFBR 模式的基本概念，现阶段基于制浆产业生物质精炼的产业链主要有预水解硫酸盐法生产溶解浆、亚硫酸盐法制浆及全组分利用、碱法预抽提生物质精炼模式、溶剂法制浆生物质精炼模式、硫酸盐法制浆黑液高值化利用的生物质精炼模式五种基于制浆产业的生物质精炼模式。

（一）预水解硫酸法生产溶解浆

加拿大 New Brunswick 大学造纸研究中心、加拿大制浆造纸研究院和 AV Nackawic 造纸厂进联合技术开发，将 AV Nackawic 造纸厂 850t/d 阔叶木硫酸盐浆生产线改建为 600t/d 预水解硫酸盐溶解浆线，同时结合了半纤维素预提取和利用技术，构建了综合利用抽出物、半纤维素、木素和纤维素的生物质精炼模式。

预水解硫酸盐溶解浆生物质精炼流程如图 8-21 所示，除了在制浆之前提取脂肪酸、树脂酸以及生产溶解浆之外，同时进行半纤维素的分离和加工利用，其可能开发的产品有乙醇、乳酸、糠醛、木糖、木糖醇等，需要解决的关键技术包括：预水解分离低浓度（2%～

5%)半纤维素的浓缩分离问题，乙酸、糠醛在制取乙醇、乳酸和木糖醇中对生物酶活性抑制的问题，分离的半纤维素高效率转化为糖类的技术等。我国山东太阳纸业股份有限公司也对一条年产 15 万 t 硫酸盐漂白木浆生产线进行升级改造，蒸煮前增加了预水解过程，通过不加酸的自催化预水解及多段逆流脱木素技术实现

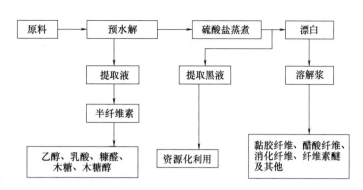

图 8-21 预水解硫酸盐溶解浆生物质精炼流程

木片三大组分的连续深度分离，产品也由原来的常规漂白硫酸盐木浆升级为高级溶解浆并副产功能性糖醇、高活性木素等产品，从而实现全组分的高效综合利用。

（二）亚硫酸盐法制浆及全组分利用

亚硫酸盐法制浆因为设备的腐蚀、废液的回收等问题应用越来越少，国内也剩下锦州金日纸业用于芦苇制浆并生产木素基黏合剂。但在加拿大天柏公司的魁北克工厂仍然在使用亚硫酸盐法制备溶解浆，并且是一个典型集成的制浆造纸/生物质精炼加工厂。

该厂充分利用了木材的三大组分：

① 纤维素用于生产特种纤维溶解浆，即预先从植物纤维原料中提取木素，从而制得高 α-纤维素含量的溶解浆（相比硫酸盐浆更易于漂白，使整个漂白工艺完全无氯，产生废水量少，系统封闭污染轻），见图 8-22。其中溶解浆纤维素用来生产包括食品增稠剂、高分子材料、织物、薄膜、医药产品等在内的特种纤维素产品；

② 半纤维素经发酵工艺（使用能转化五碳糖和六碳糖的酵母菌）来生产乙醇，年产量达 0.18 亿 L（质量分数 95%）；

③ 木素在制浆过程中转化为磺化木素，广泛用于饲料黏合剂、肥料、炭黑和表面活性剂等。

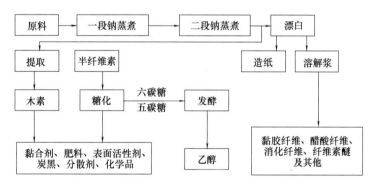

图 8-22 亚硫酸盐溶解浆生物质精炼流程

（三）碱法预抽提生物质精炼模式

碱法预抽提生物质精炼模式是在传统硫酸盐化学法制浆前增加一段碱抽提，以提取半纤维素和脂肪酸组分。抽提组分可以进一步转化为燃料酒精及其他高附加值产品，见图 8-23。技术的主要环节是在阔叶木硫酸盐法制浆之前增加半纤维素的提取段，从而将提取出的半纤

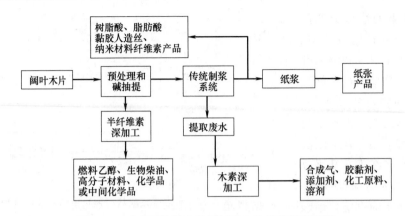

图 8-23　碱法预抽提硫酸盐制浆生物质精炼流程图

维素进行单独利用，同时综合考虑所提取废液中木素的转化和利用。

　　该模式优点就是预先抽提的半纤维素不含硫比较纯净，有利于后序的深加工和转化，提高了生产高附加值产品的可能性，还能提高后续制浆工艺中化品的渗透速率，减少了蒸煮过程的化学品消耗，并大大降低了黑液最终处理的负担。

（四）溶剂制浆生物精炼模式

　　在该模式中，乙醇是整个工艺中唯一使用的化学品，且可以自行生产。木片经过有机溶剂制浆后，纤维素用于造纸工业，同时半纤维素和部分纤维素水解糖发酵生产乙醇，还可以通过半纤维素水解生产糠醛。获得的木素纯度高，更易于制备高附加值产品，如图 8-24 所示。

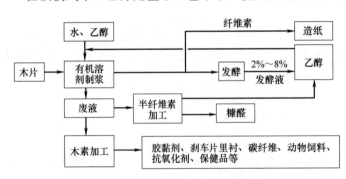

图 8-24　溶剂制浆生物质精炼流程

　　溶剂法制浆是目前造纸领域相对比较热门的一种新型纸浆生产工艺，加拿大纤维素乙醇和生物化学联产品公司与美国通用电子公司合作开发了溶剂预处理技术以及和雷派柏公司合作开发了溶剂制浆技术，并于 2009 年 6 月宣布，已从其位于不列颠哥伦比亚省 Burnaby 的完全一体化工业规模生物质炼油厂中型装置生产出纤维素乙醇。该生物质精炼技术的优势是：a. 浆工艺灵活简便，只添加乙醇且可以自主生产，环保特点鲜明；b. 得到的木素产品纯度较高，适宜进行深加工，从而得到木素类衍生增值产品；c. 乙醇燃料即可与制浆充分结合，也可相对独立生产。

（五）硫酸盐法制浆黑液高值化利用的生物质精炼模式

1. 黑液气化

　　黑液气化技术被誉为目前最有前景的碱回收技术，总发展趋势是替代传统碱回收。黑液的气化与传统的碱回收炉黑液碱回收相比，最大的优势就是以最低的成本、最大限度地挖掘了黑液中有机物质的潜在价值，从而实现资源的充分利用。

　　目前，黑液气化已是一个比较热门的研究领域，总体来说研究比较多的是低温和高温气化技术，由于在尝试低温气化黑液时，虽然避免了由于熔融物遇水爆炸的危险，但几乎都遇

到流化失败问题。因此，在
生产实践中用得较多的还是
以 Chemrec 高温气化技术为
主，见图 8-25。

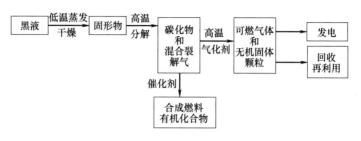

图 8-25　黑液高温气化生物质精炼流程

2010 年加拿大多伦多一
家生产牛皮箱纸板的企业就
用黑液气化技术。黑液气化
工业化主要有 2 个发展模式，
即 a. 黑液气化联合发电精炼工艺和 b. 黑液气化及化学合成精炼工艺。其中，黑液气化联合
发电是最直接和简便的发展方向。据报道，使用 MTCI/ThermoChem 公司的常压、低温
（60℃）、间接加热重整流化床技术处理黑液的两个示范点已分别在美国的两个纸厂成功投
产。这些装置在过去两年的试运行中，取得了不少进展，但仍存在着许多诸如形成焦油所引
起的技术障碍等问题。2005 年下半年起，瑞典的 Pitea 纸厂一直在开发高压（3.2MPa）、高
温（1000℃）、吹氧夹流（oxygen blown entrained flow）的 Chemrec 技术，该厂黑液生产能
力为每天 20t 绝干固形物。在瑞典的 Morrum 纸厂，将这一技术应用到处理规模为 300t/d
的黑液绝干固形物。

2. 废液中木素的回收利用

将废液中木素进行沉积析出，并将析出的木素进行纯化处理，再进一步加工利用。该方
法主要通过加入酸来降低溶液的 pH 并在 pH 为 10.5～11.0 的范围内中和木素中的酚羟基，
然后提高废液的浓度，从而使木素大量沉淀析出，对提取的木素采用不同的方法生产不同的
产品，见图 8-26。

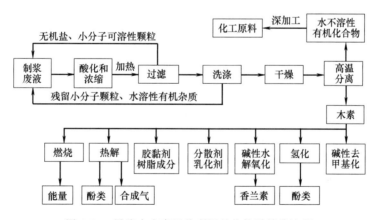

图 8-26　黑液中木素回收利用的生物质精炼流程

四、生物质精炼的产业政策

（一）美国相关政策

进入新世纪以来，全球能源消费继续保持较快增长，亚太国家成为世界能源消费重心。
在新的经济和能源背景下，美国政府陆续颁布了《1992 年能源政策法案》《2005 年能源政策
法案》《2007 年能源独立和安全法案》《2009 年美国清洁能源与安全法案》《2012 年农业改
革、粮食和就业法》《2012 年农业法》。通过对几部法案的分析可以发现，美国政策的核心

目标是实施能源供给和使用多元化战略，保障能源供给充分，逐渐减少对外依存度；推动能源技术进步、发展可再生能源，开发节能及能源安全技术，逐步减少能源使用对经济、社会、环境的负面效应，最终过渡到清洁能源和绿色经济，逐步实现能源、经济、社会的协调可持续发展。其能源政策的变化主要经历了由增加能源供给，到节能提效，再到发展新能源和环境保护三个重要阶段。

1. 1992 年能源政策案（The Energy policy Act of 1992，简称 EPACT）

1992 年 10 月由老布什总统签署的《1992 年能源安全法案》，是美国第一部大型能源政策法案。法案为增加清洁能源的应用、全面促进美国能源效率制定了目标、措施。法案共由 27 章组成，为减少美国对进口石油的依赖的各种措施进行了详细阐述，为清洁可再生能源的应用提供了激励措施，并极力促进建筑物的能源节约。这一法案把含有 85% 以上比例乙醇的调和燃料确定为交通运输替代燃料（即 E85），拓展了燃料税收减免和混合燃料收入税减免，纳入两种乙醇低于 10% 的混合燃料。要求联邦和州公务用车要购买一定比例的替代性燃料汽车（AFV）。

2. 生物燃料研究与发展促进法案（1999）

1999 年，美国建立了《生物燃料研究与发展促进法案（Biofuels Research and Development Enhancement Act of 1999）》，法案中第 4 款：生物质研究开发的合作与协调，提出能源部和农业部应协调政策和程序统一，提高在生物基产品生产方面的研究、发展和示范；第 5 款：生物质研究与发展委员会，提出能源部和农业部应共同建立生物质研究与发展委员会，协调联邦政府各部门和机构之间的项目，促进生物基产品的使用。第 6 款：成立生物质研究与开发技术咨询委员会；第 7 款：生物质研究与开发倡议：能源部和农业部通过各自的接触点或与董事会协商，应建立并实施《生物质研究和发展倡议》，在这之下给予赠款、合同和其他金融援助，或对符合条件的单位提供研究、开发或对生物基产品的展示。

3. 生物能源激励法（2002）

《生物能源激励法（Biobased Energy Incentive Act of 2002）》法案为生物质研究与开发法 2000 的修正案。其中第 310 款：生物能源产品的生产，明确提出术语"生物能源产品"是指生物柴油或乙醇燃料；术语"生物柴油"是指满足 ASTM D6751 要求的单烷基酯。能源部应制定生物能源激励计划，根据计划，部长应向生物能源合格生产商提供补助，以促进生物能源产品的使用。

4. 能源法案（2005）

2005 年美国国会通过《能源政策法（Energy Policy Act of 2005）》，该法律是指导产业发展的基本法，也是制定产业发展规划的基本依据。其中第 209 款：高级生物燃料技术计划，提出至少开发 4 种不同的生产纤维素乙醇的转化技术；第 233 款：提高生物质利用项目，能源部给有申请资格的人提供补助以抵消研究成本，或提供研究建议来提高生物质利用率或增加生物质利用价值；第 932 款：生物能源项目，先进的生物技术工艺能制造生物燃料和生物产品，着重强调采用酶处理系统的生物精炼技术。

5. 能源安全与交通的生物燃料法案（2007）

《能源安全与交通的生物燃料法案（Biofuels for Energy Security and Transportation Act of 2007）》提出了"通过发展生物燃料来提高美国能源安全"，其中第 208 款：对废弃生物质纤维素乙醇和批准的可再生燃料转化的帮助，指出"经批准的可再生燃料"是指 1992 年《能源政策法案》第三章批准的可供选择或替代的燃料，而且是由可再生生物质制备的。"废弃生物质纤维素乙醇"是指从动物粪便（包括家禽和家禽垃圾）和城市固体废弃物中得到乙醇。能源部可向美国的废弃生物质纤维素乙醇和核准的可再生燃料的生产者提供补助，以协助生产者建造符合条件的纤维素乙醇或可再生燃料的生产设施。如果生产设施位于美国境内并使用可再生生物质，则有资格受到补助。

6. 能源独立与安全法案（2007）

《能源独立与安全法案（Energy Independence and Security Act of 2007）》提出了"通过发展生物燃料来提高美国能源安全"，其主要政策措施包括：

① 为促进替代燃料能源供应，推行强制性可再生燃料标准（RFS），制定《可再生燃料标准计划》，要求在能源燃料生产中必须加入特定数量的生物燃料，规定截至 2022 年燃料生产商必须使用至少 1363 亿 L（360 亿 gal）生物燃料；

② 对可再生能源技术的开发提供激励措施，如实施创新生产和成本分担计划。对商用发电装机低于 15MW 的小型可再生能源项目，提供高达 50% 的等额补贴。

第 201 款，对术语"额外的可再生燃料"进行了定义，指用可再生生物质生产的燃料，用于替代或减少家用取暖油和喷气燃料中矿物燃料的数量；术语"高级生物燃料"是指可再生的燃料，不同于来自玉米淀粉的乙醇，高级生物燃料具有生命周期的温室气体排放量。可考虑作为"高级生物燃料"的燃料类型可包括下列任何一种：从纤维素、半纤维素或木素中提取的乙醇；从糖或淀粉中提取的乙醇（玉米淀粉除外）；从废物中提取的乙醇，包括作物残渣、其他营养废物、动物粪便、食物废物和庭院废物；生物基柴油；通过从可再生生物质中转化的有机物产生的沼气（包括填埋气体和污水废物处理气体）；由可再生生物质转化的有机物而产生的丁醇或其他醇；由纤维素生物质衍生的其他燃料；第 223 款：某些州生物燃料的生产和研究补助，提出能源部须给符合条件的单位提供研究、开发、示范和生物燃料的生产技术方面的资助，尤其是在乙醇生产率低的州，包括纤维素生物质乙醇生产率低的州。

7. 生物燃料研究与发展促进法案——修正案（2007）

《生物燃料研究与发展促进法案——修正案（Biofuels Research and Development Enhancement Act 2007）》中第 2 款：生物燃料和生物质精炼信息中心，提出能源部与农业部合作设立技术转移中心，提供研究、发展信息、生物燃料和生物精炼厂以及相关技术的商业应用，具体包括：从木质纤维素原料中制备燃料的生化和热化学转化技术；生物技术过程能够在生物精炼技术中采用酶法处理系统制造生物燃料；适于车辆使用的沼气收集和生产技术；用纤维素和回收有机废物生产沼气，气体存储系统和气体存储系统的发展；促进生物燃料发展的其他先进工艺和技术；第 8 款：生物质精炼的能源效率，提出能源部须建立一个项目用于研究、开发、示范和商业应用，以提高效率并降低能耗；能源部还应建立一个项目，对技术和工艺层面进行研究、开发、示范和商业应用，改造生物精炼厂用玉米或玉米淀粉为原料生产乙醇，使生物精炼厂接受一系列的生物质作为原料，包括木质纤维原料。

8. 美国清洁能源与安全法案（2009）

《美国清洁能源与安全法案（American Clean Energy and Security Act of 2009）》第 197 款：国家生物能源伙伴关系，指出能源部应建立国家能源合作中心来协调州政府、联邦政府和私营部门之间的项目，并且支持为促进美国部署可持续生物质燃料和生物能源技术所需的体制和物质的基础设施。

（二）欧盟相关政策

1. 生物质能行动计划（2005）

《生物质行动计划（National biomass action plans 2005）》中提到：国家生物质行动计划能减少不确定性的投资，通过评估不同种类的自然界的和经济可用性包括木材和木材残渣以及废物和农作物，确定要优先使用的生物质种类，以及如何开发生物质资源，说明国家即将采取哪些措施促进这一目标的实现。它们还可以与消费者信息活动联系起来，讨论生物质的益处。地区能有效地做同样的事。委员会鼓励国家生物质行动计划。

2. 关于可再生能源的推广使用并随后修改和废除的指令（2009）

《关于可再生能源的推广使用并随后修改和废除 2001/77/EC 和 2003/30/EC 的指令（2009）》中第 19 款：应建立国家可再生能源行动计划包括部门目标的信息，同时考虑到有不同生物质的用途，因此有必要鼓励使用新的生物质资源。此外，成员国应制定措施以实现这些目标。每个成员国在评估其国家可再生能源行动计划中预期的能源总消费总量时，应评估其能效和节能措施对实现其国家目标的贡献。会员国应考虑到能源效率技术与可再生能源的最佳结合。

3. 能源效率行动计划（2010）

《能源效率行动计划（Energy Efficiency Action Plan 2010）》中第 22 款：成员国要求，不仅要支持高效工业 CHP（热电联产）生成，包括从化石燃料转变为生物质燃料，而且，对于那些具有供热基础设施，通过适当的融资和监管措施建立健全配套的供热系统促进热电联产的应用。

4. 欧洲能源政策法（2007）

为降低能源对外依存度，欧盟致力于建立完善的生物质能源政策框架，为欧盟发展生物质能源产业提供法律保障和政策指导。20 世纪 90 年代起，欧盟开始实施生物能源开发计划。2007 年颁布的《欧洲能源政策法》规定至 2020 年，欧盟温室气体排放较 1990 年减少 20%，可再生能源消费量占能源消费总量的 20%。

5. 可再生能源行动计划（2010）

2010 年颁布的《可再生能源行动计划》中规定，可再生能源利用比例超过 20%，其中可再生能源电力占 43%，可再生能源交通占 12%。欧盟其他成员国也通过立法制定了各国生物质能源产业的发展目标。如 2010 年，德国联邦经济技术部发布《德国能源方案》，提出可再生能源是未来德国能源供应的支柱，设定了到 2020 年德国能源发展的目标：可再生能源消费量占终端能源消费总量的 18%，可再生能源发电量占发电总量的 35%。2011 年英国发布了《可再生能源发展路线图》。同年，丹麦制定了《丹麦能源政策的执政协议（2011）》，提出到 2020 年，可再生能源消费量占终端能源消费总量的 35%，生物液体燃料占交通领域能源消费量的 10% 以上。

（三）我国现行的相关政策

1. 中华人民共和国循环经济促进法（2009）

由第十一届全国人民代表大会常务委员会第四次会议于 2008 年 8 月 29 日通过并公布，自 2009 年 1 月 1 日起施行的《中华人民共和国循环经济促进法（2009）》第三十四条：国家鼓励和支持农业生产者和相关企业采用先进或者适用技术，对农作物秸秆、畜禽粪便、农产品加工业副产品、废农用薄膜等进行综合利用，开发利用沼气等生物质能源。

2. 中华人民共和国可再生能源法（2010）

由第十一届全国人民代表大会常务委员会第十二次会议于 2009 年 12 月 26 日通过并公布、自 2010 年 4 月 1 日起施行的《中华人民共和国可再生能源法（2010）》第二条：本法所称可再生能源，是指风能、太阳能、水能、生物质能、地热能、海洋能等非化石能源；第九条：编制可再生能源开发利用规划，应当遵循因地制宜、统筹兼顾、合理布局、有序发展的原则，对风能、太阳能、水能、生物质能、地热能、海洋能等可再生能源的开发利用做出统筹安排。规划内容应当包括发展目标、主要任务、区域布局、重点项目、实施进度、配套电网建设、服务体系和保障措施等；第十六条：国家鼓励清洁、高效地开发利用生物质燃料，鼓励发展能源作物。国家鼓励生产和利用生物液体燃料。石油销售企业应当按照国务院能源主管部门或者省级人民政府的规定，将符合国家标准的生物液体燃料纳入其燃料销售体系。

3. 造纸工业发展"十二五"规划（2011）

2011 年底，国家发展与改革委员会公布的《造纸工业发展"十二五"规划》将"开发与应用生物质资源化利用技术与装备"列入规划中"表 3'十二五'工艺技术与装备研发应用"中的第 11 项，这表明国家对在制浆造纸业中充分利用生物质资源、大力开发生物质精炼技术的充分重视。

4. 造纸工业技术进步"十二五"指导意见（2012）

2012 年 8 月，中国造纸协会发表《造纸工业技术进步"十二五"指导意见》。其中多处提到生物质的资源化和利用，明确指出："造纸工业是采用可再生物质为原料规模最大的加工业，在物质循环利用和低碳生产技术和开发利用方面，具有独特的优势"；并在"注重研发高效利用纤维资源的复合型生物质提炼技术"的标题中，着重提到："日益加剧的行业竞争使传统造纸工业面临巨大的压力，把传统造纸厂转化为能够同时生产纸浆和纸、高分子材料、化学品和生物质能源的复合型生物质提炼厂，达到充分合理高值化利用植物纤维原料中的纤维素、半纤维素和木素三大组分是制浆科学研究的新发展趋势"。中国造纸协会关于"造纸工业是采用可再生物质为原料规模最大的加工业"的提法指出了造纸业本来就具备生物精炼业的本质。制浆造纸本身就是绿色的、环境友好、可循环利用、持续发展的，只要把污染问题彻底解决好，制浆造纸业理所当然地是发展生物精炼产业的基础和依靠。

5. 全国林业生物质能源发展规划（2011—2020）

由国家林业局于 2013 年 5 月正式发布的《全国林业生物质能源发展规划（2011—2020）》中相关内容如下：

① 政策支持。近年来，国家出台了扶持林业生物质能发展的政策。对生物能源与生物化工建立了风险基金制度，实施弹性亏损补贴、原料基地补助、重大技术产业化项目示范补助及税收扶持政策。国家对农林生物质发电实施每千瓦时 0.75 元的优惠电价，成型燃料享有增值税 100％ 即征即退的政策。

② 指导思想。高举中国特色社会主义伟大旗帜，以邓小平理论和"三个代表"重要思想为指导，深入贯彻落实科学发展观，将林业生物质能作为能源和林业可持续发展的重要内容，发挥市场机制作用，依靠科技进步，完善政策措施，建立健全林业生物质种植、生产、加工转换和应用的完整产业体系，推进林业生物质能规模化、专业化、产业化发展，显著提高林业生物质能在可再生能源中的比重，促进能源结构调整和现代林业发展。

③ 基本原则。坚持合理利用现有林业资源与培育扩大原料来源相结合的原则。充分利用现有灌木林、薪炭林、林业剩余物、木本油料林和含淀粉类林业资源，发展林业生物质能，并利用宜林荒山荒地及边际性土地，发展能源林，做到不与人争粮、不与粮争地、不与人争油；坚持林业生物质能发展与生态、经济、社会效益相协调的原则。林业生物质能源林基地建设既要保障原料供应，又要兼顾生态环境和发展现代林业，充分发挥能源、生态、经

济、社会综合效益，促进林业生物质能可持续发展；坚持社会参与企业带动相结合的原则。充分发挥市场机制作用，创新发展模式。一方面，吸引社会各界力量参与，多渠道、多层次、多形式筹集建设资金，另一方面，充分发挥企业的主体作用，推动林木生物质能源林基地规模扩大和林木生物质能产业快速发展。

④ 总体目标。到 2015 年，建成油料林、木质能源林和淀粉能源林 838 万 hm²，林业生物质年利用量超过 1000 万 t 标煤，其中，生物液体燃料贡献率为 10％，生物质热利用贡献率为 90％；到 2020 年，建成林业生物质能种植、生产、加工转换和应用的产业体系，现代能源林基地对产业保障程度显著提高，培育壮大一批实力较强的企业。建成一批产业化示范基地；到 2020 年，建成能源林 1678 万 hm²，林业生物质年利用量超过 2000 万 t 标煤，其中，生物液体燃料贡献率为 30％，生物质热利用贡献率为 70％。

⑤ 政策保障。生物质能是发展前景广阔的战略性新兴产业。完善强制市场政策和经济激励政策，推动林业生物质能加快发展。通过法律法规和政策规定强制保障生物质能市场份额。完善现有相关生物质能补助资金政策，鼓励和扶持企业积极建设从良种繁育到原料林基地建设以及加工利用的完整产业链。将林业生物质能开发利用项目纳入鼓励类建设项目，鼓励金融部门加大支持力度，允许外资和民营资本投入，鼓励生物质能企业上市融资。鼓励国有大型企业参与能源林的建设和产业发展，培育一批规模较大、技术创新能力强、发展潜力大、带动能力强的骨干企业，提升产业发展水平，促进能源林建设与产业开发协调可持续发展；政府支持，市场引导，吸引社会参与、多方投入，拓宽生物质能开发利用的融资渠道。各级地方政府和林业部门要按照《可再生能源法》和有关政策的要求，安排必要的专项资金用于林业生物质能资源培育和开发利用，并发挥好政府投资的引导作用，调动企业的积极性。创造良好的投资环境，吸引各方面资金支持

6. 中华人民共和国清洁生产促进法（2012 年修正版）

由第十一届全国人民代表大会常务委员会第二十五次会议于 2012 年 2 月 29 日通过并公布、自 2012 年 7 月 1 日起施行的《中华人民共和国清洁生产促进法（2012 年修正版）》中第十九条：企业在进行技术改造过程中，应当采取以下清洁生产措施：a. 采用无毒、无害或者低毒、低害的原料，替代毒性大、危害严重的原料；b. 采用资源利用率高、污染物产生量少的工艺和设备，替代资源利用率低、污染物产生量多的工艺和设备；c. 对生产过程中产生的废物、废水和余热等进行综合利用或者循环使用；d. 采用能够达到国家或者地方规定的污染物排放标准和污染物排放总量控制指标的污染防治技术。

7. 能源发展战略行动计划（2014—2020）

2014 年 6 月 7 日国务院办公厅印发的《能源发展战略行动计划（2014—2020）》中提到：坚持煤基替代、生物质替代和交通替代并举的方针，科学发展石油替代。到 2020 年，形成石油替代能力 4000 万 t 以上；积极发展交通燃油替代。加强先进生物质能技术攻关和示范，重点发展新一代非粮燃料乙醇和生物柴油，超前部署微藻制油技术研发和示范。加快发展纯电动汽车、混合动力汽车和船舶、天然气汽车和船舶，扩大交通燃油替代规模；制定城镇综合能源规划，大力发展分布式能源，科学发展热电联产，鼓励有条件的地区发展热电冷联供，发展风能、太阳能、生物质能、地热能供暖；积极发展地热能、生物质能和海洋能。坚持统筹兼顾、因地制宜、多元发展的方针，有序开展地热能、海洋能资源普查，制定生物质能和地热能开发利用规划，积极推动地热能、生物质和海洋能清洁高效利用，推广生物质能和地热供热，开展地热发电和海洋能发电示范工程。到 2020 年，地热能利用规模达

到 5000 万 t 标煤。

8. 中华人民共和国节约能源法（2016 年 7 月修订）

由第十二届全国人民代表大会常务委员会第二十一次会议于 2016 年 7 月 2 日通过的《中华人民共和国节约能源法（2016 年 7 月修订）》中第二条：本法所称能源，是指煤炭、石油、天然气、生物质能和电力、热力以及其他直接或者通过加工、转换而取得有用能的各种资源；第七条：国家实行有利于节能和环境保护的产业政策，限制发展高耗能、高污染行业，发展节能环保型产业；国务院和省、自治区、直辖市人民政府应当加强节能工作，合理调整产业结构、企业结构、产品结构和能源消费结构，推动企业降低单位产值能耗和单位产品能耗，淘汰落后的生产能力，改进能源的开发、加工、转换、输送、储存和供应，提高能源利用效率；国家鼓励、支持开发和利用新能源、可再生能源。

第五十九条：国家鼓励、支持在农村大力发展沼气，推广生物质能、太阳能和风能等可再生能源利用技术，按照科学规划、有序开发的原则发展小型水力发电，推广节能型的农村住宅和炉灶等，鼓励利用非耕地种植能源植物，大力发展薪炭林等能源林。

9. 可再生能源发展"十三五"（2016—2020）

由国家发展改革委员会于 2016 年 12 月 10 日正式发布的《可再生能源发展"十三五"（2016—2020）》中关于"加快发展生物质能"的相关内容如下：按照因地制宜、统筹兼顾、综合利用、提高效率的思路，建立健全资源收集、加工转化、就近利用的分布式生产消费体系，加快生物天然气、生物质能供热等非电利用的产业化发展步伐，提高生物质能利用效率和效益。

① 加快生物天然气示范和产业化发展。选择有机废弃物资源丰富的种植养殖大县，以县为单位建立产业体系，开展生物天然气示范县建设，推进生物天然气技术进步和工程建设现代化。建立原料收集保障和沼液沼渣有机肥利用体系，建立生物天然气输配体系，形成并入常规天然气管网、车辆加气、发电、锅炉燃料等多元化消费模式。到 2020 年，生物天然气年产量达到 80 亿 m^3，建设 160 个生物天然气示范县。

② 积极发展生物质能供热。结合用热需求对已投运生物质纯发电项目进行供热改造，提高生物质能利用效率，积极推进生物质热电联产为县城及工业园区供热，形成 20 个以上以生物质热电联产为主的县城供热区域。加快发展技术成熟的生物质成型燃料供热，推动 20 蒸汽 t/h（14MW）以上大型先进低排放生物质成型燃料锅炉供热的应用，污染物排放达到天然气锅炉排放水平，在长三角、珠三角、京津冀鲁等地区工业供热和民用采暖领域推广应用，为工业生产和学校、医院、宾馆、写字楼等公共设施和商业设施提供清洁可再生能源，形成一批生物质清洁供热占优势比重的供热区域。到 2020 年，生物质成型燃料利用量达到 3000 万 t。

③ 稳步发展生物质发电。在做好选址和落实环保措施的前提下，结合新型城镇化建设进程，重点在具备资源条件的地级市及部分县城，稳步发展城镇生活垃圾焚烧发电，到 2020 年，城镇生活垃圾焚烧发电装机达到 7.5GW。根据生物质资源条件，有序发展农林生物质直燃发电和沼气发电，到 2020 年，农林生物质直燃发电装机达到 7GW，沼气发电达到 500MW。到 2020 年，生物质发电总装机达到 15GW，年发电量超过 900 亿 kW·h。

④ 推进生物液体燃料产业化发展。稳步扩大燃料乙醇生产和消费。立足国内自有技术力量，积极引进、消化、吸收国外先进经验，大力发展纤维乙醇。结合陈化糖和重金属污染粮消化，控制总量发展粮食燃料乙醇。根据资源条件，适度发展木薯、甜高粱等燃料乙醇项

目。对生物柴油项目进行升级改造，提升产品质量，满足交通燃料品质需要。加快木质生物质、微藻等非粮原料多联产生物液体燃料技术创新。推进生物质转化合成高品位燃油和生物航空燃料产业化示范应用。到 2020 年，生物液体燃料年利用量达到 600 万 t 以上。

⑤ 完善促进生物质能发展的政策体系。加强废弃物综合利用，保护生态环境。制定生物天然气、液体燃料优先利用的政策，建立无歧视无障碍并入管网机制，研究建立强制配额机制。完善支持生物质能发展的价格、财税等优惠政策，研究出台生物天然气产品补贴政策，加快生物天然气产业化发展步伐。

10. 生物质能发展"十三五"规划（2016—2020）

2016 年 10 月 28 日，由国家能源局（国能新能［2016］291 号）印发的《生物质能发展"十三五"规划（2016—2020）》中相关内容如下：

① 指导思想。全面贯彻党的十八大、十八届三中、四中、五中全会和中央经济工作会议精神，坚持创新、协调、绿色、开放、共享的发展理念，紧紧围绕能源生产和消费革命，主动适应经济发展新常态，按照全面建成小康社会的战略目标，把生物质能作为优化能源结构、改善生态环境、发展循环经济的重要内容，立足于分布式开发利用，扩大市场规模，加快技术进步，完善产业体系，加强政策支持，推进生物质能规模化、专业化、产业化和多元化发展，促进新型城镇化和生态文明建设。

② 基本原则。坚持分布式开发。根据资源条件做好规划，确定项目布局，因地制宜确定适应资源条件的项目规模，形成就近收集资源、就近加工转化、就近消费的分布式开发利用模式，提高生物质能利用效率；坚持用户侧替代。发挥生物质布局灵活、产品多样的优势，大力推进生物质冷热电多联产、生物质锅炉、生物质与其他清洁能源互补系统等在当地用户侧直接替代燃煤，提升用户侧能源系统效率，有效应对大气污染；坚持融入环保。将生物质能开发利用融入环保体系，通过有机废弃物的大规模能源化利用，加强主动型源头污染防治，直接减少秸秆露天焚烧、畜禽粪便污染排放，减轻对水、土、气的污染，建立生物质能开发利用与环保相互促进机制；坚持梯级利用。立足于多种资源和多样化用能需求，开发形成电、气、热、燃料等多元化产品，加快非电领域应用，推进生物质能循环梯级利用，构建生物质能多联产循环经济。

③ 发展目标。到 2020 年，生物质能基本实现商业化和规模化利用。生物质能年利用量约 5800 万 t 标准煤。生物质发电总装机容量达到 15GW，年发电量 900 亿 kW·h，其中农林生物质直燃发电 7GW，城镇生活垃圾焚烧发电 7.50GW，沼气发电 500MW；生物天然气年利用量 80 亿 m³；生物液体燃料年利用量 600 万 t；生物质成型燃料年利用量 3000 万 t。

④ 发展布局。在农林资源丰富区域，统筹原料收集及负荷，推进生物质直燃发电全面转向热电联产；在经济较为发达地区合理布局生活垃圾焚烧发电项目，加快西部地区垃圾焚烧发电发展；在秸秆、畜禽养殖废弃物资源比较丰富的乡镇，因地制宜推进沼气发电项目建设。在玉米、水稻等主产区，结合陈次和重金属污染粮消纳，稳步扩大燃料乙醇生产和消费；根据资源条件，因地制宜开发建设以木薯为原料，以及利用荒地、盐碱地种植甜高粱等能源作物，建设燃料乙醇项目。加快推进先进生物液体燃料技术进步和产业化示范。到 2020 年，生物液体燃料年利用量达到 600 万 t 以上。

⑤ 投资估算。到 2020 年，生物质能产业新增投资约 1960 亿元。其中，生物质发电新增投资约 400 亿元，生物天然气新增投资约 1200 亿元，生物质成型燃料供热产业新增投资约 180 亿元，生物液体燃料新增投资约 180 亿元。

11. 关于造纸工业"十三五"发展的意见（2017）

2017 年 6 月中国造纸协会发布《关于造纸工业"十三五"发展的意见》，意见中强调，造纸行业要充分发挥循环经济的特点和植物原料的绿色低碳属性，依靠技术进步，创新发展模式，在资源、环境、结构等关系到中国造纸工业健康发展的关键问题上取得突破，实施可持续发展战略，着力解决资源短缺和环境压力的制约，提高可持续发展能力。建立绿色纸业是行业发展的战略方向。推进资源高效和循环利用，加强清洁生产，加大生物质能源利用，注重节能减排，倡导绿色低碳消费。

习题与思考题

1. 举例说明什么是生物质精炼。主要特点是什么。

2. 为什么要发展生物质精炼？制浆造纸产业如何发展生物质精炼？

3. 简述生物质预处理与制浆过程的区别。

4. 如何选择和评价预处理方法的优劣。

5. 简述碱法预处理的机理和优缺点。

6. 简述氧化法预处理的缺点。有什么解决方法。

7. 可用于植物纤维原料预处理的微生物种类有哪些？各有什么优缺点？

8. 论述不同纤维素分离方法的优缺点。

9. 如何改善纤维素的反应活性？

10. 如何实现纤维素的溶解？纤维素的溶解体系怎么分类？

11. 纤维素酯化反应的机理是什么？都有哪些重要的纤维素酯？应用在哪些领域？

12. 常见的纤维素醚有几种？各有什么特点？

13. 纤维素接枝共聚的方法有几类？各有什么特点？

14. 简述纳米纤维素的特点。是怎么分类的？

15. 论述不同 CNC 制备方法的优缺点。

16. 论述 CNC 与 CNF 的不同。

17. 结合纳米纤维素的特征论述其应用前景。

18. 论述不同方法获得木素的特征。

19. 木素纯化的方法有哪些？各有什么优缺点？

20. 简述木素都有哪些结构特征。如何利用？

21. 为什么木素制备表面活性剂？都应用在哪些领域？

22. 论述木素制备水凝胶的机理和应用领域。

23. 不同提取半纤维素方法的优缺点是什么？如何选择？

24. 试述半纤维素产业化应用中存在的问题和解决方法。

25. 简述制浆造纸产业半纤维素主要精炼模式。

26. 半纤维素基功能材料有哪些？

27. 植物纤维原料中除了纤维素、半纤维素和木素三大组分外还包括什么？如何应用？

28. 从生物质精炼的角度分析如何利用植物纤维原料才是最经济的？

29. 举例说明国外生物质精炼的现状。

30. 举例说明国内生物质精炼的现状。

31. 简述生物质精炼产业的发展趋势。

32. 简述基于制浆产业生物质精炼的几种典型模式。

33. 简述黑液气化生物炼制模式的基本路线和优势。

34. 简述美国能源政策的几个发展阶段。各有什么特征？
35. 简述中国生物质能发展"十三五"规划的基本特征。

参 考 文 献

[1] 陈克复，张辉，等. 制浆造纸产业生物质精炼发展研究 [M]. 北京：中国轻工业出版社，2018. 04.

[2] 曲音波. 木质纤维素资源的生物精炼技术进展与展望 [J]. 精细化工原料及中间体，2007，11：6-7.

[3] 谭天伟，王芳. 生物精炼发展现状及前景展望 [J]. 现代化工，2006，26（4）：6-9.

[4] 陈庆蔚. 生物精炼含义的演绎 [J]. 中华纸业，2014，35（24）：57-60.

[5] 高扬，倪永浩，张凤山，等. 制浆造纸工业的可持续发展与构建集成的林产生物质精炼工业 [J]. 林产化学与工业，2010，30（2）：113-120.

[6] 秦梦华. 木质纤维素生物质精炼 [M]. 北京：科学出版社，2018.

[7] 黄和，成源海. 生物精炼技术的发展 [J]. 生物产业技术，2008，1：34-39.

[8] 陈安江. 生物质精炼技术及在造纸行业的应用与趋势 [J]. 中国造纸，2015，34（4）：57-60.

[9] 陈庆蔚. 当今制浆造纸业生物质精炼技术的新发展 [J]. 中华纸业，2013，34（6）：11-26.

[10] 丛高鹏，施英乔，李四辉，等. 林基生物质精炼及其在制浆造纸工业中的实现 [J]. 国际造纸，2012，（4）：60-68.

[11] 刘红峰. Fortress Paper 宣布启动半纤维素分离项目 [J]. 造纸信息，2017，（3）：72.

[12] Chen L H，Zhu J Y，Baez C，et al. Highly Thermal-stable and Functional Cellulose Nanocrystals and Nanofibrils Produced Using Fully Recyclable Organic Acids [J]. Rsc Green Chemistry，2016，18（13）：3835-3843.

[13] 张权. Schlumberger 对 CelluForce 进行创新投资 [J]. 造纸信息，2015，（5）：61.

[14] Ragauskas A J，Beckham G T，Biddy M J，et al. Lignin valorization：improving lignin processing in the biorefinery [J]. Science，2014，344（6185）：1246843.

[15] 刘红峰. 针叶木诱导培育工程将对制浆造纸和生物质燃料行业产生巨大影响 [J]. 造纸信息，2016，（2）：74.

[16] 石瑜. Licella 纤维燃料公司和 Canfor 纸浆公司共同成立生物质燃料合资企业 [J]. 造纸信息，2016，（10）：79.

[17] 郑颖，邓勇，陈方，等. 欧盟生物基产业科技战略解析 [J]. 中国生物工程杂志，2016，36（4）：116-122.

[18] Mihiretu G T，Brodin M，Chimphango A F，et al. Single-step microwave-assisted hot water extraction of hemicelluloses from selected lignocellulosic materials - A biorefinery approach. [J]. Bioresource Technology，2017，241-669.

[19] Lauberts M，Sevastyanova O，Ponomarenko J，et al. Fractionation of technical lignin with ionic liquids as a method for improving purity and antioxidant activity [J]. Industrial Crops & Products，2017，95：512-520.

[20] 倪建萍. 维美德与 Biochemtex 合作开发将木素转化为生物质化学品的技术 [J]. 造纸信息，2016（8）：76-76.

[21] 陈庆蔚. 瑞典和芬兰生物质精炼的最新研究成果（Ⅲ）[J]. 中华纸业，2015，36（18）：6-12.

[22] 佚名. 芬欧汇川拉彭兰塔生物精炼厂开始商业化生产 [J]. 造纸信息，2015（3）：69-69.

[23] 陈庆蔚. 瑞典和芬兰生物质精炼的最新研究成果（Ⅰ）[J]. 中华纸业，2015，36（12）：6-11.

[24] Mendes F R S，Bastos M S R，Mendes L G，et al. Preparation and evaluation of hemicellulose films and their blends [J]. Food Hydrocolloids，2017，70：181-190.

[25] Ditzel F I，Prestes E，Carvalho B M，et al. Nanocrystalline cellulose extracted from pine wood and corncob [J]. Carbohydrate Polymers，2016，157：1577-1585.

[26] 陈姝. 造纸混合污泥生产有机肥 [D]. 济南：齐鲁工业大学，2016.

[27] 詹怀宇，主编，制浆原理与工程（第三版）[M]. 北京：中国轻工业出版社，2009.

[28] 彭峰. 农林生物质半纤维素分离纯化、结构表征及化学改性的研究 [D]. 广州：华南理工大学，2010.

[29] 许跃，张继颖. 热水预浸对火炬松硫酸盐法制浆及其抄纸性能的影响 [J]. 国际造纸，2008，27（6）：31-34.

[30] 欧阳平凯主译，生物炼制-工业过程与产品 [M]. 北京：化学工业出版社，2005.

[31] 太阳纸业集团主页，http：//www. sunpapergroup. com/.

[32] 太阳纸业溶解浆资料 [G]. 太阳纸业.

[33] 应广东，陈克复，刘泽华，等. 一种桉木溶解浆的制备工艺：中国，201210088433. 8 [P].

［34］泉林集团主页，http：//www. tranlin. cn/.

［35］华泰集团主页，http：//www. huatai. com/SiteFiles/Inner/page. aspx？s＝495.

［36］华泰纸业废水处理项目介绍［G］. 华泰纸业.

［37］马忻译. 植物纤维原料生物质提炼的可行性［J］. 国际造纸，2006，26（2）：1-5.

［38］陈洪章，隋文杰. 生物质精炼工程科学问题—生物质抗渗流屏障的提出［J］. 生物产业技术，2015，3：69-76.

［39］许凤，张逊，周霞，等. 农林生物质预处理过程中细胞壁主要组分溶解机理研究进展［J］. 林业工程学报，2016，1（4）：1-9.

［40］文甲龙，陈天影，孙润仓. 生物质木素分离和结构研究方法进展［J］. 林业工程学报，2017，2（5），76-84.

［41］文甲龙，袁同琦，孙润仓. 木质纤维素生物质精炼和多级资源化利用技术［J］. 生物产业技术，2017（3）：94-99.

［42］朱晨杰，张会岩，肖睿，等. 木质纤维素高值化利用的研究进展［J］. 中国科学：化学，2015，45（5）：454-478.

［43］Chen T Y，Wang B，Wu Y Y，et al. Structural Variations of Lignin Macromolecule from different growth years of Triploid of Populus tomentosa Carr［J］. International Journal of Biological Macromolecules，2017，101：747-757.

［44］葛昊. 纤维素在氢氧化锂/尿素溶剂体系的溶解机理及相关功能材料的制备与性能研究［D］. 上海：华东师范大学，2016.

［45］张俐娜，邵正中，等编. 纤维素科学与材料［M］. 北京：化学工业出版社，2015.

［46］杜海顺，刘超等，张苗苗，等. 纳米纤维素的制备及产业化［J］. 化学进展，2018，30（4），448-462.

［47］Xiao L P，Wang S，Li H，et al. Catalytic hydrogenolysis of lignins into phenolic compounds over carbon nanotube supported molybdenum oxide［J］. ACS Catalysis，2017，7（11）：7535-7542.